"十二五"普通高等教育本科国家级规划教材

2009年度普通高等教育精品教材

张三慧　编著

**B版**

# 大学物理学（第三版）

## 力学、电磁学



清華大學出版社
北　京

## 内容简介

本书是张三慧编著的《大学物理学》(第三版)的《力学、电磁学》分册，讲述物理学基础理论的力学和电磁学部分。其中力学部分包括质点力学、刚体的转动以及狭义相对论；电磁学部分包括静止和运动电荷的电场，运动电荷和电流的磁场，介质中的电场和磁场，电磁感应，电磁波等。书中特别着重于守恒定律的讲解，也特别注意从微观上阐明物理现象及规律的本质。内容的选择上除了包括经典基本内容外，还注意适时插入现代物理概念与物理思想。为了扩大学生的现代物理知识领域，本书还专辟了"今日物理趣闻"栏目以备选讲或选读，具体内容有基本粒子，混沌——决定论的混乱，奇妙的对称性，弯曲的时空，大爆炸和宇宙膨胀，大气电学，超导，等离子体等。此外，安排了许多现代的联系各方面的实际的例题和习题。

本书可作为高等院校的物理教材，也可以作为中学物理教师教学或其他读者自学的参考书，与本书配套的《大学物理学辅导(第2版)》和《大学物理学(第三版)学习辅导与习题解答》可帮助读者学习本书。



**图书在版编目(CIP)数据**

大学物理学. 力学、电磁学/张三慧编著. —3版. —北京：清华大学出版社，2009.2(2024.8重印)
ISBN 978-7-302-19344-9

Ⅰ. 大… Ⅱ. 张… Ⅲ. ①物理学—高等学校—教材 ②力学—高等学校—教材 ③电磁学—高等学校—教材 Ⅳ. O4

中国版本图书馆CIP数据核字(2009)第010781号

**责任编辑**：朱红莲
**责任校对**：王淑云
**责任印制**：曹婉颖

**出版发行**：清华大学出版社
**网　址**：https://www.tup.com.cn, https://www.wqxuetang.com
**地　址**：北京清华大学学研大厦A座　**邮　编**：100084
**社总机**：010-83470000　**邮　购**：010-62786544
**投稿与读者服务**：010-62776969，c-service@tup.tsinghua.edu.cn
**质量反馈**：010-62772015，zhiliang@tup.tsinghua.edu.cn
**印装者**：三河市君旺印务有限公司
**经　销**：全国新华书店
**开　本**：185mm×260mm　**印　张**：31.25　**字　数**：755千字
**版　次**：2009年2月第3版　**印　次**：2024年8月第27次印刷
**定　价**：79.00元

产品编号：032540-08

# 前言

FOREWORD

这部《大学物理学》(第三版)含力学篇、热学篇,电磁学篇、光学篇和量子物理篇,共5篇。按照篇章的组织顺序,本套教材又分为两个版本,称为A版和B版。A版分为3册,第1册为《力学、热学》,第2册为《电磁学》(或《基于相对论的电磁学》,二选其一),第3册为《光学、量子物理》。B版分为2册,第1册为《力学、电磁学》,第2册为《热学、光学、量子物理》。读者可根据实际教学和学习的需要,选择使用A版或B版;其中A版中的第2册又分为两个版本——《电磁学》或《基于相对论的电磁学》,选用A版的读者可选择其中一个版本使用。本册为B版的第1册《力学、电磁学》。

本书自第一版与第二版问世以来,已被多所院校用作教材。根据使用过此书的教师与学生以及其他读者的反映,也考虑到近几年物理教学的发展动向,本书推出第三版。第三版内容的撰写与修改仍延续了第二版的科学性和系统性的特点,保持了原有的体系和风格,并在第二版的基础上,增加、拓宽了一些内容。

本书内容完全涵盖了2006年我国教育部发布的"非物理类理工学科大学物理课程基本要求"。书中各篇对物理学的基本概念与规律进行了正确明晰的讲解。讲解基本上都是以最基本的规律和概念为基础,推演出相应的概念与规律。笔者认为,在教学上应用这种演绎逻辑更便于学生从整体上理解和掌握物理课程的内容。

力学篇是以牛顿定律为基础展开的。除了直接应用牛顿定律对问题进行动力学分析外,还引入了动量、角动量、能量等概念,并着重讲解相应的守恒定律及其应用。除惯性系外,还介绍了利用非惯性系解题的基本思路,刚体的转动、振动、波动这三章内容都是上述基本概念和定律对于特殊系统的应用。狭义相对论的讲解以两条基本假设为基础,从同时性的相对性这一"关键的和革命的"(杨振宁语)概念出发,逐渐展开得出各个重要结论。这种讲解可以比较自然地使学生从物理上而不只是从数学上弄懂狭义相对论的基本结论。

电磁学篇按照传统讲法,讲述电磁学的基本理论,包括静止和运动电荷的电场,运动电荷和电流的磁场,介质中的电场和磁场,电磁感应,电磁波等。电磁学的讲述未止于麦克斯韦方程组,而是继续讲述了电磁波的发射机制及其传播特征等。

热学篇的讲述是以微观的分子运动的无规则性这一基本概念为基础的。除了阐明经典力学对分子运动的应用外,特别引入并加强了统计概念和统计规律,包括麦克斯韦速率分布律的讲解。对热力学第一定律也阐述了其微观意义。对热力学第二定律是从宏观热力学过程的方向性讲起,说明方向性的微观根源,并利用热力学概率定义了玻耳兹曼熵并说明了熵增加原理,然后再进一步导出克劳修斯熵及其计算方法。这种讲法最能揭露熵概念的微观本质,也便于理解熵概念的推广应用。

光学篇以电磁波和振动的叠加的概念为基础,讲述了光电干涉和衍射的规律。第24章光的偏振讲述了电磁波的横波特征。然后,根据光电波动性在特定条件下的近似特征——直线传播,讲述了几何光学的基本定律及反射镜和透镜的成像原理。

以上力学、电磁学、热学、光学各篇的内容基本上都是经典理论,但也在适当地方穿插了量子理论的概念和结论以便相互比较。

量子物理篇是从波粒二象性出发以定态薛定谔方程为基础讲解的。介绍了原子、分子和固体中电子的运动规律以及核物理的知识。关于教学要求中的扩展内容,如基本粒子和宇宙学的基本知识是在“今日物理趣闻 A”和“今日物理趣闻 C”栏目中作为现代物理学前沿知识介绍的。

本书除了5篇基本内容外,还开辟了“今日物理趣闻”栏目,介绍物理学的近代应用与前沿发展,而“科学家介绍”栏目用以提高学生素养,鼓励成才。

本书各章均配有思考题和习题,以帮助学生理解和掌握已学的物理概念和定律或扩充一些新的知识。这些题目有易有难,绝大多数是实际现象的分析和计算。题目的数量适当,不以多取胜。也希望学生做题时不要贪多,而要求精,要真正把做过的每一道题从概念原理上搞清楚,并且用尽可能简洁明确的语言、公式、图像表示出来,需知,对一个科技工作者来说,正确地书面表达自己的思维过程与成果也是一项重要的基本功。

本书在保留经典物理精髓的基础上,特别注意加强了现代物理前沿知识和思想的介绍。本书内容取材在注重科学性和系统性的同时,还注重密切联系实际,选用了大量现代科技与我国古代文明的资料,力求达到经典与现代,理论与实际的完美结合。

本书在量子物理篇中专门介绍了近代(主要是20世纪30年代)物理知识,并在其他各篇适当介绍了物理学的最新发展,同时为了在大学生中普及物理学前沿知识以扩大其物理学背景,在“今日物理趣闻”专栏中,分别介绍了“基本粒子”、“混沌——决定论的混乱”、“大爆炸和宇宙膨胀”、“能源与环境”、“等离子体”、“超导电性”、“激光应用二例”、“新奇的纳米技术”等专题。这些都是现代物理学以及公众非常关心的题目。本书所介绍的趣闻有的已伸展到最近几年的发现,这些“趣闻”很受学生的欢迎,他们拿到新书后往往先阅读这些内容。

物理学很多理论都直接联系着当代科技乃至人们的日常生活。教材中列举大量实例,既能提高学生的学习兴趣,又有助于对物理概念和定律的深刻理解以及创造性思维的启迪。本书在例题、思考题和习题部分引用了大量的实例,特别是反映现代物理研究成果和应用的实例,如全球定位系统、光盘、宇宙探测、天体运行、雷达测速、立体电影等。同时还大量引用了我国从古到今技术上以及生活上的有关资料,例如古籍《宋纪要》关于“客星”出没的记载,北京天文台天线阵,长征火箭,神舟飞船,天坛祈年殿,黄果树瀑布,阿迪力走钢丝,本人抖空竹,1976年唐山地震,1988年特大洪灾,等。这些例子体现了民族文化,可以增强学生对物理的“亲切感”，而且有助于学生的民族自豪感和责任心的提升。

物理教学除了“授业”外，还有“育人”的任务。为此本书介绍了十几位科学大师的事迹，简要说明了他们的思想境界、治学态度、开创精神和学术成就，以之作为学生为人处事的借鉴。在此我还要介绍一下我和帕塞尔教授的一段交往。帕塞尔教授是哈佛大学教授，1952年因对核磁共振研究的成果荣获诺贝尔物理学奖。我于1977年看到他编写的《电磁学》，深深地为他的新讲法所折服。用他的书讲述两遍后，于1987年贸然写信向他请教，没想到很快就收到他的回信(见附图)和赠送给我的教材(第二版)及习题解答。他这种热心帮助一个素不相识的外国教授的行为使我非常感动。

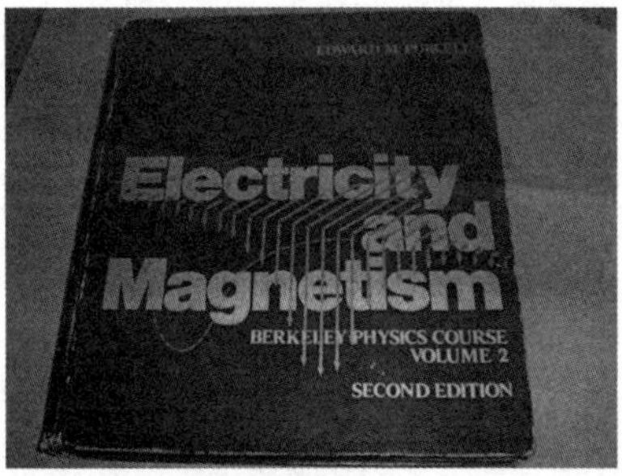


帕塞尔《电磁学》(第二版)封面

本书作者与帕塞尔教授合影(1993年)

HARVARD UNIVERSITY

DEPARTMENT OF PHYSICS

LYMAN LABORATORY OF PHYSICS
CAMBRIDGE, MASSACHUSETTS 02138

November 30, 1987

Professor Zhang Sanhui
Department of Physics
Tsinghua University
Beijing 100084
The People's Republic of China

Dear Professor Zhang:

Your letter of November 8 pleases me more than I can say, not only for your very kind remarks about my book, but for the welcome news that a growing number of physics teachers in China are finding the approach to magnetism through relativity enlightening and useful. That is surely to be credited to your own teaching, and also, I would surmise, to the high quality of your students. It is gratifying to learn that my book has helped to promote this development.

I don't know whether you have seen the second edition of my book, published about three years ago. A copy is being mailed to you, together with a copy of the Problem Solutions Manual. I shall be eager to hear your opinion of the changes and additions, the motivation for which is explained in the new Preface. May I suggest that you inspect, among other passages you will be curious about, pages 170-171. The footnote about Leigh Page repairs a regrettable omission in my first edition. When I wrote the book in 1963 I was unaware of Page's remarkable paper. I did not think my approach was original -- far from it -- but I did not take time to trace its history through earlier authors. As you now share my preference for this strategy I hope you will join me in mentioning Page's 1912 paper when suitable opportunities arise.

Your remark about printing errors in your own book evokes my keenly felt sympathy. In the first printing of my second edition we found about 50 errors, some serious! The copy you will receive is from the third printing, which still has a few errors, noted on the Errata list enclosed in the book. There is an International Student Edition in paperback. I'm not sure what printing it duplicates.

The copy of your own book has reached my office just after I began this letter! I hope my shipment will travel as rapidly. It will be some time before I shall be able to study your book with the care it deserves, so I shall not delay sending this letter of grateful acknowledgement.

Sincerely yours,

Edward M. Purcell

Edward M. Purcell

EMP/cad

帕塞尔回信复印件

他在信中写道“本书170～171页关于L. Page的注解改正了第一版的一个令人遗憾的疏忽。1963年我写该书时不知道Page那篇出色的文章，我并不认为我的讲法是原创的——远不是这样——但当时我没有时间查找早先的作者追溯该讲法的历史。现在既然你也喜欢这种讲法，我希望你和我一道在适当时机宣扬Page的1912年的文章。”一位物理学大师对自己的成就持如此虚心、谦逊、实事求是的态度使我震撼。另外他对自己书中的疏漏(实际上有些是印刷错误)认真修改，这种严肃认真的态度和科学精神也深深地教育了我。帕塞尔这封信所显示的作为一个科学家的优秀品德，对我以后的为人处事治学等方面都产生了很大影响，始终视之为楷模追随仿效，而且对我教的每一届学生都要展示帕塞尔的这一封信对他们进行教育，收到了很好的效果。

本书的撰写和修订得到了清华大学物理系老师的热情帮助(包括经验与批评),也采纳了其他兄弟院校的教师和同学的建议和意见。此外也从国内外的著名物理教材中吸取了很多新的知识、好的讲法和有价值的素材。这些教材主要有:新概念物理教程(赵凯华等),Feyman Lectures on Physics,Berkeley Physics Course(Purcell E M, Reif F, et al.),The Manchester Physics Series(Mandl F, et al.),Physics(Chanian H C.),Fundamentals of Physics(Resnick R),Physics(Alonso M et al.)等。

对于所有给予本书帮助的老师和学生以及上述著名教材的作者,本人在此谨致以诚挚的谢意。清华大学出版社诸位编辑对第三版杂乱的原稿进行了认真的审阅和编辑,特在此一并致谢。

张三慧

2008年10月

于清华园

# 目录

CONTENTS

# 基本粒子

物理学是研究自然界的物质结构，大到宇宙的结构，小到最微小的粒子的结构，以及物质运动的最普遍最基本的规律的自然科学。自伽利略-牛顿时代（17 世纪中叶）以来，特别是 19 世纪中叶以来，物理学已有了长足的发展。今天的物理学已揭示了自然界的许多奇特的奥秘，在各方面提供了许多有趣又有用的知识。我们将在本书的适当地方向同学们介绍一些这样的知识。作为本书的开篇，下面就来简要介绍现代物理学在物质的基本结构——粒子——的研究中所取得的认识。

## A.1 粒子的发现与特征

物质是由一些基本微粒组成的，这种思想可以远溯到古代希腊。当时德谟克利特（公元前 460—前 370 年）就认为物质都是由“原子”（古希腊语本意是“不可分”）组成的。中国古代也有认为自然界是由金、木、水、火、土 5 种元素组成的说法。但是物质是由原子组成的这一概念成为科学认识是迟至 19 世纪才确定的，当时认识到原子是化学反应所涉及的物质的最小基本单元。1897 年，汤姆逊发现了**电子**（e），它带有负电，电量与一个氢离子所带的电量相等。它的质量大约是氢原子质量的 1/1800，它存在于各种物质的原子中，这是人类发现的第一个更为基本的粒子。其后 1911 年卢瑟福通过实验证实原子是由电子和原子核组成的。1932 年又确认了原子核是由带正电的**质子**（p，即氢原子核）和不带电的**中子**（n，它和质子的质量差不多相等）组成的。这种中子和质子也成了“基本粒子”。1932 年还发现了**正电子**（$e^+$），其质量和电子相同但带有等量的正电荷。由于很难说它是由电子、质子或中子构成的，于是正电子也加入了“基本粒子”的行列。之后，人们制造了大能量的加速器来加速电子或质子，企图用这些高能量的粒子作为炮弹轰开中子或质子来了解其内部结构，从而确认它们是否是“真正的基本粒子”。但是，令人惊奇的是在高能粒子轰击下，中子或质子不但不破碎成更小的碎片，而且在剧烈的碰撞过程中还产生了许多新的粒子，有些粒子的质量比质子的质量还要大，因而情况显得更为复杂。后来通过类似的实验（以及从宇宙射线中）又发现了几百种不同的粒子。它们的质量不同、性质互异，且能相互转化，这就很难说哪种粒子更基本。所以现在就把“基本”二字取消，统称它们为**粒子**。本部分的题目仍用“基本粒子”，只具有习惯上的意义。

在粒子的研究中，发现描述粒子特征所需的物理量随着人们对粒子性质的认识逐步深入而增多。常见的这种物理量可以举出以下几个。

**1. 质量**

粒子的质量是指它静止时的质量，在粒子物理学中常用 $\mathrm{MeV}/c^2$ 作质量的单位。MeV 是能量的单位，$1\ \mathrm{MeV}=1.602\times10^{-13}\ \mathrm{J}$。由爱因斯坦质能公式 $E=mc^2$（见本书 8.10 节）可以求得，$1\ \mathrm{MeV}/c^2$ 的质量为

$$1.602\times10^{-13}/(3\times10^8)^2=1.78\times10^{-30}\ (\mathrm{kg})$$

**2. 电荷**

有的粒子带正电，有的带负电，有的不带电。带电粒子所带电荷都是量子化的，即电荷的数值都是元电荷 $e$（即一个质子的电荷）的整数倍。因而粒子的电荷就用元电荷 $e$ 的倍数来度量，而

$$1\ e=1.602\times10^{-19}\ \mathrm{C}$$

**3. 自旋**

每个粒子都有自旋运动，好像永不停息地旋转着的陀螺那样。它们的自旋角动量（简称自旋）也是量子化的，通常用 $\hbar$ 的倍数来度量，而

$$1\ \hbar=1.05\times10^{-34}\ \mathrm{J\cdot s}$$

有的粒子的自旋是 $\hbar$ 的整数倍或零，有的则是 $\hbar$ 的半整数倍$\left(如\frac{1}{2},\frac{3}{2},\frac{5}{2}倍\right)$。

**4. 寿命**

在已发现的数百种粒子中，除电子、质子和中微子以外，实验确认它们都是不稳定的。它们都要在或长或短的时间内衰变为其他粒子。粒子在衰变前平均存在的时间叫做粒子的寿命。例如一个自由中子的寿命约 12 min，有的粒子的寿命为 $10^{-10}$ s 或 $10^{-14}$ s，很多粒子的寿命仅为 $10^{-23}$ s，甚至 $10^{-25}$ s。

对各种粒子的研究比较发现，它们都是**配成对的**。配成对的粒子称为正、反粒子。正、反粒子的一部分性质完全相同，另一部分性质完全相反。例如，电子和正电子就是一对正、反粒子，它们的质量和自旋完全相同，但它们的电荷和磁矩完全相反。又例如，中子和反中子也是一对正、反粒子，它们的质量、自旋、寿命完全相同，但它们的磁矩完全相反。有些正、反粒子的所有性质完全相同，因此就是同一种粒子。光子和 $\pi^0$ 介子就是两种这样的粒子。

## A.2 粒子分类

粒子间的相互作用，按现代粒子理论的标准模型划分，有 4 种基本的形式，即万有引力、电磁力、强相互作用力和弱相互作用力（见本书 2.3 节）。按现代理论，各种相互作用都分别由不同的粒子作为传递的媒介。**光子**是传递电磁作用的媒介，**中间玻色子**是传递弱相互作用的媒介，**胶子**是传递强相互作用的媒介。这些都已为实验所证实。对于引

力，现在还只能假定，它是由一种"**引力子**"作为媒介的。由于这些粒子都是现代标准模型的"规范理论"中预言的粒子，所以这些粒子统称为**规范粒子**。由于胶子共有 8 种，连同引力子、光子、3 种中间玻色子，规范粒子总共有 13 种。它们的已被实验证实的特征物理量如表 A.1 所示。

**表 A.1　规范粒子**

| 粒子种类 | | 自旋/$\hbar$ | 质量/$(\mathrm{MeV}/c^2)$ | 电荷/$e$ |
|---|---|---|---|---|
| 引力子 | | 2 | | 0 |
| 光子 | $\gamma$ | 1 | 0 | 0 |
| 中间玻色子 | $W^+$ | 1 | $8.1\times10^4$ | 1 |
| | $W^-$ | 1 | $8.1\times10^4$ | −1 |
| | $Z^0$ | 1 | $9.4\times10^4$ | 0 |
| 胶子 | g | 1 | 0 | 0 |

除规范粒子外，所有在实验中已发现的粒子可以按照其是否参与强相互作用而分为两大类：一类不参与强相互作用的称为**轻子**，另一类参与强相互作用的称为**强子**。

现在已发现的轻子有**电子**(e)、**$\mu$ 子**($\mu$)、**$\tau$ 子**($\tau$)及相应的**中微子**($\nu_e$，$\nu_\mu$，$\nu_\tau$)，它们的特征物理量如表 A.2 所示。在目前实验误差范围内，3 种中微子的质量为零。但是中微子的质量是否真等于零，还有待于更精确的实验证实。

**表 A.2　轻子**

| 粒子种类 | 自旋/$\hbar$ | 质量/$(\mathrm{MeV}/c^2)$ | 电荷/$e$ | 寿命 |
|---|---|---|---|---|
| e | 1/2 | 0.511 | −1 | 稳定 |
| $\nu_e$ | 1/2 | 0 | 0 | 稳定 |
| $\mu$ | 1/2 | 105.7 | −1 | $2.2\times10^{-6}$ s |
| $\nu_\mu$ | 1/2 | 0 | 0 | 稳定 |
| $\tau$ | 1/2 | 1776.9 | −1 | $3.4\times10^{-13}$ s |
| $\nu_\tau$ | 1/2 | 0 | 0 | 稳定 |

从表 A.2 中可以看出 $\tau$ 子的质量约是电子质量的 3500 倍，差不多是质子质量的两倍。它实际上一点也不轻。这 6 种"轻子"都有自己的反粒子，所以实际上有 12 种轻子。

实验上已发现的成百种粒子绝大部分是强子。强子又可按其自旋的不同分为两大类：一类自旋为半整数，统称为**重子**；另一类自旋为整数或零，统称为**介子**。最早发现的重子是质子，最早发现的介子是 $\pi$ 介子。$\pi$ 介子的质量是电子质量的 270 倍，是质子质量的 1/7，介于二者之间。后来实验上又发现了许多介子，其质量大于质子的质量甚至是质子质量的 10 倍以上。例如，丁肇中发现的 J/$\psi$ 粒子的质量就是质子质量的 3 倍多。这样，早年提出的名词"重子"、"轻子"和"介子"等已经不合适，但由于习惯，仍然一直沿用到今天。表 A.3 列出了一些强子的特征物理量。

表 A.3 一些强子

| 重子 | | | | 介子 | | | |
|---|---|---|---|---|---|---|---|
| 粒子种类 | 自旋/$\hbar$ | 质量/($MeV/c^2$) | 电荷/$e$ | 粒子种类 | 自旋/$\hbar$ | 质量/($MeV/c^2$) | 电荷/$e$ |
| p | 1/2 | 939 | 1 | $\pi^+$ | 0 | 140 | 1 |
| n | 1/2 | 939 | 0 | $\pi^0$ | 0 | 140 | 0 |
| $\Lambda^0$ | 3/2 | 1520 | 0 | $\pi^-$ | 0 | 140 | −1 |
| N | 5/2 | 1680 | 1 | $K^+$ | 0 | 496 | 1 |
| $\Delta^{++}$ | 3/2 | 1700 | 2 | ω | 3 | 1670 | 0 |
| $\Sigma^+$ | 3/2 | 1670 | 1 | h | 4 | 2030 | 0 |
| $\Delta^0$ | 3/2 | 1700 | 0 | J/ψ | 1 | 3100 | 0 |
| $\Omega^-$ | 3/2 | 1672 | −1 | χ | 2 | 3555 | 0 |

## A.3 粒子的转化与守恒定律

研究各种粒子的行为时，发现的另一个重要事实是：没有一种粒子是不生不灭、永恒不变的，在一定的条件下都能产生和消灭，都能**相互转化**，毫无例外。例如，电子遇上正电子，就会双双消失而转化为光子。反过来高能光子在原子核的电场中又能转化为一对电子和正电子(图 A.1)。在缺中子同位素中，质子会转化为中子而放出一个正电子和一个中微子。质子遇上反质子就会相互消灭而转化为许多介子。π 介子和原子核相互碰撞，只要能量足够高，就能转化为一对质子和反质子。前面所提到的粒子衰变也是一种粒子转化的方式。因此，产生和消灭是粒子相互作用过程中非常普遍的现象。

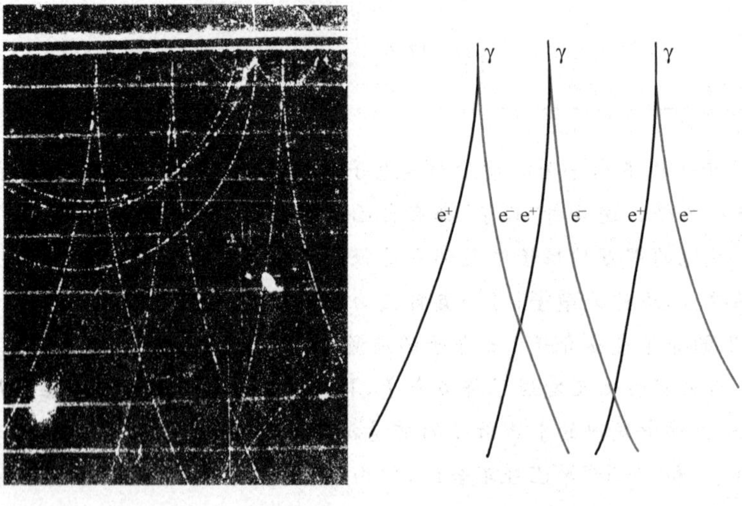


图 A.1 $X$ 光的光子由上方入射，经过铅板后，产生电子-正电子对的径迹照片与分析图

实验证明，在粒子的产生和消灭的各种反应过程中，**有一些物理量是保持不变的**。这些守恒量有能量、动量、角动量、电荷，还有轻子数、重子数、同位旋、奇异数、宇称等。例如，对于中子衰变为质子的β衰变反应

$$n \longrightarrow p + e + \bar{\nu}_e$$

所涉及的粒子，中子 n 和反中微子 $\bar{\nu}_e$ 的电荷都是零，质子 p 的电荷为 1，电子 e 的电荷为 −1，显然衰变前后电荷(的代数和)是守恒的。此反应中 n 和 p 的重子数都是 1，轻子数都是 0；而 c 和 $\bar{\nu}_e$ 的重子数都是 0，前者的轻子数为 1，后者的轻子数为 −1；也很容易看出这一衰变前后的重子数和轻子数也都是守恒的。同位旋、奇异数和宇称等的概念比较抽象，此处不作介绍。但可以指出，它们有的只在强相互作用引起的反应(这种反应一般较快)中才守恒，而在弱相互作用或电磁相互作用引起的反应(这种反应一般较慢)中不一定守恒。它们不是绝对的守恒量。

## A.4　夸克

强子种类这样多，很难想象它们都是“基本的”，它们很可能都有内部结构。前面已讲过，利用高能粒子撞击质子使之破碎的方法考查质子的结构是不成功的，但有些精确的实验还是给出了一些质子结构的信息。1955 年，霍夫斯塔特曾用高能电子束测出了质子和中子的电荷和磁矩分布，这就显示了它们有内部结构。1968 年，在斯坦福直线加速器实验室中用能量很大的电子轰击质子时，发现有时电子发生大角度的散射，这显示质子中有某些硬核的存在。这正像当年卢瑟福在实验中发现原子核的结构一样，显示质子或其他强子似乎都由一些更小的颗粒组成。

在用实验探求质子的内部结构的同时，物理学家已经尝试提出了强子由一些更基本的粒子组成的模型。这些理论中最成功的是 1964 年盖尔曼和茨威格提出的，他们认为所有的强子都由更小的称为“**夸克**”(在中国有人叫做“层子”)的粒子所组成。将强子按其性质分类，发现强子形成一组一组的多重态，就像化学元素可以按照周期表形成一族一族一样。从这种规律性质可以推断：现在实验上发现的强子都是由 6 种夸克以及相应的反夸克组成的。它们分别叫做上夸克 u、下夸克 d、粲夸克 c、奇异夸克 s、顶夸克 t、底夸克 b，它们的特征物理量如表 A.4 所示。值得注意的是它们的自旋都是 1/2，而电荷量是元电荷 $e$ 的 −1/3 或 2/3。

**表 A.4　夸克**

| 夸克种类 | 自旋/$\hbar$ | 质量/($\mathrm{MeV}/c^2$) | 电荷/$e$ |
|---|---|---|---|
| d | 1/2 | 9 | −1/3 |
| u | 1/2 | 5 | 2/3 |
| s | 1/2 | $1.75\times10^2$ | −1/3 |
| c | 1/2 | $1.25\times10^3$ | 2/3 |
| b | 1/2 | $4.50\times10^3$ | −1/3 |
| t | 1/2 | 约 $3\times10^4\sim5\times10^4$ | 2/3 |

在强子中，重子都由 3 个夸克组成，而介子则由 1 个夸克和 1 个反夸克组成。例如，质子由 2 个 u 夸克和 1 个 d 夸克组成，中子由 2 个 d 夸克和 1 个 u 夸克组成，$\Sigma^+$ 粒子由 2 个 u 夸克和 1 个奇异夸克组成；而 $\pi^+$ 介子由 1 个 u 夸克和 1 个反 d 夸克组成，$K^+$ 介子由 1 个 u

夸克和 1 个反 s 夸克组成，J/ψ 粒子由正、反粲夸克($c,\bar{c}$)组成，等等。

用能量很大的粒子轰击电子或其他轻子的实验尚未发现轻子有任何内部结构。例如在一些实验中曾用能量非常大的粒子束探测电子，这些粒子曾接近到离电子中心 $10^{-18}$ m 以内，也未发现电子有任何内部结构。

关于夸克的大小，现有实验证明它们和轻子一样，其半径估计都小于 $10^{-20}$ m。我们知道核或强子的大小比原子或分子的小 5 个数量级，即为$10^{-15}$ m。因此，夸克或轻子的大小比强子的还要小 5 个数量级。

## A.5 色

自从夸克模型提出后，人们就曾用各种实验方法，特别是利用它们具有分数电荷的特征来寻找单个夸克，但至今这类实验都没有成功，好像夸克是被永久囚禁在强子中似的(因此之故，表 A.4 给出的夸克的质量都是根据强子的质量值用理论估计的处于束缚状态的夸克的质量值)。这说明在强子内部，夸克之间存在着非常强的相互吸引力，这种相互作用力叫做“色”力。

对于强子内部夸克状态的研究，使理论物理学家必须设想每一种夸克都可能有 3 种不同的状态。由于原色有红、绿、蓝 3 种，所以将“色”字借用过来，说每种夸克都可以有3 种“色”而被称为红夸克、绿夸克、蓝夸克。“色”这种性质也是隐藏在强子内部的，所有强子都是“无色”的，因而必须认为每个强子都是由 3 种颜色的夸克等量地组成的。例如组成质子的 3 个夸克中，就有 1 个是红的，1 个是绿的，1 个是蓝的。色在夸克的相互作用的理论中起着十分重要的作用。夸克之间的吸引力随着它们之间的距离的增大而增大，距离增大到强子的大小时，这吸引力就非常之大，以致不能把 2 个夸克分开。这就是目前对夸克囚禁现象的解释。这种相互作用力就是**色力**，即两个有色粒子之间的作用力。它是强相互作用力的基本形式。如果说万有引力起源于质量，电磁力起源于电荷，那么强相互作用力就起源于色。理论指出，色力是由被称为胶子的粒子作为媒介传递的。

按以上的说法，由于 6 种夸克都有反粒子，还由于它们都可以有 3 种色，这样就共有 36 种不同状态的夸克。

除了夸克外，按照现在粒子理论的标准模型，为了实现电弱相互作用在低于 250 GeV① 的能量范围内分解为电磁相互作用和弱相互作用，自然界还应存在一种自旋为零的特殊粒子，称为**希格斯粒子**。理论对于它的所有的相互作用性质和运动行为都有精确的描绘和预言，但对它的质量却没有给出任何预言。现在还未在实验中发现这种粒子。从已有的实验结果分析，希格斯粒子的质量应大于 58.4 GeV/$c^2$。从实验上去寻找希格斯粒子是当前粒子物理实验研究的中心课题之一。目前在欧洲核子研究中心(CERN)正在建造大型强子对撞机(LHC)(图 A.2)，并将把对撞实验数据分给全世界物理学家

图 A.2 大型强子对撞机(LHC)

① 1 GeV=$10^9$ eV

进行分析，以期发现这种粒子。

综上所述，规范粒子共有13种，轻子共有12种，夸克共有36种，再加上希格斯粒子就共有62种。按照现在对粒子世界结构规律的认识，根据标准模型，物质世界就是由这62种粒子构成的。这些粒子现在还谈不上内部结构，可以称之为"基本粒子"了(图A.3)。

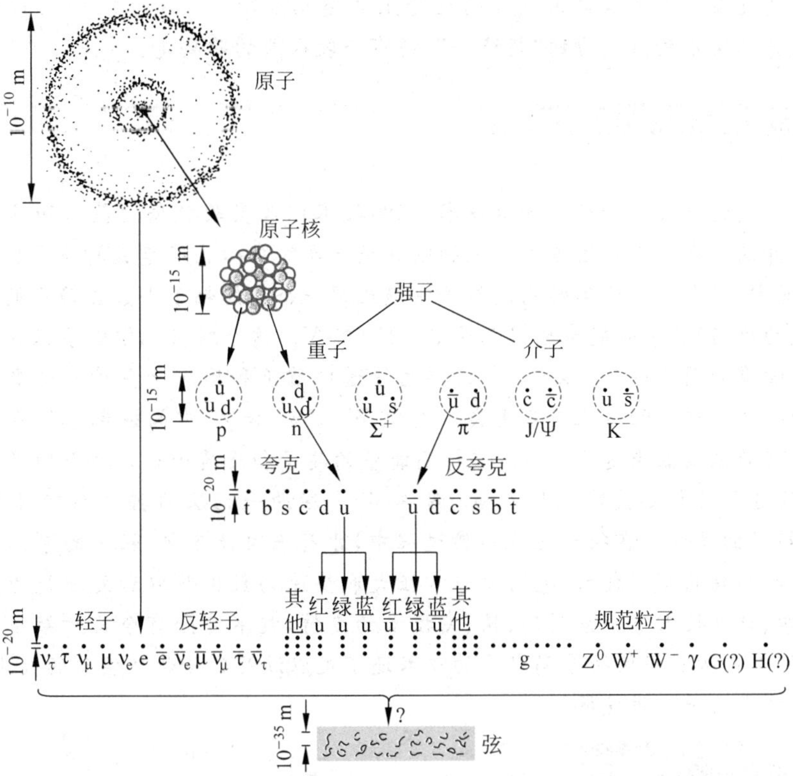


图 A.3 基本粒子示意图

这些粒子真是构成物质世界的基本砖块吗？

在约20年前，为了建立统一4种基本自然力的理论，特别是量子引力理论，物理学家提出一种**弦理论**。它的基本概念或假设是，各种基本粒子并不是无限小的没有内部结构的点粒子，而是一个个非常小的环或小段。这些环或小段就叫**弦**。它们的大小和"普朗克长度" $10^{-35}$ m可以相比(图A.3)。这一长度被认为是自然界的最小可能长度，它们也就是最基本的点粒子了。这些弦不仅可以到处运动，而且可以以不同方式(包括不同的形状、频率和能量)振动。这种振动又是量子化的，即只允许某些不同的振动方式存在。根据弦理论，每一种振动方式都相应于一种"基本粒子"，如电子是一种振动方式，d夸克是另一种振动方式。除了振动方式的不同以外，各种基本粒子都是一样，即都是一样的弦。一种振动方式的弦是光子，它能说明电磁使用。一种振动方式的弦是引力子，它能说明引力作用。类似地这一理论也说明了强作用和弱作用。4种作用都是同样的弦的不同表现，因而弦理论就做到了4种基本的自然力的统一而成一种"终极理论"。

弦理论令人吃惊的一个特点是它必须用11维时空(其中1维是时间)加以描述。对于我们熟悉的3维空间之外的7维，弦理论认为它们在我们的3维空间中的各点都极度"弯曲"而使自己的线度小于 $10^{-35}$ m，因而我们感觉不出来(想想一床2维的大毛巾被，在远处是看不出它上面各处的细小线环所代表的另一维的)。弦理论的另一特点是和弦的不同振动方式相应的各种粒子,其能量都可和"普朗克能量"$10^{19}$ GeV 相比或更高。和目前实验上能探测出来的最小距离 $10^{-18}$ m 以及人造加速器能达到的最大能量 $10^3$ GeV 相比,弦理论给出上述距离和能量,在可预见的未来是没有希望用实验探测出来或可能达到的。因此,弦理论目前还是处在一个可以自由设计的理论上的婴儿阶段①。要能真正(?)说明客观实体的基本结构并证实 4 种自然力的"超统一",还有一段很长的路要走。

## A.6　粒子研究与技术

对粒子研究的进展是和粒子加速技术、探测技术以及实验数据的获取和处理技术的迅速进展分不开的。在瑞士和法国边界上的欧洲核子研究中心已经建成的质子反质子对撞机(在这种装置中,两个反向运动的高能粒子对撞比用一个高能粒子去轰击静止的靶粒子可以实现更剧烈的碰撞)的质心能量已经高达 2×270 GeV。这个对撞机中粒子在其中运行的超高真空环形管道的周长达 2.7 km。在这样的管道中质子和反质子在对撞前要飞行超过冥王星轨道的直径那样长的路程而不丢失。发现 $W^+$,$W^-$ 和 $Z^0$ 中间玻色子的两个实验中的一个实验所用的探测器重达 2000 t。这样高能量的质子和反质子相碰撞平均产生几十个粒子,它们的径迹和动量都要准确地测量(图 A.4)。在约一亿次碰撞过程中才有一次产生 $W^+$ 和 $W^-$ 粒子的事例。在约十亿次碰撞过程中,才有一次产生 $Z^0$ 粒子的事例。这不仅需要非常灵敏和精确的探测技术,也需要非常强大和快速的数据获取和处理能力。没有自动控制、电子学、计算技术等一系列高、精、尖技术的支持,就不可能有今天对粒子的认识。在许多情况下,工业所能提供的最高水平的技术还不足以满足粒子物理实验的要求,这又反过来促使工业技术的进一步发展。

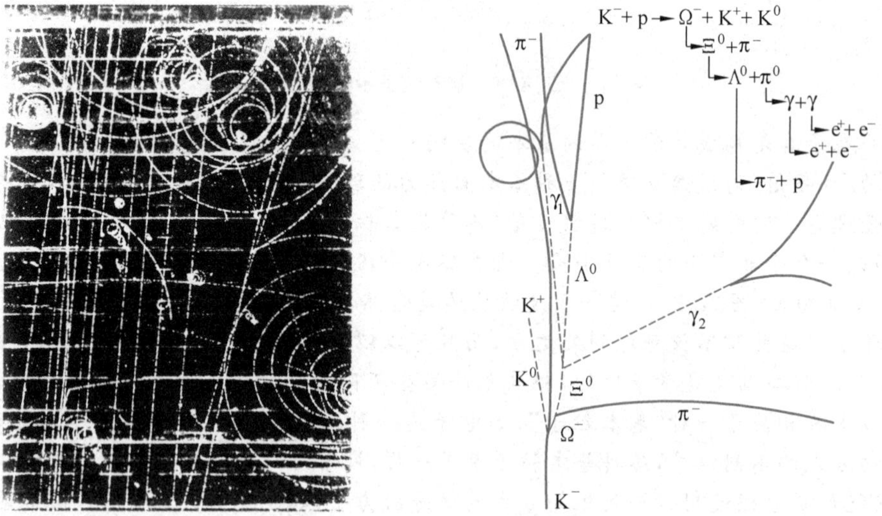


(a)　　(b)

图 A.4　实验中拍摄的粒子径迹照片(a)和分析图(b)

---

① 目前也还有其他"自由设计"的理论,如"环圈量子引力理论"。它设想各种基本粒子是由条带扭转交叠形成的,在这种"麻花"式的结构中,条带的不同扭转方向与次数决定着粒子的种类。

我国1988年10月建成的北京正负电子对撞机(BEPC)，设计能量为2×2.8 GeV。它由注入器、束流输运线和储存环、探测器、同步辐射实验区(图A.5)四个部分组成。注入器是一台电子直线加速器。正、负电子在这里被加速到1.1～1.4 GeV。正负电子束经输运线的两支分别沿相反方向注入储存环。储存环是由偏转磁铁、聚焦磁铁、高频腔、超高真空系统等组成的一个周长约240 m的环(图A.6)。在环内正负电子由高频腔供给能量而被加速到2.2～2.8 GeV。正负电子束流在储存环内绕行，可具有5～6 h的寿命。探测器安装在对撞点附近，它能记录、分析对撞时产生的粒子的种类、数目、飞行时间、动量、能量等数据，探测立体角接近4π。同步辐射是电子在储存环中作曲线运动时沿切线方向向前发出的电磁波。BEPC的同步辐射在紫外和软X光范围，可用于生物物理、固体物理、表面物理、计量标准、光刻和医学等方面。

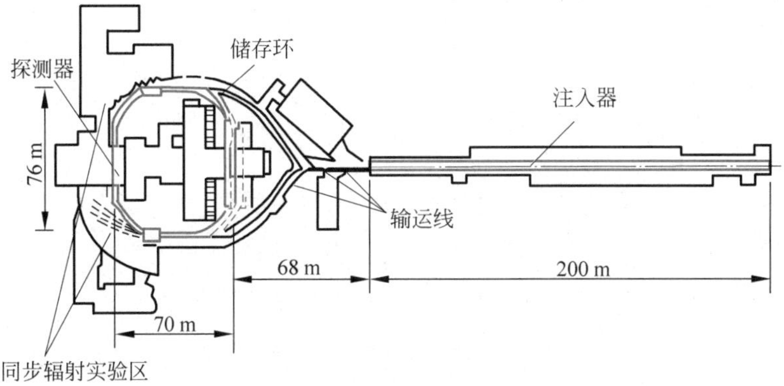


图A.5　BEPC的总体布局

图A.6　BEPC储存环的一角

为了更深入地研究粒子的结构和它们之间的相互作用，现在正在兴建、设计和研究能量更高的粒子加速器。例如，美国费米实验室的1 TeV(1 TeV=$10^{12}$ eV)的质子加速器将改建升级为2 TeV的质子反质子对撞机。欧洲核子研究中心正在建造14 TeV的质子对撞机。2007 年初，据报道，美、日、德、中等国粒子物理学家拟议中的国际(正负电子)直线对撞机(IEC)的参考设计已完成。该对撞机将采用低温(−271℃)超导加速技术，建造在地下总长约 40 km 的隧道里，把正、负电子都加速到 0.25 TeV，使之相撞。每秒相撞14 000 次，产生一系列新粒子。他们期望这些新粒子的产生与运动的研究能有助于对宇宙的起源、暗物质、暗能量以及空间和时间的基本性质的了解。我们期望这些新的高能加速器的建成，能使人们对自然界的认识更加深入。

# 第 1 篇 力学

力学是一门古老的学问，其渊源在西方可追溯到公元前 4 世纪古希腊学者柏拉图认为圆运动是天体的最完美的运动和亚里士多德关于力产生运动的说教，在中国可以追溯到公元前 5 世纪《墨经》中关于杠杆原理的论述。但力学（以及整个物理学）成为一门科学理论应该说是从 17 世纪伽利略论述惯性运动开始，继而牛顿提出了后来以他的名字命名的三个运动定律。现在以牛顿定律为基础的力学理论叫牛顿力学或经典力学。它曾经被尊为完美普遍的理论而兴盛了约 300 年。在 20 世纪初虽然发现了它的局限性，在高速领域为相对论所取代，在微观领域为量子力学所取代，但在一般的技术领域，包括机械制造、土木建筑，甚至航空航天技术中，经典力学仍保持着充沛的活力而处于基础理论的地位。它的这种实用性是我们要学习经典力学的一个重要原因。

由于经典力学是最早形成的物理理论，后来的许多理论，包括相对论和量子力学的形成都受到它的影响。后者的许多概念和思想都是经典力学概念和思想的发展或改造。经典力学在一定意义上是整个物理学的基础，这是我们要学习经典力学的另一个重要原因。

本篇第 1 章、第 2 章讲述质点力学基础，即牛顿三定律和直接利用它们对力学问题的动力学分析方法。第 4 章、第 5 章引入并着重阐明了动量、角动量和能量诸概念及相应的守恒定律及其应用。刚体的转动、振动和波动各章则是阐述前几章力学定律对于特殊系统的应用。狭义相对论的时空观已是当今物理学的基础概念，它和牛顿力学联系紧密，可以归入经典力学的范畴。本篇第 6 章介绍狭义相对论的基本概念和原理。

量子力学是一门全新的理论，不可能归入经典力学，也就不包括在本篇内。尽管如此，在本篇适当的地方，还是插入了一些量子力学概念以便和经典概念加以比较。

经典力学一向被认为是决定论的。但是，在20世纪60年代，由于电子计算机的应用，发现了经典力学问题实际上大部分虽是决定论的，但是是不可预测的。为了使同学们了解经典力学的这一新发展，本篇在“今日物理趣闻B 混沌”中简单介绍了这方面的基本知识。

# 第1章

# 质点运动学

经典力学是研究物体的机械运动的规律的。为了研究，首先描述。力学中描述物体运动的内容叫做**运动学**。实际的物体结构复杂，大小各异，为了从最简单的研究开始，引进**质点**模型，即以具有一定质量的点来代表物体。本章讲解质点运动学。相当一部分概念和公式在中学物理课程中已学习过了，本章将对它们进行更严格、更全面也更系统化的讲解。例如强调了参考系的概念，速度、加速度的定义都用了导数这一数学运算，还普遍加强了矢量概念。又例如圆周运动介绍了切向加速度和法向加速度两个分加速度。最后还介绍了同一物体运动的描述在不同参考系中的变换关系——伽利略变换。

## 1.1 参考系

现在让我们从一般地描述质点在三维空间中的运动开始。

物体的机械运动是指它的位置随时间的改变。位置总是相对的，这就是说，任何物体的位置总是相对于其他物体或物体系来确定的。这个其他物体或物体系就叫做确定物体位置时用的**参考物**。例如，确定交通车辆的位置时，我们用固定在地面上的一些物体，如房子或路牌作参考物(图 1.1)。

图 1.1 汽车行进在“珠峰公路”上(新华社)。在路径已经确定的情况下，汽车的位置可由离一个指定的路牌的路径长度确定

经验告诉我们，相对于不同的参考物，同一物体的同一运动，会表现为不同的形式。例如，一个自由下落的石块的运动，站在地面上观察，即以地面为参考物，它是直线运动。如果在近旁驰过的车厢内观察，即以行进的车厢为参考物，则石块将作曲线运动。物体运动的形式随参考物的不同而不同，这个事实叫**运动的相对性**。由于运动的相对性，当我们描述一个物体的运动时，就必须指明是相对于什么参考物来说的。

确定了参考物之后，为了定量地说明一个质点相对于此参考物的空间位置，就在此参考物上建立固定的**坐标系**。最常用的坐标系是**笛卡儿直角坐标系**。这个坐标系以参考物上某一固定点为原点 $O$，从此原点沿 3 个相互垂直的方向引 3 条固定在参考物上的直线作为**坐标轴**，通常分别叫做 $x,y,z$ 轴（图 1.2）。在这样的坐标系中，一个质点在任意时刻的空间位置，如 $P$ 点，就可以用 3 个坐标值$(x,y,z)$来表示。

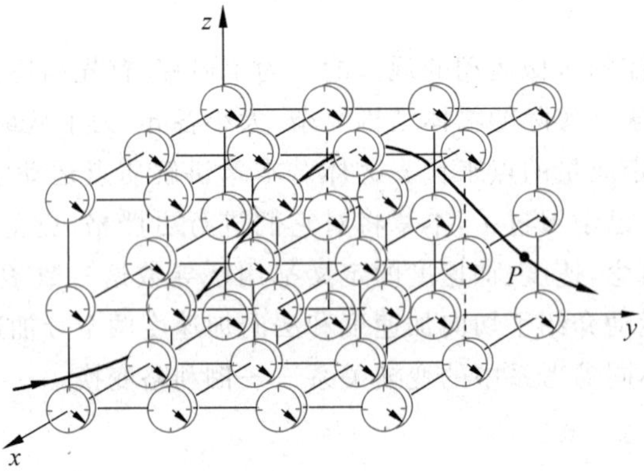


图 1.2　一个坐标系和一套同步的钟构成一个参考系

质点的运动就是它的位置随时间的变化。为了描述质点的运动，需要指出质点到达各个位置$(x,y,z)$的时刻 $t$。这时刻 $t$ 是由在坐标系中各处配置的许多**同步的钟**（如图 1.2，在任意时刻这些钟的指示都一样）给出的①。质点在运动中到达各处时，都有近旁的钟给出它到达该处的时刻 $t$。这样，质点的运动，亦即它的位置随时间的变化，就可以完全确定地描述出来了。

一个固定在参考物上的坐标系和相应的一套同步的钟组成一个**参考系**。参考系通常以所用的参考物命名。例如，坐标轴固定在地面上（通常一个轴竖直向上）的参考系叫**地面参考系**（图 1.3 中 $O''x''y''z''$）；坐标原点固定在地心而坐标轴指向空间固定方向（以恒星为基准）的参考系叫**地心参考系**（图 1.3 中 $O'x'y'z'$）；原点固定在太阳中心而坐标轴指向空间固定方向（以恒星为基准）的参考系叫**太阳参考系**（图 1.3 中 $Oxyz$）。常用的固定在实验室的参考系叫**实验室参考系**。

质点位置的空间坐标值是沿着坐标轴方向从原点开始量起的长度。在**国际单位制** SI

① 此处说的"在坐标系中各处配置的许多同步的钟"是一种理论的设计，实际上当然办不到。实际上是用一个钟随同物体一起运动，由它指出物体到达各处的时刻。这只运动的钟事前已和静止在参考系中的一只钟对好，二者同步。这样前者给出的时刻就是本参考系给出的时刻。实际的例子是飞行员的手表就指示他到达空间各处的时刻，这和地面上控制室的钟给出的时刻是一样的。不过，这种实际操作在物体运动速度接近光速时将失效，在这种情况下运动的钟和静止的钟**不可能**同步，其原因参见本书 6.3 节。

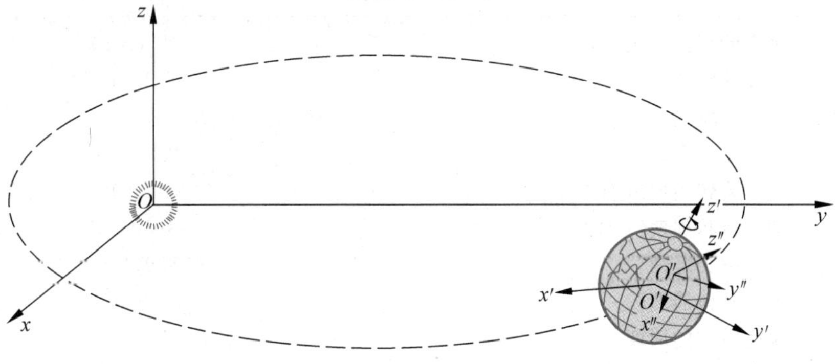


图 1.3 参考系示意图

(其单位也是我国的法定计量单位)中，长度的基本单位是米(符号是 m)。现在国际上采用的米是 1983 年规定的①：**1 m 是光在真空中在(1/299 792 458)s 内所经过的距离**。这一规定的基础是激光技术的完善和相对论理论的确立。表 1.1 列出了一些长度的实例。

**表 1.1 长度实例** m

| | |
|---|---|
| 目前可观察到的宇宙的半径 | 约 $1\times10^{26}$ |
| 银河系之间的距离 | 约 $2\times10^{22}$ |
| 我们的银河系的直径 | $7.6\times10^{20}$ |
| 地球到最近的恒星(半人马座比邻星)的距离 | $4.0\times10^{16}$ |
| 光在一年内走的距离(1 l. y.) | $0.95\times10^{16}$ |
| 地球到太阳的距离 | $1.5\times10^{11}$ |
| 地球的半径 | $6.4\times10^{6}$ |
| 珠穆朗玛峰的高度 | $8.9\times10^{3}$ |
| 人的身高 | 约 1.7 |
| 无线电广播电磁波波长 | 约 $3\times10^{2}$ |
| 说话声波波长 | 约 $4\times10^{-1}$ |
| 人的红血球直径 | $7.5\times10^{-6}$ |
| 可见光波波长 | 约 $6\times10^{-7}$ |
| 原子半径 | 约 $1\times10^{-10}$ |
| 质子半径 | $1\times10^{-15}$ |
| 电子半径 | $<1\times10^{-18}$ |
| 夸克半径 | $1\times10^{-20}$ |
| “超弦”(理论假设) | $1\times10^{-35}$ |

质点到达空间某一位置的**时刻**以从某一起始时刻到该时刻所经历的**时间**标记。时间在 SI 中是以秒(符号是 s)为基本单位计量的。以前曾规定平均太阳日的 1/86 400 是 1 s。现在 SI 规定：**1 s 是铯的一种同位素 $^{133}$Cs 原子发出的一个特征频率的光波周期的 9 192 631 770 倍**。表 1.2 列出了一些时间的实例。

① 关于基本单位的规定，请参见：张钟华. 基本物理常量与国际单位制基本单位的重新定义. 物理通报，2006，2：7～10.

**表 1.2 时间实例** s

| | |
|---|---|
| 宇宙的年龄 | 约 $4\times10^{17}$ |
| 地球的年龄 | $1.2\times10^{17}$ |
| 万里长城的年龄 | $7\times10^{10}$ |
| 人的平均寿命 | $2.2\times10^{9}$ |
| 地球公转周期(1 年) | $3.2\times10^{7}$ |
| 地球自转周期(1 日) | $8.6\times10^{4}$ |
| 自由中子寿命 | $8.9\times10^{2}$ |
| 人的脉搏周期 | 约 0.9 |
| 说话声波的周期 | 约 $1\times10^{-3}$ |
| 无线电广播电磁波周期 | 约 $1\times10^{-6}$ |
| $\pi^+$ 粒子的寿命 | $2.6\times10^{-8}$ |
| 可见光波的周期 | 约 $2\times10^{-15}$ |
| 最短的粒子寿命 | 约 $10^{-25}$ |

在实际工作中，为了方便起见，常用基本单位的倍数或分数作单位来表示物理量的大小。这些单位叫**倍数单位**，它们的名称都是基本单位加上一个表示倍数或分数的词头构成。SI 词头如表 1.3 所示。

**表 1.3 SI 词头**

| 因数 | 词头名称 | | 符号 |
|---|---|---|---|
| | 英文 | 中文 | |
| $10^{24}$ | yotta | 尧[它] | Y |
| $10^{21}$ | zetta | 泽[它] | Z |
| $10^{18}$ | exa | 艾[可萨] | E |
| $10^{15}$ | peta | 拍[它] | P |
| $10^{12}$ | tera | 太[拉] | T |
| $10^{9}$ | giga | 吉[咖] | G |
| $10^{6}$ | mega | 兆 | M |
| $10^{3}$ | kilo | 千 | k |
| $10^{2}$ | hecto | 百 | h |
| $10^{1}$ | deca | 十 | da |
| $10^{-1}$ | deci | 分 | d |
| $10^{-2}$ | centi | 厘 | c |
| $10^{-3}$ | milli | 毫 | m |
| $10^{-6}$ | micro | 微 | μ |
| $10^{-9}$ | nano | 纳[诺] | n |
| $10^{-12}$ | pico | 皮[可] | p |
| $10^{-15}$ | femto | 飞[母托] | f |
| $10^{-18}$ | atto | 阿[托] | a |
| $10^{-21}$ | zepto | 仄[普托] | z |
| $10^{-24}$ | yocto | 幺[科托] | y |

## 1.2 质点的位矢、位移和速度

选定了参考系，一个质点的运动，即它的位置随时间的变化，就可以用数学函数的形式表示出来了。作为时间 $t$ 的函数的 3 个坐标值一般可以表示为

$$x = x(t),\quad y = y(t),\quad z = z(t) \tag{1.1}$$

这样的一组函数叫做质点的**运动函数**（有的书上叫做运动方程）。

质点的位置可以用**矢量**①的概念更简洁清楚地表示出来。为了表示质点在时刻 $t$ 的位置 $P$，我们从原点向此点引一有向线段 $OP$，并记作矢量 $\boldsymbol{r}$（图 1.4）。$\boldsymbol{r}$ 的方向说明了 $P$ 点相对于坐标轴的方位，$\boldsymbol{r}$ 的大小（即它的“模”）表明了原点到 $P$ 点的距离。方位和距离都知道了，$P$ 点的位置也就确定了。用来确定质点位置的这一矢量 $\boldsymbol{r}$ 叫做质点的**位置矢量**，简称**位矢**，也叫**径矢**。质点在运动时，它的位矢是随时间改变的，这一改变一般可以用函数

$$\boldsymbol{r} = \boldsymbol{r}(t) \tag{1.2}$$

来表示。上式就是质点的运动函数的矢量表示式。

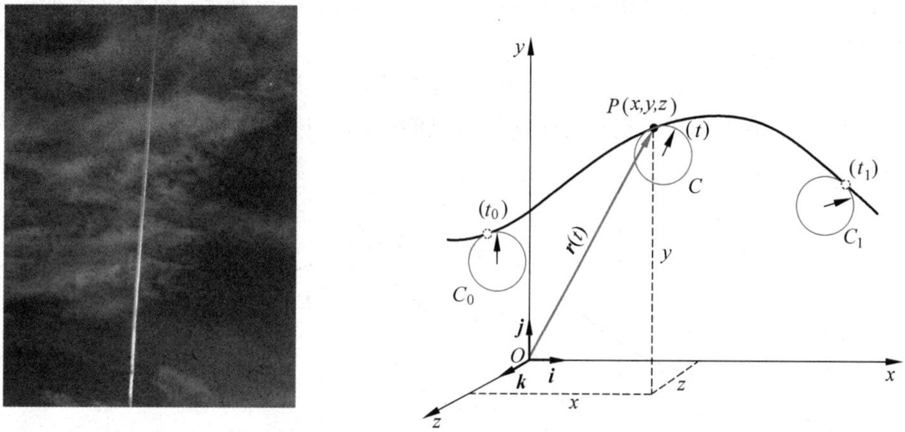


(a) (b)

图 1.4 质点的运动

(a) 飞机穿透云层“实际的”质点运动；

(b) 用位矢 $\boldsymbol{r}(t)$ 表示质点在时刻 $t$ 的位置

---

① **矢量**是指有方向而且其求和（或合成）需用**平行四边形定则**进行的物理量。矢量符号通常用黑体字印刷并且用长度与矢量的大小成比例的箭矢代表。求 $\boldsymbol{A}$ 与 $\boldsymbol{B}$ 的和 $\boldsymbol{C}$ 时可用平行四边形定则（图 1.5(a)），也可用三角形定则（图 1.5(b)，$\boldsymbol{A}$ 与 $\boldsymbol{B}$ 首尾相接）。求 $\boldsymbol{A}-\boldsymbol{B}=\boldsymbol{D}$ 时，由于 $\boldsymbol{A}=\boldsymbol{B}+\boldsymbol{D}$，所以可按图 1.6 进行（$\boldsymbol{A}$ 与 $\boldsymbol{B}$ 首首相连）。

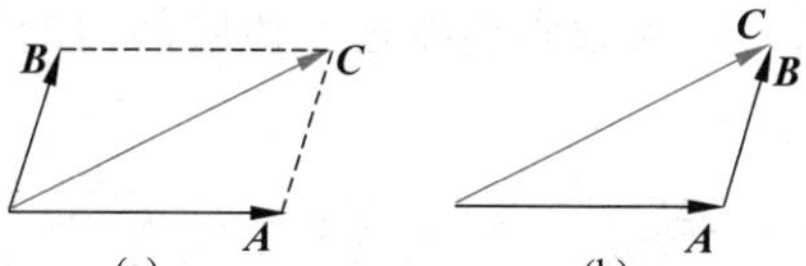


(a) (b)

图 1.5 $\boldsymbol{A}+\boldsymbol{B}=\boldsymbol{C}$ 的图示

(a) 平行四边形定则；(b) 三角形定则

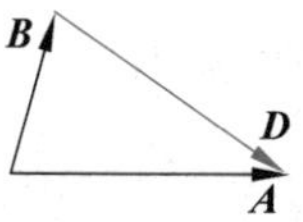


图 1.6 $\boldsymbol{A}-\boldsymbol{B}=\boldsymbol{D}$ 的图示

由于空间的几何性质，位置矢量总可以用它的沿3个坐标轴的分量之和表示。位置矢量 $\boldsymbol{r}$ 沿3个坐标轴的投影分别是坐标值 $x,y,z$。以 $\boldsymbol{i},\boldsymbol{j},\boldsymbol{k}$ 分别表示沿 $x,y,z$ 轴正方向的**单位矢量**(即其大小是一个单位的矢量)，则位矢 $\boldsymbol{r}$ 和它的3个分量的关系就可以用矢量合成公式

$$\boldsymbol{r}=x\boldsymbol{i}+y\boldsymbol{j}+z\boldsymbol{k} \tag{1.3}$$

表示。式中等号右侧各项分别是位矢 $\boldsymbol{r}$ 沿各坐标轴的分矢量，它们的大小分别等于各坐标值的大小，其方向是各坐标轴的正向或负向，取决于各坐标值的正或负。根据式(1.3)，式(1.1)和式(1.2)表示的运动函数就有如下的关系：

$$\boldsymbol{r}(t)=x(t)\boldsymbol{i}+y(t)\boldsymbol{j}+z(t)\boldsymbol{k} \tag{1.4}$$

式(1.4)中各函数表示质点位置的各坐标值随时间的变化情况，可以看做是质点沿各坐标轴的**分运动**的表示式。质点的实际运动是由式(1.4)中3个函数的总体或式(1.2)表示的。式(1.4)表明，质点的实际运动是各分运动的**合运动**。

质点运动时所经过的路线叫做**轨道**，在一段时间内它沿轨道经过的距离叫做**路程**，在一段时间内它的位置的改变叫做它在这段时间内的**位移**。设质点在 $t$ 和 $t+\Delta t$ 时刻分别通过 $P$ 和 $P_1$ 点(图1.7)，其位矢分别是 $\boldsymbol{r}(t)$ 和 $\boldsymbol{r}(t+\Delta t)$，则由 $P$ 引到 $P_1$ 的矢量表示位矢的增量，即(对比图1.6)

$$\Delta\boldsymbol{r}=\boldsymbol{r}(t+\Delta t)-\boldsymbol{r}(t) \tag{1.5}$$

这一位矢的增量就是质点在 $t$ 到 $t+\Delta t$ 这一段时间内的位移。

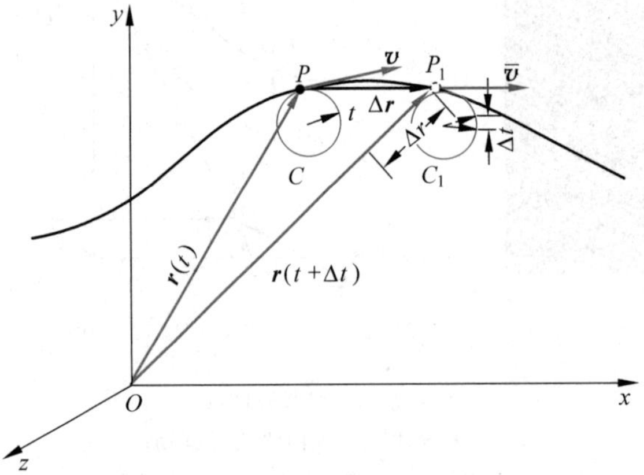


图1.7 位移矢量 $\Delta\boldsymbol{r}$ 和速度矢量 $\boldsymbol{v}$

应该注意的是，位移 $\Delta\boldsymbol{r}$ 是矢量，既有大小又有方向。其大小用图中 $\Delta\boldsymbol{r}$ 矢量的长度表示，记作 $|\Delta\boldsymbol{r}|$。这一数量不能简写为 $\Delta r$，因为 $\Delta r=r(t+\Delta t)-r(t)$，它是位矢的大小在 $t$ 到 $t+\Delta t$ 这一段时间内的增量。一般地说，$|\Delta\boldsymbol{r}|\neq\Delta r$。

位移 $\Delta\boldsymbol{r}$ 和发生这段位移所经历的时间的比叫做质点在这一段时间内的**平均速度**。以 $\bar{\boldsymbol{v}}$ 表示平均速度，就有

$$\bar{\boldsymbol{v}}=\frac{\Delta\boldsymbol{r}}{\Delta t} \tag{1.6}$$

平均速度也是矢量，它的方向就是位移的方向(如图1.7所示)。

当 $\Delta t$ 趋于零时，式(1.6)的极限，即质点位矢对时间的变化率，叫做质点在时刻 $t$ 的**瞬**

**时速度**，简称**速度**。用 $\boldsymbol{v}$ 表示速度，就有

$$\boldsymbol{v}=\lim_{\Delta t\to 0}\frac{\Delta \boldsymbol{r}}{\Delta t}=\frac{\mathrm{d}\boldsymbol{r}}{\mathrm{d}t} \tag{1.7}$$

速度的方向，就是 $\Delta t$ 趋于零时 $\Delta \boldsymbol{r}$ 的方向。如图 1.7 所示，当 $\Delta t$ 趋于零时，$P_1$ 点向 $P$ 点趋近，而 $\Delta \boldsymbol{r}$ 的方向最后将与质点运动轨道在 $P$ 点的切线一致。因此，质点在时刻 $t$ 的速度的方向就是沿着该时刻质点所在处运动轨道的切线而指向运动的前方，如图 1.7 中 $\boldsymbol{v}$ 的方向。

速度的大小叫**速率**，以 $v$ 表示，则有

$$v=|\boldsymbol{v}|=\left|\frac{\mathrm{d}\boldsymbol{r}}{\mathrm{d}t}\right|=\lim_{\Delta t\to 0}\frac{|\Delta \boldsymbol{r}|}{\Delta t} \tag{1.8}$$

用 $\Delta s$ 表示在 $\Delta t$ 时间内质点沿轨道所经过的路程。当 $\Delta t$ 趋于零时，$|\Delta \boldsymbol{r}|$ 和 $\Delta s$ 趋于相同，因此可以得到

$$v=\lim_{\Delta t\to 0}\frac{|\Delta \boldsymbol{r}|}{\Delta t}=\lim_{\Delta t\to 0}\frac{\Delta s}{\Delta t}=\frac{\mathrm{d}s}{\mathrm{d}t} \tag{1.9}$$

这就是说速率又等于质点所走过的路程对时间的变化率。

根据位移的大小 $|\Delta \boldsymbol{r}|$ 与 $\Delta r$ 的区别可以知道，一般地，

$$v=\left|\frac{\mathrm{d}\boldsymbol{r}}{\mathrm{d}t}\right|\neq\frac{\mathrm{d}r}{\mathrm{d}t}$$

将式(1.3)代入式(1.7)，由于沿 3 个坐标轴的单位矢量都不随时间改变，所以有

$$\boldsymbol{v}=\frac{\mathrm{d}x}{\mathrm{d}t}\boldsymbol{i}+\frac{\mathrm{d}y}{\mathrm{d}t}\boldsymbol{j}+\frac{\mathrm{d}z}{\mathrm{d}t}\boldsymbol{k}=\boldsymbol{v}_x+\boldsymbol{v}_y+\boldsymbol{v}_z \tag{1.10}$$

等号右面 3 项分别表示沿 3 个坐标轴方向的**分速度**。速度沿 3 个坐标轴的分量 $v_x, v_y, v_z$ 分别为

$$v_x=\frac{\mathrm{d}x}{\mathrm{d}t},\quad v_y=\frac{\mathrm{d}y}{\mathrm{d}t},\quad v_z=\frac{\mathrm{d}z}{\mathrm{d}t} \tag{1.11}$$

这些分量都是数量，可正可负。

式(1.10)表明：质点的速度 $\boldsymbol{v}$ 是各分速度的矢量和。这一关系是式(1.4)的直接结果，也是由空间的几何性质所决定的。

由于式(1.10)中各分速度相互垂直，所以速率

$$v=\sqrt{v_x^2+v_y^2+v_z^2} \tag{1.12}$$

速度的 SI 单位是 m/s。表 1.4 给出了一些实际的速率的数值。

**表 1.4 某些速率** m/s

| | |
|---|---|
| 光在真空中 | $3.0\times10^8$ |
| 北京正负电子对撞机中的电子 | 99.999 998%光速 |
| 类星体的退行(最快的) | $2.7\times10^8$ |
| 太阳在银河系中绕银河系中心的运动 | $3.0\times10^5$ |
| 地球公转 | $3.0\times10^4$ |
| 人造地球卫星 | $7.9\times10^3$ |
| 现代歼击机 | 约 $9\times10^2$ |
| 步枪子弹离开枪口时 | 约 $7\times10^2$ |

续表

| | |
|---|---|
| 由于地球自转在赤道上一点的速率 | $4.6\times10^2$ |
| 空气分子热运动的平均速率(0℃) | $4.5\times10^2$ |
| 空气中声速(0℃) | $3.3\times10^2$ |
| 机动赛车(最大) | $1.0\times10^2$ |
| 猎豹(最快动物) | $2.8\times10$ |
| 人跑步百米世界纪录(最快时) | $1.205\times10$ |
| 大陆板块移动 | 约 $10^{-9}$ |

### 全球定位系统(GPS)

全球定位系统是利用人造卫星准确认定接收器的位置并进行导航的系统。它由美国国防部首先创建,又称"NAVSTAR"。该系统共利用24颗卫星(1978年发射第一颗,1994年发射最后一颗),每颗卫星以速率 $1.13\times10^4$ km/h 每天绕地球两圈,24颗卫星大致均匀分布于全球表面高空(图1.8(a)),卫星由太阳能电池供电(也有备用电池),有小火箭助推器保证它们各自在正确轨道上运行。卫星以1575.42 MHz的频率发射民用信号,地表面的接收器可以同时收到几颗卫星发来的信号。3个卫星的信号能认定接收器的二维位置(经度和纬度),4个卫星的信号能认定接收器的三维位置(经度、纬度和高度)(图1.8(b))。信号之所以能认定接收器的位置是因为接收器能测出各信号从卫星发出至到达接收器的时间,从而能计算出卫星到接收器的距离。知道了几个方向上卫星到接收器的距离,就可以确定接收器所在的位置了。NAVSTAR确定位置的精度平均为15 m,添加附属修正设备可使精度提高到3 m以下。位置确定后,接收器还可计算其他信息,如速率、方向、轨道等。目前NAVSTAR能对汽车、船只、飞机、导弹、卫星等进行全天候适时、准确定位。利用NAVSTAR是免费的。

(a)

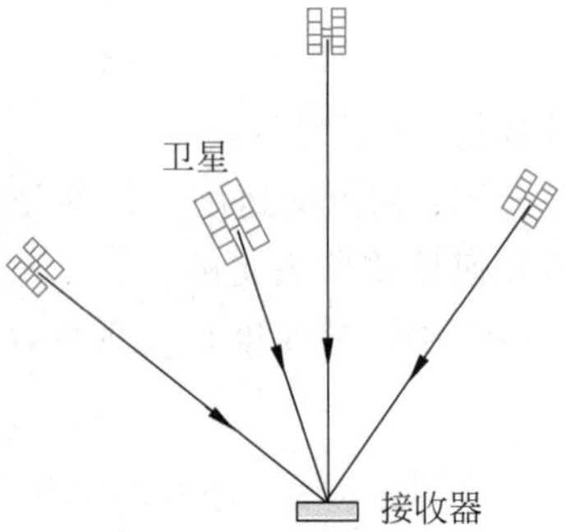


(b)

图1.8 全球定位系统

(a) NAVSTAR卫星分布图;(b) 4星定位原理图

为了摆脱对NAVSTAR的依赖,我国已自行研制开建了自己的全球卫星导航系统——北斗卫星导航系统。它将由5颗静止轨道卫星和30颗非静止轨道卫星组成,它不但能用来定位,而且还能用于通信。2006年我国已建成了"北斗一号"导航实验卫星系统。它由3颗卫星组成,其定位精度为10 m,授时精度为50 ns,测速精度为0.2 m/s。它覆盖我国及周边领域,已在电信、水利、交通、森林防火和国家安全等诸多领域发挥重要作用。2007年4月我国又成功地发射了一颗北斗导航卫星(COMPASS-M1),在全球卫星导航系统的建设上又前进了一步。

## 1.3 加速度

当质点的运动速度随时间改变时，常常需要了解速度变化的情况。速度变化的情况用**加速度**表示。以$\boldsymbol{v}(t)$和$\boldsymbol{v}(t+\Delta t)$分别表示质点在时刻$t$和时刻$t+\Delta t$的速度(图1.9)，则在这段时间内的**平均加速度**$\bar{\boldsymbol{a}}$由下式定义：

$$\bar{\boldsymbol{a}}=\frac{\boldsymbol{v}(t+\Delta t)-\boldsymbol{v}(t)}{\Delta t}=\frac{\Delta \boldsymbol{v}}{\Delta t} \tag{1.13}$$

当$\Delta t$趋于零时，此平均加速度的极限，即速度对时间的变化率，叫质点在时刻$t$的**瞬时加速度**，简称**加速度**。以$\boldsymbol{a}$表示加速度，就有

$$\boldsymbol{a}=\lim_{\Delta t\to 0}\frac{\Delta \boldsymbol{v}}{\Delta t}=\frac{\mathrm{d}\boldsymbol{v}}{\mathrm{d}t} \tag{1.14}$$

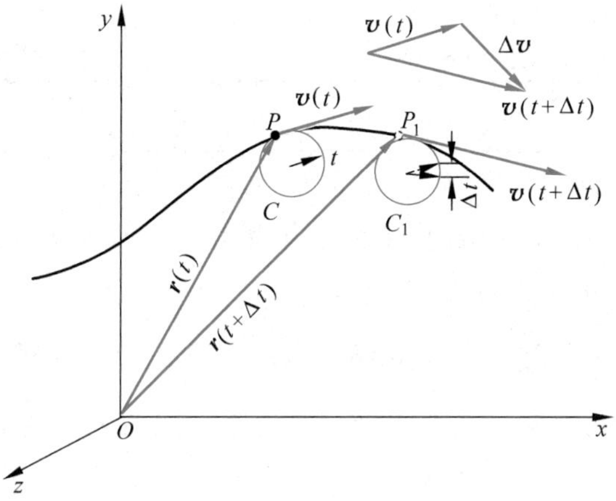


图1.9 平均加速度矢量$\bar{\boldsymbol{a}}$的方向就是$\Delta\boldsymbol{v}$的方向

应该明确的是，加速度也是矢量。由于它是速度对时间的变化率，所以不管是速度的大小发生变化，还是速度的方向发生变化，都有加速度[①]。利用式(1.7)，还可得

$$\boldsymbol{a}=\frac{\mathrm{d}^2\boldsymbol{r}}{\mathrm{d}t^2} \tag{1.15}$$

将式(1.10)代入式(1.14)，可得加速度的分量表示式如下：

$$\boldsymbol{a}=\frac{\mathrm{d}v_x}{\mathrm{d}t}\boldsymbol{i}+\frac{\mathrm{d}v_y}{\mathrm{d}t}\boldsymbol{j}+\frac{\mathrm{d}v_z}{\mathrm{d}t}\boldsymbol{k}=\boldsymbol{a}_x+\boldsymbol{a}_y+\boldsymbol{a}_z \tag{1.16}$$

加速度沿3个坐标轴的分量分别是

$$\left.\begin{aligned}a_x&=\frac{\mathrm{d}v_x}{\mathrm{d}t}=\frac{\mathrm{d}^2x}{\mathrm{d}t^2}\\a_y&=\frac{\mathrm{d}v_y}{\mathrm{d}t}=\frac{\mathrm{d}^2y}{\mathrm{d}t^2}\\a_z&=\frac{\mathrm{d}v_z}{\mathrm{d}t}=\frac{\mathrm{d}^2z}{\mathrm{d}t^2}\end{aligned}\right\} \tag{1.17}$$

---

① 本节引进了加速度，即速度对时间的变化率。那么，是否还可进一步讨论加速度对时间的变化率，引进"**加加速度**"的概念呢？这一概念有实际意义吗？有的。请参见2.1节附加内容**急动度**。

这些分量和加速度的大小的关系是

$$a = \sqrt{a_x^2 + a_y^2 + a_z^2} \tag{1.18}$$

加速度的SI单位是 $m/s^2$。表1.5给出了一些实际的加速度的数值。

**表 1.5 某些加速度的数值** $m/s^2$

| | |
|---|---|
| 超级离心机中粒子的加速度 | $3\times10^6$ |
| 步枪子弹在枪膛中的加速度 | 约 $5\times10^5$ |
| 使汽车撞坏(以 27 m/s 车速撞到墙上)的加速度 | 约 $1\times10^3$ |
| 使人发晕的加速度 | 约 $7\times10$ |
| 地球表面的重力加速度 | 9.8 |
| 汽车制动的加速度 | 约 8 |
| 月球表面的重力加速度 | 1.7 |
| 由于地球自转在赤道上一点的加速度 | $3.4\times10^{-2}$ |
| 地球公转的加速度 | $6\times10^{-3}$ |
| 太阳绕银河系中心转动的加速度 | 约 $3\times10^{-10}$ |

**例 1.1**

竖直向上发射的火箭(图1.10)点燃后,其上升高度 $z$(原点在地面上,$z$ 轴竖直向上)和时间 $t$ 的关系,在不太高的范围内为

$$z = ut\ln M_0 + \frac{u}{\alpha}\{(M_0-\alpha t)[\ln(M_0-\alpha t)-1]-M_0(\ln M_0-1)\}-\frac{1}{2}gt^2$$

其中 $M_0$ 为火箭发射前的质量,$\alpha$ 为燃料的燃烧速率,$u$ 为燃料燃烧后喷出气体相对火箭的速率,$g$ 为重力加速度。

(1) 求火箭点燃后,它的速度和加速度随时间变化的关系;

(2) 已知 $M_0=2.80\times10^6$ kg,$\alpha=1.20\times10^4$ kg/s,$u=2.90\times10^3$ m/s,$g$ 取 9.80 $m/s^2$。求火箭点燃后 $t=120$ s 时,火箭的高度、速度和加速度;

(3) 用(2)中的数据分别画出 $z$-$t$,$v$-$t$ 和 $a$-$t$ 曲线。

**解** (1) 火箭的速度为

$$v = \frac{dz}{dt} = u[\ln M_0 - \ln(M_0-\alpha t)] - gt$$

加速度为

$$a = \frac{dv}{dt} = \frac{\alpha u}{M_0-\alpha t} - g$$

(2) 将已知数据代入相应公式,得到在 $t=120$ s 时,

$$M_0 - \alpha t = 2.80\times10^6 - 1.20\times10^4\times120 = 1.36\times10^6\ (\text{kg})$$

而火箭的高度为

$$\begin{aligned} z =& 2.90\times10^3\times120\times\ln(2.8\times10^6) + \frac{2.9\times10^3}{1.20\times10^4}\Big\{1.36\times10^6[\ln(1.36\times10^6)-1] \\ & - 2.80\times10^6[\ln(2.80\times10^6)-1]\Big\} - \frac{1}{2}\times9.80\times120^2 \\ =& 40\ (\text{km}) \end{aligned}$$

为地球半径的0.6%。这时火箭的速度为

图 1.10 2007 年 2 月 3 日，在西昌卫星发射中心，"长征三号甲"运载火箭将第四颗北斗导航试验卫星送入太空

$$v = 2.90\times10^3\times\ln\frac{2.80\times10^6}{1.36\times10^6}-9.80\times120=0.918\ (\mathrm{km/s})$$

方向向上，说明火箭仍在上升。火箭的加速度为

$$a=\frac{1.20\times10^4\times2.90\times10^3}{1.36\times10^6}-9.80=15.8\ (\mathrm{m/s^2})$$

方向向上，与速度同向，说明火箭仍在向上加速。

(3) 图 1.11(a)，(b)和(c)中分别画出了 $z$-$t$，$v$-$t$ 和 $a$-$t$ 曲线。从数学上说，三者中，后者依次为前者的斜率。

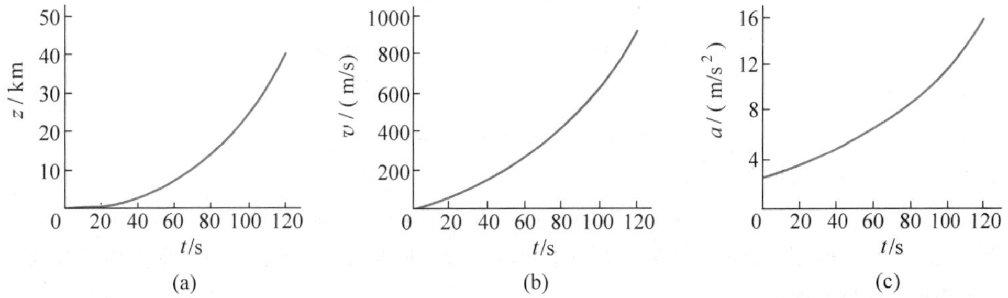


图 1.11 例 1.1 中火箭升空的高度 $z$、速率 $v$ 和加速度 $a$ 随时间 $t$ 变化的曲线

**例 1.2**

一质点在 $xy$ 平面内运动，其运动函数为 $x=R\cos\omega t$ 和 $y=R\sin\omega t$，其中 $R$ 和 $\omega$ 为正值常量。求质点的运动轨道以及任一时刻它的位矢、速度和加速度。

**解** 对 $x$，$y$ 两个函数分别取平方，然后相加，就可以消去 $t$ 而得轨道方程

$$x^2+y^2=R^2$$

这是一个圆心在原点，半径为 $R$ 的圆的方程（图 1.12）。它表明质点沿此圆周运动。

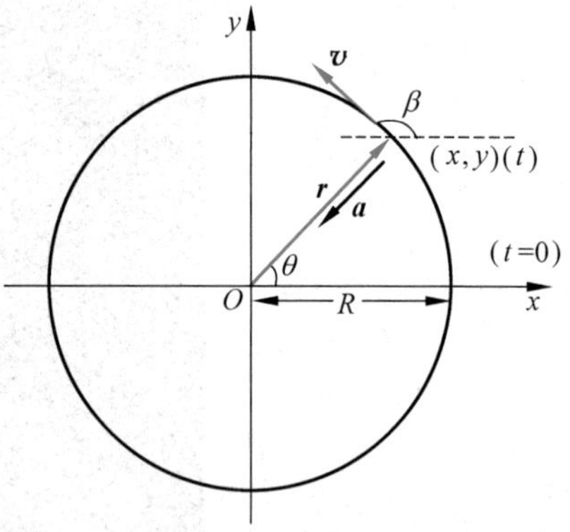

图 1.12 例 1.2 用图

质点在任一时刻的位矢可表示为

$$\boldsymbol{r}=x\boldsymbol{i}+y\boldsymbol{j}=R\cos\omega t\boldsymbol{i}+R\sin\omega t\boldsymbol{j}$$

此位矢的大小为

$$r=\sqrt{x^2+y^2}=R$$

以 $\theta$ 表示此位矢和 $x$ 轴的夹角，则

$$\tan\theta=\frac{y}{x}=\frac{\sin\omega t}{\cos\omega t}=\tan\omega t$$

因而

$$\theta=\omega t$$

质点在任一时刻的速度可由位矢表示式求出，即

$$\boldsymbol{v}=\frac{\mathrm{d}\boldsymbol{r}}{\mathrm{d}t}=-R\omega\sin\omega t\boldsymbol{i}+R\omega\cos\omega t\boldsymbol{j}$$

它沿两个坐标轴的分量分别为

$$v_x=-R\omega\sin\omega t,\quad v_y=R\omega\cos\omega t$$

速率为

$$v=\sqrt{v_x^2+v_y^2}=R\omega$$

由于 $v$ 是常量，表明质点作匀速圆周运动。

以 $\beta$ 表示速度方向与 $x$ 轴之间的夹角，则

$$\tan\beta=\frac{v_y}{v_x}=-\frac{\cos\omega t}{\sin\omega t}=-\cot\omega t$$

从而有

$$\beta=\omega t+\frac{\pi}{2}=\theta+\frac{\pi}{2}$$

这说明，速度在任何时刻总与位矢垂直，即沿着圆的切线方向。质点在任一时刻的加速度为

$$\boldsymbol{a}=\frac{\mathrm{d}\boldsymbol{v}}{\mathrm{d}t}=-R\omega^2\cos\omega t\boldsymbol{i}-R\omega^2\sin\omega t\boldsymbol{j}$$

而

$$a_x=-R\omega^2\cos\omega t,\quad a_y=-R\omega^2\sin\omega t$$

此加速度的大小为

$$a=\sqrt{a_x^2+a_y^2}=R\omega^2$$

又由上面的位矢表示式还可得

$$\boldsymbol{a}=-\omega^2(R\cos\omega t\boldsymbol{i}+R\sin\omega t\boldsymbol{j})=-\omega^2\boldsymbol{r}$$

这一负号表示在任一时刻质点的加速度的方向总和位矢的方向相反，也就是说匀速率圆周运动的加速度总是沿着半径指向圆心的。

本题给出的 $x$，$y$ 两个函数式，实际上表示的是沿 $x$ 和 $y$ 方向的两个简谐振动。本题的分析结果指出，这两个振动的合成是一个匀速圆周运动，它有一个向心加速度，其大小为 $\omega^2R$。

由上二例可以看出，如果知道了质点的运动函数，我们就可以根据速度和加速度的定义用求导数的方法求出质点在任何时刻(或经过任意位置时)的速度和加速度。然而，在许多实际问题中，往往可以先求质点的加速度，而且要求在此基础上求出质点在各时刻的速度和位置。求解这类问题需要用积分的方法，下面我们以匀加速运动为例来说明这种方法。

## 1.4 匀加速运动

加速度的大小和方向都不随时间改变，即加速度 $\boldsymbol{a}$ 为常矢量的运动，叫做**匀加速运动**。由加速度的定义 $\boldsymbol{a}=\mathrm{d}\boldsymbol{v}/\mathrm{d}t$，可得

$$\mathrm{d}\boldsymbol{v} = \boldsymbol{a}\mathrm{d}t$$

对此式两边积分，即可得出速度随时间变化的关系。设已知某一时刻的速度，例如 $t=0$ 时，速度为 $\boldsymbol{v}_0$，则任意时刻 $t$ 的速度 $\boldsymbol{v}$，就可以由下式求出：

$$\int_{v_0}^{v} \mathrm{d}\boldsymbol{v} = \int_0^t \boldsymbol{a}\mathrm{d}t$$

利用 $\boldsymbol{a}$ 为常矢量的条件，可得

$$\boldsymbol{v} = \boldsymbol{v}_0 + \boldsymbol{a}t \tag{1.19}$$

这就是匀加速运动的速度公式。

由于 $\boldsymbol{v}=\mathrm{d}\boldsymbol{r}/\mathrm{d}t$，所以有 $\mathrm{d}\boldsymbol{r}=\boldsymbol{v}\mathrm{d}t$，将式(1.19)代入此式，可得

$$\mathrm{d}\boldsymbol{r} = (\boldsymbol{v}_0 + \boldsymbol{a}t)\mathrm{d}t$$

设某一时刻，例如 $t=0$ 时的位矢为 $\boldsymbol{r}_0$，则任意时刻 $t$ 的位矢 $\boldsymbol{r}$ 就可通过对上式两边积分求得，即

$$\int_{r_0}^{r} \mathrm{d}\boldsymbol{r} = \int_0^t (\boldsymbol{v}_0 + \boldsymbol{a}t)\mathrm{d}t$$

由此得

$$\boldsymbol{r} = \boldsymbol{r}_0 + \boldsymbol{v}_0 t + \frac{1}{2}\boldsymbol{a}t^2 \tag{1.20}$$

这就是匀加速运动的位矢公式。

在实际问题中，常常利用式(1.19)和式(1.20)的分量式，它们是速度公式

$$\left.\begin{aligned} v_x &= v_{0x} + a_x t \\ v_y &= v_{0y} + a_y t \\ v_z &= v_{0z} + a_z t \end{aligned}\right\} \tag{1.21}$$

和位置公式

$$\left.\begin{aligned} x &= x_0 + v_{0x}t + \frac{1}{2}a_x t^2 \\ y &= y_0 + v_{0y}t + \frac{1}{2}a_y t^2 \\ z &= z_0 + v_{0z}t + \frac{1}{2}a_z t^2 \end{aligned}\right\} \tag{1.22}$$

这两组公式具体地说明了质点的匀加速运动沿 3 个坐标轴方向的分运动，质点的实际运动就是这 3 个分运动的合成。

以上各公式中的加速度和速度沿坐标轴的分量均可正可负，这要由各分矢量相对于坐标轴的正方向而定：相同为正，相反为负。

质点在时刻 $t=0$ 时的位矢 $\boldsymbol{r}_0$ 和速度 $\boldsymbol{v}_0$ 叫做运动的**初始条件**。由式(1.19)和式(1.20)可知，在已知加速度的情况下，给定了初始条件，就可以求出质点在任意时刻的位置和速度。这个结论在匀加速运动的诸公式中看得最明显。实际上它对质点的任意运动都是成立的。

如果质点沿一条直线作匀加速运动，就可以选它所沿的直线为 $x$ 轴，而其运动就可以只用式(1.21)和式(1.22)的第一式加以描述。如果再取质点的初位置为原点，即取 $x_0=0$，则这些公式就是大家熟知的匀加速(或匀变速)直线运动的公式了。

最常见而且很重要的实际的匀加速运动是物体只在重力作用下的运动。这种运动的加速度的方向总竖直向下，其大小虽然随地点和高度略有不同(因而被近似地按匀加速运动处理)，但非常重要的是，实验证实，在同一地点的所有物体，不管它们的形状、大小和化学成分等有什么不同，它们的这一加速度都相同①。这一加速度就叫**重力加速度**，通常用 $\boldsymbol{g}$ 表示，在地面附近的重力加速度的值②大约是

$$g = 9.81\ \mathrm{m/s^2}$$

初速是零的这种运动就是**自由落体运动**。以起点为原点，取 $y$ 轴向下，则由式(1.21)和式(1.22)的第二式可得自由落体运动的公式如下：

$$\left.\begin{aligned} v &= gt \\ y &= \frac{1}{2}gt^2 \\ v^2 &= 2gy \end{aligned}\right\}$$

---

**例 1.3**

在高出海面 30 m 的悬崖边上以 15 m/s 的初速竖直向上抛出一石子，如图 1.13 所示，设石子回落时不再碰到悬崖并忽略空气的阻力。求(1)石子能达到的最大高度；(2)石子从被抛出到回落触及海面所用的时间；(3)石子触及海面时的速度。

**解**　取通过抛出点的竖直线为 $x$ 轴，向上为正，抛出点为原点(图 1.13)。石子抛出后作匀变速运动，就可以用式(1.21)($v_0=0$)～式(1.22)的 $x$ 轴分量式求解。由于重力加速度和 $x$ 轴方向相反，所以式(1.21)、式(1.22)中的 $a$ 值应取 $-g$，而 $v_0=15$ m/s。

---

① 所有物体的自由落体加速度都一样，作为事实首先被伽利略在17世纪初期肯定下来。它的重要意义被爱因斯坦注意到，作为他在1915年提出的广义相对论的出发点。正是由于这个十分重要的意义，所以有许多人多次做实验来验证这一点。牛顿所做的各种物体自由落体加速度都相等的实验曾精确到 $10^{-3}$ 量级。近代，这方面的实验精确到 $10^{-10}$ 量级，在某些特殊情况下甚至精确到 $10^{-12}$ 量级。

1999年朱棣文小组用原子干涉仪成功地测量了重力加速度，利用自由下落的原子能够以与光学干涉仪相同的精度测出 $g$ 的值，精度达 $3\times10^{-6}$，从而证明了自由落体定律(即 $g$ 值与落体质量无关)在量子尺度上成立。

② 测量地面上不同地点的 $g$ 值通常是用单摆进行的。但近年来国际度量衡局采用了一种特别精确的方法。它是在一个真空容器中将一个特制的小抛体向上抛出，测量它上升一段给定的距离接着又回落到原处所经过的时间。由这距离和时间就可以算出 $g$ 来。用光的干涉仪可以把测定距离的精度提高到 $\pm10^{-9}$ m。这样测定的 $g$ 值可以准确到 $\pm3\times10^{-8}\ \mathrm{m/s^2}$(用低速原子构建的原子干涉仪甚至可以准确到 $10^{-10}$ 数量级)。用这样精确的方法测量的结果发现 $g$ 值随时间有微小的浮动，浮动值可以达到 $4\times10^{-7}\ \mathrm{m/s^2}$。这一浮动的原因目前还不清楚，大概和地球内部物质分布的改变有关(以上见 H. C. Ohanian，Physics，2nd ed. W. W. Norton & Company，1989，p41)。

此题可分两阶段求解：石子上升阶段和回落阶段。

(1) 以 $x_1$ 表示石子达到的最高位置，由于此时石子的速度应为 $v_1=0$，所以由式 $v^2=v_0^2+2(-g)x$ 可得

$$x_1=\frac{v_0^2-v_1^2}{2g}=\frac{15^2-0^2}{2\times 9.80}=11.5\ (\mathrm{m})$$

即石子最高可达到抛出点以上 11.5 m 处。

(2) 石子上升到最高点，根据式(1.21)($v=v_0+(-g)t$)可得所用时间 $t_1$ 为

$$t_1=\frac{v_0-v_1}{g}=\frac{15-0}{9.80}=1.53\ (\mathrm{s})$$

石子到达最高点时就要回落(为清晰起见，在图 1.13 中将石子回落路径和上升路径分开画了)，作初速度为零的自由落体运动，这时可利用自由落体运动公式，由于下落高度为 $h=11.5+30=41.5$ m，所以由式 $h=\frac{1}{2}gt^2$ 可得下落的时间为

$$t_2=\sqrt{2h/g}=\sqrt{2\times 41.5/9.80}=2.91\ (\mathrm{s})$$

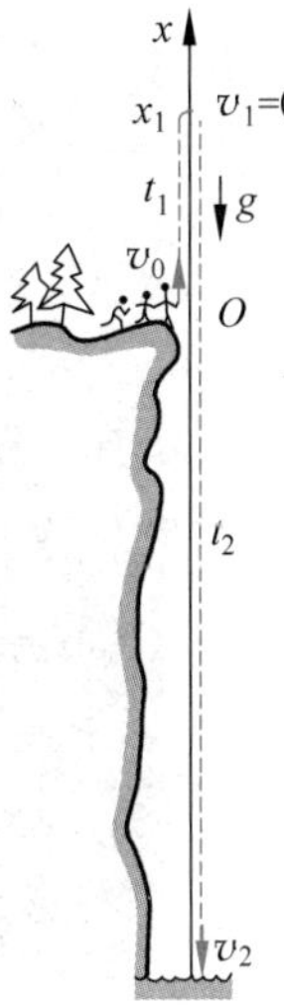

图 1.13 悬崖上抛石

于是，石子从抛出到触及海面所用的总时间就是

$$t=t_1+t_2=1.53+2.91=4.44\ (\mathrm{s})$$

(3) 石子触及海面时的速度为

$$v_2=\sqrt{2gh}=\sqrt{2\times 9.80\times 41.5}=28.5\ (\mathrm{m/s})$$

此题(2)、(3)两问也可以根据把上升下落作为一整体考虑，这时石子在抛出后经过时间 $t$ 后触及海面的位置应为 $x=-30$ m，由式 $v^2=v_0^2+2(-g)x$ 可得石子触及海面时的速率为

$$v=\sqrt{v_0^2-2gx}=\sqrt{15^2-2\times 9.80\times(-30)}=-28.5\ (\mathrm{m/s})$$

此处开根号的结果取负值，是因为此时刻速度方向向下，与 $x$ 轴正向相反。

根据式(1.22)$\left(x=v_0t+\frac{1}{2}(-g)t^2\right)$，代入 $x$，$v_0$ 和 $g$ 的值可得

$$-30=15t-4.9t^2$$

解此二次方程可得石子从抛出到触及海面所用总时间为 $t=4.44$ s(此方程另一解为 $-1.38$ s 对本题无意义，故舍去)。

## 1.5 抛体运动

从地面上某点向空中抛出一物体，它在空中的运动就叫**抛体运动**。物体被抛出后，忽略风的作用，它的运动轨道总是被限制在通过抛射点的由抛出速度方向和竖直方向所确定的平面内，因而，抛体运动一般是二维运动(见图 1.14)。

一个物体在空中运动时，在空气阻力可以忽略的情况下，它在各时刻的加速度都是重力加速度 $\boldsymbol{g}$。一般视 $\boldsymbol{g}$ 为常矢量。这种运动的速度和位置随时间的变化可以分别用式(1.21)的前两式和式(1.22)的前两式表示。描述这种运动时，可以选抛出点为坐标原点，而取水平方向和竖直向上的方向分别为 $x$ 轴和 $y$ 轴(图 1.15)。从抛出时刻开始计时，则 $t=0$ 时，物体的初始位置在原点，即 $\boldsymbol{r}_0=0$；以 $\boldsymbol{v}_0$ 表示物体的初速度，以 $\theta$ 表示抛射角(即初速度与 $x$ 轴的夹角)，则 $\boldsymbol{v}_0$ 沿 $x$ 轴和 $y$ 轴上的分量分别是

$$v_{0x}=v_0\cos\theta,\quad v_{0y}=v_0\sin\theta$$

图 1.14　河北省曹妃甸沿海的吹沙船在吹沙造地,吹起的沙形成近似抛物线
(新华社记者杨世尧)

物体在空中的加速度为

$$a_x = 0,\quad a_y = -g$$

其中负号表示加速度的方向与 $y$ 轴的方向相反。利用这些条件,由式(1.21)可以得出物体在空中任意时刻的速度为

$$\left.\begin{aligned} v_x &= v_0 \cos\theta \\ v_y &= v_0 \sin\theta - gt \end{aligned}\right\} \tag{1.23}$$

由式(1.22)可以得出物体在空中任意时刻的位置为

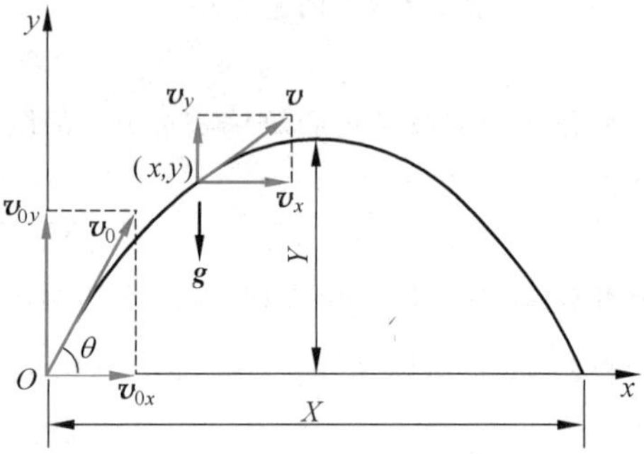


图 1.15　抛体运动分析

$$\left.\begin{aligned} x &= v_0 \cos\theta \cdot t \\ y &= v_0 \sin\theta \cdot t - \frac{1}{2}gt^2 \end{aligned}\right\} \tag{1.24}$$

式(1.23)和式(1.24)也是大家在中学都已熟悉的公式。它们说明抛体运动是竖直方向的匀加速运动和水平方向的匀速运动的合成。由上两式可以求出(请读者自证)物体从抛出到回落到抛出点高度所用的时间 $T$ 为

$$T = \frac{2v_0 \sin\theta}{g}$$

飞行中的最大高度(即高出抛出点的距离)$Y$ 为

$$Y = \frac{v_0^2 \sin^2\theta}{2g}$$

飞行的射程(即回落到与抛出点的高度相同时所经过的水平距离)$X$ 为

$$X = \frac{v_0^2 \sin 2\theta}{g}$$

由这一表示式还可以证明:当初速度大小相同时,在抛射角 $\theta$ 等于 45°的情况下射程最大。

在式(1.24)的两式中消去 $t$,可得抛体的轨道函数为

$$y = x\tan\theta - \frac{1}{2}\frac{gx^2}{v_0^2\cos^2\theta}$$

对于一定的 $v_0$ 和 $\theta$,这一函数表示一条通过原点的二次曲线。这曲线在数学上叫"抛物线"。

应该指出,以上关于抛体运动的公式,都是在忽略空气阻力的情况下得出的。只有在初速比较小的情况下,它们才比较符合实际。实际上子弹或炮弹在空中飞行的规律和上述公式是有很大差别的。例如,以 550 m/s 的初速沿 45°抛射角射出的子弹,按上述公式计算的射程在 30 000 m 以上。实际上,由于空气阻力,射程不过 8500 m,不到前者的 1/3。子弹或炮弹飞行的规律,在军事技术中由专门的弹道学进行研究。

空气对抛体运动的影响,不只限于减小射程。对于乒乓球、排球、足球等在空中的飞行,由于球的旋转,空气的作用还可能使它们的轨道发生侧向弯曲。

对于飞行高度与射程都很大的抛体,例如洲际弹道导弹,弹头在很大部分时间内都在大气层以外飞行,所受空气阻力是很小的。但是由于在这样大的范围内,重力加速度的大小和方向都有明显的变化,因而上述公式也都不能应用。

---

**例 1.4**

有一学生在体育馆阳台上以投射角 $\theta=30°$ 和速率 $v_0=20$ m/s 向台前操场投出一垒球。球离开手时距离操场水平面的高度 $h=10$ m。试问球投出后何时着地?在何处着地?着地时速度的大小和方向各如何?

**解** 以投出点为原点,建 $x$,$y$ 坐标轴如图 1.16。引用式(1.24),有

$$x = v_0\cos\theta \cdot t$$

$$y = v_0\sin\theta \cdot t - \frac{1}{2}gt^2$$

以$(x,y)$表示着地点坐标,则 $y=-h=-10$ m。将此值和 $v_0$,$\theta$ 值一并代入第二式得

$$-10 = 20\times\frac{1}{2}\times t - \frac{1}{2}\times 9.8\times t^2$$

解此方程,可得 $t=2.78$ s 和 $-0.74$ s。取正数解,即得球在出手后 2.78 s 着地。

着地点离投射点的水平距离为

$$x = v_0\cos\theta \cdot t = 20\times\cos 30°\times 2.78 = 48.1\ (\text{m})$$

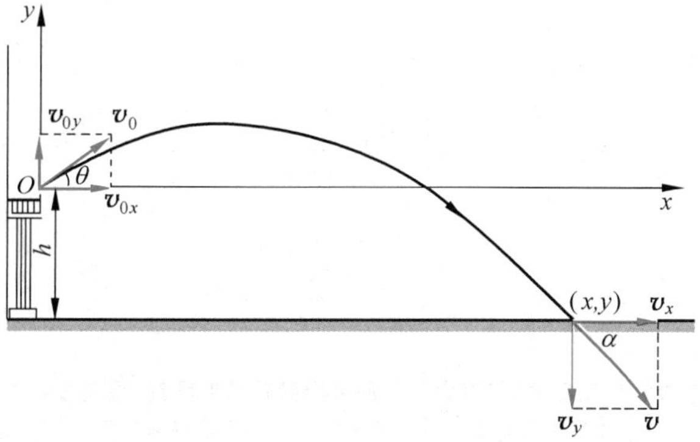


图 1.16 例 1.4 用图

引用式(1.23)得

$$v_x = v_0\cos\theta = 20\times\cos 30^\circ = 17.3\ (\text{m/s})$$

$$v_y = v_0\sin\theta - gt = 20\sin 30^\circ - 9.8\times 2.78 = -17.2\ (\text{m/s})$$

着地时速度的大小为

$$v = \sqrt{v_x^2+v_y^2} = \sqrt{17.3^2+17.2^2} = 24.4\ (\text{m/s})$$

此速度和水平面的夹角

$$\alpha = \arctan\frac{v_y}{v_x} = \arctan\frac{-17.2}{17.3} = -44.8^\circ$$

---

作为抛体运动的一个特例,令抛射角 $\theta=90^\circ$,我们就得到上抛运动。这是一个匀加速直线运动,它在任意时刻的速度和位置可以分别用式(1.23)中的第二式和式(1.24)中的第二式求得,于是有

$$v_y = v_0 - gt \tag{1.25}$$

$$y = v_0 t - \frac{1}{2}gt^2 \tag{1.26}$$

这也是大家所熟悉的公式。应该再次明确指出的是,$v_y$ 和 $y$ 的值都是代数值,可正可负。$v_y>0$ 表示该时刻物体正向上运动,$v_y<0$ 表示该时刻物体已回落并正向下运动。$y>0$ 表示该时刻物体的位置在抛出点之上,$y<0$ 表示物体的位置已回落到抛出点以下了。

## 1.6 圆周运动

质点沿圆周运动时,它的速率通常叫线速度。如以 $s$ 表示从圆周上某点 $A$ 量起的弧长(图 1.17),则线速度 $v$ 就可用式(1.9)表示为

$$v = \frac{\mathrm{d}s}{\mathrm{d}t}$$

以 $\theta$ 表示半径 $R$ 从 $OA$ 位置开始转过的角度,则 $s=R\theta$。将此关系代入上式,由于 $R$ 是常量,可得

$$v = R\frac{\mathrm{d}\theta}{\mathrm{d}t}$$

式中 $\frac{\mathrm{d}\theta}{\mathrm{d}t}$ 叫做质点运动的**角速度**[①],它的 SI 单位是 rad/s 或1/s。常以 $\omega$ 表示角速度,即

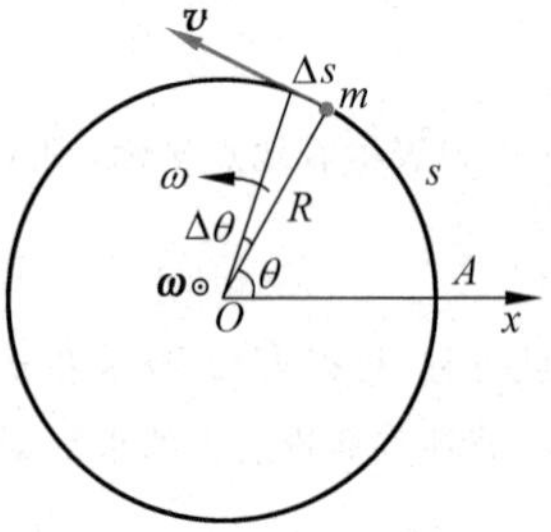


图 1.17 线速度与角速度

$$\omega = \frac{\mathrm{d}\theta}{\mathrm{d}t} \tag{1.27}$$

这样就有

$$v = R\omega \tag{1.28}$$

---

① 角速度也是一个矢量,它的大小由式(1.27)规定。它的方向沿转动的轴线,指向用右手螺旋法则判定:右手握住轴线,并让四指旋向转动方向,这时拇指沿轴线的指向即角速度的方向。例如,图 1.17 中的角速度的方向即垂直纸面指向读者。以 $\boldsymbol{\omega}$ 表示角速度矢量,以 $\boldsymbol{R}$ 表示径矢,则式(1.28)可写成矢积的形式,即

$$\boldsymbol{v} = \boldsymbol{\omega}\times\boldsymbol{R}$$

对于匀速率圆周运动，$\omega$ 和 $v$ 均保持不变，因而其运动周期可求得为

$$T=\frac{2\pi}{\omega} \tag{1.29}$$

质点作圆周运动时，它的线速度可以随时间改变或不改变。但是由于其速度矢量的方向总是在改变着，所以总是有加速度。下面我们来求变速圆周运动的加速度。

如图 1.18(a)所示，$\boldsymbol{v}(t)$ 和 $\boldsymbol{v}(t+\Delta t)$ 分别表示质点沿圆周运动经过 $B$ 点和 $C$ 点时的速度矢量，由加速度的定义式(1.14)可得

$$\boldsymbol{a}=\lim_{\Delta t\to 0}\frac{\boldsymbol{v}(t+\Delta t)-\boldsymbol{v}(t)}{\Delta t}=\lim_{\Delta t\to 0}\frac{\Delta \boldsymbol{v}}{\Delta t}$$

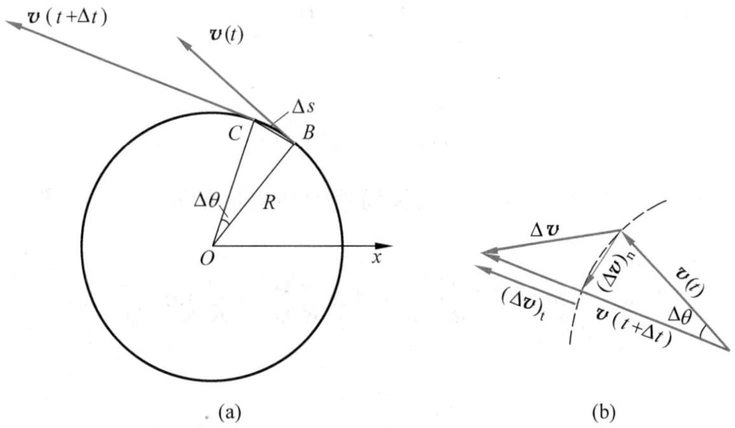


图 1.18 变速圆周运动的加速度

$\Delta \boldsymbol{v}$ 如图 1.18(b)所示，在矢量 $\boldsymbol{v}(t+\Delta t)$ 上截取一段，使其长度等于 $v(t)$，作矢量 $(\Delta \boldsymbol{v})_{\mathrm{n}}$ 和 $(\Delta \boldsymbol{v})_{\mathrm{t}}$，就有

$$\Delta \boldsymbol{v}=(\Delta \boldsymbol{v})_{\mathrm{n}}+(\Delta \boldsymbol{v})_{\mathrm{t}}$$

因而 $\boldsymbol{a}$ 的表达式可写成

$$\boldsymbol{a}=\lim_{\Delta t\to 0}\frac{(\Delta \boldsymbol{v})_{\mathrm{n}}}{\Delta t}+\lim_{\Delta t\to 0}\frac{(\Delta \boldsymbol{v})_{\mathrm{t}}}{\Delta t}=\boldsymbol{a}_{\mathrm{n}}+\boldsymbol{a}_{\mathrm{t}} \tag{1.30}$$

其中

$$\boldsymbol{a}_{\mathrm{n}}=\lim_{\Delta t\to 0}\frac{(\Delta \boldsymbol{v})_{\mathrm{n}}}{\Delta t},\quad \boldsymbol{a}_{\mathrm{t}}=\lim_{\Delta t\to 0}\frac{(\Delta \boldsymbol{v})_{\mathrm{t}}}{\Delta t}$$

这就是说，加速度 $\boldsymbol{a}$ 可以看成是两个分加速度的合成。

先求分加速度 $\boldsymbol{a}_{\mathrm{t}}$。由图 1.18(b)可知，$(\Delta \boldsymbol{v})_{\mathrm{t}}$ 的数值为

$$v(t+\Delta t)-v(t)=\Delta v$$

即等于速率的变化。于是 $\boldsymbol{a}_{\mathrm{t}}$ 的数值为

$$a_{\mathrm{t}}=\lim_{\Delta t\to 0}\frac{\Delta v}{\Delta t}=\frac{\mathrm{d}v}{\mathrm{d}t} \tag{1.31}$$

即等于速率的变化率。由于 $\Delta t\to 0$ 时，$(\Delta \boldsymbol{v})_{\mathrm{t}}$ 的方向趋于和 $\boldsymbol{v}$ 在同一直线上，因此 $\boldsymbol{a}_{\mathrm{t}}$ 的方向也沿着轨道的切线方向。这一分加速度就叫**切向加速度**。切向加速度表示质点速率变化的快慢。$a_{\mathrm{t}}$ 为一代数量，可正可负。$a_{\mathrm{t}}>0$ 表示速率随时间增大，这时 $\boldsymbol{a}_{\mathrm{t}}$ 的方向与速度 $\boldsymbol{v}$ 的方向相同；$a_{\mathrm{t}}<0$ 表示速率随时间减小，这时 $\boldsymbol{a}_{\mathrm{t}}$ 的方向与速度 $\boldsymbol{v}$ 的方向相反。

利用式(1.28)还可得到

$$a_t = \frac{d(R\omega)}{dt} = R\frac{d\omega}{dt}$$

$\frac{d\omega}{dt}$表示质点运动角速度对时间的变化率,叫做**角加速度**。它的 SI 单位是 rad/s$^2$ 或 1/s$^2$。以 $\alpha$ 表示角加速度,则有

$$a_t = R\alpha \tag{1.32}$$

即切向加速度等于半径与角加速度的乘积。

下面再来求分加速度 $\boldsymbol{a}_n$。比较图 1.18(a)和(b)中的两个相似的三角形可知

$$\frac{|(\Delta\boldsymbol{v})_n|}{v} = \frac{\overline{BC}}{R}$$

即

$$|(\Delta\boldsymbol{v})_n| = \frac{v\overline{BC}}{R}$$

式中$\overline{BC}$为弦的长度。当 $\Delta t\to0$ 时,这一弦长趋近于和对应的弧长 $\Delta s$ 相等。因此,$\boldsymbol{a}_n$ 的大小为

$$a_n = \lim_{\Delta t\to0}\frac{|(\Delta\boldsymbol{v})_n|}{\Delta t} = \lim_{\Delta t\to0}\frac{v\Delta s}{R\Delta t} = \frac{v}{R}\lim_{\Delta t\to0}\frac{\Delta s}{\Delta t}$$

由于

$$\lim_{\Delta t\to0}\frac{\Delta s}{\Delta t} = v$$

可得

$$a_n = \frac{v^2}{R} \tag{1.33}$$

利用式(1.28),还可得

$$a_n = \omega^2 R \tag{1.34}$$

至于 $\boldsymbol{a}_n$ 的方向,从图 1.18(b)中可以看到,当 $\Delta t\to0$ 时,$\Delta\theta\to0$,而$(\Delta\boldsymbol{v})_n$ 的方向趋向于垂直于速度 $\boldsymbol{v}$ 的方向而指向圆心。因此,$\boldsymbol{a}_n$ 的方向在任何时刻都垂直于圆的切线方向而沿着半径指向圆心。这个分加速度就叫**向心加速度**或**法向加速度**。法向加速度表示由于速度方向的改变而引起的速度的变化率。在圆周运动中,总有法向加速度。在直线运动中,由于速度方向不改变,所以 $a_n=0$。在这种情况下,也可以认为 $R\to\infty$,此时式(1.33)也给出 $a_n=0$。

由于 $\boldsymbol{a}_n$ 总是与 $\boldsymbol{a}_t$ 垂直,所以圆周运动的总加速度的大小为

$$a = \sqrt{a_n^2 + a_t^2} \tag{1.35}$$

以 $\beta$ 表示加速度 $\boldsymbol{a}$ 与速度 $\boldsymbol{v}$ 之间的夹角(图 1.19),则

$$\beta = \arctan\frac{a_n}{a_t} \tag{1.36}$$

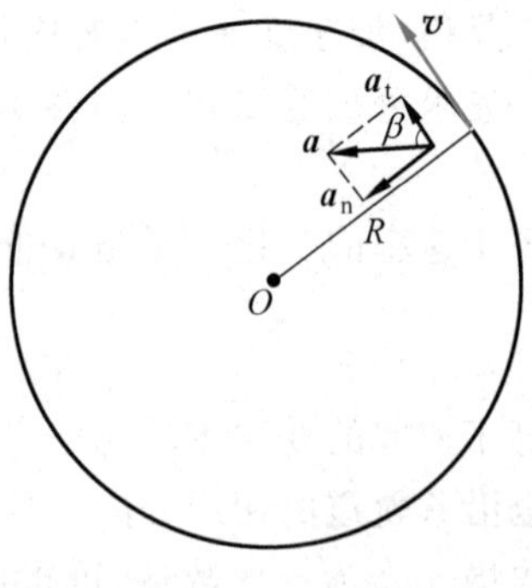

图 1.19 加速度的方向

应该指出,以上关于加速度的讨论及结果,也适用于任何二维的(即平面上的)曲线运动。这时有关公式中的半径应是曲线上所涉及点处的**曲率半径**(即该点曲线的密

接圆或曲率圆的半径)。还应该指出的是,曲线运动中加速度的大小

$$a = |\boldsymbol{a}| = \left|\frac{\mathrm{d}\boldsymbol{v}}{\mathrm{d}t}\right| \neq \frac{\mathrm{d}v}{\mathrm{d}t} = a_{\mathrm{t}}$$

也就是说,曲线运动中加速度的大小并不等于速率对时间的变化率,这一变化率只是加速度的一个分量,即切向加速度。

---

**例 1.5**

求地球的自转角速度。

**解**　若知道了地球的自转周期 $T$,就可以用式(1.29)进行计算。可以用 $T=1\ \mathrm{d}=8.640\times10^4\ \mathrm{s}$ 吗?不行。此处 1 d 是"平均太阳日",即地球表面某点相继两次"日正午"时刻相隔的时间。计算地球自转周期应该用太阳参考系或恒星参考系。在这一参考系中地球自转一周的时间要比一平均太阳日短一些。如图1.20(没有按比例画图)所示,设 $P$ 点是地球表面日正午的一点,地球自转一周后,由于它的公转,移到 $E'$ 位置,而 $P$ 点转到 $P'$ 点,还未到达日正午的位置 $P''$。要到日正午的位置还需要继续转动一 $\theta$ 角。这一 $\theta$ 角可如下计算。一天要多转一个 $\theta$ 角,一年要多转 $365\theta$ 角。由于一年后地球又回到 $E$ 处,$P$ 点应该正好多转了 $2\pi$ 角度。于是

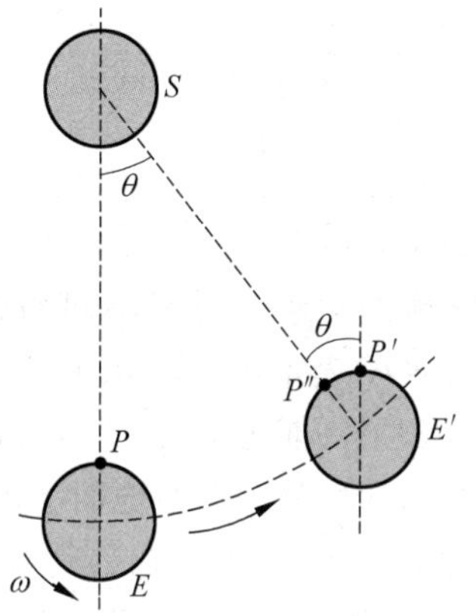

图 1.20　例 1.5 用图

$$\theta = \frac{2\pi}{365} = 1.721\times10^{-2}\ (\mathrm{rad})$$①

这样地球的自转周期应为

$$T = \frac{2\pi}{2\pi+\theta}\times 8.640\times10^4 = 8.616\times10^4\ (\mathrm{s})$$

这一结果与实测相符。这一周期叫做**恒星日**。于是地球自转的角速度应为

$$\omega = \frac{2\pi}{T} = \frac{2\pi}{8.616\times10^4} = 7.292\times10^{-5}\ (\mathrm{rad/s})$$

---

**例 1.6**

**吊扇转动**。一吊扇翼片长 $R=0.50\ \mathrm{m}$,以 $n=180\ \mathrm{r/min}$ 的转速转动(图 1.21)。关闭电源开关后,吊扇均匀减速,经 $t_A=1.50\ \mathrm{min}$ 转动停止。

(1) 求吊扇翼尖原来的转动角速度 $\omega_0$ 与线速度 $v_0$;

(2) 求关闭电源开关后 $t=80\ \mathrm{s}$ 时翼尖的角加速度 $\alpha$、切向加速度 $\boldsymbol{a}_{\mathrm{t}}$、法向加速度 $\boldsymbol{a}_{\mathrm{n}}$ 和总加速度 $\boldsymbol{a}$。

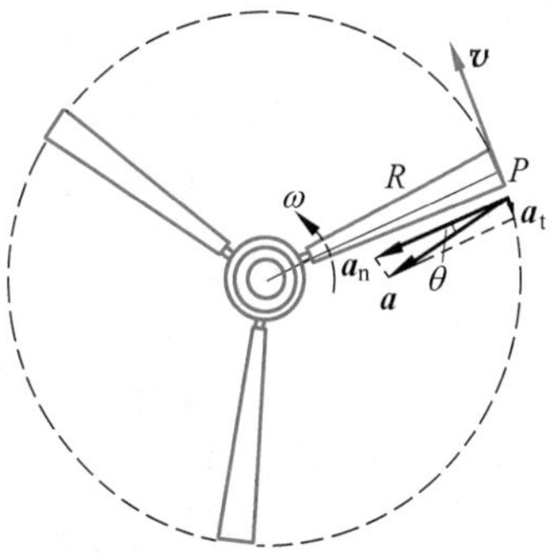

图 1.21　例 1.6 用图

**解**　(1) 吊扇翼尖 $P$ 原来的转动角速度为

$$\omega_0 = 2\pi n = \frac{2\pi\times180}{60} = 18.8\ (\mathrm{rad/s})$$

由式(1.28)可得原来的线速度

$$v_0 = \omega_0 R = \frac{2\pi\times180}{60}\times0.50 = 9.42\ (\mathrm{m/s})$$

(2) 由于均匀减速,翼尖的角加速度恒定,

---

① 读者来信指出图 1.20 中位置 $E'$ 并非地球日正午的位置。由于从位置 $E'$ 到日正午的位置地球仍在公转,所以角 $\theta$ 应比图示的稍大,这是对的。经计算,$\theta$ 应该大 $\Delta\theta\approx5\times10^{-5}$ rad。这一修正不影响按本题精度给出的结果。

$$\alpha = \frac{\omega_A - \omega_0}{t_A} = \frac{0 - 18.8}{90} = -0.209\ (\text{rad/s}^2)$$

由式(1.32)可知，翼尖的切向加速度也是恒定的，

$$a_t = \alpha R = -0.209 \times 0.50 = -0.105\ (\text{m/s}^2)$$

负号表示此切向加速度 $\boldsymbol{a}_t$ 的方向与速度 $\boldsymbol{v}$ 的方向相反，如图 1.21 所示。

为求法向加速度，先求 $t$ 时刻的角速度 $\omega$，即有

$$\omega = \omega_0 + \alpha t = 18.8 - 0.209 \times 80 = 2.08\ (\text{rad/s})$$

由式(1.34)，可得 $t$ 时刻翼尖的法向加速度为

$$a_n = \omega^2 R = 2.08^2 \times 0.50 = 2.16\ (\text{m}^2/\text{s})$$

方向指向吊扇中心。翼尖的总加速度的大小为

$$a = \sqrt{a_t^2 + a_n^2} = \sqrt{0.105^2 + 2.16^2} = 2.16\ (\text{m/s}^2)$$

此总加速度偏向翼尖运动的后方。以 $\theta$ 表示总加速度方向与半径的夹角(如图 1.21 所示)，则

$$\theta = \arctan\left|\frac{a_t}{a_n}\right| = \arctan\frac{0.105}{2.16} = 2.78°$$

## 1.7 相对运动

研究力学问题时常常需要从不同的参考系来描述同一物体的运动。对于不同的参考系，同一质点的位移、速度和加速度都可能不同。图 1.22 中，$xOy$ 表示固定在水平地面上的坐标系(以 $E$ 代表此坐标系)，其 $x$ 轴与一条平直马路平行。设有一辆平板车 $V$ 沿马路行进，图中 $x'O'y'$ 表示固定在这个行进的平板车上的坐标系。在 $\Delta t$ 时间内，车在地面上由 $V_1$ 移到 $V_2$ 位置，其位移为 $\Delta\boldsymbol{r}_{VE}$。设在同一 $\Delta t$ 时间内，一个小球 $S$ 在车内由 $A$ 点移到 $B$ 点，其位移为 $\Delta\boldsymbol{r}_{SV}$。在这同一时间内，在地面上观测，小球是从 $A_0$ 点移到 $B$ 点的，相应的位移是 $\Delta\boldsymbol{r}_{SE}$。(在这三个位移符号中，下标的前一字母表示运动的物体，后一字母表示参考系。)很明显，同一小球在同一时间内的位移，相对于地面和车这两个参考系来说，是不相同的。这两个位移和车厢对于地面的位移有下述关系：

$$\Delta\boldsymbol{r}_{SE} = \Delta\boldsymbol{r}_{SV} + \Delta\boldsymbol{r}_{VE} \tag{1.37}$$

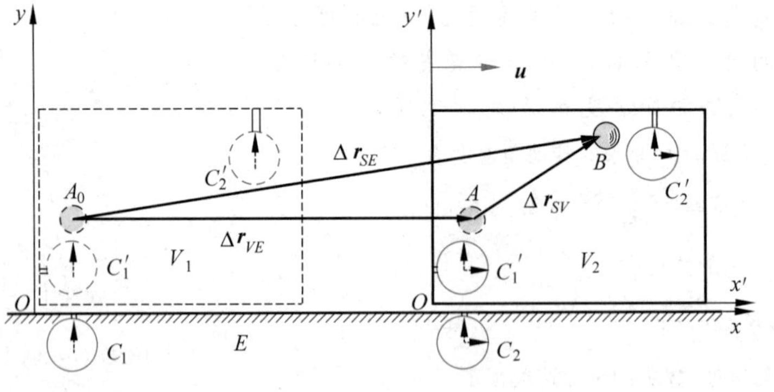


图 1.22 相对运动

以 $\Delta t$ 除此式，并令 $\Delta t \to 0$，可以得到相应的速度之间的关系，即

$$\boldsymbol{v}_{SE} = \boldsymbol{v}_{SV} + \boldsymbol{v}_{VE} \tag{1.38}$$

以 $\boldsymbol{v}$ 表示质点相对于参考系 $S$(坐标系为 $Oxy$)的速度，以 $\boldsymbol{v}'$ 表示同一质点相对于参考系 $S'$(坐标系为 $O'x'y'$)的速度，以 $\boldsymbol{u}$ 表示参考系 $S'$ 相对于参考系 $S$ 平动的速度，则上式可以一般地表示为

$$\boldsymbol{v} = \boldsymbol{v}' + \boldsymbol{u} \tag{1.39}$$

同一质点相对于两个相对作平动的参考系的速度之间的这一关系叫做**伽利略速度变换**。

要注意，速度的**合成**和速度的**变换**是两个不同的概念。速度的合成是指在同一参考系中一个质点的速度和它的各分速度的关系。相对于任何参考系，它都可以表示为矢量合成的形式，如式(1.10)。速度的变换涉及有相对运动的两个参考系，其公式的形式和相对速度的大小有关，而伽利略速度变换只适用于相对速度比真空中的光速小得多的情形。这是因为，一般人都认为，而牛顿力学也这样认为，距离和时间的测量是与参考系无关的。上面的推导正是根据这样的理解，即认为小球由 $A$ 到 $B$ 的同一段距离 $\Delta\boldsymbol{r}_{SV}$ 和同一段时间 $\Delta t$ 在地面上和在车内测量的结果都是一样的。但是，实际上，这样的理解只是在两参考系的相对速度 $u$ 很小时才正确。当 $u$ 很大(接近光速)时，这种理解，连带式(1.39)就失效了。关于这一点在第 6 章中还要作详细的说明。

如果质点运动速度是随时间变化的，则求式(1.39)对 $t$ 的导数，就可得到相应的加速度之间的关系。以 $\boldsymbol{a}$ 表示质点相对于参考系 $S$ 的加速度，以 $\boldsymbol{a}'$ 表示质点相对于参考系 $S'$ 的加速度，以 $\boldsymbol{a}_0$ 表示参考系 $S'$ 相对于参考系 $S$ 平动的加速度，仍用牛顿力学的时空概念，则由式(1.39)可得

$$\frac{\mathrm{d}\boldsymbol{v}}{\mathrm{d}t} = \frac{\mathrm{d}\boldsymbol{v}'}{\mathrm{d}t} + \frac{\mathrm{d}\boldsymbol{u}}{\mathrm{d}t}$$

即

$$\boldsymbol{a} = \boldsymbol{a}' + \boldsymbol{a}_0 \tag{1.40}$$

这就是同一质点相对于两个相对作平动的参考系的加速度之间的关系。

如果两个参考系相对作匀速直线运动，即 $\boldsymbol{u}$ 为常量，则

$$\boldsymbol{a}_0 = \frac{\mathrm{d}\boldsymbol{u}}{\mathrm{d}t} = 0$$

于是有

$$\boldsymbol{a} = \boldsymbol{a}'$$

这就是说，在相对作匀速直线运动的参考系中观察同一质点的运动时，所测得的加速度是相同的。

---

**例 1.7**

雨天一辆客车 $V$ 在水平马路上以 20 m/s 的速度向东开行，雨滴 $R$ 在空中以 10 m/s 的速度竖直下落。求雨滴相对于车厢的速度的大小与方向。

**解** 如图 1.23 所示，以 $Oxy$ 表示地面($E$)参考系，以 $O'x'y'$ 表示车厢参考系，则 $v_{VE}=20$ m/s，$v_{RE}=10$ m/s。以 $v_{RV}$ 表示雨滴对车厢的速度，则根据伽利略速度变换 $\boldsymbol{v}_{RE}=\boldsymbol{v}_{RV}+\boldsymbol{v}_{VE}$，这三个速度的矢量关系如图。由图形的几何关系可得雨滴对车厢的速度的大小为

$$v_{RV} = \sqrt{v_{RE}^2 + v_{VE}^2} = \sqrt{10^2+20^2} = 22.4\ (\mathrm{m/s})$$

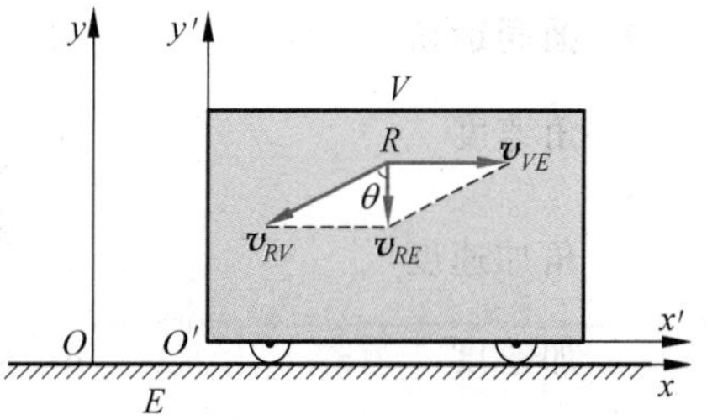

图 1.23 例 1.7 用图

这一速度的方向用它与竖直方向的夹角 $\theta$ 表示，则

$$\tan\theta=\frac{v_{VE}}{v_{RE}}=\frac{20}{10}=2$$

由此得

$$\theta=63.4°$$

即向下偏西 63.4°。

## 提要

1. **参考系**：描述物体运动时用做参考的其他物体和一套同步的钟。
2. **运动函数**：表示质点位置随时间变化的函数。

   位置矢量和运动合成 $\boldsymbol{r}=\boldsymbol{r}(t)=x(t)\boldsymbol{i}+y(t)\boldsymbol{j}+z(t)\boldsymbol{k}$

   位移矢量 $\Delta\boldsymbol{r}=\boldsymbol{r}(t+\Delta t)-\boldsymbol{r}(t)$

   一般地 $|\Delta\boldsymbol{r}|\neq\Delta r$
3. **速度和加速度**

$$\boldsymbol{v}=\frac{\mathrm{d}\boldsymbol{r}}{\mathrm{d}t},\quad \boldsymbol{a}=\frac{\mathrm{d}\boldsymbol{v}}{\mathrm{d}t}=\frac{\mathrm{d}^2\boldsymbol{r}}{\mathrm{d}t^2}$$

   速度合成 $\boldsymbol{v}=\boldsymbol{v}_x+\boldsymbol{v}_y+\boldsymbol{v}_z$

   加速度合成 $\boldsymbol{a}=\boldsymbol{a}_x+\boldsymbol{a}_y+\boldsymbol{a}_z$
4. **匀加速运动**

   $\boldsymbol{a}$=常矢量 $\boldsymbol{v}=\boldsymbol{v}_0+\boldsymbol{a}t,\quad \boldsymbol{r}=\boldsymbol{r}_0+\boldsymbol{v}_0t+\frac{1}{2}\boldsymbol{a}t^2$

   初始条件 $\boldsymbol{r}_0,\boldsymbol{v}_0$
5. **匀加速直线运动**：以质点所沿直线为 $x$ 轴，且 $t=0$ 时，$x_0=0$。

$$v=v_0+at,\quad x=v_0t+\frac{1}{2}at^2$$

$$v^2-v_0^2=2ax$$

6. **抛体运动**：以抛出点为坐标原点。

$$a_x=0,\quad a_y=-g$$

$$v_x=v_0\cos\theta,\quad v_y=v_0\sin\theta-gt$$

$$x=v_0\cos\theta\cdot t,\quad y=v_0\sin\theta\cdot t-\frac{1}{2}gt^2$$

7. **圆周运动**

   角速度 $\omega=\frac{\mathrm{d}\theta}{\mathrm{d}t}=\frac{v}{R}$

   角加速度 $\alpha=\frac{\mathrm{d}\omega}{\mathrm{d}t}$

   加速度 $\boldsymbol{a}=\boldsymbol{a}_\mathrm{n}+\boldsymbol{a}_\mathrm{t}$

   法向加速度 $a_\mathrm{n}=\frac{v^2}{R}=R\omega^2$，指向圆心

切向加速度 $a_t = \frac{dv}{dt} = R\alpha$，沿切线方向

**8. 伽利略速度变换：** 参考系 $S'$ 以恒定速度沿参考系 $S$ 的 $x$ 轴方向运动。

$$\boldsymbol{v} = \boldsymbol{v}' + \boldsymbol{u}$$

此变换式只适用于 $\boldsymbol{u}$ 比光速甚小的情况。对相对作匀速直线运动的参考系，则由此变换式可得

$$\boldsymbol{a} = \boldsymbol{a}'$$

## 思考题

1.1 说明做平抛实验时小球的运动用什么参考系？说明湖面上游船运动用什么参考系？说明人造地球卫星的椭圆运动以及土星的椭圆运动又各用什么参考系？

1.2 回答下列问题：

(1) 位移和路程有何区别？

(2) 速度和速率有何区别？

(3) 瞬时速度和平均速度的区别和联系是什么？

1.3 回答下列问题并举出符合你的答案的实例：

(1) 物体能否有一不变的速率而仍有一变化的速度？

(2) 速度为零的时刻，加速度是否一定为零？加速度为零的时刻，速度是否一定为零？

(3) 物体的加速度不断减小，而速度却不断增大，这可能吗？

(4) 当物体具有大小、方向不变的加速度时，物体的速度方向能否改变？

1.4 圆周运动中质点的加速度是否一定和速度的方向垂直？如不一定，这加速度的方向在什么情况下偏向运动的前方？

1.5 任意平面曲线运动的加速度的方向总指向曲线凹进那一侧，为什么？

1.6 质点沿圆周运动，且速率随时间均匀增大，问 $a_n, a_t, a$ 三者的大小是否都随时间改变？总加速度 $\boldsymbol{a}$ 与速度 $\boldsymbol{v}$ 之间的夹角如何随时间改变？

1.7 根据开普勒第一定律，行星轨道为椭圆(图 1.24)。已知任一时刻行星的加速度方向都指向椭圆的一个焦点(太阳所在处)。分析行星在通过图中 $M, N$ 两位置时，它的速率分别应正在增大还是正在减小？

1.8 一斜抛物体的水平初速度是 $v_{0x}$，它的轨道的最高点处的曲率圆的半径是多大？

1.9 有人说，考虑到地球的运动，一幢楼房的运动速率在夜里比在白天大，这是对什么参考系说的(图 1.25)。

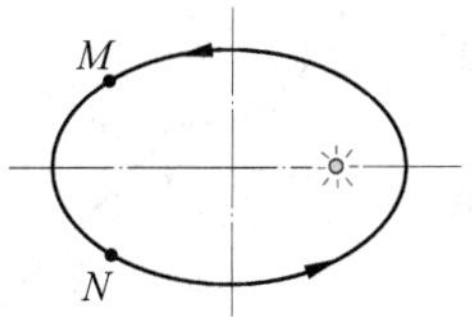


图 1.24 思考题 1.7 用图

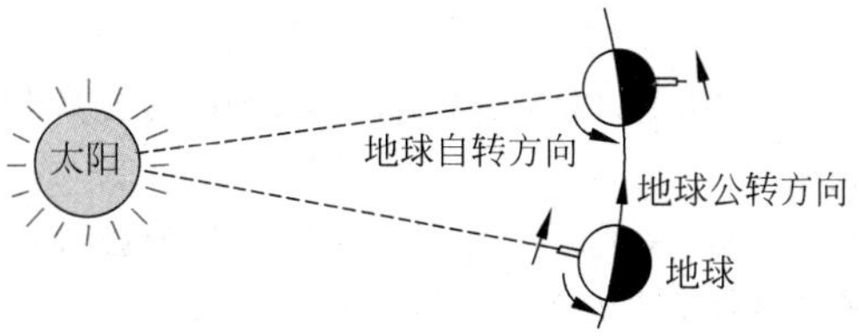


图 1.25 思考题 1.9 用图

1.10 自由落体从 $t=0$ 时刻开始下落。用公式 $h=gt^2/2$ 计算，它下落的距离达到 19.6 m 的时刻为 +2 s 和 −2 s。这 −2 s 有什么物理意义？该时刻物体的位置和速度各如何？

*1.11 如果使时间反演，即把时刻 $t$ 用 $t'=-t$ 取代，质点的速度式(1.7)、加速度式(1.15)、运动学公

式(以式(1.21)和式(1.22)的第二式为例)等将会有什么变化？电影中的武士一跃登上高墙的动作形象，是实拍的跳下的动作的录像倒放的结果，为什么看起来和“真正的”跃上动作一样？

## 习题

1.1　木星的一个卫星——木卫1——上面的珞玑火山喷发出的岩块上升高度可达 200 km，这些石块的喷出速度是多大？已知木卫1上的重力加速度为 $1.80\ \mathrm{m/s^2}$，而且在木卫1上没有空气。

1.2　一种喷气推进的实验车，从静止开始可在 1.80 s 内加速到 1600 km/h 的速率。按匀加速运动计算，它的加速度是否超过了人可以忍受的加速度 $25g$？这 1.80 s 内该车跑了多大距离？

1.3　一辆卡车为了超车，以 90 km/h 的速度驶入左侧逆行道时，猛然发现前方 80 m 处一辆汽车正迎面驶来。假定该汽车以 65 km/h 的速度行驶，同时也发现了卡车超车。设两司机的反应时间都是 0.70 s(即司机发现险情到实际起动刹车所经过的时间)，他们刹车后的减速度都是 $7.5\ \mathrm{m/s^2}$，试问两车是否会相撞？如果相撞，相撞时卡车的速度多大？

1.4　跳伞运动员从 1200 m 高空下跳，起初不打开降落伞作加速运动。由于空气阻力的作用，会加速到一“终极速率”200 km/h 而开始匀速下降。下降到离地面 50 m 处时打开降落伞，很快速率会变为 18 km/h 而匀速下降着地。若起初加速运动阶段的平均加速度按 $g/2$ 计，此跳伞运动员在空中一共经历了多长时间？

1.5　由消防水龙带的喷嘴喷出的水的流量是 $q=280$ L/min，水的流速 $v=26$ m/s。若这喷嘴竖直向上喷射，水流上升的高度是多少？在任一瞬间空中有多少升水？

1.6　在以初速率 $v=15.0$ m/s 竖直向上扔一块石头后，

(1) 在 $\Delta t_1=1.0$ s 末又竖直向上扔出第二块石头，后者在 $h=11.0$ m 高度处击中前者，求第二块石头扔出时的速率；

(2) 若在 $\Delta t_2=1.3$ s 末竖直向上扔出第二块石头，它仍在 $h=11.0$ m 高度处击中前者，求这一次第二块石头扔出时的速率。

1.7　一质点在 $xy$ 平面上运动，运动函数为 $x=2t$，$y=4t^2-8$(采用国际单位制)。

(1) 求质点运动的轨道方程并画出轨道曲线；

(2) 求 $t_1=1$ s 和 $t_2=2$ s 时，质点的位置、速度和加速度。

1.8　男子排球的球网高度为 2.43 m。球网两侧的场地大小都是 9.0 m×9.0 m。一运动员采用跳发球姿势，其击球点高度为 3.5 m，离网的水平距离是 8.5 m。(1) 球以多大速度沿水平方向被击出时，才能使球正好落在对方后方边线上？(2)球以此速度被击出后过网时超过网高多少？(3)这样，球落地时速率多大？(忽略空气阻力)

1.9　滑雪运动员离开水平滑雪道飞入空中时的速率 $v=110$ km/h，着陆的斜坡与水平面夹角 $\theta=45°$(见图 1.26)。

(1) 计算滑雪运动员着陆时沿斜坡的位移 $L$ 是多大？(忽略起飞点到斜面的距离。)

(2) 在实际的跳跃中，滑雪运动员所达到的距离 $L=165$ m，这个结果为什么与计算结果不符？

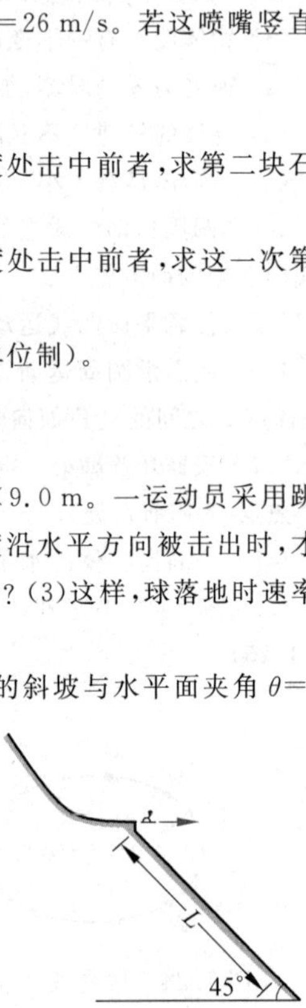

图 1.26　习题 1.9 用图

1.10　一个人扔石头的最大出手速率 $v=25$ m/s，他能把石头扔过与他的水平距离 $L=50$ m，高 $h=13$ m 的一座墙吗？在这个距离内他能把石头扔过墙的最高高度是多少？

1.11　为迎接香港回归，柯受良 1997 年 6 月 1 日驾车飞越黄河壶口(见图 1.27)。东岸跑道长265 m，柯驾车从跑道东端起动，到达跑道终端时速度为 150 km/h，他随即以仰角 5°冲出，飞越跨度为57 m，安全落到西岸木桥上。

(1) 按匀加速运动计算，柯在东岸驱车的加速度和时间各是多少？

(2) 柯跨越黄河用了多长时间？

(3) 若起飞点高出河面 10.0 m，柯驾车飞行的最高点离河面几米？

(4) 西岸木桥桥面和起飞点的高度差是多少？

图 1.27 习题 1.11 用图

1.12 山上和山下两炮各瞄准对方同时以相同初速各发射一枚炮弹(图 1.28)，这两枚炮弹会不会在空中相碰？为什么？(忽略空气阻力)如果山高 $h=50$ m，两炮相隔的水平距离 $s=200$ m。要使这两枚炮弹在空中相碰，它们的速率至少应等于多少？

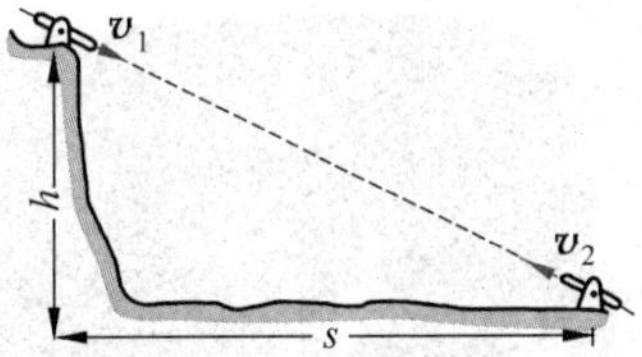


图 1.28 习题 1.12 用图

1.13 在生物物理实验中用来分离不同种类分子的超级离心机的转速是 $6\times10^4$ r/min。在这种离心机的转子内，离轴 10 cm 远的一个大分子的向心加速度是重力加速度的几倍？

1.14 北京天安门所处纬度为 39.9°，求它随地球自转的速度和加速度的大小。

1.15 按玻尔模型，氢原子处于基态时，它的电子围绕原子核作圆周运动。电子的速率为 $2.2\times10^6$ m/s，离核的距离为 $0.53\times10^{-10}$ m。求电子绕核运动的频率和向心加速度。

1.16 北京正负电子对撞机的储存环的周长为 240 m，电子要沿环以非常接近光速的速率运行。这些电子运动的向心加速度是重力加速度的几倍？

1.17 汽车在半径 $R=400$ m 的圆弧弯道上减速行驶。设在某一时刻，汽车的速率为 $v=10$ m/s，切向加速度的大小为 $a_t=0.20$ m/s$^2$。求汽车的法向加速度和总加速度的大小和方向？

*1.18 一张致密光盘(CD)音轨区域的内半径 $R_1=2.2$ cm，外半径为 $R_2=5.6$ cm(图 1.29)，径向音轨密度 $N=650$ 条/mm。在 CD 唱机内，光盘每转一圈，激光头沿径向向外移动一条音轨，激光束相对光盘是以 $v=1.3$ m/s 的恒定线速度运动的。

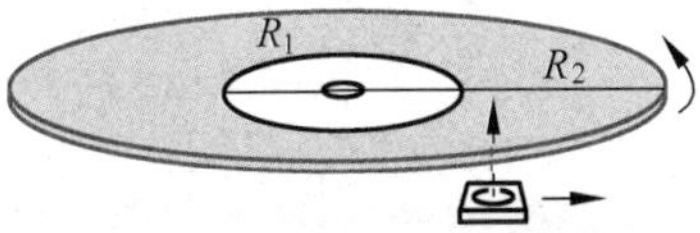


图 1.29 习题 1.18 用图

(1) 这张光盘的全部放音时间是多少？

(2) 激光束到达离盘心 $r=5.0$ cm 处时，光盘转动的角速度和角加速度各是多少？

1.19 一人自由泳时右手从前到后一次对身体划过的距离 $\Delta s_{hb}=1.20$ m，同时他的身体在泳道中前

进了 $\Delta s_{bw}=0.9$ m 的距离。求同一时间他的右手在水中划过的距离 $\Delta s_{hw}$。手对水是向前还是向后划了?

1.20　当速率为 30 m/s 的西风正吹时，相对于地面，向东、向西和向北传播的声音的速率各是多大?已知声音在空气中传播的速率为 344 m/s。

1.21　一电梯以 1.2 $m/s^2$ 的加速度下降，其中一乘客在电梯开始下降后 0.5 s 时用手在离电梯底板 1.5 m 高处释放一小球。求此小球落到底板上所需的时间和它对地面下落的距离。

1.22　一个人骑车以 18 km/h 的速率自东向西行进时，看见雨点垂直下落，当他的速率增至 36 km/h 时看见雨点与他前进的方向成 120°角下落，求雨点对地的速度。

1.23　飞机 $A$ 以 $v_A=1000$ km/h 的速率(相对地面)向南飞行，同时另一架飞机 $B$ 以 $v_B=800$ km/h 的速率(相对地面)向东偏南 30°方向飞行。求 $A$ 机相对于 $B$ 机的速度与 $B$ 机相对于 $A$ 机的速度。

1.24　利用本书的数值表提供的有关数据计算图 1.25 中地球表面的大楼日夜相对于太阳参考系的速率之差。

1.25　1964 年曾有人做过这样的实验：测量从以 0.999 75$c$($c$ 为光在真空中的速率，$c=2.9979\times10^8$ m/s)的速率运动的 $\pi^0$ 介子向正前方和正后方发出的光的速率，测量结果是二者都是 $c$。如果按伽利略变换公式计算，相对于 $\pi^0$ 介子，它发出的向正前方和正后方的光的速率应各是多少?

1.26　曾有报道，当年美国曾用预警飞机帮助以色列的“爱国者”导弹系统防止伊拉克导弹袭击。一架预警飞机正在伊拉克上空的速率为 150 km/h 的西风中水平巡航，机头指向正北，相对于空气的航速为 750 km/h。飞机中雷达员发现一导弹正相对于飞机以向西偏南 19.5°的方向以 5750 km/h 的速率水平飞行。求该导弹相对于地面的速率和方向(此等信号将发到美国本土情报中心，经分析后发给以色列有关机构，使“爱国者”导弹系统及时防御(图 1.30))。

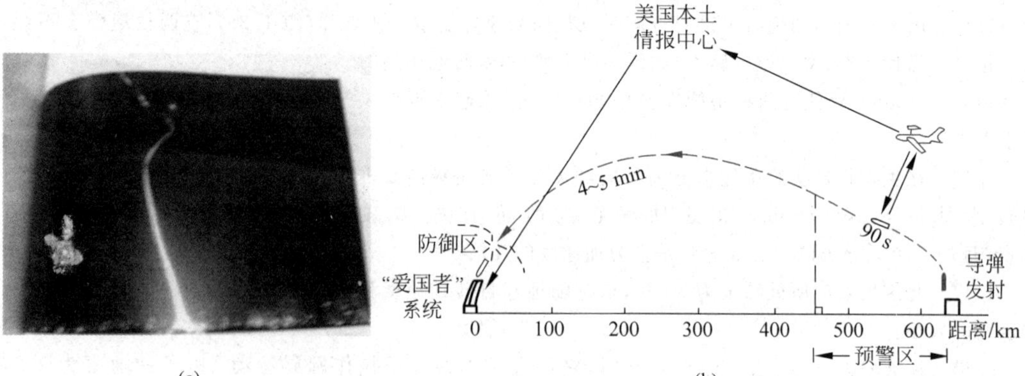


(a)　　(b)

图 1.30　预警防御

(a)“爱国者”导弹防御发射;(b)预警示意图，有预警报告时，“爱国者”系统有 4～5 min 的准备发射时间;无预警报告时，入射导弹进入防御区才能发现，已来不及回击

## 科学家介绍

### 伽 利 略

(Galileo Galilei,1564—1642 年)

伽利略

DISCORSI
E
DIMOSTRAZIONI
MATEMATICHE,
intorno à due nuoue scienze
Attenenti alla
MECANICA & i MOVIMENTI LOCALI;
del Signor
GALILEO GALILEI LINCEO,
Filosofo e Matematico primario del Serenissimo
Grand Duca di Toscana
Con vna Appendice del centro di grauità d'alcuni Solidi.

IN LEIDA,
Appresso gli Elsevirii. M. D. C. XXXVIII.

《两门新科学》一书的扉页

伽利略1564年出生于意大利比萨城的一个没落贵族家庭。他从小表现聪颖,17岁时被父亲送入比萨大学学医,但他对医学不感兴趣。由于受到一次数学演讲的启发,开始热衷于数学和物理学的研究。1585年辍学回家。此后曾在比萨大学和帕多瓦大学任教,在此期间他在科学研究上取得了不少成绩。由于他反对当时统治知识界的亚里士多德世界观和物理学,同时又由于他积极宣扬违背天主教教义的哥白尼太阳中心说,所以不断受到教授们的排挤以及教士们和罗马教皇的激烈反对,最后终于在1633年被罗马宗教裁判所强迫在写有"我悔恨我的过失,宣传了地球运动的邪说"的"悔罪书"上签字,并被判刑入狱(后不久改为在家监禁)。这使他的身体和精神都受到很大的摧残。但他仍致力于力学的研究工作。1637年双目失明。1642年他由于寒热病在孤寂中离开了人世,时年78岁。(时隔347年,罗马教皇多余地于1980年宣布承认对伽利略的压制是错误的,并为他"恢复名誉"。)

伽利略的主要传世之作有两本书。一本是1632年出版的《关于两个世界体系的对话》,简称《对话》,主旨是宣扬哥白尼的太阳中心说。另一本是1638年出版的《关于力学和局部运动两门新科学的谈话和数学证明》，简称《两门新科学》，书中主要陈述了他在力学方面研究的成果。伽利略在科学上的贡献主要有以下几方面：

(1) 论证和宣扬了哥白尼学说，令人信服地说明了地球的公转、自转以及行星的绕日运动。他还用自制的望远镜仔细地观测了木星的4个卫星的运动，在人们面前展示了一个太阳系的模型，有力地支持了哥白尼学说。

(2) 论证了惯性运动，指出维持运动并不需要外力。这就否定了亚里士多德的"运动必须推动"的教条。不过伽利略对惯性运动理解还没有完全摆脱亚里士多德的影响，他也认为"维持宇宙完善秩序"的惯性运动"不可能是直线运动，而只能是圆周运动"。这个错误理解被他的同代人笛卡儿和后人牛顿纠正了。

(3) 论证了所有物体都以同一加速度下落。这个结论直接否定了亚里士多德的重物比轻物下落得快的说法。两百多年后，从这个结论萌发了爱因斯坦的广义相对论。

(4) 用实验研究了匀加速运动。他通过使小球沿斜面滚下的实验测量验证了他推出的公式：从静止开始的匀加速运动的路程和时间的平方成正比。他还把这一结果推广到自由落体运动，即倾角为90°的斜面上的运动。

(5) 提出运动合成的概念，明确指出平抛运动是相互独立的水平方向的匀速运动和竖直方向的匀加速运动的合成，并用数学证明合成运动的轨迹是抛物线。他还根据这个概念计算出了斜抛运动在仰角45°时射程最大，而且比45°大或小同样角度时射程相等。

(6) 提出了相对性原理的思想。他生动地叙述了大船内的一些力学现象，并且指出船以任何速度匀速前进时这些现象都一样地发生，从而无法根据它们来判断船是否在动。这个思想后来被爱因斯坦发展为相对性原理而成了狭义相对论的基本假设之一。

(7) 发现了单摆的等时性并证明了单摆振动的周期和摆长的平方根成正比。他还解释了共振和共鸣现象。

此外，伽利略还研究过固体材料的强度、空气的重量、潮汐现象、太阳黑子、月亮表面的隆起与凹陷等问题。

除了具体的研究成果外，伽利略还在研究方法上为近代物理学的发展开辟了道路，是他首先把实验引进物理学并赋予重要的地位，革除了以往只靠思辨下结论的恶习。他同时也很注意严格的推理和数学的运用，例如他用消除摩擦的极限情况来说明惯性运动，推论大石头和小石块绑在一起下落应具有的速度来使亚里士多德陷于自相矛盾的困境，从而否定重物比轻物下落快的结论。这样的推理就能消除直觉的错误，从而更深入地理解现象的本质。爱因斯坦和英费尔德在《物理学的进化》一书中曾评论说："伽利略的发现以及他所应用的科学的推理方法，是人类思想史上最伟大的成就之一，而且标志着物理学的真正开端。"

伽利略一生和传统的错误观念进行了不屈不挠的斗争，他对待权威的态度也很值得我们学习。他说过："老实说，我赞成亚里士多德的著作，并精心地加以研究。我只是责备那些使自己完全沦为他的奴隶的人，变得不管他讲什么都盲目地赞成，并把他的话一律当作丝毫不能违抗的圣旨一样，而不深究其他任何依据。"

# 第2章

# 运动与力

第1章讨论了质点运动学，即如何描述一个质点的运动。本章将讨论质点动力学，即要说明质点为什么，或者说，在什么条件下作这样那样的运动。动力学的基本定律是牛顿三定律。以这三定律为基础的力学体系叫**牛顿力学**或**经典力学**。本章所涉及的基本定律，包括牛顿三定律以及与之相联系的概念，如力、质量、动量等，大家在中学物理课程中都已学过，而且做过不少练习题。本章的任务是对它们加以复习并使之严格化、系统化。本章还特别指出了参考系的重要性。牛顿定律只在**惯性参考系**中成立，在非惯性参考系内形式上利用牛顿定律时，要引入惯性力的概念。本章接着用惯性力的理念讲解了科里奥利力和潮汐现象。

## 2.1 牛顿运动定律

牛顿在他1687年出版的名著《自然哲学的数学原理》一书中，提出了三条定律，这三条定律统称牛顿运动定律。它们是动力学的基础。牛顿所叙述的三条定律的中文译文如下：

**第一定律　任何物体都保持静止的或沿一条直线作匀速运动的状态，除非作用在它上面的力迫使它改变这种状态。**

**第二定律　运动的变化与所加的动力成正比，并且发生在这力所沿的直线的方向上。**

**第三定律　对于每一个作用，总有一个相等的反作用与之相反；或者说，两个物体对各自对方的相互作用总是相等的，而且指向相反的方向。**

这三条定律大家在中学已经相当熟悉了，下面对它们做一些解释和说明。

牛顿第一定律和两个力学基本概念相联系。一个是物体的**惯性**，它指物体本身要保持运动状态不变的性质，或者说是物体抵抗运动变化的性质。另一个是**力**，它指迫使一个物体运动状态改变，即，使该物体产生加速度的别的物体对它的作用。

由于运动只有相对于一定的参考系来说明才有意义，所以牛顿第一定律也定义了一种参考系。在这种参考系中观察，一个不受力作用的物体将保持静止或匀速直线运动状态不变。这样的参考系叫**惯性参考系**，简称惯性系。并非任何参考系都是惯性系。一个参考系是不是惯性系，要靠实验来判定。例如，实验指出，对一般力学现象来说，地面参考系是一个足够精确的惯性系。

牛顿第一定律只定性地指出了力和运动的关系。牛顿第二定律进一步给出了力和运动的定量关系。牛顿对他的叙述中的“运动”一词，定义为物体（应理解为质点）的质量和速度的乘积，现在把这一乘积称做物体的**动量**。以 $\boldsymbol{p}$ 表示质量为 $m$ 的物体以速度 $\boldsymbol{v}$ 运动时的动量，则动量也是矢量，其定义式是

$$\boldsymbol{p} = m\boldsymbol{v} \tag{2.1}$$

根据牛顿在他的书中对其他问题的分析可以判断，在他的第二定律文字表述中的"变化"一词应该理解为"对时间的变化率"。因此牛顿第二定律用现代语言应表述为：**物体的动量对时间的变化率与所加的外力成正比，并且发生在这外力的方向上。**

以 $\boldsymbol{F}$ 表示作用在物体(质点)上的力，则第二定律用数学公式表达就是(各量要选取适当的单位，如SI单位)

$$\boldsymbol{F} = \frac{\mathrm{d}\boldsymbol{p}}{\mathrm{d}t} = \frac{\mathrm{d}(m\boldsymbol{v})}{\mathrm{d}t} \tag{2.2}$$

牛顿当时认为，一个物体的质量是一个与它的运动速度无关的常量。因而由式(2.2)可得

$$\boldsymbol{F} = m\frac{\mathrm{d}\boldsymbol{v}}{\mathrm{d}t}$$

由于 $\mathrm{d}\boldsymbol{v}/\mathrm{d}t=\boldsymbol{a}$ 是物体的加速度，所以有

$$\boldsymbol{F} = m\boldsymbol{a} \tag{2.3}$$

即物体所受的力等于它的质量和加速度的乘积。这一公式是大家早已熟知的牛顿第二定律公式，在牛顿力学中它和式(2.2)完全等效。但需要指出，式(2.2)应该看做是牛顿第二定律的基本的普遍形式。这一方面是因为在物理学中动量这个概念比速度、加速度等更为普遍和重要；另一方面还因为，现代实验已经证明，当物体速度达到接近光速时，其质量已经明显地和速度有关(见第8章)，因而式(2.3)不再适用，但是式(2.2)却被实验证明仍然是成立的。

根据式(2.3)可以比较物体的质量。用同样的外力作用在两个质量分别是 $m_1$ 和 $m_2$ 的物体上，以 $a_1$ 和 $a_2$ 分别表示它们由此产生的加速度的数值，则由式(2.3)可得

$$\frac{m_1}{m_2} = \frac{a_2}{a_1}$$

即在相同外力的作用下，物体的质量和加速度成反比，质量大的物体产生的加速度小。这意味着质量大的物体抵抗运动变化的性质强，也就是它的惯性大。因此可以说，质量是物体惯性大小的量度。正因为这样，式(2.2)和式(2.3)中的质量叫做物体的**惯性质量**。

质量的SI单位名称是千克，符号是kg。1 kg现在仍用保存在巴黎度量衡局的地窖中的"千克标准原器"的质量来规定。为了方便比较，许多国家都有它的精确的复制品。

表2.1列出了一些质量的实例，图2.1给出了日常生活中使用质量的一个例子。

**表2.1　质量实例**　kg

| | | | |
|---|---|---|---|
| 可观察到的宇宙 | 约 $10^{53}$ | 一个馒头 | $1\times10^{-1}$ |
| 我们的银河系 | $4\times10^{41}$ | 雨点 | $1\times10^{-6}$ |
| 太阳 | $2.0\times10^{30}$ | 尘粒 | $1\times10^{-10}$ |
| 地球 | $6.0\times10^{24}$ | 红血球 | $9\times10^{-14}$ |
| 我国废污水年排放量(2004) | $6.0\times10^{13}$ | 最小的病毒 | $4\times10^{-21}$ |
| 全世界 $CO_2$ 年排放量(1995) | $2.2\times10^{13}$ | 铂原子 | $4.0\times10^{-26}$ |
| 满载大油轮 | $2\times10^{8}$ | 质子(静止的) | $1.7\times10^{-27}$ |
| 大宇宙飞船 | $1\times10^{4}$ | 电子(静止的) | $9.1\times10^{-31}$ |
| 人 | 约 $6\times10$ | 光子，中微子(静止的) | 0 |

图 2.1 物理意义上的质量一词已进入日常生活。云南省的货车载物限额标示就是一例

有了加速度和质量的 SI 单位，就可以利用式(2.3)来规定力的 SI 单位了。使 1 kg 物体产生 1 $m/s^2$ 的加速度的力就规定为力的 SI 单位。它的名称是牛[顿]，符号是 N，1 N=1 kg·$m/s^2$。

式(2.2)和式(2.3)都是矢量式，实际应用时常用它们的分量式。在直角坐标系中，这些分量式是

$$F_x = \frac{dp_x}{dt}, \quad F_y = \frac{dp_y}{dt}, \quad F_z = \frac{dp_z}{dt} \tag{2.4}$$

或

$$F_x = ma_x, \quad F_y = ma_y, \quad F_z = ma_z \tag{2.5}$$

对于平面曲线运动，常用沿切向和法向的分量式，即

$$F_t = ma_t, \quad F_n = ma_n \tag{2.6}$$

式(2.2)到式(2.6)是对物体只受一个力的情况说的。当一个物体同时受到几个力的作用时，它们和物体的加速度有什么关系呢？式中 $\boldsymbol{F}$ 应是这些力的**合力**（或**净力**），即这些力的**矢量和**。这样，**这几个力的作用效果跟它们的合力的作用效果一样**。这一结论叫**力的叠加原理**。

关于牛顿第三定律，若以 $\boldsymbol{F}_{12}$ 表示第一个物体受第二个物体的作用力，以 $\boldsymbol{F}_{21}$ 表示第二个物体受第一个物体的作用力，则这一定律可用数学形式表示为

$$\boldsymbol{F}_{12} = -\boldsymbol{F}_{21} \tag{2.7}$$

应该十分明确，这两个力是分别作用在两个物体上的。牛顿力学还认为，这两个力总是同时作用而且是沿着一条直线的。可以用 16 个字概括第三定律的意义：作用力和反作用力是**同时存在，分别作用，方向相反，大小相等**。

最后应该指出，牛顿第二定律和第三定律只适用于惯性参考系，这一点 2.5 节还将做较详细的论述。

### 量纲

在 SI 中，长度、质量和时间称为**基本量**，速度、加速度、力等都可以由这些基本量根据一定的物理公式导出，因而称为**导出量**。

为了定性地表示导出量和基本量之间的联系，常不考虑数字因数而将一个导出量用若干基本量的乘方之积表示出来。这样的表示式称为该物理量的**量纲**(或量纲式)。以 L,M,T 分别表示基本量长度、质量和时间的量纲，则速度、加速度、力和动量的量纲可以分别表示如下①：

$$[v]=\mathrm{LT^{-1}} \qquad [a]=\mathrm{LT^{-2}}$$
$$[F]=\mathrm{MLT^{-2}} \qquad [p]=\mathrm{MLT^{-1}}$$

式中各基本量的量纲的指数称为**量纲指数**。

量纲的概念在物理学中很重要。由于只有量纲相同的项才能进行加减或用等式连接，所以它的一个简单而重要的应用是检验文字结果的正误。例如，如果得出了一个结果是 $F=mv^2$，则左边的量纲为 $\mathrm{MLT^{-2}}$，右边的量纲为 $\mathrm{ML^2T^{-2}}$。由于两者不相符合，所以可以判定这一结果一定是错误的。在做题时对于每一个文字结果都应该这样检查一下量纲，以免出现原则性的错误。当然，只是量纲正确，并不能保证结果就一定正确，因为还可能出现数字系数的错误。

### * 急动度②

在第 1 章我们讨论加速度时，曾提出"加速度对时间的变化率有无实际意义"。自牛顿以来，由于力学只讨论了力和加速度的关系，而且解决了极为广泛领域内的实际问题，所以都止于考虑加速度的概念。大概是 A. Transon 在 1845 年首先把加速度对时间的导数引入到力学中而考虑它在质点运动中的表现。近年来在这方面的讨论已逐渐增多。

质点的加速度对时间的导数或其位置坐标对时间的三阶导数在英文文献中命名为"jerk"③，我国现有文献中译为**"急动度"**或**"加加速度"**。以 $j$ 表示**急动度**，其定义式为

$$\boldsymbol{j}=\frac{\mathrm{d}\boldsymbol{a}}{\mathrm{d}t} \tag{2.8}$$

由这一定义可知，$\boldsymbol{j}$ 为矢量，其方向为加速度增加的方向。对于加速度恒定的运动，例如抛体运动，$\boldsymbol{j}=0$。对变加速运动，$\boldsymbol{j}\neq 0$。例如，对于匀速圆周运动，虽然加速度(向心加速度)的大小不变，但由于其方向连续变化，所以急动度不为零。可以容易地证明，匀速圆周运动的急动度的方向沿轨道的切线方向，与速度的方向相反；急动度的大小为 $j=v^3/R^2$(见图 2.2)。

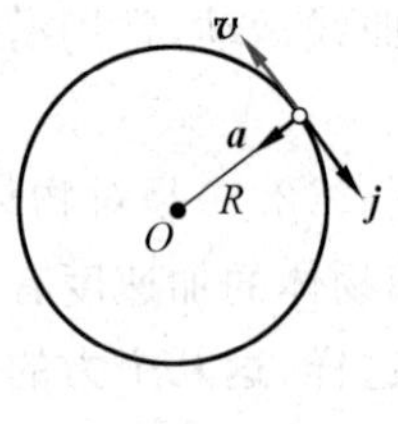


图 2.2 匀速圆周运动的速度 $\boldsymbol{v}$，加速度 $\boldsymbol{a}$ 与急动度 $\boldsymbol{j}$ 的方向

将牛顿第二定律的表示式，式(2.3)，对时间求导，由于 $m$ 不随时间改变，就有

$$\frac{\mathrm{d}\boldsymbol{F}}{\mathrm{d}t}=m\frac{\mathrm{d}\boldsymbol{a}}{\mathrm{d}t}=m\boldsymbol{j} \tag{2.9}$$

可见，只有在质点所受的力随时间改变的情况下，质点才有急动度；反之，质点在运动中出现急动度，它受的力一定在发生变化。图 3.1 所示就是这种情况。

坐在汽车里的人，在汽车起动、加速或转向时，都会随汽车有加速度。对于这种加速度，人体内会有一种力的反应，使人产生不舒服的感觉甚至不能忍受。这种反应可称为**加速度效应**。在这些速度变化，特别是速度急剧变化的过程(如汽车遭撞击，见图 3.1)中，通常不但有加速度，而且有急动度。对于这急动度，人体内会产生变化的力的反应。这种非正常状态也会使人感到极度不舒服和不能忍受。这种反应可称为**急动度效应**。这正是"jerk"一词原文和"急动度"一词译文的由来。

对汽车司机来说，沿前后方向可忍受的最大加速度约为 450 m/s²，而可忍受的最大急动度约 20 000 m/s³。

① 按国家标准 GB 3101—93，物理量 $Q$ 的量纲记为 $\mathrm{dim}Q$，本书考虑到国际物理学界沿用的习惯，记为$[Q]$。

② 标题上出现＊号，意思是本标题所涉及内容为自选学习的扩展内容。

③ 参见 Schot S H. Jerk: The timerate of change of acceleration. Am J Phys, 1978,46(11): 1090.

因此，可允许的汽车达到最大可忍受的加速度的加速时间不能小于 450/20 000=0.023 s。[①]

由于急动度而引起的生理和心理效应现在已在交通设施中广泛地注意到。例如公路、铁路轨道的设计，从直线到圆弧的过渡要使其曲率逐渐增加以减小急动度对旅客引起的不适。航天员的训练及竞技体育的指导等也都用到急动度概念。在学科研究方面，已经有人把急动度用做研究混沌理论的一种新方法并创建了一门"猝变动力学"(jerk dynamics)，使急动度概念在非线性系统的研究中发挥日益重要的作用。[②]

## 2.2 常见的几种力

要应用牛顿定律解决问题，首先必须能正确分析物体的受力情况。在中学物理课程中，大家已经熟悉了重力、弹性力、摩擦力等力。我们将在下面对它们作一简要的复习。此外，还要介绍两种常见的力：流体曳力和表面张力。

**1. 重力**

地球表面附近的物体都受到地球的吸引作用，这种由于地球吸引而使物体受到的力叫做**重力**。在重力作用下，任何物体产生的加速度都是重力加速度 $\boldsymbol{g}$。若以 $\boldsymbol{W}$ 表示物体受的重力，以 $m$ 表示物体的质量，则根据牛顿第二定律就有

$$\boldsymbol{W}=m\boldsymbol{g} \tag{2.10}$$

即：重力的大小等于物体的质量和重力加速度大小的乘积，重力的方向和重力加速度的方向相同，即竖直向下。

**2. 弹性力**

发生形变的物体，由于要恢复原状，对与它接触的物体会产生力的作用，这种力叫**弹性力**。弹性力的表现形式有很多种。下面只讨论常见的三种表现形式。

互相压紧的两个物体在其接触面上都会产生对对方的弹性力作用。这种弹性力通常叫做**正压力**(或**支持力**)。它们的大小取决于相互压紧的程度，方向总是垂直于接触面而指向对方。

拉紧的绳或线对被拉的物体有**拉力**。它的大小取决于绳被拉紧的程度，方向总是沿着绳而指向绳要收缩的方向。拉紧的绳的各段之间也相互有拉力作用。这种拉力叫做**张力**，通常绳中张力也就等于该绳拉物体的力。

通常相互压紧的物体或拉紧的绳子的形变都很小，难于直接观察到，因而常常忽略。

当弹簧被拉伸或压缩时，它就会对联结体(以及弹簧的各段之间)有弹力的作用(图 2.3)。这种**弹簧的弹力**遵守**胡克定律**：在弹性限度内，弹力和形变成正比。以 $f$ 表示弹力，以 $x$ 表示形变，即弹簧的长度相对于原长

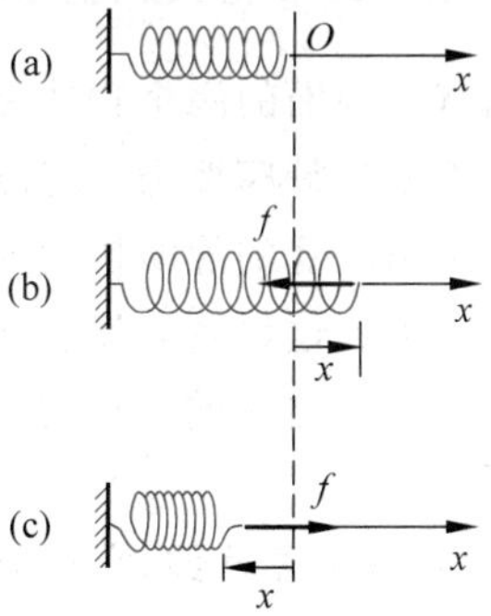


图 2.3 弹簧的弹力

(a) 弹簧的自然伸长；(b) 弹簧被拉伸；(c) 弹簧被压缩

---

① 参见 Ohanian H C. Physics. 2nd ed. W W Norton & Co, 1989. Ⅲ-13.

② 参见黄沛天，马善钧. 从传统牛顿力学到当今猝变动力学. 大学物理，2006，25(1)，1.

的变化，则根据胡克定律就有

$$f = -kx \tag{2.11}$$

式中 $k$ 叫弹簧的**劲度系数**，决定于弹簧本身的结构。式中负号表示弹力的方向：当 $x$ 为正，也就是弹簧被拉长时，$f$ 为负，即与被拉长的方向相反；当 $x$ 为负，也就是弹簧被压缩时，$f$ 为正，即与被压缩的方向相反。总之，弹簧的弹力总是指向要恢复它原长的方向的。

**3. 摩擦力**

两个相互接触的物体(指固体)沿着接触面的方向有**相对滑动**时(图 2.4)，在各自的接触面上都受到阻止相对滑动的力。这种力叫**滑动摩擦力**，它的方向总是与相对滑动的方向相反。实验证明当相对滑动的速度不是太大或太小时，滑动摩擦力 $f_k$ 的大小和滑动速度无关而和正压力 $N$ 成正比，即

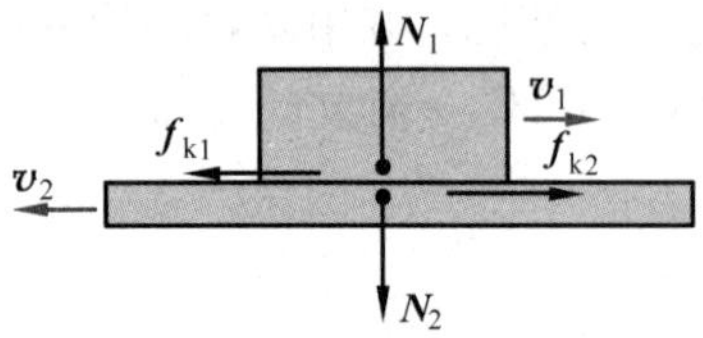

图 2.4 滑动摩擦力

$$f_k = \mu_k N \tag{2.12}$$

式中 $\mu_k$ 为**滑动摩擦系数**，它与接触面的材料和表面的状态(如光滑与否)有关。一些典型情况的 $\mu_k$ 的数值列在表 2.2 中，它们都只是粗略的数值。

**表 2.2 一些典型情况的摩擦系数**

| 接触面材料 | $\mu_k$ | $\mu_s$ |
|---|---|---|
| 钢—钢(干净表面) | 0.6 | 0.7 |
| 钢—钢(加润滑剂) | 0.05 | 0.09 |
| 铜—钢 | 0.4 | 0.5 |
| 铜—铸铁 | 0.3 | 1.0 |
| 玻璃—玻璃 | 0.4 | 0.9～1.0 |
| 橡胶—水泥路面 | 0.8 | 1.0 |
| 特氟隆—特氟隆(聚四氟乙烯) | 0.04 | 0.04 |
| 涂蜡木滑雪板—干雪面 | 0.04 | 0.04 |

当有接触面的两个物体相对静止但有相对滑动的趋势时，它们之间产生的阻碍相对滑动的摩擦力叫**静摩擦力**。静摩擦力的大小是可以改变的。例如人推木箱，推力不大时，木箱不动。木箱所受的静摩擦力 $f_s$ 一定等于人的推力 $f$。当人的推力大到一定程度时，木箱就要被推动了。这说明静摩擦力有一定限度，叫做**最大静摩擦力**。实验证明，最大静摩擦力 $f_{s\max}$ 与两物体之间的正压力 $N$ 成正比，即

$$f_{s\max} = \mu_s N \tag{2.13}$$

式中 $\mu_s$ 叫**静摩擦系数**，它也取决于接触面的材料与表面的状态。对同样的两个接触面，静摩擦系数 $\mu_s$ 总是大于滑动摩擦系数 $\mu_k$。一些典型情况的静摩擦系数也列在表 2.2 中，它们也都只是粗略的数值。

**4. 流体曳力**

一个物体在流体(液体或气体)中和流体有相对运动时，物体会受到流体的阻力，这种阻力称为流体曳力。这曳力的方向和物体相对于流体的速度方向相反，其大小和相对速度的大小有关。在相对速率较小，流体可以从物体周围平顺地流过时，曳力 $f_d$ 的大小和相对速

率 $v$ 成正比，即

$$f_{\mathrm{d}} = kv \tag{2.14}$$

式中比例系数 $k$ 决定于物体的大小和形状以及流体的性质（如黏性、密度等）。在相对速率较大以致在物体的后方出现流体旋涡时（一般情形多是这样），曳力的大小将和相对速率的平方成正比。对于物体在空气中运动的情况，曳力的大小可以表示为

$$f_{\mathrm{d}} = \frac{1}{2}C\rho A v^2 \tag{2.15}$$

其中，$\rho$ 是空气的密度；$A$ 是物体的有效横截面积；$C$ 为曳引系数，一般在 0.4 到 1.0 之间（也随速率而变化）。相对速率很大时，曳力还会急剧增大。

由于流体曳力和速率有关，物体在流体中下落时的加速度将随速率的增大而减小，以致当速率足够大时，曳力会和重力平衡而物体将以匀速下落。物体在流体中下落的最大速率叫**终极速率**。对于在空气中下落的物体，利用式(2.15)可以求得终极速率为

$$v_{\mathrm{t}} = \sqrt{\frac{2mg}{C\rho A}} \tag{2.16}$$

其中 $m$ 为下落物体的质量。

按上式计算，半径为 1.5 mm 的雨滴在空气中下落的终极速率为 7.4 m/s，大约在下落 10 m 时就会达到这个速率。跳伞者，由于伞的面积 $A$ 较大，所以其终极速率也较小，通常为 5 m/s 左右，而且在伞张开后下降几米就会达到这一速率。

**5. 表面张力**

拿一根缝衣针放到一片薄棉纸上，小心地把它们平放到碗内的水面上。再小心地用细棍把已浸湿的纸按到水下面。你就会看到缝衣针漂在水面上（图 2.5）。这种漂浮并不是水对针的浮力（遵守阿基米德定律）作用的结果，针实际上是躺在已被它压陷了的水面上，是水面兜住了针使之静止的。这说明水面有一种绷紧的力，在水面凹陷处这种绷紧的力 $F$ 抬起了缝衣针。

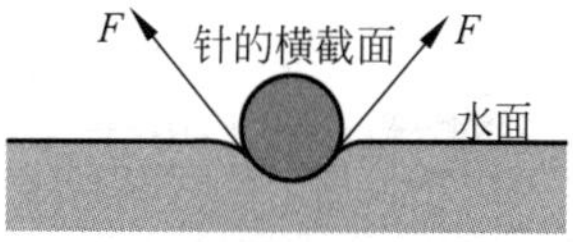

图 2.5 缝衣针漂在水面上

旅游寺庙里盛水的大水缸里常见到落到水底的许多硬币，这都是那些想使自己的硬币漂在水面上（而得到降福?）的游客操作不当的结果。有些昆虫能在水面上行走，也是靠了这种沿水面作用的绷紧的力（图 2.6）。

液体表面总处于一种绷紧的状态。这归因于液面各部分之间存在着相互拉紧的力。这种力叫**表面张力**。它的方向沿着液面（或其“切面”）并垂直于液面的边界线。它的大小和边界线的长度成正比。以 $F$ 表示在长为 $l$ 的边界线上作用的表面张力，则应有

$$F = \gamma l \tag{2.17}$$

式中 $\gamma$(N/m)叫做**表面张力系数**，它的大小由液体的种类及其温度决定。例如在 20℃时，乙醇的 $\gamma$ 为 0.0223 N/m，水银的为 0.465 N/m，水的为 0.0728 N/m，肥皂液的约为 0.025 N/m 等。

表面张力系数 $\gamma$ 可用下述方法粗略地测定。用金属细棍做一个一边可以滑动的矩形框（图 2.7），将框没入液体。当向上缓慢把框提出时，框上就会蒙上一片液膜。这时拉动下侧可动框边再松手时，膜的面积将缩小，这就是膜的表面张力作用的表现。在这一可动框边上挂上适当的砝码，则可以使这一边保持不动，这时应该有

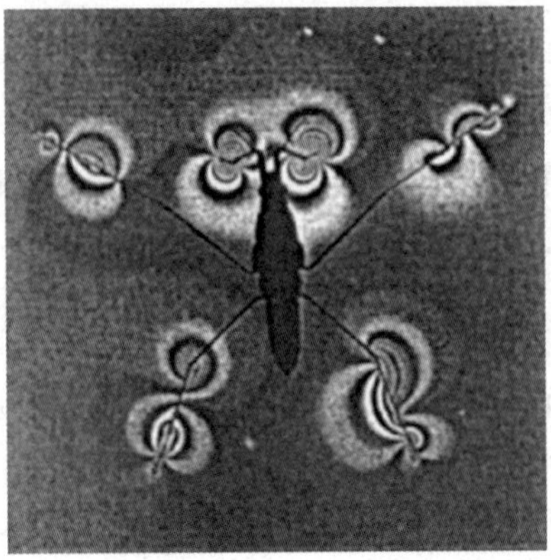

图 2.6 昆虫“水黾”(学名 Hygrotrechus Conformis)在水面上行走以及引起的水面波纹(R. L. Reese)

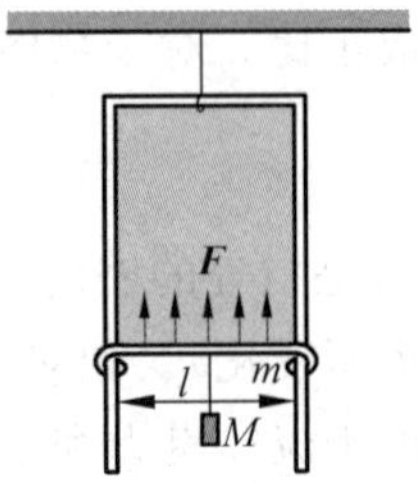


图 2.7 液膜的表面张力

$$F = (m + M)g \tag{2.18}$$

式中 $m$ 和 $M$ 分别表示可动框边和砝码的质量。由于膜有两个表面，所以其下方在两条边线上都有向上的表面张力。以 $l$ 表示膜的宽度，则由式(2.17)，在式(2.18)中应有 $F=2\gamma l$。代入式(2.18)可得

$$\gamma = (m + M)g/2l \tag{2.19}$$

一个液滴由于表面张力，其表面有收缩趋势，这就使得秋天的露珠，夏天荷叶上的小水珠以及肥皂泡都呈球形。天体一般也是球形，这也是在其长期演变过程中表面张力作用的结果。

## *2.3 基本的自然力

2.2 节介绍了几种力的特征，实际上，在日常生活和工程技术中，遇到的力还有很多种。例如皮球内空气对球胆的压力，江河海水对大船的浮力，胶水使两块木板固结在一起的黏结力，两个带电小球之间的吸力或斥力，两个磁铁之间的吸力或斥力等。除了这些宏观世界我们能观察到的力以外，在微观世界中也存在这样或那样的力。例如分子或原子之间的引力或斥力，原子内的电子和核之间的引力，核内粒子和粒子之间的斥力和引力等。尽管力的种类看来如此复杂，但近代科学已经证明，自然界中只存在 4 种基本的力(或称相互作用)，其他的力都是这 4 种力的不同表现。这 4 种力是引力、电磁力、强力、弱力，下面分别作一简单介绍。

### 1. 引力(或万有引力)

引力指存在于任何两个物质质点之间的吸引力。它的规律首先由牛顿发现，称之为引力定律，这个定律说：**任何两个质点都互相吸引，这引力的大小与它们的质量的乘积成正比，和它们的距离的平方成反比。**用 $m_1$ 和 $m_2$ 分别表示两个质点的质量，以 $r$ 表示它们的距离，则引力大小的数学表示式是

$$f = \frac{Gm_1 m_2}{r^2} \tag{2.20}$$

式中，$f$ 是两个质点的相互吸引力；$G$ 是一个比例系数，叫**引力常量**，在国际单位制中它的值为

$$G = 6.67 \times 10^{-11}\ \mathrm{N \cdot m^2/kg^2} \tag{2.21}$$

式(2.20)中的质量反映了物体的引力性质，是物体与其他物体相互吸引的性质的量度，因此又叫**引力质量**。它和反映物体抵抗运动变化这一性质的惯性质量在意义上是不同的。但是任何物体的重力加速度都相等的实验表明，同一个物体的这两个质量是相等的，因此可以说它们是同一质量的两种表现，也就不必加以区分了。

根据现在尚待证实的物理理论，物体间的引力是以一种叫做"引力子"的粒子作为传递媒介的。

**2. 电磁力**

电磁力指带电的粒子或带电的宏观物体间的作用力。两个静止的带电粒子之间的作用力由一个类似于引力定律的库仑定律支配着。库仑定律说，两个静止的点电荷相斥或相吸，这斥力或吸力的大小 $f$ 与两个点电荷的电量 $q_1$ 和 $q_2$ 的乘积成正比，而与两电荷的距离 $r$ 的平方成反比，写成公式

$$f = \frac{kq_1q_2}{r^2} \tag{2.22}$$

式中比例系数 $k$ 在国际单位制中的值为

$$k = 9 \times 10^9\ \mathrm{N \cdot m^2 \cdot C^{-2}}$$

这种力比万有引力要大得多。例如两个相邻质子之间的电力按上式计算可以达到 $10^2$ N，是它们之间的万有引力($10^{-34}$ N)的 $10^{36}$ 倍。

运动的电荷相互间除了有电力作用外，还有磁力相互作用。磁力实际上是电力的一种表现，或者说，磁力和电力具有同一本源。(关于这一点，本书第 3 篇电磁学有较详细的讨论。)因此**电力和磁力统称电磁力**。

电荷之间的电磁力是以**光子**作为传递媒介的。

由于分子或原子都是由电荷组成的系统，所以它们之间的作用力就是电磁力。中性分子或原子间也有相互作用力，这是因为虽然每个中性分子或原子的正负电荷数值相等，但在它们内部正负电荷有一定的分布，对外部电荷的作用并没有完全抵消，所以仍显示出有电磁力的作用。中性分子或原子间的电磁力可以说是一种残余电磁力。2.2 节提到的相互接触的物体之间的弹力、摩擦力、流体阻力、表面张力以及气体压力、浮力、黏结力等都是相互靠近的原子或分子之间的作用力的宏观表现，因而从根本上说也是电磁力。

**3. 强力**

我们知道，在绝大多数原子核内有不止一个质子。质子之间的电磁力是排斥力，但事实上核的各部分并没有自动飞离，这说明在质子之间还存在一种比电磁力还要强的自然力，正是这种力把原子核内的质子以及中子紧紧地束缚在一起。这种存在于质子、中子、介子等强子之间的作用力称做**强力**。强力是夸克所带的"色荷"之间的作用力——色力——的表现。色力是以**胶子**作为传递媒介的。两个相邻质子之间的强力可以达到$10^4$ N。强力的力程，即作用可及的范围非常短。强子之间的距离超过约 $10^{-15}$ m 时，强力就变得很小而可以忽略不计；小于 $10^{-15}$ m 时，强力占主要的支配地位，而且直到距离减小到大约 $0.4\times10^{-15}$ m 时，

它都表现为吸引力，距离再减小，则强力就表现为斥力。

4. 弱力

弱力也是各种粒子之间的一种相互作用，但仅在粒子间的某些反应(如β衰变)中才显示出它的重要性。弱力是以 $W^+$，$W^-$，$Z^0$ 等叫做**中间玻色子**的粒子作为传递媒介的。它的力程比强力还要短，而且力很弱。两个相邻的质子之间的弱力大约仅有 $10^{-2}$ N。

表 2.3 中列出了 4 种基本力的特征，其中力的强度是指两个质子中心的距离等于它们直径时的相互作用力。

**表 2.3　4 种基本自然力的特征**

| 力的种类 | 相互作用的物体 | 力的强度 | 力　程 |
|---|---|---|---|
| 万有引力 | 一切质点 | $10^{-34}$ N | 无限远 |
| 弱力 | 大多数粒子 | $10^{-2}$ N | 小于 $10^{-17}$ m |
| 电磁力 | 电荷 | $10^{2}$ N | 无限远 |
| 强力 | 核子、介子等 | $10^{4}$ N | $10^{-15}$ m |

从复杂纷纭、多种多样的力中，人们认识到基本的自然力只有 4 种，这是 20 世纪 30 年代物理学取得的很大成就。此后，人们就企图发现这 4 种力之间的联系。爱因斯坦就曾企图把万有引力和电磁力统一起来，但没有成功。20 世纪 60 年代，温伯格和萨拉姆在杨振宁等提出的理论基础上，提出了一个把电磁力和弱力统一起来的理论——电弱统一理论。这种理论指出在高能范围内，电磁相互作用和弱相互作用本是同一性质的相互作用，称做**电弱相互作用**。在低于 250 GeV 的能量范围内，由于“对称性的自发破缺”，统一的电弱相互作用分解成了性质极不相同的电磁相互作用和弱相互作用。这种理论已在 20 世纪 70 年代和 80 年代初期被实验证实了。电弱统一理论的成功使人类在对自然界的统一性的认识上又前进了一大步。现在，物理学家正在努力，以期建立起总括电弱色相互作用的“大统一理论”(它管辖的能量尺度为 $10^{15}$ GeV，目前有些预言已被用实验“间接地探索过了”)。人们还期望，有朝一日，能最后(?)建立起把 4 种基本相互作用都统一起来的……“超统一理论”。

## 2.4 应用牛顿定律解题

利用牛顿定律求解力学问题时，最好按下述“**三字经**”所设计的思路分析。

1. 认物体

在有关问题中选定一个物体(当成质点)作为分析对象。如果问题涉及几个物体，那就一个一个地作为对象进行分析，认出每个物体的质量。

2. 看运动

分析所认定的物体的运动状态，包括它的轨道、速度和加速度。问题涉及几个物体时，还要找出它们之间运动的联系，即它们的速度或加速度之间的关系。

3. 查受力

找出被认定的物体所受的所有外力。画简单的示意图表示物体受力情况与运动情况，这种图叫**示力图**。

**4. 列方程**

把上面分析出的质量、加速度和力用牛顿第二定律联系起来列出方程式。利用直角坐标系的分量式(式(2.5))列式时，在图中应注明坐标轴方向。在方程式足够的情况下就可以求解未知量了。

动力学问题一般有两类，一类是已知力的作用情况求运动；另一类是已知运动情况求力。这两类问题的分析方法都是一样的，都可以按上面的步骤进行，只是未知数不同罢了。

---

**例 2.1**

用皮带运输机向上运送砖块。设砖块与皮带间的静摩擦系数为 $\mu_s$，砖块的质量为 $m$，皮带的倾斜角为 $\alpha$。求皮带向上匀速输送砖块时，它对砖块的静摩擦力多大？

**解** 认定砖块进行分析。它向上匀速运动，因而加速度为零。在上升过程中，它受力情况如图 2.8 所示。

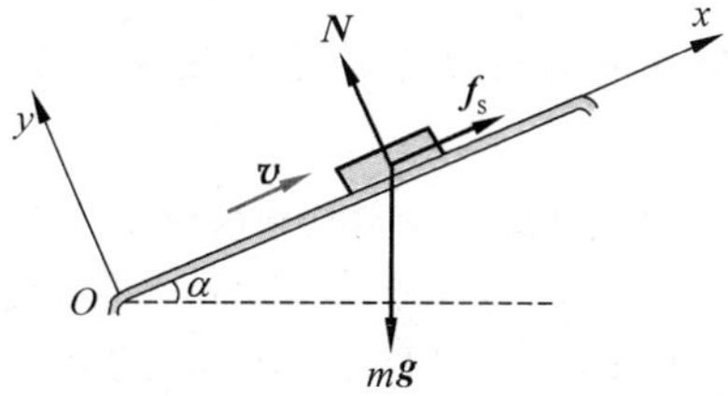


图 2.8 例 2.1 用图

选 $x$ 轴沿着皮带方向，则对砖块用牛顿第二定律，可得 $x$ 方向的分量式为

$$-mg\sin\alpha + f_s = ma_x = 0$$

由此得砖块受的静摩擦力为

$$f_s = mg\sin\alpha$$

注意，此题不能用公式 $f_s=\mu_s N$ 求静摩擦力，因为这一公式只对最大静摩擦力才适用。在静摩擦力不是最大的情况下，只能根据牛顿定律的要求求出静摩擦力。

---

**例 2.2**

在光滑桌面上放置一质量 $m_1=5.0$ kg 的物块，用绳通过一无摩擦滑轮将它和另一质量为 $m_2=2.0$ kg 的物块相连。(1)保持两物块静止，需用多大的水平力 $\boldsymbol{F}$ 拉住桌上的物块？(2)换用 $F=30$ N 的水平力向左拉 $m_1$ 时，两物块的加速度和绳中张力 $T$ 的大小各如何？(3)怎样的水平力 $\boldsymbol{F}$ 会使绳中张力为零？

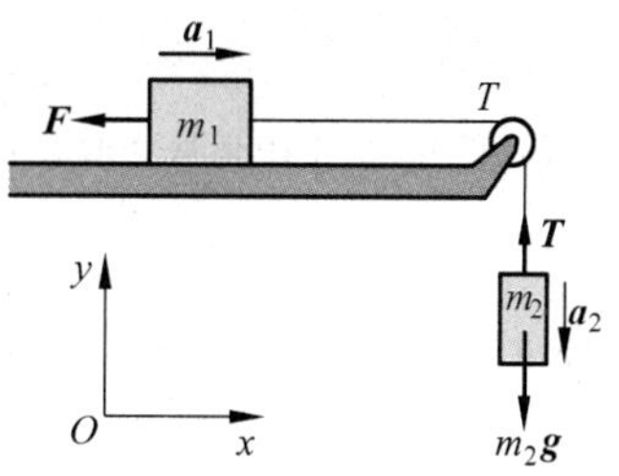


图 2.9 例 2.2 用图

**解** 如图 2.9 所示，设两物块的加速度分别为 $\boldsymbol{a}_1$ 和 $\boldsymbol{a}_2$。参照如图所示的坐标方向。

(1) 如两物体均静止，则 $a_1=a_2=0$，用牛顿第二定律，对 $m_1$，

$$-F+T=m_1a_1=0$$

对 $m_2$，

$$T-m_2g=m_2a_2=0$$

此二式联立给出

$$F=m_2g=2.0\times 9.8=19.6\ (\text{N})$$

(2) 当 $F=30$ N 时，则用牛顿第二定律，对 $m_1$，沿 $x$ 方向，有

$$-F+T=m_1a_1 \tag{2.23}$$

对 $m_2$，沿 $y$ 方向，有

$$T-m_2g=m_2a_2 \tag{2.24}$$

由于 $m_1$ 和 $m_2$ 用绳联结着，所以有 $a_1=a_2$，令其为 $a$。

联立解式(2.23)和式(2.24)，可得两物块的加速度为

$$a = \frac{m_2 g - F}{m_1 + m_2} = \frac{2 \times 9.8 - 30}{5.0 + 2.0} = -1.49\ (\mathrm{m/s^2})$$

和图2.9所设 $\boldsymbol{a}_1$ 和 $\boldsymbol{a}_2$ 的方向相比，此结果的负号表示，两物块的加速度均与所设方向相反，即 $m_1$ 将向左而 $m_2$ 将向上以 $1.49\ \mathrm{m/s^2}$ 的加速度运动。

由上面式(2.24)可得此时绳中张力为

$$T = m_2(g - a_2) = 2.0 \times [9.8 - (-1.49)] = 22.6\ (\mathrm{N})$$

(3) 若绳中张力 $T=0$，则由式(2.24)知，$a_2 = g$，即 $m_2$ 自由下落，这时由式(2.23)可得

$$F = -m_1 a_1 = -m_1 a_2 = -m_1 g = -5.0 \times 9.8 = -49\ (\mathrm{N})$$

负号表示力 $\boldsymbol{F}$ 的方向应与图2.9所示方向相反，即需用49 N的水平力向右推桌上的物块，才能使绳中张力为零。

---

**例 2.3**

一个质量为 $m$ 的珠子系在线的一端，线的另一端绑在墙上的钉子上，线长为 $l$。先拉动珠子使线保持水平静止，然后松手使珠子下落。求线摆下至 $\theta$ 角时这个珠子的速率和线的张力。

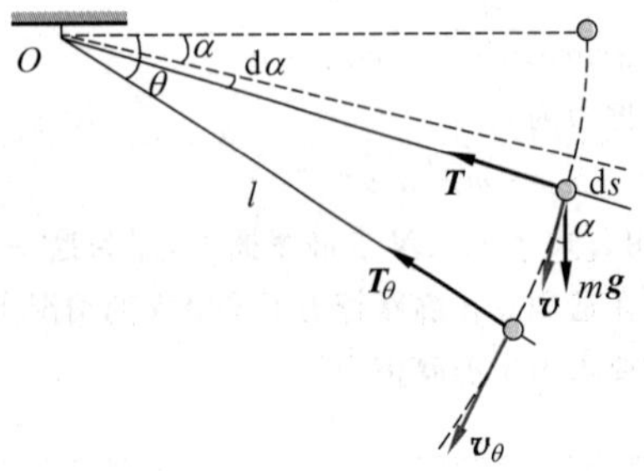


图2.10 例2.3用图

**解** 这是一个变加速问题，求解要用到微积分，但物理概念并没有什么特殊。如图2.10所示，珠子受的力有线对它的拉力 $\boldsymbol{T}$ 和重力 $m\boldsymbol{g}$。由于珠子沿圆周运动，所以我们按切向和法向来列牛顿第二定律分量式。

对珠子，在任意时刻，当摆下角度为 $\alpha$ 时，牛顿第二定律的切向分量式为

$$mg\cos\alpha = ma_{\mathrm{t}} = m\frac{\mathrm{d}v}{\mathrm{d}t}$$

以 $\mathrm{d}s$ 乘以此式两侧，可得

$$mg\cos\alpha\ \mathrm{d}s = m\frac{\mathrm{d}v}{\mathrm{d}t}\mathrm{d}s = m\frac{\mathrm{d}s}{\mathrm{d}t}\mathrm{d}v$$

由于 $\mathrm{d}s = l\mathrm{d}\alpha$，$\frac{\mathrm{d}s}{\mathrm{d}t} = v$，所以上式可写成

$$gl\cos\alpha\ \mathrm{d}\alpha = v\mathrm{d}v$$

两侧同时积分，由于摆角从0增大到 $\theta$ 时，速率从0增大到 $v_\theta$，所以有

$$\int_0^\theta gl\cos\alpha \cdot \mathrm{d}\alpha = \int_0^{v_\theta} v\mathrm{d}v$$

由此得

$$gl\sin\theta = \frac{1}{2}v_\theta^2$$

从而

$$v_\theta = \sqrt{2gl\sin\theta}$$

对珠子，在摆下 $\theta$ 角时，牛顿第二定律的法向分量式为

$$T_\theta - mg\sin\theta = ma_{\mathrm{n}} = m\frac{v_\theta^2}{l}$$

将上面 $v_\theta$ 值代入此式，可得线对珠子的拉力为

$$T_\theta = 3mg\sin\theta$$

这也就等于线中的张力。

**例 2.4**

一跳伞运动员质量为 80 kg，一次从 4000 m 高空的飞机上跳出，以雄鹰展翅的姿势下落（图 2.11），有效横截面积为 0.6 $m^2$。以空气密度为 1.2 $kg/m^3$ 和曳引系数 $C=0.6$ 计算，他下落的终极速率多大？

图 2.11　2007 年 11 月 10 日，美国得克萨斯州，现年 83 岁的美国前总统老布什（下）通过跳伞庆祝其个人博物馆开馆

**解**　空气曳力用式(2.15)计算，终极速率出现在此曳力等于运动员所受重力的时候。由此可得终极速率为

$$v_t=\sqrt{\frac{2mg}{C\rho A}}=\sqrt{\frac{2\times 80\times 9.8}{0.6\times 1.2\times 0.6}}=60\ (\mathrm{m/s})$$

这一速率比从 4000 m 高空"自由下落"的速率(280 m/s)小得多，但运动员以这一速率触地还是很危险的，所以他在接近地面时要打开降落伞。

**例 2.5**

一个水平的木制圆盘绕其中心竖直轴匀速转动（图 2.12）。在盘上离中心 $r=20$ cm 处放一小铁块，如果铁块与木板间的静摩擦系数 $\mu_s=0.4$，求圆盘转速增大到多少（以 r/min 表示）时，铁块开始在圆盘上移动？

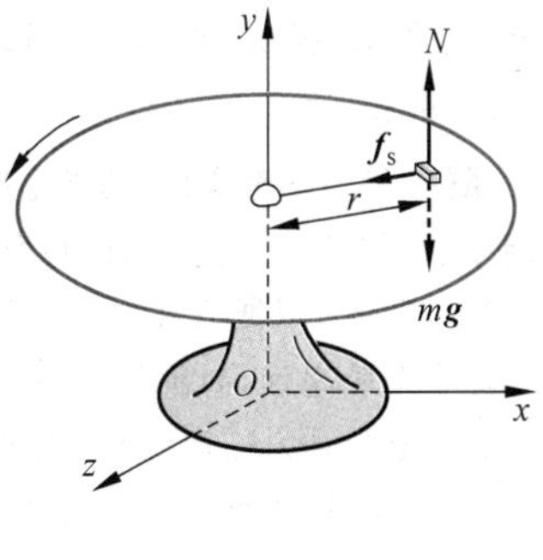


图 2.12　转动圆盘

**解**　对铁块进行分析。它在盘上不动时，是作半径为 $r$ 的匀速圆周运动，具有法向加速度 $a_n=r\omega^2$。图 2.12 中示出铁块受力情况，$f_s$ 为静摩擦力。

对铁块用牛顿第二定律，得法向分量式为

$$f_s=ma_n=mr\omega^2$$

由于

$$f_s\leqslant\mu_s N=\mu_s mg$$

所以

$$\mu_s mg\geqslant mr\omega^2$$

即

$$\omega \leqslant \sqrt{\frac{\mu_s g}{r}} = \sqrt{\frac{0.4 \times 9.8}{0.2}} = 4.43\ (\text{rad/s})$$

由此得

$$n = \frac{\omega}{2\pi} \leqslant 42.3\ (\text{r/min})$$

这一结果说明，圆盘转速达到 42.3 r/min 时，铁块开始在盘上移动。

---

**例 2.6**

**开普勒第三定律**。谷神星（最大的小行星，直径约 960 km）的公转周期为 $1.67\times10^3$ d。试以地球公转为参考，求谷神星公转的轨道半径。

**解** 以 $r$ 表示某一行星轨道的半径，$T$ 为其公转周期。按匀加速圆周运动计算，该行星的法向加速度为 $4\pi^2 r/T^2$。以 $M$ 表示太阳的质量，$m$ 表示行星的质量，并忽略其他行星的影响，则由引力定律和牛顿第二定律可得

$$G\frac{Mm}{r^2} = m\frac{4\pi^2 r}{T^2}$$

由此得

$$\frac{T^2}{r^3} = \frac{4\pi^2}{GM}$$

由于此式右侧是与行星无关的常量，所以此结果即说明行星公转周期的平方和它的轨道半径的立方成正比。（由于行星轨道是椭圆，所以，严格地说，上式中的 $r$ 应是轨道的半长轴。）这一结果称为关于行星运动的**开普勒第三定律**。

以 $r_1$，$T_1$ 表示地球的轨道半径和公转周期，以 $r_2$，$T_2$ 表示谷神星的轨道半径和公转周期，则

$$\frac{r_2^3}{r_1^3} = \frac{T_2^2}{T_1^2}$$

由此得

$$r_2 = r_1\left(\frac{T_2}{T_1}\right)^{2/3} = 1.50\times10^{11}\times\left(\frac{1.67\times10^3}{365}\right)^{2/3} = 4.13\times10^{11}\ (\text{m})$$

这一数值在火星和木星的轨道半径之间。实际上，在火星和木星间存在一个小行星带。

---

**例 2.7**

直径为 2.0 cm 的球形肥皂泡内部气体的压强 $p_{in}$ 比外部大气压强 $p_0$ 大多少？肥皂液的表面张力系数按 0.025 N/m 计。

**解** 肥皂泡形成后，其肥皂膜内外表面的表面张力要使肥皂泡缩小。当其大小稳定时，其内部空气的压强 $p_{int}$ 要大于外部的大气压强 $p_0$，以抵消这一收缩趋势。为了求泡内外的压强差，可考虑半个肥皂泡，如图 2.13 中肥皂泡的右半个。泡内压强对这半个肥皂泡的合力应垂直于半球截面，即水平向右，大小为 $F_{in} = p_{in}\cdot\pi R^2$，$R$ 为泡的半径。大气压强对这半个泡的合力应为 $F_{ext} = p_0\cdot\pi R^2$，方向水平向左。与受到此二力的同时，这半个泡还在其边界上受左半个泡的表面张力，边界各处的表面张力方向沿着球面的切面并与边界垂直，即都水平向左。其大小由式(2.16)求得 $F_{sur} = 2\cdot\gamma\cdot 2\pi r$，其中的 2 倍是由于肥皂膜有内外

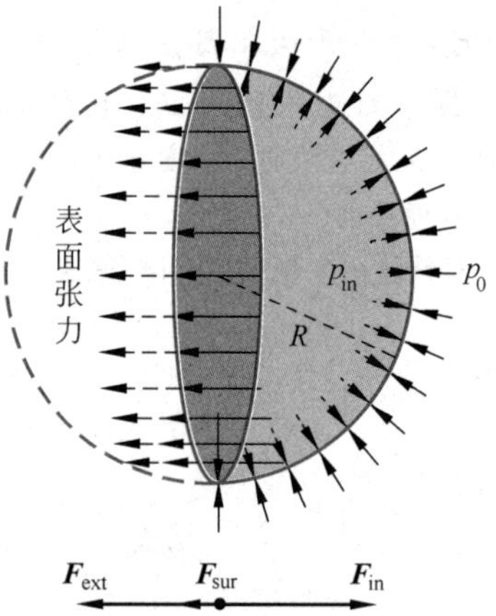


图 2.13 肥皂泡受力分析

两个表面。对右半个泡的力的平衡要求$F_{in}=F_{ext}+F_{sur}$，即

$$p_0\pi R^2=2\cdot\gamma\cdot 2\pi R+p_{in}\pi R^2$$

由此得

$$p_{in}-p_0=\frac{4\gamma}{R}=\frac{4\times 0.025}{1.0\times 10^{-2}}=10.0\ (\text{Pa})$$

## 2.5 非惯性系与惯性力

在2.1节中介绍牛顿定律时，特别指出牛顿第二定律和第三定律只适用于惯性参考系，2.4节的例题都是相对于惯性系进行分析的。

惯性系有一个重要的性质，即，如果我们确认了某一参考系为惯性系，则相对于此参考系作匀速直线运动的任何其他参考系也一定是惯性系。这是因为如果一个物体不受力作用时相对于那个"原始"惯性系静止或作匀速直线运动，则在任何相对于这"原始"惯性系作匀速直线运动的参考系中观测，该物体也必然作匀速直线运动(尽管速度不同)或静止。这也是在不受力作用的情况下发生的。因此根据惯性系的定义，后者也是惯性系。

反过来我们也可以说，相对于一个已知惯性系作加速运动的参考系，一定不是惯性参考系，或者说是一个非惯性系。

具体判断一个实际的参考系是不是惯性系，只能根据实验观察。对天体(如行星)运动的观察表明，太阳参考系是个很好的惯性系①。由于地球绕太阳公转，地心相对于太阳参考系有向心加速度，所以地心参考系不是惯性系。但地球相对于太阳参考系的法向加速度甚小(约$6\times10^{-3}\ m/s^2$)，不到地球上重力加速度的0.1%，所以地心参考系可以近似地作为惯性系看待。粗略研究人造地球卫星运动时，就可以应用地心参考系。

由于地球围绕自身的轴相对于地心参考系不断地自转，所以地面参考系也不是惯性系。但由于地面上各处相对于地心参考系的法向加速度最大不超过$3.40\times10^{-2}\ m/s^2$(在赤道上)，所以对时间不长的运动，地面参考系也可以近似地作为惯性系看待。在一般工程技术问题中，都相对于地面参考系来描述物体的运动和应用牛顿定律，得出的结论也都足够准确地符合实际，就是因为这个缘故。

下面举两个例子，说明在非惯性系中，牛顿第二定律不成立。

先看一个例子。站台上停着一辆小车，相对于地面参考系进行分析，小车停着，加速度为零。这是因为作用在它上面的力相互平衡，即合力为零的缘故，这符合牛顿定律。如果从加速起动的列车车厢内观察这辆小车，即相对于作加速运动的车厢参考系来分析小车的运动，将发现小车向车厢后方作加速运动。它受力的情况并无改变，合力仍然是零。合力为零而有了加速度，这是违背牛顿定律的。因此，相对于作加速运动的车厢参考系，牛顿定律不成立。

再看例2.5中所提到的水平转盘。从地面参考系来看，铁块作圆周运动，有法向加速度。这是因为它受到盘面的静摩擦力作用的缘故，这符合牛顿定律。但是相对于转盘参考系来说，即站在转盘上观察，铁块总保持静止，因而加速度为零。可是这时它依然受着静摩

① 现代天文观测结果给出，太阳绕我们的银河中心公转，其法向加速度约为$1.8\times10^{-10}\ m/s^2$。

擦力的作用。合力不为零，可是没有加速度，这也是违背牛顿定律的。因此，相对于转盘参考系，牛顿定律也是不成立的。

在实际问题中常常需要在非惯性系中观察和处理物体的运动现象。在这种情况下，为了方便起见，我们也常常形式地利用牛顿第二定律分析问题，为此我们引入惯性力这一概念。

首先讨论**加速平动参考系**的情况。设有一质点，质量为 $m$，相对于某一惯性系 $S$，它在实际的外力 $\boldsymbol{F}$ 作用下产生加速度 $\boldsymbol{a}$，根据牛顿第二定律，有

$$\boldsymbol{F} = m\boldsymbol{a}$$

设想另一参考系 $S'$，相对于惯性系 $S$ 以加速度 $\boldsymbol{a}_0$ 平动。在 $S'$ 参考系中，质点的加速度是 $\boldsymbol{a}'$。由运动的相对性可知

$$\boldsymbol{a} = \boldsymbol{a}' + \boldsymbol{a}_0$$

将此式代入上式可得

$$\boldsymbol{F} = m(\boldsymbol{a}' + \boldsymbol{a}_0) = m\boldsymbol{a}' + m\boldsymbol{a}_0$$

或者写成

$$\boldsymbol{F} + (-m\boldsymbol{a}_0) = m\boldsymbol{a}' \tag{2.25}$$

此式说明，质点受的合外力 $\boldsymbol{F}$ 并不等于 $m\boldsymbol{a}'$，因此牛顿定律在参考系 $S'$ 中不成立。但是如果我们认为在 $S'$ 系中观察时，除了实际的外力 $\boldsymbol{F}$ 外，质点还受到一个大小和方向由 $(-m\boldsymbol{a}_0)$ 表示的力，并将此力也计入合力之内，则式(2.25)就可以形式上理解为：在 $S'$ 系内观测，质点所受的合外力也等于它的质量和加速度的乘积。这样就可以在形式上应用牛顿第二定律了。

为了在非惯性系中**形式地**应用牛顿第二定律而必须引入的力叫做**惯性力**。由式(2.25)可知，在加速平动参考系中，它的大小等于质点的质量和此非惯性系相对于惯性系的加速度的乘积，而方向与此加速度的方向相反。以 $\boldsymbol{F}_i$ 表示惯性力，则有

$$\boldsymbol{F}_i = -m\boldsymbol{a}_0 \tag{2.26}$$

引进了惯性力，在非惯性系中就有了下述牛顿第二定律的形式：

$$\boldsymbol{F} + \boldsymbol{F}_i = m\boldsymbol{a}' \tag{2.27}$$

其中 $\boldsymbol{F}$ 是实际存在的各种力，即"真实力"。它们是物体之间的相互作用的表现，其本质都可以归结为4种基本的自然力。惯性力 $\boldsymbol{F}_i$ 只是参考系的非惯性运动的表观显示，或者说是物体的惯性在非惯性系中的表现。它不是物体间的相互作用，也没有反作用力。因此惯性力又称做**虚拟力**。

上述惯性力和引力有一种微妙的关系。静止在地面参考系(视为惯性系)中的物体受到地球引力 $m\boldsymbol{g}$ 的作用(图2.14(a))，这引力的大小和物体的质量成正比。今设想一个远离星体的太空船正以加速度(对某一惯性系) $\boldsymbol{a}' = -\boldsymbol{g}$ 运动，在船内观察一个质量为 $m$ 的物体。由于太空船是非惯性系，依上分析，可以认为物体受到一个惯性力 $\boldsymbol{F}_i = -m\boldsymbol{a}' = m\boldsymbol{g}$ 的作用，这个惯性力也和物体的质量成正比(图2.14(b))。但若只是在太空船内观察，我们也可以认为太空船是一静止的惯性系，而物体受到了一个引力 $m\boldsymbol{g}$。加速系中的惯性力和惯性系中的引力是等效的这一思想是爱因斯坦首先提出的，称为**等效原理**。它是爱因斯坦创立广义相对论的基础。

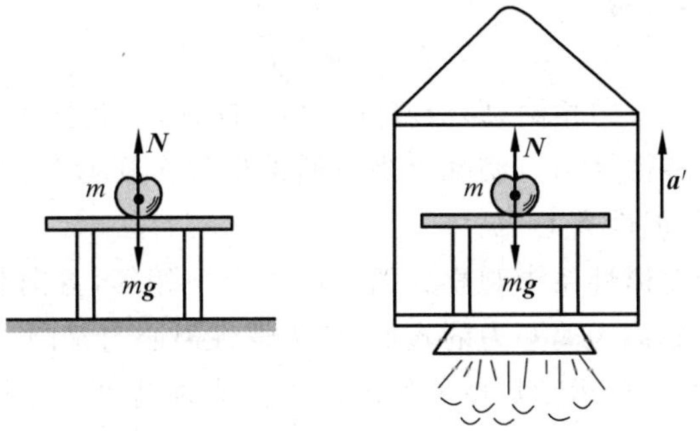


图 2.14 等效原理

(a) 在地面上观察，物体受到引力(重力)$m\boldsymbol{g}$ 的作用；

(b) 在太空船内观察，也可以认为物体受到引力 $m\boldsymbol{g}$ 的作用

---

**例 2.8**

在水平轨道上有一节车厢以加速度 $\boldsymbol{a}_0$ 行进，在车厢中看到有一质量为 $m$ 的小球静止地悬挂在天花板上，试以车厢为参考系求出悬线与竖直方向的夹角。

**解** 在车厢参考系内观察小球是静止的，即 $\boldsymbol{a}'=0$。它受的力除重力和线的拉力外，还有一惯性力 $\boldsymbol{F}_\mathrm{i}=-m\boldsymbol{a}_0$，如图 2.15 所示。

相对于车厢参考系，对小球用牛顿第二定律，则有

$x'$ 向： $T\sin\theta-F_\mathrm{i}=ma'_{x'}=0$

$y'$ 向： $T\cos\theta-mg=ma'_{y'}=0$

由于 $F_\mathrm{i}=ma_0$，在上两式中消去 $T$，即可得

$$\theta=\arctan(a_0/g)$$

读者可以相对于地面参考系(惯性系)再解一次这个问题，并与上面的解法相比较。

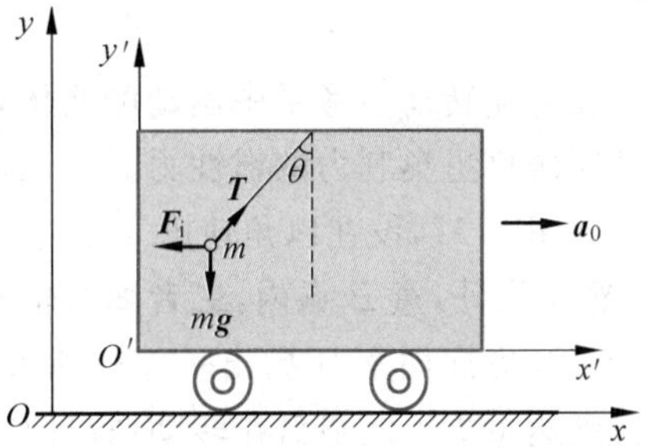


图 2.15 例 2.8 用图

---

下面我们再讨论**转动参考系**。一种简单的情况是物体相对于转动参考系**静止**。仍用例 2.5，一个小铁块静止在一个转盘上，如图 2.16 所示。对于铁块相对于地面参考系的运动，牛顿第二定律给出

$$\boldsymbol{f}_\mathrm{s}=m\boldsymbol{a}_\mathrm{n}=-m\omega^2\boldsymbol{r}$$

式中 $\boldsymbol{r}$ 为由圆心沿半径向外的位矢，此式也可以写成

$$\boldsymbol{f}_\mathrm{s}+m\omega^2\boldsymbol{r}=0 \tag{2.28}$$

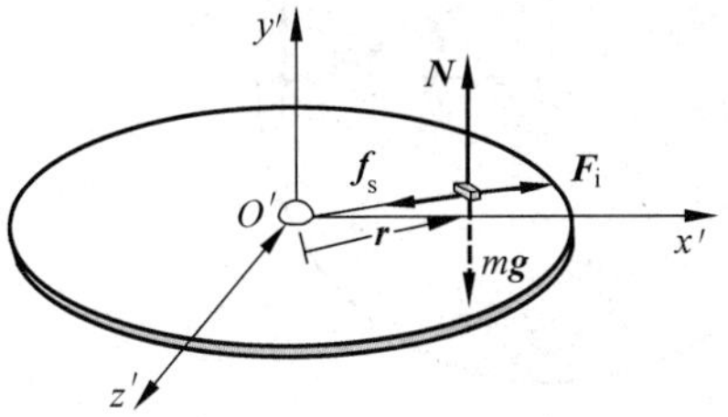


图 2.16 在转盘参考系上观察

站在圆盘上观察，即相对于转动的圆盘参考系，铁块是静止的，加速度 $\boldsymbol{a}'=0$。如果还要套用牛顿第二定律，则必须认为铁块除了受到静摩擦力这个“真实的”力以外，还受到一个惯性力或虚拟力 $\boldsymbol{F}_\mathrm{i}$ 和它平衡。这样，相对于圆盘参考系，应该有

$$\boldsymbol{f}_\mathrm{s}+\boldsymbol{F}_\mathrm{i}=0$$

将此式和式(2.28)对比，可得

$$\boldsymbol{F}_{\mathrm{i}} = m\omega^2 \boldsymbol{r} \tag{2.29}$$

这个惯性力的方向与 $\boldsymbol{r}$ 的方向相同，即沿着圆的半径向外，因此称为**惯性离心力**。这是在转动参考系中观察到的一种惯性力。实际上当我们乘坐汽车拐弯时，我们体验到的被甩向弯道外侧的"力"，就是这种惯性离心力。

由于惯性离心力和在惯性系中观察到的向心力大小相等，方向相反，所以常常有人（特别是那些把惯性离心力简称为离心力的人们）认为惯性离心力是向心力的反作用力，这是一种误解。首先，向心力作用在运动物体上使之产生向心加速度。惯性离心力，如上所述，也是作用在运动物体上。既然它们作用在同一物体上，当然就不是相互作用，所以谈不上作用和反作用。再者，向心力是真实力（或它们的合力）作用的表现，它可能有真实的反作用力。图2.16中的铁块受到的向心力（即盘面对它的静摩擦力 $\boldsymbol{f}_s$）的反作用力就是铁块对盘面的静摩擦力。（在向心力为合力的情况下，各个分力也都有相应的真实的反作用力，但因为这些反作用力作用在不同物体上，所以向心力谈不上有一个合成的反作用力。）但惯性离心力是虚拟力，它只是运动物体的惯性在转动参考系中的表现，它没有反作用力，因此也不能说向心力和它是一对作用力和反作用力。

## *2.6 科里奥利力

在匀速转动参考系中运动的物体，所受的惯性力较为复杂。除了惯性离心力外，还受到一种叫做科里奥利力的惯性力。下面就一种简单情况说明这种惯性力。

如图2.17，设在以角速度 $\omega$ 沿逆时针方向转动的水平圆盘上，沿同一半径坐着两个儿童，童 $A$ 靠外，童 $B$ 靠内，二者离转轴 $O$ 的距离分别为 $r_A$ 和 $r_B$。童 $A$ 以相对于圆盘的速度 $\boldsymbol{v}'$ 沿半径方向向童 $B$ 抛出一球。如果圆盘是静止的，则经过一段时间 $\Delta t=(r_A-r_B)/v'$ 后，球会到达童 $B$。但圆盘在转动，故球离开童 $A$ 的手时，除了径向速度 $\boldsymbol{v}'$ 外，还具有切向速度 $\boldsymbol{v}_{tA}$，而童 $B$ 的切向速度为 $\boldsymbol{v}_{tB}$。由于 $v_{tA}>v_{tB}$，所以当经过时间 $\Delta t$ 后，球并不到达童 $B$，而是到达童 $B$ 转动的前方某点 $B'$。这是从盘外的不转动的惯性系观察到的情形（图2.17(a)）。

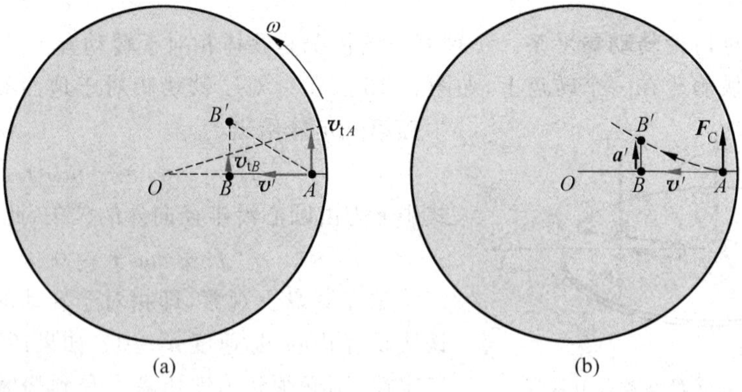


图2.17 科里奥利效应

(a) 在地面（惯性系）上观察；(b) 在圆盘（转动参考系）上观察

在圆盘上的那两个儿童看到球是如何运动的呢？他们是在固定在圆盘上的转动参考系内观察的。童 $B$ 只看到童 $A$ 以初速 $\boldsymbol{v}'$ 向他抛来一球，但球并不沿直线到达他，而是向球运动的前方的右侧偏去了(图 2.17(b))。这一观测结果他认为是球离开童 $A$ 的手后，在具有径向初速度 $\boldsymbol{v}'$ 的同时，还具有垂直于这一方向而向右的加速度 $\boldsymbol{a}'$。用牛顿第二定律解释此加速度产生的原因时，他认为既然球出手后在水平方向并没有受到什么"真实力"的作用，那么一定是球受到了一个垂直于速度 $\boldsymbol{v}'$ 而向右的惯性力 $\boldsymbol{F}_C$。这种在转动参考系中观察到的运动物体(由于转动参考系中各点的线速度不同而产生)的加速现象叫**科里奥利效应**。产生此效应的虚拟的惯性力叫**科里奥利力**。

可如下导出图 2.17 所示的情况下科里奥利力的定量公式。在转动参考系内观察，球从 $A$ 到达 $B'$ 的时间是 $\Delta t' = (r_A - r_B)/v'$。在这段时间内球偏离 $AB$ 直线的距离 $BB' = (v_{tA} - v_{tB})\Delta t' = \omega(r_A - r_B)\Delta t' = v'\omega(\Delta t')^2$。在 $\Delta t'$ 很小的情况下，可以认为沿 $BB'$ 的运动是匀加速运动而初速为零，以 $\boldsymbol{a}'$ 表示此加速度则应有 $BB' = \frac{1}{2}a'(\Delta t')^2$。和上一结果比较，可得 $a' = 2v'\omega$。在此转动参考系内形式地应用牛顿第二定律，可得科里奥利力的大小为

$$F_C = ma' = 2mv'\omega \tag{2.30}$$

在图 2.17 所示圆盘沿逆时针方向转动的情况下，此科里奥利力的方向指向质点运动的右方。读者也可以分析得出，如果圆盘沿顺时针方向转动，则上述利里奥利力的方向指向质点运动的左方①。

由于地球的自转，地面参考系是一个转动参考系，在地面参考系中就能观察到科里奥利效应。一个明显的例子是强热带风暴的漩涡。强热带风暴是在热带低气压中心附近形成的，当外面的高气压空气向低气压中心挤进时，由于科里奥利效应，气流的方向将偏向气流速度的右方，因而形成了从高空望去是沿逆时针方向的漩涡(图 2.18)。夏季的天气预报电视图像中就常常出现这漩涡式的强热带风暴(台风)图景(图 2.19(a))。在南半球产生的强热带风暴是沿顺时针方向旋转的(图 2.19(b))。

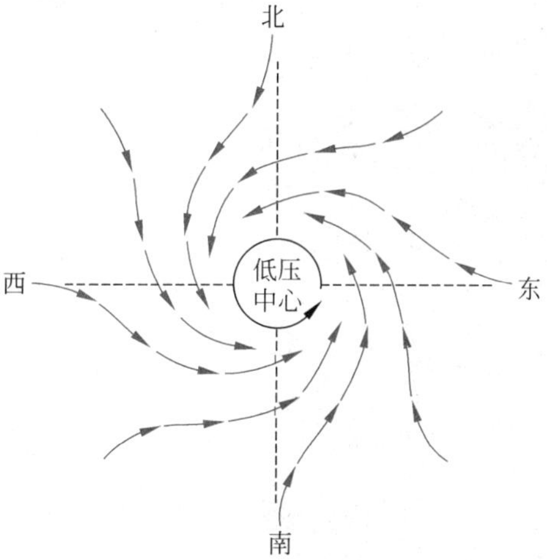


图 2.18 北半球强热带风暴漩涡的产生

① 以 $\boldsymbol{\omega}$ 表示在惯性系中转动的参考系的角速度矢量，则一般地可以证明，当质点(质量为 $m$)相对于转动参考系的速度为 $\boldsymbol{v}'$ 时，则在转动参考系内观察到的科里奥利力为

$$\boldsymbol{F}_C = 2m\boldsymbol{v}' \times \boldsymbol{\omega} \tag{2.31}$$

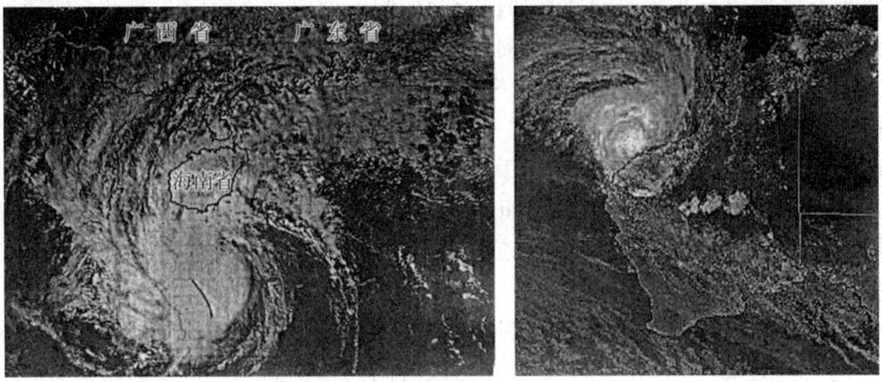


(a)　　(b)

图 2.19　台风或飓风

(a) 2003 年 11 月 17 日“尼伯特”台风登陆海南岛；
(b) 2006 年 1 月 9 日“克莱尔”飓风登陆澳大利亚

木星表面笼罩着一厚层彩色大气，这大气也因为各处压强的不同而产生强烈对流。由于木星的高速自转(周期约 10 h)，这气流受科里奥利力的作用也产生漩涡。图 2.20 是探测器旅行者 2 号在 $2\times10^6$ km 之外拍摄的木星表面漩涡的照片。大的黑色漩涡实际上是红色的，叫大红斑，其长度可达 40 000 km，足以吞下几个地球。由于中心是高压而又在木星的南半球，所以漩涡是逆时针方向的。在它的下面还有许多较小的白色卵形斑，也都是科里奥利效应产生的漩涡。

另一个实际例子是单摆摆动平面的旋转，这一现象是傅科在 1851 年首先发现的。他当时在巴黎的一个大厅里悬挂了一个摆长为 67 m 的摆。他发现该摆在摆动时，其摆动平面沿顺时针方向每小时转过 $11°15'$的角度。这个转动(图 2.21 中曲线是摆球运动的轨迹)就是科里奥利效应的结果，它显示了地球的自转。北京天文馆也悬挂着一个这样的**傅科摆**，摆长 10 m，其摆动平面每小时沿顺时针方向转过 $9°40'$。

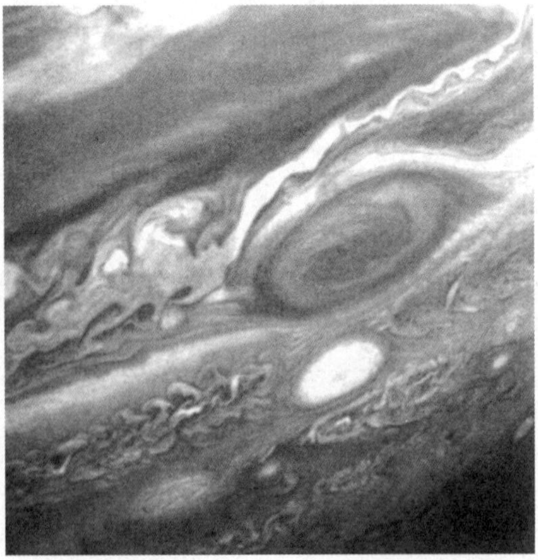

图 2.20　木星表面的漩涡气流

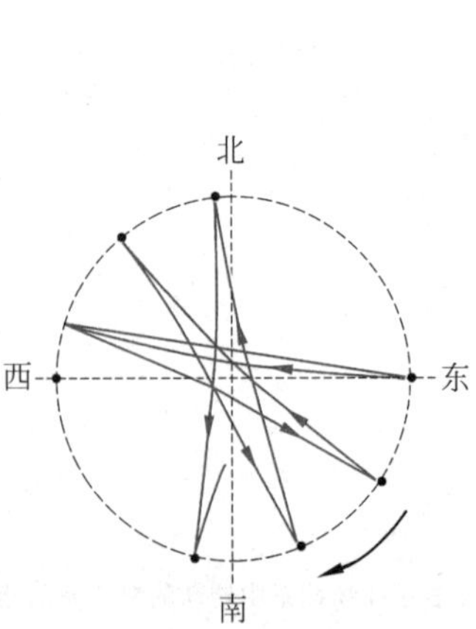


图 2.21　北半球傅科摆摆面的旋转

由于科里奥利效应，自高处自由下落的石块并不准确地沿竖直方向下落，而是要偏向东方。不过这一效应很小。例如，从高 50 m 的塔顶自由下落的石块着地时不过偏东5.4 mm。

以地面参考系来计算洲际弹道导弹和人造地球卫星的轨道时，也要考虑科里奥利效应。

## *2.7 潮汐

潮汐是海水的周期性涨落现象。“昼涨称潮，夜涨称汐。”钱江大潮，高达数米，排山倒海，蔚为壮观(图 2.22)。这种现象由牛顿首先给出了正确的说明。它是月亮、太阳对海水的引力以及地球公转和自转的结果。它的解释是应用非惯性系分析物体受力的一个很好的例子。

图 2.22 人潮争睹钱江潮(农历八月十八日)(潮水向图右方涌进)

### 1. 引潮力的计算

为分析方便起见，设想地球是一个均匀球体，表面为一层海水全面覆盖。以 $M_E$ 表示地球的质量，$R_E$ 表示地球的半径。先考虑太阳对海水的引力效果。

在太阳参考系内观察，地球的运动是公转和自转的合成运动，公转可看成是平动。以 $r_S$ 表示太阳到地心的距离，以 $\omega$ 表示公转的角速度。这种平动的圆周运动使地球上各处都有指向太阳的向心加速度 $a_n=\omega^2 r_S$。不失其一般性，分析地心正好通过太阳坐标系 $x$ 轴时的情况。图 2.23 画出了在太阳坐标系中地球受力和运动情况。

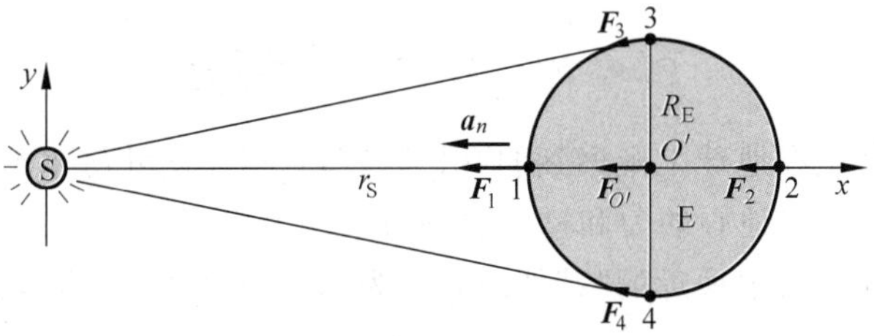


图 2.23 太阳坐标系中地球的平动

下面转入地心参考系。由于对太阳参考系有加速度 $\boldsymbol{a}_n$，所以地心参考系是一个非惯性系，相对于此参考系，地球上任何物体除了受真实力外，都受到与 $\boldsymbol{a}_n$ 方向相反的惯性力 $\boldsymbol{F}_i$。

选地心参考系的 $x'$ 和 $y'$ 轴分别与太阳参考系的 $x$ 轴和 $y$ 轴平行，在地心参考系内的情况如图 2.24 所示，其中各处惯性力均与 $x'$ 轴平行。

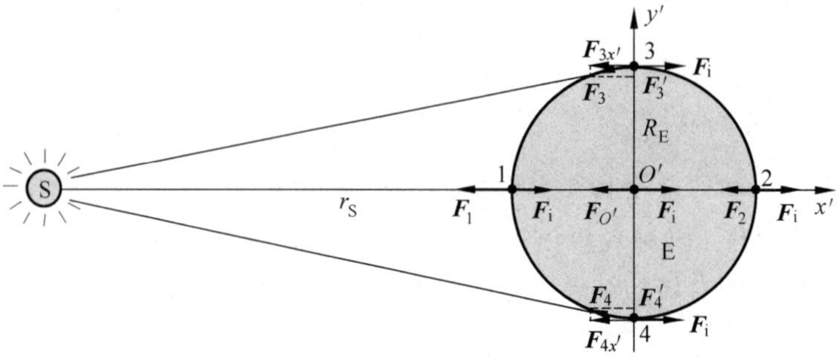


图 2.24 地心参考系内的太阳引力和惯性力

先考虑地心 $O'$ 处一小块质量为 $\Delta m$ 的物质。它受的惯性力为

$$F_i = \Delta m\omega^2 r_S \tag{2.32}$$

它受太阳的引力为

$$F_{O'} = \frac{GM_S\Delta m}{r_S^2} \tag{2.33}$$

其中 $M_S$ 为太阳的质量。它还受到地球本身其他部分的力(引力和化学结合力，主要是引力)，但由于球对称性，这些力的合力为零。这样，由于 $\Delta m$ 在地心参考系中静止，所以 $\boldsymbol{F}_i$ 和 $\boldsymbol{F}_{O'}$ 相互平衡。因而有

$$F_i = \Delta m\omega^2 r_S = \frac{GM_S\Delta m}{r_S^2} \tag{2.34}$$

现在考虑地球表面离太阳最近的"1"处的质量为 $\Delta m$ 的海水。它受的太阳的引力为

$$F_1 = \frac{GM_S\Delta m}{(r_S - R_E)^2}$$

由于 $R_E \ll r_S$，取一级近似，上式可写成

$$F_1 = \frac{GM_S\Delta m}{r_S^2}\left(1 + \frac{2R_E}{r_S}\right) \tag{2.35}$$

此处 $\Delta m$ 海水所受惯性力仍由式(2.34)给出。将 $F_1$ 和 $F_i$ 相比可知 $F_1$ 较大，视其差值为一力，其大小为

$$F_1' = F_1 - F_i = \frac{2GM_S\Delta m}{r_S^3}R_E \tag{2.36}$$

方向背离地心。这就是在地球上观察到的"引潮力"，它将使此处海水凸起形成涨潮，直到地球其他部分对 $\Delta m$ 的指向地心的力和这一引潮力平衡为止。

再考虑地球表面离太阳最远的"2"处的质量为 $\Delta m$ 的海水。它受太阳的引力为

$$F_2 = \frac{GM_S\Delta m}{(r_S + R_E)^2}$$

仍取一级近似，得

$$F_2 = \frac{GM_S\Delta m}{r_S^2}\left(1 - \frac{2R_E}{r_S}\right) \tag{2.37}$$

这力比式(2.34)给出的惯性力 $F_i$ 为小,其差值代表一背离地心的力,大小为

$$F_2' = F_i - F_2 = \frac{2GM_S\Delta m}{r_S^3}R_E \tag{2.38}$$

这就是此处观察到的引潮力。它也将使此处的海水凸起形成涨潮,直到地球其他部分对 $\Delta m$ 的指向地心的力和这一引潮力平衡为止。

再考虑地球表面上"3","4"两处质量为 $\Delta m$ 的海水。它们受太阳的引力为

$$F_3 = F_4 = \frac{GM_S\Delta m}{r_S^2 + R_E^2}$$

此力平行于 $x'$ 轴的分量,取一级近似,为

$$F_{3x'} = F_{4x'} = \frac{GM_S\Delta m}{r_S^2}$$

此分力正好和式(2.34)给出的惯性力平衡。上述引力沿 $y'$ 轴的分量,取一级近似为

$$F_3' = F_4' = \frac{GM_S\Delta m}{r_S^3}R_E \tag{2.39}$$

其方向指向地心。这一分力将压迫此处的海水向地心下降,我们可姑且称之为"压潮力"。

以上只分析了 4 处海水受力情况,更详细的分析给出的引潮力和压潮力的分布如图 2.25 所示。由于这种力的分布,地球表面的海水也就呈现了凸起和压下的形状。

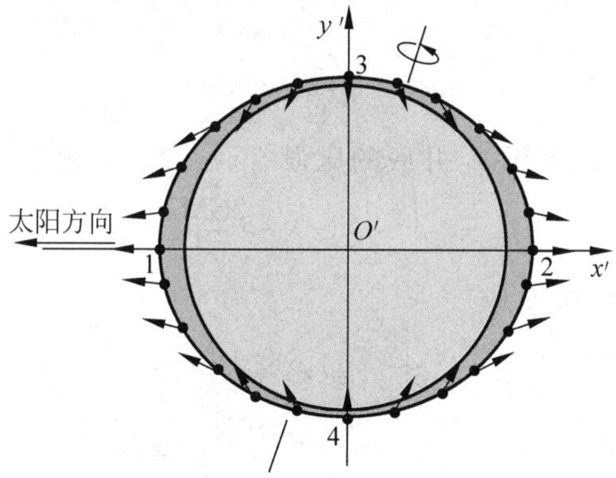


图 2.25 地球表面引潮力的分布

以上只考虑了地球公转的影响。实际上,地球还绕着地轴自转。在自转的任一时刻,地球表面的海水均有如图 2.24 所示的形状。地球自转一周的时间是一天。地球上各点每转一周,离太阳最远和最近各一次。图 2.25 所示的"静态"形状就转化为每天有两次涨潮,即朝夕各一次了。

这里顺便指出,如果引力源的质量(式(2.36)和式(2.38)中的 $M_S$)很大,当另一星体靠近它运行时,由于 $r_S$ 很小,引潮力可能大到将该星体撕碎。1994 年的天文奇观——苏梅克-列维 9 号彗星撞击木星时,彗星是以 20 余块碎块撞到木星上的。这些碎块就是该彗星在靠近木星时被引潮力撕碎而形成的。

**2. 潮高的计算**

下面利用牛顿设计的一种方法来计算潮高。如图 2.26 所示,设想在地球内沿 $x'$ 和 $y'$ 方向分别挖一个竖井直达地心相通。二井深度分别为 $h_1$ 和 $h_3$,截面积为 dS,井内充满水。

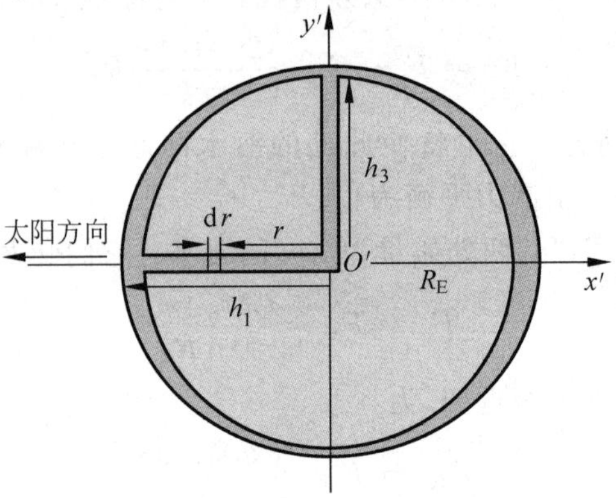


图 2.26 潮高计算用图

先计算 $h_1$ 井中的水在地心处产生的压强 $p_1$。以 $\rho$ 表示水的密度，视为常量。$\mathrm{d}r$ 一段内水的质量为 $\mathrm{d}m=\rho\mathrm{d}r\mathrm{d}S$，它受地球的引力为 $\mathrm{d}mg(r)=\rho g(r)\mathrm{d}r\mathrm{d}S$，其中 $g(r)$ 是在 $r$ 处的重力加速度。此处的引潮力可用式(2.36)表示，只是用 $r$ 取代其中的 $R_E$。由此可得 $\mathrm{d}r$ 一段水产生的压强

$$\begin{aligned}\mathrm{d}p_1 &= \left[\rho g(r)\mathrm{d}r\mathrm{d}S-\frac{2GM_S r}{r_S^3}\rho\mathrm{d}r\mathrm{d}S\right]\Big/\mathrm{d}S\\ &=\rho\left[g(r)-\frac{2GM_S}{r_S^3}r\right]\mathrm{d}r\end{aligned}$$

将此式对整个井深 $h_1$ 积分，可得 $h_1$ 井底的压强

$$p_1=\rho\int_0^{h_1}\left[g(r)-\frac{2GM_S}{r_S^3}r\right]\mathrm{d}r \tag{2.40}$$

同样的道理得出 $h_3$ 井底的压强

$$p_3=\rho\int_0^{h_3}\left[g(r)+\frac{GM_S}{r_S^3}r\right]\mathrm{d}r \tag{2.41}$$

在稳定情况下，$p_1=p_3$，即

$$\int_0^{h_1}\left[g(r)-\frac{2GM_S}{r_S^3}r\right]\mathrm{d}r=\int_0^{h_3}\left[g(r)+\frac{GM_S}{r_S^3}r\right]\mathrm{d}r$$

移项可得

$$\int_0^{h_1}g(r)\mathrm{d}r-\int_0^{h_3}g(r)\mathrm{d}r=\int_0^{h_1}\frac{2GM_S}{r_S^3}r\mathrm{d}r+\int_0^{h_3}\frac{GM_S}{r_S^3}r\mathrm{d}r \tag{2.42}$$

此式左侧两积分可合并为 $\int_{h_3}^{h_1}g(r)\mathrm{d}r$。由于 $h_1$ 和 $h_3$ 都和地球半径 $R_E$ 相差不多，$g(r)$就可取地球表面的重力加速度值 $g(R_E)=\frac{GM_E}{R_E^2}$。这样

$$\int_{h_3}^{h_1}g(r)\mathrm{d}r=(h_1-h_3)g(R_E)=\frac{GM_E}{R_E^2}\Delta h_S$$

其中 $\Delta h_S=h_1-h_3$，可视为潮高。

式(2.42)右侧可取 $h_1=h_3=R_E$ 而合并为

$$\int_0^{R_E}\frac{3GM_S}{r_S^3}r\mathrm{d}r=\frac{3GM_S}{2r_S^3}R_E^2$$

由此，式(2.42)给出

$$\frac{GM_E}{R_E^2}\Delta h_S = \frac{3GM_S}{2r_S^3}R_E^2$$

而潮高

$$\Delta h_S = \frac{3}{2}\frac{M_S}{M_E}\left(\frac{R_E}{r_S}\right)^3 R_E \tag{2.43}$$

将 $M_S=1.99\times10^{30}$ kg，$M_E=5.98\times10^{24}$ kg，$R_E=6.4\times10^3$ km，$r_S=1.5\times10^8$ km 代入上式，可得太阳引起的潮——太阳潮——之高

$$\Delta h_S = 0.25 \text{ m}$$

上述分析同样可以用来分析月球在地球上引起的潮汐——太阴潮。与式(2.43)类似，太阴潮高为

$$\Delta h_M = \frac{3}{2}\frac{M_M}{M_E}\left(\frac{R_E}{r_M}\right)^3 R_E \tag{2.44}$$

将月球质量 $M_M=7.35\times10^{22}$ kg，它到地心的距离 $r_M=3.8\times10^5$ km 代入上式，可得

$$\Delta h_M = 0.56 \text{ m}$$

实际上，潮高为 $\Delta h_S$ 和 $\Delta h_M$ 的矢量叠加。在朔日(新月)和望日(满月)，月球、太阳和地球几乎在同一直线上，太阳潮和太阴潮相加形成大潮，潮高可达 0.81 m(图 2.27(a))。在上弦月或下弦月时，月球和太阳对地球的方位垂直，二者相消一部分，形成小潮，潮高为 0.31 m(图 2.27(b))。一个月内大潮和小潮各出现两次。

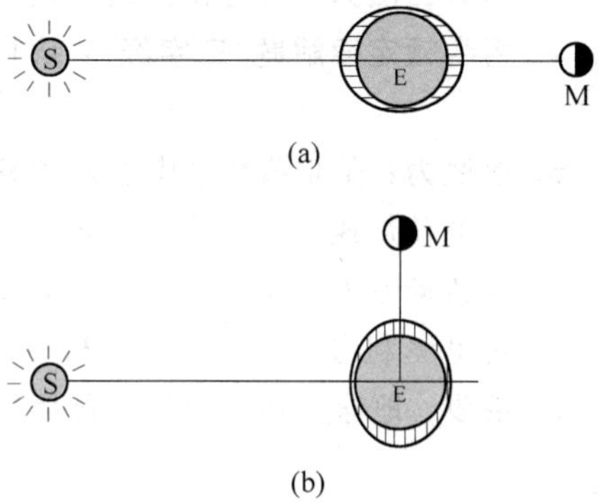

图 2.27　大潮和小潮
(a) 满月大潮；(b) 上弦小潮

和实际观测相比，以上潮高的计算值偏小，该计算值约适用于开阔的洋面。在海岸处的潮高和海岸的形状、海底的情况等有关。我国钱塘江口的排山倒海的大潮就和该处江口的喇叭形状有关。涨潮时由于水道越来越窄，致使海水越堆越高，遂形成特高潮的壮观。

由于潮水和地球固体表层的相对移动，其间摩擦力要阻碍地球的转动而导致地球自转速度的减小①。据计算，每过一个世纪，每一天要延长 28 秒。现代地学从珊瑚和牡蛎化石的生长线数判断，三亿多年前地球的一年约有 400 天，而现在只约有 365 天了。

## 提要

### 1. 牛顿运动定律

第一定律　惯性和力的概念，惯性系的定义。

---

① 参看张三慧．潮汐是怎样使地球自转速度变慢的？物理与工程，2001，11(2)：6.

第二定律 $\boldsymbol{F}=\frac{\mathrm{d}\boldsymbol{p}}{\mathrm{d}t}$，$\boldsymbol{p}=m\boldsymbol{v}$

当 $m$ 为常量时 $\boldsymbol{F}=m\boldsymbol{a}$

第三定律 $\boldsymbol{F}_{12}=-\boldsymbol{F}_{21}$，同时存在，分别作用，方向相反，大小相等。

力的叠加原理 $\boldsymbol{F}=\boldsymbol{F}_1+\boldsymbol{F}_2+\cdots$，相加用平行四边形定则或三角形定则。

*急动度 $\boldsymbol{j}=\frac{\mathrm{d}\boldsymbol{a}}{\mathrm{d}t}$，$\frac{\mathrm{d}\boldsymbol{F}}{\mathrm{d}t}=m\boldsymbol{j}$

**2. 常见的几种力**

重力 $\boldsymbol{W}=m\boldsymbol{g}$

弹性力 接触面间的压力和绳的张力

弹簧的弹力 $f=-kx$，$k$：劲度系数

摩擦力 滑动摩擦力 $f_k=\mu_k N$，$\mu_k$：滑动摩擦系数

静摩擦力 $f_s\leqslant\mu_s N$，$\mu_s$：静摩擦系数

流体阻力 $f_d=kv$ 或 $f_d=\frac{1}{2}C\rho Av^2$，$C$：曳引系数

表面张力 $F=\gamma l$，$\gamma$：表面张力系数

***3. 基本自然力**：引力、弱力、电磁力、强力（弱、电已经统一）。

**4. 用牛顿定律解题"三字经"**：认物体，看运动，查受力（画示力图），列方程（一般用分量式）。

**5. 惯性力**：在非惯性系中引入的和参考系本身的加速运动相联系的力。

在平动加速参考系中 $\boldsymbol{F}_i=-m\boldsymbol{a}_0$

在转动参考系中 惯性离心力 $\boldsymbol{F}_i=m\omega^2\boldsymbol{r}$

科里奥利力 $\boldsymbol{F}_C=2m\boldsymbol{v}'\times\boldsymbol{\omega}$

**6. 潮汐**：地球上观察到的一种惯性力作用的表现。

## 思考题

2.1 没有动力的小车通过弧形桥面（图2.28）时受几个力的作用？它们的反作用力作用在哪里？若 $m$ 为车的质量，车对桥面的压力是否等于 $mg\cos\theta$？小车能否作匀速率运动？

2.2 有一单摆如图2.29所示。试在图中画出摆球到达最低点 $P_1$ 和最高点 $P_2$ 时所受的力。在这两个位置上，摆线中张力是否等于摆球重力或重力在摆线方向的分力？如果用一水平绳拉住摆球，使之静止在 $P_2$ 位置上，线中张力多大？

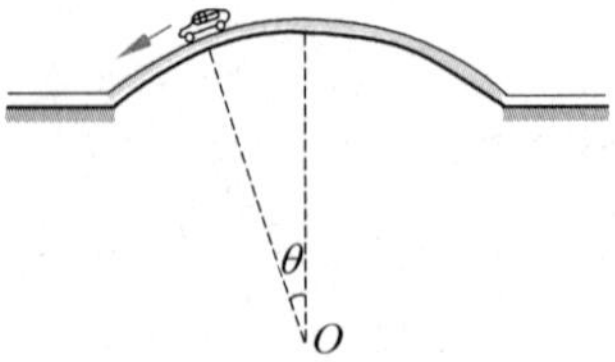


图2.28 思考题2.1用图

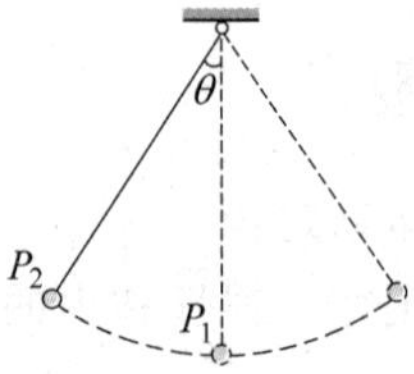


图2.29 思考题2.2用图

2.3 有一个弹簧，其一端连有一小铁球，你能否做一个在汽车内测量汽车加速度的“加速度计”？根据什么原理？

2.4 当歼击机由爬升转为俯冲时(图 2.30(a))，飞行员会由于脑充血而“红视”(视场变红)；当飞行员由俯冲拉起时(图 2.30(b))，飞行员由于脑失血而“黑晕”(眼睛失明)。这是为什么？若飞行员穿上一种 $G$ 套服(把身躯和四肢肌肉缠得紧紧的一种衣服)，当飞行员由俯冲拉起时，他能经得住相当于 $5g$ 的力而避免黑晕，但飞行开始俯冲时，最多经得住 $-2g$ 而仍免不了红视。这又是为什么？(定性分析)

2.5 用天平测出的物体的质量，是引力质量还是惯性质量？两汽车相撞时，其撞击力的产生是源于引力质量还是惯性质量？

2.6 设想在高处用绳子吊一块重木板，板面沿竖直方向，板中央有颗钉子，钉子上悬挂一单摆，今使单摆摆动起来。如果当摆球越过最低点时，砍断吊木板的绳子，在木板下落过程中，摆球相对于木板的运动形式将如何？如果当摆球到达极端位置时砍断绳子，摆球相对于木板的运动形式又将如何？(忽略空气阻力。)

*2.7 在门窗都关好的开行的汽车内，漂浮着一个氢气球，当汽车向左转弯时，氢气球在车内将向左运动还是向右运动？

*2.8 设想在地球北极装置一个单摆(图 2.31)。令其摆动后，则会发现其摆动平面，即摆线所扫过的平面，按顺时针方向旋转。摆球受到垂直于这平面的作用力了吗？为什么这平面会旋转？试用惯性系和非惯性系概念解释这个现象。

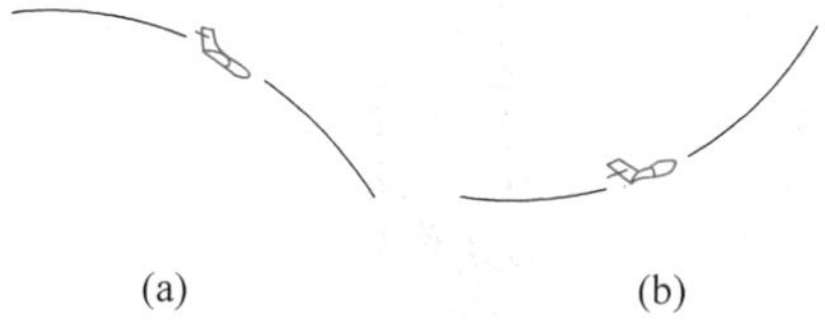


图 2.30 思考题 2.4 用图

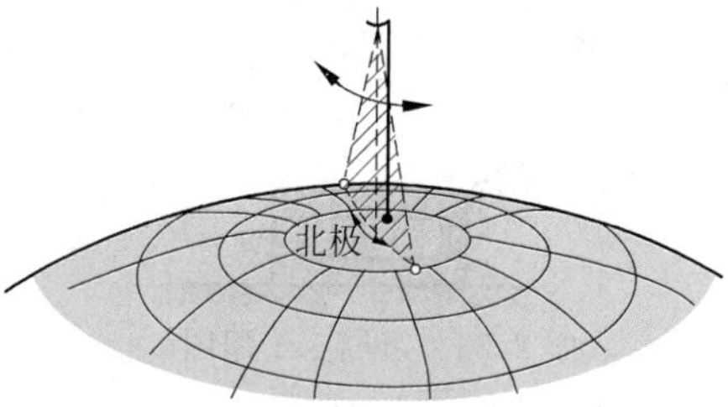


图 2.31 思考题 2.8 用图

2.9 小心缓慢地持续向玻璃杯内倒水，可以使水面鼓出杯口一定高度而不溢流。为什么可能这样？

2.10 不太严格地说，一物体所受重力就是地球对它的引力。据此，联立式(2.10)和式(2.20)导出以引力常量 $G$、地球质量 $M$ 和地球半径 $R$ 表示的重力加速度 $g$ 的表示式。

*2.11 同步卫星的运行要求其姿态稳定，即其抛物面天线必须始终朝向地球。一种姿态稳定性设计是用两根长杆沿天线轴线方向插在卫星两侧(图 2.32)，试用潮汐原理说明这一对长杆就将使卫星保持其姿态稳定。①

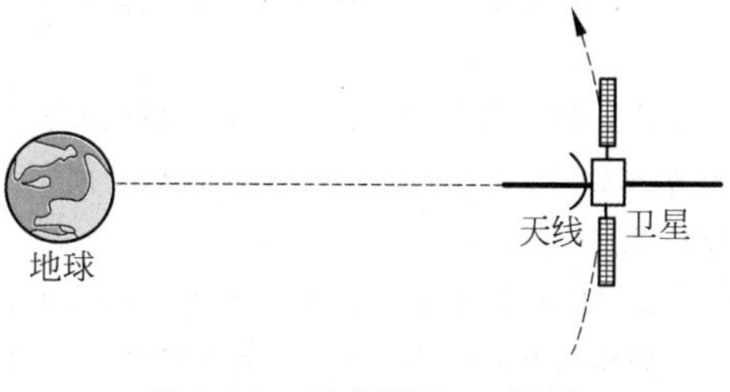


图 2.32 思考题 2.11 用图

① 参见管靖. 基础物理学中关于力学稳定性的讨论. 大学物理，2002，21(6)：46.

# 习题

2.1 用力 $\boldsymbol{F}$ 推水平地面上一质量为 $M$ 的木箱(图 2.33)。设力 $\boldsymbol{F}$ 与水平面的夹角为 $\theta$,木箱与地面间的滑动摩擦系数和静摩擦系数分别为 $\mu_k$ 和 $\mu_s$。

(1) 要推动木箱,$F$ 至少应多大?此后维持木箱匀速前进,$F$ 应需多大?

(2) 证明当 $\theta$ 角大于某一值时,无论用多大的力 $F$ 也不能推动木箱。此 $\theta$ 角是多大?

2.2 设质量 $m=0.50$ kg 的小球挂在倾角 $\theta=30°$ 的光滑斜面上(图 2.34)。

(1) 当斜面以加速度 $a=2.0\ \mathrm{m/s^2}$ 沿如图所示的方向运动时,绳中的张力及小球对斜面的正压力各是多大?

(2) 当斜面的加速度至少为多大时,小球将脱离斜面?

2.3 一架质量为 5000 kg 的直升机吊起一辆 1500 kg 的汽车以 $0.60\ \mathrm{m/s^2}$ 的加速度向上升起。

(1) 空气作用在螺旋桨上的上举力多大?

(2) 吊汽车的缆绳中张力多大?

2.4 如图 2.35 所示,一个高楼擦窗工人利用一定滑轮自己控制下降。

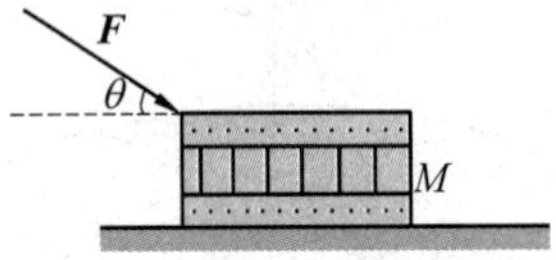


图 2.33 习题 2.1 用图

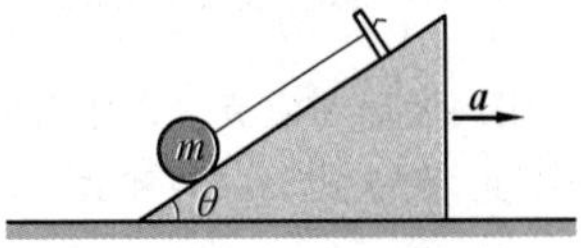


图 2.34 习题 2.2 用图

图 2.35 习题 2.4 用图

(1) 要自己慢慢匀速下降,他需要用多大力拉绳?

(2) 如果他放松些,使拉力减少 10%,他下降的加速度将多大?设人和吊桶的总质量为 75 kg。

2.5 图 2.36 中 $A$ 为定滑轮,$B$ 为动滑轮,3 个物体的质量分别为:$m_1=200$ g,$m_2=100$ g,$m_3=50$ g。

(1) 求每个物体的加速度。

(2) 求两根绳中的张力 $T_1$ 和 $T_2$。假定滑轮和绳的质量以及绳的伸长和摩擦力均可忽略。

2.6 在一水平的直路上,一辆车速 $v=90$ km/h 的汽车的刹车距离 $s=35$ m。如果路面相同,只是有 1∶10 的下降斜度,这辆汽车的刹车距离将变为多少?

2.7 桌上有一质量 $M=1.50$ kg 的板,板上放一质量 $m=2.45$ kg 的另一物体。设物体与板、板与桌面之间的摩擦系数均为 $\mu=0.25$。要将板从物体下面抽出,至少需要多大的水平力?

2.8 如图 2.37 所示,在一质量为 $M$ 的小车上放一质量为 $m_1$ 的物块,它用细绳通过固定在小车上的滑轮与质量为 $m_2$ 的物块相连,物块 $m_2$ 靠在小车的前壁上而使悬线竖直。忽略所有摩擦。

(1) 当用水平力 $\boldsymbol{F}$ 推小车使之沿水平桌面加速前进时,小车的加速度多大?

(2) 如果要保持 $m_2$ 的高度不变,力 $\boldsymbol{F}$ 应多大?

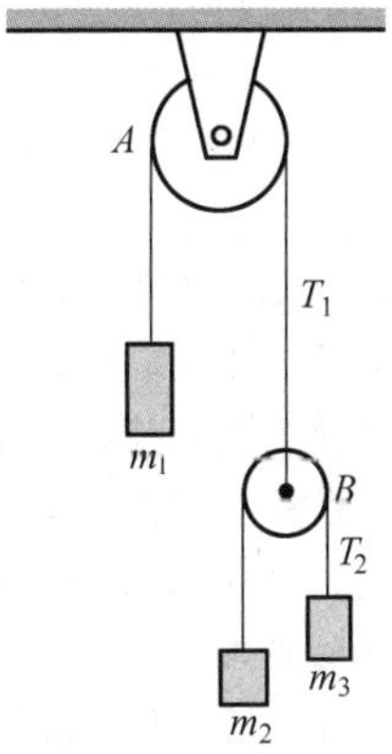


图 2.36　习题 2.5 用图

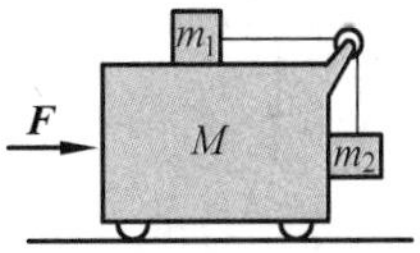


图 2.37　习题 2.8 用图

2.9　按照 38 万千米外的地球上的飞行控制中心发来的指令，点燃自身的制动发动机后，我国第一颗月球卫星"嫦娥一号"于 2007 年 11 月 7 日正式进入科学探测工作轨道(图 2.38)。该轨道为圆形，离月面的高度为 200 km。求"嫦娥一号"的运行速率(相对月球)与运行周期。

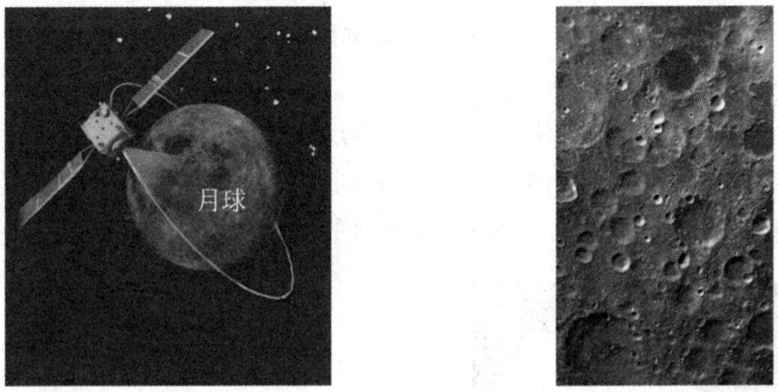


(a)　　(b)

图 2.38　"嫦娥一号"绕月球运行，探测月面

(a)"嫦娥一号"绕行月球；(b)"嫦娥一号"传回的首张月球表面照片

2.10　两根弹簧的劲度系数分别为 $k_1$ 和 $k_2$。

(1) 试证明它们串联起来时(图 2.39(a))，总的劲度系数为

$$k=\frac{k_1k_2}{k_1+k_2}$$

(2) 试证明它们并联起来时(图 2.39(b))，总的劲度系数为

$$k=k_1+k_2$$

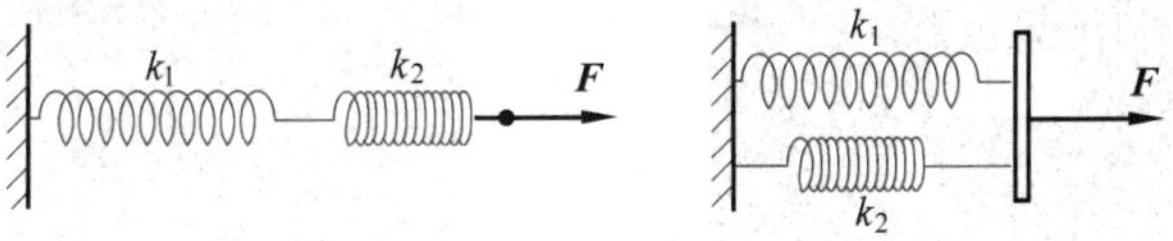


(a)　　(b)

图 2.39　习题 2.10 用图

2.11　如图 2.40 所示，质量 $m=1200$ kg 的汽车，在一弯道上行驶，速率 $v=25$ m/s。弯道的水平半径 $R=400$ m，路面外高内低，倾角 $\theta=6°$。

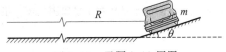

图 2.40　习题 2.11 用图

(1) 求作用于汽车上的水平法向力与摩擦力。

(2) 如果汽车轮与轨道之间的静摩擦系数 $\mu_s=0.9$，要保证汽车无侧向滑动，汽车在此弯道上行驶的最大允许速率应是多大？

*2.12 证明：以恒定速率 $v$ 沿半径 $R$ 的圆周运动的质点的急动度的大小为 $v^3/R^2$，方向与速度 $\boldsymbol{v}$ 的方向相反(参看图 2.2)。

*2.13 在火车进入弯道时，如果轨道由直线直接进入圆弧(圆心为 $C$)轨道，车厢(和乘客)会因法向加速度由零突然增至与圆弧轨道对应的值而产生相当大的急动度使乘客感到难受。因此在轨道进入圆弧前，需要增添一段**缓和曲线**[①](图 2.41)，使沿这一段曲线开行时，火车的法向加速度随火车开行的距离成正比地逐渐增大到与圆弧轨道相应的值。由于法向加速度 $a_n=v^2/\rho$，当火车匀速开行时，它与 $1/\rho$(即曲线的曲率)成正比，所以就要求在缓和曲线段内，曲线的曲率与火车开行的距离成正比。沿轨道直线段取 $x$ 轴，以轨道缓和曲线段的起点为原点；沿地面上垂直于 $x$ 轴的方向取 $y$ 轴，以 $y=f(x)$ 表示缓和曲线的函数。由于实际上沿缓和曲线的距离和 $x$ 近似相等，所以要求 $1/\rho=kx$，其中 $k$ 是比例常量，其意义为沿缓和曲线经过单位长度曲率的增加量。试由此求出缓和曲线的函数表示式 $f(x)$。

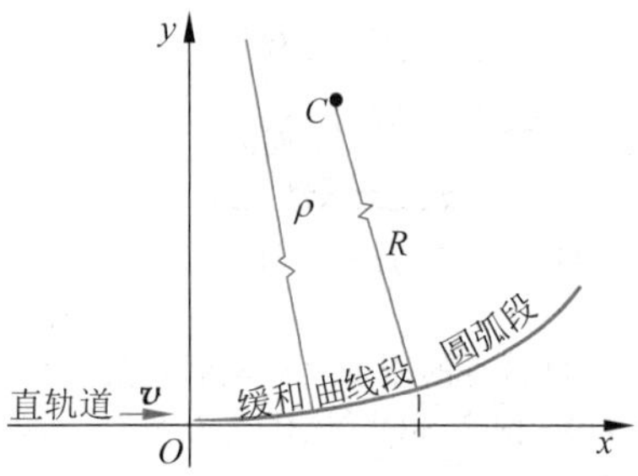

图 2.41 缓和曲线

有一段铁路弯道圆弧半径 $R=300$ m，缓和曲线长度 $l=40$ m。求火车以速率 50 km/h 通过此缓和曲线段时的急动度(实际上要求小于 0.5 m/s$^3$)。

2.14 现已知木星有 16 个卫星，其中 4 个较大的是伽利略用他自制的望远镜在 1610 年发现的(图 2.42)。这 4 个“伽利略卫星”中最大的是木卫三，它到木星的平均距离是 $1.07\times10^6$ km，绕木星运行的周期是 7.16 d。试由此求出木星的质量。忽略其他卫星的影响。

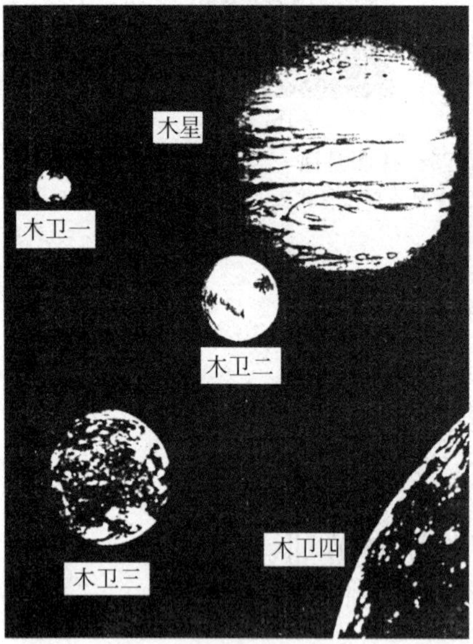

图 2.42 木星和它的最大的 4 个卫星

图 2.43 卡西尼号越过土星(小图)的光环(2004 年 7 月)

2.15 美丽的土星环在土星周围从离土星中心 73 000 km 延伸到距土星中心 136 000 km(图 2.43)。

① 参见：余守宪. 外轨超高与缓和曲线. 工科物理，1991，1(2)：7～10.

它由大小从 $10^{-6}$ m 到 10 m 的粒子组成。若环的外缘粒子的运行周期是 14.2 h，那么由此可求得土星的质量是多大？

2.16 星体自转的最大转速发生在其赤道上的物质所受向心力正好全部由引力提供之时。

(1) 证明星体可能的最小自转周期为 $T_{\min}=\sqrt{3\pi/(G\rho)}$，其中 $\rho$ 为星体的密度。

(2) 行星密度一般约为 $3.0\times10^3$ $kg/m^3$，求其可能最小自转周期。

(3) 有的中子星自转周期为 1.6 ms，若它的半径为 10 km，则该中子星的质量至少多大(以太阳质量为单位)？

2.17 证明：一个密度均匀的星体由于自身引力在其中心处产生的压强为

$$p=\frac{2}{3}\pi G\rho^2R^2$$

其中 $\rho$,$R$ 分别为星体的密度和半径。

已知木星绝大部分由氢原子组成，平均密度约为 $1.3\times10^3$ $kg/m^3$，半径约为 $7.0\times10^7$ m。试按上式估算木星中心的压强，并以标准大气压(atm)为单位表示($1\ atm=1.013\times10^5\ Pa$)。

2.18 设想一个三星系统：三个质量都是 $M$ 的星球稳定地沿同一圆形轨道运动，轨道半径为 $R$，求此系统的运行周期。

2.19 1996 年用于考查太阳的一个航天器(SOHO)被发射升空，开始绕太阳运行。其轨道在地球轨道内侧不远处而运行周期也是一年，这样它在公转中就和地球保持相对静止。该航天器所在地点被称为拉格朗日点(Lagrange point)[①]。求该点离地球多远。在地球轨道外侧也有这样的点吗？

2.20 光滑的水平桌面上放置一固定的圆环带，半径为 $R$。一物体贴着环带内侧运动(图 2.45)，物体与环带间的滑动摩擦系数为 $\mu_k$。设物体在某一时刻经 $A$ 点时速率为 $v_0$，求此后 $t$ 时刻物体的速率以及从 $A$ 点开始所经过的路程。

2.21 一台超级离心机的转速为 $5\times10^4$ r/min，其试管口离转轴 2.00 cm，试管底离转轴 10.0 cm(图 2.46)。

(1) 求管口和管底的向心加速度各是 $g$ 的几倍。

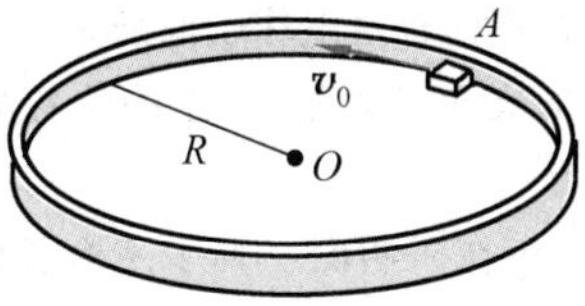


图 2.45 习题 2.20 用图

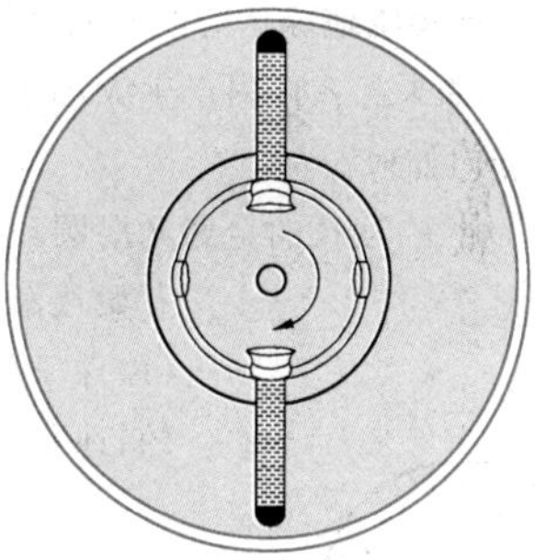

图 2.46 习题 2.21 用图

① “拉格朗日点”还有另外的说法。一个是在地球与月球中间二者的引力正好抵消的那一点。另一个说法是拉格朗日 1772 年证明的：在木星轨道上以太阳为基准超前 60°和落后 60°的两个点，它们也总绕着太阳转(图 2.44)。1906 年在超前的那个拉格朗日点上观测到一颗相对于木星和太阳静止的小行星，现今已发现在“前点”上有 9 颗，“后点”上有 5 颗小行星。

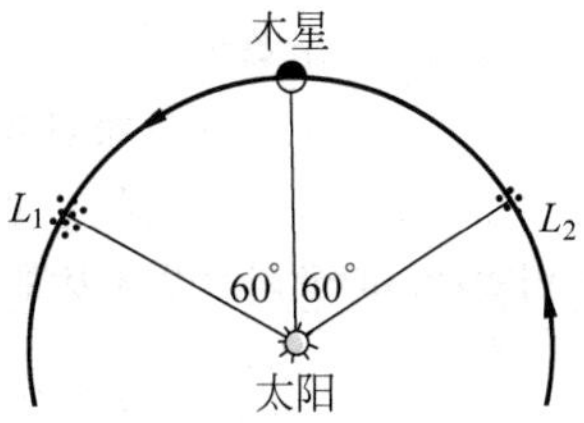


图 2.44 拉格朗日点

(2) 如果试管装满12.0 g的液体样品，管底所承受的压力多大？相当于几吨物体所受重力？

(3) 在管底一个质量为质子质量$10^5$倍的大分子受的惯性离心力多大？

2.22 直九型直升机的每片旋翼长5.97 m。若按宽度一定、厚度均匀的薄片计算，旋翼以400 r/min的转速旋转时，其根部受的拉力为其受重力的几倍？

2.23 如图2.47所示，一小物体放在一绕竖直轴匀速转动的漏斗壁上，漏斗每秒转$n$圈，漏斗壁与水平面成$\theta$角，小物体和壁间的静摩擦系数为$\mu_s$，小物体中心与轴的距离为$r$。为使小物体在漏斗壁上不动，$n$应满足什么条件(以$r,\theta,\mu_s$等表示)？

2.24 如图2.48所示，一个质量为$m_1$的物体拴在长为$L_1$的轻绳上，绳的另一端固定在一个水平光滑桌面的钉子上。另一物体质量为$m_2$，用长为$L_2$的绳与$m_1$连接。二者均在桌面上作匀速圆周运动，假设$m_1$，$m_2$的角速度为$\omega$，求各段绳子上的张力。

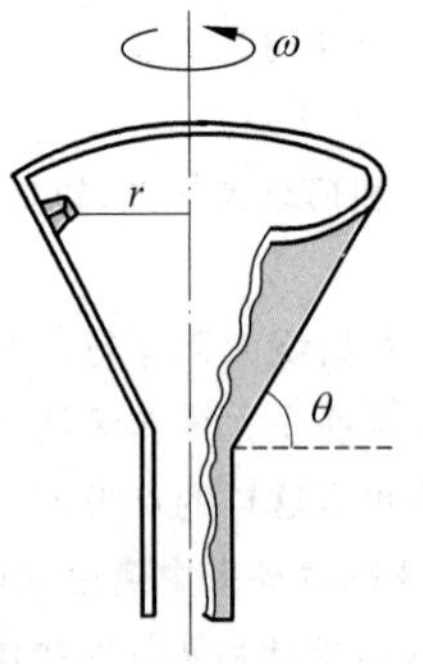

图2.47 习题2.23用图

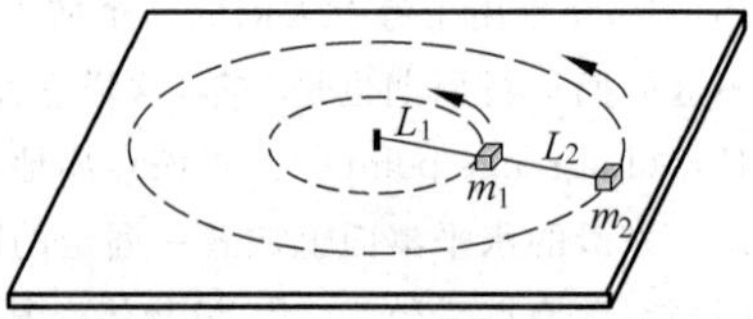

图2.48 习题2.24用图

2.25 在刹车时卡车有一恒定的减速度$a=7.0\ \mathrm{m/s^2}$。刹车一开始，原来停在上面的一个箱子就开始滑动，它在卡车车厢上滑动了$l=2$ m后撞上了车厢的前帮。问此箱子撞上前帮时相对卡车的速率为多大？设箱子与车厢底板之间的滑动摩擦系数$\mu_k=0.50$。请试用车厢参考系列式求解。

2.26 一种围绕地球运行的空间站设计成一个环状密封圆筒(像一个充气的自行车胎)，环中心的半径是1.8 km。如果想在环内产生大小等于$g$的人造重力加速度，则环应绕它的轴以多大的角速度旋转？这人造重力方向如何？

*2.27 一半径为$R$的金属光滑圆环可绕其竖直直径旋转。在环上套有一珠子(图2.49)。今从静止开始逐渐增大圆环的转速$\omega$。试求在不同转速下珠子能静止在环上的位置(以珠子所停处的半径与竖直直径的夹角$\theta$表示)。这些位置分别是稳定的，还是不稳定的？

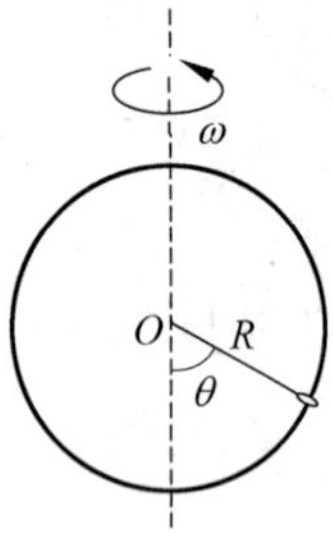

图2.49 习题2.27用图

*2.28 **平流层信息平台**是目前正在研制的一种多用途通信装置。它是在20～40 km高空的平流层内放置的充氦飞艇，其上装有信息转发器可进行各种信息传递。由于平流层内有比较稳定的东向或西向气流，所以要固定这种飞艇的位置需要在其上装推进器以平衡气流对飞艇的推力。一种飞艇的设计直径为50 m，预定放置处的空气密度为$0.062\ \mathrm{kg/m^3}$，风速取40 m/s，空气阻力系数取0.016，求固定该飞艇所需要的推进器的推力。如果该推进器的推力效率为10 mN/W，则该推进器所需的功率多大？(能源可以是太阳能。)

2.29 用式(2.14)的阻力公式及牛顿第二定律可写出物体在流体中下落时的运动微分方程为

$$m\frac{\mathrm{d}v}{\mathrm{d}t}=mg-kv$$

(1) 用直接代入法证明此式的解为

$$v=\frac{mg}{k}(1-\mathrm{e}^{-(k/m)t})$$

(2) $t\to\infty$时的速率就是终极速率，试求此终极速率。

2.30 一种简单的测量水的表面张力系数的方法如下。在一弹簧秤下端吊一只细圆环，先放下圆环使之浸没于水中，然后慢慢提升弹簧秤。待圆环被拉出水面一定高度时，可见接在圆环下面形成了一段环形水膜。这时弹簧秤显示出一定的向上的拉力(图 2.50)。以 $r$ 表示细圆环的半径，以 $m$ 表示其质量，以 $F$ 表示弹簧秤显示的拉力的大小。试证明水的表面张力系数可利用下式求出：

$$\gamma=\frac{F-mg}{4\pi r}$$

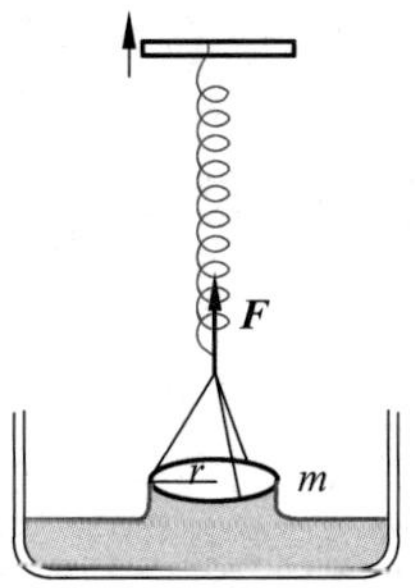


图 2.50 习题 2.30 用图

## 科学家介绍

# 牛　顿

(Isaac Newton,1642—1727 年)

牛顿

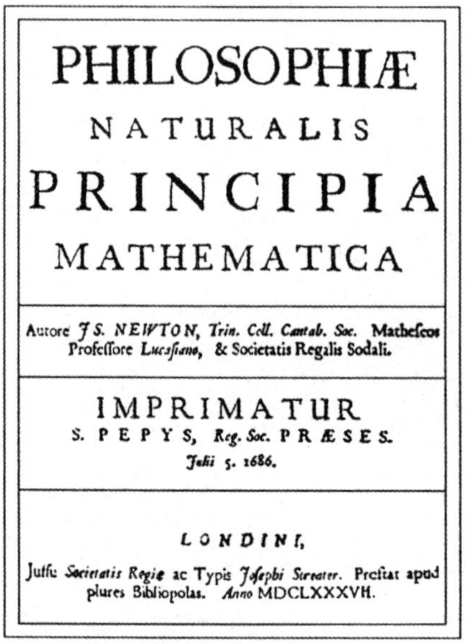

PHILOSOPHIÆ
NATURALIS
PRINCIPIA
MATHEMATICA

Autore J S. NEWTON, *Trin. Coll. Cantab. Soc.* Mathefeos Professore *Lucasiano*, & Societatis Regalis Sodali.

IMPRIMATUR
S. PEPYS, *Reg. Soc.* PRÆSES.
*Julii* 5. 1686.

*LONDINI*,
Jussu *Societatis Regiæ* ac Typis *Josephi Streater*. Prostat apud plures Bibliopolas. *Anno* MDCLXXXVII.

《自然哲学的数学原理》一书的扉页

牛顿在伽利略逝世那年(1642 年)出生于英格兰林肯郡伍尔索普的一个农民家里。小时上学成绩一般,但爱制作机械模型,而且对问题爱追根究底。18 岁(1661 年)时考入剑桥大学“三一”学院。学习踏实认真,3 年后被选为优等生,1665 年毕业后留校研究。这年 6 月剑桥因瘟疫的威胁而停课,他回家乡一连住了 20 个月。这 20 个月的清静生活使他对在校所研究的问题有了充分的思考时间,因而成了他一生中创造力最旺盛的时期。他一生中最重要的科学发现,如微积分、万有引力定律、光的色散等在这一时期都已基本上孕育成熟。在以后的岁月里他的工作都是对这一时期研究工作的发展和完善。

1667 年牛顿回到剑桥,翌年获硕士学位。1669 年开始当数学讲座教授,时年 26 岁。此后在力学方面作了深入研究并在 1687 年出版了伟大的科学著作《自然哲学的数学原理》,简称《原理》,在这部著作中,他把伽利略提出、笛卡儿完善的惯性定律写下来作为第一运动定律;他定义了质量、力和动量,提出了动量改变与外力的关系,并把它作为第二运动定律;他写下了作用和反作用的关系作为第三运动定律。第三运动定律是在研究碰撞规律的基础上建立的,而在他之前华里士、雷恩和惠更斯等人都仔细地研究过碰撞现象,实际上已发现了这一定律。

他还写下了力的独立作用原理、伽利略的相对性原理、动量守恒定律。还写下了他对空间和时间的理解，即所谓绝对空间和绝对时间的概念，等等。

牛顿三大运动定律总结提炼了当时已发现的地面上所有力学现象的规律。它们形成了经典力学的基础，在以后的二百多年里几乎统治了物理学的各个领域。对于热、光、电现象人们都企图用牛顿定律加以解释，而且在有些方面，如热的动力论，居然取得了惊人的成功。尽管这种理论上的成功甚至错误地导致机械自然观的建立，最后曾从思想上束缚过自然科学的发展，但在实践上，牛顿定律至今仍是许多工程技术，例如机械、土建、动力等的理论基础，发挥着永不衰退的作用。

在《原理》一书中，牛顿还继续了哥白尼、开普勒、伽利略等对行星运动的研究，在惠更斯的向心加速度概念和他自己的运动定律基础上得出了万有引力定律。实际上牛顿的同代人胡克、雷恩、哈雷等人也提出了万有引力定律（万有引力一词出自胡克），但他们只限于说明行星的圆运动，而牛顿用自己发明的微积分还解释了开普勒的椭圆轨道，从而圆满地解决了行星的运动问题。牛顿（还有胡克）正确地提出了地球表面物体受的重力与地球月球之间的引力、太阳行星之间的引力具有相同的本质。这样，再加上他把原来是用于地球上的三条定律用于行星的运动而得出了正确结果，就宣告了天上地下的物体都遵循同一规律，彻底否定了亚里士多德以来人们所持有的天上和地下不同的思想。这是人类对自然界认识的第一次大综合，是人类认识史上的一次重大的飞跃。

除了在力学上的巨大成就外，牛顿在光学方面也有很大的贡献。例如，他发现并研究了色散现象。为了避免透镜引起的色散现象，他设计制造了反射式望远镜（这种设计今天还用于大型天文望远镜的制造），并为此在 1672 年被接受为伦敦皇家学会会员。1703 年出版了《光学》一书，记载了他对光学的研究成果以及提出的问题。书中讨论了颜色，色光的反射和折射，虹的形成，现在称之为“牛顿环”的光学现象的定量的研究，光和物体的相互“转化”问题，冰洲石的双折射现象等。关于光的本性，他虽曾谈论过“光微粒”，但也并非是光的微粒说的坚持者，因为他也曾提到过“以太的振动”。

1689 年和 1701 年他两次以剑桥大学代表的身份被选入议会。1696 年被任命为皇家造币厂监督。1699 年又被任命为造币厂厂长，同年被选为巴黎科学院院士。1703 年起他被连选连任皇家学会会长直到逝世，由于他在科学研究和币制改革上的功绩，1705 年被女王授予爵士爵位。他终生未婚，晚年由侄女照顾。1727 年 3 月 20 日病逝，享年 85 岁。在他一生的后二三十年里，他转而研究神学，在科学上几乎没有什么贡献。

牛顿对他自己所以能在科学上取得突出的成就以及这些成就的历史地位有清醒的认识。他曾说过：“如果说我比多数人看得远一些的话，那是因为我站在巨人们的肩上。”在临终时，他还留下了这样的遗言：“我不知道世人将如何看我，但是，就我自己看来，我好像不过是一个在海滨玩耍的小孩，不时地为找到一个比通常更光滑的卵石或更好看的贝壳而感到高兴，但是，有待探索的真理的海洋正展现在我的面前。”

# 混沌——决定论的混乱

## B.1 决定论的可预测性

学习了牛顿力学后，往往会得到这样一种印象，或产生这样一种信念：在物体受力已知的情况下，给定了初始条件，物体以后的运动情况（包括各时刻的位置和速度）就完全决定了，并且可以预测了。这种认识被称做**决定论的可预测性**。验证这种认识的最简单例子是抛体运动。物体受的重力是已知的，一旦初始条件（抛出点的位置和抛出时速度）给定了，物体此后任何时刻的位置和速度也就决定了（参考例 1.3 和例 1.4）。这种情况下可以写出严格的数学运动学方程，即解析解，从而使运动完全可以预测。

牛顿力学的这种决定论的可预测性，其威力曾扩及宇宙天体。1757 年哈雷彗星在预定的时间回归，1846 年海王星在预言的方位上被发现，都惊人地证明了这种认识。这样的威力曾使伟大的法国数学家拉普拉斯夸下海口：给定宇宙的初始条件，我们就能预言它的未来。当今日蚀和月蚀的准确预测，宇宙探测器的成功发射与轨道设计，可以说是在较小范围内实现了拉普拉斯的壮语。牛顿力学在技术中得到了广泛的成功的应用。物理教科书中利用典型的例子对牛顿力学进行了定量的严格的讲解。这些都使得人们对自然现象的决定论的可预测性深信不疑。

但是，这种传统的思想信念在 20 世纪 60 年代遇到了严重的挑战。人们发现由牛顿力学支配的系统，虽然其运动是由外力决定的，但是在一定条件下却是完全不能预测的。原来，牛顿力学显示出的决定论的可预测性，只是那些受力和位置或速度有线性关系的系统才具有的。这样的系统叫**线性系统**。牛顿力学严格、成功地处理过的系统都是这种线性系统。对于受力较复杂的非线性系统，情况就不同了。下面通过一个实际例子说明这一点。

## B.2 决定论的不可预测性

如图 B.1 所示的弹簧振子，它的上端固定在一个框架上。当框架上下振动时，振子也就随着上下振动。振子的这种振动叫受迫振动。

在理想的情况下，即弹力完全符合胡克定律，空气阻力也与速率成正比的情况下，这个弹簧振子就是一个线性系统。它的运动可以根据牛顿定律用数学解析方法求出来。它的振动曲线如图 B.2 所示。虽然在开始一段短时间内有点起伏，但很快会达到一种振幅和周期都不再改变的稳定状态。在这种情况下，振子的运动是完全决定而且可以预测的。

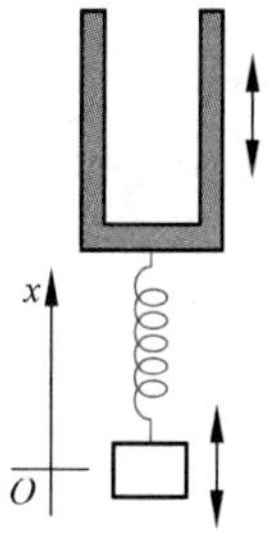


图 B.1　受迫振动

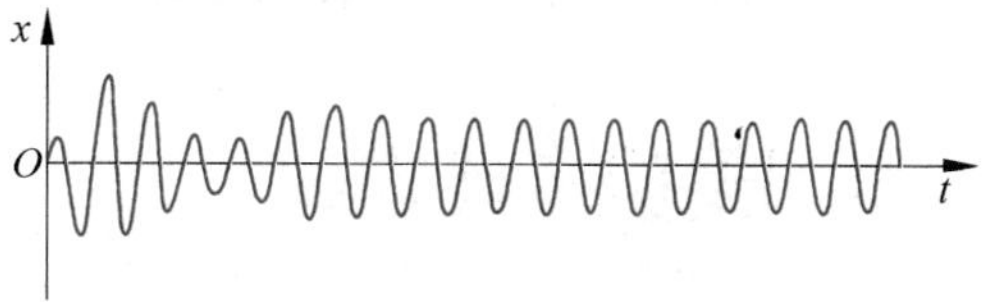


图 B.2　受迫振动的振动曲线

如果把实验条件改变一下，如图 B.3 所示，在振子的平衡位置处放一质量较大的砧块，使振子撞击它以后以同样速率反跳。这时振子所受的撞击力不再与位移成正比，因而系统成为非线性的。对于这一个非线性系统，虽然其运动还是外力决定的，即受牛顿定律决定论的支配，但现在的数学已无法给出其解析解并用严格的数学式表示其运动状态了。可以用实验描绘其振动曲线。虽然在框架振动频率为某些值时，振子的振动最后也能达到周期和振幅都一定的稳定状态(如图 B.4 所示)，但在框架振动频率为另一些值时，振子的振动曲线如图 B.5 所示，振动变得完全杂乱而无法预测了，这时振子的运动就进入了混沌状态。

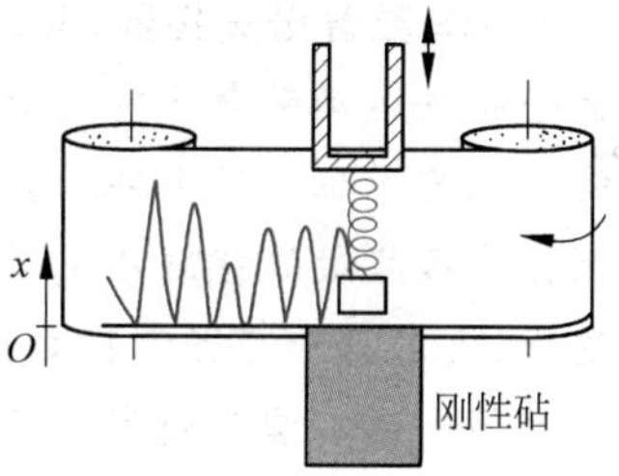


图 B.3　反跳振子装置

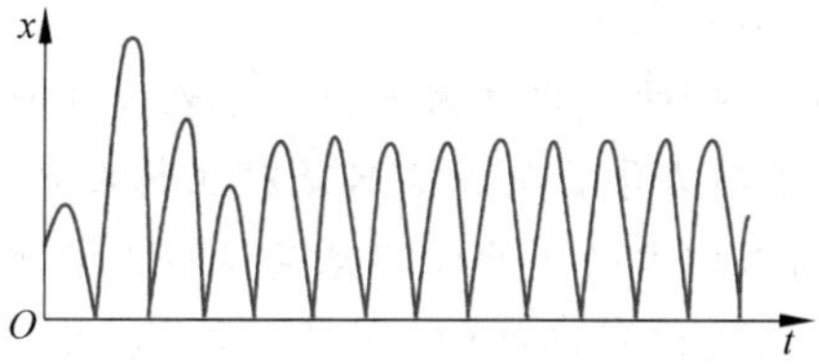


图 B.4　反跳振子的稳定振动

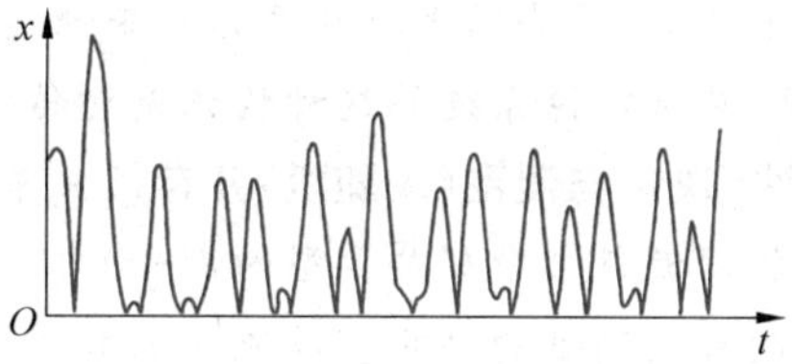


图 B.5　反跳振子的混沌运动

反跳振子的混沌运动，除了每一次实验都表现得非常混乱外，在框架振动的频率保持不变的条件下做几次实验，会发现如果初始条件略有不同，振子的振动情况会发生很明显的不同。图 B.6 画出了 5 次振子初位置略有不同(其差别已在实验误差范围之内)的混沌振动曲线。最初几次反跳，它们基本上是一样的。但是，随着时间的推移，它们的差别越来越大。这显示了反跳振子的混沌运动对初值的极端敏感性——最初的微小差别会随时间逐渐放大而导致明显的巨大差别。这样，本来任一次混沌运动，由于其混乱复杂，就很难预测，再加上这种对初值的极端敏感性，而初值在任何一次实验中又不可能完全精确地给定，因而，对任何一次混沌运动，其进程就更加不能预测了。

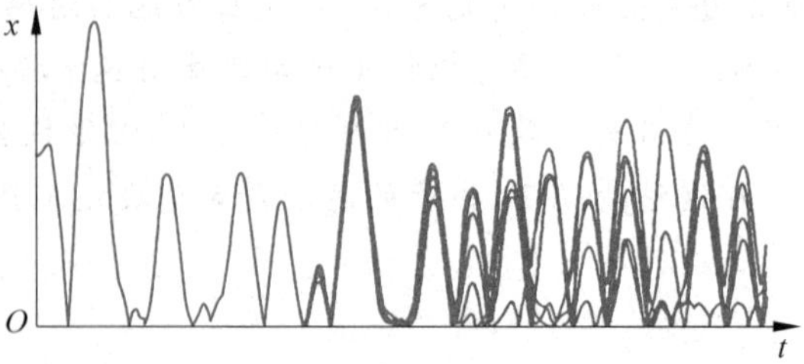


图B.6 反跳振子的混沌运动对初值的敏感性

## B.3 对初值的敏感性

对初值的极端敏感性是混沌运动的普遍的基本特征。两次只是初值不同的混沌运动，它们的差别随时间的推移越来越大。以 $\delta_0$ 表示初值的微小差别，则其后各时刻两运动的差别 $\delta(t)$ 将随时间按**指数规律**增大，即

$$\delta(t) = \delta_0 e^{lt}$$

其中 $l$ 叫**李雅普诺夫指数**，其值随系统性质而异。不同初值的混沌运动之间的差别的迅速扩大给混沌运动带来严重的后果。由于从原则上讲，初值不可能完全准确地给定(因为那需要给出无穷多位数的数字!)，因而在任何实际给定的初始条件下，我们对混沌运动的演变的预测就将按指数规律减小到零。这就是说，我们对稍长时间之后的混沌运动不可能预测!就这样，决定论和可预测性之间的联系被切断了。混沌运动虽然仍是决定论的，但它同时又是不可预测的。**混沌就是决定论的混乱!**

对于牛顿力学成功地处理过的线性系统，不同初值的诸运动之间的差别只是随时间线性扩大。这种较慢的离异使得实际上的运动对初值不特别敏感因而实际上可以预测。但即使如此，如果要预测非常远的将来的运动状态，那也是不可能的。

对决定论系统的这种认识是对传统的物理学思维习惯的一次巨大冲击。它表明在自然界中，**决定与混乱**(或**随机**)**并存**而且紧密互相联系。牛顿力学长期以来只是对理想世界(包括物理教科书中那些典型的例子)作了理想的描述，向人们灌输了力学现象普遍存在着决定论的可预测性的思想。混沌现象的发现和研究，使人们认识到这样的“理想世界”只对应于自然界中实际的力学系统的很小一部分。教科书中那些“典型的”例子，对整个自然界来说，并不典型，由它们得出的结论并不适用于更大范围的自然界。对这更大范围的自然界，必须用新的思想和方法加以重新认识和研究，以便找出适用于它们的新的规律。

决定论的不可预测性这种思想早在19世纪末就由法国的伟大数学家庞加莱在研究三体问题时提出来了。对于三个星体在相互引力作用下的运动，他列出了一组非线性的常微分方程。他研究的结论是：这种方程没有解析解。此系统的轨道非常杂乱，以至于他“甚至于连想也不想要把它们画出来”。当时的数学对此已无能为力，于是他设计了一些新的几何方法来说明这么复杂的运动。但是他这种思想，部分由于数学的奇特和艰难，长期未引起物理学家的足够关注。

由于非线性系统的决定论微分方程不可能用解析方法求解，所以混沌概念的复苏是和电子计算机的出现分不开的。借助电子计算机可以很方便地对决定论微分方程进行数值解

法来研究非线性系统的运动。首先在使用计算机时发现混沌运动的是美国气象学家洛伦兹。为了研究大气对流对天气的影响,他抛掉许多次要因素,建立了一组非线性微分方程。解他的方程只能用数值解法——给定初值后一次一次地迭代。他使用的是当时的真空管计算机。1961年冬的一天,他在某一初值的设定下已算出一系列气候演变的数据。当他再次开机想考察这一系列的更长期的演变时,为了省事,不再从头算起,他把该系列的一个中间数据当作初值输入,然后按同样的程序进行计算。他原来希望得到和上次系列后半段相同的结果。但是,出乎预料,经过短时重复后,新的计算很快就偏离了原来的结果(见图B.7)。他很快意识到,并非计算机出了故障,问题出在他这次作为初值输入的数据上。计算机内原储存的是6位小数0.506 127,但他打印出来的却是3位小数0.506。他这次输入的就是这三位数字。原来以为这不到千分之一的误差无关紧要,但就是这初值的微小差别导致了结果序列的逐渐分离。凭数学的直观他感到这里出现了违背经典概念的新现象,其实际重要性可能是惊人的。他的结论是:**长期的天气预报是不可能的**。他把这种天气对于初值的极端敏感反应用一个很风趣的词——"蝴蝶效应"——来表述。用畅销名著《混沌——开创一门新科学》的作者格莱克的说法,"蝴蝶效应"指的是"今天在北京一只蝴蝶拍动一下翅膀,可能下月在纽约引起一场暴风雨"。

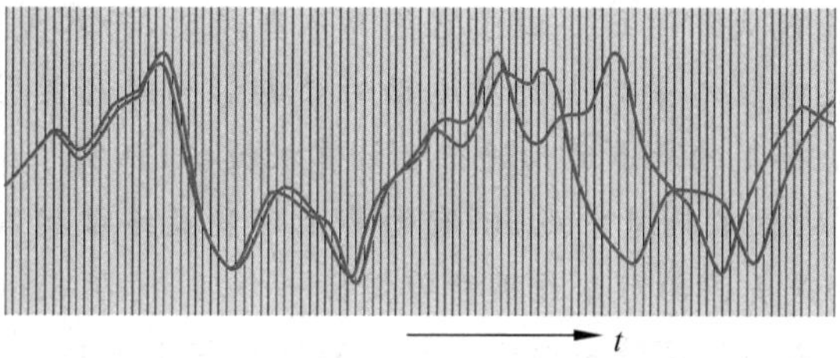


图B.7 洛伦兹的气候演变曲线

## B.4 几个混沌现象实例

### 1. 天体运动的混沌现象

前已述及,三体问题,更不要说更多体的问题,不可能有解析解。对于这类问题,目前只能用计算机进行数值计算。现举一个简单的例子。两个质量相等的大天体$M_1$和$M_2$围绕它们的质心作圆周运动。选择它们在其中都静止的参考系来研究另一个质量很小的天体$M_3$在它们的引力作用下的运动。计算机给出的在一定条件下$M_3$运动的轨迹如图B.8所示。$M_3$的运动轨道就是决定论的不可预测的,不可能知道何时$M_3$绕$M_1$运动或绕$M_2$运动,也不能确定$M_3$何时由$M_1$附近转向$M_2$附近。对现时太阳系中行星的运动,并未观察到这种混乱情况。这是因为各行星受的引力主要是太阳的引力。作为一级近似,它们都可以被认为是单独在太阳引力作用下运动而不受其他行星的影响。这样太阳系中行星的运动就可以视为两体问题而有确定的解析解。另一方面,也可以认为太阳系的年龄已够长以致初始的混沌运动已消失,同时年龄又没有大到各可能轨道分离到不可预测的程度(顺便指出,人造宇宙探测器的轨道不出现混沌是因为随时有地面站或宇航员加以控制的缘故)。但是就在太阳系内,也真有在引力作用下的混沌现象发生。结合牛顿力学和混沌理论已证明，冥王星的运动以千万年为时间尺度是混沌的（这一时间尺度虽比它的运行周期 250 年长得多，但比起太阳系的寿命——50 亿年——要短得多了）。哈雷彗星运行周期的微小变动也可用混沌理论来解释。1994 年 7 月苏梅克-列维 9 号彗星撞上木星这种罕见的太空奇观也很可能就是混沌运动的一种表现。

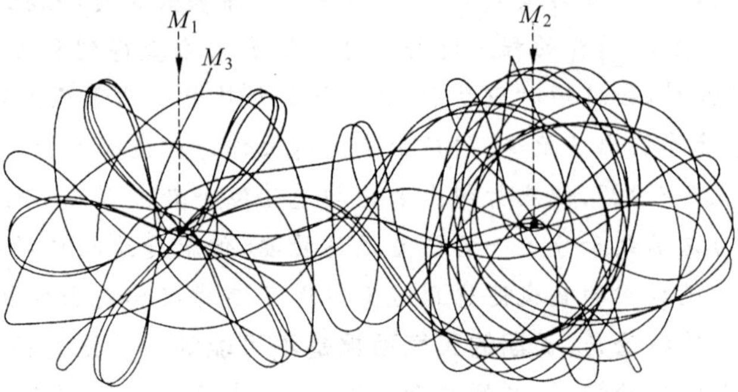


图 B.8 小天体的混沌运动

在太阳系内火星和木星之间分布有一个小行星带。其中的小行星的直径约在 1 km 和 1000 km 之间，它们都围绕太阳运行。由于它们离木星较近，而木星是最大的行星，所以木星对它们的引力不能忽略。木星对小行星运动的长期影响就可能引起小行星进入混沌运动。1985 年有人曾对小行星的轨道运动进行了计算机模拟，证明了小行星的运动的确可能变得混沌，其后果是被从原来轨道中甩出，有的甚至可能最终被抛入地球大气层中成为流星。令人特别感兴趣的是美国的阿尔瓦莱兹曾提出一个理论：在 6500 万年前曾有一颗大的小行星在混沌运动中脱离小行星带而以 $10^4$ m/s 的速度撞上地球（墨西哥境内现存有撞击后形成的大坑）。撞击时产生的大量尘埃遮天蔽日，引起地球上的气候大变。大量茂盛的植物品种消失，也导致了以植物为食的恐龙及其他动物品种的灭绝。

**2. 生物界的混沌**

混沌，由于其混乱，往往使人想到灾难。但也正是由于其混乱和多样性，它也提供了充分的选择机会，因此就有可能使得在走出混沌时得到最好的结果。生物的进化就是一个例子。

自然界创造了各种生物以适应各种自然环境，包括灾难性的气候突变。由于自然环境的演变不可预测，生物种族的产生和发展不可能有一个预先安排好的确定程序。自然界在这里利用了混乱来对抗不可预测的环境。它利用无序的突变产生出各种各样的生命形式来适应自然选择的需要。自然选择好像一种反馈，适者生存并得到发展，不适者被淘汰灭绝。可以说，生物进化就是具有反馈的混沌。

人的自体免疫反应也是有反馈的混沌。人体的这种反应是要对付各种各样的微生物病菌和病毒。一种理论认为，如果为此要建立一个确定的程序，那就不但要把现有的各种病菌和病毒都编入打击目录，而且还要列上将来可能出现的病菌和病毒的名字。这种包揽无余的确定程序是不可能建立的。自然界采取了以火攻火的办法利用混沌为人体设计了一种十分经济的程序。在任何一种病菌或病毒入侵后，体内的生产器官就开始制造形状各种各样的分子并把它们运送到病菌入侵处。当发现某一号分子能完全包围入侵者时，就向生产器官发出一个反馈信息。于是生产器官就立即停止生产其他型号的分子而只大量生产这种对路的特定型号的分子。很快,所有入侵者都被这种分子所包围,并通过循环系统把它们带到排泄器官(如肠、肾)而被排出体外。最后,生产器官被通知关闭,一切又恢复正常。

在医学研究中,人们已发现猝死、癫痫、精神分裂症等疾病的根源可能就是混沌。在神经生理测试中,已发现正常人的脑电波是混沌的,而神经病患者的往往简单有序。在所有这些领域,对混沌的研究都有十分重要的意义。

此外,在流体动力学领域还有一种常见的混沌现象。在管道内流体的流速超过一定值时,或是在液流或气流中的障碍物后面,都会出现十分紊乱的流动。这种流动叫**湍流**(或**涡流**)。图 B.9 是在一个圆柱体后面产生的水流涡流图像,图 B.10 是直升机旋翼尖后面的气流涡流图像。这种湍流是流体动力学研究的重要问题,具有很大的实际意义,但至今没有比较满意的理论说明。混沌的发现给这方面的研究提供了可能是非常重要的或必要的手段。

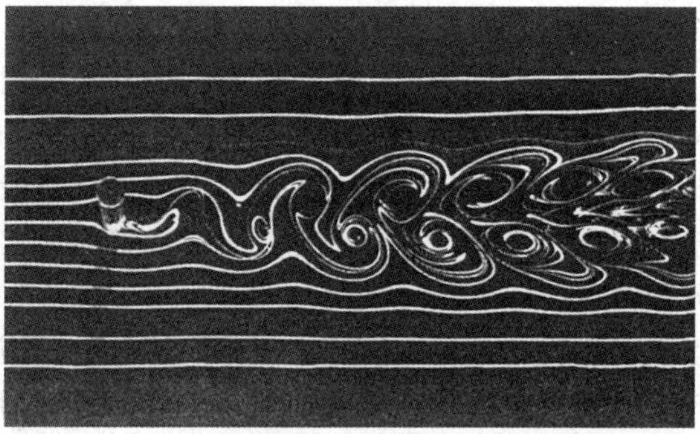

图 B.9　水流涡流

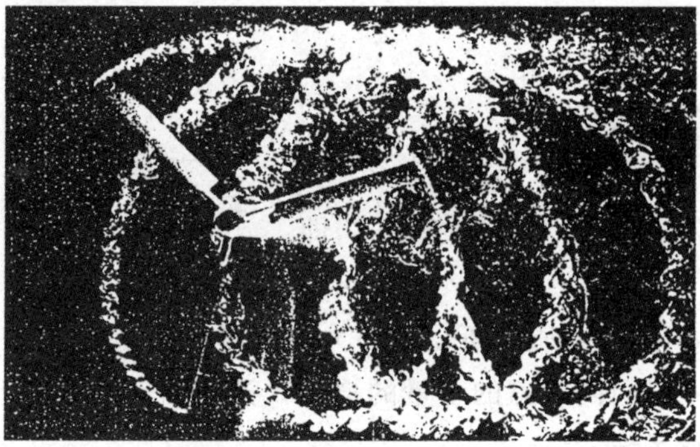

图 B.10　气流涡流

对混沌现象的研究目前不但在自然科学领域受到人们的极大关注,而且已扩展到人文学科,如经济学、社会学等领域。

# 第3章

# 动量与角动量

第2章讲解了牛顿第二定律，主要是用加速度表示的式(2.3)的形式。该式表示了力和受力物体的加速度的关系，那是一个**瞬时关系**，即与力作用的同时物体所获得的加速度和此力的关系。实际上，力对物体的作用总要延续一段或长或短的时间。在很多问题中，在这段时间内，力的变化复杂，难于细究，而我们又往往只关心在这段时间内力的作用的总效果。这时我们将直接利用式(2.2)表示的牛顿第二定律形式，而把它改写为微分形式并称为动量定理。本章首先介绍动量定理，接着把这一定理应用于质点系，导出了一条重要的守恒定律——动量守恒定律。然后对于质点系，引入了**质心**的概念，并说明了外力和质心运动的关系。后面几节介绍了和动量概念相联系的描述物体转动特征的重要物理量——角动量，在牛顿第二定律的基础上导出了角动量变化率和外力矩的关系——角动量定理，并进一步导出了另一条重要的守恒定律——角动量守恒定律。最后还导出了用于质心参考系的角动量定理。

## 3.1 冲量与动量定理

把牛顿第二定律公式(2.2)写成微分形式，即

$$\boldsymbol{F}\mathrm{d}t=\mathrm{d}\boldsymbol{p} \tag{3.1}$$

式中乘积 $\boldsymbol{F}\mathrm{d}t$ 叫做在 $\mathrm{d}t$ 时间内质点所受合外力的**冲量**。此式表明在 $\mathrm{d}t$ 时间内质点所受合外力的冲量等于在同一时间内质点的动量的增量。这一表示在一段时间内，外力作用的总效果的关系式叫做**动量定理**。

如果将式(3.1)对 $t_0$ 到 $t'$ 这段有限时间积分，则有

$$\int_{t_0}^{t'}\boldsymbol{F}\mathrm{d}t=\int_{\boldsymbol{p}_0}^{\boldsymbol{p}'}\mathrm{d}\boldsymbol{p}=\boldsymbol{p}'-\boldsymbol{p}_0 \tag{3.2}$$

左侧积分表示在 $t_0$ 到 $t'$ 这段时间内合外力的冲量，以 $\boldsymbol{I}$ 表示此冲量，即

$$\boldsymbol{I}=\int_{t_0}^{t'}\boldsymbol{F}\mathrm{d}t$$

则式(3.2)可写成

$$\boldsymbol{I}=\boldsymbol{p}'-\boldsymbol{p}_0 \tag{3.3}$$

式(3.2)或式(3.3)是动量定理的积分形式，它表明质点在 $t_0$ 到 $t'$ 这段时间内所受的合

外力的冲量等于质点在同一时间内的动量的增量。值得注意的是,要产生同样的动量增量,力大力小都可以:力大,时间可短些;力小,时间需长些。只要外力的冲量一样,就产生同样的动量增量。

动量定理常用于碰撞过程,碰撞一般泛指物体间相互作用时间很短的过程。在这一过程中,相互作用力往往很大而且随时间改变。这种力通常叫**冲力**。例如,球拍反击乒乓球的力,两汽车相撞时的相互撞击的力都是冲力。图 3.1 是清华大学汽车碰撞实验室做汽车撞击固定壁的实验照片与相应的冲力的大小随时间的变化曲线。

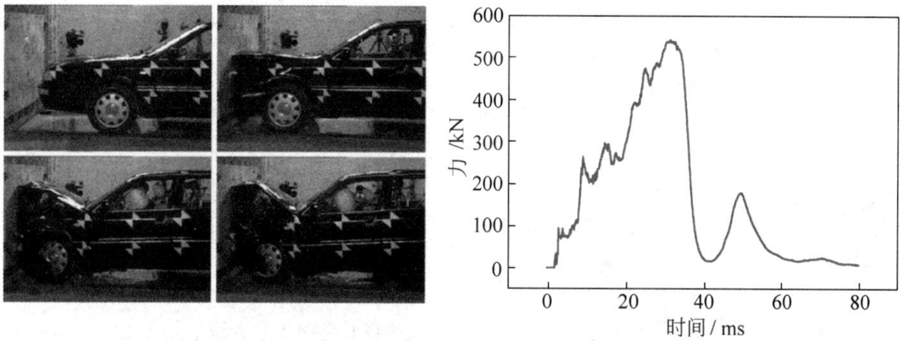


(a) (b)

图 3.1 汽车撞击固定壁实验中汽车受壁的冲力

(a) 实验照片;(b) 冲力-时间曲线

对于短时间 $\Delta t$ 内冲力的作用,常常把式(3.2)改写成

$$\overline{\boldsymbol{F}}\Delta t = \Delta \boldsymbol{p} \tag{3.4}$$

式中 $\overline{\boldsymbol{F}}$ 是**平均冲力**,即冲力**对时间**的平均值。平均冲力只是根据物体动量的变化计算出的平均值,它和实际的冲力的极大值可能有较大的差别,因此它不足以完全说明碰撞所可能引起的破坏性。

---

**例 3.1**

**汽车碰撞实验**。在一次碰撞实验中,一质量为 1200 kg 的汽车垂直冲向一固定壁,碰撞前速率为 15.0 m/s,碰撞后以 1.50 m/s 的速率退回,碰撞时间为 0.120 s。试求:(1)汽车受壁的冲量;(2)汽车受壁的平均冲力。

**解** 以汽车碰撞前的速度方向为正方向,则碰撞前汽车的速度 $v=15.0$ m/s,碰撞后汽车的速度 $v'=-1.50$ m/s,而汽车质量 $m=1200$ kg。

(1) 由动量定理知汽车受壁的冲量为

$$I = p' - p = mv' - mv = 1200 \times (-1.50) - 1200 \times 15.0$$
$$= -1.98 \times 10^4 \ (\text{N} \cdot \text{s})$$

(2) 由于碰撞时间 $\Delta t = 0.120$ s,所以汽车受壁的平均冲力为

$$\overline{F} = \frac{I}{\Delta t} = \frac{-1.98 \times 10^4}{0.120} = -165 \ (\text{kN})$$

上两个结果的负号表明汽车所受壁的冲量和平均冲力的方向都和汽车碰前的速度方向相反。

平均冲力的大小为 165 kN,约为汽车本身重量的 14 倍,瞬时最大冲力还要比这大得多。这种巨大的冲力是车祸的破坏性的根源,而冲力随时间的急速变化所引起的急动度也是造成人身伤害的原因之一。

**例 3.2**

一个质量 $m=140\ \mathrm{g}$ 的垒球以 $v=40\ \mathrm{m/s}$ 的速率沿水平方向飞向击球手，被击后它以相同速率沿 $\theta=60°$ 的仰角飞出，求垒球受棒的平均打击力。设球和棒的接触时间 $\Delta t=1.2\ \mathrm{ms}$。

**解**　本题可用式(3.4)求解。由于该式是矢量式，所以可以用分量式求解，也可直接用矢量关系求解。下面分别给出两种解法。

(1) 用分量式求解。已知 $v_1=v_2=v$，选如图 3.2 所示的坐标系，利用式(3.4)的分量式，由于 $v_{1x}=-v$，$v_{2x}=v\cos\theta$，可得垒球受棒的平均打击力的 $x$ 方向分量为

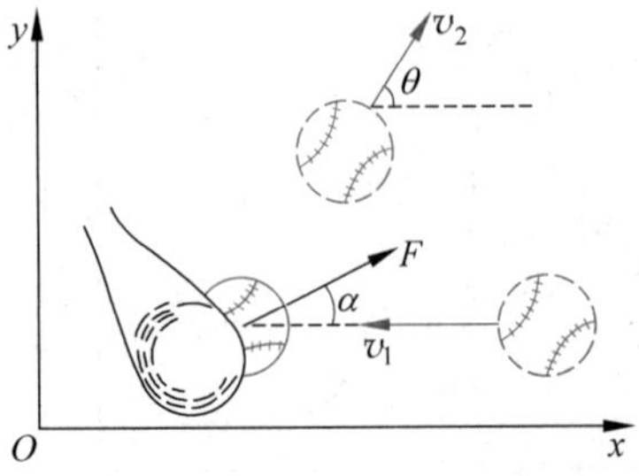


图 3.2　例 3.2 解法(1)图示

$$\overline{F}_x=\frac{\Delta p_x}{\Delta t}=\frac{mv_{2x}-mv_{1x}}{\Delta t}=\frac{mv\cos\theta-m(-v)}{\Delta t}$$

$$=\frac{0.14\times 40\times(\cos 60°+1)}{1.2\times 10^{-3}}=7.0\times 10^{3}\ (\mathrm{N})$$

又由于 $v_{1y}=0$，$v_{2y}=v\sin\theta$，可得此平均打击力的 $y$ 方向分量为

$$\overline{F}_y=\frac{\Delta p_y}{\Delta t}=\frac{mv_{2y}-mv_{1y}}{\Delta t}=\frac{mv\sin\theta}{\Delta t}$$

$$=\frac{0.14\times 40\times 0.866}{1.2\times 10^{-3}}=4.0\times 10^{3}\ (\mathrm{N})$$

球受棒的平均打击力的大小为

$$\overline{F}=\sqrt{\overline{F}_x^2+\overline{F}_y^2}=10^3\times\sqrt{7.0^2+4.0^2}=8.1\times 10^{3}\ (\mathrm{N})$$

以 $\alpha$ 表示此力与水平方向的夹角，则

$$\tan\alpha=\frac{\overline{F}_y}{\overline{F}_x}=\frac{4.0\times 10^3}{7.0\times 10^3}=0.57$$

由此得

$$\alpha=30°$$

(2) 直接用矢量公式(3.4)求解。按式(3.4) $\overline{\boldsymbol{F}}\Delta t=\Delta\boldsymbol{p}=m\boldsymbol{v}_2-m\boldsymbol{v}_1$ 形成如图 3.3 中的矢量三角形，其中 $mv_2=mv_1=mv$。由等腰三角形可知，$\overline{F}$ 与水平面的夹角 $\alpha=\theta/2=30°$，且 $\overline{F}\Delta t=2mv\cos\alpha$，于是

$$\overline{F}=\frac{2mv\cos\alpha}{\Delta t}=\frac{2\times 0.14\times 40\times\cos\alpha}{1.2\times 10^{-3}}=8.1\times 10^{3}\ (\mathrm{N})$$

注意，此打击力约为垒球自重的 5900 倍！

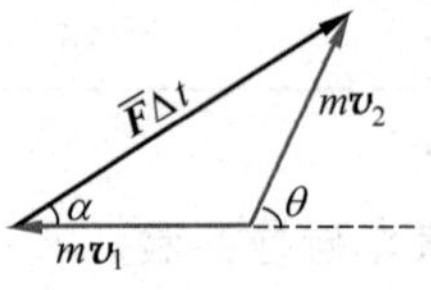


图 3.3　例 3.2 解法(2)图示

**例 3.3**

一辆装煤车以 $v=3\ \mathrm{m/s}$ 的速率从煤斗下面通过(图 3.4)，每秒钟落入车厢的煤为 $\Delta m=500\ \mathrm{kg}$。如果使车厢的速率保持不变，应用多大的牵引力拉车厢？(车厢与钢轨间的摩擦忽略不计)

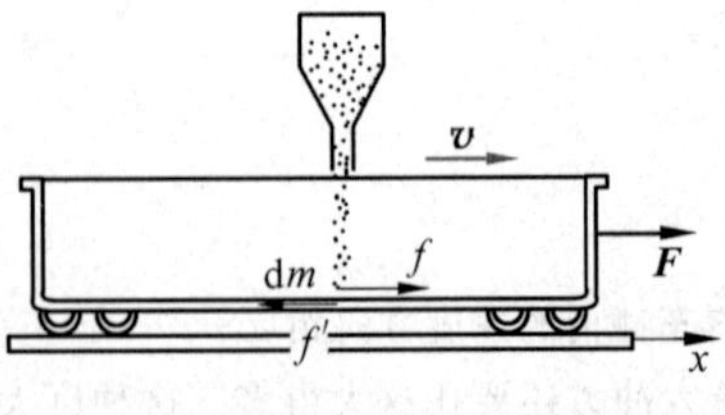


图 3.4　煤 dm 落入车厢被带走

**解**　先考虑煤落入车厢后运动状态的改变。如图 3.4 所示，以 $\mathrm{d}m$ 表示在 $\mathrm{d}t$ 时间内落入车厢的煤的质量。它在车厢对它的力 $\boldsymbol{f}$ 带动下在 $\mathrm{d}t$ 时间内沿 $x$ 方向的速率由零增加到与车厢速率 $v$ 相同，而动量由 0 增加到 $\mathrm{d}m\cdot v$。由动量定理式(3.1)得，对 $\mathrm{d}m$ 在 $x$ 方向，应有

$$f\mathrm{d}t=\mathrm{d}p=\mathrm{d}m\cdot v \tag{3.5}$$

对于车厢，在此 $dt$ 时间内，它受到水平拉力 $\boldsymbol{F}$ 和煤 $dm$ 对它的反作用 $\boldsymbol{f}'$ 的作用。此二力的合力沿 $x$ 方向，为 $\boldsymbol{F}-\boldsymbol{f}'$。由于车厢速度不变，所以动量也不变，式(3.1)给出

$$(F-f')\mathrm{d}t=0 \tag{3.6}$$

由牛顿第三定律

$$f'=f \tag{3.7}$$

联立解式(3.5)～式(3.7)可得

$$F=\frac{\mathrm{d}m}{\mathrm{d}t}\cdot v$$

以 $\mathrm{d}m/\mathrm{d}t=500\ \mathrm{kg/s}, v=3\ \mathrm{m/s}$ 代入得

$$F=500\times 3=1.5\times 10^3\ (\mathrm{N})$$

---

## 3.2 动量守恒定律

在一个问题中，如果我们考虑的对象包括几个物体，则它们总体上常被称为一个**物体系统**或简称为**系统**。系统外的其他物体统称为**外界**。系统内各物体间的相互作用力称为**内力**，外界物体对系统内任意一物体的作用力称为**外力**。例如，把地球与月球看做一个系统，则它们之间的相互作用力称为内力，而系统外的物体如太阳以及其他行星对地球或月球的引力都是外力。本节讨论一个系统的动量变化的规律。

先讨论由两个质点组成的系统。设这两个质点的质量分别为 $m_1, m_2$。它们除分别受到相互作用力(内力)$\boldsymbol{f}$ 和 $\boldsymbol{f}'$ 外，还受到系统外其他物体的作用力(外力)$\boldsymbol{F}_1, \boldsymbol{F}_2$，如图 3.5 所示。分别对两质点写出动量定理式(3.1)，得

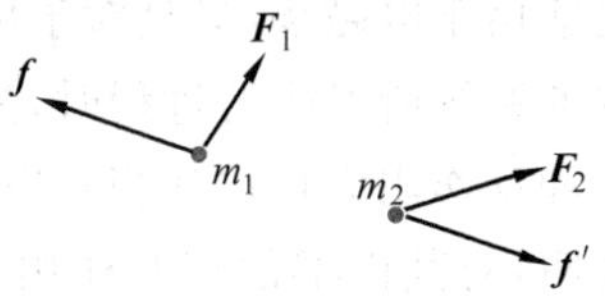

图 3.5 两个质点的系统

$$(\boldsymbol{F}_1+\boldsymbol{f})\mathrm{d}t=\mathrm{d}\boldsymbol{p}_1,\quad (\boldsymbol{F}_2+\boldsymbol{f}')\mathrm{d}t=\mathrm{d}\boldsymbol{p}_2$$

将这二式相加，可以得

$$(\boldsymbol{F}_1+\boldsymbol{F}_2+\boldsymbol{f}+\boldsymbol{f}')\mathrm{d}t=\mathrm{d}\boldsymbol{p}_1+\mathrm{d}\boldsymbol{p}_2$$

由于系统内力是一对作用力和反作用力，根据牛顿第三定律，得 $\boldsymbol{f}=-\boldsymbol{f}'$ 或 $\boldsymbol{f}+\boldsymbol{f}'=0$，因此上式给出

$$(\boldsymbol{F}_1+\boldsymbol{F}_2)\mathrm{d}t=\mathrm{d}(\boldsymbol{p}_1+\boldsymbol{p}_2)$$

如果系统包含两个以上，例如 $i$ 个质点，可仿照上述步骤对各个质点写出牛顿定律公式，再相加。由于系统的各个内力总是以作用力和反作用力的形式成对出现的，所以它们的矢量总和等于零。因此，一般地又可得到

$$\left(\sum_i \boldsymbol{F}_i\right)\mathrm{d}t=\mathrm{d}\left(\sum_i \boldsymbol{p}_i\right) \tag{3.8}$$

其中 $\sum_i \boldsymbol{F}_i$ 为系统受的合外力，$\sum_i \boldsymbol{p}_i$ 为系统的总动量。式(3.8)表明，系统的**总动量**随时间的变化率等于该系统所受的**合外力**。内力能使系统内各质点的动量发生变化，但它们对系统的总动量没有影响。(注意："合外力"和"总动量"都是**矢量和**！)式(3.8)可称为用于**质点系的动量定理**。

如果在式(3.8)中，$\sum_i \boldsymbol{F}_i=0$，立即可以得到 $\mathrm{d}\left(\sum_i \boldsymbol{p}_i\right)=0$，或

$$\sum_i \boldsymbol{p}_i = \sum_i m_i \boldsymbol{v}_i = \text{常矢量} \quad \left(\sum_i \boldsymbol{F}_i = 0\right) \tag{3.9}$$

这就是说**当一个质点系所受的合外力为零时，这一质点系的总动量就保持不变**。这一结论叫做**动量守恒定律**。

一个不受外界影响的系统，常被称为**孤立系统**。**一个孤立系统在运动过程中，其总动量一定保持不变**。这也是动量守恒定律的一种表述形式。

应用动量守恒定律分析解决问题时，应该注意以下几点。

(1) 系统动量守恒的条件是合外力为零，即 $\sum_i \boldsymbol{F}_i = 0$。但在外力比内力小得多的情况下，外力对质点系的总动量变化影响甚小，这时可以认为近似满足守恒条件，也就可以近似地应用动量守恒定律。例如两物体的碰撞过程，由于相互撞击的内力往往很大，所以此时即使有摩擦力或重力等外力，也常可忽略它们，而认为系统的总动量守恒。又如爆炸过程也属于内力远大于外力的过程，也可以认为在此过程中系统的总动量守恒。

(2) 动量守恒表示式(3.9)是矢量关系式。在实际问题中，常应用其分量式，即如果系统沿某一方向所受的合外力为零，则该系统沿此方向的总动量的分量守恒。例如，一个物体在空中爆炸后碎裂成几块，在忽略空气阻力的情况下，这些碎块受到的外力只有竖直向下的重力，因此它们的总动量在水平方向的分量是守恒的。

(3) 由于我们是用牛顿定律导出动量守恒定律的，所以它只适用于惯性系。

以上我们从牛顿定律出发导出了以式(3.9)表示的动量守恒定律。应该指出，更普遍的动量守恒定律并不依靠牛顿定律。动量概念不仅适用于以速度 $\boldsymbol{v}$ 运动的质点或粒子，而且也适用于电磁场，只是对于后者，其动量不再能用 $m\boldsymbol{v}$ 这样的形式表示。考虑包括电磁场在内的系统所发生的过程时，其总动量必须也把电磁场的动量计算在内。不但对可以用作用力和反作用力描述其相互作用的质点系所发生的过程，动量守恒定律成立；而且，大量实验证明，对其内部的相互作用不能用力的概念描述的系统所发生的过程，如光子和电子的碰撞，光子转化为电子，电子转化为光子等过程，只要系统不受外界影响，它们的动量都是守恒的。动量守恒定律实际上是关于自然界的一切物理过程的一条最基本的定律。

---

**例 3.4**

**冲击摆**。如图 3.6 所示，一质量为 $M$ 的物体被静止悬挂着，今有一质量为 $m$ 的子弹沿水平方向以速度 $v$ 射中物体并停留在其中。求子弹刚停在物体内时物体的速度。

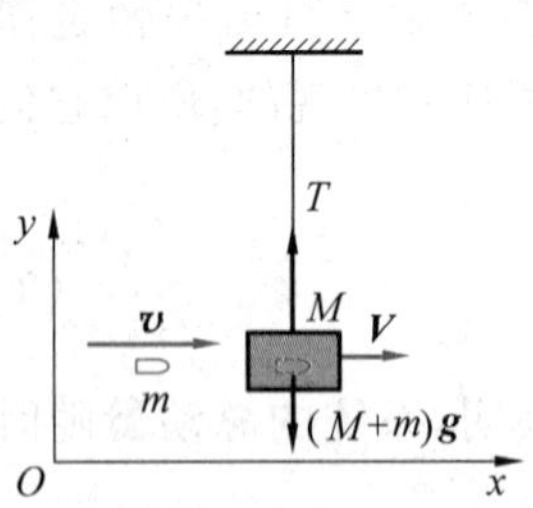


图 3.6 例 3.4 用图

**解** 由于子弹从射入物体到停在其中所经历的时间很短，所以在此过程中物体基本上未动而停在原来的平衡位置。于是对子弹和物体这一系统，在子弹射入这一短暂过程中，它们所受的水平方向的外力为零，因此水平方向的动量守恒。设子弹刚停在物体中时物体的速度为 $\boldsymbol{V}$，则此系统此时的水平总动量为 $(m+M)V$。由于子弹射入前此系统的水平总动量为 $mv$，所以有

$$mv = (m+M)V$$

由此得

$$V = \frac{m}{m+M}v$$

**例 3.5**

如图 3.7 所示，一个有 1/4 圆弧滑槽的大物体的质量为 $M$，停在光滑的水平面上，另一质量为 $m$ 的小物体自圆弧顶点由静止下滑。求当小物体 $m$ 滑到底时，大物体 $M$ 在水平面上移动的距离。

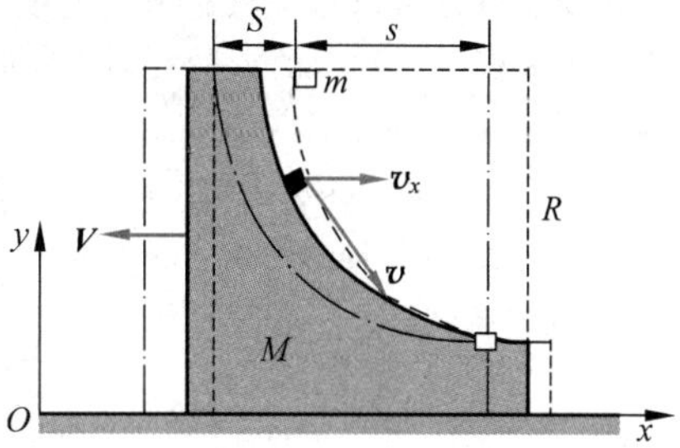

图 3.7 例 3.5 用图

**解** 选如图 3.7 所示的坐标系，取 $m$ 和 $M$ 为系统。在 $m$ 下滑过程中，在水平方向上，系统所受的合外力为零，因此水平方向上的动量守恒。由于系统的初动量为零，所以，如果以 $\boldsymbol{v}$ 和 $\boldsymbol{V}$ 分别表示下滑过程中任一时刻 $m$ 和 $M$ 的速度，则应该有

$$0 = mv_x + M(-V)$$

因此对任一时刻都应该有

$$mv_x = MV$$

就整个下落的时间 $t$ 对此式积分，有

$$m\int_0^t v_x \mathrm{d}t = M\int_0^t V\mathrm{d}t$$

以 $s$ 和 $S$ 分别表示 $m$ 和 $M$ 在水平方向移动的距离，则有

$$s = \int_0^t v_x \mathrm{d}t, \quad S = \int_0^t V\mathrm{d}t$$

因而有

$$ms = MS$$

又因为位移的相对性，有 $s=R-S$，将此关系代入上式，即可得

$$S = \frac{m}{m+M}R$$

值得注意的是，此距离值与弧形槽面是否光滑无关，只要 $M$ 下面的水平面光滑就行了。

**例 3.6**

原子核 $^{147}\mathrm{Sm}$ 是一种放射性核，它衰变时放出一 $\alpha$ 粒子，自身变成 $^{143}\mathrm{Nd}$ 核。已测得一静止的 $^{147}\mathrm{Sm}$ 核放出的 $\alpha$ 粒子的速率是 $1.04\times10^7$ m/s，求 $^{143}\mathrm{Nd}$ 核的反冲速率。

**解** 以 $M_0$ 和 $V_0(V_0=0)$ 分别表示 $^{147}\mathrm{Sm}$ 核的质量和速率，以 $M$ 和 $V$ 分别表示 $^{143}\mathrm{Nd}$ 核的质量和速率，以 $m$ 和 $v$ 分别表示 $\alpha$ 粒子的质量和速率，$\boldsymbol{V}$ 和 $\boldsymbol{v}$ 的方向如图 3.8 所示，以 $^{147}\mathrm{Sm}$ 核为系统。由于衰变只是 $^{147}\mathrm{Sm}$ 核内部的现象，所以动量守恒。结合图 3.8 所示坐标的方向，应有 $\boldsymbol{V}$ 和 $\boldsymbol{v}$ 方向相反，其大小之间的关系为

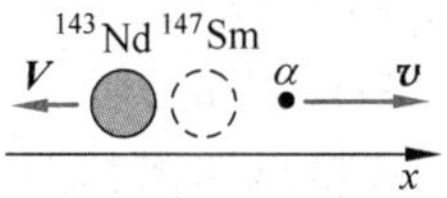

图 3.8 $^{147}\mathrm{Sm}$ 衰变

$$M_0V_0 = M(-V) + mv$$

由此解得 $^{143}\mathrm{Nd}$ 核的反冲速率应为

$$V = \frac{mv - M_0V_0}{M} = \frac{(M_0 - M)v - M_0V_0}{M}$$

代入数值得

$$V = \frac{(147-143)\times1.04\times10^7 - 147\times0}{143} = 2.91\times10^5\ (\mathrm{m/s})$$

**例 3.7**

**粒子碰撞**。在一次 $\alpha$ 粒子散射过程中，$\alpha$ 粒子（质量为 $m$）和静止的氧原子核（质量为 $M$）发生“碰撞”（如图 3.9 所示）。实验测出碰撞后 $\alpha$ 粒子沿与入射方向成 $\theta=72°$ 的方向运

动,而氧原子核沿与 α 粒子入射方向成 $\beta=41^\circ$ 的方向"反冲"。求 α 粒子碰撞后与碰撞前的速率之比。

**解** 粒子的这种"碰撞"过程,实际上是它们在运动中相互靠近,继而由于相互斥力的作用又相互分离的过程。考虑由 α 粒子和氧原子核组成的系统。由于整个过程中仅有内力作用,所以系统的动量守恒。设 α 粒子碰撞前、后速度分别为 $\boldsymbol{v}_1$, $\boldsymbol{v}_2$,氧核碰撞后速度为 $\boldsymbol{V}$。选如图坐标系,令 $x$ 轴平行于 α 粒子的入射方向。根据动量守恒的分量式,有

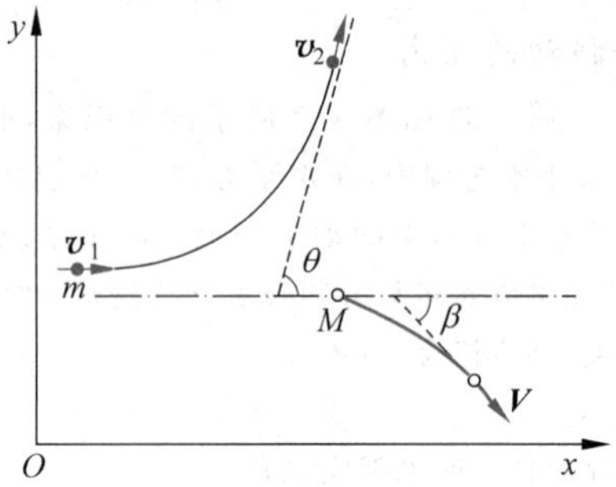


图 3.9 例 3.7 用图

$x$ 向 $$mv_2\cos\theta + MV\cos\beta = mv_1$$

$y$ 向 $$mv_2\sin\theta - MV\sin\beta = 0$$

两式联立可解出

$$v_1 = v_2\cos\theta + \frac{v_2\sin\theta}{\sin\beta}\cos\beta = \frac{v_2}{\sin\beta}\sin(\theta+\beta)$$

$$\frac{v_2}{v_1} = \frac{\sin\beta}{\sin(\theta+\beta)} = \frac{\sin 41^\circ}{\sin(72^\circ+41^\circ)} = 0.71$$

即 α 粒子碰撞后的速率约为碰撞前速率的 71%。

## 3.3 火箭飞行原理

火箭是一种利用燃料燃烧后喷出的气体产生的反冲推力的发动机。它自带燃料与助燃剂,因而可以在空间任何地方发动。火箭技术在近代有很大的发展,火箭炮以及各种各样的导弹都利用火箭发动机作动力,空间技术的发展更以火箭技术为基础。各式各样的人造地球卫星、飞船和空间探测器都是靠火箭发动机发射并控制航向的。

火箭飞行原理分析如下。为简单起见,设火箭在自由空间飞行,即它不受引力或空气阻力等任何外力的影响。如图 3.10 所示,把某时刻 $t$ 的火箭(包括火箭体和其中尚存的燃料)作为研究的系统,其总质量为 $M$,以 $v$ 表示此时刻火箭的速率,则此时刻系统的总动量为 $Mv$(沿空间坐标 $x$ 轴正向)。此后经过 $\mathrm{d}t$ 时间,火箭喷出质量为 $\mathrm{d}m$ 的气体,其喷出速率相对于火箭体为定值 $u$。在 $t+\mathrm{d}t$ 时刻,火箭体的速率增为 $v+\mathrm{d}v$。在此时刻系统的总动量为

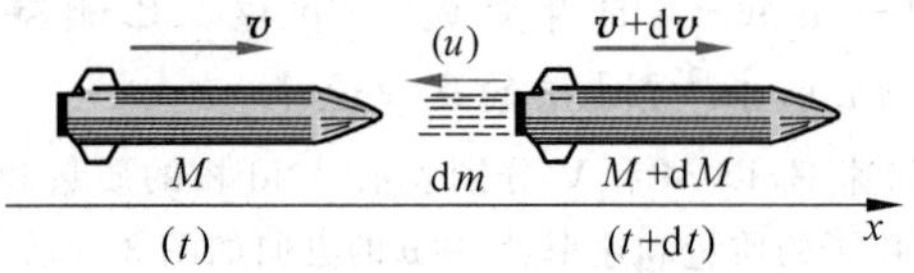


图 3.10 火箭飞行原理说明图

$$\mathrm{d}m\cdot(v-u)+(M-\mathrm{d}m)(v+\mathrm{d}v)$$

由于喷出气体的质量 $\mathrm{d}m$ 等于火箭质量的减小,即 $-\mathrm{d}M$,所以上式可写为

$$-\mathrm{d}M\cdot(v-u)+(M+\mathrm{d}M)(v+\mathrm{d}v)$$

由动量守恒定律可得

$$-\mathrm{d}M\cdot(v-u)+(M+\mathrm{d}M)(v+\mathrm{d}v)=Mv$$

展开此等式,略去二阶无穷小量 $\mathrm{d}M\cdot\mathrm{d}v$,可得

$$u\mathrm{d}M+M\mathrm{d}v=0$$

或者

$$dv = -u\frac{dM}{M}$$

设火箭点火时质量为 $M_i$，初速为 $v_i$，燃料烧完后火箭质量为 $M_f$，达到的末速度为 $v_f$，对上式积分则有

$$\int_{v_i}^{v_f} dv = -u\int_{M_i}^{M_f}\frac{dM}{M}$$

由此得

$$v_f - v_i = u\ln\frac{M_i}{M_f} \tag{3.10}$$

此式表明，火箭在燃料燃烧后所增加的速率和喷气速率成正比，也与火箭的始末质量比(以下简称**质量比**)的自然对数成正比。

如果只以火箭本身作为研究的系统，以 $F$ 表示在时间间隔 $t$ 到 $t+dt$ 内喷出气体对火箭体(质量为$(M-dm)$)的推力，则根据动量定理，应有

$$Fdt = (M-dm)[(v+dv)-v] = Mdv$$

将上面已求得的结果 $Mdv=-udM=udm$ 代入，可得

$$F = u\frac{dm}{dt} \tag{3.11}$$

此式表明，火箭发动机的推力与燃料燃烧速率 $dm/dt$ 以及喷出气体的相对速率 $u$ 成正比。例如，一种火箭的发动机的燃烧速率为 $1.38\times10^4$ kg/s，喷出气体的相对速率为 $2.94\times10^3$ m/s，理论上它所产生的推力为

$$F = 2.94\times10^3\times1.38\times10^4 = 4.06\times10^7\ (\mathrm{N})$$

这相当于 4000 t 海轮所受的浮力！

为了提高火箭的末速度以满足发射地球人造卫星或其他航天器的要求，人们制造了若干单级火箭串联形成的多级火箭(通常是三级火箭)。

火箭最早是中国发明的。我国南宋时出现了作烟火玩物的“起火”，其后就出现了利用起火推动的翎箭。明代茅元仪著的《武备志》(1628 年)中记有利用火药发动的“多箭头”(10支到 100 支)的火箭，以及用于水战的叫做“火龙出水”的二级火箭(见图 3.11，第二级藏在龙体内)。我国现在的火箭技术也已达到世界先进水平。例如长征三号火箭是三级大型运载火箭，全长 43.25 m，最大直径 3.35 m，起飞质量约 202 t，起飞推力为 $2.8\times10^3$ kN。我们不但利用自制推力强大的火箭发射自己的载人宇宙飞船“神舟”号，而且还不断成功地向国际提供航天发射服务。

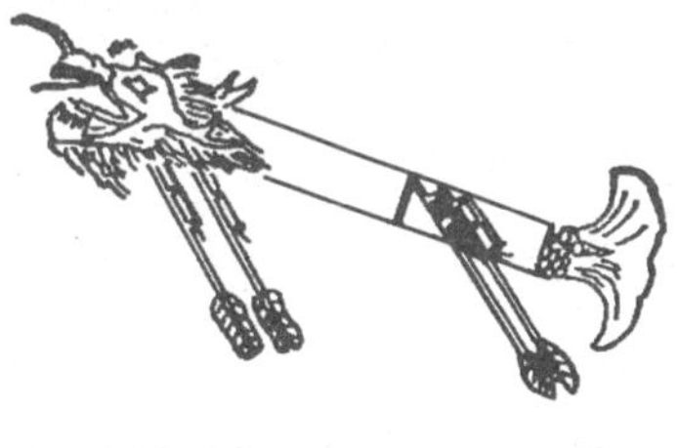

图 3.11 “火龙出水”火箭

## 3.4 质心

在讨论一个质点系的运动时，我们常常引入**质量中心**(简称**质心**)的概念。设一个质点系由 $N$ 个质点组成，以 $m_1, m_2, \cdots, m_i, \cdots, m_N$ 分别表示各质点的质量，以 $\boldsymbol{r}_1, \boldsymbol{r}_2, \cdots, \boldsymbol{r}_i, \cdots$,

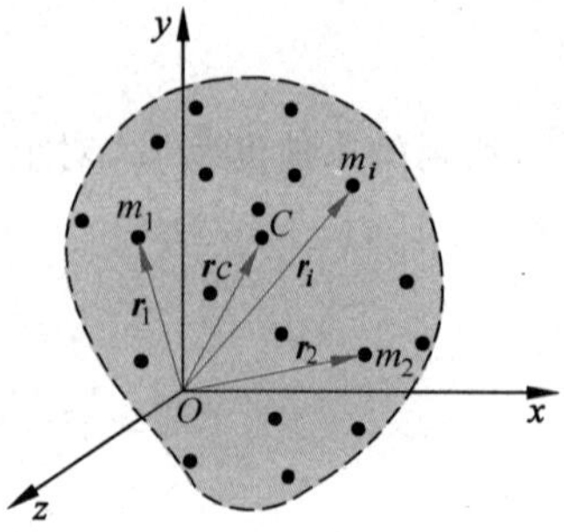


图 3.12 质心的位置矢量

$r_N$ 分别表示各质点对某一坐标原点的位矢(图 3.12)。我们用公式

$$r_C = \frac{\sum_i m_i r_i}{\sum_i m_i} = \frac{\sum_i m_i r_i}{m} \tag{3.12}$$

定义这一质点系的质心的位矢,式中 $m = \sum_i m_i$ 是质点系的总质量。作为位置矢量,质心位矢与坐标系的选择有关。但可以证明质心相对于质点系内各质点的相对位置是不会随坐标系的选择而变化的,即质心是相对于质点系本身的一个特定位置。

利用位矢沿直角坐标系各坐标轴的分量,由式(3.12)可以得到质心坐标表示式如下:

$$\left.\begin{aligned} x_C &= \frac{\sum_i m_i x_i}{m} \\ y_C &= \frac{\sum_i m_i y_i}{m} \\ z_C &= \frac{\sum_i m_i z_i}{m} \end{aligned}\right\} \tag{3.13}$$

一个大的连续物体,可以认为是由许多质点(或叫质元)组成的,以 dm 表示其中任一质元的质量,以 $r$ 表示其位矢,则大物体的质心位置可用积分法求得,即有

$$r_C = \frac{\int r\,\mathrm{d}m}{\int \mathrm{d}m} = \frac{\int r\,\mathrm{d}m}{m} \tag{3.14}$$

它的三个直角坐标分量式分别为

$$\left.\begin{aligned} x_C &= \int \frac{x\,\mathrm{d}m}{m} \\ y_C &= \int \frac{y\,\mathrm{d}m}{m} \\ z_C &= \int \frac{z\,\mathrm{d}m}{m} \end{aligned}\right\} \tag{3.15}$$

利用上述公式,可求得均匀直棒、均匀圆环、均匀圆盘、均匀球体等形体的质心就在它们的几何对称中心上。

力学上还常应用重心的概念。重心是一个物体各部分所受重力的合力作用点。可以证明尺寸不十分大的物体,它的质心和重心的位置重合。

---

**例 3.8**

**地月质心**。地球质量 $M_E=5.98\times10^{24}$ kg,月球质量 $M_M=7.35\times10^{22}$ kg,它们的中心

的距离 $l=3.84\times10^5$ km（参见图 3.13）。求地-月系统的质心位置。

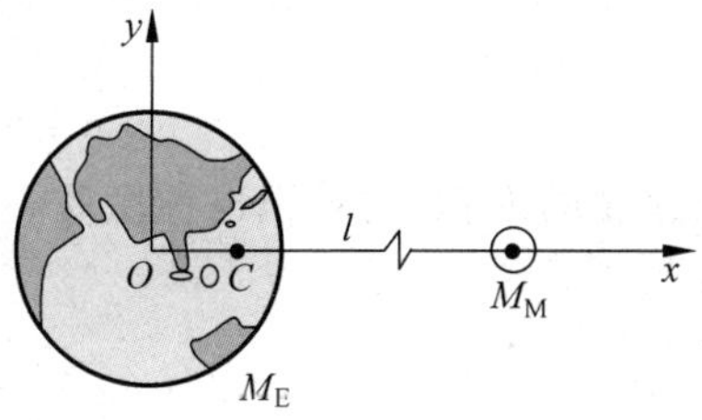


图 3.13 例 3.8 用图

**解** 把地球和月球都看做均匀球体，它们的质心就都在各自的球心处。这样就可以把地-月系统看做地球与月球质量分别集中在各自的球心的两个质点。选择地球中心为原点，$x$ 轴沿着地球中心与月球中心的连线，则系统的质心坐标

$$x_C=\frac{M_E\cdot 0+M_M\cdot l}{M_E+M_M}\approx\frac{M_M l}{M_E}$$

$$=\frac{7.35\times10^{22}}{5.98\times10^{24}}\times3.84\times10^5=4.72\times10^3\ (\text{km})$$

这就是地-月系统的质心到地球中心的距离。这一距离约为地球半径（$6.37\times10^3$ km）的 70%，约为地球到月球距离的 1.2%。

---

**例 3.9**

**半圆质心。** 一段均匀铁丝弯成半圆形，其半径为 $R$，求此半圆形铁丝的质心。

**解** 选如图 3.14 所示的坐标系，坐标原点为圆心。由于半圆对 $y$ 轴对称，所以质心应该在 $y$ 轴上。任取一小段铁丝，其长度为 $dl$，质量为 $dm$。以 $\rho_l$ 表示铁丝的线密度（即单位长度铁丝的质量），则有

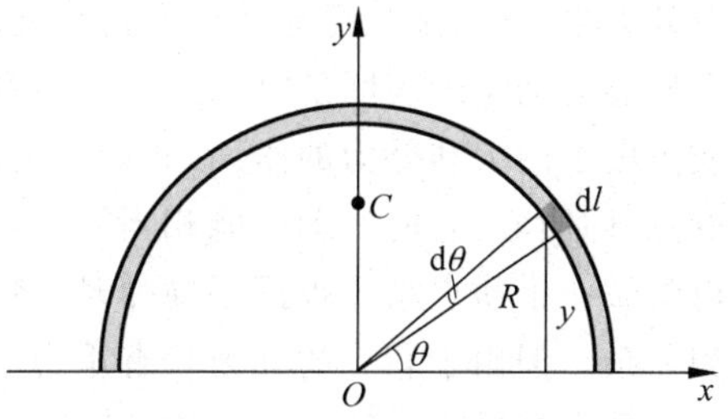


图 3.14 例 3.9 用图

$$dm=\rho_l dl$$

根据式(3.15)可得

$$y_C=\frac{\int y\rho_l dl}{m}$$

由于 $y=R\sin\theta$，$dl=Rd\theta$，所以

$$y_C=\frac{\int_0^\pi R\sin\theta\cdot\rho_l\cdot Rd\theta}{m}=\frac{2\rho_l R^2}{m}$$

铁丝的总质量

$$m=\pi R\rho_l$$

代入上式就可得

$$y_C=\frac{2}{\pi}R$$

即质心在 $y$ 轴上离圆心 $2R/\pi$ 处。注意，这一弯曲铁丝的质心**并不在**铁丝上，但它相对于铁丝的位置是确定的。

---

## 3.5 质心运动定理

将式(3.12)中的 $\boldsymbol{r}_C$ 对时间 $t$ 求导，可得出质心运动的速度为

$$\boldsymbol{v}_C=\frac{d\boldsymbol{r}_C}{dt}=\frac{\sum_i m_i\frac{d\boldsymbol{r}_i}{dt}}{m}=\frac{\sum_i m_i\boldsymbol{v}_i}{m}\tag{3.16}$$

由此可得

$$m\boldsymbol{v}_C = \sum_i m_i \boldsymbol{v}_i$$

上式等号右边就是质点系的总动量 $\boldsymbol{p}$,所以有

$$\boldsymbol{p} = m\boldsymbol{v}_C \tag{3.17}$$

即质点系的总动量 $\boldsymbol{p}$ 等于它的总质量与它的质心的运动速度的乘积,此乘积也称做质心的动量 $\boldsymbol{p}_C$。这一总动量的变化率为

$$\frac{\mathrm{d}\boldsymbol{p}}{\mathrm{d}t} = m\frac{\mathrm{d}\boldsymbol{v}_C}{\mathrm{d}t} = m\boldsymbol{a}_C$$

式中 $\boldsymbol{a}_C$ 是质心运动的加速度。由式(3.8)又可得一个质点系的质心的运动和该质点系所受的合外力 $\boldsymbol{F}$ 的关系为

$$\boldsymbol{F} = \frac{\mathrm{d}\boldsymbol{p}}{\mathrm{d}t} = m\boldsymbol{a}_C \tag{3.18}$$

这一公式叫做**质心运动定理**。它表明一个质点系的质心的运动,就如同这样一个质点的运动,该质点质量等于整个质点系的质量并且集中在质心,而此质点所受的力是质点系所受的所有外力之和(实际上可能在质心位置处既无质量,又未受力)。

质心运动定理表明了“质心”这一概念的重要性。这一定理告诉我们,一个质点系内各个质点由于内力和外力的作用,它们的运动情况可能很复杂。但相对于此质点系有一个特殊的点,即质心,它的运动可能相当简单,只由质点系所受的合外力决定。例如,一颗手榴弹可以看做一个质点系。投掷手榴弹时,将看到它一面翻转,一面前进,其中各点的运动情况相当复杂。但由于它受的外力只有重力(忽略空气阻力的作用),它的质心在空中的运动却和一个质点被抛出后的运动一样,其轨迹是一个抛物线。又如高台跳水运动员离开跳台后,他的身体可以作各种优美的翻滚伸缩动作,但是他的质心却只能沿着一条抛物线运动(图3.15)。

此外我们知道,当质点系所受的合外力为零时,该质点系的总动量保持不变。由式(3.18)可知,该质点系的质心的速度也将保持不变。因此系统的动量守恒定律也可以说成是:当一质点系所受的合外力等于零时,其质心速度保持不变。

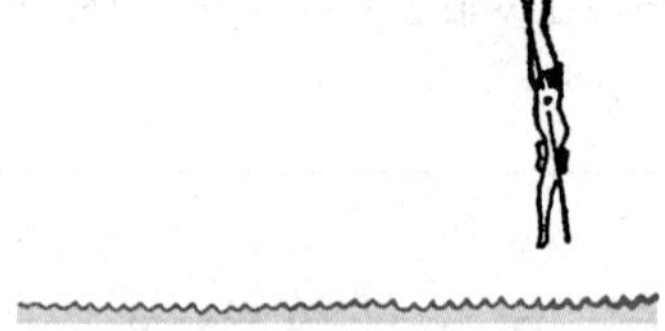

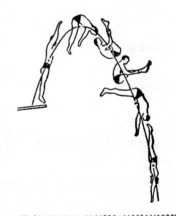

图 3.15 跳水运动员的运动

需要指出的是,在这以前我们常常用“物体”一词来代替“质点”。在某些问题中,物体并不太小,因而不能当成质点看待,但我们还是用了牛顿定律来分析研究它们的运动。严格地说,我们是对物体用了式(3.18)那样的质心运动定理,而所分析的运动实际上是物体的质心的运动。在物体作平动的条件下,因为物体中各质点的运动相同,所以完全可以用质心的运动来代表整个物体的运动而加以研究。

### *质心参考系

由于质心的特殊性,在分析力学问题时,利用质心参考系常常带来方便。质心参考系就是物体系的质心在其中静止的平动参考系。在很多情况下,就把质心选作质心参考系的原点。既然在此参考系中,$\boldsymbol{v}_C=$

0,由式(3.17)就得出 $\boldsymbol{p}=0$。这就是说,相对于质心参考系,物体系的总动量为零。因此,质心参考系又叫零动量参考系。

**例 3.10**

一质量 $m_1=50$ kg 的人站在一条质量 $m_2=200$ kg,长度 $l=4$ m 的船的船头上。开始时船静止,试求当人走到船尾时船移动的距离(假定水的阻力不计)。

**解** 对船和人这一系统,在水平方向上不受外力,因而在水平方向的质心速度不变。又因为原来质心静止,所以在人走动过程中质心始终静止,因而质心的坐标值不变。选如图 3.16 所示的坐标系,图中,$C_b$ 表示船本身的质心,即它的中点。当人站在船的左端时,人和船这个系统的质心坐标

$$x_C=\frac{m_1x_1+m_2x_2}{m_1+m_2}$$

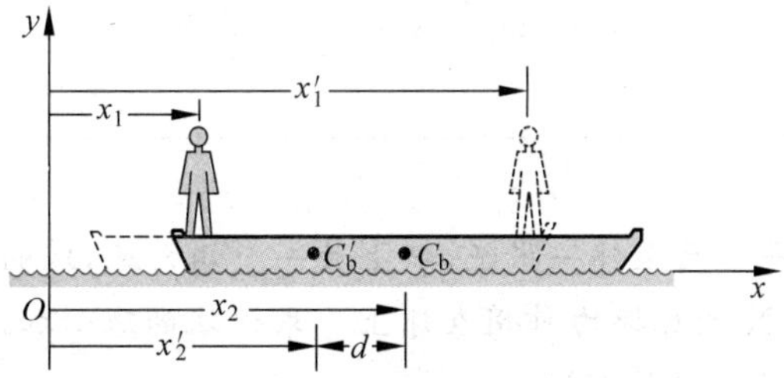


图 3.16 例 3.10 用图

当人移到船的右端时,船的质心如图中 $C_b'$ 所示,它向左移动的距离为 $d$。这时系统的质心为

$$x'_C=\frac{m_1x_1'+m_2x_2'}{m_1+m_2}$$

由 $x_C=x'_C$ 可得

$$m_1x_1+m_2x_2=m_1x_1'+m_2x_2'$$

即

$$m_2(x_2-x_2')=m_1(x_1'-x_1)$$

由图 3.16 可知

$$x_2-x_2'=d,\quad x_1'-x_1=l-d$$

代入上式,可解得船移动的距离为

$$d=\frac{m_1}{m_1+m_2}l=\frac{50}{50+200}\times 4=0.8\ (\mathrm{m})$$

**例 3.11**

一枚炮弹发射的初速度为 $\boldsymbol{v}_0$,发射角为 $\theta$,在它飞行的最高点炸裂成质量均为 $m$ 的两部分。一部分在炸裂后竖直下落,另一部分则继续向前飞行。求这两部分的着地点以及质心的着地点(忽略空气阻力)。

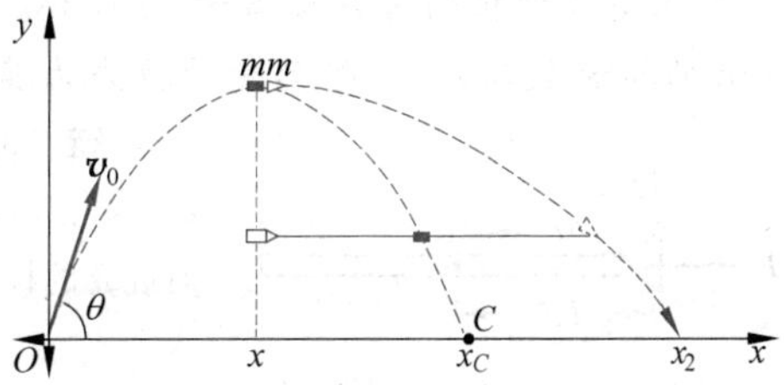


图 3.17 例 3.11 用图

**解** 选如图 3.17 所示的坐标系。如果炮弹没有炸裂,则它的着地点的横坐标就应该等于它的射程,即

$$X=\frac{v_0^2\sin 2\theta}{g}$$

最高点的 $x$ 坐标为 $X/2$。由于第一部分在最高点竖直

下落，所以着地点应为

$$x_1 = \frac{v_0^2 \sin 2\theta}{2g}$$

炮弹炸裂时，内力使两部分分开，但因外力是重力，始终保持不变，所以质心的运动仍将和未炸裂的炮弹一样，它的着地点的横坐标仍是 $X$，即

$$x_C = \frac{v_0^2 \sin 2\theta}{g}$$

第二部分的着地点 $x_2$ 又可根据质心的定义由同一时刻第一部分和质心的坐标求出。由于第二部分与第一部分同时着地，所以着地时，

$$x_C = \frac{mx_1 + mx_2}{2m} = \frac{x_1 + x_2}{2}$$

由此得

$$x_2 = 2x_C - x_1 = \frac{3}{2}\frac{v_0^2 \sin 2\theta}{g}$$

---

**例 3.12**

如图 3.18 所示，水平桌面上铺一张纸，纸上放一个均匀球，球的质量为 $M$=0.5 kg。将纸向右拉时会有 $f$=0.1 N 的摩擦力作用在球上。求该球的球心加速度 $a_C$ 以及在从静止开始的 2 s 内，球心相对桌面移动的距离 $s_C$。

**解** 如大家熟知的，当拉动纸时，球体除平动外还会转动。它的运动比一个质点的运动复杂。但它的质心的运动比较简单，可以用质心运动定理求解。均匀球体的质心就是它的球心。把整个球体看做一个系统，它在水平方向只受到一个外力，即摩擦力 $f$。选如图 3.18 所示的坐标系，对球用质心运动定理，可得水平方向的分量式为

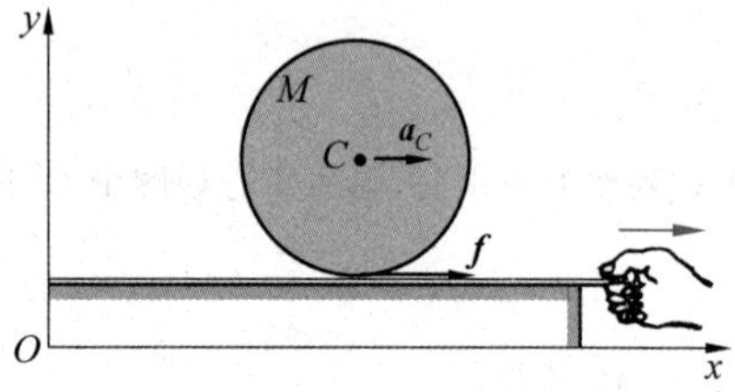

图 3.18 例 3.12 用图

$$f = Ma_C$$

由此得球心的加速度为

$$a_C = \frac{f}{M} = \frac{0.1}{0.5} = 0.2\ (\text{m/s}^2)$$

从静止开始 2 s 内球心运动的距离为

$$s_C = \frac{1}{2}a_C t^2 = \frac{1}{2} \times 0.2 \times 2^2 = 0.4\ (\text{m})$$

注意，本题中摩擦力的方向和球心位移的方向都和拉纸的方向相同，读者可自己通过实验证实这一点。

---

**例 3.13**

直九型直升机的每片旋翼长 5.97 m。若按宽度一定，厚度均匀的薄片计算，旋翼以 400 r/min 的转速旋转时，其根部受的拉力为其所受重力的几倍？

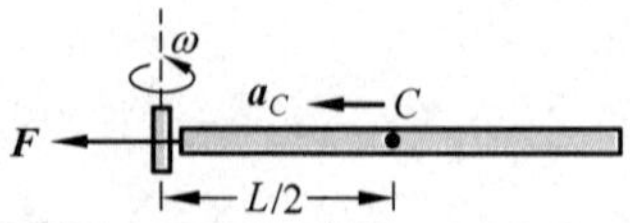

图 3.19 例 3.13 用图

**解** 由于旋翼宽度一定，厚度均匀，所以其质心应在距旋轴 $L/2$ 处（图 3.19），质心的加速度 $a_C = \omega^2 L/2$。由质心运动定理可得根部对旋翼的拉力为

$$F = ma_C = m\omega^2 L/2$$

此力为翼片所受重力的倍数为

$$F/mg = \omega^2 L/2g$$

将 $\omega=400\ \mathrm{r/min}=2\pi\times400/60=41.9\ \mathrm{rad/s}$，$L=5.97\ \mathrm{m}$，$g=9.81\ \mathrm{m/s^2}$ 代入，可得

$$F/mg = 534$$

---

**例 3.14**

质量分别为 $m_1$ 和 $m_2$，速度分别为 $\boldsymbol{v}_1$ 和 $\boldsymbol{v}_2$ 的两质点碰撞后合为一体。求碰撞后二者的共同速度 $\boldsymbol{v}$。在质心参考系中观察，二者的运动如何？

**解** 如图 3.20 所示，两质点碰撞前的质心速度为

$$\boldsymbol{v}_C = \frac{m_1\boldsymbol{v}_1 + m_2\boldsymbol{v}_2}{m_1 + m_2}$$

由于在碰撞时无外力作用，此质心速度应保持不变。碰撞后二者合为一体，其质心速度也就是二者的共同速度 $\boldsymbol{v}$。所以有

$$\boldsymbol{v} = \boldsymbol{v}_C = \frac{m_1\boldsymbol{v}_1 + m_2\boldsymbol{v}_2}{m_1 + m_2}$$

这一结果和用动量守恒定律得出的结果完全相同。

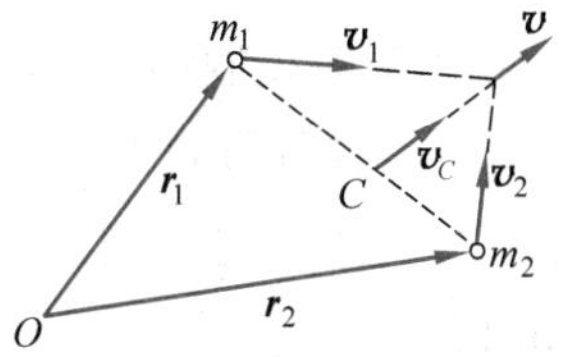

图 3.20 例 3.14 用图

在质心参考系中观察，碰撞前两质点的速度分别为

$$\boldsymbol{v}_1' = \boldsymbol{v}_1 - \boldsymbol{v}_C = \frac{m_2}{m_1+m_2}(\boldsymbol{v}_1 - \boldsymbol{v}_2) = \frac{m_2}{m_1+m_2}\frac{\mathrm{d}}{\mathrm{d}t}(\boldsymbol{r}_1 - \boldsymbol{r}_2)$$

$$\boldsymbol{v}_2' = \boldsymbol{v}_2 - \boldsymbol{v}_C = \frac{m_1}{m_1+m_2}(\boldsymbol{v}_2 - \boldsymbol{v}_1) = \frac{m_1}{m_1+m_2}\frac{\mathrm{d}}{\mathrm{d}t}(\boldsymbol{r}_2 - \boldsymbol{r}_1)$$

此结果说明，二者速度方向相反，沿着二者的连线运动。很明显，

$$m_1\boldsymbol{v}_1' + m_2\boldsymbol{v}_2' = 0$$

碰撞后，二者合并到它们的质心上，自然速度为零。这说明，质心参考系是零动量参考系。

---

## 3.6 质点的角动量和角动量定理

本节将介绍描述质点运动的另一个重要物理量——**角动量**。这一概念在物理学上经历了一段有趣的演变过程。18 世纪在力学中才定义和开始利用它，直到 19 世纪人们才把它看成力学中的最基本的概念之一，到 20 世纪它加入了动量和能量的行列，成为力学中最重要的概念之一。角动量之所以能有这样的地位，是由于它也服从守恒定律，在近代物理中其运用是极为广泛的。

一个动量为 $\boldsymbol{p}$ 的质点，对惯性参考系中某一固定点 $O$ 的角动量 $\boldsymbol{L}$ 用下述矢积定义：

$$\boldsymbol{L} = \boldsymbol{r}\times\boldsymbol{p} = \boldsymbol{r}\times m\boldsymbol{v} \tag{3.19}$$

式中 $\boldsymbol{r}$ 为质点相对于固定点的径矢(图 3.21)。根据矢积的定义，可知角动量大小为

$$L = rp\sin\varphi = mrv\sin\varphi$$

其中 $\varphi$ 是 $\boldsymbol{r}$ 和 $\boldsymbol{p}$ 两矢量之间的夹角。$\boldsymbol{L}$ 的方向垂直于 $\boldsymbol{r}$ 和 $\boldsymbol{p}$ 所决定的平面，其指向可用右手螺旋法则确定，即用右手四指从 $\boldsymbol{r}$ 经小于 180°角转向 $\boldsymbol{p}$，则拇指的指向为 $\boldsymbol{L}$ 的方向。

按式(3.19)，质点的角动量还取决于它的径矢，因而取决于固定点位置的选择。同一质点，相对于不同的点，它的角动量有不同的值。因此，在说明一个质点的角动量时，必须指明是对哪一个固定点说的。

一个质点沿半径为 $r$ 的圆周运动，其动量 $p=mv$ 时，它对于圆心 $O$ 的角动量的大小为

$$L = rp = mrv \tag{3.20}$$

这个角动量的方向用右手螺旋法则判断,如图 3.22 所示。

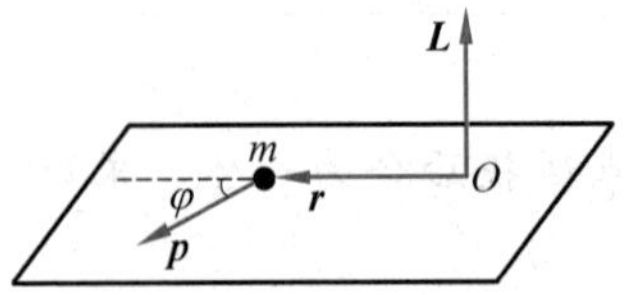


图 3.21 质点的角动量

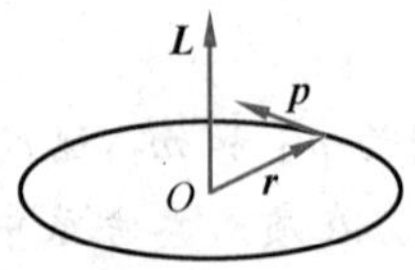


图 3.22 圆周运动对圆心的角动量

在国际单位制中,角动量的量纲为 $ML^2T^{-1}$,单位名称是千克二次方米每秒,符号是 $kg \cdot m^2/s$,也可写做 $J \cdot s$。

---

**例 3.15**

**地球的角动量**。地球绕太阳的运动可以近似地看做匀速圆周运动,求地球对太阳中心的角动量。

**解** 已知从太阳中心到地球的距离 $r=1.5\times10^{11}$ m,地球的公转速度 $v=3.0\times10^4$ m/s,而地球的质量为 $m=6.0\times10^{24}$ kg。代入式(3.20),即可得地球对于太阳中心的角动量的大小为

$$\begin{aligned} L &= mrv = 6.0\times10^{24}\times1.5\times10^{11}\times3.0\times10^4 \\ &= 2.7\times10^{40}\ (\mathrm{kg\cdot m^2/s}) \end{aligned}$$

---

**例 3.16**

**电子的轨道角动量**。根据玻尔假设,氢原子内电子绕核运动的角动量只可能是 $h/2\pi$ 的整数倍,其中 $h$ 是普朗克常量,它的大小为 $6.63\times10^{-34}\ \mathrm{kg\cdot m^2/s}$。已知电子圆形轨道的最小半径为 $r=0.529\times10^{-10}$ m,求在此轨道上电子运动的频率 $\nu$。

**解** 由于是最小半径,所以有

$$L = mrv = 2\pi mr^2\nu = \frac{h}{2\pi}$$

于是

$$\nu = \frac{h}{4\pi^2 mr^2} = \frac{6.63\times10^{-34}}{4\pi^2\times9.1\times10^{-31}\times(0.529\times10^{-10})^2} = 6.59\times10^{15}\ (\mathrm{Hz})$$

角动量只能取某些分立的值,这种现象叫**角动量的量子化**。它是原子系统的基本特征之一。根据量子理论,原子中的电子绕核运动的角动量 $L$ 由式

$$L^2 = \hbar^2 l(l+1)$$

给出,式中 $\hbar=h/2\pi$,$l$ 是正整数(0,1,2,…)。本题中玻尔关于角动量的假设还不是量子力学的正确结果。

---

我们知道,一个质点的线动量(即动量 $\boldsymbol{p}=m\boldsymbol{v}$)的变化率是由质点受的合外力决定的,那么质点的角动量的变化率又由什么决定呢?

让我们来求角动量对时间的变化率,有

$$\frac{\mathrm{d}\boldsymbol{L}}{\mathrm{d}t} = \frac{\mathrm{d}}{\mathrm{d}t}(\boldsymbol{r}\times\boldsymbol{p}) = \boldsymbol{r}\times\frac{\mathrm{d}\boldsymbol{p}}{\mathrm{d}t} + \frac{\mathrm{d}\boldsymbol{r}}{\mathrm{d}t}\times\boldsymbol{p}$$

由于 $\mathrm{d}\boldsymbol{r}/\mathrm{d}t=\boldsymbol{v}$,而 $\boldsymbol{p}=m\boldsymbol{v}$,所以 $(\mathrm{d}\boldsymbol{r}/\mathrm{d}t)\times\boldsymbol{p}$ 为零。又由于线动量的变化率等于质点所受的

合外力，所以有

$$\frac{\mathrm{d}\boldsymbol{L}}{\mathrm{d}t}=\boldsymbol{r}\times\boldsymbol{F} \tag{3.21}$$

此式中的矢积叫做合外力对固定点(即计算 $\boldsymbol{L}$ 时用的那个固定点)的**力矩**，以 $\boldsymbol{M}$ 表示力矩，就有

$$\boldsymbol{M}=\boldsymbol{r}\times\boldsymbol{F} \tag{3.22}$$

这样，式(3.21)就可以写成

$$\boldsymbol{M}=\frac{\mathrm{d}\boldsymbol{L}}{\mathrm{d}t} \tag{3.23}$$

这一等式的意义是：**质点所受的合外力矩等于它的角动量对时间的变化率**(力矩和角动量都是对于惯性系中同一固定点说的)。这个结论叫质点的**角动量定理**。①

大家中学已学过力矩的概念，即力 $\boldsymbol{F}$ 对一个支点 $O$ 的力矩的大小等于此力和力臂 $r_{\perp}$ 的乘积。力臂指的是从支点到力的作用线的垂直距离。如图 3.23 所示，力臂 $r_{\perp}=r\sin\alpha$。因此，力 $\boldsymbol{F}$ 对支点 $O$ 的力矩的大小就是

$$M=r_{\perp}F=rF\sin\alpha \tag{3.24}$$

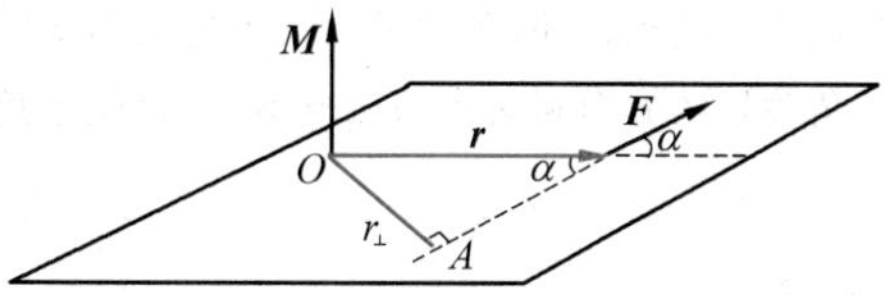

图 3.23 力矩的定义

根据式(3.22)，由矢积的定义可知，这正是由该式定义的力矩的大小。至于力矩的方向，在中学时只指出它有两个“方向”，即“顺时针方向”和“逆时针方向”。其实这种说法只是一种表面的直观的说法，并不具有矢量方向的那种确切的含意。式(3.22)则给出了力矩的确切的定义，它是一个矢量，它的方向垂直于径矢 $\boldsymbol{r}$ 和力 $\boldsymbol{F}$ 所决定的平面，其指向用右手螺旋法则由拇指的指向确定。

在国际单位制中，力矩的量纲为 $\mathrm{ML^2T^{-2}}$，单位名称是牛[顿]米，符号是 N·m。

## 3.7 角动量守恒定律

根据式(3.23)，如果 $\boldsymbol{M}=0$，则 $\mathrm{d}\boldsymbol{L}/\mathrm{d}t=0$，因而

$$\boldsymbol{L}=\text{常矢量}\quad(\boldsymbol{M}=0) \tag{3.25}$$

这就是说，**如果对于某一固定点，质点所受的合外力矩为零，则此质点对该固定点的角动量矢量保持不变**。这一结论叫做**角动量守恒定律**。

角动量守恒定律和动量守恒定律一样，也是自然界的一条最基本的定律，并且在更广泛情况下它也不依赖牛顿定律。

关于外力矩为零这一条件，应该指出的是，由于力矩 $\boldsymbol{M}=\boldsymbol{r}\times\boldsymbol{F}$，所以它既可能是质点所受的外力为零，也可能是外力并不为零，但是在任意时刻外力总是与质点对于固定点的径矢平行或反平行。下面我们分别就这两种情况各举一个例子。

---

**例 3.17**

**直线运动的角动量**。证明：一个质点运动时，如果不受外力作用，则它对于任一固定点

---

① 式(3.23)也可以写成微分形式 $\mathrm{d}\boldsymbol{L}=\boldsymbol{M}\mathrm{d}t$。

的角动量矢量保持不变。

**解** 根据牛顿第一定律，不受外力作用时，质点将作匀速直线运动。以 $\boldsymbol{v}$ 表示这一速度，以 $m$ 表示质点的质量，则质点的线动量为 $m\boldsymbol{v}$。如图 3.24 所示，以 $SS'$ 表示质点运动的轨迹直线，质点运动经过任一点 $P$ 时，它对于任一固定点 $O$ 的角动量为

$$\boldsymbol{L}=\boldsymbol{r}\times m\boldsymbol{v}$$

这一矢量的方向垂直于 $\boldsymbol{r}$ 和 $\boldsymbol{v}$ 所决定的平面，也就是固定点 $O$ 与轨迹直线 $SS'$ 所决定的平面。质点沿 $SS'$ 直线运动时，它对于 $O$ 点的角动量在任一时刻总垂直于这同一平面，所以它的角动量的方向不变。这一角动量的大小为

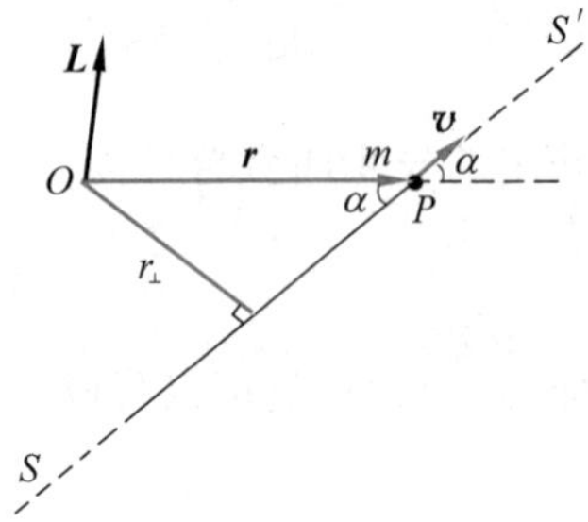

图 3.24 例 3.17 用图

$$L=rmv\sin\alpha=r_{\perp}\,mv$$

其中 $r_{\perp}$ 是从固定点到轨迹直线 $SS'$ 的垂直距离，它只有一个值，与质点在运动中的具体位置无关。因此，不管质点运动到何处，角动量的大小也是不变的。

角动量的方向和大小都保持不变，也就是角动量矢量保持不变。

---

**例 3.18**

**开普勒第二定律**。证明关于行星运动的开普勒第二定律：行星对太阳的径矢在相等的时间内扫过相等的面积。

**解** 行星是在太阳的引力作用下沿着椭圆轨道运动的。由于引力的方向在任何时刻总与行星对于太阳的径矢方向反平行，所以行星受到的引力对太阳的力矩等于零。因此，行星在运动过程中，对太阳的角动量将保持不变。我们来看这个不变意味着什么。

首先，由于角动量 $\boldsymbol{L}$ 的方向不变，表明 $\boldsymbol{r}$ 和 $\boldsymbol{v}$ 所决定的平面的方位不变。这就是说，行星总在一个平面内运动，它的轨道是一个平面轨道(图 3.25)，而 $\boldsymbol{L}$ 就垂直于这个平面。

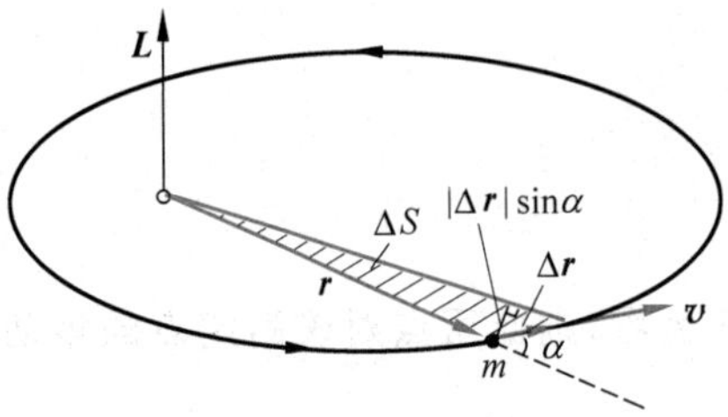

图 3.25 例 3.18 用图

其次，行星对太阳的角动量的大小为

$$L=mrv\sin\alpha=mr\left|\frac{\mathrm{d}\boldsymbol{r}}{\mathrm{d}t}\right|\sin\alpha=m\lim_{\Delta t\to 0}\frac{r\mid\Delta\boldsymbol{r}\mid\sin\alpha}{\Delta t}$$

由图 3.25 可知，乘积 $r|\Delta\boldsymbol{r}|\sin\alpha$ 等于阴影三角形的面积(忽略那个小角的面积)的两倍，以 $\Delta S$ 表示这一面积，就有

$$r\mid\Delta\boldsymbol{r}\mid\sin\alpha=2\Delta S$$

将此式代入上式可得

$$L=2m\lim_{\Delta t\to 0}\frac{\Delta S}{\Delta t}=2m\frac{\mathrm{d}S}{\mathrm{d}t}$$

此处 $\mathrm{d}S/\mathrm{d}t$ 为行星对太阳的径矢在单位时间内扫过的面积，叫做行星运动的**掠面速度**。行星运动的角动量守恒又意味着这一掠面速度保持不变。由此，我们可以直接得出行星对太阳的径矢在相等的时间内扫过相等的面积的结论。

---

**例 3.19**

**α 粒子散射**。一 $\alpha$ 粒子在远处以速度 $\boldsymbol{v}_0$ 射向一重原子核，瞄准距离(重原子核到 $\boldsymbol{v}_0$ 直线的距离)为 $b$(图 3.26)。重原子核所带电量为 $Ze$。求 $\alpha$ 粒子被散射的角度(即它离开重原子核时的速度 $\boldsymbol{v}'$ 的方向偏离 $\boldsymbol{v}_0$ 的角度)。

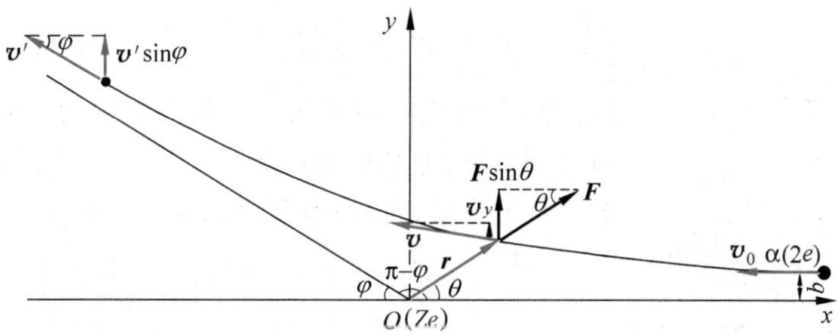


图 3.26 α粒子被重核 Ze 散射分析图

**解** 由于重原子核的质量比 α 粒子的质量 $m$ 大得多,所以可以认为重原子核在整个过程中静止。以原子核所在处为原点,可设如图 3.26 的坐标进行分析。在整个散射过程中 α 粒子受到核的库仑力的作用,力的大小为

$$F=\frac{kZe\cdot 2e}{r^2}=\frac{2kZe^2}{r^2}$$

由于此力总沿着 α 粒子的位矢 $\boldsymbol{r}$ 作用,所以此力对原点的力矩为零。于是 α 粒子对原点的角动量守恒。α 粒子在入射时的角动量为$mbv_0$,在其后任一时刻的角动量为 $mr^2\omega=mr^2\dfrac{\mathrm{d}\theta}{\mathrm{d}t}$。角动量守恒给出

$$mr^2\frac{\mathrm{d}\theta}{\mathrm{d}t}=mv_0 b$$

为了得到另一个 $\theta$ 随时间改变的关系式,沿 $y$ 方向对 α 粒子应用牛顿第二定律,于是有

$$m\frac{\mathrm{d}v_y}{\mathrm{d}t}=F_y=F\sin\theta=\frac{2kZe^2}{r^2}\sin\theta$$

在以上两式中消去 $r^2$,得

$$\frac{\mathrm{d}v_y}{\mathrm{d}t}=\frac{2kZe^2}{mv_0 b}\sin\theta\frac{\mathrm{d}\theta}{\mathrm{d}t}$$

对此式从 α 粒子入射到离开积分,由于入射时 $v_y=0$,离开时 $v_y'=v'\sin\varphi=v_0\sin\varphi$ (α 粒子离开重核到远处时,速率恢复到 $v_0$),而且 $\theta=\pi-\varphi$,所以有

$$\int_0^{v_0\sin\varphi}\mathrm{d}v_y=\frac{2kZe^2}{mv_0 b}\int_0^{\pi-\varphi}\sin\theta\mathrm{d}\theta$$

积分可得

$$v_0\sin\varphi=\frac{2kZe^2}{mv_0 b}(1+\cos\varphi)$$

此式可进一步化成较简洁的形式,即

$$\cot\frac{1}{2}\varphi=\frac{mv_0^2 b}{2kZe^2}$$

1911 年卢瑟福就是利用此式对他的 α 散射实验的结果进行分析,从而建立了他的原子的核式模型。

## 3.8 质点系的角动量定理

一个质点系对某一定点的角动量定义为其中各质点对该定点的角动量的矢量和,即

$$\boldsymbol{L}=\sum_i\boldsymbol{L}_i=\sum_i\boldsymbol{r}_i\times\boldsymbol{p}_i \tag{3.26}$$

对于系内任意第 $i$ 个质点,角动量定理式(3.21)给出

$$\frac{\mathrm{d}\boldsymbol{L}_i}{\mathrm{d}t}=\boldsymbol{r}_i\times(\boldsymbol{F}_i+\sum_{j\neq i}\boldsymbol{f}_{ij})$$

其中 $\boldsymbol{F}_i$ 为第 $i$ 个质点受系外物体的力，$\boldsymbol{f}_{ij}$ 为它受系内第 $j$ 个质点的内力(图3.27)；二者之和与径矢 $\boldsymbol{r}_i$ 的矢积表示第 $i$ 个质点所受的对定点 $O$ 的力矩。将上式对系内所有质点求和，可得

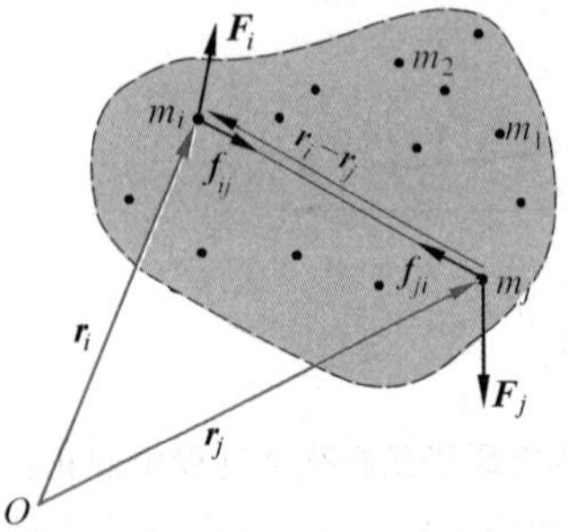

图3.27 质点系的角动量定理

$$\frac{\mathrm{d}\boldsymbol{L}}{\mathrm{d}t}=\sum_i\boldsymbol{r}_i\times\boldsymbol{F}_i+\sum_i(\boldsymbol{r}_i\times\sum_{j\neq i}\boldsymbol{f}_{ij})=\boldsymbol{M}+\boldsymbol{M}_{\mathrm{in}} \tag{3.27}$$

其中

$$\boldsymbol{M}=\sum_i\boldsymbol{r}_i\times\boldsymbol{F} \tag{3.28}$$

表示质点系所受的合外力矩，即各质点所受的外力矩的矢量和，而

$$\boldsymbol{M}_{\mathrm{in}}=\sum_i(\boldsymbol{r}_i\times\sum_{j\neq i}\boldsymbol{f}_{ij}) \tag{3.29}$$

表示各质点所受的各内力矩的矢量和。在式(3.29)中，由于内力 $\boldsymbol{f}_{ij}$ 和 $\boldsymbol{f}_{ji}$ 是成对出现的，所以与之相应的内力矩也就成对出现。对 $i$ 和 $j$ 两个质点来说，它们相互作用的力矩之和为

$$\boldsymbol{r}_i\times\boldsymbol{f}_{ij}+\boldsymbol{r}_j\times\boldsymbol{f}_{ji}=(\boldsymbol{r}_i-\boldsymbol{r}_j)\times\boldsymbol{f}_{ij}$$

式中利用了牛顿第三定律 $\boldsymbol{f}_{ji}=-\boldsymbol{f}_{ij}$。又因为满足牛顿第三定律的两个力总是沿着两质点的连线作用，$\boldsymbol{f}_{ij}$ 就和($\boldsymbol{r}_i-\boldsymbol{r}_j$)共线，而上式右侧矢积等于零，即一对内力矩之和为零。因此由式(3.29)表示的所有内力矩之和为零。于是由式(3.27)得出

$$\boldsymbol{M}=\frac{\mathrm{d}\boldsymbol{L}}{\mathrm{d}t} \tag{3.30}$$

它说明**一个质点系所受的合外力矩等于该质点系的角动量对时间的变化率**(力矩和角动量都相对于惯性系中同一定点)。这就是**质点系的角动量定理**。它和质点的角动量定理式(3.23)具有同样的形式。不过应注意，这里的 $\boldsymbol{M}$ 只包括外力的力矩，内力矩会影响系内某质点的角动量，但对质点系的总角动量并无影响。

在式(3.30)中，如果 $\boldsymbol{M}=0$，立即有 $\boldsymbol{L}=$常矢量，这表明，**当质点系相对于某一定点所受的合外力矩为零时，该质点系相对于该定点的角动量将不随时间改变**。这就是一般情况下的角动量守恒定律。

---

**例3.20**

如图3.28所示，质量分别为 $m_1$ 和 $m_2$ 的两个小钢球固定在一个长为 $a$ 的轻质硬杆的两端，杆的中点有一轴使杆可在水平面内自由转动，杆原来静止。另一泥球质量为 $m_3$，以水平速度 $\boldsymbol{v}_0$ 垂直于杆的方向与 $m_2$ 发生碰撞，碰后二者粘在一起。设 $m_1=m_2=m_3$，求碰撞后杆转动的角速度。

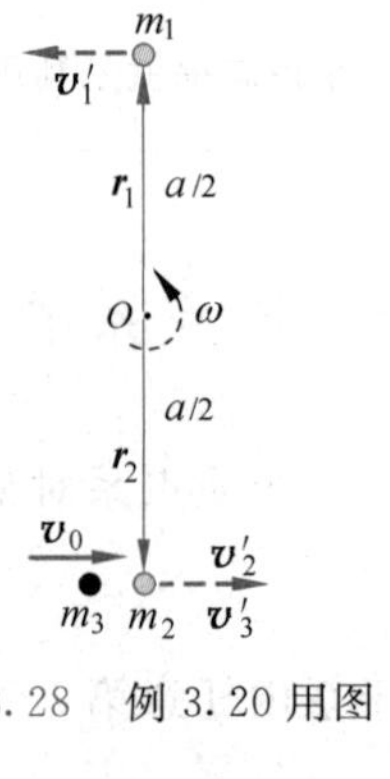

图3.28 例3.20用图

**解** 考虑这三个质点组成的质点系。相对于杆的中点，在碰撞过程中合外力矩为零，因此对此点的角动量守恒。设碰撞后杆转动的角速度为 $\omega$，则碰撞后三质点的速率 $v_1'=v_2'=v_3'=\frac{a}{2}\omega$。碰撞前，此三质点系统的总角动

量为 $m_3\boldsymbol{r}_2\times\boldsymbol{v}_0$。碰撞后，它们的总角动量为 $m_3\boldsymbol{r}_2\times\boldsymbol{v}_3'+m_2\boldsymbol{r}_2\times\boldsymbol{v}_2'+m_1\boldsymbol{r}_1\times\boldsymbol{v}_1'$。考虑到这些矢积的方向相同，角动量守恒给出下列标量关系：

$$m_3r_2v_0=m_3r_2v_3'+m_2r_2v_2'+m_1r_1v_1'$$

由于 $m_1=m_2=m_3$，$r_1=r_2=a/2$，$v_1'=v_2'=v_3'=\frac{a}{2}\omega$，上式给出

$$\omega=\frac{2v_0}{3a}$$

值得注意的是，在此碰撞过程中，质点系的总动量并不守恒（读者可就初末动量自行校核）。这是因为在 $m_3$ 和 $m_2$ 的碰撞过程中，质点系还受到轴 $O$ 的冲量的缘故。

## 3.9 质心参考系中的角动量

质心是相对于质点系的一个特殊点。考虑相对于质心的角动量就该有特殊的意义。下面先给出相对于惯性系中定点的角动量和相对于质心的角动量的关系，然后再导出应用质心参考系表述的角动量定理。

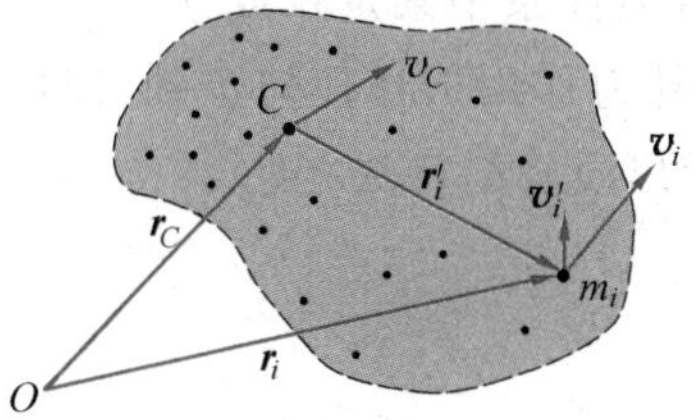

图 3.29 相对于质心的角动量的推导用图

如图 3.29 所示，$O$ 为惯性中一定点，$C$ 为质点系的质心，其位矢为 $\boldsymbol{r}_C$，速度为 $\boldsymbol{v}_C$。质点 $i$ 相对于 $O$ 和 $C$ 的位矢分别为 $\boldsymbol{r}_i$ 和 $\boldsymbol{r}_i'$。相对于惯性系和质心系，质点 $i$ 的速度分别为 $\boldsymbol{v}_i$ 和 $\boldsymbol{v}_i'$。由伽利略速度变换可知

$$\boldsymbol{v}_i=\boldsymbol{v}_C+\boldsymbol{v}_i'$$

质点系对 $O$ 点的角动量为

$$\begin{aligned}\boldsymbol{L}&=\sum m_i\boldsymbol{r}_i\times\boldsymbol{v}_i=\sum m_i(\boldsymbol{r}_C+\boldsymbol{r}_i')\times(\boldsymbol{v}_C+\boldsymbol{v}_i')\\&=\boldsymbol{r}_C\times(m\boldsymbol{v}_C)+\boldsymbol{r}_C\times\sum m_i\boldsymbol{v}_i'+\left(\sum m_i\boldsymbol{r}_i'\right)\times\boldsymbol{v}_C+\sum m_i\boldsymbol{r}_i'\times\boldsymbol{v}_i'\end{aligned}$$

由于 $m\boldsymbol{v}_C=\boldsymbol{p}$ 是质点系的总动量或称“质心的动量”，上式中最后一个等号右侧的第一项可称为“质心相对于 $O$ 点的角动量”。由于质心系是零动量参考系，所以 $\sum m_i\boldsymbol{v}_i'=0$；又由于此处质心参考系的原点就在质心上，所以 $\sum m_i\boldsymbol{r}_i'=0$。这样上式中右侧第二、第三项就都等于零。第四项是在质心参考系中质点系的角动量，可以用 $\boldsymbol{L}_C$ 表示，即

$$\boldsymbol{L}_C=\sum m_i\boldsymbol{r}_i'\times\boldsymbol{v}_i' \tag{3.31}$$

于是有

$$\boldsymbol{L}=\boldsymbol{r}_C\times\boldsymbol{p}+\boldsymbol{L}_C \tag{3.32}$$

这个式子说明：质点系对惯性系中某定点的角动量等于质心对该定点的角动量（叫轨道角动量）加上质点系对质心的角动量。

式(3.32)对时间求导，可得

$$\frac{\mathrm{d}\boldsymbol{L}}{\mathrm{d}t}=\boldsymbol{r}_C\times\frac{\mathrm{d}\boldsymbol{p}}{\mathrm{d}t}+\frac{\mathrm{d}\boldsymbol{L}_C}{\mathrm{d}t} \tag{3.33}$$

对于定点 $O$，质点系所受的合外力矩为

$$\boldsymbol{M}=\sum \boldsymbol{r}_i\times\boldsymbol{F}_i=\sum(\boldsymbol{r}_C+\boldsymbol{r}_i')\times\boldsymbol{F}_i=\boldsymbol{r}_C\times\sum\boldsymbol{F}_i+\sum\boldsymbol{r}_i'\times\boldsymbol{F}_i$$

由质点系的角动量定理式(3.32),可得

$$\boldsymbol{r}_C\times\sum\boldsymbol{F}_i+\sum\boldsymbol{r}_i'\times\boldsymbol{F}_i=\boldsymbol{r}_C\times\frac{\mathrm{d}\boldsymbol{p}}{\mathrm{d}t}+\frac{\mathrm{d}\boldsymbol{L}_C}{\mathrm{d}t}$$

由质心运动定理式(3.18)可知,$\sum\boldsymbol{F}_i=\frac{\mathrm{d}\boldsymbol{p}}{\mathrm{d}t}$,在上式中消去相应的两项可得

$$\sum\boldsymbol{r}_i'\times\boldsymbol{F}_i=\frac{\mathrm{d}\boldsymbol{L}_C}{\mathrm{d}t}$$

此式等号左侧是质点系中各质点所受外力对质心的力矩的矢量和,可以用 $\boldsymbol{M}_C$ 表示。于是

$$\boldsymbol{M}_C=\frac{\mathrm{d}\boldsymbol{L}_C}{\mathrm{d}t}\tag{3.34}$$

这就是应用质心系表述的角动量定理。它说明:质点系所受的对质心的合外力矩等于质心参考系中该质点系对质心的角动量的变化率。

式(3.34)和式(3.30)形式上一样,但是式(3.30)只对惯性系中某定点成立。在上面的推导过程中对质心的运动并无任何限制。质心可以在合外力作用下作任何运动,即质心参考系可以是非惯性系,而式(3.34)仍然成立。这里又显示出质心的特殊之处。

## 提要

**1. 动量定理**:合外力的冲量等于质点(或质点系)动量的增量,即

$$\boldsymbol{F}\mathrm{d}t=\mathrm{d}\boldsymbol{p}$$

**2. 动量守恒定律**:系统所受合外力为零时,

$$\boldsymbol{p}=\sum_i\boldsymbol{p}_i=\text{常矢量}$$

**3. 质心的概念**:质心的位矢

$$\boldsymbol{r}_C=\frac{\sum_i m_i\boldsymbol{r}_i}{m}\quad\text{或}\quad\boldsymbol{r}_C=\frac{\int\boldsymbol{r}\mathrm{d}m}{m}$$

**4. 质心运动定理**:质点系所受的合外力等于其总质量乘以质心的加速度,即

$$\boldsymbol{F}=m\boldsymbol{a}_C$$

**质心参考系**:质心在其中静止的平动参考系,即零动量参考系。

**5. 质点的角动量定理**:对于惯性系中某一定点,

力 $\boldsymbol{F}$ 的力矩　　$\boldsymbol{M}=\boldsymbol{r}\times\boldsymbol{F}$

质点的角动量　　$\boldsymbol{L}=\boldsymbol{r}\times\boldsymbol{p}=m\boldsymbol{r}\times\boldsymbol{v}$

角动量定理　　$\boldsymbol{M}=\frac{\mathrm{d}\boldsymbol{L}}{\mathrm{d}t}$

其中 $\boldsymbol{M}$ 为合外力矩,它和 $\boldsymbol{L}$ 都是对同一定点说的。

**6. 角动量守恒定律**:对某定点,质点受的合力矩为零时,则它对于同一定点的 $\boldsymbol{L}=$常矢量。

***7. 应用于质心参考系的角动量定理**

$$M_C = \frac{\mathrm{d}L_C}{\mathrm{d}t}$$

此式适用于质心作任何运动。

## 思考题

3.1　小力作用在一个静止的物体上，只能使它产生小的速度吗？大力作用在一个静止的物体上，一定能使它产生大的速度吗？

3.2　一人躺在地上，身上压一块重石板，另一人用重锤猛击石板，但见石板碎裂，而下面的人毫无损伤。何故？

3.3　如图 3.30 所示，一重球的上下两面系同样的两根线，今用其中一根线将球吊起，而用手向下拉另一根线，如果向下猛一扽，则下面的线断而球未动。如果用力慢慢拉线，则上面的线断开，为什么？

3.4　汽车发动机内气体对活塞的推力以及各种传动部件之间的作用力能使汽车前进吗？使汽车前进的力是什么力？

3.5　我国东汉时学者王充在他所著《论衡》(公元 28 年)一书中记有："奡(ào)、育，古之多力者，身能负荷千钧，手能决角伸钩，使之自举，不能离地。"说的是古代大力士自己不能把自己举离地面。这个说法正确吗？为什么？

3.6　你自己身体的质心是固定在身体内某一点吗？你能把你的身体的质心移到身体外面吗？

3.7　放烟花时，一朵五彩缤纷的烟花(图 3.31)的质心的运动轨迹如何？(忽略空气阻力与风力)为什么在空中烟花总是以球形逐渐扩大？

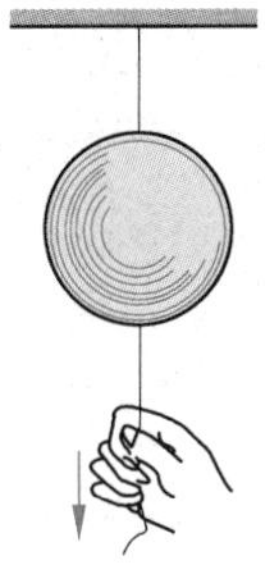

图 3.30　思考题 3.3 用图

图 3.31　烟花盛景

3.8　人造地球卫星是沿着一个椭圆轨道运行的，地心 $O$ 是这一轨道的一个焦点(图 3.32)。卫星经过近地点 $P$ 和远地点 $A$ 时的速率一样吗？它们和地心到 $P$ 的距离 $r_1$ 以及地心到 $A$ 的距离 $r_2$ 有什么关系？

3.9　作匀速圆周运动的质点，对于圆周上某一定点，它的角动量是否守恒？对于通过圆心而与圆面垂直的轴上的任一点，它的角动量是否守恒？对于哪一个定点，它的角动量守恒？

3.10　一个 α 粒子飞过一金原子核而被散射，金核基本上未动(图 3.33)。在这一过程中，对金核中心来说，α 粒子的角动量是否守恒？为什么？α 粒子的动量是否守恒？

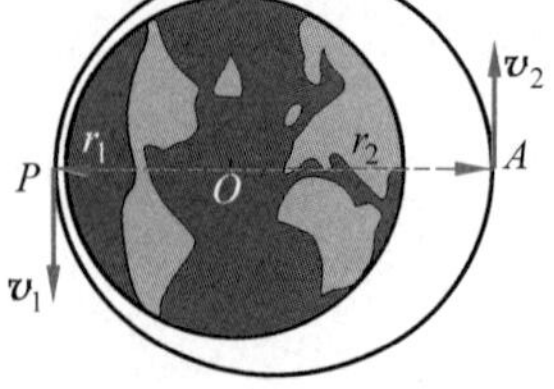


图 3.32 思考题 3.8 用图

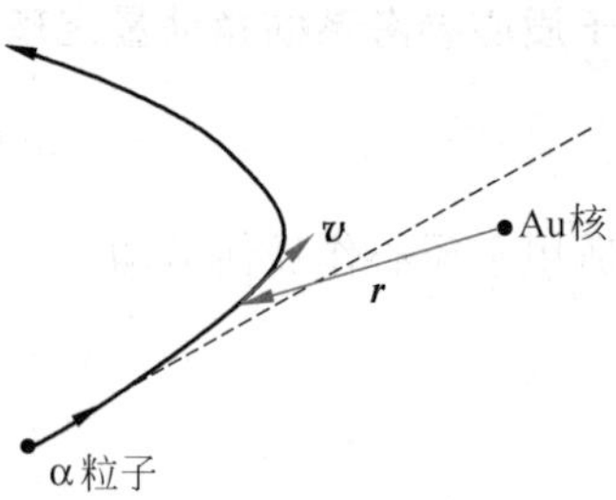


图 3.33 思考题 3.10 用图

## 习题

3.1 一小球在弹簧的作用下振动(图 3.34),弹力 $F=-kx$,而位移 $x=A\cos\omega t$,其中,$k$,$A$,$\omega$ 都是常量。求在 $t=0$ 到 $t=\pi/2\omega$ 的时间间隔内弹力施于小球的冲量。

3.2 一个质量 $m=50$ g,以速率 $v=20$ m/s 作匀速圆周运动的小球,在 1/4 周期内向心力加给它的冲量是多大?

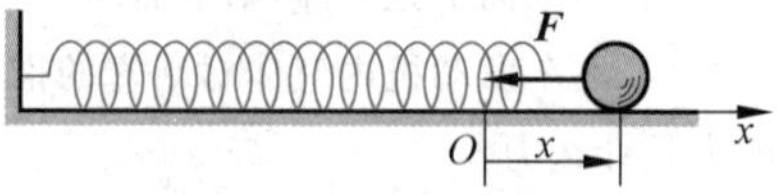


图 3.34 习题 3.1 用图

3.3 美国丹佛市每年举办一次“水世界肚皮砸水比赛”,图 3.35 就是 2007 年 6 月 21 日比赛参加者 Hoffman(冠军)跳水的姿态。设他的质量是 150 kg,跳起后离水面最大高度是 5.0 m,碰到水面 0.30 s 后开始缓慢下沉,求他砸水的力多大?

图 3.35 肚皮砸水跳

3.4 自动步枪连发时每分钟射出 120 发子弹,每发子弹的质量为 $m=7.90$ g,出口速率为 735 m/s。求射击时(以分钟计)枪托对肩部的平均压力。

3.5 2007 年 2 月 28 日凌晨 2 时,由乌鲁木齐开出的 5807 次旅客列车在吐鲁番境内突然遭遇 13 级特大飓风袭击,11 节车厢脱轨(图 3.36),造成了死 3 伤 34 的惨祸。

13 级飓风风速按 137 km/h(38 m/s)计,空气密度为 1.29 kg/m$^3$,车厢长 22.5 m,高 2.62 m。设大风垂

直吹向车厢侧面，碰到车厢后就停下来。这样，飓风对一节车厢的水平推力多大？

图 3.36　飓风吹倒车厢

3.6　水管有一段弯曲成 90°。已知管中水的流量为 $3\times10^3$ kg/s，流速为 10 m/s。求水流对此弯管的压力的大小和方向。

*3.7　桌面上堆放一串柔软的长链，今拉住长链的一端竖直向上以恒定速度 $v_0$ 上提。试证明：当提起的长度为 $l$ 时，所用的向上的力 $F=\rho_l lg+\rho_l v_0^2$，其中 $\rho_l$ 为长链单位长度的质量。

*3.8　手提住一柔软长链的上端，使其下端刚与桌面接触，然后松手使链自由下落。试证明下落过程中，桌面受的压力等于已落在桌面上的链的重量的 3 倍。

3.9　一个原来静止的原子核，放射性衰变时放出一个动量为 $p_1=9.22\times10^{-21}$ kg·m/s 的电子，同时还在垂直于此电子运动的方向上放出一个动量为 $p_2=5.33\times10^{-21}$ kg·m/s 的中微子。求衰变后原子核的动量的大小和方向。

*3.10　运载火箭的最后一级以 $v_0=7600$ m/s 的速率飞行。这一级由一个质量为 $m_1=290.0$ kg 的火箭壳和一个质量为 $m_2=150.0$ kg 的仪器舱扣在一起。当扣松开后，二者间的压缩弹簧使二者分离，这时二者的相对速率为 $u=910.0$ m/s。设所有速度都在同一直线上，求两部分分开后各自的速度。

3.11　两辆质量相同的汽车在十字路口垂直相撞，撞后二者扣在一起又沿直线滑动了 $s=25$ m 才停下来。设滑动时地面与车轮之间的滑动摩擦系数为 $\mu_k=0.80$。撞后两个司机都声明在撞车前自己的车速未超限制(14 m/s)，他们的话都可信吗？

3.12　一空间探测器质量为 6090 kg，正相对于太阳以 105 m/s 的速率向木星运动。当它的火箭发动机相对于它以 253 m/s 的速率向后喷出 80.0 kg 废气后，它对太阳的速率变为多少？

3.13　在太空静止的一单级火箭，点火后，其质量的减少与初质量之比为多大时，它喷出的废气将是静止的？

*3.14　一质量为 $2.72\times10^6$ kg 的火箭竖直离地面发射，燃料燃烧速率为 $1.29\times10^3$ kg/s。

(1) 它喷出的气体相对于火箭体的速率是多大时才能使火箭刚刚离开地面？

(2) 它以恒定相对速率 $5.50\times10^4$ m/s 喷出废气，全部燃烧时间为 155 s。它的最大上升速率多大？

(3) 在(2)的情形下，当燃料刚燃烧完时，火箭体离地面多高？

*3.15　一架喷气式飞机以 210 m/s 的速度飞行，它的发动机每秒钟吸入 75 kg 空气，在体内与 3.0 kg 燃料燃烧后以相对于飞机 490 m/s 的速度向后喷出。求发动机对飞机的推力。

3.16　水分子的结构如图 3.37 所示。两个氢原子与氧原子的中心距离都是 0.0958 nm，它们与氧原子中心的连线的夹角为 105°。求水分子的质心。

3.17　求半圆形均匀薄板的质心。

3.18　有一正立方体铜块，边长为 $a$。今在其下半部中央挖去一截面半径为 $a/4$ 的圆柱形洞(图 3.38)。求剩余铜块的质心位置。

3.19　在楼顶释放一质量 $m_1=20$ g 的石子后，1 s 末又自同一点释放另一质量为 $m_2=50$ g 的石子。求在前者释放后 t(>1) s 末，这两个石子系统的质心的速度和加速度。

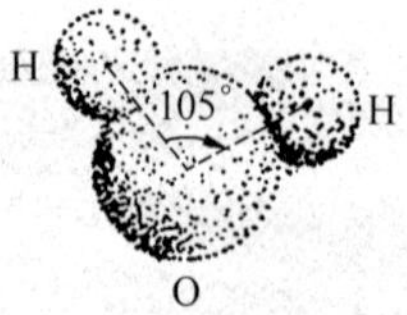

图 3.37 习题 3.16 用图

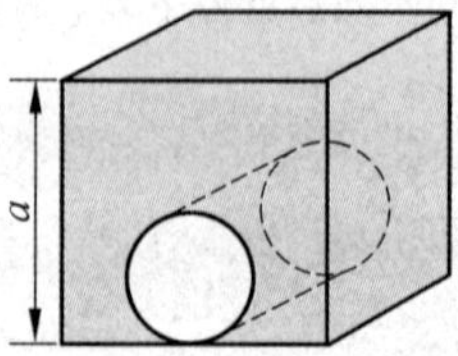

图 3.38 习题 3.18 用图

3.20 哈雷彗星绕太阳运动的轨道是一个椭圆。它离太阳最近的距离是 $r_1=8.75\times10^{10}$ m，此时它的速率是 $v_1=5.46\times10^4$ m/s。它离太阳最远时的速率是 $v_2=9.08\times10^2$ m/s，这时它离太阳的距离 $r_2$ 是多少？

3.21 求月球对地球中心的角动量及掠面速度。将月球轨道看做是圆，其转动周期按 27.3 d 计算。

3.22 我国 1988 年 12 月发射的通信卫星在到达同步轨道之前，先要在一个大的椭圆形"转移轨道"上运行若干圈。此转移轨道的近地点高度为 205.5 km，远地点高度为 35 835.7 km。卫星越过近地点时的速率为 10.2 km/s。

(1) 求卫星越过远地点时的速率；

(2) 求卫星在此轨道上运行的周期。(提示：用椭圆的面积公式)

3.23 用绳系一小方块使之在光滑水平面上作圆周运动(图 3.39)，圆半径为 $r_0$，速率为 $v_0$。今缓慢地拉下绳的另一端，使圆半径逐渐减小。求圆半径缩短至 $r$ 时，小方块的速率 $v$ 是多大。

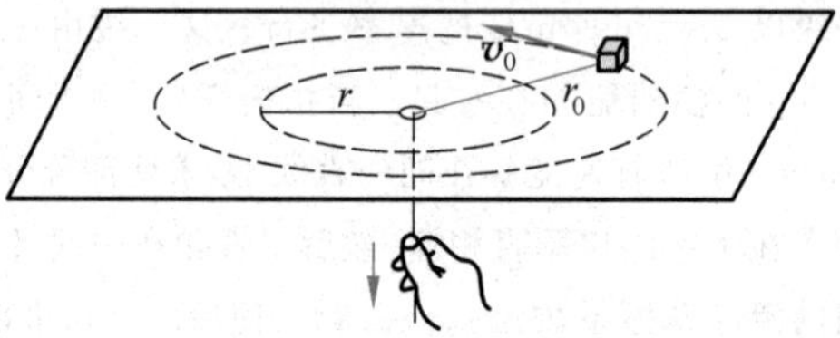

图 3.39 习题 3.23 用图

*3.24 有两个质量都是 $m$ 的质点，由长度为 $a$ 的一根轻质硬杆连接在一起，在自由空间二者质心静止，但杆以角速度 $\omega$ 绕质心转动。杆上的一个质点与第三个质量也是 $m$ 但静止的质点发生碰撞，结果粘在一起。

(1) 碰撞前一瞬间三个质点的质心在何处？此质心的速度多大？

(2) 碰撞前一瞬间，这三个质点对它们的质心的总角动量是多少？碰后一瞬间，又是多少？

(3) 碰撞后，整个系统绕质心转动的角速度多大？

## 科学家介绍

# 开　普　勒

(Johannes Kepler,1571—1630 年)

开普勒

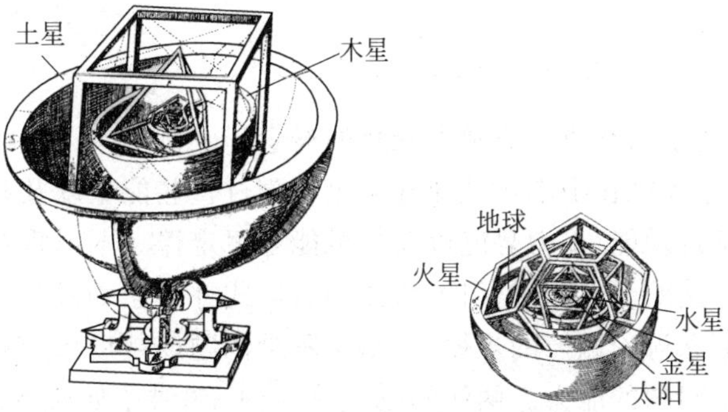


(a)　　(b)

(a) 开普勒画的宇宙模型图；(b) 图(a)中心部分的放大。他认为六大行星都在各自的以太阳为中心的球面上运动，这些球面被五个正多边形隔开

开普勒早年是一个太阳崇拜者："太阳位于诸行星的中心，本身不动但是它是运动之源。"因此是哥白尼学说的狂热信徒。1600 年元旦到布拉格天文学家第谷·布拉赫(Tycho Brahe,1546—1601 年)门下工作。布拉赫在没有望远镜的条件下用自制仪器观测记录了大量的行星位置的精确数据。开普勒根据这些数据核算，发现这些数据和哥白尼的圆形轨道理论不符，而以火星的数据相差最大。当他把布拉赫的数据由地心参考系换算到太阳参考系(为此他花了 4 年时间)时，发现火星数据仍和哥白尼的理论预测相差 $8'$(角分)。换作别人，可能忽略这 $8'$。但他坚信布拉赫的观测结果(布拉赫的观测精确到 $2'$)，声称："在这 $8'$ 的基础上，我要建立一个宇宙理论。"此后又经过 16 年的辛勤努力，他找到了新的行星运动规律，现在称为开普勒三定律。正是在这三定律的基础上，牛顿建立了他的万有引力以及力和运动的定律。

# 第 4 章

# 功 和 能

如今能量已经成了非常大众化的概念了。例如，人们就常常谈论能源。作为科学的物理概念大家在中学物理课程中也已学过一些能量以及和它紧密联系的功的意义和计算。例如已学过动能、重力势能以及机械能守恒定律。本章将对这些概念进行复习并加以扩充，将引入弹簧的弹性势能、引力势能的表示式并更全面地讨论能量守恒定律。之后综合动量和动能概念讨论碰撞的规律，并举了不少例题以帮助大家提高对动量和能量的认识与应用它们分析问题的能力。两体问题一节(4.9 节)讲了如何将这类问题化为单体问题以便直接用牛顿定律求其解析解。本章最后介绍了流体动力学的基本概念并用能量守恒定律导出了伯努利定律。

## 4.1 功

功和能是一对紧密相连的物理量。一质点在力 $\boldsymbol{F}$ 的作用下，发生一无限小的元位移 $\mathrm{d}\boldsymbol{r}$ 时(图 4.1)，力对质点做的**功 $\mathrm{d}A$ 定义为力 $\boldsymbol{F}$ 和位移 $\mathrm{d}\boldsymbol{r}$ 的标量积**，即

$$\mathrm{d}A = \boldsymbol{F}\cdot\mathrm{d}\boldsymbol{r} = F\,|\mathrm{d}\boldsymbol{r}|\cos\varphi = F_{\mathrm{t}}\,|\mathrm{d}\boldsymbol{r}| \tag{4.1}$$

式中 $\varphi$ 是力 $\boldsymbol{F}$ 与元位移 $\mathrm{d}\boldsymbol{r}$ 之间的夹角，而 $F_{\mathrm{t}}=F\cos\varphi$ 为力 $\boldsymbol{F}$ 在位移 $\mathrm{d}\boldsymbol{r}$ 方向的分力。

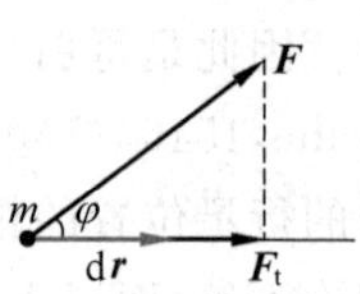

图 4.1 功的定义

按式(4.1)定义的功是标量。它没有方向，但有正负。当 $0\leqslant\varphi<\pi/2$ 时，$\mathrm{d}A>0$，力对质点做正功；当 $\varphi=\pi/2$ 时，$\mathrm{d}A=0$，力对质点不做功；当 $\pi/2<\varphi\leqslant\pi$ 时，$\mathrm{d}A<0$，力对质点做负功。对于这最后一种情况，我们也常说成是质点在运动中克服力 $\boldsymbol{F}$ 做了功。

一般地说，质点可以是沿曲线 $L$ 运动，而且所受的力随质点的位置发生变化(图 4.2)。

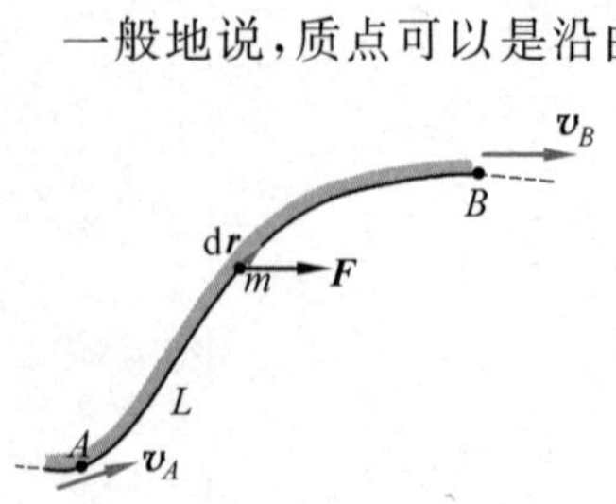

图 4.2 力沿一段曲线做的功

在这种情况下，质点沿路径 $L$ 从 $A$ 点到 $B$ 点力 $\boldsymbol{F}$ 对它做的功 $A_{AB}$ 等于经过各段无限小元位移时力所做的功的总和，可表示为

$$A_{AB} = \int_{L(A)}^{(B)} \mathrm{d}A = \int_{L(A)}^{(B)} \boldsymbol{F}\cdot\mathrm{d}\boldsymbol{r} \tag{4.2}$$

这一积分在数学上叫做力 $\boldsymbol{F}$ 沿路径 $L$ 从 $A$ 到 $B$ 的**线积分**。

比较简单的情况是质点沿直线运动，受着与速度方向

成 $\varphi$ 角的恒力作用。这种情况下，式(4.2)给出

$$\begin{aligned}A_{AB} &= \int_{(A)}^{(B)} F\,|\,\mathrm{d}\boldsymbol{r}\,|\cos\varphi = F\int_{(A)}^{(B)} |\,\mathrm{d}\boldsymbol{r}\,|\cos\varphi \\ &= Fs_{AB}\cos\varphi \end{aligned} \tag{4.3}$$

式中 $s_{AB}$ 是质点从 $A$ 到 $B$ 经过的位移的大小。式(4.3)是大家在中学已学过的公式。

在国际单位制中，功的量纲是 $\mathrm{ML^2T^{-2}}$，单位名称是焦[耳]，符号为 J，

$$1\ \mathrm{J} = 1\ \mathrm{N\cdot m}$$

其他常见的功的非 SI 单位有尔格(erg)、电子伏(eV)，

$$1\ \mathrm{erg} = 10^{-7}\ \mathrm{J}$$

$$1\ \mathrm{eV} = 1.6\times 10^{-19}\ \mathrm{J}$$

---

**例 4.1**

**推力做功**。一超市营业员用 60 N 的力一次把饮料箱在地板上沿一弯曲路径推动了 25 m，他的推力始终向前并与地面保持 30°角。求：营业员这一次推箱子做的功。

**解** 如图 4.3 所示，$F=60$ N，$s=25$ m，$\varphi=30°$。由式(4.2)可得营业员推箱子做的功为

$$\begin{aligned}A_F &= \int_s \boldsymbol{F}\cdot\mathrm{d}\boldsymbol{r} = \int_s F\,|\,\mathrm{d}\boldsymbol{r}\,|\cos\varphi = F\cos\varphi\int_s \mathrm{d}s \\ &= Fs\cos\varphi = 60\times 25\times\cos 30° = 1.30\times 10^3\ (\mathrm{J})\end{aligned}$$

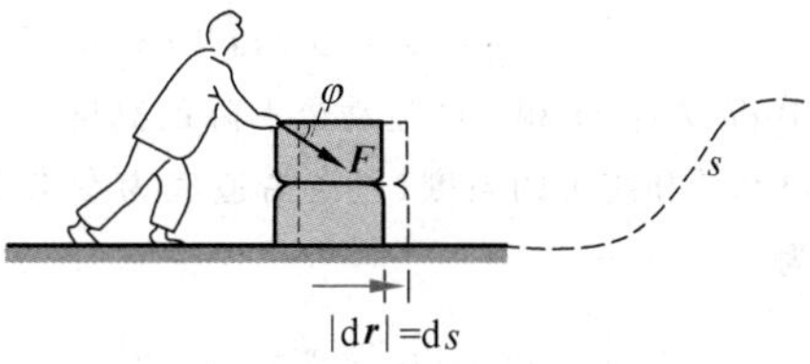

图 4.3 用力推箱

---

**例 4.2**

**摩擦力做功**。马拉爬犁在水平雪地上沿一弯曲道路行走(图 4.4)。爬犁总质量为3 t，它和地面的滑动摩擦系数 $\mu_\mathrm{k}=0.12$。求马拉爬犁行走 2 km 的过程中，路面摩擦力对爬犁做的功。

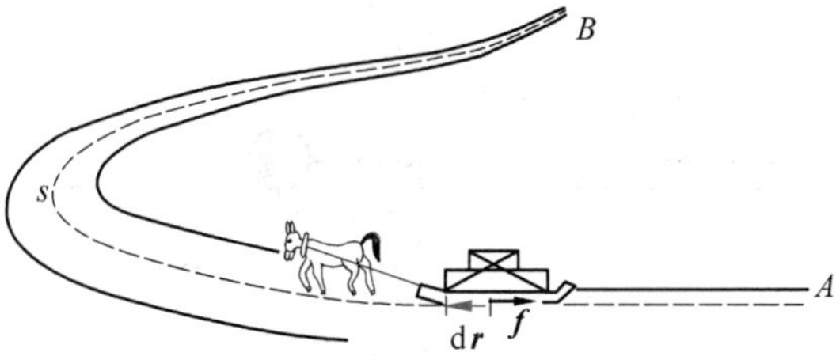

图 4.4 马拉爬犁在雪地上行进

**解** 这是一个物体沿曲线运动但力的大小不变的例子。爬犁在雪地上移动任一元位移 d$\boldsymbol{r}$ 的过程中，它受的滑动摩擦力的大小为

$$f = \mu_\mathrm{k} N = \mu_\mathrm{k} mg$$

由于滑动摩擦力的方向总与位移 d$\boldsymbol{r}$ 的方向相反(图 4.4)，所以相应的元功应为

$$\mathrm{d}A = \boldsymbol{f}\cdot\mathrm{d}\boldsymbol{r} = -f\,|\mathrm{d}\boldsymbol{r}|$$

以 $\mathrm{d}s=|\mathrm{d}\boldsymbol{r}|$ 表示元位移的大小，即相应的路程，则

$$\mathrm{d}A = -f\mathrm{d}s = -\mu_\mathrm{k} mg\,\mathrm{d}s$$

爬犁从 $A$ 移到 $B$ 的过程中，摩擦力对它做的功就是

$$A_{AB}=\int_{(A)}^{(B)}\boldsymbol{f}\cdot \mathrm{d}\boldsymbol{r}=-\int_{(A)}^{(B)}\mu_{\mathrm{k}}mg\,\mathrm{d}s=-\mu_{\mathrm{k}}mg\int_{(A)}^{(B)}\mathrm{d}s$$

上式中最后一积分为从 $A$ 到 $B$ 爬犁实际经过的路程 $s$，所以

$$A_{AB}=-\mu_{\mathrm{k}}mgs=-0.12\times 3000\times 9.81\times 2000=-7.06\times 10^{6}\ (\mathrm{J})$$

此结果中的负号表示滑动摩擦力对爬犁做了负功。此功的大小和物体经过的路径形状有关。如果爬犁是沿直线从 $A$ 到 $B$ 的，则滑动摩擦力做的功的数值要比上面的小。

---

**例 4.3**

**重力做功**。一滑雪运动员质量为 $m$，沿滑雪道从 $A$ 点滑到 $B$ 点的过程中，重力对他做了多少功？

**解**　由式(4.2)可得，在运动员下降过程中，重力对他做的功为

$$A_g=\int_{(A)}^{(B)}m\boldsymbol{g}\cdot \mathrm{d}\boldsymbol{r}$$

由图 4.5 可知，

$$\boldsymbol{g}\cdot \mathrm{d}\boldsymbol{r}=g\,|\mathrm{d}\boldsymbol{r}|\cos\varphi=-g\mathrm{d}h$$

其中 $\mathrm{d}h$ 为与 $\mathrm{d}\boldsymbol{r}$ 相应的运动员下降的高度。以 $h_A$ 和 $h_B$ 分别表示运动员起始和终了的高度(以滑雪道底为参考零高度)，则有重力做的功为

$$A_g=\int_{(A)}^{(B)}mg\,|\mathrm{d}\boldsymbol{r}|\cos\varphi=-m\int_{(A)}^{(B)}gh=mgh_A-mgh_B \quad (4.4)$$

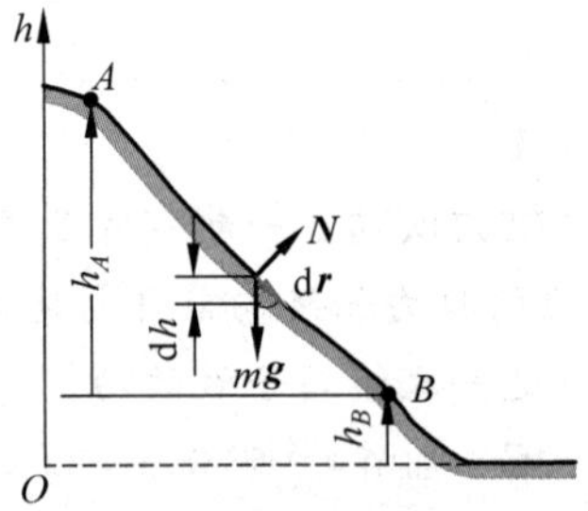


图 4.5　例 4.3 用图

此式表示重力的功只和运动员下滑过程的始末位置(以高度表示)有关，而和下滑过程经过的具体路径形状无关。

---

**例 4.4**

**弹簧的弹力做功**。有一水平放置的弹簧，其一端固定，另一端系一小球(如图 4.6 所示)。求弹簧的伸长量从 $x_A$ 变化到 $x_B$ 的过程中，弹力对小球做的功。设弹簧的劲度系数为 $k$。

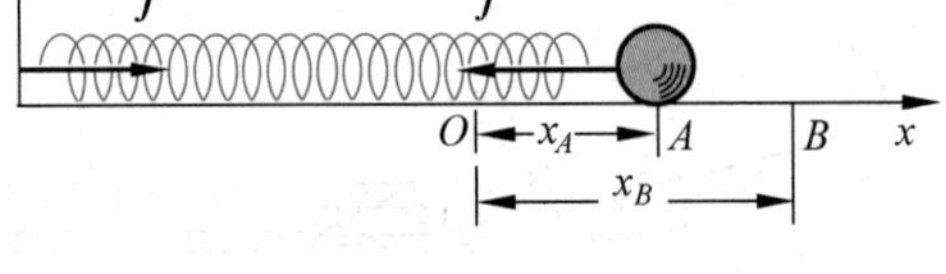


图 4.6　例 4.4 用图

**解**　这是一个路径为直线而力随位置改变的例子。取 $x$ 轴与小球运动的直线平行，而原点对应于小球的平衡位置。这样，小球在任一位置 $x$ 时，弹力就可以表示为

$$f_x=-kx$$

小球的位置由 $A$ 移到 $B$ 的过程中，弹力做的功为

$$A_{\mathrm{ela}}=\int_{(A)}^{(B)}\boldsymbol{f}\cdot \mathrm{d}\boldsymbol{r}=\int_{x_A}^{x_B}f_x\mathrm{d}x=\int_{x_A}^{x_B}(-kx)\mathrm{d}x$$

计算此积分，可得

$$A_{\mathrm{ela}}=\frac{1}{2}kx_A^2-\frac{1}{2}kx_B^2 \quad (4.5)$$

这一结果说明，如果 $x_B > x_A$，即弹簧伸长时，弹力对小球做负功；如果 $x_B < x_A$，即弹簧缩短时，弹力对小球做正功。

值得注意的是，这一弹力的功只和弹簧的始末形状（以伸长量表示）有关，而和伸长的中间过程无关。

---

例 4.3 和例 4.4 说明了重力做的功和弹力做的功都只决定于做功过程系统的始末位置或形状，而与过程的具体形式或路径无关。这种**做功与路径无关，只决定于系统的始末位置的力称为保守力**。重力和弹簧的弹力都是保守力。例 4.2 说明摩擦力做的功直接与路径有关，所以摩擦力不是保守力，或者说它是非保守力。

保守力有另一个等价定义：**如果力作用在物体上，当物体沿闭合路径移动一周时，力做的功为零，这样的力就称为保守力**。这可证明如下。如图 4.7 所示，力沿任意闭合路径 $A1B2A$ 做的功为

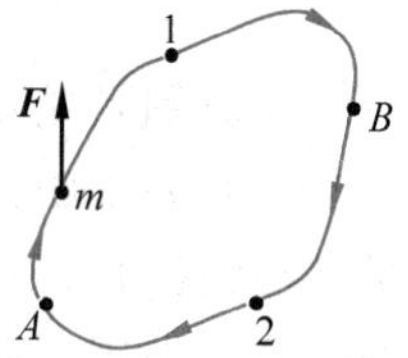

图 4.7 保守力沿闭合路径做功

$$A_{A1B2A} = A_{A1B} + A_{B2A}$$

因为对同一力 $\boldsymbol{F}$，当位移方向相反时，该力做的功应改变符号，所以 $A_{B2A} = -A_{A2B}$，这样就有

$$A_{A1B2A} = A_{A1B} - A_{A2B}$$

如果 $A_{A1B2A} = 0$，则 $A_{A1B} = A_{A2B}$。这说明，物体由 $A$ 点到 $B$ 点沿任意两条路径力做的功都相等。这符合前述定义，所以这力是保守力。

这里值得提出的是，在 2.3 节中已指出，摩擦力是微观上的分子或原子间的电磁力的宏观表现。这些微观上的电磁力是保守力，为什么在宏观上就变成非保守力了呢？这就是因为滑动摩擦力的非保守性是根据**宏观物体**的运动来判定的。一个金属块在桌面上滑动一圈，它的宏观位置复原了，但摩擦力做了功。这和**微观上**分子或原子间的相互作用是保守力并不矛盾。因为即使金属块回到了原来的位置，金属块中以及桌面上它滑动过的部分的所有分子或原子并没有回到原来的状态（包括位置和速度），实际上是离原来的状态更远了。因此它们之间的微观上的保守力是做了功的，这个功在宏观上就表现为摩擦力做的功。在技术中我们总是采用宏观的观点来考虑问题，因此滑动摩擦力就是一种非保守力。与此类似，碰撞中引起永久变形的冲力以及爆炸力等也都是非保守力。

## 4.2 动能定理

将牛顿第二定律公式代入功的定义式(4.1)，可得

$$\mathrm{d}A = \boldsymbol{F} \cdot \mathrm{d}\boldsymbol{r} = F_{\mathrm{t}}\,|\mathrm{d}\boldsymbol{r}| = m a_{\mathrm{t}}\,|\mathrm{d}\boldsymbol{r}|$$

由于

$$a_{\mathrm{t}} = \frac{\mathrm{d}v}{\mathrm{d}t}, \quad |\mathrm{d}\boldsymbol{r}| = v\mathrm{d}t$$

所以

$$\mathrm{d}A = mv\mathrm{d}v = \mathrm{d}\left(\frac{1}{2}mv^2\right) \tag{4.6}$$

定义

$$E_{\mathrm{k}} = \frac{1}{2}mv^2 = \frac{p^2}{2m} \tag{4.7}$$

为质点在速度为 $v$ 时的**动能**，则

$$dA = dE_k \tag{4.8}$$

将式(4.6)和式(4.8)沿从 $A$ 到 $B$ 的路径(参看图 4.2)积分，

$$\int_{(A)}^{(B)} dA = \int_{v_A}^{v_B} d\left(\frac{1}{2}mv^2\right)$$

可得

$$A_{AB} = \frac{1}{2}mv_B^2 - \frac{1}{2}mv_A^2$$

或

$$A_{AB} = E_{kB} - E_{kA} \tag{4.9}$$

式中 $v_A$ 和 $v_B$ 分别是质点经过 $A$ 和 $B$ 时的速率，而 $E_{kA}$ 和 $E_{kB}$ 分别是相应时刻质点的动能。式(4.8)和式(4.9)说明：合外力对质点做的功要改变质点的动能，而功的数值就等于质点动能的增量，或者说力对质点做的功是质点动能改变的量度。这一表示力在一段路程上作用的效果的结论叫做用于质点的**动能定理**(或**功-动能定理**)。它也是牛顿定律的直接推论。

由式(4.9)可知，动能和功的量纲和单位都相同，即为 $ML^2T^{-2}$ 和 J。

---

**例 4.5**

以 30 m/s 的速率将一石块扔到一结冰的湖面上，它能向前滑行多远？设石块与冰面间的滑动摩擦系数为 $\mu_k=0.05$。

**解** 以 $m$ 表示石块的质量，则它在冰面上滑行时受到的摩擦力为 $f=\mu_k mg$。以 $s$ 表示石块能滑行的距离，则滑行时摩擦力对它做的总功为 $A=\boldsymbol{f}\cdot\boldsymbol{s}=-fs=-\mu_k mgs$。已知石块的初速率为 $v_A=30$ m/s，而末速率为 $v_B=0$，而且在石块滑动时只有摩擦力对它做功，所以根据动能定理(式(4.9))可得

$$-\mu_k mgs = 0 - \frac{1}{2}mv_A^2$$

由此得

$$s = \frac{v_A^2}{2\mu_k g} = \frac{30^2}{2\times 0.05\times 9.8} = 918\ (\text{m})$$

此题也可以直接用牛顿第二定律和运动学公式求解，但用动能定理解答更简便些。基本定律虽然一样，但引入新概念往往可以使解决问题更为简便。

---

**例 4.6**

**珠子下落又解**。利用动能定理重解例 2.3，求线摆下 $\theta$ 角时珠子的速率。

**解** 如图 4.8 所示，珠子从 $A$ 落到 $B$ 的过程中，合外力 $(\boldsymbol{T}+m\boldsymbol{g})$ 对它做的功为(注意 $\boldsymbol{T}$ 总垂直于 $d\boldsymbol{r}$)

$$A_{AB} = \int_{(A)}^{(B)} (\boldsymbol{T}+m\boldsymbol{g})\cdot d\boldsymbol{r} = \int_{(A)}^{(B)} m\boldsymbol{g}\cdot d\boldsymbol{r} = \int_{(A)}^{(B)} mg\,|d\boldsymbol{r}|\cos\alpha$$

由于 $|d\boldsymbol{r}|=l\,d\alpha$，所以

$$A_{AB} = \int_0^\theta mg\cos\alpha\, l\,d\alpha = mgl\sin\theta$$

对珠子，用动能定理，由于 $v_A=0$，$v_B=v_\theta$，得

$$mgl\sin\theta = \frac{1}{2}mv_\theta^2$$

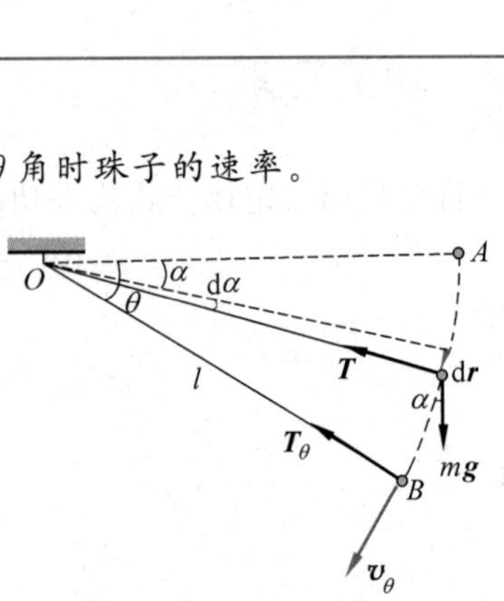

图 4.8 例 4.6 用图

由此得

$$v_\theta = \sqrt{2gl\sin\theta}$$

这和例 2.3 所得结果相同。2.4 节中的解法是应用牛顿第二定律进行单纯的数学运算。这里的解法应用了两个新概念：功和动能。在 2.4 节中，我们对牛顿第二定律公式的两侧都进行了积分。在这里，用动能定理，只需对力的一侧进行积分求功。另一侧，即运动一侧就可以直接写动能之差而不需进行积分了。这就简化了解题过程。

现在考虑由两个有相互作用的质点组成的质点系的动能变化和它们受的力所做的功的关系。

如图 4.9 所示，以 $m_1$，$m_2$ 分别表示两质点的质量，以 $\boldsymbol{f}_1$，$\boldsymbol{f}_2$ 和 $\boldsymbol{F}_1$，$\boldsymbol{F}_2$ 分别表示它们受的内力和外力，以 $\boldsymbol{v}_{1A}$，$\boldsymbol{v}_{2A}$ 和 $\boldsymbol{v}_{1B}$，$\boldsymbol{v}_{2B}$ 分别表示它们在起始状态和终了状态的速度。

由动能定理式(4.9)，可得各自受的合外力做的功如下：

对 $m_1$ $$\int_{(A_1)}^{(B_1)}(\boldsymbol{F}_1+\boldsymbol{f}_1)\cdot \mathrm{d}\boldsymbol{r}_1=\int_{(A_1)}^{(B_1)}\boldsymbol{F}_1\cdot \mathrm{d}\boldsymbol{r}_1+\int_{(A_1)}^{(B_1)}\boldsymbol{f}_1\cdot \mathrm{d}\boldsymbol{r}_1=\frac{1}{2}m_1v_{1B}^2-\frac{1}{2}m_1v_{1A}^2$$

对 $m_2$ $$\int_{(A_2)}^{(B_2)}(\boldsymbol{F}_2+\boldsymbol{f}_2)\cdot \mathrm{d}\boldsymbol{r}_2=\int_{(A_2)}^{(B_2)}\boldsymbol{F}_2\cdot \mathrm{d}\boldsymbol{r}_2+\int_{(A_2)}^{(B_2)}\boldsymbol{f}_2\cdot \mathrm{d}\boldsymbol{r}_2=\frac{1}{2}m_2v_{2B}^2-\frac{1}{2}m_2v_{2A}^2$$

两式相加可得

$$\int_{(A_1)}^{(B_1)}\boldsymbol{F}_1\cdot \mathrm{d}\boldsymbol{r}_1+\int_{(A_2)}^{(B_2)}\boldsymbol{F}_2\cdot \mathrm{d}\boldsymbol{r}_2+\int_{(A_1)}^{(B_1)}\boldsymbol{f}_1\cdot \mathrm{d}\boldsymbol{r}_1+\int_{(A_2)}^{(B_2)}\boldsymbol{f}_2\cdot \mathrm{d}\boldsymbol{r}_2$$
$$=\frac{1}{2}m_1v_{1B}^2+\frac{1}{2}m_2v_{2B}^2-\left(\frac{1}{2}m_1v_{1A}^2+\frac{1}{2}m_2v_{2A}^2\right)$$

此式中等号左侧前两项是外力对质点系所做功之和，用 $A_{\mathrm{ex}}$ 表示。左侧后两项是质点系内力所做功之和，用 $A_{\mathrm{in}}$ 表示。等号右侧是质点系**总动能**的增量，可写为 $E_{\mathrm{k}B}-E_{\mathrm{k}A}$。这样我们就有

$$A_{\mathrm{ex}}+A_{\mathrm{in}}=E_{\mathrm{k}B}-E_{\mathrm{k}A} \tag{4.10}$$

这就是说，**所有外力对质点系做的功和内力对质点系做的功之和等于质点系总动能的增量**。这一结论很明显地可以推广到由任意多个质点组成的质点系，它就是用于质点系的动能定理。

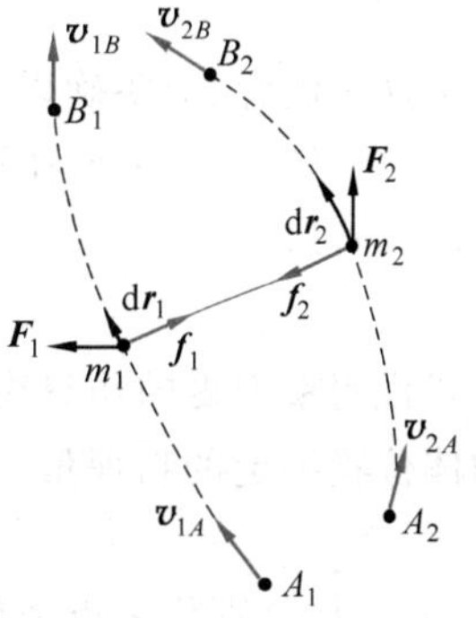

图 4.9 质点系的动能定理

这里应该注意的是，系统内力的功之和可以不为零，因而可以改变系统的总动能。例如，地雷爆炸后，弹片四向飞散，它们的总动能显然比爆炸前增加了。这就是内力(火药的爆炸力)对各弹片做正功的结果。又例如，两个都带正电荷的粒子，在运动中相互靠近时总动能会减少。这是因为它们之间的内力(相互的斥力)对粒子都做负功的结果。**内力能改变系统的总动能，但不能改变系统的总动量**，这是需要特别注意加以区别的。

一个质点系的动能，常常相对于其**质心参考系**(即质心在其中静止的参考系)加以计算。以 $\boldsymbol{v}_i$ 表示第 $i$ 个质点相对某一惯性系的速度，以 $\boldsymbol{v}'_i$ 表示该质点相对于质心参考系的速度，以 $\boldsymbol{v}_C$ 表示质心相对于惯性系的速度，则由于 $\boldsymbol{v}_i=\boldsymbol{v}'_i+\boldsymbol{v}_C$，故相对于惯性系，质点系的总动能应为

$$E_{\mathrm{k}}=\sum\frac{1}{2}m_i\boldsymbol{v}_i^2=\sum\frac{1}{2}m_i(\boldsymbol{v}_C+\boldsymbol{v}'_i)^2$$

$$=\frac{1}{2}mv_C^2+\boldsymbol{v}_C\sum m_i\boldsymbol{v}_i'+\sum\frac{1}{2}m_iv_i'^2$$

式中右侧第一项表示质量等于质点系总质量的一个质点以质心速度运动时的动能，叫质点系的**轨道动能**(或说其质心的动能)，以 $E_{kC}$ 表示；第二项中 $\sum m_i\boldsymbol{v}_i'=\frac{\mathrm{d}}{\mathrm{d}t}\sum m_i\boldsymbol{r}_i'=m\frac{\mathrm{d}\boldsymbol{r}_C'}{\mathrm{d}t}$。由于 $\boldsymbol{r}_C'$ 是质心在质心参考系中的位矢，它并不随时间变化，所以 $\frac{\mathrm{d}\boldsymbol{r}_C'}{\mathrm{d}t}=0$，而这第二项也就等于零；第三项是质点系相对于其质心参考系的总动能，叫质点系的**内动能**，以 $E_{k,in}$ 表示。这样，上式就可写成

$$E_k=E_{kC}+E_{k,in} \tag{4.11}$$

此式说明，一个质点系相对于某一惯性系的总动能等于该质点系的轨道动能和内动能之和。这一关系叫**柯尼希定理**。实例之一是，一个篮球在空中运动时，其内部气体相对于地面的总动能等于其中气体分子的轨道动能和它们相对于这气体的质心的动能——内动能——之和。这气体的内动能也就是它的所有分子无规则运动的动能之和。

## 4.3 势能

本节先介绍**重力势能**。在中学物理课程中，除动能外，大家还学习了势能。质量为 $m$ 的物体在高度 $h$ 处的重力势能为

$$E_p=mgh \tag{4.12}$$

对于这一概念，应明确以下几点。

(1) 只是因为重力是保守力，所以才能有重力势能的概念。重力是保守力，表现为式(4.4)，即

$$A_g=mgh_A-mgh_B$$

此式说明重力做的功只决定于物体的位置(以高度表示)，而正是因为这样，才能定义一个由物体位置决定的物理量——重力势能。重力势能是由其差按下式规定的：

$$A_g=-\Delta E_p=E_{pA}-E_{pB} \tag{4.13}$$

式中 $A,B$ 分别代表重力做功的起点和终点。此式表明，重力做的功等于物体重力势能的减少。

对比式(4.13)和式(4.4)即可得重力势能表示式(4.12)。

(2) 重力势能表示式(4.12)要具有具体的数值，要求预先选定参考高度或称重力势能零点，在该高度时物体的重力势能为零，式(4.12)中的 $h$ 是从该高度向上计算的。

(3) 由于重力是地球和物体之间的引力，所以重力势能应属于物体和地球这一系统，"物体的重力势能"只是一种简略的说法。

(4) 由于式(4.12)中的 $h$ 是地球和物体之间的相对距离的一种表示，所以重力势能的值相对于所选用的任一参考系都是一样的。

下面再介绍**弹簧的弹性势能**。弹簧的弹力也是保守力，这由式(4.5)可看出：

$$A_{ela}=\frac{1}{2}kx_A^2-\frac{1}{2}kx_B^2$$

因此，可以定义一个由弹簧的伸长量 $x$ 所决定的物理量——弹簧的弹性势能。这一势能的

差按下式规定：

$$A_{ela} = -\Delta E_p = E_{pA} - E_{pB} \tag{4.14}$$

此式表明：弹簧的弹力做的功等于弹簧的弹性势能的减少。

对比式(4.14)和式(4.5)，可得弹簧的弹性势能表示式为

$$E_p = \frac{1}{2}kx^2 \tag{4.15}$$

当 $x=0$ 时，式(4.15)给出 $E_p=0$，由此可知由式(4.15)得出的弹性势能的"零点"对应于弹簧的伸长为零，即它处于原长的形状。

弹簧的弹性势能当然属于弹簧的整体，而且由于其伸长 $x$ 是弹簧的长度相对于自身原长的变化，所以它的弹性势能也和选用的参考系无关。表示势能随位形变化的曲线叫做**势能曲线**，弹簧的弹性势能曲线如图 4.10 所示，是一条抛物线。

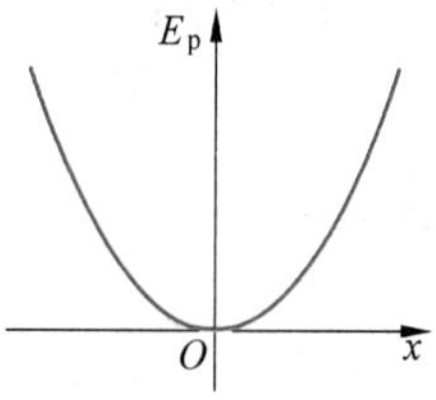

图 4.10　弹簧的弹性势能曲线

由以上关于两种势能的说明，可知关于势能的概念我们一般应了解以下几点。

(1) 只有对保守力才能引入势能概念，而且规定保守力做的功等于系统势能的减少，即

$$A_{AB} = -\Delta E_p = E_{pA} - E_{pB} \tag{4.16}$$

(2) 势能的具体数值要求预先选定系统的某一位形为势能零点。

(3) 势能属于有保守力相互作用的系统整体。

(4) 系统的势能与参考系无关。

对于非保守力，例如摩擦力，不能引入势能概念。

---

**例 4.7**

一轻弹簧的劲度系数 $k=200$ N/m，竖直静止在桌面上(图 4.11)。今在其上端轻轻地放置一质量为 $m=2.0$ kg 的砝码后松手。

(1) 求此后砝码下降的最大距离 $y_{max}$；

(2) 求砝码下降 $\frac{1}{2}y_{max}$ 时的速度 $v$。

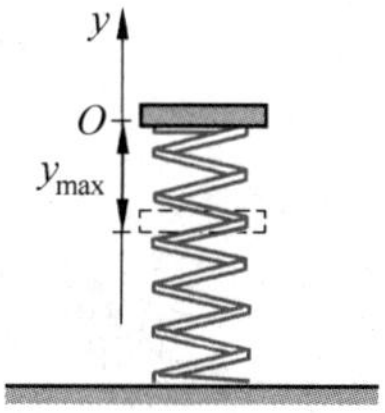

图 4.11　例 4.7 用图

**解**　(1) 以弹簧静止时其上端为势能零点，则由式(4.13)和式(4.12)得砝码下降过程中重力做的功为

$$A_g = 0 - mg(-y_{max}) = mgy_{max}$$

由式(4.14)和式(4.15)得弹簧弹力做的功为

$$A_{ela} = 0 - \frac{1}{2}k(-y_{max})^2 = -\frac{1}{2}ky_{max}^2$$

对砝码用动能定理，有

$$A_g + A_{ela} = \frac{1}{2}mv_2^2 - \frac{1}{2}mv_1^2$$

由于砝码在 $O$ 处时的速度 $v_1=0$，下降到最低点时速度 $v_2$ 也等于 0，所以

$$A_g + A_{ela} = mgy_{max} - \frac{1}{2}ky_{max}^2 = 0$$

解此方程，得

$$y_{\max,1}=0,\quad y_{\max,2}=\frac{2mg}{k}$$

解 $y_{\max,1}$ 表示砝码在 $O$ 处，舍去，取第二解为

$$y_{\max}=\frac{2mg}{k}=\frac{2\times2\times9.8}{200}=0.20\ (\mathrm{m})$$

(2) 在砝码下降 $y_{\max}/2$ 的过程中，重力做功为

$$A'_g=0-mg\left(-\frac{y_{\max}}{2}\right)=\frac{1}{2}mgy_{\max}$$

弹力做功为

$$A'_{\mathrm{ela}}=0-\frac{1}{2}k\left(-\frac{y_{\max}}{2}\right)^2=-\frac{1}{8}ky_{\max}^2$$

对砝码用动能定理，有

$$A'_g+A'_{\mathrm{ela}}=\frac{1}{2}mgy_{\max}-\frac{1}{8}ky_{\max}^2=\frac{1}{2}mv^2-0$$

解此方程，可得

$$\begin{aligned}v&=\left(gy_{\max}-\frac{k}{4m}y_{\max}^2\right)^{1/2}\\&=\left(9.8\times0.20-\frac{200}{4\times2}\times0.20^2\right)^{1/2}\\&=0.98\ (\mathrm{m/s})\end{aligned}$$

---

本题中计算重力和弹力的功时都应用了势能概念，因此就可以只计算代数差而不必用积分了。这里要注意的是弄清楚系统最初和终了时各处于什么状态。

## 4.4 引力势能

让我们先来证明万有引力是保守力。

根据牛顿的引力定律，质量分别为 $m_1$ 和 $m_2$ 的两质点相距 $r$ 时相互间引力的大小为

$$f=\frac{Gm_1m_2}{r^2}$$

方向沿着两质点的连线。如图 4.12 所示，以 $m_1$ 所在处为原点，当 $m_2$ 由 $A$ 点沿任意路径 $C$ 移动到 $B$ 点时，引力做的功为

$$A_{AB}=\int_{(A)}^{(B)}\boldsymbol{f}\cdot\mathrm{d}\boldsymbol{r}=\int_{(A)}^{(B)}\frac{Gm_1m_2}{r^2}\ |\mathrm{d}\boldsymbol{r}|\cos\varphi$$

在图 4.12 中，径矢 $OB'$ 和 $OA'$ 长度之差为 $B'C'=\mathrm{d}r$。由于 $|\mathrm{d}\boldsymbol{r}|$ 为微小长度，所以 $OB'$ 和 $OA'$ 可视为平行，因而 $A'C'\perp B'C'$，于是 $|\mathrm{d}\boldsymbol{r}|\cos\varphi=-|\mathrm{d}\boldsymbol{r}|\cos\varphi'=-\mathrm{d}r$。将此关系代入上式可得

$$A_{AB}=-\int_{r_A}^{r_B}\frac{Gm_1m_2}{r^2}\mathrm{d}r=\frac{Gm_1m_2}{r_B}-\frac{Gm_1m_2}{r_A}\tag{4.17}$$

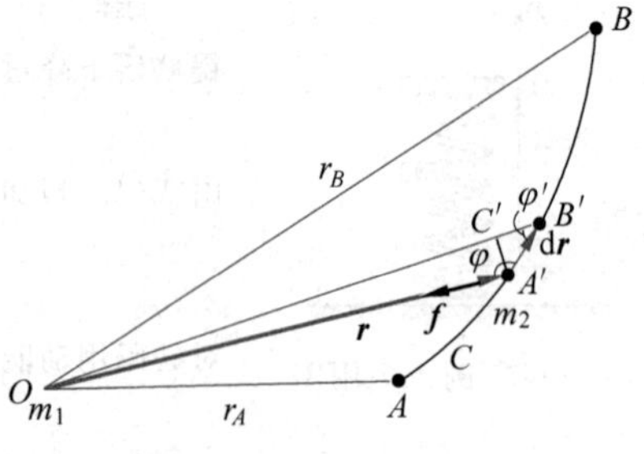

图 4.12 引力势能公式的推导

这一结果说明引力的功只决定于两质点间的始末距离而和移动的路径无关。所以，引力是保守力。

由于引力是保守力，所以可以引入势能概念。将式(4.17)和势能差的定义公式(4.16)($A_{AB}=E_{pA}-E_{pB}$)相比较，可得两质点相距 $r$ 时的引力势能公式为

$$E_p=-\frac{Gm_1m_2}{r} \tag{4.18}$$

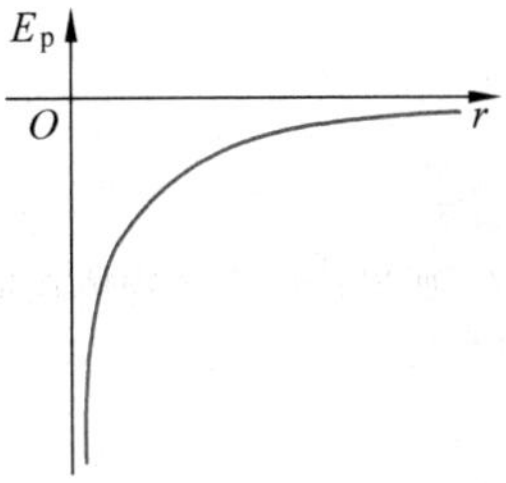


图 4.13 引力势能曲线

在式(4.18)中，当 $r\to\infty$ 时 $E_p=0$。由此可知与式(4.18)相应的引力势能的“零点”参考位形为两质点相距为无限远时。

由于 $m_1$，$m_2$ 都是正数，所以式(4.18)中的负号表示：两质点从相距 $r$ 的位形改变到势能零点的过程中，引力总做负功。根据这一公式画出的引力势能曲线如图 4.13 所示。

由式(4.18)可明显地看出，引力势能属于 $m_1$ 和 $m_2$ 两质点系统。由于 $r$ 是两质点间的距离，所以引力势能也就和参考系无关。

---

**例 4.8**

**陨石坠地**。一颗重 5 t 的陨石从天外落到地球上，它和地球间的引力做功多少？已知地球质量为 $6\times10^{21}$ t，半径为 $6.4\times10^6$ m。

**解** “天外”可当做陨石和地球相距无限远。利用保守力的功和势能变化的关系可得

$$A_{AB}=E_{pA}-E_{pB}$$

再利用式(4.20)可得

$$A_{AB}=-\frac{GmM}{r_A}-\left(-\frac{GmM}{r_B}\right)$$

以 $m=5\times10^3$ kg，$M=6.0\times10^{24}$ kg，$G=6.67\times10^{-11}\ \mathrm{N\cdot m^2/kg^2}$，$r_A=\infty$，$r_B=6.4\times10^6$ m 代入上式，可得

$$A_{AB}=\frac{GmM}{r_B}=\frac{6.67\times10^{-11}\times5\times10^3\times6.0\times10^{24}}{6.4\times10^6}$$

$$=3.1\times10^{11}\ (\mathrm{J})$$

这一例子说明，在已知势能公式的条件下，求保守力的功时，可以不管路径如何，也就可以不作积分运算，这当然简化了计算过程。

---

## *重力势能和引力势能的关系

由于重力是引力的一个特例，所以重力势能公式就应该是引力势能公式的一个特例。这可证明如下。

让我们求质量为 $m$ 的物体在地面上某一不大的高度 $h$ 时，它和地球系统的引力势能。如图 4.14 所示，以 $M$ 表示地球的质量，以 $r$ 表示物体到地心的距离，由式(4.17)可得

$$E_{pA}-E_{pB}=\frac{GmM}{r_B}-\frac{GmM}{r_A}$$

**以物体在地球表面上时为势能零点**，即规定 $r_B=R$(地球半径)时，$E_{pB}=0$，则由上式可得物体在地面以上其他高度时的势能为

$$E_{pA}=\frac{GmM}{R}-\frac{GmM}{r_A}$$

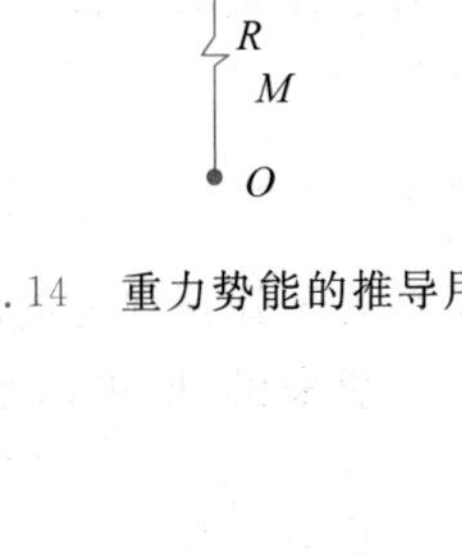

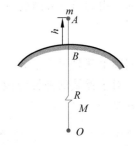

图 4.14 重力势能的推导用图

物体在地面以上的高度为 $h$ 时，$r_A=R+h$，这时

$$E_{pA} = \frac{GmM}{R} - \frac{GmM}{R+h} = GmM\left(\frac{1}{R} - \frac{1}{R+h}\right)$$
$$= GmM\,\frac{h}{R(R+h)}$$

设 $h \ll R$，则 $R(R+h) \approx R^2$，因而有

$$E_{pA} = \frac{GmMh}{R^2}$$

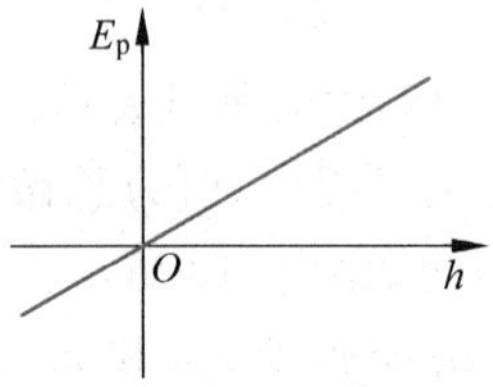

图 4.15 重力势能曲线

由于在地面附近，重力加速度 $g = f/m = GM/R^2$，所以最后得到物体在地面上高度 $h$ 处时重力势能为(去掉下标 $A$)

$$E_p = mgh$$

这正是大家熟知的公式(4.12)。请注意它和引力势能公式(4.18)在势能零点选择上的不同。

重力势能的势能曲线如图 4.15 所示，它实际上是图 4.13 中一小段引力势能曲线的放大(加上势能零点的改变)。

## 4.5 由势能求保守力

在 4.3 节中用保守力的功定义了势能。从数学上说，是用保守力对路径的线积分定义了势能。反过来，我们也应该能从势能函数对路径的导数求出保守力。下面就来说明这一点。

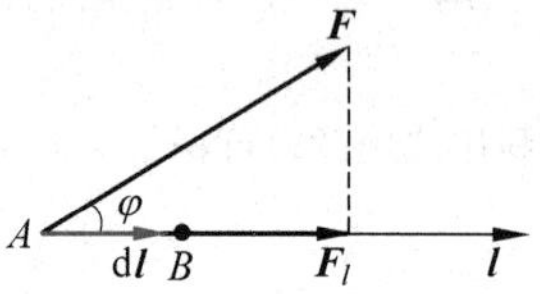

图 4.16 由势能求保守力

如图 4.16 所示，以 d$\boldsymbol{l}$ 表示质点在保守力 $\boldsymbol{F}$ 作用下沿某一给定的 $\boldsymbol{l}$ 方向从 $A$ 到 $B$ 的元位移。以 d$E_p$ 表示从 $A$ 到 $B$ 的势能增量。根据势能定义公式(4.16)，有

$$-\mathrm{d}E_p = A_{AB} = \boldsymbol{F} \cdot \mathrm{d}\boldsymbol{l} = F\cos\varphi\,\mathrm{d}l$$

由于 $F\cos\varphi = F_l$ 为力 $\boldsymbol{F}$ 在 $\boldsymbol{l}$ 方向的分量，所以上式可写做

$$-\mathrm{d}E_p = F_l\,\mathrm{d}l$$

由此可得

$$F_l = -\frac{\mathrm{d}E_p}{\mathrm{d}l} \tag{4.19}$$

此式说明：**保守力沿某一给定的 $\boldsymbol{l}$ 方向的分量等于与此保守力相应的势能函数沿 $\boldsymbol{l}$ 方向的空间变化率**(即经过单位距离时的变化)**的负值**。

可以用引力势能公式验证式(4.19)。这时取 $\boldsymbol{l}$ 方向为从此质点到另一质点的径矢 $\boldsymbol{r}$ 的方向。引力沿 $\boldsymbol{r}$ 方向的空间变化率应为

$$F_r = -\frac{\mathrm{d}}{\mathrm{d}r}\left(-\frac{Gm_1m_2}{r}\right) = -\frac{Gm_1m_2}{r^2}$$

这实际上就是引力公式。

对于弹簧的弹性势能，可取 $\boldsymbol{l}$ 方向为伸长 $\boldsymbol{x}$ 的方向。这样弹力沿伸长方向的空间变化率就是

$$F_x = -\frac{\mathrm{d}}{\mathrm{d}x}\left(\frac{1}{2}kx^2\right) = -kx$$

这正是关于弹簧弹力的胡克定律公式。

一般来讲，$E_p$ 可以是位置坐标$(x,y,z)$的多元函数。这时式(4.19)中 $\boldsymbol{l}$ 的方向可依次

取 $x$,$y$ 和 $z$ 轴的方向而得到,相应的保守力沿各轴方向的分量为

$$F_x = -\frac{\partial E_p}{\partial x},\quad F_y = -\frac{\partial E_p}{\partial y},\quad F_z = -\frac{\partial E_p}{\partial z}$$

式中的导数分别是 $E_p$ 对 $x$,$y$ 和 $z$ 的偏导数。这样,保守力就可表示为

$$\begin{aligned}\boldsymbol{F} &= F_x\boldsymbol{i} + F_y\boldsymbol{j} + F_z\boldsymbol{k}\\ &= -\left(\frac{\partial E_p}{\partial x}\boldsymbol{i} + \frac{\partial E_p}{\partial y}\boldsymbol{j} + \frac{\partial E_p}{\partial z}\boldsymbol{k}\right)\end{aligned} \tag{4.20}$$

这是在直角坐标系中由势能求保守力的最一般的公式。

式(4.20)中括号内的势能函数的空间变化率叫做势能的**梯度**,它是一个矢量。因此可以说,保守力等于相应的势能函数的梯度的负值。

式(4.20)表明保守力应等于势能曲线斜率的负值。例如,在图 4.10 所示的弹性势能曲线图中,在 $x>0$ 的范围内,曲线的斜率为正,弹力即为负,这表示弹力与 $x$ 正方向相反。在 $x<0$ 的范围内,曲线的斜率为负,弹力即为正,这表示弹力与 $x$ 正方向相同。在 $x=0$ 的点,曲线斜率为零,即没有弹力。这正是弹簧处于原长的情况。

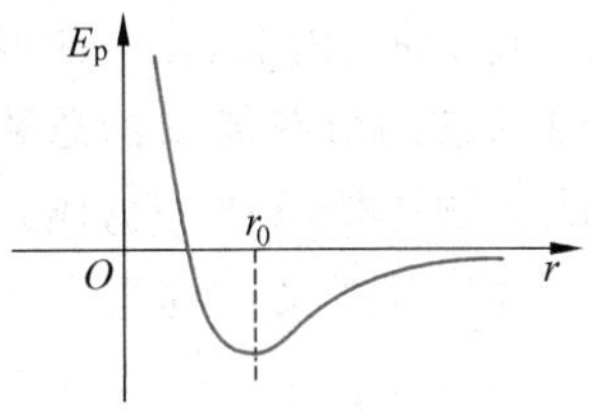

图 4.17 双原子分子的势能曲线

在许多实际问题中,往往能先通过实验得出系统的势能曲线。这样便可以根据势能曲线来分析受力情况。例如,图 4.17 画出了一个双原子分子的势能曲线,$r$ 表示两原子间的距离。由图可知,当两原子间的距离等于 $r_0$ 时,曲线的斜率为零,即两原子间没有相互作用力。这是两原子的平衡间距,在 $r>r_0$ 时,曲线斜率为正,而力为负,表示原子相吸;距离越大,吸力越小。在 $r<r_0$ 时,曲线的斜率为负而力为正,表示两原子相斥,距离越小,斥力越大。

## 4.6 机械能守恒定律

在 4.2 节中我们已求出了质点系的动能定理公式(4.10),即

$$A_{ex} + A_{in} = E_{kB} - E_{kA}$$

内力中可能既有保守力,也有非保守力,因此内力的功可以写成保守内力的功 $A_{in,cons}$ 和非保守内力的功 $A_{in,n\text{-}cons}$ 之和。于是有

$$A_{ex} + A_{in,cons} + A_{in,n\text{-}cons} = E_{kB} - E_{kA} \tag{4.21}$$

在 4.3 节中我们对保守内力定义了势能(见式(4.16)),即有

$$A_{in,cons} = E_{pA} - E_{pB}$$

因此式(4.21)可写做

$$A_{ex} + A_{in,n\text{-}cons} = (E_{kB} + E_{pB}) - (E_{kA} + E_{pA}) \tag{4.22}$$

系统的总动能和势能之和叫做系统的**机械能**,通常用 $E$ 表示,即

$$E = E_k + E_p \tag{4.23}$$

以 $E_A$ 和 $E_B$ 分别表示系统初、末状态时的机械能,则式(4.22)又可写作

$$A_{ex} + A_{in,n\text{-}cons} = E_B - E_A \tag{4.24}$$

此式表明,**质点系在运动过程中,它所受的外力的功与系统内非保守力的功的总和等于它的**

**机械能的增量**。这一关于功和能的关系的结论叫**机械能守恒定律**。在经典力学中,它是牛顿定律的一个推论,因此也只适用于惯性系。

一个系统,如果内力中只有保守力,这种系统称为**保守系统**。对于保守系统,式(4.24)中的 $A_{\mathrm{in,n\text{-}cons}}$ 一项自然等于零,于是有

$$A_{\mathrm{ex}} = E_B - E_A = \Delta E \quad (\text{保守系统}) \tag{4.25}$$

一个系统,如果在其变化过程中,没有任何外力对它做功(或者实际上外力对它做的功可以忽略),这样的系统称为**封闭系统**(或孤立系统)。对于一个封闭的保守系统,式(4.25)中的 $A_{\mathrm{ex}}=0$,于是有 $\Delta E=0$,即

$$E_A = E_B \quad (\text{封闭的保守系统}, A_{\mathrm{ex}} = 0) \tag{4.26}$$

即其机械能保持不变或说守恒。这一陈述也常被称为机械能守恒定律。大家已熟悉的自由落体或抛体运动就服从这一机械能守恒定律。

如果一个封闭系统状态发生变化时,有非保守内力做功,根据式(4.24),它的机械能当然就不守恒了。例如地雷爆炸时它(变成了碎片)的机械能会增加,两汽车相撞时它们的机械能要减少。但在这种情况下对更广泛的物理现象,包括电磁现象、热现象、化学反应以及原子内部的变化等的研究表明,如果引入更广泛的能量概念,例如电磁能、内能、化学能或原子核能等,则有大量实验证明:**一个封闭系统经历任何变化时,该系统的所有能量的总和是不改变的**,它只能从一种形式变化为另一种形式或从系统内的此一物体传给彼一物体。这就是**普遍的能量守恒定律**。它是自然界的一条普遍的最基本的定律,其意义远远超出了机械能守恒定律的范围,后者只不过是前者的一个特例。

为了对能量有个量的概念,表 4.1 列出了一些典型的能量值。

**表 4.1 一些典型的能量值** J

| | |
|---|---|
| 1987A 超新星爆发 | 约 $1\times10^{46}$ |
| 太阳的总核能 | 约 $1\times10^{45}$ |
| 地球上矿物燃料总储能 | 约 $2\times10^{23}$ |
| 1994 年彗木相撞释放总能量 | 约 $1.8\times10^{23}$ |
| 2004 年我国全年发电量 | $7.3\times10^{18}$ |
| 1976 年唐山大地震 | 约 $1\times10^{18}$ |
| 1 kg 物质-反物质湮灭 | $9.0\times10^{16}$ |
| 百万吨级氢弹爆炸 | $4.4\times10^{15}$ |
| 1 kg 铀裂变 | $8.2\times10^{13}$ |
| 一次闪电 | 约 $1\times10^{9}$ |
| 1 L 汽油燃烧 | $3.4\times10^{7}$ |
| 1 人每日需要 | 约 $1.3\times10^{7}$ |
| 1 kg TNT 爆炸 | $4.6\times10^{6}$ |
| 1 个馒头提供 | $2\times10^{6}$ |
| 地球表面每平方米每秒接受太阳能 | $1\times10^{3}$ |
| 一次俯卧撑 | 约 $3\times10^{2}$ |
| 一个电子的静止能量 | $8.2\times10^{-14}$ |
| 一个氢原子的电离能 | $2.2\times10^{-18}$ |
| 一个黄色光子 | $3.4\times10^{-19}$ |
| HCl 分子的振动能 | $2.9\times10^{-20}$ |

**例 4.9**

**珠子下落再解**。利用机械能守恒定律再解例 2.3 求线摆下 $\theta$ 角时珠子的速率。

**解** 如图 4.18 所示，取珠子和地球作为被研究的系统。以线的悬点 $O$ 所在高度为重力势能零点并相对于地面参考系(或实验室参考系)来描述珠子的运动。在珠子下落过程中，绳拉珠子的外力 $\boldsymbol{T}$ 总垂直于珠子的速度 $\boldsymbol{v}$，所以此外力不做功。因此所讨论的系统是一个封闭的保守系统，所以它的机械能守恒，此系统初态的机械能为

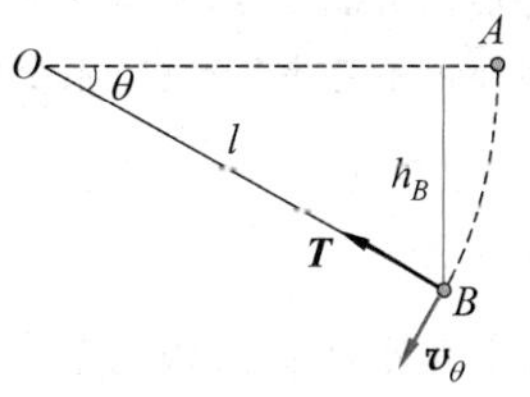

图 4.18 例 4.9 用图

$$E_A = mgh_A + \frac{1}{2}mv_A^2 = 0$$

线摆下 $\theta$ 角时系统的机械能为

$$E_B = mgh_B + \frac{1}{2}mv_B^2$$

由于 $h_B = -l\sin\theta$，$v_B = v_\theta$，所以

$$E_B = -mgl\sin\theta + \frac{1}{2}mv_\theta^2$$

由机械能守恒 $E_B = E_A$ 得出

$$-mgl\sin\theta + \frac{1}{2}mv_\theta^2 = 0$$

由此得

$$v_\theta = \sqrt{2gl\sin\theta}$$

与以前得出的结果相同。

读者可能已经注意到，我们已经用了三种不同的方法来解例 2.3。现在可以清楚地比较三种解法的不同。在第一种解法中，我们直接应用牛顿第二定律本身，牛顿第二定律公式的两侧，“力侧”和“运动侧”，都用纯数学方法进行积分运算。在第二种方法中，我们应用了功和动能的概念，这时还需要对力侧进行积分来求功，但是运动侧已简化为只需要计算动能增量了。这一简化是由于对运动侧用积分进行了预处理的结果。现在，我们用了第三种解法，没有用任何积分，只是进行代数的运算，因而计算又大大简化了。这是因为我们又用积分预处理了力侧，也就是引入了势能的概念，并用计算势能差来代替用线积分去计算功的结果。大家可以看到，即使基本定律还是一个，但是引入新概念和建立新的定律形式，也能使我们在解决实际问题时获得很大的益处。以牛顿定律为基础的整个牛顿力学理论体系的大厦可以说都是在这种思想的指导下建立的。

**例 4.10**

如图 4.19，一辆实验小车可在光滑水平桌面上自由运动。车的质量为 $M$，车上装有长度为 $L$ 的细杆(质量不计)，杆的一端可绕固定于车架上的光滑轴 $O$ 在竖直面内摆动，杆的另一端固定一钢球，球质量为 $m$。把钢球托起使杆处于水平位置，这时车保持静止，然后放手，使球无初速地下摆。求当杆摆至竖直位置时，钢球及小车的运动速度。

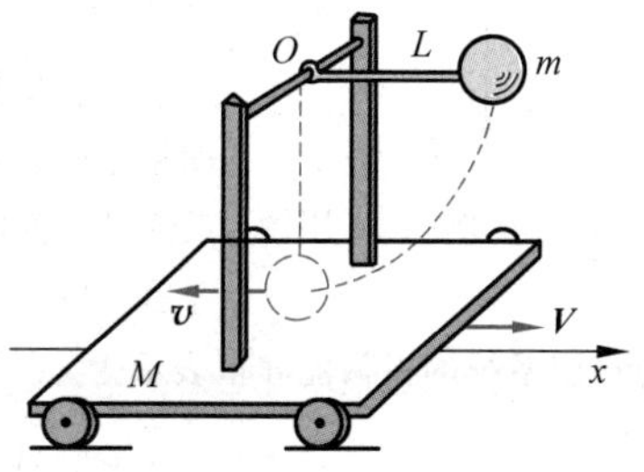

图 4.19 例 4.10 用图

**解** 设当杆摆至竖直位置时钢球与小车相对于桌面的速度分别为 $\boldsymbol{v}$ 与 $\boldsymbol{V}$(如图4.19所示)。因为这两个速度都是未知的,所以必须找到两个方程式才能求解。

先看功能关系。把钢球、小车、地球看做一个系统。此系统所受外力为光滑水平桌面对小车的作用力,此力和小车运动方向垂直,所以不做功。有一个内力为杆与小车在光滑轴 $O$ 处的相互作用力。由于这一对作用力与反作用力在同一处作用,位移相同而方向相反,所以它们做功之和为零。钢球、小车可以看做一个封闭的保守系统,所以系统的机械能应守恒。以球的最低位置为重力势能的势能零点,则钢球的最初势能为 $mgL$。由于小车始终在水平桌面上运动,所以它的重力势能不变,因而可不考虑。这样,系统的机械能守恒就给出

$$\frac{1}{2}mv^2+\frac{1}{2}MV^2=mgL$$

再看动量关系。这时取钢球和小车为系统,因桌面光滑,此系统所受的水平合外力为零,因此系统在水平方向的动量守恒。列出沿图示水平 $x$ 轴的分量式,可得

$$MV-mv=0$$

以上两个方程式联立,可解得

$$v=\sqrt{\frac{M}{M+m}2gL}$$

$$V=\frac{m}{M}v=\sqrt{\frac{m^2}{M(M+m)}2gL}$$

上述结果均为正值,这表明所设的速度方向是正确的。

---

**例 4.11**

用一个轻弹簧把一个金属盘悬挂起来(图4.20),这时弹簧伸长了 $l_1=10$ cm。一个质量和盘相同的泥球,从高于盘 $h=30$ cm 处由静止下落到盘上。求此盘向下运动的最大距离 $l_2$。

**解** 本题可分为三个过程进行分析。

首先是泥球自由下落过程。它落到盘上时的速度为

$$v=\sqrt{2gh}$$

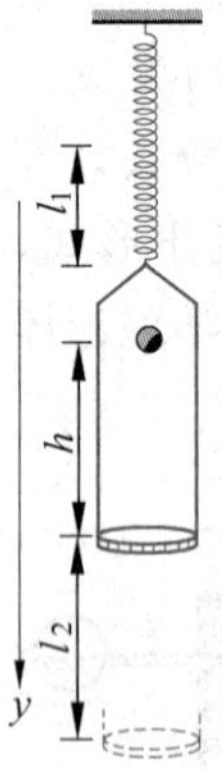

图4.20 例4.11用图

接着是泥球和盘的碰撞过程。把盘和泥球看做一个系统,因二者之间的冲力远大于它们所受的外力(包括弹簧的拉力和重力),而且作用时间很短,所以可以认为系统的动量守恒。设泥球与盘的质量都是 $m$,它们碰撞后刚黏合在一起时的共同速度为 $V$,按图4.20写出沿 $y$ 方向的动量守恒的分量式,可得

$$mv=(m+m)V$$

由此得

$$V=\frac{v}{2}=\sqrt{gh/2}$$

最后是泥球和盘共同下降的过程。选弹簧、泥球和盘以及地球为系统,以泥球和盘开始共同运动时为系统的初态,二者到达最低点时为末态。在此过程中系统是一封闭的保守系统,外力(悬点对弹簧的拉力)不做功,所以系统的机械能守恒。以弹簧的自然伸长为它的弹性势能的零点,以盘的最低位置为重力势能零点,则系统的机械能守恒表示为

$$\frac{1}{2}(2m)V^2+(2m)gl_2+\frac{1}{2}kl_1^2=\frac{1}{2}k(l_1+l_2)^2$$

此式中弹簧的劲度系数可以通过最初盘的平衡状态求出,结果是

$$k = mg/l_1$$

将此值以及 $V^2 = gh/2$ 和 $l_1 = 10$ cm 代入上式，化简后可得

$$l_2^2 - 20l_2 - 300 = 0$$

解此方程得

$$l_2 = 30, -10$$

取前一正数解，即得盘向下运动的最大距离为 $l_2 = 30$ cm。

---

**例 4.12**

**逃逸速率**。求物体从地面出发的**逃逸速率**，即逃脱地球引力所需要的从地面出发的最小速率。地球半径取 $R = 6.4 \times 10^6$ m。

**解** 选地球和物体作为被研究的系统，它是封闭的保守系统。当物体离开地球飞去时，无外力做功，这一系统的机械能守恒。以 $v$ 表示物体离开地面时的速度，以 $v_\infty$ 表示物体远离地球时的速度（相对于地面参考系）。由于将物体和地球分离无穷远时当做引力势能的零点，所以机械能守恒定律给出

$$\frac{1}{2}mv^2 + \left(-\frac{GMm}{R}\right) = \frac{1}{2}mv_\infty^2 + 0$$

逃逸速度应为 $v$ 的最小值，这和在无穷远时物体的速度 $v_\infty = 0$ 相对应，由上式可得逃逸速率

$$v_e = \sqrt{\frac{2GM}{R}}$$

由于在地面上 $\frac{GM}{R^2} = g$，所以

$$v_e = \sqrt{2Rg}$$

代入已知数据可得

$$v_e = \sqrt{2 \times 6.4 \times 10^6 \times 9.8} = 1.12 \times 10^4 \text{ (m/s)}$$

在物体以 $v_e$ 的速度离开地球表面到无穷远处的过程中，它的动能逐渐减小到零，它的势能（负值）大小也逐渐减小到零，在任意时刻机械能总等于零。这些都显示在图 4.21 中。

以上计算出的 $v_e$ 又叫做**第二宇宙速率**。第一宇宙速率是使物体可以环绕地球表面运行所需的最小速率，可以用牛顿第二定律直接求得，其值为 $7.90 \times 10^3$ m/s。**第三宇宙速率**则是使物体脱离太阳系所需的最小发射速率，稍复杂的计算给出其数值为 $1.67 \times 10^4$ m/s（相对于地球）。

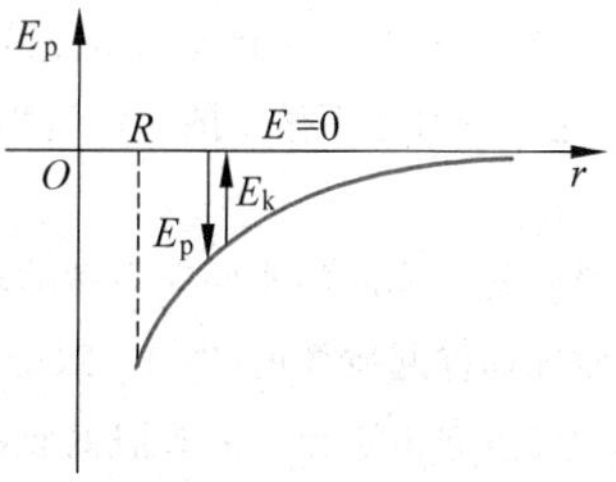


图 4.21 例 4.12 用图

---

**例 4.13**

水星绕太阳运行轨道的近日点到太阳的距离为 $r_1 = 4.59 \times 10^7$ km，远日点到太阳的距离为 $r_2 = 6.98 \times 10^7$ km。求水星越过近日点和远日点时的速率 $v_1$ 和 $v_2$。

**解** 分别以 $M$ 和 $m$ 表示太阳和水星的质量，由于在近日点和远日点处水星的速度方向与它对太阳的径矢方向垂直，所以它对太阳的角动量分别为 $mr_1v_1$ 和 $mr_2v_2$。由角动量守恒可得

$$mr_1v_1 = mr_2v_2$$

又由机械能守恒定律可得

$$\frac{1}{2}mv_1^2 - \frac{GMm}{r_1} = \frac{1}{2}mv_2^2 - \frac{GMm}{r_2}$$

联立解上面两个方程可得

$$v_1 = \left[2GM\frac{r_2}{r_1(r_1+r_2)}\right]^{1/2}$$

$$= \left[2\times 6.67\times 10^{-11}\times 1.99\times 10^{30}\times \frac{6.98}{4.59\times(4.59+6.98)\times 10^{10}}\right]^{1/2}$$

$$= 5.91\times 10^4\ (\mathrm{m/s})$$

$$v_2 = v_1\frac{r_1}{r_2} = 5.91\times 10^4\times\frac{4.59}{6.98} = 3.88\times 10^4\ (\mathrm{m/s})$$

**例 4.14**

伏卧撑动作中，双手摁地，躯体上升(图 4.22(a))。对人来说，如何用机械能守恒定律分析这一过程？

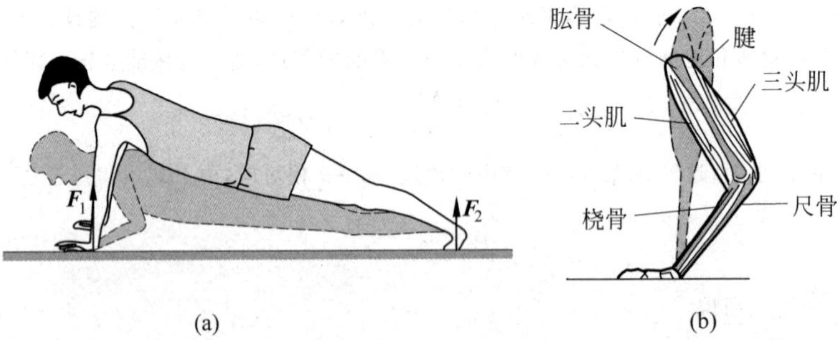


图 4.22　例 4.14 用图

(a) 伏卧撑中双手摁地躯体上升；(b) 三头肌收缩做功撑起躯体

**解**　考虑以人和地球组成的系统。在双手摁地，躯体上升的过程中，外力为地面对双手、双脚的支持力，这支持力是不做功的。但过程终了时人体的重力势能 $E_p$ 增大了，根据机械能守恒定律式(4.24)，应有

$$A_{\mathrm{in,n\text{-}cons}} = E_{pB} - E_{pA}$$

这说明是人体内的非保守力做的功导致了人的重力势能的增加。具体地说，是上臂内与肱骨平行的三头肌收缩而撑起躯体的(图 4.22(b))。这种肌肉收缩做的功等于躯体重力势能的增加。这一过程也符合普遍的能量守恒定律。三头肌的收缩是要消耗肌肉的“生物能”(实质上是化学能)的，所以伏卧撑中躯体上升过程是人体内的生物能转化为躯体的重力势能的过程。

### 用于质心参考系的机械能守恒定律

现在我们就质心参考系来讨论式(4.25)所表示的功能关系。为简单而实用起见，我们假定系统是保守系统。对于这样的系统，$A_{\mathrm{in,n\text{-}cons}}=0$。以 $\boldsymbol{F}_i$ 表示系内第 $i$ 个质点所受的外力，以 $\boldsymbol{f}_{ij}$ 表示该质点受系内第 $j$ 个质点的内力，则对该质点，动能定理给出，在系统从初状态 $A$ 过渡到末状态 $B$ 的过程中，

$$\int_A^B \boldsymbol{F}_i\cdot \mathrm{d}\boldsymbol{r}_i + \sum_{j\neq i}\int_A^B \boldsymbol{f}_{ij}\cdot \mathrm{d}\boldsymbol{r}_i = \frac{1}{2}mv_{iB}^2 - \frac{1}{2}mv_{iA}^2$$

对系内各质点的相应的关系式求和，可得

$$\sum_i\int_A^B \boldsymbol{F}_i\cdot \mathrm{d}\boldsymbol{r}_i + \sum_i\sum_{j\neq i}\int_A^B \boldsymbol{f}_{ij}\cdot \mathrm{d}\boldsymbol{r}_i = \sum_i\frac{1}{2}m_iv_{iB}^2 - \sum_i\frac{1}{2}m_iv_{iA}^2 \tag{4.27}$$

以 $\boldsymbol{r}_C$ 和 $\boldsymbol{v}_C$ 分别表示此质点系的质心的位矢和速度，以 $\boldsymbol{r}_i'$ 和 $\boldsymbol{v}_i'$ 表示第 $i$ 个质点相对系统的质心参考系的位矢和速度，则由式(4.27)可得

$$\int_A^B \left(\sum \boldsymbol{F}_i\right)\cdot \mathrm{d}\boldsymbol{r}_C + \sum_i \int_A^B \boldsymbol{F}_i \cdot \mathrm{d}\boldsymbol{r}'_i + \int_A^B \left(\sum_i \sum_{j\neq i} \boldsymbol{f}_{ij}\right)\cdot \mathrm{d}\boldsymbol{r}_C$$
$$+ \sum_i \sum_{j\neq i} \int_A^B \boldsymbol{f}_{ij} \cdot \mathrm{d}\boldsymbol{r}'_i = \left(\frac{1}{2} m v_{CB}^2 - \frac{1}{2} m v_{CA}^2\right)$$
$$+ \left(\sum_i \frac{1}{2} m_i v_{iB}'^2 - \sum \frac{1}{2} m_i v_{iA}'^2\right) \tag{4.28}$$

此式左侧第三项由于牛顿第三定律而等于零。左侧第一项由质心运动定理式(3.18)可得

$$\int_A^B \left(\sum \boldsymbol{F}_i\right)\cdot \mathrm{d}\boldsymbol{r}_C = \int_A^B m \frac{\mathrm{d}\boldsymbol{v}_C}{\mathrm{d}t} \cdot \mathrm{d}\boldsymbol{r}_C = \frac{1}{2} m v_{CB}^2 - \frac{1}{2} m v_{CA}^2$$

这样就可以和式(4.28)等号右侧第一个括号内容相消。根据势能的定义可知，式(4.28)左侧第四项等于系统的势能的减少，即

$$\sum_i \sum_{j\neq i} \int_A^B \boldsymbol{f}_{ij} \cdot \mathrm{d}\boldsymbol{r}'_i = E_{pA} - E_{pB}$$

再考虑到式(4.28)中左侧第二项是相对于质心参考系外力对系统所做的功之和 $A'_{ex}$，右侧第二个括号内是系统的内动能的增量 $E_{k,in,B} - E_{k,in,A}$，则式(4.28)最后可化为

$$A'_{ex} = (E_{k,in,B} + E_{pB}) - (E_{k,in,A} + E_{pA}) \tag{4.29}$$

系统的内动能和系统内各质点间的势能的总和称为系统的**内能**，以 $E_{in}$ 表示，即

$$E_{in} = E_{k,in} + E_p \tag{4.30}$$

这样式(4.29)可化为

$$A'_{ex} = E_{in,B} - E_{in,A} \tag{4.31}$$

上式说明，**相对于质心参考系，外力对系统所做的功等于系统内能的增量**。此结论也和质心参考系是否为惯性系无关。这又显示了质心的特殊之处。

内能的概念特别用于讨论由大量粒子(如分子)组成的系统，如一定质量的气体或晶体。气体或晶体的内能就是指相对于其质心系的各质点的动能和质点间势能的总和。式(4.31)所表示的功能关系在第2篇(热学)的第10章将有更详细的讨论。在那里，它被改写成热力学第一定律。

## 4.7 守恒定律的意义

我们已介绍了动量守恒定律、角动量守恒定律和能量守恒定律。自然界中还存在着其他的守恒定律，例如质量守恒定律，电磁现象中的电荷守恒定律，粒子反应中的重子数、轻子数、奇异数、宇称的守恒定律等。守恒定律都是关于变化过程的规律，它们都说的是只要过程满足一定的整体条件，就可以不必考虑过程的细节而对系统的初、末状态的某些特征下结论。**不究过程细节而能对系统的状态下结论，这是各个守恒定律的特点和优点**。在物理学中分析问题时常常用到守恒定律。对于一个待研究的物理过程，物理学家通常首先用已知的守恒定律出发来研究其特点，而先不涉及其细节，这是因为很多过程的细节有时不知道，有时因太复杂而难以处理。只是在守恒定律都用过之后，还未能得到所要求的结果时，才对过程的细节进行细致而复杂的分析。这就是守恒定律在方法论上的意义。

正是由于守恒定律的这一重要意义，所以物理学家们总是想方设法在所研究的现象中找出哪些量是守恒的。一旦发现了某种守恒现象，他们就首先用以整理过去的经验并总结出定律。尔后，在新的事例或现象中对它进行检验，并且借助于它作出有把握的预见。如果在新的现象中发现某一守恒定律不对，人们就会更精确地或更全面地对现象进行观察研究，以便寻找那些被忽视了的因素，从而再认定该守恒定律的正确性。在有些看来守恒定律失

效的情况下，人们还千方百计地寻求“补救”的方法，比如扩大守恒量的概念，引进新的形式，从而使守恒定律更加普遍化。但这也并非都是可能的。曾经有物理学家看到有的守恒定律无法“补救”时，便大胆地宣布了这些守恒定律不是普遍成立的，认定它们是有缺陷的守恒定律。不论是上述哪种情况，都能使人们对自然界的认识进入一个新的更深入的阶段。事实上，每一守恒定律的发现、推广和修正，在科学史上的确都曾对人类认识自然的过程起过巨大的推动作用。

在前面我们都是从牛顿定律出发来导出动量、角动量和机械能守恒定律的，也曾指出这些守恒定律都有更广泛的适用范围。的确，在牛顿定律已不适用的物理现象中，这些守恒定律仍然保持正确，这说明这些守恒定律有更普遍更深刻的根基。现代物理学已确定地认识到这些守恒定律是和自然界的更为普遍的属性——时空对称性——相联系着的。任一给定的物理实验(或物理现象)的发展过程和该实验所在的空间位置无关，即换一个地方做，该实验进展的过程完全一样。这个事实叫**空间平移对称性**，也叫**空间的均匀性**。动量守恒定律就是这种对称性的表现。任一给定的物理实验的发展过程和该实验装置在空间的取向无关，即把实验装置转一个方向，该实验进展的过程完全一样。这个事实叫**空间转动对称性**，也叫**空间的各向同性**。角动量守恒定律就是这种对称性的表现。任一给定的物理实验的进展过程和该实验开始的时间无关，例如，迟三天开始做实验，或现在就开始做，该实验的进展过程完全一样。这个事实叫**时间平移对称性**，也叫**时间的均匀性**。能量守恒定律就是时间的这种对称性的表现。在现代物理理论中，可以由上述对称性导出相应的守恒定律，而且可进一步导出牛顿定律来。这种推导过程已超出本书的范围。但可以进一步指出的是，除上述三种对称性外，自然界还存在着一些其他的对称性。而且，相应于每一种对称性，都存在着一个守恒定律。多么美妙的自然规律啊！(参看“今日物理趣闻 C 奇妙的对称性”。)

## 4.8 碰撞

碰撞，一般是指两个物体在运动中相互靠近，或发生接触时，在相对较短的时间内发生强烈相互作用的过程。碰撞会使两个物体或其中的一个物体的运动状态发生明显的变化。例如网球和球拍的碰撞(图 4.23)，两个台球的碰撞(图 4.24)，两个质子的碰撞(图 4.25)，探测器与彗星的相撞(图 4.26)，两个星系的相撞(图 4.27)等。

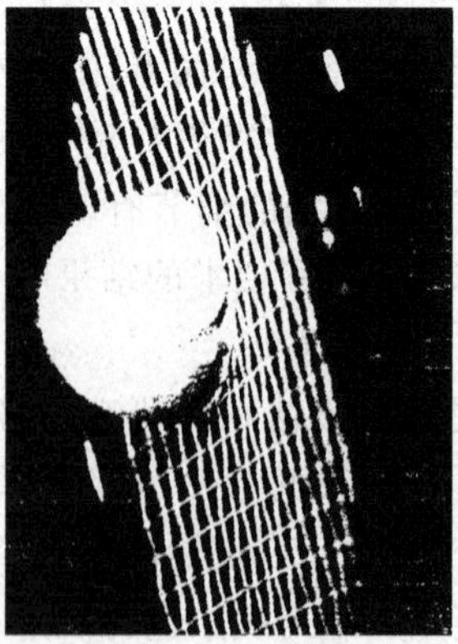

图 4.23 网球和球拍的碰撞

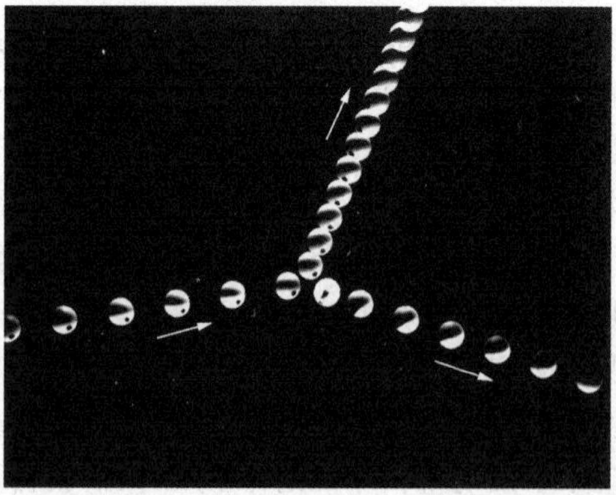

图 4.24 一个运动的台球和一个静止的台球的碰撞

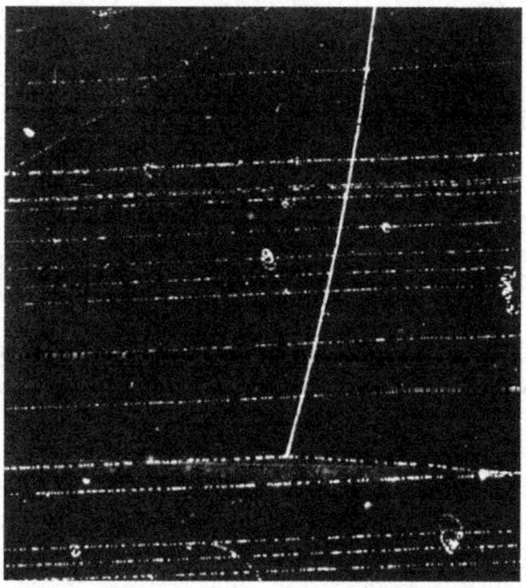

图 4.25 气泡室内一个运动的质子和一个静止的质子碰撞前后的径迹

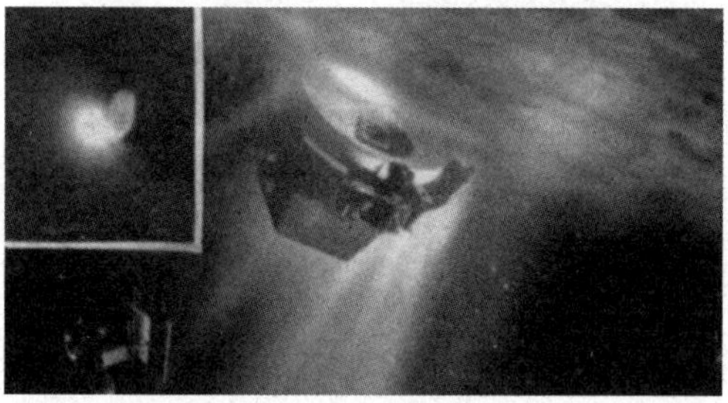

图 4.26 2005 年 7 月 4 日“深度撞击”探测器行经 $4.31\times10^8$ km 后在距地球 $1.3\times10^8$ km 处释放的 372 kg 的撞击器准确地撞上坦普尔 1 号彗星。小图为探测器发回的撞击时的照片

图 4.27 螺旋星系 NGC5194($10^{41}$ kg)和年轻星系 NGC5195(右,质量小到约为前者的 1/3)的碰撞

碰撞过程一般都非常复杂,难于对过程进行仔细分析。但由于我们通常只需要了解物体在碰撞前后运动状态的变化,而对发生碰撞的物体系来说,外力的作用又往往可以忽略,因而我们就可以利用动量、角动量以及能量守恒定律对有关问题求解。前面已经举过几个利用守恒定律求解碰撞问题的例子(如例 3.4、例 3.7、例 4.11 等题),下面再举几个例子。

**例 4.15**

**完全非弹性碰撞**。两个物体碰撞后如果不再分开，这样的碰撞叫完全非弹性碰撞。设有两个物体，它们的质量分别为 $m_1$ 和 $m_2$，碰撞前二者速度分别为 $\boldsymbol{v}_1$ 和 $\boldsymbol{v}_2$，碰撞后合在一起，求由于碰撞而损失的动能。

**解** 对于这样的两物体系统，由于无外力作用，所以总动量守恒。以 $\boldsymbol{V}$ 表示碰后二者的共同速度，则由动量守恒定律可得

$$m_1\boldsymbol{v}_1+m_2\boldsymbol{v}_2=(m_1+m_2)\boldsymbol{V}$$

由此求得

$$\boldsymbol{V}=\frac{m_1\boldsymbol{v}_1+m_2\boldsymbol{v}_2}{m_1+m_2}$$

由于 $m_1$ 和 $m_2$ 的质心位矢为 $\boldsymbol{r}_C=(m_1\boldsymbol{r}_1+m_2\boldsymbol{r}_2)/(m_1+m_2)$，而 $\boldsymbol{V}=\mathrm{d}\boldsymbol{r}_C/\mathrm{d}t=\boldsymbol{v}_C$，所以这共同速度 $\boldsymbol{V}$ 也就是碰撞前后质心的速度 $\boldsymbol{v}_C$。

由于此完全非弹性碰撞而损失的动能为碰撞前两物体动能之和减去碰撞后的动能，即

$$E_{\text{loss}}=\frac{1}{2}m_1v_1^2+\frac{1}{2}m_2v_2^2-\frac{1}{2}(m_1+m_2)V^2 \tag{4.32}$$

又由柯尼希定理公式(4.11)可知，碰前两物体的总动能等于其内动能 $E_{\text{k,in}}$ 和轨道动能 $\frac{1}{2}(m_1+m_2)v_C^2$ 之和，所以上式给出

$$E_{\text{loss}}=E_{\text{k,in}} \tag{4.33}$$

即完全非弹性碰撞中物体系损失的动能等于该物体系的内动能，即相对于其质心系的动能，而轨道动能保持不变。

---

在完全非弹性碰撞中所损失的动能并没“消灭”，而是转化为其他形式的能量了。例如，转化为分子运动的能量即物体的内能了。在粒子物理实验中，常常利用粒子的碰撞引起粒子的转变来研究粒子的行为和规律。引起粒子转变的能量就是碰撞前粒子的内动能，这一能量叫引起转变的**资用能**。早期的粒子碰撞多是利用一个高速的粒子去撞击另一个静止的靶粒子。在这种情况下，入射粒子的动能只有一部分作为资用能被利用。若入射粒子和靶粒子的质量分别为 $m$ 和 $M$，则资用能只占入射粒子动能的 $M/(m+M)$。为了更有效地利用碰撞前粒子的能量，就应尽可能减少碰前粒子系的轨道动能。这就是现代高能粒子加速器都造成**对撞机**(例如电子正电子对撞机，质子反质子对撞机)的原因。在这种对撞机里，使质量和速率都相同的粒子发生对撞。由于它们的轨道动能为零，所以粒子碰撞前的总动能都可以用来作为资用能而引起粒子的转变。

---

**例 4.16**

**弹性碰撞**。碰撞前后两物体总动能没有损失的碰撞叫做弹性碰撞。两个台球的碰撞近似于这种碰撞。两个分子或两个粒子的碰撞，如果没有引起内部的变化，也都是弹性碰撞。设想两个球的质量分别为 $m_1$ 和 $m_2$，沿一条直线分别以速度 $v_{10}$ 和 $v_{20}$ 运动，碰撞后仍沿同一直线运动。这样的碰撞叫**对心碰撞**(图 4.28)。求两球发生弹性的对心碰撞后的速度各如何。

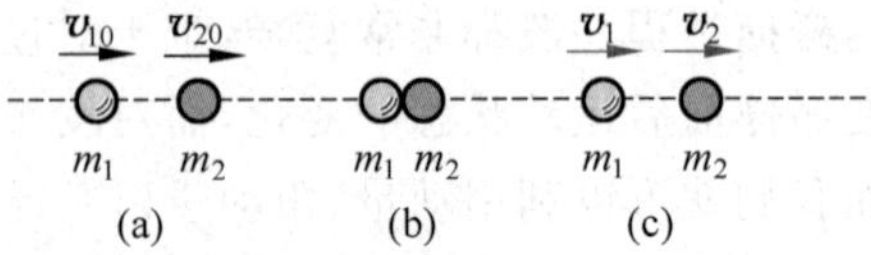


图 4.28 两个球的对心碰撞

(a) 碰撞前；(b) 碰撞时；(c) 碰撞后

**解** 以 $v_1$ 和 $v_2$ 分别表示两球碰撞后的速度。由于碰撞后二者还沿着原来的直线运动，根据动量守恒定律，及由于是弹性的碰撞，总动能应保持不变，即可得

$$\left.\begin{aligned} m_1 v_{10} + m_2 v_{20} &= m_1 v_1 + m_2 v_2 \\ \frac{1}{2} m_1 v_{10}^2 + \frac{1}{2} m_2 v_{20}^2 &= \frac{1}{2} m_1 v_1^2 + \frac{1}{2} m_2 v_2^2 \end{aligned}\right\} \tag{4.34}$$

联立解这两个方程式可得

$$v_1 = \frac{m_1 - m_2}{m_1 + m_2} v_{10} + \frac{2m_2}{m_1 + m_2} v_{20} \tag{4.35}$$

$$v_2 = \frac{m_2 - m_1}{m_1 + m_2} v_{20} + \frac{2m_1}{m_1 + m_2} v_{10} \tag{4.36}$$

为了明确这一结果的意义，我们举两个特例。

特例 1：两个球的质量相等，即 $m_1 = m_2$。这时以上两式给出

$$v_1 = v_{20}, \quad v_2 = v_{10}$$

即碰撞结果是两个球互相交换速度。如果原来一个球是静止的，则碰撞后它将接替原来运动的那个球继续运动。打台球或打克朗棋时常常会看到这种情况，同种气体分子的相撞也常设想为这种情况。

特例 2：一球的质量远大于另一球，如 $m_2 \gg m_1$，而且大球的初速为零，即 $v_{20} = 0$。这时，式(4.35)和式(4.36)给出

$$v_1 = -v_{10}, \quad v_2 \approx 0$$

即碰撞后大球几乎不动而小球以原来的速率返回。乒乓球碰铅球，网球碰墙壁(这时大球是墙壁固定于其上的地球)，拍皮球时球与地面的相碰都是这种情形；气体分子与容器壁的垂直碰撞，反应堆中中子与重核的完全弹性对心碰撞也是这样的实例。

---

**例 4.17**

**弹弓效应**。如图 4.29 所示，土星的质量为 $5.67 \times 10^{26}$ kg，以相对于太阳的轨道速率 9.6 km/s 运行；一空间探测器质量为 150 kg，以相对于太阳 10.4 km/s 的速率迎向土星飞行。由于土星的引力，探测器绕过土星沿和原来速度相反的方向离去。求它离开土星后的速度。

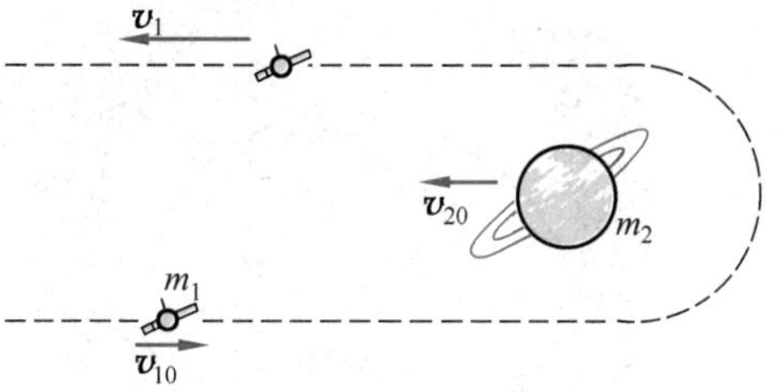


图 4.29 弹弓效应

**解** 如图 4.29 所示，探测器从土星旁飞过的过程可视为一种无接触的“碰撞”过程。它们遵守守恒定律的情况和例 4.16 两球的弹性碰撞相同，因而速度的变化可用式(4.35)求得。由于土星质量 $m_2$ 远大于探测器的质量 $m_1$，在式(4.35)中可忽略 $m_1$ 而得出探测器离开土星后的速度为

$$v_1 = -v_{10} + 2v_{20}$$

如图 4.29 所示，以 $\boldsymbol{v}_{10}$ 的方向为正，$v_{10} = 10.4$ km/s，$v_{20} = -9.6$ km/s，因而

$$v_1 = -10.4 - 2 \times 9.6 = -29.6 \text{ (km/s)}$$

这说明探测器从土星旁绕过后由于引力的作用而速率增大了。这种现象叫做弹弓效应。本例是一种最有利于速率增大的情况。实际上探测器飞近的速度不一定和行星的速度正好反向，但由于引力它绕过行星

后的速率还是要增大的。

弹弓效应是航天技术中增大宇宙探测器速率的一种有效办法，又被称为引力助推。1989年10月发射的伽利略探测器（它已于1995年12月按时到达木星（图4.30(a)）并用了两年时间探测木星大气和它的主要的卫星）就曾利用了这种助推技术。它的轨道设计成一次从金星旁绕过，两次从地球旁绕过（图4.30(b)），都因为这种助推技术而增加了速率。这种设计有效地减少了它从航天飞机上发射时所需要的能量。另一种设计只需要两年半的时间就可达到木星。但这需要用液氢和液氧作燃料的强大推进器，而这对航天飞机来说是比较昂贵而且危险的。

(a)

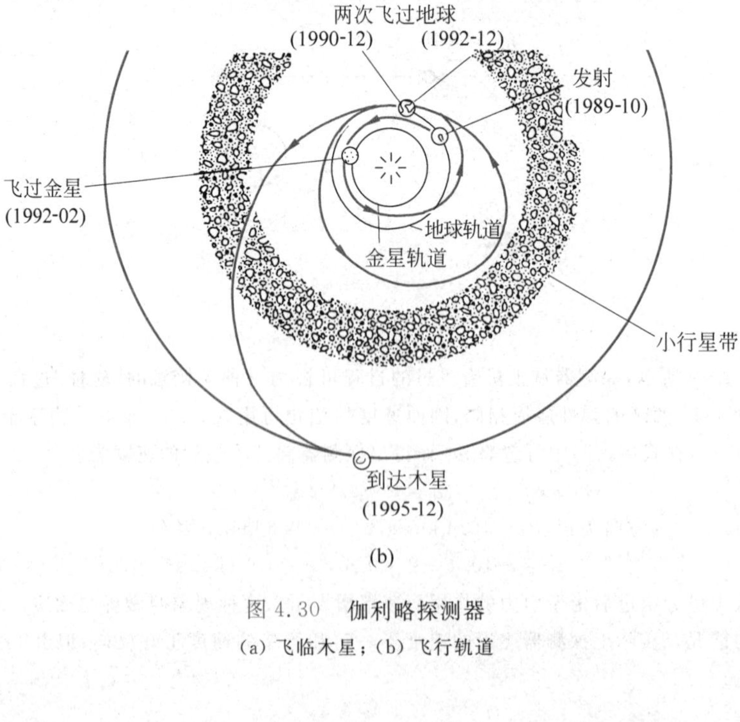


(b)

图4.30 伽利略探测器

(a) 飞临木星；(b) 飞行轨道

美国宇航局 1997 年 10 月 15 日发射了一颗探测土星的核动力航天器——重 5.67 t 的"卡西尼"号(图 4.31)。它航行了 7 年,行程 $3.5\times10^9$ km。该航天器两次掠过金星,1999 年 8 月在 900 km 上空掠过地球,然后掠过木星。在掠过这些行星时都利用了引力助推技术来加速并改变航行方向,因而节省了 77 t 燃料。最后于 2004 年 7 月 1 日准时进入了土星轨道,开始对土星的光环系统和它的卫星进行为时 4 年的考察。它所携带的"惠更斯"号探测器于 2004 年 12 月离开它奔向土星最大的卫星——土卫六,以考察这颗和地球早期(45 亿年前)极其相似的天体。20 天后,"惠更斯"号飞临土卫六上空,打开降落伞下降并进行拍照和大气监测,随后在土卫六的表面着陆,继续工作约 90 分钟后就永远留在了那里。

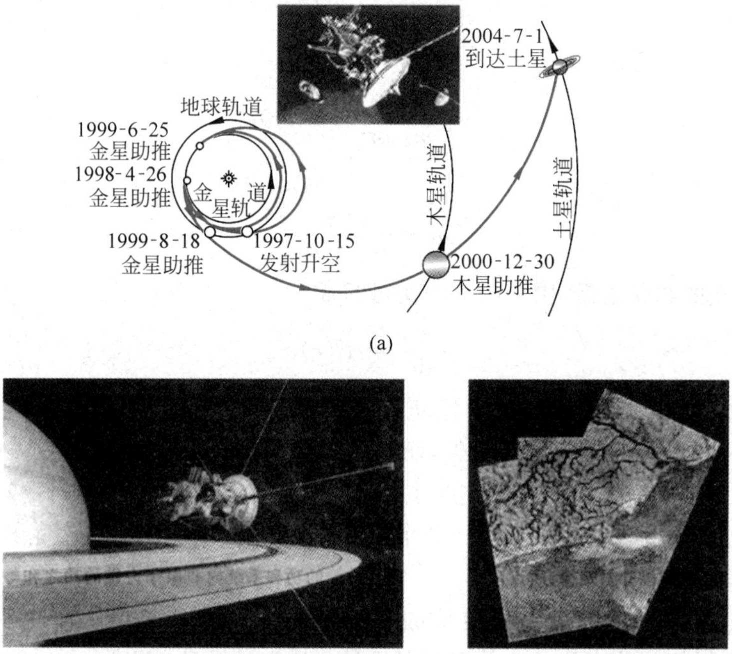


图 4.31　土星探测

(a)"卡西尼"号运行轨道;(b)"卡西尼"号越过土星光环;(c)惠更斯拍摄的土卫六表面照片

## *4.9　两体问题

两体问题是指两个物体在相互作用下运动的问题,这个问题具有一定的典型意义。α 粒子被重原子核的散射,氢原子中电子在原子核周围的运动,一个行星绕太阳的运动(忽略其他星体的影响)都是两体问题的实例。在经典力学中,这类问题有数学的解析解,因为它可以简化为单体问题。

如图 4.32 所示,一惯性系的原点为 $O$,其中有两个质点,质量分别为 $m_1$ 和 $m_2$。它们之间的作用力沿着它们的连线而且大小只是它们之间的距离 $r$ 的函数。由牛顿第三定律,两质点受的力可以一般地分别表示为

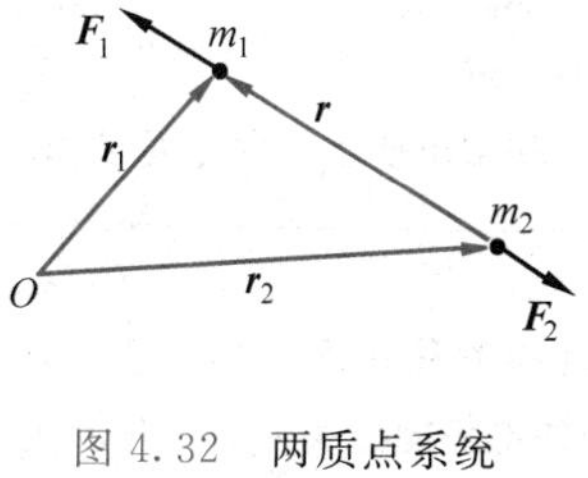


图 4.32　两质点系统

$$\boldsymbol{F}_1 = F(r)\boldsymbol{e}_r, \quad \boldsymbol{F}_2 = -F(r)\boldsymbol{e}_r \tag{4.37}$$

其中 $\boldsymbol{r}$ 为由质点 2 指向质点 1 的位矢。由牛顿第二定律，对 $m_1$，有

$$m_1 \frac{\mathrm{d}^2 \boldsymbol{r}_1}{\mathrm{d}t^2} = \boldsymbol{F}_1 = F(r)\boldsymbol{e}_r \tag{4.38}$$

对 $m_2$，有

$$m_2 \frac{\mathrm{d}^2 \boldsymbol{r}_2}{\mathrm{d}t^2} = \boldsymbol{F}_2 = -F(r)\boldsymbol{e}_r \tag{4.39}$$

将式(4.38)乘以 $m_2$，式(4.39)乘以 $m_1$，再相减可得

$$m_1 m_2 \frac{\mathrm{d}^2 (\boldsymbol{r}_1 - \boldsymbol{r}_2)}{\mathrm{d}t^2} = (m_1 + m_2)F(r)\boldsymbol{e}_r$$

由于 $\boldsymbol{r}_1 - \boldsymbol{r}_2 = \boldsymbol{r}$，所以又有

$$\frac{m_1 m_2}{m_1 + m_2} \frac{\mathrm{d}^2 \boldsymbol{r}}{\mathrm{d}t^2} = F(r)\boldsymbol{e}_r \tag{4.40}$$

令

$$\mu = \frac{m_1 m_2}{m_1 + m_2} \tag{4.41}$$

叫做这两个质点的**约化质量**，则式(4.40)又可写成

$$\mu \frac{\mathrm{d}^2 \boldsymbol{r}}{\mathrm{d}t^2} = F(r)\boldsymbol{e}_r \tag{4.42}$$

这一导出关系式可以理解为质点 1 的运动所遵循的牛顿第二定律公式，其中 $\boldsymbol{r}$ 表示它相对于质点 2(而不是惯性系的原点)的位矢，而它的质量必须用约化质量 $\mu$ 代替，或者说，质点 1 的运动和一个质量为约化质量 $\mu$ 的质点在一惯性系中受同样的力作用时的运动一样，这一惯性系的原点应取在质点 2 上。这样，两个质点在相互作用下的运动就简化为一个质点的运动，因而可以精确地求解了。

由于在惯性系中有关动量和能量的定理都是从牛顿第二定律导出的，所以，根据式(4.42)，对于两体问题中的一个质点相对于另一质点的运动，上述有关动量和动能定理以同样的形式完全适用，只要把前一质点的惯性质量用约化质量代替就可以了。

在此顺便指出，虽然两体问题可以简化为单体问题而得出精确的数学解析解，但三体问题，且不说更多体问题，就远不是这么简单了。三体问题没有解析解，运动变得不可预测(参看“今日物理趣闻 B 混沌”)。

---

**例 4.18**

在实验室内观察到相距很远的一个质子(质量为 $m_p$)和一个氦核(质量 $M=4m_p$)相向运动，速率都是 $v_0$。求二者能达到的最近距离。

**解** 此题可以借助于实验室参考系或质心参考系求解。下面借助于氦核参考系，即氦核为原点的参考系求解。

先求出质子的约化质量，有

$$\mu = \frac{m_p M}{m_p + M} = \frac{4}{5} m_p$$

在此参考系中，质子的初速度为 $v_0' = 2v_0$，仿引力势能公式(4.18)写出质子(带电量为 $e$)和氦核(带电量为 $2e$)的电势能公式为 $2ke^2/r$，其中 $r$ 为质子和氦核之间的距离。在氦核参考系中的能量守恒关系式为

$$\frac{1}{2}\mu v'^2_0=\frac{2ke^2}{r_{\min}}$$

由此得

$$r_{\min}=\frac{5}{4}\frac{ke^2}{m_p v_0^2}$$

## 4.10 流体的稳定流动

本节与 4.11 节将介绍一些流体运动的知识。流体包括气体和液体，我们将主要讨论液体。实际的流体的运动是非常复杂的，作为初步介绍我们将只讨论最简单最基本的情况，即**理想流体**的运动。

实际的液体，如水，只是在很大的压强下才能被少量地压缩。因此，我们假定理想流体是**不可压缩的**，也就是说，它们在压强的作用下体积不会改变。实际的液体、气体也一样，都具有黏滞性，即液体中相邻的部分相互曳拉从而阻止它们的相对运动。例如，蜂蜜是非常黏滞的，油，甚至水乃至气体都有一定的黏滞性。为简单起见，我们还假定理想流体是**无黏滞性**的，即理想流体的各部分都自由地流动，相互之间以及流体和管道壁之间都没有相互曳拉的作用力。

实际的流体流动时，特别是越过障碍物时，其运动是非常复杂的，因为**湍流**可能出现(图 4.33)。为简单起见我们只讨论流体的**稳定流动**或**稳流**。在这种流动中，在整个流道中，流过各点的流体元的速度不随时间改变。例如缓慢流过渠道的水流或流过水管的水流的中部就接近稳流，血管中血液的流动也近似稳流。稳流中流体元速度的分布常用**流线**描绘，图 4.34 就显示了这种流线图。各条流线都是连续的而且不会相交，流线密的地方流速大，稀疏的地方流速小。

图 4.33 稳流(近处河道宽处)和湍流(远处河道窄处)

总之，下面我们将只讨论理想流体(不可压缩而且无黏滞性)的稳定流动。

首先，我们给出流速与流体截面的关系。你一定看到过小河中流水的速率随河道宽窄而变的景象：河道越窄，流动越快；河道越宽，流动越慢。为了求出定量的关系，考虑如图 4.35 所示的水在粗细有变化的管道中流动的情形。以 $v_1$ 和 $v_2$ 分别表示水流过管道截面 $S_1$ 较粗处和流过截面 $S_2$ 较细处的速率。在时间间隔 $\Delta t$ 内流过两截面处的水的体积 分别为$S_1 v_1 \Delta t$和$S_2 v_2 \Delta t$。由于已假定水是理想流体而且是稳流，水就不可能在$S_1$和$S_2$

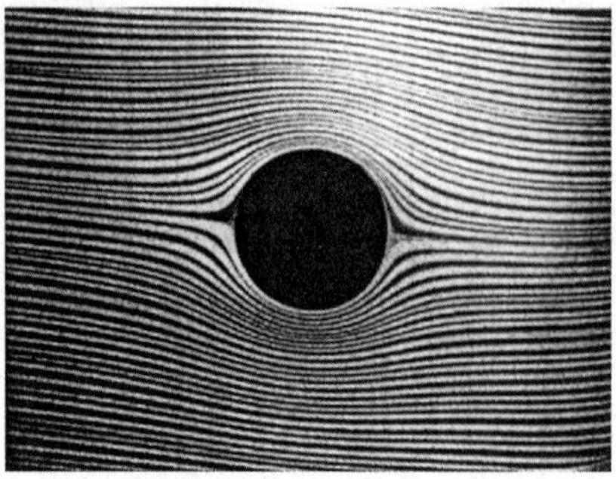

图 4.34 用染色示踪剂显示的流体流过一圆筒的稳流流线图

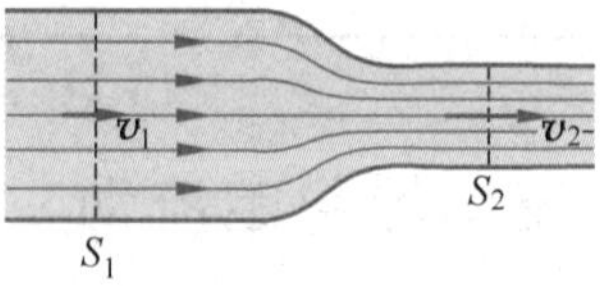


图 4.35 流体在管道中流动

之间发生积聚或短缺，于是流进 $S_1$ 的水的体积必定等于同一时间内从 $S_2$ 流出的水的体积。这样就有

$$S_1 v_1 \Delta t = S_2 v_2 \Delta t$$

或

$$S_1 v_1 = S_2 v_2 \tag{4.43}$$

这一关系式称为稳流的**连续性方程**，它说明管中的流速和管子的横截面积成反比。用橡皮管给花草洒水时，要想流出的水出口速率大一些就把管口用手指封住一些就是这个道理。

## 4.11 伯努利方程

4.10 节讲过，随着流体流动时横截面积的变化会引起速度的变化，而速度的变化，由牛顿第二定律，是和流体内各部分的相互作用力或压强相联系的。再者，随着流动时的高度变化，重力也会引起速度的变化，把流体作为质点系看待直接应用牛顿定律分析其运动是非常复杂而繁难的工作。于是我们将回到守恒定律，现在是用机械能守恒定律来求出理想流体稳定流动的运动和力的关系。

设想一理想流体沿着一横截面变化的管道流动，而且管道各处的高度不同，如图 4.36 所示。把管道中在时刻 $t$ 的两截面 $A$ 和 $B$ 之间的一段水作为我们研究的系统。经过时间 $\Delta t$，由于向前流动，系统的后方和前方分别达到截面 $A'$ 和 $B'$。在 $\Delta t$ 内它的后方和前方的截面面积分别是 $S_1$ 和 $S_2$，速率分别是 $v_1$ 和 $v_2$，而通过的距离分别是 $\Delta l_1$ 和 $\Delta l_2$。截面 $A$ **后方**的流体以力 $\boldsymbol{F}_1$ 把这段流体由 $AB$ 位置推向 $A'B'$ 位置。这力对这段流体做的功是

$$\Delta W_1 = F_1 \Delta l_1 = p_1 S_1 \Delta l_1 = p_1 \Delta V_1 \tag{4.44}$$

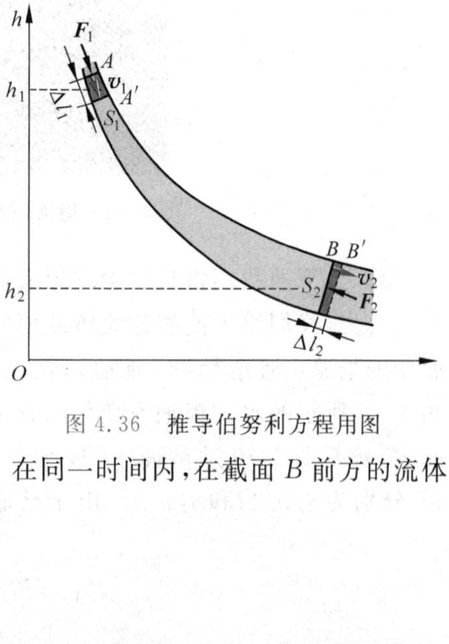


图 4.36 推导伯努利方程用图

其中 $p_1$ 是作用在截面积 $S_1$ 上的压强而 $\Delta V_1 = S_1 \Delta l_1$ 是在 $\Delta t$ 内被推过截面 $A$ 的流体的体积。在同一时间内，在截面 $B$ 前方的流体对 $AB$ 段流体的作用力 $\boldsymbol{F}_2$ 对该段流体做功，其值应为

$$\Delta W_2 = -F_2\Delta l_2 = -p_2 S_2 \Delta l_2 = -p_2\Delta V_2 \tag{4.45}$$

其中 $p_2$ 是作用在截面积 $S_2$ 上的压强，而 $\Delta V_2 = S_2\Delta l_2$ 是在 $\Delta t$ 内流出截面积 $B$ 的流体的体积。对被当作系统的那一段流体来说，根据连续方程，$AB$ 间的流体体积应等于 $A'B'$ 间流体的体积，因而也应该有 $\Delta V_1 = \Delta V_2$，以 $\Delta V$ 记之。

当流体在管中流动时，其动能和势能都随时间改变。但是由于是稳定流动，在时间 $\Delta t$ 内，截面 $A'$ 和 $B$ 之间的那段流体的状态没有发生变化。整段流体系统的机械能的变化也就等于 $\Delta V_1$ 内的流体移动到 $\Delta V_2$ 时机械能的变化。令 $\rho$ 表示流体的密度，由于流体的不可压缩性，$\rho$ 到处相同，而 $\Delta V_1$ 和 $\Delta V_2$ 的流体的质量就都是 $\Delta m = \rho\Delta V$。在 $\Delta t$ 内系统的机械能的变化为

$$\begin{aligned}\Delta E &= \frac{1}{2}\Delta m \cdot v_2^2 + \Delta m \cdot gh_2 - \left(\frac{1}{2}\Delta m \cdot v_1^2 + \Delta m \cdot gh_1\right) \\ &= \left[\frac{1}{2}\rho v_2^2 + \rho g h_2 - \left(\frac{1}{2}\rho v_1^2 + \rho g h_1\right)\right]\Delta V \end{aligned} \tag{4.46}$$

其中 $h_1$ 和 $h_2$ 分别为 $\Delta V_1$ 和 $\Delta V_2$ 所在的高度。

由于流体是无黏滞的，流体各部分之间以及流体和管壁之间无摩擦力作用。系统的机械能守恒定律给出

$$\Delta W_1 + \Delta W_2 = \Delta E$$

代入上面各相应的表示式，可得

$$p_1 - p_2 = \frac{1}{2}\rho v_2^2 + \rho g h_2 - \frac{1}{2}\rho v_1^2 - \rho g h_1$$

或

$$p_1 + \frac{1}{2}\rho v_1^2 + \rho g h_1 = p_2 + \frac{1}{2}\rho v_2^2 + \rho g h_2 \tag{4.47}$$

或

$$p + \frac{1}{2}\rho v^2 + \rho g h = \text{常量} \tag{4.48}$$

为纪念18世纪流体运动的研究者伯努利，式(4.47)或式(4.48)称为**伯努利方程**。它实际上是用于理想流体流动的机械能守恒定律的特殊形式。

对于式(4.47)中 $v_1 = v_2 = 0$ 的特殊情况，如图4.37所示的在一大容器中的水，

$$p_1 + \rho g h_1 = p_2 + \rho g h_2$$

用液体深度 $D$ 代替高度 $h$，由于 $D = H - h$，所以又可得

$$p_2 - p_1 = \rho g (D_2 - D_1) \tag{4.49}$$

此式表明静止的流体内两点的压强差与它们的深度差成正比。这就是大家在中学物理课程中学过的流体静压强的公式。

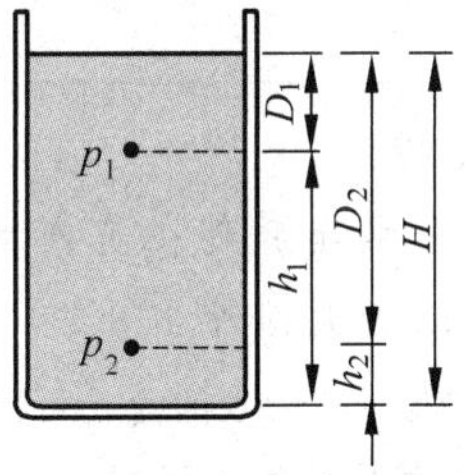

图4.37 静止流体的压强

如果式(4.47)中 $h_1 = h_2$，则得

$$p_1 + \frac{1}{2}\rho v_1^2 = p_2 + \frac{1}{2}\rho v_2^2 \tag{4.50}$$

此式表明在水平管道内流动的流体在流速大处其压强小而在流速小处其压强大。

用式(4.50)可以解释足球场的“香蕉球”为什么能沿一弯曲轨道行进。为使球的轨道弯

曲，必须把球踢得在它向前飞行的同时还绕自己的轴旋转，由于球向前运动，在球上看来，球周围的空气就向后流动，如图4.38所示(其中球向左飞行，气流向右)。由于旋转，球表面附近的空气就被球表面曳拉得随表面旋转。图4.38中球按顺时针方向旋转，其外面空气也按顺时针方向旋转，速度合成的结果使得球左方空气的流速就小于其右方空气的流速，其流线的疏密大致如图4.38所示。根据式(4.50)，球左侧所受空气的压强就大于球运动前方较远处的压强，而球右侧所受空气的压强将小于球运动前方较远处的压强，但在其前方较远处的压强是一样的。所以球左侧受空气的压强就大于其右侧受空气的压强，球左侧受的力也就大于右侧受的力。正是这一压力差迫使球偏离直线轨道而转向右方作曲线运动了。

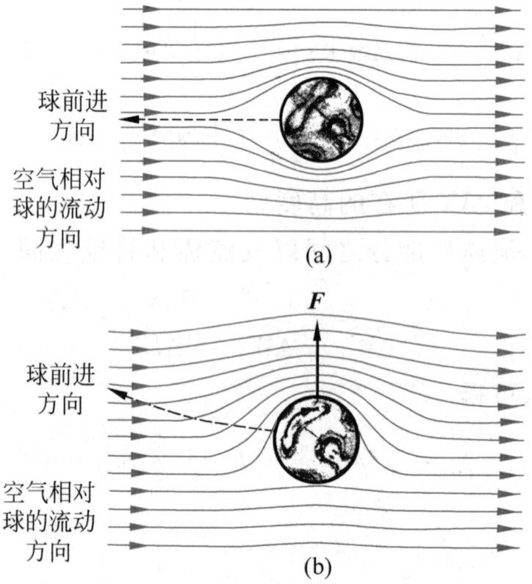


图4.38 “香蕉球”轨道弯曲的解释

(a) 不旋转的球直进；(b) 旋转的球偏斜

乒乓球赛事中最常见的上旋、下旋、左旋或右旋球的弯曲轨道也都是根据同样的道理产生的。

---

**例4.19**

一水箱底部在其内水面下深度为 $D$ 处安有一水龙头(图4.39)。当水龙头打开时，箱中的水以多大速率流出？

**解** 箱中水的流动可以认为是从一段非常粗的管子流向一段细管而从出口流出，在粗管中的流速，也就是箱中液面下降的速率非常小，可以认为式(4.47)中的 $v_1=0$。另外由于箱中液面和从龙头中流出的水所受的空气压强都是大气压强，所以 $p_1=p_2=p_{atm}$。这样式(4.47)就给出

$$\rho g h_1 = \rho g h_2 + \frac{1}{2}\rho v_2^2$$

由此可得

$$v_2 = \sqrt{2g(h_1-h_2)} = \sqrt{2gD} \tag{4.51}$$

这一结果和水自由降落一高度 $D$ 所获得的速率一样。你可以设想一些水从水箱中水面高度直接自由降落到出水口高度，机械能守恒将给出同样结果。

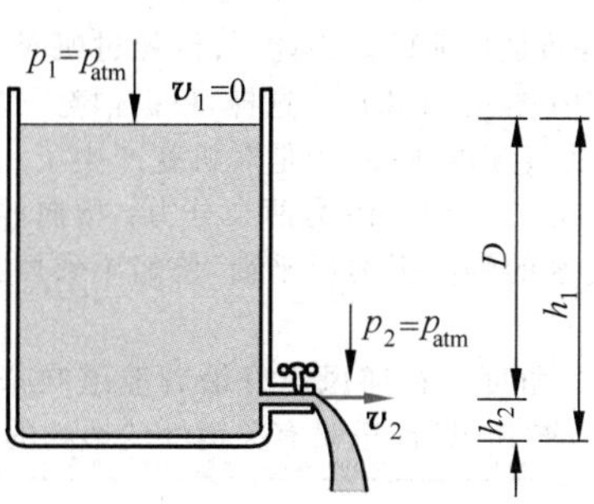


图 4.39 例 4.19 用图

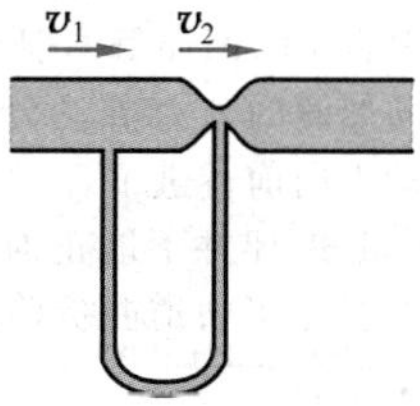


图 4.40 文丘里流速计

**例 4.20**

**文丘里流速计**。这是一个用来测定管道中流体流速或流量的仪器，它是一段具有一狭窄"喉部"的管，如图 4.40 所示。此喉部和管道分别与一压强计的两端相通，试用压强计所示的压强差表示管中流体的流速。

**解** 以 $S_1$ 和 $S_2$ 分别表示管道和喉部的横截面积，以 $v_1$ 和 $v_2$ 分别表示通过它们的流速。根据连续性方程，有

$$v_2 = v_1 S_1/S_2$$

由于管子平放，所以 $h_1=h_2$。伯努利方程给出

$$p_1 - p_2 = \frac{1}{2}\rho v_2^2 - \frac{1}{2}\rho v_1^2 = \frac{1}{2}\rho v_1^2[(S_1/S_2)^2 - 1]$$

由此得管中流速为

$$v_1 = \sqrt{\frac{2(p_1 - p_2)}{\rho[(S_1/S_2)^2 - 1]}} \tag{4.52}$$

**例 4.21**

**逆风行舟**。俗话说："好船家会使八面风"，有经验的水手能够使用风力开船逆风行进，试说明其中的道理。

**解** 我们可以利用伯努利原理来说明这一现象。如图 4.41(a)所示，风沿 $\boldsymbol{v}$ 的方向吹来，以 $\boldsymbol{V}$ 表示船

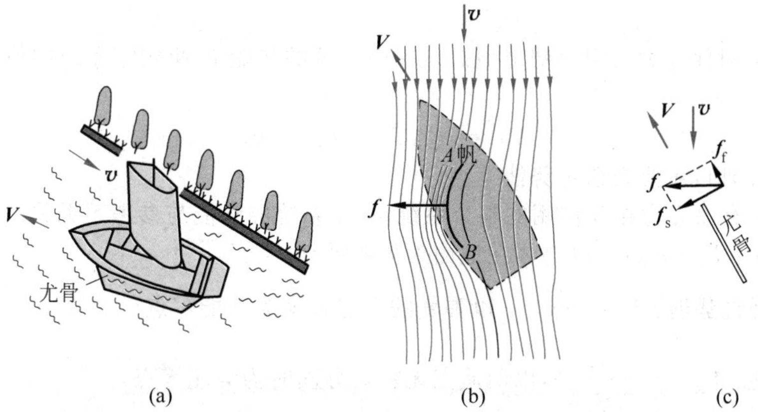


图 4.41 逆风行舟原理

(a) 逆风行驶；(b) 空气流线示意图；(c) 推进力 $\boldsymbol{f}_f$ 的产生

头的指向，即船要前进的方向。$AB$ 为帆，注意帆并不是纯平的，而是弯曲的。因此，气流经过帆时，在帆凸起的一侧，气流速率要大些，而在凹进的一侧，气流的速率要小些(图 4.41(b))。这样，根据伯努利方程(这时 $h_1=h_2$)，在帆凹进的一侧，气流的压强要大于帆凸起的一侧的气流的压强，于是对帆就产生了一个**气动压力 $\boldsymbol{f}$**，其方向垂直于帆面而偏向船头的方向。此力可按图 4.41(c)那样分解为两个分力：指向船头方向的分力 $\boldsymbol{f}_\mathrm{f}$ 和指向船侧的分力 $\boldsymbol{f}_\mathrm{s}$。分力 $\boldsymbol{f}_\mathrm{s}$ 被船在水中的尤骨受水的侧向阻力所平衡，使船不致侧移，船就在分力 $\boldsymbol{f}_\mathrm{f}$ 的推动下向前行进了。

由以上分析可知，船并不能正对着逆风前进，而是要偏一个角度。在逆风正好沿着航道吹来的情况下，船就只能沿"之"字形轨道曲折前进了，帆的形状和方向对船的"逆风"前进是有关键性的影响的。

## 提要

**1. 功**

$$\mathrm{d}A=\boldsymbol{F}\cdot\mathrm{d}\boldsymbol{r},\quad A_{AB}=\int_{L\,(A)}^{(B)}\boldsymbol{F}\cdot\mathrm{d}\boldsymbol{r}$$

**保守力**：做功与路径形状无关的力，或者说，沿闭合路径一周做功为零的力。保守力做的功只由系统的初、末位形决定。

**2. 动能定理**

动能

$$E_\mathrm{k}=\frac{1}{2}mv^2$$

对于一个质点，

$$A_{AB}=E_{\mathrm{k}B}-E_{\mathrm{k}A}$$

对于一个质点系，

$$A_\mathrm{ex}+A_\mathrm{in}=E_{\mathrm{k}B}-E_{\mathrm{k}A}$$

柯尼希定理：对于一个质点系

$$E_\mathrm{k}=E_{\mathrm{k}C}+E_{\mathrm{k,in}}$$

其中 $E_{\mathrm{k}C}=\frac{1}{2}mv_C^2$ 为质心的动能，$E_{\mathrm{k,in}}$ 为各质点相对于质心(即在质心参考系内)运动的动能之和。

**3. 势能**：对保守力可引进势能概念。一个系统的势能 $E_\mathrm{p}$ 决定于系统的位形，它由势能差定义为

$$A_{AB}=-\Delta E_\mathrm{p}=E_{\mathrm{p}A}-E_{\mathrm{p}B}$$

确定势能 $E_\mathrm{p}$ 的值，需要先选定势能零点。

势能属于有保守力相互作用的整个系统，一个系统的势能与参考系无关。

重力势能：$E_\mathrm{p}=mgh$，以物体在地面为势能零点。

弹簧的弹性势能：$E_\mathrm{p}=\frac{1}{2}kx^2$，以弹簧的自然长度为势能零点。

引力势能：$E_\mathrm{p}=-\frac{Gm_1m_2}{r}$，以两质点无穷远分离时为势能零点。

***4. 由势能函数求保守力**

$$F_l=-\frac{\mathrm{d}E_\mathrm{p}}{\mathrm{d}l}$$

**5. 机械能守恒定律**：质点系所受的外力做的功和系统内非保守力做的功之和等于该质点系机械能的增量，即

$$A_{\mathrm{ex}}+A_{\mathrm{in,n\text{-}cons}}=E_B-E_A,\quad \text{其中机械能 } E=E_{\mathrm{k}}+E_{\mathrm{p}}$$

外力对保守系统做的功等于该保守系统的机械能的增加。

封闭的保守系统的机械能保持不变。

用于质心参考系的机械能守恒定律：对保守系统 $A'_{\mathrm{ex}}=E_{\mathrm{in},B}-E_{\mathrm{in},A}$，式中 $E_{\mathrm{in}}$ 为系统的内能。

**6. 守恒定律的意义**：不究过程的细节而对系统的初、末状态下结论；相应于自然界的每一种对称性，都存在着一个守恒定律。

**7. 碰撞**：完全非弹性碰撞：碰后合在一起；弹性碰撞：碰撞时无动能损失。

**8. 两体问题**：如果质点 1 的质量换为约化质量 $\mu=\dfrac{m_1m_2}{m_1+m_2}$，则它相对于 $m_2$ 的运动就可以用牛顿第二定律求得解析解，如同在惯性系中一样。

**9. 理想流体的稳定运动**：理想流体不可压缩和无黏滞性。

**连续性方程**：

$$S_1v_1=S_2v_2$$

**伯努利方程**：

$$p_1+\frac{1}{2}\rho v_1^2+\rho gh_1=p_2+\frac{1}{2}\rho v_2^2+\rho gh_2$$

## 思考题

4.1 一辆卡车在水平直轨道上匀速开行，你在车上将一木箱向前推动一段距离。在地面上测量，木箱移动的距离与在车上测得的是否一样长？你用力推动木箱做的功在车上和在地面上测算是否一样？一个力做的功是否与参考系有关？一个物体的动能呢？动能定理呢？

4.2 你在五楼的窗口向外扔石块。一次水平扔出，一次斜向上扔出，一次斜向下扔出。如果三个石块质量一样，在下落到地面的过程中，重力对哪一个石块做的功最多？

4.3 一质点的势能随 $x$ 变化的势能曲线如图 4.42 所示。在 $x=2,3,4,5,6,7$ 诸位置时，质点受的力各是 $+x$ 还是 $-x$ 方向？哪个位置是平衡位置？哪个位置是稳定平衡位置(质点稍微离开平衡位置时，它受的力指向平衡位置，则该位置是稳定的；如果受的力是指离平衡位置，则该位置是不稳定的)？

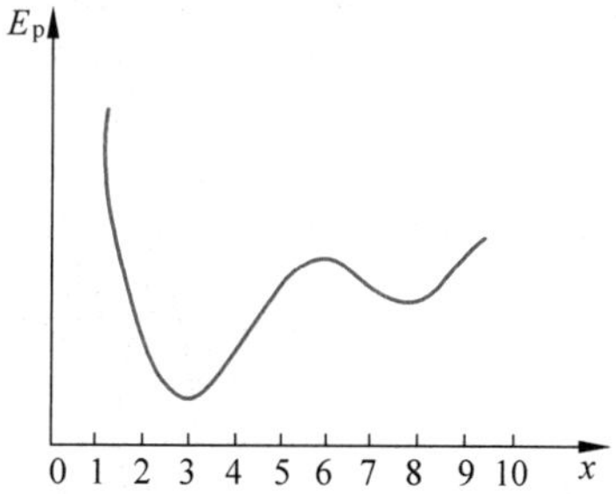

图 4.42 思考题 4.3 用图

4.4 向上扔一石块，其机械能总是由于空气阻力不断减小。试根据这一事实说明石块上升到最高点所用的时间总比它回落到抛出点所用的时间要短些。

4.5 如果两个质点间的相互作用力沿着两质点的连线作用，而大小决定于它们之间的距离，即一般地，$f_1=f_2=f(r)$，这样的力叫**有心力**。万有引力就是一种有心力。任何有心力都是保守力，这个结论对吗？

4.6 对比引力定律和库仑定律的形式，你能直接写出两个电荷($q_1,q_2$)相距 $r$ 时的电势能公式吗？这

个势能可能有正值吗？

4.7 如图4.43所示，物体$B$(质量为$m$)放在光滑斜面$A$(质量为$M$)上。二者最初静止于一个光滑水平面上。有人以$A$为参考系，认为$B$下落高度$h$时的速率$u$满足

$$mgh = \frac{1}{2}mu^2$$

其中$u$是$B$相对于$A$的速度。这一公式为什么错了？正确的公式应如何写？

4.8 如图4.44所示的两个由轻质弹簧和小球组成的系统，都放在水平光滑平面上，今拉长弹簧然后松手。在小球来回运动的过程中，对所选的参考系，两系统的动量是否都改变？两系统的动能是否都改变？两系统的机械能是否都改变？

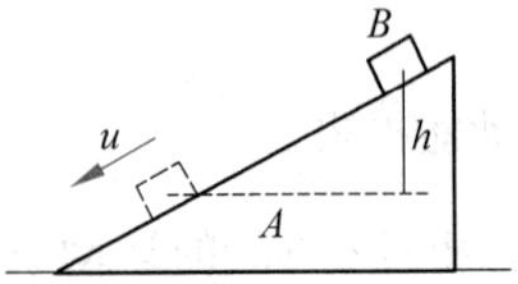


图4.43 思考题4.7用图

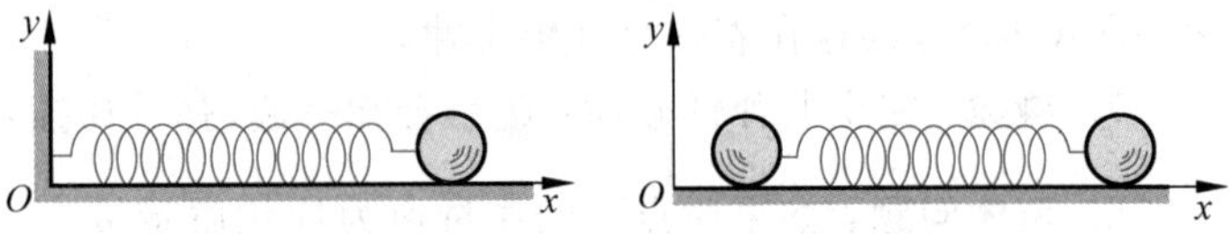


图4.44 思考题4.8用图

4.9 在匀速水平开行的车厢内悬吊一个单摆。相对于车厢参考系，摆球的机械能是否保持不变？相对于地面参考系，摆球的机械能是否也保持不变？

4.10 行星绕太阳$S$运行时(图4.45)，从近日点$P$向远日点$A$运行的过程中，太阳对它的引力做正功还是负功？再从远日点向近日点运行的过程中，太阳的引力对它做正功还是负功？由功判断，行星的动能以及引力势能在这两阶段的运行中各是增加还是减少？其机械能呢？

4.11 游泳时，水对手的推力是做负功的(参看习题1.19)，水对人头和躯体的阻力或曳力也是做负功的。人所受外力都对他做负功，他怎么还能匀速甚至加速前进呢？试用能量转换分析此问题。

4.12 飞机机翼断面形状如图4.46所示。当飞机起飞或飞行时机翼的上下两侧的气流流线如图。试据此图说明飞机飞行时受到"升力"的原因。这和气球上升的原因有何不同？

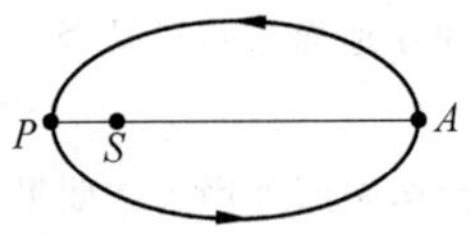


图4.45 行星的公转运行

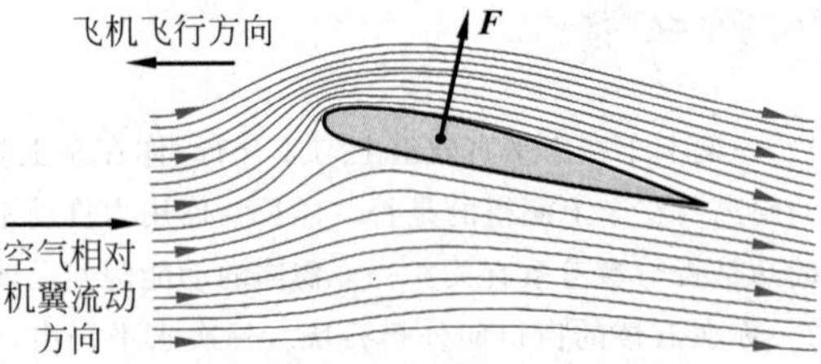


图4.46 飞机"升力"的产生

4.13 两条船并排航行时(图4.47)容易相互靠近而致相撞发生事故。这是什么原因？

4.14 在漏斗中放一乒乓球，颠倒过来，再通过漏斗管向下吹气(图4.48)，则发现乒乓球不但不被吹掉，反而牢牢地留在漏斗内，这是什么原因？

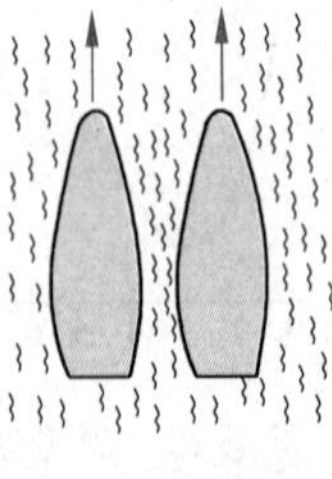

图4.47 并排开行的船有相撞的危险

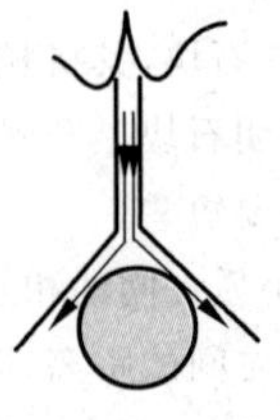

图4.48 乒乓球吹不掉

# 习题

4.1 电梯由一个起重间与一个配重组成。它们分别系在一根绕过定滑轮的钢缆的两端(图 4.49)。起重间(包括负载)的质量 $M=1200$ kg,配重的质量 $m=1000$ kg。此电梯由和定滑轮同轴的电动机所驱动。假定起重间由低层从静止开始加速上升,加速度 $a=1.5$ m/s$^2$。

(1) 这时滑轮两侧钢缆中的拉力各是多少?

(2) 加速时间 $t=1.0$ s,在此时间内电动机所做功是多少?(忽略滑轮与钢缆的质量)

(3) 在加速 $t=1.0$ s 以后,起重间匀速上升。求它再上升 $\Delta h=10$ m 的过程中,电动机又做了多少功?

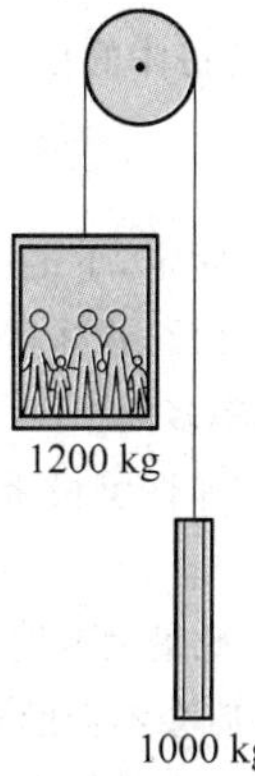


图 4.49 习题 4.1 用图

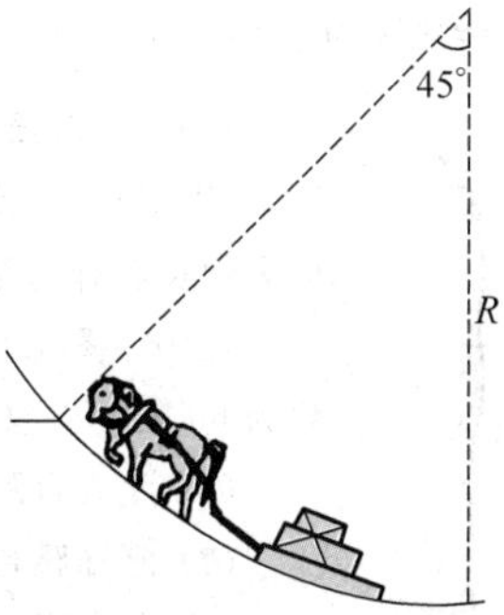


图 4.50 习题 4.2 用图

4.2 一匹马拉着雪橇沿着冰雪覆盖的圆弧形路面极缓慢地匀速移动。设圆弧路面的半径为 $R$(图 4.50),马对雪橇的拉力总是平行于路面,雪橇的质量为 $m$,与路面的滑动摩擦系数为 $\mu_k$。当把雪橇由底端拉上 45°圆弧时,马对雪橇做功多少?重力和摩擦力各做功多少?

4.3 2001 年 9 月 11 日美国纽约世贸中心双子塔遭恐怖分子劫持的飞机袭击而被撞毁(图 4.51)。据美国官方发表的数据,撞击南楼的飞机是波音 767 客机,质量为 132 t,速度为 942 km/h。求该客机的动能,这一能量相当于多少 TNT 炸药的爆炸能量?

图 4.51 "9·11"飞机撞高楼

4.4 矿砂由料槽均匀落在水平运动的传送带上,落砂流量 $q=50$ kg/s。传送带匀速移动,速率为 $v=1.5$ m/s。求电动机拖动皮带的功率,这一功率是否等于单位时间内落砂获得的动能?为什么?

4.5 如图 4.52 所示,$A$ 和 $B$ 两物体的质量 $m_A=m_B$,物体 $B$ 与桌面间的滑动摩擦系数 $\mu_k=0.20$,滑轮摩擦不计。试利用功能概念求物体 $A$ 自静止落下 $h=1.0$ m 时的速度。

4.6 如图 4.53 所示,一木块 $M$ 静止在光滑地平面上。一子弹 $m$ 沿水平方向以速度 $v$ 射入木块内前进一段距离 $s'$ 而停在木块内,使木块移动了 $s_1$ 的距离。

(1) 相对于地面参考系,在这一过程中子弹和木块的动能变化各是多少?子弹和木块间的摩擦力对子弹和木块各做了多少功?

(2) 证明子弹和木块的总机械能的增量等于一对摩擦力之一沿相对位移 $s'$ 做的功。

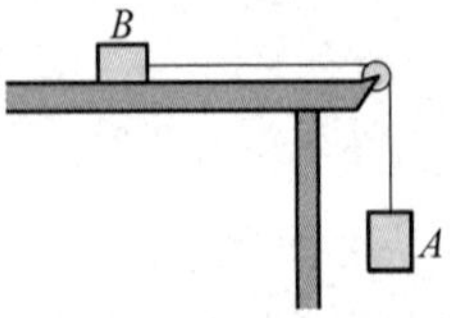


图 4.52 习题 4.5 用图

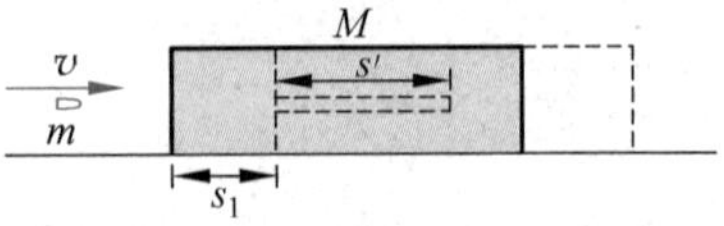


图 4.53 习题 4.6 用图

4.7 参考系 $S'$ 相对于参考系 $S$ 以速度 $\boldsymbol{u}$ 作匀速运动。试用伽利略变换和牛顿定律证明：如果在参考系 $S$ 中，动能定理式(4.9)成立，则在参考系 $S'$ 中，形式完全相同的动能定理也成立，即必然有 $A'_{AB}=\frac{1}{2}mv'^2_B-\frac{1}{2}mv'^2_A$（注意：相对于两参考系的功以及动能并不相等）。

4.8 一竖直悬挂的弹簧(劲度系数为 $k$)下端挂一物体，平衡时弹簧已有一伸长。若以物体的平衡位置为竖直 $y$ 轴的原点，相应位形作为弹性势能和重力势能的零点。试证：当物体的位置坐标为 $y$ 时，弹性势能和重力势能之和为 $\frac{1}{2}ky^2$。

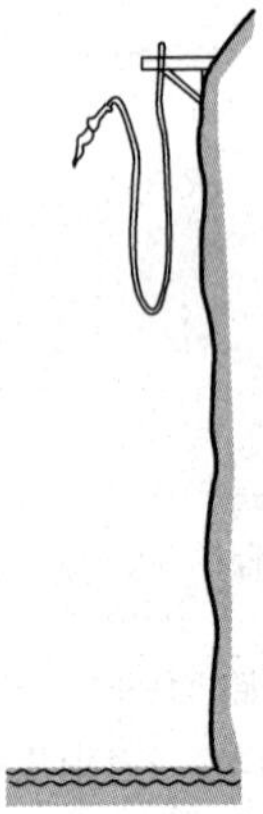

图 4.54 跳蹦极

4.9 一轻质量弹簧原长 $l_0$，劲度系数为 $k$，上端固定，下端挂一质量为 $m$ 的物体，先用手托住，使弹簧保持原长。然后突然将物体释放，物体达最低位置时弹簧的最大伸长和弹力是多少？物体经过平衡位置时的速率多大？

4.10 图 4.54 表示质量为 72 kg 的人跳蹦极。弹性蹦极带原长 20 m，劲度系数为 60 N/m。忽略空气阻力。

(1) 此人自跳台跳出后，落下多高时速度最大？此最大速度是多少？

(2) 已知跳台高于下面的水面 60 m。此人跳下后会不会触到水面？

*4.11 如图 4.55 所示，一轻质弹簧劲度系数为 $k$，两端各固定一质量均为 $M$ 的物块 $A$ 和 $B$，放在水平光滑桌面上静止。今有一质量为 $m$ 的子弹沿弹簧的轴线方向以速度 $\boldsymbol{v}_0$ 射入一物块而不复出，求此后弹簧的最大压缩长度。

4.12 如图 4.56 所示，弹簧下面悬挂着质量分别为 $m_1$，$m_2$ 的两个物体，开始时它们都处于静止状态。突然把 $m_1$ 与 $m_2$ 的连线剪断后，$m_1$ 的最大速率是多少？设弹簧的劲度系数 $k=8.9$ N/m，而 $m_1=500$ g，$m_2=300$ g。

*4.13 一质量为 $m$ 的物体，从质量为 $M$ 的圆弧形槽顶端由静止滑下，设圆弧形槽的半径为 $R$，张角为 $\pi/2$(图 4.57)。如所有摩擦都可忽略，求：

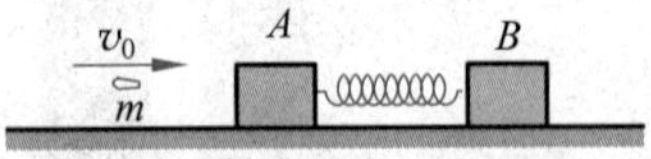


图 4.55 习题 4.11 用图

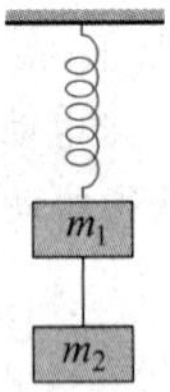


图 4.56 习题 4.12 用图

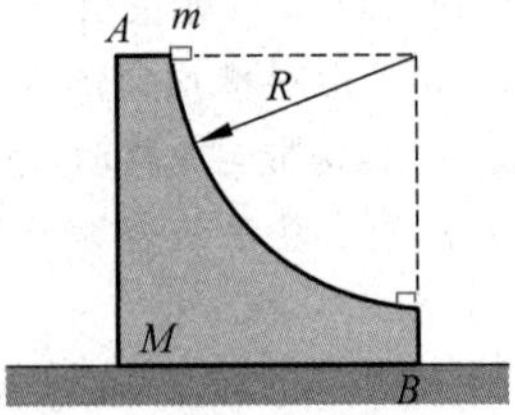


图 4.57 习题 4.13 用图

(1) 物体刚离开槽底端时，物体和槽的速度各是多少？

(2) 在物体从 $A$ 滑到 $B$ 的过程中，物体对槽所做的功 $A$。

(3) 物体到达 $B$ 时对槽的压力。

4.14 证明：一个运动的小球与另一个静止的质量相同的小球作弹性的非对心碰撞后，它们将总沿互成直角的方向离开(参看图 4.24 和图 4.25)。

4.15 对于一维情况证明：若两质点以某一相对速率靠近并做弹性碰撞，那么碰撞后恒以同一相对速率离开，即

$$v_{10}-v_{20}=-(v_1-v_2)$$

4.16 一质量为 $m$ 的人造地球卫星沿一圆形轨道运动，离开地面的高度等于地球半径的 2 倍（即 $2R$）。试以 $m,R$，引力恒量 $G$，地球质量 $M$ 表示出：

(1) 卫星的动能；

(2) 卫星在地球引力场中的引力势能；

(3) 卫星的总机械能。

*4.17 证明：行星在轨道上运动的总能量为

$$E=-\frac{GMm}{r_1+r_2}$$

式中，$M,m$ 分别为太阳和行星的质量；$r_1,r_2$ 分别为太阳到行星轨道的近日点和远日点的距离。

4.18 发射地球同步卫星要利用"霍曼轨道"（图 4.58）。设发射一颗质量为 500 kg 的地球同步卫星。先把它发射到高度为 1400 km 的停泊轨道上，然后利用火箭推力使它沿此轨道的切线方向进入霍曼轨道。霍曼轨道远地点即同步高度 36 000 km，在此高度上利用火箭推力使之进入同步轨道。

(1) 先后两次火箭推力给予卫星的能量各是多少？

(2) 先后两次推力使卫星的速率增加多少？

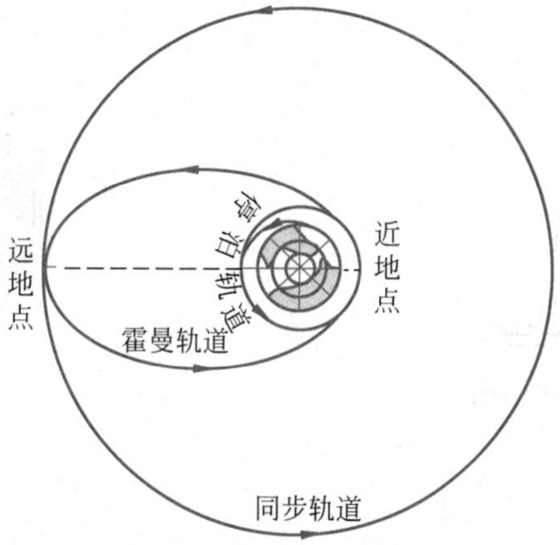


图 4.58 习题 4.18 用图

4.19 两颗中子星质量都是 $10^{30}$ kg，半径都是 20 km，相距 $10^{10}$ m。如果它们最初都是静止的，试求：

(1) 当它们的距离减小到一半时，它们的速度各是多大？

(2) 当它们就要碰上时，它们的速度又将各是多大？

4.20 有一种说法认为地球上的一次灾难性物种（如恐龙）绝灭是由于 6500 万年前一颗大的小行星撞入地球引起的。设小行星的半径是 10 km，密度为 $6.0\times10^3$ kg/m$^3$（和地球的一样），它撞入地球将释放多少引力势能？这能量是唐山地震估计能量（见表 4.1）的多少倍？

4.21 一个星体的逃逸速度为光速时，亦即由于引力的作用光子也不能从该星体表面逃离时，该星体就成了一个"黑洞"。理论证明，对于这种情况，逃逸速度公式（$v_e=\sqrt{2GM/R}$）仍然正确。试计算太阳要是成为黑洞，它的半径应是多大（目前半径为 $R=7\times10^8$ m）？质量密度是多大？比原子核的平均密度（$2.3\times10^{17}$ kg/m$^3$）大到多少倍？

4.22 理论物理学家霍金教授认为"黑洞"并不是完全"黑"的，而是不断向外发射物质。这种发射称为黑洞的"蒸发"。他估计一个质量是太阳两倍的黑洞的温度大约是 $10^{-6}$ K，完全蒸发掉需要 $10^{67}$ 年的时

间。又据信宇宙大爆炸开始曾产生过许多微型黑洞，但到如今这些微型黑洞都已由于蒸发而消失了。若一个黑洞蒸发完所需的时间和它的质量的3次方成正比，而宇宙大爆炸发生在200亿年以前，那么当时产生的而至今已蒸发完的最大的微型黑洞的质量和半径各是多少？

4.23 $^{238}$U核放射性衰变时放出的α粒子时释放的总能量是4.27 MeV，求一个静止的$^{238}$U核放出的α粒子的动能。

*4.24 证明：把两体问题化为单体问题后，一质点在另一质点参考系中的动能等于两质点的内动能。

*4.25 水平光滑桌面上放有质量分别为$M$和$m$的两个物体，二者用一根劲度系数为$k$的弹簧相连而处于静止状态。今用棒击质量为$m$的物体，使之获得一指向另一物体的速度$\boldsymbol{v}_0$。试利用约化质量概念求出此后弹簧的最大压缩长度。

*4.26 在实验室内观察到相距很远的一个质子（质量为$m_p$）和一个氦核（质量$M=4m_p$）相向运动，速率都是$v_0$。求二者能达到的最近距离（忽略质子和氦核间的引力势能，但二者间的电势能需计入。电势能公式可根据引力势能公式猜出）。

4.27 有的黄河区段的河底高于堤外田地。为了用河水灌溉堤外田地就用虹吸管越过堤面把河水引入田中。虹吸管如图4.59所示，是倒U形，其两端分别处于河内和堤外的水渠口上。如果河水水面和堤外管口的高度差是5.0 m，而虹吸管的半径是0.20 m，则每小时引入田地的河水的体积是多少$m^3$？

4.28 喷药车的加压罐内杀虫剂水的表面的压强是$p_0=21$ atm，管道另一端的喷嘴的直径是0.8 cm（图4.60）。求喷药时，每分钟喷出的杀虫剂水的体积。设喷嘴和罐内液面处于同一高度。

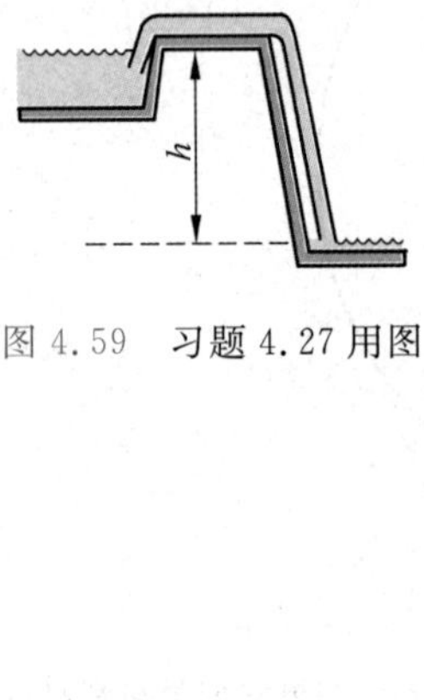


图4.59 习题4.27用图

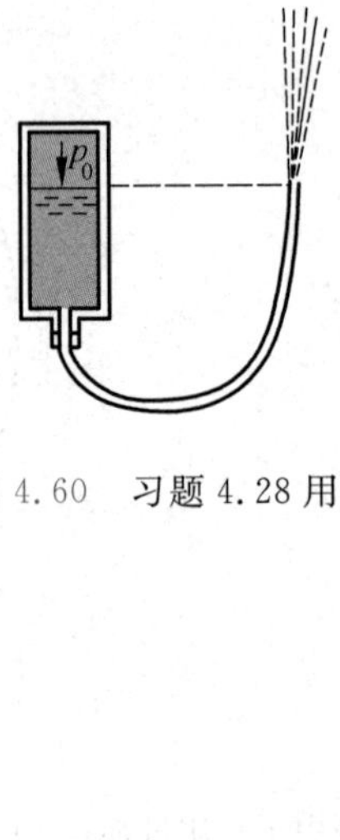


图4.60 习题4.28用图

# 今日物理趣闻 C

## 奇妙的对称性

### C.1 对称美

人类和自然界都很喜欢对称。

对称是形象美的重要因素之一，远古时期人类就有这种感受了。我国西安半坡遗址出土的陶器(6000年前遗物)不但具有轴对称性，而且表面还绘有许多优美的对称图案。图C.1的鱼纹就是这种图案之一。当今世界利用对称给人以美感的形体到处都可看到。故宫的每座宫殿都是对其中线左右对称的，而整个建筑群也基本上是对南北中心线按东西对称分布的；天坛的祈年殿(图C.2)则具有严格的对于竖直中心线的轴对称性。这样的设计都给人以庄严、肃穆、优美的感觉。近代建筑群也不乏以对称求美的例子。除建筑外，人们的服饰及其上的图样也常常具有对称性从而增加了体态美。艺术表演上的美也常以对称性来体现。中国残疾人艺术团表演的“千手观音”(图C.3)就突出地表现了这一点。我国古诗中有一种“回文诗”，顺念倒念(甚至横、斜、绕圈念或从任一字开始念)都成章，这可以说是文学创作中表现出的对称性。宋朝大诗人苏东坡的一首回文诗《题金山寺》是这样写的：

图C.1 半坡鱼纹

图C.2 天坛祈年殿

图C.3 千手观音造型
(北京青年报记者陈中文)

潮随暗浪雪山倾， 远浦渔舟钓月明。
桥对寺门松径小， 巷当泉眼石波清。
迢迢远树江天晓， 蔼蔼红霞晚日晴。
遥望四山云接水， 碧峰千点数鸥轻。

大自然的对称表现是随处可见的。植物的叶子几乎都有左右对称的形状(图C.4)，花的美丽和花瓣的轴对称或左右对称的分布有直接的关系，动物的形体几乎都是左右对称的，蝴蝶的美丽和它的体态花样的左右对称分不开(图C.5)。在无机界最容易看到的是雪花的对称图像(图C.6)，这种对称外观是其中水分子排列的严格对称性的表现。分子或原子的对称排列是晶体的微观结构的普遍规律，图C.7是铂针针尖上原子对称排列在场离子显微镜下显示出的花样，图C.8是用电子显微镜拍摄的白铁矿晶体中$FeS_2$分子的排列图形。

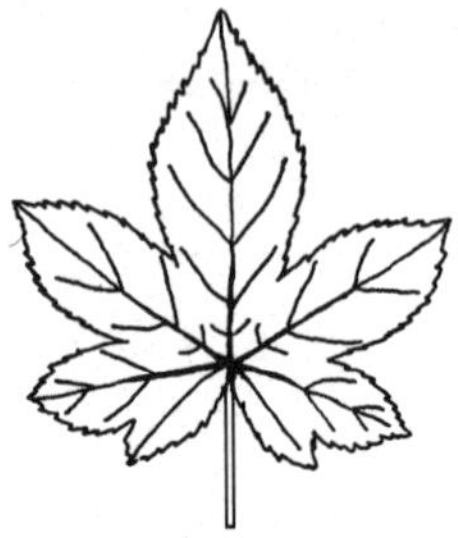

图C.4 树叶的对称形状

图C.5 蝴蝶的对称体形

图C.6 雪花的六角形花样

图C.7 场离子显微镜显示的铂针针尖图形

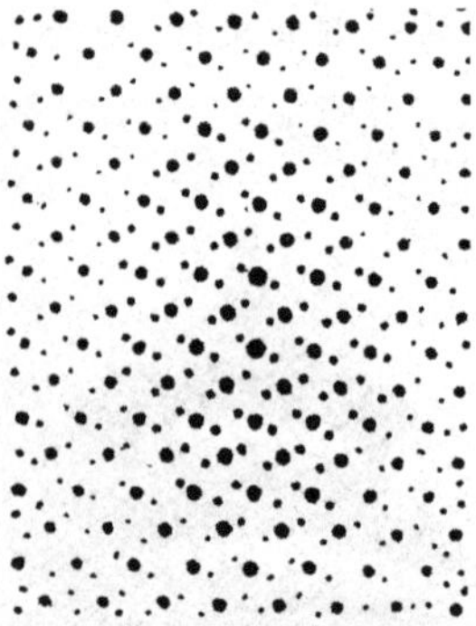

图C.8 电子显微镜拍摄的$FeS_2$分子的对称排列

## C.2 对称性种种

上面我们多次谈到对称性，大家好像都理解其含义，但实际上也还都是一些直观的认识。关于对称性的普遍的严格的定义是德国数学家魏尔1951年给出的：**对一个事物进行一次变动或操作；如果经此操作后，该事物完全复原，则称该事物对所经历的操作是对称的**；而该操作就叫**对称操作**。由于操作方式的不同而有若干种不同的对称性，下面介绍几种常见的对称性。

### 1. 镜像对称或左右对称

图C.1到图C.5都具有这种对称性。它的特点是如果把各图中的中心线设想为一个垂直于图面的平面镜与图面的交线，则各图的每一半都分别是另一半在平面镜内的像。用魏尔对称性的定义来说，是这样的：设$x$轴垂直于镜面，原点就在镜面上。将一半图形的坐标值$x$变成$-x$，就得到了另一半图形(图C.9)。这$x$坐标的变号就叫镜像对称操作，也叫**空间反演操作**，相应的对称性称为**镜像对称**。由于左手图像经过这种操作就变成了右手图像，所以这种对称又叫**左右对称**。日常生活中的对称性常常指的是这种对称性，回文诗所表现的对称性可以认为是文学创作中的“镜像对称”。

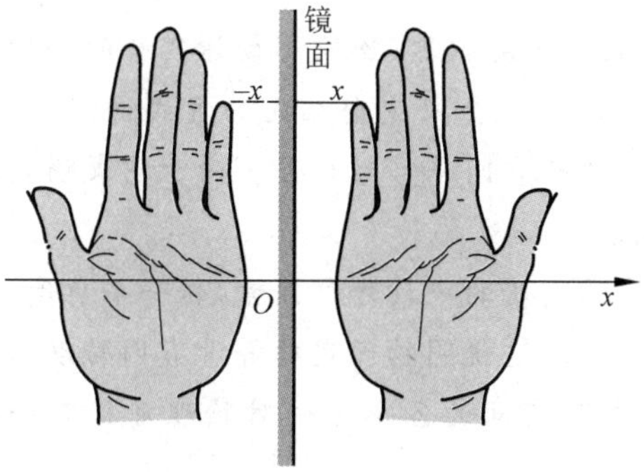


图C.9 镜像对称操作

### 2. 转动对称

如果使一个形体绕某一固定轴转动一个角度(转动操作)，它又和原来一模一样的话，这种对称叫**转动对称**或**轴对称**。轴对称有级次之别。比如图C.4中的树叶图形绕中心线转180°后可恢复原状，而图C.6中的雪花图形绕垂直于纸面的中心轴转动60°后就可恢复原状，我们说后者比前者的对称性级次高。又如图C.2中祈年殿的外形绕其中心竖直轴转过几乎任意角度时都和原状一样，所以它具有更高级次的转动对称性。

如果一个形体对通过某一定点的任意轴都具有转动对称性，则该形体就具有**球对称性**，而那个定点就叫对称中心。具有球对称性的形体，从对称中心出发，各个方向都是一样的，这叫做**各向同性**。

### 3. 平移对称

使一个形体发生一平移后它也和原来一模一样的话，该形体就具有**平移对称性**。平移对称性也有高低之分。比如一条无穷长直线对沿自身方向任意大小的平移都是对称的，一个无穷大平面对沿面内的任何平移也都是对称的，但晶体(如食盐)只对沿确定的方向(如沿一列离子的方向)而且一次平移的“步长”具有确定值(如图C.10中的

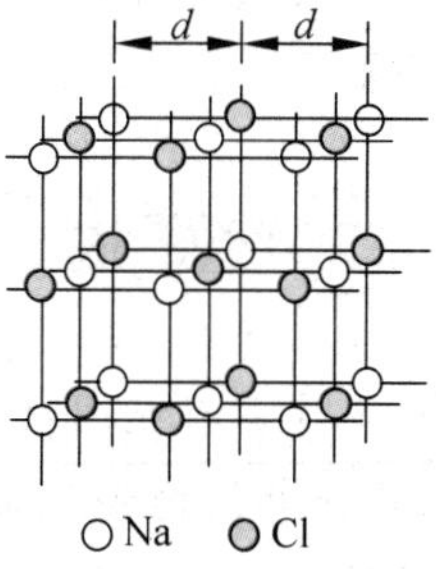


图C.10 食盐晶体的平移对称性

$2d$)的平移才是对称的。我们说,前两种平移对称性比第三种的级次高。

以上是几种简单的空间对称性,事物对时间也有对称性,量子力学研究的微观对象还具有更抽象的对称性,这些在下文都有涉及。

## C.3 物理定律的对称性

C.2节所讨论的对称性都是几何形体的对称性,研究它的规律对艺术、对物理学都有重要的意义。例如,对晶体结晶点阵的对称性的研究是研究晶体微观结构及其宏观性质的很重要的方法和内容。除了这种几何形体的对称性外,在物理学中具有更深刻意义的是物理定律的对称性。量子力学的发展特别表明了这一点。

物理定律的对称性是指经过一定的操作后,物理定律的形式保持不变。因此物理定律的对称性又叫**不变性**。

设想我们在空间某处做一个物理实验,然后将该套实验仪器(连同影响该实验的一切外部因素)平移到另一处。如果给予同样的起始条件,实验将会以完全相同的方式进行,这说明物理定律没有因平移而发生变化。这就是物理定律的空间平移对称性。由于它表明空间各处对物理定律是一样的,所以又叫做**空间的均匀性**。

如果在空间某处做实验后,把整套仪器(连同影响实验的一切外部因素)转一个角度,则在相同的起始条件下,实验也会以完全相同的方式进行,这说明物理定律并没有因转动而发生变化。这就是物理定律的转动对称性。由于它表明空间的各个方向对物理定律是一样的,所以又叫**空间的各向同性**。

还可以举出一个物理定律的对称性,即物理定律对于匀速直线运动的对称性。这说的是,如果我们先在一个静止的车厢内做物理实验,然后使此车厢做匀速直线运动,这时将发现物理实验和车厢静止时完全一样地发生。这说明物理定律不受匀速直线运动的影响。(更具体地说,这种对称性是指物理定律在洛伦兹变换下保持形式不变)

在量子力学中还有经过更抽象的对称操作而物理定律保持形式不变的对称性,如经过全同粒子互换、相移、电荷共轭变换(即粒子与反粒子之间的相互转换)等操作所表现出的对称性等。

关于物理定律的对称性有一条很重要的定律:**对应于每一种对称性都有一条守恒定律**。例如,对应于空间均匀性的是动量守恒定律,对应于空间的各向同性的是角动量守恒定律,对应于空间反演对称的是宇称守恒定律(见C.4节),对应于量子力学相移对称的是电荷守恒定律等等。

## C.4 宇称守恒与不守恒

物理定律具有空间反演对称性吗?可以这样设想:让我们造两只钟,它们所用的材料都一样,只是内部结构和表面刻度做得使一只钟和另一只钟的镜像完全一样(图C.11)。然后将这两只钟的发条拧得同样紧并且从同一对应位置开始走动。直觉告诉我们这两只钟将会完全按互为镜像的方式走动。这表明把所有东西从“左”式的换成“右”式的,物理定律保持

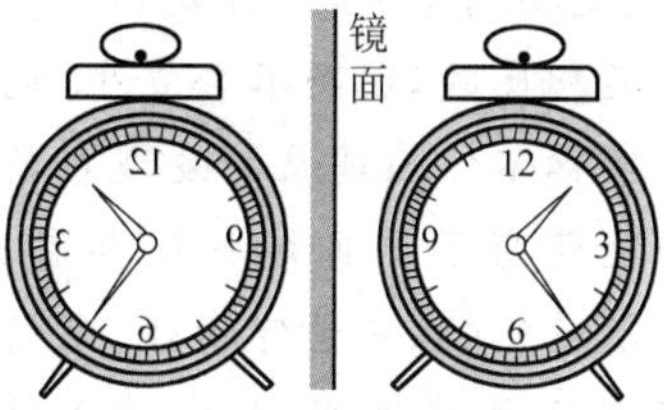

图 C.11 空间反演对称

不变。实际上大量的宏观现象和微观过程都表现出这种物理定律的空间反演对称性。

和空间反演对称性相对应的守恒量叫**宇称**。在经典物理中不曾用到宇称的概念,在量子力学中宇称概念的应用给出关于微观粒子相互作用的很重要的定律——**宇称守恒定律**。下面我们用宏观的例子来说明宇称这一比较抽象的概念。

对于某一状态的系统的镜像和它本身的关系只可能有两种情况。一种是它的镜像和它本身能完全重合或完全一样,一只正放着的圆筒状茶杯和它的镜像(图 C.12)的关系就是这种情况。我们说这样的系统(实际上是指处于某一状态的基本粒子)有**偶宇称**,其宇称值为+1。另一种情况是系统的镜像有左右之分,因而不能完全重合。右手的镜像成为左手(图 C.9),就是这种情况,钟和它的镜像(图 C.11)也是这样。我们说这样的系统(实际上也是指处于某一状态的基本粒子)有**奇宇称**,其宇称值为−1。对应于粒子的轨道运动状态(如氢原子中电子的轨道运动)有**轨道**宇称值。某些粒子还有**内禀**宇称(对应于该粒子的内部结构),如质子的内禀宇称为+1,π 介子的内禀宇称是−1,等等。宇称具有**可乘性**而不是可加性,一个粒子或一个粒子系统的"总"宇称是各粒子的轨道宇称和内禀宇称的总乘积。宇称守恒定律指的就是在经过某一相互作用后,粒子系统的总宇称和相互作用前粒子系统的总宇称相等。

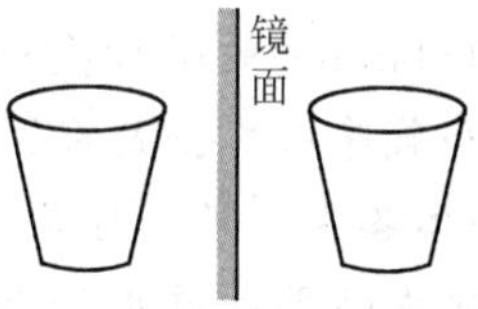

图 C.12 偶宇称

图 C.13 发现宇称不守恒的三位科学家
从左到右依次为李政道、杨振宁和吴健雄

宇称守恒定律原来被认为和动量守恒定律一样是自然界的普遍定律,但后来发现并非如此。1956 年夏天,李政道和杨振宁(图 C.13)在审查粒子相互作用中宇称守恒的实验根据时,发现并没有关于弱相互作用(发生在一些衰变过程中)服从宇称守恒的实验根据。为了说明当时已在实验中发现的困难,他们大胆地提出可能弱相互作用不存在空间反演对称性,因而也不服从宇称守恒定律的假定,并建议做验证这个假定的实验。当年吴健雄(图 C.13)等就做了这样的实验,证明李、杨的假定是符合事实的。该实验是在 0.01 K 的温度下使 $^{60}Co$ 核在强磁场中排列起来,观察这种核衰变时在各方向上放出的电子的数目。实验结果是放出电子的数目并不是各向相同的,而是沿与 $^{60}Co$ 自旋方向相反的方向放出的电子数最多(图 C.14)。这样的结果不可能具有空间反演对称性。因为,实际发生的

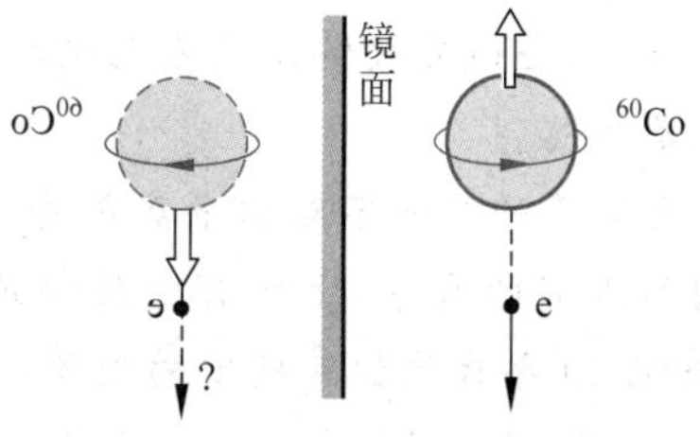

图 C.14 证明空间反演不对称的实验

情况的镜像如图C.14中虚线所示，这时$^{60}$Co核自旋的方向反过来了，因此，将是沿与$^{60}$Co核自旋相同的方向放出的电子数最多。这是与实际发生的情况相反的，因而不会发生，也因此这一现象不具有空间反演对称性而不服从宇称守恒定律。宇称不守恒现象的发现在物理学发展史上有重要的意义，这也可由第二年(1957年)李、杨就获得了诺贝尔物理奖看出。这样人们就认识到有些守恒定律是“绝对的”，如动量守恒、角动量守恒、能量守恒等，任何自然过程都要服从这些定律；有些守恒定律则有其局限性，只适用于某些过程，如宇称守恒定律只适用于强相互作用和电磁相互作用引起的变化，而在弱相互作用中则不成立。

弱相互作用的一个实例是如下衰变：

$$\Sigma^+ \rightarrow p + \pi^0$$

实验测得反应前后轨道宇称无变化，但粒子$\Sigma^+$和质子p的内禀宇称为+1，$\pi^0$介子的内禀宇称为−1。显见反应前后的总宇称符号相反，因而宇称不守恒。

## C.5 自然界的不对称现象

宇称不守恒是物理规律的不对称的表现，在自然界还存在着一些不对称的事物，其中最重要的是生物界的不对称性和粒子-反粒子的不对称性。

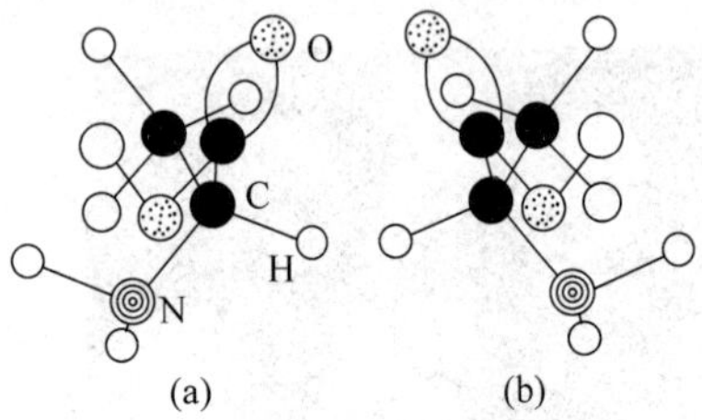


图C.15 丙氨酸的两种异构体
(a) L(左)型；(b) D(右)型

动物和植物的外观看起来大都具有左右对称性，但是构成它们的蛋白质的分子却只有“左”的一种。我们知道蛋白质是生命的基本物质，它是由多种氨基酸组成的，每种氨基酸都有两种互为镜像的异构体。图C.15中画出了丙氨酸(alanine)的两种异构体的模型。利用二氧化碳、乙烷和氨等人工合成的氨基酸，L(左)型和D(右)型的异构体各占一半。可是，现代生物化学实验已确认：生物体内的蛋白质几乎都是由左型氨基酸组成的，对高等动物尤其如此。已经查明，人工合成的蔗糖也是由等量的左、右两型分子组成，但用甘蔗榨出的蔗糖则只有左型的。有人做过用人工合成的糖培养细菌的实验。当把剩下的糖水加以检验，竟发现其中的糖分子都是右型的。这说明细菌为了实现自己的生命，也只吃那种与自身型类对路的左型糖。所有生物的蛋白质分子几乎都是左型的，这才使那些以生物为食的生物能补充自己而维持生命。但物理规律并不排斥右型生物的存在。如果由于某种原因产生了一只右型猫，虽然按物理规律的空间反演对称性它可以和通常的左型猫一样活动，但由于现实的自然界不存在它能够消化的右型食物，如右型老鼠，这只右型猫很快非饿死不可。饿死的右型猫腐烂后，复归自然，蛋白质就解体成为无机物了。为什么生物界在分子水平上有这种不对称存在，至今还是个谜。

自然界的另一不对称事实是关于基本粒子的。我们知道，在我们的地球(以及我们已能拿到其岩石的月球)上所有物质都是由质子、中子组成的原子核和核外电子构成的。按照20世纪20年代狄拉克提出的理论，每种粒子都有自己的反粒子，如反质子(带负电)、反中子、反电子(带正电)等。20世纪30年代后各种反粒子的存在已被实验证实。根据对称性的设想(狄拉克理论指出)，在自然界内粒子和反粒子数应该一样。虽然地球、月球甚至整个太阳系中粒子占绝对优势，几乎没有反粒子存在，但宇宙的其他地方"应该"存在着反物质的世界。(物质、反物质相遇时是要湮灭的)由于物质和反物质构成的星体光谱一样，较早的天文学观测手段很难对此下定论。因此许多人相信物质和反物质对称存在的说法。但现在各种天文观测是不利于粒子反粒子对称存在的假定的。例如，可以认定宇宙射线中反质子和质子数目的比不超过 $10^{-4}$ 数量级。为什么有这种粒子反粒子的不对称的存在呢？有人把它归因于宇宙大爆炸初期的某种机遇，但实际上至今并没有完全令人信服的解释。

大自然是喜欢对称的。不对称(无论是物理定律还是具体事物)的存在似乎表明，上帝不愿意大自然十全十美。这正像人们的下述心态一样：绝大多数人喜欢穿具有对称图样的衣服，但在大街上也能看到有的人以他们衣服的图案不对称为美。

## C.6 关于时间的对称性

如果我们用一套仪器做实验，显然，该实验进行的方式或秩序是和开始此实验的时刻无关的。比如今天某时刻开始做和推迟一周开始做，我们将得到完全一样的结果。这个事实表示了物理定律的时间平移对称性。可以证明，这种对称性导致能量守恒定律的成立。到目前为止，这种对称性和守恒定律还被认为是"绝对的"。

和空间反演类似，我们可以提出时间反演的操作。它的直观意义是时间倒流。现实中时间是不会倒流的，所以我们不可能直接从事时间反演的实验。但借助于电影我们可以"观察"时间倒流的结果从而理解时间反演的意义。理论分析时，时间反演操作就是把物理定律或某一过程的时间参量变号，即把 $t$ 换成 $-t$，这一操作的结果如何呢？

先看时间反演对个别物理量的影响。在力学中，在时间反演操作下，质点的位置不受影响，但速度是要反向的。正放时物体下落的电影，倒放时该物体要上升，但加速度的方向不变。正放电影时看到物体下落时越来越快，加速度方向向下。同一影片倒放时会看到物体上升，而且越来越慢，加速度方向也是向下。物体的质量与时间反演无关。由于牛顿第二定律是力等于质量乘以加速度，所以经过时间反演操作，力是不变的。这也就是说牛顿定律具有时间反演对称性。电磁学中电荷是时间反演不变的，电流要反向；电场强度 $E$ 是时间反演不变的，而磁场 $B$ 要反向。实验表明，电磁学的基本规律——麦克斯韦方程——具有时间反演对称性。量子力学的规律也具有时间反演对称性。

由于上述"第一级定律"的时间反演对称性，受这些规律所"直接"支配的自然过程(指单个粒子或少数粒子参与的过程)按"正"或"倒"的次序进行都是可能发生的。记录两个钢球碰撞过程的电影，正放倒放，你看起来都是"真"的现象，即时序相反的两种现象在自然界都可能实际发生。与此类似，少数几个分子的相互碰撞与运动过程，也是可以沿相反方向实际发生的。这些事实表明了自然过程的**可逆性**。由于这种可逆性，我们不能区别这些基本过程进行方向的正或倒。这也就是说，上述第一级定律没有时间定向的概念，甚至由此也可以说，没有时间的概念。

可是，实际上我们日常看到的现象几乎没有一个是可逆的，所有现象都沿确定方向进行，决不会按相反方向演变。人只能由小长大，而不能返老还童。茶杯可以摔碎，但那些碎片不会自动聚合起来复原为茶杯。如果你把一滴红水滴入一杯清水后发生的过程拍成电影，然后放映；那么当你看到屏幕上有一杯淡红色的水，其中红、清两色逐渐分开，最后形成清水中有一滴红水的图像时，你一定会马上呼叫“电影倒放了”，因为自然界实际上不存在这种倒向的过程。这些都说明自然界的实际过程是有一定方向的，是**不可逆**的，不具有时间反演对称性。

我们知道，宏观物体是由大量粒子组成的，我们所看到的宏观现象应是一个个粒子运动的总体表现。那么为什么由第一级规律支配的微观运动（包括粒子的各种相互作用）是可逆的，具有时间反演对称性，而它们的总体所表现的行为却是不可逆的呢？这是因为除了第一级规律外，大量粒子的运动还要遵守“第二级规律”，即统计规律，更具体地说就是热力学第二定律。这一定律的核心思想是大量粒子组成的系统总是要沿着越来越无序或越来越混乱的方向发展。这一定律的发现对时间概念产生了巨大的影响：不可逆赋予时间以确定的方向，自然界是沿确定方向发展的，宇宙有了历史，时间是单向地流着因而也才有真正的时间概念。

宏观现象是不可逆的，微观过程都是可逆的。但1964年发现了有的微观过程（如$K_L^0$介子的衰变过程）也显示了时间反演的不对称性，尽管十分微弱。看来，上帝在时间方面也没有给自然界以十全十美的对称。这一微观过程的不对称性会带来什么后果，是尚待研究的问题。

# 第 5 章

# 刚体的转动

在讲过用于质点的牛顿定律及其延伸的概念原理之后，本章讲解刚体转动的规律。这些规律大家在中学课程中没有学过。但是只要注意到一个刚体可以看做是一个质点系，其运动规律应该是牛顿定律对这种质点系的应用，本章内容就并不难掌握。本章将先根据质点系的角动量定理式(3.30)导出对刚体的转动定律，接着说明有刚体时的角动量守恒，然后再讲解功能概念对刚体转动的应用。之后用质心运动定理和转动定律说明一些滚动的规律。最后简要地介绍了进动的原理。

## 5.1 刚体转动的描述

刚体是固体物件的理想化模型。实际的固体在受力作用时总是要发生或大或小的形状和体积的改变。如果在讨论一个固体的运动时，这种形状或体积的改变可以忽略，我们就把这个固体当做刚体处理。这就是说，**刚体是受力时不改变形状和体积的物体**。刚体可以看成由许多质点组成，每一个质点叫做刚体的一个**质元**，刚体这个质点系的特点是，在外力作用下各质元之间的相对位置保持不变。

转动的最简单情况是定轴转动。在这种运动中各质元均作圆周运动，而且各圆的圆心都在一条固定不动的直线上，这条直线叫**转轴**。转动是刚体的基本运动形式之一。刚体的一般运动都可以认为是平动和绕某一转轴转动的结合。作为基础，本章只讨论刚体的定轴转动。

刚体绕某一固定转轴转动时，各质元的线速度、加速度一般是不同的(图 5.1)。但由于各质元的相对位置保持不变，所以描述各质元运动的角量，如角位移、角速度和角加速度都是一样的。因此描述刚体整体的运动时，用角量最为方便。如在第 1 章讲圆周运动时所提出的，以 $\mathrm{d}\theta$ 表示刚体在 $\mathrm{d}t$ 时间内转过的角位移，则刚体的角速度为

$$\omega = \frac{\mathrm{d}\theta}{\mathrm{d}t} \tag{5.1}$$

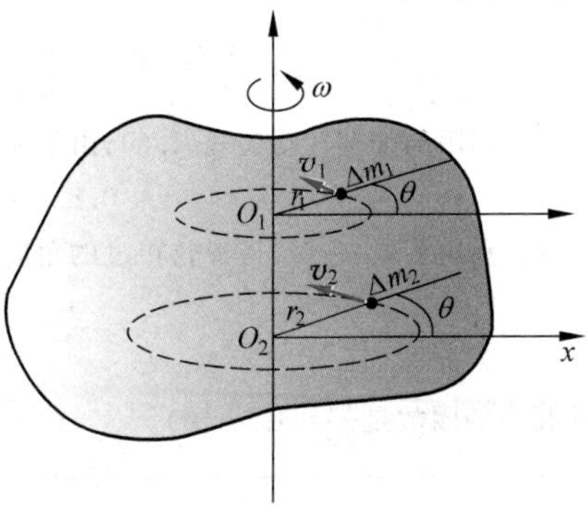


图 5.1　刚体的定轴转动

角速度实际上是矢量，以$\boldsymbol{\omega}$表示。它的方向规定为沿轴的方向，其指向用右手螺旋法则确定(图5.1)。在刚体定轴转动的情况下，角速度的方向只能沿轴取两个方向，相应于刚体转动的两个相反的旋转方向。这种情况下，$\omega$就可用代数方法处理，用正负来区别两个旋转方向。

刚体的角加速度为

$$\alpha = \frac{\mathrm{d}\omega}{\mathrm{d}t} = \frac{\mathrm{d}^2\theta}{\mathrm{d}t^2} \tag{5.2}$$

离转轴的距离为$r$的质元的线速度和刚体的角速度的关系为

$$v = r\omega \tag{5.3}$$

而其加速度与刚体的角加速度和角速度的关系为

$$a_t = r\alpha \tag{5.4}$$

$$a_n = r\omega^2 \tag{5.5}$$

定轴转动的一种简单情况是匀加速转动。在这一转动过程中，刚体的角加速度$\alpha$保持不变。以$\omega_0$表示刚体在时刻$t=0$时的角速度，以$\omega$表示它在时刻$t$时的角速度，以$\theta$表示它在从0到$t$时刻这一段时间内的角位移，仿照匀加速直线运动公式的推导可得匀加速转动的相应公式

$$\omega = \omega_0 + \alpha t \tag{5.6}$$

$$\theta = \omega_0 t + \frac{1}{2}\alpha t^2 \tag{5.7}$$

$$\omega^2 - \omega_0^2 = 2\alpha\theta \tag{5.8}$$

---

**例5.1**

一条缆索绕过一定滑轮拉动一升降机(图5.2)，滑轮半径$r=0.5$ m，如果升降机从静止开始以加速度$a=0.4$ m/s$^2$匀加速上升，且缆索与滑轮之间不打滑，求：

(1) 滑轮的角加速度。

(2) 开始上升后，$t=5$ s末滑轮的角速度。

(3) 在这5 s内滑轮转过的圈数。

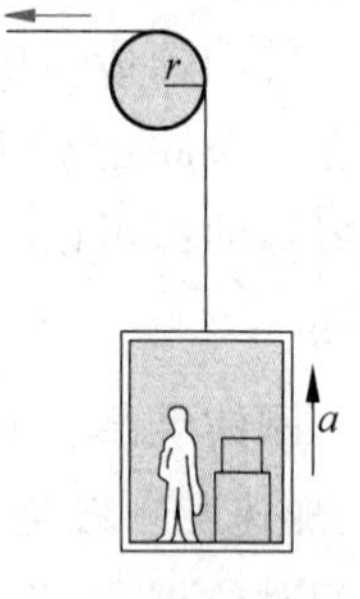

图5.2 例5.1用图

**解** (1) 由于升降机的加速度和轮缘上一点的切向加速度相等，根据式(5.4)可得滑轮的角加速度

$$\alpha = \frac{a_t}{r} = \frac{a}{r} = \frac{0.4}{0.5} = 0.8\ (\mathrm{rad/s^2})$$

(2) 利用匀加速转动公式(5.6)，由于$\omega_0=0$，所以5 s末滑轮的角速度为

$$\omega = \alpha t = 0.8\times 5 = 4\ (\mathrm{rad/s})$$

(3) 利用公式(5.7)，得滑轮转过的角度

$$\theta = \frac{1}{2}\alpha t^2 = \frac{1}{2}\times 0.8\times 5^2 = 10\ (\mathrm{rad})$$

与此相应的圈数是$\frac{10}{2\pi}=1.6$ (圈)。

---

## 5.2 转动定律

绕定轴转动的刚体的动力学规律是用它的角动量的变化来说明的。作为质点系，它应该服从质点系的角动量定理的一般形式，式(3.30)，即

$$\boldsymbol{M}=\frac{\mathrm{d}\boldsymbol{L}}{\mathrm{d}t} \tag{5.9}$$

此式为一矢量式，它沿某一选定的 $z$ 轴的分量式为

$$M_z=\frac{\mathrm{d}L_z}{\mathrm{d}t} \tag{5.10}$$

式中 $M_z$ 和 $L_z$ 分别为质点系所受的合外力矩和它的总角动量沿 $z$ 轴的分量。

对于绕定轴转动的刚体，它的轴固定在惯性系中，我们就**取这转轴为 $z$ 轴**。这样便可以用式(5.10)表示定轴转动的刚体的动力学规律。下面就推导对于刚体的 $M_z$ 和 $L_z$ 的具体形式。

先考虑 $M_z$。如图 5.3 所示，以 $\boldsymbol{F}_i$ 表示质元 $\Delta m_i$ 所受的外力。注意式(5.9)和式(5.10)都是对于定点说的。取轴上一点 $O$，相对于它来计算 $\boldsymbol{M}_i$ 和 $\boldsymbol{M}_{iz}$。将 $\boldsymbol{F}_i$ 分解为垂直和平行于转轴两个分量 $\boldsymbol{F}_{i\perp}$ 和 $\boldsymbol{F}_{iz}$，则 $\boldsymbol{F}_i$ 对于 $O$ 点的力矩为

$$\boldsymbol{M}_i=\boldsymbol{r}_{Oi}\times\boldsymbol{F}_i=\boldsymbol{r}_{Oi}\times\boldsymbol{F}_{i\perp}+\boldsymbol{r}_{Oi}\times\boldsymbol{F}_{iz}$$

由矢积定义可知，此式最后一项的方向和 $z$ 轴垂直，它在 $z$ 轴方向的分量自然为零。下面看它前面一项在 $z$ 轴方向的分量。

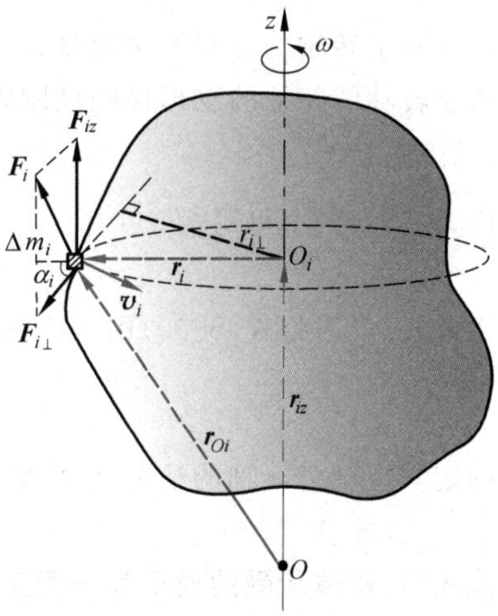


图 5.3 $\boldsymbol{M}_{iz}$ 的计算

将 $\boldsymbol{r}_{Oi}$ 分解为垂直和平行于转轴的两个分量 $\boldsymbol{r}_i$ 和 $\boldsymbol{r}_{iz}$，则

$$\boldsymbol{r}_{Oi}\times\boldsymbol{F}_{i\perp}=\boldsymbol{r}_i\times\boldsymbol{F}_{i\perp}+\boldsymbol{r}_{iz}\times\boldsymbol{F}_{i\perp}$$

此式中最后一项方向也和 $z$ 轴垂直，它在 $z$ 轴方向的分量也是零。这样 $\boldsymbol{M}_i$ 的 $z$ 轴分量就是 $\boldsymbol{r}_i\times\boldsymbol{F}_{i\perp}$ 的 $z$ 轴分量。由于此矢积的两个因子都垂直于 $z$ 轴，所以这一矢积本身就沿 $z$ 轴，其数值就是 $M_{iz}$。以 $\alpha_i$ 表示 $\boldsymbol{r}_i$ 和 $\boldsymbol{F}_{i\perp}$ 之间的夹角，则

$$M_{iz}=r_iF_{i\perp}\sin\alpha_i=r_{i\perp}F_{i\perp}$$

由于这一力矩分量是用转轴到质元 $\Delta m_i$ 的距离 $r_i$ 计算的，所以它又称做**对于转轴的力矩**，以区别于对于定点 $O$ 的力矩。

考虑到所有外力，可得作用在定轴转动的刚体上的合外力矩的 $z$ 向分量，即对于转轴的合外力矩为

$$M_z=\sum M_{iz}=\sum r_iF_{i\perp}\sin\alpha_i \tag{5.11}$$

现在考虑 $L_z$。如图 5.4 所示，质元 $\Delta m_i$ 对于定点 $O$ 的角动量为

$$\boldsymbol{L}_i = \Delta m_i \boldsymbol{r}_{Oi} \times \boldsymbol{v}_i$$

方向如图示，大小为

$$L_i = \Delta m_i r_{Oi} v_i$$

此角动量沿 $z$ 轴的分量为

$$L_{iz} = L_i \sin\theta = \Delta m_i r_{Oi} v_i \sin\theta$$

由于 $r_{Oi}\sin\theta = r_i$，为从 $\Delta m_i$ 到转轴的垂直距离，而 $v_i = r_i\omega$，所以

$$L_{iz} = \Delta m_i r_i^2 \omega$$

整个刚体的总角动量沿 $z$ 轴的分量，亦即刚体沿 $z$ 轴的角动量为

$$L_z = \sum L_{iz} = \left(\sum \Delta m_i r_i^2\right)\omega \tag{5.12}$$

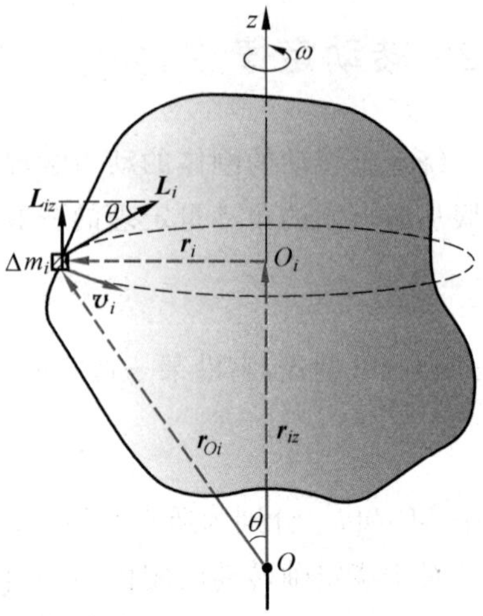


图 5.4 $L_{iz}$ 的计算

此式中括号内的物理量 $\sum \Delta m_i r_i^2$ 是由刚体的各质元相对于固定转轴的分布所决定的，与刚体的运动以及所受的外力无关。这个表示刚体本身相对于转轴的特征的物理量叫做**刚体对于转轴的转动惯量**，常以 $J_z$ 表示，即

$$J_z = \sum \Delta m_i r_i^2 \tag{5.13}$$

这样，式(5.12)又可写为

$$L_z = J_z \omega \tag{5.14}$$

利用此式，可以将式(5.10)用于刚体定轴转动的形式而写成

$$M_z = \frac{\mathrm{d}L_z}{\mathrm{d}t} = J_z \frac{\mathrm{d}\omega}{\mathrm{d}t} = J_z \alpha$$

在约定固定轴为 $z$ 轴的情况下，常略去此式中的下标而写成

$$M = J\alpha \tag{5.15}$$

此式表明，**刚体所受的对于某一固定转轴的合外力矩等于刚体对此转轴的转动惯量与刚体在此合外力矩作用下所获得的角加速度的乘积**。这一角动量定理用于刚体定轴转动的具体形式，叫做**刚体定轴转动定律**。

将式(5.15)和牛顿第二定律公式 $\boldsymbol{F} = m\boldsymbol{a}$ 加以对比是很有启发性的。前者中的合外力矩相当于后者中的合外力，前者中的角加速度相当于后者中的加速度，而刚体的转动惯量 $J$ 则和质点的惯性质量 $m$ 相对应。可以说，转动惯量表示刚体在转动过程中表现出的惯性。转动惯量这一词正是这样命名的。

### 相对于质心的转动定律

上面由式(5.9)，即式(3.30)，导出了式(5.15)，$M = J\alpha$。同样地，可以由式(3.34)，即对质心系的角动量定理，$\boldsymbol{M}_C = \mathrm{d}\boldsymbol{L}_C/\mathrm{d}t$ 导出相对于质心的转动定律

$$M_C = J_C \alpha \tag{5.16}$$

其中 $J_C$ 是刚体对于通过其质心的轴的转动惯量，$M_C$ 是外力对于此轴的合外力矩，$\alpha$ 就是刚体在 $M_C$ 的作用下绕此轴的角加速度。

注意，式(5.15)和式(5.16)虽然形式上一样，但式(5.16)也适用于整个刚体运动的情况，而且不管其

质心是否加速式(5.16)都成立。

## 5.3 转动惯量的计算

应用定轴转动定律式(5.15)时，我们需要先求出刚体对固定转轴(取为 $z$ 轴)的转动惯量。按式(5.13)，转动惯量由下式定义：

$$J = J_z = \sum_i \Delta m_i r_i^2$$

对于质量连续分布的刚体，上述求和应以积分代替，即

$$J = \int r^2 \mathrm{d}m$$

式中 $r$ 为刚体质元 $\mathrm{d}m$ 到转轴的垂直距离。

由上面两公式可知，刚体对某转轴的转动惯量等于刚体中各质元的质量和它们各自离该转轴的垂直距离的平方的乘积的总和，它的大小不仅与刚体的总质量有关，而且和质量相对于轴的分布有关。其关系可以概括为以下三点：

(1) 形状、大小相同的均匀刚体总质量越大，转动惯量越大。

(2) 总质量相同的刚体，质量分布离轴越远，转动惯量越大。

(3) 同一刚体，转轴不同，质量对轴的分布就不同，因而转动惯量就不同。

在国际单位制中，转动惯量的量纲为 $ML^2$，单位名称是千克二次方米，符号为 $\mathrm{kg \cdot m^2}$。

下面举几个求刚体的转动惯量的例子。

---

**例 5.2**

**圆环**。求质量为 $m$，半径为 $R$ 的均匀薄圆环的转动惯量，轴与圆环平面垂直并且通过其圆心。

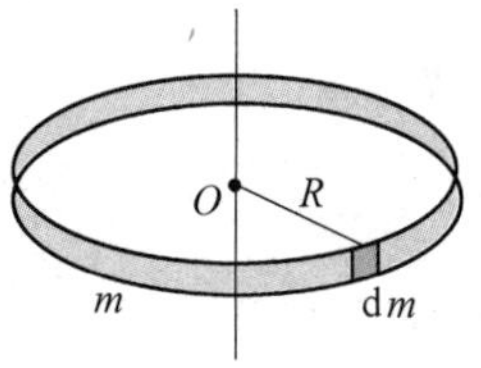


图 5.5 例 5.2 用图

**解** 如图 5.5 所示，环上各质元到轴的垂直距离都相等，而且等于 $R$，所以

$$J = \int R^2 \mathrm{d}m = R^2 \int \mathrm{d}m$$

后一积分的意义是环的总质量 $m$，所以有

$$J = mR^2 \tag{5.17}$$

由于转动惯量是可加的，所以一个质量为 $m$，半径为 $R$ 的薄壁圆筒对其轴的转动惯量也是 $mR^2$。

---

**例 5.3**

**圆盘**。求质量为 $m$，半径为 $R$，厚为 $l$ 的均匀圆盘的转动惯量，轴与盘面垂直并通过盘心。

**解** 如图 5.6 所示，圆盘可以认为是由许多薄圆环组成。取任一半径为 $r$，宽度为 $\mathrm{d}r$ 的薄圆环。它的转动惯量按例 5.2 计算出的结果为

$$\mathrm{d}J = r^2 \mathrm{d}m$$

其中 $\mathrm{d}m$ 为薄圆环的质量。以 $\rho$ 表示圆盘的密度，则有

$$\mathrm{d}m = \rho 2\pi r l \mathrm{d}r$$

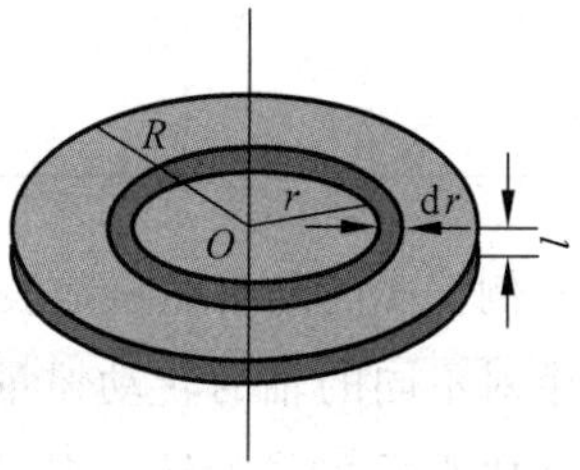


图 5.6 例 5.3 用图

代入上一式可得

$$dJ = 2\pi r^3 l\rho dr$$

因此

$$J = \int dJ = \int_0^R 2\pi r^3 l\rho dr = \frac{1}{2}\pi R^4 l\rho$$

由于

$$\rho = \frac{m}{\pi R^2 l}$$

所以

$$J = \frac{1}{2}mR^2 \tag{5.18}$$

此例中对 $l$ 并不限制，所以一个质量为 $m$，半径为 $R$ 的均匀实心圆柱对其轴的转动惯量也是 $\frac{1}{2}mR^2$。

---

**例 5.4**

**细棒**。求长度为 $L$，质量为 $m$ 的均匀细棒 $AB$ 的转动惯量：

(1) 对于通过棒的一端与棒垂直的轴；

(2) 对于通过棒的中点与棒垂直的轴。

**解** (1) 如图 5.7(a)所示，沿棒长方向取 $x$ 轴。取任一长度元 $dx$。以 $\rho_l$ 表示单位长度的质量，则这一长度元的质量为 $dm=\rho_l dx$。对于在棒的一端的轴来说，

$$J_A = \int x^2 dm = \int_0^L x^2 \rho_l dx = \frac{1}{3}\rho_l L^3$$

将 $\rho_l = m/L$ 代入，可得

$$J_A = \frac{1}{3}mL^2 \tag{5.19}$$

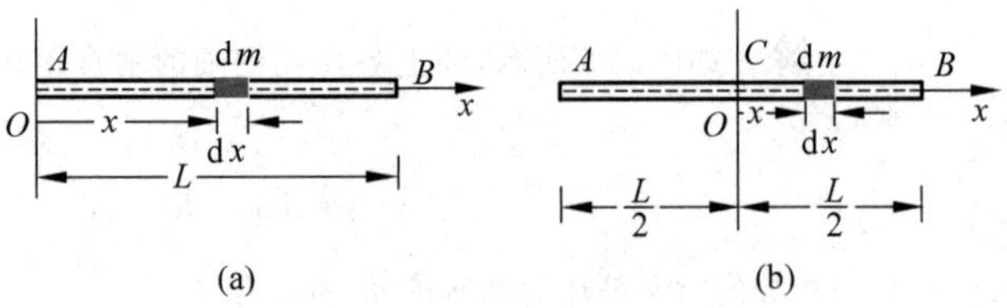


图 5.7 例 5.4 用图

(2) 对于通过棒的中点的轴来说，如图 5.7(b)所示，棒的转动惯量应为

$$J_C = \int x^2 dm = \int_{-\frac{L}{2}}^{+\frac{L}{2}} x^2 \rho_l dx = \frac{1}{12}\rho_l L^3$$

以 $\rho_l = m/L$ 代入，可得

$$J_C = \frac{1}{12}mL^2 \tag{5.20}$$

---

例 5.4 的结果明显地表示，对于不同的转轴，同一刚体的转动惯量不同。我们可以导出一个对不同的轴的转动惯量之间的一般关系。以 $m$ 表示刚体的质量，以 $J_C$ 表示它对于通过其质心 $C$ 的轴的转动惯量。若另一个轴与此轴平行并且相距为 $d$(图 5.8)，则此刚体对于后一轴的转动惯量为

$$J = J_C + md^2 \tag{5.21}$$

这一关系叫做**平行轴定理**。其证明如下。

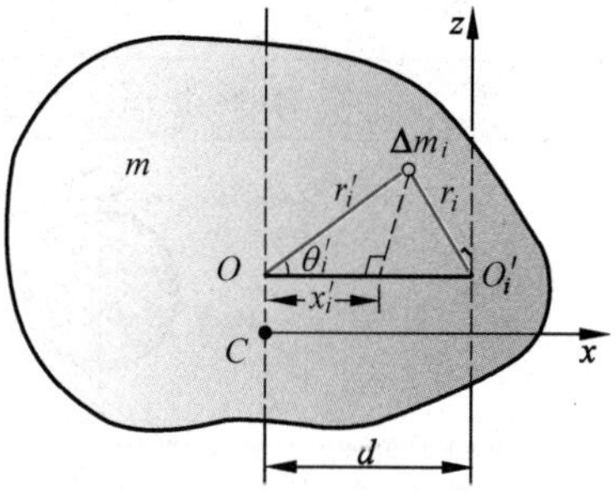

图 5.8 平行轴定理的证明

如图 5.8 所示，取 $x$ 轴垂直于两平行转轴并和它们相交。质元 $\Delta m_i$ 到两个转轴的距离分别用 $r_i'$ 和 $r_i$ 表示。由余弦定理可得

$$r_i^2 = r_i'^2 + d^2 - 2dr_i'\cos\theta_i' = r_i'^2 + d^2 - 2dx_i'$$

式中 $x_i' = r_i'\cos\theta_i'$ 是 $\Delta m_i$ 相对于质心 $C$ 的 $x$ 坐标值。由转动惯量定义公式(5.13)，得刚体对于 $z$ 轴的转动惯量为

$$J = \sum_i \Delta m_i r_i^2 = \sum_i \Delta m_i r_i'^2 + \left(\sum_i \Delta m_i\right)d^2 - 2d\sum_i m_i x_i'$$

按质心的定义，$\sum_i \Delta m_i x_i' = m x_C'$，而此 $x_C'$ 为质心相对于质心的 $x$ 坐标值，当然应等于零。上式右侧第一项就是 $J_C$，因此上式可表示为

$$J = J_C + md^2$$

这正是式(5.21)。

读者可以自己证明，例 5.4 中的两个结果符合此公式。作为另一个例子，利用例 5.3 的结果，可以求出一个均匀圆盘对于通过其边缘一点且垂直于盘面的轴的转动惯量为

$$J = J_C + mR^2 = \frac{1}{2}mR^2 + mR^2 = \frac{3}{2}mR^2$$

一些常见的均匀刚体的转动惯量在表 5.1 中给出。

**表 5.1 一些均匀刚体的转动惯量**

| 刚体形状 | | 轴的位置 | 转动惯量 |
|---|---|---|---|
| 细杆 | 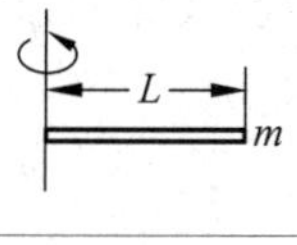 | 通过一端垂直于杆 | $\frac{1}{3}mL^2$ |
| 细杆 | 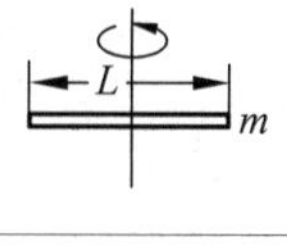 | 通过中点垂直于杆 | $\frac{1}{12}mL^2$ |
| 薄圆环（或薄圆筒） | 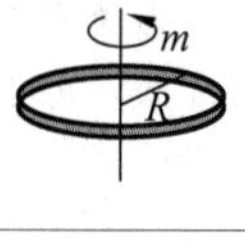 | 通过环心垂直于环面（或中心轴） | $mR^2$ |
| 圆盘（或圆柱体） | 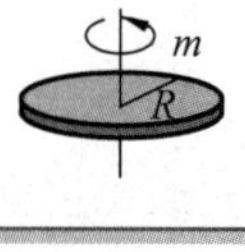 | 通过盘心垂直于盘面（或中心轴） | $\frac{1}{2}mR^2$ |

续表

| 刚体形状 | | 轴的位置 | 转动惯量 |
|---|---|---|---|
| 薄球壳 | 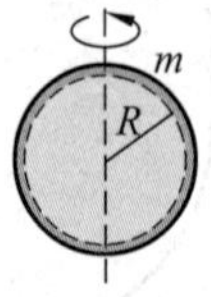 | 直径 | $\frac{2}{3}mR^2$ |
| 球体 | 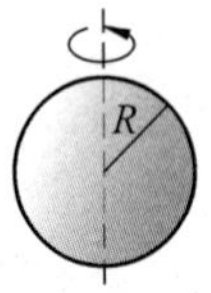 | 直径 | $\frac{2}{5}mR^2$ |

## 5.4 转动定律的应用

应用转动定律式(5.15)解题还是比较容易的。不过要特别注意转动轴的位置和指向，也要注意力矩、角速度和角加速度的正负。下面举几个例题。

**例 5.5**

一个飞轮的质量 $m=60\,\text{kg}$，半径 $R=0.25\,\text{m}$，正在以 $\omega_0=1000\,\text{r/min}$ 的转速转动。现在要制动飞轮(图 5.9)，要求在 $t=5.0\,\text{s}$ 内使它均匀减速而最后停下来。求闸瓦对轮子的压力 $N$ 为多大？假定闸瓦与飞轮之间的滑动摩擦系数为 $\mu_k=0.8$，而飞轮的质量可以看做全部均匀分布在轮的外周上。

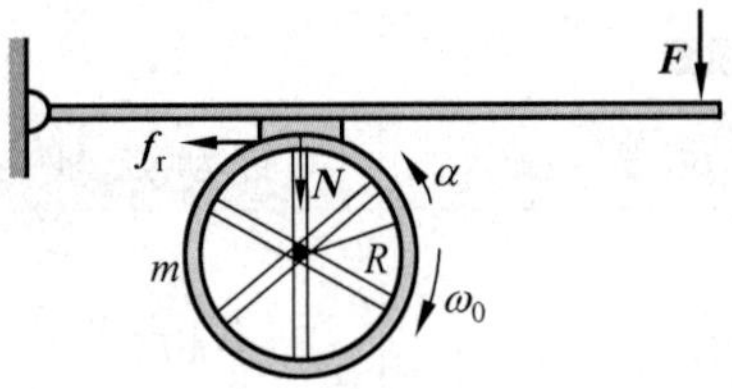

图 5.9 例 5.5 用图

**解** 飞轮在制动时一定有角加速度，这一角加速度 $\alpha$ 可以用下式求出：

$$\alpha=\frac{\omega-\omega_0}{t}$$

以 $\omega_0=1000\,\text{r/min}=104.7\,\text{rad/s}$，$\omega=0$，$t=5\,\text{s}$ 代入可得

$$\alpha=\frac{0-104.7}{5}=-20.9\ (\text{rad/s}^2)$$

负值表示 $\alpha$ 与 $\omega_0$ 的方向相反，和减速转动相对应。

飞轮的这一负加速度是外力矩作用的结果，这一外力矩就是当用力 $\boldsymbol{F}$ 将闸瓦压紧到轮缘上时对轮缘产生的摩擦力的力矩，以 $\omega_0$ 方向为正，则此摩擦力矩应为负值。以 $f_r$ 表示摩擦力的数值，则它对轮的转轴的力矩为

$$M=-f_rR=-\mu NR$$

根据刚体定轴转动定律 $M=J\alpha$，可得

$$-\mu NR=J\alpha$$

将 $J=mR^2$ 代入，可解得

$$N=-\frac{mR\alpha}{\mu}$$

代入已知数值，可得

$$N=-\frac{60\times0.25\times(-20.9)}{0.8}=392\ (\mathrm{N})$$

**例 5.6**

如图 5.10 所示，一个质量为 $M$，半径为 $R$ 的定滑轮(当做均匀圆盘)上面绕有细绳。绳的一端固定在滑轮边上，另一端挂一质量为 $m$ 的物体而下垂。忽略轴处摩擦，求物体 $m$ 由静止下落 $h$ 高度时的速度和此时滑轮的角速度。

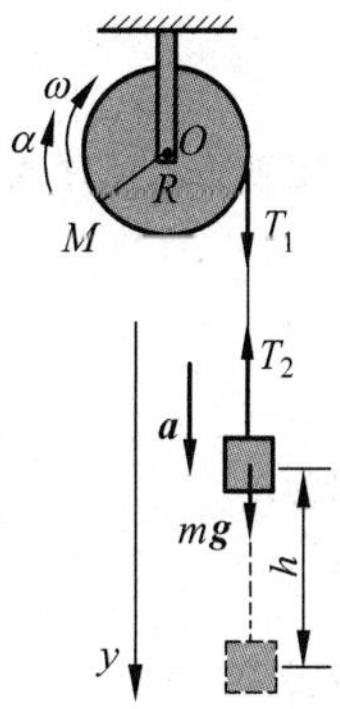

图 5.10 例 5.6 用图

**解** 图中二拉力 $\boldsymbol{T}_1$ 和 $\boldsymbol{T}_2$ 的大小相等，以 $T$ 表示。

对定滑轮 $M$，由转动定律，对于轴 $O$，有

$$RT=J\alpha=\frac{1}{2}MR^2\alpha$$

对物体 $m$，由牛顿第二定律，沿 $y$ 方向，有

$$mg-T=ma$$

滑轮和物体的运动学关系为

$$a=R\alpha$$

联立解以上三式，可得物体下落的加速度为

$$a=\frac{m}{m+\frac{M}{2}}g$$

物体下落高度 $h$ 时的速度为

$$v=\sqrt{2ah}=\sqrt{\frac{4mgh}{2m+M}}$$

这时滑轮转动的角速度为

$$\omega=\frac{v}{R}=\frac{\sqrt{\frac{4mgh}{2m+M}}}{R}$$

**例 5.7**

一根长 $l$，质量为 $m$ 的均匀细直棒，其一端有一固定的光滑水平轴，因而可以在竖直平面内转动。最初棒静止在水平位置，求它由此下摆 $\theta$ 角时的角加速度和角速度，这时棒受轴的力的大小、方向各如何？

**解** 讨论此棒的下摆运动时，不能再把它看成质点，而应作为刚体转动来处理。这需要用转动定律。棒的下摆是一加速转动，所受外力矩即重力对转轴 $O$ 的力矩。取棒上一小段，其质量为 $\mathrm{d}m$ (图 5.11)。在棒下摆任意角度 $\theta$ 时，它所受重力对轴 $O$ 的力矩是 $x\mathrm{d}m\cdot g$，其中 $x$ 是 $\mathrm{d}m$ 对轴 $O$ 的水平坐标。整个棒受的重力对轴 $O$ 的力矩就是

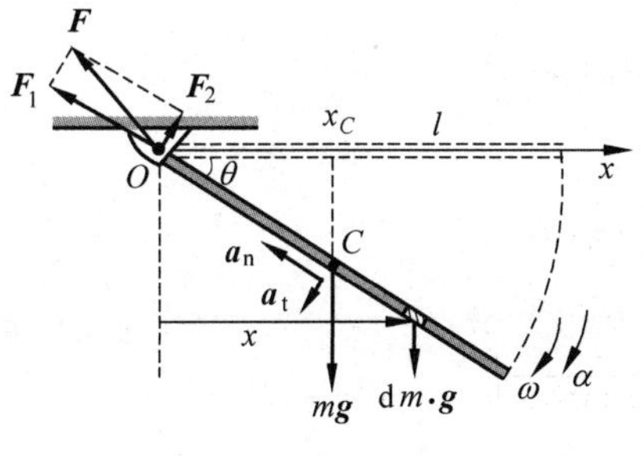

图 5.11 例 5.7 用图

$$M=\int x\mathrm{d}m\cdot g=g\int x\mathrm{d}m$$

由质心的定义，$\int x\mathrm{d}m=mx_C$，其中 $x_C$ 是质心对于轴 $O$ 的 $x$ 坐标。因而可得

$$M=mgx_C$$

这一结果说明**重力对整个棒的合力矩就和全部重力集中作用于质心所产生的力矩一样**。

由于

$$x_C = \frac{1}{2}l\cos\theta$$

所以有

$$M = \frac{1}{2}mgl\cos\theta$$

代入定轴转动定律式(5.15)可得棒的角加速度为

$$\alpha = \frac{M}{J} = \frac{\frac{1}{2}mgl\cos\theta}{\frac{1}{3}ml^2} = \frac{3g\cos\theta}{2l}$$

又因为

$$\alpha = \frac{\mathrm{d}\omega}{\mathrm{d}t} = \frac{\mathrm{d}\omega}{\mathrm{d}\theta}\frac{\mathrm{d}\theta}{\mathrm{d}t} = \omega\frac{\mathrm{d}\omega}{\mathrm{d}\theta}$$

所以有

$$\omega\frac{\mathrm{d}\omega}{\mathrm{d}\theta} = \frac{3g\cos\theta}{2l}$$

即

$$\omega\,\mathrm{d}\omega = \frac{3g\cos\theta}{2l}\mathrm{d}\theta$$

两边积分

$$\int_0^\omega \omega\,\mathrm{d}\omega = \int_0^\theta \frac{3g\cos\theta}{2l}\mathrm{d}\theta$$

可得

$$\omega^2 = \frac{3g\sin\theta}{l}$$

从而有

$$\omega = \sqrt{\frac{3g\sin\theta}{l}}$$

为了求出棒受轴的力，需考虑棒的质心 $C$ 的运动而用质心运动定理。当棒下摆到 $\theta$ 角时，其质心有

法向加速度：
$$a_n = \omega^2\frac{l}{2} = \frac{3g\sin\theta}{2}$$

切向加速度：
$$a_t = \alpha\frac{l}{2} = \frac{3g\cos\theta}{4}$$

以 $\boldsymbol{F}_1$ 和 $\boldsymbol{F}_2$ 分别表示棒受轴的沿棒的方向和垂直于棒的方向的分力，则由质心运动定理得

法向：
$$F_1 - mg\sin\theta = ma_n = \frac{3}{2}mg\sin\theta$$

切向：
$$mg\cos\theta - F_2 = ma_t = \frac{3}{4}mg\cos\theta$$

由此得

$$F_1 = \frac{5}{2}mg\sin\theta,\quad F_2 = \frac{1}{4}mg\cos\theta$$

棒受轴的力的大小为

$$F = \sqrt{F_1^2 + F_2^2} = \frac{1}{4}mg\sqrt{99\sin^2\theta + 1}$$

此力与棒此时刻的夹角为

$$\beta = \arctan\frac{F_2}{F_1} = \arctan\frac{\cos\theta}{10\sin\theta}$$

## 5.5 角动量守恒

用于质点系的角动量定理的分量式(5.10)重写如下：

$$M_z = \frac{\mathrm{d}L_z}{\mathrm{d}t}$$

如果 $M_z=0$，则 $L_z=$常量。这就是说，**对于一个质点系，如果它受的对于某一固定轴的合外力矩为零，则它对于这一固定轴的角动量保持不变**。这个结论叫**对定轴的角动量守恒定律**。这里指的质点系可以不是刚体，其中的质点也可以组成一个或几个刚体。一个刚体的角动量可以用 $J\omega$(即 $J_z\omega$)求出。应该注意的是一个系统内的各个刚体或质点的角动量必须是对于同一个**固定轴**说的。

定轴转动中的角动量守恒很容易演示。例如让一个人坐在有竖直光滑轴的转椅上，手持哑铃，两臂伸平(图 5.12(a))，用手推他，使他转起来。当他把两臂收回使哑铃贴在胸前时，他的转速就明显地增大(图 5.12(b))。这个现象可以用角动量守恒解释如下。把人在两臂伸平时和收回以后都当成一个刚体，分别以 $J_1$ 和 $J_2$ 表示他对固定竖直轴的转动惯量，以 $\omega_1$ 和 $\omega_2$ 分别表示两种状态时的角速度。由于人在收回手臂时对竖直轴并没有受到外力矩的作用，所以他的角动量应该守恒，即 $J_1\omega_1=J_2\omega_2$。很明显，$J_2<J_1$，因此 $\omega_2>\omega_1$。

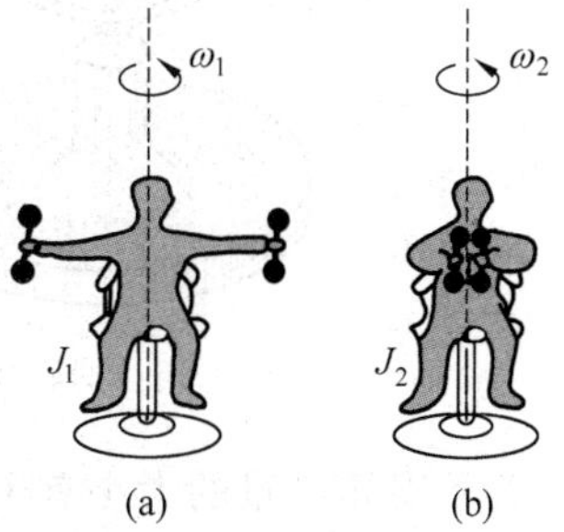


图 5.12 角动量守恒演示

式(5.10)虽然是对定轴转动说的，但在 3.9 节已经证明，在物体有整体运动的情况下，如果考虑它绕通过其质心的轴的转动，根据式(3.34)，式(5.10)仍然适用，而与质心做何种运动无关。因此，只要物体所受的对于通过其质心的轴的合外力矩为零，它对这根轴的角动量也保持不变。利用角动量守恒定律的这个意义，可以解释许多现象。例如运动员表演空中翻滚时，总是先纵身离地使自己绕通过自身质心的水平轴有一缓慢的转动。在空中时就尽量蜷缩四肢，以减小转动惯量从而增大角速度，迅速翻转。待要着地时又伸开四肢增大转动惯量以便以较小的角速度安稳地落至地面。

刚体的角动量守恒在现代技术中的一个重要应用是**惯性导航**，所用的装置叫**回转仪**，也叫“陀螺”。它的核心部分是装置在**常平架**上的一个质量较大的转子(图 5.13)。常平架由套在一起且分别具有竖直轴和水平轴的两个圆环组成。转子装在内环上，其轴与内环的轴垂直。转子是精确地对称于其转轴的圆柱，各轴承均高度润滑。这样转子就具有可以绕其自由转动的三个相互垂直的轴。因此，不管常平架如何移动或转动，转子都不会受到任何力矩的作用。所以一旦使转子高速转动起来，根据角动量守恒定律，它将保持其对称轴在空间的指向不变。安装在船、飞机、导弹或宇宙飞船上的这种回转仪就能指出这些船或飞行器的航向相对于空间某一定向的方向，从而起到导航的作用。在这种应用中，往往用三个这样的回转仪并使它们的转轴相互垂直，从而提供一套绝对的笛卡儿直角坐标系。读者可以想一下，这些转子竟能在浩瀚的太空中认准一个确定的方向并且使自己的转轴始终指向它而不改变。多么不可思议的自然界啊！

上述惯性导航装置出现不过一百年，但常平架在我国早就出现了。那是西汉(公元1世纪)丁缓设计制造但后来失传的“被中香炉”(图5.14)。他用两个套在一起的环形支架架住一个小香炉，香炉由于受有重力总是悬着。不管支架如何转动，香炉总不会倾倒。遗憾的是这种装置只是用来保证被中取暖时的安全，而没有得到任何技术上的应用。虽然如此，它也闪现了我们祖先的智慧之光。

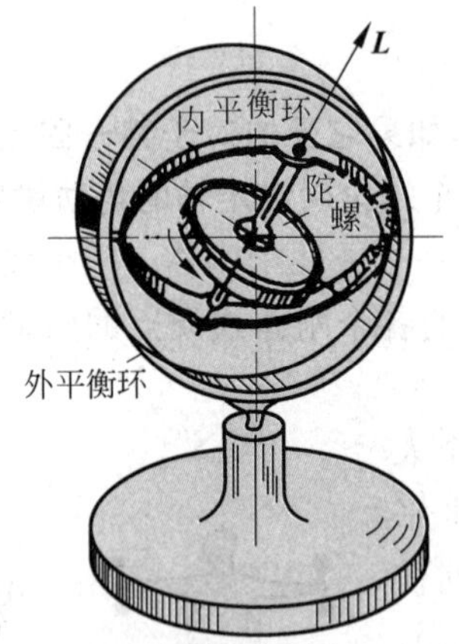


图5.13 回转仪

图5.14 被中香炉

为了对角动量的大小有个量的概念，表5.2列出了一些典型的角动量的数值。

**表5.2 典型的角动量的数值** J·s

| | | | |
|---|---|---|---|
| 太阳系所有行星的轨道运动 | $3.2\times10^{43}$ | 玩具陀螺 | $1\times10^{-1}$ |
| 地球公转 | $2.7\times10^{40}$ | 致密光盘放音 | $7\times10^{-4}$ |
| 地球自转 | $5.8\times10^{33}$ | 步枪子弹的自旋 | $2\times10^{-3}$ |
| 直升机螺旋桨(320 r/min) | $5\times10^{4}$ | 基态的氢原子中电子的轨道运动 | $1.05\times10^{-34}$ |
| 汽车轮子(90 km/h) | $1\times10^{2}$ | 电子的自旋 | $0.53\times10^{-34}$ |
| 电扇叶片 | 1 | | |

**例5.8**

一根长 $l$，质量为 $M$ 的均匀直棒，其一端挂在一个水平光滑轴上而静止在竖直位置。今有一子弹，质量为 $m$，以水平速度 $v_0$ 射入棒的下端而不复出。求棒和子弹开始一起运动时的角速度。

**解** 由于从子弹进入棒到二者开始一起运动所经过的时间极短，在这一过程中棒的位置基本不变，即仍然保持竖直(图5.15)。因此，对于木棒和子弹系统，在子弹冲入过程中，系统所受的外力(重力和轴的支持力)对于轴 $O$ 的力矩都是零。这样，系统对轴 $O$ 的角动量守恒。以 $v$ 和 $\omega$ 分别表示子弹和木棒一起开始运动时木棒端点的速度和角速度，则角动量守恒给出

$$mlv_0 = mlv + \frac{1}{3}Ml^2\omega$$

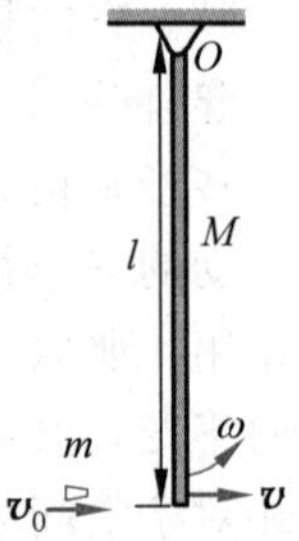


图5.15 例5.8用图

再利用关系式 $v = l\omega$，就可解得

$$\omega = \frac{3m}{3m+M}\frac{v_0}{l}$$

将此题和例 3.4 比较一下是很有启发性的。注意,这里,在子弹冲入棒的过程中,木棒和子弹系统的总动量并不守恒。

---

**例 5.9**

一个质量为 $M$,半径为 $R$ 的水平均匀圆盘可绕通过中心的光滑竖直轴自由转动。在盘缘上站着一个质量为 $m$ 的人,二者最初都相对地面静止。当人在盘上沿盘边走一周时,盘对地面转过的角度多大?

**解** 如图 5.16 所示,对盘和人组成的系统,在人走动时系统所受的对竖直轴的外力矩为零,所以系统对此轴的角动量守恒。以 $j$ 和 $J$ 分别表示人和盘对轴的转动惯量,并以 $\omega$ 和 $\Omega$ 分别表示任一时刻人和盘绕轴的角速度。由于起始角动量为零,所以角动量守恒给出

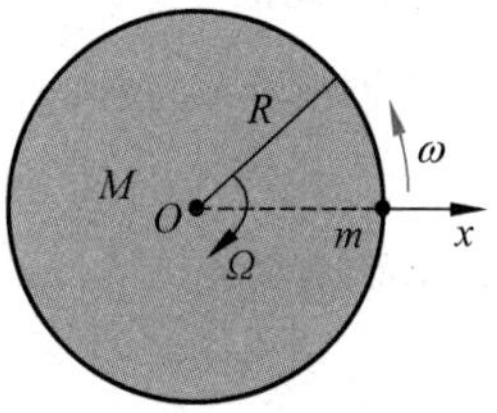


图 5.16 例 5.9 用图

$$j\omega - J\Omega = 0$$

其中 $j = mR^2$,$J = \frac{1}{2}MR^2$,以 $\theta$ 和 $\Theta$ 分别表示人和盘对地面发生的角位移,则

$$\omega = \frac{d\theta}{dt}, \quad \Omega = \frac{d\Theta}{dt}$$

代入上一式得

$$mR^2\frac{d\theta}{dt} = \frac{1}{2}MR^2\frac{d\Theta}{dt}$$

两边都乘以 $dt$,并积分

$$\int_0^\theta mR^2 d\theta = \int_0^\Theta \frac{1}{2}MR^2 d\Theta$$

由此得

$$m\theta = \frac{1}{2}M\Theta$$

人在盘上走一周时

$$\theta = 2\pi - \Theta$$

代入上式可解得

$$\Theta = \frac{2m}{2m+M}\times 2\pi$$

将此例题和例 3.5 比较一下,也是很有启发性的。

---

**例 5.10**

如图 5.17 所示的宇宙飞船对于其中心轴的转动惯量为 $J=2\times10^3\ kg\cdot m^2$,正以 $\omega=0.2\ rad/s$ 的角速度绕中心轴旋转。宇航员想用两个切向的控制喷管使飞船停止旋转。每个喷管的位置与轴线距离都是 $r=1.5\ m$。两喷管的喷气流量恒定,共是 $q=2\ kg/s$。废气的喷射速率(相对于飞船周边)$u=50\ m/s$,并且恒定。问喷管应喷射多长时间才能使飞船停止旋转。

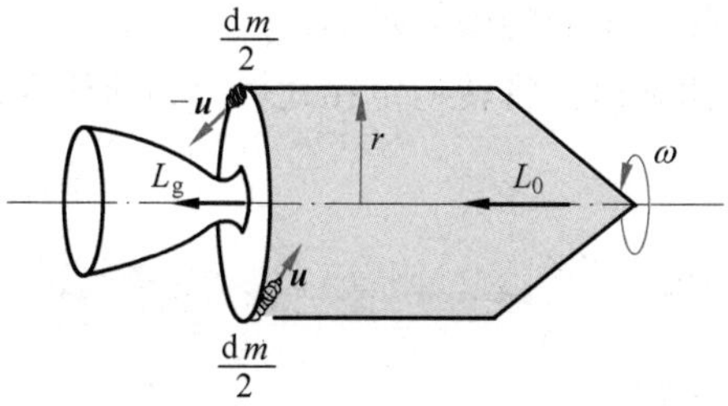


图 5.17 例 5.10 用图

**解** 把飞船和排出的废气 $m$ 当做研究系统,可以认为废气质量远小于飞船质量,所以原来系统对于飞船中心轴的角动量近似地等于飞船自身的角动量,即

$$L_0 = J\omega$$

在喷气过程中，以 $dm$ 表示 $dt$ 时间内喷出的气体，这些气体对中心轴的角动量为 $dm \cdot r(u+v)$，方向与飞船的角动量方向相同。由于 $u=50$ m/s，比飞船周边的速率 $v(v=\omega r)$ 大得多，所以此角动量近似地等于 $dm \cdot ru$。在整个喷气过程中喷出的废气的总的角动量 $L_g$ 应为

$$L_g = \int_0^m dm \cdot ru = mru$$

式中 $m$ 是喷出废气的总质量。当宇宙飞船停止旋转时，它的角动量为零，系统的总角动量 $L_1$ 就是全部排出的废气的总角动量，即

$$L_1 = L_g = mru$$

在整个喷射过程中，系统所受的对于飞船中心轴的外力矩为零，所以系统对于此轴的角动量守恒，即 $L_0 = L_1$。由此得

$$J\omega = mru$$

即

$$m = \frac{J\omega}{ru}$$

而所求的时间为

$$t = \frac{m}{q} = \frac{J\omega}{qru} = \frac{2\times 10^3 \times 0.2}{2\times 1.5\times 50} = 2.67\ (\mathrm{s})$$

## 5.6 转动中的功和能

在刚体转动时，作用在刚体上某点的力做的功仍用此力和受力作用的质元的位移的点积来定义。但对于刚体这个特殊质点系，在转动中力做的功可以用一个特殊形式表示，下面来导出这个特殊表示式。

以 $\boldsymbol{F}$ 表示作用在刚体上 $P$ 点的外力(图 5.18)，当物体绕固定轴 $O$(垂直于纸面)有一角位移 $d\theta$ 时，力 $\boldsymbol{F}$ 做的元功为

$$dA = \boldsymbol{F} \cdot d\boldsymbol{r} = F\cos\varphi\, |d\boldsymbol{r}| = F\cos\varphi\, r\,d\theta$$

由于 $F\cos\varphi$ 是力 $\boldsymbol{F}$ 沿 $d\boldsymbol{r}$ 方向的分量，因而垂直于 $\boldsymbol{r}$ 的方向，所以 $F\cos\varphi\, r$ 就是力对转轴的力矩 $M$。因此有

$$dA = M d\theta \tag{5.22}$$

即力对转动刚体做的元功等于相应的力矩和角位移的乘积。

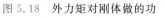

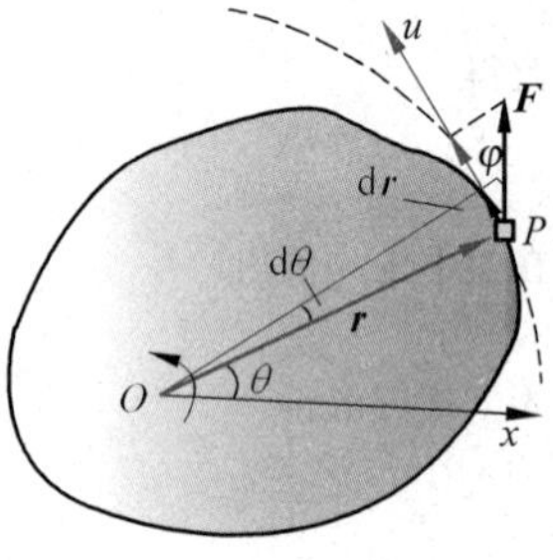

图 5.18　外力矩对刚体做的功

对于有限的角位移，力做的功应该用积分

$$A = \int_{\theta_1}^{\theta_2} M d\theta \tag{5.23}$$

求得。上式常叫**力矩的功**。它就是力做的功在刚体转动中的特殊表示形式。

力矩做的功对刚体运动的影响可以通过转动定律导出。将转动定律式(5.15)两侧乘以 $d\theta$ 并积分，可得

$$\int_{\theta_1}^{\theta_2} M d\theta = \int J \frac{d\omega}{dt} d\theta = \int_{\omega_1}^{\omega_2} J\omega\, d\omega$$

演算后一积分，可得

$$\int_{\theta_1}^{\theta_2} M d\theta = \frac{1}{2} J\omega_2^2 - \frac{1}{2} J\omega_1^2$$

等式左侧是合外力矩对刚体做的功 $A$。作为质点系，可证明，绕固定转轴转动的刚体中各质元的总动能，即刚体的转动动能为（见习题 5.14）

$$E_k = \frac{1}{2}J\omega^2 \tag{5.24}$$

这样上式就可写成

$$A = E_{k2} - E_{k1} \tag{5.25}$$

这一公式与质点的动能定理类似，我们可称之为**定轴转动的动能定理**。它说明，**合外力矩对一个绕固定轴转动的刚体所做的功等于它的转动动能的增量**。

---

**例 5.11**

某一冲床利用飞轮的转动动能通过曲柄连杆机构的传动，带动冲头在铁板上穿孔。已知飞轮的半径为 $r=0.4\ \text{m}$，质量为 $m=600\ \text{kg}$，可以看成均匀圆盘。飞轮的正常转速是 $n_1=240\ \text{r/min}$，冲一次孔转速减低 20%。求冲一次孔，冲头做了多少功？

**解** 以 $\omega_1$ 和 $\omega_2$ 分别表示冲孔前后飞轮的角速度，则

$$\omega_1 = 2\pi n_1/60,\quad \omega_2 = (1-0.2)\omega_1 = 0.8\omega_1$$

由转动动能定理式(5.25)，可得冲一次孔铁板阻力对冲头-飞轮做的功为

$$\begin{aligned} A &= E_{k2} - E_{k1} = \frac{1}{2}J\omega_2^2 - \frac{1}{2}J\omega_1^2 \\ &= \frac{1}{2}J\omega_1^2(0.8^2-1) = \frac{1}{4}mr^2\omega_1^2(0.8^2-1) \\ &= \frac{1}{3600}\pi^2 mr^2 n_1^2(0.8^2-1) \end{aligned}$$

将已知数值代入，可得

$$\begin{aligned} A &= \frac{1}{3600}\times\pi^2\times 600\times 0.4^2\times 240^2\times(0.8^2-1) \\ &= -5.45\times 10^3\ (\text{J}) \end{aligned}$$

这是冲一次孔铁板阻力对冲头做的功，它的大小也就是冲一次孔冲头克服此阻力做的功。

---

如果一个刚体受到保守力的作用，也可以引入势能的概念。例如在重力场中的刚体就具有一定的重力势能，它的重力势能就是它的各质元重力势能的总和。对于一个不太大，质量为 $m$ 的刚体（图 5.19），它的重力势能为

$$E_p = \sum_i \Delta m_i g h_i = g\sum_i \Delta m_i h_i$$

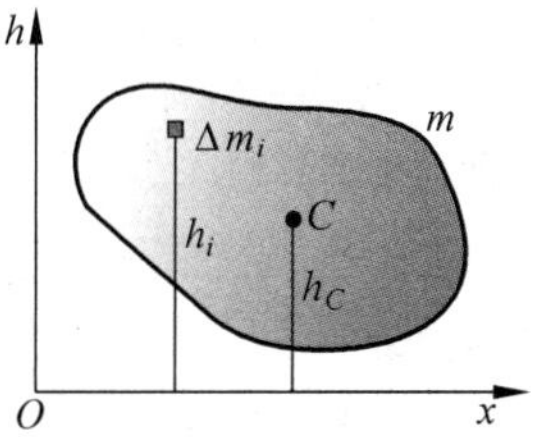

图 5.19 刚体的重力势能

根据质心的定义，此刚体的质心的高度应为

$$h_C = \frac{\sum_i \Delta m_i h_i}{m}$$

所以上式可以写成

$$E_p = mgh_C \tag{5.26}$$

这一结果说明，**一个不太大的刚体的重力势能和它的全部质量集中在质心时所具有的势能一样**。

对于包括有刚体的系统，如果在运动过程中，只有保守内力做功，则这系统的机械能也应该守恒。下面举两个例子。

---

**例 5.12**

利用机械能守恒定律重解例 5.6，求物体 $m$ 下落 $h$ 高度时的速度。

**解** 仍参看图 5.10。以滑轮、物体和地球作为研究的系统。在物体 $m$ 下落的过程中，滑轮随同转动。滑轮轴对滑轮的支持力（外力）不做功（因为无位移）。$\boldsymbol{T}_1$ 拉动物体做负功，$\boldsymbol{T}_2$ 拉动轮缘做正功。由于物体下落距离与轮缘转过的距离相等，所以这一对外力做的功之和为零。因此，对于所考虑的系统只有重力这一保守力做功，所以机械能守恒。

滑轮的重力势能不变，可以不考虑。取物体的初始位置为重力势能零点，则系统的初态的机械能为零，末态的机械能为

$$\frac{1}{2}J\omega^2+\frac{1}{2}mv^2+mg(-h)$$

机械能守恒给出

$$\frac{1}{2}J\omega^2+\frac{1}{2}mv^2-mgh=0$$

将关系式 $J=\frac{1}{2}MR^2$，$\omega=\frac{v}{R}$ 代入上式，即可求得

$$v=\sqrt{\frac{4mgh}{2m+M}}$$

与例 5.6 得出的结果相同。

---

**例 5.13**

利用机械能守恒定律重解例 5.7，求棒下摆 $\theta$ 角时的角速度。

**解** 仍参看图 5.11，取棒和地球为研究的系统，由于在棒下摆的过程中，外力（轴对棒的支持力）不做功，只有重力做功，所以系统的机械能守恒。取棒的水平初位置为势能零点，机械能守恒给出

$$\frac{1}{2}J\omega^2+mg(-h_C)=0$$

利用公式 $J=\frac{1}{3}ml^2$，$h_C=\frac{1}{2}l\sin\theta$，就可解得

$$\omega=\sqrt{\frac{3g\sin\theta}{l}}$$

也与前面结果相同。

---

***例 5.14**

一圆柱形石滚，质量为 $M=250$ kg，半径为 $R=30$ cm，轴半径为 $R_a=5$ cm。今沿轴的上方水平切线方向加以 $F=100$ N 的恒定拉力使之沿水平地面无滑动地滚动。求开始拉动后 $\Delta t=5$ s 内石滚前进的距离以及它在 $t=5$ s 时的前进的速率和滚动的角速率。

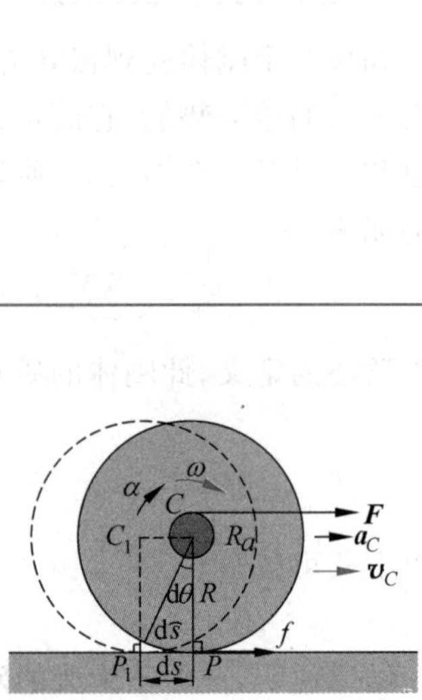


图 5.20 例 5.14 用图

**解** 如图 5.20 所示，设在 $dt$ 时间内石滚的质心由 $C_1$ 移动到 $C$，经过的距离为 ds。由于只有滚动而无滑动，石滚的表面上原来与地

面上点 $P_1$ 接触的点到现在与地面上点 $P$ 接触的点之间的弧长 $R\mathrm{d}\theta$ 一定等于 $\mathrm{d}s$，其中 $\mathrm{d}\theta$ 是石滚在 $\mathrm{d}t$ 时间内转过的角度。由此，石滚以质心为代表的前进的速率为

$$v_C=\frac{\mathrm{d}s}{\mathrm{d}t}=\frac{R\mathrm{d}\theta}{\mathrm{d}t}=R\omega$$

式中 $\omega$ 为石滚转动的角速率。质心运动的加速度为

$$a_C=\frac{\mathrm{d}v_C}{\mathrm{d}t}=R\frac{\mathrm{d}\omega}{\mathrm{d}t}=R\alpha$$

式中 $\alpha$ 为石滚转动的角加速度。

以上是无滑动的滚动中的运动学关系。现在再看动力学关系。这时要注意石滚除受力 $\boldsymbol{F}$ 外，还必须受到地面在与石滚面接触处（$P$ 点）对它的**静摩擦力** $\boldsymbol{f}$。这是因为如果地面是光滑的，石滚表面与地面接触的点必然向后滑动。只滚不滑要求该点必然相对地面瞬时静止，而这就意味着该点受到了地面的静摩擦力，而且其方向是向前的。据此对石滚用质心运动定律，式(3.18)，可得

$$F-f=Ma_C=MR\alpha$$

再对石滚的质心用转动定理，式(5.16)，可得

$$FR_a-fR=J_C\alpha=\frac{1}{2}MR^2\alpha$$

联立解上二式可得

$$\alpha=\frac{2F(R-R_a)}{MR^2}=\frac{2\times100\times(0.30-0.10)}{250\times0.30^2}=1.78\ (\mathrm{rad/s^2})$$

在起动后，$\Delta t=5$ s 内石滚前进的距离为

$$s=\frac{1}{2}a_C(\Delta t)^2=\frac{1}{2}R\alpha(\Delta t)^2=\frac{1}{2}\times0.30\times1.78\times5^2=6.7\ (\mathrm{m})$$

在 $t=5$ s 时，石滚前进的速率为

$$v_C=a_Ct=R\alpha t=0.30\times1.78\times5=7\ (\mathrm{m/s})$$

石滚转动的角速率为

$$\omega=\alpha t=1.78\times5=8.9\ (\mathrm{rad/s})$$

---

***例 5.15**

一个质量为 $m$，半径为 $R$ 的均匀实心圆球在倾角为 $\theta$ 的斜面上由静止无滑动地滚下。求它滚下高度 $h$ 时的速率和转动的角速度。

**解** 如图 5.21 所示。球在滚下时除受重力外，由于无滑动，还要受到斜面对它的静摩擦力。如果斜面是光滑的，球必然向下滑动，因而此静摩擦力 $f$ 的方向是沿斜面向上的。

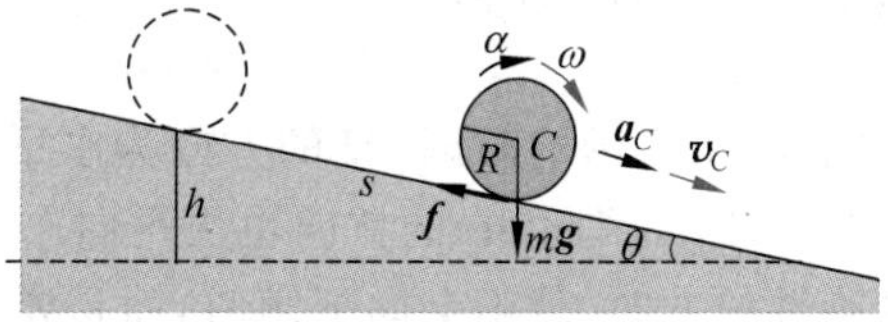

图 5.21 例 5.15 用图

对球，沿斜面方向用质心运动定理式(3.18)，有

$$mg\sin\theta-f=ma_C=mR\alpha$$

对球的质心用转动定理，式(5.16)，有

$$fR=J_C\alpha=\frac{2}{5}mR^2\alpha$$

联立解上两式，可得

$$\alpha=\frac{5g\sin\theta}{7R}$$

由此得

$$a_C=R\alpha=\frac{5}{7}g\sin\theta$$

二者皆为常量。所以球的质心沿斜面方向匀加速下降，而且球对通过质心的水平轴匀加速转动。

球下降高度 $h$ 时，速率为

$$v_C = \sqrt{2a_C s} = \sqrt{2\times\frac{5}{7}g\sin\theta\times\frac{h}{\sin\theta}} = \sqrt{\frac{10}{7}gh}$$

转动的角速度为

$$\omega = v_C/R = \sqrt{\frac{10}{7}gh}\Big/R$$

本题也可以用功能关系求解。球原来有重力势能 $mgh$。落下高度 $h$ 时具有动能。按柯尼希定理，式(4.11)，此动能为 $\frac{1}{2}mv_C^2+\frac{1}{2}J_C\omega^2$。由于下滚过程中静摩擦力不做功，所以球和地球系统的机械能守恒，即

$$mgh = \frac{1}{2}mv_C^2 + \frac{1}{2}J_C\omega^2$$

以 $\omega=v_C/R$ 和 $J_C=\frac{2}{5}mR^2$ 代入，可解得

$$v_C = \sqrt{\frac{10}{7}gh},\quad \omega = \sqrt{\frac{10}{7}gh}\Big/R$$

与上一解法的结果相同。

## *5.7　进动

本节介绍一种刚体的转动轴不固定的情况。如图5.21所示，一个飞轮(实验室中常用一个自行车轮)的轴的一端做成球形，放在一根固定竖直杆顶上的凹槽内。先使轴保持水平，如果这时松手，飞轮当然要下落。如果使飞轮高速地绕自己的对称轴旋转起来(这种旋转叫自旋)，当松手后，则出乎意料地飞轮并不下落，但它的轴会在水平面内以杆顶为中心转动起来。这种高速自旋的物体的轴在空间转动的现象叫**进动**。

为什么飞轮的自旋轴不下落而转动呢？这可以用角动量定理式(5.9)加以解释。根据式(5.9)，可得出在 $\mathrm{d}t$ 时间内飞轮对支点的自旋角动量矢量 $\boldsymbol{L}$ 的增量为

$$\mathrm{d}\boldsymbol{L} = \boldsymbol{M}\mathrm{d}t \tag{5.27}$$

式中 $\boldsymbol{M}$ 为飞轮所受的对支点的外力矩。在飞轮轴为水平的情况下，以 $m$ 表示飞轮的质量，则这一力矩的大小为

$$M = rmg$$

在图5.22所示的时刻，$\boldsymbol{M}$ 的方向为水平而且垂直于 $\boldsymbol{L}$ 的方向，顺着 $\boldsymbol{L}$ 方向看去指向 $\boldsymbol{L}$ 左侧(图5.23)。因此 $\mathrm{d}\boldsymbol{L}$ 的方向也水平向左。既然这增量是水平方向的，所以 $\boldsymbol{L}$ 的方向，也就是自旋轴的方向，就不会向下倾斜，而是要水平向左偏转了。继续不断地向左偏转就形成了自旋轴的转动。这就是说进动现象正是自旋的物体在外力矩的作用下沿外力矩方向改变其角动量矢量的结果。

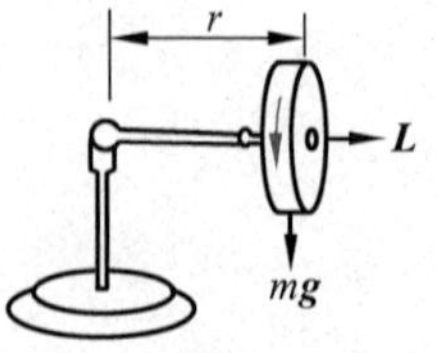


图5.22　进动现象

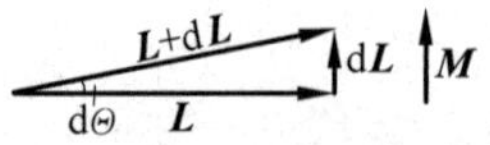


图5.23　$\boldsymbol{L}$,$\boldsymbol{M}$ 和 $\mathrm{d}\boldsymbol{L}$ 方向关系图(俯视)

在图 5.22 中，由于飞轮所受的力矩的大小不变，方向总是水平地垂直于 $\boldsymbol{L}$，所以进动是匀速的。从图 5.23 可以看出，在 $\mathrm{d}t$ 时间内自旋轴转过的角度为

$$\mathrm{d}\Theta=\frac{|\mathrm{d}L|}{L}=\frac{M\mathrm{d}t}{L}$$

而相应的角速度，叫**进动角速度**，为

$$\Omega=\frac{\mathrm{d}\Theta}{\mathrm{d}t}=\frac{M}{L} \tag{5.28}$$

常见的进动实例是陀螺的进动。在不旋转时，陀螺就躺在地面上(图 5.24(a))。当使它绕自己的对称轴高速旋转时，即使轴线已倾斜，它也不会倒下来(图 5.24(b))。它的轴要沿一个圆锥面转动。这一圆锥面的轴线是竖直的，锥顶就在陀螺尖顶与地面接触处。陀螺的这种进动也是重力矩作用的结果。虽然这时重力的方向与陀螺轴线的方向并不垂直，但不难证明，这时陀螺进动的角速度，即它的自旋轴绕竖直轴转动的角速度，可按下式求出：

$$\Omega=\frac{M}{L\sin\theta} \tag{5.29}$$

其中 $\theta$ 为陀螺的自旋轴与圆锥的轴线之间的夹角。

技术上利用进动的一个实例是炮弹在空中的飞行(图 5.25)。炮弹在飞行时，要受到空气阻力的作用。阻力 $\boldsymbol{f}$ 的方向总与炮弹质心的速度 $\boldsymbol{v}_C$ 方向相反，但其合力不一定通过质心。阻力对质心的力矩就会使炮弹在空中翻转。这样，当炮弹射中目标时，就有可能是弹尾先触目标而不引爆，从而丧失威力。为了避免这种事故，就在炮筒内壁上刻出螺旋线。这种螺旋线叫**来复线**。当炮弹由于发射药的爆炸被强力推出炮筒时，还同时绕自己的对称轴高速旋转。由于这种旋转，它在飞行中受到的空气阻力的力矩将不能使它翻转，而只是使它绕着质心前进的方向进动。这样，它的轴线将会始终只与前进的方向有不大的偏离，而弹头就总是大致指向前方了。

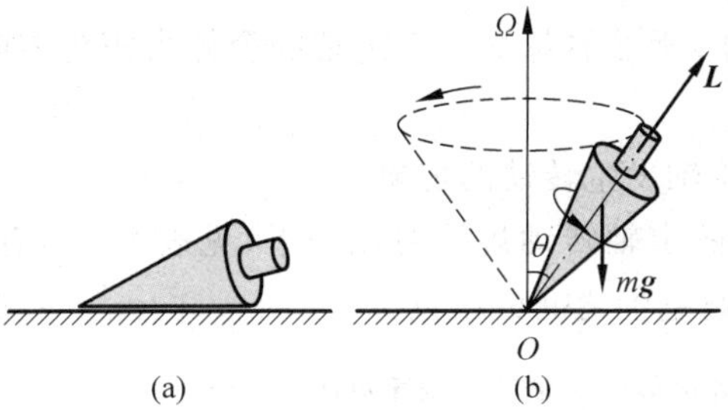


图 5.24　陀螺的进动

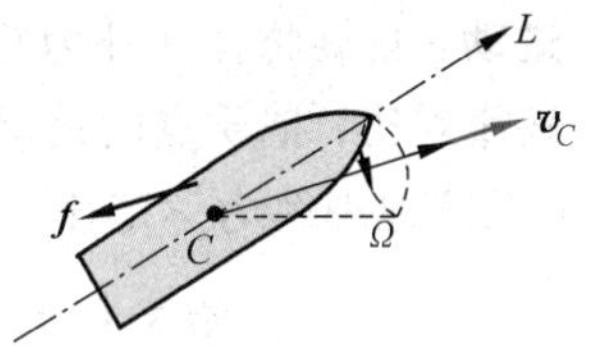


图 5.25　炮弹飞行时的进动

应该指出，在图 5.22 所示的实验中，如果飞轮的自旋速度不是太大，则它的轴线在进动时，还会上上下下周期性地摆动。这种摆动叫**章动**。式(5.28)或式(5.29)并没有给出这种摆动的效果。这是因为我们在推导式(5.28)时做了一个简化，即认为飞轮的总角动量就是它绕自己的对称轴自旋的角动量。实际上它的总角动量 $\boldsymbol{L}$ 应该是自旋角动量和它的进动的角动量的矢量和。当高速旋转时，总角动量近似地等于飞轮的自旋角动量，这样就得出了式(5.28)与式(5.29)。更详尽的分析比较复杂，我们就不讨论了。

## 提要

**1. 刚体的定轴转动**

匀加速转动：　$\omega=\omega_0+\alpha t$，　$\theta=\omega_0 t+\frac{1}{2}\alpha t^2$，　$\omega^2-\omega_0^2=2\alpha\theta$

**2. 刚体定轴转动定律**：　$M_z=\frac{\mathrm{d}L_z}{\mathrm{d}t}$

以转动轴为 $z$ 轴，$M_z=M$ 为外力对转轴的力矩之和；$L_z=J\omega$，$J$ 为刚体对转轴的转动惯量，则

$$M=J\alpha$$

**3. 刚体的转动惯量**

$$J=\sum m_i r_i^2,\quad J=\int r^2\mathrm{d}m$$

平行轴定理：　$J=J_C+md^2$

**4. 刚体转动的功和能**

力矩的功：　$A=\int_{\theta_1}^{\theta_2}M\mathrm{d}\theta$

转动动能：　$E_k=\frac{1}{2}J\omega^2$

刚体的重力势能：　$E_p=mgh_C$

机械能守恒定律：只有保守力做功时，

$$E_k+E_p=常量$$

**5. 对定轴的角动量守恒**：系统(包括刚体)所受的对某一固定轴的合外力矩为零时，系统对此轴的总角动量保持不变。

***6. 进动**：自旋物体在外力矩作用下，自旋轴发生转动的现象。

**7. 规律对比**：把质点的运动规律和刚体的定轴转动规律对比一下(见表5.3)，有助于从整体上系统地理解力学定律。读者还应了解它们之间的联系。

**表5.3　质点的运动规律和刚体的定轴转动规律对比**

| 质点的运动 | 刚体的定轴转动 |
|---|---|
| 速度　$\boldsymbol{v}=\frac{\mathrm{d}\boldsymbol{r}}{\mathrm{d}t}$ | 角速度　$\omega=\frac{\mathrm{d}\theta}{\mathrm{d}t}$ |
| 加速度　$\boldsymbol{a}=\frac{\mathrm{d}\boldsymbol{v}}{\mathrm{d}t}=\frac{\mathrm{d}^2\boldsymbol{r}}{\mathrm{d}t^2}$ | 角加速度　$\alpha=\frac{\mathrm{d}\omega}{\mathrm{d}t}=\frac{\mathrm{d}^2\theta}{\mathrm{d}t^2}$ |
| 质量　$m$ | 转动惯量　$J=\int r^2\mathrm{d}m$ |
| 力　$\boldsymbol{F}$ | 力矩　$M=r_\perp F_\perp$(⊥表示垂直转轴) |
| 运动定律　$\boldsymbol{F}=m\boldsymbol{a}$ | 转动定律　$M=J\alpha$ |
| 动量　$\boldsymbol{p}=m\boldsymbol{v}$ | 动量　$\boldsymbol{p}=\sum_i\Delta m_i\boldsymbol{v}_i$ |

续表

| 质点的运动 | 刚体的定轴转动 |
|---|---|
| 角动量 $\boldsymbol{L}=\boldsymbol{r}\times\boldsymbol{p}$ | 角动量 $L=J\omega$ |
| 动量定理 $\boldsymbol{F}=\frac{\mathrm{d}(m\boldsymbol{v})}{\mathrm{d}t}$ | 角动量定理 $M=\frac{\mathrm{d}(J\omega)}{\mathrm{d}t}$ |
| 动量守恒 $\sum_i \boldsymbol{F}_i=0$ 时，$\sum_i m_i\boldsymbol{v}_i=$ 恒量 | 角动量守恒 $M=0$ 时，$\sum J\omega=$ 恒量 |
| 力的功 $A_{AB}=\int_{(A)}^{(B)}\boldsymbol{F}\cdot\mathrm{d}\boldsymbol{r}$ | 力矩的功 $A_{AB}=\int_{\theta_A}^{\theta_B}M\mathrm{d}\theta$ |
| 动能 $E_\mathrm{k}=\frac{1}{2}mv^2$ | 转动动能 $E_\mathrm{k}=\frac{1}{2}J\omega^2$ |
| 动能定理 $A_{AB}=\frac{1}{2}mv_B^2-\frac{1}{2}mv_A^2$ | 动能定理 $A_{AB}=\frac{1}{2}J\omega_B^2-\frac{1}{2}J\omega_A^2$ |
| 重力势能 $E_\mathrm{p}=mgh$ | 重力势能 $E_\mathrm{p}=mgh_C$ |
| 机械能守恒 对封闭的保守系统，$E_\mathrm{k}+E_\mathrm{p}=$ 恒量 | 机械能守恒 对封闭的保守系统，$E_\mathrm{k}+E_\mathrm{p}=$ 恒量 |

## 思考题

5.1 一个有固定轴的刚体，受有两个力的作用。当这两个力的合力为零时，它们对轴的合力矩也一定是零吗？当这两个力对轴的合力矩为零时，它们的合力也一定是零吗？举例说明之。

5.2 就自身来说，你作什么姿势和对什么样的轴，转动惯量最小或最大？

5.3 走钢丝的杂技演员，表演时为什么要拿一根长直棍(图5.26)？

图5.26 阿迪力走钢丝跨过北京野生动物园上空

（新京报记者陈杰）

5.4 两个半径相同的轮子，质量相同。但一个轮子的质量聚集在边缘附近，另一个轮子的质量分布比较均匀，试问：

(1) 如果它们的角动量相同,哪个轮子转得快?

(2) 如果它们的角速度相同,哪个轮子的角动量大?

5.5 假定时钟的指针是质量均匀的矩形薄片。分针长而细,时针短而粗,两者具有相等的质量。哪一个指针有较大的转动惯量?哪一个有较大的动能与角动量?

5.6 花样滑冰运动员想高速旋转时,她先把一条腿和两臂伸开,并用脚蹬冰使自己转动起来,然后她再收拢腿和臂,这时她的转速就明显地加快了。这是利用了什么原理?

5.7 一个站在水平转盘上的人,左手举一个自行车轮,使轮子的轴竖直(图5.27)。当他用右手拨动轮缘使车轮转动时,他自己会同时沿相反方向转动起来。解释其中的道理。

5.8 刚体定轴转动时,它的动能的增量只决定于外力对它做的功而与内力的作用无关。对于非刚体也是这样吗?为什么?

5.9 一定轴转动的刚体的转动动能等于其中各质元的动能之和,试根据这一理由推导转动动能 $E_k=\frac{1}{2}J\omega^2$。

*5.10 杂技节目"转碟"是用直杆顶住碟底突沿内侧(图5.28)不断晃动,使碟子旋转不停,碟子就不会掉下。为什么?碟子在旋转的同时,整个碟子还要围绕顶杆转。又是为什么?碟子围着顶杆转时,还会上下摆动,这是什么现象?

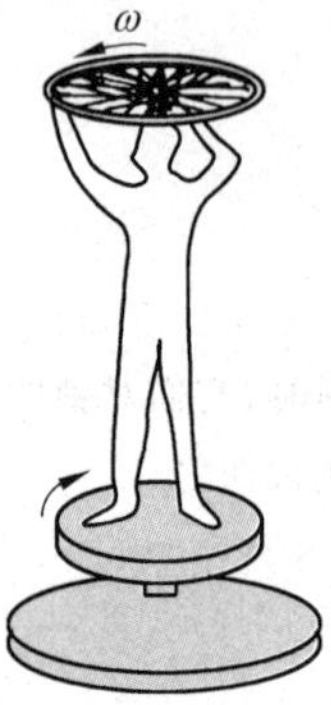


图5.27 思考题5.7用图

图5.28 杂技"转碟"

*5.11 抖单筒空竹的人在空竹绕水平轴旋转起来时,为了使两段拉线不致扭缠在一起,他自己就要不断旋转自己的身体(图5.29)。为什么?图示的人正不断地向右旋转,说明空竹本身是绕自己的轴向什么方向旋转的(用箭头在空竹上标出)?抖双筒空竹时,人还需要旋转吗?

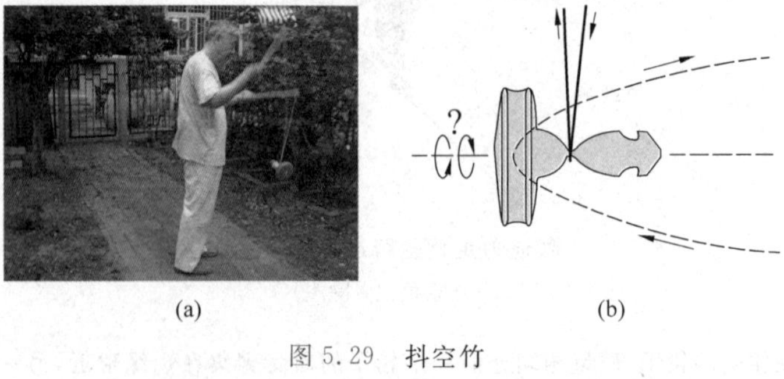


(a) (b)

图5.29 抖空竹

(a) 本书作者做抖空竹游戏;(b) 单筒空竹运动分析图

# 习题

5.1　掷铁饼运动员手持铁饼转动 1.25 圈后松手，此刻铁饼的速度值达到 $v=25$ m/s。设转动时铁饼沿半径为 $R=1.0$ m 的圆周运动并且均匀加速，求：

(1) 铁饼离手时的角速度；

(2) 铁饼的角加速度；

(3) 铁饼在手中加速的时间(把铁饼视为质点)。

5.2　一汽车发动机的主轴的转速在 7.0 s 内由 200 r/min 均匀地增加到 3000 r/min。

(1) 求在这段时间内主轴的初角速度和末角速度以及角加速度；

(2) 求这段时间内主轴转过的角度和圈数。

5.3　地球自转是逐渐变慢的。在 1987 年完成 365 次自转比 1900 年长 1.14 s。求在 1900 年到 1987 年这段时间内，地球自转的平均角加速度。

5.4　求位于北纬 40°的颐和园排云殿(以图 5.30 中 $P$ 点表示)相对于地心参考系的线速度与加速度的数值与方向。

5.5　水分子的形状如图 5.31 所示。从光谱分析得知水分子对 $AA'$ 轴的转动惯量是 $J_{AA'}=1.93\times10^{-47}$ kg·m$^2$，对 $BB'$ 轴的转动惯量是 $J_{BB'}=1.14\times10^{-47}$ kg·m$^2$。试由此数据和各原子的质量求出氢和氧原子间的距离 $d$ 和夹角 $\theta$。假设各原子都可当质点处理。

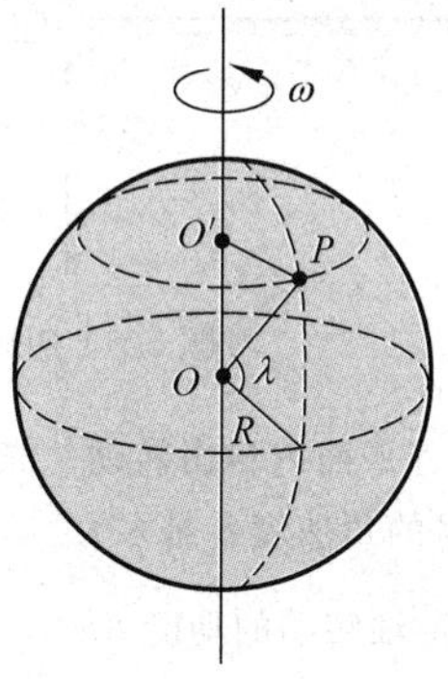


图 5.30　习题 5.4 用图

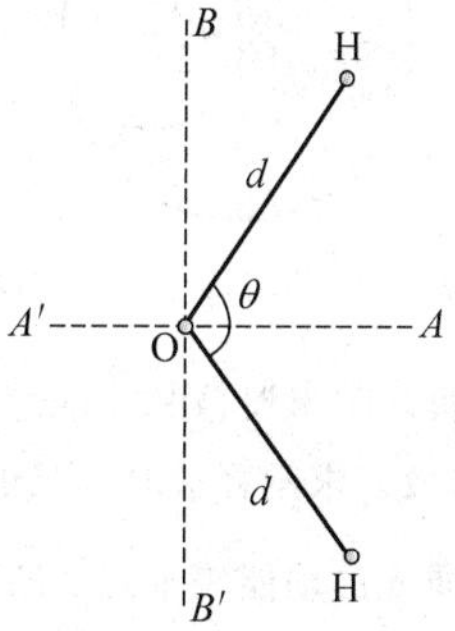


图 5.31　习题 5.5 用图

5.6　$C_{60}$(Fullerene，富勒烯)分子由 60 个碳原子组成，这些碳原子各位于一个球形 32 面体的 60 个顶角上(图 5.32)，此球体的直径为 71 nm。

(1) 按均匀球面计算，此球形分子对其一个直径的转动惯量是多少？

(2) 在室温下一个 $C_{60}$ 分子的自转动能为 $6.21\times10^{-21}$ J。求它的自转频率。

5.7　一个氧原子的质量是 $2.66\times10^{-26}$ kg，一个氧分子中两个氧原子的中心相距 $1.21\times10^{-10}$ m。求氧分子相对于通过其质心并垂直于二原子连线的轴的转动惯量。如果一个氧分子相对于此轴的转动动能是 $2.06\times10^{-21}$ J，它绕此轴的转动周期是多少？

5.8　一个哑铃由两个质量为 $m$，半径为 $R$ 的铁球和中间一根长 $l$ 的连杆组成(图 5.33)。和铁球的质量相比，连杆的质量可以忽略。求此哑铃对于通过连杆中心并和它垂直的轴的转动惯量。它对于通过两球的连心线的轴的转动惯量又是多大？

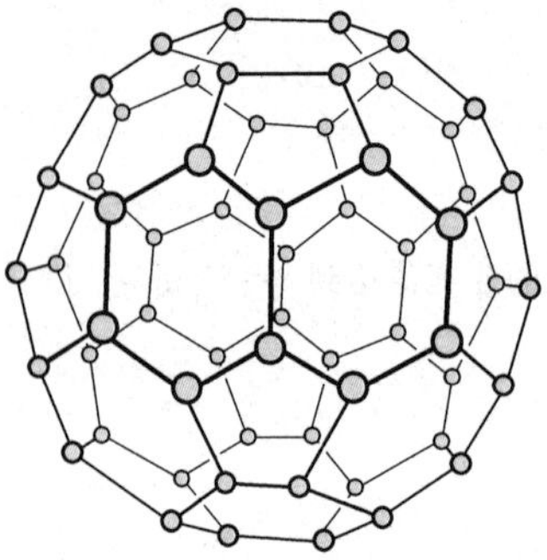

图 5.32 习题 5.6 用图

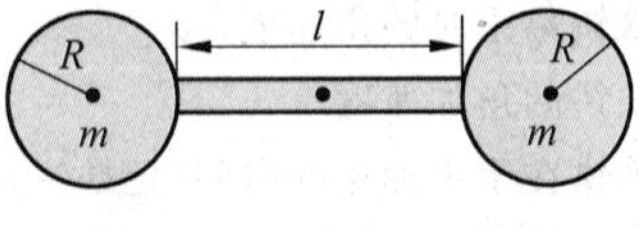


图 5.33 习题 5.8 用图

5.9 在伦敦的英国议会塔楼上的大本钟的分针长 4.50 m,质量为 100 kg;时针长 2.70 m,质量为 60.0 kg。二者对中心轴的角动量和转动动能各是多少?将二者都当成均匀细直棒处理。

*5.10 从一个半径为 $R$ 的均匀薄板上挖去一个直径为 $R$ 的圆板,所形成的圆洞中心在距原薄板中心 $R/2$ 处(图 5.34),所剩薄板的质量为 $m$。求此时薄板对于通过原中心而与板面垂直的轴的转动惯量。

5.11 如图 5.35 所示,两物体质量分别为 $m_1$ 和 $m_2$,定滑轮的质量为 $m$,半径为 $r$,可视作均匀圆盘。已知 $m_2$ 与桌面间的滑动摩擦系数为 $\mu_k$,求 $m_1$ 下落的加速度和两段绳子中的张力各是多少?设绳子和滑轮间无相对滑动,滑轮轴受的摩擦力忽略不计。

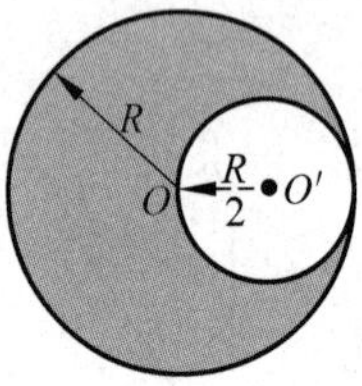


图 5.34 习题 5.10 用图

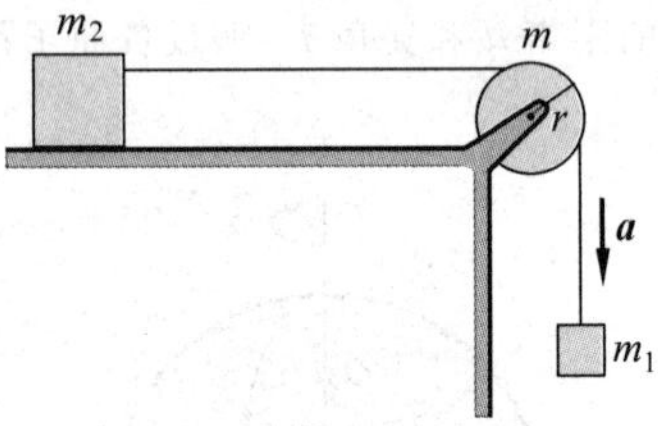


图 5.35 习题 5.11 用图

5.12 一根均匀米尺,在 60 cm 刻度处被钉到墙上,且可以在竖直平面内自由转动。先用手使米尺保持水平,然后释放。求刚释放时米尺的角加速度和米尺到竖直位置时的角速度各是多大?

5.13 从质元的动能表示式 $\Delta E_k = \frac{1}{2}\Delta m v^2$ 出发,导出刚体绕定轴转动的动能表示式 $E_k = \frac{1}{2}J\omega^2$。

5.14 唱机的转盘绕着通过盘心的固定竖直轴转动,唱片放上去后将受转盘的摩擦力作用而随转盘转动(图 5.36)。设唱片可以看成是半径为 $R$ 的均匀圆盘,质量为 $m$,唱片和转盘之间的滑动摩擦系数为 $\mu_k$。转盘原来以角速度 $\omega$ 匀速转动,唱片刚放上去时它受到的摩擦力矩多大?唱片达到角速度 $\omega$ 需要多长时间?在这段时间内,转盘保持角速度 $\omega$ 不变,驱动力矩共做了多少功?唱片获得了多大动能?

5.15 坐在转椅上的人手握哑铃(图 5.12)。两臂伸直时,人、哑铃和椅系统对竖直轴的转动惯量为 $J_1=2\ \mathrm{kg\cdot m^2}$。在外人推动后,此系统开始以 $n_1=15\ \mathrm{r/min}$ 转动。当人的两臂收回,使系统的转动惯量变为 $J_2=0.80\ \mathrm{kg\cdot m^2}$ 时,它的转速 $n_2$ 是多大?两臂收回过程中,系统的机械能是否守恒?什么力做了功?做功多少?设轴上摩擦忽略不计。

5.16 图 5.37 中均匀杆长 $L=0.40$ m,质量 $M=1.0$ kg,由其上端的光滑水平轴吊起而处于静止。今有一质量 $m=8.0$ g 的子弹以 $v_0=200$ m/s 的速率水平射入杆中而不复出,射入点在轴下 $d=3L/4$ 处。

(1) 求子弹停在杆中时杆的角速度;

(2) 求杆的最大偏转角。

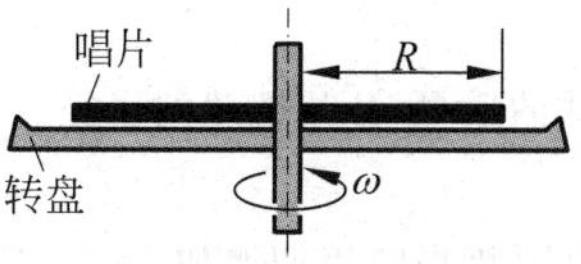


图 5.36 习题 5.14 用图

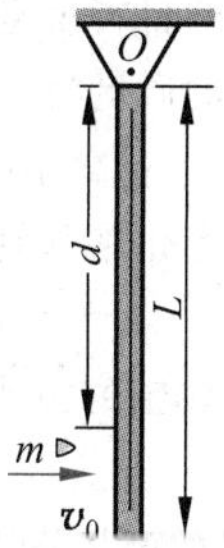


图 5.37 习题 5.16 用图

5.17 一转台绕竖直固定轴转动，每转一周所需时间为 $t=10$ s，转台对轴的转动惯量为 $J=1200$ kg·m$^2$。一质量为 $M=80$ kg 的人，开始时站在转台的中心，随后沿半径向外跑去，当人离转台中心 $r=2$ m 时转台的角速度是多大？

5.18 两辆质量都是 1200 kg 的汽车在平直公路上都以 72 km/h 的高速迎面开行。由于两车质心轨道间距离太小，仅为 0.5 m，因而发生碰撞，碰后两车扣在一起，此残体对于其质心的转动惯量为 2500 kg·m$^2$，求：

(1) 两车扣在一起时的旋转角速度；

(2) 由于碰撞而损失的机械能。

5.19 宇宙飞船中有三个宇航员绕着船舱环形内壁按同一方向跑动以产生人造重力。

(1) 如果想使人造重力等于他们在地面上时受的自然重力，那么他们跑动的速率应多大？设他们的质心运动的半径为 2.5 m，人体当质点处理。

(2) 如果飞船最初未动，当宇航员按上面速率跑动时，飞船将以多大角速度旋转？设每个宇航员的质量为 70 kg，飞船船体对于其纵轴的转动惯量为 $3\times10^5$ kg·m$^2$。

(3) 要使飞船转过 30°，宇航员需要跑几圈？

5.20 把太阳当成均匀球体，试由本书的"数值表"给出的有关数据计算太阳的角动量。太阳的角动量是太阳系总角动量($3.3\times10^{43}$ J·s)的百分之几？

*5.21 蟹状星云(图 5.38)中心是一颗脉冲星，代号 PSR 0531+21。它以十分确定的周期(0.033 s)向地球发射电磁波脉冲。这种脉冲星实际上是转动着的中子星，由中子密聚而成，脉冲周期就是它的转动周期。实测还发现，上述中子星的周期以 $1.26\times10^{-5}$ s/a 的速率增大。

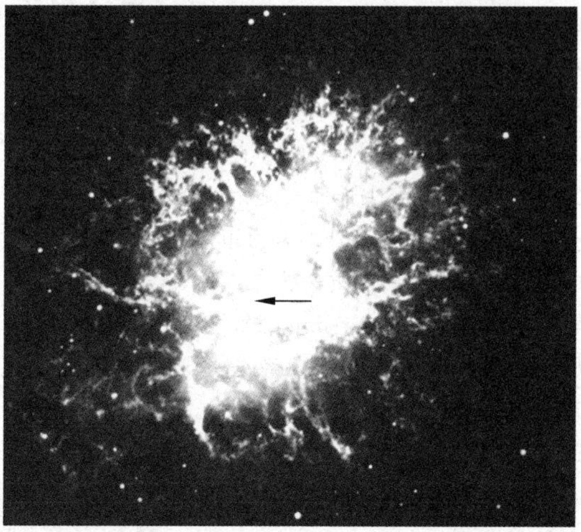

图 5.38 蟹状星云现状(箭头所指处是一颗中子星，它是 1054 年爆发的超新星的残骸)

(1) 求此中子星的自转角速度。

(2) 设此中子星的质量为 $1.5\times10^{30}$ kg(近似太阳的质量),半径为 10 km。求它的转动动能以多大的速率(以 J/s 计)减小。(这减小的转动动能就转变为蟹状星云向外辐射的能量。)

(3) 若这一能量变化率保持不变,该中子星经过多长时间将停止转动。设此中子星可作均匀球体处理。

*5.22 地球对自转轴的转动惯量是 $0.33\ MR^2$,其中 $M$ 是地球的质量,$R$ 是地球的半径。求地球的自转动能。

由于潮汐对海岸的摩擦作用,地球自转的速度逐渐减小,每百万年自转周期增加 16 s。这样,地球自转动能的减小相当于摩擦消耗多大的功率?一年内消耗的能量相当于我国 2004 年发电量的几倍?潮汐对地球的平均力矩多大?

5.23 太阳的热核燃料耗尽时,它将急速塌缩成半径等于地球半径的一颗白矮星。如果不计质量散失,那时太阳的转动周期将变为多少?太阳和白矮星均按均匀球体计算,目前太阳的自转周期按 26 d 计。

*5.24 证明:圆盘在平面上无滑动地滚动时,其上各点相对于平面的速度 $\boldsymbol{v}$ 和圆盘的转动角速度 $\boldsymbol{\omega}$ 有下述关系:

$$\boldsymbol{v}=\boldsymbol{\omega}\times\boldsymbol{r}_P$$

其中角速度矢量 $\boldsymbol{\omega}$ 的方向垂直于盘面,其指向根据盘的转动方向用右手螺旋定则确定,$\boldsymbol{r}_P$ 是从圆盘与平面的瞬时接触点 $P$ 到各点的径矢。上式表明盘上各点在任一瞬时都是绕 $P$ 点运动的。因此,接触点 $P$ 称圆盘的瞬时转动中心。

*5.25 绕有电缆的大轮轴总质量为 $M=1000$ kg,轮半径 $R_1=1.00$ m,电缆在轴上绕至半径为 $R_2=0.60$ m 处。设此时整个轮轴对其中心轴的转动惯量 $J_C=300\ \text{kg}\cdot\text{m}^2$。今用 $F=2000$ N 的力在底部沿水平方向拉电缆,如果轮轴在路面上无滑动地滚动,它将向哪个方向滚动?滚动的角速度多大?质心前进的加速度多大?轮轴受到地面的摩擦力多大?

*5.26 小学生爱玩的"悠悠球"是把一条线绕在一个扁圆柱体的圆柱面上的沟内,再用手抓住线放开的一端上下抖动,使扁圆柱体上下运动的同时还不停地绕其水平轴转动。下面为简单起见假定线就绕在扁圆柱体的圆柱面上并设扁圆柱体的质量为 $m$,半径为 $R$。

(1) 若手不动,让圆柱体沿竖直的线自行滚下,它下降的加速度多大?手需用多大的力提住线端?

(2) 若要使圆柱体停留在一定高度上,手需用多大力向上提起线端?圆柱体转动的角加速度多大?

(3) 手若用 $2\,mg$ 的力向上提起线端,则圆柱体上升的加速度多大?手向上提的加速度多大?

*5.27 地球的自转轴与它绕太阳的轨道平面的垂线间的夹角是 23.5°(图 5.39)。由于太阳和月亮对地球的引力产生力矩,地球的自转轴绕轨道平面的垂线进动,进动一周需时间约 26 000 a。已知地球绕自转轴的转动惯量为 $J=8.05\times10^{37}\ \text{kg}\cdot\text{m}^2$。求地球自旋角动量矢量变化率的大小,即 $|\mathrm{d}\boldsymbol{L}/\mathrm{d}t|$,并求太阳和月亮对地球的合力矩多大?

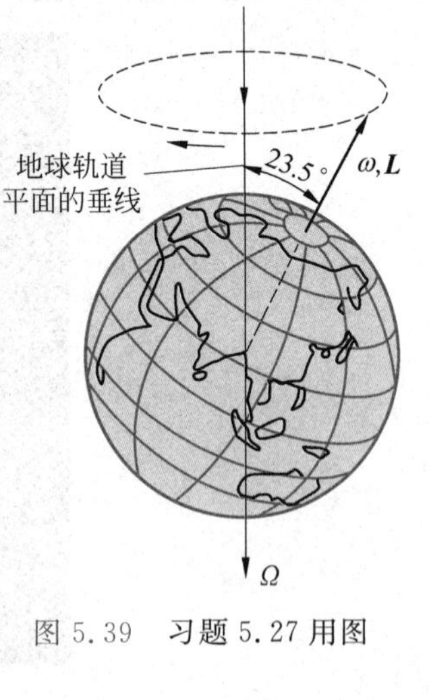

图 5.39 习题 5.27 用图

*5.28 一艘船中装的回转稳定器是一个质量为 50.0 t,半径为 2.00 m 的固体圆盘。它绕着一个竖直轴以 800 r/min 的角速度转动。

(1) 如果用恒定输入功率 $7.46\times10^4$ W 启动,要经过多少时间才能使它从静止达到上述额定转速?

(2) 如果船的轴在船的纵向竖直平面内以 1.00°/s 的角速度进动,说明船体受到了左倾或右倾的多大力矩。

# 第6章

# 狭义相对论基础

以上各章介绍了牛顿力学最基本的内容，牛顿力学的基础就是以牛顿命名的三条定律。这理论是在17世纪形成的，在以后的两个多世纪里，牛顿力学对科学和技术的发展起了很大的推动作用，而自身也得到了很大的发展。历史踏入20世纪时，物理学开始深入扩展到微观高速领域，这时发现牛顿力学在这些领域不再适用，物理学的发展要求对牛顿力学以及某些长期认为是不言自明的基本概念作出根本性的改革。这种改革终于实现了，那就是相对论和量子力学的建立。本章介绍相对论的基础知识，量子力学的基本概念将在本书下册第5篇量子物理中加以简单介绍。

## 6.1 牛顿相对性原理和伽利略变换

力学是研究物体的运动的，物体的运动就是它的位置随时间的变化。为了定量研究这种变化，必须选定适当的参考系，而力学概念，如速度、加速度等，以及力学规律都是对一定的参考系才有意义的。在处理实际问题时，视问题的方便，可以选用不同的参考系。相对于任一参考系分析研究物体的运动时，都要应用基本力学定律。这里就出现了这样的问题，对于不同的参考系，基本力学定律的形式是完全一样的吗？

运动既然是物体位置随时间的变化，那么，无论是运动的描述或是运动定律的说明，都离不开长度和时间的测量。因此，和上述问题紧密联系而又更根本的问题是：相对于不同的参考系，长度和时间的测量结果是一样的吗？

物理学对于这些根本问题的解答，经历了从牛顿力学到相对论的发展。下面先说明牛顿力学是怎样理解这些问题的，然后再着重介绍狭义相对论的基本内容。

对于上面的第一个问题，牛顿力学的回答是干脆的：对于任何惯性参考系，牛顿定律都成立。也就是说，对于不同的惯性系，力学的基本定律——牛顿定律，其形式都是一样的。因此，在任何惯性系中观察，同一力学现象将按同样的形式发生和演变。这个结论叫**牛顿相对性原理**或**力学相对性原理**，也叫做伽利略不变性。这个思想首先是伽利略表述的。在宣扬哥白尼的日心说时，为了解释地球的表观上的静止，他曾以大船作比喻，生动地指出：在“以任何速度前进，只要运动是匀速的，同时也不这样那样摆动”的大船船舱内，观察各种力学现象，如人的跳跃，抛物，水滴的下落，烟的上升，鱼的游动，甚至蝴蝶和苍蝇的飞行等，你会发现，它们都会和船静止不动时一样地发生。人们并不能从这些现象来判断大船是否在

图 6.1　舟行而不觉

运动。无独有偶，这种关于相对性原理的思想，在我国古籍中也有记述，成书于东汉时代（比伽利略要早约 1500 年！）的《尚书纬·考灵曜》中有这样的记述："地恒动不止而人不知，譬如人在大舟中，闭牖而坐，舟行而不觉也"（图 6.1）。

在作匀速直线运动的大船内观察任何力学现象，都不能据此判断船本身的运动。只有打开舷窗向外看，当看到岸上灯塔的位置相对于船不断地在变化时，才能判定船相对于地面是在运动的，并由此确定航速。即使这样，也只能作出相对运动的结论，并不能肯定"究竟"是地面在运动，还是船在运动。只能确定两个惯性系的相对运动速度，谈论某一惯性系的绝对运动（或绝对静止）是没有意义的。这是力学相对性原理的一个重要结论。

关于空间和时间的问题，牛顿有的是**绝对空间**和**绝对时间**概念，或**绝对时空观**。所谓绝对空间是指长度的量度与参考系无关，绝对时间是指时间的量度和参考系无关。这也就是说，同样两点间的距离或同样的前后两个事件之间的时间，无论在哪个惯性系中测量都是一样的。牛顿本人曾说过："绝对空间，就其本性而言，与外界任何事物**无关**，而永远是相同的和不动的。"还说过："绝对的、真正的和数学的时间自己流逝着，并由于它的本性而均匀地与任何外界对象**无关**地流逝着。"还有，在牛顿那里，时间和空间的量度是**相互独立**的。

牛顿的这种绝对空间与绝对时间的概念是一般人对空间和时间概念的理论总结。我国唐代诗人李白在他的《春夜宴桃李园序》中的词句："夫天地者，万物之逆旅；光阴者，百代之过客"，也表达了相同的意思。

牛顿的相对性原理和他的绝对时空概念是有直接联系的，下面就来说明这种联系。

设想两个相对作匀速直线运动的参考系，分别以直角坐标系 $S(O,x,y,z)$ 和 $S'(O',x',y',z')$ 表示（图 6.2），两者的坐标轴分别相互平行，而且 $x$ 轴和 $x'$ 轴重合在一起。$S'$ 相对于 $S$ 沿 $x$ 轴方向以速度 $\boldsymbol{u}=u\boldsymbol{i}$ 运动。

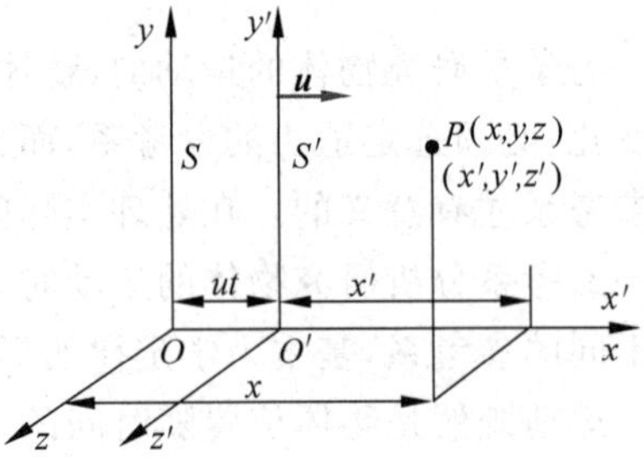


图 6.2　相对作匀速直线运动的两个参考系 $S$ 和 $S'$

为了测量时间，设想在 $S$ 和 $S'$ 系中各处各有自己的钟，所有的钟结构完全相同，而且同一参考系中的所有的钟都是校准好而同步的，它们分别指示时刻 $t$ 和 $t'$。为了对比两个参考系中所测的时间，我们假定两个参考系中的钟都以原点 $O'$ 和 $O$ 重合的时刻作为计算时间的零点。让我们找出两个参考系测出的同一质点到达某一位置 $P$ 的时刻以及该位置的空间坐标之间的关系。

由于时间量度的绝对性，质点到达 $P$ 时，两个参考系中 $P$ 点附近的钟给出的时刻数值一定相等，即

$$t' = t \tag{6.1}$$

由于空间量度的绝对性，由 $P$ 点到 $xz$ 平面（亦即 $x'z'$ 平面）的距离，由两个参考系测出的数值也是一样的，即

$$y' = y \tag{6.2}$$

同理

$$z' = z \tag{6.3}$$

至于 $x$ 和 $x'$ 的值，由 $S$ 系测量，$x$ 应该等于此时刻两原点之间的距离 $ut$ 加上 $y'z'$ 平面到 $P$ 点的距离。这后一距离由 $S'$ 系量得为 $x'$。若由 $S$ 系测量，根据绝对空间概念，这后一距离应该一样，即也等于 $x'$。所以，在 $S$ 系中测量就应该有

$$x = x' + ut$$

或

$$x' = x - ut \tag{6.4}$$

将式(6.2)～式(6.4)写到一起，就得到下面一组变换公式：

$$x' = x - ut,\quad y' = y,\quad z' = z,\quad t' = t \tag{6.5}$$

这组公式叫**伽利略坐标变换**，它是绝对时空概念的直接反映。

由公式(6.5)可进一步求得速度变换公式。将其中前 3 式对时间求导，考虑到 $t=t'$，可得

$$\frac{\mathrm{d}x'}{\mathrm{d}t'} = \frac{\mathrm{d}x}{\mathrm{d}t} - u,\quad \frac{\mathrm{d}y'}{\mathrm{d}t'} = \frac{\mathrm{d}y}{\mathrm{d}t},\quad \frac{\mathrm{d}z'}{\mathrm{d}t'} = \frac{\mathrm{d}z}{\mathrm{d}t}$$

式中

$$\frac{\mathrm{d}x'}{\mathrm{d}t'} = v_x',\quad \frac{\mathrm{d}y'}{\mathrm{d}t'} = v_y',\quad \frac{\mathrm{d}z'}{\mathrm{d}t'} = v_z'$$

与

$$\frac{\mathrm{d}x}{\mathrm{d}t} = v_x,\quad \frac{\mathrm{d}y}{\mathrm{d}t} = v_y,\quad \frac{\mathrm{d}z}{\mathrm{d}t} = v_z$$

分别为 $S'$ 系与 $S$ 系中的各个速度分量，因此可得速度变换公式为

$$v_x' = v_x - u,\quad v_y' = v_y,\quad v_z' = v_z \tag{6.6}$$

式(6.6)中的三式可以合并成一个矢量式，即

$$\boldsymbol{v}' = \boldsymbol{v} - \boldsymbol{u} \tag{6.7}$$

这正是在第 1 章中已导出的伽利略速度变换公式(1.39)。由上面的推导可以看出它是以绝对的时空概念为基础的。

将式(6.7)再对时间求导，可得出加速度变换公式。由于 $\boldsymbol{u}$ 与时间无关，所以有

$$\frac{\mathrm{d}\boldsymbol{v}'}{\mathrm{d}t'} = \frac{\mathrm{d}\boldsymbol{v}}{\mathrm{d}t}$$

即

$$\boldsymbol{a}' = \boldsymbol{a} \tag{6.8}$$

这说明同一质点的加速度在不同的惯性系内测得的结果是一样的。

在牛顿力学里，质点的质量和运动速度没有关系，因而也不受参考系的影响。牛顿力学中的力只跟质点的相对位置或相对运动有关，因而也是和参考系无关的。因此，只要 $\boldsymbol{F}=m\boldsymbol{a}$ 在参考系 $S$ 中是正确的，那么，对于参考系 $S'$ 来说，由于 $\boldsymbol{F}'=\boldsymbol{F}$，$m'=m$ 以及式(6.8)，则必然有

$$\boldsymbol{F}' = m'\boldsymbol{a}' \tag{6.9}$$

即对参考系 $S'$ 说，牛顿定律也是正确的。一般地说，牛顿定律对任何惯性系都是正确的。

这样，我们就由牛顿的绝对时空概念（以及“绝对质量”概念）得到了牛顿相对性原理。

## 6.2　爱因斯坦相对性原理和光速不变

在牛顿等对力学进行深入研究之后，人们对其他物理现象，如光和电磁现象的研究也逐步深入了。19世纪中叶，已形成了比较严整的电磁理论——麦克斯韦理论。它预言光是一种电磁波，而且不久也为实验所证实。在分析与物体运动有关的电磁现象时，也发现有符合相对性原理的实例。例如在电磁感应现象中，只是磁体和线圈的相对运动决定线圈内产生的感生电动势。因此，也提出了同样的问题，对于不同的惯性系，电磁现象的基本规律的形式是一样的吗？如果用伽利略变换对电磁现象的基本规律进行变换，发现这些规律对不同的惯性系并不具有相同的形式。就这样，伽利略变换和电磁现象符合相对性原理的设想发生了矛盾。

在这个问题中，光速的数值起了特别重要的作用。以 $c$ 表示在某一参考系 $S$ 中测得的光在真空中的速率，以 $c'$ 表示在另一参考系 $S'$ 中测得的光在真空的速率，如果根据伽利略变换，就应该有

$$c' = c \pm u$$

式中 $u$ 为 $S'$ 相对于 $S$ 的速度，它前面的正负号由 $\boldsymbol{c}$ 和 $\boldsymbol{u}$ 的方向相反或相同而定。但是麦克斯韦的电磁场理论给出的结果与此不相符，该理论给出的光在真空中的速率

$$c = \frac{1}{\sqrt{\varepsilon_0 \mu_0}} \tag{6.10}$$

其中 $\varepsilon_0 = 6.85 \times 10^{-12} \mathrm{C}^2 \cdot \mathrm{N}^{-1} \cdot \mathrm{m}^{-2}$（或 F/m），$\mu_0 = 1.26 \times 10^{-6} \mathrm{N} \cdot \mathrm{s}^2 \cdot \mathrm{C}^{-2}$（或 H/m），是两个电磁学常量。将这两个值代入上式，可得

$$c = 2.99 \times 10^8 \ \mathrm{m/s}$$

由于 $\varepsilon_0$，$\mu_0$ 与参考系无关，因此 $c$ 也应该与参考系无关。这就是说在任何参考系内测得的光在真空中的速率都应该是这一数值。这一结论还为后来的很多精确的实验（最著名的是1887年迈克尔逊和莫雷做的实验）和观察所证实①。它们都明确无误地证明光速的测量结果与光源和测量者的相对运动无关，亦即与参考系无关。这就是说，光或电磁波的运动不服从伽利略变换！

正是根据光在真空中的速度与参考系无关这一性质，在精密的激光测量技术的基础上，现在把光在真空中的速率规定为一个基本的物理常量，其值规定为

$$c = 299\ 792\ 458 \ \mathrm{m/s}$$

SI的长度单位“m”就是在光速的这一规定的基础上规定的（参看1.1节）。

光速与参考系无关这一点是与人们的预计相反的，因日常经验总是使人们确信伽利略变换是正确的。但是要知道，日常遇到的物体运动的速率比起光速来是非常小的，炮弹飞出炮口的速率不过 $10^3$ m/s，人造卫星的发射速率也不过 $10^4$ m/s，不及光速的万分之一。我们本来不能，也不应该轻率地期望在低速情况下适用的规律在很高速的情况下也一定能适用。

---

①　参看习题1.25。

伽利略变换和电磁规律的矛盾促使人们思考下述问题：是伽利略变换是正确的，而电磁现象的基本规律不符合相对性原理呢？还是已发现的电磁现象的基本规律是符合相对性原理的，而伽利略变换，实际上是绝对时空概念，应该修正呢？爱因斯坦对这个问题进行了深入的研究，并在1905年发表了《论动体的电动力学》这篇著名的论文，对此问题作出了对整个物理学都有根本变革意义的回答。在该文中他把下述“思想”提升为“公设”即基本假设：

**物理规律对所有惯性系都是一样的，不存在任何一个特殊的(例如“绝对静止”的)惯性系。**

爱因斯坦称这一假设为相对性原理，我们称之为**爱因斯坦相对性原理**。和牛顿相对性原理加以比较，可以看出前者是后者的推广，使相对性原理不仅适用于力学现象，而且适用于所有物理现象，包括电磁现象在内。这样，我们就可以料到，在任何一个惯性系内，不但是力学实验，而且任何物理实验都不能用来确定本参考系的运动速度。绝对运动或绝对静止的概念，从整个物理学中被排除了。

在把相对性原理作为基本假设的同时，爱因斯坦在那篇著名论文中还把另一论断，即**在所有惯性系中，光在真空中的速率都相等**，作为另一个基本假设提了出来。这一假设称为**光速不变原理**①。就是在看来这样简单而且最一般的两个假设的基础上，爱因斯坦建立了一套完整的理论——狭义相对论，而把物理学推进到了一个新的阶段。由于在这里涉及的只是无加速运动的惯性系，所以叫**狭义相对论**，以别于后来爱因斯坦发展的**广义相对论**，在那里讨论了作加速运动的参考系。

既然选择了相对性原理，那就必须修改伽利略变换，爱因斯坦从考虑**同时性的相对性**开始导出了一套新的时空变换公式——洛伦兹变换。

## 6.3 同时性的相对性和时间延缓

爱因斯坦对物理规律和参考系的关系进行考查时，不仅注意到了物理规律的具体形式，而且注意到了更根本更普遍的问题——关于时间和长度的测量问题，首先是时间的概念。他对牛顿的绝对时间概念提出了怀疑，并且，据他说，从16岁起就开始思考这个问题了。经过10年的思考，终于得到了他的异乎寻常的结论：时间的量度是相对的！对于不同的参考系，同样的先后两个事件之间的时间间隔是不同的。

爱因斯坦的论述是从讨论“同时性”概念开始的②。在1905年发表的《论动体的电动力学》那篇著名论文中，他写道：“如果我们要描述一个质点的运动，我们就以时间的函数来给出它的坐标值。现在我们必须记住，这样的数学描述，只有在我们十分清楚懂得‘时间’在这

① 如果把光速当成一个“物理规律”，则光速不变原理就成了相对性原理的一个推论，无须作为一条独立的假设提出。更应注意的是，相对论理论不应该是电磁学的一个分支，不应该依赖光速的极限性。可以在空间的均匀性和各向同性的“基本假设”的基础上，根据相对性原理导出洛伦兹变换而建立相对论理论。这就更说明了爱因斯坦的相对性思想的普遍性和基础意义。关于不用光速的相对论论证可参看：Mermin N D. Relativity without light. Am J Phys, 1984, 52(2): 119～124; Terletskii Y P. Paradoxes in the Theory of Relativity. New York: Plenum Press, 1968, Sec. 7.

② 杨振宁称同时性的相对性是“关键性、革命性的思想”，他还评论说：“洛伦兹有其数学，没有其物理；庞加莱有其哲学，也没有其物理。而26岁的爱因斯坦敢于质疑人类关于时间的错误的原始观念，坚持同时性是相对的，才能从而打开了通向新的微观物理之门。”——见：物理与工程，2005,6,2.

里指的是什么之后才有物理意义。我们应该考虑到：凡是时间在里面起作用的我们的一切判断，总是关于同时的事件的判断。比如我们说，'那列火车7点钟到达这里'，这大概是说，'我的表的短针指到7同火车到达是同时的事件'。"

注意到了同时性，我们就会发现，和光速不变紧密联系在一起的是：在某一惯性系中同时发生的两个事件，在相对于此惯性系运动的另一惯性系中观察，并不是同时发生的。这可由下面的理想实验看出来。

仍设如图6.2所示的两个参考系 $S$ 和 $S'$，设在坐标系 $S'$ 中的 $x'$ 轴上的 $A'$，$B'$ 两点各放置一个接收器，每个接收器旁各有一个静止于 $S'$ 的钟，在 $A'B'$ 的中点 $M'$ 上有一闪光光源(图6.3)。今设光源发出一闪光，由于 $M'A'=M'B'$，而且向各个方向的光速是一样的，所以闪光必将同时传到两个接收器，或者说，光到达 $A'$ 和到达 $B'$ 这两个事件在 $S'$ 系中观察是同时发生的。

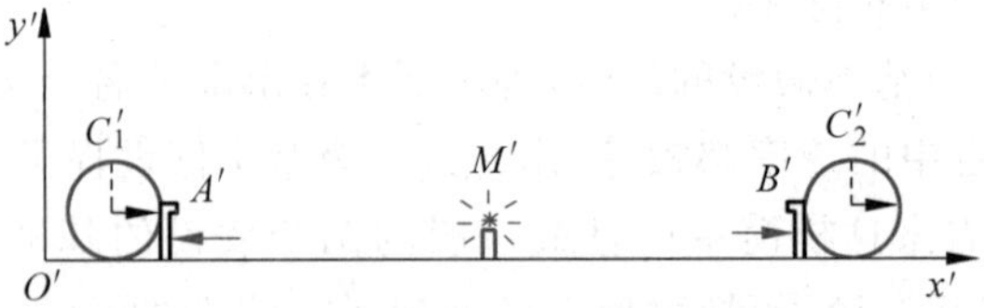

图6.3　在 $S'$ 系中观察，光同时到达 $A'$ 和 $B'$

在 $S$ 系中观察这两个同样的事件，其结果又如何呢？如图6.4所示，在光从 $M'$ 发出到达 $A'$ 这一段时间内，$A'$ 已迎着光线走了一段距离，而在光从 $M'$ 出发到达 $B'$ 这段时间内，$B'$ 却背着光线走了一段距离。

显然，光线从 $M'$ 发出到达 $A'$ 所走的距离比到达 $B'$ 所走的距离要短。因为这两个方向的光速还是一样的(光速与光源和观察者的相对运动无关)，所以光必定先到达 $A'$ 而后到达 $B'$，或者说，光到达 $A'$ 和到达 $B'$ 这两个事件在 $S$ 系中观察并不是同时发生的。这就说明，**同时性是相对的**①。

如果 $M$，$A$，$B$ 是固定在 $S$ 系的 $x$ 轴上的一套类似装置，则用同样分析可以得出，在 $S$ 系中同时发生的两个事件，在 $S'$ 系中观察，也不是同时发生的。分析这两种情况的结果还可以得出下一结论：沿两个惯性系相对运动方向发生的两个事件，在其中一个惯性系中表现为同时的，在另一惯性系中观察，则总是**在前一惯性系运动的后方的那一事件先发生**。

由图6.4也很容易了解，$S'$ 系相对于 $S$ 系的速度越大，在 $S$ 系中所测得的沿相对速度方向配置的两事件之间的时间间隔就越长。这就是说，对不同的参考系，沿相对速度方向配置的同样的两个事件之间的时间间隔是不同的。这也就是说，**时间的测量是相对的**。

下面我们来导出时间量度和参考系相对速度之间的关系。

如图6.5(a)所示，设在 $S'$ 系中 $A'$ 点有一闪光光源，它近旁有一只钟 $C'$。在平行于 $y'$ 轴方向离 $A'$ 距离为 $d$ 处放置一反射镜，镜面向 $A'$。今令光源发出一闪光射向镜面又反射回 $A'$，光从 $A'$ 发出到再返回 $A'$ 这两个事件相隔的时间由钟 $C'$ 给出，它应该是

$$\Delta t'=\frac{2d}{c} \tag{6.11}$$

---

① 这一结论和人类的"原始观念"是相违背的。参见：张三慧．同时性的相对性与经典同时性．物理通报，2001，2.9.

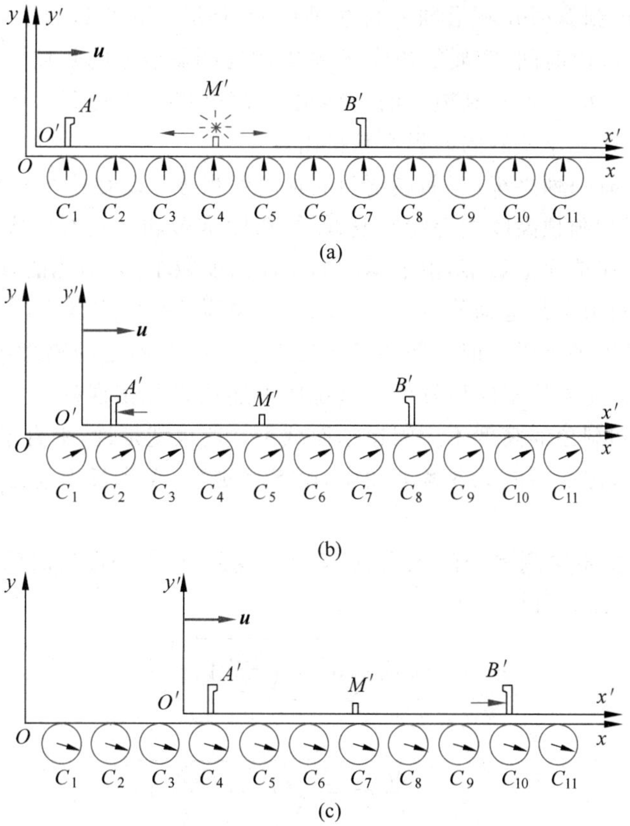


图 6.4 在 $S$ 系中观察

(a) 光由 $M'$发出；(b) 光到达 $A'$；(c) 光到达 $B'$

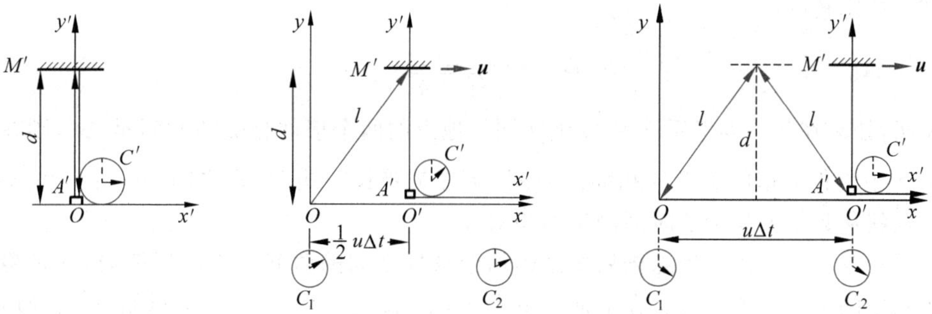


(a) (b) (c)

图 6.5 光由 $A'$到 $M'$，再返回 $A'$

(a) 在 $S'$系中测量；(b)、(c) 在 $S$ 系中测量

在 $S$ 系中测量，光从 $A'$发出再返回 $A'$这两个事件相隔的时间又是多长呢？首先，我们看到，由于 $S'$系的运动，这两个事件并不发生在 $S$ 系中的同一地点。为了测量这一时间间隔，必须利用沿 $x$ 轴配置的许多静止于 $S$ 系的经过校准而同步的钟 $C_1$，$C_2$ 等，而待测时间间隔由光从 $A'$发出和返回 $A'$时，$A'$所邻近的钟 $C_1$ 和 $C_2$ 给出。我们还可以看到，在 $S$ 系中

测量时，光线由发出到返回并不沿同一直线进行，而是沿一条折线(图 6.5(b)、(c))。为了计算光经过这条折线的时间，需要算出在 $S$ 系中测得的斜线 $l$ 的长度。为此，我们先说明，在 $S$ 系中测量，沿 $y$ 方向从 $A'$ 到镜面的距离也是 $d$(这里应当怀疑一下牛顿的绝对长度的概念)，这可以由下述火车钻洞的假想实验得出。

设在山洞外停有一列火车，车厢高度与洞顶高度相等。现在使车厢匀速地向山洞开去。这时它的高度是否和洞顶高度相等呢？或者说，高度是否和运动有关呢？假设高度由于运动而变小了，这样，在地面上观察，由于运动的车厢高度减小，它当然能顺利地通过山洞。如果在车厢上观察，则山洞是运动的，由相对性原理，洞顶的高度应减小，这样车厢势必在山洞外被阻住。这就发生了矛盾。但车厢能否穿过山洞是一个确定的物理事实，应该和参考系的选择无关，因而上述矛盾不应该发生。这说明上述假设是错误的。因此在满足相对性原理的条件下，车厢和洞顶的高度不应因运动而减小。这也就是说，垂直于相对运动方向的长度测量与运动无关，因而在图 6.5 各分图中，由 $S$ 系观察，$A'$ 和反射镜之间沿 $y$ 方向的距离都是 $d$。

以 $\Delta t$ 表示在 $S$ 系中测得的闪光由 $A'$ 发出到返回 $A'$ 所经过的时间。由于在这段时间内，$A'$ 移动了距离 $u\Delta t$，所以

$$l = \sqrt{d^2 + \left(\frac{u\Delta t}{2}\right)^2} \tag{6.12}$$

由光速不变，又有

$$\Delta t = \frac{2l}{c} = \frac{2}{c}\sqrt{d^2 + \left(\frac{u\Delta t}{2}\right)^2}$$

由此式解出

$$\Delta t = \frac{2d}{c}\frac{1}{\sqrt{1-u^2/c^2}}$$

和式(6.11)比较可得

$$\Delta t = \frac{\Delta t'}{\sqrt{1-u^2/c^2}} \tag{6.13}$$

此式说明，如果在某一参考系 $S'$ 中发生在同一地点的两个事件相隔的时间是 $\Delta t'$，则在另一参考系 $S$ 中测得的这两个事件相隔的时间 $\Delta t$ 总是要长一些，二者之间差一个 $\sqrt{1-u^2/c^2}$ 因子。这就从数量上显示了时间测量的相对性。

在某一参考系中**同一地点先后发生的两个事件之间的时间间隔**叫**固有时**，它是静止于此参考系中的一只钟测出的。在上面的例子中，$\Delta t'$ 就是光从 $A'$ 发出又返回 $A'$ 所经历的固有时。由式(6.13)可看出，**固有时最短**。固有时和在其他参考系中测得的时间的关系，如果用钟走得快慢来说明，就是 $S$ 系中的观察者把相对于他运动的那只 $S'$ 系中的钟和自己的许多同步的钟对比，发现那只钟慢了，那只运动的钟的一秒对应于这许多静止的同步的钟的好几秒。这个效应叫做运动的钟**时间延缓**。

应注意，时间延缓是一种相对效应。也就是说，$S'$ 系中的观察者会发现静止于 $S$ 系中而相对于自己运动的任一只钟比自己的参考系中的一系列同步的钟走得慢。这时 $S$ 系中的一只钟给出固有时，$S'$ 系中的钟给出的不是固有时。

由式(6.13)还可以看出，当 $u \ll c$ 时，$\sqrt{1-u^2/c^2} \approx 1$，而 $\Delta t \approx \Delta t'$。这种情况下，同样

的两个事件之间的时间间隔在各参考系中测得的结果都是一样的,即时间的测量与参考系无关。这就是牛顿的绝对时间概念。由此可知,牛顿的绝对时间概念实际上是相对论时间概念在参考系的相对速度很小时的近似。

---

**例 6.1**

一飞船以 $u=9\times10^3$ m/s 的速率相对于地面(我们假定为惯性系)匀速飞行。飞船上的钟走了 5 s 的时间,用地面上的钟测量是经过了多少时间?

**解** 因为 $\Delta t'$ 为固有时,$u=9\times10^3$ m/s, $\Delta t'=5$ s,所以

$$\Delta t=\frac{\Delta t'}{\sqrt{1-u^2/c^2}}=\frac{5}{\sqrt{1-[(9\times10^3)/(3\times10^8)]^2}}$$

$$\approx5\left[1+\frac{1}{2}\times(3\times10^{-5})^2\right]=5.000\,000\,002\ (\mathrm{s})$$

此结果说明对于飞船的这样大的速率来说,时间延缓效应实际上是很难测量出来的。

---

**例 6.2**

带正电的 $\pi$ 介子是一种不稳定的粒子。当它静止时,平均寿命为 $2.5\times10^{-8}$ s,过后即衰变为一个 $\mu$ 介子和一个中微子。今产生一束 $\pi$ 介子,在实验室测得它的速率为 $u=0.99\,c$,并测得它在衰变前通过的平均距离为 52 m。这些测量结果是否一致?

**解** 如果用平均寿命 $\Delta t'=2.5\times10^{-8}$ s 和速率 $u$ 相乘,得

$$0.99\times3\times10^8\times2.5\times10^{-8}=7.4\ (\mathrm{m})$$

这和实验结果明显不符。若考虑相对论时间延缓效应,$\Delta t'$ 是静止 $\pi$ 介子的平均寿命,为固有时,当 $\pi$ 介子运动时,在实验室测得的平均寿命应是

$$\Delta t=\frac{\Delta t'}{\sqrt{1-u^2/c^2}}=\frac{2.5\times10^{-8}}{\sqrt{1-0.99^2}}=1.8\times10^{-7}\ (\mathrm{s})$$

在实验室测得它通过的平均距离应该是

$$u\Delta t=0.99\times3\times10^8\times1.8\times10^{-7}=53\ (\mathrm{m})$$

和实验结果很好地符合。

这是符合相对论的一个高能粒子的实验。实际上,近代高能粒子实验,每天都在考验着相对论,而相对论每次也都经受住了这种考验。

---

## 6.4 长度收缩

现在讨论长度的测量。6.3 节已说过,垂直于运动方向的长度测量是与参考系无关的。沿运动方向的长度测量又如何呢?

应该明确的是,长度测量是和同时性概念密切相关的。在某一参考系中测量棒的长度,就是要测量它的两端点在**同一时刻**的位置之间的距离。这一点在测量静止的棒的长度时并不明显地重要,因为它的两端的位置不变,不管是否同时记录两端的位置,结果总是一样的。但在测量运动的棒的长度时,同时性的考虑就带有决定性的意义了。如图 6.6 所示,要测量正在行进的汽车的长度 $l$,就**必须在同一时刻**记录车头的位置 $x_2$ 和车尾的位置 $x_1$,然后算

出来 $l=x_2-x_1$（图6.6(a)）。如果两个位置不是在同一时刻记录的，例如在记录了 $x_1$ 之后过一会再记录 $x_2$（图6.6(b)），则 $x_2-x_1$ 就和两次记录的时间间隔有关系，它的数值显然不代表汽车的长度。

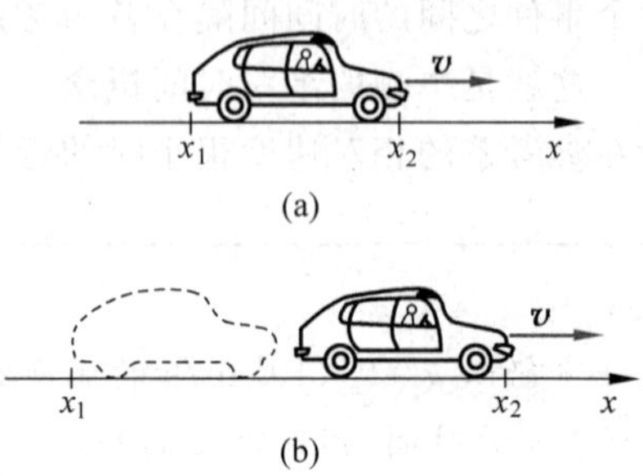


图6.6 测量运动的汽车的长度

(a) 同时记录 $x_1$ 和 $x_2$；(b) 先记录 $x_1$，后记录 $x_2$

根据爱因斯坦的观点，既然同时性是相对的，那么长度的测量也必定是相对的。长度测量和参考系的运动有什么关系呢？

仍假设如图6.2所示的两个参考系 $S$ 和 $S'$。有一根棒 $A'B'$ 固定在 $x'$ 轴上，在 $S'$ 系中测得它的长度为 $l'$。为了求出它在 $S$ 系中的长度 $l$，我们假想在 $S$ 系中某一时刻 $t_1$，$B'$ 端经过 $x_1$，如图6.7(a)，在其后 $t_1+\Delta t$ 时刻 $A'$ 经过 $x_1$。由于棒的运动速度为 $u$，在 $t_1+\Delta t$ 这一时刻 $B'$ 端的位置一定在 $x_2=x_1+u\Delta t$ 处，如图6.7(b)。根据上面所说长度测量的规定，在 $S$ 系中棒长就应该是

$$l=x_2-x_1=u\Delta t \tag{6.14}$$

现在再看 $\Delta t$，它是 $B'$ 端和 $A'$ 端相继通过 $x_1$ 点这两个事件之间的时间间隔。由于 $x_1$ 是 $S$ 系中一个固定地点，所以 $\Delta t$ 是这两个事件之间的固有时。

从 $S'$ 系看来，棒是静止的，由于 $S$ 系向左运动，$x_1$ 这一点相继经过 $B'$ 和 $A'$ 端（图6.8）。由于棒长为 $l'$，所以 $x_1$ 经过 $B'$ 和 $A'$ 这两个事件之间的时间间隔 $\Delta t'$，在 $S'$ 系中测量为

$$\Delta t'=\frac{l'}{u} \tag{6.15}$$

$\Delta t$ 和 $\Delta t'$ 都是指同样两个事件之间的时间间隔，根据时间延缓关系，有

$$\Delta t=\Delta t'\sqrt{1-u^2/c^2}=\frac{l'}{u}\sqrt{1-u^2/c^2}$$

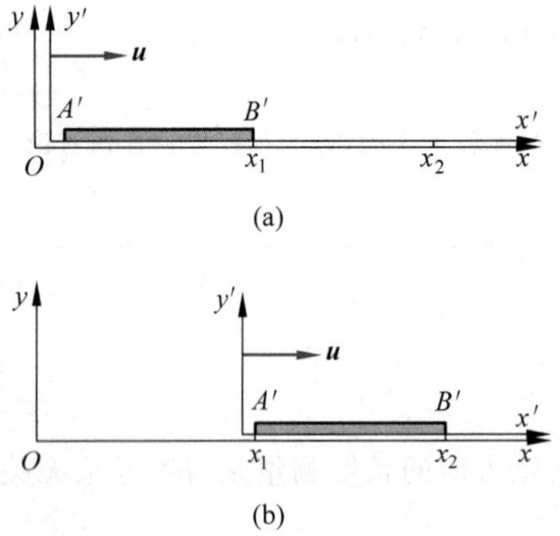


图6.7 在 $S$ 系中测量运动的棒 $A'B'$ 长度

(a) 在 $t_1$ 时刻 $A'B'$ 的位置；(b) 在 $t_1+\Delta t$ 时刻 $A'B'$ 的位置

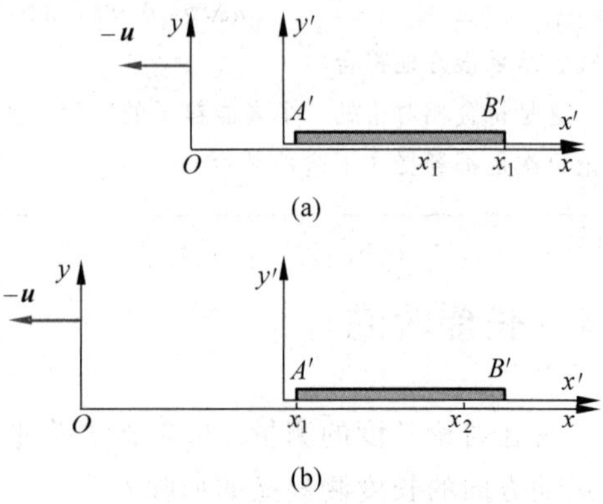


图6.8 在 $S'$ 系中观察的结果

(a) $x_1$ 经过 $B'$ 点；(b) $x_1$ 经过 $A'$ 点

将此式代入式(6.14)即可得

$$l=l'\sqrt{1-u^2/c^2} \tag{6.16}$$

此式说明，如果在某一参考系($S'$)中，一根静止的棒的长度是 $l'$，则在另一参考系中测得的同一根棒的长度 $l$ 总要短些，二者之间相差一个因子 $\sqrt{1-u^2/c^2}$。这就是说，**长度的测量也是相对的**。

**棒静止时测得的它的长度**叫**棒的静长**或**固有长度**。上例中的 $l'$ 就是固有长度。由式(6.16)可看出，**固有长度最长**。这种长度测量值的不同显然只适用于棒沿着运动方向放置的情况。这种效应叫做运动的棒(纵向)的**长度收缩**。

也应该指出，长度收缩也是一种相对效应。静止于 $S$ 系中沿 $x$ 方向放置的棒，在 $S'$ 系中测量，其长度也要收缩。此时，$l$ 是固有长度，而 $l'$ 不是固有长度。

由式(6.16)可以看出，当 $u \ll c$ 时，$l \approx l'$。这时又回到了牛顿的绝对空间的概念：空间的量度与参考系无关。这也说明，牛顿的绝对空间概念是相对论空间概念在相对速度很小时的近似。

---

**例 6.3**

固有长度为 5 m 的飞船以 $u=9\times10^3$ m/s 的速率相对于地面匀速飞行时，从地面上测量，它的长度是多少？

**解** $l'$ 即为固有长度，$l'=5$ m，$u=9\times10^3$ m/s，所以

$$l=l'\sqrt{1-u^2/c^2}=5\sqrt{1-[(9\times10^3)/(3\times10^8)]^2}$$

$$\approx 5\left[1-\frac{1}{2}\times(3\times10^{-5})^2\right]=4.999\,999\,998\ (\text{m})$$

这个结果和静长 5 m 的差别是难以测出的。

---

**例 6.4**

试从 π 介子在其中静止的参考系来考虑 π 介子的平均寿命(参照例 6.2)。

**解** 从 π 介子的参考系看来，实验室的运动速率为 $u=0.99\,c$，实验室中测得的距离 $l=52$ m 为固有长度。在 π 介子参考系中测量此距离应为

$$l'=l\sqrt{1-u^2/c^2}=52\times\sqrt{1-0.99^2}=7.3\ (\text{m})$$

而实验室飞过这一段距离所用的时间为

$$\Delta t'=l'/u=7.3/0.99c=2.5\times10^{-8}\ (\text{s})$$

这正好就是静止 π 介子的平均寿命。

---

## 6.5 洛伦兹坐标变换

在 6.1 节中我们根据牛顿的绝对时空概念导出了伽利略坐标变换。现在我们根据爱因斯坦的相对论时空概念导出相应的另一组坐标变换式——洛伦兹坐标变换。

仍然设 $S$，$S'$ 两个参考系如图 6.9 所示，$S'$ 以速度 $\boldsymbol{u}$ 相对于 $S$ 运动，二者原点 $O$，$O'$ 在 $t=t'=0$ 时重合。我们求由两个坐标系测出的在某时刻发生在 $P$ 点的一个事件(例如一次爆炸)的两套坐标值之间的关系。在该时刻，在 $S'$ 系中测量(图 6.9(b))时刻为 $t'$，从 $y'z'$ 平面到 $P$ 点的距离为 $x'$。在 $S$ 系中测量(图 6.9(a))，该同一时刻为 $t$，从 $yz$ 平面到 $P$

点的距离 $x$ 应等于此时刻两原点之间的距离 $ut$ 加上 $y'z'$ 平面到 $P$ 点的距离。但这后一段距离在 $S$ 系中测量，其数值不再等于 $x'$，根据长度收缩，应等于 $x'\sqrt{1-u^2/c^2}$，因此在 $S$ 系中测量的结果应为

$$x = ut + x'\sqrt{1-u^2/c^2} \tag{6.17}$$

或者

$$x' = \frac{x-ut}{\sqrt{1-u^2/c^2}} \tag{6.18}$$

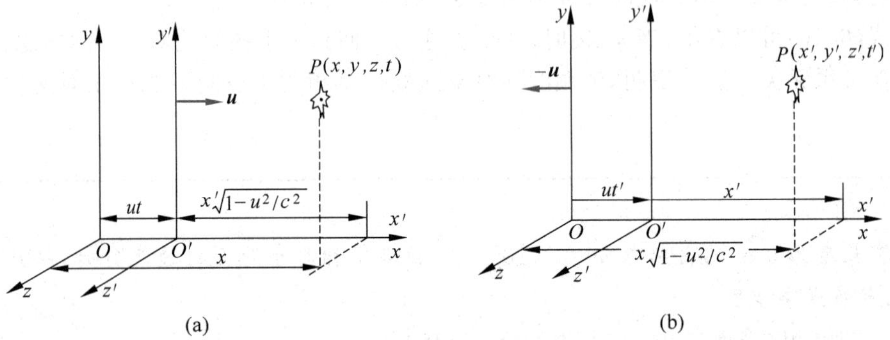


图 6.9 洛伦兹坐标变换的推导

(a) 在 $S$ 系中测量；(b) 在 $S'$ 系中测量

为了求得时间变换公式，可以先求出以 $x$ 和 $t'$ 表示的 $x'$ 的表示式。在 $S'$ 系中观察时，$yz$ 平面到 $P$ 点的距离应为 $x\sqrt{1-u^2/c^2}$，而 $OO'$ 的距离为 $ut'$，这样就有

$$x' = x\sqrt{1-u^2/c^2} - ut' \tag{6.19}$$

在式(6.17)、式(6.19)中消去 $x'$，可得

$$t' = \frac{t - \frac{u}{c^2}x}{\sqrt{1-u^2/c^2}} \tag{6.20}$$

在 6.3 节中已经指出，垂直于相对运动方向的长度测量与参考系无关，即 $y'=y, z'=z$，将上述变换式列到一起，有

$$x' = \frac{x-ut}{\sqrt{1-u^2/c^2}}, \quad y' = y, \quad z' = z, \quad t' = \frac{t - \frac{u}{c^2}x}{\sqrt{1-u^2/c^2}} \tag{6.21}$$

式(6.21)称为**洛伦兹坐标变换**①。

可以明显地看出，当 $u \ll c$ 时，洛伦兹坐标变换就约化为伽利略坐标变换。这也正如已指出过的，牛顿的绝对时空概念是相对论时空概念在参考系相对速度很小时的近似。

与伽利略坐标变换相比，洛伦兹坐标变换中的时间坐标明显地和空间坐标有关。这说明，在相对论中，时间空间的测量**互相不能分离**，它们联系成一个整体了。因此在相对论中常把一个事件发生时的位置和时刻联系起来称为它的**时空坐标**。

---

① 这一套坐标变换是洛伦兹先于爱因斯坦导出的，但他未正确地说明它的深刻的物理含意。1905 年爱因斯坦根据相对论思想重新导出了这一套公式。为尊重洛伦兹的贡献，爱因斯坦把它取名为洛伦兹[坐标]变换。

在现代相对论的文献中,常用下面两个恒等符号:

$$\beta \equiv \frac{u}{c}, \quad \gamma \equiv \frac{1}{\sqrt{1-\beta^2}} \tag{6.22}$$

这样,洛伦兹坐标变换就可写成

$$x' = \gamma(x-\beta ct), \quad y' = y, \quad z' = z, \quad t' = \gamma\left(t-\frac{\beta}{c}x\right) \tag{6.23}$$

对此式解出 $x,y,z,t$,可得**逆变换公式**

$$x = \gamma(x'+\beta ct'), \quad y = y', \quad z = z', \quad t = \gamma\left(t'+\frac{\beta}{c}x'\right) \tag{6.24}$$

此逆变换公式也可以根据相对性原理,在正变换式(6.23)中把带撇的量和不带撇的量相互交换,同时把 $\beta$ 换成 $-\beta$ 得出。

这时应指出一点,在式(6.21)中,$t=0$ 时,

$$x' = \frac{x}{\sqrt{1-u^2/c^2}}$$

如果 $u\geqslant c$,则对于各 $x$ 值,$x'$ 值将只能以无穷大值或虚数值和它对应,这显然是没有物理意义的。因而两参考系的相对速度不可能等于或大于光速。由于参考系总是借助于一定的物体(或物体组)而确定的,所以我们也可以说,根据狭义相对论的基本假设,任何物体相对于另一物体的速度不能等于或超过真空中的光速,即在真空中的光速 $c$ 是一切实际物体运动速度的极限①。其实这一点我们从式(6.13)已经可以看出了,在 6.9 节中还要介绍关于这一结论的直接实验验证。

这里可以指出,洛伦兹坐标变换式(6.21)在理论上具有根本性的重要意义,这就是,基本的物理定律,包括电磁学和量子力学的基本定律,都在而且应该在洛伦兹坐标变换下保持不变。这种不变显示出物理定律对匀速直线运动的对称性,这种对称性也是自然界的一种基本的对称性——**相对论性对称性**。

---

**例 6.5**

**长度收缩验证**。用洛伦兹坐标变换验证长度收缩公式(6.16)。

**解** 设在 $S'$ 系中沿 $x'$ 轴放置一根静止的棒,它的长度为 $l'=x_2'-x_1'$。由洛伦兹坐标变换,得

$$l' = \frac{x_2-ut_2}{\sqrt{1-u^2/c^2}} - \frac{x_1-ut_1}{\sqrt{1-u^2/c^2}} = \frac{x_2-x_1}{\sqrt{1-u^2/c^2}} - \frac{u(t_2-t_1)}{\sqrt{1-u^2/c^2}}$$

遵照测量运动棒的长度时棒两端的位置必须同时记录的规定,要使 $x_2-x_1=l$ 表示在 $S$ 系中测得的棒长,就必须有 $t_2=t_1$。这样上式就给出

$$l' = \frac{l}{\sqrt{1-u^2/c^2}} \quad 或 \quad l = l'\sqrt{1-u^2/c^2}$$

这就是式(6.16)。

---

**例 6.6**

**同时性的相对性验证**。用洛伦兹坐标变换验证同时性的相对性。

① 关于光速是极限速度的问题,现在仍不断引起讨论。对此感兴趣的读者可参看:张三慧.谈谈超光速.物理通报,2002,10.45.

**解**　从根本上说，洛伦兹坐标变换来源于爱因斯坦的同时性的相对性，它自然也能反过来把这一相对性表现出来。例如，对于 $S$ 系中的两个事件 $A(x_1,0,0,t_1)$ 和 $B(x_2,0,0,t_2)$，在 $S'$ 系中它的时空坐标将是 $A(x_1',0,0,t_1')$ 和 $B(x_2',0,0,t_2')$。由洛伦兹变换，得

$$t_1'=\frac{t_1-\frac{u}{c^2}x_1}{\sqrt{1-u^2/c^2}},\quad t_2'=\frac{t_2-\frac{u}{c^2}x_2}{\sqrt{1-u^2/c^2}}$$

因此

$$t_2'-t_1'=\frac{(t_2-t_1)-\frac{u}{c^2}(x_2-x_1)}{\sqrt{1-u^2/c^2}} \tag{6.25}$$

如果在 $S$ 系中，$A$，$B$ 是在不同的地点（即 $x_2\neq x_1$），但是在同一时刻（即 $t_2=t_1$）发生，则由上式可得 $t_2'\neq t_1'$，即在 $S'$ 系中观察，$A$，$B$ 并不是同时发生的。这就说明了同时性的相对性。

---

### 关于事件发生的时间顺序

由式(6.25)还可以看出，如果 $t_2>t_1$，即在 $S$ 系中观察，$B$ 事件迟于 $A$ 事件发生，则对于不同的 $(x_2-x_1)$ 值，$(t_2'-t_1')$ 可以大于、等于或小于零，即在 $S'$ 系中观察，$B$ 事件可能迟于、同时或先于 $A$ 事件发生。这就是说，两个事件发生的时间顺序，在不同的参考系中观察，有可能颠倒。不过，应该注意，这只限于两个互不相关的事件。

对于有因果关系的两个事件，它们发生的顺序，在任何惯性系中观察，都是不应该颠倒的。所谓的 $A$，$B$ 两个事件有因果关系，就是说 $B$ 事件是 $A$ 事件引起的。例如，在某处的枪口发出子弹算作 $A$ 事件，在另一处的靶上被此子弹击穿一个洞算作 $B$ 事件，这 $B$ 事件当然是 $A$ 事件引起的。又例如在地面上某雷达站发出一雷达波算作 $A$ 事件，在某人造地球卫星上接收到此雷达波算作 $B$ 事件，这 $B$ 事件也是 $A$ 事件引起的。一般地说，$A$ 事件引起 $B$ 事件的发生，必然是从 $A$ 事件向 $B$ 事件传递了一种“作用”或“信号”，例如上面例子中的子弹或无线电波。这种“信号”在 $t_1$ 时刻到 $t_2$ 时刻这段时间内，从 $x_1$ 到达 $x_2$ 处，因而传递的速度是

$$v_s=\frac{x_2-x_1}{t_2-t_1}$$

这个速度就叫**“信号速度”**。由于信号实际上是一些物体或无线电波、光波等，因而信号速度总不能大于光速。对于这种有因果关系的两个事件，式(6.25)可改写成

$$t_2'-t_1'=\frac{t_2-t_1}{\sqrt{1-u^2/c^2}}\left(1-\frac{u}{c^2}\frac{x_2-x_1}{t_2-t_1}\right)$$

$$=\frac{t_2-t_1}{\sqrt{1-u^2/c^2}}\left(1-\frac{u}{c^2}v_s\right)$$

由于 $u<c$，$v_s\leqslant c$，所以 $uv_s/c^2$ 总小于 1。这样，$(t_2'-t_1')$ 就总跟 $(t_2-t_1)$ 同号。这就是说，在 $S$ 系中观察，如果 $A$ 事件先于 $B$ 事件发生（即 $t_2>t_1$），则在任何其他参考系 $S'$ 中观察，$A$ 事件也总是先于 $B$ 事件发生，时间顺序不会颠倒。狭义相对论在这一点上是符合因果关系的要求的。

---

**例 6.7**

北京和上海直线相距 1000 km，在某一时刻从两地同时各开出一列火车。现有一艘飞船沿从北京到上海的方向在高空掠过，速率恒为 $u=9$ km/s。求宇航员测得的两列火车开出时刻的间隔，哪一列先开出？

**解**　取地面为 $S$ 系，坐标原点在北京，以北京到上海的方向为 $x$ 轴正方向，北京和上海的位置坐标分

别是 $x_1$ 和 $x_2$。取飞船为 $S'$系。

现已知两地距离是

$$\Delta x = x_2 - x_1 = 10^6 \text{ (m)}$$

而两列火车开出时刻的间隔是

$$\Delta t = t_2 - t_1 = 0$$

以 $t_1'$和 $t_2'$分别表示在飞船上测得的从北京发车的时刻和从上海发车的时刻，则由洛伦兹变换可知

$$t_2' - t_1' = \frac{(t_2 - t_1) - \frac{u}{c^2}(x_2 - x_1)}{\sqrt{1-u^2/c^2}} = \frac{-\frac{u}{c^2}(x_2 - x_1)}{\sqrt{1-u^2/c^2}}$$

$$= \frac{-\frac{9\times 10^3}{(3\times 10^8)^2}\times 10^6}{\sqrt{1-\left(\frac{9\times 10^3}{3\times 10^8}\right)^2}} \approx -10^{-7} \text{ (s)}$$

这一负的结果表示：宇航员发现从上海发车的时刻比从北京发车的时刻早 $10^{-7}$ s。

---

## 6.6 相对论速度变换

在讨论速度变换时，我们首先注意到，各速度分量的定义如下：

在 $S$ 系中 $$v_x = \frac{\mathrm{d}x}{\mathrm{d}t},\quad v_y = \frac{\mathrm{d}y}{\mathrm{d}t},\quad v_z = \frac{\mathrm{d}z}{\mathrm{d}t}$$

在 $S'$ 系中 $$v_x' = \frac{\mathrm{d}x'}{\mathrm{d}t'},\quad v_y' = \frac{\mathrm{d}y'}{\mathrm{d}t'},\quad v_z' = \frac{\mathrm{d}z'}{\mathrm{d}t'}$$

在洛伦兹变换公式(6.23)中，对 $t'$求导，可得

$$\frac{\mathrm{d}x'}{\mathrm{d}t'} = \frac{\frac{\mathrm{d}x'}{\mathrm{d}t}}{\frac{\mathrm{d}t'}{\mathrm{d}t}} = \frac{\frac{\mathrm{d}x}{\mathrm{d}t} - \beta c}{1 - \frac{\beta}{c}\frac{\mathrm{d}x}{\mathrm{d}t}}$$

$$\frac{\mathrm{d}y'}{\mathrm{d}t'} = \frac{\frac{\mathrm{d}y'}{\mathrm{d}t}}{\frac{\mathrm{d}t'}{\mathrm{d}t}} = \frac{\frac{\mathrm{d}y}{\mathrm{d}t}}{\gamma\left(1 - \frac{\beta}{c}\frac{\mathrm{d}x}{\mathrm{d}t}\right)}$$

$$\frac{\mathrm{d}z'}{\mathrm{d}t'} = \frac{\frac{\mathrm{d}z'}{\mathrm{d}t}}{\frac{\mathrm{d}t'}{\mathrm{d}t}} = \frac{\frac{\mathrm{d}z}{\mathrm{d}t}}{\gamma\left(1 - \frac{\beta}{c}\frac{\mathrm{d}x}{\mathrm{d}t}\right)}$$

利用上面的速度分量定义公式，这些式子可写作

$$\left.\begin{aligned} v_x' &= \frac{v_x - \beta c}{1 - \frac{\beta}{c}v_x} = \frac{v_x - u}{1 - \frac{u v_x}{c^2}} \\ v_y' &= \frac{v_y}{\gamma\left(1 - \frac{\beta}{c}v_x\right)} = \frac{v_y}{1 - \frac{u v_x}{c^2}}\sqrt{1-u^2/c^2} \\ v_z' &= \frac{v_z}{\gamma\left(1 - \frac{\beta}{c}v_x\right)} = \frac{v_z}{1 - \frac{u v_x}{c^2}}\sqrt{1-u^2/c^2} \end{aligned}\right\} \tag{6.26}$$

这就是**相对论速度变换公式**，可以明显地看出，当 $u$ 和 $v$ 都比 $c$ 小很多时，它们就约化为伽利略速度变换公式(6.6)。

对于光，设在 $S$ 系中一束光沿 $x$ 轴方向传播，其速率为 $c$，则在 $S'$ 系中，$v_x=c$，$v_y=v_z=0$ 按式(6.26)，光的速率应为

$$v'=v'_x=\frac{c-u}{1-\frac{cu}{c^2}}=c$$

仍然是 $c$。这一结果和相对速率 $u$ 无关。也就是说，光在任何惯性系中速率都是 $c$。正应该这样，因为这是相对论的一个出发点。

在式(6.26)中，将带撇的量和不带撇的量互相交换，同时把 $u$ 换成 $-u$，可得速度的逆变换式如下：

$$\left.\begin{aligned}
v_x&=\frac{v'_x+\beta c}{1+\frac{\beta}{c}v'_x}=\frac{v'_x+u}{1+\frac{uv'_x}{c^2}}\\
v_y&=\frac{v'_y}{\gamma\left(1+\frac{\beta}{c}v'_x\right)}=\frac{v'_y}{1+\frac{uv'_x}{c^2}}\sqrt{1-u^2/c^2}\\
v_z&=\frac{v'_z}{\gamma\left(1+\frac{\beta}{c}v'_x\right)}=\frac{v'_z}{1+\frac{uv'_x}{c^2}}\sqrt{1-u^2/c^2}
\end{aligned}\right\}\tag{6.27}$$

---

**例 6.8**

**速度变换**。在地面上测到有两个飞船分别以 $+0.9c$ 和 $-0.9c$ 的速度向相反方向飞行。求一飞船相对于另一飞船的速度有多大？

**解** 如图6.10，设 $S$ 为速度是 $-0.9c$ 的飞船在其中静止的参考系，则地面对此参考系以速度 $u=0.9c$ 运动。以地面为参考系 $S'$，则另一飞船相对于 $S'$ 系的速度为 $v_x'=0.9c$，由公式(6.27)可得所求速度为

$$v_x=\frac{v_x'+u}{1+uv_x'/c^2}=\frac{0.9c+0.9c}{1+0.9\times0.9}=\frac{1.80}{1.81}c=0.994c$$

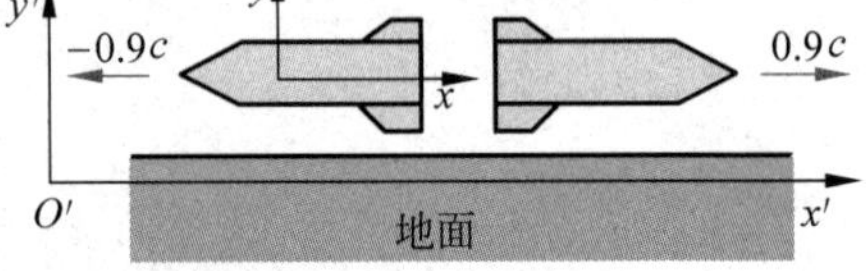

图6.10 例6.8用图

这和伽利略变换($v_x=v_x'+u$)给出的结果($1.8c$)是不同的，此处 $v_x<c$。一般地说，按相对论速度变换，在 $u$ 和 $v'$ 都小于 $c$ 的情况下，$v$ 不可能大于 $c$。

值得指出的是，相对于地面来说，上述两飞船的"相对速度"确实等于 $1.8c$，这就是说，由地面上的观察者测量，两飞船之间的距离是按 $2\times0.9c$ 的速率增加的。但是，就一个物体来讲，它对任何其他物体或参考系，其速度的大小是不可能大于 $c$ 的，而这一速度正是速度这一概念的真正含义。

---

**例 6.9**

在太阳参考系中观察，一束星光垂直射向地面，速率为 $c$，而地球以速率 $u$ 垂直于光线运动。求在地面上测量，这束星光的速度的大小与方向各如何？

**解** 以太阳参考系为 $S$ 系(图6.11(a))，以地面参考系为 $S'$ 系(图6.11(b))。$S'$ 系以速度 $\boldsymbol{u}$ 向右运

动。在 $S$ 系中，星光的速度为 $v_y=-c$，$v_x=0$，$v_z=0$。在 $S'$ 系中星光的速度根据式(6.26)，应为

$$v_x'=-u$$

$$v_y'=v_y\sqrt{1-u^2/c^2}=-c\sqrt{1-u^2/c^2}$$

$$v_z'=0$$

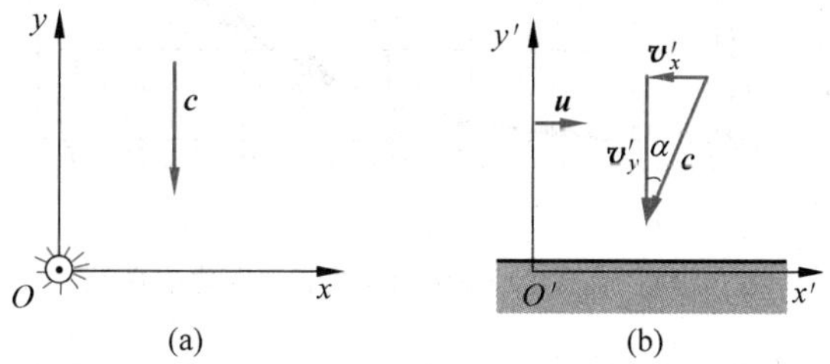


图 6.11 例 6.9 用图

由此可得这星光速度的大小为

$$v'=\sqrt{v_x'^2+v_y'^2+v_z'^2}=\sqrt{u^2+c^2-u^2}=c$$

即仍为 $c$。其方向用光线方向与竖直方向(即 $y'$轴)之间的夹角 $\alpha$ 表示，则有

$$\tan\alpha=\frac{|v_x'|}{|v_y'|}=\frac{u}{c\sqrt{1-u^2/c^2}}$$

由于 $u=3\times10^4$ m/s (地球公转速率)，这比光速小得多，所以有

$$\tan\alpha\approx\frac{u}{c}$$

将 $u$ 和 $c$ 值代入，可得

$$\tan\alpha\approx\frac{3\times10^4}{3\times10^8}=10^{-4}$$

即

$$\alpha\approx20.6''$$

## 6.7 相对论质量

上面讲了相对论运动学，现在开始介绍相对论动力学。动力学中一个基本概念是质量，在牛顿力学中是通过比较物体在相同的力作用下产生的加速度来比较物体的质量并加以量度的(见 2.1 节)。在高速情况下，$F=ma$ 不再成立，这样质量的概念也就无意义了。这时我们注意到动量这一概念。在牛顿力学中，一个质点的动量的定义是

$$\boldsymbol{p}=m\boldsymbol{v} \tag{6.28}$$

式中质量与质点的速率无关，也就是质点静止时的质量可以称为**静止质量**。根据式(6.28)，一个质点的动量是和速率成正比的，在高速情况下，实验发现，质点(例如电子)的动量也随其速率增大而增大，但比正比增大要快得多。在这种情况下，如果继续以式(6.28)定义质点的动量，就必须把这种非正比的增大归之于质点的质量随其速率的增大而增大。以 $m$ 表示一般的质量，以 $m_0$ 表示静止质量。实验给出的质点的动量比 $p/m_0v$ 也就是质量比 $m/m_0$ 随质点的速率变化的图线如图 6.12 所示。

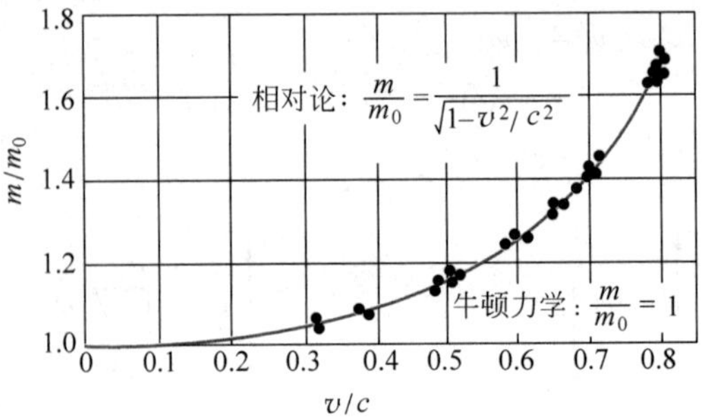


图 6.12　电子的 $m/m_0$ 随速率 $v$ 变化的曲线

我们已指出过，动量守恒定律是比牛顿定律更为基本的自然规律(见 3.2 节和 4.7 节)。根据这一定律的要求，采用式(6.28)的动量定义，利用洛伦兹变换可以导出一相对论质量-速率关系：

$$m=\frac{m_0}{\sqrt{1-v^2/c^2}}=\gamma m_0 \tag{6.29}$$

式中 $m$ 是比牛顿质量(静止质量 $m_0$)意义更为广泛的质量，称为**相对论质量**[①](本节末给出一种推导)。静止质量是质点相对于参考系静止时的质量，它是一个确定的不变的量。

要注意式(6.29)中的速率是质点相对于相关的参考系的速率，而**不是**两个参考系的相对速率。同一质点相对于不同的参考系可以有不同的质量，式(6.29)中的 $\gamma=(1-v^2/c^2)^{-1/2}$，虽然形式上和式(6.22)中的 $\gamma=(1-u^2/c^2)^{-1/2}$ 相同，但 $v$ 和 $u$ 的意义是不相同的。

当 $v\ll c$ 时，式(6.29)给出 $m\approx m_0$，这时可以认为物体的质量与速率无关，等于其静质量。这就是牛顿力学讨论的情况。从这里也可以看出牛顿力学的结论是相对论力学在速度非常小时的近似。

实际上，在一般技术中宏观物体所能达到的速度范围内，质量随速率的变化非常小，因而可以忽略不计。例如，当 $v=10^4$ m/s 时，物体的质量和静质量相比的相对变化为

$$\frac{m-m_0}{m_0}=\frac{1}{\sqrt{1-\beta^2}}-1\approx\frac{1}{2}\beta^2$$
$$=\frac{1}{2}\times\left(\frac{10^4}{3\times10^8}\right)^2=5.6\times10^{-10}$$

在关于微观粒子的实验中，粒子的速率经常会达到接近光速的程度，这时质量随速率的改变就非常明显了。例如，当电子的速率达到 $v=0.98\,c$ 时，按式(6.29)可以算出此时电子的质量为

$$m=5.03m_0$$

有一种粒子，例如光子，具有质量，但总是以速度 $c$ 运动。根据式(6.29)，在 $m$ 有限的情况下，只可能是 $m_0=0$。这就是说，以光速运动的粒子其静质量为零。

① 有人曾反对引入相对论质量概念，从而引起了一场讨论。对此问题有兴趣的读者可参看：张三慧. 也谈质量概念. 物理与工程，2001，6，5.

由式(6.29)也可以看到，当 $v>c$ 时，$m$ 将成为虚数而无实际意义。这也说明，在真空中的光速 $c$ 是一切物体运动速度的极限。

利用相对论质量表示式(6.29)，相对论动量可表示为

$$\boldsymbol{p}=m\boldsymbol{v}=\frac{m_0\boldsymbol{v}}{\sqrt{1-v^2/c^2}}=\gamma m_0\boldsymbol{v} \tag{6.30}$$

在相对论力学中仍然用动量变化率定义质点受的力，即

$$\boldsymbol{F}=\frac{\mathrm{d}\boldsymbol{p}}{\mathrm{d}t}=\frac{\mathrm{d}}{\mathrm{d}t}(m\boldsymbol{v}) \tag{6.31}$$

仍是正确的。但由于 $m$ 是随 $v$ 变化，因而也是随时间变化的，所以它不再和表示式

$$\boldsymbol{F}=m\boldsymbol{a}=m\frac{\mathrm{d}\boldsymbol{v}}{\mathrm{d}t}$$

等效。这就是说，用加速度表示的牛顿第二定律公式，在相对论力学中不再成立。

### 式(6.29)的推导

如图6.13，设在 $S'$ 系中有一粒子，原来静止于原点 $O'$，在某一时刻此粒子分裂为完全相同的两半 $A$ 和 $B$，分别沿 $x'$ 轴的正向和反向运动。根据动量守恒定律，这两半的速率应该相等，我们都以 $u$ 表示。

设另一参考系 $S$，以 $u$ 的速率沿 $-\boldsymbol{i}'$ 方向运动。在此参考系中，$A$ 将是静止的，而 $B$ 是运动的。我们以 $m_A$ 和 $m_B$ 分别表示二者的质量。由于 $O'$ 的速度为 $u\boldsymbol{i}$，所以根据相对论速度变换，$B$ 的速度应是

$$v_B=\frac{2u}{1+u^2/c^2} \tag{6.32}$$

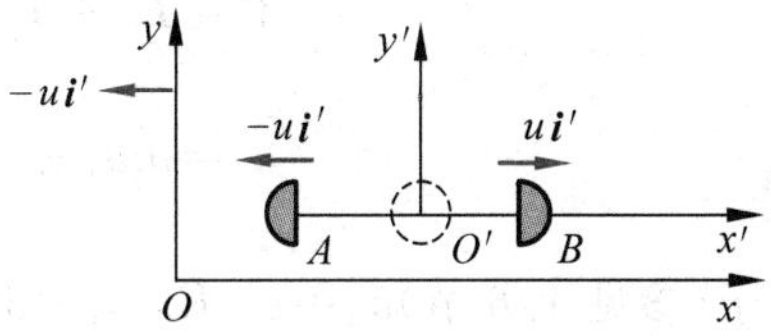

图6.13 在 $S'$ 系中观察粒子的分裂和 $S$ 系的运动

方向沿 $x$ 轴正向。在 $S$ 系中观察，粒子在分裂前的速度，即 $O'$ 的速度为 $u\boldsymbol{i}$，因而它的动量为 $Mu\boldsymbol{i}$，此处 $M$ 为粒子分裂前的总质量。在分裂后，两个粒子的总动量为 $m_Bv_B\boldsymbol{i}$。根据动量守恒，应有

$$Mu\boldsymbol{i}=m_Bv_B\boldsymbol{i} \tag{6.33}$$

在此我们合理地假定在 $S$ 参考系中粒子在分裂前后质量也是守恒的①，即 $M=m_A+m_B$，上式可改写成

$$(m_A+m_B)u=\frac{2m_Bu}{1+u^2/c^2} \tag{6.34}$$

如果用牛顿力学中质量的概念，质量和速率无关，则应有 $m_A=m_B$，这样式(6.34)不能成立，动量也不再守恒了。为了使动量守恒定律在任何惯性系中都成立，而且动量定义仍然保持式(6.28)的形式，就不能再认为 $m_A$ 和 $m_B$ 都和速率无关，而必须认为它们都是各自速率的函数。这样 $m_A$ 将不再等于 $m_B$，由式(6.34)可解得

$$m_B=m_A\frac{1+u^2/c^2}{1-u^2/c^2}$$

再由式(6.32)，可得

$$u=\frac{c^2}{v_B}\left(1-\sqrt{1-v_B^2/c^2}\right)$$

代入上一式消去 $u$ 可得

---

① 对本推导的"假定"，曾有人提出质疑，本书作者曾给予解释。见：张三慧. 关于相对论质速关系推导方法的商榷. 大学物理，1999，3，30.

$$m_B = \frac{m_A}{\sqrt{1 - v_B^2/c^2}} \tag{6.35}$$

这一公式说明，在 $S$ 系中观察，$m_A$，$m_B$ 有了差别。由于 $A$ 是静止的，它的质量叫**静质量**，以 $m_0$ 表示。粒子 $B$ 如果静止，质量也一定等于 $m_0$，因为这两个粒子是完全相同的。$B$ 是以速率 $v_B$ 运动的，它的质量不等于 $m_0$。以 $v$ 代替 $v_B$，并以 $m$ 代替 $m_B$ 表示粒子以速率 $v$ 运动时的质量，则式(6.32)可写作

$$m = \frac{m_0}{\sqrt{1 - v^2/c^2}}$$

这正是我们要证明的式(6.29)。

## *6.8 力和加速度的关系

在相对论力学中，式(6.31)给出

$$\boldsymbol{F} = m\frac{\mathrm{d}\boldsymbol{v}}{\mathrm{d}t} + \boldsymbol{v}\frac{\mathrm{d}m}{\mathrm{d}t} \tag{6.36}$$

为了具体说明力和加速度的关系，考虑运动的法向和切向，上式可写成

$$\begin{aligned}\boldsymbol{F} = \boldsymbol{F}_\mathrm{n} + \boldsymbol{F}_\mathrm{t} &= m\left(\frac{\mathrm{d}\boldsymbol{v}}{\mathrm{d}t}\right)_\mathrm{n} + m\left(\frac{\mathrm{d}\boldsymbol{v}}{\mathrm{d}t}\right)_\mathrm{t} + \boldsymbol{v}\frac{\mathrm{d}m}{\mathrm{d}t}\\ &= m\boldsymbol{a}_\mathrm{n} + m\boldsymbol{a}_\mathrm{t} + \boldsymbol{v}\frac{\mathrm{d}m}{\mathrm{d}t}\end{aligned}$$

由于(参见1.6节)$a_\mathrm{n} = v^2/R$，$a_\mathrm{t} = \mathrm{d}v/\mathrm{d}t$，而且 $\boldsymbol{v}\frac{\mathrm{d}m}{\mathrm{d}t}$ 也沿切线方向，所以由此式可得法向分量式

$$F_\mathrm{n} = ma_\mathrm{n} = \frac{m_0}{(1 - v^2/c^2)^{1/2}}a_\mathrm{n} \tag{6.37}$$

和切向分量式

$$F_\mathrm{t} = ma_\mathrm{t} + v\frac{\mathrm{d}m}{\mathrm{d}t} = \frac{\mathrm{d}(mv)}{\mathrm{d}t} = \frac{m_0}{(1 - v^2/c^2)^{3/2}}\frac{\mathrm{d}v}{\mathrm{d}t}$$

或

$$F_\mathrm{t} = \frac{m_0}{(1 - v^2/c^2)^{3/2}}a_\mathrm{t} \tag{6.38}$$

由式(6.37)和式(6.38)可知，在高速情况下，物体受的力不但在数值上不等于质量乘以加速度，而且由于两式中 $a_\mathrm{n}$ 和 $a_\mathrm{t}$ 的系数不同，所以力的方向和加速度的方向也不相同(图6.14)。还可以看出，随着物体速度的增大，要再增大物体的速度，就需要越来越大的外力，因而也就越来越困难，而且增加速度的大小比起改变速度的方向更加困难。近代粒子加速器的建造正是遇到了并且逐步克服着这样的困难。

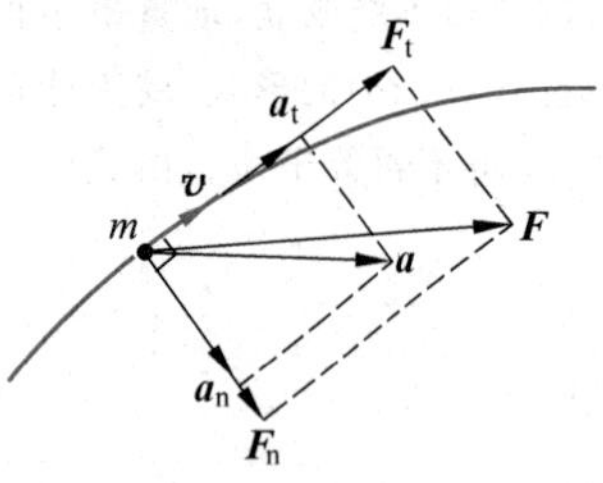

图6.14 力和加速度的关系

对于匀速圆周运动，由于 $a_\mathrm{t} = 0$，所以质点的运动就只由式(6.37)决定。这一公式和此情况下牛顿力学的公式相同，所以关于力、速度、半径、周期的计算都可以套用牛顿力学给出的结果，不过其中的质量要用式(6.29)表示的相对论质量代入。

## 6.9 相对论动能

在相对论动力学中，动能定理(式(4.9))仍被应用，即力 $\boldsymbol{F}$ 对一质点做的功使质点的速率由零增大到 $v$ 时，力所做的功等于质点最后的动能。以 $E_k$ 表示质点速率为 $v$ 时的动能，则可由质速关系式(6.29)导出(见本节末)，即有

$$E_k = mc^2 - m_0c^2 \tag{6.39}$$

这就是**相对论动能**公式，式中 $m$ 和 $m_0$ 分别是质点的相对论质量和静止质量。

式(6.39)显示，质点的相对论动能表示式和其牛顿力学表示式$\left(E_k=\frac{1}{2}mv^2\right)$明显不同。但是，当 $v \ll c$ 时，由于

$$\frac{1}{\sqrt{1-v^2/c^2}} = 1+\frac{1}{2}\frac{v^2}{c^2}+\cdots \approx 1+\frac{1}{2}\frac{v^2}{c^2}$$

则由式(6.39)可得

$$E_k = \frac{m_0c^2}{\sqrt{1-v^2/c^2}} - m_0c^2 \approx m_0c^2\left(1+\frac{1}{2}\frac{v^2}{c^2}\right) - m_0c^2 = \frac{1}{2}m_0v^2$$

这时又回到了牛顿力学的动能公式。

注意，相对论动量公式(6.28)和相对论动量变化率公式(6.31)，在形式上都与牛顿力学公式一样，只是其中 $m$ 要换成相对论质量。但相对论动能公式(6.39)和牛顿力学动能公式形式上不一样，只是把后者中的 $m$ 换成相对论质量并不能得到前者。

由式(6.39)可以得到粒子的速率由其动能表示为

$$v^2 = c^2\left[1-\left(1+\frac{E_k}{m_0c^2}\right)^{-2}\right] \tag{6.40}$$

此式表明，当粒子的动能 $E_k$ 由于力对它做的功增多而增大时，它的速率也逐渐增大。但无论 $E_k$ 增到多大，速率 $v$ 都不能无限增大，而有一极限值 $c$。我们又一次看到，对粒子来说，存在着一个极限速率，它就是光在真空中的速率 $c$。

粒子速率有一极限这一结论，已于 1962 年被贝托齐用实验直接证实，他的实验装置大致如图 6.15(a)所示。电子由静电加速器加速后进入一无电场区域，然后打到铝靶上。电子通过无电场区域的时间可以由示波器测出，因而可以算出电子的速率。电子的动能就是它在加速器中获得的能量，等于电子电量和加速电压的乘积。这一能量还可以通过测定铝靶由于电子撞击而获得的热量加以核算，结果二者相符。贝托齐的实验结果如图 6.15(b)所示，它明确地显示出电子动能增大时，其速率趋近于极限速率 $c$，而按牛顿公式电子速率是会很快地无限制地增大的。

### 式(6.39)的推导

对静止质量为 $m_0$ 的质点，应用动能定理式(4.9)可得

$$E_k = \int_{(v=0)}^{(v)} \boldsymbol{F}\cdot \mathrm{d}\boldsymbol{r} = \int_{(v=0)}^{(v)} \frac{\mathrm{d}(m\boldsymbol{v})}{\mathrm{d}t}\cdot \mathrm{d}\boldsymbol{r} = \int_{(v=0)}^{(v)} \boldsymbol{v}\cdot \mathrm{d}(m\boldsymbol{v})$$

由于 $\boldsymbol{v}\cdot \mathrm{d}(m\boldsymbol{v}) = m\boldsymbol{v}\cdot \mathrm{d}\boldsymbol{v} + \boldsymbol{v}\cdot\boldsymbol{v}\mathrm{d}m = mv\mathrm{d}v + v^2\mathrm{d}m$，又由式(6.29)，可得

$$m^2c^2 - m^2v^2 = m_0^2c^2$$

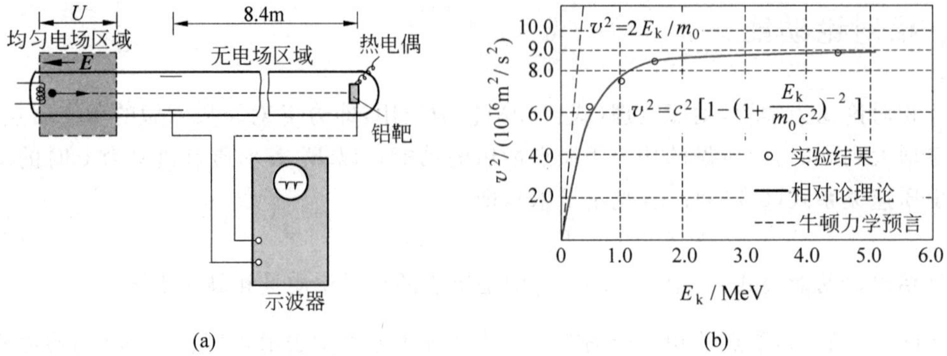


图 6.15 贝托齐极限速率实验

(a) 装置示意图；(b) 实验结果

两边求微分，有

$$2mc^2\mathrm{d}m - 2mv^2\mathrm{d}m - 2m^2v\mathrm{d}v = 0$$

即

$$c^2\mathrm{d}m = v^2\mathrm{d}m + mv\mathrm{d}v$$

所以有

$$\boldsymbol{v}\cdot\mathrm{d}(m\,\boldsymbol{v}) = c^2\mathrm{d}m$$

代入上面求 $E_k$ 的积分式内可得

$$E_k = \int_{m_0}^{m} c^2\mathrm{d}m$$

由此得

$$E_k = mc^2 - m_0c^2$$

这正是**相对论动能**公式(6.39)。

## 6.10 相对论能量

在相对论动能公式(6.39)$E_k=mc^2-m_0c^2$ 中，等号右端两项都具有能量的量纲，可以认为 $m_0c^2$ 表示粒子静止时具有的能量，叫**静能**。而 $mc^2$ 表示粒子以速率 $v$ 运动时所具有的能量，这个能量是在相对论意义上粒子的总能量，以 $E$ 表示此相对论能量，则

$$E = mc^2 \tag{6.41}$$

在粒子速率等于零时，总能量就是静能①

$$E_0 = m_0c^2 \tag{6.42}$$

这样式(6.39)也可以写成

$$E_k = E - E_0 \tag{6.43}$$

即粒子的动能等于粒子该时刻的总能量和静能之差。

把粒子的能量 $E$ 和它的质量 $m$(甚至是静质量 $m_0$)直接联系起来的结论是相对论最有意义的结论之一。**一定的质量相应于一定的能量，二者的数值只相差一个恒定的因子 $c^2$。**按式(6.42)计算，和一个电子的静质量 $0.911\times10^{-30}$ kg 相应的静能为 $8.19\times10^{-14}$ J 或

① 对静质量 $m_0=0$ 的粒子，静能为零，即不存在处于静止状态的这种粒子。

0.511 MeV，和一个质子的静质量 $1.673\times10^{-27}$ kg 相应的静能为 $1.503\times10^{-10}$ J 或 938 MeV。这样，质量就被赋予了新的意义，即物体所含能量的量度。在牛顿那里，质量是惯性质量，也是产生引力的基础。从牛顿质量到爱因斯坦质量是物理概念发展的重要事例之一。

按相对论的概念，几个粒子在相互作用（如碰撞）过程中，最一般的能量守恒应表示为

$$\sum_i E_i = \sum_i (m_i c^2) = \text{常量}^{①} \tag{6.44}$$

由此公式立即可以得出，在相互作用过程中

$$\sum_i m_i = \text{常量} \tag{6.45}$$

这表示质量守恒。在历史上**能量守恒和质量守恒是分别发现的两条相互独立的自然规律，在相对论中二者完全统一起来了**。应该指出，在科学史上，质量守恒只涉及粒子的静质量，它只是相对论质量守恒在粒子能量变化很小时的近似。一般情况下，当涉及的能量变化比较大时，以上守恒给出的粒子的静质量也是可以改变的。爱因斯坦在 1905 年首先指出："就一个粒子来说，如果由于自身内部的过程使它的能量减小了，它的静质量也将相应地减小。"他又接着指出："用那些所含能量是高度可变的物体（比如用镭盐）来验证这个理论，不是不可能成功的。"后来的事实正如他预料的那样，在放射性蜕变、原子核反应以及高能粒子实验中，无数事实都证明了式(6.41)所表示的质量能量关系的正确性。原子能时代可以说是随同这一关系的发现而到来的。

在核反应中，以 $m_{01}$ 和 $m_{02}$ 分别表示反应粒子和生成粒子的总的静质量，以 $E_{k1}$ 和 $E_{k2}$ 分别表示反应前后它们的总动能。利用能量守恒定律式(6.43)，有

$$m_{01}c^2 + E_{k1} = m_{02}c^2 + E_{k2}$$

由此得

$$E_{k2} - E_{k1} = (m_{01} - m_{02})c^2 \tag{6.46}$$

$E_{k2}-E_{k1}$ 表示核反应后与前相比，粒子总动能的增量，也就是核反应所释放的能量，通常以 $\Delta E$ 表示；$m_{01}-m_{02}$ 表示经过反应后粒子的总的静质量的减小，叫**质量亏损**，以 $\Delta m_0$ 表示。这样式(6.46)就可以表示成

$$\Delta E = \Delta m_0 c^2 \tag{6.47}$$

这说明核反应中释放一定的能量相应于一定的质量亏损。这个公式是关于原子能的一个基本公式。

---

**例 6.10**

如图 6.16 所示，在参考系 $S$ 中，有两个静质量都是 $m_0$ 的粒子 $A$，$B$ 分别以速度 $\boldsymbol{v}_A = v\boldsymbol{i}$，$\boldsymbol{v}_B = -v\boldsymbol{i}$ 运动，相撞后合在一起为一个静质量为 $M_0$ 的粒子，求 $M_0$。

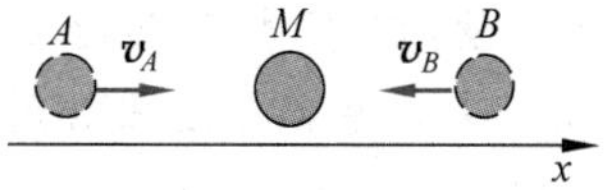

图 6.16 例 6.10 用图

**解** 以 $M$ 表示合成粒子的质量，其速度为 $\boldsymbol{V}$，则根据动量守恒

$$m_B\boldsymbol{v}_B + m_A\boldsymbol{v}_A = M\boldsymbol{V}$$

① 若有光子参与，需计入光子的能量 $E=h\nu$ 以及质量 $m=h\nu/c^2$。

由于 $A,B$ 的静质量一样，速率也一样，因此 $m_A=m_B$，又因为 $\boldsymbol{v}_A=-\boldsymbol{v}_B$，所以上式给出 $\mathbf{V}=0$，即合成粒子是静止的，于是有

$$M=M_0$$

根据能量守恒

$$M_0c^2=m_Ac^2+m_Bc^2$$

即

$$M_0=m_A+m_B=\frac{2m_0}{\sqrt{1-v^2/c^2}}$$

此结果说明，$M_0$ 不等于 $2m_0$，而是大于 $2m_0$。

---

**例 6.11**

**热核反应**。在一种热核反应

$${}_1^2\mathrm{H}+{}_1^3\mathrm{H}\longrightarrow{}_2^4\mathrm{He}+{}_0^1\mathrm{n}$$

中，各种粒子的静质量如下：

| | |
|---|---|
| 氘核(${}_1^2\mathrm{H}$) | $m_\mathrm{D}=3.3437\times10^{-27}$ kg |
| 氚核(${}_1^3\mathrm{H}$) | $m_\mathrm{T}=5.0049\times10^{-27}$ kg |
| 氦核(${}_2^4\mathrm{He}$) | $m_\mathrm{He}=6.6425\times10^{-27}$ kg |
| 中子(n) | $m_\mathrm{n}=1.6750\times10^{-27}$ kg |

求这一热核反应释放的能量是多少？

**解** 这一反应的质量亏损为

$$\begin{aligned}\Delta m_0&=(m_\mathrm{D}+m_\mathrm{T})-(m_\mathrm{He}+m_\mathrm{n})\\&=[(3.3437+5.0049)-(6.6425+1.6750)]\times10^{-27}\\&=0.0311\times10^{-27}\ (\mathrm{kg})\end{aligned}$$

相应释放的能量为

$$\Delta E=\Delta m_0c^2=0.0311\times10^{-27}\times9\times10^{16}=2.799\times10^{-12}\ (\mathrm{J})$$

1kg 的这种核燃料所释放的能量为

$$\frac{\Delta E}{m_\mathrm{D}+m_\mathrm{T}}=\frac{2.799\times10^{-12}}{6.3486\times10^{-27}}=3.35\times10^{14}\ (\mathrm{J/kg})$$

这一数值是 1 kg 优质煤燃烧所释放热量（约 $7\times10^6$ cal/kg $=2.93\times10^7$ J/kg）的 $1.15\times10^7$ 倍，即 1 千多万倍！即使这样，这一反应的“释能效率”，即所释放的能量占燃料的相对论静能之比，也不过是

$$\frac{\Delta E}{(m_\mathrm{D}+m_\mathrm{T})c^2}=\frac{2.799\times10^{-12}}{6.3486\times10^{-27}\times(3\times10^8)^2}=0.37\%$$

---

**例 6.12**

**中微子质量**。大麦哲伦云中超新星 1987A 爆发时发出大量中微子。以 $m_\nu$ 表示中微子的静质量，以 $E$ 表示其能量（$E\gg m_\nu c^2$）。已知大麦哲伦云离地球的距离为 $d$（约 $1.6\times10^5$ l. y.），求中微子发出后到达地球所用的时间。

**解** 由式(6.41)，有

$$E=mc^2=\frac{m_\nu c^2}{\sqrt{1-v^2/c^2}}$$

得

$$v=c\left[1-\left(\frac{m_\nu c^2}{E}\right)^2\right]^{1/2}$$

由于 $E \gg m_\nu c^2$，所以可得

$$v = c\left[1 - \frac{(m_\nu c^2)^2}{2E^2}\right]$$

由此得所求时间为

$$t = \frac{d}{v} = \frac{d}{c}\left[1 - \frac{(m_\nu c^2)^2}{2E^2}\right]^{-1} = \frac{d}{c}\left[1 + \frac{(m_\nu c^2)^2}{2E^2}\right]$$

此式曾用于测定 1987A 发出的中微子的静质量。实际上是测出了两束能量相近的中微子到达地球上接收器的时间差(约几秒)和能量 $E_1$ 和 $E_2$，然后根据式

$$\Delta t = t_2 - t_1 = \frac{d}{c}\frac{(m_\nu c^2)^2}{2}\left(\frac{1}{E_2^2} - \frac{1}{E_1^2}\right)$$

来求出中微子的静质量。用这种方法估算出的结果是 $m_\nu c^2 \leqslant 20$ eV。

## 6.11 动量和能量的关系

将相对论能量公式 $E = mc^2$ 和动量公式 $\boldsymbol{p} = m\boldsymbol{v}$ 相比，可得

$$\boldsymbol{v} = \frac{c^2}{E}\boldsymbol{p} \tag{6.48}$$

将 $\boldsymbol{v}$ 值代入能量公式 $E = mc^2 = m_0c^2/\sqrt{1 - v^2/c^2}$ 中，整理后可得

$$E^2 = p^2c^2 + m_0^2c^4 \tag{6.49}$$

这就是相对论动量能量关系式。如果以 $E$，$pc$ 和 $m_0c^2$ 分别表示一个三角形三边的长度，则它们正好构成一个直角三角形(图 6.17)。

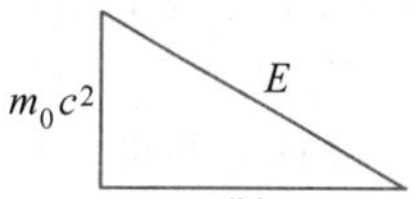


图 6.17 相对论动量能量三角形

对动能是 $E_k$ 的粒子，用 $E = E_k + m_0c^2$ 代入式(6.49)可得

$$E_k^2 + 2E_km_0c^2 = p^2c^2$$

当 $v \ll c$ 时，粒子的动能 $E_k$ 要比其静能 $m_0c^2$ 小得多，因而上式中第一项与第二项相比，可以略去，于是得

$$E_k = \frac{p^2}{2m_0}$$

我们又回到了牛顿力学的动能表达式。

**例 6.13**

**资用能**。在高能实验室内，一个静质量为 $m$，动能为 $E_k(E_k \gg mc^2)$ 的高能粒子撞击一个静止的、静质量为 $M$ 的靶粒子时，它可以引发后者发生转化的资用能多大？

**解** 在讲解例 4.15 时曾得出结论，在完全非弹性碰撞中，碰撞系统的机械能总有一部分要损失而变为其他形式的能量，而这损失的能量等于碰撞系统在其质心系中的能量。这一部分能量为转变成其他形式能量的资用能，在高能粒子碰撞过程中这一部分能量就是转化为其他种粒子的能量。由于粒子速度一般很大，所以要用相对论动量、能量公式求解。

粒子碰撞时，先是要形成一个复合粒子，此复合粒子迅即分裂转化为其他粒子。以 $M'$ 表示此复合粒子的静质量。考虑碰撞开始到形成复合粒子的过程。

碰撞前，入射粒子的能量为

$$E_m = E_k + mc^2 = \sqrt{p^2c^2 + m^2c^4}$$

由此可得

$$p^2c^2 = E_k^2 + 2mc^2E_k$$

其中 $p$ 为入射粒子的动量。

碰撞前，两个粒子的总能量为

$$E = E_m + E_M = E_k + (m+M)c^2$$

碰撞所形成的复合粒子的能量为

$$E' = \sqrt{p'^2c^2 + M'^2c^4}$$

其中 $p'$ 表示复合粒子的动量。由动量守恒知 $p'=p$，因而有

$$E' = \sqrt{p^2c^2 + M'^2c^4} = \sqrt{E_k^2 + 2mc^2E_k + M'^2c^4}$$

由能量守恒 $E'=E$，可得

$$\sqrt{E_k^2 + 2mc^2E_k + M'^2c^4} = E_k + (m+M)c^2$$

此式两边平方后移项可得

$$M'c^2 = \sqrt{2Mc^2E_k + [(m+M)c^2]^2}$$

由于 $M'$ 是复合粒子的静质量，所以 $M'c^2$ 就是它在自身质心系中的能量，也就是可以引起粒子转化的资用能。因此以动能 $E_k$ 入射的粒子的资用能就是

$$E_{av} = \sqrt{2Mc^2E_k + [(m+M)c^2]^2}$$

欧洲核子研究中心的超质子加速器原来是用能量为 270 GeV 的质子（静质量为 938 MeV≈1 GeV）去轰击静止的质子，其资用能按上式算为

$$E_{av} = \sqrt{2\times1\times270 + (1+1)^2} = \sqrt{544} = 23\ (\text{GeV})$$

可见效率是非常低的。为了改变这种状况，1982 年将这台加速器改装成了对撞机，它使能量都是 270 GeV 的质子发生对撞。这时由于实验室参考系就是对撞质子的质心系，所以资用能为 $270\times2=540$ (GeV)，因而可以引发需要高能量的粒子转化。正是因为这样，翌年就在这台对撞机上发现了静能分别为 81.8 GeV 和 92.6 GeV 的 $W^{\pm}$ 粒子和 $Z^0$ 粒子，从而证实了电磁力和弱力统一的理论预测，强有力地支持了该理论的成立。

---

在研究高速物体的运动时，有时需要在不同的参考系之间对动量和能量进行变换。下面介绍这种变换的公式。

仍如前设 $S,S'$ 两参考系（见图 6.9），先看动量的 $x'$ 方向分量

$$p_x' = \frac{m_0 v_x'}{\sqrt{1-v'^2/c^2}}$$

利用速度变换公式可先求得

$$\begin{aligned}\sqrt{1-v'^2/c^2} &= \sqrt{1-(v_x'^2+v_y'^2+v_z'^2)/c^2}\\ &= \frac{\sqrt{(1-u^2/c^2)(1-v^2/c^2)}}{1-\dfrac{uv_x}{c^2}}\end{aligned}$$

将此式和 $v_x'$ 的变换式(6.26)代入 $p_x'$，并利用式(6.29)和式(6.41)，得

$$\begin{aligned}p_x' &= \frac{m_0(v_x-u)}{\sqrt{(1-u^2/c^2)(1-v^2/c^2)}}\\ &= \frac{m_0 v_x}{\sqrt{(1-u^2/c^2)(1-v^2/c^2)}} - \frac{m_0 uc^2}{\sqrt{(1-u^2/c^2)(1-v^2/c^2)}c^2}\end{aligned}$$

$$= \frac{1}{\sqrt{1-u^2/c^2}}[p_x - uE/c^2]$$

或写成

$$p'_x = \gamma(p_x - \beta E/c)$$

其中

$$\gamma = (1-u^2/c^2)^{-1/2}, \quad \beta = u/c$$

用类似的方法可得

$$p'_y = \frac{m_0 v'_y}{\sqrt{1-v'^2/c^2}} = \frac{m_0 v_y\sqrt{1-u^2/c^2}}{\sqrt{(1-u^2/c^2)(1-v^2/c^2)}}$$
$$= \frac{m_0 v_y}{\sqrt{1-v^2/c^2}}$$

即

$$p'_y = p_y$$

同理

$$p'_z = p_z$$

而

$$E' = m'c^2 = \frac{m_0 c^2}{\sqrt{1-v'^2/c^2}} = \frac{m_0 c^2\left(1-\frac{uv_x}{c^2}\right)}{\sqrt{(1-u^2/c^2)(1-v^2/c^2)}}$$
$$= \gamma(E - \beta c p_x)$$

将上述有关变换式列在一起，可得相对论动量-能量变换式如下：

$$\left.\begin{aligned} p'_x &= \gamma\left(p_x - \frac{\beta E}{c}\right) \\ p'_y &= p_y \\ p'_z &= p_z \\ E' &= \gamma(E - \beta c p_x) \end{aligned}\right\} \tag{6.50}$$

将带撇的和不带撇的量交换，并把 $\beta$ 换成 $-\beta$，可得逆变换式如下：

$$\left.\begin{aligned} p_x &= \gamma\left(p'_x + \frac{\beta E'}{c}\right) \\ p_y &= p'_y \\ p_z &= p'_z \\ E &= \gamma(E' + \beta c p'_x) \end{aligned}\right\} \tag{6.51}$$

值得注意的是，在相对论中动量和能量在变换时紧密地联系在一起了。这一点实际上是相对论时空量度的相对性及紧密联系的反映。

还可以注意的是，式(6.50)所表示的 $\boldsymbol{p}$ 和 $E/c^2$ 的变换关系和洛伦兹变换式(6.23)所表示的 $\boldsymbol{r}$ 和 $t$ 的变换关系一样，即用 $p_x, p_y, p_z$ 和 $E/c^2$ 分别代替式(6.23)中的 $x, y, z, t$ 就可以得到式(6.50)。

## *6.12 相对论力的变换

在相对论中，如在6.7节中已指出的，力仍等于动量变化率。导出了动量变化率的变换，也就导出了力的变换公式。力和动量变化率的关系 $\boldsymbol{F}=\mathrm{d}\boldsymbol{p}/\mathrm{d}t$ 的分量式是

$$F_x=\frac{\mathrm{d}p_x}{\mathrm{d}t},\quad F_y=\frac{\mathrm{d}p_y}{\mathrm{d}t},\quad F_z=\frac{\mathrm{d}p_z}{\mathrm{d}t}$$

由式(6.51)和洛伦兹逆变换式(6.24)，可得

$$F_x=\frac{\mathrm{d}p_x}{\mathrm{d}t}=\frac{\dfrac{\mathrm{d}p_x}{\mathrm{d}t'}}{\dfrac{\mathrm{d}t}{\mathrm{d}t'}}=\frac{\gamma\left(\dfrac{\mathrm{d}p_x'}{\mathrm{d}t'}+\dfrac{u}{c^2}\dfrac{\mathrm{d}E'}{\mathrm{d}t'}\right)}{\gamma\left(1+\dfrac{u}{c^2}\dfrac{\mathrm{d}x'}{\mathrm{d}t'}\right)}=\frac{F_x'+\dfrac{\beta\mathrm{d}E'}{c\,\mathrm{d}t'}}{1+\dfrac{\beta}{c}v_x'} \tag{6.52}$$

为了求出 $\mathrm{d}E'/\mathrm{d}t'$，我们利用公式(6.49)，在 $S'$ 系中有

$$E'^2=p'^2c^2+m_0^2c^4=c^2\boldsymbol{p}'\cdot\boldsymbol{p}'+m_0^2c^4$$

将此式对 $t'$ 求导，可得

$$E'\frac{\mathrm{d}E'}{\mathrm{d}t'}=c^2\boldsymbol{p}'\cdot\frac{\mathrm{d}\boldsymbol{p}'}{\mathrm{d}t'}=c^2\boldsymbol{p}'\cdot\boldsymbol{F}'$$

再将 $E'=m'c^2$ 和 $\boldsymbol{p}'=m'\boldsymbol{v}'$ 代入可得

$$\frac{\mathrm{d}E'}{\mathrm{d}t'}=\boldsymbol{F}'\cdot\boldsymbol{v}'$$

将此结果代入式(6.52)，即可得 $x$ 方向分力的变换式。用类似方法还可以得到 $y$ 方向和 $z$ 方向分力的变换式。把它们列在一起，即为

$$\left.\begin{aligned}F_x&=\frac{F_x'+\dfrac{\beta}{c}\boldsymbol{F}'\cdot\boldsymbol{v}'}{1+\dfrac{\beta}{c}v_x'}\\F_y&=\frac{F_y'}{\gamma\left(1+\dfrac{\beta}{c}v_x'\right)}\\F_z&=\frac{F_z'}{\gamma\left(1+\dfrac{\beta}{c}v_x'\right)}\end{aligned}\right\} \tag{6.53}$$

以上三式即相对论力的变换公式，式中

$$\gamma=(1-u^2/c^2)^{-\frac{1}{2}},\quad \beta=u/c$$

如果一粒子在 $S'$ 系中静止(即 $\boldsymbol{v}'=0$)，它受的力为 $\boldsymbol{F}'$，则上一变换式给出，在 $S$ 系中观测，该粒子受的力将为

$$F_x=F_x',\quad F_y=\frac{1}{\gamma}F_y',\quad F_z=\frac{1}{\gamma}F_z' \tag{6.54}$$

由于 $\boldsymbol{v}'=0$，所以在 $S$ 系中观察，粒子的速度 $\boldsymbol{v}=\boldsymbol{u}$。这样式(6.54)又可以这样理解：在粒子静止于其中的参考系内测得粒子受的力是 $\boldsymbol{F}'$，则在粒子以速度 $\boldsymbol{v}$ 运动的参考系中测量时，此力沿运动方向的分量不变，而沿垂直于运动方向的分量减小到 $1/\gamma$，其中

$$\gamma=\left(1-\frac{v^2}{c^2}\right)^{-\frac{1}{2}}$$

## 提要

1. **牛顿绝对时空观**：长度和时间的测量与参考系无关。

   伽利略坐标变换式　　$x'=x-ut,\quad y'=y,\quad z'=z,\quad t'=t$

   伽利略速度变换式　　$v_x'=v_x-u,\quad v_y'=v_y,\quad v_z'=v_z$

2. **狭义相对论基本假设**

   爱因斯坦相对性原理；

   光速不变原理。

3. **同时性的相对性**

   时间延缓　　$\Delta t=\dfrac{\Delta t'}{\sqrt{1-u^2/c^2}}$　（$\Delta t'$ 为固有时）

   长度收缩　　$l=l'\sqrt{1-u^2/c^2}$　（$l'$ 为固有长度）

4. **洛伦兹变换**

   坐标变换式

$$x'=\frac{x-ut}{\sqrt{1-u^2/c^2}},\quad y'=y,\quad z'=z,$$

$$t'=\frac{t-\dfrac{u}{c^2}x}{\sqrt{1-u^2/c^2}}$$

   速度变换式

$$v_x'=\frac{v_x-u}{1-\dfrac{uv_x}{c^2}}$$

$$v_y'=\frac{v_y}{1-\dfrac{uv_x}{c^2}}\sqrt{1-u^2/c^2}$$

$$v_z'=\frac{v_z}{1-\dfrac{uv_x}{c^2}}\sqrt{1-u^2/c^2}$$

5. **相对论质量**

$$m=\frac{m_0}{\sqrt{1-v^2/c^2}}\quad（m_0\text{ 为静质量}）$$

6. **相对论动量**

$$\boldsymbol{p}=m\boldsymbol{v}=\frac{m_0\boldsymbol{v}}{\sqrt{1-v^2/c^2}}$$

7. **相对论能量**：　　$E=mc^2$

   相对论动能　　$E_{\mathrm{k}}=E-E_0=mc^2-m_0c^2$

   相对论动量能量关系式　　$E^2=p^2c^2+m_0^2c^4$

**8. 相对论动量-能量变换式**

$$p_x' = \gamma\left(p_x - \frac{\beta E}{c}\right), \quad p_y' = p_y$$

$$p_z' = p_z, \quad E' = \gamma(E - \beta c p_x)$$

***9. 相对论力的变换式**

$$F_x = \frac{F_x' + \frac{\beta}{c}\boldsymbol{F}' \cdot \boldsymbol{v}'}{1 + \frac{\beta}{c} v_x'}$$

$$F_y = \frac{F_y'}{\gamma\left(1 + \frac{\beta}{c} v_x'\right)}$$

$$F_z = \frac{F_z'}{\gamma\left(1 + \frac{\beta}{c} v_x'\right)}$$

## 思考题

6.1 什么是力学相对性原理？在一个参考系内作力学实验能否测出这个参考系相对于惯性系的加速度？

6.2 同时性的相对性是什么意思？为什么会有这种相对性？如果光速是无限大，是否还会有同时性的相对性？

6.3 前进中的一列火车的车头和车尾各遭到一次闪电轰击，据车上的观察者测定这两次轰击是同时发生的。试问，据地面上的观察者测定它们是否仍然同时？如果不同时，何处先遭到轰击？

6.4 如果在 $S'$ 系中两事件的 $x'$ 坐标相同(例如把图 6.3 中的 $M'$ 和 $A'$，$B'$ 沿 $y'$ 轴方向配置)，那么当在 $S'$ 系中观察到这两个事件同时发生时，在 $S$ 系中观察它们是否也同时发生？

6.5 如图 6.18 所示，在 $S$ 和 $S'$ 系中的 $x$ 和 $x'$ 轴上分别固定有 5 个钟。在某一时刻，原点 $O$ 和 $O'$ 正好重合，此时钟 $C_3$ 和钟 $C_3'$ 都指零。若在 $S$ 系中观察，试画出此时刻其他各钟的指针所指的方位。

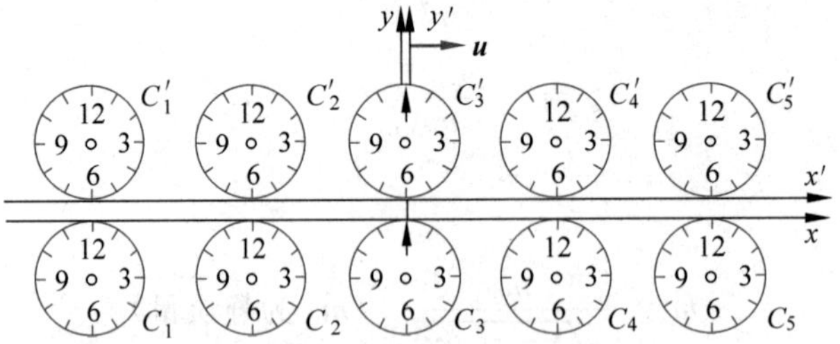


图 6.18 思考题 6.5 用图

6.6 在某一参考系中同一地点、同一时刻发生的两个事件，在任何其他参考系中观察都将是同时发生的，对吗？

6.7 长度的量度和同时性有什么关系？为什么长度的量度会和参考系有关？长度收缩效应是否因为棒的长度受到了实际的压缩？

6.8 相对论的时间和空间概念与牛顿力学的有何不同？有何联系？

6.9 在相对论中，在垂直于两个参考系的相对速度方向的长度的量度与参考系无关，而为什么在这方向上的速度分量却又和参考系有关？

6.10 能把一个粒子加速到光速吗？为什么？

6.11 什么叫质量亏损？它和原子能的释放有何关系？

## 习题

6.1 一根直杆在 $S$ 系中观察，其静止长度为 $l$，与 $x$ 轴的夹角为 $\theta$，试求它在 $S'$ 系中的长度和它与 $x'$ 轴的夹角。

6.2 静止时边长为 $a$ 的正立方体，当它以速率 $u$ 沿与它的一个边平行的方向相对于 $S'$ 系运动时，在 $S'$ 系中测得它的体积将是多大？

6.3 $S$ 系中的观察者有一根米尺固定在 $x$ 轴上，其两端各装一手枪。固定于 $S'$ 系中的 $x'$ 轴上有另一根长刻度尺。当后者从前者旁边经过时，$S$ 系的观察者同时扳动两枪，使子弹在 $S'$ 系中的刻度上打出两个记号。求在 $S'$ 尺上两记号之间的刻度值。在 $S'$ 系中观察者将如何解释此结果。

6.4 在 $S$ 系中观察到在同一地点发生两个事件，第二事件发生在第一事件之后 2 s。在 $S'$ 系中观察到第二事件在第一事件后 3 s 发生。求在 $S'$ 系中这两个事件的空间距离。

6.5 在 $S$ 系中观察到两个事件同时发生在 $x$ 轴上，其间距离是 1 m。在 $S'$ 系中观察这两个事件之间的距离是 2 m。求在 $S'$ 系中这两个事件的时间间隔。

6.6 一只装有无线电发射和接收装置的飞船，正以 $\frac{4}{5}c$ 的速度飞离地球。当宇航员发射一无线电信号后，信号经地球反射，60 s 后宇航员才收到返回信号。

(1) 在地球反射信号的时刻，从飞船上测得的地球离飞船多远？

(2) 当飞船接收到反射信号时，地球上测得的飞船离地球多远？

6.7 一宇宙飞船沿 $x$ 方向离开地球（$S$ 系，原点在地心），以速率 $u=0.80c$ 航行，宇航员观察到在自己的参考系（$S'$ 系，原点在飞船上）中，在时刻 $t'=-6.0\times10^{8}$ s，$x'=1.8\times10^{17}$ m，$y'=1.2\times10^{17}$ m，$z'=0$ 处有一超新星爆发，他把这一观测通过无线电发回地球，在地球参考系中该超新星爆发事件的时空坐标如何？假定飞船飞过地球时其上的钟与地球上的钟的示值都指零。

*6.8 在题 6.7 中，由于光从超新星传到飞船需要一定的时间，所以宇航员的报告并非直接测量的结果，而是从光到达飞船的时刻和方向推算出来的。

(1) 试问在何时刻（$S'$ 系中）超新星的光到达飞船？

(2) 假定宇航员在他看到超新星时立即向地球发报，在什么时刻（$S$ 系中）地球上的观察者收到此报告？

(3) 在什么时刻（$S$ 系中）地球上的观察者看到该超新星？

6.9 地球上的观察者发现一只以速率 $0.60c$ 向东航行的宇宙飞船将在 5 s 后同一个以速率 $0.80c$ 向西飞行的彗星相撞。

(1) 飞船中的人们看到彗星以多大速率向他们接近。

(2) 按照他们的钟，还有多少时间允许他们离开原来航线避免碰撞。

6.10 一光源在 $S'$ 系的原点 $O'$ 发出一光线，其传播方向在 $x'y'$ 平面内并与 $x'$ 轴夹角为 $\theta'$，试求在 $S$ 系中测得的此光线的传播方向，并证明在 $S$ 系中此光线的速率仍是 $c$。

*6.11 参照图 6.9 所示的两个参考系 $S$ 和 $S'$，设一质点在 $S$ 系中沿 $x$ 方向以速度 $\boldsymbol{v}=\boldsymbol{v}(t)$ 运动，有加速度 $\boldsymbol{a}$。证明：在 $S'$ 系中它的加速度 $\boldsymbol{a}'$ 为

$$a' = \frac{(1 - u^2/c^2)^{3/2}}{(1 - uv/c^2)^3} a$$

显然，这一关系和伽利略变换给出的结果不同。当 $u, v \ll c$ 时，此结果说明什么？

6.12 一个静质量为 $m_0$ 的质点在恒力 $\boldsymbol{F} = F\boldsymbol{i}$ 的作用下开始运动，经过时间 $t$，它的速度 $v$ 和位移 $x$ 各是多少？在时间很短（$t \ll m_0 c/F$）和时间很长（$t \gg m_0 c/F$）的两种极限情况下，$v$ 和 $x$ 的值又各是多少？

6.13 在什么速度下粒子的动量等于非相对论动量的两倍？又在什么速度下粒子的动能等于非相对论动能的两倍。

6.14 在北京正负电子对撞机中，电子可以被加速到动能为 $E_k = 2.8 \times 10^9$ eV。

(1) 这种电子的速率和光速相差多少 m/s？

(2) 这样的一个电子动量多大？

(3) 这种电子在周长为 240 m 的储存环内绕行时，它受的向心力多大？需要多大的偏转磁场？

6.15 最强的宇宙射线具有 50 J 的能量，如果这一射线是由一个质子形成的，这样一个质子的速率和光速差多少 m/s？

6.16 一个质子的静质量为 $m_p = 1.672\ 65 \times 10^{-27}$ kg，一个中子的静质量为 $m_n = 1.674\ 95 \times 10^{-27}$ kg，一个质子和一个中子结合成的氘核的静质量为 $m_D = 3.343\ 65 \times 10^{-27}$ kg。求结合过程中放出的能量是多少 MeV？这能量称为氘核的结合能，它是氘核静能量的百分之几？

一个电子和一个质子结合成一个氢原子，结合能是 13.58 eV，这一结合能是氢原子静能量的百分之几？已知氢原子的静质量为 $m_H = 1.673\ 23 \times 10^{-27}$ kg。

6.17 太阳发出的能量是由质子参与一系列反应产生的，其总结果相当于下述热核反应：

$${}_1^1H + {}_1^1H + {}_1^1H + {}_1^1H \longrightarrow {}_4^2He + 2{}_1^0e$$

已知一个质子（${}_1^1H$）的静质量是 $m_p = 1.6726 \times 10^{-27}$ kg，一个氦核（${}_4^2He$）的静质量是 $m_{He} = 6.6425 \times 10^{-27}$ kg。一个正电子（${}_1^0e$）的静质量是 $m_e = 0.0009 \times 10^{-27}$ kg。

(1) 这一反应释放多少能量？

(2) 这一反应的释能效率多大？

(3) 消耗 1 kg 质子可以释放多少能量？

(4) 目前太阳辐射的总功率为 $P = 3.9 \times 10^{26}$ W，它一秒钟消耗多少千克质子？

(5) 目前太阳约含有 $m = 1.5 \times 10^{30}$ kg 质子。假定它继续以上述(4)求得的速率消耗质子，这些质子可供消耗多长时间？

6.18 20 世纪 60 年代发现的类星体的特点之一是它发出极强烈的辐射。这一辐射的能源机制不可能用热核反应来说明。一种可能的巨大能源机制是黑洞或中子星吞食或吸积远处物质时所释放的引力能。

(1) 1 kg 物质从远处落到地球表面上时释放的引力能是多少？释能效率（即所释放能量与落到地球表面的物质的静能的比）又是多大？

(2) 1 kg 物质从远处落到一颗中子星表面时释放的引力能是多少？（设中子星的质量等于一个太阳的质量而半径为 10 km。）释能效率又是多大？和习题 6.17 所求热核反应的释能效率相比又如何？

6.19 两个质子以 $\beta = 0.5$ 的速率从一共同点反向运动，求：

(1) 每个质子相对于共同点的动量和能量；

(2) 一个质子在另一个质子处于静止的参考系中的动量和能量。

6.20 能量为 22 GeV 的电子轰击静止的质子时，其资用能多大？

6.21 北京正负电子对撞机设计为使能量都是 2.8 GeV 的电子和正电子发生对撞。这一对撞的资用能是多少？如果用高能电子去轰击静止的正电子而想得到同样多的资用能，入射高能电子的能量应多大？

6.22 用动量-能量的相对论变换式证明 $E^2 - c^2p^2$ 是一不变量（即在 $S$ 和 $S'$ 系中此式的数值相等：

$E^2 - c^2p^2 = E'^2 - c^2p'^2$)。

*6.23 根据爱因斯坦质能公式(6.42),质量具有能量,把这一关系式代入牛顿引力公式,可得两静止质子之间的引力和二者的能量 $E_0$ 成正比。

(1) 一个静止的质子的静能量是多少 GeV?

(2) 在现实世界中,两静止质子间的电力要比引力大到 $10^{36}$ 倍。要使二者间引力等于电力,质子的能量需要达到多少 GeV? 这能量①是现今粒子加速器(包括在建的)的能量范围($10^3$ GeV)的多少倍?

① 这一能量可以认为是包括引力在内的四种基本自然力"超统一"的能量尺度,它和使两质子间引力的"量子修正"超过引力经典值的"能量涨落"值 $10^{19}$GeV,只差一个数量级。$10^{19}$GeV 称为**普朗克能量**,是现今物理学能理解的最高能量尺度。

## 科学家介绍

# 爱因斯坦

(Albert Einstein,1879—1955 年)

爱因斯坦

**3. *Zur Elektrodynamik bewegter Körper;***
***von A. Einstein.***

Daß die Elektrodynamik Maxwells — wie dieselbe gegenwärtig aufgefaßt zu werden pflegt — in ihrer Anwendung auf bewegte Körper zu Asymmetrien führt, welche den Phänomenen nicht anzuhaften scheinen, ist bekannt. Man denke z. B. an die elektrodynamische Wechselwirkung zwischen einem Magneten und einem Leiter. Das beobachtbare Phänomen hängt hier nur ab von der Relativbewegung von Leiter und Magnet, während nach der üblichen Auffassung die beiden Fälle, daß der eine oder der andere dieser Körper der bewegte sei, streng voneinander zu trennen sind. Bewegt sich nämlich der Magnet und ruht der Leiter, so entsteht in der Umgebung des Magneten ein elektrisches Feld von gewissem Energiewerte, welches an den Orten, wo sich Teile des Leiters befinden, einen Strom erzeugt. Ruht aber der Magnet und bewegt sich der Leiter, so entsteht in der Umgebung des Magneten kein elektrisches Feld, dagegen im Leiter eine elektromotorische Kraft, welcher an sich keine Energie entspricht, die aber — Gleichheit der Relativbewegung bei den beiden ins Auge gefaßten Fällen vorausgesetzt — zu elektrischen Strömen von derselben Größe und demselben Verlaufe Veranlassung gibt, wie im ersten Falle die elektrischen Kräfte.

Beispiele ähnlicher Art, sowie die mißlungenen Versuche, eine Bewegung der Erde relativ zum „Lichtmedium" zu konstatieren, führen zu der Vermutung, daß dem Begriffe der absoluten Ruhe nicht nur in der Mechanik, sondern auch in der Elektrodynamik keine Eigenschaften der Erscheinungen entsprechen, sondern daß vielmehr für alle Koordinatensysteme, für welche die mechanischen Gleichungen gelten, auch die gleichen elektrodynamischen und optischen Gesetze gelten, wie dies für die Größen erster Ordnung bereits erwiesen ist. Wir wollen diese Vermutung (deren Inhalt im folgenden „Prinzip der Relativität" genannt werden wird) zur Voraussetzung erheben und außerdem die mit ihm nur scheinbar unverträgliche

《论动体的电动力学》一文的首页

爱因斯坦,犹太人,1879 年出生于德国符腾堡的乌尔姆市。智育发展很迟,小学和中学学习成绩都较差。1896 年进入瑞士苏黎世工业大学学习并于 1900 年毕业。大学期间在学习上就表现出"离经叛道"的性格,颇受教授们责难。毕业后即失业。1902 年到瑞士专利局工作,直到 1909 年开始当教授。他早期一系列最有创造性的具有历史意义的研究工作,如相对论的创立等,都是在专利局工作时利用业余时间进行的。从 1914 年起,任德国威廉皇家学会物理研究所所长兼柏林大学教授。由于希特勒法西斯的迫害,他于 1933 年到美国定居,任普林斯顿高级研究院研究员,直到 1955 年逝世。

爱因斯坦的主要科学成就有以下几方面:

(1) 创立了狭义相对论。他在 1905 年发表了题为《论动体的电动力学》的论文(载德国《物理学杂志》第 4 篇,17 卷,1905 年),完整地提出了狭义相对论,揭示了空间和时间的联系,引起了物理学的革命。同年又提出了质能相当关系,在理论上为原子能时代开辟了道路。

(2) 发展了量子理论。他在1905年同一本杂志上发表了题为《关于光的产生和转化的一个启发性观点》的论文，提出了光的量子论。正是由于这篇论文的观点使他获得了1921年的诺贝尔物理学奖。以后他又陆续发表文章提出受激辐射理论(1916年)并发展了量子统计理论(1924年)。前者成为20世纪60年代崛起的激光技术的理论基础。

(3) 建立了广义相对论。他在1915年建立了广义相对论，揭示了空间、时间、物质、运动的统一性，几何学和物理学的统一性，解释了引力的本质，从而为现代天体物理学和宇宙学的发展打下了重要的基础。

此外，他对布朗运动的研究(1905年)曾为气体动理论的最后胜利作出了贡献。他还开创了现代宇宙学，他努力探索的统一场论的思想，指出了现代物理学发展的一个重要方向。20世纪60至70年代在这方面已取得了可喜的成果。

爱因斯坦所以能取得这样伟大的科学成就，归因于他的勤奋、刻苦的工作态度与求实、严谨的科学作风，更重要的应归因于他那对一切传统和现成的知识所采取的独立的批判精神。他不因循守旧，别人都认为一目了然的结论，他会觉得大有问题，于是深入研究，非彻底搞清楚不可。他不迷信权威，敢于离经叛道，敢于创新。他提出科学假设的胆略之大，令人惊奇，但这些假设又都是他的科学作风和创新精神的结晶。除了他的非凡的科学理论贡献之外，这种伟大革新家的革命精神也是他对人类提供的一份宝贵的遗产。

爱因斯坦的精神境界高尚。在巨大的荣誉面前，他从不把自己的成就全部归功于自己，总是强调前人的工作为他创造了条件。例如关于相对论的创立，他曾讲过："我想到的是牛顿给我们的物体运动和引力的理论，以及法拉第和麦克斯韦借以把物理学放到新基础上的电磁场概念。相对论实在可以说是对麦克斯韦和洛伦兹的伟大构思画了最后一笔。"他还谦逊地说："我们在这里并没有革命行动，而不过是一条可以回溯几世纪的路线的自然继续。"

爱因斯坦不但对自己的科学成就这么看，而且对人与人的一般关系也有类似的看法。他曾说过："人是为别人而生存的。""人只有献身于社会，才能找出那实际上是短暂而有风险的生命的意义。""一个获得成功的人，从他的同胞那里所取得的总无可比拟地超过他对他们所作的贡献。然而看一个人的价值，应当看他贡献什么，而不应当看他取得什么。"

爱因斯坦是这样说，也是这样做的。在他的一生中，除了孜孜不倦地从事科学研究外，他还积极参加正义的社会斗争。他旗帜鲜明地反对德国法西斯政权和它发动的侵略战争。战后，在美国他又积极参加了反对扩军备战政策和保卫民主权利的斗争。

爱因斯坦关心青年，关心教育，在《论教育》一文中，他根据自己的经验说出了十分有见解的话："学校的目标应当是培养有独立行动和独立思考的个人，不过他们要把为社会服务看做是自己人生的最高目的。""学校的目标始终应当是：青年人在离开学校时，是作为一个和谐的人，而不是作为一个专家。……发展独立思考和独立判断的一般能力，应当始终放在首位，而不应当把专业知识放在首位。如果一个人掌握了他的学科的基础理论，并且学会了独立思考和工作，他必定会找到自己的道路，而且比起那种主要以获得细节知识为其培训内容的人来，他一定会更好地适应进步和变化。"

爱因斯坦于1922年年底赴日本讲学的来回旅途中，曾两次在上海停留。第一次，北京大学曾邀请他讲学，但正式邀请信为邮程所阻，他以为邀请已被取消而未能成功。第二次适逢元旦，他曾作了一次有关相对论的演讲。巧合的是，正是在上海他得到了瑞典领事的关于他获得了1921年诺贝尔物理奖的正式通知。

# 弯曲的时空——广义相对论简介

自1687年《自然哲学的数学原理》问世以来，牛顿力学取得了很大的成功与发展。很少有理论能和万有引力定律的预言的准确性相比拟。但即使如此，牛顿的理论也不是十分完善的。一个例子是水星的近日点的进动(图 D.1)。水星轨道长轴的方向在空间不是固定的，在一世纪内会转动 5601″([角]秒)。用牛顿理论计算出所有行星对它的影响后，还差 43″，与观测不符。另外，牛顿引力理论有一个很严重的缺陷，就是它认为引力的传播不需要时间。例如，如果太阳表面某处突然爆发日珥(喷出明亮的气团)，按牛顿理论，其引力变化在地球上应该即时就能发现。这一点直接违反了狭义相对论，因为这一理论指出任何信号的传播速度是不能大于光速的。

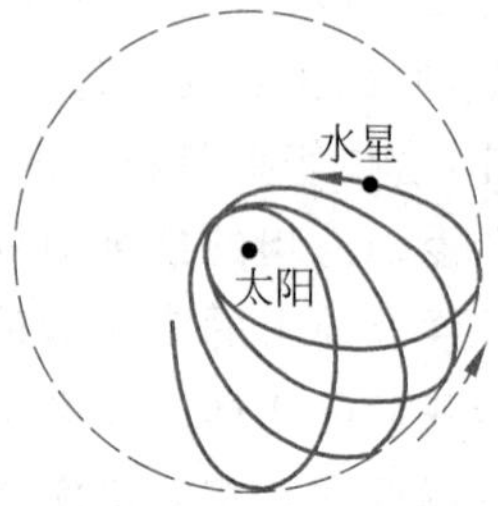

图 D.1　水星近日点的进动

建立狭义相对论之后，爱因斯坦即开始研究关于引力的新理论，并且终于在 1915 年创立了广义相对论。狭义相对论告诉我们，空间和时间不是绝对的，它们和参考系的运动有关。广义相对论则告诉我们，在引力物体的近旁，空间和时间要被扭曲。行星的轨道运动并不是由于什么引力的作用，而是由于这种时空的扭曲。引力就是弯曲时空的表现。

## D.1　等效原理

关于引力作用的一个重要事实是伽利略首先在比萨斜塔上演示给人们的，即：在地面上一个范围不大的空间内，一切物体都以同一加速度 $\boldsymbol{g}$ 下落。由这一事实可以导出：一个物体的惯性质量 $m_i$ 等于其引力质量 $m_g$。因为，由牛顿第二定律和万有引力定律可得，对一个自由落体来说，

$$\frac{GMm_g}{r^2}=m_ig$$

从而有

$$\frac{m_i}{m_g}=\frac{gr^2}{GM}$$

式中 $r$ 为物体距地心的距离，$M$ 为地球的质量，$G$ 为引力恒量。既然事实证明，一切物体的

加速度 $g$ 都相同，那么，对一切物体，$m_i/m_g$ 就是一个常数。在选取各量的适当单位后，就可以得出 $m_i=m_g$ 的结论。

是爱因斯坦首先注意到这一结论的重要性的。他曾写道："……在引力场中一切物体都具有同一加速度。这条定律也可以表述为惯性质量同引力质量相等的定律。它当时就使我认识到它的全部重要性。我为它的存在感到极为惊奇，并猜想其中必定有一把可以更加深入地了解惯性和引力的钥匙。"

根据上述事实以及由它得出的 $m_i=m_g$ 的结论，可以设想，如果建造一个可以自由运动的小实验室，并在其中观察物体的运动，则当这个实验室自由下落时，将会看到室内物体处于完全失重的状态，即没有引力作用的状态。实际上，在绕地球的轨道上运行的太空船就是这样的实验室，它也具有加速度 $\boldsymbol{g}$，其中物体和宇航员都处于完全失重的状态(图 D.2)。从宇航员看来，所有飞船内的物体都好像没有受到引力一样。在飞船这样的参考系内，重力的影响消除了。不受外力作用时，静止的物体将保持静止，运动的物体将保持匀速直线运动，就好像发生在惯性系内一样。一个在引力作用下自由下落的参考系叫**局部惯性系**。这样一个参考系只能是"局部的"，因为范围一大，其中各处 $\boldsymbol{g}$ 的方向和大小就可能有显著的不同，而通过参考系的运动同时对其中所有物体都消除重力的影响就是不可能的了。现代灵敏的加速度计甚至能测出飞船两端 $\boldsymbol{g}$ 的不同。但在下面的讨论中我们将忽略这个不同。

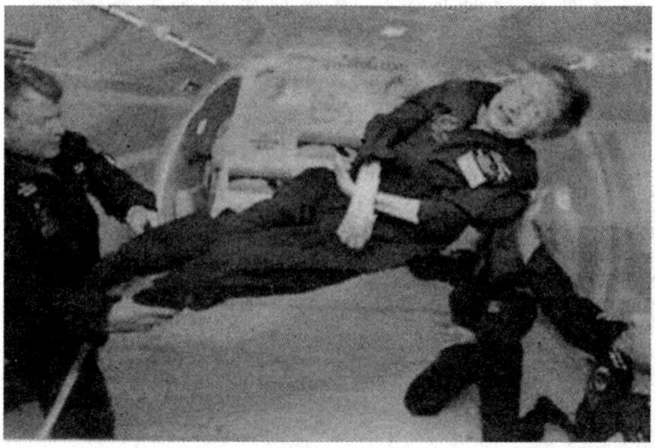

图 D.2　英国物理学家史蒂芬·霍金

2007 年 4 月 26 日体验失重飞行，他不是在太空船中，而是在飞机中。该飞机升空后，先是从 7300 m 高度冲上 9800 m 高度，接着又俯冲回 7300 m 高度。沿这一段弧形轨道运动类似在太空船中，提供了 24 s 的失重环境

局部惯性系和真正的惯性系没有本质差别这一点说明：不仅匀速直线运动有相对性，而且加速运动也有相对性——在自由下落的飞船内，宇航员无法通过任何力学实验来查出飞船的加速度。1911 年，爱因斯坦在形成广义相对论之前就提出，这一广义的运动相对性不仅适用于力学现象，而且适用于其他物理现象。他把这个关于引力的假设叫做**等效原理**。他写道："在一个局部惯性系中，重力的效应消失了；在这样一个参考系中，所有物理定律和在一个在太空中远离任何引力物体的真正惯性系中的一样。反过来说，一个在太空中加速的参考系中将会出现表观的引力；在这样的参考系中，物理定律就和该参考系静止于一个引力物体附近一样。"简单说来，就是引力和加速度等效。这个原理是广义相对论的基础。下面我们看从这一原理可以得出些什么结论。

## D.2 光线的偏折和空间弯曲

从等效原理可以得出的第一个结论是在引力场中各处光的速率应当相等。设想在太阳周围各处有许多太空船,他们都瞬时静止(对太阳),但是已开始自由下落。在每一个太空船中,引力已消失。等效原理要求在这些太空船中光的速率都和在真正惯性系中的一样,即 $3\times10^8$ m/s。由于这些太空船是对太阳瞬时静止的,所以在它们内部测出的光速也等于在太阳引力场中各处的光速,因而它们也都应该相等。

从等效原理可以得出的另一结论是光线在引力场中要发生偏折。设想一太空船正向太阳自由下落。由于在船内引力已消失,在太空船中和在惯性系中一样,从太空船一侧垂直船壁射向另一侧的光将直线前进(图 D.3(a))。但在太阳坐标系中观察,由于太空船加速下落,所以光线将沿曲线传播。根据等效原理,光线将沿引力的方向偏折(图 D.3(b))。

光线的引力偏折在自然界中应能观察到,例如,从地球上观察某一发光星体,当太阳移近光线时,从星体发的光将从太阳表面附近经过。太阳引力的作用将使光线发生偏折,从而星体的视位置将偏离它的实际位置(图 D.4)。由于星光比太阳光弱得多,所以要观察这种星体的视位置偏离只可能在日全蚀时进行。事实上 1919 年日全蚀时,天文学家的确观察到了这种偏离,之后还进行了多次这种观察。星体位置偏离大致都在 1.5″ 到 2.0″ 之间,和广义相对论的理论预言值 1.75″ 符合得相当好。

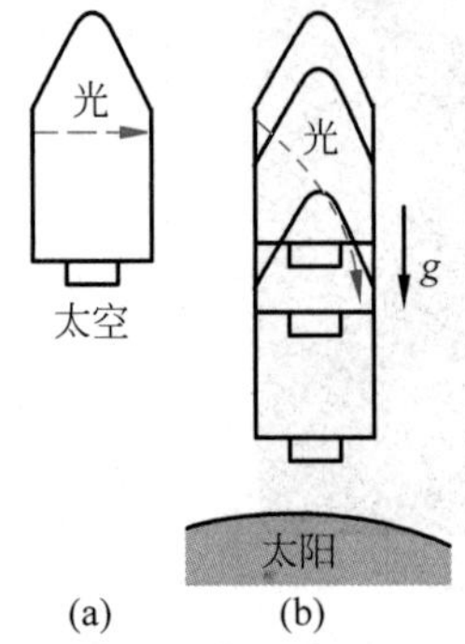


图 D.3 光线在引力场中偏折

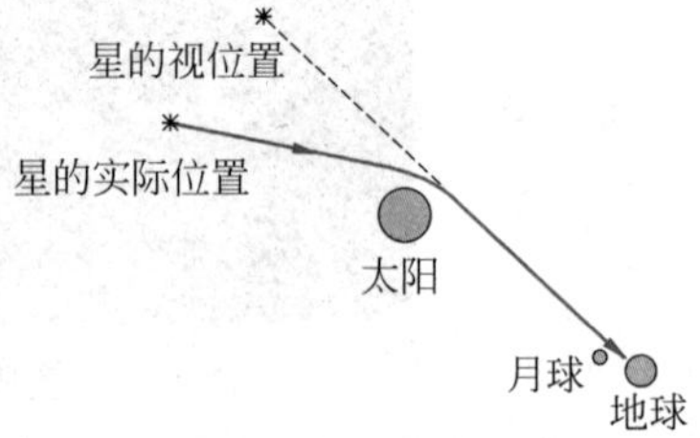


图 D.4 日全食时对星的观察

近年来关于光线偏折的更可靠的验证是利用了类星体发射的无线电波。进行这种观察,当然要等到太阳、类星体和地球差不多在一条直线上的时候。可巧人们发现类星体 3C279 每年 10 月 8 日都在这样的位置上。利用这样的时机测得的无线电波经过太阳表面附近时发生的偏折为 1.7″或 1.8″。

值得注意的是,光线在太阳附近的偏折意味着光速在太阳附近要减小。为了说明这一点,在图 D.5 中画出了光波波面传播的情形。波面总是垂直于光线的,正像以横队前进的士兵的排面和队伍前进的方向垂直一样。从图中可以明显地看出光线的偏折就意味着波面的转向,而这又意味着波面靠近太阳那一侧的速率要减小。这正如前进中的横队向右转时,排面右部的士兵要减慢前进的速度一样。

光速在太阳附近要减小这一预言已经用雷达波(波长几厘米)直接证实了。人们曾向金星(以及水星、人造天体)发射雷达波并接收其反射波。当太阳行将跨过金星和地球之间时,雷达波在往返的路上都要经过太阳附近。实验测出,在这种情况下,雷达波往返所用的时间比雷达波不经过太阳附近时的确要长些,而且所增加的数值和理论计算也符合得很好。这一现象叫**雷达回波延迟**。

光速在太阳附近要减小这一事实和前面提过的,光速应不受引力影响的结论是相矛盾的。怎样解决这个矛盾呢?答案只能是这样:从地球到金星的距离,当经过太阳附近时,由于引力的作用而变长了,因而光所经过的时间要长些,并不是因为光速变小了,而是因为距离变长了。这是和欧几里得几何学的推断不相同的。例如,考虑一个由相互垂直的四边组成的正方形(图 D.6),靠近太阳那一边($AB$)比离太阳远的那一边($CD$)要长。欧几里得几何学在此失效了——**空间不再是平展的,而是被引力弯曲或扭曲了的**。

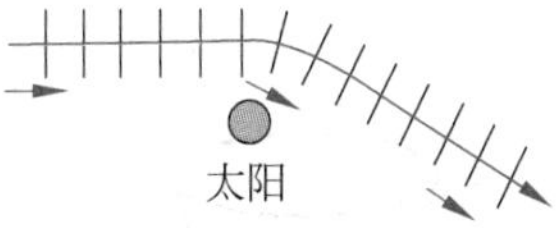


图 D.5 在太阳附近光波波面的转向

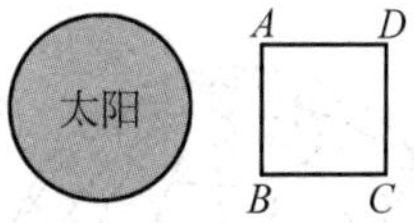


图 D.6 太阳附近的空间弯曲

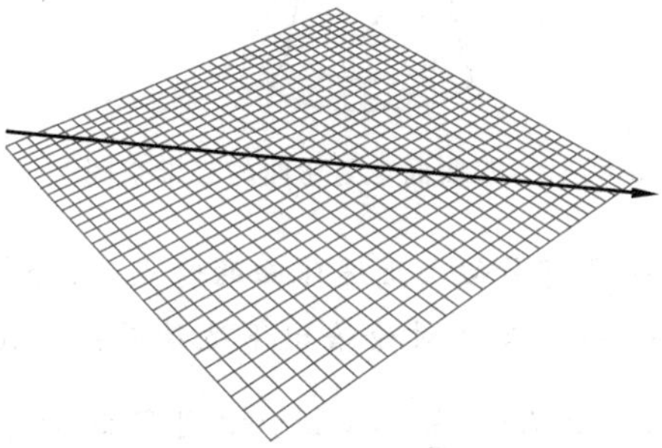

图 D.7 平展的二维空间

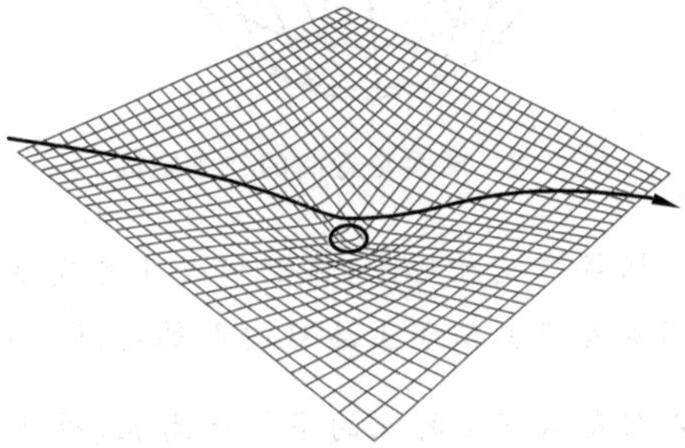

图 D.8 弯曲的二维空间

为了得到这种弯曲空间的直观形象,让我们设想二维空间的情形。图 D.7 画出一个平展的二维空间,图 D.8 画出了当一个"太阳"放入这二维空间时的情形:这二维空间产生了一个坑。在这畸变的二维空间上两点 $AB$ 之间的距离比它们之间的直线距离(即平展时的距离)要长些,由于光速不变,它从"太阳"附近经过时用的时间自然应该长些,这就解决了上述矛盾。计算表明,对于刚擦过太阳传播的光来说,从金星到地球的距离增加了约 30 km(总距离为 $2.6\times10^8$ km)。

以上说明了如何由等效原理得到太阳附近空间是弯曲的结论。弯曲的空间是爱因斯坦广义相对论的出发点。

## D.3 广义相对论

广义相对论的基本论点是:**引力来源于弯曲**。太阳或其质量周围的空间发生弯曲,这种弯曲影响光和行星的运动,使它按照现在实际的方式运动。太阳对光和行星并没有任何力的作用,它只是使时空发生弯曲,而光或行星只是沿这一弯曲时空中的可能的"最短"的路线运动。因此爱因斯坦的广义相对论是一种**关于引力的几何理论**，有人把它称做“几何动力学”，即和物质有相互作用的、动力学的、弯曲时空的几何学。

我们不可能想象出一个弯曲的三维空间图像，因为那需要事先想象出第四维或第五维，以便三维空间能弯曲到里面去。但幸运的是，我们可以查知三维空间的弯曲而不要进入更高的维中从外面来看它。为此还利用二维空间模型。考虑一个小甲虫在一个二维空间即一个曲面上活动而不能离开它。如果曲面是一个球面，它可以通过下面的测量来知道它活动的空间是弯曲的。如图 D.9 所示，它可以测量一个圆的周长及半径，而发现周长小于半径的 $2\pi$ 倍。它还可以测一个三角形(其三个边都是三个顶点间的最短线)的三内角和，发现它大于 180°。和欧几里得几何学的结论相比，甲虫就知道它所活动的空间是弯曲的。如果甲虫在一个双曲面上活动，它将发现圆的周长大于半径的 $2\pi$ 倍，而三角形的三内角和将小于 180°(图 D.10)。

图 D.9　球面是弯曲的二维空间

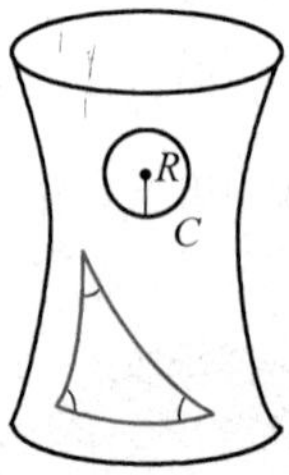


图 D.10　双曲面也是弯曲的二维空间

根据广义相对论，在太阳或其他质量内部的空间具有类似于上述球面的特点，而外部的空间则具有类似于上述双曲面的特点。对于均匀球体，广义相对论给出下述结果：以 $R$ 和 $C$ 分别表示测出的球的半径和周长，对于平展空间，应有 $R-\frac{C}{2\pi}=0$，由于空间弯曲，半径 $R$ 要比 $\frac{C}{2\pi}$ 大一数值 $\Delta R$，

$$\Delta R = R - \frac{C}{2\pi} \tag{D.1}$$

广义相对论给出

$$\Delta R \approx \frac{4GM}{3c^2} \tag{D.2}$$

式中 $M$ 是球体质量，$G$ 和 $c$ 分别是万有引力恒量和光速。广义相对论还给出球体内的三角形的三内角和比 180°大的数值为

$$\Delta\theta \approx \frac{\sqrt{2}GM}{Rc^2} \tag{D.3}$$

把上述公式用于地球，可得地球周长比 $2\pi R$ 要小 5.9 mm，$\Delta\theta\approx 2.0\times 10^{-4}{}''$。对于太阳来说，其周长比 $2\pi R$ 约小 23 km，$\Delta\theta\approx 0.62''$。

对于太阳和地球来说，广义相对论所预言的空间弯曲是太小了，根本不可能直接用测量来验证，只能通过它的影响间接地显示出来，例如上面讲过的雷达回波延迟。另一个显示空间弯曲的现象就是水星近日点的进动。在平展空间中，牛顿理论给出水星将沿椭圆运动。

按照广义相对论，太阳周围的空间像"碗"一样地弯曲了，近似于一个"圆锥"。图 D.11(a)画的是一个平展空间中的椭圆。要使此平面变成一个圆锥面从而近似碗状的弯曲空间，必须从面上切去一块(图 D.11(b))，然后把切口接合起来，这样一来，在轨道的接合处就出现了一个交叉。当行星运动到此交叉点时，它将不再进入原来的轨道，而要越过原来的轨道向前了(图 D.11(c))。这就是广义相对论对水星近日点进动的模拟说明。理论的计算结果在量上也是符合实际观察结果的。这可由表 D.1 列出的几个行星的近日点进动的观测值和理论值的比较看出。近年来关于 PSR1913+16 脉冲双星的近星点进动值测得为 4.226 621(11)°/a，也与广义相对论的理论结果相符。由于这个值比行星进动值大数万倍，它更是对理论的强有力的验证。

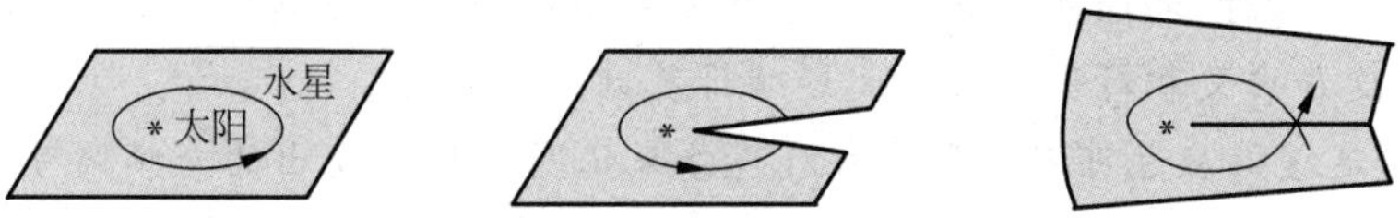


图 D.11 空间弯曲导致近日点的进动

**表 D.1 几个行星的近日点进动值**

| 行　星 | 观　测　值 | 理　论　值 |
|---|---|---|
| 水星 | (43.11″±0.45″)/100a | 43.03″/100a |
| 金星 | (8.4″±4.8″)/100a | 8.6″/100a |
| 地球 | (5.0″±1.2″)/100a | 3.8″/100a |
| 伊卡鲁斯小行星 | (9.8″±0.8″)/100a | 10.3″/100a |

## D.4 引力时间延缓

上面介绍了空间的弯曲。实际上，广义相对论给出的结论比这要复杂得多。它指出，不但空间弯曲，而且有与之相联系的时间"弯曲"。对于图 D.6 所示的情况，不但四边形靠近太阳那一边的长度比远离太阳那一边的长，而且靠近太阳的地方时间也要长些，或者说，靠近太阳的钟比远离太阳的钟走得要慢一些，这种效应叫**引力时间延缓**。它也是等效原理的一个推论。

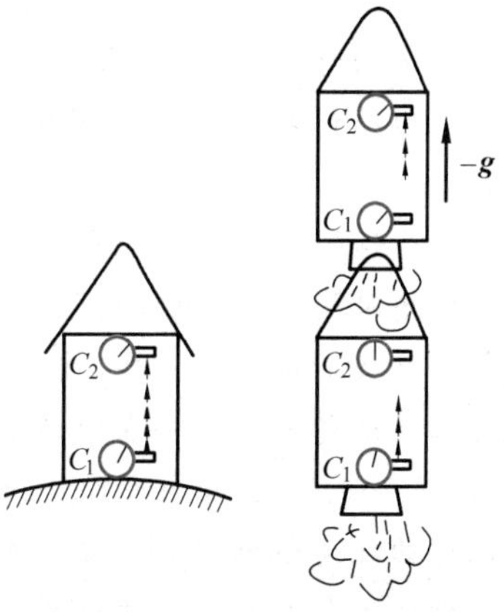


图 D.12 引力时间延缓

如图 D.12(a)所示，设想在地面建造一间实验室，在室内地板和天花板上各安装一只同样的钟。为了比较这两只钟的快慢，我们设下面的钟和一个无线电发报机联动，每秒(或每几分之一秒)向上发出一信号，同时上面的钟附有一收报机，它可以把收到的无线电信号的频率与自己走动的频率相比较。现在应用等效原理，将此实验室用一太空船代替。如果此船以加速度 $-\boldsymbol{g}$ 运动，则在船内发生的一切将和地面实验室发生的一样。为方便起见，设太空船在太空惯性系中从静止开始运动时,下面的发报机开始发报。由于太空船作加速度运动,所以当信号经过一定的时间到达上面的收报机时,这收报机已具有了一定的速度。又由于这速度的方向和信号传播的方向相同,所以收报机收到的连续两次信号之间的时间间隔一定比它近旁的钟所示的一秒的时间长。由于上下两只钟的快慢是通过这无线电信号加以比较的,所以下面的钟走得比上面的钟慢。用等效原理再回到地球上的实验室里,就得到靠近地面的那只钟比上面的钟慢。这就是引力时间延缓效应。

引力时间延缓效应是非常小的,地面上的钟因此比远高空的钟仅慢 $10^{-9}$。但用现代非常精密的原子钟,还是能测出这微小的效应。1972 年有人曾做过这样的实验:用两组原子钟,一组留在地面上,另一组装入喷气客机作高空(约一万米)环球飞行。当飞行的钟返回原地与留下的钟相比时,扣除由于运动引起的狭义相对论时间延缓效应,得到高空的钟快了 $1.5\times10^{-7}$ s,这和广义相对论引力时间延缓计算结果相符合。

引力时间延缓效应也可以用引力红移现象来证明。原子发出的光频率可以看做是一种钟的计时信号,振动一次好比秒针走一格,算做一"秒"。由于引力效应,在太阳表面上的钟慢,即在太阳表面上原子发出的光的频率比远离太阳的地方的同种原子发出的光的频率要低。因此,在地面上接收到的太阳上钟原子发出的光比地面上的钟原子发出的光的频率要低。由于在可见光范围内,从紫到红频率越来越低,所以这种光的频率减小的现象叫红移。又因为这种红移是引力引起的,所以叫**引力红移**。根据广义相对论,太阳引起的引力红移将使频率减小 $2\times10^{-6}$,对太阳光谱的分析证实了这一预言。

引力红移在地面实验室也测到了。1960 年在哈佛大学曾利用 20 m 高的楼进行了这一实验。在楼顶安置一个 $\gamma$ 射线源,在楼底安装接收器,由于 $\gamma$ 射线的吸收过程严格地和频率有关,所以可以测出 $\gamma$ 射线由楼顶到达楼底时频率的改变。尽管广义相对论预言这一高度引起的引力红移只有 $2\times10^{-15}$,但实验还是成功了,准确度达到了 1%。1976 年还进行了利用火箭把原子钟带到 $10^4$ km 高空来测定引力的时间效应的实验。在这一高度的钟比地面的钟要快 $4.5\times10^{-10}$。实验结果和这一理论值相符,误差小于 0.01%。

## D.5 引力波

广义相对论的预言,除了在上述的光线的引力偏折,雷达回波延迟,行星近日点的进动以及引力红移等方面得到观测证实以外,近年来另一个有说服力的证实是关于引力波的存在。

在牛顿的万有引力理论中是完全没有引力波的概念的,因为牛顿的万有引力是一种不需要传播时间的"超距作用"。但是广义相对论指出,正像加速运动(如作圆运动或振动)的电荷向外辐射电磁波一样,作加速运动的质量也向外辐射**引力波**。引力波是横波而且以光速传播。这种引力波存在的预言长期未被证实,原因是引力波实在太弱了。例如,用一根长 20 m,直径 1.6 m,质量为 500 t 的圆棒,让它绕垂直轴高速转动,它将发射引力波。但是即使圆棒的转速达到它将要断裂的程度(约 28 r/s),它发射引力波的功率也不过 $2.2\times10^{-19}$ W。即使用今天最先进的技术,也不可能测出这样小的功率。

天体的质量很大,可能是较强的引力辐射源。行星绕日公转时,也会向外发射引力波。以最大的行星——木星——为例,它由于公转而发射引力波的功率也只有 $10^{-17}$ W。双星虽然发出引力波的功率较大，但是它们发出的引力波到达地球表面时的强度非常小。例如天琴座β双星发出的引力波到达地面时的强度只有 $3.8\times10^{-18}$ W/m²，仙后座η双星发来的则只有 $1.4\times10^{-32}$ W/m²（地面上太阳光的强度约 $10^3$ W/m²）。这样弱的强度目前还是无法测出的。虽然有人曾设计并制造了接收来自空间的引力波的"天线"（一个直径 96 cm，长 151 cm，质量为 3.5 t 的铝棒），但是还是没有获得收到引力波信号的确切结果。看来，目前直接检测到引力波的可能性很小。

关于引力波存在的证实在 1974 年出现了一个小的转折。当年赫尔斯(R. A. Hulse)和泰勒(J. H. Taylor)发现一个其中之一是脉冲星的双星系统。该脉冲星代号为 PSR 1913+16(PSR 表示脉冲星，1913 是赤经的小时和分，+16 是赤纬的度数)。该脉冲星和它的伴星的质量差不多相等，都约为太阳质量的 1.4 倍。它们围绕共同的质心运动，二者的距离约等于月球到地球距离的几倍，轨道偏心率为 0.617。它们的轨道速率约为光速的千分之一。这样大质量而相距很近的星体以这样高的速率沿偏心率很大的轨道运动应该是一个发射较强引力波的系统，它们构成了一个检验广义相对论预言的一个理想的"天空实验室"。

这一天空实验室的成功还特别得力于那颗脉冲星。脉冲星是一种星体演化末期形成的"中子星"。它全由中子构成，密度很大($10^{17}$ kg/m³)，体积很小(半径约 10 km)。它具有很强的磁场(表面磁场可达 $10^8$ T～$10^9$ T，PSR 1913+16 的表面磁场为 $2.3\times10^6$ T，而地磁场约为 $10^{-5}$ T)，带电粒子不能从外部冲到星体上，但在两磁极处除外，在这里带电粒子可以沿磁感线加速冲进。这样便在两磁极处形成两个电磁辐射锥(图 D.13)。在一般情况下，中子星的磁轴和自转轴并不重合，因此电磁辐射锥便在空间扫过一个锥面。如果凑巧辐射锥扫过地球，地球上就能接收到它扫过时形成的电磁脉冲。这就是脉冲星的脉冲来源。脉冲周期就是中子星的自转周期，实验测出的脉冲周期具有高度稳定性。PSR 1913+16 脉冲星的周期是 59 ms，这一自转周期还有一稳定的增长。PSR 1913+16 脉冲星的自转周期增长速率是 $8.6\times10^{-18}$ s/s。

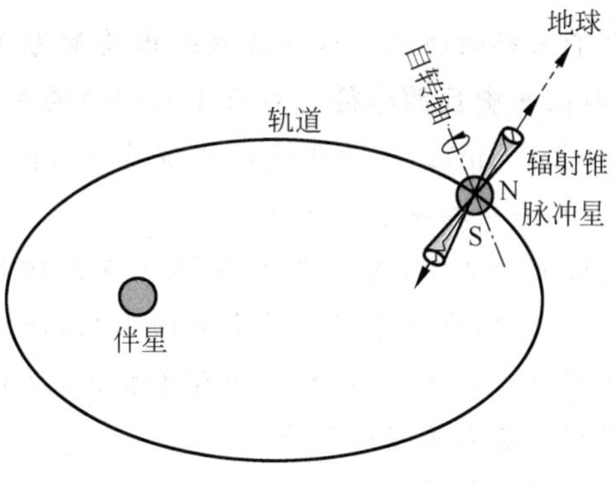


图 D.13 PSR 1913+16 脉冲星运动示意图

对验证广义相对论有重要意义的现象是双星的轨道周期的变化。图 D.13 画出了在伴星坐标系中脉冲星轨道运动的示意图。根据所测到的脉冲周期的变化，按多普勒效应可算出脉冲星的轨道周期。1975 年测量的结果是 27 906.981 61 s，1993 年测量的结果是 27 906.980 780 7(9) s(约 7 h 45 min)。逐年测量结果显示轨道周期逐渐减小，这减小可用广义相对论的引力辐射理论说明。由于引力辐射，双星系统要损失能量，因而其轨道运动周期就减小。对PSR 1913+16脉冲星说，这一轨道周期的减小率的理论值是$(2.4025\pm0.0001)\times10^{-12}$ s/s，长达18年的连续观测得到的周期减小率为$(2.4101\pm0.0085)\times10^{-12}$ s/s，其符合程度是相当高的。

上述长期的连续的对于PSR 1913+16脉冲双星运动的观测与研究是赫尔斯和泰勒于1974年发现该脉冲双星后有目的地完成的。由于他们的辛勤工作及其结果对验证广义相对论的重要意义，他们获得了1993年诺贝尔物理学奖。

## D.6 黑洞

在太阳系内爱因斯坦广义相对论效应是非常小的，牛顿理论和爱因斯坦理论的差别只有用非常精密的仪器才能测出来。为了发现明显的广义相对论效应，必须在宇宙中寻找引力特别强的地方。现代宇宙学指出，引力特别强的地方是黑洞。从理论上讲，黑洞是星体演化的"最后"阶段，这时星体由于其本身的质量的相互吸引而塌缩成体积"无限小"而密度"无限大"的奇态。在这种状态下星体只表现为非常强的引力场。任何物质，不管是电子、质子、原子、太空船等等，一旦进入黑洞就永远不可能再逃出了。甚至连光子也没有逃出黑洞的希望。因此在外面看不见黑洞，这也是它所以被叫做黑洞的原因。

我们已经知道，对于一个半径为$R$，质量为$M$的均匀球状星体，牛顿定律给出的逃逸速度是

$$v=\sqrt{\frac{2GM}{R}} \tag{D.4}$$

如果此星体的质量非常大以至于这一公式给出的速度比光速还大时，光就不能从中射出了。这个星体就变成了黑洞。用光速$c$代替此式中的$v$，可以得到

$$R=\frac{2GM}{c^2} \tag{D.5}$$

很凑巧，广义相对论也给出了同样的公式。这一公式给出质量为$M$的物体成为黑洞时所应该具有的最大半径。这一半径叫**史瓦西半径**。对应于太阳的质量($2\times10^{30}$ kg)，这一半径为3.0 km(现时太阳半径为$7\times10^5$ km)。对应于地球的质量($6\times10^{24}$ kg)，这一半径为9 mm，即地球变成黑洞时它的大小和一个指头肚差不多！

在黑洞附近，空间受到极大的弯曲，这相当于图D.8中太阳的位置处出现了一个无底洞，在这个洞边上围有一个单向壁，它的半径就是史瓦西半径，任何物体跨过此单向壁后，只能越陷越深，永远不能再从洞口出来了。(现代量子理论指出，黑洞有"蒸发"现象，可以有物质从黑洞逸出，以致小的黑洞可能因蒸发而消失)

在一个黑洞内部，空间和时间是能相互转换的。从单向壁向黑洞中心不是一段空间距离，而是一段时间间隔，黑洞的中心点不是一个空间点，而是一个时间的点。因此在黑洞中，引力场不是恒定的，而是随时间变化的。这引力场将演变到黑洞中各处引力场的强度都变成无限大为止。这种演变是很快的。例如对于一个具有太阳质量的黑洞，这段演变只需$10^{-5}$s。但是从外面看，黑洞并没有任何演变，它将永远保持它的形态不变。这个看来是矛盾的结论其根源在于引力时间延缓。

前面说过引力能使时钟变慢，在黑洞附近引力时间延缓效应很大。在到达单向壁时，这

一时间延缓效应是如此之大，以至此处的钟和远处同样的钟相比就慢得停下来了。如果我们设想一个宇航员驾驶飞船到了单向壁上，则从外面远离黑洞的人看来，他的一切生命过程（脉搏、呼吸、肌肉动作）几乎都停下来了，他好像被冻起来了一样。可是宇航员本身并未发现自己有什么变化，他自我感觉正常，只是周围远处的一切都加速了。与此相似，从外面看，黑洞中发生任何变化都需要无限长的时间。也就是说，看不出它有什么变化。

现在天文学家认为有些星体就是黑洞，其中最出名的是天鹅座 X－1，它是天鹅座内一个强 X 射线源。天文学家经过分析认为天鹅 X－1 是一对双星，它由两个星组成。一个是通常的发光星体，它有 30 倍于太阳的质量。另一个猜想就是黑洞，它大约有 10 倍于太阳的质量，而直径小于 300 km。这两个星体相距很近，都绕着共同的质心运动，周期大约是 5.6 d，黑洞不断地从亮星拉出物质。这些物质先是绕着黑洞旋转，在进入黑洞前要被黑洞的强大引力加速，并且由于被压缩而发热，温度可高达 1 亿度。在这样高温下的物质中粒子发生碰撞时就能向外发射 X 射线，这就是地面上观察到的 X 射线。一旦这些物质进入单向壁，就什么也不能再向外发射了。因此，黑洞是黑的，但是它周围的物质由于发射 X 光而发亮。

有些天文学家认为我们的银河系以及河外中可能存在着许多黑洞，但在地球上能用我们的仪器看到的黑洞只有那些类似上面所述的双星系统。孤立的黑洞都隐藏在宇宙空间，它们是看不见的，我们只能通过它们的引力来检测它们。

今日物理趣闻 E

# 大爆炸和宇宙膨胀

## E.1 现时的宇宙

我们生活在地球上，地球是太阳系的一颗行星。太阳是个恒星，看起来很亮很大，其实也不过是和天上那许多星一样的一颗星，只是离地球特别近($1.5\times10^8$ km或仅仅只有$1.6\times10^{-5}$ l.y.)罢了。天上有许多星，人用肉眼可以看到的不过2000颗，看来绵延不断的银河其实也是由许多星组成的。这一点最早是伽利略用自己发明的望远镜发现的，现在用更大的望远镜看得更清楚了。观测指出，银河大约包含$10^{11}$颗星，这些星聚集成铁饼的形状(图E.1)，直径约$10^5$ l.y.，中间厚度约$10^4$ l.y.。太阳系就处在这铁饼中离中心$3\times10^4$ l.y.的地方。由于在地球上只能从侧面看这一群星，再加上肉眼不能细辨，所以就看成是一条亮河了，这就是**我们的银河系**。

图E.1 从侧面看我们的银河系

早在200年前人们还观察到我们的银河系中有许多发出微光的亮片，人们把这些亮片叫做“星云”。后来，用大的望远镜观察到，这些星云实际上也由许多星组成，因此改称为**星系**。到目前为止，用大的望远镜(包括光学的和无线电的)在我们的银河系之外已经发现了约$10^{11}$个星系，其中大的包括$10^{13}$颗恒星，小的则只有$10^6$颗恒星。这些星系的形状有球形的(图E.2(a))，椭球形的，涡旋状的(图E.2(b)，我们的银河系从正面看就是这个样子)，棒旋状的(图E.2(c))，还有许多稀奇古怪不规则形的(图E.2(d))，这些星系离我们都在百万光年以上。近年来又发现有“红移”异常的“类星体”，它们离我们更远。例如，1989年发现的一个类星体(PC—1158+4635)离我们的距离估计为 $1.40\times10^{10}$ l.y.。

在浩瀚的太空里,星系又组成**星系团**,我们的银河系就属于一个叫做“**本星系群**”的小星系团。星系团还可能组成超星系团,哈勃曾对天空各个方向的不同空间体积计算过遥远星系的数目。他发现体积越大,所包含的星系越多,并且星系的分布几乎不随方向改变。后来的观测又说明宇宙中星系的分布在大尺度上是均匀的,例如当把半径为30亿光年的一些遥远区域进行比较时,发现它们的星系和类星体的数目在1%的误差范围内是相等的。宇宙的质量分布在大尺度上均匀这一结论叫做**宇宙学原理**。

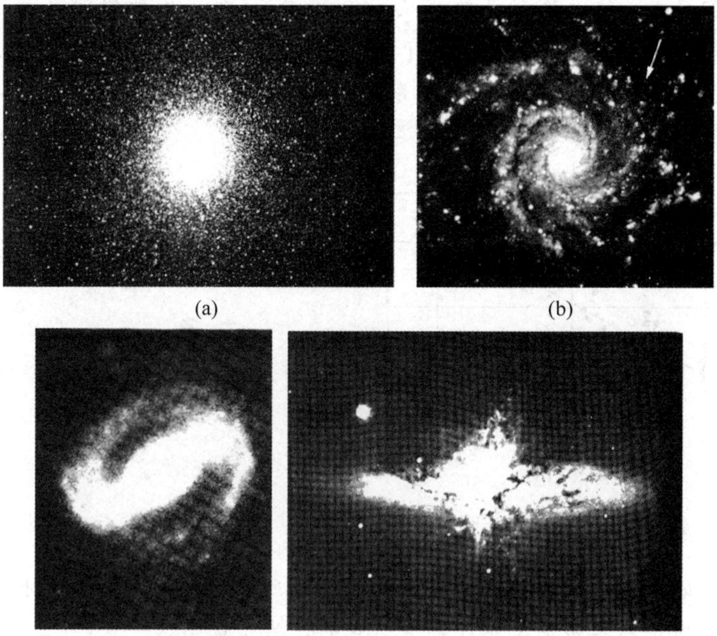

图 E.2 几种星系的图像

(a) 球状星系;(b) 涡旋星系;(c) 棒旋星系;(d) 不规则星系

宇宙有多大?形状如何?结构如何?又是如何发展的?从大尺度上研究宇宙的这些问题的科学叫**宇宙学**。它在近年来有很大的发展,大爆炸理论就是宇宙学中关于宇宙发展的一个得到某些证明的颇能引人入胜的理论。

## E.2 宇宙膨胀和大爆炸

在20世纪最初的20年里,斯里夫尔(V. Slipher)在劳威尔天文台曾仔细地研究过星系的光谱,发现光谱有**红移**现象(也有极少的星系,如仙后座星系,有蓝移现象)。所谓红移,就是整个光谱结构向光谱红色一端偏移的现象。这现象可以用**多普勒效应**加以解释,它起源于星系的**退行**,即**离开**我们的运动。从红移的大小还可以算出这种退行的速度。根据这种解释,斯里夫尔就发现了绝大多数星系都以不同的速度离开我们运动着。

1929年,哈勃把他所测得的各星系的距离和它们各自的退行速度画到一张图上(图 E.3),他发现,在大尺度上,星系的退行速度是和它们离开我们的距离成正比,越远的星

系退行得越快。这一正比关系叫做**哈勃定律**，它的数学表达式为

$$v_0 = H_0 r \tag{E.1}$$

式中比例系数 $H_0$ 叫**哈勃常量**。目前，对 WMAP 探测器给出的精确的 $H_0$ 的最好的估计值为

$$H_0 = 2.32 \times 10^{-18}\ \mathrm{s}^{-1}$$

主要是由于远处星系距离的不确定性，这一常量的误差至少有25%。

根据哈勃的理论，可以想象出如图E.4所示的图像。图中 $O$ 是我们的银河系，其他的星系都离开我们而去。这个图容易给我们一个错觉，好像我们的银河系处于宇宙的中心。其实我们的银河系在 $10^{11}$ 个星系中并没有占据任何特殊的地位，其他星系也并非只是离开我们而去，而是**彼此离去**。从任何一个星系上看，其他星系都离开它而退行，这实际上显示了一幅**宇宙膨胀**的图景。

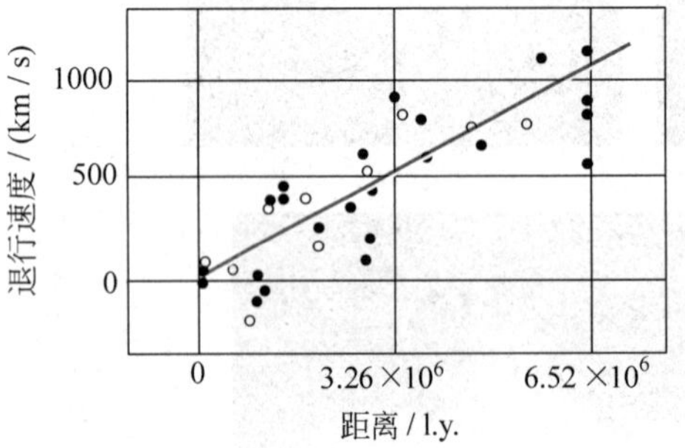


图E.3 哈勃的星系退行速度与距离图

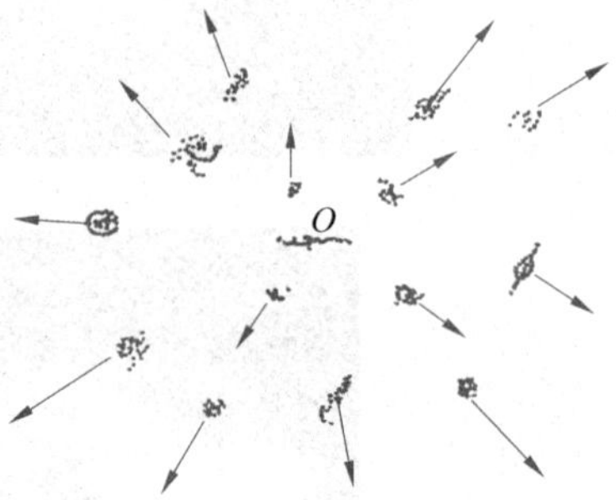


图E.4 宇宙膨胀图景示意

膨胀怎么可能没有中心呢？这涉及广义相对论所揭示的时空本身的性质，在我们生活的这个三维空间内是不容易形象地理解这一点的。为了说明这一点，可设想二维的膨胀，如图E.5所示的氢气球的表面就是一个"二维空间"，上面有许多黑点代表一个个星系。当氢气球膨胀时，表面上各点间的距离都要增大，因而从任何一个黑点望去，周围的黑点都是离它而去的，这种"膨胀"就没有中心。

还有一点要说明的。宇宙膨胀是宇宙本身的膨胀，不能想象成一个什么实体在一个更大的"空间"内膨胀。在时间和空间上，宇宙是无"外"的。

尽管这样，宇宙膨胀的图景还是可以用一个简单的类比来描述的。当手榴弹在空中爆炸后，弹片向各个方向飞散，不同的碎片可以有不同的速度。从爆炸开始经过一段时间 $t$，速度为 $v$ 的碎片离开爆炸中心的距离为

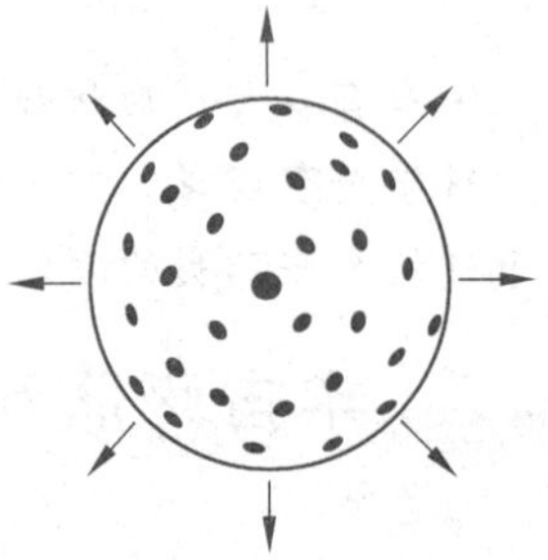

图E.5 二维宇宙膨胀模型

$$r = vt$$

将此公式改写成

$$v = \frac{1}{t} r \tag{E.2}$$

可以看出，在任意时刻，碎片的飞散速度与离爆炸点的距离成正比。除去手榴弹爆炸有一个爆炸中心而星系退行没有中心外，式(E.2)和式(E.1)是完全一样的。这就向人们显示，星

系的运动可能是许多年前的一次爆炸引起的，宇宙的那一次起始的爆炸就叫**大爆炸**。

如果真是这样，我们就可以算出宇宙的年龄，即从大爆炸开始到现在的时间。在式(E.2)中，$t$表示从爆炸开始的时间。和此式对比，可知哈勃公式(E.1)中的$H_0$的倒数就应该是宇宙的年龄$T_0$，即

$$T_0=\frac{1}{H_0}=\frac{1}{2.32\times 10^{-18}}=4.31\times 10^{17}(\mathrm{s})=1.37\times 10^{10}(\mathrm{a})$$

WMAP探测器给出的宇宙年龄为$(1.37\pm 0.02)\times 10^{10}$ a。

还可以由哈勃常量导出另一个有意义的数字——宇宙的大小。按相对论的结论，光速是宇宙中最大的速度，在宇宙年龄140亿年这段时间里，光走过的距离$R_0$就应是140亿光年，即

$$R_0=1.4\times 10^{10}\ \mathrm{l.y.}$$

$R_0$这一距离可以作为宇宙大小的量度，它叫做**可观察的宇宙**的半径。只要有足够大的望远镜，在这一范围内的任何星体我们都能看到，当然看到的是它们百万年甚至百亿年前的情况。超出这个范围的星体，我们就都看不到了，因为它们发出的光还没有足够时间到达我们这里。值得注意的是，随着时间的推移，$R_0$越来越大，可观察的宇宙也将包括整个宇宙越来越多的部分。

## E.3 从大爆炸到今天

大爆炸概念首先是比利时数学家勒默策(G. E. Lemaitre)于1927年提出的。他说宇宙最初是个致密的“宇宙蛋”，它的爆炸产生了我们今天的宇宙。1942年美籍俄人伽莫夫(G. Gamow)把这一概念具体化，经过计算描绘了大爆炸。从他开始到今天，大爆炸宇宙学家作出的关于宇宙诞生以后的延续过程大致如下。

**大爆炸** 宇宙开始于一个**奇点**，那时它有无限高的温度和无限大的密度，目前还不能用已知的数学和物理的规律说明当时的情况。时间从此爆炸开始，空间从此爆炸扩大。

**最初半小时** 根据现有的有关基本粒子的理论(现在已发现，至小的基本粒子的理论和至大的宇宙的演化的理论是相通的)，可以推知大爆炸后$10^{-43}$ s(称为“普朗克时间”)的情况。那时宇宙的半径是$10^{-35}$ m(普朗克长度)，能量是$10^9$ J(相应的质量为0.01 mg，叫普朗克质量)而密度是$10^{97}$ kg/m$^3$，温度为$10^{32}$ K(地球的平均密度为$5\times 10^3$ kg/m$^3$，温度为300 K；宇宙现时的平均密度估计为$10^{-27}$ kg/m$^3$，温度为3 K)。这时宇宙极其简单而对称，只有时间、空间和真空场。在$10^{-36}$ s，温度为$10^{28}$ K时，宇宙发生了一次**暴涨**，到$10^{-34}$ s，其直径增大了$10^{50}$倍，温度降到了$10^{26}$ K。这引起了数目惊人的粒子的产生。这时虽然引力已从统一的力分离出来，但由于能量过高，强力、弱力和电磁力都还是统一的而未分开，而产生的粒子也没有区分。这一时期重子数不守恒的过程大量进行，造成重子略多于反重子(其后温度降低，等数目的重子和反重子相遇湮灭，就留下了只有中子和质子而几乎看不到反重子的不对称的现时的宇宙)。暴涨过后，宇宙继续膨胀，强作用、弱作用和电磁作用逐渐区分开来。这一期间宇宙中有各种粒子，包括现今各种高能加速器中产生的那些粒子。由于温度很高($10^{10}$ K以上)，各个粒子的生存时间都是极短的，它们通过相互碰撞而相互转化。原子这时还不可能形成。粒子转化主要是质子和反质子、电子和正电子相遇时的湮灭。这种

湮灭产生了大量的光子、中微子以及反中微子，以致在半小时后有质量的粒子数和光子数的比约为 $10^{-9}$。

半小时后，由于宇宙的膨胀，温度大大降低（$10^8$ K）。这时各种粒子在相互碰撞中由于能量不够，不能相互转化了（少量的湮灭除外）。因此，从这时起宇宙中各种粒子数的丰度就基本保持不变了，此时各种粒子的丰度如表 E.1 所示。

在表 E.1 中，需要说明的是氢和氦的丰度。观测表明，现今星体中主要物质就是氢和氦。不论是老年恒星，或像太阳这样的中年的恒星，或年轻得多的恒星，它们的氢（质子）的丰度以及氦的丰度差不多都是一样的，像表 E.1 中所列的那样：按粒子数算氢约占 93%，氦 7%；按质量算，氦占 24%。这一结果对大爆炸理论有重要的意义。大爆炸理论给出氦元素基本上是在大爆炸后几分钟宇宙温度是 $10^9$ K 时，由质子的聚变形成的。但这一炽热状态时间不长，由此可算出这种反应产生的氢和氦的丰度的质量比约为 75 比 25。这一比值半小时后就被一直保持下来了（这也幸运地为我们今天的物质世界保留了大量可贵的中子）。今天实测的氦丰度和这一理论在数量上的相符，是大爆炸理论的令人信服的证据之一。

**表 E.1　半小时后宇宙中各种粒子的相对丰度**（按粒子数计）

| 粒子种类 | 半小时后的相对丰度（理论计算值） | 现时太阳系和类似星体中的相对丰度 |
|---|---|---|
| 质子 | 1 | 1 |
| 电子 | 1.16 | 1.16 |
| 氦核 | 0.08 | 0.08 |
| 碳核 | $1.6\times10^{-6}$ | $3.7\times10^{-4}$ |
| 氮核 | $4\times10^{-7}$ | $1.15\times10^{-4}$ |
| 氧核 | $4\times10^{-8}$ | $6.7\times10^{-4}$ |
| 氖核 | $1.8\times10^{-10}$ | $1.1\times10^{-4}$ |
| 钠和其他重核 | $2.5\times10^{-9}$ | $2.2\times10^{-4}$ |
| 光子 | $1\times10^{9}$ | — |
| 中微子和反中微子 | $0.82\times10^{9}$ | — |

**随后的 100 万年**　从表 E.1 中可以看出，在半小时后，宇宙中有比粒子数大到 $10^9$ 倍的光子，所以当时宇宙是光子的海洋。由于这时温度仍然很高，光子有足够的能量击碎任何短暂形成的原子，把后者的电子剥去，所以当时没有可能出现原子。但是随着宇宙的膨胀，光子的能量在不断减小，这是多普勒效应的结果。由于宇宙的膨胀，光子到达任何一点（例如一个刚刚形成的原子）时都将由于退行引起的多普勒效应而使其波长增大而能量减小，由于退行速度随着宇宙的膨胀而逐渐增大，这些光子的波长也就不断增大而能量不断减小。大约经过 40 万年，这些由在爆炸初期产生的光子的能量就降到了不足以击碎原子甚至激发原子的程度。宇宙这时就进入了**退耦代**，即光子和原子相互分离，宇宙也变成了透明的。这时宇宙的温度约为 3000 K。从这时开始，原子开始形成，但也只能产生较轻的元素。至于较重的元素，那是在星系、恒星形成后，在恒星内部形成的。在恒星形成后，在各恒星内部也就有各自不同的温度了。

从退耦代开始，随着宇宙的膨胀，那些在爆炸初期产生的光子继续在太空中游曳，能量也在不断减小。伽莫夫据此提出在一百几十亿年之后这种显示大爆炸遗迹的光子应该仍然存在。他还计算出这种光子的波长应该是 1 mm，即相当于无线电微波，和这种光子相应的温度应该是 5 K 左右。这一预言惊人地被证实了。

1964 年彭齐亚斯(A. Penzias)和威尔孙(R. Wilson)在贝尔实验室用他们新制成的非常灵敏的微波天线和卫星进行通信联络时，发现无论天线指向何方，总会接收到微波段的噪声。他们公布了这一发现后，普林斯顿的科学家们马上就意识到了这一发现的宇宙学意义，指出它可能就是大爆炸的遗迹而称之为“宇宙背景辐射”。接着就有其他人也做了类似的测量，并测出了不同波长噪声的强度。有的人还把探测器发射到大气层上面进行测量。特别是在 1989 年 11 月美国发射了一颗专门的宇宙背景辐射探测器(cosmic background explorer，COBE)(图 E.6(a))，它发回的测量结果如图 E.6(b)所示。图中横轴表示背景辐射光子的频率(以 $3\times10^{10}$ Hz 为单位)，纵轴表示不同频率的相对光子数，即辐射强度，方点表示测量数据。连续曲线表示一个标准发光体(绝对黑体)在温度为 2.725 K 时发射的辐射强度随光子频率分布的理论曲线。测量结果和理论曲线的完美重合而且温度值和伽莫夫的预言基本相符是大爆炸理论的又一个令人信服的证据。

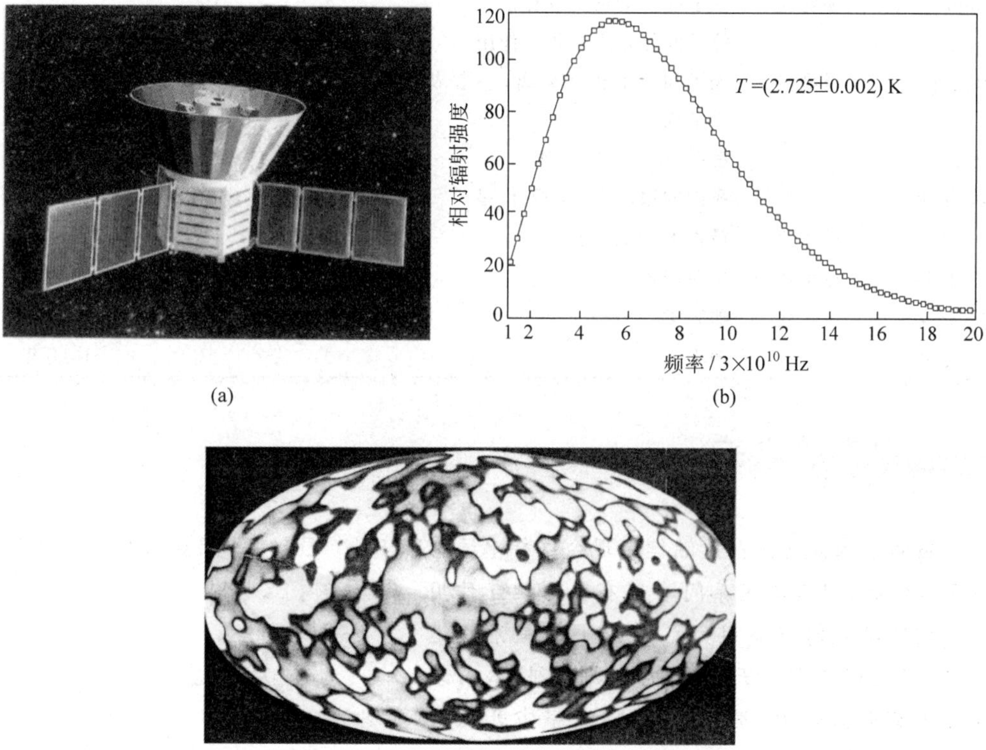

(a)　(b)

(c)

图 E.6　宇宙背景辐射探测

(a) COBE 探测器；(b) COBE 关于宇宙背景辐射的测量结果；(c) COBE 给出的宇宙背景辐射各向异性分布图(白色区域比灰色区域的温度略高)

COBE 还首次测出了宇宙背景辐射在各方向上的涨落，即各向异性(图 E.6(c))。尽管这种各向异性的涨落的相对程度只有 $10^{-5}$ 量级，它却含有重要信息，如宇宙的年龄、暗物质的性质、宇宙时空中不同尺度上系统的结构等。正是因为这一发现的重要性，宇宙学家们认为从它被发现的那一年(1992)起，已进入了“精密宇宙学”时代。

2001 年 6 月美国又发射了一颗威尔肯森微波各向异性探测器(WMAP)，至今仍在空间运行，对它的高质量数据的分析更证明了 COBE 观察的真实性。

为了对大爆炸理论描述的宇宙史有个粗略的了解，在表 E.2 中列出了从奇点开始的宇宙的大事记。表 E.2 中所列 50 亿年前的事件的时标应该看做是假定，因为我们现在还不能精确地知道宇宙的年龄。

**表 E.2 宇宙史大事表**

| 宇宙时间 | 时代 | 事 件 | 温度/K | 距今年前 |
|---|---|---|---|---|
| 0 | 奇点 | 大爆炸 | $\infty$ | 140 亿年 |
| $10^{-43}$ s | | 时间，空间，真空场，引力 | $10^{32}$ | |
| $10^{-35}$ s | | 暴涨，粒子产生，强力 | $10^{27}$ | |
| $10^{-6}$ s | 强子代 | 质子-反质子湮灭，弱力，电磁力 | $10^{13}$ | |
| 1 s | 轻子代 | 电子-正电子湮灭 | $10^{10}$ | |
| 1 min | 辐射代 | 中子和质子聚变成氦核 | $10^{9}$ | |
| 30 min | | 粒子间停止强烈相互作用 | | |
| 40 万年 | 退耦代 | 光子和粒子相互分离，宇宙成为透明的，原子生成 | $3\times10^{3}$ | 140 亿年 |
| 10 亿年 | | 星系、恒星开始形成 | | 130 亿年 |
| 100 亿年 | | 我们的银河系、太阳、行星 | | 40 亿年 |
| 101 亿年 | 始生代 | 最古老的地球岩石 | | 39 亿年 |
| 120 亿年 | 原生代 | 生命产生 | | 20 亿年 |
| 138 亿年 | 中生代 | 哺乳类 | | 2 亿年 |
| 140 亿年 | | 智人 | 3 | 10 万年 |

## E.4 宇宙的未来

宇宙的未来如何呢？是继续像现今这样永远膨胀下去，还是有一天会收缩呢？要知道，收缩是可能的，因为各星系间有万有引力相互作用着。我们可以设想万有引力已在减小着星系的退行速度，那就可能有一天退行速度减小到零，而此后由于万有引力作用，星系开始聚拢，宇宙开始收缩，收缩到一定时候会回到一个奇点，于是又一次大爆炸开始。这实际上可能吗？它和宇宙现时的什么特征有关系呢？

我们可考虑万有引力的作用而作如下的计算。我们已说过，在大尺度上宇宙是均匀的(图 E.7)。如果考虑某一个半径为 $r_0$ 的球体内的星系，由于周围星系均匀分布，它们对球内星系的引力互相抵

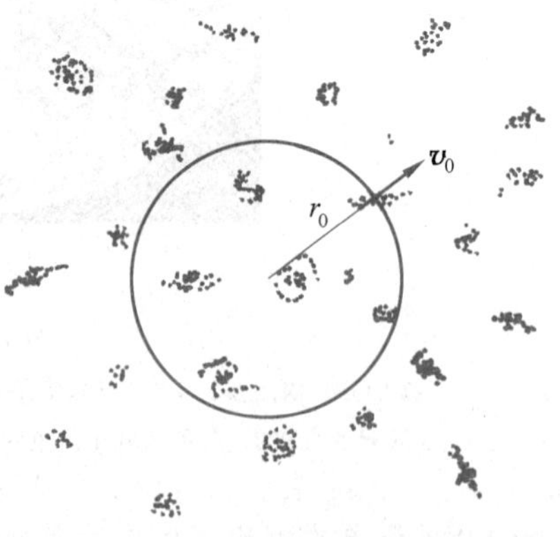


图 E.7 星系逃逸速度的计算

消。球内星系的膨胀将只受到它们自己相互的万有引力的约束。在这一球体边界上的星体的**逃逸速度**是

$$v=\sqrt{\frac{2GM}{r_0}} \tag{E.3}$$

其中$M$是球内星系的总质量。可想而知，如果现今星系的退行速度$v_0\geqslant v$，则星系将互相逃逸而宇宙将永远膨胀下去。现今的退行速度可以取哈勃公式给出的速度，即

$$v_0=H_0r_0$$

这样，宇宙永远膨胀下去的条件就是$v_0\geqslant v$，即

$$H_0r_0\geqslant\sqrt{\frac{2GM}{r_0}} \tag{E.4}$$

以$\rho_0$表示宇宙现时的平均密度，则

$$M=\frac{4}{3}\pi r_0^3\rho_0$$

将此式代入式(E.4)，消去$r_0$后可得宇宙永远膨胀下去的条件是，现时宇宙的平均密度

$$\rho_0\leqslant\frac{3}{8\pi G}H_0^2$$

以$H_0=2.2\times10^{-18}\ \mathrm{s^{-1}}$代入上式可得

$$\rho_0\leqslant1\times10^{-26}\ \mathrm{kg/m^3}$$

$1\times10^{-26}\ \mathrm{kg/m^3}$这一数值叫**临界密度**。这样，我们就可以根据现时宇宙的平均密度来预言宇宙的前途了。那么，现时宇宙的平均密度是多大呢？

测量与估算现今宇宙的平均密度是个相当复杂而困难的事情。因为对于星系质量，目前还只能通过它们发的光(包括无线电波、X射线等)来估计，现今估计出的发光物质的密度不超过临界密度的1/10或1/100。因此，除非这些发光物质只占宇宙物质的很小的一部分，例如小于1/10，宇宙将是要永远膨胀下去的。

宇宙将来到底如何，是膨胀还是收缩？目前的数据还不足以完全肯定地回答这一问题，我们只能期望将来的研究。因此，我们在图E.8中还是只能画出宇宙前途的各种设想。图中横轴表示时间$t$，纵轴表示星系间的距离$s$。直线$a$表示宇宙以恒速膨胀。曲线$b$表示永远膨胀，是$\rho_0$小于临界密度的情况。曲线$c$表示膨胀速度越来越慢，但最后不会出现收缩，即$\rho_0$等于临界密度的情况。曲线$d$表示宇宙将有一天要开始收缩而且继续收缩，这是$\rho_0$大于临界密度的情况。

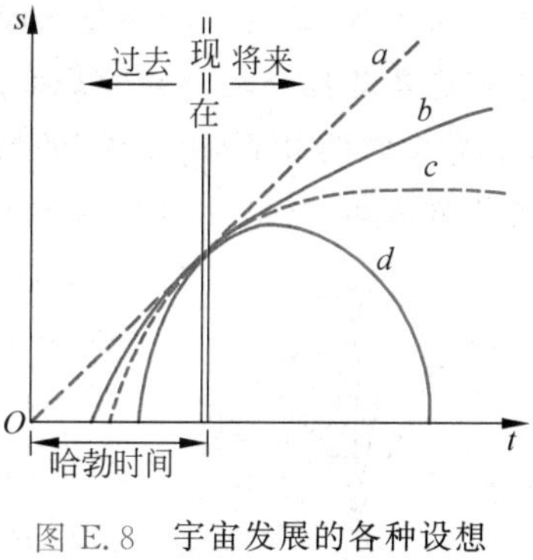

图E.8　宇宙发展的各种设想

下面介绍关于宇宙学的一些新进展[①]。先说有关暴涨的信息。早在1979年，Alan Guth把广义相对论、量子物理和高能物理结合起来，提出了宇宙在其发展的极早期暴涨的理论。它指出宇宙在$10^{-36}\sim10^{-34}$ s期间曾发生了一次暴涨——以远大于光速的速度膨胀(这并不违反爱因斯坦相对论，因为任何物体在宇宙空间内的速度不可能超过光速，但宇宙

① 参看：Art Hobson. Physics-Concepts and Connections，3rd ed. 2003，Pearson Education，Inc. 2003，Sec. 11.8 and 18.7；楼宇庆，2006诺贝尔物理学奖——宇宙微波背景辐射的黑体谱和各向异性，物理与工程，2007.17.1，10～21.

本身的膨胀速度不受这一限制)，其大小从 $10^{-28}$ m 涨到 $10^{-3}$ m，即增大了 $10^{25}$ 倍，而温度从 $10^{28}$ K 降到了 $10^{26}$ K。这一理论的预言至今已得到了许多观测结果的支持，其中之一是宇宙在**大尺度上**(总体上)既不是封闭的(closed，时空曲率为正)，也不是开放的(open，时空曲率为负)，而是**平展的**(flat)①。即使宇宙原来有曲率，但这一暴涨把任何曲率都扯平了。当时对宇宙的大小和质量分布的测定认为宇宙是开放的，但对 1992 年发表的宇宙背景辐射的各向异性的分布图的分析竟然证实了宇宙在总体上确实是平展的(或者非常近似于平展的)。

哈勃在 20 世纪 20 年代发现了遥远星系的红移现象，从而引发了宇宙在膨胀的思想。在 20 世纪 90 年代人们利用 Ia 型超新星作为距离"标杆"(已发现的 100 多个超新星可以把标杆插到 110 亿光年远处，而宇宙的大小是 140 亿光年!)，测量不同距离处宇宙膨胀的性质。1999 年发表的这些测量结果显示宇宙正在**加速膨胀!** 如何解释这一惊人的观测结果呢?

早在 1917 年爱因斯坦用他的广义相对论探讨宇宙的状态时，为了设想一个静态的宇宙，在他的引力场方程中，他"额外"加进了一个"宇宙学常量"，其物理意义就是宇宙中到处存在着一种斥力，它可以抵消宇宙中物质间的引力而使宇宙处于静态。后来，由于哈勃的发现，人们认为宇宙在膨胀，并不是静态的，而爱因斯坦引入的"宇宙学常量"就无效了。他曾因此而认为自己犯了"一生中最大的错误"。但此后关于该常量的争论并没有停止。理论分析指出爱因斯坦的静态模型其实是不稳定的，势不可免的扰动会使它变化。1927 年比利时学者 Lemaitre 更指出，如果爱因斯坦的"宇宙学常量"占主导地位的话，那么宇宙将处于加速膨胀的状态，他并因此首先提出了宇宙在膨胀的概念。1999 年观测证实宇宙在加速膨胀后，这个问题又引起了大家的注意。自牛顿以来，人们认为宇宙中万物有质量，其间的引力决定星体的运动，发光的物质具有质量是十分明显的。但 20 世纪发现的气体云围绕星系中心的超高速旋转以及对引力透镜(即大质量物质使光线偏折)的分析表明宇宙还存在大量的看不见的物质，就把这种物质叫**暗物质**(暗物质都包含什么，目前还不清楚，有极小质量的中微子可能是其组分之一)。但由于物质和暗物质都只能相互吸引，不能解释宇宙的加速膨胀，于是人们提出了"**暗能量**"的概念。根据爱因斯坦相对论，能量即质量。但暗能量与物质和暗物质不同，它们之间不相互吸引而是相互排斥。正是因为宇宙中无处不在的暗能量的排斥力使得宇宙在加速膨胀。暗能量和物质、暗物质一样，也影响宇宙的曲率。现已得到结论，和产生已观察到的宇宙加速膨胀相应的暗能量的量和物质及暗物质的总和正好使得宇宙的曲率为零而成为平展的。这和 Alan Guth 的理论结果相符，而且该理论还说明除宇宙极早期那 $10^9$ J 的能量外，所有的物质、暗物质和暗能量都是宇宙暴涨时产生的。就这样宇宙的平展性，宇宙的加速膨胀，物质，暗物质，暗能量综合在一起相互一致地构成了我们现时宇宙的图景。宇宙的组成如图 E. 9 所示，当然，这只是近似的。

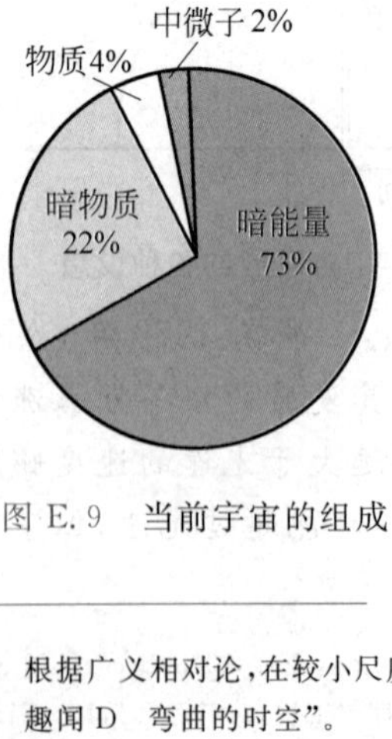


图 E. 9 当前宇宙的组成

① 根据广义相对论，在较小尺度上，由于质量(例如星体)的存在，时空是弯曲的，实际上是封闭的。见本书"今日物理趣闻D 弯曲的时空"。

上述宇宙模型和当前的所有天文观测一致，没有明显的矛盾，所以它被称做**和谐宇宙模型**。但暗物质究竟是什么，不但至今没有"直接"证据，而且理论上也五花八门，莫衷一是。这也正体现出我们对自然界的认识是无止境的，让我们等待更惊人的发现！

## E.5 至大和至小的理论结合起来了

当代物理学有两个热门的前沿领域。一个是研究"至小"的粒子物理学，它的标准模型理论的基本常识已在本书"今日物理趣闻 A 基本粒子"中介绍过了。另一个是研究"至大"的宇宙学，它研究宇宙的起源与演化，其标准模型理论就是上面介绍过的大爆炸理论。读者已经看到，这两部分的研究在理论上多处使用了同一的语言。正是这样！先是物理学在粒子领域获得了巨大的成就。后来，大爆炸模型利用粒子理论成功地说明了许多宇宙在演化初期超高能或高能状态时的性状。大爆炸理论的成功又反过来证明了粒子物理理论的正确性。由于在地球上现时人为的超高能状态难以实现，物理学家还期望利用对宇宙早期演化的观测(哈勃太空望远镜就担负着这方面的任务)来验证极高能量下的粒子理论。至大(大到 $10^{27}$ m 以上)和至小(小到 $10^{-18}$ m 以下)领域的理论竟这样奇妙地联系在一起了！

当然，作为研究物质基本结构和运动基本规律的科学的物理学，当代前沿决不只是在已相衔接的至大和至小的两"端"。在这两"端"之间，还有研究对象的尺度各不相同的许多领域。粗略地说，有研究星系和恒星的起源与演化的天体物理学，有研究地球、山川、大气、海洋的地球物理学，有研究容易观察到的现象的宏观物理学，有研究生物大分子如蛋白质、DNA 等的生物物理学，有研究原子和分子的原子分子物理学，等等。在这些领域，人类都已获得了丰富的知识，但也都有更多更深入的问题有待探索。人们对自然界的认识是不会有止境的！

有人将当今物理学的研究领域画成了一只口吞自己尾巴的大蟒(图 E.10)，形象化地显示了各领域的理论联系。聪明的画家！

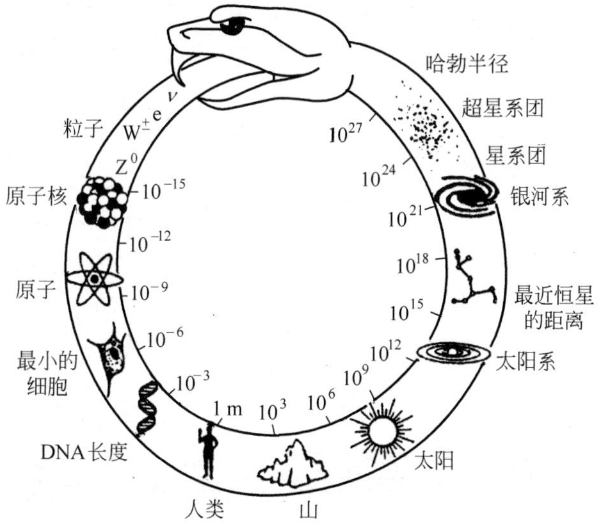


图 E.10 物理学大蟒

# 第2篇 电磁学

本篇讲解的电磁学是关于宏观电磁现象的规律的知识。关于电磁现象的观察记录，在西方，可以追溯到公元前6世纪希腊学者泰勒斯(Thales)的载有关于用布摩擦过的琥珀能吸引轻微物体的文献。在我国，最早是在公元前4到3世纪战国时期《韩非子》中有关“司南”(一种用天然磁石做成的指向工具)和《吕氏春秋》中有关“慈石召铁”的记载。公元1世纪王充所著《论衡》一书中记有“顿牟缀芥，磁石引针”字句(顿牟即琥珀，缀芥即吸拾轻小物体)。西方在16世纪末年，吉尔伯特(William Gilbert，1540—1603年)对“顿牟缀芥”现象以及磁石的相互作用做了较仔细的观察和记录。electricity(电)这个字就是他根据希腊字 ἠλεκτρου(原意琥珀)创造的。在我国，“电”字最早见于周朝(公元前8世纪)遗物青铜器“畓生簋”上的铭文中，是雷电这种自然现象的观察记录。对“电”字赋予科学的含义当在近代西学东渐之后。

关于电磁现象的定量的理论研究，最早可以从库仑1785年研究电荷之间的相互作用算起。其后通过泊松、高斯等人的研究形成了静电场(以及静磁场)的(超距作用)理论。伽伐尼于1786年发现了电流，后经伏特、欧姆、法拉第等人发现了关于电流的定律。1820年奥斯特发现了电流的磁效应，很快(一两年内)，毕奥、萨伐尔、安培、拉普拉斯等作了进一步定量的研究。1831年法拉第发现了有名的电磁感应现象，并提出了**场**和力线的概念，进一步揭示了电与磁的联系。在这样的基础上，麦克斯韦集前人之大成，再加上他极富创见的关于感应电场和位移电流的假说，建立了以一套方程组为基础的完整的宏观的电磁场理论。在这一历史过程中，有偶然的机遇，也有有目的的探索；有精巧的实验技术，也有大胆的理论独创；有天才的物理模型设想，也有严密的数学方法应用。最后形成的麦克斯韦电磁场方程组是“完整的”，它使人类对宏观电磁现象的认识达到了一个新的高度。麦克斯韦的这一成就可以认为是从牛顿建立力学理论到爱因斯坦提出相对论的这段时期中物理学史上最重要的理论成果。

# 第7章

# 静电场

作为电磁学的开始，本章讲解静止电荷相互作用的规律。在简要地说明了电荷的性质之后，就介绍了库仑定律。由于静止电荷是通过它的电场对其他电荷产生作用的，所以关于电场的概念及其规律就具有基础性的意义。本章除介绍用库仑定律求静电场的方法之外，特别介绍了更具普遍意义的高斯定律及应用它求静电场的方法。对称性分析已成为现代物理学的一种基本的分析方法，本章在适当地方多次说明了对称性的意义及利用对称性分析问题的方法。无论是概念的引入，或是定律的表述，或是分析方法的介绍，本章所涉及的内容，就思维方法来讲，对整个电磁学(甚至整个物理学)都具有典型的意义，希望读者细心地、认真地学习体会。

## 7.1 电荷

物体能产生电磁现象，现在都归因于物体带上了**电荷**以及这些电荷的运动。通过对电荷(包括静止的和运动的电荷)的各种相互作用和效应的研究，人们现在认识到电荷的基本性质有以下几方面。

**1. 电荷的种类**

电荷有两种，同种电荷相斥，异种电荷相吸。美国物理学家富兰克林(Benjamin Franklin，1706—1790年)首先以正电荷、负电荷的名称来区分两种电荷，这种命名法一直延续到现在。宏观带电体所带电荷种类的不同根源于组成它们的微观粒子所带电荷种类的不同：电子带负电荷，质子带正电荷，中子不带电荷。现代物理实验证实，电子的电荷集中在半径小于 $10^{-18}$ m 的小体积内。因此，电子被当成是一个无内部结构而有有限质量和电荷的"点"。通过高能电子束散射实验测出的质子和中子内部的电荷分布分别如图 7.1(a)，(b)所示。质子中只有正电荷，都集中在半径约为 $10^{-15}$ m 的体积内。中子内部也有电荷，靠近中心为正电荷，靠外为负电荷；正负电荷电量相等，所以对外不显带电。

带电体所带电荷的多少叫电量。谈到电量，就涉及如何测量它的问题。一个电荷的量值大小只能通过该电荷所产生的效应来测量，现在我们先假定电量的计量方法已有了。电量常用 $Q$ 或 $q$ 表示，在国际单位制中，它的单位名称为库[仑]，符号为 C。正电荷电量

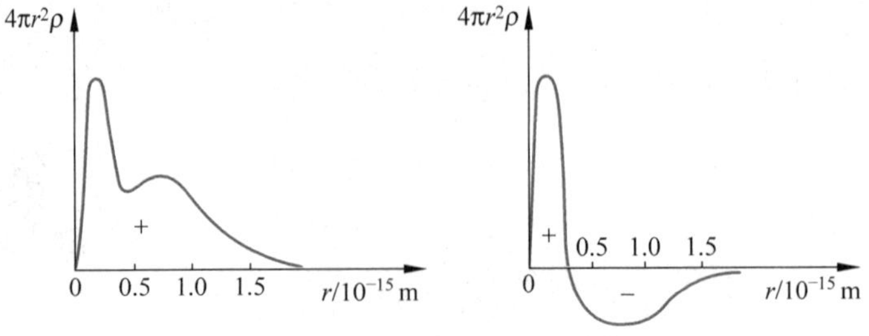


(a)　　　　(b)

图 7.1　质子内(a)与中子内(b)电荷分布图

取正值,负电荷电量取负值。一个带电体所带总电量为其所带正负电量的代数和。

**2. 电荷的量子性**

实验证明,在自然界中,电荷总是以一个**基本单元**的整数倍出现,电荷的这个特性叫做电荷的**量子性**。电荷的基本单元就是一个电子所带电量的绝对值,常以 $e$ 表示。经测定

$$e = 1.602 \times 10^{-19}\ \text{C}$$

电荷具有基本单元的概念最初是根据电解现象中通过溶液的电量和析出物质的质量之间的关系提出的。法拉第(Michael Faraday,1791—1867 年)、阿累尼乌斯(Arrhenius,1859—1927 年)等都为此做出过重要贡献。他们的结论是:一个离子的电量只能是一个基本电荷的电量的整数倍。直到 1890 年斯通尼(John Stone Stoney,1826—1911 年)才引入**"电子"**(electron)这一名称来表示带有负的基元电荷的粒子。其后,1913 年密立根(Robert Anolvews Millikan,1868—1953 年)设计了有名的油滴试验,直接测定了此基元电荷的量值。现在已经知道许多基本粒子都带有正的或负的基元电荷。例如,一个正电子,一个质子都各带有一个正的基元电荷。一个反质子,一个负介子则带有一个负的基元电荷。微观粒子所带的基元电荷数常叫做它们各自的**电荷数**,都是正整数或负整数。近代物理从理论上预言基本粒子由若干种**夸克**或**反夸克**组成,每一个夸克或反夸克可能带有 $\pm\frac{1}{3}e$ 或 $\pm\frac{2}{3}e$ 的电量。然而至今单独存在的夸克尚未在实验中发现(即使发现了,也不过把基元电荷的大小缩小到目前的 1/3,电荷的量子性依然不变)。

本章大部分内容讨论电磁现象的宏观规律,所涉及的电荷常常是基元电荷的许多倍。在这种情况下,我们将只从平均效果上考虑,认为电荷**连续**地分布在带电体上,而忽略电荷的量子性所引起的微观起伏。尽管如此,在阐明某些宏观现象的微观本质时,还是要从电荷的量子性出发。

在以后的讨论中经常用到点电荷这一概念。当一个带电体本身的线度比所研究的问题中所涉及的距离小很多时,该带电体的形状与电荷在其上的分布状况均无关紧要,该带电体就可看作一个带电的点,叫**点电荷**。由此可见,点电荷是个相对的概念。至于带电体的线度比问题所涉及的距离小多少时,它才能被当作点电荷,这要依问题所要求的精度而定。当在宏观意义上谈论电子、质子等带电粒子时,完全可以把它们视为点电荷。

**3. 电荷守恒**

实验指出,对于一个系统,如果没有净电荷出入其边界,则该系统的正、负电荷的电量的

代数和将保持不变，这就是**电荷守恒定律**。宏观物体的带电、电中和以及物体内的电流等现象实质上是由于微观带电粒子在物体内运动的结果。因此，电荷守恒实际上也就是在各种变化中，系统内粒子的总电荷数守恒。

现代物理研究已表明，在粒子的相互作用过程中，电荷是可以产生和消失的。然而电荷守恒并未因此而遭到破坏。例如，一个高能光子与一个重原子核作用时，该光子可以转化为一个正电子和一个负电子(这叫**电子对的"产生"**)；而一个正电子和一个负电子在一定条件下相遇，又会同时消失而产生两个或三个光子(这叫**电子对的"湮灭"**)。在已观察到的各种过程中，正、负电荷总是成对出现或成对消失。由于光子不带电，正、负电子又各带有等量异号电荷，所以这种电荷的产生和消失并不改变系统中的电荷数的代数和，因而电荷守恒定律仍然保持有效①。

**4. 电荷的相对论不变性**

实验证明，一个电荷的电量与它的运动状态无关。较为直接的实验例子是比较氢分子和氦原子的电中性。氢分子和氦原子都有两个电子作为核外电子，这些电子的运动状态相差不大。氢分子还有两个质子，它们是作为两个原子核在保持相对距离约为 0.07 nm 的情况下转动的(图 7.2(a))。氦原子中也有两个质子，但它们组成一个原子核，两个质子紧密地束缚在一起运动(图 7.2(b))。氦原子中两个质子的能量比氢分子中两个质子的能量大得多(一百万倍的数量级)，因而两者的运动状态有显著的差别。如果电荷的电量与运动状态有关，氢分子中质子的电量就应该和氦原子中质子的电量不同，但两者的电子的电量是相同的，因此，两者就不可能都是电中性的。但是实验证实，氢分子和氦原子都精确地是电中性的，它们内部正、负电荷在数量上的相对差异都小于 $1/10^{20}$。这就说明，质子的电量是与其运动状态无关的。

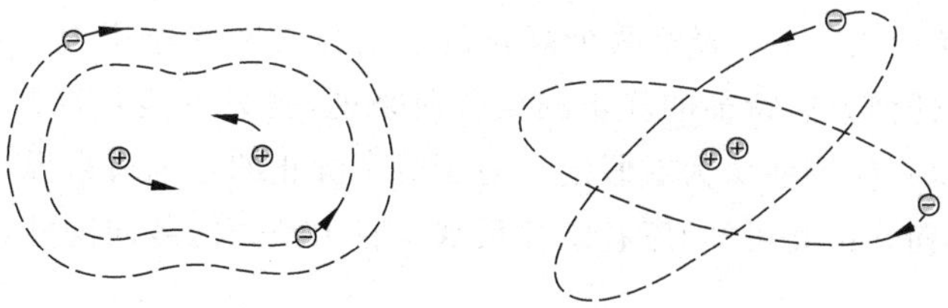

(a) (b)

图 7.2 氢分子(a)与氦原子(b)结构示意图

还有其他实验，也证明电荷的电量与其运动状态无关。另外，根据这一结论导出的大量结果都与实验结果相符合，这也反过来证明了这一结论的正确性。

由于在不同的参考系中观察，同一个电荷的运动状态不同，所以电荷的电量与其运动状态无关，也可以说成是，在不同的参考系内观察，同一带电粒子的电量不变。电荷的这一性

① 近年来不断有电荷不守恒的实验报道。电子衰变时只能产生中微子，所以电子的衰变就意味着电荷不守恒。有人做实验测知电子的平均寿命要大于 $10^{23}$ 年，这已大大超过宇宙年龄($10^{10}$ 年)，所以实际上电子还是不衰变。在 $^{87}Rb \to {}^{87}Sr$ + 中性粒子的过程中有中子衰变的过程。有人分析此实验结果时得出中子的电荷不守恒，但这种电荷不守恒的衰变概率与电荷守恒的衰变概率之比为 $7.9\times10^{-21}$。这说明在这一过程中即使电荷守恒破坏了，也只是很微小的破坏。

质叫**电荷的相对论不变性**。

## 7.2 库仑定律与叠加原理

在发现电现象后的 2000 多年的长时期内，人们对电的认识一直停留在定性阶段。从 18 世纪中叶开始，不少人着手研究电荷之间作用力的定量规律，最先是研究静止电荷之间的作用力。研究静止电荷之间的相互作用的理论叫**静电学**。它是以 1785 年法国科学家库仑(Charles Augustin de Coulomb，1736—1806 年)通过实验总结出的规律——**库仑定律**——为基础的。这一定律的表述如下：**相对于惯性系观察，自由空间(或真空)中两个静止的点电荷之间的作用力(斥力或吸力，统称库仑力)与这两个电荷所带电量的乘积成正比，与它们之间距离的平方成反比，作用力的方向沿着这两个点电荷的连线**。这一规律用矢量公式表示为

$$\boldsymbol{F}_{21} = k\frac{q_1 q_2}{r_{21}^2}\boldsymbol{e}_{r21} \tag{7.1}$$

式中，$q_1$ 和 $q_2$ 分别表示两个点电荷的电量(带有正、负号)，$r_{21}$ 表示两个点电荷之间的距离，$\boldsymbol{e}_{r21}$ 表示从电荷 $q_1$ 指向电荷 $q_2$ 的单位矢量(图 7.3)；$k$ 为比例常量，依公式中各量所选取的单位而定。$\boldsymbol{F}_{21}$ 表示电荷 $q_2$ 受电荷 $q_1$ 的作用力。当两个点电荷 $q_1$ 与 $q_2$ 同号时，$\boldsymbol{F}_{21}$ 与 $\boldsymbol{e}_{r21}$ 同方向，表明电荷 $q_2$ 受 $q_1$ 的斥力；当 $q_1$ 与 $q_2$ 反号时，$\boldsymbol{F}_{21}$ 与 $\boldsymbol{e}_{r21}$ 的方向相反，表示 $q_2$ 受 $q_1$ 的引力。由此式还可以看出，两个静止的点电荷之间的作用力符合牛顿第三定律，即

$$\boldsymbol{F}_{21} = -\boldsymbol{F}_{12} \tag{7.2}$$

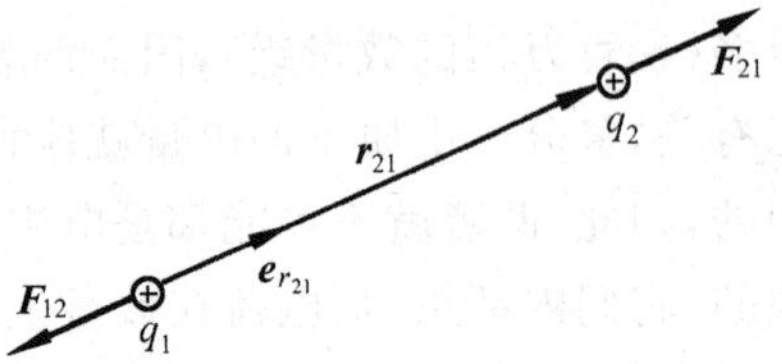

图 7.3 库仑定律

式(7.1)中的单位矢量 $\boldsymbol{e}_{r21}$ 表示两个静止的点电荷之间的作用力沿着它们的连线的方向。对于本身没有任何方向特征的静止的点电荷来说，也只可能是这样。因为自由空间是各向同性的(我们也只能这样认为或假定)，对于两个静止的点电荷来说，只有它们的连线才具有唯一确定的方向。由此可知，库仑定律反映了自由空间的各向同性，也就是空间对于转动的对称性。

在国际单位制中，距离 $r$ 用 m 作单位，力 $F$ 用 N 作单位，实验测定比例常量 $k$ 的数值和单位为

$$k = 8.9880\times10^9\ \mathrm{N\cdot m^2/C^2} \approx 9\times10^9\ \mathrm{N\cdot m^2/C^2}$$

通常还引入另一常量 $\varepsilon_0$ 来代替 $k$，使

$$k = \frac{1}{4\pi\varepsilon_0}$$

于是，真空中库仑定律的形式就可写成

$$\boldsymbol{F}_{21} = \frac{q_1 q_2}{4\pi\varepsilon_0 r_{21}^2}\boldsymbol{e}_{r21} \tag{7.3}$$

这里引入的 $\varepsilon_0$ 叫**真空介电常量**(或真空电容率)，在国际单位制中它的数值和单位是

$$\varepsilon_0 = \frac{1}{4\pi k} = 8.85\times10^{-12}\ \mathrm{C^2/(N\cdot m^2)}$$①

在库仑定律表示式中引入“4π”因子的作法，称为单位制的有理化。这样做的结果虽然使库仑定律的形式变得复杂些，但却使以后经常用到的电磁学规律的表示式因不出现“4π”因子而变得简单些。这种作法的优越性，在今后的学习中读者是会逐步体会到的。

实验证实，点电荷放在空气中时，其相互作用的电力和在真空中的相差极小，故式(7.3)的库仑定律对空气中的点电荷亦成立。

库仑定律是关于一种基本力的定律，它的正确性不断经历着实验的考验。设定律分母中 $r$ 的指数为 $2+\alpha$，人们曾设计了各种实验来确定(一般是间接地)$\alpha$ 的上限。1773 年，卡文迪许的静电实验给出 $|\alpha|\leqslant 0.02$。约百年后麦克斯韦的类似实验给出 $|\alpha|\leqslant 5\times10^{-5}$。1971 年威廉斯等人改进该实验得出 $|\alpha|\leqslant|2.7\pm3.1|\times10^{-16}$。这些都是在实验室范围($10^{-3}\sim10^{-1}$ m)内得出的结果。对于很小的范围，卢瑟福的 α 粒子散射实验(1910 年)已证实小到 $10^{-15}$ m 的范围，现代高能电子散射实验进一步证实小到 $10^{-17}$ m 的范围，库仑定律仍然精确地成立。大范围的结果是通过人造地球卫星研究地球磁场时得到的。它给出库仑定律精确地适用于大到 $10^7$ m 的范围，因此一般就认为在更大的范围内库仑定律仍然有效。

令人感兴趣的是，现代量子电动力学理论指出，库仑定律中分母 $r$ 的指数与光子的静质量有关：如果光子的静质量为零，则该指数严格地为 2。现在的实验给出光子的静质量上限为 $10^{-48}$ kg，这差不多相当于 $|\alpha|\leqslant10^{-16}$。

---

**例 7.1**

氢原子中电子和质子的距离为 $5.3\times10^{-11}$ m。求此二粒子间的静电力和万有引力各为多大？

**解** 由于电子的电荷是 $-e$，质子的电荷为 $+e$，而电子的质量 $m_e=9.1\times10^{-31}$ kg，质子的质量 $m_p=1.7\times10^{-27}$ kg，所以由库仑定律，求得两粒子间的静电力大小为

$$F_e = \frac{e^2}{4\pi\varepsilon_0 r^2} = \frac{9.0\times10^9\times(1.6\times10^{-19})^2}{(5.3\times10^{-11})^2} = 8.1\times10^{-8}\ \text{(N)}$$

由万有引力定律，求得两粒子间的万有引力

$$F_g = G\frac{m_e m_p}{r^2} = \frac{6.7\times10^{-11}\times9.1\times10^{-31}\times1.7\times10^{-27}}{(5.3\times10^{-11})^2} = 3.7\times10^{-47}\ \text{(N)}$$

由计算结果可以看出，氢原子中电子与质子的相互作用的静电力远较万有引力为大，前者约为后者的 $10^{39}$ 倍。

---

**例 7.2**

卢瑟福(E. Rutherford，1871—1937 年)在他的 α 粒子散射实验中发现，α 粒子具有足够高的能量，使它能达到与金原子核的距离为 $2\times10^{-14}$ m 的地方。试计算在这一距离时，α 粒子所受金原子核的斥力的大小。

**解** α 粒子所带电量为 $2e$，金原子核所带电量为 $79e$，由库仑定律可得此斥力为

$$F = \frac{2e\times79e}{4\pi\varepsilon_0 r^2} = \frac{9.0\times10^9\times2\times79\times(1.6\times10^{-19})^2}{(2\times20^{-14})^2} = 91\ \text{(N)}$$

---

① 单位 $\mathrm{C^2/(N\cdot m^2)}$ 就是 F/m，F(法) 是电容的单位，见第 10 章。

此力约相当于 10 kg 物体所受的重力。此例说明，在原子尺度内电力是非常强的。

库仑定律只讨论两个静止的点电荷间的作用力，当考虑两个以上的静止的点电荷之间的作用时，就必须补充另一个实验事实：**两个点电荷之间的作用力并不因第三个点电荷的存在而有所改变**。因此，两个以上的点电荷对一个点电荷的作用力等于各个点电荷单独存在时对该点电荷的作用力的矢量和。这个结论叫**电力的叠加原理**。

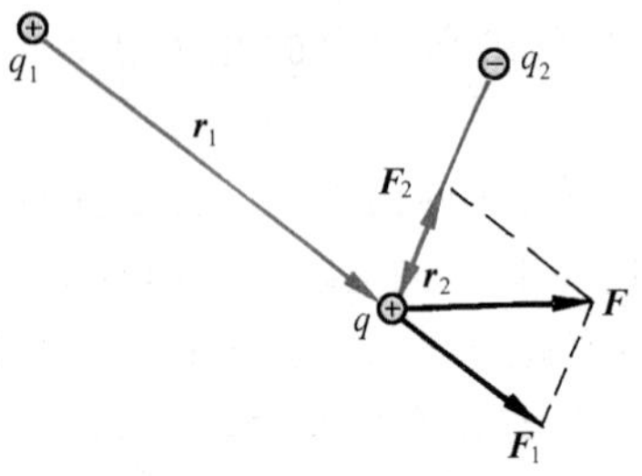


图 7.4　静电力叠加原理

图 7.4 画出了两个点电荷 $q_1$ 和 $q_2$ 对第三个点电荷 $q$ 的作用力的叠加情况。电荷 $q_1$ 和 $q_2$ 单独作用在电荷 $q$ 上的力分别为 $\boldsymbol{F}_1$ 和 $\boldsymbol{F}_2$，它们共同作用在 $q$ 上的力 $\boldsymbol{F}$ 就是这两个力的合力，即

$$\boldsymbol{F} = \boldsymbol{F}_1 + \boldsymbol{F}_2$$

对于由 $n$ 个点电荷 $q_1, q_2, \cdots, q_n$ 组成的电荷系，若以 $\boldsymbol{F}_1, \boldsymbol{F}_2, \cdots, \boldsymbol{F}_n$ 分别表示它们单独存在时对另一点电荷 $q$ 上的电力，则由电力的叠加原理可知，$q$ 受到的总电力应为

$$\boldsymbol{F} = \boldsymbol{F}_1 + \boldsymbol{F}_2 + \cdots + \boldsymbol{F}_n = \sum_{i=1}^{n} \boldsymbol{F}_i \tag{7.4}$$

在 $q_1, q_2, \cdots, q_n$ 和 $q$ 都静止的情况下，$\boldsymbol{F}_i$ 都可以用库仑定律式(7.3)计算，因而可得

$$\boldsymbol{F} = \sum_{i=1}^{n} \frac{q q_i}{4\pi\varepsilon_0 r_i^2} \boldsymbol{e}_{r_i} \tag{7.5}$$

式中，$r_i$ 为 $q$ 与 $q_i$ 之间的距离，$\boldsymbol{e}_{ri}$ 为从点电荷 $q_i$ 指向 $q$ 的单位矢量。

## 7.3　电场和电场强度

设相对于惯性参考系，在真空中有一固定不动的点电荷系 $q_1, q_2, \cdots, q_n$。将另一点电荷 $q$ 移至该电荷系周围的 $P(x,y,z)$ 点（称场点）处，现在求 $q$ 受该电荷系的作用力。这力应该由式(7.5)给出。由于电荷系作用于电荷 $q$ 上的合力与电荷 $q$ 的电量成正比，所以比值 $\boldsymbol{F}/q$ 只取决于点电荷系的结构（包括每个点电荷的电量以及各点电荷之间的相对位置）和电荷 $q$ 所在的位置 $(x,y,z)$，而与电荷 $q$ 的量值无关。因此，可以认为比值 $\boldsymbol{F}/q$ 反映了电荷系周围空间各点的一种特殊性质，它能给出该电荷系对静止于各点的其他电荷 $q$ 的作用力。这时就说该点电荷系周围空间存在着由它所产生的**电场**。电荷 $q_1, q_2, \cdots, q_n$ 叫**场源电荷**，而比值 $\boldsymbol{F}/q$ 就表示电场中各点的强度，叫**电场强度**（简称**场强**）。通常用 $\boldsymbol{E}$ 表示电场强度，于是就有定义

$$\boldsymbol{E} = \frac{\boldsymbol{F}}{q} \tag{7.6}$$

此式表明，电场中任意点的电场强度等于位于该点的单位正电荷所受的电力。在电场中各点的 $\boldsymbol{E}$ 可以各不相同，因此一般地说，$\boldsymbol{E}$ 是空间坐标的矢量函数。在考察电场时，式(7.6)中的 $q$ 起到检验电场的作用，叫**检验电荷**。

在国际单位制中，电场强度的单位名称为牛每库，符号为N/C。以后将证明，这个单位和 V/m 是等价的，即

$$1\ \mathrm{V/m} = 1\ \mathrm{N/C}$$

将式(7.4)代入式(7.6)，可得

$$\boldsymbol{E} = \frac{\sum_{i=1}^{n} \boldsymbol{F}_i}{q} = \sum_{i=1}^{n} \frac{\boldsymbol{F}_i}{q}$$

式中，$\boldsymbol{F}_i/q$ 是电荷 $q_i$ 单独存在时在 $P$ 点产生的电场强度 $\boldsymbol{E}_i$。因此，上式可写成

$$\boldsymbol{E} = \sum_{i=1}^{n} \boldsymbol{E}_i \tag{7.7}$$

此式表示：**在 $n$ 个点电荷产生的电场中某点的电场强度等于每个点电荷单独存在时在该点所产生的电场强度的矢量和**。这个结论叫**电场叠加原理**。

在场源电荷是静止的参考系中观察到的电场叫**静电场**，静电场对电荷的作用力叫**静电力**。在已知静电场中各点电场强度 $\boldsymbol{E}$ 的条件下，可由式(7.6)直接求得置于其中的任意点处的点电荷 $q$ 受的力为

$$\boldsymbol{F} = q\boldsymbol{E} \tag{7.8}$$

这里，可以提出这样的问题：当用式(7.8)求电荷 $q$ 受的力时，必须先求出 $\boldsymbol{E}$ 来，而 $\boldsymbol{E}$ 是由式(7.6)和式(7.5)求出的。再将这样求出的 $\boldsymbol{E}$ 代入式(7.8)求 $\boldsymbol{F}$，我们又回到了式(7.5)。既然如此，为什么要引入电场这一概念呢？

这涉及人们如何理解电荷间的相互作用。在法拉第之前，人们认为两个电荷之间的相互作用力和两个质点之间的万有引力一样，都是一种超距作用。即一个电荷对另一个电荷的作用力是隔着一定空间直接给予的，不需要什么中间媒质传递，也不需要时间，这种作用方式可表示为

电荷⇌电荷

在19世纪30年代，法拉第提出另一种观点，认为一个电荷周围存在着由它所产生的电场，另外的电荷受这一电荷的作用力就是通过这电场给予的。这种作用方式可以表示为

电荷⇌电场⇌电荷

这样引入的电场对电荷周围空间各点赋予一种**局域性**，即：如果知道了某一小区域的 $\boldsymbol{E}$，无需更多的要求，我们就可以知道任意电荷在此区域内的受力情况，从而可以进一步知道它的运动。这时，也不需要知道是些什么电荷产生了这个电场。如果知道在空间各点的电场，我们就有了对这整个系统的完整的描述，并可由它揭示出所有电荷的位置和大小。这种局域性场的引入是物理概念上的重要发展。

近代物理学的理论和实验完全证实了场的观点的正确性。电场以及磁场已被证明是一种客观实在，它们运动(或传播)的速度是有限的，这个速度就是光速。电磁场还具有能量、质量和动量。

尽管如此，在研究静止电荷的相互作用时，电场的引入可以认为只是描述电荷相互作用的一种方便方法。而在研究有关运动电荷，特别是其运动迅速改变的电荷的现象时，电磁场的实在性就突出地显示出来了。

表7.1给出了一些典型的电场强度的数值。

表 7.1 一些电场强度的数值 N/C

| | |
|---|---|
| 铀核表面 | $2\times10^{21}$ |
| 中子星表面 | 约 $10^{14}$ |
| 氢原子电子内轨道处 | $6\times10^{11}$ |
| X射线管内 | $5\times10^{6}$ |
| 空气的电击穿强度 | $3\times10^{6}$ |
| 范德格拉夫静电加速器内 | $2\times10^{6}$ |
| 电视机的电子枪内 | $10^{5}$ |
| 电闪内 | $10^{4}$ |
| 雷达发射器近旁 | $7\times10^{3}$ |
| 太阳光内(平均) | $1\times10^{3}$ |
| 晴天大气中(地表面附近) | $1\times10^{2}$ |
| 小型激光器发射的激光束内(平均) | $1\times10^{2}$ |
| 日光灯内 | 10 |
| 无线电波内 | 约 $10^{-1}$ |
| 家用电路线内 | 约 $3\times10^{-2}$ |
| 宇宙背景辐射内(平均) | $3\times10^{-6}$ |

## 7.4 静止的点电荷的电场及其叠加

现在讨论在场源电荷都是静止的参考系中电场强度的分布，先讨论一个静止的点电荷的电场强度分布。现计算距静止的场源电荷 $q$ 的距离为 $r$ 的 $P$ 点处的场强。设想把一个检验电荷 $q_0$ 放在 $P$ 点，根据库仑定律，$q_0$ 受到的电场力为

$$\boldsymbol{F}=\frac{qq_0}{4\pi\varepsilon_0 r^2}\boldsymbol{e}_r$$

式中，$\boldsymbol{e}_r$ 是从场源电荷 $q$ 指向点 $P$ 的单位矢量。由场强定义式(7.6)，$P$ 点场强为

$$\boldsymbol{E}=\frac{q}{4\pi\varepsilon_0 r^2}\boldsymbol{e}_r \tag{7.9}$$

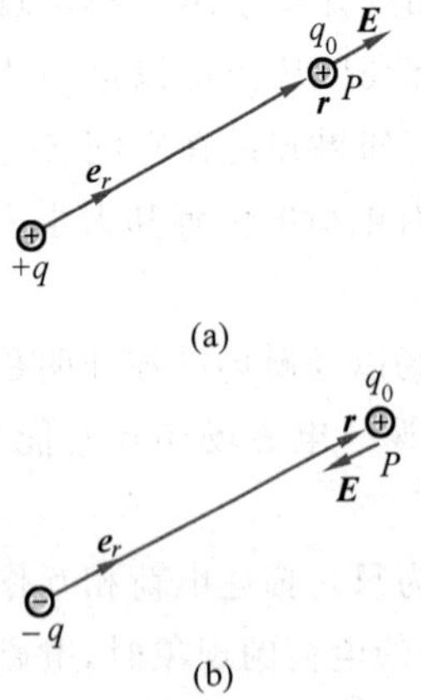


图 7.5 静止的点电荷的电场

这就是点电荷场强分布公式。式中，若 $q>0$，则 $\boldsymbol{E}$ 与 $\boldsymbol{r}$ 同向，即在正电荷周围的电场中，任意点的场强沿该点径矢方向(见图7.5(a))；若 $q<0$，则 $\boldsymbol{E}$ 与 $\boldsymbol{r}$ 反向，即在负电荷周围的电场中，任意点的场强沿该点径矢的反方向(见图7.5(b))。此式还说明静止的点电荷的电场具有球对称性。在各向同性的自由空间内，一个本身无任何方向特征的点电荷的电场分布必然具有这种对称性。因为对任一场点来说，只有从点电荷指向它的径矢方向具有唯一确定的意义，而且距点电荷等远的各场点，场强大小应该相等。

将点电荷场强公式(7.9)代入式(7.7)可得点电荷系 $q_1,q_2,\cdots,q_n$ 的电场中任一点的场强为

$$\boldsymbol{E}=\sum_{i=1}^{n}\frac{q_i}{4\pi\varepsilon_0 r_i^2}\boldsymbol{e}_{ri} \tag{7.10}$$

式中，$r_i$ 为 $q_i$ 到场点的距离，$\boldsymbol{e}_{ri}$ 为从 $q_i$ 指向场点的单位矢量。

若带电体的电荷是连续分布的，可认为该带电体的电荷是由许多无限小的电荷元 d$q$ 组成的，而每个电荷元都可以当作点电荷处理。设其中任一个电荷元 d$q$ 在 $P$ 点产生的场强为 d$\boldsymbol{E}$，按式(7.9)有

$$\mathrm{d}\boldsymbol{E} = \frac{\mathrm{d}q}{4\pi\varepsilon_0 r^2}\boldsymbol{e}_r$$

式中，$r$ 是从电荷元 d$q$ 到场点 $P$ 的距离，而 $\boldsymbol{e}_r$ 是这一方向上的单位矢量。整个带电体在 $P$ 点所产生的总场强可用积分计算为

$$\boldsymbol{E} = \int \mathrm{d}\boldsymbol{E} = \int \frac{\mathrm{d}q}{4\pi\varepsilon_0 r^2}\boldsymbol{e}_r \tag{7.11}$$

由上述可知，对于由许多电荷组成的电荷系来说，在它们都静止的参考系中，如果电荷分布为已知，那么根据场强叠加原理，并利用点电荷场强公式(7.9)，就可求出该参考系中任意点的场强，也就是求出静电场的空间分布。下面举几个例子。

---

**例 7.3**

求电偶极子中垂线上任一点的电场强度。

**解** 相隔一定距离的等量异号点电荷，当点电荷 $+q$ 和 $-q$ 的距离 $l$ 比从它们到所讨论的场点的距离小得多时，此电荷系统称**电偶极子**。如图 7.6 所示，用 $\boldsymbol{l}$ 表示从负电荷到正电荷的矢量线段。

设 $+q$ 和 $-q$ 到偶极子中垂线上任一点 $P$ 处的位置矢量分别为 $\boldsymbol{r}_+$ 和 $\boldsymbol{r}_-$，而 $r_+ = r_-$。由式(7.9)，$+q$，$-q$ 在 $P$ 点处的场强 $\boldsymbol{E}_+$，$\boldsymbol{E}_-$ 分别为

$$\boldsymbol{E}_+ = \frac{q\boldsymbol{r}_+}{4\pi\varepsilon_0 r_+^3}$$

$$\boldsymbol{E}_- = \frac{-q\boldsymbol{r}_-}{4\pi\varepsilon_0 r_-^3}$$

以 $r$ 表示电偶极子中心到 $P$ 点的距离，则

$$r_+ = r_- = \sqrt{r^2 + \frac{l^2}{4}} = r\sqrt{1 + \frac{l^2}{4r^2}} = r\left(1 + \frac{l^2}{8r^2} + \cdots\right)$$

在距电偶极子甚远时，即当 $r \gg l$ 时，取一级近似，有 $r_+ = r_- = r$，而 $P$ 点的总场强为

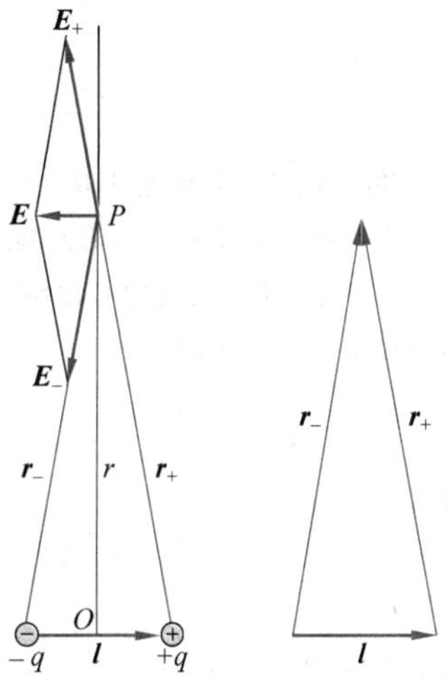


图 7.6 电偶极子的电场

$$\boldsymbol{E} = \boldsymbol{E}_+ + \boldsymbol{E}_- = \frac{q}{4\pi\varepsilon_0 r^3}(\boldsymbol{r}_+ - \boldsymbol{r}_-)$$

由于 $\boldsymbol{r}_+ - \boldsymbol{r}_- = -\boldsymbol{l}$，所以上式化为

$$\boldsymbol{E} = \frac{-q\boldsymbol{l}}{4\pi\varepsilon_0 r^3}$$

式中，$q\boldsymbol{l}$ 反映电偶极子本身的特征，叫做电偶极子的**电矩**(或电偶极矩)。以 $\boldsymbol{p}$ 表示电矩，则 $\boldsymbol{p} = q\boldsymbol{l}$。这样上述结果又可写成

$$\boldsymbol{E} = \frac{-\boldsymbol{p}}{4\pi\varepsilon_0 r^3} \tag{7.12}$$

此结果表明，电偶极子中垂线上距离电偶极子中心较远处，各点的电场强度与电偶极子的电矩成正比，与该点离电偶极子中心的距离的三次方成反比，方向与电矩的方向相反。

**例 7.4**

一根带电直棒，如果我们限于考虑离棒的距离比棒的截面尺寸大得多的地方的电场，则该带电直棒就可以看作一条带电直线。今设一均匀带电直线，长为 $L$(图 7.7)，线电荷密度(即单位长度上的电荷)为 $\lambda$(设 $\lambda>0$)，求直线中垂线上一点的场强。

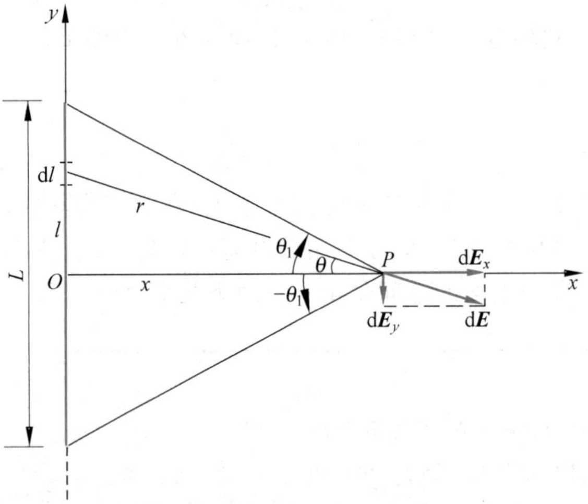


图 7.7　带电直线中垂线上的电场

**解**　在带电直线上任取一长为 d$l$ 的电荷元，其电量 $dq=\lambda dl$。以带电直线中点 $O$ 为原点，取坐标轴 $Ox$,$Oy$ 如图 7.7 所示。电荷元 d$q$ 在 $P$ 点的场强为 d$\boldsymbol{E}$，d$\boldsymbol{E}$ 沿两个轴方向的分量分别为 d$\boldsymbol{E}_x$ 和 d$\boldsymbol{E}_y$。由于电荷分布对于 $OP$ 直线的对称性，所以全部电荷在 $P$ 点的场强沿 $y$ 轴方向的分量之和为零，因而 $P$ 点的总场强 $\boldsymbol{E}$ 应沿 $x$ 轴方向，并且

$$E=\int dE_x$$

而

$$dE_x=dE\cos\theta=\frac{\lambda dlx}{4\pi\varepsilon_0 r^3}$$

由于 $l=x\tan\theta$，从而 $dl=\frac{x}{\cos^2\theta}d\theta$。由图 7.7 知 $r=\frac{x}{\cos\theta}$，所以

$$dE_x=\frac{\lambda dlx}{4\pi\varepsilon_0 r^3}=\frac{\lambda\cos\theta}{4\pi\varepsilon_0 x}d\theta$$

由于对整个带电直线来说，$\theta$ 的变化范围是从 $-\theta_1$ 到 $+\theta_1$，所以

$$E=\int_{-\theta_1}^{+\theta_1}\frac{\lambda\cos\theta}{4\pi\varepsilon_0 x}d\theta=\frac{\lambda\sin\theta_1}{2\pi\varepsilon_0 x}$$

将 $\sin\theta_1=\frac{L/2}{\sqrt{(L/2)^2+x^2}}$ 代入，可得

$$E=\frac{\lambda L}{4\pi\varepsilon_0 x(x^2+L^2/4)^{1/2}}$$

此电场的方向垂直于带电直线而指向远离直线的一方。

上式中当 $x\ll L$ 时，即在带电直线中部近旁区域内，

$$E\approx\frac{\lambda}{2\pi\varepsilon_0 x}\tag{7.13}$$

此时相对于距离 $x$，可将该带电直线看作"无限长"。因此，可以说，在一无限长带电直线周围任意点的场强与该点到带电直线的距离成反比。

当 $x \gg L$ 时，即在远离带电直线的区域内，

$$E \approx \frac{\lambda L}{4\pi\varepsilon_0 x^2} = \frac{q}{4\pi\varepsilon_0 x^2}$$

其中 $q=\lambda L$ 为带电直线所带的总电量。此结果显示，离带电直线很远处，该带电直线的电场相当于一个点电荷 $q$ 的电场。

---

**例 7.5**

一均匀带电细圆环，半径为 $R$，所带总电量为 $q$（设 $q>0$），求圆环轴线上任一点的场强。

**解** 如图 7.8 所示，把圆环分割成许多小段，任取一小段 $\mathrm{d}l$，其上带电量为 $\mathrm{d}q$。设此电荷元 $\mathrm{d}q$ 在 $P$ 点的场强为 $\mathrm{d}\boldsymbol{E}$，并设 $P$ 点与 $\mathrm{d}q$ 的距离为 $r$，而 $OP=x$，$\mathrm{d}\boldsymbol{E}$ 沿平行和垂直于轴线的两个方向的分量分别为 $\mathrm{d}\boldsymbol{E}_{/\!/}$ 和 $\mathrm{d}\boldsymbol{E}_{\perp}$。由于圆环电荷分布对于轴线对称，所以圆环上全部电荷的 $\mathrm{d}\boldsymbol{E}_{\perp}$ 分量的矢量和为零，因而 $P$ 点的场强沿轴线方向，且

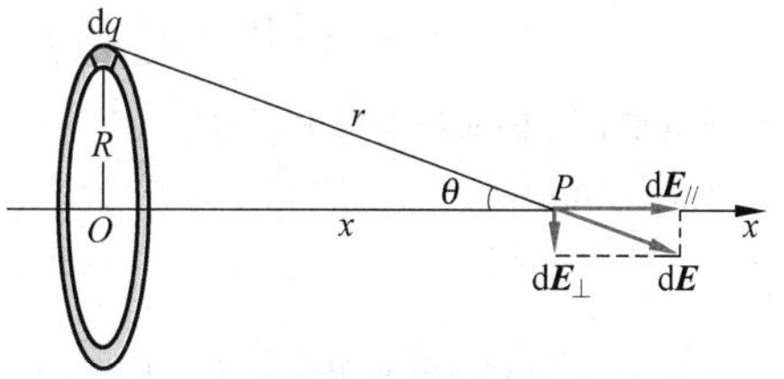

图 7.8 均匀带电细圆环轴上的电场

$$E = \int_q \mathrm{d}E_{/\!/}$$

式中积分为对环上全部电荷 $q$ 积分。

由于

$$\mathrm{d}E_{/\!/} = \mathrm{d}E\cos\theta = \frac{\mathrm{d}q}{4\pi\varepsilon_0 r^2}\cos\theta$$

其中 $\theta$ 为 $\mathrm{d}\boldsymbol{E}$ 与 $x$ 轴的夹角，所以

$$E = \int_q \mathrm{d}E_{/\!/} = \int_q \frac{\mathrm{d}q}{4\pi\varepsilon_0 r^2}\cos\theta = \frac{\cos\theta}{4\pi\varepsilon_0 r^2}\int_q \mathrm{d}q$$

此式中的积分值即为整个环上的电荷 $q$，所以

$$E = \frac{q\cos\theta}{4\pi\varepsilon_0 r^2}$$

考虑到 $\cos\theta = x/r$，而 $r=\sqrt{R^2+x^2}$，可将上式改写成

$$E = \frac{qx}{4\pi\varepsilon_0 (R^2+x^2)^{3/2}}$$

$\boldsymbol{E}$ 的方向为沿着轴线指向远方。

当 $x \gg R$ 时，$(x^2+R^2)^{3/2} \approx x^3$，则 $\boldsymbol{E}$ 的大小为

$$E \approx \frac{q}{4\pi\varepsilon_0 x^2}$$

此结果说明，远离环心处的电场也相当于一个点电荷 $q$ 所产生的电场。

---

**例 7.6**

一带电平板，如果我们限于考虑离板的距离比板的厚度大得多的地方的电场，则该带电板就可以看作一个带电平面。今设一均匀带电圆面，半径为 $R$（图 7.9），面电荷密度（即单位面积上的电荷）为 $\sigma$（设 $\sigma>0$），求圆面轴线上任一点的场强。

**解** 带电圆面可看成由许多同心的带电细圆环组成。取一半径为 $r$，宽度为 $\mathrm{d}r$ 的细圆环，由于此环带有电荷 $\sigma \cdot 2\pi r\mathrm{d}r$，所以由例 7.5 可知，此圆环电荷在 $P$ 点的场强大小为

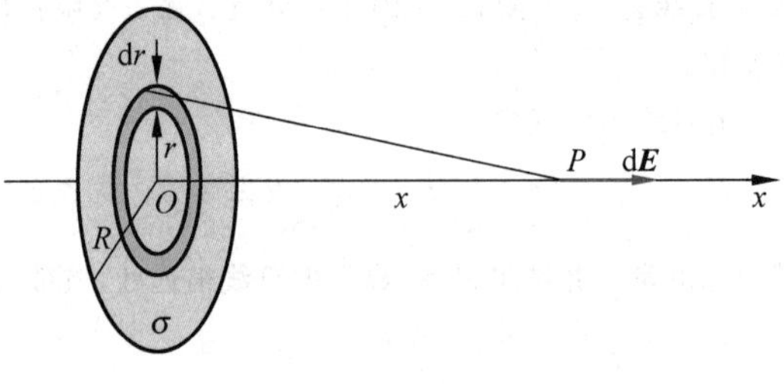


图 7.9 均匀带电圆面轴线上的电场

$$\mathrm{d}E = \frac{\sigma \cdot 2\pi r\mathrm{d}r \cdot x}{4\pi\varepsilon_0 (r^2 + x^2)^{3/2}}$$

方向沿着轴线指向远方。由于组成圆面的各圆环的电场 $\mathrm{d}\boldsymbol{E}$ 的方向都相同，所以 $P$ 点的场强为

$$E = \int \mathrm{d}E = \frac{\sigma x}{2\varepsilon_0}\int_0^R \frac{r\mathrm{d}r}{(r^2 + x^2)^{3/2}} = \frac{\sigma}{2\varepsilon_0}\left[1 - \frac{x}{(R^2 + x^2)^{1/2}}\right]$$

其方向也垂直于圆面指向远方。

当 $x \ll R$ 时，

$$E = \frac{\sigma}{2\varepsilon_0} \tag{7.14}$$

此时相对于 $x$，可将该带电圆面看作“无限大”带电平面。因此，可以说，在一无限大均匀带电平面附近，电场是一个均匀场，其大小由式(7.14)给出。

当 $x \gg R$ 时，

$$(R^2 + x^2)^{-1/2} = \frac{1}{x}\left(1 - \frac{R^2}{2x^2} + \cdots\right) \approx \frac{1}{x}\left(1 - \frac{R^2}{2x^2}\right)$$

于是

$$E \approx \frac{\pi R^2 \sigma}{4\pi\varepsilon_0 x^2} = \frac{q}{4\pi\varepsilon_0 x^2}$$

式中 $q = \sigma\pi R^2$ 为圆面所带的总电量。这一结果也说明，在远离带电圆面处的电场也相当于一个点电荷的电场。

---

**例 7.7**

计算电偶极子在均匀电场中所受的力矩。

**解** 一个电偶极子在外电场中要受到力矩的作用。以 $\boldsymbol{E}$ 表示均匀电场的场强，$\boldsymbol{l}$ 表示从 $-q$ 到 $+q$ 的矢量线段，偶极子中点 $O$ 到 $+q$ 与 $-q$ 的径矢分别为 $\boldsymbol{r}_+$ 和 $\boldsymbol{r}_-$，如图 7.10 所示。正、负电荷所受力分别为 $\boldsymbol{F}_+ = q\boldsymbol{E}_+$，$\boldsymbol{F}_- = -q\boldsymbol{E}$，它们对于偶极子中点 $O$ 的力矩之和为

$$\begin{aligned}\boldsymbol{M} &= \boldsymbol{r}_+ \times \boldsymbol{F}_+ + \boldsymbol{r}_- \times \boldsymbol{F}_- = q\boldsymbol{r}_+ \times \boldsymbol{E} + (-q)\boldsymbol{r}_- \times \boldsymbol{E} \\ &= q(\boldsymbol{r}_+ - \boldsymbol{r}_-) \times \boldsymbol{E} = q\boldsymbol{l} \times \boldsymbol{E}\end{aligned}$$

即

$$\boldsymbol{M} = \boldsymbol{p} \times \boldsymbol{E} \tag{7.15}$$

力矩 $\boldsymbol{M}$ 的作用总是使电偶极子转向电场 $\boldsymbol{E}$ 的方向。当转到 $\boldsymbol{p}$ 平行于 $\boldsymbol{E}$ 时，力矩 $\boldsymbol{M}=0$。

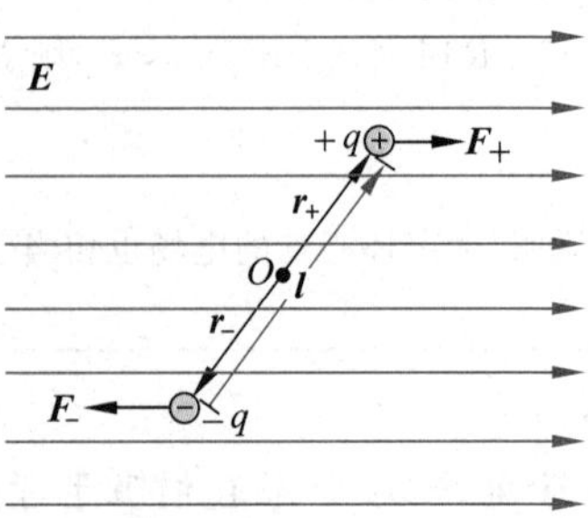


图 7.10 电偶极子在外电场中受力情况

---

## 7.5 电场线和电通量

为了形象地描绘电场在空间的分布，可以画电场线图。电场线是按下述规定在电场中画出的一系列假想的曲线：曲线上每一点的切线方向表示该点场强的方向，曲线的疏密表示场强的大小。定量地说，为了表示电场中某点场强的大小，设想通过该点画一个垂直于电场方向的面元 $dS_\perp$，如图 7.11 所示，通过此面元画 $d\Phi_e$ 条电场线，使得

$$E=\frac{d\Phi_e}{dS_\perp} \tag{7.16}$$

这就是说，电场中某点电场强度的大小等于该点处的电场线数密度，即该点附近垂直于电场方向的单位面积所通过的电场线条数。

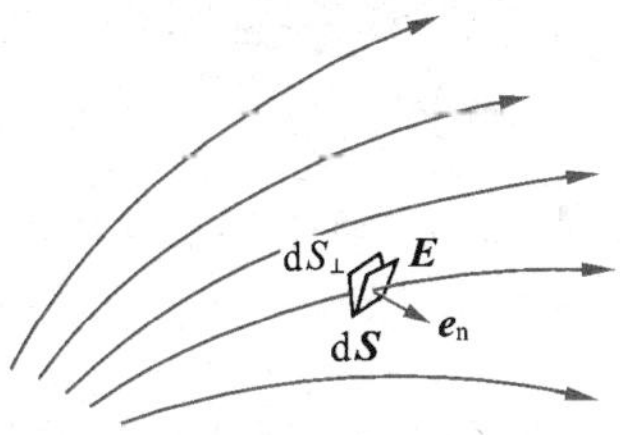


图 7.11 电场线数密度与场强大小的关系

图 7.12 画出了几种不同分布的电荷所产生的电场的电场线。

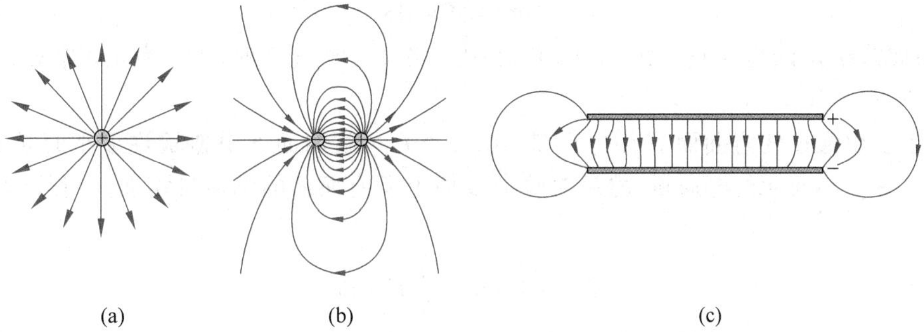

图 7.12 几种静止的电荷的电场线图

(a) 点电荷；(b) 电偶极子；(c) 带电平行板

电场线图形也可以通过实验显示出来。将一些针状晶体碎屑撒到绝缘油中使之悬浮起来，加以外电场后，这些小晶体会因感应而成为小的电偶极子。它们在电场力的作用下就会转到电场方向排列起来，于是就显示出了电场线的图形(图 7.13)。

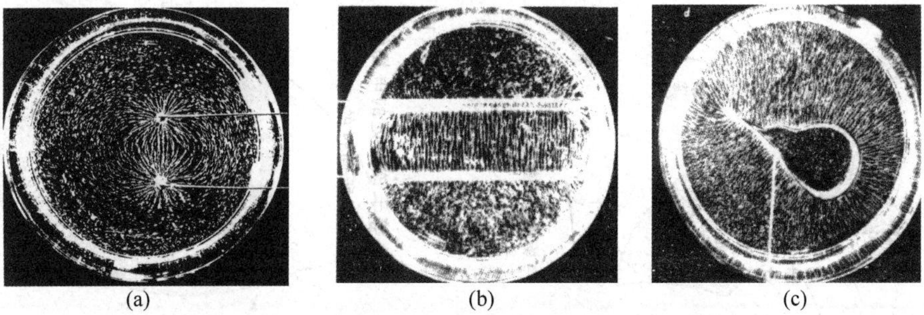

图 7.13 电场线的显示

(a) 两个等量的正负电荷；(b) 两个带等量异号电荷的平行金属板；(c) 有尖的异形带电导体

式(7.10)或式(7.11)给出了场源电荷和它们的电场分布的关系。利用电场线概念，可以用另一种形式——高斯定律——把这一关系表示出来。这后一种形式还有更普遍的理论意义，为了导出这一形式，我们引入电通量的概念。

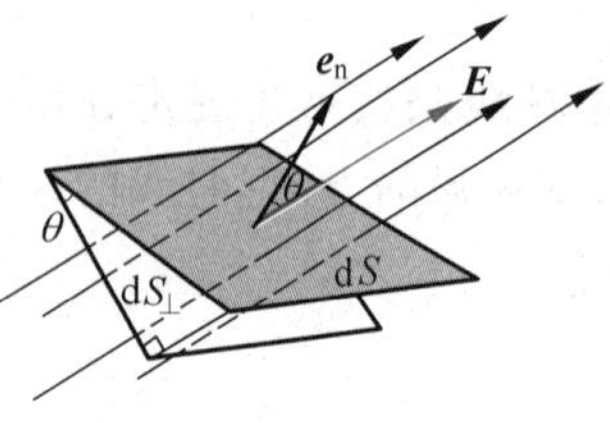

图 7.14 通过 dS 的电通量

如图 7.14 所示，以 dS 表示电场中某一个设想的面元。通过此面元的电场线条数就定义为通过这一面元的**电通量**。为了求出这一电通量，我们考虑此面元在垂直于场强方向的投影 $dS_\perp$。很明显，通过 dS 和 $dS_\perp$ 的电场线条数是一样的。由图可知，$dS_\perp = dS\cos\theta$。将此关系代入式(7.16)，可得通过 dS 的电场线的条数或电通量应为

$$d\Phi_e = E dS_\perp = E dS\cos\theta \tag{7.17}$$

为了同时表示出面元的方位，我们利用面元的法向单位矢量 $\boldsymbol{e}_n$，这时面元就用矢量面元 $d\boldsymbol{S} = dS\boldsymbol{e}_n$ 表示。由图 7.14 可以看出，dS 和 $dS_\perp$ 两面积之间的夹角也等于电场 $\boldsymbol{E}$ 和 $\boldsymbol{e}_n$ 之间的夹角。由矢量标积的定义，可得

$$\boldsymbol{E}\cdot d\boldsymbol{S} = \boldsymbol{E}\cdot\boldsymbol{e}_n dS = E dS\cos\theta$$

将此式与式(7.17)对比，可得用矢量标积表示的通过面元 $d\boldsymbol{S}$ 的电通量的公式

$$d\Phi_e = \boldsymbol{E}\cdot d\boldsymbol{S} \tag{7.18}$$

注意，由此式决定的电通量 $d\Phi_e$ 有正、负之别。当 $0\leqslant\theta\leqslant\pi/2$ 时，$d\Phi_e$ 为正；当 $\pi/2\leqslant\theta\leqslant\pi$ 时，$d\Phi_e$ 为负。

为了求出通过任意曲面 $S$ 的电通量(图 7.15)，可将曲面 $S$ 分割成许多小面元 dS。先计算通过每一小面元的电通量，然后对整个 $S$ 面上所有面元的电通量相加。用数学式表示就有

$$\Phi_e = \int d\Phi_e = \int_S \boldsymbol{E}\cdot d\boldsymbol{S} \tag{7.19}$$

这样的积分在数学上叫**面积分**，积分号下标 $S$ 表示此积分遍及整个曲面。

通过一个封闭曲面 $S$(图 7.16)的电通量可表示为

$$\Phi_e = \oint_S \boldsymbol{E}\cdot d\boldsymbol{S} \tag{7.20}$$

积分符号“$\oint$”表示对整个封闭曲面进行面积分。

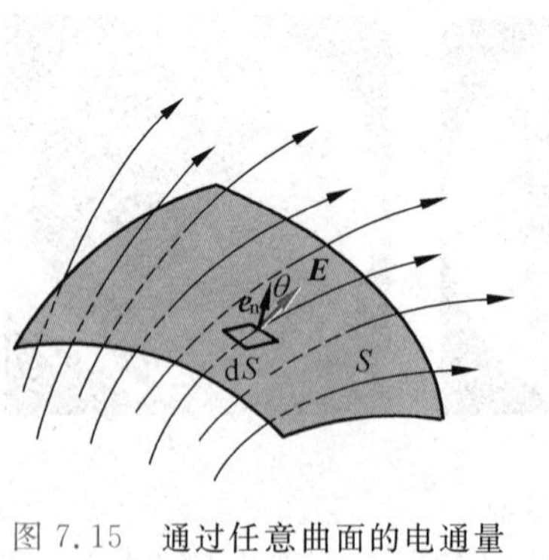

图 7.15 通过任意曲面的电通量

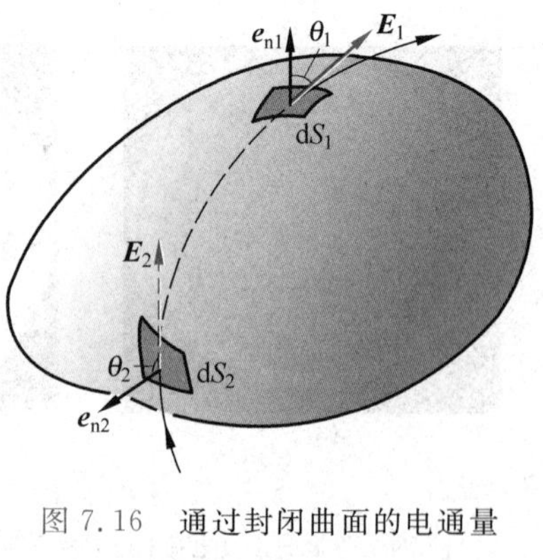

图 7.16 通过封闭曲面的电通量

对于不闭合的曲面，面上各处法向单位矢量的正向可以任意取这一侧或那一侧。对于闭合曲面，由于它使整个空间划分成内、外两部分，所以一般规定**自内向外**的方向为各处面元法向的正方向。因此，当电场线从内部穿出时（如在图 7.16 中面元 $dS_1$ 处），$0\leqslant\theta_1\leqslant\pi/2$，$d\Phi_e$为正。当电场线由外面穿入时（如图 7.16 中面元 $dS_2$ 处），$\pi/2\leqslant\theta_2\leqslant\pi$，$d\Phi_e$ 为负。式(7.20)中表示的通过整个封闭曲面的电通量 $\Phi_e$ 就等于穿出与穿入封闭曲面的电场线的条数之差，也就是**净穿出封闭面**的电场线的总条数。

## 7.6 高斯定律

高斯(K. F. Gauss，1777—1855 年)是德国物理学家和数学家，他在实验物理和理论物理以及数学方面都作出了很多贡献，他导出的高斯定律是电磁学的一条重要规律。

高斯定律是用电通量表示的电场和场源电荷关系的定律，它给出了通过任一封闭面的电通量与封闭面内部所包围的电荷的关系。下面我们利用电通量的概念根据库仑定律和场强叠加原理来导出这个关系。

我们先讨论一个静止的点电荷 $q$ 的电场。以 $q$ 所在点为中心，取任意长度 $r$ 为半径作一球面 $S$ 包围这个点电荷 $q$(图 7.17(a))。我们知道，球面上任一点的电场强度 $\boldsymbol{E}$ 的大小都是$\dfrac{q}{4\pi\varepsilon_0 r^2}$，方向都沿着径矢 $\boldsymbol{r}$ 的方向，而处处与球面垂直。根据式(7.20)，可得通过这球面的电通量为

$$\Phi_e=\oint_S \boldsymbol{E}\cdot d\boldsymbol{S}=\oint_S \frac{q}{4\pi\varepsilon_0 r^2}dS=\frac{q}{4\pi\varepsilon_0 r^2}\oint_S dS=\frac{q}{4\pi\varepsilon_0 r^2}4\pi r^2=\frac{q}{\varepsilon_0}$$

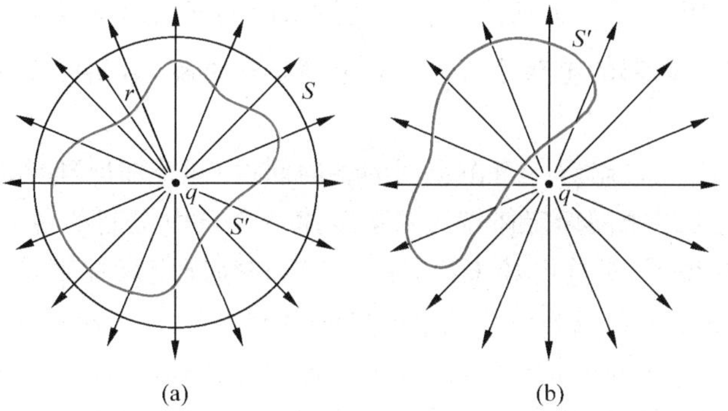


图 7.17 说明高斯定律用图

此结果与球面半径 $r$ 无关，只与它所包围的电荷的电量有关。这意味着，对以点电荷 $q$ 为中心的任意球面来说，通过它们的电通量都一样，都等于 $q/\varepsilon_0$。用电场线的图像来说，这表示通过各球面的电场线总条数相等，或者说，**从点电荷 $q$ 发出的电场线连续地延伸到无限远处**。这实际上是 7.5 节开始时指出的可以用**连续**的线描绘电场分布的根据。

现在设想另一个任意的闭合面 $S'$，$S'$与球面 $S$ 包围同一个点电荷 $q$(图 7.17(a))，由于电场线的连续性，可以得出通过闭合面 $S$ 和 $S'$的电力线数目是一样的。因此通过任意形状的包围点电荷 $q$ 的闭合面的电通量都等于 $q/\varepsilon_0$。

如果闭合面 $S'$不包围点电荷 $q$(图 7.17(b))，则由电场线的连续性可得出，由这一侧进

入 $S'$ 的电场线条数一定等于从另一侧穿出 $S'$ 的电场线条数，所以净穿出闭合面 $S'$ 的电场线的总条数为零，亦即通过 $S'$ 面的电通量为零。用公式表示，就是

$$\Phi_e = \oint_S \boldsymbol{E} \cdot d\boldsymbol{S} = 0$$

以上是关于单个点电荷的电场的结论。对于一个由点电荷 $q_1, q_2, \cdots, q_n$ 等组成的电荷系来说，在它们的电场中的任意一点，由场强叠加原理可得

$$\boldsymbol{E} = \boldsymbol{E}_1 + \boldsymbol{E}_2 + \cdots + \boldsymbol{E}_n$$

其中 $\boldsymbol{E}_1, \boldsymbol{E}_2, \cdots, \boldsymbol{E}_n$ 为单个点电荷产生的电场，$\boldsymbol{E}$ 为总电场。这时通过任意封闭曲面 $S$ 的电通量为

$$\begin{aligned}\Phi_e &= \oint_S \boldsymbol{E} \cdot d\boldsymbol{S} = \oint_S \boldsymbol{E}_1 \cdot d\boldsymbol{S} + \oint_S \boldsymbol{E}_2 \cdot d\boldsymbol{S} + \cdots + \oint_S \boldsymbol{E}_n \cdot d\boldsymbol{S} \\ &= \Phi_{e1} + \Phi_{e2} + \cdots + \Phi_{en}\end{aligned}$$

其中 $\Phi_{e1}, \Phi_{e2}, \cdots, \Phi_{en}$ 为单个点电荷的电场通过封闭曲面的电通量。由上述关于单个点电荷的结论可知，当 $q_i$ 在封闭曲面内时，$\Phi_{ei} = q_i/\varepsilon_0$；当 $q_i$ 在封闭曲面外时，$\Phi_{ei} = 0$，所以上式可以写成

$$\Phi_e = \oint_S \boldsymbol{E} \cdot d\boldsymbol{S} = \frac{1}{\varepsilon_0} \sum q_{in} \tag{7.21}$$

式中，$\sum q_{in}$ 表示在封闭曲面内的电量的代数和。式(7.21)就是高斯定律的数学表达式，它表明：**在真空中的静电场内，通过任意封闭曲面的电通量等于该封闭面所包围的电荷的电量的代数和的 $1/\varepsilon_0$ 倍。**

对高斯定律的理解应注意以下几点：①高斯定律表达式左方的场强 $\boldsymbol{E}$ 是曲面上各点的场强，它是由**全部电荷**（既包括封闭曲面内又包括封闭曲面外的电荷）共同产生的合场强，并非只由封闭曲面内的电荷 $\sum q_{in}$ 所产生。②通过封闭曲面的总电通量只决定于它所包围的电荷，即只有封闭曲面**内部的电荷**才对这一总电通量有贡献，封闭曲面外部电荷对这一总电通量无贡献。

上面利用库仑定律（已暗含了自由空间的各向同性）和叠加原理导出了高斯定律。在电场强度定义之后，也可以把高斯定律作为基本定律结合自由空间的各向同性而导出库仑定律来（见例7.8）。这说明，对静电场来说，库仑定律和高斯定律并不是互相独立的定律，而是用不同形式表示的电场与场源电荷关系的同一客观规律。二者具有“相逆”的意义：库仑定律使我们在电荷分布已知的情况下，能求出场强的分布；而高斯定律使我们在电场强度分布已知时，能求出任意区域内的电荷。尽管如此，当电荷分布具有某种对称性时，也可用高斯定律求出该种电荷系统的电场分布，而且，这种方法在数学上比用库仑定律简便得多。

可以附带指出的是，如上所述，对于静止电荷的电场，可以说库仑定律与高斯定律二者等价。但在研究**运动电荷**的电场或一般地随时间变化的电场时，人们发现，库仑定律不再成立，而高斯定律却仍然有效。所以说，高斯定律是关于电场的普遍的基本规律。

## 7.7 利用高斯定律求静电场的分布

在一个参考系内，当静止的电荷分布具有某种对称性时，可以应用高斯定律求场强分布。这种方法一般包含两步：首先，根据电荷分布的对称性分析电场分布的对称性；然后，

再应用高斯定律计算场强数值。这一方法的决定性的技巧是选取合适的封闭积分曲面(常叫**高斯面**)以便使积分$\oint \boldsymbol{E}\cdot d\boldsymbol{S}$中的$\boldsymbol{E}$能以标量形式从积分号内提出来。下面举几个例子,它们都要求求出在场源电荷静止的参考系内自由空间中的电场分布。

---

**例 7.8**

试由高斯定律求在点电荷$q$静止的参考系中自由空间内的电场分布。

**解** 由于自由空间是均匀而且各向同性的,因此,点电荷的电场应具有以该电荷为中心的球对称性,即各点的场强方向应沿从点电荷引向各点的径矢方向,并且在距点电荷等远的所有各点上,场强的数值应该相等。据此,可以选择一个以点电荷所在点为球心,半径为$r$的球面为高斯面$S$。通过$S$面的电通量为

$$\Phi_e = \oint_S \boldsymbol{E}\cdot d\boldsymbol{S} = \oint_S E\,dS = E\oint_S dS$$

最后的积分就是球面的总面积$4\pi r^2$,所以

$$\Phi_e = E\cdot 4\pi r^2$$

$S$面包围的电荷为$q$。高斯定律给出

$$E\cdot 4\pi r^2 = \frac{1}{\varepsilon_0}q$$

由此得出

$$E = \frac{q}{4\pi\varepsilon_0 r^2}$$

由于$\boldsymbol{E}$的方向沿径向,所以此结果又可以用下一矢量式表示:

$$\boldsymbol{E} = \frac{q}{4\pi\varepsilon_0 r^2}\boldsymbol{e}_r$$

这就是点电荷的场强公式。

若将另一电荷$q_0$放在距电荷$q$为$r$的一点上,则由场强定义可求出$q_0$受的力为

$$\boldsymbol{F} = \boldsymbol{E}q_0 = \frac{qq_0}{4\pi\varepsilon_0 r^2}\boldsymbol{e}_r$$

此式正是库仑定律。这样,我们就由高斯定律导出了库仑定律。

---

**例 7.9**

求均匀带电球面的电场分布。已知球面半径为$R$,所带总电量为$q$(设$q>0$)。

**解** 先求球面外任一点$P$处的场强。设$P$距球心为$r$(图7.18),并连接$OP$直线。由于**自由空间**的各向同性和电荷分布对于$O$点的球对称性,在$P$点唯一可能的确定方向是径矢$OP$的方向,因而此处场强$\boldsymbol{E}$的方向只可能是沿此径向(反过来说,设$\boldsymbol{E}$的方向在图中偏离$OP$,例如,向下30°,那么将带电球面连同它的电场以$OP$为轴转动180°后,电场$\boldsymbol{E}$的方向就将应偏离$OP$向上30°。由于电荷分布并未因此转动而发生变化,所以电场方向的这种改变是不应该有的。带电球面转动时,$P$点的电场方向只有在该方向沿$OP$径向时才能不变)。其他各点的电场方向也都沿各自的径矢方向。又由于电荷分布的球对称性,在以$O$为心的同一球面上各点的电场强度的大小都应该相等,因此可选球面$S$为高斯面,通过它的电通量为

$$\Phi_e = \oint_S \boldsymbol{E}\cdot d\boldsymbol{S} = \oint_S E\,dS = E\oint_S dS = E\cdot 4\pi r^2$$

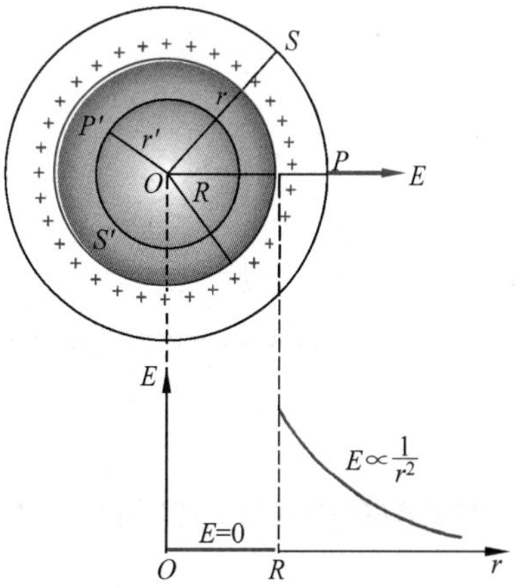


图 7.18 均匀带电球面的电场分析

此球面包围的电荷为 $\sum q_{in}=q$。高斯定律给出

$$E\cdot 4\pi r^2=\frac{q}{\varepsilon_0}$$

由此得出

$$E=\frac{q}{4\pi\varepsilon_0 r^2}\quad (r>R)$$

考虑 **E** 的方向，可得电场强度的矢量式为

$$\boldsymbol{E}=\frac{q}{4\pi\varepsilon_0 r^2}\boldsymbol{e}_r\quad (r>R)\tag{7.22}$$

此结果说明，均匀带电球面外的场强分布正像球面上的电荷都集中在球心时所形成的一个点电荷在该区的场强分布一样。

对球面内部任一点 $P'$，上述关于场强的大小和方向的分析仍然适用。过 $P'$ 点作半径为 $r'$ 的同心球面为高斯面 $S'$。通过它的电通量仍可表示为 $4\pi r'^2 E$，但由于此 $S'$ 面内没有电荷，根据高斯定律，应该有

$$E\cdot 4\pi r^2=0$$

即

$$E=0\quad (r<R)\tag{7.23}$$

这表明：均匀带电球面内部的场强处处为零。

根据上述结果，可画出场强随距离的变化曲线——$E$-$r$ 曲线(图7.18)。从 $E$-$r$ 曲线中可看出，场强值在球面($r=R$)上是不连续的。

---

**例 7.10**

求均匀带电球体的电场分布。已知球半径为 $R$，所带总电量为 $q$。

铀核可视为带有 $92e$ 的均匀带电球体，半径为 $7.4\times10^{-15}$ m，求其表面的电场强度。

**解** 设想均匀带电球体是由一层层同心均匀带电球面组成。这样例7.9中关于场强方向和大小的分析在本例中也适用。因此，可以直接得出：在球体外部的场强分布和所有电荷都集中到球心时产生的电场一样，即

$$\boldsymbol{E}=\frac{q}{4\pi\varepsilon_0 r^2}\boldsymbol{e}_r\quad (r\geqslant R)\tag{7.24}$$

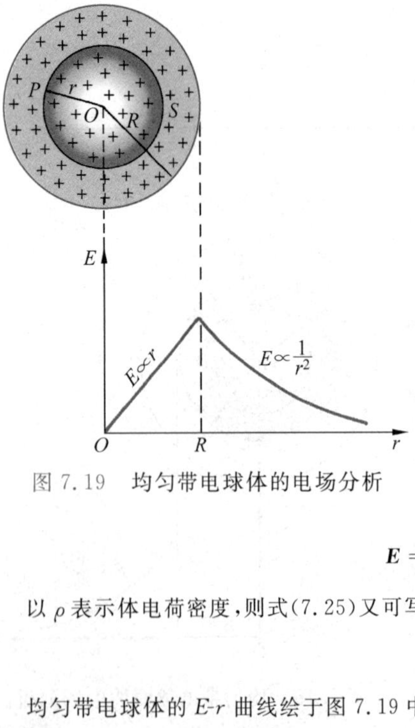


图7.19 均匀带电球体的电场分析

为了求出球体内任一点的场强，可以通过球内 $P$ 点做一个半径为 $r(r<R)$ 的同心球面 $S$ 作为高斯面(图7.19)，通过此面的电通量仍为 $E\cdot 4\pi r^2$。此球面包围的电荷为

$$\sum q_{in}=\frac{q}{\frac{4}{3}\pi R^3}\frac{4}{3}\pi r^3=\frac{qr^3}{R^3}$$

由此利用高斯定律可得

$$E=\frac{q}{4\pi\varepsilon_0 R^3}r\quad (r\leqslant R)$$

这表明，在均匀带电球体内部各点场强的大小与径矢大小成正比。考虑到 **E** 的方向，球内电场强度也可以用矢量式表示为

$$\boldsymbol{E}=\frac{q}{4\pi\varepsilon_0 R^3}\boldsymbol{r}\quad (r\leqslant R)\tag{7.25}$$

以 $\rho$ 表示体电荷密度，则式(7.25)又可写成

$$\boldsymbol{E}=\frac{\rho}{3\varepsilon_0}\boldsymbol{r}\tag{7.26}$$

均匀带电球体的 $E$-$r$ 曲线绘于图7.19中。注意，在球体表面上，场强的大小是连续的。

由式(7.24)或式(7.25),可得铀核表面的电场强度为

$$E=\frac{92e}{4\pi\varepsilon_0 R^2}=\frac{92\times1.6\times10^{-19}}{4\pi\times8.85\times10^{-12}\times(7.4\times10^{-15})^2}=2.4\times10^{21}\,(\text{N/C})$$

**例 7.11**

求无限长均匀带电直线的电场分布。已知线上线电荷密度为 $\lambda$。

输电线上均匀带电,线电荷密度为 4.2 nC/m,求距电线 0.50 m 处的电场强度。

**解** 带电直线的电场分布应具有轴对称性,考虑离直线距离为 $r$ 的一点 $P$ 处的场强 $\boldsymbol{E}$(图 7.20)。由于空间各向同性而带电直线为无限长,且均匀带电,所以电场分布具有轴对称性,因而 $P$ 点的电场方向唯一的可能是垂直于带电直线而沿径向,并且和 $P$ 点在同一圆柱面(以带电直线为轴)上的各点的场强大小也都相等,而且方向都沿径向。

作一个通过 $P$ 点,以带电直线为轴,高为 $l$ 的圆筒形封闭面为高斯面 $S$,通过 $S$ 面的电通量为

$$\Phi_e=\oint_S \boldsymbol{E}\cdot d\boldsymbol{S}=\int_{S_1}\boldsymbol{E}\cdot d\boldsymbol{S}+\int_{S_t}\boldsymbol{E}\cdot d\boldsymbol{S}+\int_{S_b}\boldsymbol{E}\cdot d\boldsymbol{S}$$

在 $S$ 面的上、下底面($S_t$ 和 $S_b$)上,场强方向与底面平行,因此,上式等号右侧后面两项等于零。而在侧面($S_l$)上各点 $\boldsymbol{E}$ 的方向与各该点的法线方向相同,所以有

$$\oint_S \boldsymbol{E}\cdot d\boldsymbol{S}=\int_{S_l}\boldsymbol{E}\cdot d\boldsymbol{S}=\int_{S_l}E\,dS=E\int_{S_l}dS=E\cdot 2\pi rl$$

此封闭面内包围的电荷 $\sum q_{in}=\lambda l$。由高斯定律得

$$E\cdot 2\pi rl=\lambda l/\varepsilon_0$$

由此得

$$E=\frac{\lambda}{2\pi\varepsilon_0 r} \tag{7.27}$$

这一结果与式(7.13)相同。由此可见,当条件允许时,利用高斯定律计算场强分布要简便得多。

题中所述输电线周围 0.50 m 处的电场强度为

$$E=\frac{\lambda}{2\pi\varepsilon_0 r}=\frac{4.2\times10^{-9}}{2\pi\times8.85\times10^{-12}\times0.50}=1.5\times10^2\,(\text{N/C})$$

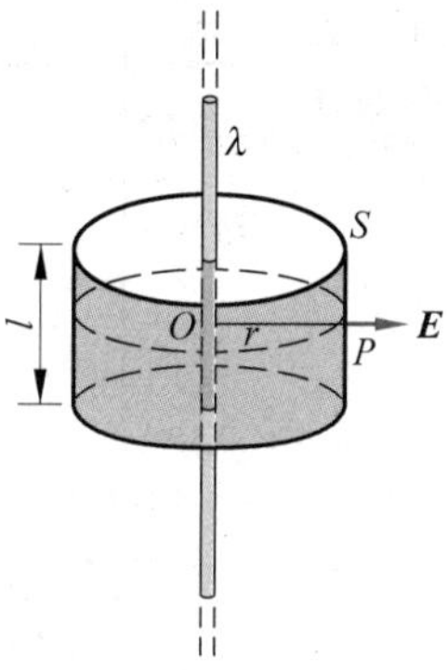


图 7.20 无限长均匀带电直线的场强分析

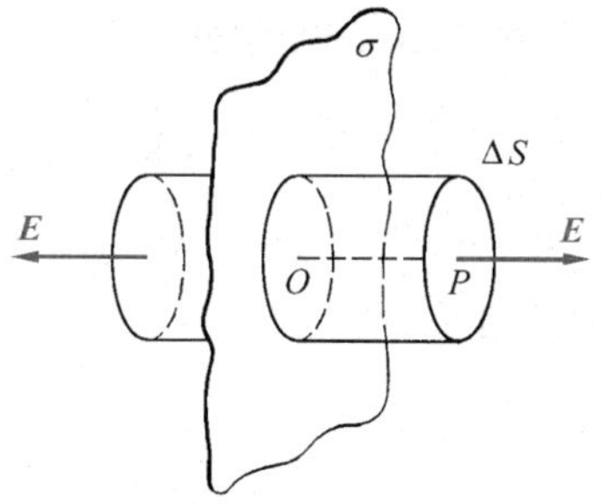


图 7.21 无限大均匀带电平面的电场分析

**例 7.12**

求无限大均匀带电平面的电场分布。已知带电平面上面电荷密度为 $\sigma$。

**解** 考虑距离带电平面为 $r$ 的 $P$ 点的场强 $\boldsymbol{E}$(图 7.21)。由于电荷分布对于垂线 $OP$ 是对称的,所以 $P$ 点的场强必然垂直于该带电平面。又由于电荷均匀分布在一个无限大平面上,所以电场分布必然对该平面对称,而且离平面等远处(两侧一样)的场强大小都相等,方向都垂直指离平面(当 $\sigma>0$ 时)。

我们选一个其轴垂直于带电平面的圆筒式的封闭面作为高斯面 $S$,带电平面平分此圆筒,而 $P$ 点位于它的一个底上。

由于圆筒的侧面上各点的 $\boldsymbol{E}$ 与侧面平行,所以通过侧面的电通量为零。因而只需要计算通过两底面($S_{\text{tb}}$)的电通量。以 $\Delta S$ 表示一个底的面积,则

$$\Phi_e = \oint_S \boldsymbol{E} \cdot d\boldsymbol{S} = \int_{S_{\text{tb}}} \boldsymbol{E} \cdot d\boldsymbol{S} = 2E\Delta S$$

由于

$$\sum q_{\text{in}} = \sigma \Delta S$$

高斯定律给出

$$2E\Delta S = \sigma \Delta S/\varepsilon_0$$

从而

$$E = \frac{\sigma}{2\varepsilon_0} \tag{7.28}$$

此结果说明,无限大均匀带电平面两侧的电场是均匀场。这一结果和式(7.14)相同。

---

上述各例中的带电体的电荷分布都具有某种对称性,利用高斯定律计算这类带电体的场强分布是很方便的。不具有特定对称性的电荷分布,其电场不能直接用高斯定律求出。当然,这绝不是说,高斯定律对这些电荷分布不成立。

对带电体系来说,如果其中每个带电体上的电荷分布都具有对称性,那么可以用高斯定律求出每个带电体的电场,然后再应用场强叠加原理求出带电体系的总电场分布。下面举个例子。

---

**例 7.13**

两个平行的无限大均匀带电平面(图 7.22),其面电荷密度分别为 $\sigma_1 = +\sigma$ 和 $\sigma_2 = -\sigma$,而 $\sigma = 4\times10^{-11}$ C/m²。求这一带电系统的电场分布。

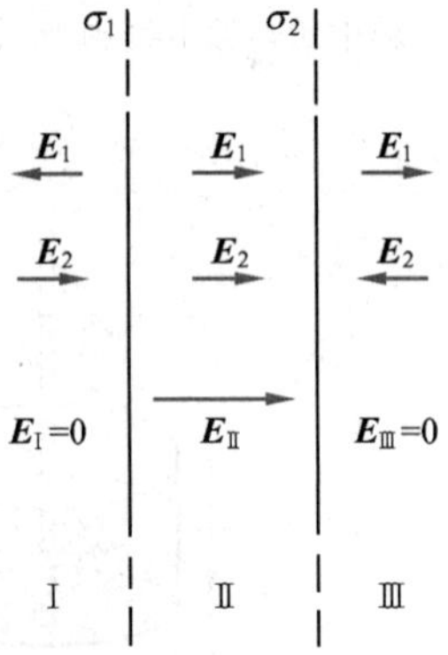


图 7.22 带电平行平面的电场分析

**解** 这两个带电平面的总电场不再具有前述的简单对称性,因而不能直接用高斯定律求解。但据例 7.12,两个面在各自的两侧产生的场强的方向如图 7.22 所示,其大小分别为

$$E_1 = \frac{\sigma_1}{2\varepsilon_0} = \frac{\sigma}{2\varepsilon_0} = \frac{4\times10^{-11}}{2\times8.85\times10^{-12}} = 2.26\ (\text{V/m})$$

$$E_2 = \frac{|\sigma_2|}{2\varepsilon_0} = \frac{\sigma}{2\varepsilon_0} = \frac{4\times10^{-11}}{2\times8.85\times10^{-12}} = 2.26\ (\text{V/m})$$

根据场强叠加原理可得

在Ⅰ区: $E_{\text{I}} = E_1 - E_2 = 0$;

在Ⅱ区: $E_{\text{II}} = E_1 + E_2 = \frac{\sigma}{\varepsilon_0} = 4.52$ V/m,方向向右;

在Ⅲ区: $E_{\text{III}} = E_1 - E_2 = 0$。

## 提要

**1. 电荷的基本性质**:两种电荷,量子性,电荷守恒,相对论不变性。

**2. 库仑定律**:两个静止的点电荷之间的作用力

$$F = \frac{kq_1q_2}{r^2}\boldsymbol{e}_r = \frac{q_1q_2}{4\pi\varepsilon_0 r^2}\boldsymbol{e}_r$$

其中的 $k=9\times10^9\ \mathrm{N\cdot m^2/C^2}$

真空介电常量 $\varepsilon_0=\frac{1}{4\pi k}=8.85\times10^{-12}\ \mathrm{C^2/(N\cdot m^2)}$

**3. 电力叠加原理：**$\boldsymbol{F}=\sum \boldsymbol{F}_i$

**4. 电场强度：**$\boldsymbol{E}=\frac{\boldsymbol{F}}{q}$，$q$ 为检验电荷。

**5. 场强叠加原理：**$\boldsymbol{E}=\sum \boldsymbol{E}_i$

用叠加法求电荷系的静电场：

$$\boldsymbol{E}=\sum_i \frac{q_i}{4\pi\varepsilon_0 r_i^2}\boldsymbol{e}_{ri}$$

$$\boldsymbol{E}=\int_q \frac{\mathrm{d}q}{4\pi\varepsilon_0 r^2}\boldsymbol{e}_r$$

**6. 电通量：**$\Phi_\mathrm{e}=\int_S \boldsymbol{E}\cdot \mathrm{d}\boldsymbol{S}$

**7. 高斯定律：**$\oint_S \boldsymbol{E}\cdot \mathrm{d}\boldsymbol{S}=\frac{1}{\varepsilon_0}\sum q_{\mathrm{in}}$

**8. 典型静电场**

均匀带电球面：$\boldsymbol{E}=0$ （球面内），

$\boldsymbol{E}=\frac{q}{4\pi\varepsilon_0 r^2}\boldsymbol{e}_r$ （球面外）；

均匀带电球体：$\boldsymbol{E}=\frac{q}{4\pi\varepsilon_0 R^3}\boldsymbol{r}=\frac{\rho}{3\varepsilon_0}\boldsymbol{r}$ （球体内），

$\boldsymbol{E}=\frac{q}{4\pi\varepsilon_0 r^2}\boldsymbol{e}_r$ （球体外）；

均匀带电无限长直线：$E=\frac{\lambda}{2\pi\varepsilon_0 r}$，方向垂直于带电直线；

均匀带电无限大平面：$E=\frac{\sigma}{2\varepsilon_0}$，方向垂直于带电平面。

**9. 电偶极子在电场中受到的力矩**

$$\boldsymbol{M}=\boldsymbol{p}\times\boldsymbol{E}$$

## 思考题

7.1 点电荷的电场公式为

$$\boldsymbol{E}=\frac{q}{4\pi\varepsilon_0 r^2}\boldsymbol{e}_r$$

从形式上看，当所考察的点与点电荷的距离 $r\to0$ 时，场强 $E\to\infty$。这是没有物理意义的，你对此如何解释？

7.2 试说明电力叠加原理暗含了库仑定律的下述内容：两个静止的点电荷之间的作用力与两个电荷的电量成正比。

7.3 $\boldsymbol{E}=\frac{\boldsymbol{F}}{q_0}$ 与 $\boldsymbol{E}=\frac{q}{4\pi\varepsilon_0 r^2}\boldsymbol{e}_r$ 两公式有什么区别和联系？对前一公式中的 $q_0$ 有何要求？

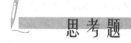

7.4 电场线、电通量和电场强度的关系如何？电通量的正、负表示什么意义？

7.5 三个相等的电荷放在等边三角形的三个顶点上，问是否可以以三角形中心为球心作一个球面，利用高斯定律求出它们所产生的场强？对此球面高斯定律是否成立？

7.6 如果通过闭合面 $S$ 的电通量 $\Phi_e$ 为零，是否能肯定面 $S$ 上每一点的场强都等于零？

7.7 如果在封闭面 $S$ 上，$E$ 处处为零，能否肯定此封闭面一定没有包围净电荷？

7.8 电场线能否在无电荷处中断？为什么？

7.9 高斯定律和库仑定律的关系如何？

7.10 在真空中有两个相对的平行板，相距为 $d$，板面积均为 $S$，分别带电量 $+q$ 和 $-q$。有人说，根据库仑定律，两板之间的作用力 $f=q^2/4\pi\varepsilon_0 d^2$。又有人说，因 $f=qE$，而板间 $E=\sigma/\varepsilon_0$，$\sigma=q/S$，所以 $f=q^2/\varepsilon_0 S$。还有人说，由于一个板上的电荷在另一板处的电场为 $E=\sigma/2\varepsilon_0$，所以 $f=qE=q^2/2\varepsilon_0 S$。试问这三种说法哪种对？为什么？

## 习题

7.1 在边长为 $a$ 的正方形的四角，依次放置点电荷 $q$，$2q$，$-4q$ 和 $2q$，它的正中放着一个单位正电荷，求这个电荷受力的大小和方向。

7.2 三个电量为 $-q$ 的点电荷各放在边长为 $r$ 的等边三角形的三个顶点上，电荷 $Q(Q>0)$ 放在三角形的重心上。为使每个负电荷受力为零，$Q$ 之值应为多大？

7.3 如图 7.23 所示，用四根等长的线将四个带电小球相连，带电小球的电量分别是 $-q$，$Q$，$-q$ 和 $Q$。试证明当此系统处于平衡时，$\cot^3\alpha=q^2/Q^2$。

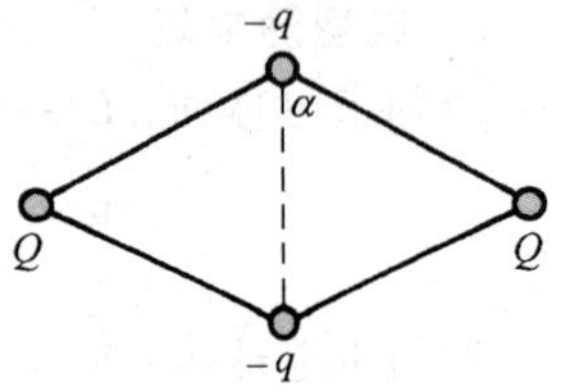

图 7.23 习题 7.3 用图

7.4 一个正 $\pi$ 介子由一个 u 夸克和一个反 d 夸克组成。u 夸克带电量为 $\frac{2}{3}e$，反 d 夸克带电量为 $\frac{1}{3}e$。将夸克作为经典粒子处理，试计算正 $\pi$ 介子中夸克间的电力（设它们之间的距离为 $1.0\times10^{-15}$ m）。

7.5 精密的实验已表明，一个电子与一个质子的电量在实验误差为 $\pm10^{-21}e$ 的范围内是相等的，而中子的电量在 $\pm10^{-21}e$ 的范围内为零。考虑这些误差综合的最坏情况，问一个氧原子（具有 8 个电子、8 个质子和 8 个中子）所带的最大可能净电荷是多少？若将原子看成质点，试比较两个氧原子间电力和万有引力的大小，其净力是相吸还是相斥？

7.6 一个电偶极子的电矩为 $\boldsymbol{p}=q\boldsymbol{l}$，证明此电偶极子轴线上距其中心为 $r(r\gg l)$ 处的一点的场强为 $\boldsymbol{E}=2\boldsymbol{p}/4\pi\varepsilon_0 r^3$。

7.7 电偶极子电场的一般表示式。将电矩为 $\boldsymbol{p}$ 的电偶极子所在位置取作原点，电矩方向取作 $x$ 轴正向。由于电偶极子的电场具有对 $x$ 轴的轴对称性，所以可以只求 $xy$ 平面内的电场分布 $\boldsymbol{E}(x,y)$。以 $\boldsymbol{r}$ 表示场点 $P(x,y)$ 的径矢，将 $\boldsymbol{p}$ 分解为平行于 $\boldsymbol{r}$ 和垂直于 $\boldsymbol{r}$ 的两个分量，并用例 7.1 和习题 7.6 的结果证明

$$\boldsymbol{E}(x,y)=\frac{p(2x^2-y^2)}{4\pi\varepsilon_0(x^2+y^2)^{5/2}}\boldsymbol{i}+\frac{3pxy}{4\pi\varepsilon_0(x^2+y^2)^{5/2}}\boldsymbol{j}$$

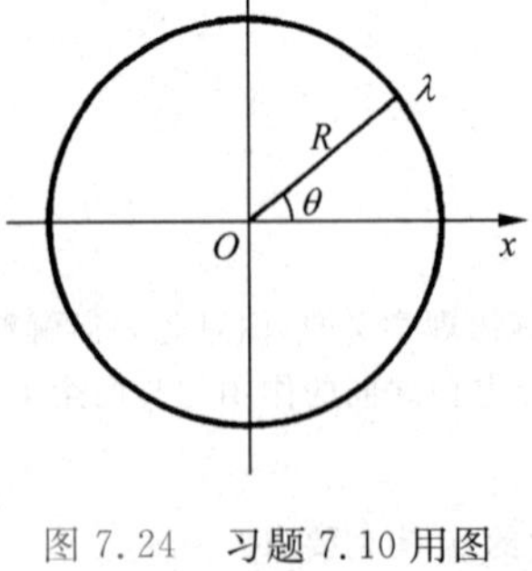

图 7.24 习题 7.10 用图

7.8 两根无限长的均匀带电直线相互平行，相距为 $2a$，线电荷密度分别为 $+\lambda$ 和 $-\lambda$，求每单位长度的带电直线受的作用力。

7.9 一均匀带电直线长为 $L$，线电荷密度为 $\lambda$。求直线的延长线上距 $L$ 中点为 $r(r>L/2)$ 处的场强。

7.10 如图 7.24，一个细的带电塑料圆环，半径为 $R$，所带线电荷密度 $\lambda$ 和 $\theta$ 有 $\lambda=\lambda_0\sin\theta$ 的关系。求在圆心处的电场强度的方向和大小。

7.11 一根不导电的细塑料杆，被弯成近乎完整的圆，圆的半径为 0.5 m，杆的两端有 2 cm 的缝隙，$3.12\times10^{-9}$ C 的正电荷均匀地分布在杆上，求圆心处电场的大小和方向。

7.12 如图 7.25 所示，两根平行长直线间距为 $2a$，一端用半圆形线连起来。全线上均匀带电，试证明在圆心 $O$ 处的电场强度为零。

7.13 一个半球面上均匀带有电荷，试用对称性和叠加原理论证下述结论成立：在如鼓面似地蒙住半球面的假想圆面上各点的电场方向都垂直于此圆面。

7.14 (1) 点电荷 $q$ 位于边长为 $a$ 的正立方体的中心，通过此立方体的每一面的电通量各是多少？

(2) 若电荷移至正立方体的一个顶点上，那么通过每个面的电通量又各是多少？

7.15 实验证明，地球表面上方电场不为 0，晴天大气电场的平均场强约为 120 V/m，方向向下，这意味着地球表面上有多少过剩电荷？试以每平方厘米的额外电子数来表示。

7.16 地球表面上方电场方向向下，大小可能随高度改变(图 7.26)。设在地面上方 100 m 高处场强为 150 N/C，300 m 高处场强为 100 N/C。试由高斯定律求在这两个高度之间的平均体电荷密度，以多余的或缺少的电子数密度表示。

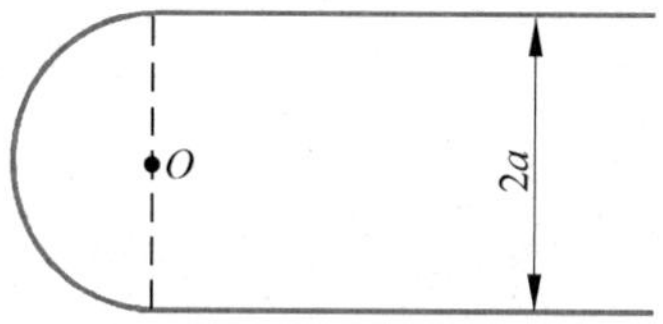

图 7.25 习题 7.12 用图

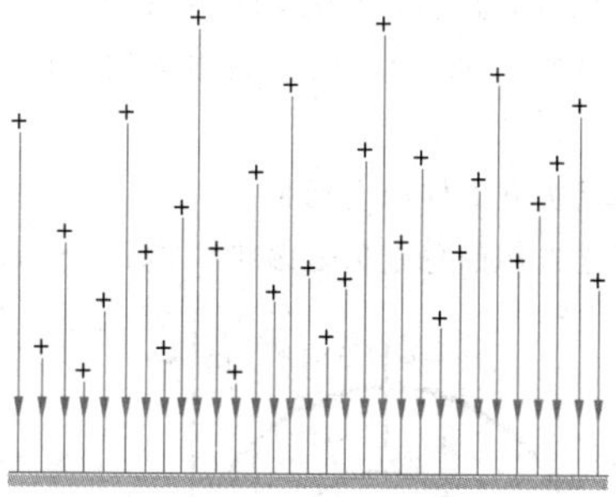
图 7.26 习题 7.16 用图

7.17 一无限长的均匀带电薄壁圆筒，截面半径为 $a$，面电荷密度为 $\sigma$，设垂直于筒轴方向从中心轴向外的径矢的大小为 $r$，求其电场分布并画出 $E$-$r$ 曲线。

7.18 两个无限长同轴圆筒半径分别为 $R_1$ 和 $R_2$，单位长度带电量分别为 $+\lambda$ 和 $-\lambda$。求内筒内、两筒间及外筒外的电场分布。

7.19 两个平行无限大均匀带电平面，面电荷密度分别为 $\sigma_1=4\times10^{-11}\ \mathrm{C/m^2}$ 和 $\sigma_2=-2\times10^{-11}\ \mathrm{C/m^2}$。求此系统的电场分布。

7.20 一无限大均匀带电厚壁，壁厚为 $D$，体电荷密度为 $\rho$，求其电场分布并画出 $E$-$d$ 曲线。$d$ 为垂直于壁面的坐标，原点在厚壁的中心。

7.21 一大平面中部有一半径为 $R$ 的小孔，设平面均匀带电，面电荷密度为 $\sigma_0$，求通过小孔中心并与平面垂直的直线上的场强分布。

7.22 一均匀带电球体，半径为 $R$，体电荷密度为 $\rho$，今在球内挖去一半径为 $r(r<R)$ 的球体，求证由此形成的空腔内的电场是均匀的，并求其值。

7.23 通常情况下中性氢原子具有如下的电荷分布：一个大小为 $+e$ 的电荷被密度为 $\rho(r)=-Ce^{-2r/a_0}$ 的负电荷所包围，$a_0$ 是“玻尔半径”，$a_0=0.53\times10^{-10}$ m，$C$ 是为了使电荷总量等于 $-e$ 所需要的常量。试问在半径为 $a_0$ 的球内净电荷是多少？距核 $a_0$ 远处的电场强度多大？

7.24 质子的电荷并非集中于一点，而是分布在一定空间内。实验测知，质子的电荷分布可用下述指数函数表示其电荷体密度：

$$\rho=\frac{e}{8\pi b^3}e^{-r/b}$$

其中 $b$ 为一常量，$b=0.23\times10^{-15}$ m。求电场强度随 $r$ 变化的表示式和 $r=1.0\times10^{-15}$ m 处的电场强度的

大小。

7.25 按照一种模型，中子是由带正电荷的内核与带负电荷的外壳所组成。假设正电荷电量为 $2e/3$，且均匀分布在半径为 $0.50\times10^{-15}$ m 的球内；而负电荷电量 $-2e/3$，分布在内、外半径分别为 $0.50\times10^{-15}$ m 和 $1.0\times10^{-15}$ m 的同心球壳内(图 7.27)。求在与中心距离分别为 $1.0\times10^{-15}$ m，$0.75\times10^{-15}$ m，$0.50\times10^{-15}$ m 和 $0.25\times10^{-15}$ m 处电场的大小和方向。

7.26 $\tau$ 子是与电子一样带有负电而质量却很大的粒子。它的质量为 $3.17\times10^{-27}$ kg，大约是电子质量的 3480 倍，$\tau$ 子可穿透核物质，因此，$\tau$ 子在核电荷的电场作用下在核内可作轨道运动。设 $\tau$ 子在铀核内的圆轨道半径为 $2.9\times10^{-15}$ m，把铀核看作是半径为 $7.4\times10^{-15}$ m 的球，并且带有 $92e$ 且均匀分布于其体积内的电荷。计算 $\tau$ 子的轨道运动的速率、动能、角动量和频率。

7.27 设在氢原子中，负电荷均匀分布在半径为 $r_0=0.53\times10^{-10}$ m 的球体内，总电量为 $-e$，质子位于此电子云的中心。求当外加电场 $E=3\times10^6$ V/m(实验室内很强的电场)时，负电荷的球心和质子相距多远？(设电子云不因外加电场而变形)此时氢原子的"感生电偶极矩"多大？

7.28 根据汤姆孙模型，氦原子由一团均匀的正电荷云和其中的两个电子构成。设正电荷云是半径为 0.05 nm 的球，总电量为 $2e$，两个电子处于和球心对称的位置，求两电子的平衡间距。

7.29 在图 7.28 所示的空间内电场强度分量为 $E_x=bx^{1/2}$，$E_y=E_z=0$，其中 $b=800\ \mathrm{N\cdot m^{-1/2}/C}$。试求：

(1) 通过正立方体的电通量；

(2) 正立方体的总电荷是多少？设 $a=10$ cm。

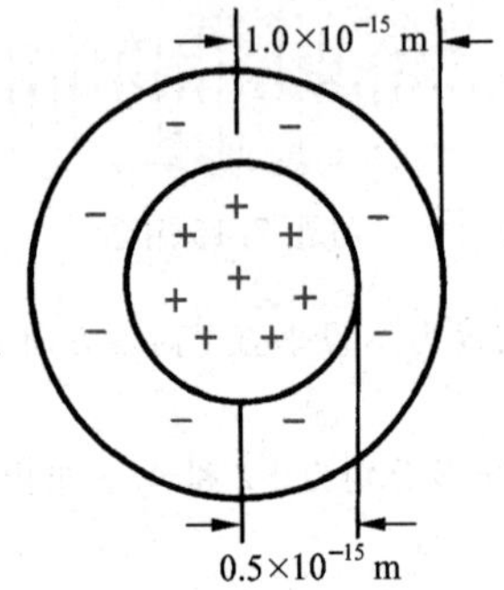


图 7.27 习题 7.25 用图

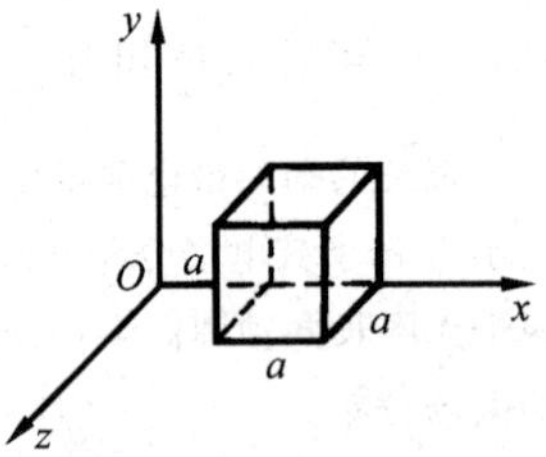


图 7.28 习题 7.29 用图

7.30 在 $x=+a$ 和 $x=-a$ 处分别放上一个电量都是 $+q$ 的点电荷。

(1) 试证明在原点 $O$ 处 $(\mathrm{d}E/\mathrm{d}x)_{x=0}=-q/\pi\varepsilon_0 a^3$；

(2) 在原点处放置一电矩为 $\boldsymbol{p}=p\boldsymbol{i}$ 的电偶极子，试证它受的电场力为 $p(\mathrm{d}E/\mathrm{d}x)_{x=0}=-pq/\pi\varepsilon_0 a^3$。

7.31 证明：电矩为 $\boldsymbol{p}$ 的电偶极子在场强为 $\boldsymbol{E}$ 的均匀电场中，从与电场方向垂直的位置转到与电场方向成 $\theta$ 角的位置的过程中，电场力做的功为 $pE\cos\theta=\boldsymbol{p}\cdot\boldsymbol{E}$。

7.32 两个固定的点电荷电量分别为 $+1.0\times10^{-6}$ C 和 $-4.0\times10^{-6}$ C，相距 10 cm。

(1) 在何处放一点电荷 $q_0$ 时，此点电荷受的电场力为零而处于平衡状态？

(2) $q_0$ 在该处的平衡状态沿两点电荷的连线方向是否是稳定的？试就 $q_0$ 为正负两种情况进行讨论。

(3) $q_0$ 在该处的平衡状态沿垂直于该连线的方向又如何？

7.33 试证明：只是在静电力作用下，一个电荷不可能处于稳定平衡状态。(提示：假设在静电场中的 $P$ 点放置一电荷 $+q$，如果它处于稳定平衡状态，则 $P$ 点周围的电场方向应如何分布？然后应用高斯定律)

7.34 喷墨打印机的结构简图如图 7.29 所示。其中墨盒可以发出墨汁微滴，其半径约 $10^{-5}$ m。(墨盒每秒钟可发出约 $10^5$ 个微滴，每个字母约需百余滴。)此微滴经过带电室时被带上负电，带电的多少由计算机按字体笔画高低位置输入信号加以控制。带电后的微滴进入偏转板，由电场按其带电量的多少施加偏转电力，从而可沿不同方向射出，打到纸上即显示出字体来。无信号输入时，墨汁滴径直通过偏转板而注入回流槽流回墨盒。

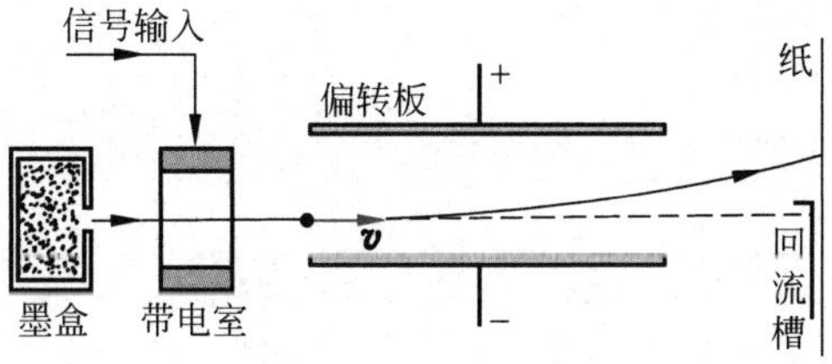


图 7.29　习题 7.34 用图

设一个墨汁滴的质量为 $1.5\times10^{-10}$ kg，经过带电室后带上了 $-1.4\times10^{-13}$ C 的电量，随后即以 20 m/s 的速度进入偏转板，偏转板长度为 1.6 cm。如果板间电场强度为 $1.6\times10^{6}$ N/C，那么此墨汁滴离开偏转板时在竖直方向将偏转多大距离？（忽略偏转板边缘的电场不均匀性，并忽略空气阻力）

# 第 8 章

# 电　　势

第7章介绍了电场强度，它说明电场对电荷有作用力。电场对电荷既然有作用力，那么，当电荷在电场中移动时，电场力就要做功。根据功和能量的联系，可知有能量和电场相联系。本章介绍和静电场相联系的能量。首先根据静电场的保守性，引入了电势的概念，并介绍了计算电势的方法以及电势和电场强度的关系。然后根据功能关系导出了电荷系的静电能的计算公式。静电系统的静电能可以认为是储存在电场中的。本章最后给出了由电场强度求静电能的方法并引入了电场能量密度的概念。

## 8.1　静电场的保守性

本章从功能的角度研究静电场的性质，我们先从库仑定律出发证明静电场是保守场。

图8.1中，以 $q$ 表示固定于某处的一个点电荷，当另一电荷 $q_0$ 在它的电场中由 $P_1$ 点沿任一路径移到 $P_2$ 点时，$q_0$ 受的静电场力所做的功为

$$A_{12} = \int_{(P_1)}^{(P_2)} \boldsymbol{F} \cdot \mathrm{d}\boldsymbol{r} = \int_{(P_1)}^{(P_2)} q_0 \boldsymbol{E} \cdot \mathrm{d}\boldsymbol{r} = q_0 \int_{(P_1)}^{(P_2)} \boldsymbol{E} \cdot \mathrm{d}\boldsymbol{r} \tag{8.1}$$

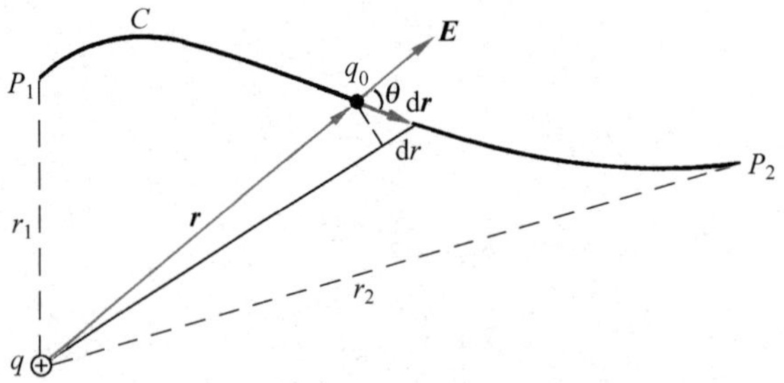


图8.1　电荷运动时电场力做功的计算

上式两侧除以 $q_0$，得到

$$\frac{A_{12}}{q_0} = \int_{(P_1)}^{(P_2)} \boldsymbol{E} \cdot \mathrm{d}\boldsymbol{r} \tag{8.2}$$

式(8.2)等号右侧的积分 $\int_{(P_1)}^{(P_2)} \boldsymbol{E} \cdot \mathrm{d}\boldsymbol{r}$ 叫电场强度 $\boldsymbol{E}$ 沿任意路径 $L$ 的**线积分**，它表示在电场中从 $P_1$ 点到 $P_2$ 点移动单位正电荷时电场力所做的功。由于这一积分只由 $q$ 的电场强度 $\boldsymbol{E}$

的分布决定,而与被移动的电荷的电量无关,所以可以用它来说明电场的性质。

对于静止的点电荷 $q$ 的电场来说,其电场强度公式为

$$\boldsymbol{E}=\frac{q}{4\pi\varepsilon_0 r^2}\boldsymbol{e}_r=\frac{q}{4\pi\varepsilon_0 r^3}\boldsymbol{r}$$

将此式代入到式(8.2)中,得场强 $\boldsymbol{E}$ 的线积分为

$$\int_{(P_1)}^{(P_2)}\boldsymbol{E}\cdot\mathrm{d}\boldsymbol{r}=\int_{(P_1)}^{(P_2)}\frac{q}{4\pi\varepsilon_0 r^3}\boldsymbol{r}\cdot\mathrm{d}\boldsymbol{r}$$

从图 8.1 看出,$\boldsymbol{r}\cdot\mathrm{d}\boldsymbol{r}=r\cos\theta|\mathrm{d}\boldsymbol{r}|=r\mathrm{d}r$,这里 $\theta$ 是从电荷 $q$ 引到 $q_0$ 的径矢与 $q_0$ 的位移元 $\mathrm{d}\boldsymbol{r}$ 之间的夹角。将此关系代入上式,得

$$\int_{(P_1)}^{(P_2)}\boldsymbol{E}\cdot\mathrm{d}\boldsymbol{r}=\int_{r_1}^{r_2}\frac{q}{4\pi\varepsilon_0 r^2}\mathrm{d}r=\frac{q}{4\pi\varepsilon_0}\left(\frac{1}{r_1}-\frac{1}{r_2}\right)\tag{8.3}$$

由于 $r_1$ 和 $r_2$ 分别表示从点电荷 $q$ 到起点和终点的距离,所以此结果说明,在静止的点电荷 $q$ 的电场中,电场强度的线积分只与积分路径的起点和终点位置有关,而与积分路径无关。也可以说在静止的点电荷的电场中,移动单位正电荷时,电场力所做的功只取决于被移动的电荷的起点和终点的位置,而与移动的路径无关。

对于由许多静止的点电荷 $q_1,q_2,\cdots,q_n$ 组成的电荷系,由场强叠加原理可得到其电场强度 $\boldsymbol{E}$ 的线积分为

$$\begin{aligned}\int_{(P_1)}^{(P_2)}\boldsymbol{E}\cdot\mathrm{d}\boldsymbol{r}&=\int_{(P_1)}^{(P_2)}(\boldsymbol{E}_1+\boldsymbol{E}_2+\cdots+\boldsymbol{E}_n)\cdot\mathrm{d}\boldsymbol{r}\\&=\int_{(P_1)}^{(P_2)}\boldsymbol{E}_1\cdot\mathrm{d}\boldsymbol{r}+\int_{(P_1)}^{(P_2)}\boldsymbol{E}_2\cdot\mathrm{d}\boldsymbol{r}+\cdots+\int_{(P_1)}^{(P_2)}\boldsymbol{E}_n\cdot\mathrm{d}\boldsymbol{r}\end{aligned}$$

因为上述等式右侧每一项线积分都与路径无关,而取决于被移动电荷的始末位置,所以总电场强度 $\boldsymbol{E}$ 的线积分也具有这一特点。

对于静止的连续的带电体,可将其看作无数电荷元的集合,因而它的电场场强的线积分同样具有这样的特点。

因此我们可以得出结论:对任何**静电场**,电场强度的线积分 $\int_{(P_1)}^{(P_2)}\boldsymbol{E}\cdot\mathrm{d}\boldsymbol{r}$ **都只取决于起点 $P_1$ 和终点 $P_2$ 的位置而与连结 $P_1$ 和 $P_2$ 点间的路径无关**,静电场的这一特性叫**静电场的保守性**。

静电场的保守性还可以表述成另一种形式。如图 8.2 所示,在静电场中作一任意闭合路径 $C$,考虑场强 $\boldsymbol{E}$ 沿此闭合路径的线积分。在 $C$ 上取任意两点 $P_1$ 和 $P_2$,它们把 $C$ 分成 $C_1$ 和 $C_2$ 两段,因此,沿 $C$ 环路的场强的线积分为

$$\begin{aligned}\oint_C\boldsymbol{E}\cdot\mathrm{d}\boldsymbol{r}&=\int_{C_1\,(P_1)}^{(P_2)}\boldsymbol{E}\cdot\mathrm{d}\boldsymbol{r}+\int_{C_2\,(P_2)}^{(P_1)}\boldsymbol{E}\cdot\mathrm{d}\boldsymbol{r}\\&=\int_{C_1\,(P_1)}^{(P_2)}\boldsymbol{E}\cdot\mathrm{d}\boldsymbol{r}-\int_{C_2\,(P_1)}^{(P_2)}\boldsymbol{E}\cdot\mathrm{d}\boldsymbol{r}\end{aligned}$$

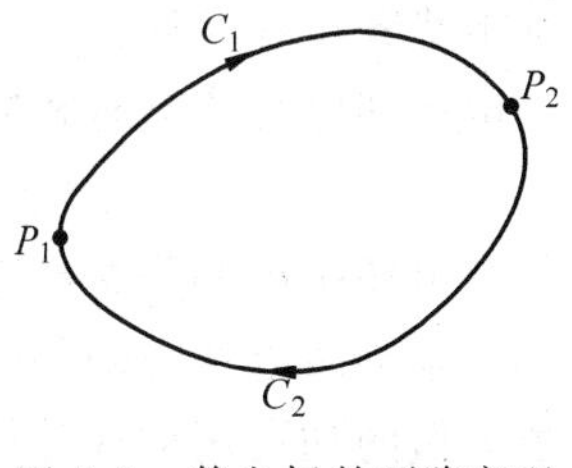

图 8.2 静电场的环路定理

由于场强的线积分与路径无关,所以上式最后的两个积分值相等。
因此

$$\oint_C\boldsymbol{E}\cdot\mathrm{d}\boldsymbol{r}=0\tag{8.4}$$

此式表明，**在静电场中，场强沿任意闭合路径的线积分等于零**。这就是静电场的保守性的另一种说法，称作**静电场环路定理**。

## 8.2 电势差和电势

静电场的保守性意味着，对静电场来说，存在着一个由电场中各点的位置所决定的标量函数，此函数在 $P_1$ 和 $P_2$ 两点的数值之差等于从 $P_1$ 点到 $P_2$ 点电场强度沿任意路径的线积分，也就等于从 $P_1$ 点到 $P_2$ 点移动单位正电荷时静电场力所做的功。这个函数叫**电场的电势**（或势函数），以 $\varphi_1$ 和 $\varphi_2$ 分别表示 $P_1$ 和 $P_2$ 点的电势，就可以有下述定义公式：

$$\varphi_1 - \varphi_2 = \int_{(P_1)}^{(P_2)} \boldsymbol{E} \cdot \mathrm{d}\boldsymbol{r} \tag{8.5}$$

$\varphi_1 - \varphi_2$ 叫做 $P_1$ 和 $P_2$ 两点间的**电势差**，也叫该两点间的电压，记作 $U_{12}$，$U_{12} = \varphi_1 - \varphi_2$。由于静电场的保守性，在一定的静电场中，对于给定的两点 $P_1$ 和 $P_2$，其电势差具有完全确定的值。

式(8.5)只能给出静电场中任意两点的电势差，而不能确定任一点的电势值。为了给出静电场中各点的电势值，需要预先选定一个参考位置，并指定它的电势为零。这一参考位置叫**电势零点**。以 $P_0$ 表示电势零点，由式(8.5)可得静电场中任意一点 $P$ 的电势为

$$\varphi = \int_{(P)}^{(P_0)} \boldsymbol{E} \cdot \mathrm{d}\boldsymbol{r} \tag{8.6}$$

$P$ 点的电势也就等于将单位正电荷自 $P$ 点沿任意路径移到电势零点时，电场力所做的功。电势零点选定后，电场中所有各点的电势值就由式(8.6)唯一地确定了，由此确定的电势是空间坐标的标量函数，即 $\varphi = \varphi(x, y, z)$。

电势零点的选择只视方便而定。当电荷只分布在有限区域时，电势零点通常选在无限远处。这时式(8.6)可以写成

$$\varphi = \int_{(P)}^{\infty} \boldsymbol{E} \cdot \mathrm{d}\boldsymbol{r} \tag{8.7}$$

在实际问题中，也常常选地球的电势为零电势。

由式(8.6)明显看出，电场中各点电势的大小与电势零点的选择有关，相对于不同的电势零点，电场中同一点的电势会有不同的值。因此，在具体说明各点电势数值时，必须事先明确电势零点在何处。

电势和电势差具有相同的单位，在国际单位制中，电势的单位名称是伏[特]，符号为 V，

$$1\ \mathrm{V} = 1\ \mathrm{J/C}$$

当电场中电势分布已知时，利用电势差定义式(8.5)，可以很方便地计算出点电荷在静电场中移动时电场力做的功。由式(8.1)和式(8.5)可知，电荷 $q_0$ 从 $P_1$ 点移到 $P_2$ 点时，静电场力做的功可用下式计算：

$$A_{12} = q_0 \int_{(P_1)}^{(P_2)} \boldsymbol{E} \cdot \mathrm{d}\boldsymbol{r} = q_0(\varphi_1 - \varphi_2) \tag{8.8}$$

根据定义式(8.7)，在式(8.3)中，选 $P_2$ 在无限远处，即令 $r_2 = \infty$，则距静止的点电荷 $q$ 的距离为 $r(r = r_1)$ 处的电势为

$$\varphi = \frac{q}{4\pi\varepsilon_0 r} \tag{8.9}$$

这就是在真空中静止的点电荷的电场中各点电势的公式。此式中视 $q$ 的正负，电势 $\varphi$ 可正可负。在正电荷的电场中，各点电势均为正值，离电荷越远的点，电势越低。在负电荷的电场中，各点电势均为负值，离电荷越远的点，电势越高。

下面举例说明，在真空中，当静止的电荷分布已知时，如何求出电势的分布。利用式(8.6)进行计算时，首先要明确电势零点，其次是要先求出电场的分布，然后选一条路径进行积分。

**例 8.1**

求均匀带电球面的电场中的电势分布。球面半径为 $R$，总带电量为 $q$。

**解** 以无限远为电势零点。由于在球面外直到无限远处场强的分布都和电荷集中到球心处的一个点电荷的场强分布一样，因此，球面外任一点的电势应与式(8.9)相同，即

$$\varphi = \frac{q}{4\pi\varepsilon_0 r} \quad (r \geqslant R)$$

若 $P$ 点在球面内($r<R$)，由于球面内、外场强的分布不同，所以由定义式(8.7)，积分要分两段，即

$$\varphi = \int_r^{\infty} \boldsymbol{E} \cdot \mathrm{d}\boldsymbol{r} = \int_r^R \boldsymbol{E} \cdot \mathrm{d}\boldsymbol{r} + \int_R^{\infty} \boldsymbol{E} \cdot \mathrm{d}\boldsymbol{r}$$

因为在球面内各点场强为零，而球面外场强为

$$\boldsymbol{E} = \frac{q}{4\pi\varepsilon_0 r^3}\boldsymbol{r}$$

所以上式结果为

$$\varphi = \int_R^{\infty} \boldsymbol{E} \cdot \mathrm{d}\boldsymbol{r} = \int_R^{\infty} \frac{q}{4\pi\varepsilon_0 r^2}\mathrm{d}r = \frac{q}{4\pi\varepsilon_0 R} \quad (r \leqslant R)$$

这说明均匀带电球面内各点电势相等，都等于球面上各点的电势。电势随 $r$ 的变化曲线($\varphi$-$r$ 曲线)如图 8.3 所示。和场强分布 $E$-$r$ 曲线(图 7.18)相比，可看出，在球面处($r=R$)，场强不连续，而电势是连续的。

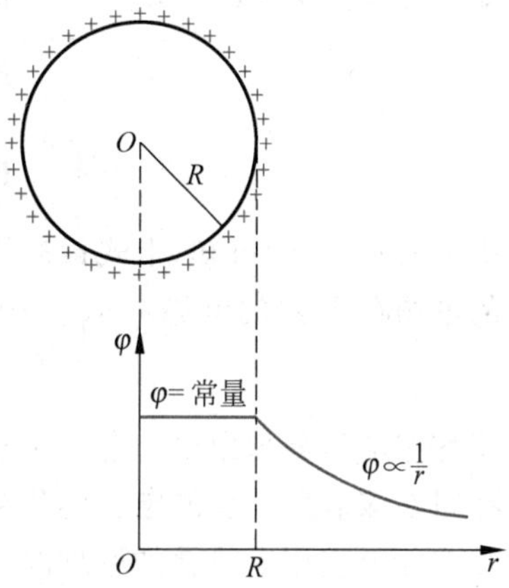


图 8.3 均匀带电球面的电势分布

**例 8.2**

求无限长均匀带电直线的电场中的电势分布。

**解** 无限长均匀带电直线周围的场强的大小为

$$E = \frac{\lambda}{2\pi\varepsilon_0 r}$$

方向垂直于带电直线。如果仍选无限远处作为电势零点，则由 $\int_{(P)}^{\infty} \boldsymbol{E} \cdot \mathrm{d}\boldsymbol{r}$ 积分的结果可知各点电势都将为无限大值而失去意义。这时我们可选某一距带电直线为 $r_0$ 的 $P_0$ 点(图 8.4)为电势零点，则距带电直线为 $r$ 的 $P$ 点的电势为

$$\varphi = \int_{(P)}^{(P_0)} \boldsymbol{E} \cdot \mathrm{d}\boldsymbol{r} = \int_{(P)}^{(P')} \boldsymbol{E} \cdot \mathrm{d}\boldsymbol{r} + \int_{(P')}^{(P_0)} \boldsymbol{E} \cdot \mathrm{d}\boldsymbol{r}$$

式中，积分路径 $PP'$ 段与带电直线平行，而 $P'P_0$ 段与带电直线垂直。由于 $PP'$ 段与电场方向垂直，所以上式等号右侧第一项积分为零。于是，

$$\varphi = \int_{(P')}^{(P_0)} \boldsymbol{E} \cdot \mathrm{d}\boldsymbol{r} = \int_r^{r_0} \frac{\lambda}{2\pi\varepsilon_0 r}\mathrm{d}r = -\frac{\lambda}{2\pi\varepsilon_0}\ln r + \frac{\lambda}{2\pi\varepsilon_0}\ln r_0$$

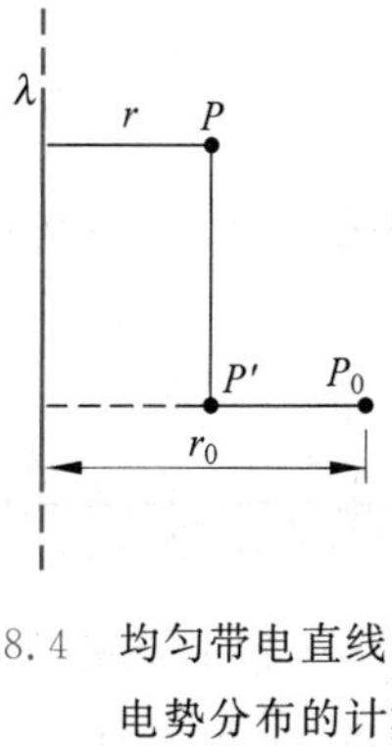


图 8.4 均匀带电直线的电势分布的计算

这一结果可以一般地表示为

$$\varphi=\frac{-\lambda}{2\pi\varepsilon_0}\ln r+C$$

式中，$C$ 为与电势零点的位置有关的常数。

由此例看出，当电荷的分布扩展到无限远时，电势零点不能再选在无限远处。

## 8.3 电势叠加原理

已知在真空中静止的电荷分布求其电场中的电势分布时，除了直接利用定义公式(8.6)以外，还可以在点电荷电势公式(8.9)的基础上应用叠加原理来求出结果。这后一方法的原理如下。

设场源电荷系由若干个带电体组成，它们各自分别产生的电场为 $\boldsymbol{E}_1,\boldsymbol{E}_2,\cdots$，由叠加原理知道总场强 $\boldsymbol{E}=\boldsymbol{E}_1+\boldsymbol{E}_2+\cdots$。根据定义公式(8.6)，它们的电场中 $P$ 点的电势应为

$$\begin{aligned}\varphi&=\int_{(P)}^{(P_0)}\boldsymbol{E}\cdot\mathrm{d}\boldsymbol{r}=\int_{(P)}^{(P_0)}(\boldsymbol{E}_1+\boldsymbol{E}_2+\cdots)\cdot\mathrm{d}\boldsymbol{r}\\&=\int_{(P)}^{(P_0)}\boldsymbol{E}_1\cdot\mathrm{d}\boldsymbol{r}+\int_{(P)}^{(P_0)}\boldsymbol{E}_2\cdot\mathrm{d}\boldsymbol{r}+\cdots\end{aligned}$$

再由定义式(8.6)可知，上式最后面一个等号右侧的每一积分分别是各带电体单独存在时产生的电场在 $P$ 点的电势 $\varphi_1,\varphi_2,\cdots$。因此就有

$$\varphi=\sum\varphi_i \tag{8.10}$$

此式称作**电势叠加原理**。它表示**一个电荷系的电场中任一点的电势等于每一个带电体单独存在时在该点所产生的电势的代数和**。

实际上应用电势叠加原理时，可以从点电荷的电势出发，先考虑场源电荷系由许多点电荷组成的情况。这时将点电荷电势公式(8.9)代入式(8.10)，可得点电荷系的电场中 $P$ 点的电势为

$$\varphi=\sum\frac{q_i}{4\pi\varepsilon_0 r_i} \tag{8.11}$$

式中，$r_i$ 为从点电荷 $q_i$ 到 $P$ 点的距离。

对一个电荷连续分布的带电体，可以设想它由许多电荷元 $\mathrm{d}q$ 所组成。将每个电荷元都当成点电荷，就可以由式(8.11)得出用叠加原理求电势的积分公式

$$\varphi=\int\frac{\mathrm{d}q}{4\pi\varepsilon_0 r} \tag{8.12}$$

应该指出的是：由于公式(8.11)或式(8.12)都是以点电荷的电势公式(8.9)为基础的，所以应用式(8.11)和式(8.12)时，电势零点都已选定在无限远处了。

下面举例说明电势叠加原理的应用。

**例 8.3**

求电偶极子的电场中的电势分布。已知电偶极子中两点电荷 $-q$，$+q$ 间的距离为 $l$。

**解** 设场点 $P$ 离 $+q$ 和 $-q$ 的距离分别为 $r_+$ 和 $r_-$，$P$ 离偶极子中点 $O$ 的距离为 $r$(图 8.5)。

根据电势叠加原理，$P$ 点的电势为

$$\varphi=\varphi_{+}+\varphi_{-}=\frac{q}{4\pi\varepsilon_0 r_{+}}+\frac{-q}{4\pi\varepsilon_0 r_{-}}=\frac{q(r_{-}-r_{+})}{4\pi\varepsilon_0 r_{+}r_{-}}$$

对于离电偶极子比较远的点，即 $r\gg l$ 时，应有

$$r_{+}r_{-}\approx r^2,\quad r_{-}-r_{+}\approx l\cos\theta$$

$\theta$ 为 $OP$ 与 $\boldsymbol{l}$ 之间夹角，将这些关系代入上一式，即可得

$$\varphi=\frac{ql\cos\theta}{4\pi\varepsilon_0 r^2}=\frac{p\cos\theta}{4\pi\varepsilon_0 r^2}=\frac{\boldsymbol{p}\cdot\boldsymbol{r}}{4\pi\varepsilon_0 r^3}$$

式中 $\boldsymbol{p}=q\boldsymbol{l}$ 是电偶极子的电矩。

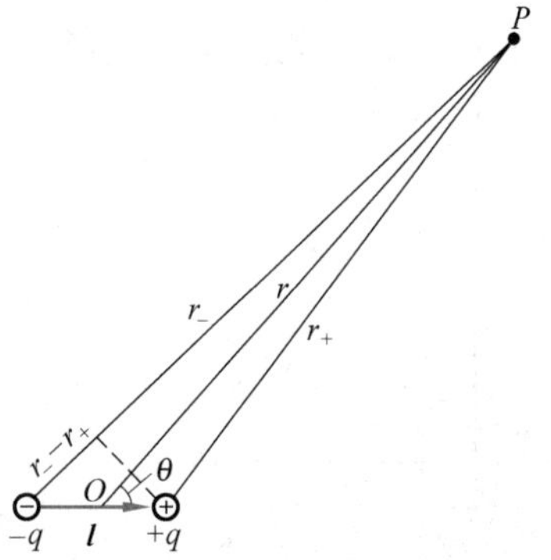


图 8.5 计算电偶极子的电势用图

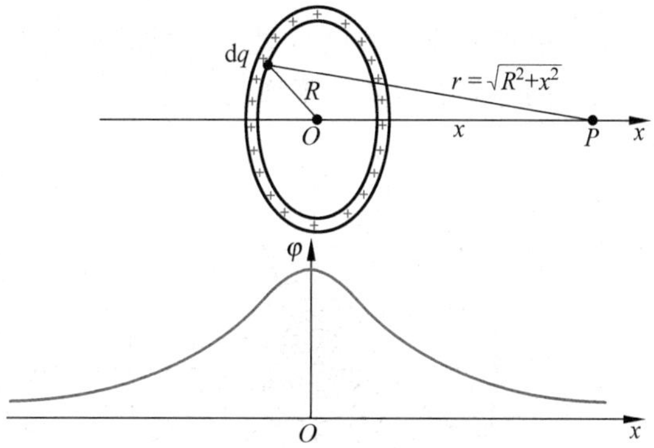


图 8.6 例 8.4 用图

---

**例 8.4**

一半径为 $R$ 的均匀带电细圆环，所带总电量为 $q$，求在圆环轴线上任意点 $P$ 的电势。

**解** 在图 8.6 中以 $x$ 表示从环心到 $P$ 点的距离，以 $dq$ 表示在圆环上任一电荷元。由式(8.11)可得 $P$ 点的电势为

$$\varphi=\int\frac{dq}{4\pi\varepsilon_0 r}=\frac{1}{4\pi\varepsilon_0 r}\int_q dq=\frac{q}{4\pi\varepsilon_0 r}=\frac{q}{4\pi\varepsilon_0(R^2+x^2)^{1/2}}$$

当 $P$ 点位于环心 $O$ 处时，$x=0$，则

$$\varphi=\frac{q}{4\pi\varepsilon_0 R}$$

---

**例 8.5**

图 8.7 表示两个同心的均匀带电球面，半径分别为 $R_A=5$ cm，$R_B=10$ cm，分别带有电量 $q_A=+2\times10^{-9}$ C，$q_B=-2\times10^{-9}$ C。求距球心距离为 $r_1=15$ cm，$r_2=6$ cm，$r_3=2$ cm 处的电势。

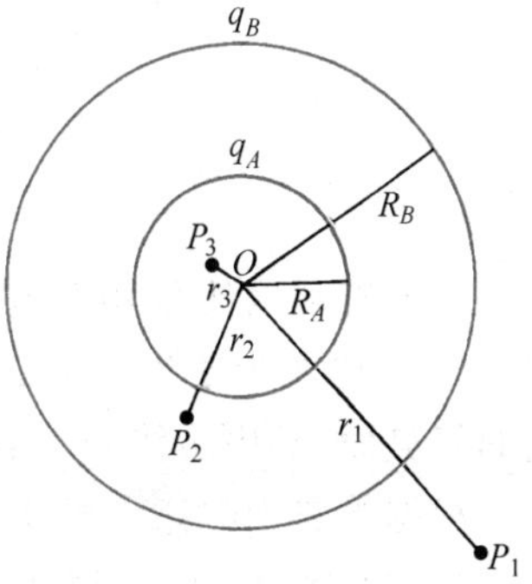


图 8.7 例 8.5 用图

**解** 这一带电系统的电场的电势分布可以由两个带电球面的电势相加求得。每一个带电球面的电势分布已在例 8.1 中求出。由此可得在外球外侧 $r=r_1$ 处，

$$\varphi_1=\varphi_{A1}+\varphi_{B1}=\frac{q_A}{4\pi\varepsilon_0 r_1}+\frac{q_B}{4\pi\varepsilon_0 r_1}=\frac{q_A+q_B}{4\pi\varepsilon_0 r_1}=0$$

在两球面中间 $r=r_2$ 处，

$$\varphi_2=\varphi_{A2}+\varphi_{B2}=\frac{q_A}{4\pi\varepsilon_0 r_2}+\frac{q_B}{4\pi\varepsilon_0 R_B}$$

$$=\frac{9\times10^9\times2\times10^{-9}}{0.06}+\frac{9\times10^9\times(-2\times10^{-9})}{0.10}$$

$$= 120\ (\text{V})$$

在内球内侧 $r=r_3$ 处，

$$\varphi_3 = \varphi_{A3} + \varphi_{B3} = \frac{q_A}{4\pi\varepsilon_0 R_A} + \frac{q_B}{4\pi\varepsilon_0 R_B}$$

$$= \frac{9\times10^9\times2\times10^{-9}}{0.05} + \frac{9\times10^9\times(-2\times10^{-9})}{0.10}$$

$$= 180\ (\text{V})$$

---

我们常用等势面来表示电场中电势的分布，在电场中**电势相等的点所组成的曲面叫等势面**。不同的电荷分布的电场具有不同形状的等势面。对于一个点电荷 $q$ 的电场，根据式(8.9)，它的等势面应是一系列以点电荷所在点为球心的同心球面(图 8.8(a))。

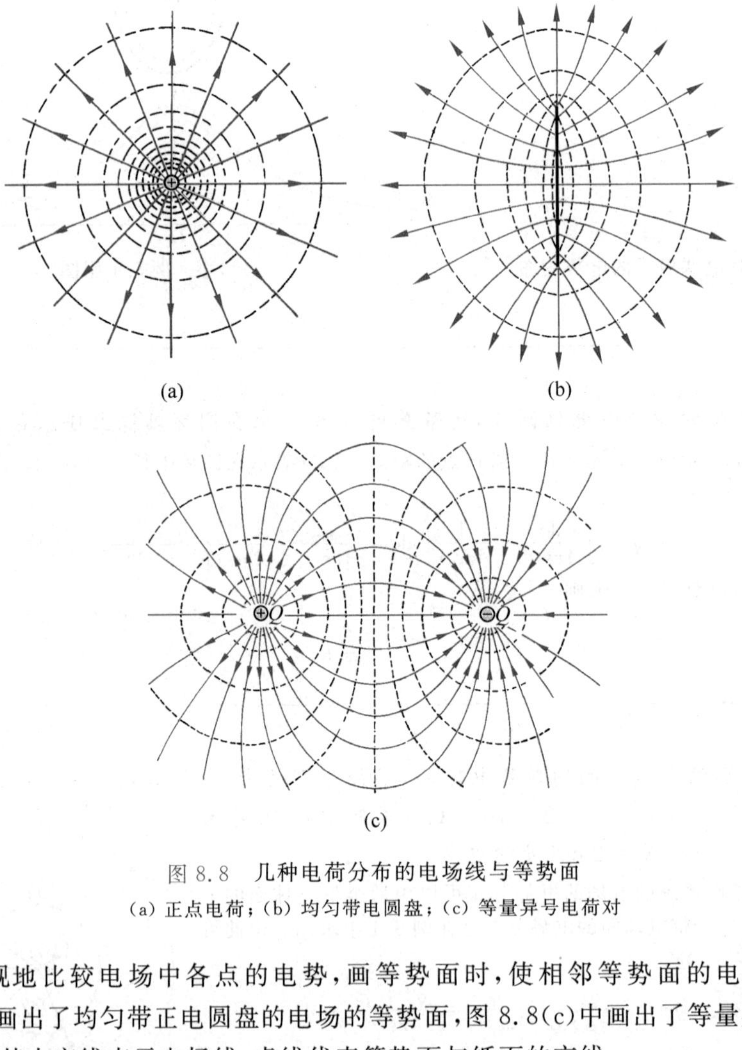


图 8.8 几种电荷分布的电场线与等势面

(a) 正点电荷；(b) 均匀带电圆盘；(c) 等量异号电荷对

为了直观地比较电场中各点的电势，画等势面时，使相邻等势面的电势差为常数。图 8.8(b)中画出了均匀带正电圆盘的电场的等势面，图 8.8(c)中画出了等量异号电荷的电场的等势面，其中实线表示电场线，虚线代表等势面与纸面的交线。

根据等势面的意义可知它和电场分布有如下关系：

(1) 等势面与电场线处处正交；

(2) 两等势面相距较近处的场强数值大，相距较远处场强数值小。

等势面的概念在实际问题中也很有用，主要是因为在实际遇到的很多带电问题中等势面(或等势线)的分布容易通过实验条件描绘出来，并由此可以分析电场的分布。

## 8.4 电势梯度

电场强度和电势都是描述电场中各点性质的物理量，式(8.6)以积分形式表示了场强与电势之间的关系，即电势等于电场强度的线积分。反过来，场强与电势的关系也应该可以用微分形式表示出来，即场强等于电势的导数。但由于场强是一个矢量，这后一导数关系显得复杂一些。下面我们来导出场强与电势的关系的微分形式。

在电场中考虑沿任意的 $\boldsymbol{r}$ 方向相距很近的两点 $P_1$ 和 $P_2$ (图 8.9)，从 $P_1$ 到 $P_2$ 的微小位移矢量为 $\mathrm{d}\boldsymbol{r}$。根据定义式(8.6)，这两点间的电势差为

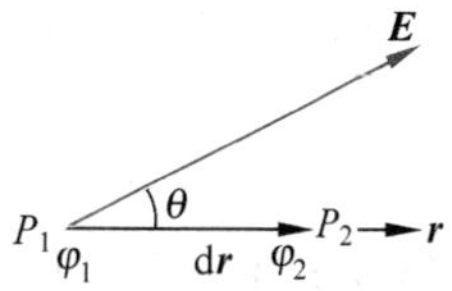


图 8.9 电势的空间变化率

$$\varphi_1-\varphi_2=\boldsymbol{E}\cdot\mathrm{d}\boldsymbol{r}$$

由于 $\varphi_2=\varphi_1+\mathrm{d}\varphi$，其中 $\mathrm{d}\varphi$ 为 $\varphi$ 沿 $\boldsymbol{r}$ 方向的增量，所以

$$\varphi_1-\varphi_2=-\mathrm{d}\varphi=\boldsymbol{E}\cdot\mathrm{d}\boldsymbol{r}=E\mathrm{d}r\cos\theta$$

式中，$\theta$ 为 $\boldsymbol{E}$ 与 $\boldsymbol{r}$ 之间的夹角。由此式可得

$$E\cos\theta=E_r=-\frac{\mathrm{d}\varphi}{\mathrm{d}r}\tag{8.13}$$

式中，$\frac{\mathrm{d}\varphi}{\mathrm{d}r}$为电势函数沿 $\boldsymbol{r}$ 方向经过单位长度时的变化，即电势对空间的变化率。式(8.13)说明，在电场中某点场强沿某方向的分量等于电势沿此方向的空间变化率的负值。

由式(8.13)可看出，当 $\theta=0$ 时，即 $\boldsymbol{r}$ 沿着 $\boldsymbol{E}$ 的方向时，变化率 $\mathrm{d}\varphi/\mathrm{d}r$ 有最大值，这时

$$E=-\left.\frac{\mathrm{d}\varphi}{\mathrm{d}r}\right|_{\max}\tag{8.14}$$

过电场中任意一点，沿不同方向其电势随距离的变化率一般是不等的。沿某一方向其电势随距离的变化率最大，此最大值称为该点的**电势梯度**，电势梯度是一个矢量，**它的方向是该点附近电势升高最快的方向**。

式(8.14)说明，电场中任意点的场强等于该点电势梯度的负值，负号表示该点场强方向和电势梯度方向相反，即场强指向电势降低的方向。

当电势函数用直角坐标表示，即 $\varphi=\varphi(x,y,z)$时，由式(8.13)可求得电场强度沿3 个坐标轴方向的分量，它们是

$$E_x=-\frac{\partial\varphi}{\partial x},\quad E_y=-\frac{\partial\varphi}{\partial y},\quad E_z=-\frac{\partial\varphi}{\partial z}\tag{8.15}$$

将上式合在一起用矢量表示为

$$\boldsymbol{E}=-\left(\frac{\partial\varphi}{\partial x}\boldsymbol{i}+\frac{\partial\varphi}{\partial y}\boldsymbol{j}+\frac{\partial\varphi}{\partial z}\boldsymbol{k}\right)\tag{8.16}$$

这就是式(8.14)用直角坐标表示的形式。梯度常用 grad 或$\nabla$算符[①]表示，这样式(8.14)又

---

① 在直角坐标系中$\nabla$算符定义为

$$\nabla=\left(\boldsymbol{i}\frac{\partial}{\partial x}+\boldsymbol{j}\frac{\partial}{\partial y}+\boldsymbol{k}\frac{\partial}{\partial z}\right)$$

常写作

$$E = -\mathrm{grad}\varphi = -\nabla\varphi \tag{8.17}$$

上式就是电场强度与电势的微分关系，由它可方便地根据电势分布求出场强分布。

需要指出的是，场强与电势的关系的微分形式说明，电场中某点的场强决定于电势在该点的空间变化率，而与该点电势值本身无直接关系。

电势梯度的单位名称是伏每米，符号为 V/m。根据式(8.14)，场强的单位也可用 V/m 表示，它与场强的另一单位 N/C 是等价的。

---

**例 8.6**

根据例 8.4 中得出的在均匀带电细圆环轴线上任一点的电势公式

$$\varphi = \frac{q}{4\pi\varepsilon_0 (R^2 + x^2)^{1/2}}$$

求轴线上任一点的场强。

**解** 由于均匀带电细圆环的电荷分布对于轴线是对称的，所以轴线上各点的场强在垂直于轴线方向的分量为零，因而轴线上任一点的场强方向沿 $x$ 轴。由式(8.16)得

$$E = E_x = -\frac{\partial\varphi}{\partial x} = -\frac{\partial}{\partial x}\left[\frac{q}{4\pi\varepsilon_0 (R^2 + x^2)^{1/2}}\right] = \frac{qx}{4\pi\varepsilon_0 (R^2 + x^2)^{3/2}}$$

这一结果与例 7.5 的结果相同。

---

**例 8.7**

根据例 8.3 中已得出的电偶极子的电势公式

$$\varphi = \frac{p\cos\theta}{4\pi\varepsilon_0 r^2}$$

求电偶极子的场强分布。

**解** 建立坐标如图 8.10。令偶极子中心位于坐标原点 $O$，并使电矩 $\boldsymbol{p}$ 指向 $x$ 轴正方向。电偶极子的场强显然具有对于其轴线($x$ 轴)的对称性，因此我们可以只求在 $xy$ 平面内的电场分布。

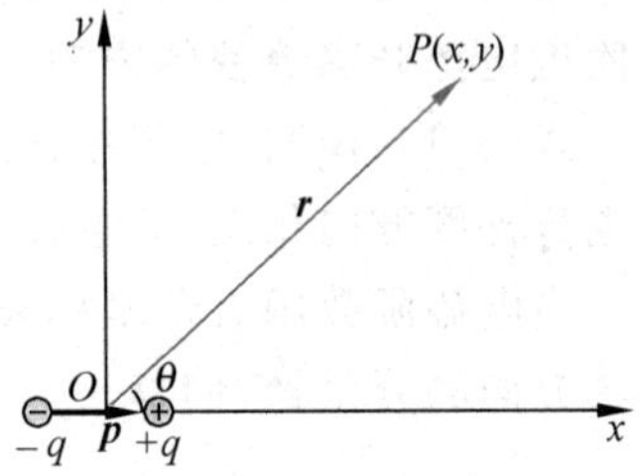

图 8.10 电偶极子的电场

由于

$$r^2 = x^2 + y^2$$

及

$$\cos\theta = \frac{x}{(x^2 + y^2)^{1/2}}$$

所以

$$\varphi = \frac{px}{4\pi\varepsilon_0 (x^2 + y^2)^{3/2}}$$

对任一点 $P(x,y)$，由式(8.15)得出

$$E_x = -\frac{\partial\varphi}{\partial x} = \frac{p(2x^2 - y^2)}{4\pi\varepsilon_0 (x^2 + y^2)^{5/2}}$$

$$E_y = -\frac{\partial\varphi}{\partial y} = \frac{3pxy}{4\pi\varepsilon_0 (x^2 + y^2)^{5/2}}$$

这一结果和习题 7.7 给出的结果相同，还可以用矢量式表示如下：

$$\boldsymbol{E} = \frac{1}{4\pi\varepsilon_0}\left[\frac{-\boldsymbol{p}}{r^3} + \frac{3\boldsymbol{p}\cdot\boldsymbol{r}}{r^5}\boldsymbol{r}\right] \tag{8.18}$$

---

由于电势是标量，因此根据电荷分布用叠加法求电势分布是标量积分，再根据式(8.16)由电势的空间变化率求场强分布是微分运算。这虽然经过两步运算，但是比起根据电荷分布直接利用场强叠加来求场强分布有时还是简单些，因为后一运算是矢量积分。

可以附带指出，在电磁学中，电势是一个重要的物理量，由它可以求出电场强度。由于电场强度能给出电荷受的力，从而可以根据经典力学求出电荷的运动，所以就认为电场强度是描述电场的一个**真实**的物理量，而电势不过是一个用来求电场强度的辅助量(这种观点现在已有所变化)。

## 8.5 电荷在外电场中的静电势能

由于静电场是保守场，也即在静电场中移动电荷时，静电场力做功与路径无关，所以任一电荷在静电场中都具有势能，这一势能叫**静电势能**(简称**电势能**)。电荷 $q_0$ 在静电场中移动时，它的电势能的减少就等于电场力所做的功。以 $W_1$ 和 $W_2$ 分别表示电荷 $q_0$ 在静电场中 $P_1$ 点和 $P_2$ 点时具有的电势能，就应该有

$$A_{12} = W_1 - W_2$$

将此式和式(8.8)

$$A_{12} = q_0(\varphi_1 - \varphi_2) = q_0\varphi_1 - q_0\varphi_2$$

对比，可取 $W_1 = q_0\varphi_1$，$W_2 = q_0\varphi_2$，或者，一般地取

$$W = q_0\varphi \tag{8.19}$$

这就是说，一个电荷在电场中某点的电势能等于它的电量与电场中该点电势的乘积。在电势零点处，电荷的电势能为零。

应该指出，一个电荷在外电场中的电势能是属于该电荷与产生电场的电荷系所共有的，是一种相互作用能。

国际单位制中，电势能的单位就是一般能量的单位，符号为 J。还有一种常用的能量单位名称为电子伏，符号为 eV，1 eV 表示 1 个电子通过 1 V 电势差时所获得的动能，

$$1\ \text{eV} = 1.60 \times 10^{-19}\ \text{J}$$

---

**例 8.8**

求电矩 $\boldsymbol{p} = q\boldsymbol{l}$ 的电偶极子(图 8.11)在均匀外电场 $\boldsymbol{E}$ 中的电势能。

**解** 由式(8.19)可知，在均匀外电场中电偶极子中正、负电荷(分别位于 $A$，$B$ 两点)的电势能分别为

$$W_+ = q\varphi_A, \quad W_- = -q\varphi_B$$

电偶极子在外电场中的电势能为

$$W = W_+ + W_- = q(\varphi_A - \varphi_B) = -qlE\cos\theta = -pE\cos\theta$$

式中 $\theta$ 是 $\boldsymbol{p}$ 与 $\boldsymbol{E}$ 的夹角。将上式写成矢量形式，则有

$$W = -\boldsymbol{p}\cdot\boldsymbol{E} \tag{8.20}$$

上式表明，当电偶极子取向与外电场一致时，电势能最低；取向相反时，电势能最高；当电偶极子取向与外电场方向垂直时，电势能为零。式(8.20)与习题 7.31 的结果是符合功能关系的。

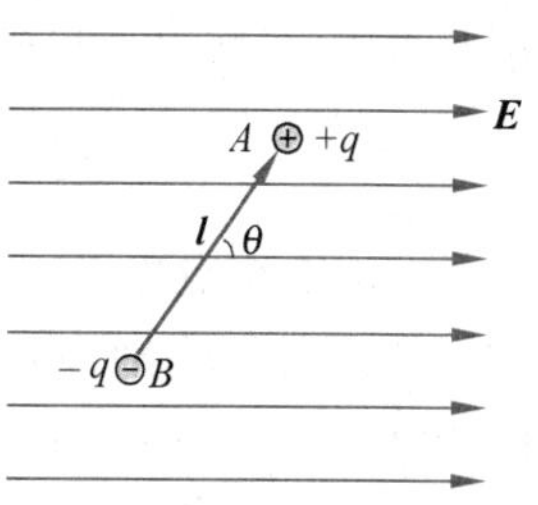


图 8.11 电偶极子在外电场中的电势能计算

**例 8.9**

电子与原子核距离为 $r$，电子带电量为 $-e$，原子核带电量为 $Ze$。求电子在原子核电场中的电势能。

**解** 以无限远为电势零点，在原子核的电场中，电子所在处的电势为

$$\varphi=\frac{Ze}{4\pi\varepsilon_0 r}$$

由式(8.19)知，电子在原子核电场中的电势能为

$$W=-e\varphi=\frac{-Ze^2}{4\pi\varepsilon_0 r}$$

## *8.6 电荷系的静电能

设 $n$ 个静止的电荷组成一个电荷系。**将各电荷从现有位置彼此分散到无限远时，它们之间的静电力所做的功**[①]定义为**电荷系在原来状态的静电能**，也称相互作用能(简称**互能**)。

下面推导点电荷系的互能公式。

我们先求相距为 $r$ 的两个点电荷 $q_1$ 和 $q_2$ 的互能。令 $q_1$ 不动，而 $q_2$ 从它所在的位置移到无限远时，$q_2$ 所受的电场力 $\boldsymbol{F}_2$ 做的功为

$$A_{r\to\infty}=\int_r^{\infty}\boldsymbol{F}_2\cdot\mathrm{d}\boldsymbol{r}$$

将库仑力公式代入，可得

$$A_{r\to\infty}=\int_r^{\infty}\boldsymbol{F}_2\cdot\mathrm{d}\boldsymbol{r}=\int_r^{\infty}\frac{q_1q_2}{4\pi\varepsilon_0 r^3}\boldsymbol{r}\cdot\mathrm{d}\boldsymbol{r}=\frac{q_2q_1}{4\pi\varepsilon_0}\int_r^{\infty}\frac{\mathrm{d}r}{r^2}=\frac{q_1q_2}{4\pi\varepsilon_0 r}$$

这说明当 $q_1$ 和 $q_2$ 相距 $r$ 时，它们的相互作用能 $W_{12}$ 为

$$W_{12}=\frac{q_1q_2}{4\pi\varepsilon_0 r} \tag{8.21}$$

由于 $\varphi_2=q_1/4\pi\varepsilon_0 r$ 表示 $q_2$ 所在点由 $q_1$ 所产生的电势，所以上式可写为

$$W_{12}=q_2\varphi_2$$

又由于 $\varphi_1=q_2/4\pi\varepsilon_0 r$ 表示 $q_1$ 所在点由 $q_2$ 所产生的电势，所以 $W_{12}$ 又可写作

$$W_{12}=q_1\varphi_1$$

合并上两式，可将 $W_{12}$ 写成对称的形式：

$$W_{12}=\frac{1}{2}(q_1\varphi_1+q_2\varphi_2) \tag{8.22}$$

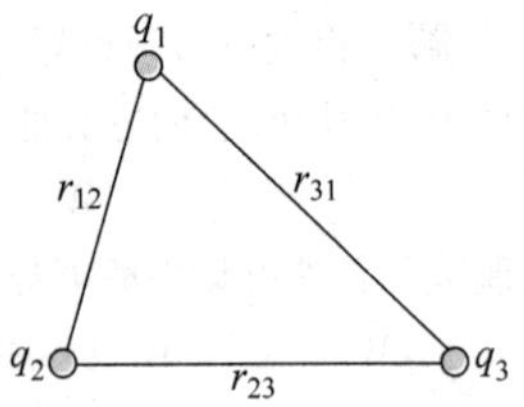

图 8.12 三个点电荷组成的电荷系

再求由3个点电荷 $q_1$，$q_2$ 和 $q_3$ 组成的电荷系(图 8.12)的互能，以 $r_{12}$，$r_{23}$，$r_{31}$ 分别表示它们两两之间的距离。设想按下述步骤移动电荷：先令 $q_1$，$q_2$ 不动，而将 $q_3$ 移到无限远，在这一过程中，$q_3$ 受 $q_1$ 和 $q_2$ 的力 $\boldsymbol{F}_{31}$ 和 $\boldsymbol{F}_{32}$ 所做的功为

① 或是把各带电体从无限分离的状态聚集到现在位置时，外力克服电场力所做的功，定义为电荷系现在状态的静电能。

$$A_3=\int \boldsymbol{F}_3\cdot \mathrm{d}\boldsymbol{r}=\int(\boldsymbol{F}_{31}+\boldsymbol{F}_{32})\cdot \mathrm{d}\boldsymbol{r}$$
$$=\int \boldsymbol{F}_{31}\cdot \mathrm{d}\boldsymbol{r}+\int \boldsymbol{F}_{32}\cdot \mathrm{d}\boldsymbol{r}$$

将库仑力公式代入,可得

$$A_3=\int_{r_{31}}^{\infty}\frac{q_3q_1}{4\pi\varepsilon_0 r_{31}^2}\boldsymbol{e}_{r31}\cdot \mathrm{d}\boldsymbol{r}_{31}+\int_{r_{32}}^{\infty}\frac{q_3q_2}{4\pi\varepsilon_0 r_{32}^2}\boldsymbol{e}_{r32}\cdot \mathrm{d}\boldsymbol{r}_{32}=\frac{q_3q_1}{4\pi\varepsilon_0 r_{31}}+\frac{q_3q_2}{4\pi\varepsilon_0 r_{32}}$$

然后再令 $q_1$ 不动,将 $q_2$ 移到无限远,这一过程中电场力做功为

$$A_2=\frac{q_1q_2}{4\pi\varepsilon_0 r_{21}}$$

将 3 个电荷由最初状态分离到无限远,电场力做的总功也就是电荷系在初状态时的相互作用能,即

$$W=A_2+A_3=\frac{q_1q_2}{4\pi\varepsilon_0 r_{21}}+\frac{q_3q_2}{4\pi\varepsilon_0 r_{32}}+\frac{q_3q_1}{4\pi\varepsilon_0 r_{31}}$$
$$=\frac{1}{2}\left[q_1\left(\frac{q_2}{4\pi\varepsilon_0 r_{21}}+\frac{q_3}{4\pi\varepsilon_0 r_{31}}\right)+q_2\left(\frac{q_3}{4\pi\varepsilon_0 r_{32}}+\frac{q_1}{4\pi\varepsilon_0 r_{12}}\right)\right.$$
$$\left.+q_3\left(\frac{q_1}{4\pi\varepsilon_0 r_{13}}+\frac{q_2}{4\pi\varepsilon_0 r_{23}}\right)\right]$$
$$=\frac{1}{2}(q_1\varphi_1+q_2\varphi_2+q_3\varphi_3)$$

式中,$\varphi_1$,$\varphi_2$,$\varphi_3$分别为 $q_1$,$q_2$,$q_3$ 所在处由其他电荷所产生的电势。

上一结果很容易推广到由 $n$ 个点电荷组成的电荷系,该电荷系的相互作用能为

$$W=\frac{1}{2}\sum_{i=1}^{n}q_i\varphi_i \tag{8.23}$$

式中,$\varphi_i$为 $q_i$ 所在处由 $q_i$ 以外的其他电荷所产生的电势。

如果只考虑一个带电体,它的静电能如下定义:设想把该带电体分割成无限多的电荷元,把所有电荷元从现有的集合状态彼此分散到无限远时,电场力所做的功叫**原来该带电体的静电能**,一个带电体的静电能有时也称**自能**。因此,一个带电体的静电自能就是组成它的各电荷元间的静电互能。根据式(8.23),一个带电体的静电自能可以用下式求出:

$$W=\frac{1}{2}\int_q \varphi\,\mathrm{d}q \tag{8.24}$$

由于电荷元 $\mathrm{d}q$ 为无限小,所以上式积分号内的 $\varphi$ 为带电体上所有电荷在电荷元 $\mathrm{d}q$ 所在处的电势。积分号下标 $q$ 表示积分范围遍及该带电体上所有的电荷。

在很多实际场合,往往需要单独考虑电荷系中某一电荷的行为而将该电荷从电荷系中分离出来,电荷系中的其他电荷所产生的电场对该电荷来说就是外电场了。因此 8.5 节所述的一个电荷在外电场中的电势能实际上就是该电荷与产生外电场的电荷系间的相互作用能。例如,例 8.9 中求出的电子在核电场中的电势能实际上是电子和核电荷的相互作用能。

---

**例 8.10**

一均匀带电球面,半径为 $R$,总电量为 $Q$,求这一带电系统的静电能。

**解** 由于带电球面是一等势面,其电势(以无限远为电势零点)为

$$\varphi=\frac{Q}{4\pi\varepsilon_0 R}$$

所以，由式(8.24)，此电荷系静电能为

$$W=\frac{1}{2}\int\varphi\,\mathrm{d}q=\frac{1}{2}\int\frac{Q}{4\pi\varepsilon_0 R}\mathrm{d}q=\frac{Q}{8\pi\varepsilon_0 R}\int\mathrm{d}q=\frac{Q^2}{8\pi\varepsilon_0 R}\tag{8.25}$$

这一能量表现为均匀带电球面系统的自能。

---

**例 8.11**

一均匀带电球体，半径为 $R$，所带总电量为 $q$。试求此带电球体的静电能。

**解** 已知此带电球体的电场强度分布由式(7.24)和式(7.25)给出，即有

$$\boldsymbol{E}_1=\frac{q}{4\pi\varepsilon_0 R^3}\boldsymbol{r}\quad(r\leqslant R)$$

$$\boldsymbol{E}_2=\frac{q}{4\pi\varepsilon_0 r^3}\boldsymbol{r}\quad(r\geqslant R)$$

球内距球心为 $r$，厚度为 $\mathrm{d}r$ 的球壳处的电势为

$$\varphi=\int_r^R\boldsymbol{E}_1\cdot\mathrm{d}\boldsymbol{r}+\int_R^\infty\boldsymbol{E}_2\cdot\mathrm{d}\boldsymbol{r}$$

将 $\boldsymbol{E}_1$ 与 $\boldsymbol{E}_2$ 代入，得

$$\varphi=\int_r^R\frac{q}{4\pi\varepsilon_0 R^3}\boldsymbol{r}\cdot\mathrm{d}\boldsymbol{r}+\int_R^\infty\frac{q}{4\pi\varepsilon_0 r^3}\boldsymbol{r}\cdot\mathrm{d}\boldsymbol{r}=\frac{q}{8\pi\varepsilon_0 R^3}(3R^2-r^2)$$

于是，此均匀带电球体的静电能为

$$\begin{aligned}W&=\frac{1}{2}\int_q\varphi\,\mathrm{d}q=\frac{1}{2}\int_q\varphi\rho\,\mathrm{d}V\\&=\frac{1}{2}\int\frac{q}{8\pi\varepsilon_0 R^3}(3R^2-r^2)\frac{q}{\frac{4}{3}\pi R^3}4\pi r^2\,\mathrm{d}r=\frac{3q^2}{20\pi\varepsilon_0 R}\end{aligned}\tag{8.26}$$

---

## 8.7 静电场的能量

当谈到能量时，常常要说能量属于谁或存于何处。根据超距作用的观点，一组电荷系的静电能只能是属于系内那些电荷本身，或者说由那些电荷携带着。但也只能说静电能属于这电荷系整体，说其中某个电荷携带多少能量是完全没有意义的。因此也就很难说电荷带有能量。从**场**的观点看来，很自然地可以认为静电能就储存在电场中。下面定量地说明电场能量这一概念。

设想一个表面均匀带电的橡皮气球，所带总电量为 $Q$。由于电荷之间的斥力，此气球将会膨胀。设在某一时刻球的半径为 $R$，由式(8.25)可知此带电气球的静电能量为

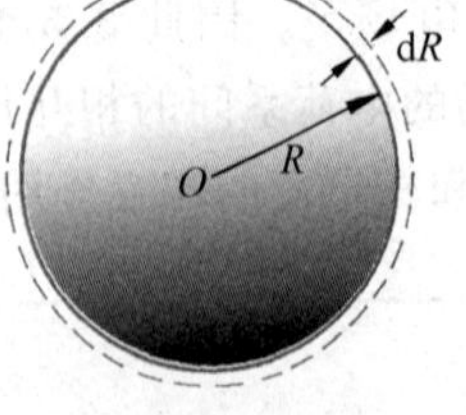

图 8.13 带电气球的膨胀

$$W=\frac{Q^2}{8\pi\varepsilon_0 R}$$

当气球继续膨胀使半径增大 $\mathrm{d}R$ 时(图 8.13)，由于电荷间斥力做了功，此带电气球的能量减少了。所减少的能量，由上式可得

$$-\mathrm{d}W=\frac{Q^2}{8\pi\varepsilon_0 R^2}\mathrm{d}R\tag{8.27}$$

由于均匀带电球体内部电场强度等于零而没有电场，所以气球半径增大 $dR$，就表示半径为 $R$，厚度为 $dR$ 的球壳内的电场消失了，而球壳外的电场并没有任何改变。将此电场的消失和静电能量的减少 $-dW$ 联系起来，可以认为所减少的能量原来就储存在那个球壳内。去掉式(8.27)左侧的负号，可以得储存在那个球壳内的电场中的能量为

$$dW = \frac{Q^2}{8\pi\varepsilon_0 R^2}dR$$

这种根据场的概念引入的电场储能的看法由于此式可用电场强度表示出来而显得更为合理。已知球壳内的电场强度 $E=Q/4\pi\varepsilon_0 R^2$，所以上式又可写成

$$dW = \frac{\varepsilon_0}{2}\left(\frac{Q}{4\pi\varepsilon_0 R^2}\right)^2 4\pi R^2 dR = \frac{\varepsilon_0 E^2}{2}4\pi R^2 dR$$

或者

$$dW = \frac{\varepsilon_0 E^2}{2}dV$$

其中 $dV=4\pi R^2 dR$ 是球壳的体积。由于球壳内各处的电场强度的大小基本上都相同，所以可以进一步引入**电场能量密度**的概念。以 $w_e$ 表示电场能量密度，则由上式可得

$$w_e = \frac{dW}{dV} = \frac{\varepsilon_0 E^2}{2} \tag{8.28}$$

此处关于电场能量的概念和能量密度公式虽然是由一个特例导出的，但可以证明它适用于静电场的一般情况。如果知道了一个带电系统的电场分布，则可将式(8.28)对全空间 $V$ 进行积分以求出一个带电系统的电场的总能量，即

$$W = \int_V w_e dV = \int_V \frac{\varepsilon_0 E^2}{2}dV \tag{8.29}$$

这也就是该带电系统的总能量。

式(8.29)是用场的概念表示的带电系统的能量，用前面的式(8.24)也能求出同一带电系统的总能量，这两个式子是完全等效的。这一等效性可以用稍复杂一些的数学加以证明，此处就不再介绍了。

本节基于场的思想引入了电场能量的概念。对静电场来说，虽然可以应用它来理解电荷间的相互作用能量，但无法在实际上证明其正确性，因为不可能测量静电场中单独某一体积内的能量，只能通过电场力做功测得电场总能量的变化。这样，"电场储能"概念只不过是一种"说法"，而式(8.29)也只不过是式(8.24)的另一种"写法"，正像用场的概念来说明两个静止电荷的相互作用那样(参看 7.3 节电场概念的引入)。不要小看了这种"说法"或"写法"的改变，物理学中有时看来只是一种说法或写法的改变，也能引发新思想的产生或对事物更深刻的理解。电场储能概念的引入就是这样一种变更，它有助于更深刻地理解电场的概念。对于运动的电磁场来说，电场能量的概念已被证明是非常必要、有用而且是非常真实的了。

---

**例 8.12**

在真空中一个均匀带电球体(图 8.14)，半径为 $R$，总电量为 $q$，试利用电场能量公式求此带电系统的静电能。

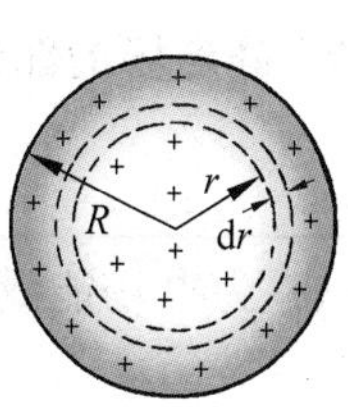

图 8.14 例 8.12 用图

**解** 由式(8.29)可得(注意要分区计算)

$$W = \int w_e dV = \int_{r<R} w_{e1} dV + \int_{r>R} w_{e2} dV$$

$$=\int_0^R \frac{\varepsilon_0 E_1^2}{2}4\pi r^2\,\mathrm{d}r+\int_R^\infty \frac{\varepsilon_0 E_2^2}{2}4\pi r^2\,\mathrm{d}r$$

将例8.11中所列电场强度的公式代入，可得

$$W=\int_0^R \frac{\varepsilon_0}{2}\left(\frac{qr}{4\pi\varepsilon_0 R^3}\right)^2 4\pi r^2\,\mathrm{d}r+\int_R^\infty \frac{\varepsilon_0}{2}\left(\frac{q}{4\pi\varepsilon_0 r^2}\right)^2 4\pi r^2\,\mathrm{d}r=\frac{3q^2}{20\pi\varepsilon_0 R}$$

此结果与例8.11的结果相同。

---

## 提要

**1. 静电场是保守场：** $\oint_L \boldsymbol{E}\cdot\mathrm{d}\boldsymbol{r}=0$

**2. 电势差：** $\varphi_1-\varphi_2=\int_{(P_1)}^{(P_2)}\boldsymbol{E}\cdot\mathrm{d}\boldsymbol{r}$

**电势：** $\varphi_P=\int_{(P)}^{(P_0)}\boldsymbol{E}\cdot\mathrm{d}\boldsymbol{r}$ （$P_0$ 是电势零点）

**电势叠加原理：** $\varphi=\sum\varphi_i$

**3. 点电荷的电势：** $\varphi=\frac{q}{4\pi\varepsilon_0 r}$

**电荷连续分布的带电体的电势：**

$$\varphi=\int\frac{\mathrm{d}q}{4\pi\varepsilon_0 r}$$

**4. 电场强度 $E$ 与电势 $\varphi$ 的关系的微分形式：**

$$\boldsymbol{E}=-\operatorname{grad}\varphi=-\nabla\varphi=-\left(\frac{\partial\varphi}{\partial x}\boldsymbol{i}+\frac{\partial\varphi}{\partial y}\boldsymbol{j}+\frac{\partial\varphi}{\partial z}\boldsymbol{k}\right)$$

电场线处处与等势面垂直，并指向电势降低的方向；电场线密处等势面间距小。

**5. 电荷在外电场中的电势能：** $W=q\varphi$

**移动电荷时电场力做的功：**

$$A_{12}=q(\varphi_1-\varphi_2)=W_1-W_2$$

**电偶极子在外电场中的电势能：** $W=-\boldsymbol{p}\cdot\boldsymbol{E}$

***6. 电荷系的静电能：** $W=\frac{1}{2}\sum_{i=1}^{n}q_i\varphi_i$

或

$$W=\frac{1}{2}\int_q\varphi\,\mathrm{d}q$$

**7. 静电场的能量：** 静电能储存在电场中，带电系统总电场能量为

$$W=\int_V w_{\mathrm{e}}\mathrm{d}V$$

其中 $w_{\mathrm{e}}$ 为电场能量体密度。在真空中，

$$w_{\mathrm{e}}=\frac{\varepsilon_0 E^2}{2}$$

## 思考题

8.1 下列说法是否正确？请举一例加以论述。

(1) 场强相等的区域，电势也处处相等；

(2) 场强为零处，电势一定为零；

(3) 电势为零处，场强一定为零；

(4) 场强大处，电势一定高。

8.2 用电势的定义直接说明：为什么在正(或负)点电荷电场中，各点电势为正(或负)值，且离电荷越远，电势越低(或高)。

8.3 选一条方便路径直接从电势定义说明偶极子中垂面上各点的电势为零。

8.4 试用环路定理证明：静电场电场线永不闭合。

8.5 如果在一空间区域中电势是常数，对于这区域内的电场可得出什么结论？如果在一表面上的电势为常数，对于这表面上的电场强度又能得出什么结论？

8.6 同一条电场线上任意两点的电势是否相等？为什么？

8.7 电荷在电势高的地点的静电势能是否一定比在电势低的地点的静电势能大？

8.8 已知在地球表面以上电场强度方向指向地面，试分析在地面以上电势随高度增加还是减小？

8.9 如果已知给定点处的 $\boldsymbol{E}$，能否算出该点的 $\varphi$？如果不能，那么还需要知道些什么才能计算？

8.10 一只鸟停在一根 30 000 V 的高压输电线上，它是否会受到危害？

8.11 一段同轴传输线，内导体圆柱的外半径为 $a$，外导体圆筒的内半径为 $b$，末端有一短路圆盘，如图 8.15 所示。在传输线开路端的内外导体间加上一恒定电压 $U$，测得其内、外导体间的等势面与纸面的交线如图 8.15 中实线所示。试大致画出两导体间的电场线分布图形。

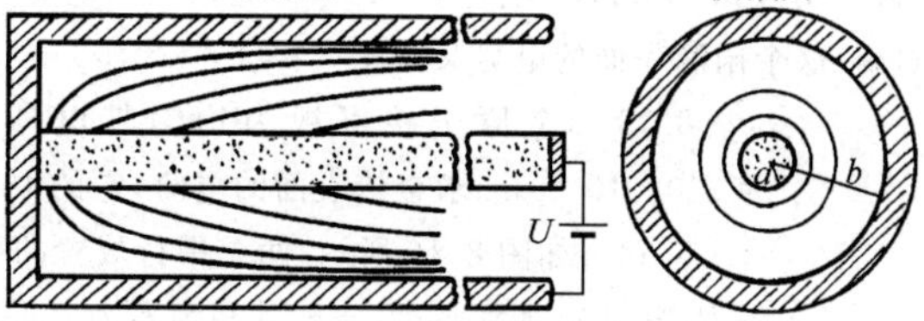


图 8.15 思考题 8.11 用图

*8.12 电场能量密度不可能是负值，因而由式(8.29)求出的电场能量不可能为负值，但两个符号相反的电荷的互能(式(8.21))怎么会是负的呢？

## 习题

8.1 两个同心球面，半径分别为 10 cm 和 30 cm，小球均匀带有正电荷 $1\times10^{-8}$ C，大球均匀带有正电荷 $1.5\times10^{-8}$ C。求离球心分别为(1)20 cm，(2)50 cm 的各点的电势。

8.2 两均匀带电球壳同心放置，半径分别为 $R_1$ 和 $R_2(R_1<R_2)$，已知内外球之间的电势差为 $U_{12}$，求两球壳间的电场分布。

8.3 两个同心的均匀带电球面，半径分别为 $R_1=5.0$ cm，$R_2=20.0$ cm，已知内球面的电势为

$\varphi_1=60$ V，外球面的电势 $\varphi_2=-30$ V。

(1) 求内、外球面上所带电量；

(2) 在两个球面之间何处的电势为零？

8.4　两个同心的球面，半径分别为 $R_1$，$R_2$（$R_1<R_2$），分别带有总电量 $q_1$，$q_2$。设电荷均匀分布在球面上，求两球面的电势及二者之间的电势差。不管 $q_1$ 大小如何，只要是正电荷，内球电势总高于外球；只要是负电荷，内球电势总低于外球。试说明其原因。

8.5　一细直杆沿 $z$ 轴由 $z=-a$ 延伸到 $z=a$，杆上均匀带电，其线电荷密度为 $\lambda$，试计算 $x$ 轴上 $x>0$ 各点的电势。

8.6　一均匀带电细杆，长 $l=15.0$ cm，线电荷密度 $\lambda=2.0\times10^{-7}$ C/m，求：

(1) 细杆延长线上与杆的一端相距 $a=5.0$ cm 处的电势；

(2) 细杆中垂线上与细杆相距 $b=5.0$ cm 处的电势。

8.7　求出习题 7.18 中两同轴圆筒之间的电势差。

8.8　一计数管中有一直径为 2.0 cm 的金属长圆筒，在圆筒的轴线处装有一根直径为 $1.27\times10^{-5}$ m 的细金属丝。设金属丝与圆筒的电势差为 $1\times10^3$ V，求：

(1) 金属丝表面的场强大小；

(2) 圆筒内表面的场强大小。

8.9　一无限长均匀带电圆柱，体电荷密度为 $\rho$，截面半径为 $a$。

(1) 用高斯定律求出柱内外电场强度分布；

(2) 求出柱内外的电势分布，以轴线为势能零点；

(3) 画出 $E$-$r$ 和 $\varphi$-$r$ 的函数曲线。

8.10　半径为 $R$ 的圆盘均匀带电，面电荷密度为 $\sigma$。求此圆盘轴线上的电势分布：(1)利用例 8.4 的结果用电势叠加法；(2)利用例 7.6 的结果用场强积分法。

8.11　一均匀带电的圆盘，半径为 $R$，面电荷密度为 $\sigma$，今将其中心半径为 $R/2$ 圆片挖去。试用叠加法求剩余圆环带在其垂直轴线上的电势分布，在中心的电势和电场强度各是多大？

8.12　(1)一个球形雨滴半径为 0.40 mm，带有电量 1.6 pC，它表面的电势多大？(2)两个这样的雨滴碰后合成一个较大的球形雨滴，这个雨滴表面的电势又是多大？

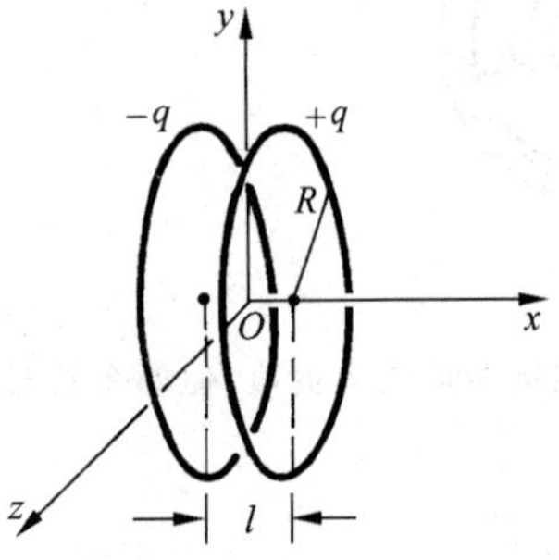

图 8.16　习题 8.14 用图

8.13　金原子核可视为均匀带电球体，总电量为 $79e$，半径为 $7.0\times10^{-15}$ m。求金核表面的电势，它的中心的电势又是多少？

8.14　如图 8.16 所示，两个平行放置的均匀带电圆环，它们的半径为 $R$，电量分别为 $+q$ 及 $-q$，其间距离为 $l$，并有 $l\ll R$ 的关系。

(1) 试求以两环的对称中心 $O$ 为坐标原点时，垂直于环面的 $x$ 轴上的电势分布；

(2) 证明：当 $x\gg R$ 时，$\varphi=\dfrac{ql}{4\pi\varepsilon_0 x^2}$。

8.15　用电势梯度法求习题 8.5 中 $x$ 轴上 $x>0$ 各点的电场强度。

*8.16　符号相反的两个点电荷 $q_1$ 和 $q_2$ 分别位于 $x=-b$ 和 $x=+b$ 两点，试证 $\varphi=0$ 的等势面为球面并求出球半径和球心的位置。如果二者电量相等，则此等势面又如何？

*8.17　两条无限长均匀带电直线的线电荷密度分别为 $-\lambda$ 和 $+\lambda$ 并平行于 $z$ 轴放置，和 $x$ 轴分别相交于 $x=-a$ 和 $x=+a$ 两点。

(1) 试证明：此系统的等势面和 $xy$ 平面的交线都是圆，并求出这些圆的圆心的位置和半径；

(2) 试证明：电场线都是平行于 $xy$ 平面的圆，并求出这些圆的圆心的位置和半径。

8.18　一次闪电的放电电压大约是 $1.0\times10^9$ V，而被中和的电量约是 30 C。

(1) 求一次放电所释放的能量是多大？

(2) 一所希望小学每天消耗电能 20 kW·h。上述一次放电所释放的电能够该小学用多长时间？

8.19 电子束焊接机中的电子枪如图 8.17 所示。K 为阴极，A 为阳极，其上有一小孔。阴极发射的电子在阴极和阳极电场作用下聚集成一细束，以极高的速率穿过阳极上的小孔，射到被焊接的金属上，使两块金属熔化而焊接在一起。已知，$\varphi_A-\varphi_K=2.5\times10^4$ V，并设电子从阴极发射时的初速率为零。求：

(1) 电子到达被焊接的金属时具有的动能(用电子伏表示)；

(2) 电子射到金属上时的速率。

8.20 边长为 $a$ 的正三角形，其三个顶点上各放置 $q$，$-q$ 和 $-2q$ 的点电荷，求此三角形重心上的电势。将一电量为 $+Q$ 的点电荷由无限远处移到重心上，外力要做多少功？

8.21 如图 8.18 所示，三块互相平行的均匀带电大平面，面电荷密度为 $\sigma_1=1.2\times10^{-4}$ C/m²，$\sigma_2=2.0\times10^{-5}$ C/m²，$\sigma_3=1.1\times10^{-4}$ C/m²。$A$ 点与平面Ⅱ相距为 5.0 cm，$B$ 点与平面Ⅱ相距 7.0 cm。

(1) 计算 $A$，$B$ 两点的电势差；

(2) 设把电量 $q_0=-1.0\times10^{-8}$ C 的点电荷从 $A$ 点移到 $B$ 点，外力克服电场力做多少功？

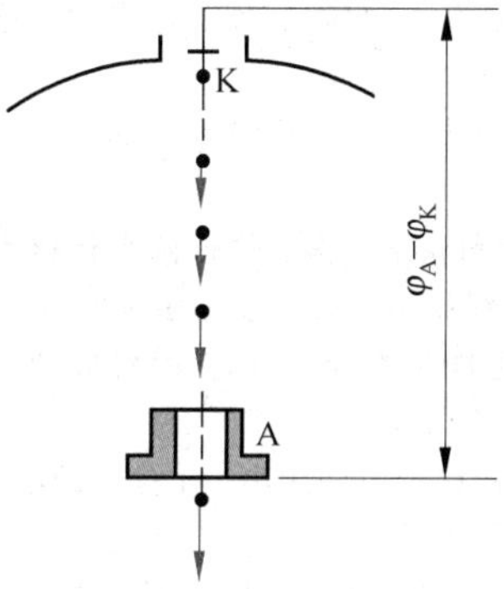


图 8.17 习题 8.19 用图

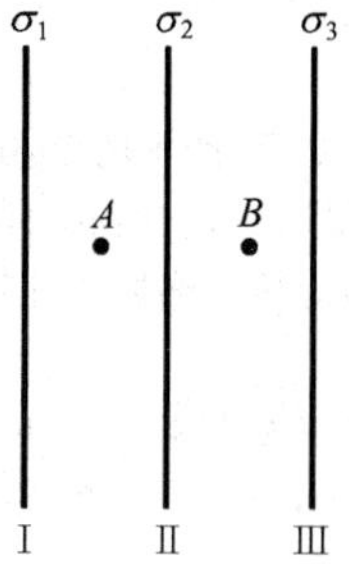


图 8.18 习题 8.21 用图

*8.22 电子直线加速器的电子轨道由沿直线排列的一长列金属筒制成，如图 8.19 所示。单数和双数圆筒分别连在一起，接在交变电源的两极上。由于电势差的正负交替改变，可以使一个电子团(延续几个微秒)依次越过两筒间隙时总能被电场加速(圆筒内没有电场，电子做匀速运动)。这要求各圆筒的长度必须依次适当加长。

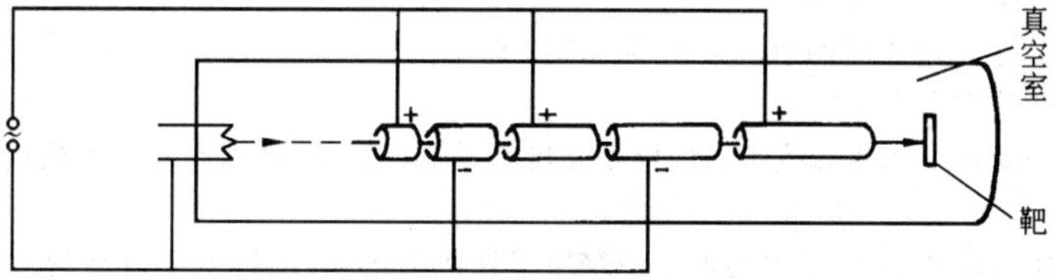


图 8.19 习题 8.22 用图

(1) 证明要使电子团发出和跨越每个筒间间隙时都能正好被电势差的峰值加速，圆筒长度应依次为 $L_1 n^{1/2}$，其中 $L_1$ 是第一个筒的长度，$n$ 为圆筒序数。(考虑非相对论情况)

(2) 设交变电势差峰值为 $U_0$，频率为 $\nu$，求 $L_1$ 的长度。

(3) 电子从第 $n$ 个筒出来时，动能多大？

8.23 (1) 按牛顿力学计算，把一个电子加速到光速需要多大的电势差？

(2) 按相对论的正确公式，静质量为 $m_0$ 的粒子的动能为

$$E_k=m_0c^2\left[\frac{1}{\sqrt{1-v^2/c^2}}-1\right]$$

试由此计算电子越过上一问所求的电势差时所能达到的速度是光速的百分之几？

*8.24 假设某一瞬时，氦原子的两个电子正在核的两侧，它们与核的距离都是 $0.20\times10^{-10}$ m。这种配置状态的静电势能是多少？（把电子与原子核看作点电荷）

*8.25 根据原子核的 $\alpha$ 粒子模型，某些原子核是由 $\alpha$ 粒子的有规则的几何排列所组成。例如，$^{12}C$ 的原子核是由排列成等边三角形的3个 $\alpha$ 粒子组成的。设每对粒子之间的距离都是 $3.0\times10^{-15}$ m，则这3个 $\alpha$ 粒子的这种配置的静电势能是多少电子伏？（将 $\alpha$ 粒子看作点电荷）

*8.26 一条无限长的一维晶体由沿直线交替排列的正负离子组成，这些粒子的电量的大小都是 $e$，相邻离子的间隔都是 $a$。求证：

(1) 每一个正离子所处的电势都是 $-\frac{e}{2\pi\varepsilon_0 a}\ln 2$。（提示：利用 $\ln(1+x)$ 的展开式）

(2) 任何一个离子的静电势能都是 $-\frac{e^2}{4\pi\varepsilon_0 a}\ln 2$。

*8.27 假设电子是一个半径为 $R$，电荷为 $e$ 且均匀分布在其外表面上的球体。如果静电能等于电子的静止能量 $m_e c^2$，那么以电子的 $e$ 和 $m_e$ 表示的电子半径 $R$ 的表达式是什么？$R$ 在数值上等于多少？（此 $R$ 是所谓电子的"经典半径"。现代高能实验确定，电子的电量集中分布在不超过 $10^{-18}$ m 的线度范围内）

*8.28 如果把质子当成半径为 $1.0\times10^{-15}$ m 的均匀带电球体，它的静电势能是多大？这势能是质子的相对论静能的百分之几？

*8.29 铀核带电量为 $92e$，可以近似地认为它均匀分布在一个半径为 $7.4\times10^{-15}$ m 的球体内。求铀核的静电势能。

当铀核对称裂变后，产生两个相同的钯核，各带电 $46e$，总体积和原来一样。设这两个钯核也可以看成球体，当它们分离很远时，它们的总静电势能又是多少？这一裂变释放出的静电能是多少？

按每个铀核都这样对称裂变计算，1 kg 铀裂变后释放出的静电能是多少？（裂变时释放的"核能"基本上就是这静电能）

8.30 一个动能为 4.0 MeV 的 $\alpha$ 粒子射向金原子核，求二者最接近时的距离。$\alpha$ 粒子的电荷为 $2e$，金原子核的电荷为 $79e$，将金原子核视作均匀带电球体，并且认为它保持不动。

已知 $\alpha$ 粒子的质量为 $6.68\times10^{-27}$ kg，金核的质量为 $3.29\times10^{-25}$ kg，求在此距离时二者的万有引力势能多大？

*8.31 $\tau$ 子带有与电子一样多的负电荷，质量为 $3.17\times10^{-27}$ kg。它可以穿入核物质而只受电力的作用。设一个 $\tau$ 子原来静止在离铀核很远的地方，由于铀核的吸引而向铀核运动。求它越过铀核表面时的速度多大？到达铀核中心时的速度多大？铀核可看做带有 $92e$ 的均匀带电球体，半径为 $7.4\times10^{-15}$ m。

*8.32 两个电偶极子的电矩分别为 $\boldsymbol{p}_1$ 和 $\boldsymbol{p}_2$，相隔的距离为 $r$，方向相同，都沿着二者的连线。试证明二者的相互作用静电能为 $-\frac{p_1 p_2}{2\pi\varepsilon_0 r^3}$。

8.33 地球表面上空晴天时的电场强度约为 100 V/m。

(1) 此电场的能量密度多大？

(2) 假设地球表面以上 10 km 范围内的电场强度都是这一数值，那么在此范围内所储存的电场能共是多少 kW·h？

*8.34 按照**玻尔理论**，氢原子中的电子围绕原子核作圆运动，维持电子运动的力为库仑力。轨道的大小取决于角动量，最小的轨道角动量为 $\hbar=1.05\times10^{-34}$ J·s，其他依次为 $2\hbar$，$3\hbar$ 等。

(1) 证明：如果圆轨道有角动量 $n\hbar(n=1,2,3,\cdots)$，则其半径 $r=\frac{4\pi\varepsilon_0}{m_e e^2}n^2\hbar^2$；

(2) 证明：在这样的轨道中，电子的轨道能量（动能＋势能）为

$$W=-\frac{m_e e^4}{2(4\pi\varepsilon_0)^2\hbar^2}\frac{1}{n^2}$$

(3) 计算 $n=1$ 时的轨道能量（用 eV 表示）。

第9章

# 静电场中的导体

前两章中讲述了有关静电场的基本概念和一般规律。实际上，通常利用导体带电形成电场。本章讨论导体带电和它周围的电场有什么关系，也就是介绍静电场的一般规律在有导体存在的情况下的具体应用。作为基础知识，本章的讨论只限于各向同性的均匀的金属导体在电场中的情况。

## 9.1 导体的静电平衡条件

金属导体的电结构特征是在它内部有可以自由移动的电荷——**自由电子**，将金属导体放在静电场中，它内部的自由电子将受静电场的作用而产生定向运动。这一运动将改变导体上的电荷分布，这电荷分布的改变又将反过来改变导体内部和周围的电场分布。这种电荷和电场的分布将一直改变到导体达到静电平衡状态为止。

所谓**导体的静电平衡状态是指导体内部和表面都没有电荷定向移动的状态**。这种状态只有在导体内部电场强度处处为零时才有可能达到和维持。否则，导体内部的自由电子在电场的作用下将发生定向移动。同时，**导体表面紧邻处的电场强度必定和导体表面垂直**。否则电场强度沿表面的分量将使自由电子沿表面作定向运动。因此，导体处于静电平衡的条件是

$$\boldsymbol{E}_{\text{in}} = 0, \quad \boldsymbol{E}_S \perp 表面 \tag{9.1}$$

应该指出，这一静电平衡条件是由导体的电结构特征和静电平衡的要求所决定的，与导体的形状无关。

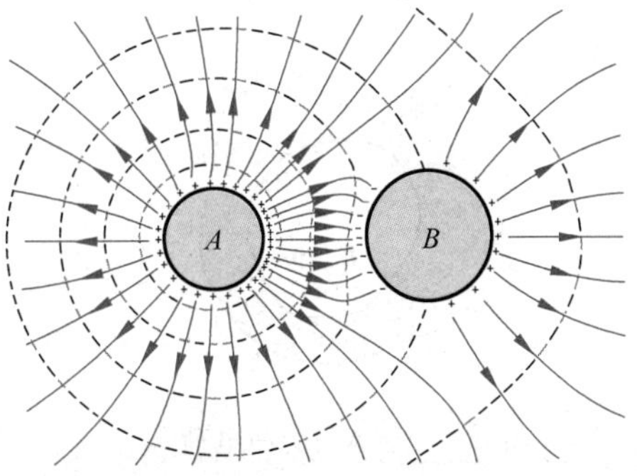


图 9.1 处于静电平衡的导体的电荷和电场的分布

图 9.1 画出了两个导体处于静电平衡时电荷和电场分布的情况（图中实线为电场线，虚线为等势面和纸面的交线）。球形导体 $A$ 上原来带有正电荷而且均匀分布，原来不带电的导体 $B$ 引入后，其中自由电子在 $A$ 上电荷的电场作用下向靠近 $A$ 的那一端移动，使 $B$ 上出现等量异号的**感生电荷**。与此同时，$A$ 上的电荷分布也发生了改变。这些电荷分布的改变将一直进

行到它们在导体内部的合场强等于零为止。这时导体外的电场分布和原来相比也发生了改变。

导体处于静电平衡时，既然其内部电场强度处处为零，而且表面紧邻处的电场强度都垂直于表面，所以导体中以及表面上任意两点间的电势差必然为零。这就是说，**处于静电平衡的导体是等势体，其表面是等势面**。这是导体静电平衡条件的另一种说法。

## 9.2 静电平衡的导体上的电荷分布

处于静电平衡的导体上的电荷分布有以下的规律。

(1) **处于静电平衡的导体，其内部各处净电荷为零，电荷只能分布在表面。**

这一规律可以用高斯定律证明，为此可在导体内部围绕任意 $P$ 点作一个小封闭曲面 $S$，如图 9.2 所示。由于静电平衡时导体内部场强处处为零，因此通过此封闭曲面的电通量必然为零。由高斯定律可知，此封闭面内电荷的代数和为零。由于这个封闭面很小，而且 $P$ 点是导体内任意一点，所以可得出在整个导体内无净电荷，电荷只能分布在导体表面上的结论。

(2) **处于静电平衡的导体，其表面上各处的面电荷密度与当地表面紧邻处的电场强度的大小成正比。**

这个规律也可以用高斯定律证明，为此，在导体表面紧邻处取一点 $P$，以 $\boldsymbol{E}$ 表示该处的电场强度，如图 9.3 所示。过 $P$ 点作一个平行于导体表面的小面积元 $\Delta S$，以 $\Delta S$ 为底，以过 $P$ 点的导体表面法线为轴作一个封闭的扁筒，扁筒的另一底面 $\Delta S'$ 在导体的内部。由于导体内部场强为零，而表面紧邻处的场强又与表面垂直，所以通过此封闭扁筒的电通量就是通过 $\Delta S$ 面的电通量，即等于 $E\Delta S$，以 $\sigma$ 表示导体表面上 $P$ 点附近的面电荷密度，则扁筒包围的电荷就是 $\sigma\Delta S$。根据高斯定律可得

$$E\Delta S = \frac{\sigma\Delta S}{\varepsilon_0}$$

由此得

$$\sigma = \varepsilon_0 E \tag{9.2}$$

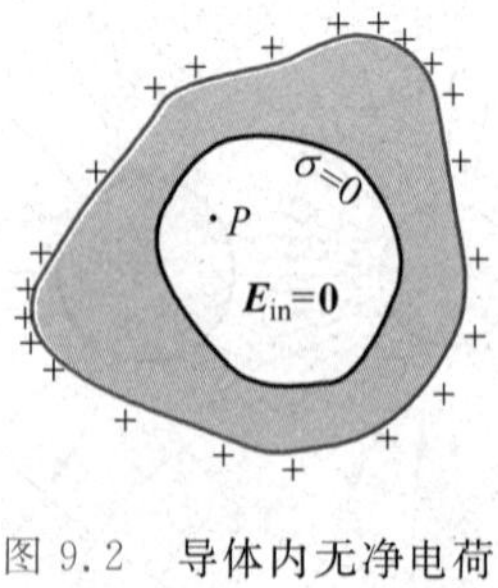


图 9.2 导体内无净电荷

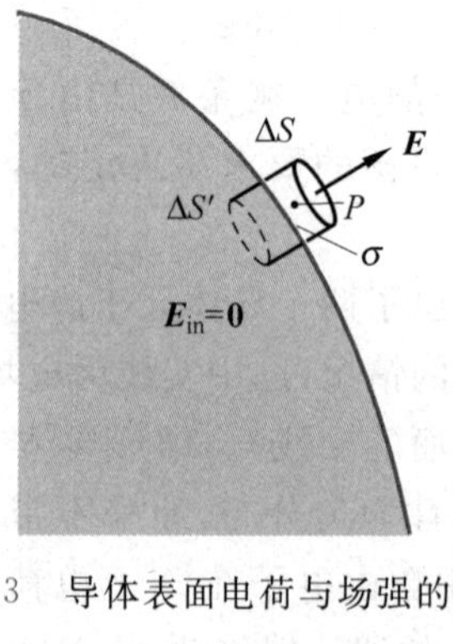


图 9.3 导体表面电荷与场强的关系

此式就说明处于静电平衡的导体表面上各处的面电荷密度与当地表面紧邻处的场强大小成正比。

利用式(9.2)也可以由导体表面某处的面电荷密度 $\sigma$ 求出当地表面紧邻处的场强 $E$。这样做时，这一公式容易被误解为导体表面紧邻某处的电场仅仅是由当地导体表面上的电荷产生的，其实不然。此处电场实际上是所有电荷(包括该导体上的全部电荷以及导体外现有的其他电荷)产生的，而 $\boldsymbol{E}$ 是这些电荷的合场强。只要回顾一下在式(9.2)的推导过程中利用了高斯定律就可以明白这一点。当导体外的电荷位置发生变化时，导体上的电荷分布也会发生变化，而导体外面的合电场分布也要发生变化。这种变化将一直继续到它们满足式(9.2)的关系使导体又处于静电平衡为止。

(3) **孤立的导体处于静电平衡时，它的表面各处的面电荷密度与各处表面的曲率有关，曲率越大的地方，面电荷密度也越大。**

图 9.4 画出一个有尖端的导体表面的电荷和场强分布的情况，尖端附近的面电荷密度最大。

尖端上电荷过多时，会引起**尖端放电**现象。这种现象可以这样来解释。由于尖端上面电荷密度很大，所以它周围的电场很强。那里空气中散存的带电粒子(如电子或离子)在这强电场的作用下作加速运动时就可能获得足够大的能量，以至它们和空气分子碰撞时，能使后者离解成电子和离子。这些新的电子和离子与其他空气分子相碰，又能产生新的带电粒子。这样，就会产生大量的带电粒子。与尖端上电荷异号的带电粒子受尖端电荷的吸引，飞向尖端，使尖端上的电荷被中和掉；与尖端上电荷同号的带电粒子受到排斥而从尖端附近飞开。图 9.5 从外表上看，就好像尖端上的电荷被"喷射"出来放掉一样，所以叫做尖端放电。

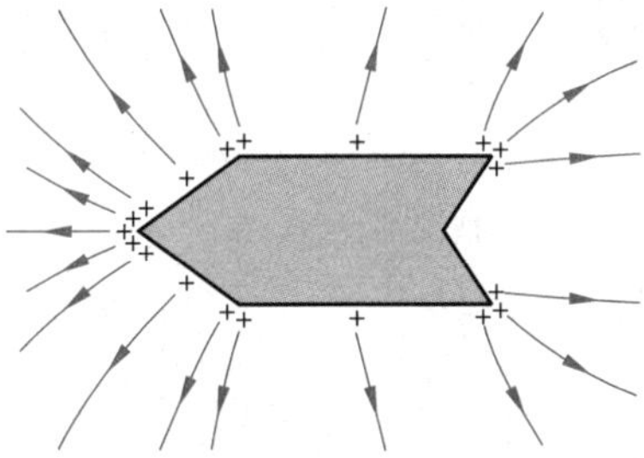

图 9.4 导体尖端处电荷多

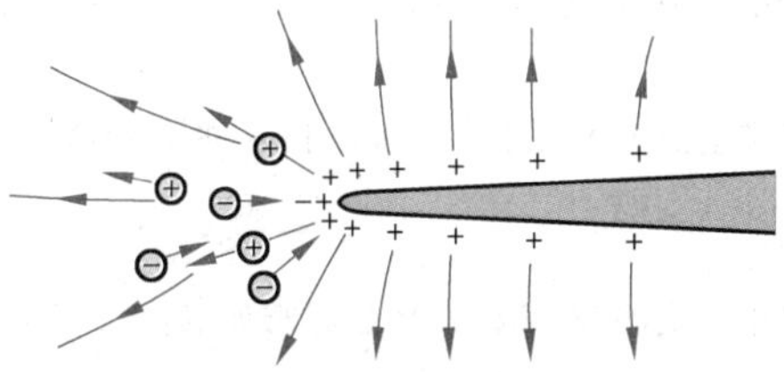

图 9.5 尖端放电示意图

在高电压设备中，为了防止因尖端放电而引起的危险和漏电造成的损失，输电线的表面应是光滑的。具有高电压的零部件的表面也必须做得十分光滑并尽可能做成球面。与此相反，在很多情况下，人们还利用尖端放电。例如，火花放电设备的电极往往做成尖端形状。避雷针也是利用其尖端的电场强度大，空气被电离，形成放电通道，使云地间电流通过导线流入地下而避免"雷击"的。(雷击实际上是天空中大量异号电荷急剧中和所产生的恶果。关于雷电请参看"今日物理趣闻 F 大气电学")

## 9.3 有导体存在时静电场的分析与计算

导体放入静电场中时，电场会影响导体上电荷的分布，同时，导体上的电荷分布也会影响电场的分布。这种相互影响将一直继续到达到静电平衡时为止，这时导体上的电荷分布以及周围的电场分布就不再改变了。这时的电荷和电场的分布可以根据静电场的基本规律、电荷守恒以及导体静电平衡条件加以分析和计算。下面举几个例子。

**例 9.1**

有一块大金属平板，面积为 $S$，带有总电量 $Q$，今在其近旁平行地放置第二块大金属平板，此板原来不带电。(1) 求静电平衡时，金属板上的电荷分布及周围空间的电场分布；(2) 如果把第二块金属板接地，最后情况又如何？(忽略金属板的边缘效应)

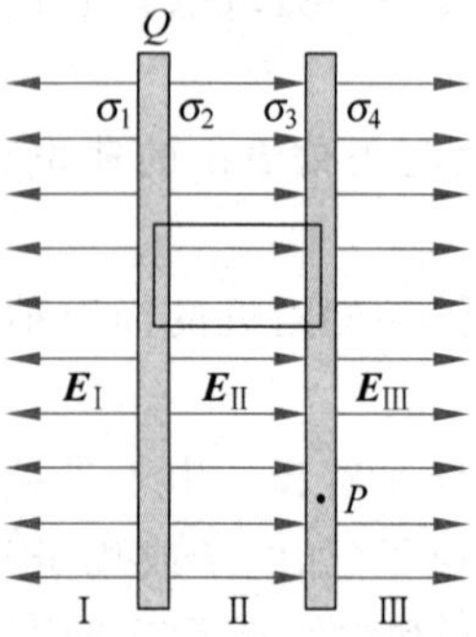


图 9.6 例 9.1 解(1)用图

**解** (1) 由于静电平衡时导体内部无净电荷，所以电荷只能分布在两金属板的表面上。不考虑边缘效应，这些电荷都可当作是均匀分布的。设 4 个表面上的面电荷密度分别为 $\sigma_1,\sigma_2,\sigma_3$ 和 $\sigma_4$，如图 9.6 所示。由电荷守恒定律可知

$$\sigma_1+\sigma_2=\frac{Q}{S}$$

$$\sigma_3+\sigma_4=0$$

由于板间电场与板面垂直，且板内的电场为零，所以选一个两底分别在两个金属板内而侧面垂直于板面的封闭面作为高斯面，则通过此高斯面的电通量为零。根据高斯定律就可以得出

$$\sigma_2+\sigma_3=0$$

在金属板内一点 $P$ 的场强应该是 4 个带电面的电场的叠加，因而有

$$E_P=\frac{\sigma_1}{2\varepsilon_0}+\frac{\sigma_2}{2\varepsilon_0}+\frac{\sigma_3}{2\varepsilon_0}-\frac{\sigma_4}{2\varepsilon_0}$$

由于静电平衡时，导体内各处场强为零，所以 $E_P=0$，因而有

$$\sigma_1+\sigma_2+\sigma_3-\sigma_4=0$$

将此式和上面 3 个关于 $\sigma_1,\sigma_2,\sigma_3$ 和 $\sigma_4$ 的方程联立求解，可得电荷分布的情况为

$$\sigma_1=\frac{Q}{2S},\quad \sigma_2=\frac{Q}{2S},\quad \sigma_3=-\frac{Q}{2S},\quad \sigma_4=\frac{Q}{2S}$$

由此可根据式(9.2)求得电场的分布如下：

在Ⅰ区， $E_{\text{I}}=\dfrac{Q}{2\varepsilon_0 S}$，方向向左

在Ⅱ区， $E_{\text{II}}=\dfrac{Q}{2\varepsilon_0 S}$，方向向右

在Ⅲ区， $E_{\text{III}}=\dfrac{Q}{2\varepsilon_0 S}$，方向向右

(2) 如果把第二块金属板接地(图 9.7)，它就与地这个大导体连成一体。这块金属板右表面上的电荷就会分散到更远的地球表面上而使得这右表面上的电荷实际上消失，因而

$$\sigma_4=0$$

第一块金属板上的电荷守恒仍给出

$$\sigma_1+\sigma_2=\frac{Q}{S}$$

由高斯定律仍可得

$$\sigma_2+\sigma_3=0$$

为了使得金属板内 $P$ 点的电场为零，又必须有

$$\sigma_1+\sigma_2+\sigma_3=0$$

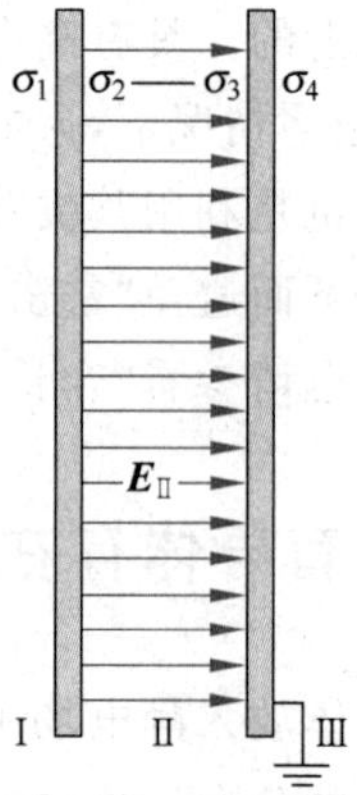


图 9.7 例 9.1 解(2)用图

以上 4 个方程式给出

$$\sigma_1=0,\quad \sigma_2=\frac{Q}{S},\quad \sigma_3=-\frac{Q}{S},\quad \sigma_4=0$$

和未接地前相比，电荷分布改变了。这一变化是负电荷通过接地线从地里跑到第二块金属板上的结果。这负电荷的电量一方面中和了金属板右表面上的正电荷（这是正电荷跑入地球的另一种说法），另一方面又补充了左表面上的负电荷使其面密度增加一倍。同时第一块板上的电荷全部移到了右表面上。只有这样，才能使两导体内部的场强为零而达到静电平衡状态。

这时的电场分布可根据上面求得的电荷分布求出，即有

$$E_{\mathrm{I}}=0;\quad E_{\mathrm{II}}=\frac{Q}{\varepsilon_0 S},\text{向右};\quad E_{\mathrm{III}}=0$$

---

**例 9.2**

一个金属球 $A$，半径为 $R_1$。它的外面套一个同心的金属球壳 $B$，其内外半径分别为 $R_2$ 和 $R_3$。二者带电后电势分别为 $\varphi_A$ 和 $\varphi_B$。求此系统的电荷及电场的分布。如果用导线将球和壳连接起来，结果又将如何？

**解** 导体球和壳内的电场应为零，而电荷均匀分布在它们的表面上。如图 9.8 所示，设 $q_1, q_2, q_3$ 分别表示半径为 $R_1, R_2, R_3$ 的金属球面上所带的电量。由例 8.1 的结果和电势叠加原理可得

$$\varphi_A=\frac{q_1}{4\pi\varepsilon_0 R_1}+\frac{q_2}{4\pi\varepsilon_0 R_2}+\frac{q_3}{4\pi\varepsilon_0 R_3}$$

$$\varphi_B=\frac{q_1+q_2+q_3}{4\pi\varepsilon_0 R_3}$$

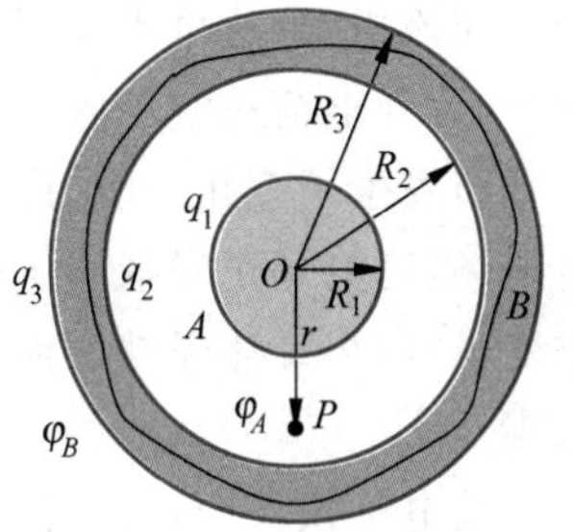


图 9.8 例 9.2 用图

在壳内作一个包围内腔的高斯面，由高斯定律就可得

$$q_1+q_2=0$$

联立解上述 3 个方程，可得

$$q_1=\frac{4\pi\varepsilon_0(\varphi_A-\varphi_B)R_1R_2}{R_2-R_1},\quad q_2=\frac{4\pi\varepsilon_0(\varphi_B-\varphi_A)R_1R_2}{R_2-R_1},\quad q_3=4\pi\varepsilon_0\varphi_B R_3$$

由此电荷分布可求得电场分布如下：

$$E=0 \qquad (r<R_1)$$

$$E=\frac{(\varphi_A-\varphi_B)R_1R_2}{(R_2-R_1)r^2} \qquad (R_1<r<R_2)$$

$$E=0 \qquad (R_2<r<R_3)$$

$$E=\frac{\varphi_B R_3}{r^2} \qquad (r>R_3)$$

如果用导线将球和球壳连接起来，则壳的内表面和球表面的电荷会完全中和而使两个表面都不再带电，二者之间的电场变为零，而二者之间的电势差也变为零。在球壳的外表面上电荷仍保持为 $q_3$，而且均匀分布，它外面的电场分布也不会改变而仍为 $\varphi_B R_3/r^2$。

---

## 9.4 静电屏蔽

静电平衡时导体内部的场强为零这一规律在技术上用来作静电屏蔽。用一个金属空壳就能使其内部不受外面的静止电荷的电场的影响，下面我们来说明其中的道理。

如图9.9所示，一金属空壳$A$外面放有带电体$B$，当空壳处于静电平衡时，金属壳体内的场强为零。这时如果在壳体内作一个封闭曲面$S$包围住空腔，可以由高斯定律推知空腔内表面上的净电荷为零。但是会不会在内表面上某处有正电荷，另一处有等量的负电荷呢？不会的。因为如果是这样，则空腔内将有电场。这一电场将使得内表面上带正电荷和带负电荷的地方有电势差，这与静电平衡时导体是等势体的性质就相矛盾了。所以空壳的内表面上必然处处无净电荷而空腔内的电场强度也就必然为零。这个结论是和壳外的电荷和电场的分布无关的，因此金属壳就起到了屏蔽外面电荷的电场的作用。

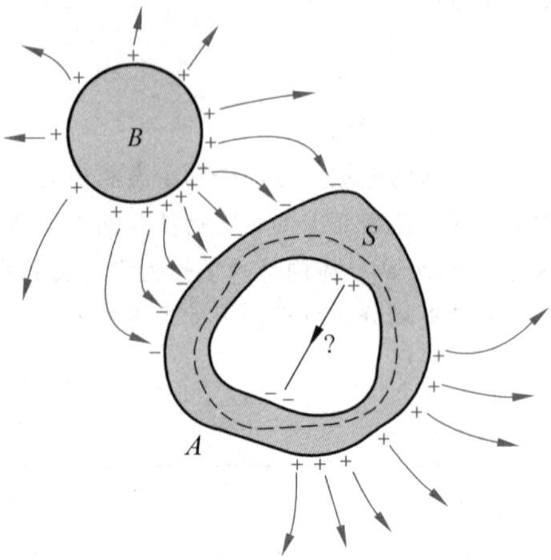

图9.9 金属空壳的静电屏蔽作用

应该指出，这里不要误认为由于导体壳的存在，壳外电荷就不在空腔内产生电场了。实际上，壳外电荷在空腔内同样产生电场。空腔内的场强所以为零，是因为壳的外表面上的电荷分布发生了变化(或说产生了感生电荷)的缘故。这些重新分布的表面电荷在空腔内也产生电场，这电场正好抵消了壳外电荷在空腔内产生的电场。如果导体壳外的带电体的位置改变了，那么导体壳外表面上的电荷分布也会跟着改变，其结果将是始终保持壳内的总场强为零。

在电子仪器中，为了使电路不受外界带电体的干扰，就把电路封闭在金属壳内。实用上常常用金属网罩代替全封闭的金属壳。传送微弱电信号的导线，其外表就是用金属丝编成的网包起来的。这样的导线叫**屏蔽线**。

导体空壳内电场为零的结论还有重要的理论意义。对于库仑定律中的反比指数“2”，库仑曾用扭秤实验直接地确定过，但是扭秤实验不可能做得非常精确。处于静电平衡的导体空壳内无电场的结论是由高斯定律和静电场的电势概念导出的，而这些又都是库仑定律的直接结果。因此在实验上检验导体空壳内是否有电场存在可以间接地验证库仑定律的正确性。卡文迪许和麦克斯韦以及威廉斯等人都是利用这一原理做实验来验证库仑定律的。

## *9.5 唯一性定理

关于静电场有一条重要的定理——**唯一性定理**。其内容是，有若干个导体存在时，在给定的一些条件下，空间的电场分布和导体表面的电荷分布是**唯一地**被确定了的。这些条件可以按下列三种方式的任一种给出：

(1) 给定每个导体上的总电量，例9.1就是这种情形；

(2) 给定每个导体的电势，例9.2就是这种情形；

(3) 给定一些导体的总电量和另一些导体的电势。

由于导体在静电平衡条件下电荷只存在于表面而且表面是个等势面，所以上述条件都是给出导体表面，或者说是导体与真空的分界面的情况。因此，这些条件就叫**边界条件**或边值。唯一性定理可简述为：**给定边界条件后，静电场的分布就唯一地确定了。**

唯一性定理从物理上直观判断,似乎容易理解。例如位置固定的一组导体分别带上一定的电量后,最后在静电平衡下,似乎只会有一种实际的电场分布。但要用有导体存在时静电场的基本规律对此定理加以一般的严格的证明,则是一件比较麻烦的事。下面仅对按上述第二种方式给定边界条件的情况加以说明。

假定各个导体的电势已给定,即所述电场的边界(包括无限远处的表面)上电势已给定。为了求出边界内各处电场强度的分布,可像 8.4 节指出的那样,先求出电势分布,然后求其梯度而得电场强度的分布。设在给定的电势边界条件下,函数 $\varphi(x,y,z)$是所求的电势分布的一个解,下面证明只可能有这一个解。这样的证明方法具有这类证明的典型性。

设有函数 $\varphi'(x,y,z)$是满足同样电势边界条件的另一个解。现在考虑这两个解的一种叠加,即

$$\varphi^*(x,y,z)=\varphi(x,y,z)-\varphi'(x,y,z) \tag{9.3}$$

根据电场的叠加原理,这一叠加场应该和 $\varphi,\varphi'$一样遵守静电场的基本规律,如高斯定律。但这一叠加场不满足所给的边界条件。这是由于 $\varphi$ 和 $\varphi'$在边界上各处具有相同的给定值,所以 $\varphi^*$ 在边界上各处都等于零。这样,$\varphi^*$ 将是在所有边界上电势都是零的电场的电势分布。果然如此,则 $\varphi^*$ 在边界**内**各处也**都必须**等于零。因为如若不然,则 $\varphi^*$ 将在某处,例如 $P$ 点,有一极大值(或极小值)。如果围绕此极大(或极小值)所在处的 $P$ 点作一封闭曲面,则在此曲面上各处的电场强度的方向都将指离(或指向)$P$ 点。这样,通过此封闭曲面的电通量将不为零(这种情况的二维解说模型如图 9.10 所示,在 $xy$ 平面内的面积 $A$ 的边界上 $\varphi^*$ 值为零)。但是,据设定,在边界内各处是真空,并无电荷存在。通过封闭面的电通量不为零是违反高斯定律的。于是 $\varphi^*$ 不可能具有极大或极小值,而只能处处为零。这样,由式(9.3)就直接得出 $\varphi'=\varphi$。这说明,满足原给定边界条件的电势函数只有一个。这就是唯一性定理①。

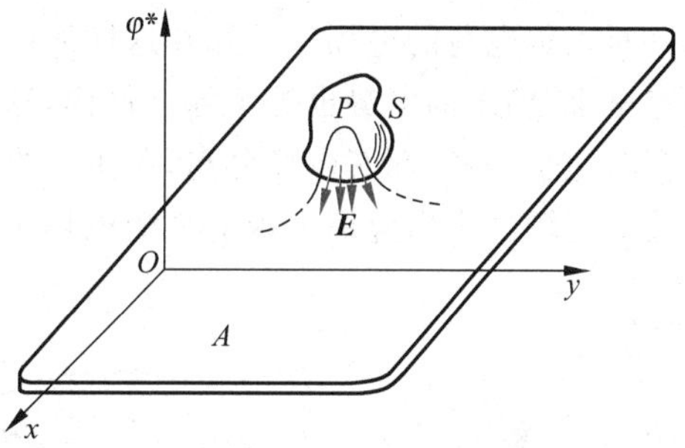

图 9.10 说明唯一性定理的二维模型

下面介绍唯一性定理的两个应用实例。

首先,可以用唯一性定理严格地说明静电屏蔽的道理。如图 9.11 所示,在一个金属盒子内外都有一定的带电导体。考虑盒子内的空间。如果盒子的电势给定(例如接地,这时它的电势为零),其内每个导体的总电量(或电势)也给定,则这一空间的边界条件就给定了。根据唯一性定理,盒内的电场以及各导体表面的电荷分布也就唯一地确定了。与盒外的带电体和它们产生的电场无关。这就是说,金属盒完全屏蔽了盒外带电体的影响。

其次,介绍一下求解静电场的一种很有启发性的方法——**镜像法**。考虑下述例子。点电荷 $q$ 放在一个水平的无限大接地金属板的上方 $h$ 处,试求板上方空间内的电场分布和板面上的电荷分布。

在这个问题中,可以把点电荷看作一个小导体球,其表面带有总电荷 $q$。对导体平面以

① 唯一性定理是关于电磁场的一个普遍定理:给定边界条件和初值,电磁场及其演化就唯一地被确定了。这里讲的只是在真空中有若干个导体存在时的静电场的特殊情况。

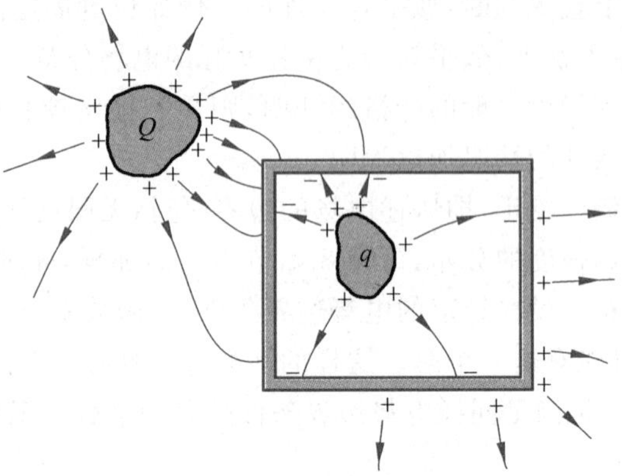


图 9.11 静电屏蔽

上的空间而言，其"外表面"(金属表面以及包围上半空间的无限远处的"表面")的电势都是零。这就是按前述第三种方式给定了边界条件。因此，导体平面以上空间内的电场及导体表面的电荷的分布就唯一地确定了。

既然结果是唯一的，那么无论用什么方法得到的结果就是所要求的解。为了求出此解，我们设想一个窍门。设想在导体表面的正下方 $h$ 处放另一点电荷 $-q$，与上方电荷异号等量，好像是 $q$ 在以导体表面为镜面内的虚像(图 9.12)，然后把金属板撤去。这样我们就得到一对正负电荷的电场。已知在这样的电场中，两电荷连线的垂直平分面(它和原来金属表面完全重合)上的电势也等于零。这样，这一对电荷的电场的上半部的边界条件就和金属板存在时完全一样，而其电场分布，由于是唯一的，也就完全一样了。因此，就可以借助那一对电荷的电场来求出金属平板上方的电场了，而这是比较容易的。

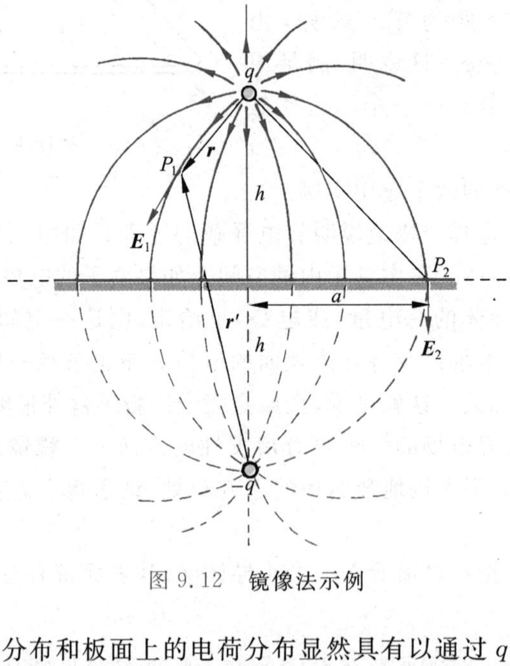


图 9.12 镜像法示例

金属板上方的电场分布和板面上的电荷分布显然具有以通过 $q$ 的竖直线为轴的轴对称性，所以可以只求图示平面上的电场分布。由点电荷电场的叠加可得板上方任一点 $P_1$ 处

的电场为

$$\boldsymbol{E}_1 = \frac{q}{4\pi\varepsilon_0 r^3}\boldsymbol{r} - \frac{q}{4\pi\varepsilon_0 r'^3}\boldsymbol{r}' \tag{9.4}$$

式中，$\boldsymbol{r}$ 和 $\boldsymbol{r}'$ 分别表示从电荷 $q$ 和其镜像电荷 $-q$ 引到 $P_1$ 点的径矢。

对于带电平面上任一点 $P_2$，上式给出

$$E_2 = E_{2n} = \frac{-2qh}{4\pi\varepsilon_0 (a^2 + h^2)^{3/2}} \tag{9.5}$$

负号表示该处电场指向导体内部，即向下。由式(9.2)可求出金属表面该处的面电荷密度为

$$\sigma = \varepsilon_0 E_{2n} = \frac{-qh}{2\pi(a^2 + h^2)^{3/2}} \tag{9.6}$$

式(9.4)和式(9.6)即本问题的解答。

还可以根据式(9.6)积分求出金属板面上所感生的总电荷为

$$q' = \int_0^{\infty} \sigma \cdot 2\pi a \mathrm{d}a = -q\int_0^{\infty} \frac{ha\,\mathrm{d}a}{(a^2 + h^2)^{3/2}} = -q$$

即 $q'$ 和 $q$ 大小相等，符号相反，正应该如此。

## 提要

**1. 导体的静电平衡条件**

$$\boldsymbol{E}_{\text{in}} = 0\text{，表面外紧邻处 } \boldsymbol{E}_S \perp \text{表面}$$

或导体是个等势体。

**2. 静电平衡的导体上电荷的分布**

$$q_{\text{in}} = 0,\quad \sigma = \varepsilon_0 E$$

**3. 计算有导体存在时的静电场分布问题的基本依据**

高斯定律，电势概念，电荷守恒，导体静电平衡条件。

**4. 静电屏蔽**：金属空壳的外表面上及壳外的电荷在壳内的合场强总为零，因而对壳内无影响。

* **5. 唯一性定理**：给定了边界条件，静电场的分布就唯一地确定了。

## 思考题

9.1 各种形状的带电导体中，是否只有球形导体其内部场强才为零？为什么？

9.2 一带电为 $Q$ 的导体球壳中心放一点电荷 $q$，若此球壳电势为 $\varphi_0$，有人说："根据电势叠加，任一 $P$ 点(距中心为 $r$)的电势 $\varphi_P = \frac{q}{4\pi\varepsilon_0 r} + \varphi_0$"，这说法对吗？

9.3 使一孤立导体球带正电荷，这孤立导体球的质量是增加、减少还是不变？

9.4 在一孤立导体球壳的中心放一点电荷，球壳内、外表面上的电荷分布是否均匀？如果点电荷偏离球心，情况如何？

9.5 把一个带电物体移近一个导体壳，带电体单独在导体壳的腔内产生的电场是否为零？静电屏蔽

效应是如何发生的？

9.6　设一带电导体表面上某点附近面电荷密度为 $\sigma$，则紧靠该处表面外侧的场强为 $E=\sigma/\varepsilon_0$。若将另一带电体移近，该处场强是否改变？这场强与该处导体表面的面电荷密度的关系是否仍具有 $E=\sigma/\varepsilon_0$ 的形式？

9.7　空间有两个带电导体，试说明其中至少有一个导体表面上各点所带电荷都是同号的。

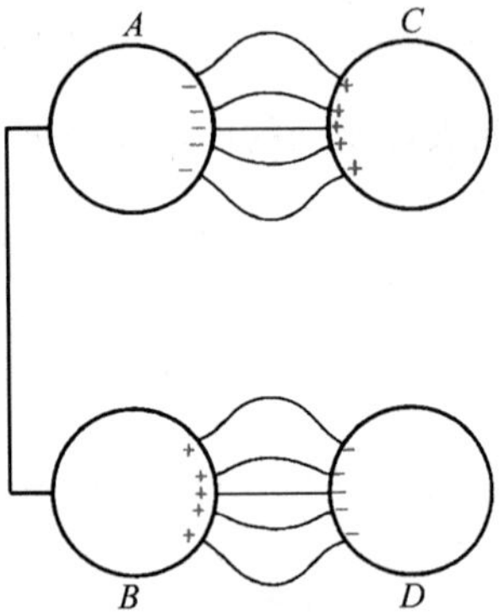

图 9.13　思考题 9.11 用图

9.8　无限大均匀带电平面（面电荷密度为 $\sigma$）两侧场强为 $E=\dfrac{\sigma}{2\varepsilon_0}$，而在静电平衡状态下，导体表面（该处表面面电荷密度为 $\sigma$）附近场强 $E=\dfrac{\sigma}{\varepsilon_0}$，为什么前者比后者小一半？

9.9　两块平行放置的导体大平板带电后，其相对的两表面上的面电荷密度是否一定是大小相等，符号相反？为什么？

9.10　在距一个原来不带电的导体球的中心 $r$ 处放置一电量为 $q$ 的点电荷。此导体球的电势多大？

9.11　如图 9.13 所示，用导线连接着的金属球 $A$ 和 $B$ 原来都不带电，今在其近旁各放一金属球 $C$ 和 $D$，并使二者分别带上等量异号电荷，则 $A$ 和 $B$ 上感生出电荷。如果用导线将 $C$ 和 $D$ 连起来，各导体球带电情况是否改变？可能由于正负电荷相互吸引而保持带电状态不变吗？

## 习题

9.1　求导体外表面紧邻处场强的另一方法。设导体面上某处面电荷密度为 $\sigma$，在此处取一小面积 $\Delta S$，将 $\Delta S$ 面两侧的电场看成是 $\Delta S$ 面上的电荷的电场（用无限大平面算）和导体上其他地方以及导体外的电荷的电场（这电场在 $\Delta S$ 附近可以认为是均匀的）的叠加，并利用导体内合电场应为零求出导体表面处紧邻处的场强为 $\sigma/\varepsilon_0$（即式(9.2)）。

9.2　一导体球半径为 $R_1$，其外同心地罩以内、外半径分别为 $R_2$ 和 $R_3$ 的厚导体壳，此系统带电后内球电势为 $\varphi_1$，外球所带总电量为 $Q$。求此系统各处的电势和电场分布。

9.3　在一半径为 $R_1=6.0\ \text{cm}$ 的金属球 $A$ 外面套有一个同心的金属球壳 $B$。已知球壳 $B$ 的内、外半径分别为 $R_2=8.0\ \text{cm}$，$R_3=10.0\ \text{cm}$。设 $A$ 球带有总电量 $Q_A=3\times10^{-8}\ \text{C}$，球壳 $B$ 带有总电量 $Q_B=2\times10^{-8}\ \text{C}$。

(1) 求球壳 $B$ 内、外表面上各带有的电量以及球 $A$ 和球壳 $B$ 的电势；

(2) 将球壳 $B$ 接地然后断开，再把金属球 $A$ 接地。求金属球 $A$ 和球壳 $B$ 内、外表面上各带有的电量以及金属球 $A$ 和球壳 $B$ 的电势。

9.4　一个接地的导体球，半径为 $R$，原来不带电。今将一点电荷 $q$ 放在球外距球心的距离为 $r$ 的地方，求球上的感生电荷总量。

9.5　如图 9.14 所示，有三块互相平行的导体板，外面的两块用导线连接，原来不带电。中间一块上所带总面电荷密度为 $1.3\times10^{-5}\ \text{C/m}^2$。求每块板的两个表面的面电荷密度各是多少？（忽略边缘效应）

9.6　一球形导体 $A$ 含有两个球形空腔，这导体本身的总电荷为零，但在两空腔中心分别有一点电荷 $q_b$ 和 $q_c$，导体球外距导体球很远的 $r$ 处有另一点电荷 $q_d$（图 9.15）。试求 $q_b$，$q_c$ 和 $q_d$ 各受到多大的力。哪个答案是近似的？

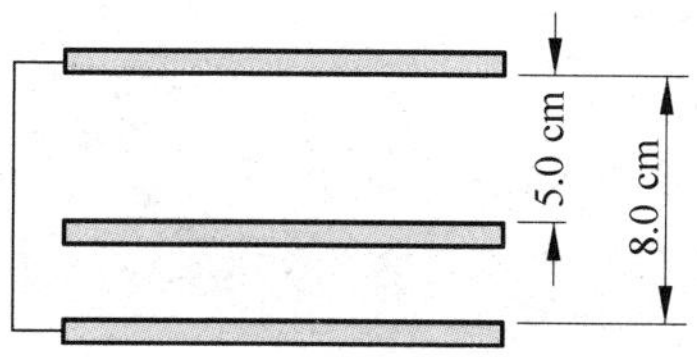

图 9.14　习题 9.5 用图

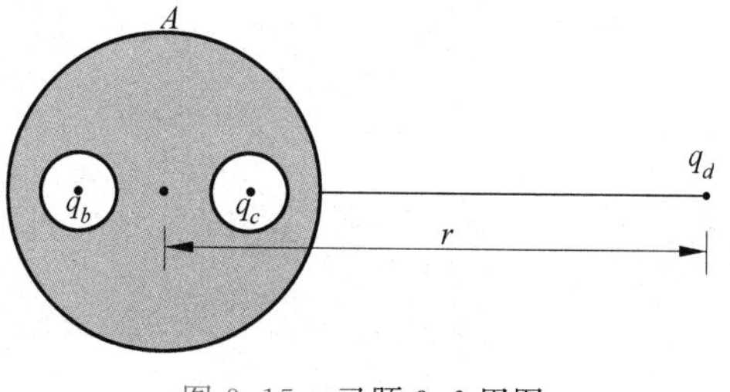

图 9.15　习题 9.6 用图

9.7　试证静电平衡条件下导体表面单位面积受的力为 $\boldsymbol{f}=\frac{\sigma^2}{2\varepsilon_0}\boldsymbol{e}_{\mathrm{n}}$，其中 $\sigma$ 为面电荷密度，$\boldsymbol{e}_{\mathrm{n}}$ 为表面的外法线方向的单位矢量。此力方向与电荷的符号无关，总指向导体外部。

9.8　在范德格拉夫静电加速器中，是利用绝缘传送带向一个金属球壳输送电荷而使球的电势升高的。如果这金属球壳电势要求保持 9.15 MV，

(1) 球周围气体的击穿强度为 100 MV/m，这对球壳的半径有何限制？

(2) 由于气体泄漏电荷，要维持此电势不变，需用传送带以 320 μC/s 的速率向球壳运送电荷。这时所需最小功率多大？

(3) 传送带宽 48.5 cm，移动速率 33.0 m/s。试求带上的面电荷密度和面上的电场强度。

*9.9　一个点电荷 $q$ 放在一无限大接地金属平板上方 $h$ 处，考虑到板面上紧邻处电场垂直于板面，且板面上感生电荷产生的电场在板面上下具对称性，试根据电场叠加原理求出板面上感生面电荷密度的分布。

*9.10　点电荷 $q$ 位于一无限大接地金属板上方 $h$ 处。当问及将 $q$ 移到无限远需要做的功时，第一个学生回答是这功等于分开两个相距 $2h$ 的电荷 $q$ 和 $-q$ 到无限远时做的功，即 $A=q^2/(4\pi\varepsilon_0\cdot 2h)$。第二个学生求出 $q$ 受的力再用 $F\mathrm{d}r$ 积分计算，从而得出了不同的结果。第二个学生的结果是什么？他们谁的结果对？

*9.11　在图 9.12 中沿水平方向从 $q$ 出发的那条电场线在何处触及导体板？(用高斯定律和一简单积分)

*9.12　一条长直导线，均匀地带有电量 $1.0\times10^{-8}$ C/m，平行于地面放置，且距地面 5.0 m。导线正下方地面上的电场强度和面电荷密度各如何？导线单位长度上受多大电力？

9.13　帕塞尔教授在他的《电磁学》中写道："如果从地球上移去一滴水中的所有电子，则地球的电势将会升高几百万伏。"请用数字计算证实他这句话。

*9.14　求半径为 $R$，带有总电量 $q$ 的导体球的两半球之间的相互作用电力。

今日物理趣闻 F

# 大气电学

地球周围的大气是一部大电机，雷暴是大气中电活动最为壮观的显示（图 F.1）。即使在晴朗的天气，大气中也到处有电场和电流。雷暴好似一部静电起电机，能产生负电荷并将其送到地面，同时把正电荷送到大气的上层。大气的上层是电离层，它是良导体，流入它的电流很快向四周流开，遍及整个电离层。在晴天区域，这电流逐渐向地面泄漏，这样就形成了一个完整的大气电路（图 F.2）。

图 F.1　2007 年 6 月 27 日上午北京突然一场暴风雨（陆锡增）

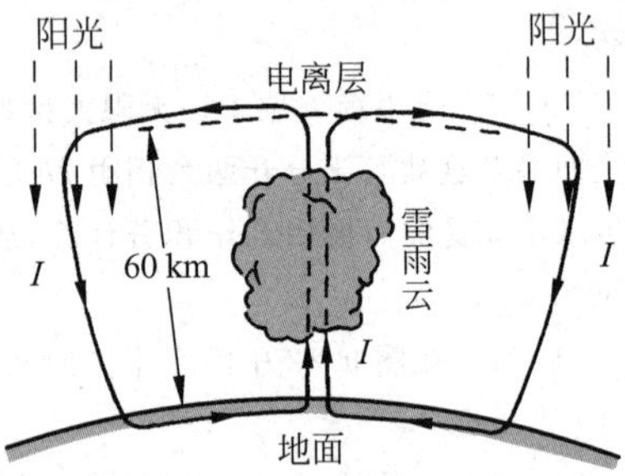


图 F.2　大气电流示意图

在任何时刻，整个地球上大约有 2000 个雷暴在活动。一次雷暴所产生的电流的时间平均值约为 1 A（当然，瞬时值可以非常大——在一次闪电中可高达 200 000 A）。这样，在大气电路中，所有雷暴产生的总电流就大约为 2000 A。

电离层和地球表面都是良导体，它们是两个等势面，它们之间的电势差平均约为 300 000 V。电离层和地表之间的整个晴天大气电阻大约为 200 Ω。这电阻大部分集中在稠密的大气底层从地表到几千米的高度以内，相应地，300 000 V 的电势降落大部分也发生在大气底层。平均来讲，由于雷暴活动而在大气电路中释放能量的总功率约为 $2000 \times 300\,000 = 6 \times 10^8$ W，即差不多是 100 万 kW。

## F.1　晴天大气电场

在晴天区域的大气电流是由离子的运动形成的，大气中经常存在有带电粒子。引起空气分子电离的主要原因是贯穿整个大气的宇宙射线、高层大气中的太阳紫外辐射以及低层大气中由地壳内的天然放射性物质发出的射线以及人工放射性等。在空气分子由于这些原因不断电离的同时，已生成的正、负离子相遇时也会复合成中性分子。电离作用和复合作用的平衡使大气中总保持有相当数量的带电粒子。正离子向下运动，负离子向上运动，就构成了晴天区域的大气电流。

正像在导线中形成电流是由于导线中有电场一样，大气电流的形成也是由于大气中存在有电场。晴天区域的大气电场都指向下方。在地表附近的平坦地面上，晴天大气电场强度在100～200 V/m之间。各地电场的实际数值决定于当地的条件，如大气中的灰尘、污染情况、地貌以及季节和时间等，全球平均值约为130 V/m。

这样，比地面高2 m的一点到地面之间的电势差就有几百伏。我们能否利用这一电势差在竖立的导体棒中得到持续电流呢？不能！因为如果你把一根2 m长的金属棒立在地上，大气电场只能在其中产生一个非常小的瞬时电流，紧接着金属棒的电势就和地球电势相等而不再产生电流了。其结果只是改变了地表附近电势和电场的分布(图F.3)而不能有持续电流产生。树木、房屋或者人体都是相当好的导体，它们对地球的电场都会发生类似的影响，而它们本身不会遭受电击。

由于大气电场指向地球表面，所以地球表面必然带有负电荷。若大气电场按$E=$100 V/m计算，地球表面单位面积上所带的电荷应为

$$\sigma=\varepsilon_0 E=-8.85\times10^{-12}\times100\approx-1\times10^{-9}(\mathrm{C/m^2})$$

由此可推算整个地球表面带的负电荷约为$5\times10^5$C，即

$$Q=4\pi R_E^2\sigma\approx4\times3.14\times(6400\times10^3)^2\times1\times10^{-9}\approx5\times10^5(\mathrm{C})$$

地表附近的大气电场可以用一个**电场强度计**测量。一种简单的电场强度计用到一个平行于地面因而垂直于电场的金属板，该金属板通过一个灵敏电流计用导线接地(图F.4)。大气电场的电场线终止于该金属板的上表面，因此，该金属板的上表面必定带有电荷。当将另一块接地的金属板突然移到这块金属板的上方时，电场线就要终止于这第二块板上，也就是说第二块金属板要屏蔽掉作用于第一块板的电场。此时，第一块板上

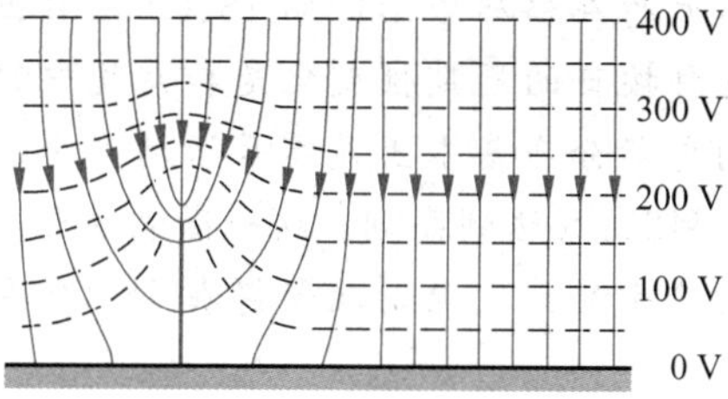


图F.3 导体改变了地表附近的电场分布

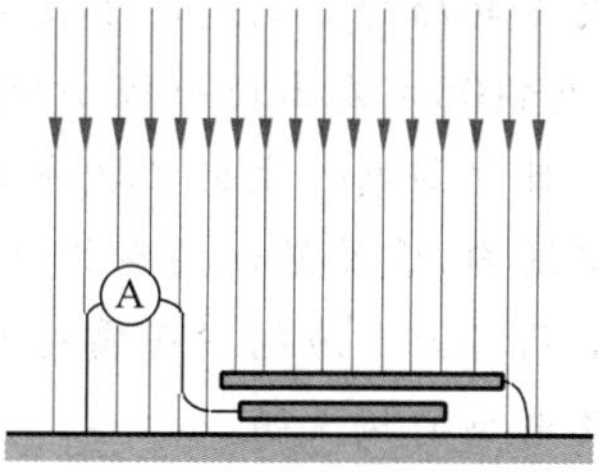


图F.4 两块接地的水平金属板

的电荷将挣脱电场的吸引迅速通过导线流入地面，而灵敏电流计也就显示出一瞬时电流。由这一电流可以算出通过的电量，从而可以进一步求出电场强度的数值。

在实际使用的电场强度计中，上述两块金属板常做成十字轮形状(图F.5是一种电场强度计(或叫电场磨)的外形照片)。上板由电机带动在水平面内转动，其四臂交替地遮盖和敞露下板的四臂，每次遮盖和敞露都将在下板接地的导线中产生一次脉冲电流。由这脉冲电流的强度就可求出大气电场的电场强度。

大气电场强度随高度的增加而减小，在10 km高处的电场强度约为地面值的3%。大

气电场的减弱和大气电阻的减小有关。低空大气电阻比高空的大，因而产生同样的大气电流在低空就需要比高空更强的电场。大气电场的这一变化是由于大气中正电荷的密度分布所致。在低空（几千米高处）有相当多的正电荷分布，大气电场的电场线多由此发出。只有很少一部分电场线是由电离层的正电荷发出的（见图F.6）。晴天大气中的正电荷总量和地面上的负电荷总量相等。大气中的电场分布使得电势分布具有下述特点：电势随高度的增加而升高，在低层大气中升高得最快，到20 km以上的大气中，电势几乎保持不变，平均约为300 000 V。

图F.5 电场磨外形照片

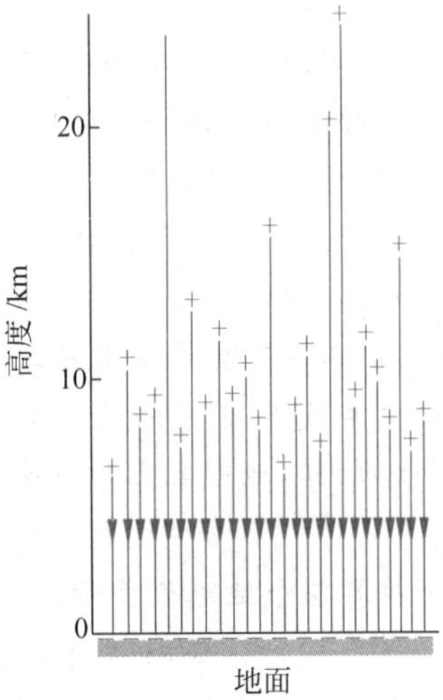


图F.6 大气电场的电场线

晴天大气电场还随时间变化。除了由于空间电荷密度和空气电导率的局部变化造成的短时不规则脉动以外，晴天电场还有按日按季的周期性变化。按日的周期性变化的幅度可达20%。除了大气污染对局部的电场有影响以外，经测定，晴天电场的变化与地方时无关，即全球大气电场的变化是同步发生的。一天之内，大约在格林威治时间18:00左右出现一极大值，在4:00左右出现一极小值。大气电场的这种按日的周期性变化是和大气中的雷暴活动的按日的周期性变化相联系的，因为大气中的电荷分布基本上是雷暴活动产生的。在全世界范围内，雷暴活动约在格林威治时间14:00到20:00达到高潮。这一高潮主要是由于南美洲亚马孙河盆地的中午雷暴集中形成的，由它产生的大气电荷就使得在18:00左右出现了大气电场的极大值。

## F.2 雷暴的电荷和电场

如上所述，地球表面带有约$5\times10^5$ C的负电荷，而大气中的泄漏电流约为2000 A。这样，如果电荷没有补充的话，地球表面的负电荷将在几分钟内被中和完。地球表面电荷明显维持恒定的事实说明大气中存在着一个电荷分布再生的机制。人们普遍认为：大气中的电荷分布是由雷暴产生的。一个雷暴往往包含几个活跃中心，每个中心由一片雷雨云构成，叫**雷暴云泡**。每个云泡都有其完整的生命史，可分成生长阶段、成熟阶段和消散阶段。一个云泡的总寿命约为1小时，而在成熟阶段有降水和闪电产生时，其维持时间约15到20分钟。

一次巨大持久的雷暴常常是由几个云泡交替出现而形成的。

雷暴的激烈活动所需要的能量都来自潮湿空气中水分的凝结热。例如在17℃、1个大气压下，1 $km^3$ 相对湿度为100%的空气中含有 $1.6\times10^7$ kg 的水汽。在17℃时水的汽化热为 $2.45\times10^6$ J，所以1 $km^3$ 空气中的水汽全部凝结成水时，将放出 $3.9\times10^{13}$ J 的热量，这相当于9200吨TNT爆炸时所释放出的能量。一次典型的雷暴涉及很多立方千米的潮湿空气，因此可以释放出非常巨大的能量。

一个雷暴云泡的宽约1.5 km到8 km，底部距地面约1.5 km，顶部可达7.5 km高度并可发展到12 km到18 km的高空。云泡在形成阶段首先是由于一些水汽的凝结放热而使周围空气变暖、变轻因而形成上升的气流。这种气流夹杂着水汽，其上升的速度可达10 m/s。在高空，气流中的水分凝结成水滴，有些水滴进一步凝固成冰屑或雹粒，也形成雪花。雨、雪、冰雹大到不能为上升气流所支持时，就开始下落。它们的下落又携带着周围空气下降。这些下降的混有水滴的湿空气会由于水滴蒸发吸热而变冷、变重而继续下降。这样在云泡中就又形成了下降的气流。强的上升气流和强的下降气流的并存是云泡成熟的标志(图F.7)。这时云泡顶部扩张为砧状，其上部可插入平流层。这一期间，云泡内各处获得了不同的电荷，闪电开始发生。在云泡底部，雨或雹开始下降到地面，同时伴随着大风。此后不久，云泡内上升气流停止，整个云泡内只剩下下降气流。接着雷暴逐渐消散。

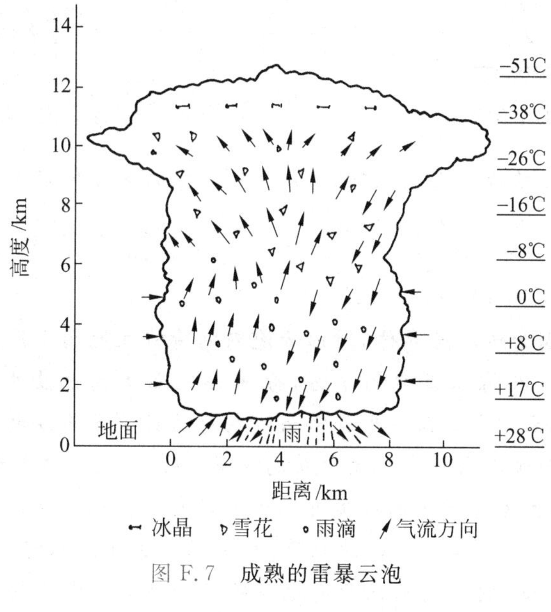


图F.7 成熟的雷暴云泡

成熟阶段的雷暴云泡中典型的电荷分布如图F.8所示。上部是正电荷，下部是负电荷，在最底部还有一些局部的少量正电荷。这些电荷的载体可能是雨滴、冰晶、雹粒或空气粒子。至于怎么产生这些电荷的，至今没有详细准确的理论说明。许多理论推测，这种电荷的产生大概是雨滴、冰晶或雹粒在上升和下降气流中不断受到摩擦、碰撞，或熔解、凝固，或热电作用的结果。至于正、负电荷的分开，多数理论都归因于正、负电荷载体的大小不同。正电荷载体较小、较轻，因而被上升气流带至上部，负电荷载体较大、较重，因而不动或下降到底部。

雷暴云泡中的电荷在大气中产生电场，可粗略地按下面的模型进行估算。忽略云泡底层的少量正电荷的存在，云泡上部的正电荷可以用一个在10 km高度的正点电荷$Q_2$代替，而云泡下部的负电荷用一个在5 km高度的负点电荷$Q_1$代替，它们带的电量，譬如说，分别是+40 C和−40 C(图F.9)。

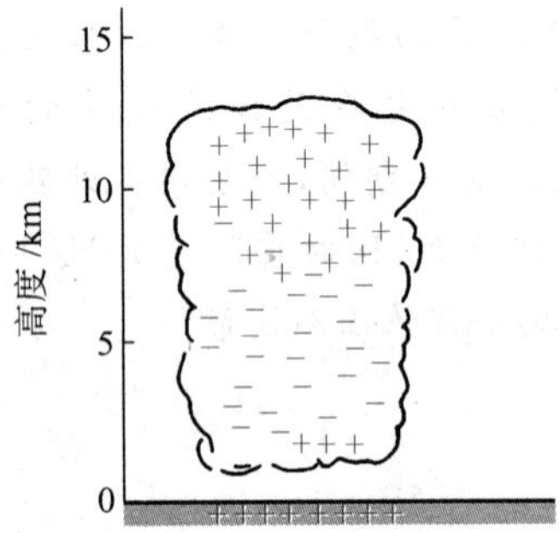


图F.8 雷暴云中的电荷分布

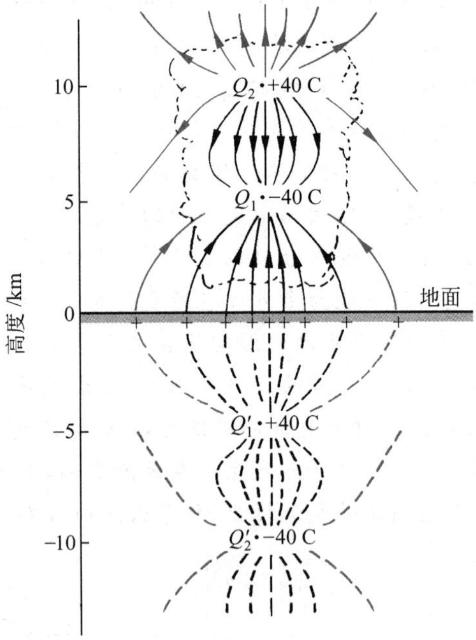


图F.9 雷暴云泡电场的粗略计算

在这些电荷正下方的地面上，由它们所产生的向上的电场数值为

$$E=\frac{1}{4\pi\varepsilon_0}\left(\frac{Q_1}{r_1^2}+\frac{Q_2}{r_2^2}\right)=9.0\times10^9\times\left[\frac{40}{(5\times10^3)^2}-\frac{40}{(10\times10^3)^2}\right]$$
$$=11\times10^3\,(\mathrm{V/m})$$

但这还不是总电场。因为地球是导体，所以云泡内电荷将在地面上产生感生电荷，这感生电荷将产生附加的电场。在雷暴云泡的下方，分布在地面上的感生电荷将覆盖在大约100 $km^2$的大面积上，在此面积内电荷密度将以云泡电荷的正下方为最大。

我们采用下述三个步骤来计算感生电荷的效果：第一，用一薄导体板代替地面，这不会改变地面上空的电场，因为导体板的厚度并不影响其表面上感生电荷的分布。第二，在导体板下方空间放置两个+40 C和−40 C的电荷$Q_1'$和$Q_2'$(图F.9)，它们分别位于导体板下方距离为5 km和10 km处，它们叫云内原有电荷的镜像电荷。由于导体板的屏蔽隔离作用，所以镜像电荷的存在也不会改变板上方的电场。第三，沿水平方向把导体板移走，这也不会影响导体板上方的电场。因为对图F.9所示的电荷配置来说，中间平面是一个等势面，而与等势面重合地加上或去掉一个金属面是不会影响电场分布的。

经过这三个步骤之后，我们认为云泡内电荷和地面感生电荷的总电场正好与云泡内的电荷和它们的镜像电荷的总电场(在地面以上部分)相同。这样我们就可由图F.9所示的4个电荷的电场的矢量相加来计算地面上空任何给定点的电场了。在地表面任何给定的点，镜像电荷与云泡内电荷产生的电场是相等的。因此，在云泡中电荷的正下方的地面上，这电场应该是云内电荷所产生的电场的两倍，即$2\times11\times10^3=22\times10^3$(V/m)。

我们可以用这种方法计算地面与雷暴云底部任何高度处的电势差。设地面电势为零，对应于图 F.9 中的 4 个点电荷，雷雨云下方距地面高度为 2 km 处的电势为

$$\varphi=\frac{1}{4\pi\varepsilon_0}\left(\frac{40}{8\times10^3}-\frac{40}{3\times10^3}+\frac{40}{7\times10^3}-\frac{40}{12\times10^3}\right)$$
$$=-5.4\times10^7(\mathrm{V})$$

由此可见，雷暴产生的电场和电势差是相当大的！

在上述计算中，我们已假设了地球表面是完全平坦的。事实上，地表上处处有山岳起伏，在那些隆起地区附近，电场便要增强。遇有尖形导体时，在其尖端附近，电场更是急剧增强。图 F.10 表示上方有雷雨云时避雷针附近的电场线分布（它和图 F.3 相似，但电场线方向相反）。在地面上任何尖形物体附近，当雷暴云到来时，由于强电场的作用，都要出现尖端放电现象，尖端放电电流方向向上。对树木所作的测量表明，雷暴云下方的树将从地面引出约 1 A 的电流通过树顶而流入大气。

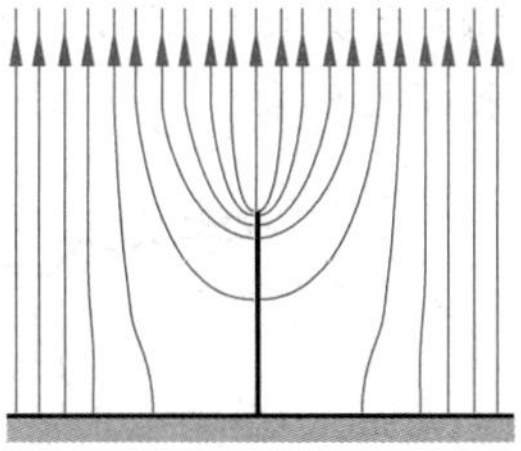

图 F.10 接地避雷针周围的电场

除了尖端放电外，地球和雷雨云之间的放电还可以通过其他几种形式，如电晕放电、火花放电、闪电放电和降水放电等。虽然闪电看起来最为壮观，但在许多雷暴中，尖端放电起着主要作用。它对大气电路的电流的贡献要比闪电电流大若干倍。这几种放电的总效果与晴天区域大气中的由上到下的泄漏电流相平衡。

## F.3 闪电

闪电是大气中的激烈的放电现象，它是大气被强电场击穿的结果。干燥空气的击穿场强是 $3\times10^6$ V/m。但是，在雷雨云中，由于有水滴存在，而且气压比大气压为小，所以空气的击穿不需要这样强的电场。要产生一次闪电，只需在云的近旁的某一小区域内有很强的电场就够了。这强电场会引起电子雪崩，即由于高速带电粒子对空气分子的碰撞作用使空气分子大量急速电离而产生大量电子。一旦某处电子雪崩开始，它会向电场较弱的区域传播。闪电可能发生在雷雨云内的正、负电荷之间，也可能发生在雷雨云与纯净空气之间或雷雨云与地之间。云地之间的闪电常是发生在雷雨云的负电区与地之间，很少发生在云中正电区与地之间。研究还指出，大部分闪电发生在大陆区，这说明陆地在产生雷暴中有重要作用。

闪电的发展过程很快，人眼不能细察，但是利用高速摄影技术可以进行详细研究。典型的云地之间的闪电从接近雷雨云的负电荷处的强电场中的电子雪崩开始。电子雪崩向下移时，在它后方留下一条离子通道，云中的电子流入此通道使之带负电。在通道的前端聚集的电子产生的强电场使通道继续向前延伸。实际观察到的这种延伸不是持续的，而是一步一步的。电子雪崩下窜的速度可高达 1/6 光速，但每一步只窜进约 50 m，接着停止约 50 $\mu$s，然后再向下窜。下窜的方向不固定，因而所形成的离子通道一般是弯弯曲曲的，并且还有分支（图 F.11），这是空气中各处自由电子密度不同的结果。这样的通道叫**梯级先导**，它的半径约几米（可能是 5 m），但只有它的中心区域才暗暗地发光。

当梯级先导的前端靠近地面或地面上某尖形物时，它的强电场便从地面引起一次火花放电，这火花从地面向上移动，在20 m到100 m高处与先导前端相遇。在这一时刻，云地之间的电路接通，负电荷就沿着这条电阻很小的通路从雷雨云向大地泄漏。这一泄流过程是从先导的接地的一段开始的。这一段电子入地后，留下的正电荷吸引上面一段中的电子使它们下泄。这些电子下泄后，它上面的电子又接替着下泄。这样便形成了一个下泄的“前锋”不断沿着先导形成的离子通道向上延伸直达云底(图F.12)，其延伸的速度极快，可达光速的1/2。这前锋的上升实际上是一股向上的强大的电流。这股电流叫**回击**或**回闪**，它急剧地加热这通道中的空气使之发出我们看到的强烈闪光。这一股电流的半径很小，大约一厘米或几厘米。

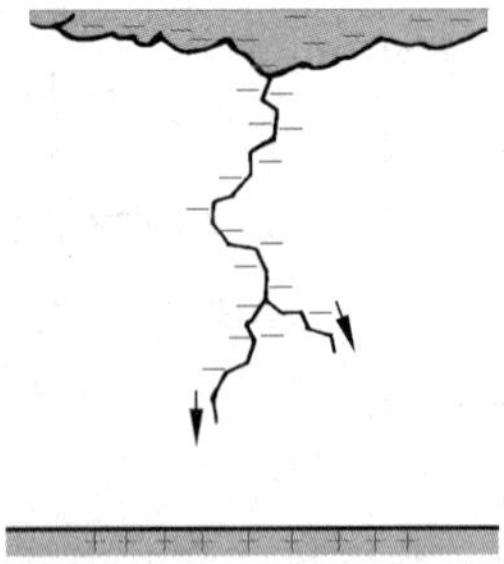

图F.11 梯级先导

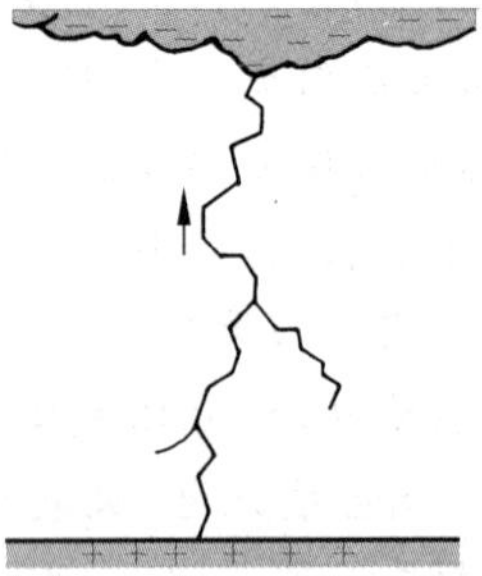

图F.12 回击电流

回击电流的峰值约10 000 A到20 000 A，它大约延续100 μs，因此它传下的电量约几库仑，一次回击完毕之后，一个约几百安培的较小电流继续流几个毫秒。接着又沿着原来形成而且暂时保留的离子通道形成又一个先导，不过这个先导不是梯级式的，而是连续向下的，叫做**下窜先导**。这先导中也充满了负电荷，于是又引起一次强烈的回击，之后，还可以再形成一次下窜先导并再次引起回击。一次闪电实际上是由若干次回击组成的，两次回击之间相隔约40 ms。

一次闪电的各次回击导入地的总电荷约－20 C。由于云地之间的电势差约为$5\times10^7$ V，所以一次闪电释放的能量约为$10^9$ J。这能量的大部分变为热(焦耳热)，只有少量变为光能或无线电波的能量。强大的回击电流刚刚流过的瞬间，闪电通道中的等离子体的温度可升至非常高(约30 000 K，太阳表面是6000 K)，相应地具有很大的压强。这高温高压使闪电通道的任何物体都遭到严重的破坏。高压等离子体爆炸性地向四处膨胀因而形成激波，在几米之外，这激波逐渐减弱为声波脉冲。这声波脉冲传到我们的耳朵里，我们就听到雷声。

陆上龙卷风中的电闪特别壮观，人眼可以看到在有些陆龙卷的漏斗内连续不断地发出闪光。根据对从陆龙卷内部发出的无线电波的测量估计大概每秒钟有20次闪电。由于每次闪电释放能量约$10^9$ J，陆龙卷所释放的电功率就是$10^9\times20=2\times10^{10}$ W$=2\times10^7$ kW，大约相当于10个大型水电站的功率。陆龙卷的破坏力之大，由此可见一斑。

除了枝杈形闪电之外，人们也观察到球形闪电，其时只见有一个大球在空中漂移，大球的尺寸大约从10 cm到100 cm，有些飞行员说曾见到过15 m到30 m直径的闪电火球。火球有时在一次闪电回击之后发生，有时也自发地产生，它们大约只延续几秒钟。有的火球由天空直落地面，有的则在地面上空水平游行，有的甚至通过门窗或烟囱进入室内。作者就曾在一次农场的大雷暴中亲眼看到一火球沿着电线杆窜下。许多火球无声无息地逝去，也有些火球爆炸而带来巨响。这些火球看来是大气电造成的，但至今还不了解它们形成的机制。已提出了一些理论来解释，例如，一种理论说火球是被磁场聚集到一起的一团等离子体，另一种理论说是由尘粒形成的小型雷雨云。但是，由于缺乏精细的数据与仔细的计算，所以这种现象至今仍是个谜。

雷暴与人类生活有直接关系，例如它可以引起森林火灾，击毁建筑物，当前它还是影响航空航天安全的重要因素。飞机遭雷击的事故时有发生，如 1987 年 1 月美国国防部部长温伯格的座机在华盛顿附近的安德鲁斯空军基地南面被闪电击中，45 kg 的天线罩被击落，机身有的地方被烧焦，幸亏机长镇静沉着才使飞机安全落地。同年 6 月在位于弗吉尼亚州瓦罗普斯岛发射场上的小型火箭在即将升空前被雷电击中，有三枚自行点火升空，旋即坠毁。

目前，有些国家已建立了雷击预测系统，它将有助于民航的安全和火箭发射精度的提高。它对预防森林火灾，保护危险物资、高压线和气体管道等也有重要意义。

# 第10章

# 静电场中的电介质

电介质就是通常所说的绝缘体,实际上并没有完全电绝缘的材料。本章只讨论一种典型的情况,即理想的电介质。理想的电介质内部没有可以自由移动的电荷,因而完全不能导电。但把一块电介质放到电场中,它也要受电场的影响,即发生电极化现象,处于电极化状态的电介质也会影响原有电场的分布。本章讨论这种相互影响的规律,所涉及的电介质只限于各向同性的材料。

## 10.1 电介质对电场的影响

电介质对电场的影响可以通过下述实验观察出来。图 10.1(a)画出了两个平行放置的金属板,分别带有等量异号电荷 $+Q$ 和 $-Q$。板间是空气,可以非常近似地当成真空处理。两板分别连到静电计的直杆和外壳上,这样就可以由直杆上指针偏转的大小测出两带电板之间的电压来。设此时的电压为 $U_0$,如果保持两板距离和板上的电荷都不改变,而在板间充满电介质(图 10.1(b)),或把两板插入绝缘液体如油中,则可由静电计的偏转减小发现两板间的电压变小了。以 $U$ 表示插入电介质后两板间的电压,则它与 $U_0$ 的关系可以写成

$$U = U_0/\varepsilon_r \tag{10.1}$$

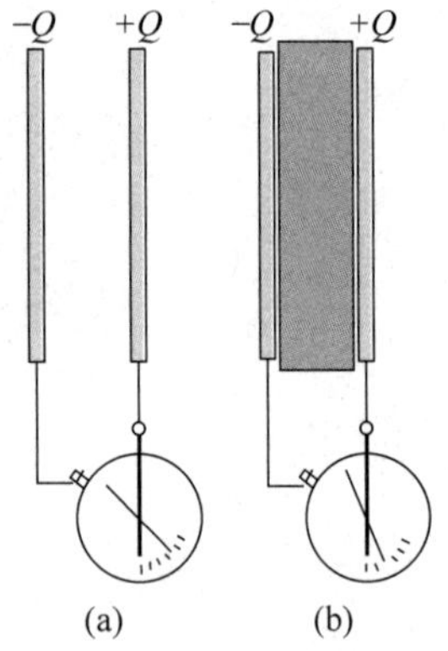

图 10.1 电介质对电场的影响

式中 $\varepsilon_r$ 为一个大于 1 的数,它的大小随电介质的种类和状态(如温度)的不同而不同,是电介质的一种特性常数,叫做电介质的**相对介电常量**(或**相对电容率**)。几种电介质的相对介电常量列在表 10.1 中。

在上述实验中,电介质插入后两板间的电压减小,说明由于电介质的插入使板间的电场减弱了。由于 $U=Ed$,$U_0=E_0d$,所以

$$E = E_0/\varepsilon_r \tag{10.2}$$

即电场强度减小到板间为真空时的 $1/\varepsilon_r$。为什么会有这个结果呢?我们可以用电介质受电场的影响而发生的变化来说明,而这又涉及电介质的微观结构。下面我们就来说明这一点。

表 10.1 几种电介质的相对介电常量

| 电介质 | 相对介电常量 $\varepsilon_r$ |
|---|---|
| 真空 | 1 |
| 氦(20℃,1 atm)[①] | 1.000 064 |
| 空气(20℃,1 atm) | 1.000 55 |
| 石蜡 | 2 |
| 变压器油(20℃) | 2.24 |
| 聚乙烯 | 2.3 |
| 尼龙 | 3.5 |
| 云母 | 4～7 |
| 纸 | 约为 5 |
| 瓷 | 6～8 |
| 玻璃 | 5～10 |
| 水(20℃,1 atm) | 80 |
| 钛酸钡 | $10^3$～$10^4$ |

1 atm＝101 325 Pa。

## 10.2 电介质的极化

电介质中每个分子都是一个复杂的带电系统,有正电荷,有负电荷。它们分布在一个线度为 $10^{-10}$ m 的数量级的体积内,而不是集中在一点。但是,在考虑这些电荷离分子较远处所产生的电场时,或是考虑一个分子受外电场的作用时,都可以认为其中的正电荷集中于一点,这一点叫正电荷的"重心"。而负电荷也集中于另一点,这一点叫负电荷的"重心"。对于中性分子,由于其正电荷和负电荷的电量相等,所以一个分子就可以看成是一个由正、负点电荷相隔一定距离所组成的电偶极子。在讨论电场中的电介质的行为时,可以认为电介质是由大量的这种微小的电偶极子所组成的。

以 $q$ 表示一个分子中的正电荷或负电荷的电量的数值,以 $\boldsymbol{l}$ 表示从负电荷"重心"指到正电荷"重心"的矢量距离,则这个分子的电矩应是

$$\boldsymbol{p} = q\boldsymbol{l}$$

按照电介质的分子内部的电结构的不同,可以把电介质分子分为两大类:极性分子和非极性分子。

有一类分子,如 HCl,$H_2O$,CO 等,在正常情况下,它们内部的电荷分布就是不对称的,因而其正、负电荷的重心不重合。这种分子具有**固有电矩**(图 10.2(a)),它们统称为**极性分子**。几种极性分子的固有电矩列于表 10.2 中。

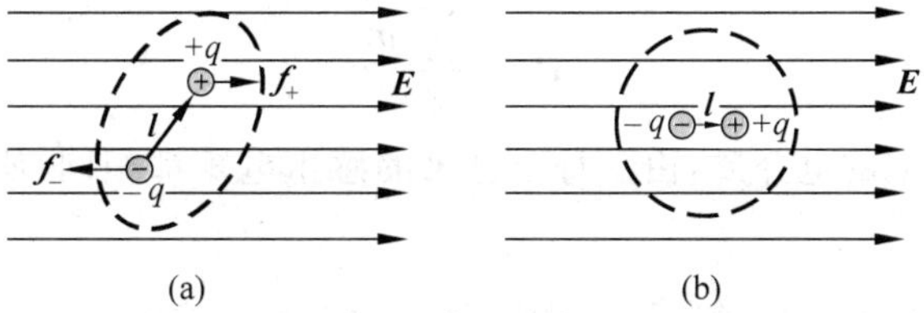


图 10.2 在外电场中的电介质分子

表 10.2 几种极性分子的固有电矩

| 电介质 | 电矩/(C·m) | 电介质 | 电矩/(C·m) |
|---|---|---|---|
| HCl | $3.4\times10^{-30}$ | CO | $0.9\times10^{-30}$ |
| $NH_3$ | $4.8\times10^{-30}$ | $H_2O$ | $6.1\times10^{-30}$ |

另一类分子，如 He，$H_2$，$N_2$，$O_2$，$CO_2$ 等，在正常情况下，它们内部的电荷分布具有对称性，因而正、负电荷的重心重合，这样的分子就没有固有电矩，这种分子叫**非极性分子**。但如果把这种分子置于外电场中，则由于外电场的作用，两种电荷的重心会分开一段微小距离，因而使分子具有了电矩(图 10.2(b))。这种电矩叫**感生电矩**。在实际可以得到的电场中，感生电矩比极性分子的固有电矩小得多，约为后者的 $10^{-5}$(参考习题 7.27)。很明显，感生电矩的方向总与外加电场的方向相同。

当把一块均匀的电介质放到静电场中时，它的分子将受到电场的作用而发生变化，但最后也会达到一个平衡状态。如果电介质是由非极性分子组成，这些分子都将沿电场方向产生感生电矩，如图 10.3(a)所示。外电场越强，感生电矩越大。如果电介质是由极性分子组成，这些分子的固有电矩将受到外电场的力矩作用而沿着外电场方向取向，如图 10.3(b)所示。由于分子的无规则热运动总是存在的，这种取向不可能完全整齐。外电场越强，固有电矩排列越整齐。

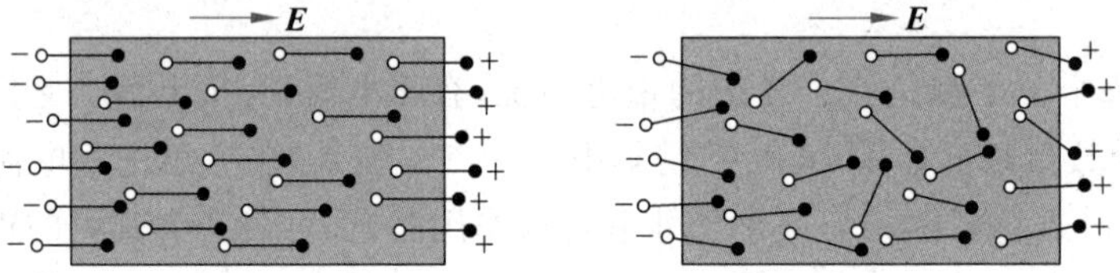


(a) (b)

图 10.3 在外电场中的电介质

虽然两种电介质受外电场的影响所发生的变化的微观机制不同，但其宏观总效果是一样的。在电介质内部的宏观微小的区域内，正负电荷的电量仍相等，因而仍表现为中性。但是，在电介质的表面上却出现了只有正电荷或只有负电荷的电荷层，如图 10.3 所示。这种出现在电介质表面的电荷叫**面束缚电荷**(或**面极化电荷**)，因为它不像导体中的自由电荷那样能用传导的方法引走。在外电场的作用下，电介质表面出现束缚电荷的现象，叫做**电介质的极化**[①]。显然，外电场越强，电介质表面出现的束缚电荷越多。

电介质的电极化状态，可用电介质的**电极化强度**来表示。电极化强度的定义是单位体积内的分子的电矩的矢量和。以 $\boldsymbol{p}_i$ 表示在电介质中某一小体积 $\Delta V$ 内的某个分子的电矩(固有的或感生的)，则该处的电极化强度 $\boldsymbol{P}$ 为

$$\boldsymbol{P}=\frac{\sum\boldsymbol{p}_i}{\Delta V} \tag{10.3}$$

对非极性分子构成的电介质，由于每个分子的感生电矩都相同，所以，若以 $n$ 表示电介

① 非均匀电介质放到外电场中时，电介质内部的宏观微小区域内还会出现多余的正的或负的体束缚电荷，这也是电极化的表现。

质单位体积内的分子数，则有

$$\boldsymbol{P} = n\boldsymbol{p}$$

国际单位制中电极化强度的单位名称是库每平方米，符号为 $C/m^2$，它的量纲与面电荷密度的量纲相同。

由于一个分子的感生电矩随外电场的增强而增大，而分子的固有电矩随外电场的增强而排列得更加整齐，所以，不论哪种电介质，它的电极化强度都随外电场的增强而增大。实验证明：当电介质中的电场 $\boldsymbol{E}$ 不太强时，各种**各向同性**的电介质（我们以后仅限于讨论此种电介质）的电极化强度与 $\boldsymbol{E}$ 成正比，方向相同，其关系可表示为

$$\boldsymbol{P} = \varepsilon_0(\varepsilon_r - 1)\boldsymbol{E} \tag{10.4}$$

式中的 $\varepsilon_r$ 即电介质的相对介电常量[①]。

由于电介质的束缚电荷是电介质极化的结果，所以束缚电荷与电极化强度之间一定存在某种定量的关系，这一定量关系可如下求得。以非极性分子电介质为例，考虑电介质内部某一小面元 $\mathrm{d}\boldsymbol{S}$ 处的电极化。设电场 $\boldsymbol{E}$ 的方向（因而 $\boldsymbol{P}$ 的方向）和 $\mathrm{d}\boldsymbol{S}$ 的正法线方向 $\boldsymbol{e}_n$ 成 $\theta$ 角，如图 10.4 所示。由于电场 $\boldsymbol{E}$ 的作用，分子的正、负电荷的重心将沿电场方向分离。为简单起见，假定负电荷不动，而正电荷沿 $\boldsymbol{E}$ 的方向发生位移 $\boldsymbol{l}$。在面元 $\mathrm{d}\boldsymbol{S}$ 后侧取一斜高为 $l$，底面积为 $\mathrm{d}S$ 的体积元 $\mathrm{d}V$。由于电场 $\boldsymbol{E}$ 的作用，此体积内所有分子的正电荷重心将越过 $\mathrm{d}\boldsymbol{S}$ 到前侧去。以 $q$ 表示每个分子的正电荷量，以 $n$ 表示电介质单位体积内的分子数，则由于电极化而越过 $\mathrm{d}\boldsymbol{S}$ 面的总电荷为

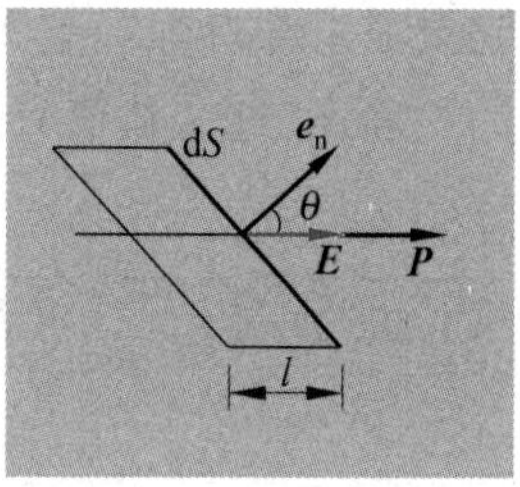

图 10.4 极化电荷的产生

$$\mathrm{d}q' = qn\,\mathrm{d}V = qnl\,\mathrm{d}S\cos\theta$$

由于 $ql=p$，而 $np=P$，所以

$$\mathrm{d}q' = P\cos\theta\mathrm{d}S$$

因此，$\mathrm{d}S$ 面上因电极化而越过单位面积的电荷应为

$$\frac{\mathrm{d}q'}{\mathrm{d}S} = P\cos\theta = \boldsymbol{P}\cdot\boldsymbol{e}_n$$

这一关系式虽然是利用非极性分子电介质推出的，但对极性分子电介质同样适用。

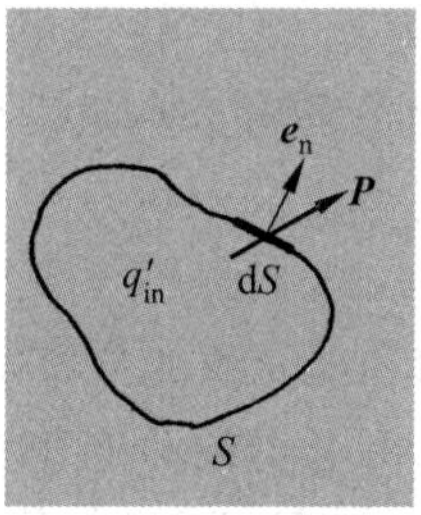

图 10.5 体束缚电荷的产生

在上述论证中，如果 $\mathrm{d}\boldsymbol{S}$ 面碰巧是电介质的面临真空的表面，而 $\boldsymbol{e}_n$ 是其外法线方向的单位矢量，则上式就给出因电极化而在电介质表面单位面积上显露出的面束缚电荷，即面束缚电荷密度。以 $\sigma'$ 表示面束缚电荷密度，则由上述可得

$$\sigma' = P\cos\theta = \boldsymbol{P}\cdot\boldsymbol{e}_n \tag{10.5}$$

电介质内部体束缚电荷的产生可以根据式(10.5)进一步求出。为此可设想电介质内部任一封闭曲面 $S$（图 10.5）。如上已求得由于电极化而越过 $\mathrm{d}\boldsymbol{S}$ 面向外移出封闭面的电荷为

$$\mathrm{d}q'_{\mathrm{out}} = P\cos\theta\mathrm{d}S = \boldsymbol{P}\cdot\mathrm{d}\boldsymbol{S}$$

通过整个封闭面向外移出的电荷应为

---

① 式(10.4)也常写成 $\boldsymbol{P}=\varepsilon_0\chi\boldsymbol{E}$ 的形式，其中 $\chi=\varepsilon_r-1$，叫做电介质的**电极化率**。

$$q'_{\text{out}} = \oint_S \mathrm{d}q'_{\text{out}} = \oint_S \boldsymbol{P} \cdot \mathrm{d}\boldsymbol{S}$$

因为电介质是中性的，根据电荷守恒，由于电极化而在封闭面内留下的多余的电荷，即体束缚电荷，应为

$$q'_{\text{in}} = -q'_{\text{out}} = -\oint_S \boldsymbol{P} \cdot \mathrm{d}\boldsymbol{S} \qquad (10.6)$$

这就是电介质内由于电极化而产生的体束缚电荷与电极化强度的关系：封闭面内的体束缚电荷等于通过该封闭面的电极化强度通量的负值。

当外加电场不太强时，它只是引起电介质的极化，不会破坏电介质的绝缘性能（实际的各种电介质中总有数目不等的少量自由电荷，所以总有微弱的导电能力）。如果外加电场很强，则电介质的分子中的正负电荷有可能被拉开而变成可以自由移动的电荷。由于大量的这种自由电荷的产生，电介质的绝缘性能就会遭到明显的破坏而变成导体。这种现象叫**电介质的击穿**。一种电介质材料所能承受的不被击穿的最大电场强度，叫做这种电介质的**介电强度**或击穿场强。表 10.3 给出了几种电介质的介电强度的数值（由于实验条件及材料成分的不确定，这些数值只是大致的）。

**表 10.3 几种电介质的介电强度**

| 电 介 质 | 介电强度/(kV/mm) | 电 介 质 | 介电强度/(kV/mm) |
|---|---|---|---|
| 空气(1 atm) | 3 | 胶木 | 20 |
| 玻璃 | 10～25 | 石蜡 | 30 |
| 瓷 | 6～20 | 聚乙烯 | 50 |
| 矿物油 | 15 | 云母 | 80～200 |
| 纸(油浸过的) | 15 | 钛酸钡 | 3 |

## 10.3 *D* 的高斯定律

电介质放在电场中时，受电场的作用而极化，产生了束缚电荷，这束缚电荷又会反过来影响电场的分布。有电介质存在时的电场应该由电介质上的束缚电荷和其他电荷共同决定。其他电荷包括金属导体上带的电荷，统称**自由电荷**。设自由电荷为 $q_0$，它产生的电场用 $\boldsymbol{E}_0$ 表示，电介质上的束缚电荷为 $q'$，它产生的电场用 $\boldsymbol{E}'$ 表示，则有电介质存在时的总场强为

$$\boldsymbol{E} = \boldsymbol{E}_0 + \boldsymbol{E}' \qquad (10.7)$$

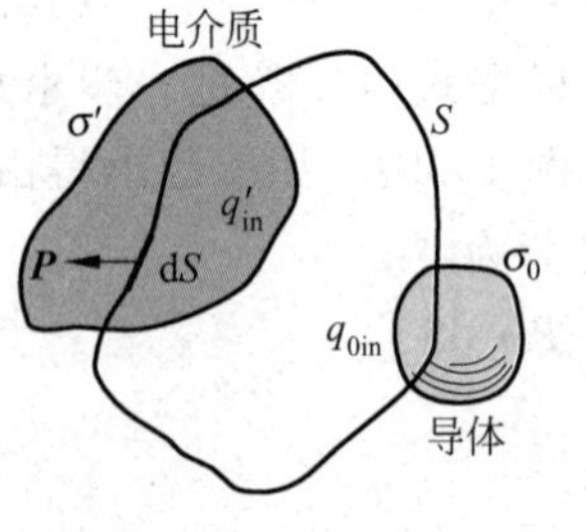


图 10.6 推导 ***D*** 的高斯定律用图

一般问题中，只给出自由电荷的分布和电介质的分布，束缚电荷的分布是未知的。由于束缚电荷由电场的分布 $\boldsymbol{E}$ 决定，而 $\boldsymbol{E}$ 又通过上式由束缚电荷的分布决定，这样，问题就相当复杂。但这种复杂关系可以通过引入适当的物理量来简明地表示，下面就用高斯定律来导出这种表示式。

如图 10.6 所示，带电的导体和电极化了的电介质组成的系统可视为由一定的束缚电荷 $q'(\sigma')$ 和自由电荷 $q_0(\sigma_0)$ 分布组成的电荷系统，所有这些电荷产生一电场分布 $\boldsymbol{E}$。由高斯

定律可知，对封闭面 $S$ 来说，

$$\oint_S \boldsymbol{E}\cdot \mathrm{d}\boldsymbol{S}=\frac{1}{\varepsilon_0}\left(\sum q_{0\mathrm{in}}+q'_{\mathrm{in}}\right)$$

将式(10.6)的 $q'_{\mathrm{in}}$ 代入此式，移项后可得

$$\oint_S (\varepsilon_0\boldsymbol{E}+\boldsymbol{P})\cdot \mathrm{d}\boldsymbol{S}=\sum q_{0\mathrm{in}}$$

在此，引入一个辅助物理量——**电位移**——表示积分号内的合矢量，并以 $\boldsymbol{D}$ 表示，即定义

$$\boldsymbol{D}=\varepsilon_0\boldsymbol{E}+\boldsymbol{P} \tag{10.8}$$

则上式就可简洁地表示为

$$\oint_S \boldsymbol{D}\cdot \mathrm{d}\boldsymbol{S}=\sum q_{0\mathrm{in}} \tag{10.9}$$

此式说明**通过任意封闭曲面的电位移通量等于该封闭面包围的自由电荷的代数和**。这一关系式叫 **$\boldsymbol{D}$ 的高斯定律**，是电磁学的一条基本定律。在无电介质的情况下，$\boldsymbol{P}=0$，式(10.9)还原为式(7.21)。

将式(10.4)的 $\boldsymbol{P}$ 代入式(10.8)，可得

$$\boldsymbol{D}=\varepsilon_0\varepsilon_r\boldsymbol{E} \tag{10.10}$$

通常还用 $\varepsilon$ 代表乘积 $\varepsilon_0\varepsilon_r$，即

$$\varepsilon=\varepsilon_0\varepsilon_r \tag{10.11}$$

并叫做电介质的**介电常量**(或**电容率**)，它的单位与 $\varepsilon_0$ 的单位相同。这样，式(10.10)可以写成

$$\boldsymbol{D}=\varepsilon\boldsymbol{E} \tag{10.12}$$

这一关系式是点点对应的关系，即电介质中某点的 $\boldsymbol{D}$ 等于该点的 $\boldsymbol{E}$ 与电介质在该点的介电常量的乘积，二者的方向相同①。

在国际单位制中电位移的单位名称为库每平方米，符号为 $\mathrm{C/m^2}$。

利用 $\boldsymbol{D}$ 的高斯定律，可以先由自由电荷的分布求出 $\boldsymbol{D}$ 的分布，然后再用式(10.10)或式(10.12)求出 $\boldsymbol{E}$ 的分布。当然，具体来说，还是只有对那些自由电荷和电介质的分布都具有一定对称性的系统，才可能用 $\boldsymbol{D}$ 的高斯定律简便地求解。下面举两个例子。

---

**例 10.1**

如图 10.7 所示，一个带正电的金属球，半径为 $R$，电量为 $q$，浸在一个大油箱中，油的相对介电常量为 $\varepsilon_r$，求球外的电场分布以及贴近金属球表面的油面上的束缚电荷总量 $q'$。

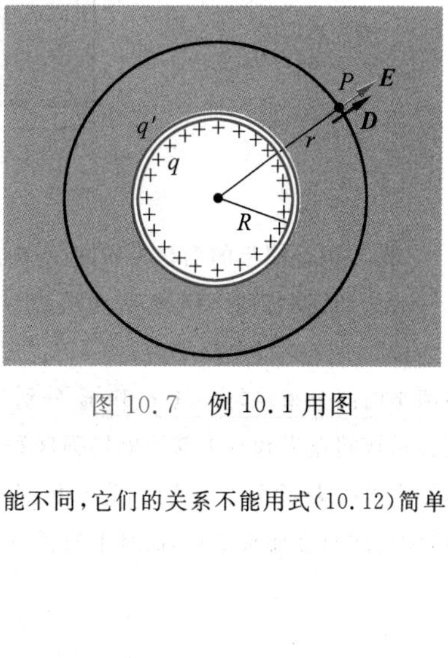

图 10.7 例 10.1 用图

**解** 由自由电荷 $q$ 和电介质分布的球对称性可知，$\boldsymbol{E}$ 和 $\boldsymbol{D}$ 的分布也具有球对称性。为了求出在油内距球心距离为 $r$ 处的电场强度 $\boldsymbol{E}$，可以作一个半径为 $r$ 的球面并计算通过此球面的 $\boldsymbol{D}$ 通量。这一通量是

$$\oint_S \boldsymbol{D}\cdot \mathrm{d}\boldsymbol{S}=D\cdot 4\pi r^2$$

---

① 在各向异性的电介质(例如某些晶体)中，同一地点的 $\boldsymbol{D}$ 和 $\boldsymbol{E}$ 的方向可能不同，它们的关系不能用式(10.12)简单地表示。

由 $\boldsymbol{D}$ 的高斯定律可知

$$D \cdot 4\pi r^2 = q$$

由此得

$$D = \frac{q}{4\pi r^2}$$

考虑到 $\boldsymbol{D}$ 的方向沿径向向外，此式可用矢量式表示为

$$\boldsymbol{D} = \frac{q}{4\pi r^2}\boldsymbol{e}_r$$

根据式(10.10)可得油中的电场分布公式为

$$\boldsymbol{E} = \frac{\boldsymbol{D}}{\varepsilon_0\varepsilon_r} = \frac{q}{4\pi\varepsilon_0\varepsilon_r r^2}\boldsymbol{e}_r \tag{10.13}$$

由于在真空情况下，电荷 $q$ 周围的电场为 $\boldsymbol{E}_0 = \frac{q}{4\pi\varepsilon_0 r^2}\boldsymbol{e}_r$ 可见，当电荷周围充满电介质时，场强减弱到真空时的 $\varepsilon_r$ 分之一。这减弱的原因是在贴近金属球表面的油面上出现了束缚电荷。

现在来求束缚电荷总量 $q'$。由于 $q'$ 在贴近球面的介质表面上均匀分布，它在 $r$ 处产生的电场应为

$$\boldsymbol{E}' = \frac{q'}{4\pi\varepsilon_0 r^2}\boldsymbol{e}_r$$

自由电荷 $q$ 在 $r$ 处产生的电场为

$$\boldsymbol{E}_0 = \frac{q}{4\pi\varepsilon_0 r^2}\boldsymbol{e}_r$$

将此二式和式(10.13)代入式(10.7)，可得

$$q' = \left(\frac{1}{\varepsilon_r} - 1\right)q$$

由于 $\varepsilon_r > 1$，所以 $q'$ 总与 $q$ 反号，而其数值则小于 $q$。

---

**例 10.2**

如图 10.8 所示，两块靠近的平行金属板间原为真空。使它们分别带上等量异号电荷直至两板上面电荷密度分别为 $+\sigma_0$ 和 $-\sigma_0$，而板间电压 $U_0 = 300$ V。这时保持两板上的电量不变，将板间一半空间充以相对介电常量为 $\varepsilon_r = 5$ 的电介质，求板间电压变为多少？电介质上、下表面的面束缚电荷密度多大？（计算时忽略边缘效应）

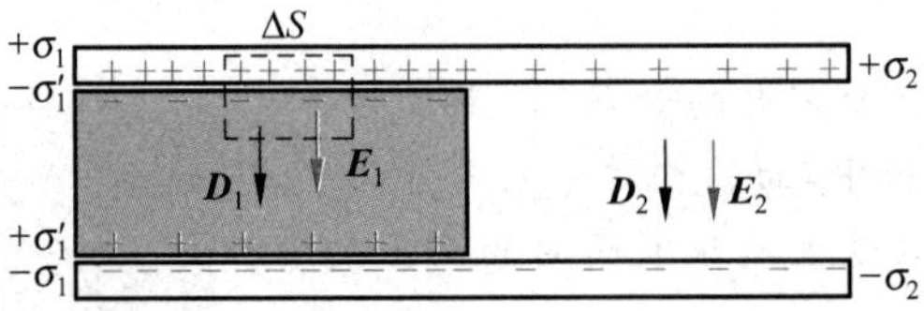


图 10.8 例 10.2 用图

**解** 设金属板的面积为 $S$，板间距离为 $d$，在未充电介质之前板的面电荷密度是 $\sigma_0$，这时板间电场为 $E_0 = \sigma_0/\varepsilon_0$，而两板间电压为 $U_0 = E_0 d$。

板间一半充以电介质后，若不考虑边缘效应，则板间各处的电场 $\boldsymbol{E}$ 与电位移 $\boldsymbol{D}$ 的方向都垂直于板面且在两半内部分布均匀。以 $\sigma_1$ 和 $\sigma_2$ 分别表示金属板上左半及右半部的面电荷密度，以 $\boldsymbol{E}_1$，$\boldsymbol{E}_2$ 和 $\boldsymbol{D}_1$，$\boldsymbol{D}_2$ 分别表示板间左半和右半部的电场强度和电位移。为了求出此时板间的电压，需要先求出电场分布，而这又需要先求出 $\boldsymbol{D}$ 的分布。为此，先在板间左半部作一底面积为 $\Delta S$ 的封闭柱面作为高斯面，其轴线与板面垂直，两底面与金属板平行，而且上底面在金属板内。通过这一封闭面的 $\boldsymbol{D}$ 的通量为通过封闭柱面的上底

面、下底面和侧面的通量之和，即有

$$\oint_S \boldsymbol{D}_1 \cdot \mathrm{d}\boldsymbol{S} = \int_{S_t} \boldsymbol{D}_1 \cdot \mathrm{d}\boldsymbol{S} + \int_{S_b} \boldsymbol{D}_1 \cdot \mathrm{d}\boldsymbol{S} + \int_{S_l} \boldsymbol{D}_1 \cdot \mathrm{d}\boldsymbol{S}$$

由于在上底面处场强为零，$\boldsymbol{D}$ 也为零；在侧面上 $\boldsymbol{D}$ 与 $\mathrm{d}\boldsymbol{S}$ 垂直，所以通过上底面和侧面的 $\boldsymbol{D}$ 的通量为零。通过整个封闭面的 $\boldsymbol{D}$ 的通量就是通过下底面的 $\boldsymbol{D}$ 的通量，即

$$\oint_S \boldsymbol{D}_1 \cdot \mathrm{d}\boldsymbol{S} = \boldsymbol{D}_1 \Delta S$$

包围在此封闭面内的自由电荷为 $\sigma_1 \Delta S$，由 $\boldsymbol{D}$ 的高斯定律可得

$$D_1 = \sigma_1$$

而

$$E_1 = \frac{D_1}{\varepsilon_0 \varepsilon_r} = \frac{\sigma_1}{\varepsilon_0 \varepsilon_r}$$

同理，对于右半部，

$$D_2 = \sigma_2$$

$$E_2 = \frac{D_2}{\varepsilon_0} = \frac{\sigma_2}{\varepsilon_0}$$

由于静电平衡时两导体都是等势体，所以左右两部分两板间的电势差是相等的，即

$$E_1 d = E_2 d$$

所以

$$E_1 = E_2$$

将上面的 $E_1$ 和 $E_2$ 的值代入可得

$$\sigma_2 = \frac{\sigma_1}{\varepsilon_r}$$

此外，因为金属板上总电量保持不变，所以有

$$\sigma_1 \frac{S}{2} + \sigma_2 \frac{S}{2} = \sigma_0 S$$

由此得

$$\sigma_1 + \sigma_2 = 2\sigma_0$$

将上面关于 $\sigma_1$ 和 $\sigma_2$ 的两个方程联立求解，可得

$$\sigma_1 = \frac{2\varepsilon_r}{1+\varepsilon_r}\sigma_0 > \sigma_0$$

$$\sigma_2 = \frac{2}{1+\varepsilon_r}\sigma_0 < \sigma_0$$

这时板间的电场强度为

$$E_1 = E_2 = \frac{\sigma_2}{\varepsilon_0} = \frac{2\sigma_0}{\varepsilon_0(1+\varepsilon_r)} = \frac{2}{1+\varepsilon_r}E_0$$

由于 $1 > \frac{2}{1+\varepsilon_r} > \frac{1}{\varepsilon_r}$，所以这一结果说明两板间电场比板间全部为真空时的场强减弱了，但并不像式(10.2)表示的那样减弱到 $\varepsilon_r$ 分之一，这是因为电介质并未充满两板间的空间的缘故。

求出了场强，就可以求出板间充有电介质时两板间的电压为

$$U = Ed = \frac{2}{1+\varepsilon_r}E_0 d = \frac{2}{1+\varepsilon_r}U_0 = \frac{2}{1+5} \times 300 = 100\ (\mathrm{V})$$

可以如下求出电介质上、下表面的束缚面电荷密度 $\sigma_1'$。电介质的电极化强度为

$$P_1 = \varepsilon_0(\varepsilon_r - 1)E_1 = \varepsilon_0(\varepsilon_r - 1)\frac{\sigma_1}{\varepsilon_0 \varepsilon_r} = \frac{2(\varepsilon_r - 1)}{\varepsilon_r + 1}\sigma_0$$

由于 $\boldsymbol{P}_1$ 的方向与 $\boldsymbol{E}_1$ 相同，即垂直于电介质表面，所以

$$\sigma_1' = P_n = P = \frac{2(\varepsilon_r - 1)}{\varepsilon_r + 1}\sigma_0$$

### 静电场的边界条件

在电场中两种介质的交界面两侧，由于相对介电常量的不同，电极化强度也不同，因而界面两侧的电场也不同，但两侧的电场有一定的关系。下面根据静电场的基本规律导出这一关系。设两种介质的相对介电常量分别为 $\varepsilon_{r1}$ 和 $\varepsilon_{r2}$，而且在交界面上并无自由电荷存在。

如图 10.9(a)所示，在介质分界面上取一狭长的矩形回路，长度为 $\Delta l$ 的两长对边分别在两介质内并平行于界面。以 $\boldsymbol{E}_{1t}$ 和 $\boldsymbol{E}_{2t}$ 分别表示界面两侧的电场强度的切向分量，则由静电场的环路定理式(8.4)(忽略两短边的积分值)可得

$$\oint \boldsymbol{E} \cdot \mathrm{d}\boldsymbol{r} = E_{1t}\Delta l - E_{2t}\Delta l = 0$$

由此得

$$E_{1t} = E_{2t} \tag{10.14}$$

即分界面两侧电场强度的切向分量相等。

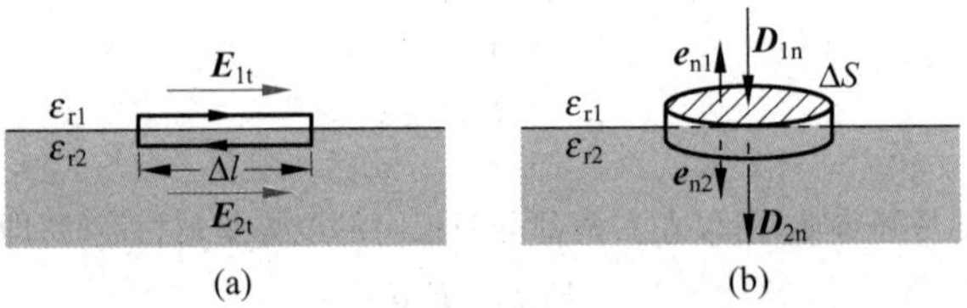


图 10.9 静电场的边界条件

(a) 切向电场强度相等；(b) 法向电位移相等

又如图 10.9(b)所示，在介质分界面上作一扁筒式封闭面，面积为 $\Delta S$ 的两底面分别在两介质内并平行于界面。以 $\boldsymbol{D}_{1n}$ 和 $\boldsymbol{D}_{2n}$ 分别表示界面两侧电位移矢量的法向分量，则由 $\boldsymbol{D}$ 的高斯定律式(10.9)(忽略筒侧面的积分值)可得

$$\oint \boldsymbol{D} \cdot \mathrm{d}\boldsymbol{S} = -D_{1n}\Delta S + D_{2n}\Delta S = 0$$

由此得

$$D_{1n} = D_{2n} \tag{10.15}$$

即分界面两侧电位移矢量的法向分量相等。这实际上是在界面上无自由电荷存在时 $\boldsymbol{D}$ 线连续地越过界面的表示。

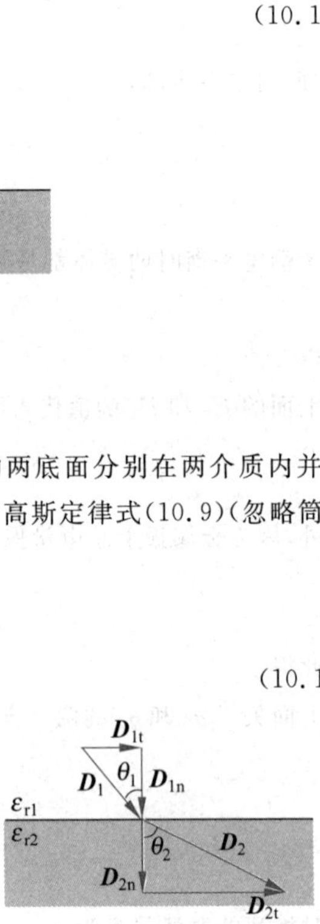


图 10.10 **D** 线的方向改变

式(10.14)和式(10.15)统称静电场的**边界条件**，由它们还可求出电位移矢量越过两种电介质时方向的改变。如图 10.10 所示，以 $\theta_1$ 和 $\theta_2$ 分别表示两介质中的电位移矢量 $\boldsymbol{D}_1$ 和 $\boldsymbol{D}_2$ 与分界面法线的夹角，则由图可看出

$$\frac{\tan\theta_1}{\tan\theta_2} = \frac{D_{1t}/D_{1n}}{D_{2t}/D_{2n}} = \frac{D_{1t}}{D_{2t}} = \frac{\varepsilon_{r1}E_{1t}}{\varepsilon_{r2}E_{2t}}$$

根据式(10.14)，可得

$$\frac{\tan\theta_1}{\tan\theta_2} = \frac{\varepsilon_{r1}}{\varepsilon_{r2}} \tag{10.16}$$

由于 $\boldsymbol{D}$ 线是连续的，所以这一表示 $\boldsymbol{D}$ 线越过界面时方向改变的关系被称做 **D 线的折射定律**。

## 10.4 电容器和它的电容

电容器是一种常用的电学和电子学元件，它由两个用电介质隔开的金属导体组成。电容器的最基本的形式是平行板电容器，它是用两块平行的金属板或金属箔，中间夹以电介质

薄层如云母片、浸了油或蜡的纸等构成的(图 10.11)。电容器工作时它的两个金属板的相对的两个表面上总是分别带上等量异号的电荷$+Q$和$-Q$,这时两板间有一定的电压$U=\varphi_+-\varphi_-$。一个电容器所带的电量$Q$总与其电压$U$成正比,比值$Q/U$叫电容器的**电容**。以$C$表示电容器的电容,就有

$$C=\frac{Q}{U} \tag{10.17}$$

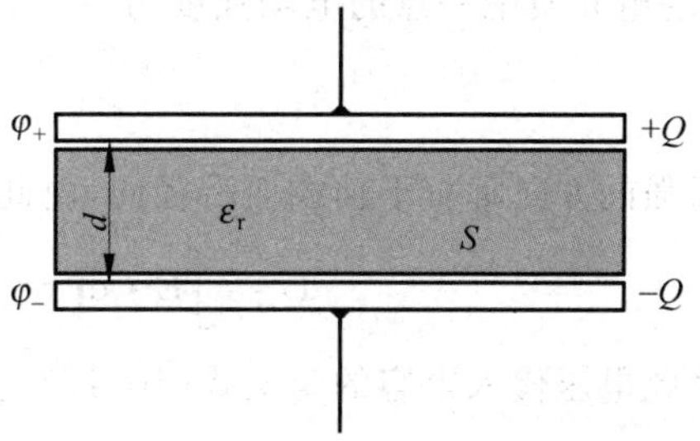


图 10.11 平行板电容器

电容器的电容决定于电容器本身的结构,即两导体的形状、尺寸以及两导体间电介质的种类等,而与它所带的电量无关。

在国际单位制中,电容的单位名称是法[拉],符号为 F,

$$1\ \mathrm{F}=1\ \mathrm{C/V}$$

实际上 1 F 是非常大的,常用的单位是 μF 或 pF 等较小的单位,

$$1\ \mu\mathrm{F}=10^{-6}\ \mathrm{F}$$

$$1\ \mathrm{pF}=10^{-12}\ \mathrm{F}$$

从式(10.17)可以看出,在电压相同的条件下,电容$C$越大的电容器,所储存的电量越多。这说明电容是反映电容器储存电荷本领大小的物理量。实际上除了储存电量外,电容器在电工和电子线路中起着很大的作用。交流电路中电流和电压的控制,发射机中振荡电流的产生,接收机中的调谐,整流电路中的滤波,电子线路中的时间延迟等都要用到电容器。

简单电容器的电容可以容易地计算出来,下面举几个例子。对如图 10.11 所示的平行板电容器,以$S$表示两平行金属板相对着的表面积,以$d$表示两板之间的距离,并设两板间充满了相对介电常数为$\varepsilon_r$的电介质。为了求它的电容,我们假设它带上电量$Q$(即两板上相对的两个表面分别带上$+Q$和$-Q$的电荷)。忽略边缘效应,它的两板间的电场是

$$E=\frac{\sigma}{\varepsilon_0\varepsilon_r}=\frac{Q}{\varepsilon_0\varepsilon_r S}$$

两板间的电压就是

$$U=Ed=\frac{Qd}{\varepsilon_0\varepsilon_r S}$$

将此电压代入电容的定义式(10.17)就可得出平行板电容器的电容为

$$C=\frac{\varepsilon_0\varepsilon_r S}{d} \tag{10.18}$$

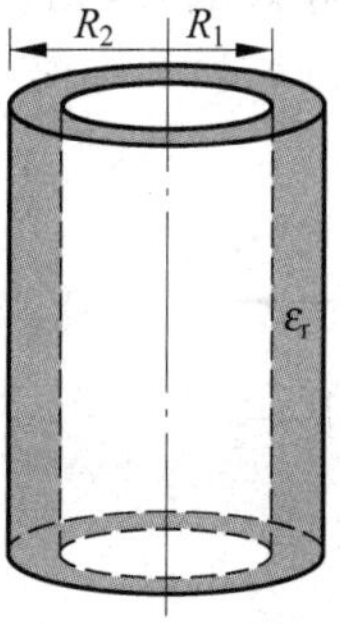


图 10.12 圆柱形电容器

此结果表明电容的确只决定于电容器的结构,而且板间充满电介质时的电容是板间为真空($\varepsilon_r=1$)时的电容的$\varepsilon_r$倍。

圆柱形电容器由两个同轴的金属圆筒组成。如图 10.12 所示,设筒的长度为$L$,两筒的半径分别为$R_1$和$R_2$,两筒之间充满相对介电常数为$\varepsilon_r$的电介质。为了求出这种电容器的电容,我们也假设它带有电量$Q$(即外筒的内表面和内筒的外表面分别带有电量$-Q$和$+Q$)。忽略两端的边缘效应,根据自由电荷和电介质分布的轴对称性可以利用$\boldsymbol{D}$的高斯定律求出电场分布来。距离轴线为

$r$ 的电介质中一点的电场强度为

$$E = \frac{Q}{2\pi\varepsilon_0\varepsilon_r rL}$$

场强的方向垂直于轴线而沿径向，由此可以求出两圆筒间的电压为

$$U = \int \boldsymbol{E}\cdot d\boldsymbol{r} = \int_{R_1}^{R_2} \frac{Q}{2\pi\varepsilon_0\varepsilon_r rL} dr = \frac{Q}{2\pi\varepsilon_0\varepsilon_r L}\ln\frac{R_2}{R_1}$$

将此电压代入电容的定义式(10.17)，就可得圆柱形电容器的电容为

$$C = \frac{2\pi\varepsilon_0\varepsilon_r L}{\ln(R_2/R_1)} \tag{10.19}$$

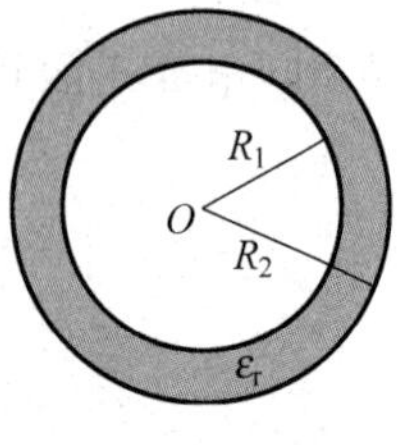


图 10.13 球形电容器

球形电容器是由两个同心的导体球壳组成。如果两球壳间充满相对介电常量为 $\varepsilon_r$ 的电介质(图 10.13)，则可用与上面类似的方法求出球形电容器的电容为

$$C=\frac{4\pi\varepsilon_0\varepsilon_r R_1 R_2}{R_2-R_1} \tag{10.20}$$

式中 $R_1$ 和 $R_2$ 分别表示内球壳外表面和外球壳内表面的半径。

实际的电工和电子装置中任何两个彼此隔离的导体之间都有电容，例如两条输电线之间，电子线路中两段靠近的导线之间都有电容。这种电容实际上反映了两部分导体之间通过电场的相互影响，有时叫做“杂散电容”。在有些情况下(如高频率的变化电流)，这种杂散电容对电路的性质产生明显的影响。

对一个孤立导体，可以认为它和无限远处的另一导体组成一个电容器。这样一个电容器的电容就叫做这个孤立导体的电容。例如对一个在空气中的半径为 $R$ 的孤立的导体球，就可以认为它和一个半径为无限大的同心导体球组成一个电容器。这样，利用式(10.20)，使 $R_2\to\infty$，将 $R_1$ 改写为 $R$，又因为空气的 $\varepsilon_r$ 可取作 1，所以这个导体球的电容就是

$$C = 4\pi\varepsilon_0 R \tag{10.21}$$

衡量一个实际的电容器的性能有两个主要的指标：一个是它的电容的大小；另一个是它的耐(电)压能力。使用电容器时，所加的电压不能超过规定的耐压值，否则在电介质中就会产生过大的场强，而使它有被击穿的危险。

在实际电路中当遇到单独一个电容器的电容或耐压能力不能满足要求时，就把几个电容器连接起来使用。电容器连接的基本方式有并联和串联两种。

并联电容器组如图 10.14(a)所示。这时各电容器的电压相等，即总电压 $U$，而总电量 $Q$ 为各电容器所带的电量之和。以 $C=Q/U$ 表示电容器组的总电容或等效电容，则可证明，对并联电容器组，

$$C = \sum C_i \tag{10.22}$$

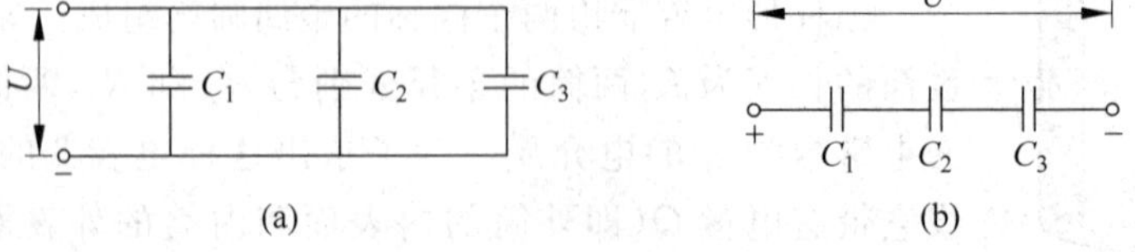


图 10.14 电容器连接

(a) 三个电容器并联；(b) 三个电容器串联

串联电容器组如图 10.14(b)所示。这时各电容器所带电量相等，也就是电容器组的总电量 $Q$，总电压 $U$ 等于各个电容器的电压之和。仍以 $C=Q/U$ 表示总电容，则可以证明，对于串联电容器组

$$\frac{1}{C}=\sum\frac{1}{C_i} \tag{10.23}$$

并联和串联比较如下。并联时，总电容增大了，但因每个电容器都直接连到电压源上，所以电容器组的耐压能力受到耐压能力最低的那个电容器的限制。串联时，总电容比每个电容器都减小了，但是，由于总电压分配到各个电容器上，所以电容器组的耐压能力比每个电容器都提高了。

## 10.5 电容器的能量

电容器带电时具有能量可以从下述实验看出。将一个电容器 $C$、一个直流电源 $\mathscr{E}$ 和一个灯泡 $B$ 连成如图 10.15(a)的电路，先将开关 K 倒向 $a$ 边，当再将开关倒向 $b$ 边时，灯泡会发出一次强的闪光。有的照相机上附装的闪光灯就是利用了这样的装置。

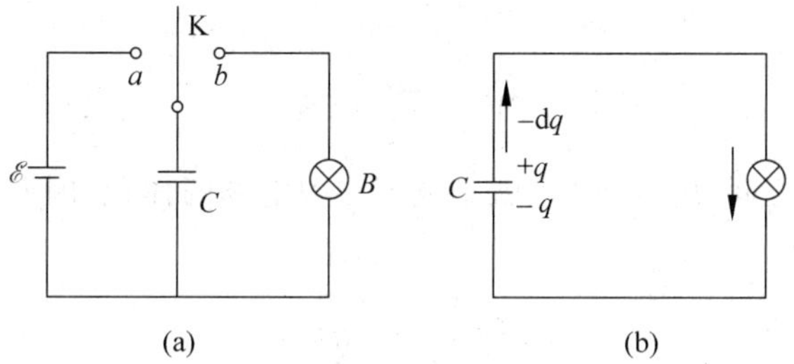


图 10.15 电容器充放电电路图(a)和电容器放电过程(b)

可以这样来分析这个实验现象。开关倒向 $a$ 边时，电容器两板和电源相连，使电容器两板带上电荷。这个过程叫电容器的**充电**。当开关倒向 $b$ 边时，电容器两板上的正负电荷又会通过有灯泡的电路中和。这一过程叫电容器的**放电**。灯泡发光是电流通过它的显示，灯泡发光所消耗的能量是从哪里来的呢？是从电容器释放出来的，而电容器的能量则是它充电时由电源供给的。

现在我们来计算电容器带有电量 $Q$，相应的电压为 $U$ 时所具有的能量，这个能量可以根据电容器在放电过程中电场力对电荷做的功来计算。设在放电过程中某时刻电容器两极板所带的电量为 $q$。以 $C$ 表示电容，则这时两板间的电压为 $u=q/C$。以 $-\mathrm{d}q$ 表示在此电压下电容器由于放电而减小的微小电量(由于放电过程中 $q$ 是减小的，所以 $q$ 的增量 $\mathrm{d}q$ 本身是负值)，也就是说，有 $-\mathrm{d}q$ 的正电荷在电场力作用下沿导线从正极板经过灯泡与负极板等量的负电荷 $\mathrm{d}q$ 中和，如图 10.15(b)所示。在这一微小过程中电场力做的功为

$$\mathrm{d}A=(-\mathrm{d}q)u=-\frac{q}{C}\mathrm{d}q$$

从原有电量 $Q$ 到完全中和的整个放电过程中，电场力做的总功为

$$A=\int\mathrm{d}A=-\int_Q^0\frac{q}{C}\mathrm{d}q=\frac{1}{2}\frac{Q^2}{C}$$

这也就是电容器原来带有电量 $Q$ 时所具有的能量。用 $W$ 表示电容器的能量，并利用 $Q=CU$ 的关系，可以得到电容器的能量公式为

$$W=\frac{1}{2}\frac{Q^2}{C}=\frac{1}{2}CU^2=\frac{1}{2}QU \tag{10.24}$$

电容器的能量同样可以认为是储存在电容器内的电场之中，可以用下面的分析把这个能量和电场强度 $E$ 联系起来。

仍以平行板电容器为例，设板的面积为 $S$，板间距离为 $d$，板间充满相对介电常量为 $\varepsilon_r$ 的电介质。此电容器的电容由式(10.18)给出，即

$$C=\frac{\varepsilon_0\varepsilon_r S}{d}$$

将此式代入式(10.24)可得

$$W=\frac{1}{2}\frac{Q^2}{C}=\frac{1}{2}\frac{Q^2 d}{\varepsilon_0\varepsilon_r S}=\frac{\varepsilon_0\varepsilon_r}{2}\left(\frac{Q}{\varepsilon_0\varepsilon_r S}\right)^2 Sd$$

由于电容器的两板间的电场为

$$E=\frac{Q}{\varepsilon_0\varepsilon_r S}$$

所以可得

$$W=\frac{\varepsilon_0\varepsilon_r}{2}E^2 Sd$$

由于电场存在于两板之间，所以 $Sd$ 也就是电容器中电场的体积，因而这种情况下的电场能量体密度 $w_e$ 应表示为

$$w_e=\frac{W}{Sd}=\frac{1}{2}\varepsilon_0\varepsilon_r E^2$$

或

$$w_e=\frac{1}{2}\varepsilon E^2=\frac{1}{2}DE \tag{10.25}$$

式(10.25)虽然是利用平行板电容器推导出来的，但是可以证明，它对于任何电介质内的电场都是成立的。在真空中，由于 $\varepsilon_r=1,\varepsilon=\varepsilon_0$，所以式(10.25)就还原为式(8.28)，即 $w_e=\frac{1}{2}\varepsilon_0 E^2$。比较式(10.25)和式(8.28)可知，在电场强度相同的情况下，电介质中的电场能量密度将增大到 $\varepsilon_r$ 倍。这是因为在电介质中，不但电场 $\boldsymbol{E}$ 本身像式(8.28)那样储有能量，而且电介质的极化过程也吸收并储存了能量。

一般情况下，有电介质时的电场总能量 $W$ 应该是对式(10.25)的能量密度积分求得，即

$$W=\int w_e \mathrm{d}V=\int\frac{\varepsilon E^2}{2}\mathrm{d}V \tag{10.26}$$

此积分应遍及电场分布的空间。

---

**例 10.3**

一球形电容器，内外球的半径分别为 $R_1$ 和 $R_2$（图 10.16），两球间充满相对介电常量为 $\varepsilon_r$ 的电介质，求此电容器带有电量 $Q$ 时所储存的电能。

**解** 由于此电容器的内外球分别带有 $+Q$ 和 $-Q$ 的电量，根据高斯定律可求出内球内部和外球外部的电场强度都是零。两球间的电场分布为

$$E = \frac{Q}{4\pi\varepsilon_0\varepsilon_r r^2}$$

将此电场分布代入式(10.26)可得此球形电容器储存的电能为

$$W = \int w_e \mathrm{d}V = \int_{R_1}^{R_2} \frac{\varepsilon_0\varepsilon_r}{2}\left(\frac{Q}{4\pi\varepsilon_0\varepsilon_r r^2}\right)^2 4\pi r^2 \mathrm{d}r$$

$$= \frac{Q^2}{8\pi\varepsilon_0\varepsilon_r}\left(\frac{1}{R_1} - \frac{1}{R_2}\right)$$

此电能应该和用式(10.24)计算的结果相同。和式(10.24)中的 $W = \frac{1}{2}\frac{Q^2}{C}$ 比较,可得球形电容器的电容为

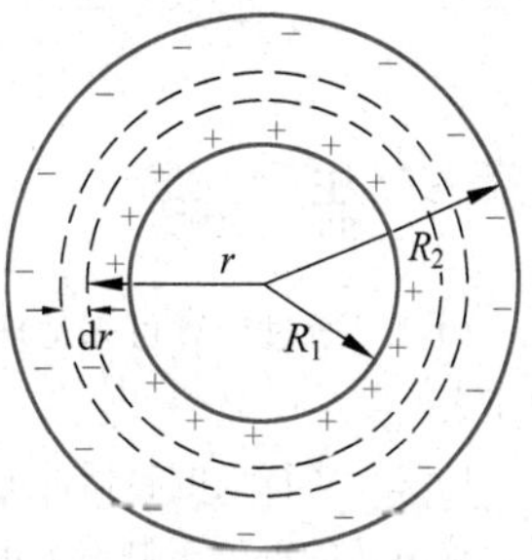


图 10.16 例 10.3 用图

$$C = 4\pi\varepsilon_0\varepsilon_r \frac{R_1R_2}{R_2 - R_1}$$

此式和式(10.20)相同。这里利用了能量公式,这是计算电容器电容的另一种方法。

## 提要

1. **电介质分子的电矩**:极性分子有固有电矩,非极性分子在外电场中产生感生电矩。

2. **电介质的极化**:在外电场中固有电矩的取向或感生电矩的产生使电介质的表面(或内部)出现束缚电荷。

**电极化强度**:对各向同性的电介质,在电场不太强的情况下

$$\boldsymbol{P} = \varepsilon_0(\varepsilon_r - 1)\boldsymbol{E} = \varepsilon_0\chi\boldsymbol{E}$$

**面束缚电荷密度**:$\sigma' = \boldsymbol{P}\cdot\boldsymbol{e}_n$

3. **电位移**:$\boldsymbol{D} = \varepsilon_0\boldsymbol{E} + \boldsymbol{P}$

对各向同性电介质:$\boldsymbol{D} = \varepsilon_0\varepsilon_r\boldsymbol{E} = \varepsilon\boldsymbol{E}$

$\boldsymbol{D}$ 的高斯定律:$\oint_S \boldsymbol{D}\cdot \mathrm{d}\boldsymbol{S} = q_{0\mathrm{in}}$

静电场的边界条件:$E_{1t} = E_{2t}$,$D_{1n} = D_{2n}$

4. **电容器的电容**

$$C = \frac{Q}{U}$$

平行板电容器:$C = \frac{\varepsilon_0\varepsilon_r S}{d}$

并联电容器组:$C = \sum C_i$

串联电容器组:$\frac{1}{C} = \sum \frac{1}{C_i}$

5. **电容器的能量**

$$W = \frac{1}{2}\frac{Q^2}{C} = \frac{1}{2}CU^2 = \frac{1}{2}QU$$

6. **电介质中电场的能量密度**:$w_e = \frac{\varepsilon_0\varepsilon_r E^2}{2} = \frac{DE}{2}$

## 思考题

10.1 通过计算可知地球的电容约为 700 μF，为什么实验室内有的电容器的电容（如 1000 μF）比地球的还大？

10.2 平行板电容器的电容公式表示，当两板间距 $d\to 0$ 时，电容 $C\to\infty$，在实际中我们为什么不能用尽量减小 $d$ 的办法来制造大电容（提示：分析当电势差 $\Delta V$ 保持不变而 $d\to 0$ 时，场强 $\boldsymbol{E}$ 会发生什么变化）？

10.3 如果你在平行板电容器的一板上放上比另一板更多的电荷，这额外的电荷将会怎样？

10.4 根据静电场环路积分为零证明：平行板电容器边缘的电场不可能像图 10.17 所画的那样，突然由均匀电场变到零，一定存在着逐渐减弱的电场，即边缘电场。

10.5 如果考虑平行板电容器的边缘场，那么其电容比不考虑边缘场时的电容大还是小？

10.6 图 10.18 所示为一电介质板置于平行板电容器的两板之间。作用在电介质板上的电力是把它拉进还是推出电容器两板间的区域（这时必须考虑边缘电场的作用）？

10.7 图 10.19 画出了一个具有保护环的电容器，两个保护环分别紧靠地包围着电容器的两个极板，但并没有和它们连接在一起。给电容器带电的同时使两保护环分别与电容器两极板的电势相等。试说明为什么这样就可以有效地消除电容器的边缘效应。

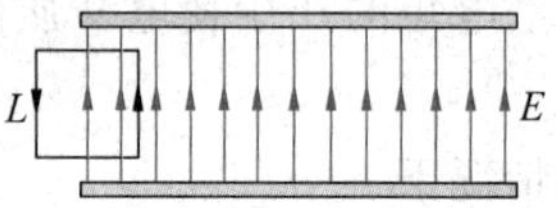


图 10.17 思考题 10.4 用图

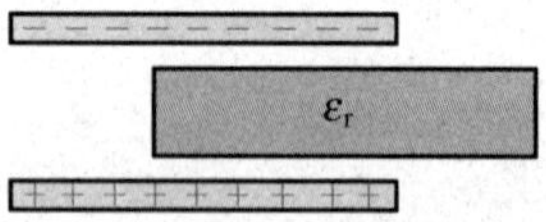


图 10.18 思考题 10.6 用图

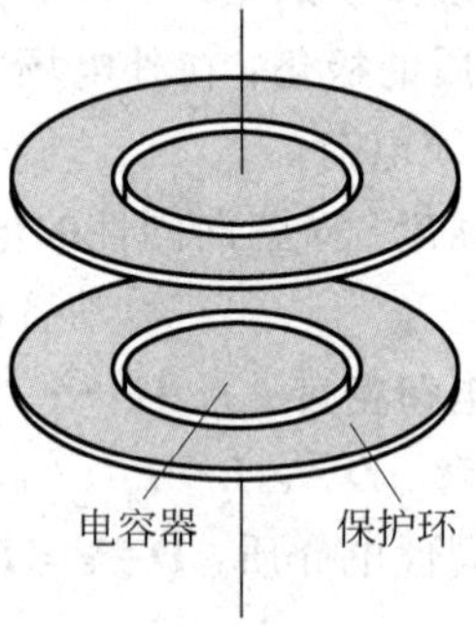


图 10.19 思考题 10.7 用图

10.8 两种电介质的分界面两侧的电极化强度分别是 $\boldsymbol{P}_1$ 和 $\boldsymbol{P}_2$，在这一分界面上的面束缚电荷密度多大？

10.9 在有固定分布的自由电荷的电场中放有一块电介质。当移动此电介质的位置后，电场中 $\boldsymbol{D}$ 的分布是否改变？$\boldsymbol{E}$ 的分布是否改变？通过某一特定封闭曲面的 $\boldsymbol{D}$ 的通量是否改变？$\boldsymbol{E}$ 的通量是否改变？

10.10 由极性分子组成的液态电介质，其相对介电常量在温度升高时是增大还是减小？

10.11 为什么带电的胶木棒能把中性的纸屑吸引起来？

10.12 用 $\boldsymbol{D}$ 的高斯定律证明图 10.1 的实验结果式(10.1)。

10.13 用式(10.26)求圆柱形电容器带电 $Q$ 时储存的能量，并和式(10.24)对比求出圆柱形电容器的电容来。

## 习题

10.1 在 HCl 分子中，氯核和质子（氢核）的距离为 0.128 nm，假设氢原子的电子完全转移到氯原子上并与其他电子构成一球对称的负电荷分布而其中心就在氯核上。此模型的电矩多大？实测的 HCl 分子

的电矩为 $3.4\times10^{-30}$ C·m，HCl 分子中的负电分布的“重心”应在何处？（氯核的电量为 $17e$。）

10.2　两个同心的薄金属球壳，内、外球壳半径分别为 $R_1=0.02$ m 和 $R_2=0.06$ m。球壳间充满两层均匀电介质，它们的相对介电常量分别为 $\varepsilon_{r1}=6$ 和 $\varepsilon_{r2}=3$。两层电介质的分界面半径 $R=0.04$ m。设内球壳带电量 $Q=-6\times10^{-8}$ C，求：

(1) $\boldsymbol{D}$ 和 $\boldsymbol{E}$ 的分布，并画 $D$-$r$，$E$-$r$ 曲线；

(2) 两球壳之间的电势差；

(3) 贴近内金属壳的电介质表面上的面束缚电荷密度。

10.3　两共轴的导体圆筒的内、外筒半径分别为 $R_1$ 和 $R_2$，$R_2<2R_1$。其间有两层均匀电介质，分界面半径为 $r_0$。内层介质相对介电常量为 $\varepsilon_{r1}$，外层介质相对介电常量为 $\varepsilon_{r2}$，且 $\varepsilon_{r2}=\varepsilon_{r1}/2$。两层介质的击穿场强都是 $E_{max}$。当电压升高时，哪层介质先击穿？两筒间能加的最大电势差多大？

10.4　一平板电容器板间充满相对介电常量为 $\varepsilon_r$ 的电介质而带有电量 $Q$。试证明：与金属板相靠的电介质表面所带的面束缚电荷的电量为

$$Q'=\left(1-\frac{1}{\varepsilon_r}\right)Q$$

10.5　空气的介电强度为 3 kV/mm，试求空气中半径分别为 1.0 cm，1.0 mm，0.1 mm 的长直导线上单位长度最多各能带多少电荷？

10.6　人体的某些细胞壁两侧带有等量的异号电荷。设某细胞壁厚为 $5.2\times10^{-9}$ m，两表面所带面电荷密度为 $\pm0.52\times10^{-3}$ C/m²，内表面为正电荷。如果细胞壁物质的相对介电常量为 6.0，求：(1)细胞壁内的电场强度；(2)细胞壁两表面间的电势差。

*10.7　一块大的均匀电介质平板放在一电场强度为 $\boldsymbol{E}_0$ 的均匀电场中，电场方向与板的夹角为 $\theta$，如图 10.20 所示。已知板的相对介电常量为 $\varepsilon_r$，求板面的面束缚电荷密度。

10.8　有的计算机键盘的每一个键下面连一小块金属片，它下面隔一定空气隙是一块小的固定金属片。这样两片金属片就组成一个小电容器(图 10.21)。当键被按下时，此小电容器的电容就发生变化，与之相连的电子线路就能检测出是哪个键被按下了，从而给出相应的信号。设每个金属片的面积为 50.0 mm²，两金属片之间的距离是 0.600 mm。如果电子线路能检测出的电容变化是 0.250 pF，那么键需要按下多大的距离才能给出必要的信号？

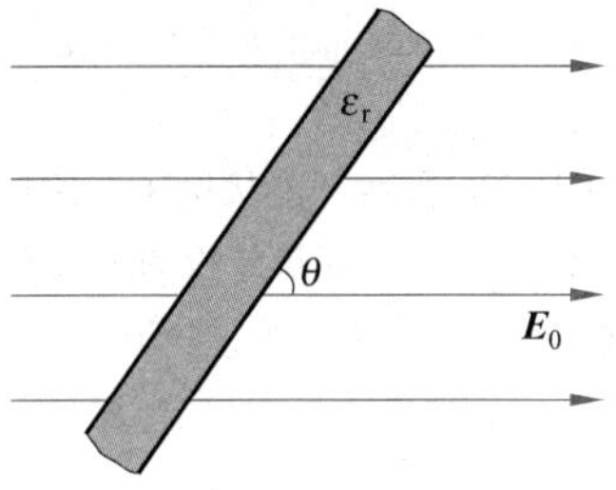


图 10.20　习题 10.7 用图

图 10.21　习题 10.8 用图

10.9　用两面夹有铝箔的厚为 $5\times10^{-2}$ mm，相对介电常量为 2.3 的聚乙烯膜做一电容器。如果电容为 3.0 μF，则膜的面积要多大？

10.10　空气的击穿场强为 $3\times10^3$ kV/m。当一个平行板电容器两极板间是空气而电势差为 50 kV 时，每平方米面积的电容最大是多少？

10.11　范德格拉夫静电加速器的球形电极半径为 18 cm。

(1) 这个球的电容多大？

(2) 为了使它的电势升到 $2.0\times10^5$ V，需给它带多少电量？

10.12　盖革计数管由一根细金属丝和包围它的同轴导电圆筒组成。丝直径为 $2.5\times10^{-2}$ mm，圆筒内

直径为 25 mm，管长 100 mm。设导体间为真空，计算盖革计数管的电容（可用无限长导体圆筒的场强公式计算电场）。

10.13 图 10.22 所示为用于调频收音机的一种可变空气电容器。这里奇数极板和偶数极板分别连在一起，其中一组的位置是固定的，另一组是可以转动的。假设极板的总数为 $n$，每块极板的面积为 $S$，相邻两极板之间的距离为 $d$。证明这个电容器的最大电容为

$$C=\frac{(n-1)\varepsilon_0 S}{d}$$

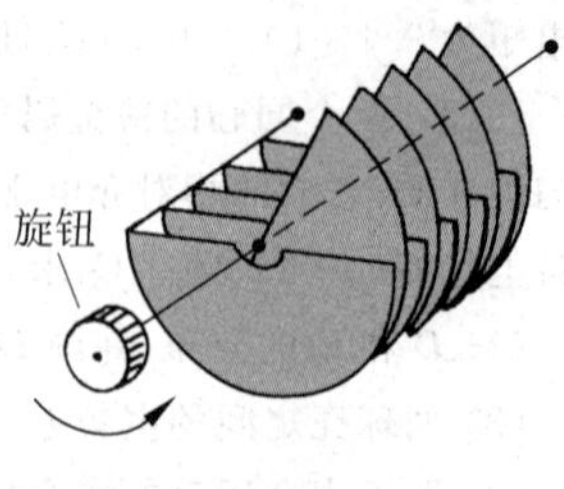


图 10.22 习题 10.13 用图

10.14 一个平行板电容器的每个板的面积为 0.02 $m^2$，两板相距0.5 mm，放在一个金属盒子中（图 10.23）。电容器两板到盒子上下底面的距离各为 0.25 mm，忽略边缘效应，求此电容器的电容。如果将一个板和盒子用导线连接起来，电容器的电容又是多大？

10.15 一个电容器由两块长方形金属平板组成（图 10.24），两板的长度为 $a$，宽度为 $b$。两宽边相互平行，两长边的一端相距为 $d$，另一端略微抬起一段距离 $l$ ($l \ll d$)。板间为真空。求此电容器的电容。

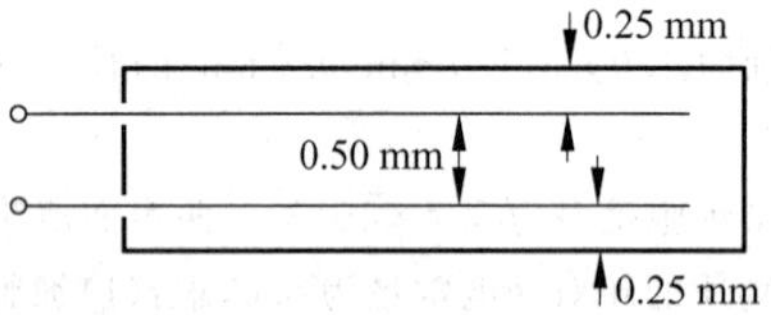


图 10.23 习题 10.14 用图

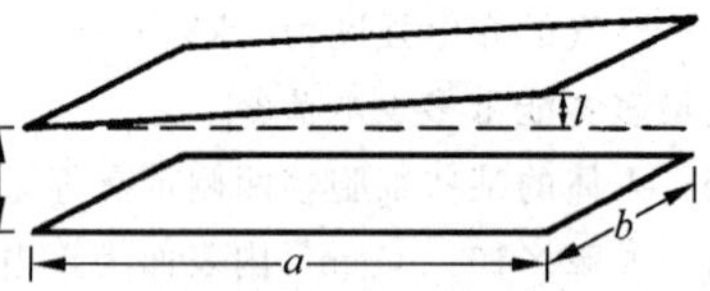


图 10.24 习题 10.15 用图

10.16 为了测量电介质材料的相对介电常量，将一块厚为 1.5 cm 的平板材料慢慢地插进一电容器的距离为 2.0 cm 的两平行板之间。在插入过程中，电容器的电荷保持不变。插入之后，两板间的电势差减小为原来的 60%，求电介质的相对介电常量多大？

10.17 两个同心导体球壳，内、外球壳半径分别为 $R_1$ 和 $R_2$，求两者组成的电容器的电容。把 $\Delta R=(R_2-R_1)\ll R_1$ 的极限情形与平行板电容器的电容做比较以核对你所得到的结果。

10.18 将一个 12 μF 和两个 2 μF 的电容器连接起来组成电容为 3 μF 的电容器组。如果每个电容器的击穿电压都是 200 V，则此电容器组能承受的最大电压是多大？

10.19 一平行板电容器面积为 $S$，板间距离为 $d$，板间以两层厚度相同而相对介电常量分别为 $\varepsilon_{r1}$ 和 $\varepsilon_{r2}$ 的电介质充满（图 10.25）。求此电容器的电容。

10.20 一种利用电容器测量油箱中油量的装置示意图如图 10.26 所示。附接电子线路能测出等效相对介电常量 $\varepsilon_{r,eff}$（即电容相当而充满板间的电介质的相对介电常量）。设电容器两板的高度都是 $a$，试导出等效相对介电常量和油面高度的关系，以 $\varepsilon_r$ 表示油的相对介电常量。就汽油（$\varepsilon_r=1.95$）和甲醇（$\varepsilon_r=33$）相比，哪种燃料更适宜用此种油量计？

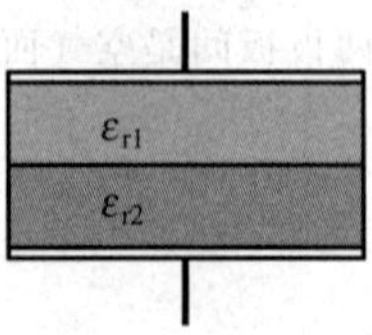


图 10.25 习题 10.19 用图

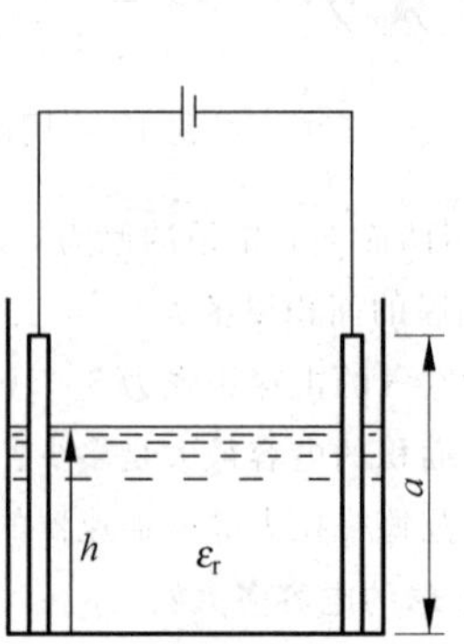


图 10.26 习题 10.20 用图

10.21　一球形电容器的两球间下半部充满了相对介电常量为 $\varepsilon_r$ 的油，它的电容较未充油前变化了多少？

10.22　将一个电容为 4 μF 的电容器和一个电容为 6 μF 的电容器串联起来接到 200 V 的电源上，充电后，将电源断开并将两电容器分离。在下列两种情况下，每个电容器的电压各变为多少？

(1) 将每一个电容器的正板与另一电容器的负板相连；

(2) 将两电容器的正板与正板相连，负板与负板相连。

10.23　将一个 100 pF 的电容器充电到 100 V，然后把它和电源断开，再把它和另一电容器并联，最后电压为 30 V。第二个电容器的电容多大？并联时损失了多少电能？这电能哪里去了？

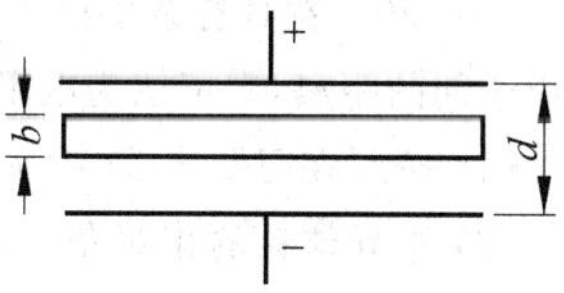

图 10.27　习题 10.24 用图

*10.24　一个平行板电容器，板面积为 $S$，板间距为 $d$(图 10.27)。

(1) 充电后保持其电量 $Q$ 不变，将一块厚为 $b$ 的金属板平行于两极板插入。与金属板插入前相比，电容器储能增加多少？

(2) 导体板进入时，外力(非电力)对它做功多少？是被吸入还是需要推入？

(3) 如果充电后保持电容器的电压 $U$ 不变，则(1)，(2)两问结果又如何？

*10.25　如图 10.28 所示，桌面上固定一半径为 7 cm 的金属圆筒，其中共轴地吊一半径为 5 cm 的另一金属圆筒。今将两筒间加 5 kV 的电压后将电源撤除，求内筒受的向下的电力(注意利用功能关系)。

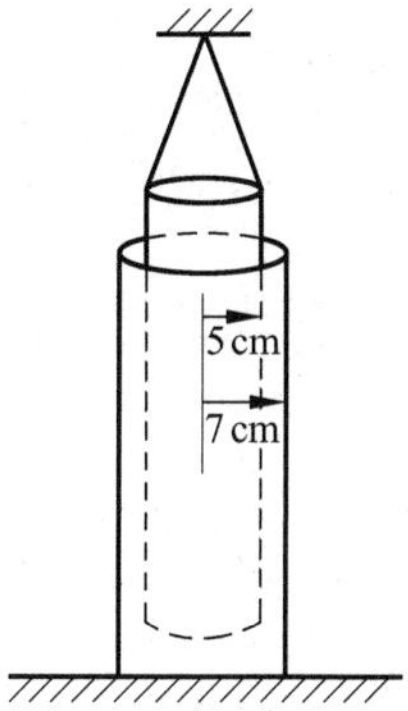

图 10.28　习题 10.25 用图

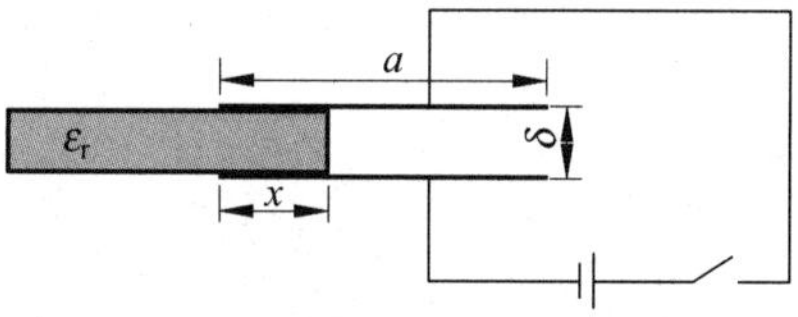

图 10.29　习题 10.26 用图

*10.26　一平行板电容器的极板长为 $a$，宽为 $b$，两板相距为 $\delta$(图 10.29)。对它充电使带电量为 $Q$ 后把电源断开。

(1) 两板间为真空时，电容器储存的电能是多少？

(2) 板间插入一块宽为 $b$，厚为 $\delta$，相对介电常量为 $\varepsilon_r$ 的均匀电介质板。当介质板插入一段距离 $x$ 时，电容器储存的电能是多少？

(3) 当电介质板插入距离 $x$ 时，它受的电力的大小和方向各如何？

(4) 在 $x$ 从 0 增大到 $a$ 的过程中，此系统的能量转化情况如何(设电介质板与电容器极板没有摩擦)？

(5) 如果电介质板插入时电容器两极板保持与电压恒定为 $U$ 的电源相连，其他条件不变，以上(2)到(4)问的解答又如何(还利用功能关系但注意电源在能量上的作用)？

*10.27　证明：球形电容器带电后，其电场的能量的一半储存在内半径为 $R_1$，外半径为 $2R_1R_2/(R_1+R_2)$ 的球壳内，式中 $R_1$ 和 $R_2$ 分别为电容器内球和外球的半径。一个孤立导体球带电后其电场能的一半储存在多大的球壳内？

*10.28　一个平行板电容器板面积为 $S$，板间距离为 $y_0$，下板在 $y=0$ 处，上板在 $y=y_0$ 处。充满两板间的电介质的相对介电常量随 $y$ 而改变，其关系为

$$\varepsilon_r = 1+\frac{3}{y_0}y$$

(1) 此电容器的电容多大?

(2) 此电容器带有电量 $Q$(上极板带 $+Q$)时,电介质上下表面的面束缚电荷密度多大?

(3) 用高斯定律求电介质内体束缚电荷密度。

(4) 证明体束缚电荷总量加上面束缚电荷其总和为零。

*10.29　一个中空铜球浮在相对介电常量为3.0的大油缸中,一半没入油内。如果铜球所带总电量为 $2.0\times10^{-6}$ C,它的上半部和下半部各带多少电量?

*10.30　在具有杂质离子的半导体中,电子围绕这些离子作轨道运动。若该轨道的尺寸大于半导体的原子间的距离,则可认为电子是在介电常量近似均匀的电介质的空间中运动。

(1) 按照在习题8.34中所描述的玻尔理论,计算一个电子的轨道能;

(2) 半导体锗的相对介电常量为 $\varepsilon_r=15.8$,估算一个电子围绕嵌在锗中的离子运动的轨道能,假定电子处在最小的玻尔轨道。所得的结果与真空中电子围绕离子运动的最小轨道能相比如何?

# 第11章

# 恒定电流

前面讨论了静电场的规律，本章介绍电流的规律。首先引入电流密度的概念，接着说明恒定电流的意义及其闭合性以及基尔霍夫第一方程。然后介绍欧姆定律，该定律表明了通常导体中电流密度与电场以及导体材料的关系。其后介绍的电动势是本章的重点概念，它涉及电路中能量的转换。在此基础上又介绍了恒定电流电路中的电流分布与电势变化的关系——基尔霍夫第二方程。接着举例说明了基尔霍夫两个方程的应用，包括电容器充放电的规律。最后介绍了电流的经典微观图像，近似地说明了电流规律的微观本质。

## 11.1 电流和电流密度

电流是电荷的定向运动，从微观上看，电流实际上是带电粒子的定向运动。形成电流的带电粒子统称**载流子**。它们可以是电子、质子、正的或负的离子，在半导体中还可能是带正电的"空穴"。导体中由电荷的运动形成的电流称做**传导电流**。

常见的电流是沿着一根导线流动的电流。电流的强弱用**电流[强度]**来描述，它等于单位时间里通过导线某一横截面的电量。如果在一段时间 $\Delta t$ 内通过某一截面的电量是 $\Delta q$，则通过该截面的电流 $I$ 是

$$I=\frac{\Delta q}{\Delta t} \tag{11.1}$$

在国际单位制中电流的单位名称是安[培]，符号是 A，

$$1\ \mathrm{A}=1\ \mathrm{C/s}$$

实际上还常常遇到在大块导体中产生的电流。整个导体内各处的电流形成一个"电流场"。例如在有些地质勘探中利用的大地中的电流，电解槽内电解液中的电流，气体放电时通过气体的电流等。在这种情况下为了描述导体中各处电荷定向运动的情况，引入电流密度概念。

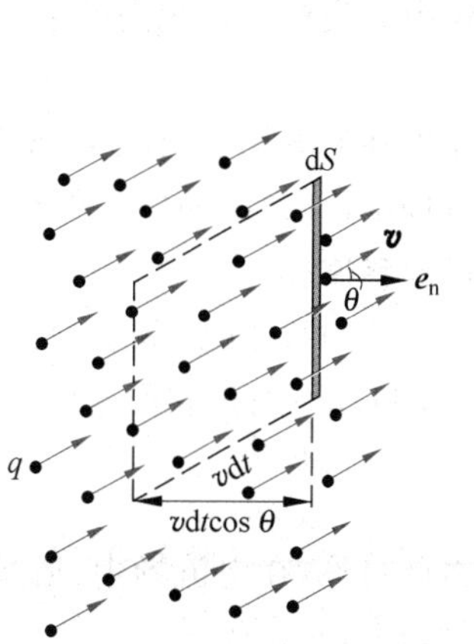


图 11.1 电流密度

先考虑一种最简单的情况，即只有一种载流子，它们带的电量都是 $q$，都以同一种速度 $\boldsymbol{v}$ 沿同一方向运动。设想在导体内有一小面积 $\mathrm{d}S$，它的正法线方向与 $\boldsymbol{v}$ 成 $\theta$ 角(图 11.1)。在 $\mathrm{d}t$ 时间内通过 $\mathrm{d}S$ 面的载流子应是在底面积为 $\mathrm{d}S$，斜长为 $v\mathrm{d}t$

的斜柱体内的所有载流子。此斜柱体的体积为 $v\mathrm{d}t\cos\theta\mathrm{d}S$。以 $n$ 表示单位体积内这种载流子的数目，则单位时间内通过 $\mathrm{d}S$ 的电量，也就是通过 $\mathrm{d}S$ 的电流为

$$\mathrm{d}I=\frac{qnv\mathrm{d}t\cos\theta\mathrm{d}S}{\mathrm{d}t}=qnv\cos\theta\mathrm{d}S$$

令 $\mathrm{d}\boldsymbol{S}=\mathrm{d}S\cdot\boldsymbol{e}_{\mathrm{n}}$，此式可以写成

$$\mathrm{d}I=qn\boldsymbol{v}\cdot\mathrm{d}\boldsymbol{S}$$

引入矢量 $\boldsymbol{J}$，并定义

$$\boldsymbol{J}=qn\boldsymbol{v} \tag{11.2}$$

则上一式可以写成

$$\mathrm{d}I=\boldsymbol{J}\cdot\mathrm{d}\boldsymbol{S} \tag{11.3}$$

这样定义的 $\boldsymbol{J}$ 就叫小面积 $\mathrm{d}\boldsymbol{S}$ 处的**电流密度**。由此定义式可知，对于正载流子，电流密度的方向与载流子运动的方向相同；对负载流子，电流密度的方向与载流子的运动方向相反。

在式(11.3)中，如果 $\boldsymbol{J}$ 与 $\mathrm{d}\boldsymbol{S}$ 垂直，则 $\mathrm{d}I=J\mathrm{d}S$，或 $J=\mathrm{d}I/\mathrm{d}S$。这就是说，电流密度的大小等于通过垂直于载流子运动方向的单位面积的电流。

在国际单位制中电流密度的单位名称为安每平方米，符号为 $\mathrm{A/m^2}$。

实际的导体中可能有几种载流子。以 $n_i$，$q_i$ 和 $\boldsymbol{v}_i$ 分别表示第 $i$ 种载流子的数密度、电量和速度，以 $\boldsymbol{J}_i$ 表示这种载流子形成的电流密度，则通过 $\mathrm{d}\boldsymbol{S}$ 面的电流应为

$$\mathrm{d}I=\sum q_i n_i\boldsymbol{v}_i\cdot\mathrm{d}\boldsymbol{S}=\sum\boldsymbol{J}_i\cdot\mathrm{d}\boldsymbol{S}$$

以 $\boldsymbol{J}$ 表示总电流密度，它是各种载流子的电流密度的矢量和，即 $\boldsymbol{J}=\sum\boldsymbol{J}_i$，则上式可写成

$$\mathrm{d}I=\boldsymbol{J}\cdot\mathrm{d}\boldsymbol{S}$$

这一公式和只有一种载流子时的式(11.3)形式上一样。

金属中只有一种载流子，即自由电子，但各自由电子的速度不同。设电子的电量为 $e$，单位体积内以速度 $\boldsymbol{v}_i$ 运动的电子的数目为 $n_i$，则

$$\boldsymbol{J}=\sum\boldsymbol{J}_i=\sum n_i e\boldsymbol{v}_i=e\sum n_i\boldsymbol{v}_i$$

以 $\langle\boldsymbol{v}\rangle$ 表示平均速度，则由平均值的定义可得

$$\langle\boldsymbol{v}\rangle=\sum n_i\boldsymbol{v}_i\Big/\sum n_i=\sum n_i\boldsymbol{v}_i/n$$

式中 $n$ 为单位体积内的总电子数。利用平均速度，则金属中的电流密度可表示为

$$\boldsymbol{J}=ne\langle\boldsymbol{v}\rangle \tag{11.4}$$

在无外加电场的情况下，金属中的电子作无规则热运动，$\langle\boldsymbol{v}\rangle=0$，所以不产生电流。在外加电场中，金属中的电子将有一个平均定向速度 $\langle\boldsymbol{v}\rangle$，由此形成了电流。这一平均定向速度叫做**漂移速度**。

式(11.3)给出了通过一个小面积 $\mathrm{d}\boldsymbol{S}$ 的电流，对于电流区域内一个有限的面积 $S$（图11.2），通过它的电流应为通过它的各面元的电流的代数和，即

$$I=\int_S\mathrm{d}I=\int_S\boldsymbol{J}\cdot\mathrm{d}\boldsymbol{S} \tag{11.5}$$

由此可见，在电流场中，通过某一面积的电流就是通过该面积的电流密度的通量。它是一个代数量，不是矢量。

图 11.2 通过任一曲面的电流

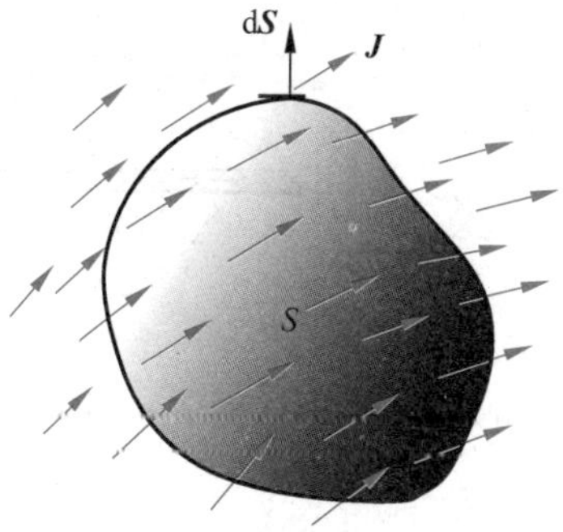


图 11.3 通过封闭曲面的电流

通过一个封闭曲面 $S$ 的电流(图 11.3)可以表示为

$$I=\oint_S \boldsymbol{J}\cdot\mathrm{d}\boldsymbol{S} \tag{11.6}$$

根据 $\boldsymbol{J}$ 的意义可知,这一公式实际上表示净流出封闭面的电流,也就是单位时间内从封闭面内向外流出的正电荷的电量。根据电荷守恒定律,通过封闭面流出的电量应等于封闭面内电荷 $q_{\mathrm{in}}$ 的减少。因此,式(11.6)应该等于 $q_{\mathrm{in}}$ 的减少率,即

$$\oint_S \boldsymbol{J}\cdot\mathrm{d}\boldsymbol{S}=-\frac{\mathrm{d}q_{\mathrm{in}}}{\mathrm{d}t} \tag{11.7}$$

这一关系式叫**电流的连续性方程**。

## 11.2 恒定电流与恒定电场

在大块导体中,电流密度可以各处不同,也还可能随时间变化。在本章我们只讨论恒定电流,**恒定电流**是指导体内各处的电流密度都不随时间变化的电流。

恒定电流有一个很重要的性质,就是通过任一封闭曲面的恒定电流为零,即

$$\oint_S \boldsymbol{J}\cdot\mathrm{d}\boldsymbol{S}=0 \quad (\text{恒定电流}) \tag{11.8}$$

如果不是这样,那么设流出某一封闭曲面的净电流大于零,即有正电荷从封闭面内流出,又由于电流不随时间改变,这一流出将永不休止。这意味着封闭面内有无穷多的正电荷或能不断产生正电荷(参考式(11.7))。根据电荷守恒定律,这都是不可能的。因此,对恒定电流来说,式(11.8)必定成立。

对于在一根导线中通过的恒定电流,利用式(11.8)可以得出,通过导线各个截面的电流都相等。这是因为对于包围任一段导线的封闭曲面(图 11.4(a))只有流进的电流 $I_1$ 和流出的电流 $I_2$ 相等,才能使通过此封闭曲面的电流为零。对流通着恒定电流的电路来说,由于通过电路各截面的电流必须相等,所以恒定电流的电路一定是闭合的,即形成闭合的回路。

对于恒定电流电路中几根导线相交的**节点**,即几个电流的汇合点(图 11.4(b))来说,取一包围该节点的封闭曲面,由式(11.8)可得

$$\sum I_i=0 \tag{11.9}$$

即流出节点的电流的代数和为零。由于流出节点的电流为正,流入为负,所以对于

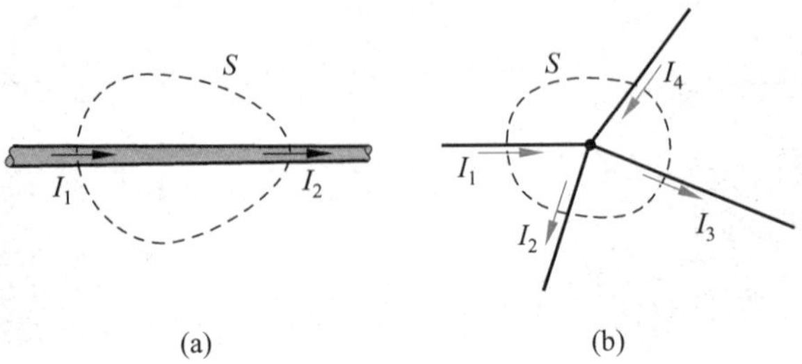


图 11.4 通过封闭曲面的恒定电流为零

图 11.4(b)中的节点,应该有

$$-I_1 + I_2 + I_3 - I_4 = 0$$

表示恒定电流电路中的电流规律的式(11.9)叫**节点电流方程**,也叫**基尔霍夫第一方程**。

当通过任意封闭曲面的电流等于零,即在任意一段时间内通过此封闭面流出和流入的电量相等时,根据电荷守恒定律,这一封闭曲面内的总电量应不随时间改变。在导体内各处都作一封闭曲面,如此分析,可以得到:在恒定电流的情况下,导体内电荷的分布不随时间改变。不随时间改变的电荷分布产生不随时间改变的电场,这种电场叫**恒定电场**。导体内恒定的不随时间改变的电荷分布就像固定的静止电荷分布一样,因此恒定电场与静电场有许多相似之处。例如,它们都服从高斯定律和场强环路积分为零的环路定理。就后一点来说,以 $\boldsymbol{E}$ 表示恒定电场的电场强度,则也应有

$$\oint_L \boldsymbol{E} \cdot \mathrm{d}\boldsymbol{r} = 0 \tag{11.10}$$

根据恒定电场的这一保守性,也可引进**电势**的概念。由于 $\boldsymbol{E} \cdot \mathrm{d}\boldsymbol{r}$ 是通过线元 $\mathrm{d}\boldsymbol{r}$ 发生的电势降落,所以上式也常说成是:在**恒定电流电路中,沿任何闭合回路一周的电势降落的代数和总等于零**。在分析解决直流电路的问题时,常根据这一规律列出一些方程,这些方程叫**回路电压方程**,也叫**基尔霍夫第二方程**。

尽管如此,恒定电场和静电场还是有重要区别的,其根本原因是产生恒定电场的电荷分布虽然不随时间改变,但这种分布总伴随着电荷的运动,而产生静电场的电荷则是始终固定不动的。因此即使在导体内部,恒定电场也不等于零。又因为电荷运动时恒定电场力是要做功的,因此恒定电场的存在总要伴随着能量的转换。但是静电场是由固定电荷产生的,所以维持静电场不需要能量的转换。

## 11.3 欧姆定律和电阻

对很多导体来说,例如对一般的金属或电解液,在恒定电流的情况下,一段导体两端的电势差(或电压)$U$ 与通过这段导体的电流 $I$ 之间服从**欧姆定律**,即

$$U = IR \tag{11.11}$$

式中 $R$ 叫导体的**电阻**。由于在导体中,电流总是沿着电势降低的方向,所以式(11.11)表示:**经过一个电阻沿电流的方向电势降低的数值等于电流与电阻的乘积**。在国际单位制中,电阻的单位名称是欧[姆],符号为 Ω。

导体的电阻与导体的长度 $l$ 成正比,与导体的横截面积(即垂直于电流方向的截面积)$S$

成反比,而且还和材料的性质有关。它们之间的关系可用公式表示为

$$R=\rho\frac{l}{S} \tag{11.12}$$

这一公式叫做**电阻定律**,式中 $\rho$ 是导体材料的**电阻率**。有时也用 $\rho$ 的倒数 $\sigma=1/\rho$ 代替 $\rho$ 写入上式,得

$$R=\frac{1}{\sigma S} \tag{11.13}$$

$\sigma$ 叫做导体材料的**电导率**。在国际单位制中电阻率的单位名称是欧[姆]米,符号是 Ω·m;电导率的单位名称是西[门子]每米,符号为 S/m①。

电阻率(或电导率)不但与材料的种类有关,而且还和温度有关。一般的金属在温度不太低时,$\rho$ 与温度 $t$(℃)有线性关系,即

$$\rho_t=\rho_0(1+\alpha t) \tag{11.14}$$

其中 $\rho_t$ 和 $\rho_0$ 分别是 $t$℃和 0℃时的电阻率,$\alpha$ 叫做电阻温度系数,随材料的不同而不同。例如铜的 $\alpha$ 值为 $4.3\times10^{-3}\ \mathrm{K}^{-1}$②,而锰铜合金(12%锰、84%铜、4%镍)的 $\alpha$ 值为 $1\times10^{-5}\ \mathrm{K}^{-1}$。这说明锰铜合金的电阻率随温度的变化特别小,用它制作的电阻受温度的影响就很小,因此,常用这种材料作标准电阻。

有些金属和化合物的温度在降到接近绝对零度时,它们的电阻率突然减小到零,这种现象叫**超导**。超导现象的研究在理论上有很重要的意义,在技术上超导也获得了很重要的应用。(参看“今日物理趣闻 H 超导电性”。)

一段截面积均匀的导体的电阻可以直接用式(11.12)进行计算。对于截面积不均匀的材料的电阻,需要根据实际情况进行积分运算。下面举个例子。

---

**例 11.1**

两个同轴金属圆筒长为 $a$,内外筒半径分别为 $R_1$ 和 $R_2$,两筒间充满电阻率 $\rho$ 相当大的均匀材料。当内外两筒之间加上电压后,电流沿径向由内筒流向外筒(图 11.5)。试计算内外筒之间的均匀材料的总电阻(这就是圆柱形电容器、同轴电缆的**漏电阻**)。

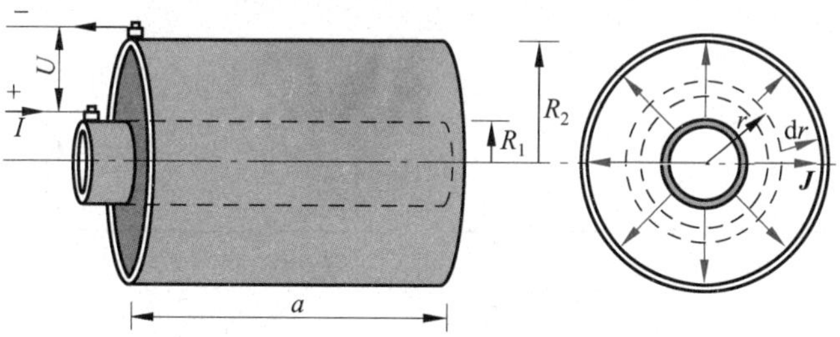


图 11.5 圆筒形材料总电阻的计算

**解** 由电流的方向可知,通过电流的“横截面”是与圆筒同轴的圆柱面,而“长度”是内外筒的间隔。由于截面积随长度而改变,所以不能直接应用式(11.12)。为了计算两筒间材料的总电阻,可以设想两筒

---

① 在国际单位制中,电阻的单位为欧[姆],符号为 Ω,电导的单位为西[门子],符号为 S。$1\ \mathrm{S}=1\ \Omega^{-1}$。

② 在计量温度变化时,1℃=1 K。

间材料由许许多多薄圆柱层所组成，以 $r$ 代表其中任一薄层的半径，其面积就是 $2\pi ra$，以 $\mathrm{d}r$ 表示此薄层的厚度，则这一薄层的电阻就是

$$\mathrm{d}R = \rho\frac{\mathrm{d}r}{2\pi ra}$$

由于各个薄层都是串联的，所以总电阻应是各薄层电阻之和，亦即上式的积分。由此得总电阻为

$$R = \int \mathrm{d}R = \int_{R_1}^{R_2}\rho\frac{\mathrm{d}r}{2\pi ra} = \frac{\rho}{2\pi a}\ln\frac{R_2}{R_1}$$

---

欧姆定律式(11.11)给出了电压和电流的关系，这是电场在一段导体内引起的总效果的表示。由于电场强度和电压有一定的关系，所以还可以根据式(11.11)导出电场和电流的关系，如图 11.6 所示。以 $\Delta l$ 和 $\Delta S$ 分别表示一段导体的长度和截面积，它的电阻率为 $\rho$，其中有电流 $I$ 沿它的长度方向流动。由于电压 $U=\varphi_1-\varphi_2=E\Delta l$，电流 $I=J\Delta S$，而电阻 $R=\rho\Delta l/\Delta S$，将这些量代入欧姆定律式(11.11)就可以得到

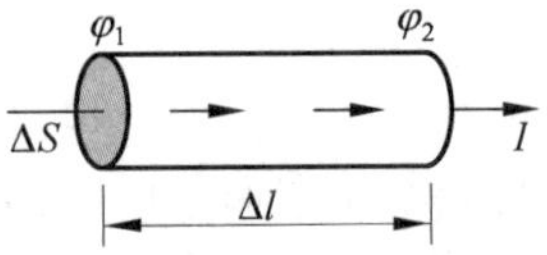


图 11.6 推导欧姆定律用图

$$J = E/\rho = \sigma E$$

实际上，在金属或电解液内，电流密度 $\boldsymbol{J}$ 的方向与电场强度 $\boldsymbol{E}$ 的方向相同。因此又可写成

$$\boldsymbol{J} = \sigma\boldsymbol{E} \tag{11.15}$$

这一和欧姆定律等效的关系式表示了导体中各处的电流密度与该处的电场强度的关系，可以叫做**欧姆定律的微分形式**。

还应该再强调的是，只是对于一般的金属或电解液，欧姆定律在相当大的电压范围内是成立的，即电流和电压成正比。对于许多导体(如电离了的气体)或半导体，欧姆定律并不成立。气体中的电流一般与电压不成正比，它的电流电压曲线(叫**伏安特性曲线**)如图 11.7(a)所示。半导体(如二极管)中的电流不但与电压不成正比，而且电流方向改变时，它和电压的关系也不同，它的伏安特性曲线如图 11.7(b)所示。

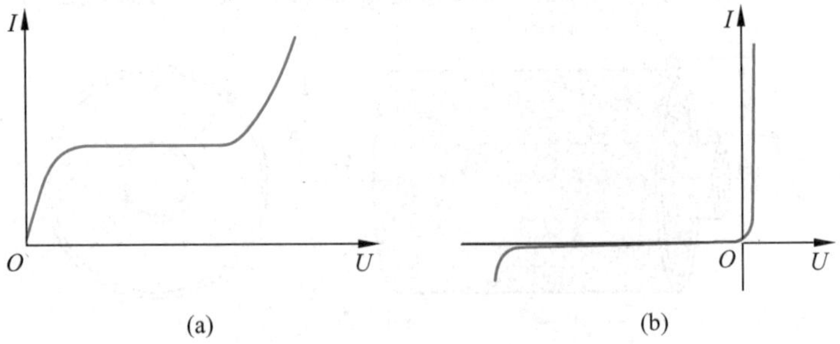


图 11.7 伏安特性曲线

(a) 气体的；(b) 半导体二极管的

很多材料的这种**非欧姆导电特性**是有很大的实际意义的。例如，如果没有半导体材料的非欧姆特性，作为现代技术标志之一的电子技术，包括电子计算机技术，就是不可能的了。

## 11.4 电动势

一般来讲，当把两个电势不等的导体用导线连接起来时，在导线中就会有电流产生，电容器的放电过程就是这样(图 11.8)。但是在这一过程中，随着电流的继续，两极板上的电荷逐渐减少。这种随时间减少的电荷分布不能产生恒定电场，因而也就不能形成恒定电流。实际上电容器的放电电流是一个很快地减小的电流。要产生恒定电流就必须设法使流到负极板上的电荷重新回到正极板上去，这样就可以保持恒定的电荷分布，从而产生一个恒定电场。但是由于在两极板间的静电场方向是由电势高的正极板指向电势低的负极板的，所以要使正电荷从负极板回到正极板，靠静电力 $\boldsymbol{F}_e$ 是办不到的，只能靠其他类型的力，这力使正电荷逆着静电场的方向运动(图 11.9)。这种其他类型的力统称为**非静电力** $\boldsymbol{F}_{ne}$。由于它的作用，在电流继续的情况下，仍能在正负极板上产生恒定的电荷分布，从而产生恒定的电场，这样就得到了恒定电流。

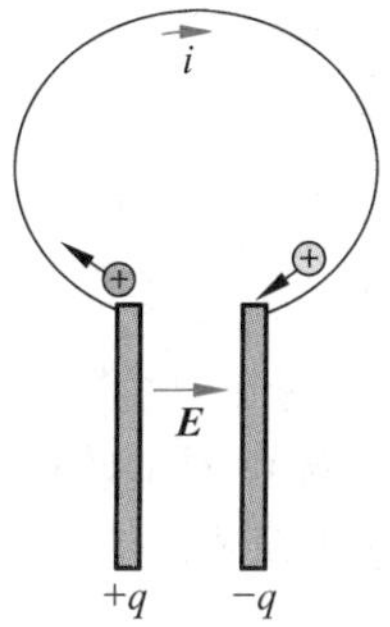

图 11.8 电容器放电时产生的电流

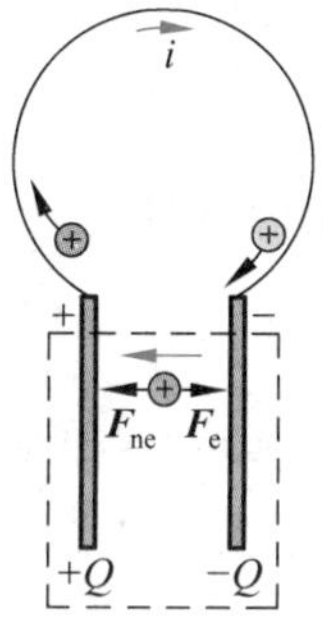

图 11.9 非静电力 $\boldsymbol{F}_{ne}$ 反抗静电力 $\boldsymbol{F}_e$ 移动电荷

提供非静电力的装置叫**电源**，如图 11.9 所示。电源有正负两个极，正极的电势高于负极的电势，用导线将正负两个极相连时，就形成了闭合回路。在这一回路中，电源外的部分(叫外电路)，在恒定电场作用下，电流由正极流向负极。在电源内部(叫内电路)，非静电力的作用使电流逆着恒定电场的方向由负极流向正极。

电源的类型很多，不同类型的电源中，非静电力的本质不同。例如，化学电池中的非静电力是一种化学作用，发电机中的非静电力是一种电磁作用。本书将在第 15 章讨论这种电磁作用的本质，本节只一般地说明非静电力的作用。

从能量的观点来看，非静电力反抗恒定电场移动电荷时，是要做功的。在这一过程中电荷的电势能增大了，这是其他种形式的能量转化来的。例如在化学电池中，是化学能转化成电能，在发电机中是机械能转化为电能。

在不同的电源内，由于非静电力的不同，使相同的电荷由负极移到正极时，非静电力做的功是不同的。这说明不同的电源转化能量的本领是不同的。为了定量地描述电源转化能量本领的大小，我们引入电动势的概念。在电源内，单位正电荷从负极移向正极的过程中，非静电力做的功，叫做**电源的电动势**。如果用 $A_{ne}$ 表示在电源内电量为 $q$ 的正电荷从负极移到正极时非静电力做的功，则电源的电动势 $\mathscr{E}$ 为

$$\mathscr{E}=\frac{A_{\mathrm{ne}}}{q} \tag{11.16}$$

从量纲分析可知，电动势的量纲和电势差的量纲相同。在国际单位制中它的单位也是V。应当特别注意，虽然电动势和电势的量纲相同而且又都是标量，但它们是两个完全不同的物理量。电动势总是和非静电力的功联系在一起的，而电势是和静电力的功联系在一起的。电动势完全取决于电源本身的性质（如化学电池只取决于其中化学物质的种类）而与外电路无关，但电路中的电势的分布则和外电路的情况有关。

从能量的观点来看，式(11.16)定义的电动势也等于单位正电荷从负极移到正极时由于非静电力作用所增加的电势能，或者说，就等于从负极到正极非静电力所引起的电势升高。我们通常把电源内从负极到正极的方向，也就是电势升高的方向，叫做**电动势的"方向"**，虽然电动势并不是矢量。

用场的概念，可以把各种非静电力的作用看作是等效的各种**"非静电场"**的作用。以 $\boldsymbol{E}_{\mathrm{ne}}$ 表示非静电场的强度，则它对电荷 $q$ 的非静电力就是 $\boldsymbol{F}_{\mathrm{ne}}=q\boldsymbol{E}_{\mathrm{ne}}$，在电源内，电荷 $q$ 由负极移到正极时非静电力做的功为

$$A_{\mathrm{ne}}=\int_{\substack{(-)\\(\text{电源内})}}^{(+)} q\boldsymbol{E}_{\mathrm{ne}}\cdot \mathrm{d}\boldsymbol{r}$$

将此式代入式(11.16)可得

$$\mathscr{E}=\int_{\substack{(-)\\(\text{电源内})}}^{(+)} \boldsymbol{E}_{\mathrm{ne}}\cdot \mathrm{d}\boldsymbol{r} \tag{11.17}$$

此式表示非静电力集中在一段电路内（如电池内）作用时，用场的观点表示的电动势。在有些情况下非静电力存在于整个电流回路中，这时整个回路中的总电动势应为

$$\mathscr{E}=\oint_L \boldsymbol{E}_{\mathrm{ne}}\cdot \mathrm{d}\boldsymbol{r} \tag{11.18}$$

式中线积分遍及整个回路 $L$。

## 11.5　有电动势的电路

回路中有电动势时，电流如何确定呢？下面来说明这一问题。

在导体内有非静电力和静电力同时存在的情况下，恒定电流的电流密度 $\boldsymbol{J}$ 应由非静电场 $\boldsymbol{E}_{\mathrm{ne}}$ 和恒定电场 $\boldsymbol{E}$ 共同决定。这时欧姆定律的微分形式应写成

$$\boldsymbol{J}=\frac{1}{\rho}(\boldsymbol{E}+\boldsymbol{E}_{\mathrm{ne}})=\sigma(\boldsymbol{E}+\boldsymbol{E}_{\mathrm{ne}}) \tag{11.19}$$

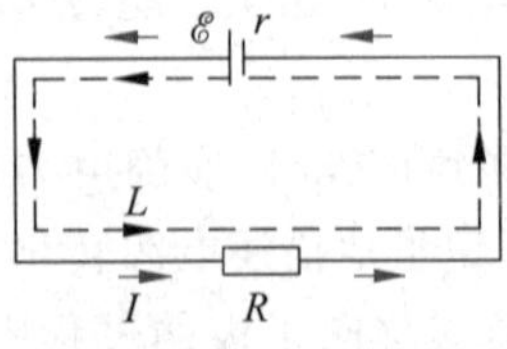

图 11.10　简单电路

现在我们考虑一个由负载电阻 $R$ 接到电源两极上而构成的简单闭合回路 $L$（图 11.10）。由恒定电场的保守性，对此回路沿电流方向取电场强度 $\boldsymbol{E}$ 的线积分就有

$$\oint_L \boldsymbol{E}\cdot \mathrm{d}\boldsymbol{r}=0$$

由式(11.19)求出 $\boldsymbol{E}$，代入此式，并以 $\mathrm{d}\boldsymbol{l}=\mathrm{d}\boldsymbol{r}$ 表示电路中一段有向长度元，可得

$$-\oint_L \boldsymbol{E}_{\mathrm{ne}} \cdot \mathrm{d}\boldsymbol{l} + \oint_L \frac{\boldsymbol{J} \cdot \mathrm{d}\boldsymbol{l}}{\sigma} = 0 \tag{11.20}$$

由于 $\mathrm{d}\boldsymbol{l}$ 的方向与导线中 $\boldsymbol{J}$ 的方向相同，因此

$$\oint_L \frac{\boldsymbol{J} \cdot \mathrm{d}\boldsymbol{l}}{\sigma} = \oint_L \frac{J\,\mathrm{d}l}{\sigma} = \oint_L \frac{JS\,\mathrm{d}l}{\sigma S}$$

其中 $JS=I$ 为回路中的电流。由于各处电流相等，所以有

$$\oint_L \frac{I}{\sigma S}\mathrm{d}l = I\oint_L \frac{\mathrm{d}l}{\sigma S}$$

由于$\frac{\mathrm{d}l}{\sigma S}$为回路中长度元 $\mathrm{d}l$ 的电阻，所以此等式右侧的积分为整个回路的总电阻 $R_L$，包括电源内的电阻（内阻）$r$ 和电源外的电阻 $R$。因此

$$I\oint_L \frac{\mathrm{d}l}{\sigma S} = IR_L = I(r+R) \tag{11.21}$$

由于式(11.20)中的第一项为整个闭合电路的电动势的负值，即"$-\mathscr{E}$"，所以式(11.20)可写作

$$-\mathscr{E} + I(r+R) = 0 \tag{11.22}$$

或

$$I = \frac{\mathscr{E}}{R+r} \tag{11.23}$$

这就是大家熟悉的**全电路欧姆定律公式**，它适用于电路只有一个回路的情况。

对于有多个回路的复杂电路，我们可以一个一个回路分析。如图 11.11 所示，一个回路中可以有几个电源，而且各部分电流可以不相同。对于这一回路 $L$ 如果仍像上面那样利用式(11.19)和恒定电场的保守性，就可以得出式(11.22)的更为普遍的形式：

$$\sum(\mp \mathscr{E}_i) + \sum(\pm I_i R_i) = 0 \tag{11.24}$$

此式中每一项前面的正负号按照下述规则选取：电动势的方向和回路 $L$ 的方向相同的 $\mathscr{E}$ 取负号，相反的取正号；电流方向与回路 $L$ 方向相同的 $I$ 取正号，相反的取负号。式(11.24)就是应用于任意回路的基尔霍夫第二方程式的普遍形式。

下面我们举一个稍微复杂的电路的例子。

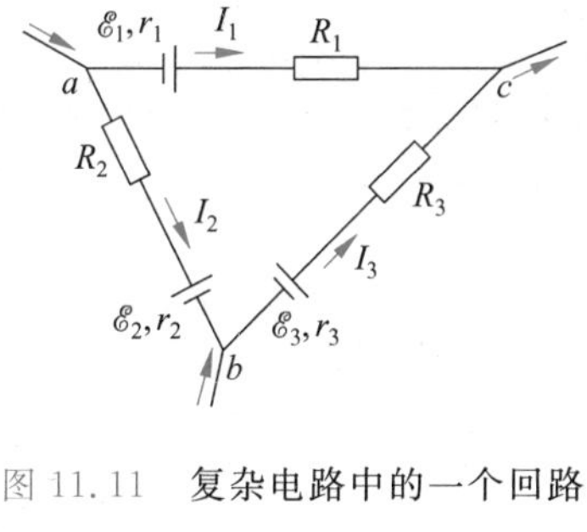


图 11.11 复杂电路中的一个回路

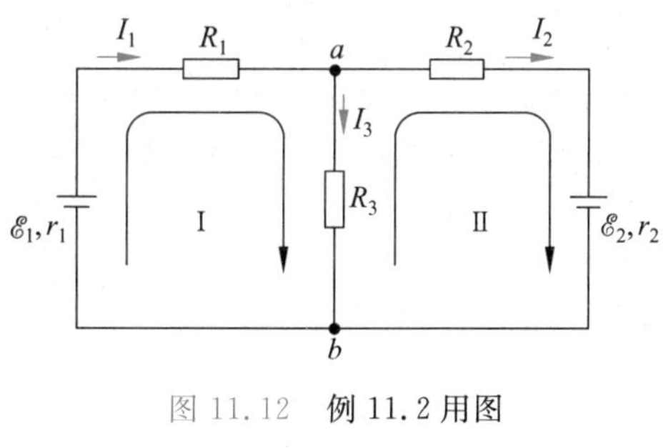


图 11.12 例 11.2 用图

**例 11.2**

如图 11.12 所示的电路，$\mathscr{E}_1=12\ \mathrm{V}$，$r_1=1\ \Omega$，$\mathscr{E}_2=8\ \mathrm{V}$，$r_2=0.5\ \Omega$，$R_1=3\ \Omega$，$R_2=1.5\ \Omega$，$R_3=4\ \Omega$。试求通过每个电阻的电流。

**解** 设通过各个电阻的电流 $I_1$，$I_2$，$I_3$ 如图。对节点 $a$ 列出式(11.9)那样的基尔霍夫第一方程

$$-I_1+I_2+I_3=0$$

如果对节点 $b$ 也列电流方程，将得到与此式相同的结果，并不能得到另一个独立的方程。

对回路Ⅰ列式(11.24)那样的基尔霍夫第二方程，则可得

$$-\mathscr{E}_1+I_1r_1+I_1R_1+I_3R_3=0$$

对回路Ⅱ，可以得

$$\mathscr{E}_2+I_2r_2+I_2R_2-I_3R_3=0$$

如果对整个外面的大回路列基尔霍夫第二方程，就会发现那将是上面两个方程的叠加，也不是一个独立的方程，所以不能用。

将已知数据代入这两个回路方程并与上面的电流方程联立求解就可得

$$I_1=1.25\ \text{A},\quad I_2=-0.5\ \text{A},\quad I_3=1.75\ \text{A}$$

此结果中 $I_1$，$I_3$ 为正值，说明实际电流方向与图中所设相同。$I_2$ 为负值，说明它的实际方向与图中所设方向相反。

---

**例 11.3**

电势差计(又叫电位差计或电位计)是用来测量电动势的仪器，它的电路图如图 11.13 所示。$\mathscr{E}_0$ 是一个电动势比较稳定的电源，$AB$ 是一根均匀的电阻丝，$\mathscr{E}_s$ 是标准电池，其电动势是已知标准值，$\mathscr{E}_x$ 是待测电动势。工作时在合上电键 K 后将电键 $K_1$ 和 $K_2$ 合到 $\mathscr{E}_s$ 一侧，然后在保持滑动接头在确定位置 $D$ 的情况下，调整电阻 $R$ 使电流计 G 中无电流。这时对节点 $a$，由基尔霍夫第一方程可知电流 $I$ 全部流过 $AB$ 电阻丝。对回路 $\mathscr{E}_0aDB\mathscr{E}_0$，基尔霍夫第二方程为

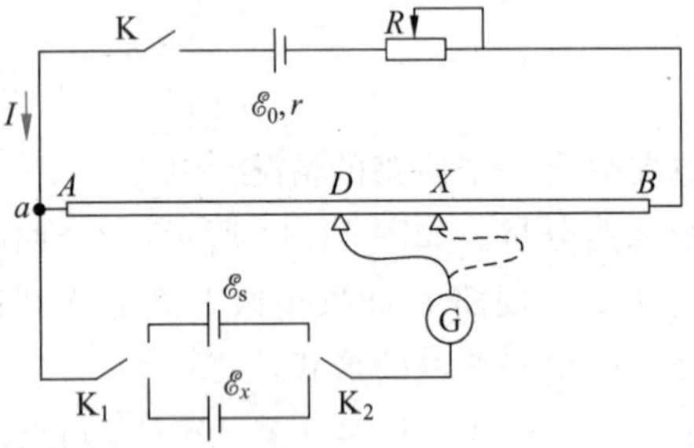


图 11.13 电势差计电路

$$-\mathscr{E}_0+IR_{AB}+IR+Ir=0$$

由此得

$$I=\frac{\mathscr{E}_0}{R_{AB}+R+r}$$

对回路 $\mathscr{E}_sGDa\mathscr{E}_s$，基尔霍夫第二方程为

$$\mathscr{E}_s-IR_{AD}=0$$

由此得

$$\mathscr{E}_s=IR_{AD}=\frac{\mathscr{E}_0R_{AD}}{R_{AB}+R+r}$$

此后再保持 $R$ 不变，将电键 $K_1$ 和 $K_2$ 合向待测电动势 $\mathscr{E}_x$ 一侧，这时移动滑动接头的位置直到电流计中也没有电流为止。以 $X$ 表示这时滑动接头的位置，仿照上面的分析可得

$$\mathscr{E}_x=\frac{\mathscr{E}_0R_{AX}}{R_{AB}+R+r}$$

将此式与 $\mathscr{E}_s$ 相比，可得

$$\mathscr{E}_x=\frac{R_{AX}}{R_{AD}}\mathscr{E}_s$$

由于 $AB$ 是均匀电阻丝，其中一段的电阻应和该段长度 $l$ 成正比，所以又可得

$$\mathscr{E}_x=\frac{l_{AX}}{l_{AD}}\mathscr{E}_s$$

实际的仪器中电阻丝 $AB$ 都已按 $\mathscr{E}_s$ 与 $l_{AD}$ 的比值作了正比刻度，所以由 $X$ 的位置就可直接读出 $\mathscr{E}_x$ 的数据。

---

## *11.6 电容器的充电与放电

将电容 $C$、电阻 $R$ 和电动势为 $\mathscr{E}$ 的电源以及刀键 K 连成如图 11.14 所示的电路。当 K 与 a 端接触时电容器充电，其电量从零开始增大。充电完毕后，将 K 倒向和 $b$ 接触，电容器又通过电阻 $R$ 放电，其电量又逐渐减小。这种过程中电量以及电流的变化也可以应用基尔霍夫方程加以分析。

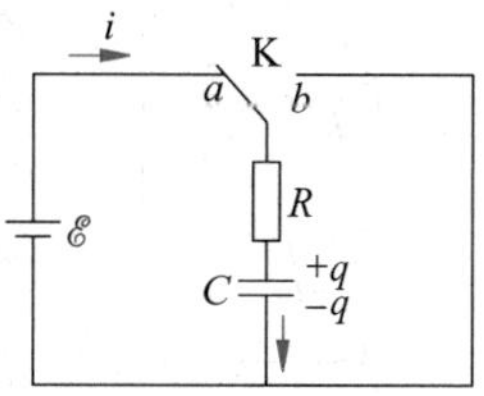


图 11.14 电容器的充电

先分析充电的情形。设在充电的某一时刻电流为 $i$，电容器上的电量为 $q$，两板之间的电压为 $u$；则在此时刻，整个回路以电流方向为正方向的基尔霍夫第二方程为

$$-\mathscr{E}+iR+u=0 \tag{11.25}$$

在充电过程中电容器上电量的增加是电流输入电荷的结果，而且在单位时间内电量的增量就等于电流，即

$$i=\frac{\mathrm{d}q}{\mathrm{d}t}$$

电容器上电压 $u$ 与电量 $q$ 的关系为

$$u=\frac{q}{C}$$

将这两关系式代入式(11.25)，可得

$$R\frac{\mathrm{d}q}{\mathrm{d}t}+\frac{q}{C}=\mathscr{E}$$

这是一个微分方程。结合起始条件 $t=0$ 时，$q=0$，可解得

$$q=C\mathscr{E}(1-\mathrm{e}^{-\frac{t}{RC}}) \tag{11.26}$$

并可由此得

$$i=\frac{\mathrm{d}q}{\mathrm{d}t}=\frac{\mathscr{E}}{R}\mathrm{e}^{-\frac{t}{RC}} \tag{11.27}$$

电量和电流随时间变化的曲线分别如图 11.15(a)和(b)所示。

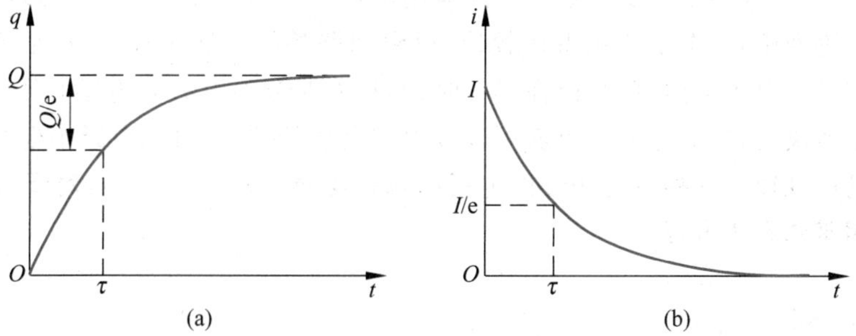


图 11.15 电容器充电曲线

由式(11.26)和式(11.27)可知，电量和电流均按指数规律变化，电量由零增大到最大值 $Q=C\mathscr{E}$，而电流由最大值 $\mathscr{E}/R$ 减小到零。变化的快慢由乘积 $RC$ 决定，这一乘积叫电路的**时间常量**。以 $\tau$ 表示时间常量，就有 $\tau=RC$。$\tau$ 的意义表示当经过时间 $\tau$ 时，电量将增大到与

最大值的差值为最大值的 1/e 倍(约 37%)，而电流减小到它的最大值的 1/e 倍。$\tau$ 越大，电量增大得越慢，电流也减小得越慢。对于实际的电路例如 $R=10^3\,\Omega$，$C=1\,\mu\text{F}$，则 $\tau=10^{-3}$ s。

从式(11.26)和式(11.27)来看，只有当 $t\to\infty$ 时，电量才能达到最大值而电流才减小到零。但是实际上，当 $t=10\tau$ 时，由于 $e^{-10}\approx 1/(2\times10^4)$，电量已增大到离最大值不到它的二万分之一，而电流已降到了初值的二万分之一以下。实际上就可以认为是充电完毕了。对于上述 $\tau=10^{-3}$ s 的电路来说，$10\tau$ 也不过是 $10^{-2}$ s。

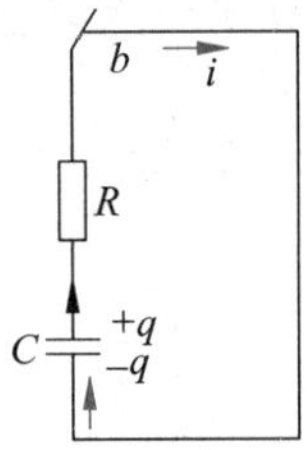

图 11.16　电容器的放电过程

图 11.14 中电容充电至带电量为 $Q$ 后，如果将 K 倒向 $b$ 边，则电容器开始放电。如图 11.16 所示，仍以电流方向为回路的正方向，在电容的电量为 $q$ 而电流为 $i$ 时的基尔霍夫第二方程为

$$iR-u=0 \tag{11.28}$$

此时的电流 $i$ 应等于电容器的电量的减少率，即

$$i=-\frac{\mathrm{d}q}{\mathrm{d}t}$$

而

$$u=\frac{q}{C}$$

代入式(11.28)则有

$$R\frac{\mathrm{d}q}{\mathrm{d}t}+\frac{q}{C}=0$$

结合起始条件 $t=0$ 时，$q=Q$，可解得

$$q=Q\mathrm{e}^{-\frac{t}{RC}} \tag{11.29}$$

并可进一步得出

$$i=\frac{Q}{RC}\mathrm{e}^{-\frac{t}{RC}} \tag{11.30}$$

这个结果说明在电容器放电时，电量和电流都按指数规律随时间减小，时间常量也是 $\tau=RC$。

应该指出，在电容器的充电和放电过程中，电容器的电量和电流都是随时间改变的，并不是恒定电流，电场也不是恒定电场。因此应用基尔霍夫第二方程似乎不合理。是这样的！但是根据相对论理论，当电量变化得比较慢，以致回路的线度比距离 $c\tau$($c$ 为光在真空中的速率)小得很多时，电场虽然变化，但在任一时刻，在回路范围内的电场都十分近似地由该时刻的电荷分布所决定，因而这电场也就可以按恒定电场处理，该时刻电路中电势的分布也就服从恒定电场的规律。这种变化缓慢的电场叫**似稳电场**(或准稳电场)，**对于似稳电场实际上也可以应用基尔霍夫方程**。

## 11.7　电流的一种经典微观图像

在 11.3 节中曾对于金属或电解液等导体，得出电流密度 $\boldsymbol{J}$ 和电场强度 $\boldsymbol{E}$ 有式(11.15)所表示的关系：

$$\boldsymbol{J}=\sigma\boldsymbol{E}$$

我们知道，电流密度决定于载流子运动的速度，但电场 $\boldsymbol{E}$ 对载流子的作用力决定载流子的加速度。二者为什么会有正比的关系呢？这一点可以用微观理论加以说明。最符合实际的微观理论是量子统计理论。限于本课程的要求，下面用经典理论给出一个近似的然而是形象化的解释。

以金属中自由电子的导电为例，在金属中的自由电子在正离子组成的晶格中间作无规则运动(图 11.17)，在运动中还不断地和正离子作无规则的碰撞。在没有外电场作用时，电子这种无规则运动使得它的平均速度为零，所以没有电流。在外电场 $\boldsymbol{E}$ 加上后，每个电子(电荷为 $e$)都要受到同一方向的力 $e\boldsymbol{E}$ 的作用，因而在无规则运动的基础上将叠加一个定向运动。由于电子还要不断地和正离子碰撞，所以电子的定向运动并不是持续不断地加速运动。以 $\boldsymbol{v}_{0i}$ 表示第 $i$ 个电子刚经过一次碰撞后的初速度，在此次碰撞后自由飞行一段时间 $t_i$ 时的速度应为

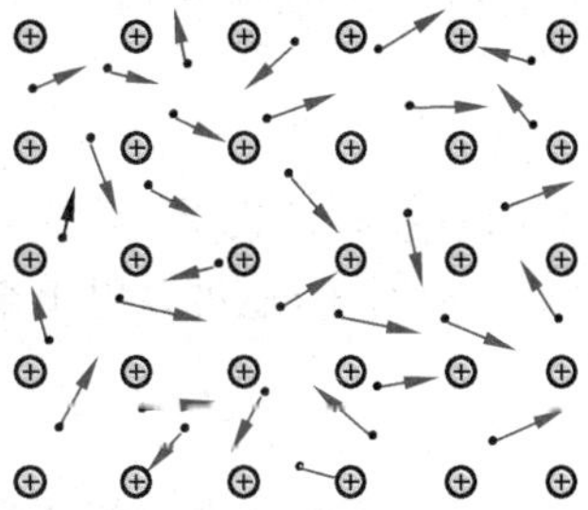

图 11.17 金属中自由电子无规则运动示意图

$$\boldsymbol{v}_i = \boldsymbol{v}_{0i} + \frac{e\boldsymbol{E}}{m}t_i$$

式中 $m$ 是电子的质量。在经过下一次碰撞时，电子的速度又复归于混乱。为了简单起见，我们作一个关于碰撞的统计性假定，即每经过一次碰撞，电子的运动又复归于完全无规则，或者形象化地说，经过一次碰撞，电子完全"忘记"了它在碰撞前的运动情况。这就是说，$\boldsymbol{v}_{0i}$ 是完全无规则的，就好像前次没有被电场加速过一样。从每次碰撞完毕开始，电子都在电场作用下重新开始加速。因此，电子的定向运动是一段一段的加速运动的接替，而各段加速运动都是从速度为零开始。

为了求出某一时刻 $t$ 的电流密度，我们利用电流密度公式。以 $n$ 表示单位体积内的自由电子总数，以 $e$ 代表电子的电量，则

$$\boldsymbol{J} = \sum_{i=1}^{n} e\boldsymbol{v}_i$$

式中 $\boldsymbol{v}_i$ 为 $t$ 时刻单位体积内第 $i$ 个电子的速度。将上述 $\boldsymbol{v}_i$ 的关系式代入，得

$$\boldsymbol{J} = e\sum_{i=1}^{n} \boldsymbol{v}_{0i} + \frac{e^2\boldsymbol{E}}{m}\sum_{i=1}^{n} t_i \tag{11.31}$$

由于电子在碰撞后的初速度完全无规则性，上式中等号右侧第一项为零，第二项的 $\sum\limits_{i=1}^{n} t_i$ 为所有电子从它们各自的上一次碰撞到时刻 $t$ 所经历的自由飞行时间的总和。这一时间可以用一个平均值表示出来，此平均值写作

$$\tau = \frac{\sum\limits_{i=1}^{n} t_i}{n} \tag{11.32}$$

这个平均值是自由电子从上一次碰撞到时刻 $t$ 的自由飞行时间的平均值，它也等于从时刻 $t$ 到各电子遇到下一次碰撞的自由飞行时间的平均值。又因为自由飞行时间是完全无规则的，即下一次自由飞行时间的长短和上一次飞行时间完全无关，所以这一平均值也是电子在任意相邻的两次碰撞之间的自由飞行时间的平均值。我们可以称为电子的**平均自由飞行时间**。在电场比较弱，电子获得的定向速度和热运动速度相比为甚小的情况下(实际情况正是

这样)，这一平均自由飞行时间由热运动决定而与电场强度 $\boldsymbol{E}$ 无关。

将式(11.32)代入式(11.31)可得

$$\boldsymbol{J}=\frac{ne^2\tau}{m}\boldsymbol{E} \tag{11.33}$$

由于 $\boldsymbol{E}$ 的系数和 $\boldsymbol{E}$ 无关，所以得到电流密度 $\boldsymbol{J}$ 与 $\boldsymbol{E}$ 成正比，这就是式(11.15)表示的关系。和式(11.15)对比，还可以得出金属的电导率为

$$\sigma=\frac{ne^2\tau}{m} \tag{11.34}$$

这一结果在一定的范围内和实验近似地符合。

利用上述的自由电子导电图像还可以说明电流通过金属导体时发热的物理过程和规律——**焦耳定律**。当电流在金属内形成时，自由电子与正离子不断相碰，由于这种碰撞，自由电子在自由飞行时间内受电场力作用而增加的动能都传给了正离子，使正离子的无规则振动能量增大，这在宏观上就表现为导体的温度升高，即发热。这个过程实际上是电场能量转换为导体内能的过程，所转换的能量叫**焦耳热**。下面推导这种能量转换的功率。

以 $\boldsymbol{E}$ 表示金属中的电场。在这电场力作用下一个电子从某一次碰撞到下一次碰撞经过自由飞行时间 $t$ 获得的定向速率为

$$v=at=\frac{eE}{m}t$$

相应的动能为

$$\frac{1}{2}mv^2=\frac{e^2E^2}{2m}t^2$$

由于经过一次碰撞后这一定向运动完全结束，所以相应的能量也就变成了离子的无规则振动能量。对大量电子来说，上述能量的平均值为

$$\overline{\frac{1}{2}mv^2}=\frac{e^2E^2}{2m}\overline{t^2}$$

根据统计理论，平均值 $\overline{t^2}$ 与电子的平均自由飞行时间 $\tau$ 的关系为

$$\overline{t^2}=2\tau^2$$

于是有

$$\overline{\frac{1}{2}mv^2}=\frac{e^2E^2}{m}\tau^2$$

由于平均来讲，一秒钟内一个自由电子经历 $1/\tau$ 次碰撞，而且金属导体单位体积内有 $n$ 个自由电子，所以单位时间内在导体单位体积内电能转换成的内能，即产生的焦耳热为

$$p=n\frac{1}{\tau}\overline{\frac{1}{2}mv^2}=\frac{ne^2\tau}{m}E^2$$

利用上面式(11.34)可得

$$p=\sigma E^2 \tag{11.35}$$

此式中的 $p$ 叫电流的**热功率密度**，而这一公式叫**焦耳定律的微分形式**。

对于一根长 $l$，横截面为 $S$ 的导体来说，当电流 $I$ 流过它时，整个导体发热的功率为

$$P=plS=\sigma E^2lS=\frac{(\sigma E)^2lS}{\sigma}=\frac{(JS)^2l}{\sigma S}$$

由于 $JS=I$ 为通过导体的电流，$l/\sigma S$ 为导体的电阻，所以上式又可写成

$$P = I^2R \tag{11.36}$$

这就是导体的焦耳热功率公式，它表示焦耳热与导体的电阻有直接的联系。由于此式中的电流以平方的形式出现，所以焦耳热与电流的方向无关。

## 提要

**1. 电流密度：** $\boldsymbol{J}=nq\boldsymbol{v}$

**电流：** $I=\int_S \boldsymbol{J}\cdot \mathrm{d}\boldsymbol{S}$

**电流的连续性方程：** $\oint_S \boldsymbol{J}\cdot \mathrm{d}\boldsymbol{S}=-\dfrac{\mathrm{d}q_{\mathrm{in}}}{\mathrm{d}t}$

**2. 恒定电流：** $\oint_S \boldsymbol{J}\cdot \mathrm{d}\boldsymbol{S}=0$

**节点电流方程(基尔霍夫第一方程)：** $\sum I_i=0$

**恒定电场：** 稳定电荷分布产生的电场

$$\oint_L \boldsymbol{E}\cdot \mathrm{d}\boldsymbol{r}=0$$

**3. 欧姆定律：** $U=IR$

$\boldsymbol{J}=\sigma\boldsymbol{E}$（微分形式）

**电阻：** $R=\rho\dfrac{l}{S}$

**4. 电动势：** 非静电力反抗静电力移动电荷做功，把其他种形式的能量转换为电势能，产生电势升高。

$$\mathscr{E}=\frac{A_{\mathrm{ne}}}{q}=\oint_L \boldsymbol{E}_{\mathrm{ne}}\cdot \mathrm{d}\boldsymbol{r}$$

**回路电压方程(基尔霍夫第二方程)：**

$$\sum(\mp\mathscr{E}_i)+\sum(\pm I_iR_i)=0$$

***5. 电容器的充放电**

充电：$q=C\mathscr{E}(1-\mathrm{e}^{-\frac{t}{RC}})$，$i=\dfrac{\mathscr{E}}{R}\mathrm{e}^{-\frac{t}{RC}}$

放电：$q=Q\mathrm{e}^{-\frac{t}{RC}}$，$i=\dfrac{Q}{RC}\mathrm{e}^{-\frac{t}{RC}}$

**时间常数：** $\tau=RC$

**似稳电场：** $l\ll c\tau$

**6. 金属中电流的经典微观图像：** 自由电子的定向运动是一段一段加速运动的接替，各段加速运动都是从定向速度为零开始。

$$\sigma=\frac{ne^2}{m}\tau\ (\tau\ 为电子自由飞行时间)$$

**7. 焦耳定律：** $p=\sigma E^2$，$P=I^2R$

## 思考题

11.1 当导体中没有电场时，其中能否有电流？当导体中无电流时，其中能否存在电场？

11.2 证明：用给定物质做成的一定长度的导线，它的电阻和它的质量成反比。

11.3 半导体和绝缘体的电阻随温度增加而减小，你能给出大概的解释吗？

11.4 试解释基尔霍夫第二方程与电路中的能量守恒等价。

11.5 电动势与电势差有什么区别？

11.6 试想出一个用 $RC$ 电路测量高电阻的方法。

11.7 你能很快估计出图 11.18 所示的电路中 $A$，$B$ 之间的电阻值吗？

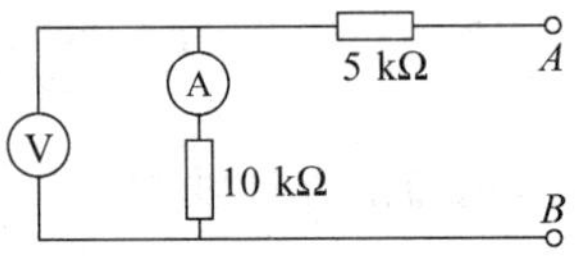

图 11.18 思考题 11.7 用图

11.8 大约 0.02 A 的电流从手到脚流过时就会引起胸肌收缩从而使人窒息而死。人体从手到脚的电阻约为 10 kΩ，试分析人应避免手触多大电压的线路（注意：有时甚至十几伏的电压也会导致神经系统严重损伤而丧命）？

11.9 范德格拉夫静电加速器工作时，上部金属球带电后，由于周围空气的微弱导电性，会在空气中产生由球到地的微弱电流，从而与传送带上的电荷运动一起形成了一个闭合恒定电流回路。在这个回路中，电动势在何处？在有的演示用的范德格拉夫静电加速器内，是用手转动皮带轮使导体球带电的。这里产生电动势的非静电力是什么力？是什么能量转化成了电能？

11.10 一长直导线电阻率为 $\rho$。在面积为 $A$ 的截面上均匀通有电流 $I$ 而没有电荷集聚时，导线外紧临表面处的电场强度的大小和方向各如何？

## 习题

11.1 北京正负电子对撞机的储存环是周长为 240 m 的近似圆形轨道。当环中电子流强度为 8 mA 时，在整个环中有多少电子在运行？已知电子的速率接近光速。

11.2 在范德格拉夫静电加速器中，一宽为 30 cm 的橡皮带以 20 cm/s 的速度运行，在下边的滚轴处给橡皮带带上表面电荷，橡皮带的面电荷密度足以在带子的每一侧产生 $1.2\times10^6$ V/m 的电场，求电流是多少毫安？

11.3 设想在银这样的金属中，导电电子数等于原子数。当 1 mm 直径的银线中通过 30 A 的电流时，电子的漂移速度是多大？给出近似答案，计算中所需要的那些你一时还找不到的数据，可自己估计数量级并代入计算。若银线温度是 20℃，按经典电子气模型，其中自由电子的平均速率是多大？

11.4 一铜棒的横截面积为 20 mm×80 mm，长为 2 m，两端的电势差为 50 mV。已知铜的电阻率为 $\rho=1.75\times10^{-8}\ \Omega\cdot\text{m}$，铜内自由电子的数密度为 $8.5\times10^{28}/\text{m}^3$。求：(1)棒的电阻；(2)通过棒的电流；(3)棒内的电流密度；(4)棒内的电场强度；(5)棒所消耗的功率；(6)棒内电子的漂移速度。

11.5 一铁制水管，内、外直径分别为 2.0 cm 和 2.5 cm，这水管常用来使电气设备接地。如果从电气设备流入到水管中的电流是 20 A，那么电流在管壁中和水中各占多少？假设水的电阻率是 0.01 Ω·m，铁的电阻率为 $8.7\times10^{-8}\ \Omega\cdot\text{m}$。

11.6 地下电话电缆由一对导线组成，这对导线沿其长度的某处发生短路（图 11.19）。电话电缆长 5 m。为了找出何处短路，技术人员首先测量 $AB$ 间的电阻，然后测量 $CD$ 间的电阻。前者测得电阻为 30 Ω，后者测得为 70 Ω。求短路出现在何处。

11.7 大气中由于存在少量的自由电子和正离子而具有微弱的导电性。

(1) 地表附近，晴天大气平均电场强度约为 120 V/m，大气平均电流密度约为 $4\times10^{-12}$ A/m$^2$。求大气电阻率是多大？

(2) 电离层和地表之间的电势差为 $4\times10^5$ V，大气的总电阻是多大？

11.8 如图 11.20 所示，电缆的芯线是半径为 $r_1=0.5$ cm 的铜线，在铜线外面包一层同轴的绝缘层，绝缘层的外半径为 $r_2=2$ cm，电阻率 $\rho=1\times10^{12}$ Ω·m。在绝缘层外面又用铅层保护起来。

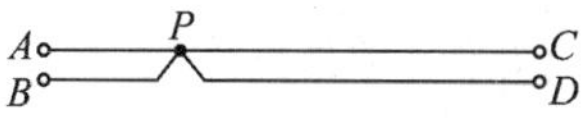

图 11.19 习题 11.6 用图

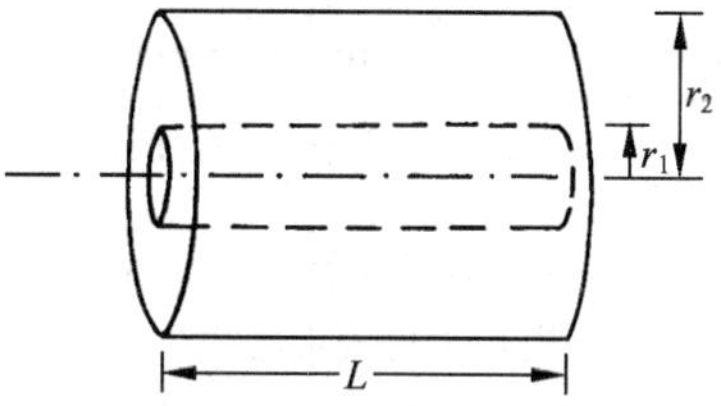

图 11.20 习题 11.8 用图

(1) 求长 $L=1000$ m 的这种电缆沿径向的电阻；

(2) 当芯线与铅层的电势差为 100 V 时，在这电缆中沿径向的电流多大？

11.9 球形电容器的内外导体球壳的半径分别为 $r_1$ 和 $r_2$，中间充满的电介质的电阻率为 $\rho$。求证它的漏电电阻为

$$R=\frac{\rho}{4\pi}\left(\frac{1}{r_1}-\frac{1}{r_2}\right)$$

*11.10 一根输电线被飓风吹断，一端触及地面，从而使 200 A 的电流由触地点流入地内。设地面水平，土地为均匀物质，电阻率为 10.0 Ω·m。一人走近输电线接地端，左脚距该端 1.0 m，右脚距该端 1.3 m。求地面上他的两脚间的电压。

11.11 如图 11.21 所示，$\mathscr{E}_1=3.0$ V，$r_1=0.5$ Ω，$\mathscr{E}_2=6.0$ V，$r_2=1.0$ Ω，$R_1=2.0$ Ω，$R_2=4.0$ Ω，求通过 $R_1$ 和 $R_2$ 的电流。

11.12 如图 11.22 所示，其中 $\mathscr{E}_1=3.0$ V，$\mathscr{E}_2=1.0$ V，$r_1=0.5$ Ω，$r_2=1.0$ Ω，$R_1=4.5$ Ω，$R_2=19.0$ Ω，$R_3=10.0$ Ω，$R_4=5.0$ Ω。求电路中的电流分布。

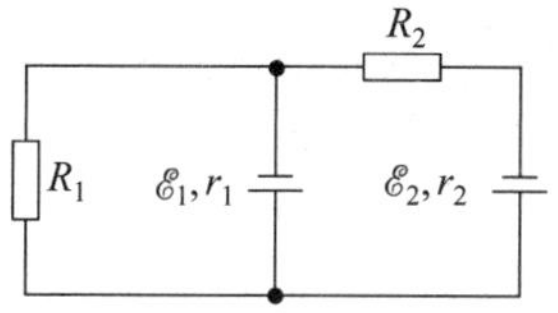

图 11.21 习题 11.11 用图

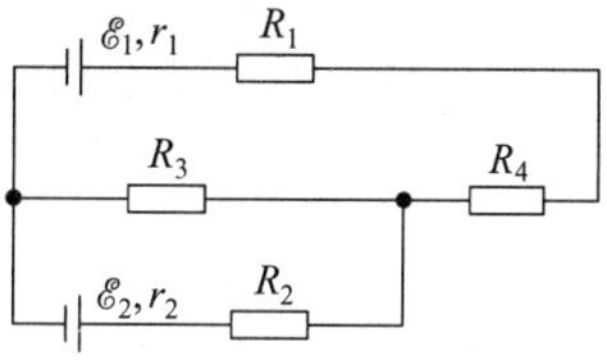

图 11.22 习题 11.12 用图

11.13 如图 11.23 所示的电桥，以 $I_1$，$I_2$，$I_g$ 为未知数列出 3 个回路电压方程，从中解出 $I_g$，并证明当 $R_1/R_2=R_3/R_4$ 时 $I_g=0$，从而说明 4 个电阻的这一关系是电桥平衡的充分条件。

11.14 如图 11.24 所示的晶体管电路中 $\mathscr{E}=6$ V，内阻为 0，$U_{ec}=1.96$ V，$U_{eb}=0.2$ V，$I_c=2$ mA，$I_b=20$ μA，$I_2=0.4$ mA，$R_c=1$ kΩ。求 $R_1$，$R_2$，$R_e$ 之值。

*11.15 证明：电容器 $C$ 通过电阻放电时，$R$ 上耗散的能量等于原来储存在电容器内的能量。对于放电过程，有人认为当 $t=\infty$ 时，才能有 $Q=0$，所以电容器是永远不会真正放完电的。你如何反击这一意见？你可以在某种合理的关于 $R$，$C$ 值，以及电容器的初始电压为 $U_0$ 值的假定下，计算电荷减小到剩下一个电子所需要的时间。

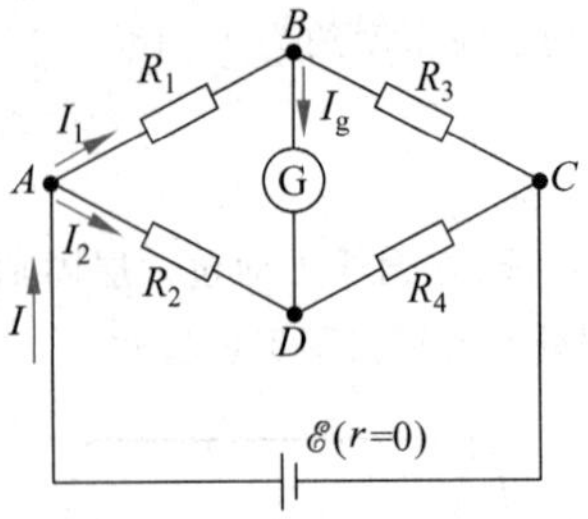


图 11.23 习题 11.13 用图

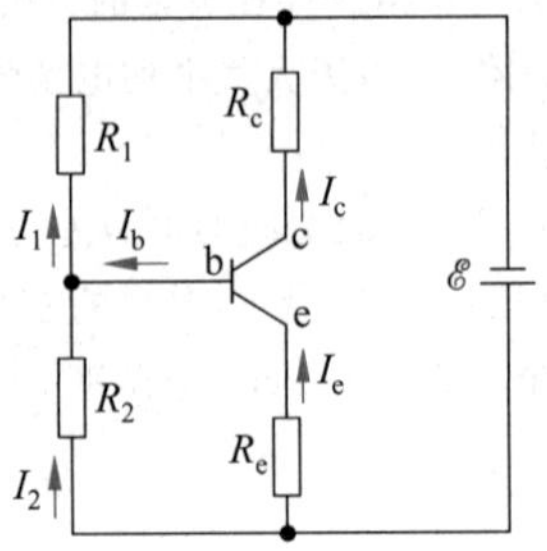


图 11.24 习题 11.14 用图

*11.16 红宝石激光器中的脉冲氙灯常用 2000 $\mu$F 的电容器充电到 4000 V 后放电时的瞬时大电流来使之发光，如电源给电容器充电时的最大输出电流为 1 A，求此充电电路的最小时间常数。脉冲氙灯放电时，其灯管内电阻近似为 0.5 Ω，求最大放电电流及放电电路的时间常数。

11.17 一台大电磁铁在 400 V 电压下以 200 A 的电流工作。它的线圈用水冷，水的进口温度为 20℃，如果水的出口温度不超过 80℃，那么水的最小流量(L/min)应是多少?

*11.18 试根据式(11.15)和高斯定律证明：在恒定电流的电路中，均匀导体(即各处电阻率相同)内不可能有净电荷存在。因此，净电荷只可能存在于导体表面或不同导体的接界面处。

# 第12章

# 磁场和它的源

本章开始讲解，电荷之间的另一种相互作用——磁力，它是运动电荷之间的一种相互作用。利用场的概念，就认为这种相互作用是通过另一种场——**磁场**实现的。本章在引入描述磁场的物理量，即磁感应强度之后，就介绍磁场的源，如运动电荷(包括电流)产生磁场的规律。先介绍这一规律的宏观基本形式，即表明电流元的磁场的毕奥-萨伐尔定律。由这一定律原则上可以利用积分运算求出任意电流分布的磁场。接着在这一基础上导出了关于恒定磁场的一条基本定理：安培环路定理。然后利用这两个定理求解有一定对称性的电流分布的磁场分布。这一求解方法类似于利用电场的高斯定律来求有一定对称性的电荷分布的静电场分布。

## 12.1 磁力与电荷的运动

一般情况下，磁力是指电流和磁体之间的相互作用力。我国古籍《吕氏春秋》(成书于公元前3世纪战国时期)所载的“慈石召铁”，即天然磁石对铁块的吸引力，就是磁力。这种磁力现在很容易用两条磁铁棒演示出来。如图12.1(a)，(b)所示，两根磁铁棒的同极相斥，异极相吸。

还有下述实验可演示磁力。

如图12.2所示，把导线悬挂在蹄形磁铁的两极之间，当导线中通入电流时，导线会被排开或吸入，显示了通有电流的导线受到了磁铁的作用力。

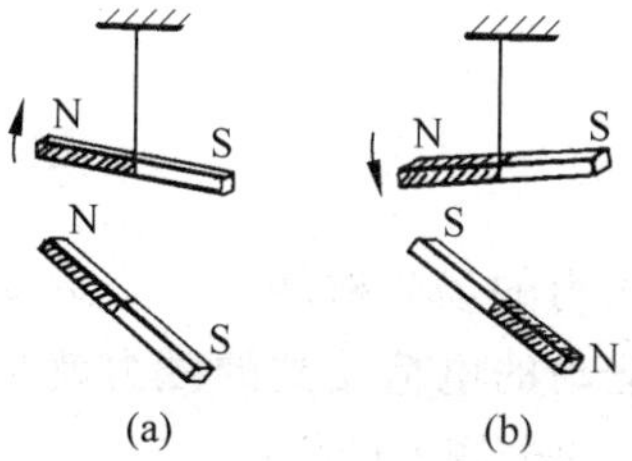


图12.1 永磁体同极相斥，异极相吸

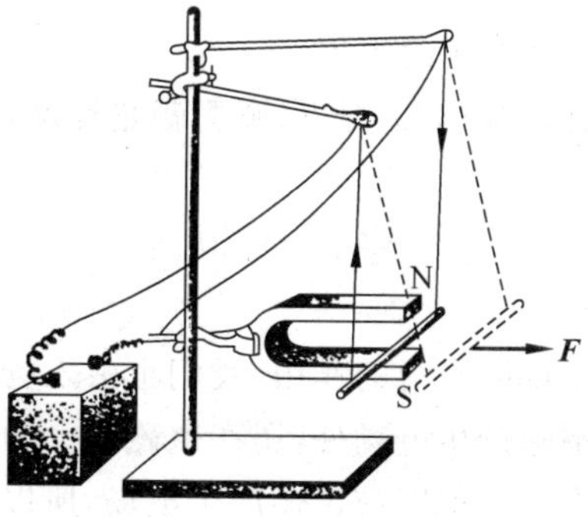


图12.2 磁体对电流的作用

如图 12.3 所示，一个阴极射线管的两个电极之间加上电压后，会有电子束从阴极 K 射向阳极 A。当把一个蹄形磁铁放到管的近旁时，会看到电子束发生偏转。这显示运动的电子受到了磁铁的作用力。

如图 12.4 所示，一个磁针沿南北方向静止在那里，如果在它上面平行地放置一根导线，当导线中通入电流时，磁针就要转动。这显示了磁针受到了电流的作用力。1820 年奥斯特做的这个实验，在历史上第一次揭示了电现象和磁现象的联系，对电磁学的发展起了重要的作用。

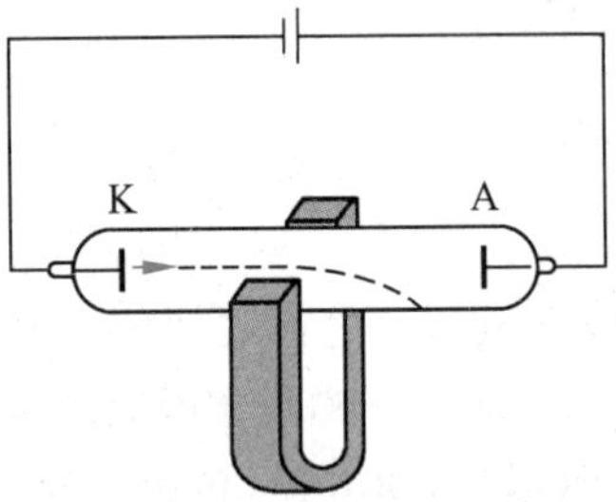


图 12.3　磁体对运动电子的作用

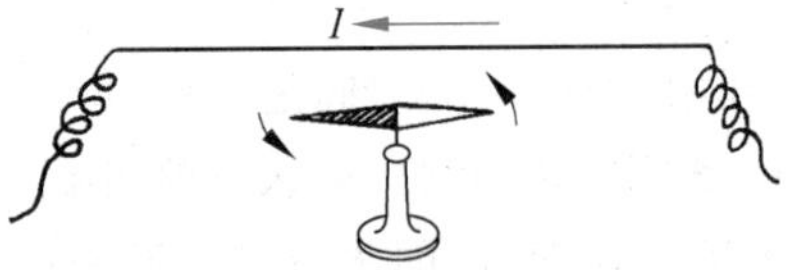


图 12.4　奥斯特实验

如图 12.5 所示，有两段平行放置并两端固定的导线，当它们通以方向相同的电流时，互相吸引(图 12.5(a))。当它们通以相反方向的电流时，互相排斥(图 12.5(b))。这说明电流与电流之间有相互作用力。

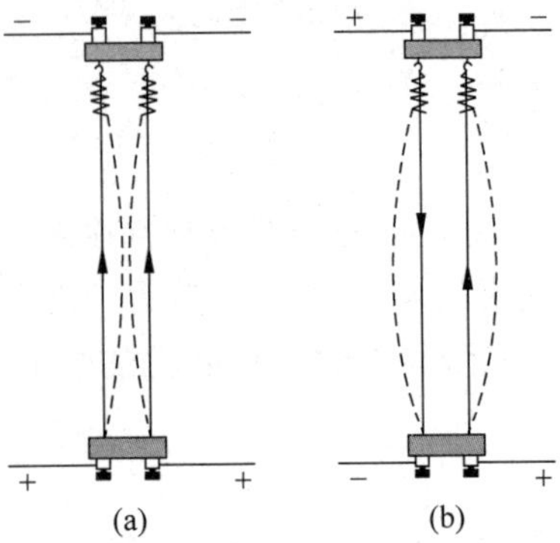


图 12.5　平行电流间的相互作用

在这些实验中，图 12.5 所示的电流之间的相互作用可以说是运动电荷之间的相互作用，因为电流是电荷的定向运动形成的。其他几类现象都用到永磁体，为什么说它们也是运动电荷相互作用的表现呢？这是因为，永磁体也是由分子和原子组成的，在分子内部，电子和质子等带电粒子的运动也形成微小的电流，叫**分子电流**。当成为磁体时，其内部的分子电流的方向都按一定的方式**排列**起来了。一个永磁体与其他永磁体或电流的相互作用，实际上就是这些已排列整齐了的分子电流之间或它们与导线中定向运动的电荷之间的相互作用，因此它们之间的相互作用也是运动电荷之间的相互作用的表现。

总之，在所有情况下，**磁力都是运动电荷之间相互作用的表现**。

## 12.2　磁场与磁感应强度

为了说明磁力的作用，我们也引入场的概念。产生磁力的场叫**磁场**。一个运动电荷在它的周围除产生电场外，还产生磁场。另一个在它附近运动的电荷受到的磁力就是该磁场对它的作用。但因前者还产生电场，所以后者还受到前者的电场力的作用。

为了研究磁场，需要选择一种只有磁场存在的情况。通有电流的导线的周围空间就是这种情况。在这里一个电荷是不会受到电场力的作用的，这是因为导线内既有正电荷，即金属正离子，也有负电荷，即自由电子。在通有电流时，导线也是中性的，其中的正负电荷密度相等，在导线外产生的电场相互抵消，合电场为零了。在电流的周围，一个**运动的**带电粒子是要受到作用力的，这力和该粒子的速度直接有关。这力就是**磁力**，它就是导线内定向运动的自由电子所产生的磁场对运动的电荷的作用力。下面我们就利用这种情况先说明如何对磁场加以描述。

对应于用电场强度对电场加以描述，我们用**磁感应强度**(矢量)对磁场加以描述。通常用 $\boldsymbol{B}$ 表示磁感应强度，它用下述方法定义。

如图 12.6 所示，一电荷 $q$ 以速度 $\boldsymbol{v}$ 通过电流周围某场点 $P$。我们把这一运动电荷当作检验(磁场的)电荷。实验指出，$q$ 沿不同方向通过 $P$ 点时，它受磁力的大小不同，但当 $q$ 沿某一特定方向(或其反方向)通过 $P$ 点时，它受的磁力为零而与 $q$ 无关。磁场中各点都有各自的这种特定方向。这说明磁场本身具有"方向性"。我们就可以用这个特定方向(或其反方向)来规定磁场的方向。当 $q$ 沿其他方向运动时，实验发现 $q$ 受的磁力 $\boldsymbol{F}$ 的方向总与此"不受力方向"以及 $q$ 本身的速度 $\boldsymbol{v}$ 的方向垂直。这样我们就可以进一步具体地**规定 $\boldsymbol{B}$ 的方向使得 $\boldsymbol{v}\times\boldsymbol{B}$ 的方向正是 $\boldsymbol{F}$ 的方向**，如图 12.6 所示。

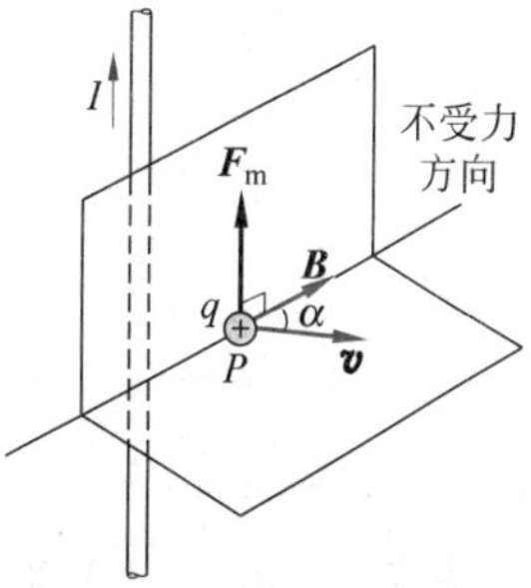

图 12.6 **B** 的定义

以 $\alpha$ 表示 $q$ 的速度 $\boldsymbol{v}$ 与 $\boldsymbol{B}$ 的方向之间的夹角。实验给出，在不同的场点，不同的 $q$ 以不同的大小 $v$ 和方向 $\alpha$ 的速度越过时，它受的磁力 $\boldsymbol{F}$ 的大小一般不同；但在同一场点，实验给出比值 $F/qv\sin\alpha$ 是一个恒量，与 $q,v,\alpha$ 无关。只决定于场点的位置。根据这一结果，可以用 $F/qv\sin\alpha$ 表示磁场本身的性质而把 $\boldsymbol{B}$ 的大小规定为

$$B=\frac{F}{qv\sin\alpha} \tag{12.1}$$

这样，就有磁力的大小

$$F=Bqv\sin\alpha \tag{12.2}$$

将式(12.2)关于 $\boldsymbol{B}$ 的大小的规定和上面关于 $\boldsymbol{B}$ 的方向的规定结合到一起，可得到磁感应强度(矢量)$\boldsymbol{B}$ 的定义式为

$$\boldsymbol{F}=q\boldsymbol{v}\times\boldsymbol{B} \tag{12.3}$$

这一公式在中学物理中被称为**洛伦兹力**公式，现在我们用它根据运动的检验电荷受力来定义磁感应强度。在已经测知或理论求出磁感应强度分布的情况下，就可以用式(12.3)求任意运动电荷在磁场中受的磁场力。

在国际单位制中磁感应强度的单位名称叫特[斯拉]，符号为 T。几种典型的磁感应强度的大小如表 12.1 所示。

磁感应强度的一种非国际单位制的(但目前还常见的)单位名称叫高斯，符号为 G，它和 T 在数值上有下述关系：

$$1\ \mathrm{T}=10^4\ \mathrm{G}$$

在电磁学中，表示同一规律的数学形式常随所用单位制的不同而不同，式(12.3)的形式只用于国际单位制。

表 12.1 一些磁感应强度的大小 T

| | |
|---|---|
| 原子核表面 | 约 $10^{12}$ |
| 中子星表面 | 约 $10^{8}$ |
| 目前实验室值：瞬时 | $1\times10^{3}$ |
| 恒定 | 37 |
| 大型气泡室内 | 2 |
| 太阳黑子中 | 约 0.3 |
| 电视机内偏转磁场 | 约 0.1 |
| 太阳表面 | 约 $10^{-2}$ |
| 小型条形磁铁近旁 | 约 $10^{-2}$ |
| 木星表面 | 约 $10^{-3}$ |
| 地球表面 | 约 $5\times10^{-5}$ |
| 太阳光内(地面上,均方根值) | $3\times10^{-6}$ |
| 蟹状星云内 | 约 $10^{-8}$ |
| 星际空间 | $10^{-10}$ |
| 人体表面(例如头部) | $3\times10^{-10}$ |
| 磁屏蔽室内 | $3\times10^{-14}$ |

产生磁场的运动电荷或电流可称为磁场源。实验指出,在有若干个磁场源的情况下,它们产生的磁场服从叠加原理。以 $\boldsymbol{B}_i$ 表示第 $i$ 个磁场源在某处产生的磁场,则在该处的总磁场 $\boldsymbol{B}$ 为

$$\boldsymbol{B}=\sum\boldsymbol{B}_i \tag{12.4}$$

为了形象地描绘磁场中磁感应强度的分布,类比电场中引入电场线的方法引入磁感线(或叫 $\boldsymbol{B}$ 线)。磁感线的画法规定与电场线画法一样。实验上可用铁粉来显示磁感线图形,如图 12.7 所示。

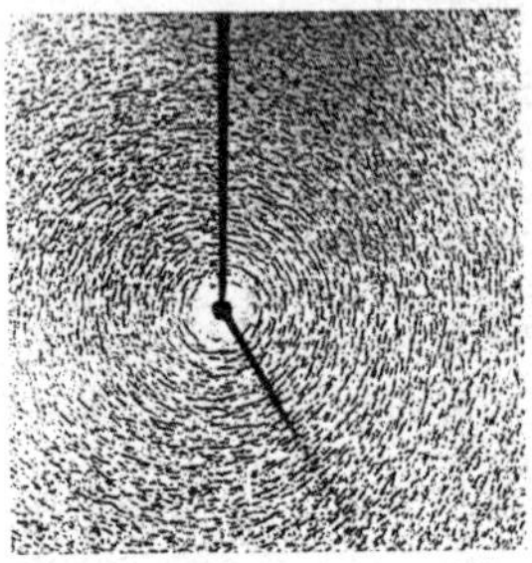

(a)

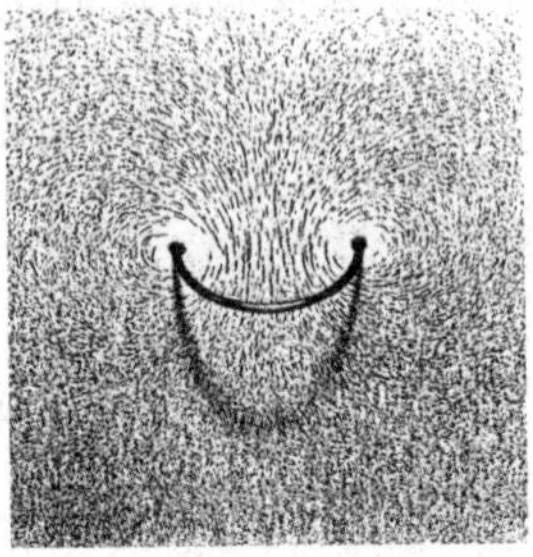

(b)

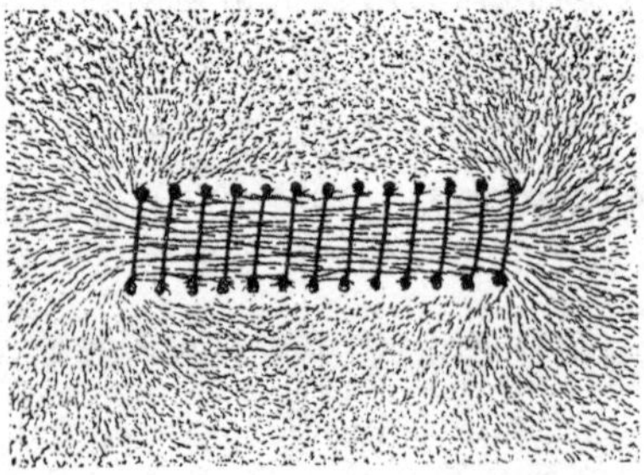

(c)

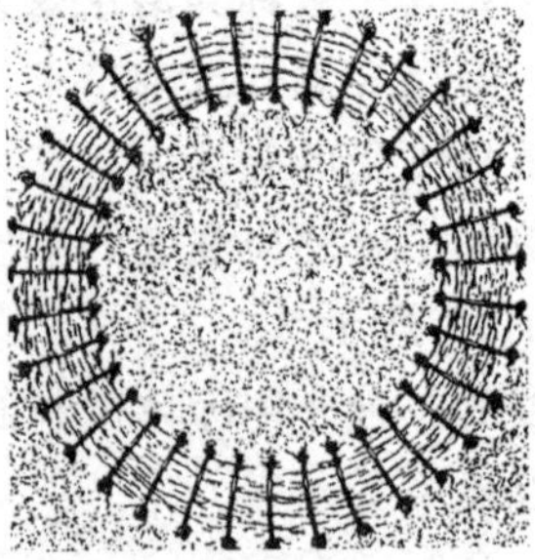

(d)

图 12.7 铁粉显示的磁感线图

(a) 直电流；(b) 圆电流；(c) 载流螺线管；(d) 载流螺绕环

在说明磁场的规律时，类比电通量，也引入**磁通量**的概念。通过某一面积的磁通量$\Phi$的定义是

$$\Phi = \int_S \boldsymbol{B} \cdot \mathrm{d}\boldsymbol{S} \tag{12.5}$$

它就等于通过该面积的磁感线的总条数。

在国际单位制中，磁通量的单位名称是韦[伯]，符号为 Wb。$1\,\mathrm{Wb}=1\,\mathrm{T}\cdot\mathrm{m}^2$。据此，磁感应强度的单位 T 也常写作 $\mathrm{Wb/m^2}$。

我们已用电流周围的磁场定义了磁感应强度，在给定电流周围不同的场点磁感应强度一般是不同的。下面就介绍恒定电流周围磁场分布的规律。由于恒定电流是不随时间改变的，所以它产生的磁场在各处的分布也不随时间改变。这样的磁场叫**恒定磁场**或**静磁场**。

## 12.3 毕奥-萨伐尔定律

恒定电流在其周围产生磁场，其规律的基本形式是电流元产生的磁场和该电流元的关系。以 $I\mathrm{d}\boldsymbol{l}$ 表示恒定电流的一电流元，以 $\boldsymbol{r}$ 表示从此电流元指向某一场点 $P$ 的径矢(图 12.8)，实验给出，此电流元在 $P$ 点产生的磁场 $\mathrm{d}\boldsymbol{B}$ 由下式决定：

$$\mathrm{d}\boldsymbol{B} = \frac{\mu_0}{4\pi}\frac{I\mathrm{d}\boldsymbol{l} \times \boldsymbol{e}_r}{r^2} \tag{12.6}$$

式中

$$\mu_0 = \frac{1}{\varepsilon_0 c^2} = 4\pi \times 10^{-7}\ \mathrm{N/A^2}^{①} \tag{12.7}$$

叫**真空磁导率**。由于电流元不能孤立地存在，所以式(12.6)不是直接对实验数据的总结。它是 1820 年首先由毕奥和萨伐尔根据对电流的磁作用的实验结果分析得出的，现在就叫**毕奥-萨伐尔定律**。

有了电流元的磁场公式(12.6)，根据叠加原理，对这一公式进行积分，就可以求出任意电流的磁场分布。

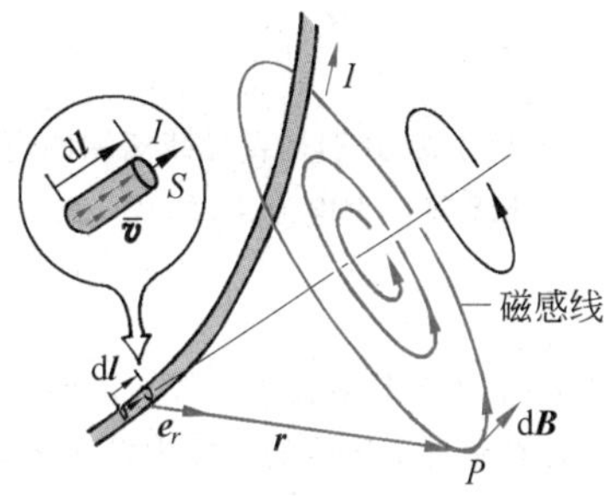

图 12.8 电流元的磁场

根据式(12.6)中的矢量积关系可知，电流元的磁场的磁感线也都是圆心在电流元轴线上的同心圆(图 12.8)。由于这些圆都是闭合曲线，所以通过任意封闭曲面的磁通量都等于零。又由于任何电流都是一段段电流元组成的，根据叠加原理，在它的磁场中通过一个封闭曲面的磁通量应是各个电流元的磁场通过该封闭曲面的磁通量的代数和。既然每一个电流元的磁场通过该封闭面的磁通量为零，所以在**任何磁场中通过任意封闭曲面的磁通量总等于零**。这个关于磁场的结论叫**磁通连续定理**，或磁场的高斯定律。它的数学表示式为

$$\oint_S \boldsymbol{B} \cdot \mathrm{d}\boldsymbol{S} = 0 \tag{12.8}$$

和电场的高斯定律相比，可知磁通连续反映自然界中没有与电荷相对应的"磁荷"即单独的

① 此单位 $\mathrm{N/A^2}$ 就是 H/m，H(亨)是电感的单位，见 14.4 节。

磁极或磁单极子存在。近代关于基本粒子的理论研究早已预言有磁单极子存在，也曾企图在实验中找到它。但至今除了个别事件可作为例证外，还不能说完全肯定地发现了它。

下面举几个例子，说明如何用毕奥-萨伐尔定律求电流的磁场分布。

---

**例 12.1**

直线电流的磁场。如图 12.9 所示，导电回路中通有电流 $I$，求长度为 $L$ 的直线段的电流在它周围某点 $P$ 处的磁感应强度，$P$ 点到导线的距离为 $r$。

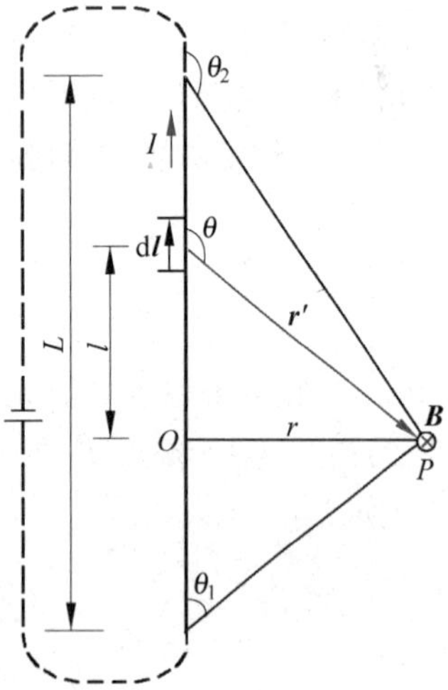

图 12.9 直线电流的磁场

**解** 以 $P$ 点在直导线上的垂足为原点 $O$，选坐标如图。由毕奥-萨伐尔定律可知，$L$ 段上任意一电流元 $I\mathrm{d}\boldsymbol{l}$ 在 $P$ 点所产生的磁场为

$$\mathrm{d}\boldsymbol{B}=\frac{\mu_0}{4\pi}\frac{I\mathrm{d}\boldsymbol{l}\times\boldsymbol{e}_{r'}}{r'^2}$$

其大小为

$$\mathrm{d}B=\frac{\mu_0}{4\pi}\frac{I\mathrm{d}l\sin\theta}{r'^2}$$

式中 $r'$ 为电流元到 $P$ 点的距离。由于直导线上各个电流元在 $P$ 点的磁感应强度的方向相同，都垂直于纸面向里，所以合磁感应强度也在这个方向，它的大小等于上式 $\mathrm{d}B$ 的标量积分，即

$$B=\int\mathrm{d}B=\int\frac{\mu_0 I\mathrm{d}l\sin\theta}{4\pi r'^2}$$

由图 12.9 可以看出，$r'=r/\sin\theta$，$l=-r\cot\theta$，$\mathrm{d}l=r\mathrm{d}\theta/\sin^2\theta$。把此 $r'$ 和 $\mathrm{d}l$ 代入上式，可得

$$B=\int_{\theta_1}^{\theta_2}\frac{\mu_0 I}{4\pi r}\sin\theta\mathrm{d}\theta$$

由此得

$$B=\frac{\mu_0 I}{4\pi r}(\cos\theta_1-\cos\theta_2) \tag{12.9}$$

上式中 $\theta_1$ 和 $\theta_2$ 分别是直导线两端的电流元和它们到 $P$ 点的径矢之夹角。

对于无限长直电流来说，式(12.9)中 $\theta_1=0$，$\theta_2=\pi$，于是有

$$B=\frac{\mu_0 I}{2\pi r} \tag{12.10}$$

此式表明，无限长载流直导线周围的磁感应强度 $B$ 与导线到场点的距离成反比，与电流成正比。它的磁感应线是在垂直于导线的平面内以导线为圆心的一系列同心圆，如图 12.10 所示。这和用铁粉显示的图形(图 12.7(a))相似。

---

**例 12.2**

圆电流的磁场。一圆形载流导线，电流强度为 $I$，半径为 $R$。求圆形导线轴线上的磁场分布。

**解** 如图 12.11 所示，把圆电流轴线作为 $x$ 轴，并令原点在圆心上。在圆线圈上任取一电流元 $I\mathrm{d}\boldsymbol{l}$，它在轴上任一点 $P$ 处的磁场 $\mathrm{d}\boldsymbol{B}$ 的方向垂直于 $\mathrm{d}\boldsymbol{l}$ 和 $\boldsymbol{r}$，亦即垂直于 $\mathrm{d}\boldsymbol{l}$ 和 $\boldsymbol{r}$ 组成的平面。由于 $\mathrm{d}\boldsymbol{l}$ 总与 $\boldsymbol{r}$ 垂直，所以 $\mathrm{d}\boldsymbol{B}$ 的大小为

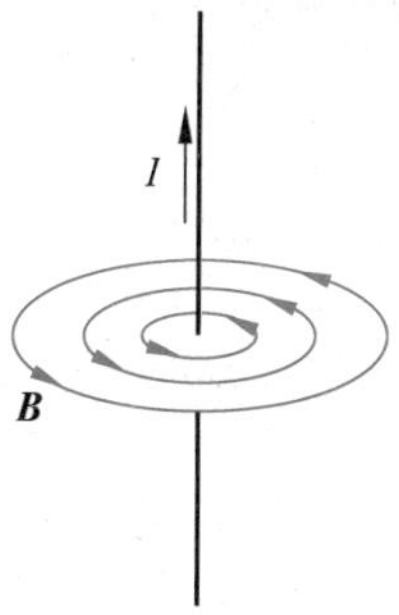


图 12.10　无限长直电流的磁感应线

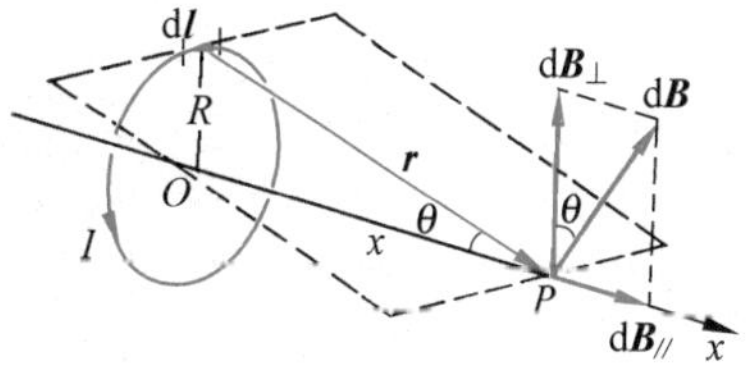


图 12.11　圆电流的磁场

$$dB = \frac{\mu_0 I dl}{4\pi r^2}$$

将 d**B** 分解成平行于轴线的分量 $d\boldsymbol{B}_{/\!/}$ 和垂直于轴线的分量 $d\boldsymbol{B}_{\perp}$ 两部分，它们的大小分别为

$$dB_{/\!/} = dB\sin\theta = \frac{\mu_0 IR}{4\pi r^3} dl$$

$$dB_{\perp} = dB\cos\theta$$

式中 $\theta$ 是 **r** 与 $x$ 轴的夹角。考虑电流元 $Id\boldsymbol{l}$ 所在直径另一端的电流元在 $P$ 点的磁场，可知它的 $d\boldsymbol{B}_{\perp}$ 与 $Id\boldsymbol{l}$ 的大小相等、方向相反，因而相互抵消。由此可知，整个圆电流垂直于 $x$ 轴的磁场 $\int d\boldsymbol{B}_{\perp} = 0$，因而 $P$ 点的合磁场的大小为

$$B = \int dB_{/\!/} = \oint \frac{\mu_0 RI}{4\pi r^3} dl = \frac{\mu_0 RI}{4\pi r^3} \oint dl$$

因为 $\oint dl = 2\pi R$，所以上述积分为

$$B = \frac{\mu_0 R^2 I}{2r^3} = \frac{\mu_0 IR^2}{2(R^2 + x^2)^{3/2}} \tag{12.11}$$

**B** 的方向沿 $x$ 轴正方向，其指向与圆电流的电流流向符合右手螺旋定则。

定义一个闭合通电线圈的**磁偶极矩**或**磁矩**为

$$\boldsymbol{m} = IS\boldsymbol{e}_n \tag{12.12}$$

其中 $\boldsymbol{e}_n$ 为线圈平面的正法线方向，它和线圈中电流的方向符合右手螺旋定则。磁矩的SI单位为 $A \cdot m^2$。对本例的圆电流来说，其磁矩的大小为 $m = IS = I\pi R^2$。这样就可将式(12.11)写成

$$B = \frac{\mu_0 m}{2\pi r^3} \tag{12.13}$$

如果用矢量式表示圆电流轴线上的磁场，则由于它的方向与圆电流磁矩 **m** 的方向相同，所以上式可写成

$$\boldsymbol{B} = \frac{\mu_0 \boldsymbol{m}}{2\pi r^3} = \frac{\mu_0 \boldsymbol{m}}{2\pi(R^2 + x^2)^{3/2}} \tag{12.14}$$

在圆电流中心处，$r = R$，式(12.11)给出

$$B = \frac{\mu_0 I}{2R} \tag{12.15}$$

式(12.14)给出了磁矩为 **m** 的线圈在其轴线上产生的磁场。这一公式与习题 7.6 给出的电偶极子在其轴线上产生的电场的公式形式相同，只是将其中 $\mu_0$ 换成 $1/\varepsilon_0$。可以一般地证明，磁矩为 **m** 的小线圈在其周围较远的距离 **r** 处产生的磁场为

$$\boldsymbol{B} = \frac{\mu_0}{4\pi}\left(\frac{-\boldsymbol{m}}{r^3} + \frac{3\boldsymbol{m} \cdot \boldsymbol{r}}{r^5}\boldsymbol{r}\right) \tag{12.16}$$

这一公式和电偶极子的电场的一般公式(8.18)的形式也相同。由式(12.16)给出的磁感线图形如图 12.12

所示。它和图 12.7(b)中电偶极子的电场线图形是类似的(电偶极子所在处除外)。

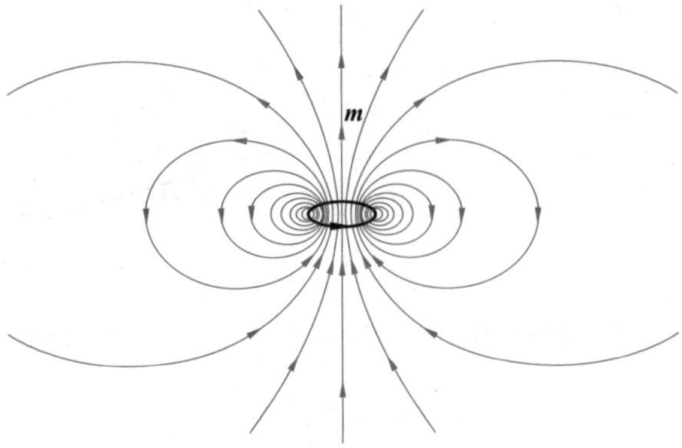


图 12.12　磁矩的磁感线图

---

**例 12.3**

载流直螺线管轴线上的磁场。图 12.13 所示为一均匀密绕螺线管，管的长度为 $L$，半径为 $R$，单位长度上绕有 $n$ 匝线圈，通有电流 $I$。求螺线管轴线上的磁场分布。

**解**　螺线管各匝线圈都是螺旋形的，但在密绕的情况下，可以把它看成是许多匝圆形线圈紧密排列组成的。载流直螺线管在轴线上某点 $P$ 处的磁场等于各匝线圈的圆电流在该处磁场的矢量和。

如图 12.14 所示，在距轴上任一点 $P$ 为 $l$ 处，取螺线管上长为 $\mathrm{d}l$ 的一元段，将它看成一个圆电流，其电流为

$$\mathrm{d}I = nI\mathrm{d}l$$

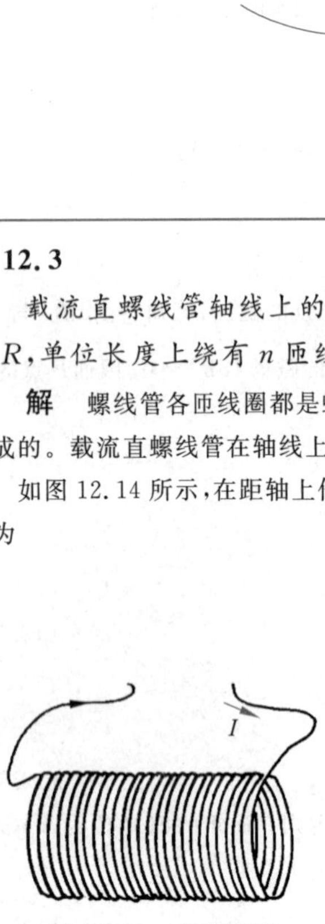


图 12.13　直螺线管

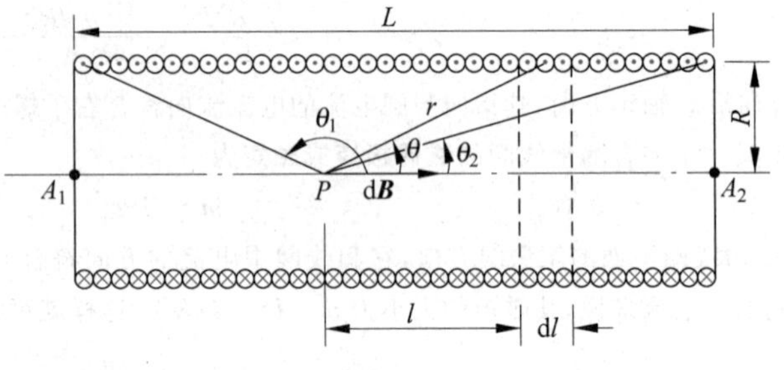


图 12.14　直螺线管轴线上磁感应强度计算

磁矩为

$$\mathrm{d}m = S\mathrm{d}I = \pi R^2 \mathrm{d}I = \pi R^2 nI\mathrm{d}l$$

它在 $P$ 点的磁场，据式(12.13)为

$$\mathrm{d}B = \frac{\mu_0 nIR^2 \mathrm{d}l}{2r^3}$$

由图 12.14 中可看出，$R=r\sin\theta$，$l=R\cot\theta$，而 $\mathrm{d}l=-\frac{R}{\sin^2\theta}\mathrm{d}\theta$，式中 $\theta$ 为螺线管轴线与 $P$ 点到元段 $\mathrm{d}l$ 周边的距离 $r$ 之间的夹角。将这些关系代入上式，可得

$$\mathrm{d}B = -\frac{\mu_0 nI}{2}\sin\theta\mathrm{d}\theta$$

由于各元段在 $P$ 点产生的磁场方向相同，所以将上式积分即得 $P$ 点磁场的大小为

$$B=\int \mathrm{d}B=-\int_{\theta_1}^{\theta_2}\frac{\mu_0 nI}{2}\sin\theta\mathrm{d}\theta$$

或

$$B=\frac{\mu_0 nI}{2}(\cos\theta_2-\cos\theta_1) \tag{12.17}$$

此式给出了螺线管轴线上任一点磁场的大小，磁场的方向如图 12.14 所示，应与电流的绕向成右手螺旋定则。

由式(12.17)表示的磁场分布(在 $L-10R$ 时)如图 12.15 所示，在螺线管中心附近轴线上各点磁场基本上是均匀的。到管口附近 $B$ 值逐渐减小，出口以后磁场很快地减弱。在距管轴中心约等于 7 个管半径处，磁场就几乎等于零了。

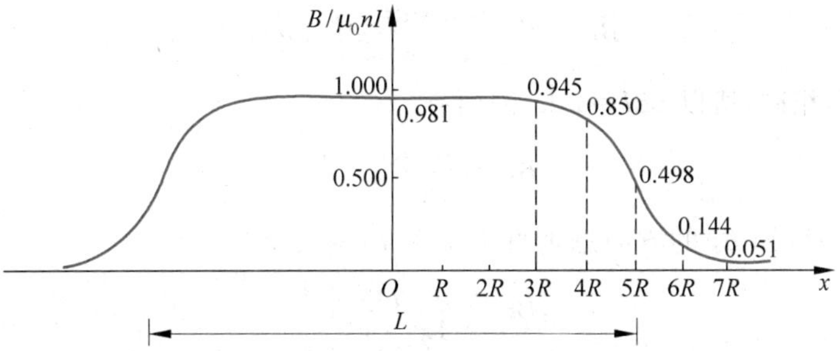


图 12.15 直螺线管轴线上的磁场分布

在一无限长直螺线管(即管长比半径大很多的螺线管)内部轴线上的任一点，$\theta_2=0,\theta_1=\pi$，由式(12.17)可得

$$B=\mu_0 nI \tag{12.18}$$

在长螺线管任一端口的中心处，例如图 12.14 中的 $A_2$ 点，$\theta_2=\pi/2,\theta_1=\pi$，式(12.17)给出此处的磁场为

$$B=\frac{1}{2}\mu_0 nI \tag{12.19}$$

一个载流螺线管周围的磁感线分布如图 12.16 所示，这和用铁粉显示的磁感线图 12.7(c)相符合。管外磁场非常弱，而管内基本上是均匀场。螺线管越长，这种特点越显著。

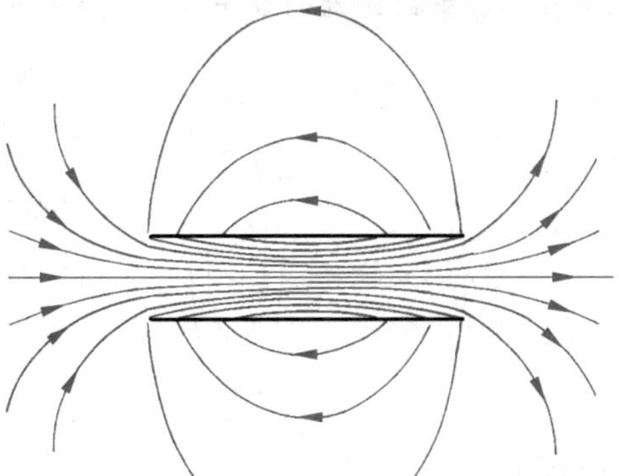

图 12.16 螺线管的 **B** 线分布示意图

## *12.4 匀速运动点电荷的磁场

由于电流是运动电荷形成的，所以可以从电流元的磁场公式(12.6)导出匀速运动电荷的磁场公式。对如图 12.8 所示的电流元来说，设它的截面为 $S$，其中载流子的数密度为 $n$，每个载流子的电荷都是 $q$，并且都以漂移速度 $\boldsymbol{v}$ 运动，$\boldsymbol{v}$ 的方向与 $\mathrm{d}\boldsymbol{l}$ 的方向相同。整个电流元 $I\mathrm{d}\boldsymbol{l}$ 在 $P$ 点产生的磁场可以认为是这些以同样速度 $\boldsymbol{v}$ 运动的载流子在 $P$ 点产生的磁场的同向叠加。由于 $I=nqSv$，而且此电流元内共有 $nS\mathrm{d}l$ 个载流子，所以每个载流子在 $P$ 点产生的磁场(忽略各载流子到 $P$ 点的径矢 $\boldsymbol{r}$ 的差别)就应该是

$$\boldsymbol{B}_1 = \frac{\mu_0}{4\pi}\frac{nqSv\mathrm{d}\boldsymbol{l}\times\boldsymbol{e}_r}{r^2}\Big/ nS\mathrm{d}l$$

由于 $\boldsymbol{v}$ 和 $\mathrm{d}\boldsymbol{l}$ 方向相同，所以 $v\mathrm{d}\boldsymbol{l}=\boldsymbol{v}\mathrm{d}l$，因而有

$$\boldsymbol{B}_1 = \frac{\mu_0}{4\pi}\frac{q\boldsymbol{v}\times\boldsymbol{e}_r}{r^2} \tag{12.20}$$

由式(12.20)可知 $\boldsymbol{B}_1$ 的方向总垂直于 $\boldsymbol{v}$ 和 $\boldsymbol{r}$，其大小为

$$B_1 = \frac{\mu_0}{4\pi}\frac{qv\sin\theta}{r^2} \tag{12.21}$$

式中 $\theta$ 为 $\boldsymbol{v}$ 和 $\boldsymbol{r}$ 之间的夹角。式(12.21)说明 $B_1$ 和 $\theta$ 有关。当 $\theta=0$ 或 $\pi$ 时，$B_1=0$，即在运动点电荷的正前方和正后方，该电荷的磁场为零；当 $\theta=\frac{\pi}{2}$ 时，即在运动点电荷的两侧与其运动速度垂直的平面内，$B_1$ 有最大值 $B_{1\mathrm{m}}=\frac{\mu_0}{4\pi}\frac{qv}{r^2}$。一个运动点电荷的磁场的电感线如图 12.18 所示，都是在垂直于运动方向的平面内，且圆心在速度所在直线上的同心圆。因此，对一个运动电荷来说，由式(12.8)表示的磁通连续定理也成立。

**例 12.4**

按玻尔模型，在基态的氢原子中，电子绕原子核作半径为 $0.53\times10^{-10}$ m 的圆周运动(图 12.17)，速度为 $2.2\times10^6$ m/s。求此运动的电子在核处产生的磁感应强度的大小。

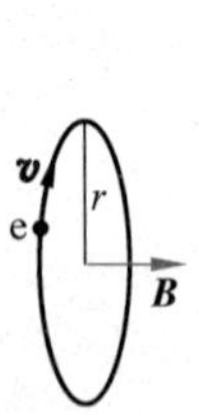


图 12.17 氢原子中电子的磁场

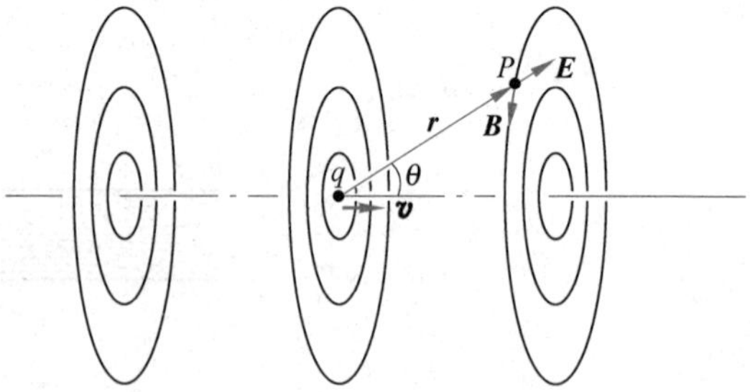


图 12.18 运动点电荷的磁感线图

**解** 按式(12.21)，由于 $\theta=\pi/2$，所求磁感应强度为

$$B = \frac{\mu_0}{4\pi}\frac{ev}{r^2} = \frac{4\pi\times10^{-7}}{4\pi}\frac{1.6\times10^{-19}\times2.2\times10^6}{(0.53\times10^{-10})^2} = 12.5\ (\mathrm{T})$$

一个静止电荷的电场为

$$\boldsymbol{E}=\frac{q}{4\pi\varepsilon_0 r^2}\boldsymbol{e}_r \tag{12.22}$$

式中 $r$ 为从电荷到场点的距离。在电荷运动速度较小($v\ll c$)时,此式仍可近似地用来求**运动电荷的电场**。将此式和式(12.20)对比,并利用 $\mu_0=1/\varepsilon_0 c^2$ 的关系,可得

$$\boldsymbol{B}_1=\frac{1}{c^2}\boldsymbol{v}\times\boldsymbol{E}_1 \tag{12.23}$$

这就是在点电荷运动速度为 $\boldsymbol{v}$ 的参考系内该电荷的磁场与电场的关系。

---

**例 12.5**

两质子的相互作用。两个质子 $p_1$ 和 $p_2$ 某一时刻相距为 $a$,其中 $p_1$ 沿着两者的连线方向离开 $p_2$ 以速度 $\boldsymbol{v}_1$ 运动,$p_2$ 沿着垂直于二者连线的方向以速度 $\boldsymbol{v}_2$ 运动。求此时刻每个质子受另一质子的作用力的大小和方向(设 $v_1$ 和 $v_2$ 均较小)。

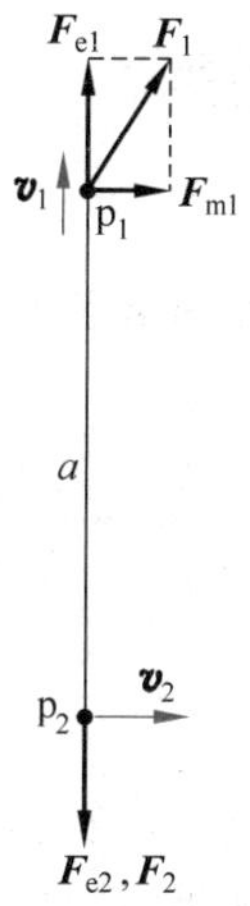

图 12.19 例 12.5 用图

**解** 如图 12.19 所示,$p_2$ 在 $p_1$ 处的电场 $E_2$ 的大小为 $E_2=e/4\pi\varepsilon_0 a^2$,方向与 $\boldsymbol{v}_1$ 相同;据式(12.21)磁场 $\boldsymbol{B}_2$ 的大小为 $B_2=ev_2/4\pi\varepsilon_0 c^2 a^2$。据式(12.20)$\boldsymbol{B}_2$ 的方向则垂直于纸面向外。$p_1$ 受 $p_2$ 的作用力有电力与磁力,分别为

$$F_{e1}=eE_2=e^2/4\pi\varepsilon_0 a^2$$

$$F_{m1}=ev_1B_2=e^2v_1v_2/4\pi\varepsilon_0 c^2 a^2$$

二者方向如图。

$p_1$ 在 $p_2$ 处的电场为 $E_1=e/4\pi\varepsilon_0 a^2$,方向沿二者连线方向指离 $p_1$。$p_1$ 在 $p_2$ 处的磁场 $B_1=0$。$p_2$ 受 $p_1$ 的作用力就只有电力

$$F_{e2}=eE_1=e^2/4\pi\varepsilon_0 a^2$$

方向如图。

$p_1$ 和 $p_2$ 相互受对方的作用力的大小分别为

$$F_1=\sqrt{F_{e1}^2+F_{m1}^2}=\frac{e^2}{4\pi\varepsilon_0 a^2}\left[1+\left(\frac{v_1v_2}{c^2}\right)^2\right]^{1/2}$$

$$F_2=F_{e2}=\frac{e^2}{4\pi\varepsilon_0 a^2}$$

方向如图 12.19 所示。此结果说明 $\boldsymbol{F}_1\neq-\boldsymbol{F}_2$,即它们的相互作用力不满足牛顿第三定律。

---

## 12.5 安培环路定理

由毕奥-萨伐尔定律表示的恒定电流和它的磁场的关系,可以导出表示恒定电流的磁场的一条基本规律。这一规律叫**安培环路定理**,它表述为:**在恒定电流的磁场中,磁感应强度 $\boldsymbol{B}$ 沿任何闭合路径 $C$ 的线积分**(即环路积分)**等于路径 $C$ 所包围的电流强度的代数和的 $\mu_0$ 倍**,它的数学表示式为

$$\oint_C \boldsymbol{B}\cdot \mathrm{d}\boldsymbol{r}=\mu_0\sum I_{\text{in}} \tag{12.24}$$

为了说明此式的正确性,让我们先考虑载有恒定电流 $I$ 的无限长直导线的磁场。

根据式(12.10)，与一无限长直电流相距为 $r$ 处的磁感应强度为

$$B=\frac{\mu_0 I}{2\pi r}$$

$\boldsymbol{B}$ 线为在垂直于导线的平面内围绕该导线的同心圆，其绕向与电流方向符合右手螺旋定则。在上述平面内围绕导线作一任意形状的闭合路径 $C$(图 12.20)，沿 $C$ 计算 $\boldsymbol{B}$ 的环路积分 $\oint_C \boldsymbol{B}\cdot d\boldsymbol{r}$ 的值。先计算 $\boldsymbol{B}\cdot d\boldsymbol{r}$ 的值。如图示，在路径上任一点 $P$ 处，$d\boldsymbol{r}$ 与 $\boldsymbol{B}$ 的夹角为 $\theta$，它对电流通过点所张的角为 $d\alpha$。由于 $\boldsymbol{B}$ 垂直于径矢 $\boldsymbol{r}$，因而 $|d\boldsymbol{r}|\cos\theta$ 就是 $d\boldsymbol{r}$ 在垂直于 $\boldsymbol{r}$ 方向上的投影，它等于 $d\alpha$ 所对的以 $r$ 为半径的弧长。由于此弧长等于 $r d\alpha$，所以

$$\boldsymbol{B}\cdot d\boldsymbol{r}=B r d\alpha$$

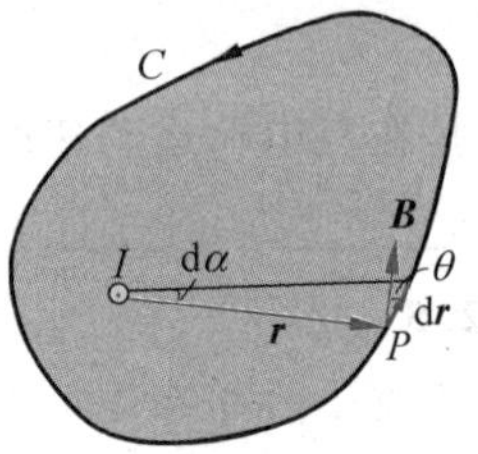

图 12.20 安培环路定理的说明

沿闭合路径 $C$ 的 $\boldsymbol{B}$ 的环路积分为

$$\oint_C \boldsymbol{B}\cdot d\boldsymbol{r}=\oint_C B r d\alpha$$

将前面的 $\boldsymbol{B}$ 值代入上式，可得

$$\oint_C \boldsymbol{B}\cdot d\boldsymbol{r}=\oint_C \frac{\mu_0 I}{2\pi r} r d\alpha=\frac{\mu_0 I}{2\pi}\oint_C d\alpha$$

沿整个路径一周积分，$\oint_C d\alpha=2\pi$，所以

$$\oint_C \boldsymbol{B}\cdot d\boldsymbol{r}=\mu_0 I \tag{12.25}$$

此式说明，当闭合路径 $C$ 包围电流 $I$ 时，这个电流对该环路上 $\boldsymbol{B}$ 的环路积分的贡献为 $\mu_0 I$。

如果电流的方向相反，仍按如图 12.20 所示的路径 $C$ 的方向进行积分时，由于 $\boldsymbol{B}$ 的方向与图示方向相反，所以应该得

$$\oint_C \boldsymbol{B}\cdot d\boldsymbol{r}=-\mu_0 I$$

可见积分的结果与电流的方向有关。如果对于电流的正负作如下的规定，即电流方向与 $C$ 的绕行方向符合右手螺旋定则时，此电流为正，否则为负，则 $\boldsymbol{B}$ 的环路积分的值可以统一地用式(12.25)表示。

如果闭合路径不包围电流，例如，图 12.21 中 $C$ 为在垂直于直导线平面内的任一不围绕导线的闭合路径，那么可以从导线与上述平面的交点作 $C$ 的切线，将 $C$ 分成 $C_1$ 和 $C_2$ 两部分，再沿图示方向取 $\boldsymbol{B}$ 的环流，于是有

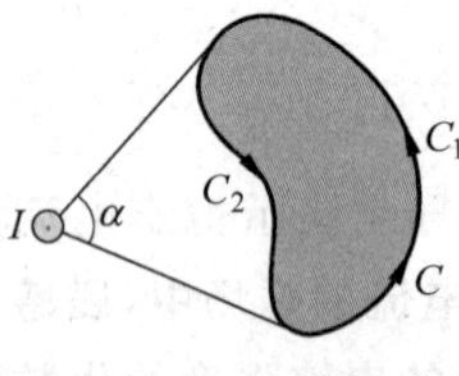

图 12.21 $C$ 不包围电流的情况

$$\begin{aligned}\oint_C \boldsymbol{B}\cdot d\boldsymbol{r}&=\int_{C_1}\boldsymbol{B}\cdot d\boldsymbol{r}+\int_{C_2}\boldsymbol{B}\cdot d\boldsymbol{r}\\&=\frac{\mu_0 I}{2\pi}\left(\int_{C_1}d\alpha+\int_{C_2}d\alpha\right)\\&=\frac{\mu_0 I}{2\pi}[\alpha+(-\alpha)]=0\end{aligned}$$

可见，闭合路径 $C$ 不包围电流时，该电流对沿这一闭合路径的 $\boldsymbol{B}$ 的环路积分无贡献。

上面的讨论只涉及在垂直于长直电流的平面内的闭合路径。可以比较容易地论证在长

直电流的情况下，对非平面闭合路径，上述讨论也适用。还可以进一步证明(步骤比较复杂，证明略去)，对于任意的闭合恒定电流，上述 $\boldsymbol{B}$ 的环路积分和电流的关系仍然成立。这样，再根据磁场叠加原理可得到，当有若干个闭合恒定电流存在时，沿任一闭合路径$C$的合磁场 $\boldsymbol{B}$ 的环路积分应为

$$\oint_C \boldsymbol{B} \cdot \mathrm{d}\boldsymbol{r} = \mu_0 \sum I_{\text{in}}$$

式中 $\sum I_{\text{in}}$ 是环路 $C$ 所包围的电流的代数和。这就是我们要说明的安培环路定理。

这里特别要注意闭合路径 $C$"包围"的电流的意义。对于闭合的恒定电流来说，只有与 $C$ 相**铰链**的电流，才算被 $C$ 包围的电流。在图 12.22 中，电流 $I_1$，$I_2$ 被回路$C$所包围，而且 $I_1$ 为正，$I_2$ 为负；$I_3$ 和 $I_4$ 没有被 $C$ 所包围，它们对沿 $C$ 的 $\boldsymbol{B}$ 的环路积分无贡献。

如果电流回路为螺旋形，而积分环路 $C$ 与数匝电流铰链，则可作如下处理。如图 12.23 所示，设电流有 2 匝，$C$ 为积分路径。可以设想将 $cf$ 用导线连接起来，并想象在这一段导线中有两支方向相反，大小都等于 $I$ 的电流流通。这样的两支电流不影响原来的电流和磁场的分布。这时 $abcfa$ 组成了一个电流回路，$cdefc$ 也组成了一个电流回路，对 $C$ 计算 $\boldsymbol{B}$ 的环路积分时，应有

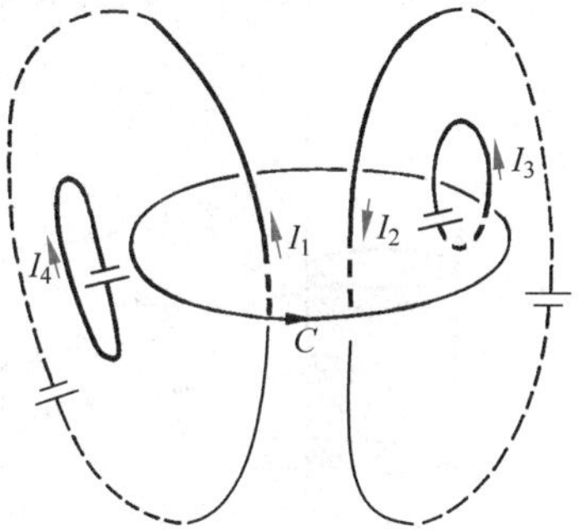


图 12.22 电流回路与环路 $C$ 铰链

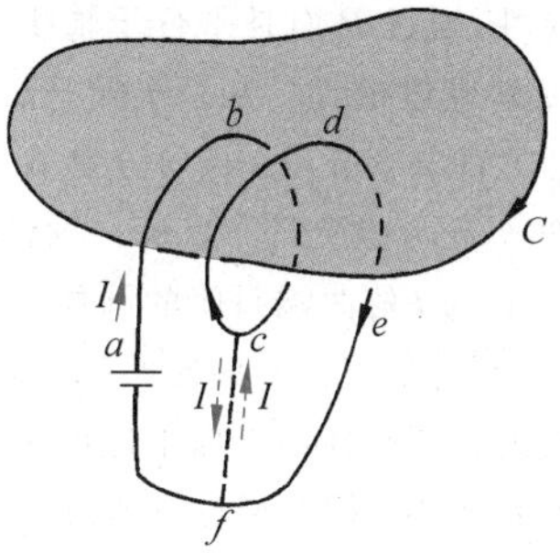


图 12.23 积分回路 $C$ 与 2 匝电流铰链

$$\oint_C \boldsymbol{B} \cdot \mathrm{d}\boldsymbol{r} = \mu_0 (I + I) = \mu_0 \cdot 2I$$

此式就是上述情况下实际存在的电流所产生的磁场 $\boldsymbol{B}$ 沿 $C$ 的环路积分。

如果电流在螺线管中流通，而积分环路 $C$ 与 $N$ 匝线圈铰链，则同理可得

$$\oint_C \boldsymbol{B} \cdot \mathrm{d}\boldsymbol{r} = \mu_0 NI \tag{12.26}$$

应该强调指出，安培环路定理表达式中右端的 $\sum I_{\text{in}}$ 中包括闭合路径 $C$ 所包围的电流的代数和，但在式左端的 $\boldsymbol{B}$ 却代表空间所有电流产生的磁感应强度的矢量和，其中也包括那些不被 $C$ 所包围的电流产生的磁场，只不过后者的磁场对沿 $C$ 的 $\boldsymbol{B}$ 的环路积分无贡献罢了。

还应明确的是，安培环路定理中的电流都应该是**闭合**恒定电流，对于一段恒定电流的磁场，安培环路定理不成立(对于图 12.19 的说明所涉及的无限长直电流，可以认为是在无限远处闭合的)。对于变化电流的磁场，式(12.24)的定理形式也不成立，其推广的形式见 12.7 节。

## 12.6　利用安培环路定理求磁场的分布

正如利用高斯定律可以方便地计算某些具有对称性的带电体的电场分布一样，利用安培环路定理也可以方便地计算出某些具有一定对称性的载流导线的磁场分布。

利用安培环路定理求磁场分布一般也包含两步：首先依据电流的对称性分析磁场分布的对称性，然后再利用安培环路定理计算磁感应强度的数值和方向。此过程中决定性的技巧是选取合适的闭合路径 $C$（也称**安培环路**），以便使积分 $\oint_C \boldsymbol{B}\cdot \mathrm{d}\boldsymbol{r}$ 中的 $\boldsymbol{B}$ 能以标量形式从积分号内提出来。

下面举几个例子。

---

**例 12.6**

无限长圆柱面电流的磁场分布。设圆柱面半径为 $R$，面上均匀分布的轴向总电流为 $I$。求这一电流系统的磁场分布。

**解**　如图 12.24 所示，$P$ 为距柱面轴线距离为 $r$ 处的一点。由于圆柱无限长，根据电流沿轴线分布的平移对称性，通过 $P$ 而且平行于轴线的直线上各点的磁感应强度 $\boldsymbol{B}$ 应该相同。为了分析 $P$ 点的磁场，将 $\boldsymbol{B}$ 分解为相互垂直的 3 个分量：径向分量 $\boldsymbol{B}_r$，轴向分量 $\boldsymbol{B}_\mathrm{a}$ 和切向分量 $\boldsymbol{B}_\mathrm{t}$。先考虑径向分量 $\boldsymbol{B}_r$。设想与圆柱同轴的一段半径为 $r$，长为 $l$ 的两端封闭的圆柱面。根据电流分布的柱对称性，在此封闭圆柱面侧面($S_1$)上各点的 $B_r$ 应该相等。通过此封闭圆柱面上底下底的磁通量由 $\boldsymbol{B}_\mathrm{a}$ 决定，一正一负相消为零。因此通过封闭圆柱面的磁通量为

$$\oint_S \boldsymbol{B}\cdot \mathrm{d}\boldsymbol{S} = \int_{S_1} B_r \mathrm{d}S = 2\pi r l B_r$$

由磁通连续定理公式(12.8)可知此磁通量应等于零，于是 $B_r = 0$。这就是说，无限长圆柱面电流的磁场不能有径向分量。

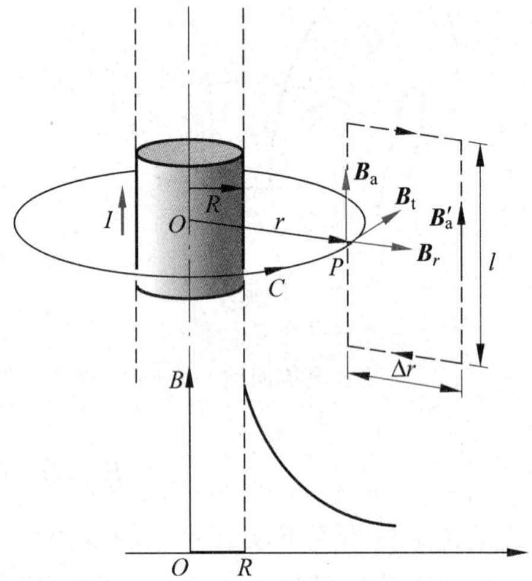


图 12.24　无限长圆柱面电流的磁场的对称性分析

其次考虑轴向分量 $\boldsymbol{B}_\mathrm{a}$。设想通过 $P$ 点的一个长为 $l$，宽为 $\Delta r$ 的，与圆柱轴线共面的闭合矩形回路 $C$，以 $\boldsymbol{B}'_\mathrm{a}$ 表示另一边处的磁场的轴向分量。沿此回路的磁场的环路积分为

$$\oint_C \boldsymbol{B}\cdot \mathrm{d}\boldsymbol{r} = B_\mathrm{a} l - B'_\mathrm{a} l$$

由于此回路并未包围电流，所以此环路积分应等于零，于是得 $B_\mathrm{a} = B'_\mathrm{a}$。但是这意味着 $B_\mathrm{a}$ 到处一样而且其大小无定解，即对于给定的电流，$B_\mathrm{a}$ 可以等于任意值。这是不可能的。因此，对于任意给定的电流 $I$ 值，只能有 $\boldsymbol{B}_\mathrm{a} = 0$。这就是说，无限长直圆柱面电流的磁场不可能有轴向分量。

这样，无限长直圆柱面电流的磁场就只可能有切向分量了，即 $\boldsymbol{B} = \boldsymbol{B}_\mathrm{t}$。由电流的轴对称性可知，在通过 $P$ 点，垂直于圆柱面轴线的圆周 $C$ 上各点的 $\boldsymbol{B}$ 的指向都沿同一绕行方向，而且大小相等。于是沿此圆周(取与电流成右手螺线关系的绕向为正方向)的 $\boldsymbol{B}$ 的环路积分为

$$\oint_C \boldsymbol{B}\cdot \mathrm{d}\boldsymbol{r} = B\cdot 2\pi r$$

由此得

$$B=\frac{\mu_0 I}{2\pi r}\quad (r>R) \tag{12.27}$$

这一结果说明，在无限长圆柱面电流外面的磁场分布与电流都汇流在轴线中的直线电流产生的磁场相同。

如果选 $r<R$ 的圆周作安培环路，上述分析仍然适用，但由于 $\sum I_{in}=0$，所以有

$$B=0\quad (r<R) \tag{12.28}$$

即在无限长圆柱面电流内的磁场为零。图 12.24 中也画出了 $B$-$r$ 曲线。

---

**例 12.7**

通电螺绕环的磁场分布。如图 12.25(a)所示的环状螺线管叫**螺绕环**。设环管的轴线半径为 $R$，环上均匀密绕 $N$ 匝线圈(图 12.25(b))，线圈中通有电流 $I$。求线圈中电流的磁场分布。

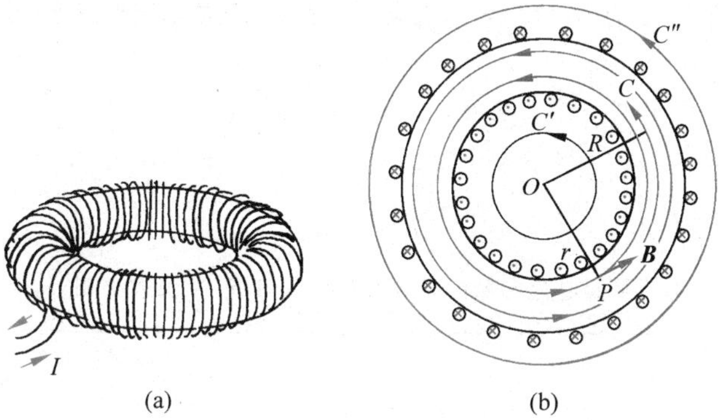


图 12.25 螺绕环及其磁场

(a) 螺绕环；(b) 螺绕环磁场分布

**解** 根据电流分布的对称性，仿照例 12.6 的对称性分析方法，可得与螺绕环共轴的圆周上各点 $\boldsymbol{B}$ 的大小相等，方向沿圆周的切线方向。以在环管内顺着环管的，半径为 $r$ 的圆周为安培环路 $C$，则

$$\oint_C \boldsymbol{B}\cdot \mathrm{d}\boldsymbol{r}=B\cdot 2\pi r$$

该环路所包围的电流为 $NI$，故安培环路定理给出

$$B\cdot 2\pi r=\mu_0 NI$$

由此得

$$B=\frac{\mu_0 NI}{2\pi r}\quad (\text{在环管内}) \tag{12.29}$$

在环管横截面半径比环半径 $R$ 小得多的情况下，可忽略从环心到管内各点的 $r$ 的区别而取 $r=R$，这样就有

$$B=\frac{\mu_0 NI}{2\pi R}=\mu_0 nI \tag{12.30}$$

其中 $n=N/2\pi R$ 为螺绕环单位长度上的匝数。

对于管外任一点，过该点作一与螺绕环共轴的圆周为安培环路 $C'$ 或 $C''$，由于这时 $\sum I_{in}=0$，所以有

$$B=0\quad (\text{在环管外}) \tag{12.31}$$

上述两式的结果说明，密绕螺绕环的磁场集中在管内，外部无磁场。这也和用铁粉显示的通电螺绕环的磁场分布图像(图 12.7(d))一致。

**例 12.8**

无限大平面电流的磁场分布。如图 12.26 所示，一无限大导体薄平板垂直于纸面放置，其上有方向指向读者的电流流通，**面电流密度**(即通过与电流方向垂直的单位长度的电流)到处均匀，大小为 $j$。求此电流板的磁场分布。

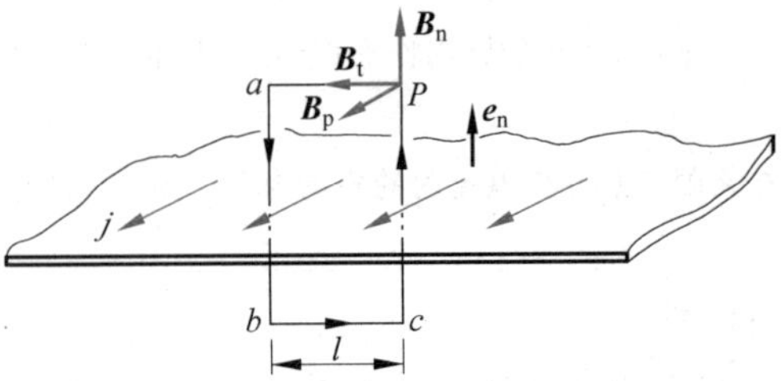

图 12.26 无限大平面电流的磁场分析

**解** 先分析任一点 $P$ 处的磁场 $\boldsymbol{B}$。如图 12.26 所示，将 $\boldsymbol{B}$ 分解为相互垂直的3个分量：垂直于电流平面的分量 $\boldsymbol{B}_n$，与电流平行的分量 $\boldsymbol{B}_p$ 以及与电流平面平行且与电流方向垂直的分量 $\boldsymbol{B}_t$。类似例 12.6 的分析，利用平面对称和磁通连续定理可得 $\boldsymbol{B}_n=0$，利用安培环路定理可得 $\boldsymbol{B}_p=0$。因此 $\boldsymbol{B}=\boldsymbol{B}_t$。根据这一结果，可以作矩形回路 $PabcP$，其中 $Pa$ 和 $bc$ 两边与电流平面平行，长为 $l$，$ab$ 和 $cP$ 与电流平面垂直而且被电流平面等分。该回路所包围的电流为 $jl$，由安培环路定理，有

$$\oint_C \boldsymbol{B}\cdot \mathrm{d}\boldsymbol{r} = B\cdot 2l = \mu_0 jl$$

由此得

$$B = \frac{1}{2}\mu_0 j \tag{12.32}$$

这个结果说明，在无限大均匀平面电流两侧的磁场都是均匀磁场，并且大小相等，但方向相反。

## 12.7 与变化电场相联系的磁场

在安培环路定理公式(12.24)的说明中，曾指出闭合路径所包围的电流是指与该闭合路径所**铰链**的闭合电流。由于电流是闭合的，所以与闭合路径“铰链”也意味着该电流穿过以该闭合路径为边的**任意形状**的曲面。例如，在图 12.27 中，闭合路径 $C$ 环绕着电流 $I$，该电流通过以 $L$ 为边的平面 $S_1$，它也同样通过以 $C$ 为边的口袋形曲面 $S_2$，由于恒定电流总是闭合的，所以安培环路定理的正确性与所设想的曲面 $S$ 的形状无关，只要闭合路径是确定的就可以了。

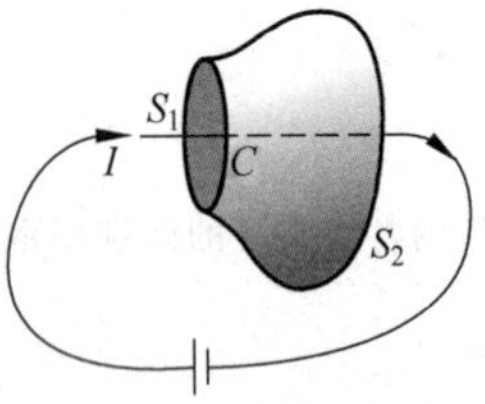

图 12.27 $C$ 环路环绕闭合电流

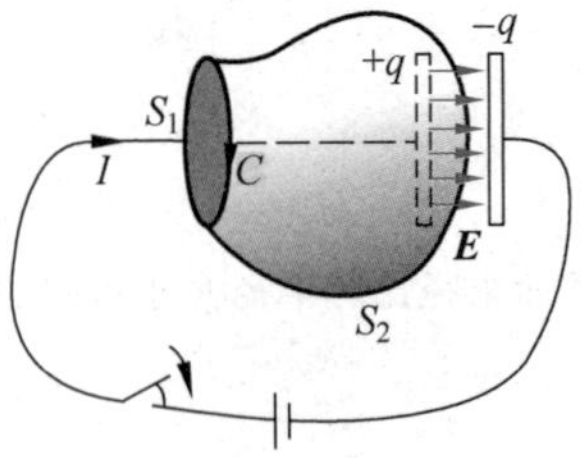

图 12.28 $C$ 环路环绕不闭合电流

实际上也常遇到并不闭合的电流，如电容器充电(或放电)时的电流(图 12.28)。这时电流随时间改变，也不再是恒定的了，那么安培环路定理是否还成立呢？由于电流不闭合，所以不能再说它与闭合路径铰链了。实际上这时通过 $S_1$ 和通过 $S_2$ 的电流不相等了。如果按面 $S_1$ 计算电流，沿闭合路径 $C$ 的 $\boldsymbol{B}$ 的环路积分等于 $\mu_0 I$。但如果按面 $S_2$ 计算电流，则由

于没有电流通过面 $S_2$,沿闭合路径 $C$ 的 $\boldsymbol{B}$ 的环路积分按式(12.24)就要等于零。由于沿同一闭合路径 $\boldsymbol{B}$ 的环流只能有一个值,所以这里明显地出现了矛盾。它说明以式(12.24)的形式表示的安培环路定理不适用于非恒定电流的情况。

1861 年麦克斯韦研究电磁场的规律时,想把安培环路定理推广到非恒定电流的情况。他注意到如图 12.28 所示的电容器充电的情况下,在电流断开处,随着电容器被充电,这里总有电荷的不断积累或散开,如在电容器充电时,两平行板上的电量是不断变化的,因而在电流断开处的**电场总是变化的**。他大胆地假设这电场的变化和磁场相联系,并从他的理论的要求出发给出在没有电流的情况下这种联系的定量关系为

$$\oint_C \boldsymbol{B}\cdot \mathrm{d}\boldsymbol{r} = \mu_0\varepsilon_0 \frac{\mathrm{d}\Phi_e}{\mathrm{d}t} = \mu_0\varepsilon_0 \frac{\mathrm{d}}{\mathrm{d}t}\int_S \boldsymbol{E}\cdot \mathrm{d}\boldsymbol{S} \tag{12.33}$$

式中 $S$ 是以闭合路径 $C$ 为边线的任意形状的曲面。此式说明和变化电场相联系的磁场沿闭合路径 $C$ 的环路积分等于以该路径为边线的任意曲面的电通量 $\Phi_e$ 的变化率的 $\mu_0\varepsilon_0$(即 $1/c^2$)倍(国际单位制)。电场和磁场的这种**联系**常被称为变化的电场产生磁场,式(12.33)就成了**变化电场产生磁场的规律**,或称麦克斯韦定律。

如果一个面 $S$ 上有传导电流(即电荷运动形成的电流)$I_c$ 通过而且还同时有变化的电场存在,则沿此面的边线 $L$ 的磁场的环路积分由下式决定:

$$\begin{aligned}\oint_C \boldsymbol{B}\cdot \mathrm{d}\boldsymbol{r} &= \mu_0\left(I_{c,\mathrm{in}} + \varepsilon_0 \frac{\mathrm{d}}{\mathrm{d}t}\int_S \boldsymbol{E}\cdot \mathrm{d}\boldsymbol{S}\right)\\ &= \mu_0\int_S\left(\boldsymbol{J}_c + \varepsilon_0\frac{\partial \boldsymbol{E}}{\partial t}\right)\cdot \mathrm{d}\boldsymbol{S}\end{aligned} \tag{12.34}$$

这一公式被称做**推广了的或普遍的安培环路定理**。事后的实验证明,麦克斯韦的假设和他提出的定量关系是完全正确的,而式(12.34)也就成了一条电磁学的基本定律。

由于式(12.34)中第一个等号右侧括号内第二项具有电流的量纲,所以也可以把它叫做“电流”。麦克斯韦在引进这一项时曾把它和“以太粒子”的运动联系起来,并把它叫做**位移电流**。以 $I_d$ 表示通过 $S$ 面的位移电流,则有

$$I_d = \varepsilon_0 \frac{\mathrm{d}\Phi_e}{\mathrm{d}t} = \varepsilon_0 \frac{\mathrm{d}}{\mathrm{d}t}\int_S \boldsymbol{E}\cdot \mathrm{d}\boldsymbol{S} \tag{12.35}$$

而位移电流密度 $\boldsymbol{J}_d$ 则直接和电场的变化相联系,即

$$\boldsymbol{J}_d = \varepsilon_0 \frac{\partial \boldsymbol{E}}{\partial t} \tag{12.36}$$

现在,从本质上看来,真空中的位移电流不过是变化电场的代称,并不是电荷的运动①,而且除了在产生磁场方面与电荷运动形成的传导电流等效外,和传导电流并无其他共同之处。

传导电流与位移电流之和,即式(12.34)第一个等号右侧括号中两项之和称做“**全电流**”。以 $I$ 表示全电流,则通过 $S$ 面的全电流为

$$I = I_c + I_d = \int_S \boldsymbol{J}_c\cdot \mathrm{d}\boldsymbol{S} + \int_S \boldsymbol{J}_d\cdot \mathrm{d}\boldsymbol{S} = \int_S\left(\boldsymbol{J}_c + \varepsilon_0\frac{\partial \boldsymbol{E}}{\partial t}\right)\cdot \mathrm{d}\boldsymbol{S} \tag{12.37}$$

现在再来讨论图 12.28 所示的情况。对口袋形面积 $S_2$ 来说,并没有传导电流 $I$ 通过,

---

① 位移电流的一般定义是电位移通量的变化率,即 $I_d = \frac{\mathrm{d}}{\mathrm{d}t}\Phi_d = \frac{\mathrm{d}}{\mathrm{d}t}\int_S \boldsymbol{D}\cdot \mathrm{d}\boldsymbol{S}$。在电介质内部,位移电流中确有一部分是电荷(束缚电荷)的定向运动。

但由于电场的变化而有位移电流通过。由于板间 $E=\sigma/\varepsilon_0$，所以 $\Phi_e=q/\varepsilon_0$，其中 $q$ 是一个板上已积累的电荷。因此通过 $S_2$ 面的位移电流为

$$I_d=\varepsilon_0\frac{d\Phi_e}{dt}=\frac{dq}{dt}$$

由于单位时间内极板上电荷的增量 $dq/dt$ 等于通过导线流入极板的电流 $I$，所以上式给出 $I_d=I$。这就是说，对于和磁场的关系来说，**全电流是连续的**，而式(12.34)中 $\boldsymbol{B}$ 的环路积分也就和以积分回路 $L$ 为边的面积 $S$ 的形状无关了。

现在考虑全电流的一般情况。对于有全电流分布的空间，通过任一封闭曲面的全电流为

$$I=\oint_S \boldsymbol{J}_c\cdot d\boldsymbol{S}+\varepsilon_0\frac{d}{dt}\oint_S \boldsymbol{E}\cdot d\boldsymbol{S}=\oint_S \boldsymbol{J}_c\cdot d\boldsymbol{S}+\frac{dq_{in}}{dt}$$

此式后一等式应用了高斯定律 $\oint_S \boldsymbol{E}\cdot d\boldsymbol{S}=q_{in}/\varepsilon_0$。此式第二个等号后第一项表示流出封闭面的总电流，即单位时间内流出封闭面的电量。第二项表示单位时间内封闭面内电荷的增量。根据表示电荷守恒的连续性方程式(11.7)，这两项之和应该等于零。这就是说，通过任意封闭曲面的全电流等于零，也就是说，全电流总是连续的。上述电容器充电时全电流的连续正是这个结论的一个特例。

---

**例 12.9**

一板面半径为 $R=0.2$ m 的圆形平行板电容器，正以 $I_c=10$ A 的传导电流充电。求在板间距轴线 $r_1=0.1$ m 处和 $r_2=0.3$ m 处的磁场(忽略边缘效应)。

**解**　两板之间的电场为

$$E=\sigma/\varepsilon_0=\frac{q}{\pi\varepsilon_0 R^2}$$

由此得

$$\frac{dE}{dt}=\frac{1}{\pi\varepsilon_0 R^2}\frac{dq}{dt}=\frac{I_c}{\pi\varepsilon_0 R^2}$$

如图 12.29(a)所示，由于两板间的电场对圆形平板具有轴对称性，所以磁场的分布也具有轴对称性。磁感线都是垂直于电场而圆心在圆板中心轴线上的同心圆，其绕向与$\frac{d\boldsymbol{E}}{dt}$的方向符合右手螺旋定则。

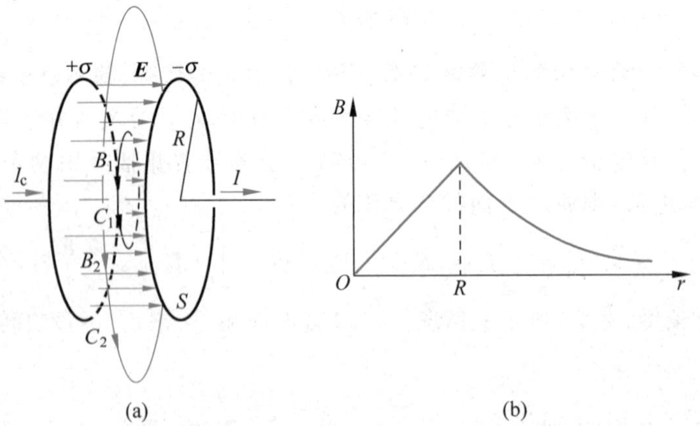


图 12.29　平行板电容器充电时，板间的磁场分布(a)和 $B$ 随 $r$ 变化的曲线(b)

取半径为 $r_1$ 的圆周为安培环路 $C_1$，$\boldsymbol{B}_1$ 的环路积分为

$$\oint_C \boldsymbol{B}_1 \cdot \mathrm{d}\boldsymbol{r} = 2\pi r_1 B_1$$

而

$$\frac{\mathrm{d}\Phi_{e1}}{\mathrm{d}t} = \pi r_1^2 \frac{\mathrm{d}E}{\mathrm{d}t} = \frac{\pi r_1^2 I_c}{\pi \varepsilon_0 R^2} = \frac{r_1^2 I_c}{\varepsilon_0 R^2}$$

式(12.33)给出

$$2\pi r_1 B_1 = \mu_0 \varepsilon_0 \frac{r_1^2 I_c}{\varepsilon_0 R^2} = \mu_0 \frac{r_1^2 I_c}{R^2}$$

由此得

$$B_1 = \frac{\mu_0 r_1 I_c}{2\pi R^2} = \frac{4\pi \times 10^{-7} \times 0.1 \times 10}{2\pi \times 0.2^2} = 5 \times 10^{-6}\,(\mathrm{T})$$

对于 $r_2$，由于 $r_2 > R$，取半径为 $r_2$ 的圆周 $C_2$ 为安培环路时，

$$\frac{\mathrm{d}\Phi_{e2}}{\mathrm{d}t} = \pi R^2 \frac{\mathrm{d}E}{\mathrm{d}t} = \frac{I_c}{\varepsilon_0}$$

式(12.33)给出

$$2\pi r_2 B_2 = \mu_0 I_c$$

由此得

$$B_2 = \frac{\mu_0 I_c}{2\pi r_2} = \frac{4\pi \times 10^{-7} \times 10}{2\pi \times 0.3} = 6.67 \times 10^{-6}\,(\mathrm{T})$$

磁场的方向如图 12.29(a)所示。图 12.29(b)中画出了板间磁场的大小随离中心轴的距离变化的关系曲线。

---

## *12.8 电场和磁场的相对性和统一性

一个静止的电荷在其周围产生电场 $\boldsymbol{E}$。在这电场中，另一个静止的电荷 $q$ 会受到作用力 $\boldsymbol{F}=q\boldsymbol{E}$，这力称为电场力。当 $q$ 在这电场中运动时，在同一地点也会受到电场力。这电场力和受力电荷 $q$ 的速度无关，仍为 $\boldsymbol{F}=q\boldsymbol{E}$。

在 12.2 节曾指出，场源电荷运动时，在其周围运动的电荷 $q$，不但受到与 $q$ 速度无关的力，而且还会受到决定于其速度方向和大小的力。前者归之于电力，后者被称为磁力。由于电力和磁力都是通过场发生的，所以我们说，在运动电荷的周围，不但存在着电场，而且还有磁场。

静止和运动都是相对的。上述事实说明，当我们在场源电荷(如图 12.30 中的长直线电荷)静止的参考系 $S$ 内观测时，只能发现电场的存在图 12.30(a)。但当我们换一个参考系，即在场源电荷 $q$ 是运动的参考系 $S'$内(图 12.30(b))观测时，则不但发现存在有电场，而且还有磁场。两种情况下，场源电荷都一样(而且具有相对论不变性)，但电场和磁场的存在情况却不相同。这种由于运动的相对性，或者说由于从不同的参考系观测，引起的不同，说明电场和磁场的相对论性联系，或者，简单些说，电场和磁场具有相对性。

一般地说，可以用狭义相对论证明(爱因斯坦在他的 1905 年那篇提出相对论的著名文章中首先给出了这个证明)，同一电荷系统(不管其成员静止还是运动)周围的电场和磁场，在不同的参考系内观测，会有不同的表现，而且和参考系的相对运动速度有定量的关系。以

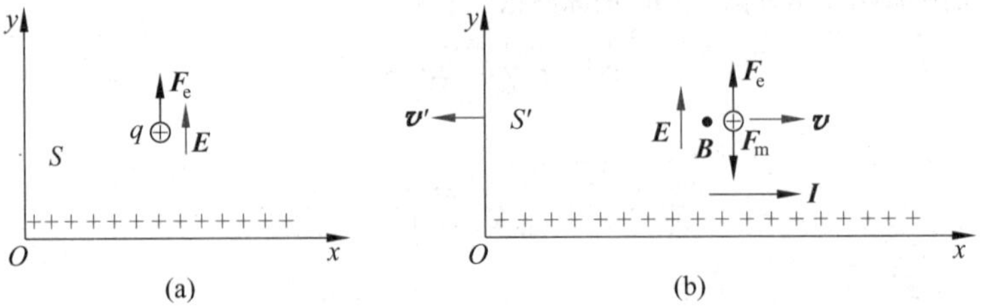


图 12.30 电场磁场和参考系

(a) 在其中场源电荷静止的参考系 S；(b) 在其中场源电荷运动的参考系 S'

$\boldsymbol{E}(E_x, E_y, E_z)$，$\boldsymbol{B}(B_x, B_y, B_z)$和$\boldsymbol{E}'(E'_x, E'_y, E'_z)$，$\boldsymbol{B}'(B'_x, B'_y, B'_z)$分别表示在 S 系和 S' 系（以速度 $\boldsymbol{u}$ 沿 S 系的 $x$ 轴正向运动）的电场和磁场，则它们之间有下述变换关系：

$$\left.\begin{aligned}
&E'_x = E_x, && B'_x = B_x\\
&E'_y = (E_y - uB_z)/\sqrt{1-u^2/c^2}, && B'_y = \left(B_y + \frac{u}{c^2}E_z\right)/\sqrt{1-u^2/c^2}\\
&E'_z = (E_z + uB_y)/\sqrt{1-u^2/c^2}, && B'_z = \left(B_z - \frac{u}{c^2}E_y\right)/\sqrt{1-u^2/c^2}
\end{aligned}\right\} \tag{12.38}$$

就像洛伦兹变换公式说明了时间和空间的紧密联系而构成统一的时空一样，式(12.38)所表示的电场和磁场的相对论性联系，同时也就说明了电场和磁场构成了一个统一的实体，这一实体称为**电磁场**。

## 提要

1. **磁力**：磁力是运动电荷之间的相互作用，它是通过磁场实现的。
2. **磁感应强度 B**：用洛伦兹力公式定义 $\boldsymbol{F}=q\boldsymbol{v}\times\boldsymbol{B}$。
3. **毕奥-萨伐尔定律**：电流元的磁场

$$\mathrm{d}\boldsymbol{B} = \frac{\mu_0 I\mathrm{d}\boldsymbol{l}\times\boldsymbol{e}_r}{4\pi r^2}$$

其中真空磁导率：$\mu_0 = 4\pi\times10^{-7}\ \mathrm{N/A^2}$。

4. **磁通连续定理**：$\oint_S \boldsymbol{B}\cdot\mathrm{d}\boldsymbol{S} = 0$ 此定理表明没有单独的“磁场”存在。

5. **典型磁场**：无限长直电流的磁场：$B=\dfrac{\mu_0 I}{2\pi r}$

载流长直螺线管内的磁场：$B=\mu_0 nI$

匀速运动($v\ll c$)电荷的磁场：$\boldsymbol{B}=\dfrac{\mu_0 q\ \boldsymbol{v}\times\boldsymbol{e}_r}{4\pi r^2}$

6. **安培环路定理**(适用于恒定电流)

$$\oint_L \boldsymbol{B}\cdot\mathrm{d}\boldsymbol{r} = \mu_0\sum I_{\mathrm{in}}$$

7. **与变化电场相联系的磁场**

$$\oint_L \boldsymbol{B}\cdot\mathrm{d}\boldsymbol{r} = \mu_0\varepsilon_0\frac{\mathrm{d}}{\mathrm{d}t}\int_S \boldsymbol{E}\cdot\mathrm{d}\boldsymbol{S}$$

位移电流：$I_d = \varepsilon_0 \dfrac{d}{dt}\int_S \boldsymbol{E} \cdot d\boldsymbol{S}$

位移电流密度：$\boldsymbol{J}_d = \varepsilon_0 \dfrac{\partial \boldsymbol{E}}{\partial t}$

全电流：$I = I_c + I_d$，总是连续的。

**8. 普遍的安培环路定理**

$$\oint_L \boldsymbol{B} \cdot d\boldsymbol{r} = \mu_0 \left( I + \varepsilon_0 \frac{d}{dt}\int_S \boldsymbol{E} \cdot d\boldsymbol{S} \right)$$

## 思考题

12.1 在电子仪器中，为了减弱与电源相连的两条导线的磁场，通常总是把它们扭在一起。为什么？

12.2 两根通有同样电流 $I$ 的长直导线十字交叉放在一起，交叉点相互绝缘(图 12.31)。试判断何处的合磁场为零。

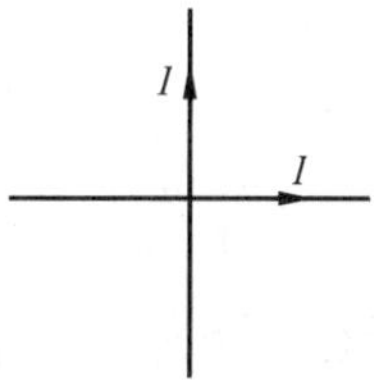


图 12.31 思考题 12.2 用图

12.3 一根导线中间分成相同的两支，形成一菱形(图 12.32)。通入电流后菱形的两条对角线上的合磁场如何？

12.4 解释等离子体电流的箍缩效应，即等离子柱中通以电流时(图 12.33)，它会受到自身电流的磁场的作用而向轴心收缩的现象。

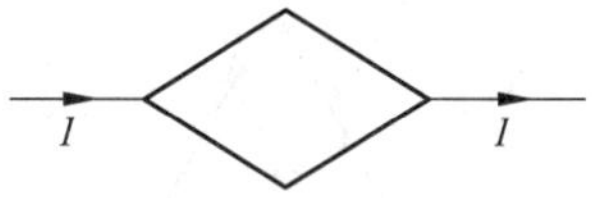


图 12.32 思考题 12.3 用图

图 12.33 思考题 12.4 用图

12.5 研究受控热核反应的托卡马克装置中，等离子体除了受到螺绕环电流的磁约束外也受到自身的感应电流(由中心感应线圈中的变化电流引起，等离子体中产生的感应电流常超过 $10^6$ A)的磁场的约束(图 12.34)。试说明这两种磁场的合磁场的磁感线是绕着等离子体环轴线的螺旋线(这样的磁场更有利于约束等离子体)。

12.6 考虑一个闭合的面，它包围磁铁棒的一个磁极。通过该闭合面的磁通量是多少？

12.7 磁场是不是保守场？

12.8 在无电流的空间区域内，如果磁力线是平行直线，那么磁场一定是均匀场。试证明之。

12.9 试证明：在两磁极间的磁场不可能像图 12.35 那样突然降到零。

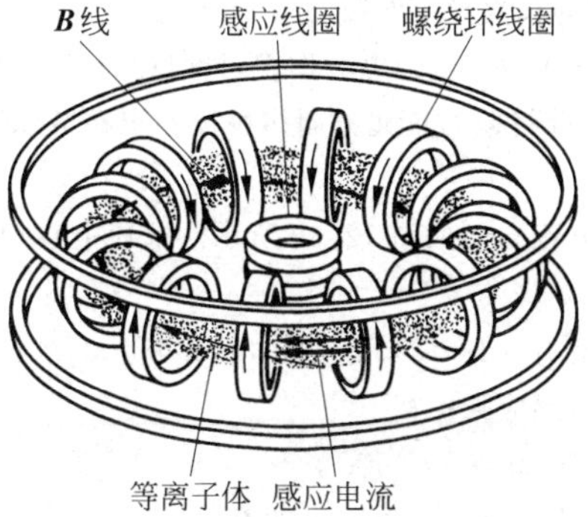


图 12.34 等离子体的约束

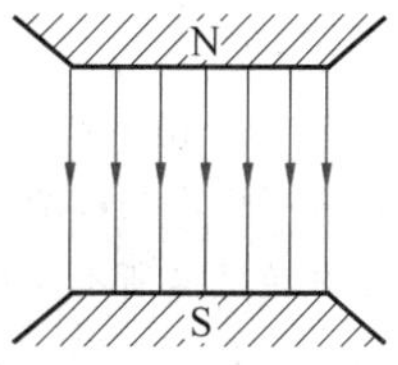


图 12.35 思考题 12.9 用图

12.10 如图 12.36 所示，一长直密绕螺线管，通有电流 $I$。对于闭合回路 $L$，求 $\oint_L \boldsymbol{B}\cdot \mathrm{d}\boldsymbol{r}=$?

12.11 像图 12.37 那样的截面是任意形状的密绕长直螺线管，管内磁场是否是均匀磁场？其磁感应强度是否仍可按 $B=\mu_0 nI$ 计算？

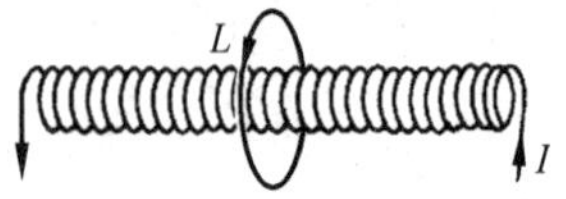


图 12.36 思考题 12.10 用图

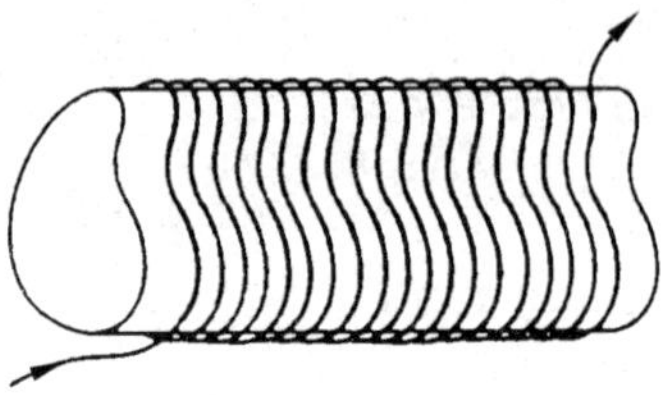

图 12.37 思考题 12.11 用图

12.12 图 12.29 中的电容器充电（电流 $I_c$ 方向如图示）和放电（电流 $I_c$ 的方向与图示方向相反）时，板间位移电流的方向各如何？$r_1$ 处的磁场方向又各如何？

## 习题

12.1 求图 12.38 各图中 $P$ 点的磁感应强度 $\boldsymbol{B}$ 的大小和方向。

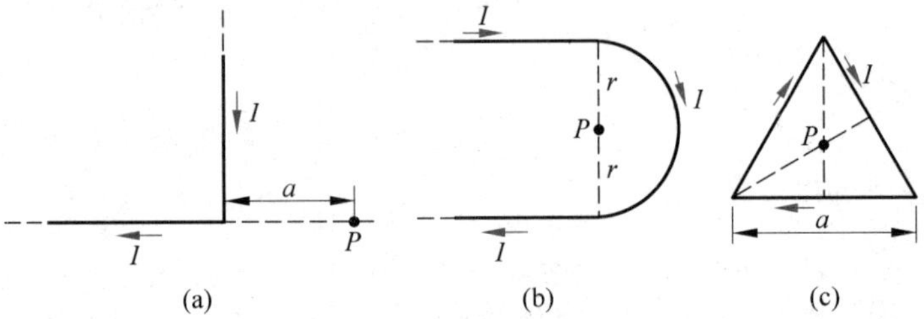


图 12.38 习题 12.1 用图

(a) $P$ 在水平导线延长线上；(b) $P$ 在半圆中心处；(c) $P$ 在正三角形中心

12.2 高压输电线在地面上空 25 m 处，通过电流为 $1.8\times10^3$ A。

(1) 求在地面上由这电流所产生的磁感应强度多大？

(2) 在上述地区，地磁场为 $0.6\times10^{-4}$ T，问输电线产生的磁场与地磁场相比如何？

12.3 在汽船上，指南针装在相距载流导线 0.80 m 处，该导线中电流为 20 A。

(1) 该电流在指南针所在处的磁感应强度多大（导线作为长直导线处理）？

(2) 地磁场的水平分量（向北）为 $0.18\times10^{-4}$ T。由于导线中电流的磁场作用，指南针的指向要偏离正北方向。如果电流的磁场是水平的而且与地磁场垂直，指南针将偏离正北方向多少度？求在最坏情况下，上述汽船中的指南针偏离正北方向多少度。

12.4 两根导线沿半径方向被引到铁环上 $A$，$C$ 两点，电流方向如图 12.39 所示。求环中心 $O$ 处的磁感应强度是多少？

12.5 两平行直导线相距 $d=40$ cm，每根导线载有电流 $I_1=I_2=20$ A，如图 12.40 所示。求：

(1) 两导线所在平面内与该两导线等距离的一点处的磁感应强度；

(2) 通过图中灰色区域所示面积的磁通量（设 $r_1=r_3=10$ cm，$l=25$ cm）。

12.6 如图 12.41 所示，求半圆形电流 $I$ 在半圆的轴线上离圆心距离 $x$ 处的 $\boldsymbol{B}$。

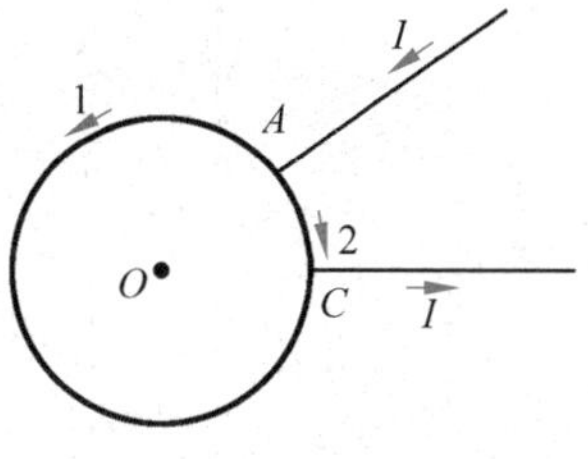

图 12.39 习题 12.4 用图

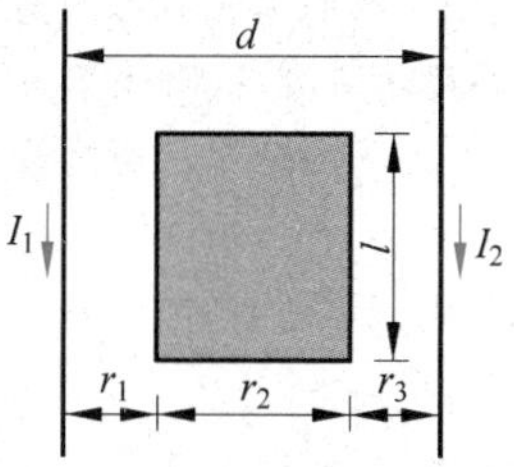

图 12.40 习题 12.5 用图

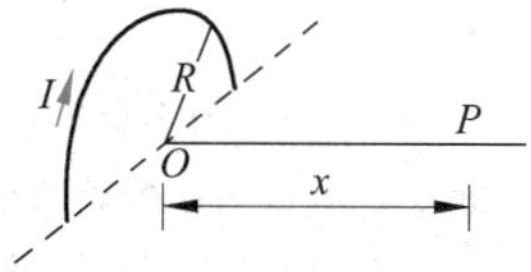

图 12.41 习题 12.6 用图

12.7 连到一个大电磁铁，通有 $I=5.0\times10^3$ A 的电流的长引线构造如下：中间是一直径为 5.0 cm 的铝棒，周围同轴地套以内直径为 7.0 cm，外直径为 9.0 cm 的铝筒作为电流的回程（筒与棒间充以油类并使之流动以散热）。在每件导体的截面上电流密度均匀。计算从轴心到圆筒外侧的磁场分布（铝和油本身对磁场分布无影响），并画出相应的关系曲线。

12.8 根据长直电流的磁场公式(12.10)，用积分法求：

(1) 无限长圆柱均匀面电流 $I$ 内外的磁场分布；

(2) 无限大平面均匀电流（面电流密度 $\boldsymbol{j}$）两侧的磁场分布。

12.9 图 12.11 圆电流 $I$ 在其轴线上磁场由式(12.11)表示。试计算此磁场沿轴线从 $-\infty$ 到 $+\infty$ 的线积分以验证安培环路定理式(12.24)。为什么可忽略此电流"回路"的"回程"部分？

12.10 试设想一矩形回路（图 12.42）并利用安培环路定理导出长直螺线管内的磁场为 $B=\mu_0 nI$。

*12.11 两个半无限长直螺线管对接起来就形成一无限长直螺线管。对于半无限长直螺线管（图 12.43），试用叠加原理证实：

(1) 通过管口的磁通量正好是通过远离管口内部截面的磁通量的一半；

(2) 紧靠管口的那条磁感线 $abc$ 的管外部分是一条垂直于管轴的直线；

(3) 从管侧面"漏出"的磁感线在管外弯离管口，如图中 $def$ 线所表示的那样；

(4) 在管内深处离管轴 $r_0$ 的那条磁感线通过管口时离管轴的距离为 $r=\sqrt{2}r_0$。

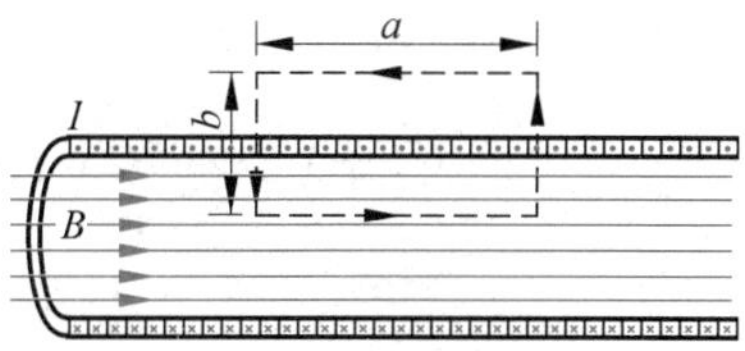

图 12.42 习题 12.10 用图

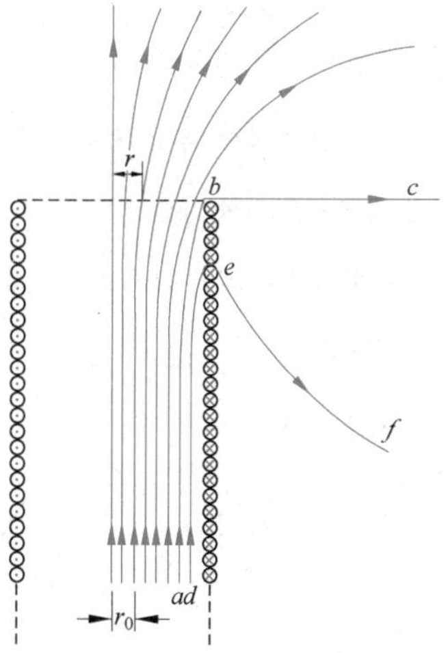

图 12.43 习题 12.11 用图

12.12 研究受控热核反应的托卡马克装置中，用螺绕环产生的磁场来约束其中的等离子体。设某一托卡马克装置中环管轴线的半径为 2.0 m，管截面半径为 1.0 m，环上均匀绕有 10 km 长的水冷铜线。求铜线内通入峰值为 $7.3\times10^4$ A 的脉冲电流时，管内中心的磁场峰值多大（近似地按恒定电流计算）？

12.13 如图12.44所示，线圈均匀密绕在截面为长方形的整个木环上(木环的内外半径分别为 $R_1$ 和 $R_2$，厚度为 $h$，木料对磁场分布无影响)，共有 $N$ 匝，求通入电流 $I$ 后，环内外磁场的分布。通过管截面的磁通量是多少？

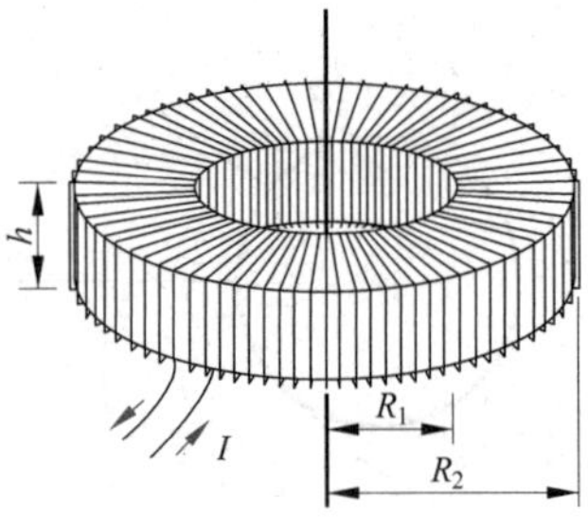

图12.44 习题12.13用图

12.14 两块平行的大金属板上有均匀电流流通，面电流密度都是 $j$，但方向相反。求板间和板外的磁场分布。

12.15 无限长导体圆柱沿轴向通以电流 $I$，截面上各处电流密度均匀分布，柱半径为 $R$。求柱内外磁场分布。在长为 $l$ 的一段圆柱内环绕中心轴线的磁通量是多少？

12.16 有一长圆柱形导体，截面半径为 $R$。今在导体中挖去一个与轴平行的圆柱体，形成一个截面半径为 $r$ 的圆柱形空洞，其横截面如图12.45所示。在有洞的导体柱内有电流沿柱轴方向流通。求洞中各处的磁场分布。设柱内电流均匀分布，电流密度为 $J$，从柱轴到空洞轴之间的距离为 $d$。

12.17 亥姆霍兹(Helmholtz)线圈常用于在实验室中产生均匀磁场。这线圈由两个相互平行的共轴的细线圈组成(图12.46)。线圈半径为 $R$，两线圈相距也为 $R$，线圈中通以同方向的相等电流。

(1) 求 $z$ 轴上任一点的磁感应强度；

(2) 证明在 $z=0$ 处 $\frac{\mathrm{d}B}{\mathrm{d}z}$ 和 $\frac{\mathrm{d}^2 B}{\mathrm{d}z^2}$ 两者都为零。

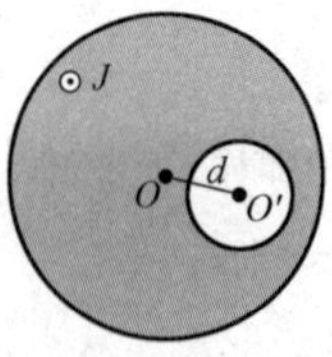

图12.45 习题12.16用图

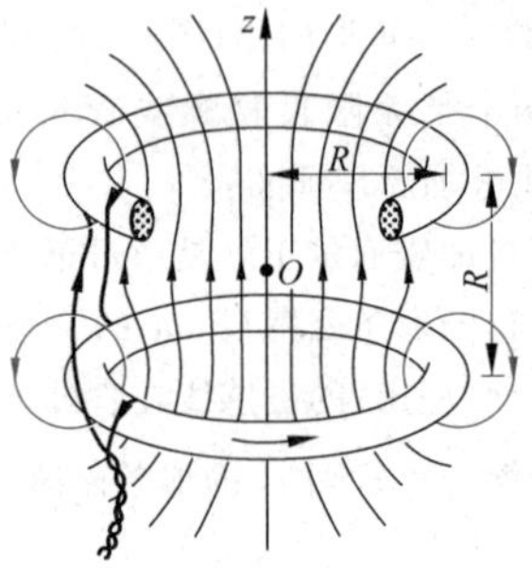

图12.46 习题12.17用图

12.18 一个塑料圆盘，半径为 $R$，表面均匀分布电量 $q$。试证明：当它绕通过盘心而垂直于盘面的轴以角速度 $\omega$ 转动时，盘心处的磁感应强度 $B=\frac{\mu_0 \omega q}{2\pi R}$。

12.19 一平行板电容器的两板都是半径为5.0 cm的圆导体片，在充电时，其中电场强度的变化率为 $\frac{\mathrm{d}E}{\mathrm{d}t}=1.0\times10^{12}\ \mathrm{V/(m\cdot s)}$。

(1) 求两极板间的位移电流；

(2) 求极板边缘的磁感应强度 $\boldsymbol{B}$。

12.20 在一对平行圆形极板组成的电容器(电容 $C=1\times10^{-12}$ F)上，加上频率为50 Hz，峰值为 $1.74\times10^5$ V的交变电压，计算极板间的位移电流的最大值。

## 科学家介绍

# 麦克斯韦

### (James Clerk Maxwell,1831—1879 年)

麦克斯韦像

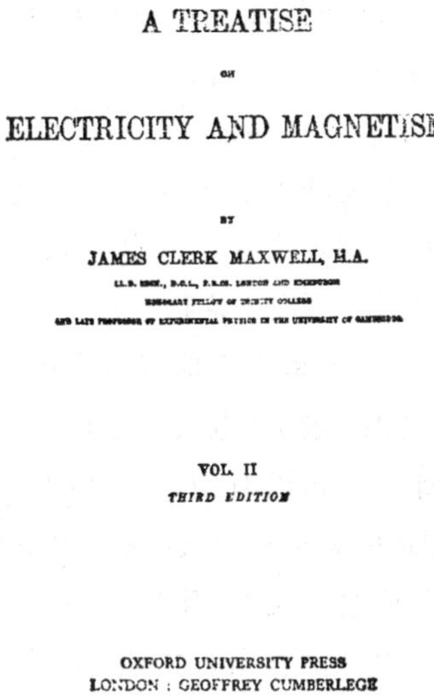

A TREATISE

ON

ELECTRICITY AND MAGNETISM

BY

JAMES CLERK MAXWELL, M.A.

VOL. II

THIRD EDITION

OXFORD UNIVERSITY PRESS

LONDON : GEOFFREY CUMBERLEGE

《电学和磁学通论》一书的扉页

在法拉第发现电磁感应现象的 1831 年,麦克斯韦在英国的爱丁堡出生了。他从小聪敏好问。父亲是位机械设计师,很赏识自己儿子的才华,常带他去听爱丁堡皇家学会的科学讲座,10 岁时送他进爱丁堡中学。在中学阶段,麦克斯韦就显示了在数学和物理方面的才能,15 岁那年就写了一篇关于卵形线作图法的论文,被刊登在《爱丁堡皇家学会学报》上。1847 年,16 岁的麦克斯韦考入爱丁堡大学,1850 年又转入剑桥大学。他学习勤奋,成绩优异,经著名数学家霍普金斯和斯托克斯的指点,很快就掌握了当时先进的数学理论,这为他以后的发展打下了良好的基础。1854 年在剑桥大学毕业后,麦克斯韦曾先后任亚伯丁马里夏尔学院、伦敦皇家学院和剑桥大学物理学教授。他的口才不行,讲课效果较差。

麦克斯韦在电磁学方面的贡献是总结了库仑、高斯、安培、法拉第、诺埃曼、汤姆孙等人的研究成果,特别是把法拉第的力线和场的概念用数学方法加以描述、论证、推广和提升,创立了一套完整的电磁场理论。他自己在 1873 年谈论他的巨著《电学和磁学通论》时曾说过:“主要是怀着给(法拉第的)这些概念提供数学方法基础的愿望,我开始写作这部论著。”

1855—1856 年,麦克斯韦发表了关于电磁场的第一篇论文《论法拉第的力线》。在这篇文章中,他把法拉第的力线和不可压缩流体中的流线进行类比,用数学形式——矢量场——来描述电磁场,并总结了 6 个数学公式(有代数式、微分式和积分式)来表示电流、电场、磁场、磁通量以及矢势之间的关系。这是他把法拉第的直观图像数学化的第一次尝试,此后麦克斯韦电磁场理论就是在这个基础上发展起来的。

1860年麦克斯韦转到伦敦皇家学院任教。一到伦敦，他就带着这篇论文拜访年近古稀的法拉第。法拉第4年前看到过这篇论文，会见时对麦克斯韦大加赞赏地说："我不认为自己的学说一定是真理，但你是真正理解它的人。""这是一篇出色的文章，但你不应该停留在用数学来解释我的观点，而应该突破它。"麦克斯韦大受鼓舞，而且后来也确实没有辜负老人的期望。

1861年麦克斯韦对法拉第电磁感应现象进行深入分析时，认为即使没有导体回路，变化的磁场也应在其周围产生电场。他把这种电场称做**感应电场**。有导体回路时，这电场就在回路中产生感生电动势从而激起感应电流。这一假设是对法拉第实验结论的第一个突破，它揭示了变化的磁场和电场相联系。

同年12月，在给汤姆孙的信中，麦克斯韦提出了**位移电流**的概念，认为对变化的电磁现象来说，安培定律的电流项中必须加入电场变化率一项才能与电荷守恒无矛盾，这一提法又是一个一流的独创，它揭示了变化的电场和磁场相联系。

1862年，麦克斯韦发表了《论物理的力线》一文。这篇论文除了更仔细地阐述位移电流概念(先是电介质中的，再是真空即以太中的)外，主要是提出一种以太管模型来构造法拉第的力线并用以解释排斥、吸引、电流产生磁场、电磁感应等现象。这个模型现在看来比较勉强，麦克斯韦本人此后也再没有使用这样的模型。

1864年，麦克斯韦发表了《电磁场动力论》。在这篇论文中，他明确地把自己的理论叫做"场的动力理论"，而且定义"电磁场是包含和围绕着处于电或磁的状态之下的一些物体的那一部分空间，它可以充满着某种物质，也可以被抽成真空"。在这一篇论文中他提出一套完整的方程组(共有20个方程式)，并由此方程组导出了电场和磁场相互垂直而且和传播方向相垂直的电磁波。他给出了电磁波的能量密度以及能流密度公式。更奇妙的是，从这一方程组中，他得出了电磁波的传播速度是$1/\sqrt{\mu\varepsilon}$，在真空中是$1/\sqrt{\mu_0\varepsilon_0}$，而其值等于$3\times10^{10}$ cm/s，正好等于由实验测得的光速(这一巧合，在1863年他和詹金研究电磁学单位制时也得到过)。这一结果促使麦克斯韦提出"光是一种按照电磁规律在场内传播的电磁扰动"的结论。这一点在1868年他发表的《关于光的电磁理论》中更明确地肯定下来了。20年后赫兹用实验证实了这个论断。就这样，原来被认为是互相独立的光现象和电磁现象互相联系起来了。这是在牛顿之后人类对自然的认识史上的又一次大综合。

1873年，麦克斯韦出版了他的关于电磁学研究的总结性论著《电学和磁学通论》。在这本书中他汇集了前人的发现和他自己的独创，对电磁场的规律作了全面系统而严谨的论述，写下了11个方程(以矢量形式表示)。他还证明了"唯一性定理"，从而说明了这一方程组是完整而充分地反映了电磁场运动的规律(现代教科书中用4个公式表示的完整方程组是1890年赫兹写出的)。就这样，麦克斯韦从法拉第的力线概念出发，经过坚持不懈的研究得到了一套完美的数学理论。这一理论概括了当时已发现的所有电磁现象和光现象的规律，它是在牛顿建立力学理论之后的又一光辉成就。

《电学和磁学通论》出版后，麦克斯韦即转入筹建卡文迪什实验室的工作并担任了它的第一任主任(该实验室后来出了汤姆孙、卢瑟福等一流的物理学家)。整理卡文迪什遗作的繁重工作耗费了他很大的精力。1879 年，年仅 48 岁的麦克斯韦由于肺结核不治而过早地离开了人间。

除了在电磁学方面的伟大贡献外，麦克斯韦还是气体动理论的奠基人之一。他第一次用概率的数学概念导出了气体分子的速率分布律，还用分子的刚性球模型研究了气体分子的碰撞和输运过程。他的关于内摩擦的理论结论和他自己做的实验结果相符，有力地支持了气体动理论。

# 第13章

# 磁　　力

磁场对其中的运动电荷，根据洛伦兹力公式 $\boldsymbol{F}=q\boldsymbol{v}\times\boldsymbol{B}$，有磁力的作用。大家在中学物理中已学过带电粒子在磁场中作匀速圆周运动，磁场对电流的作用力(安培力)，磁场对载流线圈的力矩作用(电动机的原理)等知识。本章将对这些规律做简要但更系统全面的讲述。关于磁力矩，本章特别着重于讲解载流线圈所受的磁力矩与其磁矩的关系。

## 13.1　带电粒子在磁场中的运动

一个带电粒子以一定速度 $\boldsymbol{v}$ 进入磁场后，它会受到由式(12.3)所表示的洛伦兹力的作用，因而改变其运动状态。下面先讨论均匀磁场的情形。

设一个质量为 $m$ 带有电量为 $q$ 的正离子，以速度 $\boldsymbol{v}$ 沿**垂直**于磁场方向进入一均匀磁场中(图 13.1)。由于它受的力 $\boldsymbol{F}=q\boldsymbol{v}\times\boldsymbol{B}$ 总与速度垂直，因而它的速度的大小不改变，而只是方向改变。又因为这个 $\boldsymbol{F}$ 也与磁场方向垂直，所以正离子将在垂直于磁场平面内作圆周运动。用牛顿第二定律[①]可以容易地求出这一圆周运动的半径 $R$ 为

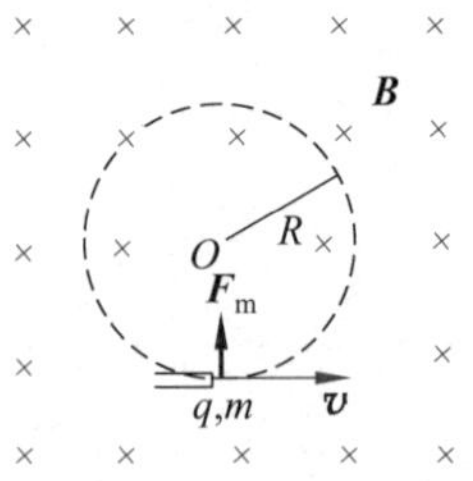


图 13.1　带电粒子在均匀磁场中作圆周运动

$$R=\frac{mv}{qB}=\frac{p}{qB} \tag{13.1}$$

而圆运动的周期，即**回旋周期** $T$ 为

$$T=\frac{2\pi m}{qB} \tag{13.2}$$

由上述两式可知，回旋半径与粒子速度成正比，但回旋周期与粒子速度无关，这一点被用在回旋加速器中来加速带电粒子。

如果一个带电粒子进入磁场时的速度 $\boldsymbol{v}$ 的方向不与磁场垂直，则可将此入射速度分解为沿磁场方向的分速度 $\boldsymbol{v}_{/\!/}$ 和垂直于磁场方向的分速度 $\boldsymbol{v}_{\perp}$(图 13.2)。后者使粒子产生垂直于磁场方向的圆运动，使其不能飞开，其圆周半径由式(13.1)得出，为

---

① 在回旋加速器内，带电粒子的速率可被加速到与光速十分接近的程度。但因洛伦兹力总与粒子速度垂直，所以此时相对论给出的结果与牛顿第二定律给出的结果(式(13.1))形式上相同，只是式中 $m$ 应该用相对论质量 $m_0/\sqrt{l-v^2/c^2}$ 代替。

$$R = \frac{mv_{\perp}}{qB} \tag{13.3}$$

而回旋周期仍由式(13.2)给出。粒子平行于磁场方向的分速度$\boldsymbol{v}_{/\!/}$不受磁场的影响，因而粒子将具有沿磁场方向的匀速分运动。上述两种分运动的合成是一个轴线沿磁场方向的螺旋运动，这一螺旋轨迹的**螺距**为

$$h = v_{/\!/} T = \frac{2\pi m}{qB} v_{/\!/} \tag{13.4}$$

如果在均匀磁场中某点 $A$ 处(图 13.3)引入一发散角不太大的带电粒子束，其中粒子的速度又大致相同；则这些粒子沿磁场方向的分速度大小几乎一样，因而其轨迹有几乎相同的螺距。这样，经过一个回旋周期后，这些粒子将重新会聚穿过另一点 $A'$。这种发散粒子束汇聚到一点的现象叫做**磁聚焦**。它广泛地应用于电真空器件中，特别是电子显微镜中。

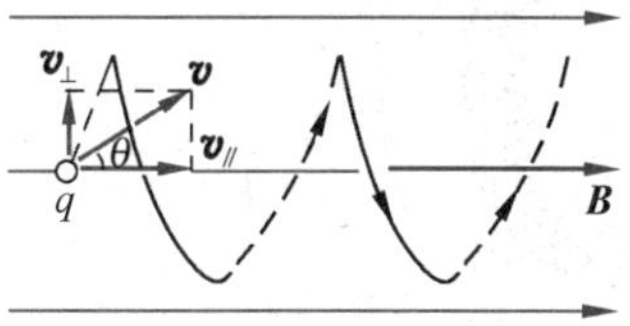


图 13.2 螺旋运动

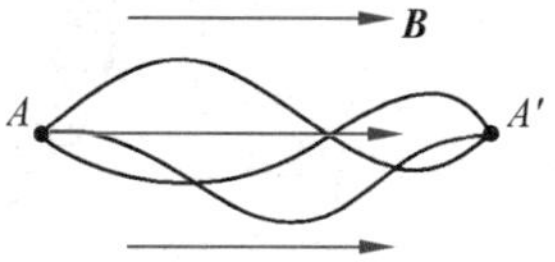


图 13.3 磁聚焦

在非均匀磁场中，速度方向和磁场不同的带电粒子，也要作螺旋运动，但半径和螺距都将不断发生变化。特别是当粒子具有一分速度向磁场较强处螺旋前进时，它受到的磁场力，根据式(12.3)，有一个和前进方向相反的分量(图 13.4)。这一分量有可能最终使粒子的前进速度减小到零，并继而沿反方向前进。强度逐渐增加的磁场能使粒子发生“反射”，因而把这种磁场分布叫做**磁镜**。

可以用两个电流方向相同的线圈产生一个中间弱两端强的磁场(图 13.5)。这一磁场区域的两端就形成两个磁镜，平行于磁场方向的速度分量不太大的带电粒子将被约束在两个磁镜间的磁场内来回运动而不能逃脱。这种能约束带电粒子的磁场分布叫**磁瓶**。在现代研究受控热核反应的实验中，需要把很高温度的等离子体限制在一定空间区域内。在这样的高温下，所有固体材料都将化为气体而不能用作为容器。上述**磁约束**就成了达到这种目的的常用方法之一。

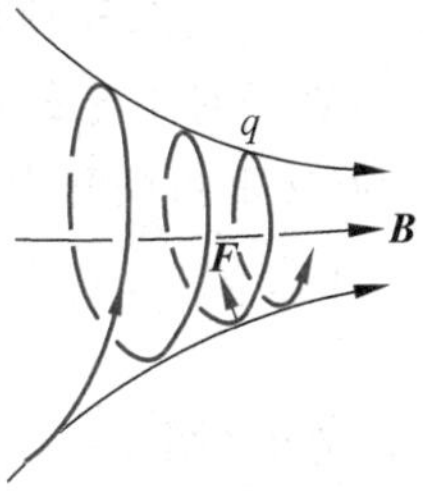


图 13.4 不均匀磁场对运动的带电粒子的力

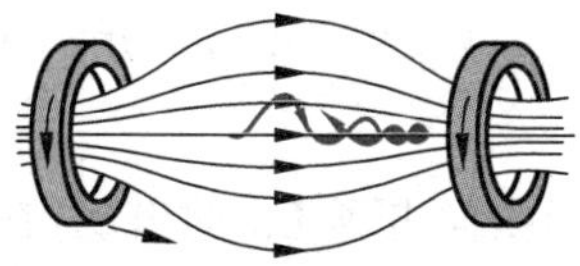

图 13.5 磁瓶

磁约束现象也存在于宇宙空间中，地球的磁场是一个不均匀磁场，从赤道到地磁的两极磁场逐渐增强。因此地磁场是一个天然的磁捕集器，它能俘获从外层空间入射的电子或质子形成一个带电粒子区域。这一区域叫**范艾仑辐射带**(图 13.6)。它有两层，内层在地面上

空 800 km 到 4000 km 处，外层在 60 000 km 处。在范艾仑辐射带中的带电粒子就围绕地磁场的磁感线作螺旋运动而在靠近两极处被反射回来。这样，带电粒子就在范艾仑带中来回振荡直到由于粒子间的碰撞而被逐出为止。这些运动的带电粒子能向外辐射电磁波。在地磁两极附近由于磁感线与地面垂直，由外层空间入射的带电粒子可直射入高空大气层内。它们和空气分子的碰撞产生的辐射就形成了绚丽多彩的**极光**。

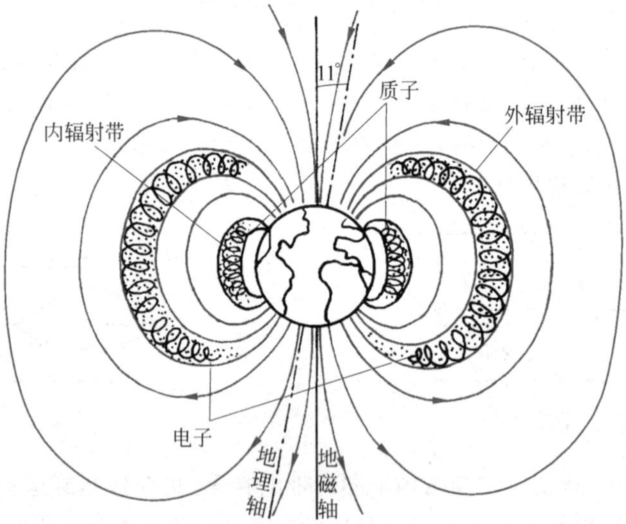


图 13.6 地磁场内的范艾仑辐射带

据宇宙飞行探测器证实，在土星、木星周围也有类似地球的范艾仑辐射带存在。

## 13.2 霍尔效应

如图 13.7 所示，在一个金属窄条（宽度为 $h$，厚度为 $b$）中，通以电流。这电流是外加电场 $\boldsymbol{E}$ 作用于电子使之向右作定向运动（漂移速度为 $\boldsymbol{v}$）形成的。当加以外磁场 $\boldsymbol{B}$ 时，由于洛伦兹力的作用，电子的运动将向下偏（图 13.7(a)），当它们跑到窄条底部时，由于表面所限，它们不能脱离金属因而就聚集在窄条的底部，同时在窄条的顶部显示出有多余的正电荷。这些多余的正、负电荷将在金属内部产生一横向电场 $\boldsymbol{E}_{\mathrm{H}}$。随着底部和顶部多余电荷的增多，这一电场也迅速地增大到它对电子的作用力 $(-e)\boldsymbol{E}_{\mathrm{H}}$ 与磁场对电子的作用力 $(-e)\boldsymbol{v}\times\boldsymbol{B}$ 相平衡。这时电子将恢复原来水平方向的漂移运动而电流又重新恢复为恒定电流。由平衡条件 $(-e\boldsymbol{E}_{\mathrm{H}}+(-e)\boldsymbol{v}\times\boldsymbol{B}=0)$ 可知所产生横向电场的大小为

$$E_{\mathrm{H}} = vB \tag{13.5}$$

由于横向电场 $\boldsymbol{E}_{\mathrm{H}}$ 的出现，在导体的横向两侧会出现电势差（图 13.7(b)），这一电势差的数值为

$$U_{\mathrm{H}} = E_{\mathrm{H}}h = vBh$$

已经知道电子的漂移速度 $v$ 与电流 $I$ 有下述关系：

$$I = nSqv = nbhqv$$

其中 $n$ 为载流子浓度，即导体内单位体积内的载流子数目。由此式求出 $v$ 代入上式可得

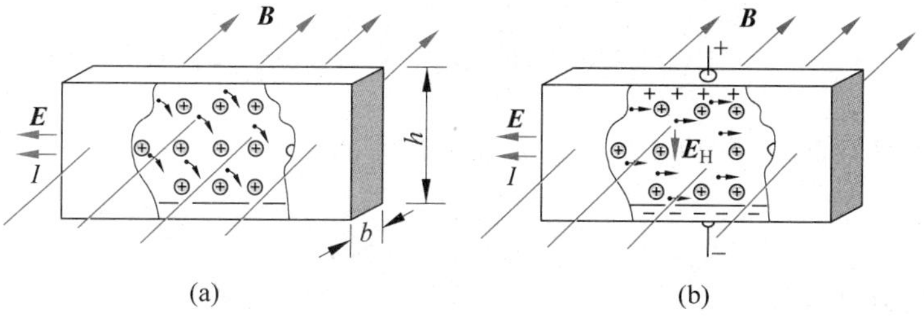


图 13.7　霍尔效应

$$U_H = \frac{IB}{nqb} \tag{13.6}$$

对于金属中的电子导电来说，如图 13.7(b)所示，导体顶部电势高于底部电势。如果载流子带正电，在电流和磁场方向相同的情况下，将会得到相反的，即正电荷聚集在底部而底部电势高于顶部电势的结果。因此通过电压正负的测定可以确定导体中载流子所带的电荷的正负，这是方向相同的电流由于载流子种类的不同而引起不同效应的一个实际例子。

在磁场中的载流导体上出现横向电势差的现象是 24 岁的研究生霍尔(Edwin H. Hall)在 1879 年发现的，现在称之为**霍尔效应**，式(13.6)给出的电压就叫**霍尔电压**。当时还不知道金属的导电机构，甚至还未发现电子。现在霍尔效应有多种应用，特别是用于半导体的测试。由测出的霍尔电压即横向电压的正负可以判断半导体的载流子种类(是电子或是空穴)，还可以用式(13.6)计算出载流子浓度。用一块制好的半导体薄片通以给定的电流，在校准好的条件下，还可以通过霍尔电压来测磁场 $B$。这是现在测磁场的一个常用的比较精确的方法。

应该指出，对于金属来说，由于是电子导电，在如图 13.7 所示的情况下测出的霍尔电压应该显示顶部电势高于底部电势。但是实际上有些金属却给出了相反的结果，好像在这些金属中的载流子带正电似的。这种“反常”的霍尔效应，以及正常的霍尔效应实际上都只能用金属中电子的量子理论才能圆满地解释。

**量子霍尔效应**

由式(13.6)可得

$$\frac{U_H}{I} = \frac{B}{nqb} \tag{13.7}$$

这一比值具有电阻的量纲，因而被定义为**霍尔电阻** $R_H$。此式表明霍尔电阻应正比于磁场 $B$。1980 年，在研究半导体在极低温度下和强磁场中的霍尔效应时，德国物理学家克里青(Klaus von Klitzing)发现霍尔电阻和磁场的关系并不是线性的，而是有一系列台阶式的改变，如图 13.8 所示(该图数据是在1.39 K的温度下取得的，电流保持在 25.52 μA 不变)。这一效应叫**量子霍尔效应**，克里青因此获得 1985 年诺贝尔物理学奖。

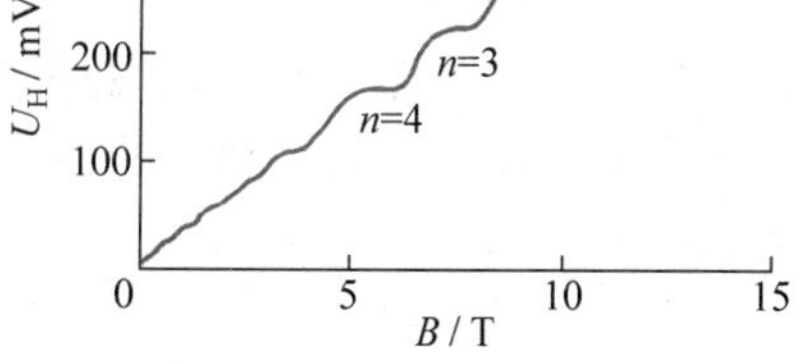

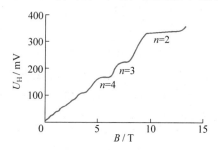

图 13.8　量子霍尔效应

量子霍尔效应只能用量子理论解释，该理论

指出

$$R_H = \frac{U_H}{I} = \frac{R_K}{n} \quad (n = 1,2,3,\cdots) \tag{13.8}$$

式中 $R_K$ 叫做克里青常量，它和基本常量 $h$ 和 $e$ 有关，即

$$R_K = \frac{h}{e^2} = 25\,813\ \Omega \tag{13.9}$$

由于 $R_K$ 的测定值可以准确到 $10^{-10}$，所以量子霍尔效应被用来定义电阻的标准。从1990 年开始，"欧姆"就根据霍尔电阻精确地等于 25 812.80 Ω 来定义了。

克里青当时的测量结果显示式(13.8)中的 $n$ 为整数。其后美籍华裔物理学家崔琦(D. C. Tsui，1939— )和施特默(H. L. Stömer，1949— )等研究量子霍尔效应时，发现在更强的磁场(如 20 甚至30 T)下，式(13.8)中的 $n$ 可以是分数，如 1/3，1/5，1/2，1/4 等。这种现象叫**分数量子霍尔效应**。它的发现和理论研究使人们对宏观量子现象的认识更深入了一步。崔琦、施特默和劳克林(R. B. Laughlin，1950— )等也因此而获得了 1998 年诺贝尔物理学奖。

## 13.3 载流导线在磁场中受的磁力

导线中的电流是由其中的载流子定向移动形成的。当把载流导线置于磁场中时，这些运动的载流子就要受到洛伦兹力的作用，其结果将表现为载流导线受到磁力的作用。为了计算一段载流导线受的磁力，先考虑它的一段长度元受的作用力。

如图 13.9 所示，设导线截面积为 $S$，其中有电流 $I$ 通过。考虑长度为 $\mathrm{d}l$ 的一段导线。把它规定为矢量，使它的方向与电流的方向相同。这样一段载有电流的导线元就是一段电流元，以 $I\mathrm{d}\boldsymbol{l}$ 表示。设导线的单位体积内有 $n$ 个载流子，每一个载流子的电荷都是 $q$。为简单起见，我们认为各载流子都以漂移速度 $\boldsymbol{v}$ 运动。由于每一个载流子受的磁场力都是$q\,\boldsymbol{v}\times\boldsymbol{B}$，而在 $\mathrm{d}l$ 段中共有 $n\mathrm{d}l\,S$ 个载流子，所以这些载流子受的力的总和就是

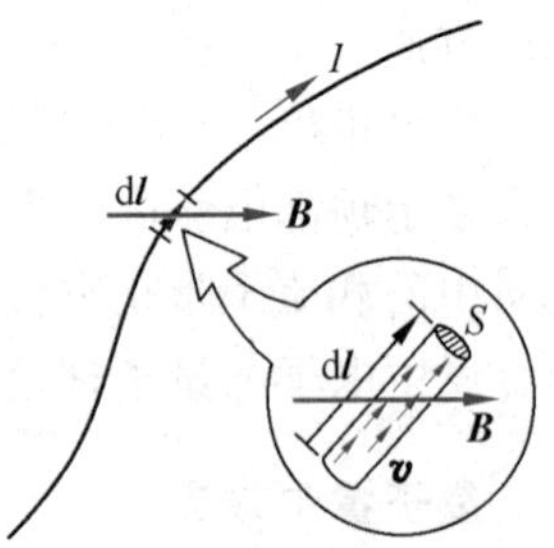


图 13.9 电流元受的磁场力

$$\mathrm{d}\boldsymbol{F} = nS\mathrm{d}l\,q\,\boldsymbol{v}\times\boldsymbol{B}$$

由于 $\boldsymbol{v}$ 的方向和 $\mathrm{d}\boldsymbol{l}$ 的方向相同，所以 $q\mathrm{d}l\ \boldsymbol{v} = qv\mathrm{d}\boldsymbol{l}$。利用这一关系，上式就可写成

$$\mathrm{d}\boldsymbol{F} = nSvq\,\mathrm{d}\boldsymbol{l}\times\boldsymbol{B}$$

又由于 $nSvq = I$，即通过 $\mathrm{d}\boldsymbol{l}$ 的电流强度的大小，所以最后可得

$$\mathrm{d}\boldsymbol{F} = I\mathrm{d}\boldsymbol{l}\times\boldsymbol{B} \tag{13.10}$$

$\mathrm{d}\boldsymbol{l}$ 中的载流子由于受到这些力所增加的动量最终总要传给导线本体的正离子结构，所以这一公式也就给出了这一段导线元受的磁力。载流导线受磁场的作用力通常叫做**安培力**。

知道了一段载流导线元受的磁力就可以用积分的方法求出一段有限长载流导线$L$ 受的磁力，如

$$\boldsymbol{F} = \int_L I\mathrm{d}\boldsymbol{l}\times\boldsymbol{B} \tag{13.11}$$

式中 $\boldsymbol{B}$ 为各电流元所在处的"当地 $\boldsymbol{B}$"。

下面举几个例子。

---

**例 13.1**

载流导线受磁力。在均匀磁场 $\boldsymbol{B}$ 中有一段弯曲导线 $ab$，通有电流 $I$（图 13.10），求此段导线受的磁场力。

**解** 根据式(13.11)，所求力为

$$\boldsymbol{F}=\int_{(a)}^{(b)} I\mathrm{d}\boldsymbol{l}\times\boldsymbol{B}=I\left(\int_{(a)}^{(b)}\mathrm{d}\boldsymbol{l}\right)\times\boldsymbol{B}$$

此式中积分是各段矢量长度元 $\mathrm{d}\boldsymbol{l}$ 的矢量和，它等于从 $a$ 到 $b$ 的矢量直线段 $\boldsymbol{l}$。因此得

$$\boldsymbol{F}=I\boldsymbol{l}\times\boldsymbol{B}$$

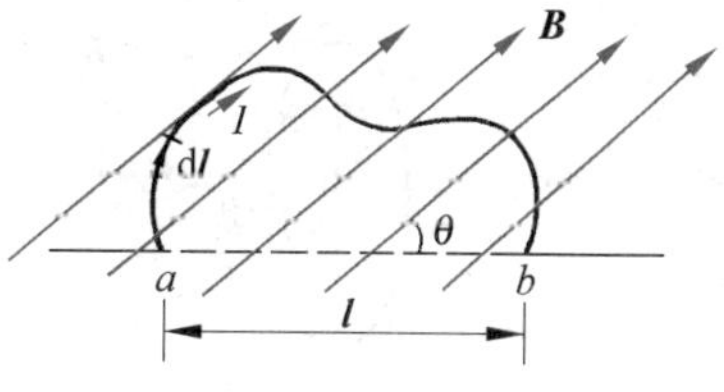


图 13.10 例 13.1 用图

这说明整个弯曲导线受的磁场力的总和等于从起点到终点连起的直导线通过相同的电流时受的磁场力。在图示的情况下，$\boldsymbol{l}$ 和 $\boldsymbol{B}$ 的方向均与纸面平行，因而

$$F=IlB\sin\theta$$

此力的方向垂直纸面向外。

如果 $a$，$b$ 两点重合，则 $l=0$，上式给出 $F=0$。这就是说，**在均匀磁场中的闭合载流回路整体上不受磁力**。

---

**例 13.2**

载流圆环受磁力。在一个圆柱形磁铁 N 极的正上方水平放置一半径为 $R$ 的导线环，其中通有顺时针方向(俯视)的电流 $I$。在导线所在处磁场 $\boldsymbol{B}$ 的方向都与竖直方向成 $\alpha$ 角。求导线环受的磁力。

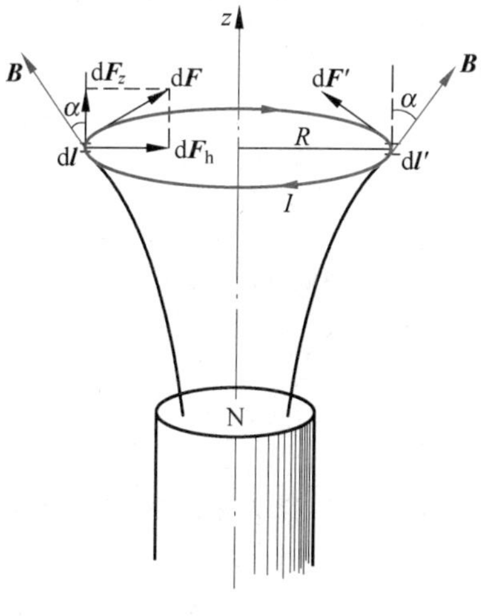


图 13.11 例 13.2 用图

**解** 如图 13.11 所示，在导线环上选电流元 $I\mathrm{d}\boldsymbol{l}$ 垂直纸面向里，此电流元受的磁力为

$$\mathrm{d}\boldsymbol{F}=I\mathrm{d}\boldsymbol{l}\times\boldsymbol{B}$$

此力的方向就在纸面内垂直于磁场 $\boldsymbol{B}$ 的方向。

将 $\mathrm{d}\boldsymbol{F}$ 分解为水平与竖直两个分量 $\mathrm{d}\boldsymbol{F}_{\mathrm{h}}$ 和 $\mathrm{d}\boldsymbol{F}_z$。由于磁场和电流的分布对竖直 $z$ 轴的轴对称性，所以环上各电流元所受的磁力 $\mathrm{d}\boldsymbol{F}$ 的水平分量 $\mathrm{d}\boldsymbol{F}_{\mathrm{h}}$ 的矢量和为零。又由于各电流元的 $\mathrm{d}\boldsymbol{F}_z$ 的方向都相同，所以圆环受的总磁力的大小为

$$F=F_z=\int\mathrm{d}F_z=\int\mathrm{d}F\sin\alpha=\int_0^{2\pi R}IB\sin\alpha\mathrm{d}l$$

$$=2IB\pi R\sin\alpha$$

此力的方向竖直向上。

---

## 13.4 载流线圈在均匀磁场中受的磁力矩

如图 13.12(a)所示，一个载流圆线圈半径为 $R$，电流为 $I$，放在一均匀磁场中。它的平面法线方向 $\boldsymbol{e}_{\mathrm{n}}$（$\boldsymbol{e}_{\mathrm{n}}$ 的方向与电流的流向符合右手螺旋关系）与磁场 $\boldsymbol{B}$ 的方向夹角为 $\theta$。在

例13.1已经得出，此载流线圈整体上所受的磁力为零。下面来求此线圈所受磁场的力矩。为此，将磁场 $\boldsymbol{B}$ 分解为与 $\boldsymbol{e}_n$ 平行的 $\boldsymbol{B}_{/\!/}$ 和与 $\boldsymbol{e}_n$ 垂直的 $\boldsymbol{B}_{\perp}$ 两个分量，分别考虑它们对线圈的作用力。

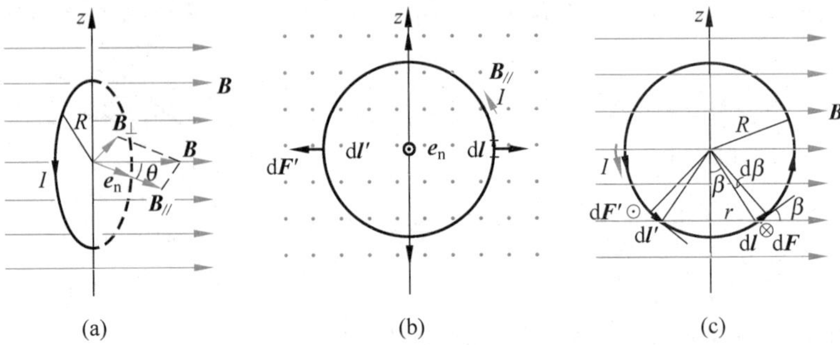


图13.12 载流线圈受的力和力矩

$\boldsymbol{B}_{/\!/}$ 分量对线圈的作用力如图13.12(b)所示，各段 $dl$ 相同的导线元所受的力大小都相等，方向都在线圈平面内沿径向向外。由于这种对称性，线圈受这一磁场分量的合力矩也为零。

$\boldsymbol{B}_{\perp}$ 分量对线圈的作用如图13.12(c)所示，右半圈上一电流元 $I\mathrm{d}\boldsymbol{l}$ 受的磁场力的大小为

$$\mathrm{d}F = I\mathrm{d}lB_{\perp}\sin\beta$$

此力的方向垂直纸面向里。和它对称的左半圈上的电流元 $I\mathrm{d}\boldsymbol{l}'$ 受的磁场力的大小和 $I\mathrm{d}\boldsymbol{l}$ 受的一样，但力的方向相反，向外。但由于 $I\mathrm{d}\boldsymbol{l}$ 和 $I\mathrm{d}\boldsymbol{l}'$ 受的磁力不在一条直线上，所以对线圈产生一个力矩。$I\mathrm{d}\boldsymbol{l}$ 受的力对线圈 $z$ 轴产生的力矩的大小为

$$\mathrm{d}M = \mathrm{d}F\, r = I\mathrm{d}lB_{\perp}\sin\beta\, r$$

由于 $\mathrm{d}l = R\mathrm{d}\beta, r = R\sin\beta$，所以

$$\mathrm{d}M = IR^2B_{\perp}\sin^2\beta\mathrm{d}\beta$$

对 $\beta$ 由0到 $2\pi$ 进行积分，即可得线圈所受磁力的力矩为

$$M = \int \mathrm{d}M = IR^2B_{\perp}\int_0^{2\pi}\sin^2\beta\mathrm{d}\beta = \pi IR^2B_{\perp}$$

由于 $B_{\perp} = B\sin\theta$，所以又可得

$$M = \pi R^2 IB\sin\theta$$

在此力矩的作用下，线圈要绕 $z$ 轴按反时针方向(俯视)转动。用矢量表示力矩，则 $\boldsymbol{M}$ 的方向沿 $z$ 轴正向。

综合上面得出的 $\boldsymbol{B}_{/\!/}$ 和 $\boldsymbol{B}_{\perp}$ 对载流线圈的作用，可得它们的总效果是：均匀磁场对载流线圈的合力为0，而力矩为

$$M = \pi R^2 IB\sin\theta = SIB\sin\theta \tag{13.12}$$

其中 $S=\pi R^2$ 为线圈围绕的面积。根据 $\boldsymbol{e}_n$ 和 $\boldsymbol{B}$ 的方向以及 $\boldsymbol{M}$ 的方向，此式可用矢量积表示为

$$\boldsymbol{M} = SI\boldsymbol{e}_n \times \boldsymbol{B} \tag{13.13}$$

根据载流线圈的磁偶极矩，或磁矩(它是一个矢量)的定义

$$\boldsymbol{m} = SI\boldsymbol{e}_n \tag{13.14}$$

则式(13.13)又可写成

$$\boldsymbol{M}=\boldsymbol{m}\times\boldsymbol{B} \tag{13.15}$$

此力矩力图使 $\boldsymbol{e}_n$ 的方向,也就是磁矩 $\boldsymbol{m}$ 的方向,转向与外加磁场方向一致。当 $\boldsymbol{m}$ 与 $\boldsymbol{B}$ 方向一致时,$\boldsymbol{M}=0$。线圈不再受磁场的力矩作用。

不只是载流线圈有磁矩,电子、质子等微观粒子也有磁矩。磁矩是粒子本身的特征之一。它们在磁场中受的力矩也都由式(13.15)表示。

在非均匀磁场中,载流线圈除受到磁力矩作用外,还受到磁力的作用。因其情况复杂,我们就不作进一步讨论了。

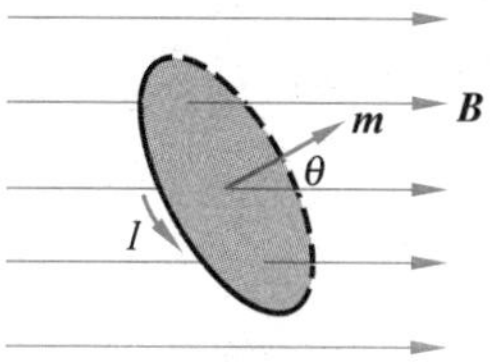

图 13.13 均匀磁场中的磁矩

根据磁矩为 $\boldsymbol{m}$ 的载流线圈在均匀磁场中受到磁力矩的作用,可以引入磁矩在均匀磁场中的和其转动相联系的势能的概念。以 $\theta$ 表示 $\boldsymbol{m}$ 与 $\boldsymbol{B}$ 之间的夹角(图 13.13),此夹角由 $\theta_1$ 增大到 $\theta_2$ 的过程中,外力需克服磁力矩做的功为

$$A=\int_{\theta_1}^{\theta_2}M\mathrm{d}\theta=\int_{\theta_1}^{\theta_2}mB\sin\theta\mathrm{d}\theta=mB(\cos\theta_1-\cos\theta_2)$$

此功就等于磁矩 $\boldsymbol{m}$ 在磁场中势能的增量。通常以磁矩方向与磁场方向垂直,即 $\theta_1=\pi/2$ 时的位置为势能为零的位置。这样,由上式可得,在均匀磁场中,当磁矩与磁场方向间夹角为 $\theta(\theta=\theta_2)$ 时,磁矩的势能为

$$W_{\mathrm{m}}=-mB\cos\theta=-\boldsymbol{m}\cdot\boldsymbol{B} \tag{13.16}$$

此式给出,当磁矩与磁场平行时,势能有极小值 $-mB$;当磁矩与磁场反平行时,势能有极大值 $mB$。

读者应当注意到,式(13.15)的磁力矩公式和式(7.15)的电力矩公式形式相同,式(13.16)的磁矩在磁场中的势能公式和式(13.20)的电矩在电场中的势能公式形式也相同。

---

**例 13.3**

电子的磁势能。电子具有固有的(或内禀的)自旋**磁矩**,其大小为 $m=1.60\times10^{-23}\,\mathrm{J/T}$。在磁场中,电子的磁矩指向是"量子化"的,即只可能有两个方向。一个是与磁场成 $\theta_1=54.7°$角,另一个是与磁场成 $\theta_2=125.3°$角。其经典模型如图 13.14 所示(实际上电子的自旋轴绕磁场方向"进动")。试求在 0.50 T 的磁场中电子处于这两个位置时的势能分别是多少?

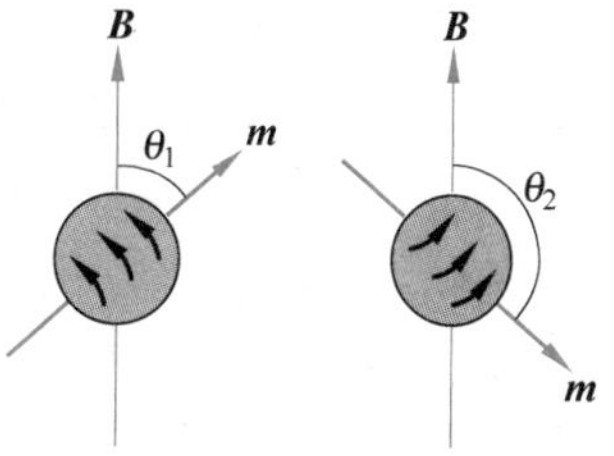

图 13.14 电子自旋的取向

**解** 由式(13.16)可得,当磁矩与磁场成 $\theta_1=54.7°$角时,势能为

$$\begin{aligned}W_{\mathrm{m1}}&=-mB\cos 54.7°=-1.60\times10^{-23}\times0.50\times0.578\\&=-4.62\times10^{-24}\ (\mathrm{J})=-2.89\times10^{-5}\ (\mathrm{eV})\end{aligned}$$

当磁矩与磁场成 $\theta_2=125.3°$时,势能为

$$\begin{aligned}W_{\mathrm{m2}}&=-mB\cos 125.3°=-1.60\times10^{-23}\times0.50\times(-0.578)\\&=4.62\times10^{-24}\ (\mathrm{J})=2.89\times10^{-5}\ (\mathrm{eV})\end{aligned}$$

---

## 13.5 平行载流导线间的相互作用力

设有两根平行的长直导线，分别通有电流 $I_1$ 和 $I_2$，它们之间的距离为 $d$（图 13.15），导线直径远小于 $d$。让我们来求每根导线单位长度线段受另一电流的磁场的作用力。

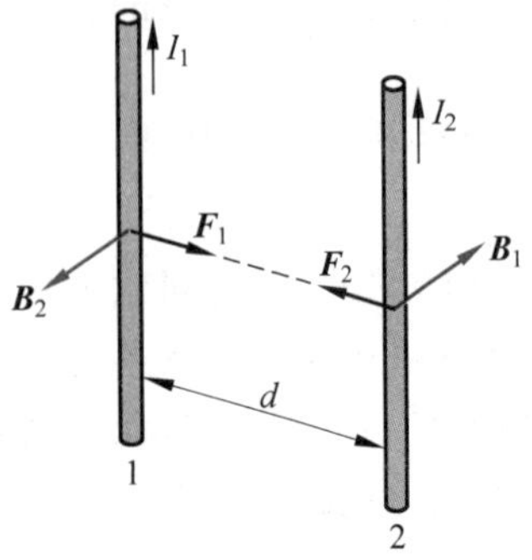


图 13.15 两平行载流长直导线之间的作用力

电流 $I_1$ 在电流 $I_2$ 处所产生的磁场为（式(12.10)）

$$B_1 = \frac{\mu_0 I_1}{2\pi d}$$

载有电流 $I_2$ 的导线单位长度线段受此磁场①的安培力为（式(13.10)）

$$F_2 = B_1 I_2 = \frac{\mu_0 I_1 I_2}{2\pi d} \tag{13.17}$$

同理，载流导线 $I_1$ 单位长度线段受电流 $I_2$ 的磁场的作用力也等于这一数值，即

$$F_1 = B_2 I_1 = \frac{\mu_0 I_1 I_2}{2\pi d}$$

当电流 $I_1$ 和 $I_2$ 方向相同时，两导线相吸；相反时，则相斥。

在国际单位制中，电流的单位安[培]（符号为 A）就是根据式(13.17)规定的。设在真空中两根无限长的平行直导线相距 1 m，通以大小相同的恒定电流，如果导线每米长度受的作用力为 $2\times10^{-7}$ N，则每根导线中的电流强度就规定为 1 A。

根据这一定义，由于 $d=1$ m，$I_1=I_2=1$ A，$F=2\times10^{-7}$ N，式(13.17)给出

$$\mu_0 = \frac{2\pi Fd}{I^2} = \frac{2\pi\times2\times10^{-7}\times1}{1\times1} = 4\pi\times10^{-7}\ (\mathrm{N/A^2})$$

这一数值与式(12.7)中 $\mu_0$ 的值相同。

电流的单位确定之后，电量的单位也就可以确定了。在通有 1 A 电流的导线中，每秒钟流过导线任一横截面上的电量就定义为 1 C，即

$$1\ \mathrm{C} = 1\ \mathrm{A\cdot s}$$

实际的测电流之间的作用力的装置如图 13.16 所示，称为电流秤。它用到两个固定的线圈 $C_1$ 和 $C_2$，吊在天平的一个盘下面的活动线圈 $C_M$ 放在它们中间，三个线圈通有大小相同的电流。天平的平衡由加减砝码来调节。这样的电流秤用来校准其他更方便的测量电流的二级标准。

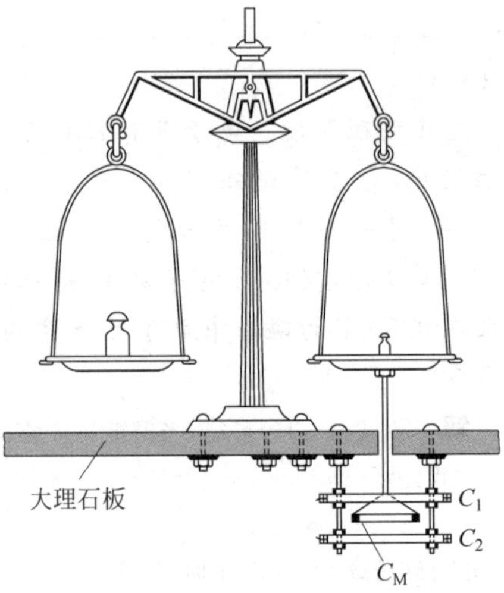


图 13.16 电流秤

① 由于电流 $I_2$ 的各电流元在本导线所在处所产生的磁场为零，所以电流 $I_2$ 各段不受本身电流的磁力作用。

### 关于常量 $\mu_0$, $\varepsilon_0$, $c$ 的数值关系

上面讲了电流单位安[培]的规定，它利用了式(13.17)。此式中有比例常量 $\mu_0$(真空磁导率)。只有 $\mu_0$ 有了确定的值，电流的单位才可能规定，因此 $\mu_0$ 的值需要事先规定，

$$\mu_0 = 4\pi \times 10^{-7}\,\mathrm{N/A^2} = 1.256\,637\,061\,4\cdots \times 10^{-7}\,\mathrm{N/A^2}$$

由于是人为规定的，不依赖于实验，所以它是精确的。

真空中的光速值

$$c = 299\,792\,458\ \mathrm{m/s}$$

由电磁学理论知，$c$ 和 $\varepsilon_0$，$\mu_0$ 有下述关系：

$$c^2 = \frac{1}{\mu_0 \varepsilon_0}$$

因此真空电容率

$$\varepsilon_0 = \frac{1}{\mu_0 c^2} = 8.854\,187\,817\cdots \times 10^{-12}\,\mathrm{F/m}$$

$\varepsilon_0$ 值也是精确的而不依赖于实验。

---

**例 13.4**

磁力电力对比。相互平行而且相距为 $d$ 的两条长直带电线分别以速度 $v_1$ 和 $v_2$ 沿长度方向运动，它们所带电荷的线密度分别是 $\lambda_1$ 和 $\lambda_2$。求这两条直线各自单位长度受的力并比较电力和磁力的大小。

**解** 如图 13.17 所示，每根带电直线由于运动而形成的电流分别是 $\lambda_1 v_1$ 和 $\lambda_2 v_2$。由式(13.17)可得，两根带电线单位长度分别受到的磁力为

$$F_{\mathrm{m}} = \frac{\mu_0 \lambda_1 v_1 \lambda_2 v_2}{2\pi d}$$

力的方向是相互吸引。

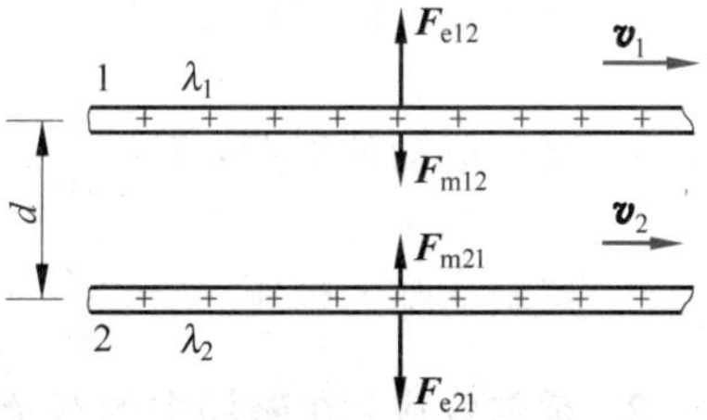


图 13.17 两条平行的运动带电直线的相互作用

两根带电线间还有电力相互作用。$\lambda_1$ 带电线上的电荷在 $\lambda_2$ 带电线处的电场是

$$E_1 = \frac{\lambda_1}{2\pi\varepsilon_0 d}$$

$\lambda_2$ 带电直线单位长度受的电力为

$$F_{\mathrm{e}} = E_1 \lambda_2 = \frac{\lambda_1 \lambda_2}{2\pi\varepsilon_0 d}$$

力的方向是相互排斥。每根导线单位长度受的力为

$$\begin{aligned} F = F_{\mathrm{e}} - F_{\mathrm{m}} &= \frac{\lambda_1 \lambda_2}{2\pi\varepsilon_0 d}(1 - \mu_0 \varepsilon_0 v_1 v_2) \\ &= \frac{\lambda_1 \lambda_2}{2\pi\varepsilon_0 d}\left(1 - \frac{v_1 v_2}{c^2}\right) \end{aligned} \tag{13.18}$$

力的方向是相互排斥。

磁力与电力的比值为

$$\frac{F_m}{F_e}=\varepsilon_0\mu_0 v_1 v_2=\frac{v_1 v_2}{c^2} \tag{13.19}$$

在通常情况下，$v_1$ 和 $v_2$ 均较 $c$ 小很多，所以通常磁力比电力小得多。

让我们通过一个典型的例子来估计一下式(13.19)中的比值大小。设有两根平行的所载电流分别为 $I_1$ 和 $I_2$ 的静止铜导线，导线中的正电荷几乎是不动的，而自由电子则作定向运动，它们的漂移速度约为 $10^{-4}$ m/s，所以

$$\frac{F_m}{F_e}=\frac{v^2}{c^2}\approx 10^{-25}$$

这就是说，这两根导线中的运动电子之间的磁力与它们之间的电力之比为 $10^{-25}$，磁力比电力小很多。那为什么在这种情况下实验中总是观察到磁力而发现不了电力呢？这是因为在铜导线中实际有两种电荷，每根导线中各自的正、负电荷在周围产生的电场相互抵消，所以此一导线中的运动电子就不受彼一导线中电荷的电力，而只有磁力显现出来了。在没有相反电荷抵消电力的情况下，磁力是相对很不显著的。在原子内部电荷的相互作用就是这样。在那里电力起主要作用，而磁力不过是一种小到“二级”($v^2/c^2$)的效应。

---

## 提要

**1. 带电粒子在均匀磁场中的运动**

圆周运动的半径：$R=\dfrac{mv}{qB}$

圆周运动的周期：$T=\dfrac{2\pi m}{qB}$

螺旋运动的螺距：$h=\dfrac{2\pi m}{qB}v_{/\!/}$

**2. 霍尔效应**：在磁场中的载流导体上出现横向电势差的现象。

霍尔电压：$U_H=\dfrac{IB}{nqb}$

霍尔电压的正负和形成电流的载流子的正负有关。

**3. 载流导线在磁场中受的磁力——安培力**

对电流元 $I\mathrm{d}\boldsymbol{l}$：$\mathrm{d}\boldsymbol{F}=I\mathrm{d}\boldsymbol{l}\times\boldsymbol{B}$

对一段载流导线：$\boldsymbol{F}=\int_L I\,\mathrm{d}\boldsymbol{l}\times\boldsymbol{B}$

对均匀磁场中的载流线圈，磁力 $\boldsymbol{F}=0$

**4. 载流线圈受均匀磁场的力矩**

$$\boldsymbol{M}=\boldsymbol{m}\times\boldsymbol{B}$$

其中

$$\boldsymbol{m}=I\boldsymbol{S}=IS\,\boldsymbol{e}_n$$

为载流线圈的磁矩。

**5. 平行载流导线间的相互作用力**：单位长度导线段受的力的大小为

$$F_1 = \frac{\mu_0 I_1 I_2}{2\pi d}$$

国际上约定以这一相互作用力定义电流的 SI 单位 A。

## 思考题

13.1 说明：如果测得以速度 $\boldsymbol{v}$ 运动的电荷 $q$ 经过磁场中某点时受的磁力最大值为 $\boldsymbol{F}_{m,max}$，则该点的磁感应强度 $\boldsymbol{B}$ 可用下式定义：

$$\boldsymbol{B} = \boldsymbol{F}_{m,max} \times \boldsymbol{v}/qv^2$$

13.2 宇宙射线是高速带电粒子流(基本上是质子)，它们交叉来往于星际空间并从各个方向撞击着地球。为什么宇宙射线穿入地球磁场时，接近两磁极比其他任何地方都容易？

13.3 如果我们想让一个质子在地磁场中一直沿着赤道运动，我们是向东还是向西发射它呢？

13.4 赤道处的地磁场沿水平面并指向北。假设大气电场指向地面。我们必须沿什么方向发射电子，使它的运动不发生偏斜？

13.5 能否利用磁场对带电粒子的作用力来增大粒子的动能？

13.6 相互垂直的电场 $\boldsymbol{E}$ 和磁场 $\boldsymbol{B}$ 可做成一个带电粒子**速度选择器**，它能使选定速度的带电粒子垂直于电场和磁场射入后无偏转地前进。试求这带电粒子的速度和 $\boldsymbol{E}$ 及 $\boldsymbol{B}$ 的关系。

13.7 在磁场方向和电流方向一定的条件下，导体所受的安培力的方向与载流子的种类有无关系？霍尔电压的正负与载流子的种类有无关系？

13.8 图 13.18 显示出在一汽泡室中产生的一对正、负电子的轨迹图，磁场垂直于图面而指离读者。试分析哪一支是电子的轨迹，哪一支是正电子的轨迹？为何轨迹呈螺旋形？

13.9 如图 13.19 所示，均匀电场 $\boldsymbol{E}=E\boldsymbol{j}$，均匀磁场 $\boldsymbol{B}=B\boldsymbol{k}$。试定性说明一质子由静止从原点出发，将沿图示的曲线(这样的曲线叫旋轮线或摆线)运动，而且不断沿 $x$ 方向重复下去。质子的速率变化情况如何？

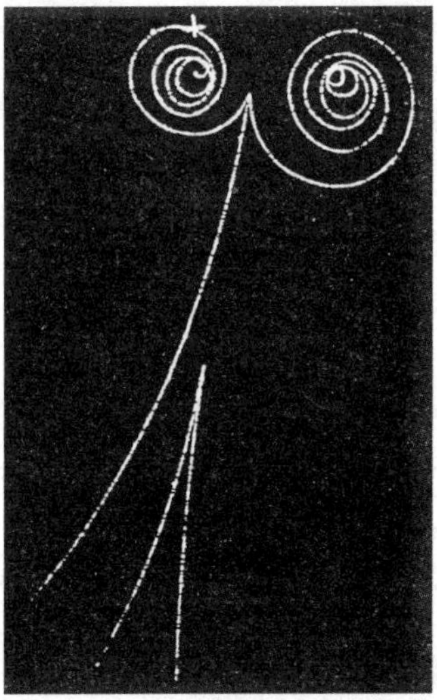

图 13.18 思考题 13.8 用图

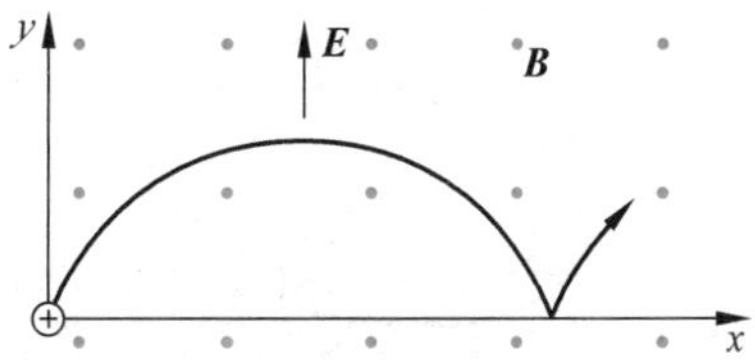


图 13.19 思考题 13.9 用图

## 习题

13.1 某一粒子的质量为0.5 g，带有$2.5\times10^{-8}$ C的电荷。这一粒子获得一初始水平速度$6.0\times10^4$ m/s，若利用磁场使这粒子仍沿水平方向运动，则应加的磁场的磁感应强度的大小和方向各如何？

13.2 如图13.20，一电子经过$A$点时，具有速率$v_0=1\times10^7$ m/s。

(1) 欲使这电子沿半圆自$A$至$C$运动，试求所需的磁场大小和方向；

(2) 求电子自$A$运动到$C$所需的时间。

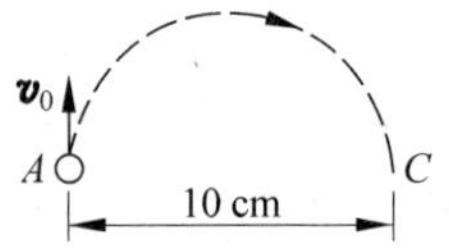


图13.20 习题13.2用图

13.3 把$2.0\times10^3$ eV的一个正电子，射入磁感应强度$B=0.1$ T的匀强磁场中，其速度矢量与$\boldsymbol{B}$成89°角，路径成螺旋线，其轴在$\boldsymbol{B}$的方向。试求这螺旋线运动的周期$T$、螺距$h$和半径$r$。

13.4 估算地求磁场对电视机显像管中电子束的影响。假设加速电势差为$2.0\times10^4$ V，如电子枪到屏的距离为0.2 m，试计算电子束在大小为$0.5\times10^{-4}$ T的横向地磁场作用下约偏转多少？假定没有其他偏转磁场，这偏转是否显著？

13.5 北京正负电子对撞机中电子在周长为240 m的储存环中作轨道运动。已知电子的动量是$1.49\times10^{-18}$ kg·m/s，求偏转磁场的磁感应强度。

13.6 蟹状星云中电子的动量可达$10^{-16}$ kg·m/s，星云中磁场约为$10^{-8}$ T，这些电子的回转半径多大？如果这些电子落到星云中心的中子星表面附近，该处磁场约为$10^8$ T，它们的回转半径又是多少？

13.7 在一汽泡室中，磁场为20 T，一高能质子垂直于磁场飞过时留下一半径为3.5 m的圆弧径迹。求此质子的动量和能量。

13.8 从太阳射来的速度是$0.80\times10^8$ m/s的电子进入地球赤道上空高层范艾仑带中，该处磁场为$4\times10^{-7}$ T。此电子作圆周运动的轨道半径是多大？此电子同时沿绕地磁场磁感线的螺线缓慢地向地磁北极移动。当它到达地磁北极附近磁场为$2\times10^{-5}$ T的区域时，其轨道半径又是多大？

13.9 一台用来加速氘核的回旋加速器的D盒直径为75 cm，两磁极可以产生1.5 T的均匀磁场(图13.21)。氘核的质量为$3.34\times10^{-27}$ kg，电量就是质子电量。求：

(1) 所用交流电源的频率应多大？

(2) 氘核由此加速器射出时的能量是多少MeV？

13.10 质谱仪的基本构造如图13.22所示。质量$m$待测的、带电$q$的离子束经过速度选择器(其中有相互垂直的电场$\boldsymbol{E}$和磁场$\boldsymbol{B}$)后进入均匀磁场$\boldsymbol{B}'$区域发生偏转而返回，打到胶片上被记录下来。

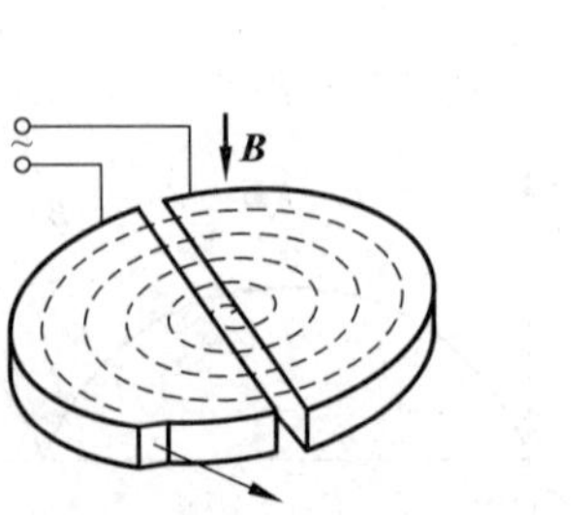


图13.21 回旋加速器的两个D盒(其上，下两磁极未画出)示意图

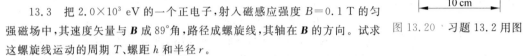

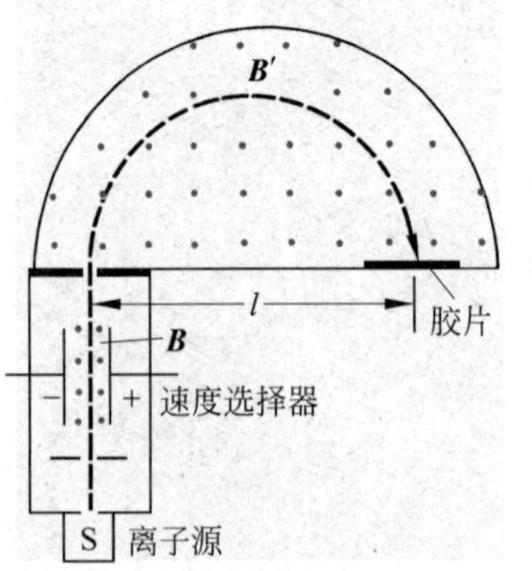


图13.22 质谱仪结构简图

(1) 证明偏转距离为 $l$ 的离子的质量为

$$m=\frac{qBB'l}{2E}$$

(2) 在一次实验中$^{16}O$离子的偏转距离为 29.20 cm,另一种氧的同位素离子的偏转距离为32.86 cm。已知$^{16}O$离子的质量为 16.00 u,另一种同位素离子的质量是多少?

13.11 如图 13.23 所示,一铜片厚为 $d=1.0$ mm,放在 $B=1.5$ T 的磁场中,磁场方向与铜片表面垂直。已知铜片里每立方厘米有 $8.4\times10^{22}$ 个自由电子,每个电子的电荷 $-e=-1.6\times10^{-19}$ C,当铜片中有 $I=200$ A 的电流流通时,

(1) 求铜片两侧的电势差 $U_{aa'}$;

(2) 铜片宽度 $b$ 对 $U_{aa'}$ 有无影响?为什么?

13.12 如图 13.24 所示,一块半导体样品的体积为 $a\times b\times c$,沿 $x$ 方向有电流 $I$,在 $z$ 轴方向加有均匀磁场 $\boldsymbol{B}$。这时实验得出的数据 $a=0.10$ cm,$b=0.35$ cm,$c=1.0$ cm,$I=1.0$ mA,$B=3000$ G,片两侧的电势差 $U_{AA'}=6.55$ mV。

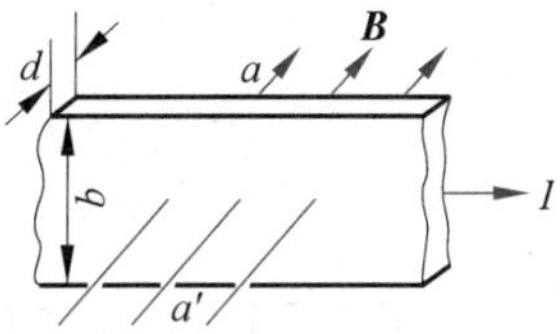

图 13.23 习题 13.11 用图

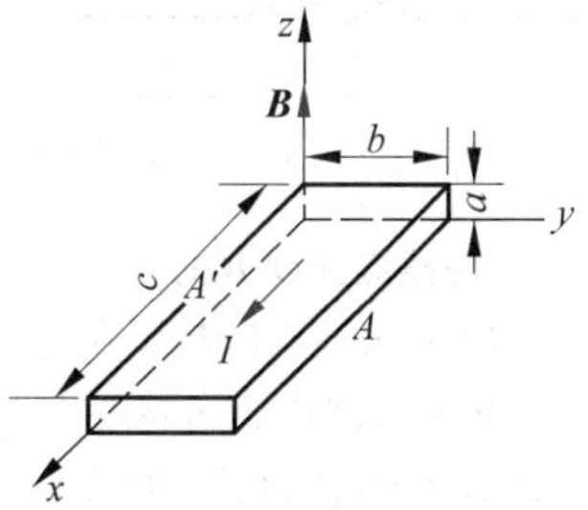

图 13.24 习题 13.12 用图

(1) 这半导体是正电荷导电(P 型)还是负电荷导电(N 型)?

(2) 求载流子浓度。

13.13 掺砷的硅片是 N 型半导体,这种半导体中的电子浓度是 $2\times10^{21}$ 个/m$^3$,电阻率是 $1.6\times10^{-2}\,\Omega\cdot$m。用这种硅做成霍尔探头以测量磁场,硅片的尺寸相当小,是0.5 cm×0.2 cm×0.005 cm。将此片长度的两端接入电压为 1 V 的电路中。当探头放到磁场某处并使其最大表面与磁场某主向垂直时,测得 0.2 cm 宽度两侧的霍尔电压是 1.05 mV。求磁场中该处的磁感应强度。

13.14 磁力可用来输送导电液体,如液态金属、血液等而不需要机械活动组件。如图 13.25 所示是输送液态钠的管道,在长为 $l$ 的部分加一横向磁场 $\boldsymbol{B}$,同时垂直于磁场和管道通以电流,其电流密度为 $\boldsymbol{J}$。

(1) 证明:在管内液体 $l$ 段两端由磁力产生的压力差为 $\Delta p=JlB$,此压力差将驱动液体沿管道流动;

(2) 要在 $l$ 段两端产生 1.00 atm 的压力差,电流密度应多大?设 $B=1.50$ T,$l=2.00$ cm。

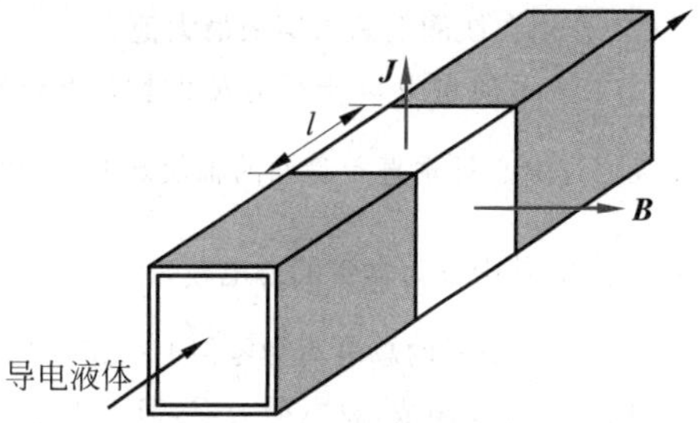

图 13.25 电磁泵示意图

13.15 霍尔效应可用来测量血液的速度。其原理如图 13.26 所示,在动脉血管两侧分别安装电极并加以磁场。设血管直径是 2.0 mm,磁场为 0.080 T,毫伏表测出的电压为 0.10 mV,血流的速度多大?(实际上磁场由交流电产生而电压也是交流电压。)

13.16 安培天平如图 13.27 所示,它的一臂下面挂有一个矩形线圈,线圈共有 $n$ 匝。它的下部悬在一均匀磁场 $\boldsymbol{B}$ 内,下边一段长为 $l$,它与 $\boldsymbol{B}$ 垂直。当线圈的导线中通有电流 $I$ 时,调节砝码使两臂达到平衡;然后使电流反向,这时需要在一臂上加质量为 $m$ 的砝码,才能使两臂再达到平衡(设 $g=9.80$ m/s$^2$)。

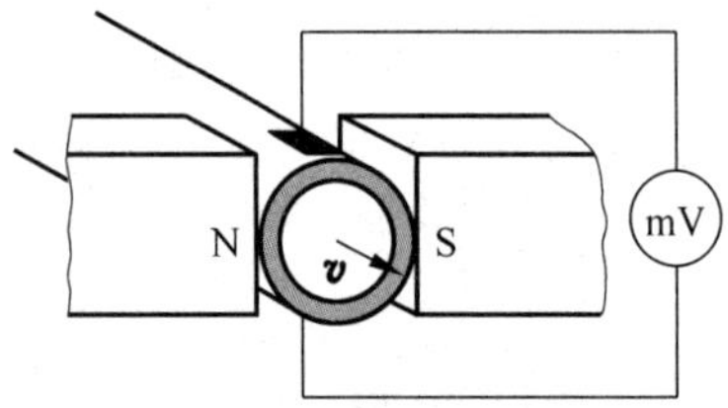


图 13.26　习题 13.15 用图

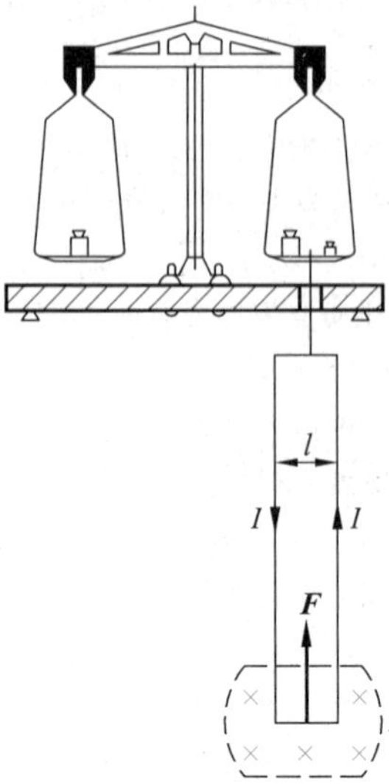


图 13.27　习题 13.16 用图

(1) 写出求磁感应强度 $\boldsymbol{B}$ 的大小公式；

(2) 当 $l=10.0$ cm，$n=5$，$I=0.10$ A，$m=8.78$ g 时，$B=?$

13.17　一矩形线圈长 20 mm，宽 10 mm，由外皮绝缘的细导线密绕而成，共绕有 1000 匝，放在 $B=1000$ G 的均匀外磁场中，当导线中通有 100 mA 的电流时，求图 13.28 中下述两种情况下线圈每边所受的力与整个线圈所受的力及力矩，并验证力矩符合式(13.15)。

(1) $\boldsymbol{B}$ 与线圈平面的法线重合(图 13.28(a))；

(2) $\boldsymbol{B}$ 与线圈平面的法线垂直(图 13.28(b))。

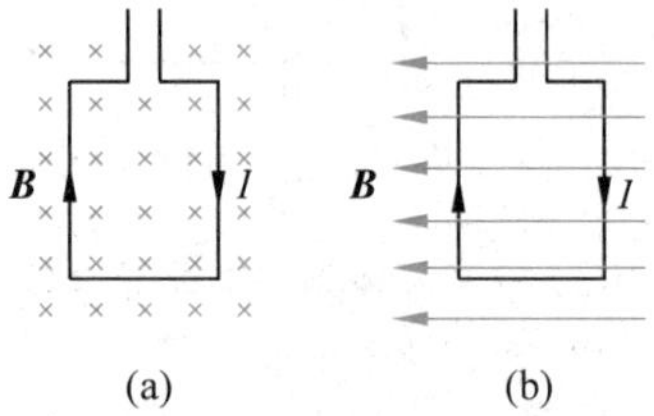


图 13.28　习题 13.17 用图

13.18　一正方形线圈由外皮绝缘的细导线绕成，共绕有 200 匝，每边长为 150 mm，放在 $B=4.0$ T 的外磁场中，当导线中通有 $I=8.0$ A 的电流时，求：

(1) 线圈磁矩 $\boldsymbol{m}$ 的大小；

(2) 作用在线圈上的力矩的最大值。

13.19　一质量为 $m$ 半径为 $R$ 的均匀电介质圆盘均匀带有电荷，面电荷密度为 $\sigma$。求证当它以 $\omega$ 的角速度绕通过中心且垂直于盘面的轴旋转时，其磁矩的大小为 $m=\frac{1}{4}\pi\omega\sigma R^4$，而且磁矩 $\boldsymbol{m}$ 与角动量 $\boldsymbol{L}$ 的关系为 $\boldsymbol{m}=\frac{q}{2m}\boldsymbol{L}$，其中 $q$ 为盘带的总电量。

*13.20　中子的总电荷为零但有一定的磁矩。已知一个中子由一个带 $+2e/3$ 的“上”夸克和两个各带 $-e/3$ 的“下”夸克组成，总电荷为零，但由于夸克的运动，可以产生一定的磁矩。一个最简单的模型是三个夸克都在半径为 $r$ 的同一个圆周上以同一速率 $v$ 运动，两个下夸克的绕行方向一致，但和上夸克的绕行方向相反。

(1) 写出由于这三个夸克的运动而使中子具有的磁矩的表示式；

(2) 如果夸克运动的轨道半径 $r=1.20\times10^{-15}$ m，求夸克的运动速率 $v$ 是多大才能使中子的磁矩符合实验值 $m=9.66\times10^{-27}$ A·m$^2$。

*13.21　电子的内禀自旋磁矩为 $0.928\times10^{-23}$ J/T。电子的一个经典模型是均匀带电球壳，半径为 $R$，电量为 $e$。当它以 $\omega$ 的角速度绕通过中心的轴旋转时，其磁矩的表示式如何？现代实验证实电子的半径

小于 $10^{-18}$ m，按此值计算，电子具有实验值的磁矩时其赤道上的线速度多大？这一经典模型合理吗？

13.22 如图 13.29 所示，在长直电流近旁放一矩形线圈与其共面，线圈各边分别平行和垂直于长直导线。线圈长度为 $l$，宽为 $b$，近边距长直导线距离为 $a$，长直导线中通有电流 $I$。当矩形线圈中通有电流 $I_1$ 时，它受的磁力的大小和方向各如何？它又受到多大的磁力矩？

13.23 一无限长薄壁金属筒，沿轴线方向有均匀电流流通，面电流密度为 $j$(A/m)。求单位面积筒壁受的磁力的大小和方向。

13.24 将一均匀分布着电流的无限大载流平面放入均匀磁场中，电流方向与此磁场垂直。已知平面两侧的磁感应强度分别为 $\boldsymbol{B}_1$ 和 $\boldsymbol{B}_2$(图 13.30)，求该载流平面单位面积所受的磁场力的大小和方向。

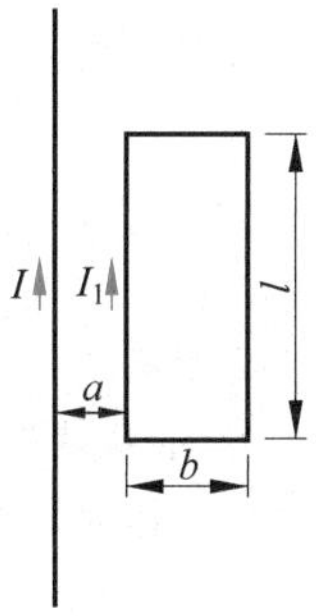

图 13.29 习题 13.22 用图

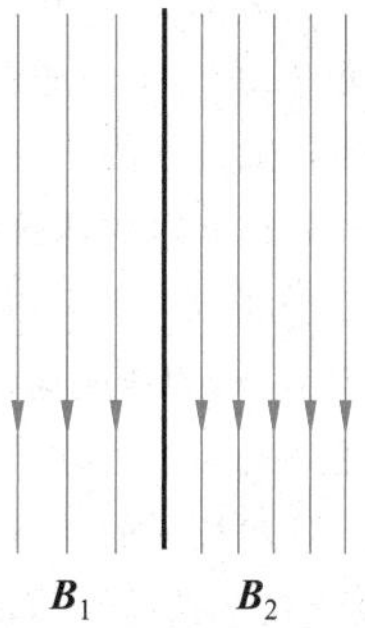

图 13.30 习题 13.24 用图

13.25 两条无限长平行直导线相距 5.0 cm，各通以 30 A 的电流。求一条导线上每单位长度受的磁力多大？如果导线中没有正离子，只有电子在定向运动，那么电流都是 30 A 的一条导线的每单位长度受另一条导线的电力多大？电子的定向运动速度为 $1.0\times10^{-3}$ m/s。

13.26 如图 13.31 所示，一半径为 $R$ 的无限长半圆柱面导体，其上电流与其轴线上一无限长直导线的电流等值反向，电流 $I$ 在半圆柱面上均匀分布。

(1) 试求轴线上导线单位长度所受的力；

(2) 若将另一无限长直导线(通有大小、方向与半圆柱面相同的电流 $I$)代替圆柱面，产生同样的作用力，该导线应放在何处？

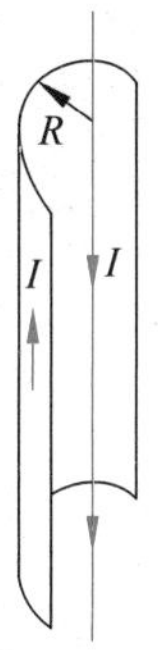

图 13.31 习题 13.26 用图

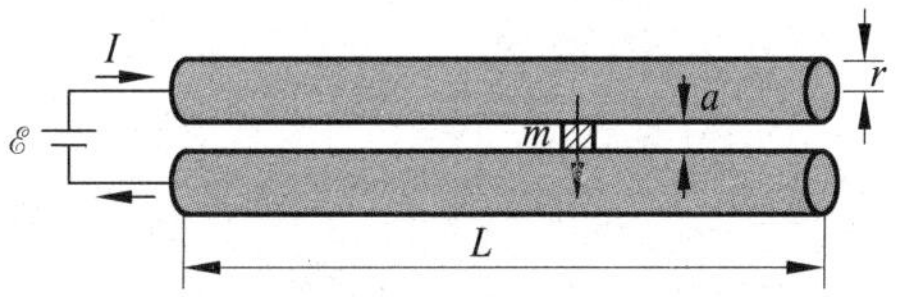

图 13.32 习题 13.27 用图

13.27 正在研究的一种电磁导轨炮(子弹的出口速度可达 10 km/s)的原理可用图 13.32 说明。子弹置于两条平行导轨之间，通以电流后子弹会被磁力加速而以高速从出口射出。以 $I$ 表示电流，$r$ 表示导轨(视为圆柱)半径，$a$ 表示两轨面之间的距离。将导轨近似地按无限长处理，证明子弹受的磁力近似地可以表示为

$$F=\frac{\mu_0 I^2}{2\pi}\ln\frac{a+r}{r}$$

设导轨长度 $L=5.0\ \text{m}$，$a=1.2\ \text{cm}$，$r=6.7\ \text{cm}$，子弹质量为 $m=317\ \text{g}$，发射速度为 4.2 km/s。

(1) 求该子弹在导轨内的平均加速度是重力加速度的几倍？(设子弹由导轨末端起动。)

(2) 通过导轨的电流应多大？

(3) 以能量转换效率40%计，子弹发射需要多少千瓦功率的电源？

*13.28 置于均匀磁场 $\boldsymbol{B}$ 中的一段软导线通有电流 $I$，下端悬一重物使软导线中产生张力 $\boldsymbol{T}$（图13.33）。这样，软导线将形成一段圆弧。

(1) 证明：圆弧的半径为 $r=T/BI$。

(2) 如果去掉导线，通过点 $P$ 沿着原来导线方向射入一个动量为 $p=qT/I$ 的带电为 $-q$ 的粒子，试证该粒子将沿同一圆弧运动。(这说明可以用软导线来模拟粒子的轨迹。实验物理学家有时用这种办法来验证粒子通过一系列磁铁时的轨迹。)

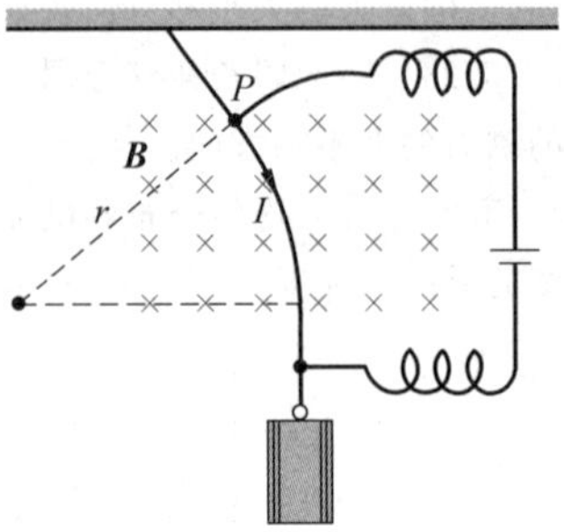


图13.33 习题13.28用图

*13.29 两个质子某一时刻相距为 $a$，其中质子1沿着两质子连线方向离开质子2，以 $\boldsymbol{v}_1$ 的速度运动。质子2垂直于二者连线方向以 $\boldsymbol{v}_2$ 的速度运动。求此时刻每个质子受另一质子的作用力的大小和方向。(设 $\boldsymbol{v}_1$ 和 $\boldsymbol{v}_2$ 均甚小于光速 $c$)。这两个力是否服从牛顿第三定律？(牛顿第三定律实际上是两粒子的动量守恒在经典力学中的表现形式。这里两质子作为粒子虽然不满足牛顿第三定律，但如果计入电磁场的动量，这一系统的总动量仍然是守恒的。)

*13.30 原子处于不同状态时的磁矩不同，钠原子在标记为"$^2P_{3/2}$"的状态时的"有效"磁矩为 $2.39\times10^{-23}\ \text{J/T}$。由于磁矩在磁场中的方位的量子化，处于此状态的钠原子的磁矩在磁场中的指向只可能有四种，它们与磁场方向的夹角分别为39.2°，75°，105°，140.8°。求在 $B=2.0\ \text{T}$ 的磁场中，处于此状态的钠原子的磁势能可能分别是多少？

# 等离子体

## G.1 物质的第四态

随着温度的升高,一般物质依次表现为固体、液体和气体。它们统称物质的三态。当气体温度进一步升高时,其中许多,甚至全部分子或原子将由于激烈的相互碰撞而离解为电子和正离子。这时物质将进入一种新的状态,即主要由电子和正离子(或是带正电的核)组成的状态。这种状态的物质叫**等离子体**,它可以称为物质的第四态。

宇宙中99%的物质是等离子体,太阳和所有恒星、星云都是等离子体。只是在行星、某些星际气体或尘云中人们发现有固体、液体或气体,但是这些物体只是宇宙物质的很小的一部分。在地球上,天然的等离子体是非常稀少的,这是因为等离子体存在的条件和人类生存的条件是不相容的。在地球上的自然现象中,只有闪电、极光等等离子体现象。地球表面以上约50 km到几万千米的高空存在一层等离子体,叫**电离层**,它对地球的环境和无线电通信有重要的影响。近代技术越来越多地利用人造的等离子体,例如霓虹灯、电弧、日光灯内的发光物质都是等离子体,火箭体内燃料燃烧后喷出的火焰、原子弹爆炸时形成的火球也都是等离子体。

通常的气体中也可能会有电子和正离子,但它不是等离子体。把气体加热使之温度越来越高,它就可以转化为等离子体。但是,通常气体和等离子体的转化并没有严格的界限,它不像固体溶解或液体汽化那么明显。例如,蜡烛的火焰就处于一种临界状态,其中电子和离子数多时就是等离子体,少时就是一般的高温气体。高温气体和等离子体的主要差别在于其电磁特性。等离子体因为具有大量的电子和正离子而成为良好的导体,宏观电磁场对它有明显的影响,高温气体是绝缘体,它对电磁场几乎没有什么反应。

等离子体中有大量的电子和正离子,但总体来讲它是电中性的。作为等离子体,它内部的电子和正离子数目必须足够大以至于不会发生局部的正或负电荷的集中,从而导致电中性的破坏。如果由于偶然的原因,例如,在某处形成了正电荷的集中,它附近的负电荷会被吸引而很快地移过来,从而又恢复了该处的电中性。这就是说,尽管在等离子体中有大量的正电荷和负电荷,但这些电荷之间的相互作用总是要使等离子体内保持宏观的电中性。

我们知道,在静电条件下,一个良导体内部电场是等于零的,它的表面的感生电荷使导体能屏蔽其内部,而不受电场的作用。作为导体的等离子体也有这种性质。设想在等离子

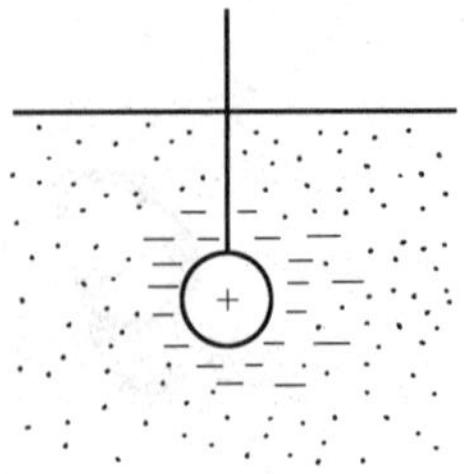

图 G.1 等离子体的屏蔽作用

体中插入一个，譬如说，带正电的导体(它的表面涂有一层绝缘介质膜使之不和等离子体直接接触)，这时等离子体中的电子就会迅速向带电体靠近，最后在导体表面外将形成一层负电荷(图 G.1)，从而屏蔽了等离子体内部使不受带电体电场的作用。由于电子的热运动，带电体表面外等离子体内的电荷层是有一定厚度的，而这一厚度随温度的升高而增大。只是在层内，带电体所带电荷才对等离子体有影响。对于层外的等离子体内部，带电体的电荷不发生任何作用，在这里也没有宏观电场存在。

上述带电体外有净电荷的等离子层的厚度叫做**屏蔽距离**或**德拜距离**，它由下面公式给出：

$$D=\sqrt{\frac{\varepsilon_0 kT}{ne^2}} \tag{G.1}$$

式中 $n$ 是单位体积内的电子数，$T$ 是这些电子的温度，$k$ 为玻耳兹曼常量。这一距离决定了外电场能深入到等离子体内的程度，也给出了等离子体内由于热运动而可能引起的局部偏离电中性的空间尺寸。对于线度大于德拜距离的等离子体，它将保持宏观的电中性，因为任何电荷的集中将会很快地被一相反的电荷层所包围，从而恢复电中性。因此，德拜距离可以作为判定等离子体的一个判据。当电离气体的线度远大于德拜距离时，它就是一个等离子体。例如在普通氖管中，电离气体的电子数密度约为 $10^9\ \mathrm{cm}^{-3}$，这些电子的温度为 $2\times10^4$ K。由式(G.1)可算出德拜距离为

$$D=\sqrt{\frac{8.85\times10^{-12}\times1.38\times10^{-23}\times2\times10^4}{10^{15}\times(1.6\times10^{-19})^2}}$$
$$=3\times10^{-4}(\mathrm{m})=0.3(\mathrm{mm})$$

因此，只要氖管的尺寸大于几毫米，其中的电离气体就成了等离子体。

在上面的计算中用了电子温度为 $2\times10^4$ K 这个数据，即电子温度为两万度。这似乎不符合事实，然而事实上正是这样。这是因为在等离子体中同时有两种温度，一是电子的温度，一是正离子的温度。在氖管中，前者可达 $2\times10^4$ K，而后者只有 $2\times10^3$ K。所以有这种区别要归因于电子和离子之间的能量交换。由于电子比较轻快，正离子比较笨重，所以等离子体中的电流基本上是电子运动形成的。因此电子得到了几乎全部外电源供给的能量，所以达到了较高的温度。正离子基本上只能间接地通过和电子碰撞从电子那里得到能量。根据力学原理，质量小的质点和质量大的质点碰撞时，质量小的质点的能量几乎没有损失，因此，正离子从与电子碰撞中得到能量是很少的，所以它们的温度就很难升高。(当然，经过相当一段时间，通过碰撞，电子和正离子会达到热平衡而具有相同的温度。但是，现代技术中所获得的等离子体存在的时间往往比电子和正离子达到热平衡所需要的时间短很多，因此，在等离子体存在的期间内，其中总有两种不同的温度。)

表 G.1 列出了几种等离子体，其中大多数是发光的，但也有些不发光，如地球的电离层、日冕、太阳风等。它们所以不发光，是因为构成它们的等离子体太稀薄，以至不能发出足够多的能量，尽管它们的温度很高。

表 G.1 几种等离子体

| 等离子体 | 电子温度/K | 电子数密度/$cm^{-3}$ |
|---|---|---|
| 太阳中心 | $2\times10^7$ | $10^{26}$ |
| 太阳表面 | $5\times10^3$ | $10^6$ |
| 日冕 | $10^6$ | $10^5$ |
| 聚变实验(托卡马克) | $10^8$ | $10^{14}$ |
| 原子弹爆炸火球 | $10^7$ | $10^{20}$ |
| 太阳风 | $10^5$ | 5 |
| 闪电 | $3\times10^4$ | $10^{18}$ |
| 辉光放电(氖管) | $2\times10^4$ | $10^9$ |
| 地球电离层 | $2\times10^3$ | $10^5$ |
| 一般火焰 | $2\times10^3$ | $10^8$ |

## G.2 等离子体内的磁场

在实验室里或自然界里等离子体多处于磁场之中。这磁场可能是外加的,也可能是通过等离子体本身的电流产生的。由于等离子体是良导体,所以其内部不能有电场存在,但是可以有磁场。不但如此,而且由法拉第定律,变化的磁场会感生出电场,不能有电场存在,就要求等离子体内部的磁场不能发生改变。这就是说,等离子体内部一旦具有了磁场,这磁场将不再发生变化,这种现象叫磁场在等离子体内部的**冻结**。也可以用楞次定律来解释这一现象。设想等离子体内磁场要发生变化,当它刚一开始变化时,就会感生出一个电流,这电流的磁场和原磁场的叠加正好使原磁场不发生改变。

由于磁场的冻结,所以当等离子体在磁场中运动时,体内的磁感线会跟着等离子体一起运动(如图 G.2(b)所示,图 G.2(a)是一块等离子体静止于磁场中的情形)。更有甚者,当等离子体被压缩时,其中的磁感线也被压缩(图 G.2(c))。

由于等离子体内的磁场不会发生变化,所以将一块内部没有磁场的等离子体移入磁场中时,它会挤压磁感线使之变形,如图 G.3 所示。这也可以由楞次定律说明。磁场刚要进入等离子体中时,就感应出了电流,这电流的磁场和原磁场的叠加使等离子体内部磁场仍保持为零,而外部合磁场的磁感线变成了扭曲的形状。

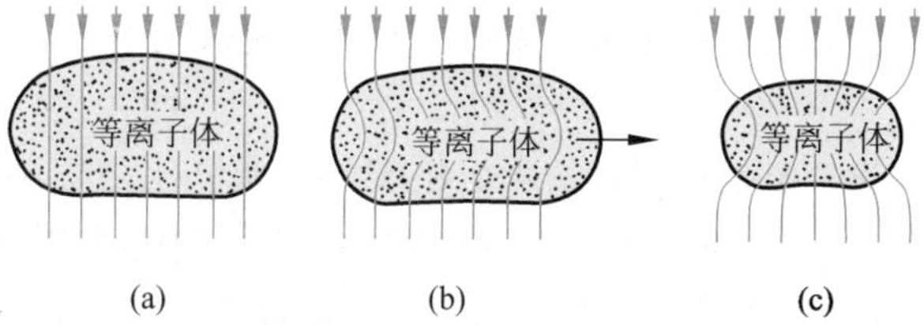


图 G.2 磁场在等离子体中的冻结

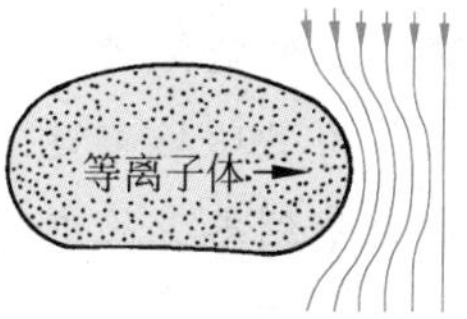


图 G.3 等离子体挤压磁感线

等离子体排挤磁场的性质对地磁场的形状有重要的影响。不受外界影响时,地磁场应是一个磁偶极子的磁场,对于地磁场具有轴对称分布。实际上由于太阳风的作用,这磁场大大地变形了。**太阳风**是由电子和质子组成的中性等离子体。它由太阳向四外发射，速度可达 400 km/s。吹向地球的太阳风将改变地磁场的形状：面向太阳的一面被压缩，背向太阳的一面被拉长(图 G.4)。地磁场所占据的空间叫**磁球**。由于太阳风的作用，磁球不再呈球形，而是像一个拉长了的雨滴，尾部可以延伸至几十万千米远处。

可以附带指出的是，由于地球相对于太阳风的速度(400 km/s)远大于太阳风中声波传播的速度，所以这一相对运动会在太阳风中产生冲击波，正像超音速飞机在空气中引起的激波一样。图 G.4 中也画出了这一冲击波的波面。

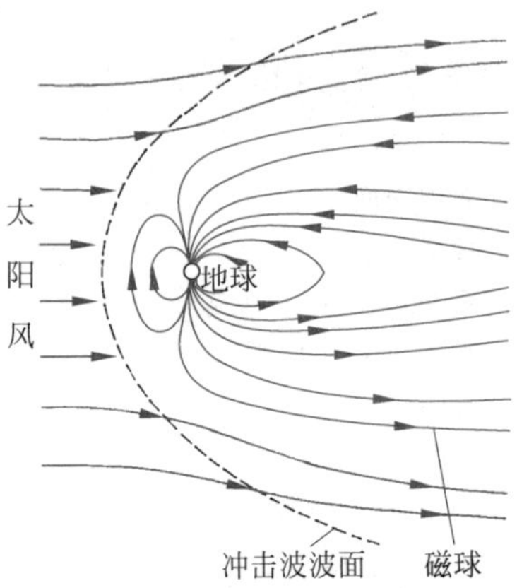

图 G.4 地球的磁球

## G.3 磁场对等离子体的作用

等离子体中的电子和正离子都在作高速运动，因此磁场会对这些粒子有作用，这些作用宏观上表现为对整个等离子体的作用。

运动电荷在磁场作用下的运动情况在第 13 章中已讨论过了。在匀强磁场中，带电粒子要绕磁感线作**螺旋运动**(参看图 13.2)。在非均匀磁场中，作螺旋运动的带电粒子会受到与磁场增强方向相反的力的作用，因而要被推向磁场较弱的区域，这就是**磁镜**的原理(参看图 13.5)。这是非均匀磁场对沿磁感线方向运动的带电粒子的影响。

由于非均匀磁场的作用，运动的带电粒子还会发生一种垂直于磁场方向的**漂移**。如图 G.5 所示，非均匀磁场的方向垂直纸面指离读者，上强下弱。设正离子或电子初速度的方向和磁场方向垂直。由于洛伦兹力的作用，它们还是要作回旋运动，但与均匀磁场的情形不同，在磁场强的地方，回旋半径小，在磁场弱的地方，回旋半径大，即粒子在磁场强的地方拐弯较快，在磁场弱的地方拐弯较慢。其结果，粒子的运动轨迹不再是一个封闭的圆周，而成了一个有回折的振荡曲线。每一次"振荡"中，粒子在弱磁场区域经历的时间和路程都比在强磁场区长。这也表示磁场要把带电粒子推向磁场较弱的区域。更为突出的是这种不均匀磁场的作用使运动粒子发生了垂直于磁场方向的移动，这一移动叫做**漂移**。值得注意的是正离子和电子的横向漂移的方向是**相反**的。这将导致等离子体中正负电荷的**分离**，从而影响等离子体的稳定性。

以上讨论的磁场都是"外加"的。当等离子体中有电流流过时，这电流也产生磁场，而等离子体也会受到本身的电流的磁场的作用。图 G.6 画出了一个通有纵向电流的等离子体圆柱。不但圆柱体外有磁场，而且圆柱体内也有磁场。在圆柱体内的磁场是沿径向向外逐渐增强的。根据上面讲的在不均匀磁场中，运动的带电粒子总要被推向磁场较弱的区域的规律，等离子体柱有向中心收缩的趋势。或者说等离子体受到了自身电流的磁场的收缩，这种现象叫**箍缩效应**。

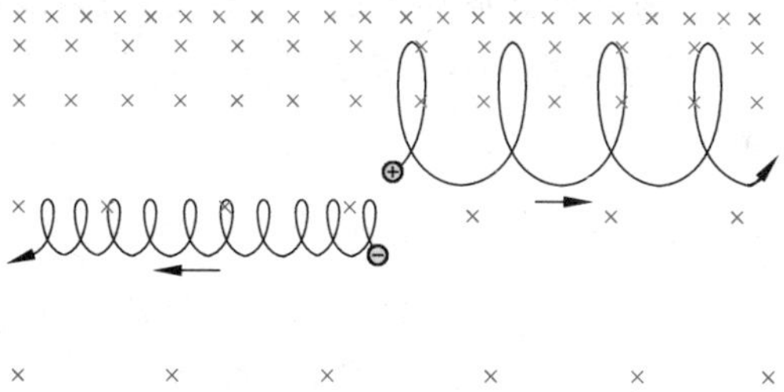


图 G.5 正离子和电子在非均匀磁场中的横向漂移

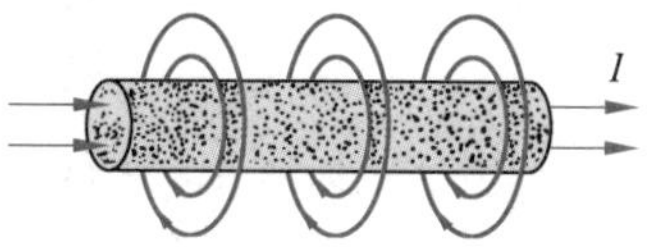


图 G.6 箍缩效应

在等离子体中有电流流过时，在严格的条件下，箍缩效应所产生的压缩等离子体的压强和等离子体中粒子热运动产生的扩张的压强相平衡。这时等离子体柱处于平衡的状态，但这一平衡是非常不稳定的。如果等离子体柱由于某种偶然的原因产生一微小的变形，那它就会迅速继续扩大以致平衡最终被破坏。例如，当一等离子体圆柱由于某种原因产生一个小小的弯曲时，那么在弯曲部位，凹侧的磁场就会比凸侧的磁场强。由于等离子体要被磁场推向磁场较弱的区域，这等离子体柱将更加弯曲。越来越严重的弯曲最终将使等离子体消散，这种情况叫做**"扭曲不稳定性"**（图 G.7(a)）。又例如，若等离子体柱由于某种原因造成粗细略有不均匀，那么在细的部位的磁场要比粗的部位的强。磁场的作用将促使细的部位进一步变细，以致最后发展到这个部位等离子体柱被截断。这种情况叫做**"截断不稳定性"**或**"腊肠不稳定性"**（图 G.7(b)）。

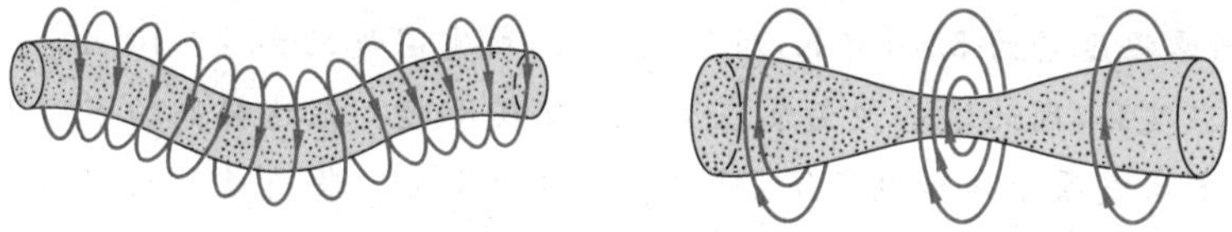


图 G.7 扭曲不稳定性(a)与腊肠不稳定性(b)

还有其他很多的不稳定性。由于这些不稳定性，人造的等离子体常常是在极短时间内($10^{-6}$ s)就分崩离析了。如何使等离子体保持较长时间的稳定，目前仍是等离子体物理学中一个重要的研究课题。

## G.4 热核反应

热核反应，或原子核的聚变反应，是当前很有前途的新能源。在这种反应中几个较轻的核，譬如氘核(D，包含一个质子和一个中子)或氚核(T，包含一个质子和两个中子)结合成一个较重的核，如氦核，同时放出巨大的能量。这种能源之所以诱人，首先是因为自然界中有大量这种燃料存在。天然的氘存在于重水的分子(HDO)中，而海水中大约有0.03%是重水。氚具有放射性，在自然界中没有天然的氚，但它可以在反应堆中用中子轰击锂原子而产生。海水中氘的储量估计能满足人类十亿年的所有能量的需求，而地壳中锂的含量也足够人类使用一百万年。聚变能源的另一特点是它放出的能量多，例如 1 kg 的氘聚变时放出的能量约等于 1 kg 的铀裂变时放出的能量的 4 倍。另外，聚变比较"干净"，它的生成物是无害的核(放出的中子可以用适当材料吸收掉),不像铀核裂变那样生成许多种放射性核。

最易实现的聚变反应是氘氘反应和氘氚反应。氘氘反应实际上是由四步组成的,它们是

$$\begin{array}{l} D+D \longrightarrow {}^3He+n \\ D+D \longrightarrow T+p \\ D+T \longrightarrow {}^4He+n \\ D+{}^3He \longrightarrow {}^4He+p \\ \hline 6D \longrightarrow 2\,{}^4He+2p+2n+43.1\,MeV \end{array}$$

总结果是六个氘核反应生成两个氦核、两个质子、两个中子和 43.1 MeV 的能量。

氘氚反应需要有锂核参加,它分两步进行:

$$\begin{array}{l} n+{}^6Li \longrightarrow {}^4He+T \\ D+T \longrightarrow {}^4He+n \\ \hline D+{}^6Li \longrightarrow 2\,{}^4He+22.4\,MeV \end{array}$$

总结果是氘核和锂核反应生成氦核和 22.4 MeV 的能量,氚核只是在中间过程中出现。氘氚反应比氘氘反应在技术上要复杂得多,但由于前者的点火温度比较低,所以被认为是一种更有希望的聚变反应。

不论是氘氘反应,还是氘氚反应,都是带正电的原子核相结合的反应。由于核之间的库仑斥力很大,所以参加反应的核必须具有很大的动能。增大核的动能的唯一可行的方法是通过热运动,因此,参加反应的物质必须具有很高的温度,这一温度就叫做聚变的**点火温度**。对氘氘反应,所需温度约为 $5\times10^9$ K,对氘氚反应,所需温度约为 $1\times10^8$ K。这样的温度都比太阳中心的温度高,因此这些聚变反应又叫做**热核反应**。在这样高的温度下,氘和氚的原子都已经完全电离成原子核和电子了,所以参与聚变反应的物质是等离子体。

引发核聚变是需要供给能量使燃料达到其点火温度的。不但如此,要建成一个有实用价值的反应器,就必须使热核反应放出的能量至少要和加热燃料所用的能量相等。为达到这一目的,就必须增加核燃料的密度。同时,由于等离子体极不稳定,所以还必须设法延长等离子体存在的时间。燃料核的密度越大,它们之间碰撞的机会越多,反应就越充分。在一定燃料核密度下,稳定时间越长,反应也越充分。反应越充分,释放的能量就越多。计算表明要使热核反应器成为一个自行维持反应的系统的条件是

$$n(\text{离子数密度})\times\tau(\text{稳定时间})\geqslant \text{常数} \tag{G.2}$$

这一条件称为**劳森判据**。如果式中 $n$ 表示每立方厘米的离子数,时间用秒计算,则对氘氘反应,式中的常数为 $5\times10^{15}$,对于氘氚反应,这一常数为 $2\times10^{14}$。因此,对于氘氚反应,如果等离子体的密度为 $10^{14}\ cm^{-3}$,则至少需要它稳定 2 s。如果等离子体的密度为 $10^{23}\ cm^{-3}$,则稳定时间可以减小到 $2\times10^{-9}$ s。

## G.5 等离子体的约束

如上所述要产生有效的热核反应,需要燃料等离子体处于很高的温度,同时还要维持等离子体存在一定的时间。这两方面的要求都是很难达到的,这正是受控热核反应所要解决的问题。

要使热核反应在某种装置内进行，首先碰到的问题是要把超高温等离子体盛放在一定的容器中。任何实际的固体容器都不能用来盛放这种等离子体，因为到 4 000℃以上的温度时，现有的任何耐火材料都会熔化。现在技术中用来盛放或约束等离子体的方法是借助于磁场来实现的。

最简单的约束等离子体的磁场设计是 13.1 节讲过的**磁瓶**。它两端的磁场比中间的磁场强，形成了两个能反射等离子体中的电子和正离子的磁镜，因而把等离子体限制在这样的磁瓶中。但是，由于磁场对沿磁感线方向运动的离子没有作用力，所以，实际上，离子和电子还是有可能从两端泄漏出去的。

为了避免等离子体从磁瓶的两端泄漏，人们设计了**环形磁瓶**来约束等离子体。它实际上是一个环形螺线管(图 G.8)，通以电流后在其内部形成封闭的环向磁场。在这无头无尾的磁场内，人们期望等离子体中的粒子会无休止地绕磁感线旋进，从而实现稳定的约束。但事实上达到稳定的约束很难，因为在环管的截面上磁场的分布实际上是不均匀的，内侧强而外侧弱。这不均匀磁场将把等离子体推向环管的外侧壁上，从而使其失去约束。

前面讲过电流通过等离子体时，其磁场对等离子体本身的箍缩效应也可以用来约束等离子体。根据这一原理设计的装置如图 G.9 所示，一个变压器的原线圈通过一个开关与一组高压电容器相连，另有一个环形反应室作为变压器的副线圈。首先向反应室内充入等离子体热核燃料，然后合上开关。这时预先充了电的电容器立即通过变压器的原线圈放电，从而产生强大的脉冲电流。同时在环状反应室内的等离子体中感应出更为强大的电流(可达 $10^6$ A)。这电流将对等离子体自身产生箍缩压力，而使等离子体约束在一个环内。在这一过程中，还由于强大的电流通过等离子体而起了加热作用，使等离子体温度进一步升高，同时由于等离子体环受箍缩变细而提高了等离子体的密度。这都有利于实现等离子体热核燃料的点火。但是这种装置也还未实现人们的理想。原因是它在环的截面上的磁场分布也是不均匀的，另外这种磁场箍缩容易被扭曲不稳定性或腊肠不稳定性等不稳定因素破坏。

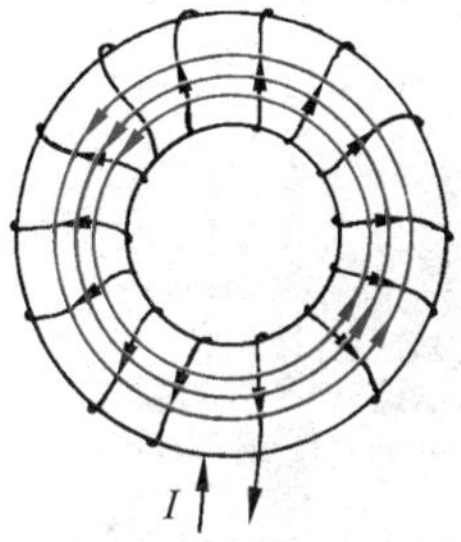


图 G.8 环状磁瓶

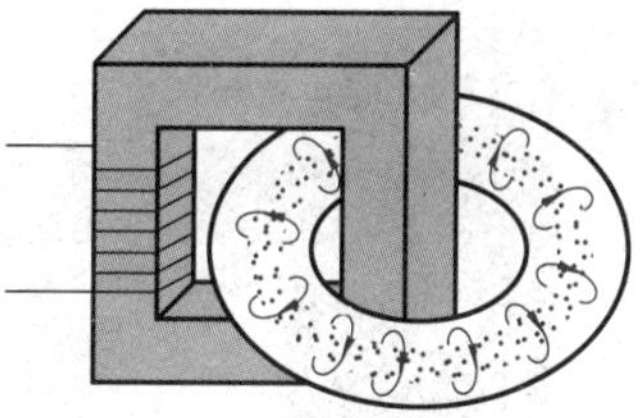

图 G.9 环形箍缩装置

为了进一步接近产生受控热核反应的条件，就把上述环形磁瓶装置和环形箍缩装置结合起来。这也就是在环形箍缩装置中的环形反应室外面再绕上线圈，并通以电流(图 G.10)。这样，当合上变压器的原线圈上的开关后，在反应器内就会有两种磁场：一种是轴向的($\boldsymbol{B}_1$)，它由反应室外面的线圈中的电流产生；另一种是圈向的($\boldsymbol{B}_2$)，它由等离子体中的感生电流产生。这两种磁场的叠加形成螺旋形的总磁场($\boldsymbol{B}$)。理论和实验都证明，约束在这种磁场内的等离子体，稳定性比较

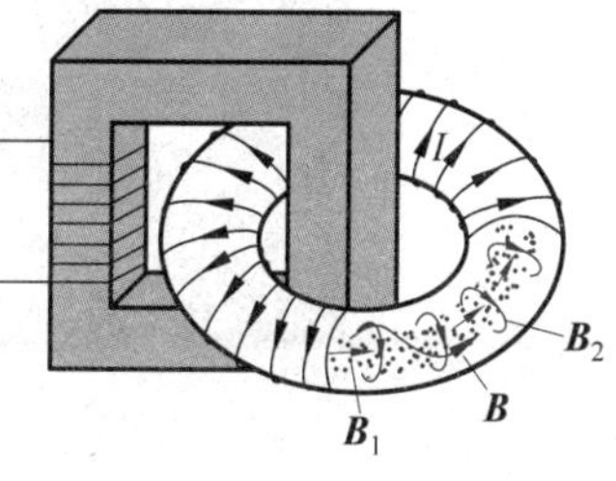


图 G.10 托卡马克装置

好。在这种反应器内，粒子除了由于碰撞而引起的横越磁感线的损失外，几乎可以无休止地在环形室内绕磁感线旋进。由于磁感线呈螺线形或扭曲形，在绕环管一周后并不自相闭合，所以粒子绕磁感线旋进时一会儿跑到环管内侧，一会儿跑到环管外侧，总徘徊于磁场之中，而不会由于磁场的不均匀而引起电荷的分离。在这种装置里，还可分别调节轴向磁场 $\boldsymbol{B}_1$ 和圈向磁场 $\boldsymbol{B}_2$，从而找到等离子体比较稳定的工作条件。

图G.10的实验装置叫**托卡马克装置**，是目前建造得比较多的受控热核反应实验装置。这种装置算是相对比较简单、比较容易制造的装置。目前，在这种装置上，已能使等离子体加热至 $4\times10^8$ K，约束时间达到5 s。尽管困难还是很多，但看来这种装置最有希望首先实现受控热核反应。

除了利用磁约束来实现受控热核反应以外，目前还在设计试验一种**惯性约束**方法。它的基本作法是把核聚变燃料做成直径约1 mm的小靶丸。每一次有一个小靶丸放入反应室，然后用强的激光脉冲(延续 $10^{-9}$ s，具有100 kJ的能量)照射。这样高能量的输入会使靶丸变成等离子体，而且在这等离子体由于惯性还来不及飞散的短时间内，把它加热到极高的温度而发生聚变反应。这实际上是强激光一个个地引爆超小型氢弹，这种反应叫**激光核聚变**。这种技术的成功一方面取决于燃料靶丸的制造，同时也取决于大功率的激光器的发展。

由我国自行设计、建造的“中国环流器一号”受控热核反应研究装置于1984年9月21日在成都建成启动，它是一种托卡马克装置。20世纪90年代已把它改建成“中国环流器新一号”(图G.11)。进入21世纪，又建成了新的环流器HL—2A。2006年2月，在合肥的中国科学院等离子体研究所建成了一座实验高级超导托卡马克(EAST)装置，它是目前世界上唯一运行的全超导磁体的核聚变实验装置(图G.12)。它已首先完成了放电实验，获得了电流 $300\times10^3$ A、延续时间近3 s的高温等离子体放电，温度已达到 $10^8$℃。国际上，俄、美、日等许多国家也早已开展了类似的研究，并已获得了输出功率大于输入功率的成果。2006年，美、俄、日、欧共体等联合开发的国际热核聚变实验堆(ITER)已完成设计，决定在法国Catalache建设，预定在2015年左右建成。该计划由世界上众多(包括中国的)专家参

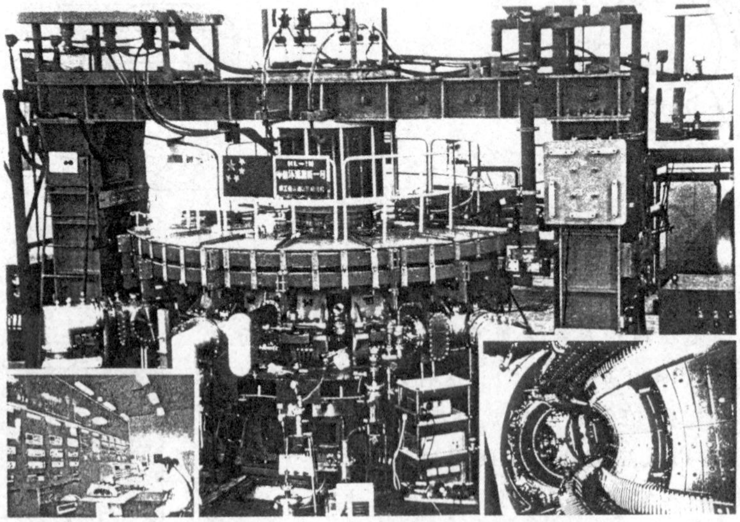

图G.11 中国环流器新一号外景

左下图为控制室，右下图为环形反应室内景

与。热核聚变前景光明，专家估计到2050年前后人类有可能实现原型示范的可控热核聚变电站发电。

图 G.12 EAST 外景

## G.6 冷聚变

聚变反应有可能在低温(例如室温)下实现吗？

1989年春天出现过一条轰动世界科技界的新闻。3月23日在美国盐湖城犹他大学的一次记者招待会上，弗莱希曼(M. Freischmann)和庞斯(B. S. Pons)宣布他们实现了冷聚变(或叫室温核聚变)。他们用的实验仪器很普通，是在一个烧瓶内装入一个钯(Pd)制的管状阴极，外围绕以铂丝作为阳极，都浸在用少量锂电离的重水($D_2O$)中。当通入电流经过近百小时后，他们发现有"过量热"释放，同时有中子产生。他们认为这不是一般的化学反应，而是在室温下的核聚变。对这一实验的可能解释是：钯有强烈的吸收氢或氘的本领(一体积的钯可吸收700体积的氘)。重水被电解后产生的氘在钯中的紧密聚集可能引起氘的结合——核聚变。如果这真是在室温条件下实现的核聚变，那将是一件有绝对重大意义的科学发现。消息传出后，很多科学家都来做类似的实验。由于当时该实验的重复性差，很多科学家对这一发现持怀疑态度，以致在此后，关于这方面的研究似乎销声匿迹了。但还有些研究人员乐此不疲，继续坚持这方面的探索，清华大学物理系李兴中教授就是其中之一。他所用的实验基本装置如图G.13所示，在一容器中用石英架张拉着一条钯丝，通入氘气以观察其变化。他们已确切地证实在氘瓶内有"过量热"释放。对于同时并无中子或γ射线释放也给予了一定的理论解释。他们还发现在与氢气长时间接触的钯丝内有锌原子甚至氯原子产生，在钯丝表面层内锌原子甚至占总原子数的40%。他们认为这是钯发生核嬗变的信号，从而给他们的研究带来了新的希望。

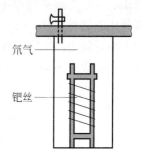

图 G.13 冷聚变实验瓶

# 第14章

# 磁场中的磁介质

上两章讨论了真空中磁场的规律，在实际应用中，常需要了解物质中磁场的规律。由于物质的分子(或原子)中都存在着运动的电荷，所以当物质放到磁场中时，其中的运动电荷将受到磁力的作用而使物质处于一种特殊的状态中，处于这种特殊状态的物质又会反过来影响磁场的分布。本章将讨论物质和磁场相互影响的规律。

值得指出的是，本章所述研究磁介质的方法，包括一些物理量的引入和规律的介绍，都和第 10 章研究电介质的方法十分类似，几乎可以“平行地”对照说明。这一点对读者是很有启发性的。

## 14.1 磁介质对磁场的影响

在考虑物质受磁场的影响或它对磁场的影响时，物质统称为**磁介质**。磁介质对磁场的影响可以通过实验观察出来。最简单的方法是做一个长直螺线管，先让管内是真空或空气(图 14.1(a))，沿导线通入电流 $I$，测出此时管内的磁感应强度的大小(测量的方法可以用习题 13.16 的安培秤的方法，也可以用在第 15 章要讲的电磁感应的方法)。然后使管内充满某种磁介质材料(图 14.1(b))，保持电流 $I$ 不变，再测出此时管内磁介质内部的磁感应强度的大小。以 $B_0$ 和 $B$ 分别表示管内为真空和充满磁介质时的磁感应强度，则实验结果显示出二者的数值不同，它们的关系可以用下式表示：

$$B=\mu_r B_0 \tag{14.1}$$

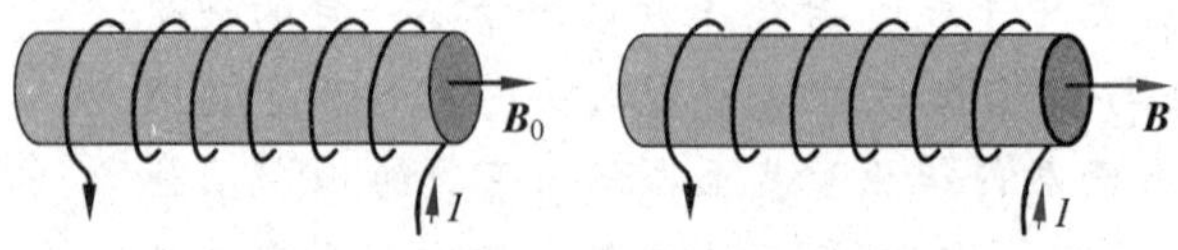


图 14.1　磁介质对磁场的影响

式中 $\mu_r$ 叫磁介质的**相对磁导率**，它随磁介质的种类或状态的不同而不同(表 14.1)。有的磁介质的 $\mu_r$ 是略小于 1 的常数，这种磁介质叫**抗磁质**。有的磁介质的 $\mu_r$ 是略大于 1 的常数，这种磁介质叫**顺磁质**。这两种磁介质对磁场的影响很小，一般技术中常不考虑它们的影响。还有一种磁介质，它的 $\mu_r$ 比 1 大得多，而且还随 $B_0$ 的大小发生变化，这种磁介质叫**铁磁质**。

它们对磁场的影响很大,在电工技术中有广泛的应用。

**表 14.1 几种磁介质的相对磁导率**

| 磁介质种类 | | 相对磁导率 |
|---|---|---|
| 抗磁质 $\mu_r<1$ | 铋(293 K) | $1-16.6\times10^{-5}$ |
| | 汞(293 K) | $1-2.9\times10^{-5}$ |
| | 铜(293 K) | $1-1.0\times10^{-5}$ |
| | 氢(气体) | $1-3.98\times10^{-5}$ |
| 顺磁质 $\mu_r>1$ | 氧(液体,90 K) | $1+769.9\times10^{-5}$ |
| | 氧(气体,293 K) | $1+344.9\times10^{-5}$ |
| | 铝(293 K) | $1+1.65\times10^{-5}$ |
| | 铂(293 K) | $1+26\times10^{-5}$ |
| 铁磁质 $\mu_r\gg1$ | 纯铁 | $5\times10^3$(最大值) |
| | 硅钢 | $7\times10^2$(最大值) |
| | 坡莫合金 | $1\times10^5$(最大值) |

为什么磁介质对磁场有这样的影响?这要由磁介质受磁场的影响而发生的改变来说明。这就涉及到磁介质的微观结构,下面我们来说明这一点。

## 14.2 原子的磁矩

在原子内,核外电子有绕核的轨道运动,同时还有自旋,核也有自旋运动。这些运动都形成微小的圆电流。我们知道,一个小圆电流所产生的磁场或它受磁场的作用都可以用它的**磁偶极矩**(简称**磁矩**)来说明。以 $I$ 表示电流,以 $S$ 表示圆面积,则一个圆电流的磁矩为

$$\boldsymbol{m}=IS\boldsymbol{e}_n$$

其中 $\boldsymbol{e}_n$ 为圆面积的正法线方向的单位矢量,它与电流流向满足右手螺旋关系。

下面我们用一个简单的模型来估算原子内电子轨道运动的磁矩的大小。假设电子在半径为 $r$ 的圆周上以恒定的速率 $v$ 绕原子核运动,电子轨道运动的周期就是 $2\pi r/v$。由于每个周期内通过轨道上任一"截面"的电量为一个电子的电量 $e$,因此,沿着圆形轨道的电流就是

$$I=\frac{e}{2\pi r/v}=\frac{ev}{2\pi r}$$

而电子轨道运动的磁矩为

$$m=IS=\frac{ev}{2\pi r}\pi r^2=\frac{evr}{2} \tag{14.2}$$

由于电子轨道运动的角动量 $L=m_e vr$,所以此轨道磁矩还可表示为

$$m=\frac{e}{2m_e}L \tag{14.3}$$

上面用经典模型推出了电子的轨道磁矩和它的轨道角动量的关系,量子力学理论也给出同样的结果。上式不但对单个电子的轨道运动成立,而且对一个原子内所有电子的总轨道磁矩和总角动量也成立。量子力学给出的总轨道角动量是量子化的,即它的值只可

能是[①]

$$L = m\hbar, \quad m = 0,1,2,\cdots \tag{14.4}$$

再据式(14.3)可知，原子电子轨道总磁矩也是量子化的。例如氧原子的总轨道角动量的一个可能值是$L=1\,\hbar=1.05\times10^{-34}\,\mathrm{J\cdot s}$，相应的轨道总磁矩就是

$$m = \frac{e}{2m_e}\hbar = 9.27\times10^{-24}\,\mathrm{J/T}$$

电子在轨道运动的同时，还具有自旋运动——内禀(固有)自旋。电子内禀自旋角动量$s$的大小为$\hbar/2$。它的内禀自旋磁矩为

$$m_B = \frac{e}{m_e}s = \frac{e}{2m_e}\hbar = 9.27\times10^{-24}\,\mathrm{J/T} \tag{14.5}$$

这一磁矩称为**玻尔磁子**。

原子核也有磁矩，但都小于电子磁矩的千分之一。所以通常计算原子的磁矩时只计算它的电子的轨道磁矩和自旋磁矩的矢量和也就足够精确了，但有的情况下要单独考虑核磁矩，如核磁共振技术。

在一个分子中有许多电子和若干个核，一个分子的磁矩是其中所有电子的轨道磁矩和自旋磁矩以及核的自旋磁矩的矢量和。有些分子在正常情况下，其磁矩的矢量和为零。由这些分子组成的物质就是抗磁质。有些分子在正常情况下其磁矩的矢量和具有一定的值，这个值叫分子的**固有磁矩**。由这些分子组成的物质就是顺磁质。铁磁质是顺磁质的一种特殊情况，它们的原子内电子之间还存在一种特殊的相互作用使它们具有很强的磁性。表 14.2 列出了几种原子的磁矩的大小。

**表 14.2 几种原子的磁矩** J/T

| 原子 | 磁矩 | 原子 | 磁矩 |
|---|---|---|---|
| H | $9.27\times10^{-24}$ | Na | $9.27\times10^{-24}$ |
| He | 0 | Fe | $20.4\times10^{-24}$ |
| Li | $9.27\times10^{-24}$ | $Ce^{3+}$ | $19.8\times10^{-24}$ |
| O | $13.9\times10^{-24}$ | $Yb^{3+}$ | $37.1\times10^{-24}$ |
| Ne | 0 | | |

当顺磁质放入磁场中时，其分子的固有磁矩就要受到磁场的力矩的作用。这力矩力图使分子的磁矩的方向转向与外磁场方向一致。由于分子的热运动的妨碍，各个分子的磁矩的这种取向不可能完全整齐。外磁场越强，分子磁矩排列得越整齐，正是这种排列使它对原磁场发生了影响。

抗磁质的分子没有固有磁矩，但为什么也能受磁场的影响并进而影响磁场呢？这是因为抗磁质的分子在外磁场中产生了和外磁场方向相反的**感生磁矩**的缘故。

可以证明[②]，在外磁场作用下，一个电子的轨道运动和自旋运动以及原子核的自旋运动

---

① 严格来讲，式(14.4)的量子化值指的是角动量沿空间某一方向(实际上总是外加磁场的方向)的分量。下面式(14.5)关于自旋磁矩的意义也如此。

② 本节最后介绍了附加磁矩产生过程的一种经典理论解释。未学过力学篇中 5.7 节“进动”的读者，可参阅本书 15.3 节中例 15.4 对附加磁矩产生过程的另一种解释。

都会发生变化，因而都在原有磁矩 $\boldsymbol{m}_0$ 的基础上产生一**附加磁矩** $\Delta\boldsymbol{m}$，而且不管原有磁矩的方向如何，所产生的附加磁矩的方向都是**和外加磁场方向相反**的。对抗磁质分子来说，尽管在没有外加磁场时，其中所有电子以及核的磁矩的矢量和为零，因而没有固有磁矩；但是在加上外磁场后，每个电子和核都会产生与外磁场方向相反的附加磁矩。这些方向相同的附加磁矩的矢量和就是一个分子在外磁场中产生的感生磁矩。

在实验室通常能获得的磁场中，一个分子所产生的感生磁矩要比分子的固有磁矩小到5个数量级以下。就是由于这个原因，虽然顺磁质的分子在外磁场中也要产生感生磁矩，但和它的固有磁矩相比，前者的效果是可以忽略不计的。

**感生磁矩产生过程的一种经典理论解释**

以电子的轨道运动为例。如图14.2(b)，(c)所示，电子作轨道运动时，具有一定的角动量，以 $\boldsymbol{L}$ 表示此角动量，它的方向与电子运动的方向有右手螺旋关系。电子的轨道运动使它也具有磁矩 $\boldsymbol{m}$。由于电子带负电，这一磁矩的方向和它的角动量 $\boldsymbol{L}$ 的方向相反。

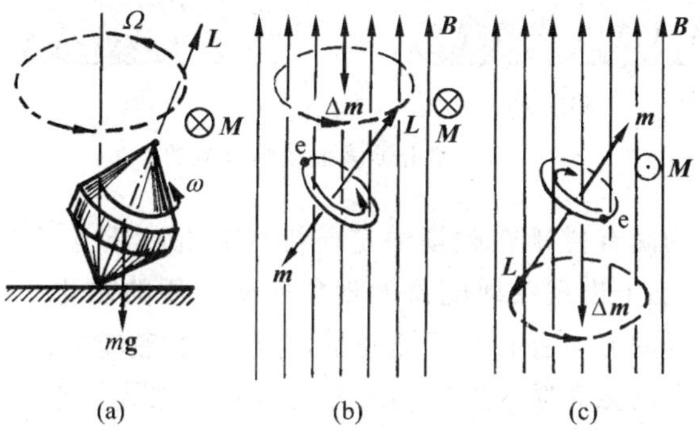


图14.2 电子轨道运动在磁场中的进动与附加磁矩

当分子处于磁场中时，其电子的轨道运动要受到力矩的作用，这一力矩为 $\boldsymbol{M}=\boldsymbol{m}_0\times\boldsymbol{B}$。在图14.2(b)所示的时刻，电子轨道运动所受的磁力矩方向垂直于纸面向里。具有角动量的运动物体在力矩作用下是要发生进动的，正如图14.2(a)中的转子在重力矩的作用下，它的角动量要绕竖直轴按逆时针方向（俯视）进动一样。在图14.2(b)中作轨道运动的电子，由于受到力矩的作用，它的角动量 $\boldsymbol{L}$ 也要绕与磁场 $\boldsymbol{B}$ 平行的轴按逆时针方向（迎着 $\boldsymbol{B}$ 看）进动。与这一进动相应，电子除了原有的轨道磁矩 $\boldsymbol{m}$ 外，又具有了一个**附加磁矩** $\Delta\boldsymbol{m}$，此附加磁矩的方向正好与外磁场 $\boldsymbol{B}$ 的方向相反。对于图14.2(c)所示的沿相反方向作轨道运动的电子，它的角动量 $\boldsymbol{L}$ 与轨道磁矩 $\boldsymbol{m}_1$ 的方向都与(b)中的电子的相反。相同方向的外磁场将对电子的轨道运动产生相反方向的力矩 $\boldsymbol{M}$。这一力矩也使得角动量 $\boldsymbol{L}$ 沿与 $\boldsymbol{B}$ 平行的轴进动，进动的方向仍然是逆时针（迎着 $\boldsymbol{B}$ 看）的，因而所产生的附加磁矩 $\Delta\boldsymbol{m}$ 也和外磁场 $\boldsymbol{B}$ 的方向相反。因此，不管电子轨道运动方向如何，外磁场对它的力矩的作用总是要使它产生一个与**外磁场方向相反**的附加磁矩。对电子的以及核的自旋，外磁场也产生相同的效果。

## 14.3 磁介质的磁化

一块顺磁质放到外磁场中时，它的分子的固有磁矩要沿着磁场方向取向(图 14.3(a))。一块抗磁质放到外磁场中时，它的分子要产生感生磁矩(图 14.3(b))。考虑和这些磁矩相对应的小圆电流，可以发现在磁介质内部各处总是有相反方向的电流流过，它们的磁作用就相互抵消了。但在磁介质表面上，这些小圆电流的外面部分未被抵消，它们都沿着相同的方向流通，这些表面上的小电流的总效果相当于在介质圆柱体表面上有一层电流流过。这种电流叫**束缚电流**，也叫**磁化电流**。在图 14.3 中，其面电流密度用 $j'$ 表示。它是分子内的电荷运动一段段接合而成的，不同于金属中由自由电子定向运动形成的传导电流。对比之下，金属中的传导电流(以及其他由电荷的宏观移动形成的电流)可称作**自由电流**。

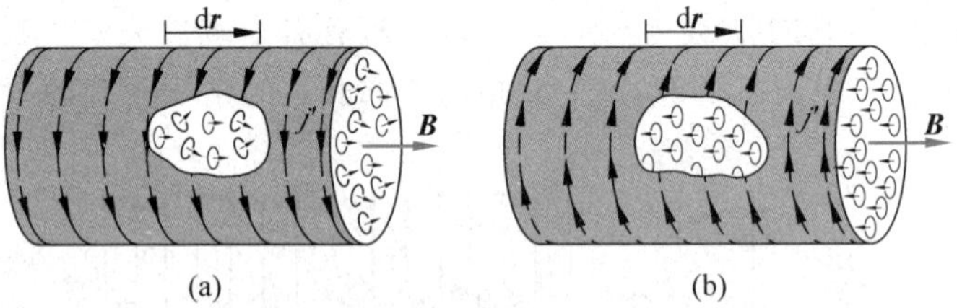


图 14.3 磁介质表面束缚电流的产生

由于顺磁质分子的固有磁矩在磁场中定向排列或抗磁质分子在磁场中产生了感生磁矩，因而在磁介质的表面上出现束缚电流的现象叫**磁介质的磁化**[①]。顺磁质的束缚电流的方向与磁介质中外磁场的方向有右手螺旋关系，它产生的磁场要加强磁介质中的磁场。抗磁质的束缚电流的方向与磁介质中外磁场的方向有左手螺旋关系，它产生的磁场要减弱磁介质中的磁场。这就是两种磁介质对磁场影响不同的原因。

磁介质磁化后，在一个小体积内的各个分子的磁矩的矢量和都将不再是零。顺磁质分子的固有磁矩排列得越整齐，它们的矢量和就越大。抗磁质分子所产生的感生磁矩越大，它们的矢量和也越大。因此可以用单位体积内分子磁矩的矢量和表示磁介质磁化的程度。单位体积内分子磁矩的矢量和叫磁介质的**磁化强度**。以 $\sum \boldsymbol{m}_i$ 表示宏观体积元 $\Delta V$ 内的磁介质的所有分子的磁矩的矢量和，以 $\boldsymbol{M}$ 表示磁化强度，则有

$$\boldsymbol{M} = \frac{\sum \boldsymbol{m}_i}{\Delta V} \tag{14.6}$$

式中 $\boldsymbol{m}_i$ 表示在体积为 $\Delta V$ 的磁介质中的第 $i$ 个分子的磁矩。

在国际单位制中，磁化强度的单位名称是安每米，符号为 A/m，它的量纲和面电流密度的量纲相同。

顺磁质和抗磁质的磁化强度都随外磁场的增强而增大。实验证明，在一般的实验条件下，各向同性的顺磁质或抗磁质(以及铁磁质在磁场较弱时)的磁化强度都和外磁场 $\boldsymbol{B}$ 成正比，其关系可表示为

---

① 非均匀磁介质放在外磁场中时，磁介质内部还可以产生**体**束缚电流。

$$\boldsymbol{M}=\frac{\mu_r-1}{\mu_0\mu_r}\boldsymbol{B} \tag{14.7}$$

式中 $\mu_r$ 即磁介质的相对磁导率。(比例式写成这种特殊复杂的形式是由于历史的原因①。)

由于磁介质的束缚电流是磁介质磁化的结果,所以束缚电流和磁化强度之间一定存在着某种定量关系。下面我们来求这一关系。

考虑磁介质内部一长度元 $\mathrm{d}\boldsymbol{r}$。它和外磁场 $\boldsymbol{B}$ 的方向之间的夹角为 $\theta$。由于磁化,分子磁矩要沿 $\boldsymbol{B}$ 的方向排列,因而等效分子电流的平面将转到与 $\boldsymbol{B}$ 垂直的方向。设每个分子的分子电流为 $i$,它所环绕的圆周半径为 $a$,则与 $\mathrm{d}\boldsymbol{r}$ 铰链的(即套住 $\mathrm{d}\boldsymbol{r}$ 的)分子电流的中心都将位于以 $\mathrm{d}\boldsymbol{r}$ 为轴线、以 $\pi a^2$ 为底面积的斜柱体内(图 14.4)。以 $n$ 表示单位体积内的分子数,则与 $\mathrm{d}\boldsymbol{r}$ 铰链的总分子电流为

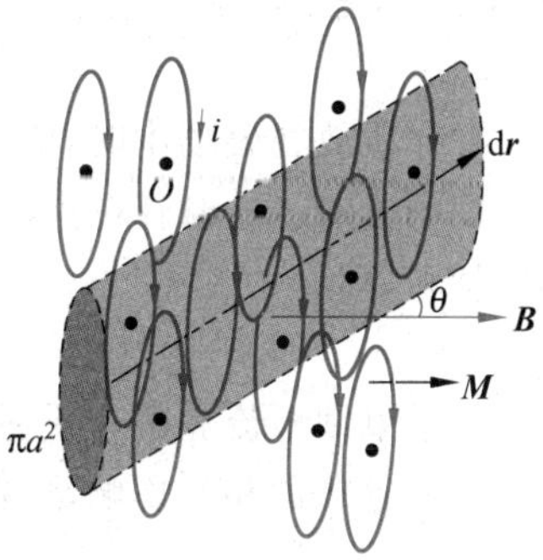


图 14.4 分子电流与磁化强度

$$\mathrm{d}I'=n\pi a^2\mathrm{d}r\cos\theta\, i$$

由于 $\pi a^2 i=m$,为一个分子的磁矩,$nm$ 为单位体积内分子磁矩的矢量和的大小,亦即磁化强度 $\boldsymbol{M}$ 的大小 $M$,所以有

$$\mathrm{d}I'=M\cos\theta\mathrm{d}r=\boldsymbol{M}\cdot\mathrm{d}\boldsymbol{r} \tag{14.8}$$

如果碰巧 $\mathrm{d}\boldsymbol{r}$ 是磁介质表面上沿表面的一个长度元 $\mathrm{d}\boldsymbol{l}$,则 $\mathrm{d}I'$ 将表现为面束缚电流。$\mathrm{d}I'/\mathrm{d}l$ 称做**面束缚电流密度**。以 $j'$ 表示面束缚电流密度,则由式(14.8)可得

$$j'=\frac{\mathrm{d}I}{\mathrm{d}l}=\frac{\mathrm{d}I}{\mathrm{d}r}=M\cos\theta=M_l \tag{14.9}$$

即面束缚电流密度等于该表面处磁介质的磁化强度沿表面的分量。当 $\theta=0$,即 $\boldsymbol{M}$ 与表面平行时(图 14.5,并参看图 14.3),

$$j'=M \tag{14.10}$$

方向与 $\boldsymbol{M}$ 垂直。考虑到方向,式(14.10)可以写成

$$\boldsymbol{j}'=\boldsymbol{M}\times\boldsymbol{e}_n \tag{14.11}$$

其中 $\boldsymbol{e}_n$ 为磁介质表面的外正法线方向的单位矢量。

现在来求在磁介质内与任意闭合路径 $L$(图 14.6)铰链的(或闭合路径 $L$ 包围的)总束缚电流。它应该等于与 $L$ 上各长度元铰链的束缚电流的积分,即

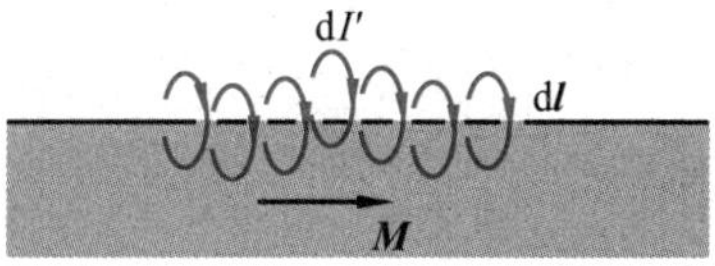


图 14.5 面束缚电流

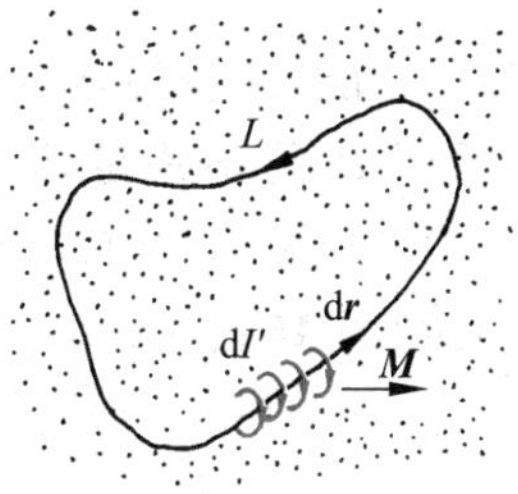


图 14.6 与闭合路径铰链的束缚电流

① 14.4 节将引入磁场强度 $\boldsymbol{H}$ 这一物理量,它和 $\boldsymbol{B}$ 有 $\boldsymbol{H}=\boldsymbol{B}/\mu_0\mu_r$ 的关系式(14.16)。这样式(14.7)可写做 $\boldsymbol{M}=(\mu_r-1)\boldsymbol{H}$。令 $\mu_r-1=\chi_m$,则有 $\boldsymbol{M}=\chi_m\boldsymbol{H}$。这就是磁化强度和磁场的关系式的一种简单形式。$\chi_m$ 叫磁介质的**磁化率**,对顺磁质、抗磁质来说,它就是表 14.1 中 $\mu_r$ 值的"尾数"。

$$I' = \oint_L \mathrm{d}I' = \oint_L \boldsymbol{M} \cdot \mathrm{d}\boldsymbol{r} \tag{14.12}$$

这一公式说明,闭合路径 $L$ 所包围的总束缚电流等于磁化强度沿该闭合路径的环流。

## 14.4 H 的环路定理

磁介质放在磁场中时,磁介质受磁场的作用要产生束缚电流,这束缚电流又会反过来影响磁场的分布。这时任一点的磁感应强度 $\boldsymbol{B}$ 应是自由电流的磁场 $\boldsymbol{B}_0$ 和束缚电流的磁场 $\boldsymbol{B}'$ 的矢量和,即

$$\boldsymbol{B} = \boldsymbol{B}_0 + \boldsymbol{B}' \tag{14.13}$$

由于束缚电流和磁介质磁化的程度有关,而这磁化的程度又取决于磁感应强度 $\boldsymbol{B}$,所以磁介质和磁场的相互影响呈现一种比较复杂的关系。这种复杂关系也可以像研究电介质和电场的相互影响那样,通过引入适当的物理量而加以简化。下面就通过安培环路定理来导出这种简化表示式。

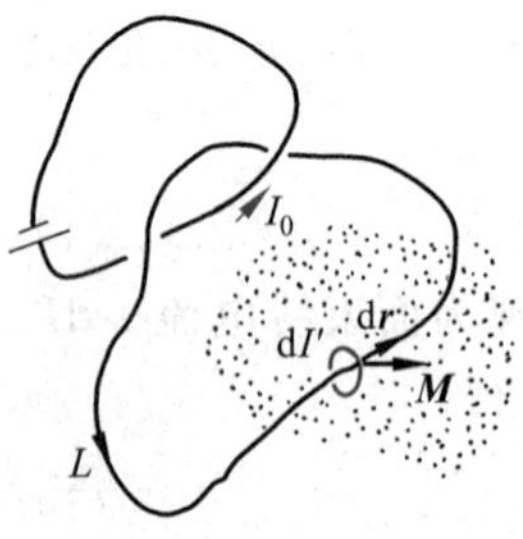


图 14.7 **H** 的环路定理

如图 14.7 所示,载流导体和磁化了的磁介质组成的系统可视为由一定的自由电流 $I_0$ 和束缚电流 $I'(j')$ 分布组成的电流系统。所有这些电流产生一磁场分布 $\boldsymbol{B}$,由安培环路定律式(12.24)可知,对任一闭合路径 $L$,

$$\oint_L \boldsymbol{B} \cdot \mathrm{d}\boldsymbol{r} = \mu_0 \left( \sum I_{0\mathrm{in}} + I'_{\mathrm{in}} \right)$$

将式(14.12)的 $I'$ 代入此式中的 $I'_{\mathrm{in}}$,移项后可得

$$\oint_L \left( \frac{\boldsymbol{B}}{\mu_0} - \boldsymbol{M} \right) \cdot \mathrm{d}\boldsymbol{r} = \sum I_{0\mathrm{in}}$$

在此,引入一辅助物理量表示积分号内的合矢量,叫做**磁场强度**,并以 $\boldsymbol{H}$ 表示,即定义

$$\boldsymbol{H} = \frac{\boldsymbol{B}}{\mu_0} - \boldsymbol{M} \tag{14.14}$$

则上式就可简洁地表示为

$$\oint_L \boldsymbol{H} \cdot \mathrm{d}\boldsymbol{r} = \sum I_{0\mathrm{in}} \tag{14.15}$$

此式说明**沿任一闭合路径磁场强度的环路积分等于该闭合路径所包围的自由电流的代数和**。这一关系叫 **H 的环路定理**,也是电磁学的一条基本定律①。在无磁介质的情况下,$\boldsymbol{M}=0$,式(14.15)还原为式(12.24)。

将式(14.7)的 $\boldsymbol{M}$ 代入式(14.14),可得

$$\boldsymbol{H} = \frac{\boldsymbol{B}}{\mu_0 \mu_{\mathrm{r}}} \tag{14.16}$$

还常用 $\mu$ 代表 $\mu_0\mu_{\mathrm{r}}$,即

$$\mu = \mu_0 \mu_{\mathrm{r}} \tag{14.17}$$

称之为磁介质的**磁导率**,它的单位与 $\mu_0$ 相同。这样,式(14.17)还可以写成

---

① 这里讨论的是恒定电流的情况。对于变化的电流,式(14.15)等号右侧还需要加上位移电流项 $\frac{\mathrm{d}}{\mathrm{d}t}\int_S \boldsymbol{D} \cdot \mathrm{d}\boldsymbol{S}$。

$$\boldsymbol{H}=\frac{\boldsymbol{B}}{\mu} \tag{14.18}$$

这也是一个点点对应的关系，即在各向同性的磁介质中，某点的磁场强度等于该点的磁感应强度除以该点磁介质的磁导率，二者的方向相同。

在国际单位制中，磁场强度的单位名称为安每米，符号为 A/m。

式(14.15)和式(14.16)(或式(14.18))一起是分析计算有磁介质存在时的磁场的常用公式。一般是根据自由电流的分布先利用式(14.15)求出 $\boldsymbol{H}$ 的分布，然后再利用式(14.16)求出 $\boldsymbol{B}$ 的分布。

下面举两个有磁介质存在时求恒定电流的磁场分布的例子。

---

**例 14.1**

一无限长直螺线管，单位长度上的匝数为 $n$，螺线管内充满相对磁导率为 $\mu_r$ 的均匀磁介质。今在导线圈内通以电流 $I$，求管内磁感应强度和磁介质表面的面束缚电流密度。

**解** 如图 14.8 所示，由于螺线管无限长，所以管外磁场为零，管内磁场均匀而且 $\boldsymbol{B}$ 与 $\boldsymbol{H}$ 均与管内的轴线平行。过管内任一点 $P$ 作一矩形回路 $abcda$，其中 $ab$,$cd$ 两边与管轴平行，长为 $l$，$cd$ 边在管外。磁场强度 $\boldsymbol{H}$ 沿此回路 $L$ 的环路积分为

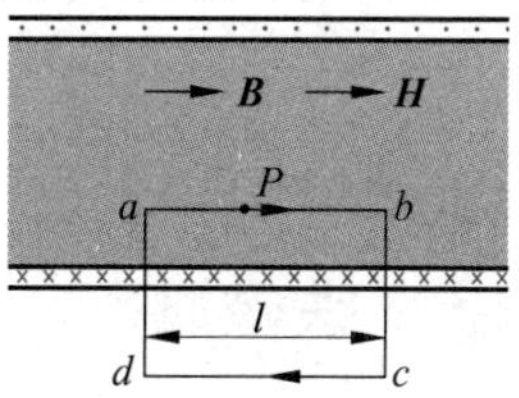

图 14.8 例 14.1 用图

$$\oint_L \boldsymbol{H}\cdot \mathrm{d}\boldsymbol{r}=\int_{ab}\boldsymbol{H}\cdot \mathrm{d}\boldsymbol{r}+\int_{bc}\boldsymbol{H}\cdot \mathrm{d}\boldsymbol{r}+\int_{cd}\boldsymbol{H}\cdot \mathrm{d}\boldsymbol{r}+\int_{da}\boldsymbol{H}\cdot \mathrm{d}\boldsymbol{r}=Hl$$

此回路所包围的自由电流为 $nlI$。根据 $\boldsymbol{H}$ 的环路定理，有

$$Hl=nlI$$

由此得

$$H=nI$$

再利用式(14.16)，管内的磁感应强度为

$$B=\mu_0\mu_r H=\mu_0\mu_r nI$$

此式表示，螺线管内有磁介质时，其中磁感应强度是真空时的 $\mu_r$ 倍。对于顺磁质和抗磁质，$\mu_r\approx 1$，磁感应强度变化不大。对于铁磁质，由于 $\mu_r\gg 1$，所以其中磁感应强度比真空时可增大到千百倍以上。

在磁介质的表面上存在着束缚电流，它的方向与螺线管轴线垂直。以 $j'$ 表示这种面束缚电流密度，则由式(14.10)和式(14.7)可得

$$j'=(\mu_r-1)nI$$

由此结果可以看出：对于抗磁质，有 $\mu_r<1$，从而 $j'<0$，说明束缚电流方向和传导电流方向相反；对于顺磁质，有 $\mu_r>1$，$j'>0$，说明束缚电流方向和传导电流方向相同；对于铁磁质，有 $\mu_r\gg 1$，束缚电流方向和传导电流方向也相同，而且面束缚电流密度比传导面电流密度($nI$)大得多，因而可以认为这时的磁场基本上是由铁磁质表面的束缚电流产生的。

---

**例 14.2**

一根长直单芯电缆的芯是一根半径为 $R$ 的金属导体，它和导电外壁之间充满相对磁导率为 $\mu_r$ 的均匀介质(图 14.9)。今有电流 $I$ 均匀地流过芯的横截面并沿外壁流回。求磁介质中磁感应强度的分布和紧贴导体芯的磁介质表面上的束缚电流。

**解** 圆柱体电流所产生的 $\boldsymbol{B}$ 和 $\boldsymbol{H}$ 的分布均具有轴对称性。在垂直于电缆轴的平面内作一圆心在轴上、半径为 $r$ 的圆周 $L$。对此圆周应用 $H$ 的环路定理，有

$$\oint_L \boldsymbol{H}\cdot d\boldsymbol{r} = 2\pi r H = I$$

由此得

$$H = \frac{I}{2\pi r}$$

再利用式(14.16)，可得磁介质中的磁感应强度为

$$B = \frac{\mu_0\mu_r}{2\pi r}I$$

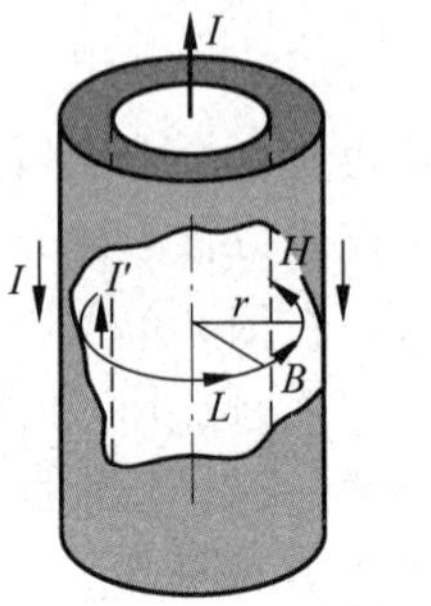

图 14.9 例 14.2 用图

$\boldsymbol{B}$ 线是在与电缆轴垂直的平面内圆心在轴上的同心圆。磁介质内表面上的磁感应强度为 $B=\mu_0\mu_r I/2\pi R$，再利用式(14.10)和式(14.7)，可得磁介质内表面上的面束缚电流密度为

$$j' = \frac{\mu_r - 1}{2\pi R}I$$

方向与轴平行。磁介质内表面上的总束缚电流为

$$I' = j'\cdot 2\pi R = (\mu_r - 1)I$$

## 14.5 铁磁质

铁、钴、镍和它们的一些合金、稀土族金属(在低温下)以及一些氧化物(如用来做磁带的 $CrO_2$ 等)都具有明显而特殊的磁性。首先是它们的相对磁导率 $\mu_r$ 都比较大，而且随磁场的强弱发生变化；其次是它们都有明显的磁滞效应。下面简单介绍铁磁质的特性。

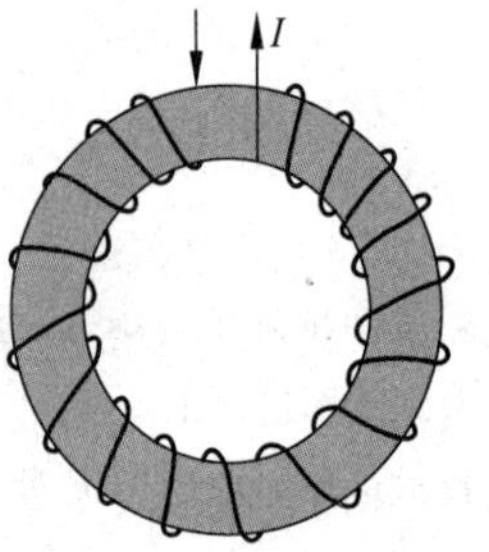

图 14.10 环状铁芯被磁化

用实验研究铁磁质的性质时通常把铁磁质试样做成环状，外面绕上若干匝线圈(图 14.10)。线圈中通入电流后，铁磁质就被磁化。当这**励磁电流**为 $I$ 时，环中的磁场强度 $H$ 为

$$H = \frac{NI}{2\pi r}$$

式中 $N$ 为环上线圈的总匝数，$r$ 为环的平均半径。这时环内的 $B$ 可以用另外的方法测出，于是可得一组对应的 $H$ 和 $B$ 的值，改变电流 $I$，可以依次测得许多组 $H$ 和 $B$ 的值(由于磁化强度 $M$ 和 $H$，$B$ 有一定的关系(式(14.14))，所以也就可以求得许多组 $H$ 和 $M$ 的值)，这样就可以绘出一条关于试样的 $H$-$B$(或 $H$-$M$)关系曲线以表示试样的磁化特点。这样的曲线叫**磁化曲线**。

如果从试样完全没有磁化开始，逐渐增大电流 $I$，从而逐渐增大 $H$，那么所得的磁化曲线叫**起始磁化曲线**，一般如图 14.11 所示。$H$ 较小时，$B$ 随 $H$ 成正比地增大。$H$ 再稍大时 $B$ 就开始急剧地但也约成正比地增大，接着增大变慢，当 $H$ 到达某一值后再增大时，$B$ 就几乎不再随 $H$ 增大而增大了。这时铁磁质试样到达了一种**磁饱和状态**，它的磁化强度 $M$ 达到了最大值。

根据 $\mu_r=B/\mu_0 H$，可以求出不同 $H$ 值时的 $\mu_r$ 值，$\mu_r$ 随 $H$ 变化的关系曲线也对应地画在图 14.11 中。

实验证明，各种铁磁质的起始磁化曲线都是“不可逆”的，即当铁磁质到达磁饱和后，如果慢慢减小磁化电流以减小 $H$ 的值，铁磁质中的 $B$ 并不沿起始磁化曲线逆向逐渐减小，而是减小得比原来增加时慢。如图 14.12 中 $ab$ 线段所示，当 $I=0$，因而 $H=0$ 时，$B$ 并不等于 0，而是还保持一定的值。这种现象叫**磁滞效应**。$H$ 恢复到零时铁磁质内仍保留的磁化状态叫**剩磁**，相应的磁感应强度常用 $B_r$ 表示。

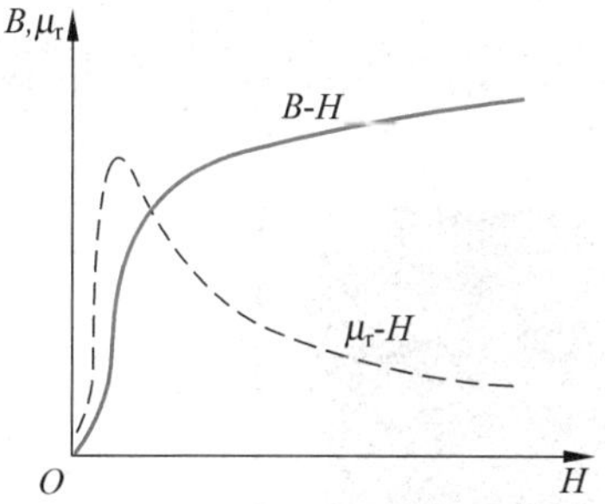


图 14.11 铁磁质中 $B$ 和 $\mu_r$ 随 $H$ 变化的曲线

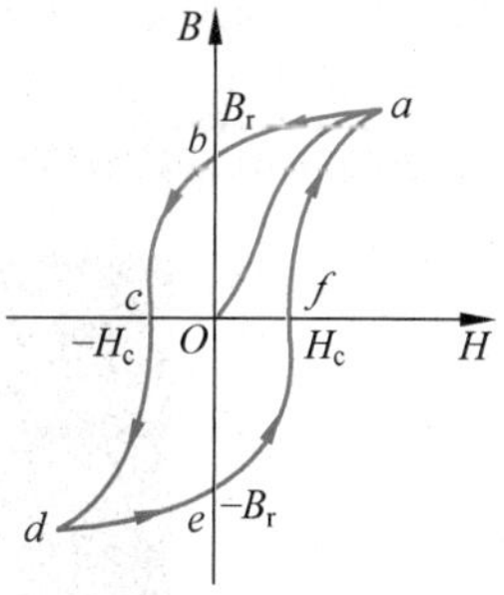


图 14.12 磁滞回线

要想把剩磁完全消除，必须改变电流的方向，并逐渐增大这反向的电流(图 14.12 中 $bc$ 段)。当 $H$ 增大到 $-H_c$ 时，$B=0$。这个使铁磁质中的 $B$ 完全消失的 $H_c$ 值叫铁磁质的**矫顽力**。

再增大反向电流以增加 $H$，可以使铁磁质达到反向的磁饱和状态($cd$ 段)。将反向电流逐渐减小到零，铁磁质会达到 $-B_r$ 所代表的反向剩磁状态($de$ 段)。把电流改回原来的方向并逐渐增大，铁磁质又会经过 $H_c$ 表示的状态而回到原来的饱和状态($efa$ 段)。这样，磁化曲线就形成了一个闭合曲线，这一闭合曲线叫**磁滞回线**。由磁滞回线可以看出，铁磁质的磁化状态并不能由励磁电流或 $H$ 值单值地确定，它还取决于该铁磁质此前的磁化历史。

不同的铁磁质的磁滞回线的形状不同，表示它们各具有不同的剩磁和矫顽力 $H_c$。纯铁、硅钢、坡莫合金(含铁、镍)等材料的 $H_c$ 很小，因而磁滞回线比较瘦(图 14.13(a))，这些材料叫**软磁材料**，常用作变压器和电磁铁的铁芯。碳钢、钨钢、铝镍钴合金(含 Fe、Al、Ni、Co、Cu)等材料具有较大的矫顽力 $H_c$，因而磁滞回线显得胖(图 14.13(b))，它们一旦磁化后对外加的较弱磁场有较大的抵抗力，或者说它们对于其磁化状态有一定的“记忆能力”，这种材料叫**硬磁材料**，常用来作永久磁体、记录磁带或电子计算机的记忆元件。

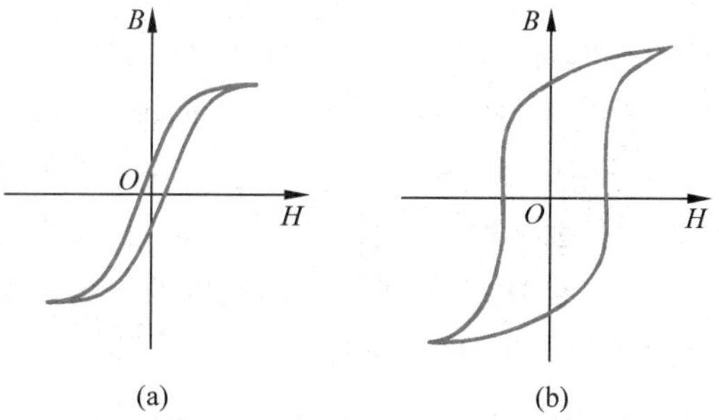


图 14.13 软磁材料的磁滞回线(a)与硬磁材料的磁滞回线(b)

实验指出，当温度高达一定程度时，铁磁材料的上述特性将消失而成为顺磁质。这一温度叫**居里点**。几种铁磁质的居里点如下：铁为 1040 K，钴为 1390 K，镍为 630 K。

铁磁性的起源可以用“磁畴”理论来解释。在铁磁体内存在着无数个线度约为 $10^{-4}$ m 的小区域，这些小区域叫**磁畴**(图 14.14)。在每个磁畴中，所有原子的磁矩全都向着同一个方向排列整齐了。在未磁化的铁磁质中，各磁畴的磁矩的取向是无规则的，因而整块铁磁质在宏观上没有明显的磁性。当在铁磁质内加上外磁场并逐渐增大时，其磁矩方向和外加磁场方向相近的磁畴逐渐扩大，而方向相反的磁畴逐渐缩小。最后当外加磁场大到一定程度后，所有磁畴的磁矩方向也都指向同一个方向了，这时铁磁质就达到了磁饱和状态。磁滞现象可以用磁畴的畴壁很难按原来的形状恢复来说明。

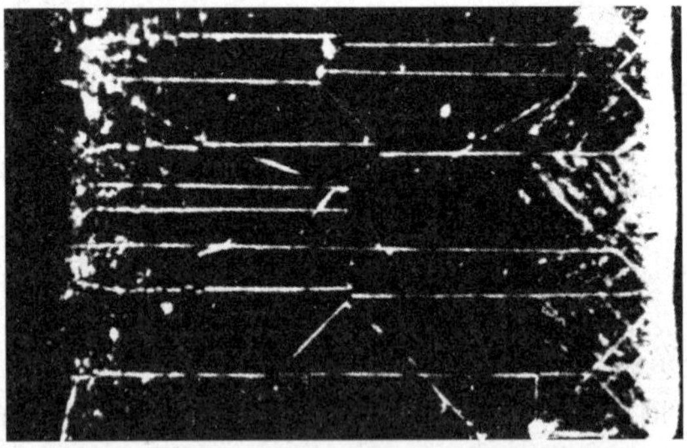

图 14.14　铁磁质内的磁畴(线度 0.1～0.3 mm)

实验指出，把铁磁质放到周期性变化的磁场中被反复磁化时，它要变热。变压器或其他交流电磁装置中的铁芯在工作时由于这种反复磁化发热而引起的能量损失叫**磁滞损耗**或“铁损”。单位体积的铁磁质反复磁化一次所发的热和这种材料的磁滞回线所围的面积成正比。因此在交流电磁装置中，利用软磁材料如硅钢作铁芯是相宜的。

有趣的是，某些电介质，如钛酸钡($BaTiO_3$)、铌酸钠($NaNbO_3$)具有类似铁磁性的电性，因而叫铁电体。它们的特点是相对介电常数 $\varepsilon_r$ 很大($10^2$～$10^4$)，而且随外加电场改变；电极化过程也具有类似铁磁体磁化过程的电滞现象，$D$(或 $P$)和 $E$ 也有电滞回线表示的与电极化历史有关的现象。铁电现象也只在一定温度范围内发生，例如钛酸钡的居里点为 125℃。这种性质可以用铁电材料内有电畴存在来解释。铁电材料也有许多特殊的用途。

**磁场的边界条件**

在磁场中两种磁介质的交界面的两侧，由于相对磁导率不同，磁化强度也不同，因而界面两侧的磁场也不同。但两侧的磁场有一定的关系，下面根据磁场的基本规律导出这一关系。设两种磁介质的相对磁导率分别为 $\mu_{r1}$ 和 $\mu_{r2}$，而且在交界面上无自由电流存在。

如图 14.15(a)表示，在分界面上取一狭长的矩形回路，长度为 $\Delta l$ 的两长对边分别在两磁介质内并平行于界面。以 $\boldsymbol{H}_{1t}$ 和 $\boldsymbol{H}_{2t}$ 分别表示界面两侧的磁场强度的切向分量，则由 $\boldsymbol{H}$ 的环路定理式(14.15)(忽略两短边的积分值)可得

$$\oint_L \boldsymbol{H}\cdot \mathrm{d}\boldsymbol{r} = H_{1t}\Delta l - H_{2t}\Delta l = 0$$

由此得

$$H_{1t} = H_{2t} \tag{14.19}$$

即分界面两侧磁场强度的切向分量相等。

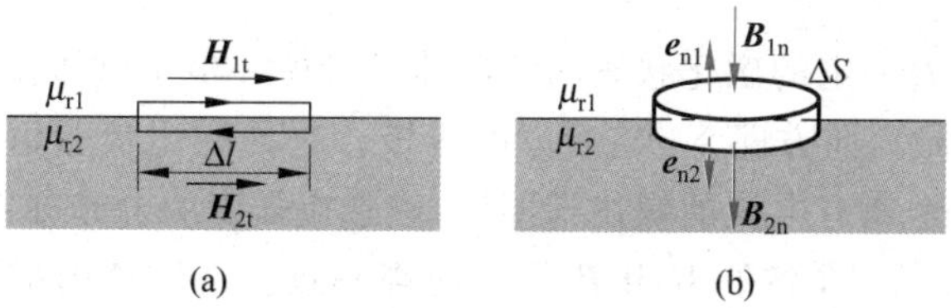


图 14.15 磁场的边界条件

(a) 切向磁场强度相等；(b) 法向磁感强度相等

如图 14.15(b)所示，在磁介质分界面上作一扁筒式封闭面，面积为 $\Delta S$ 的两底面分别在两磁介质内并平行于界面。以 $\boldsymbol{B}_{1n}$ 和 $\boldsymbol{B}_{2n}$ 分别表示界面两侧磁感应强度的法向分量，则由磁通连续定理(忽略筒侧面的积分值)可得

$$\oint \boldsymbol{B} \cdot \mathrm{d}\boldsymbol{S} = -B_{1n}\Delta S + B_{2n}\Delta S = 0$$

由此得

$$B_{1n} = B_{2n} \tag{14.20}$$

即分界面两侧磁感应强度法向分量相等。

式(14.19)和式(14.20)统称磁场的边界条件，由它们还可以求出磁感应强度越过两种磁介质表面时方向的改变。如图 14.16 所示，以 $\theta_1$ 和 $\theta_2$ 分别表示两磁介质中的磁感应强度和界面法线的夹角，由图可看出

$$\frac{\tan\theta_1}{\tan\theta_2} = \frac{B_{1t}/B_{1n}}{B_{2t}/B_{2n}} = \frac{B_{1t}}{B_{2t}} = \frac{\mu_{r1}H_{1t}}{\mu_{r2}H_{2t}}$$

根据式(14.19)可得

$$\frac{\tan\theta_1}{\tan\theta_2} = \frac{\mu_{r1}}{\mu_{r2}} \tag{14.21}$$

这一关系式给出磁感线穿过两种磁介质分界面时“折射”的情况。对于顺磁质和抗磁质，由于它们的相对磁导率都几乎等于 1，所以 $B$ 线越过它们的分界面时，方向基本不变。对铁磁质来说，由于 $\mu_r \gg 1$，所以除了垂直于分界面的 $\boldsymbol{B}$ 线方向不变外，当 $\boldsymbol{B}$ 线由非铁磁质(如空气)进入铁磁质时，方向都将有很大的改变，使铁磁质内的 $\boldsymbol{B}$ 线几乎都平行于表面延续。图 14.17 是磁场中放一铁管时在垂直于铁管的平面内的磁感线分布图。铁筒中的磁场非常弱，这就是用封闭的铁盒能实现**磁屏蔽**的道理。

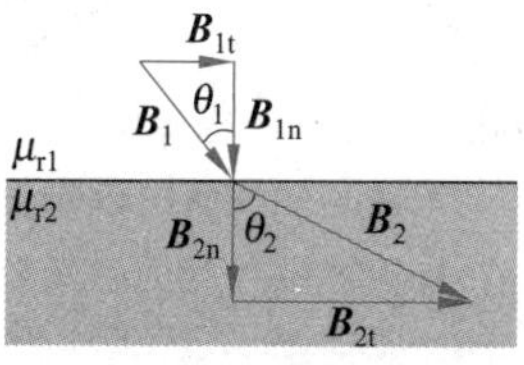


图 14.16 磁感应强度方向的改变

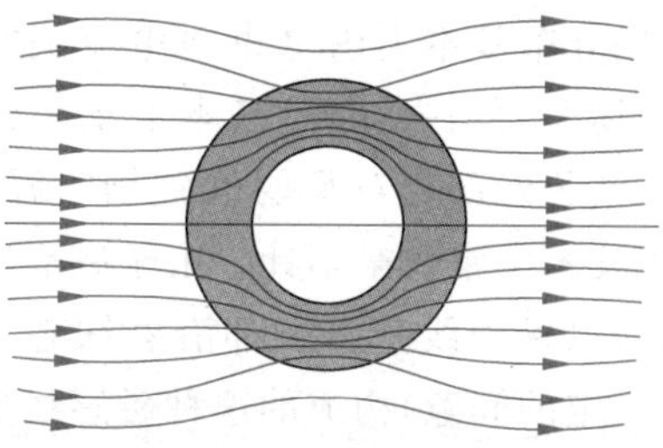

图 14.17 磁屏蔽原理

**永磁体**

永磁体是仍保留着一定的磁化状态的铁磁体。考虑一根永磁体棒，设它均匀磁化，磁化强度为 $\boldsymbol{M}$(图 14.18(a))，前方即 N 极，后方即 S 极。这种磁化状态相当于束缚电流沿磁棒表面流通。这正像一个通有电流的螺线管那样，磁感应强度的分布如图 14.18(b)所示。在磁棒外面，由于 $\boldsymbol{H}=\boldsymbol{B}/\mu_0$，在各处 $\boldsymbol{H}$ 和 $\boldsymbol{B}$ 的方向都一致。在磁棒内部，$\boldsymbol{H}$ 还和 $\boldsymbol{M}$ 有关。根据定义公式(14.14)，$\boldsymbol{H}=\boldsymbol{B}/\mu_0-\boldsymbol{M}$，如图 14.18(c)的附图所示；$\boldsymbol{H}$ 线则不同程度地和 $\boldsymbol{B}$ 线反向，如图 14.18(c)所画的那样。图 14.18(c)还显示，磁铁棒的两个端面(磁极)好像是 $\boldsymbol{H}$ 线的“源”，于是可以引入“磁荷”的概念来说明这种源：N 极端面可以说是分布有“正磁荷”，$\boldsymbol{H}$ 线由它发出(向磁棒内外)；S 极端面可以说是分布有“负磁荷”，$\boldsymbol{H}$ 线向它汇集。正是基于这种想像的磁荷的“存在”，早先建立了一套关于磁场的磁荷理论，至今在有些论述电磁场的资料中还在应用这种理论来讨论问题。

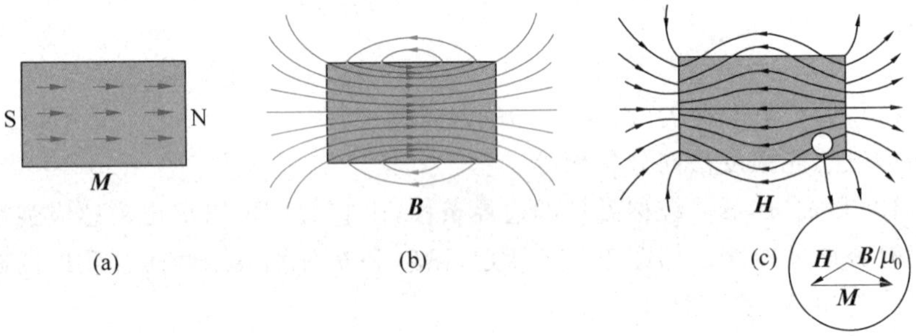


图 14.18 永磁体棒的磁化强度($\boldsymbol{M}$)、磁感应强度($\boldsymbol{B}$)和磁场强度($\boldsymbol{H}$)的分布

## 14.6 简单磁路

由于铁磁材料的磁导率很大，所以铁芯有使磁场集中到它内部的作用。如图 14.19(a)所示，一个没有铁芯的载流线圈所产生的磁场弥漫在它的周围。如果把相同的线圈绕在一个铁环(可以有一个缺口)上(如图 14.19(b)所示)，并通以相同的电流，则铁环就被磁化，在它的表面产生束缚电流。由于 $\mu_r$ 很大，所以这束缚电流就比励磁电流 $I$ 大得多，这时整个铁环就相当于一个由这些束缚电流组成的螺绕环，磁场分布基本上由这束缚电流决定。其结果是磁场大大增强，而且基本上集中到铁芯内部了。铁芯外部相对很弱的磁场叫**漏磁通**，一般电工技术中常忽略不计。由于磁场集中在铁芯内，所以磁力线基本上都沿着铁芯走。由铁芯(或一定的间隙)构成的这种磁感线集中的通路叫**磁路**。磁路中各处磁场的计算在电工设计中很重要。下面举一个简单的例子。

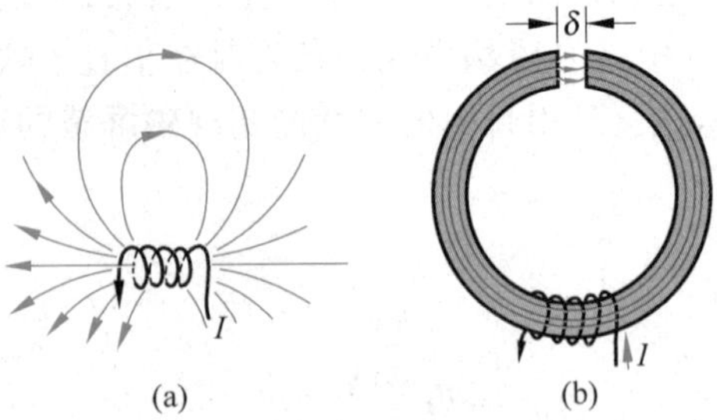


图 14.19 无铁芯螺线管的磁场分布(a)与有铁芯螺线管的磁场分布(b)

**例 14.3**

如图 14.19(b)所示的一个铁环，设环的长度 $l=0.5\ \mathrm{m}$，截面积 $S=4\times10^{-4}\ \mathrm{m}^2$，环上气隙的宽度 $\delta=1.0\times10^{-3}\ \mathrm{m}$。环的一部分上绕有线圈 $N=200$ 匝，设通过线圈的电流 $I=0.5\ \mathrm{A}$，而铁芯相应的 $\mu_r=5000$，求铁环气隙中的磁感应强度 $B$ 的数值。

**解** 忽略漏磁通，根据磁通连续定理，通过铁芯各截面的磁通量 $\Phi$ 应该相等，因而铁芯内各处的磁感应强度 $B=\Phi/S$ 也应相等。在气隙内，由于 $\delta\ll l$，磁场虽然有所散开，但散开不大，仍可认为磁场集中在其截面与铁芯截面相等的空间内。这样，磁通连续定理给出气隙中的磁感应强度 $B_0=\Phi/S=B$。

为了计算 $B$ 的数值，我们应用磁场强度 $\boldsymbol{H}$ 的环路定理，做一条沿着铁环轴线穿过气隙的封闭曲线，将它作为安培环路 $L$，则有

$$\oint_L \boldsymbol{H}\cdot \mathrm{d}\boldsymbol{r}=\int_l H\,\mathrm{d}r+\int_\delta H_0\,\mathrm{d}r=NI$$

由此得

$$Hl+H_0\delta=NI$$

其中 $H$ 和 $H_0$ 分别是铁环内和气隙中的磁场强度的值。由于 $H=\dfrac{B}{\mu_0\mu_r}$，$H_0=\dfrac{B_0}{\mu_0}=\dfrac{B}{\mu_0}$，所以上式可写成

$$\frac{Bl}{\mu_0\mu_r}+\frac{B\delta}{\mu_0}=NI \tag{14.22}$$

于是

$$B=\frac{\mu_0 NI}{\dfrac{l}{\mu_r}+\delta}=\frac{4\pi\times10^{-7}\times200\times0.5}{\dfrac{0.5}{5000}+10^{-3}}=0.114\ (\mathrm{T})$$

从这个例子可以看出，由于空气的 $\mu_r$ 比铁芯的 $\mu_r$ 小得多，所以即使是 1 mm 的气隙也会大大影响铁芯内的磁场。在本例中，有气隙和没有气隙相比，磁感应强度减弱到十分之一。

由于 $B=\Phi/S$，式(14.22)可写成下述形式：

$$\Phi\left(\frac{l}{\mu_0\mu_r S}+\frac{\delta}{\mu_0 S}\right)=NI$$

括号内两项具有电阻公式 $R=\rho l/S$ 的形式，因而被称为**磁阻**。前后两项分别是铁环和气隙的磁阻。和全电路欧姆定律公式 $I(R+r)=\mathscr{E}$ 对比，$\Phi$ 具有电流的“地位”，而 $NI$ 具有电动势的“地位”，因而 $NI$ 叫**磁动势**。这样类比之下，磁通、磁阻和磁动势就在形式上服从欧姆定律。可以证明，磁通、磁阻和磁动势也形式地服从相应的串并联规律。电工计算中正是根据这种类比来解决较为复杂的磁路问题的。

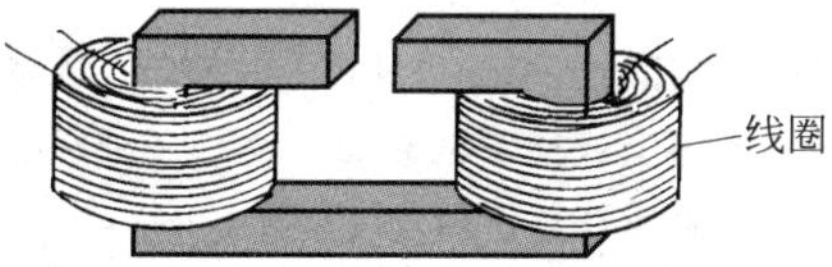


图 14.20 电磁铁

在例 14.3 中，绕有 $N$ 匝载流线圈的有气隙的铁芯就是**电磁铁**。一般的电磁铁多做成图 14.20 那样，它的气隙中的磁场也可以按上例的方法粗略地计算出来。

## 提要

1. **三种磁介质**：抗磁质($\mu_r<1$)，顺磁质($\mu_r>1$)，铁磁质($\mu_r\gg1$)。
2. **原子的磁矩**：原子中运动的电子有轨道磁矩和自旋磁矩。

玻尔磁子 $m_B = 9.27 \times 10^{-24}$ J/T

顺磁质分子有固有磁矩，抗磁质分子无固有磁矩。

在外磁场中磁介质的分子会产生与外磁场方向相反的感应磁矩。

**3. 磁介质的磁化**：在外磁场中固有磁矩沿外磁场方向取向或感应磁矩的产生使磁介质表面（或内部）出现束缚电流。

磁化强度：在各向同性磁介质中，磁场不太强时，

$$\boldsymbol{M} = \frac{\mu_r - 1}{\mu_0 \mu_r} \boldsymbol{B} = \chi_m \boldsymbol{H}$$

面束缚电流密度：$j' = M_l$， $\boldsymbol{j}' = \boldsymbol{M} \times \boldsymbol{e}_n$

**4. 磁场强度矢量**

$$\boldsymbol{H} = \frac{\boldsymbol{B}}{\mu_0} - \boldsymbol{M}$$

对各向同性磁介质，

$$\boldsymbol{H} = \frac{\boldsymbol{B}}{\mu_r \mu_0} = \frac{\boldsymbol{B}}{\mu}$$

***H* 的环路定理**：

$$\oint_L \boldsymbol{H} \cdot d\boldsymbol{r} = \sum I_{0in} \quad \text{（用于恒定电流）}$$

**5. 铁磁质**：$\mu_r \gg 1$，且随磁场改变。有磁滞现象和居里点。

磁场的边界条件：$H_{1t} = H_{2t}$， $B_{1n} = B_{2n}$

**6. 磁路**：由铁芯（或夹有气隙）形成的磁感线通路，可形式地用电流欧姆定律求解。

## 思考题

14.1 下面的几种说法是否正确，试说明理由：

(1) $\boldsymbol{H}$ 仅与传导电流（自由电流）有关；

(2) 在抗磁质与顺磁质中，$\boldsymbol{B}$ 总与 $\boldsymbol{H}$ 同向；

(3) 通过以闭合曲线 $L$ 为边线的任意曲面的 $\boldsymbol{B}$ 通量均相等；

(4) 通过以闭合曲线 $L$ 为边线的任意曲面的 $\boldsymbol{H}$ 通量均相等。

14.2 将磁介质样品装入试管中，用弹簧吊起来挂到一竖直螺线管的上端开口处（图 14.21）。当螺线管通电流后，则可发现随样品的不同，它可能受到该处不均匀磁场的向上或向下的磁力。这是一种区分样品是顺磁质还是抗磁质的精细的实验。受到向上的磁力的样品是顺磁质还是抗磁质？

14.3 设想一个封闭曲面包围住永磁体的 N 极（图 14.22），通过此封闭面的磁通量是多少？通过此封闭面的 $H$ 通量如何？

14.4 一块永磁铁落到地板上就可能部分退磁？为什么？把一根铁条南北放置，敲它几下，就可能磁化，又为什么？

14.5 为什么一块磁铁能吸引一块原来并未磁化的铁块？

14.6 马蹄形磁铁不用时，要用一铁片吸到两极上，条形磁铁不用时，要成对地而 N，S 极方向相反地靠在一起放置，为什么？有什么作用？

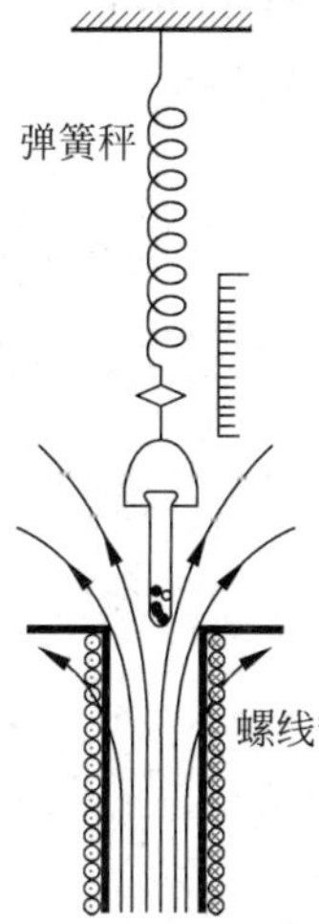


图 14.21 思考题 14.2 用图

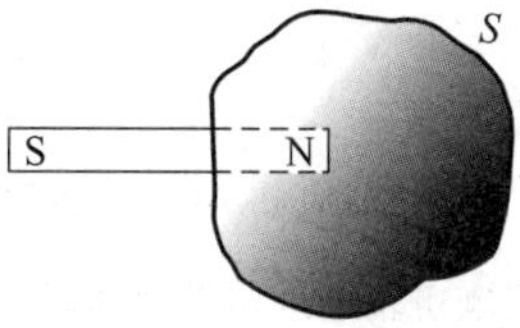


图 14.22 思考题 14.3 用图

14.7 顺磁质和铁磁质的磁导率明显地依赖于温度，而抗磁质的磁导率则几乎与温度无关，为什么？

14.8 磁路中磁通量 $\Phi$ 具有和恒定电流 $I$ 相同的"性质"：串联磁路 $\Phi$ 各处相同，并联磁路各分路的 $\Phi_i$ 之和等于干路的 $\Phi$。这有什么根据？

14.9 北宋初年(1044 年)曾公亮主编的《武经总要》前集卷十五介绍了指南鱼的作法："鱼法以薄铁叶剪裁，长二寸阔五分，首尾锐如鱼形，置炭火中烧之，候通赤，以铁钤钤[钳]鱼首出火，以尾正对子位[正北]，蘸水盆中，没尾数分[鱼尾斜向下]则止。以密器[铁盒]收之。用时置水碗于无风处，平放鱼在水面令浮，其首常南向午[正南]也。"这段生动的描述(参见图 14.23)包含了对铁磁性的哪些认识？又包含了对地磁场的哪些认识？

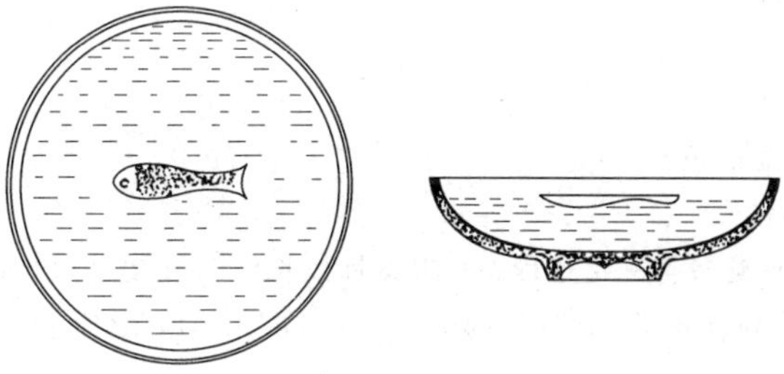

(a) (b)

图 14.23 《武经总要》指南鱼复原图

(a) 俯视；(b) 侧视

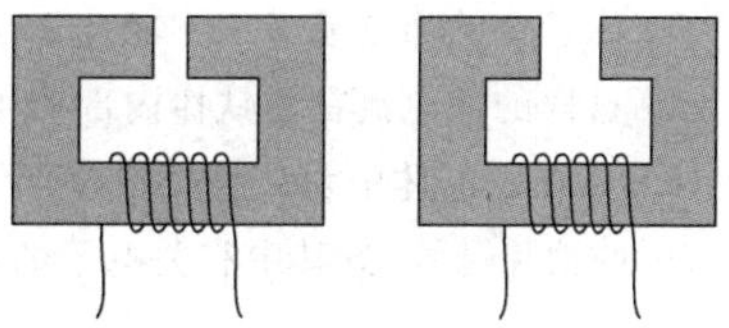

(a) (b)

图 14.24 思考题 14.10 用图

14.10 (1) 如图 14.24(a)所示，电磁铁的气隙很窄，气隙中的 $B$ 和铁芯中的 $B$ 是否相同？

(2) 如图 14.24(b)所示，电磁铁的气隙较宽，气隙中的 $B$ 和铁芯中的 $B$ 是否相同？

(3) 就图 14.24(a)和(b)比较，两线圈中的安匝数(即 $NI$)相同，两个气隙中的 $B$ 是否相同？为什么？

## 习题

*14.1 考虑一个顺磁样品，其单位体积内有 $N$ 个原子，每个原子的固有磁矩为 $\boldsymbol{m}$。设在外加磁场 $\boldsymbol{B}$ 中磁矩的取向只可能有两个：平行或反平行于外磁场，因而其能量 $W_{\mathrm{m}}=-\boldsymbol{m}\cdot\boldsymbol{B}$ 也只能取两个值：

$-mB$ 和 $+mB$(这是原子磁矩等于一个玻尔磁子的情形)。玻耳兹曼统计分布律给出一个原子处于能量为 $W$ 的概率正比于 $e^{-W/kT}$。试由此证明此顺磁样品在外磁场 $\boldsymbol{B}$ 中的磁化强度为

$$M = Nm\,\frac{e^{mB/kT} - e^{-mB/kT}}{e^{mB/kT} + e^{-mB/kT}}$$

并证明：

(1) 当温度较高使得 $mB \ll kT$ 时，

$$M = Nm^2 B/kT$$

此式给出的 $M \propto B/T$ 关系叫**居里定律**。

(2) 当温度较低使得 $mB \gg kT$ 时，

$$M = Nm$$

达到了**磁饱和**状态。

*14.2 在图14.2中，电子的轨道角动量 $\boldsymbol{L}$ 与外磁场 $\boldsymbol{B}$ 之间的夹角为 $\theta$。

(1) 证明电子轨道运动受到的磁力矩为 $\dfrac{BeL}{2m_e}\sin\theta$；

(2) 证明电子进动的角速度为 $\dfrac{Be}{2m_e}$。

*14.3 氢原子中，按玻尔模型，常态下电子的轨道半径为 $r=0.53\times10^{-10}$ m，速度为 $v=2.2\times10^6$ m/s。

(1) 此轨道运动在圆心处产生的磁场 $B$ 多大？

(2) 在圆心处的质子的自旋角动量为 $S=\hbar/2=0.53\times10^{-34}$ J·s，磁矩为 $m=1.41\times10^{-26}$ A·m²，磁矩方向与电子轨道运动在圆心处的磁场方向的夹角为 $\theta$，此质子的进动角速度多大？

*14.4 在铁晶体中，每个原子有两个电子的自旋参与磁化过程。设一根磁铁棒直径为1.0 cm，长12 cm，其中所有有关电子的自旋都沿棒轴的方向排列整齐了。已知铁的密度为7.8 g/cm³，摩尔(原子)质量是55.85 g/mol。

(1) 自旋排列整齐的电子数是多少？

(2) 这些自旋已排列整齐的电子的总磁矩多大？

(3) 磁铁棒的面电流多大才能产生这样大的总磁矩？

(4) 这样的面电流在磁铁棒内部产生的磁场多大？

14.5 在铁晶体中，每个原子有两个电子的自旋参与磁化过程。一根磁针按长8.5 cm，宽1.0 cm，厚0.02 cm的铁片计算，设其中有关电子的自旋都排列整齐了。已知铁的密度是7.8 g/cm³，摩尔(原子)质量是55.85 g/mol。

(1) 这根磁针的磁矩多大？

(2) 当这根磁针垂直于地磁场放置时，它受的磁力矩多大？设地磁场为 $0.52\times10^{-4}$ T。

(3) 当这根磁针与上述地磁场逆平行地放置时，它的磁场能多大？

14.6 螺绕环中心周长 $l=10$ cm，环上线圈匝数 $N=20$，线圈中通有电流 $I=0.1$ A。

(1) 求管内的磁感应强度 $\boldsymbol{B}_0$ 和磁场强度 $\boldsymbol{H}_0$；

(2) 若管内充满相对磁导率 $\mu_r=4200$ 的磁介质，那么管内的 $\boldsymbol{B}$ 和 $\boldsymbol{H}$ 是多少？

(3) 磁介质内由导线中电流产生的 $\boldsymbol{B}_0$ 和由磁化电流产生的 $\boldsymbol{B}'$ 各是多少？

14.7 一铁制的螺绕环，其平均圆周长30 cm，截面积为1 cm²，在环上均匀绕以300匝导线。当绕组内的电流为0.032 A时，环内磁通量为 $2\times10^{-6}$ Wb。试计算：

(1) 环内的磁通量密度(即磁感应强度)；

(2) 磁场强度；

(3) 磁化面电流(即面束缚电流)密度；

(4) 环内材料的磁导率和相对磁导率；

(5) 铁芯内的磁化强度。

14.8 在铁磁质磁化特性的测量实验中，设所用的环形螺线管上共有 1000 匝线圈，平均半径为 15.0 cm，当通有 2.0 A 电流时，测得环内磁感应强度 $B=1.0\ \mathrm{T}$，求：

(1) 螺绕环铁芯内的磁场强度 $\boldsymbol{H}$；

(2) 该铁磁质的磁导率 $\mu$ 和相对磁导率 $\mu_r$；

(3) 已磁化的环形铁芯的面束缚电流密度。

14.9 图 14.25 是退火纯铁的起始磁化曲线。用这种铁做芯的长直螺线管的导线中通入 6.0 A 的电流时，管内产生 1.2 T的磁场。如果抽出铁芯，要使管内产生同样的磁场，需要在导线中通入多大电流？

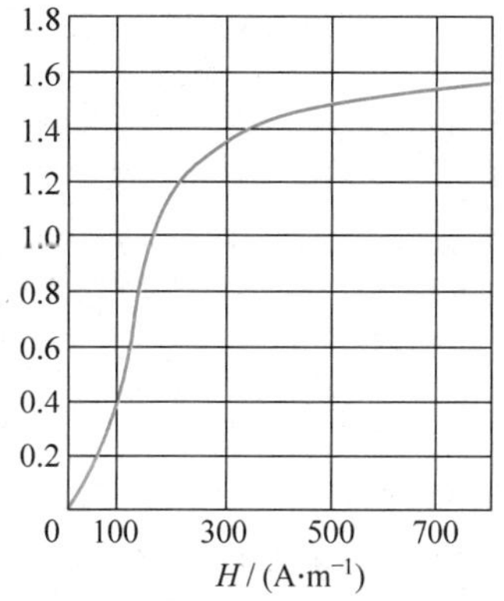

图 14.25 习题 14.9 用图

14.10 如果想用退火纯铁作铁芯做一个每米 800 匝的长直螺线管，而在管中产生 1.0 T 的磁场，导线中应通入多大的电流？(参照图 14.25 的 $B$-$H$ 图线。)

14.11 某种铁磁材料具有矩形磁滞回线(称矩形材料)如图 14.26(a)。反向磁场一旦超过矫顽力，磁化方向就立即反转。矩形材料的用途是制作电子计算机中存储元件的环形磁芯。图 14.26(b)所示为一种这样的磁芯，其外直径为 0.8 mm，内直径为 0.5 mm，高为 0.3 mm。这类磁芯由矩形铁氧体材料制成。若磁芯原来已被磁化，方向如图 14.26(b)所示，要使磁芯的磁化方向全部翻转，导线中脉冲电流 $i$ 的峰值至少应多大？设磁芯矩形材料的矫顽力 $H_c=2\ \mathrm{A/m}$。

14.12 铁环的平均周长为 61 cm，空气隙长 1 cm，环上线圈总数为 1000 匝。当线圈中电流为 1.5 A 时，空气隙中的磁感应强度 $B$ 为 0.18 T。求铁芯的 $\mu_r$ 值。(忽略空气隙中磁感应强度线的发散。)

14.13 一个利用空气间隙获得强磁场的电磁铁如图 14.27 所示。铁芯中心线的长度 $l_1=500\ \mathrm{mm}$，空气隙长度 $l_2=20\ \mathrm{mm}$，铁芯是相对磁导率 $\mu_r=5000$ 的硅钢。要在空气隙中得到 $B=3\ \mathrm{T}$ 的磁场，求绕在铁芯上的线圈的安匝数 $NI$。

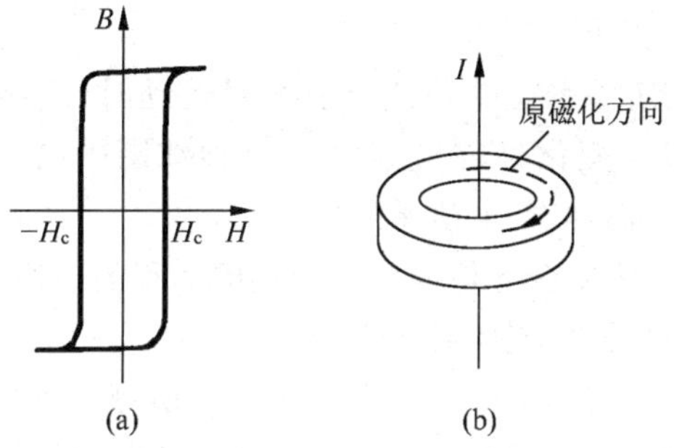

图 14.26 习题 14.11 用图

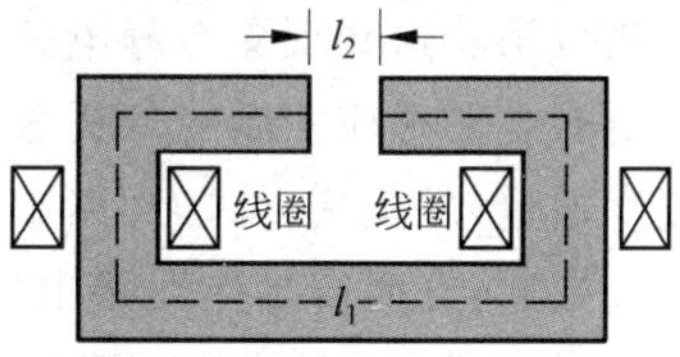

图 14.27 习题 14.13 用图

14.14 某电钟里有一铁芯线圈，已知铁芯的磁路长 14.4 cm，空气隙宽 2.0 mm，铁芯横截面积为 $0.60\ \mathrm{cm}^2$，铁芯的相对磁导率 $\mu_r=1600$。现在要使通过空气隙的磁通量为 $4.8\times10^{-6}\ \mathrm{Wb}$，求线圈电流的安匝数 $NI$。若线圈两端电压为 220 V，线圈消耗的功率为 20 W，求线圈的匝数 $N$。

# 第15章

# 电磁感应

1820年奥斯特通过实验发现了电流的磁效应。由此人们自然想到,能否利用磁效应产生电流呢?从1822年起,法拉第就开始对这一问题进行有目的的实验研究。经过多次失败,终于在1831年取得了突破性的进展,发现了电磁感应现象,即利用磁场产生电流的现象。从实用的角度看,这一发现使电工技术有可能长足发展,为后来的人类生活电气化打下了基础。从理论上说,这一发现更全面地揭示了电和磁的联系,使在这一年出生的麦克斯韦后来有可能建立一套完整的电磁场理论,这一理论在近代科学中得到了广泛的应用。因此,怎样估计法拉第的发现的重要性都是不为过的。

本章讲解电磁感应现象的基本规律——法拉第电磁感应定律,产生感应电动势的两种情况——动生的和感生的。然后介绍在电工技术中常遇到的互感和自感两种现象的规律。最后推导磁场能量的表达式。

## 15.1 法拉第电磁感应定律

法拉第的实验大体上可归结为两类:一类实验是磁铁与线圈有相对运动时,线圈中产生了电流;另一类实验是当一个线圈中电流发生变化时,在它附近的其他线圈中也产生了电流。法拉第将这些现象与静电感应类比,把它们称作"电磁感应"现象。

对所有电磁感应实验的分析表明,当穿过一个闭合导体回路所限定的面积的磁通量(磁感应强度通量)发生变化时,回路中就出现电流。这电流叫**感应电流**。

我们知道,在闭合导体回路中出现了电流,一定是由于回路中产生了电动势。当穿过导体回路的磁通量发生变化时,回路中产生了电流,就说明此时在回路中产生了电动势。由这一原因产生的电动势叫**感应电动势**。

实验表明,**感应电动势的大小和通过导体回路的磁通量的变化率成正比**,感应电动势的方向有赖于磁场的方向和它的变化情况。以$\Phi$表示通过闭合导体回路的磁通量,以$\mathscr{E}$表示磁通量发生变化时在导体回路中产生的感应电动势,由实验总结出的规律是

$$\mathscr{E}=-\frac{\mathrm{d}\Phi}{\mathrm{d}t} \tag{15.1}$$

这一公式是**法拉第电磁感应定律**的一般表达式。

式(15.1)中的负号反映感应电动势的方向与磁通量变化的关系。在判定感应电动势的

方向时，应先规定导体回路 $L$ 的绕行正方向。如图 15.1 所示，当回路中磁力线的方向和所规定的回路的绕行正方向有右手螺旋关系时，磁通量 $\Phi$ 是正值。这时，如果穿过回路的磁通量增大，$\frac{\mathrm{d}\Phi}{\mathrm{d}t}>0$，则 $\mathscr{E}<0$，这表明此时感应电动势的方向和 $L$ 的绕行正方向相反（图 15.1(a)）。如果穿过回路的磁通量减小，即 $\frac{\mathrm{d}\Phi}{\mathrm{d}t}<0$，则 $\mathscr{E}>0$，这表示此时感应电动势的方向和 $L$ 的绕行正方向相同（图 15.1(b)）。

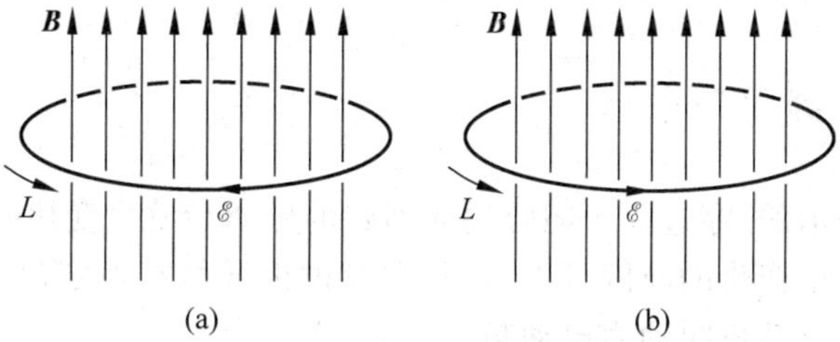


图 15.1 $\mathscr{E}$ 的方向和 $\Phi$ 的变化的关系

(a) $\Phi$ 增大时；(b) $\Phi$ 减小时

图 15.2 是一个产生感应电动势的实际例子。当中是一个线圈，通有图示方向的电流时，它的磁场的磁感线分布如图示，另一导电圆环 $L$ 的绕行正方向规定如图。当它在线圈上面向下运动时，$\frac{\mathrm{d}\Phi}{\mathrm{d}t}>0$，从而 $\mathscr{E}<0$，$\mathscr{E}$ 沿 $L$ 的反方向。当它在线圈下面向下运动时，$\frac{\mathrm{d}\Phi}{\mathrm{d}t}<0$，从而 $\mathscr{E}>0$，$\mathscr{E}$ 沿 $L$ 的正方向。

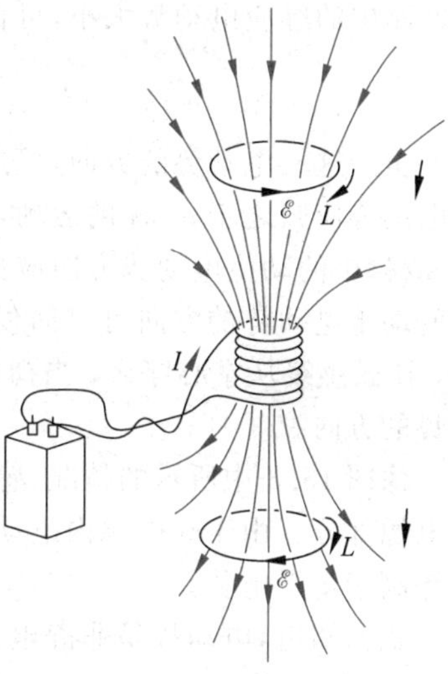


图 15.2 感应电动势的方向实例

导体回路中产生的感应电动势将按自己的方向产生感应电流，这感应电流将在导体回路中产生自己的磁场。在图 15.2 中，圆环在上面时，其中感应电流在环内产生的磁场向上；在下面时，环中的感应电流产生的磁场向下。和感应电流的磁场联系起来考虑，上述借助于式(15.1)中的负号所表示的感应电动势方向的规律可以表述如下：感应电动势总具有这样的方向，即使它产生的感应电流在回路中产生的磁场去**阻碍**引起感应电动势的**磁通量的变化**，这个规律叫做**楞次定律**。图 15.2 中所示感应电动势的方向是符合这一规律的。

实际上用到的线圈常常是许多匝串联而成的，在这种情况下，在整个线圈中产生的感应电动势应是每匝线圈中产生的感应电动势之和。当穿过各匝线圈的磁通量分别为 $\Phi_1,\Phi_2,\cdots,\Phi_n$ 时，总电动势则应为

$$\mathscr{E}=-\left(\frac{\mathrm{d}\Phi_1}{\mathrm{d}t}+\frac{\mathrm{d}\Phi_2}{\mathrm{d}t}+\cdots+\frac{\mathrm{d}\Phi_n}{\mathrm{d}t}\right)$$

$$=-\frac{\mathrm{d}}{\mathrm{d}t}\left(\sum_{i=1}^{n}\Phi_i\right)=-\frac{\mathrm{d}\Psi}{\mathrm{d}t} \qquad (15.2)$$

其中 $\Psi=\sum_i \Phi_i$ 是穿过各匝线圈的磁通量的总和，叫穿过线圈的**全磁通**。当穿过各匝线圈的磁通量相等时，$N$ 匝线圈的全磁通为 $\Psi=N\Phi$，叫做**磁链**，这时

$$\mathscr{E}=-\frac{\mathrm{d}\Psi}{\mathrm{d}t}=-N\frac{\mathrm{d}\Phi}{\mathrm{d}t} \tag{15.3}$$

式(15.1)，式(15.2)，式(15.3)中各量的单位都需用国际单位制单位，即 $\Phi$ 或 $\Psi$ 的单位用 Wb，$t$ 的单位用 s，$\mathscr{E}$ 的单位用 V。于是由式(15.2)可知

$$1\ \mathrm{V}=1\ \mathrm{Wb/s}$$

## 15.2 动生电动势

如式(15.1)所表示的，穿过一个闭合导体回路的磁通量发生变化时，回路中就产生感应电动势。但引起磁通量变化的原因可以不同，本节讨论导体在恒定磁场中运动时产生的感应电动势。这种感应电动势叫**动生电动势**。

如图 15.3 所示，一矩形导体回路，可动边是一根长为 $l$ 的导体棒 $ab$，它以恒定速度 $\boldsymbol{v}$ 在垂直于磁场 $\boldsymbol{B}$ 的平面内，沿垂直于它自身的方向向右平移，其余边不动。某时刻穿过回路所围面积的磁通量为

$$\Phi=BS=Blx$$

随着棒 $ab$ 的运动，回路所围绕的面积扩大，因而回路中的磁通量发生变化。用式(15.1)计算回路中的感应电动势大小，可得

$$|\mathscr{E}|=\frac{\mathrm{d}\Phi}{\mathrm{d}t}=\frac{\mathrm{d}}{\mathrm{d}t}(Blx)=Bl\frac{\mathrm{d}x}{\mathrm{d}t}=Blv \tag{15.4}$$

至于这一电动势的方向，可用楞次定律判定为逆时针方向。由于其他边都未动，所以动生电动势应归之于 $ab$ 棒的运动，因而只在棒内产生。回路中感生电动势的逆时针方向说明在 $ab$ 棒中的动生电动势方向应沿由 $a$ 到 $b$ 的方向。像这样一段导体在磁场中运动时所产生的动生电动势的方向可以简便地用**右手定则**判断：伸平右手掌并使拇指与其他四指垂直，让磁感线从掌心穿入，当拇指指着导体运动方向时，四指就指着导体中产生的动生电动势的方向。

像图 15.3 中所示的情况，感应电动势集中于回路的一段内，这一段可视为整个回路中的电源部分。由于在电源内电动势的方向是由低电势处指向高电势处，所以在棒 $ab$ 上，$b$ 点电势高于 $a$ 点电势。

我们知道，电动势是非静电力作用的表现。引起动生电动势的非静电力是洛伦兹力。当棒 $ab$ 向右以速度 $\boldsymbol{v}$ 运动时，棒内的自由电子被带着以同一速度 $\boldsymbol{v}$ 向右运动，因而每个电子都受到洛伦兹力 $\boldsymbol{f}$ 的作用(图 15.4)，

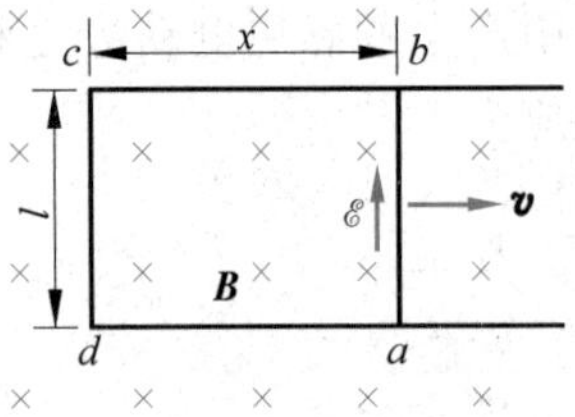


图 15.3 动生电动势

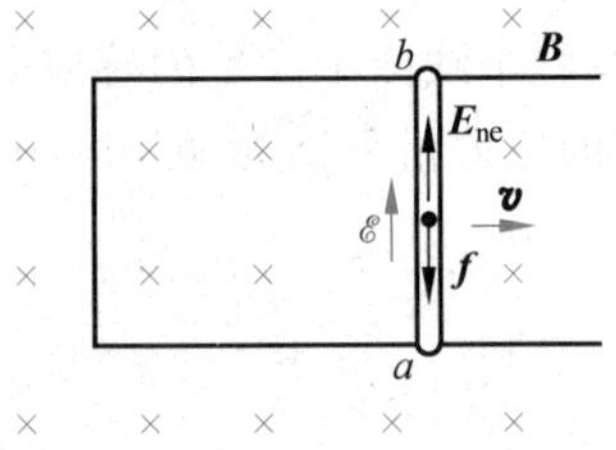


图 15.4 动生电动势与洛伦兹力

$$\boldsymbol{f} = e\,\boldsymbol{v} \times \boldsymbol{B} \tag{15.5}$$

把这个作用力看成是一种等效的“非静电场”的作用，则这一非静电场的强度应为

$$\boldsymbol{E}_{\mathrm{ne}} = \frac{\boldsymbol{f}}{e} = \boldsymbol{v} \times \boldsymbol{B} \tag{15.6}$$

根据电动势的定义，又由于 $\mathrm{d}\boldsymbol{r}=\mathrm{d}\boldsymbol{l}$ 为棒 $ab$ 的长度元，棒 $ab$ 中由这外来场所产生的电动势应为

$$\mathscr{E}_{ab} = \int_a^b \boldsymbol{E}_{\mathrm{ne}} \cdot \mathrm{d}\boldsymbol{r} = \int_a^b (\boldsymbol{v} \times \boldsymbol{B}) \cdot \mathrm{d}\boldsymbol{l} \tag{15.7}$$

如图 15.4 所示，由于 $\boldsymbol{v}$，$\boldsymbol{B}$ 和 $\mathrm{d}\boldsymbol{l}$ 相互垂直，所以上一积分的结果应为

$$\mathscr{E}_{ab} = Blv$$

这一结果和式(15.4)相同。

这里我们只把式(15.7)应用于直导体棒在均匀磁场中运动的情况。对于非均匀磁场而且导体各段运动速度不同的情况，则可以先考虑一段以速度 $\boldsymbol{v}$ 运动的导体元 $\mathrm{d}\boldsymbol{l}$，在其中产生的动生电动势为 $\boldsymbol{E}_{\mathrm{ne}} \cdot \mathrm{d}\boldsymbol{l}=(\boldsymbol{v}\times\boldsymbol{B}) \cdot \mathrm{d}\boldsymbol{l}$，整个导体中产生的动生电动势应该是在各段导体之中产生的动生电动势之和。其表示式就是式(15.7)。因此，式(15.7)是在磁场中运动的导体内产生的动生电动势的一般公式。特别是，如果整个导体回路 $L$ 都在磁场中运动，则在回路中产生的总的动生电动势应为

$$\mathscr{E} = \oint_L (\boldsymbol{v} \times \boldsymbol{B}) \cdot \mathrm{d}\boldsymbol{l} \tag{15.8}$$

在图 15.3 所示的闭合导体回路中，当由于导体棒的运动而产生电动势时，在回路中就会有感应电流产生。电流流动时，感应电动势是要做功的，电动势做功的能量是从哪里来的呢？考察导体棒运动时所受的力就可以给出答案。设电路中感应电流为 $I$，则感应电动势做功的功率为

$$P = I\mathscr{E} = IBlv \tag{15.9}$$

通有电流的导体棒在磁场中是要受到磁力的作用的。$ab$ 棒受的磁力为 $F_{\mathrm{m}}=IlB$，方向向左(图 15.5)。为了使导体棒匀速向右运动，必须有外力 $\boldsymbol{F}_{\mathrm{ext}}$ 与 $\boldsymbol{F}_{\mathrm{m}}$ 平衡，因而 $\boldsymbol{F}_{\mathrm{ext}}=-\boldsymbol{F}_{\mathrm{m}}$。此外力的功率为

$$P_{\mathrm{ext}} = F_{\mathrm{ext}}v = IlBv$$

这正好等于上面求得的感应电动势做功的功率。由此我们知道，电路中感应电动势提供的电能是由外力做功所消耗的机械能转换而来的，这就是发电机内的能量转换过程。

我们知道，当导线在磁场中运动时产生的感应电动势是洛伦兹力作用的结果。据式(15.9)，感应电动势是要做功的。但是，我们早已知道洛伦兹力对运动电荷不做功，这个矛盾如何解决呢？可以这样来解释，如图 15.6 所示，随同导线一齐运动的自由电子

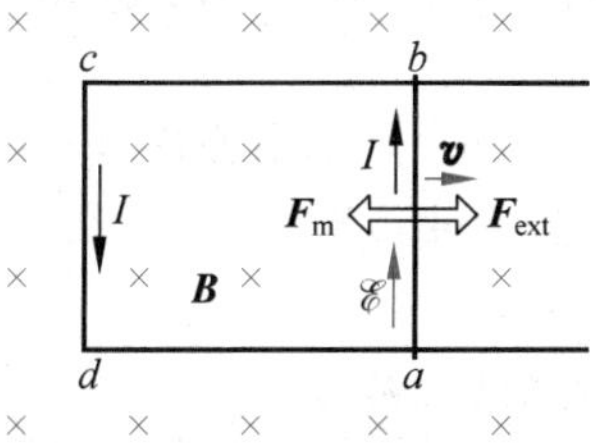


图 15.5 能量转换

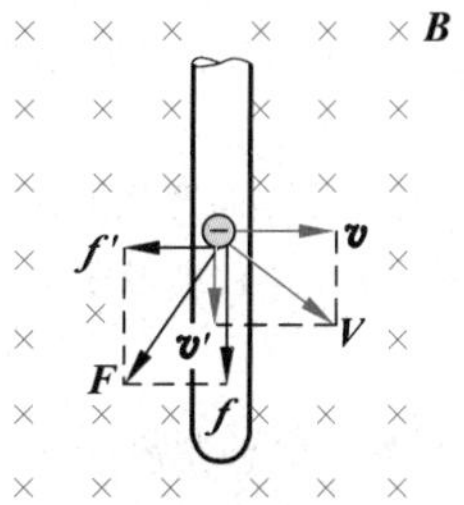


图 15.6 洛伦兹力不做功

受到的洛伦兹力由式(15.5)给出，由于这个力的作用，电子将以速度$\boldsymbol{v}'$沿导线运动，而速度$\boldsymbol{v}'$的存在使电子还要受到一个垂直于导线的洛伦兹力$\boldsymbol{f}'$的作用，$\boldsymbol{f}'=e\boldsymbol{v}'\times\boldsymbol{B}$。电子受洛伦兹力的合力为$\boldsymbol{F}=\boldsymbol{f}+\boldsymbol{f}'$，电子运动的合速度为$\boldsymbol{V}=\boldsymbol{v}+\boldsymbol{v}'$，所以洛伦兹力合力做功的功率为

$$\begin{aligned}\boldsymbol{F}\cdot\boldsymbol{V}&=(\boldsymbol{f}+\boldsymbol{f}')\cdot(\boldsymbol{v}+\boldsymbol{v}')\\&=\boldsymbol{f}\cdot\boldsymbol{v}'+\boldsymbol{f}'\cdot\boldsymbol{v}=-evBv'+ev'Bv=0\end{aligned}$$

这一结果表示洛伦兹力合力做功为零，这与我们所知的洛伦兹力不做功的结论一致。从上述结果中看到

$$\boldsymbol{f}\cdot\boldsymbol{v}'+\boldsymbol{f}'\cdot\boldsymbol{v}=0$$

即

$$\boldsymbol{f}\cdot\boldsymbol{v}'=-\boldsymbol{f}'\cdot\boldsymbol{v}$$

为了使自由电子按$\boldsymbol{v}$的方向匀速运动，必须有外力$\boldsymbol{f}_{ext}$作用在电子上，而且$\boldsymbol{f}_{ext}=-\boldsymbol{f}'$。因此上式又可写成

$$\boldsymbol{f}\cdot\boldsymbol{v}'=\boldsymbol{f}_{ext}\cdot\boldsymbol{v}$$

此等式左侧是洛伦兹力的一个分力使电荷沿导线运动所做的功，宏观上就是感应电动势驱动电流的功。等式右侧是在同一时间内外力反抗洛伦兹力的另一个分力做的功，宏观上就是外力拉动导线做的功。洛伦兹力做功为零，实质上表示了能量的转换与守恒。洛伦兹力在这里起了一个能量转换者的作用，一方面接受外力的功，同时驱动电荷运动做功。

---

**例 15.1**

法拉第曾利用图15.7的实验来演示感应电动势的产生。铜盘在磁场中转动时能在连接电流计的回路中产生感应电流。为了计算方便，我们设想一半径为$R$的铜盘在均匀磁场$\boldsymbol{B}$中转动，角速度为$\omega$(图15.8)。求盘上沿半径方向产生的感应电动势。

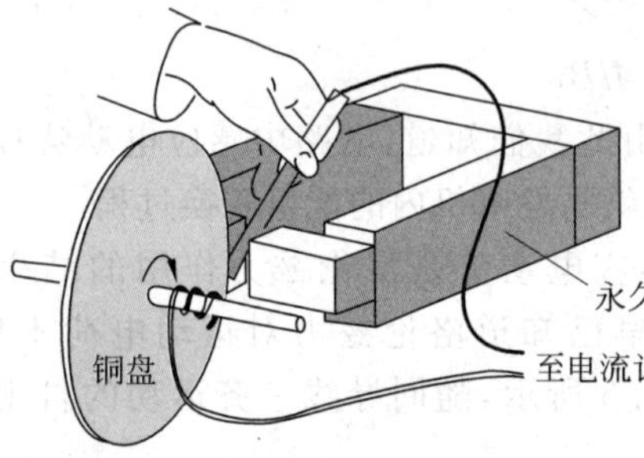


图15.7　法拉第电机

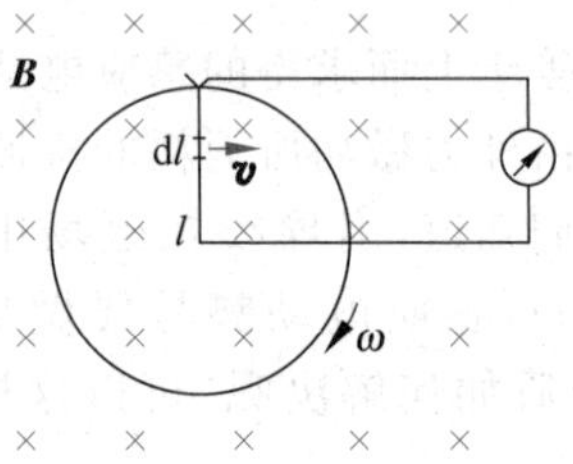


图15.8　铜盘在均匀磁场中转动

**解**　盘上沿半径方向产生的感应电动势可以认为是沿任意半径的一导体杆在磁场中运动的结果。由动生电动势公式(15.7)，求得在半径上长为$dl$的一段杆上产生的感应电动势为

$$d\mathscr{E}=(\boldsymbol{v}\times\boldsymbol{B})\cdot d\boldsymbol{l}=Bv\,dl=B\omega l\,dl$$

式中$l$为$dl$段与盘心$O$的距离，$v$为$dl$段的线速度。整个杆上产生的电动势为

$$\mathscr{E}=\int d\mathscr{E}=\int_0^R B\omega l\,dl=\frac{1}{2}B\omega R^2$$

---

## 15.3 感生电动势和感生电场

本节讨论引起回路中磁通量变化的另一种情况。一个静止的导体回路，当它包围的磁场发生变化时，穿过它的磁通量也会发生变化，这时回路中也会产生感应电动势。这样产生的感应电动势称为**感生电动势**，它和磁通量变化率的关系也由式(15.1)表示。

产生感生电动势的非静电力是什么力呢？由于导体回路未动，所以它不可能像在动生电动势中那样是洛伦兹力。由于这时的感应电流是原来宏观静止的电荷受非静电力作用形成的，而静止电荷受到的力只能是电场力，所以这时的非静电力也只能是一种电场力。由于这种电场是磁场的变化引起的，所以叫**感生电场**。它就是产生感生电动势的"非静电场"。以 $\boldsymbol{E}_{\mathrm{i}}$ 表示感生电场，则根据电动势的定义，由于磁场的变化，在一个导体回路 $L$ 中产生的感生电动势应为

$$\mathscr{E}=\oint_L \boldsymbol{E}_{\mathrm{i}}\cdot \mathrm{d}\boldsymbol{l} \tag{15.10}$$

根据法拉第电磁感应定律应该有

$$\oint_L \boldsymbol{E}_{\mathrm{i}}\cdot \mathrm{d}\boldsymbol{l}=-\frac{\mathrm{d}\Phi}{\mathrm{d}t} \tag{15.11}$$

法拉第当时只着眼于导体回路中感应电动势的产生，麦克斯韦则更着重于电场和磁场的关系的研究。他提出，在磁场变化时，不但会在导体回路中，而且在空间任一地点都会产生感生电场，而且感生电场沿任何闭合路径的环路积分都满足式(15.11)表示的关系。用 $\boldsymbol{B}$ 来表示磁感应强度，则式(15.11)可以用下面的形式更明显地表示出电场和磁场的关系：

$$\oint_L \boldsymbol{E}_{\mathrm{i}}\cdot \mathrm{d}\boldsymbol{r}=-\frac{\mathrm{d}}{\mathrm{d}t}\int_S \boldsymbol{B}\cdot \mathrm{d}\boldsymbol{S}=-\int_S \frac{\partial \boldsymbol{B}}{\partial t}\cdot \mathrm{d}\boldsymbol{S} \tag{15.12}$$

式中 $\mathrm{d}\boldsymbol{r}$ 表示空间内任一静止回路 $L$ 上的位移元，$S$ 为该回路所限定的面积。由于感生电场的环路积分不等于零，所以它又叫做涡旋电场。此式表示的规律可以不十分确切地理解为变化的磁场产生电场。

在一般的情况下，空间的电场可能既有静电场 $\boldsymbol{E}_{\mathrm{s}}$，又有感生电场 $\boldsymbol{E}_{\mathrm{i}}$。根据叠加原理，总电场 $\boldsymbol{E}$ 沿某一封闭路径 $L$ 的环路积分应是静电场的环路积分和感生电场的环路积分之和。由于前者为零，所以 $\boldsymbol{E}$ 的环路积分就等于 $\boldsymbol{E}_{\mathrm{i}}$ 的环流。因此，利用式(15.12)可得

$$\oint_L \boldsymbol{E}\cdot \mathrm{d}\boldsymbol{r}=-\int_S \frac{\partial \boldsymbol{B}}{\partial t}\cdot \mathrm{d}\boldsymbol{S} \tag{15.13}$$

这一公式是关于磁场和电场关系的又一个普遍的基本规律。

---

**例 15.2**

电子感应加速器。电子感应加速器是利用感生电场来加速电子的一种设备，它的柱形电磁铁在两极间产生磁场(图 15.9)，在磁场中安置一个环形真空管道作为电子运行的轨道。当磁场发生变化时，就会沿管道方向产生感生电场，射入其中的电子就受到这感生电场的持续作用而被不断加速。设环形真空管的轴线半径为 $a$，求磁场变化时沿环形真空管轴线的感生电场。

**解** 由磁场分布的轴对称性可知，感生电场的分布也具有轴对称性。沿环管轴线上各处的电场强度

大小应相等，而方向都沿轴线的切线方向。因而沿此轴线的感生电场的环路积分为

$$\oint_L \boldsymbol{E}_i \cdot d\boldsymbol{r} = E_i \cdot 2\pi a$$

以 $\bar{B}$ 表示环管轴线所围绕的面积上的平均磁感应强度，则通过此面积的磁通量为

$$\Phi = \bar{B}S = \bar{B} \cdot \pi a^2$$

由式(15.12)可得

$$E_i \cdot 2\pi a = -\frac{d\Phi}{dt} = -\pi a^2 \frac{d\bar{B}}{dt}$$

由此得

$$E_i = -\frac{a}{2}\frac{d\bar{B}}{dt}$$

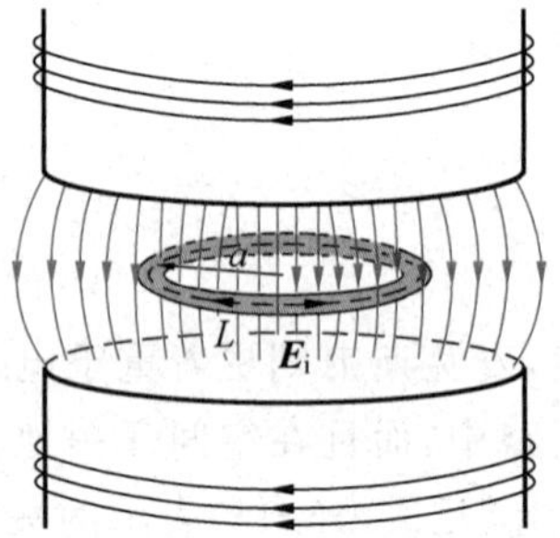


图 15.9 电子感应加速器示意图

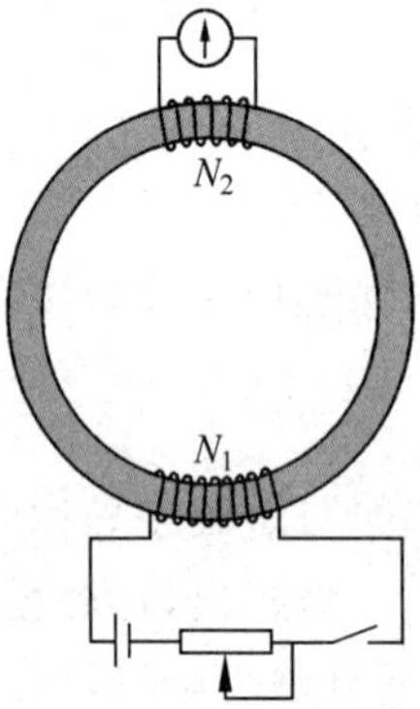


图 15.10 测铁磁质中的磁感应强度

**例 15.3**

测铁磁质中的磁感应强度。如图 15.10 所示，在铁磁试样做的环上绕上两组线圈。一组线圈匝数为 $N_1$，与电池相连。另一组线圈匝数为 $N_2$，与一个"冲击电流计"(这种电流计的最大偏转与通过它的电量成正比)相连。设铁环原来没有磁化。当合上电键使 $N_1$ 中电流从零增大到 $I_1$ 时，冲击电流计测出通过它的电量是 $q$。求与电流 $I_1$ 相应的铁环中的磁感应强度 $B_1$ 是多大？

**解** 当合上电键使 $N_1$ 中的电流增大时，它在铁环中产生的磁场也增强，因而 $N_2$ 线圈中有感生电动势产生。以 $S$ 表示环的截面积，以 $B$ 表示环内磁感应强度，则 $\Phi=BS$，而 $N_2$ 中的感生电动势的大小为

$$\mathscr{E} = \frac{d\Psi}{dt} = N_2\frac{d\Phi}{dt} = N_2 S\frac{dB}{dt}$$

以 $R$ 表示 $N_2$ 回路(包括冲击电流计)的总电阻，则 $N_2$ 中的电流为

$$i = \frac{\mathscr{E}}{R} = \frac{N_2 S}{R}\frac{dB}{dt}$$

设 $N_1$ 中的电流增大到 $I_1$ 需要的时间为 $\tau$，则在同一时间内通过 $N_2$ 回路的电量为

$$q = \int_0^\tau i\,dt = \int_0^\tau \frac{N_2 S}{R}\frac{dB}{dt}dt = \frac{N_2 S}{R}\int_0^{B_1} dB = \frac{N_2 S B_1}{R}$$

由此得

$$B_1 = \frac{qR}{N_2 S}$$

这样，根据冲击电流计测出的电量 $q$，就可以算出与 $I_1$ 相对应的铁环中的磁感应强度。这是常用的一种测量磁介质中的磁感应强度的方法。

**例 15.4**

原子中电子轨道运动附加磁矩的产生。按经典模型，一电子沿半径为 $r$ 的圆形轨道运动，速率为 $v$。今垂直于轨道平面加一磁场 $\boldsymbol{B}$，求由于电子轨道运动发生变化而产生的附加磁矩。处于基态的氢原子在较强的 $B=2\ \mathrm{T}$ 的磁场中，其电子的轨道运动附加磁矩多大？

**解**　电子的轨道运动的磁矩的大小由式(14.2)

$$m=\frac{evr}{2}$$

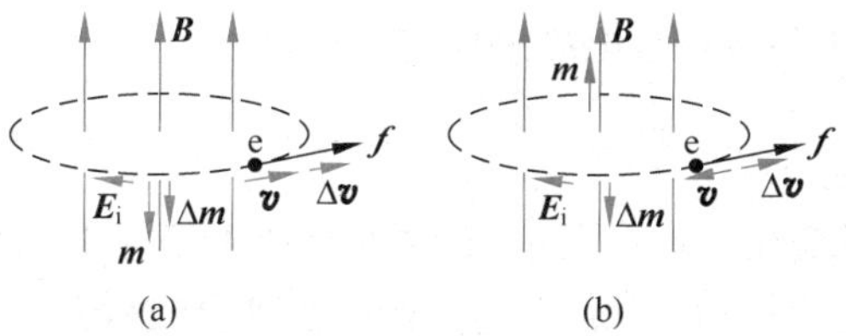


图 15.11　电子轨道运动附加磁矩的产生

给出。在图 15.11(a)中，电子轨道运动的磁矩方向向下。设所加磁场 $\boldsymbol{B}$ 的方向向上，在这磁场由 0 增大到 $\boldsymbol{B}$ 的过程中，在该区域将产生感生电场 $\boldsymbol{E}_i$，其大小为 $\frac{r}{2}\frac{\mathrm{d}B}{\mathrm{d}t}$(参看例 15.2)，方向如图所示。在此电场作用下，电子将沿轨道加速，加速度为

$$a=\frac{f}{m_e}=\frac{eE_i}{m_e}=\frac{er}{2m_e}\frac{\mathrm{d}B}{\mathrm{d}t}$$

在轨道半径不变的情况下(参见习题 15.12)，在加磁场的整个过程中，电子的速率的增加值为

$$\Delta v=\int a\mathrm{d}t=\int_0^B\frac{er}{2m_e}\mathrm{d}B=\frac{erB}{2m_e}$$

与此速度增量相应的磁矩的增量——附加磁矩 $\Delta\boldsymbol{m}$——的大小为

$$\Delta m=\frac{er\Delta v}{2}=\frac{e^2r^2B}{4m_e}$$

其方向由速度的增量的方向判断，如图 15.11(a)所示，是和外加磁场的方向相反的。

如果如图 15.11(b)所示，电子轨道运动方向与(a)中的相反，则其磁矩方向将向上。在加同样的磁场的过程中，感生电场将使电子减速，从而也产生一附加磁矩 $\Delta\boldsymbol{m}$。此附加磁矩的大小也可以如上分析计算。要注意，如图 15.11(b)所示，$\Delta\boldsymbol{m}$ 的方向也是和外加磁场方向相反的！

氢原子处于基态时，电子的轨道半径 $r=0.5\times10^{-10}$ m。由此可得

$$\Delta v=\frac{erB}{2m_e}=\frac{1.6\times10^{-19}\times0.5\times10^{-10}\times2}{2\times9.1\times10^{-31}}=9\ (\mathrm{m/s})$$

$$\Delta m=\frac{er\Delta v}{2}=\frac{1.6\times10^{-19}\times0.5\times10^{-10}\times9}{2}=3.6\times10^{-29}\ (\mathrm{A\cdot m^2})$$

这一数值比表 14.2 所列的顺磁质原子的固有磁矩要小 5～6 个数量级。

## 15.4　互感

在实际电路中，磁场的变化常常是由于电流的变化引起的，因此，把感生电动势直接和电流的变化联系起来是有重要实际意义的。互感和自感现象的研究就是要找出这方面的规律。

一闭合导体回路，当其中的电流随时间变化时，它周围的磁场也随时间变化，在它附近的导体回路中就会产生感生电动势。这种电动势叫**互感电动势**。

如图 15.12 所示，有两个固定的闭合回路 $L_1$ 和 $L_2$。闭合回路 $L_2$ 中的互感电动势是由于回路 $L_1$ 中的电流 $i_1$ 随时间的变化引起的，以 $\mathscr{E}_{21}$ 表示此电动势。下面说明 $\mathscr{E}_{21}$ 与 $i_1$ 的关系。

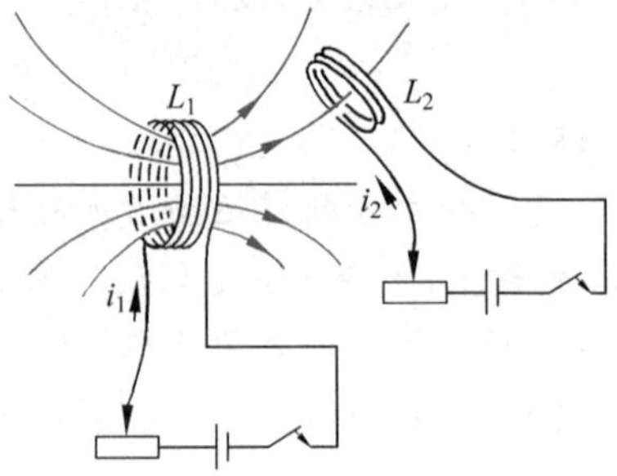

图 15.12　互感现象

由毕奥-萨伐尔定律可知，电流 $i_1$ 产生的磁场正比于 $i_1$，因而通过 $L_2$ 所围面积的、由 $i_1$ 所产生的全磁通 $\Psi_{21}$ 也应该和 $i_1$ 成正比，即

$$\Psi_{21} = M_{21} i_1 \tag{15.14}$$

其中比例系数 $M_{21}$ 叫做回路 $L_1$ 对回路 $L_2$ 的**互感系数**，它取决于两个回路的几何形状、相对位置、它们各自的匝数以及它们周围磁介质的分布。对两个固定的回路 $L_1$ 和 $L_2$ 来说互感系数是一个常数。在 $M_{21}$ 一定的条件下电磁感应定律给出

$$\mathscr{E}_{21} = -\frac{\mathrm{d}\Psi_{21}}{\mathrm{d}t} = -M_{21}\frac{\mathrm{d}i_1}{\mathrm{d}t} \tag{15.15}$$

如果图 15.12 回路 $L_2$ 中的电路 $i_2$ 随时间变化，则在回路 $L_1$ 中也会产生感应电动势 $\mathscr{E}_{12}$。根据同样的道理，可以得出通过 $L_1$ 所围面积的由 $i_2$ 所产生的全磁通 $\Psi_{12}$ 应该与 $i_2$ 成正比，即

$$\Psi_{12} = M_{12} i_2 \tag{15.16}$$

而且

$$\mathscr{E}_{12} = -\frac{\mathrm{d}\Psi_{12}}{\mathrm{d}t} = -M_{12}\frac{\mathrm{d}i_2}{\mathrm{d}t} \tag{15.17}$$

上两式中的 $M_{12}$ 叫 $L_2$ 对 $L_1$ 的互感系数。

可以证明(参看例 15.9)对给定的一对导体回路，有

$$M_{12} = M_{21} = M$$

$M$ 就叫做这两个导体回路的**互感系数**，简称它们的**互感**。

在国际单位制中，互感系数的单位名称是亨[利]，符号为 H。由式(15.15)知

$$1\ \mathrm{H} = 1\ \frac{\mathrm{V\cdot s}}{\mathrm{A}} = 1\ \Omega\cdot\mathrm{s}$$

---

**例 15.5**

一长直螺线管，单位长度上的匝数为 $n$。另一半径为 $r$ 的圆环放在螺线管内，圆环平面与管轴垂直(图 15.13)。求螺线管与圆环的互感系数。

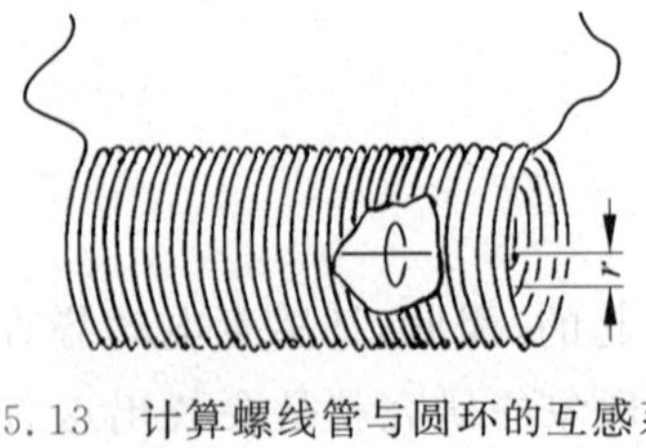

图 15.13　计算螺线管与圆环的互感系数

**解**　设螺线管内通有电流 $i_1$，螺线管内磁场为 $B_1$，则 $B_1 = \mu_0 n i_1$，通过圆环的全磁通为

$$\Psi_{21} = B_1 \pi r^2 = \pi r^2 \mu_0 n i_1$$

由定义公式式(15.14)得互感系数为

$$M_{21} = \frac{\Psi_{21}}{i_1} = \pi r^2 \mu_0 n$$

由于 $M_{21} = M_{12} = M$，所以螺线管与圆环的互感系数就是 $M = \mu_0 \pi r^2 n$。

---

## 15.5 自感

当一个电流回路的电流 $i$ 随时间变化时，通过回路自身的全磁通也发生变化，因而回路自身也产生感生电动势(图 15.14)。这就是自感现象，这时产生的感生电动势叫**自感电动势**。在这里，全磁通与回路中的电流成正比，即

$$\Psi = Li \tag{15.18}$$

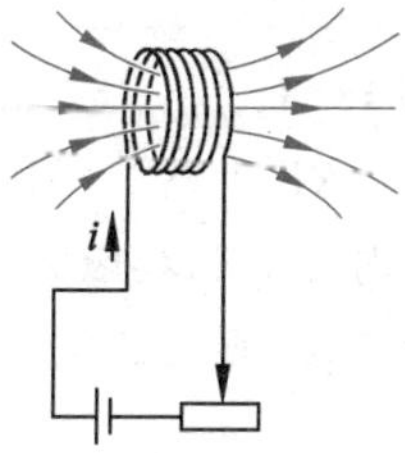

图 15.14 自感现象

式中比例系数 $L$ 叫回路的**自感系数**(简称**自感**)，它取决于回路的大小、形状、线圈的匝数以及它周围的磁介质的分布。自感系数与互感系数的量纲相同，在国际单位制中，自感系数的单位也是 H。

由电磁感应定律，在 $L$ 一定的条件下自感电动势为

$$\mathscr{E}_L = -\frac{\mathrm{d}\Psi}{\mathrm{d}t} = -L\frac{\mathrm{d}i}{\mathrm{d}t} \tag{15.19}$$

在图 15.14 中，回路的正方向一般就取电流 $i$ 的方向。当电流增大，即 $\frac{\mathrm{d}i}{\mathrm{d}t}>0$ 时，式(15.19)给出 $\mathscr{E}_L<0$，说明 $\mathscr{E}_L$ 的方向与电流的方向相反；当 $\frac{\mathrm{d}i}{\mathrm{d}t}<0$ 时，式(15.19)给出 $\mathscr{E}_L>0$，说明 $\mathscr{E}_L$ 的方向与电流的方向相同。由此可知自感电动势的方向总是要使它**阻碍**回路本身电流的变化。

---

**例 15.6**

计算一个螺绕环的自感。设环的截面积为 $S$，轴线半径为 $R$，单位长度上的匝数为 $n$，环中充满相对磁导率为 $\mu_r$ 的磁介质。

**解** 设螺绕环绕组通有电流为 $i$，由于螺绕环管内磁场 $B=\mu_0\mu_r ni$，所以管内全磁通为

$$\Psi = N\Phi = 2\pi Rn \cdot BS = 2\pi\mu_0\mu_r Rn^2 Si$$

由自感系数定义式(15.18)，得此螺绕环的自感为

$$L = \frac{\Psi}{i} = 2\pi\mu_0\mu_r Rn^2 S$$

由于 $2\pi RS=V$ 为螺绕环管内的体积，所以螺绕环自感又可写成

$$L = \mu_0\mu_r n^2 V = \mu n^2 V \tag{15.20}$$

此结果表明环内充满磁介质时，其自感系数比在真空时要增大到 $\mu_r$ 倍。

---

**例 15.7**

一根电缆由同轴的两个薄壁金属管构成，半径分别为 $R_1$ 和 $R_2$($R_1<R_2$)，两管壁间充以 $\mu_r=1$ 的电介质。电流由内管流走，由外管流回。试求单位长度的这种电缆的自感系数。

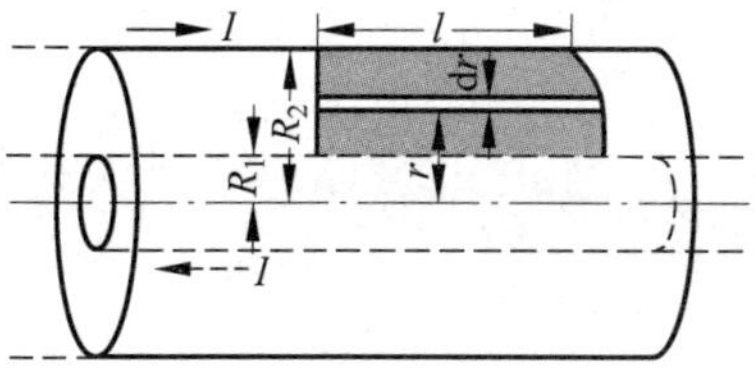

图 15.15 电缆的磁通量计算

**解** 这种电缆可视为单匝回路(图 15.15)，其磁通量即通过任一纵截面的磁通量。以 $I$ 表示通过的电流，则在两管壁间距轴 $r$ 处的磁感应强度为

$$B = \frac{\mu_0 I}{2\pi r}$$

而通过单位长度纵截面的磁通量为

$$\Phi_1 = \int \boldsymbol{B} \cdot \mathrm{d}\boldsymbol{S} = \int_{R_1}^{R_2} B\mathrm{d}r \cdot 1 = \int_{R_1}^{R_2} \frac{\mu_0 I}{2\pi r}\mathrm{d}r = \frac{\mu_0 I}{2\pi}\ln\frac{R_2}{R_1}$$

单位长度的自感系数应为

$$L_1 = \frac{\Phi_1}{I} = \frac{\mu_0}{2\pi}\ln\frac{R_2}{R_1} \tag{15.21}$$

---

**例 15.8**

$RL$ 电路。如图 15.16(a)所示，由一自感线圈 $L$、电阻 $R$ 与电源 $\mathscr{E}$ 组成的电路。当电键 K 与 $a$ 端相接触时，自感线圈和电阻串联而与电源相接，求接通后电流的变化情况。待电流稳定后，再迅速将电键打向 $b$ 端，再求此后的电流变化情况。

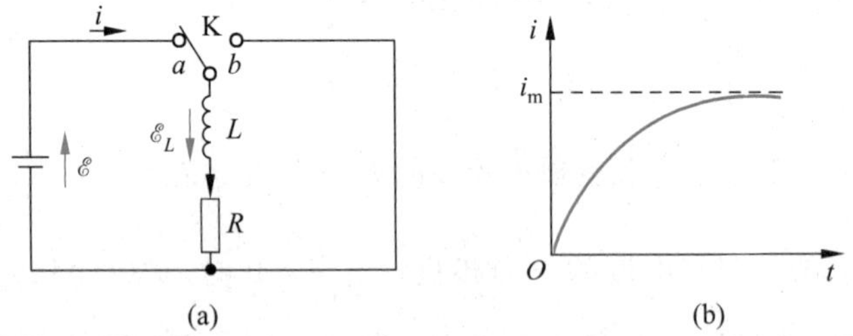


图 15.16　$RL$ 电路与直流电源接通(a)及其后的电流增长曲线(b)

**解**　从电键 K 接通电源开始，电流是变化的。由于电流变化比较慢，所以在任一时刻基尔霍夫第二方程仍然成立。对整个电路，在图示电流与电动势方向的情况下，基尔霍夫第二方程为

$$-\mathscr{E} - \mathscr{E}_L + iR = 0$$

由于线圈的自感电动势 $\mathscr{E}_L = -L\dfrac{\mathrm{d}i}{\mathrm{d}t}$，所以由上式可得

$$\mathscr{E} = L\frac{\mathrm{d}i}{\mathrm{d}t} + iR$$

利用初始条件，$t=0$ 时，$i=0$，上一方程式的解为

$$i = \frac{\mathscr{E}}{R}\left(1 - \mathrm{e}^{-\frac{R}{L}t}\right) \tag{15.22}$$

此结果表明，电流随时间逐渐增大，其极大值为

$$i_{\mathrm{m}} = \frac{\mathscr{E}}{R}$$

式(15.22)的指数 $L/R$ 具有时间的量纲，称为此电路的**时间常数**。常以 $\tau$ 表示时间常数，即 $\tau = L/R$。电键接通后经过时间 $\tau$，电流与其最大值的差为最大值的 1/e。当 $t$ 大于 $\tau$ 的若干倍以后，电流基本上达到最大值，就可以认为是稳定的了。图 15.16(b)画出了上述电路中电流随时间增长的情况。

当电键 K 由 $a$ 换到 $b$ 后(图 15.17(a))，对整个回路的基尔霍夫第二方程为

$$-\mathscr{E}_L + iR = 0$$

将 $\mathscr{E}_L = -L\dfrac{\mathrm{d}i}{\mathrm{d}t}$ 代入上式可得

$$L\frac{\mathrm{d}i}{\mathrm{d}t} + iR = 0$$

利用初始条件，$t=0$ 时，$i_0 = \dfrac{\mathscr{E}}{R}$，这一方程的解为

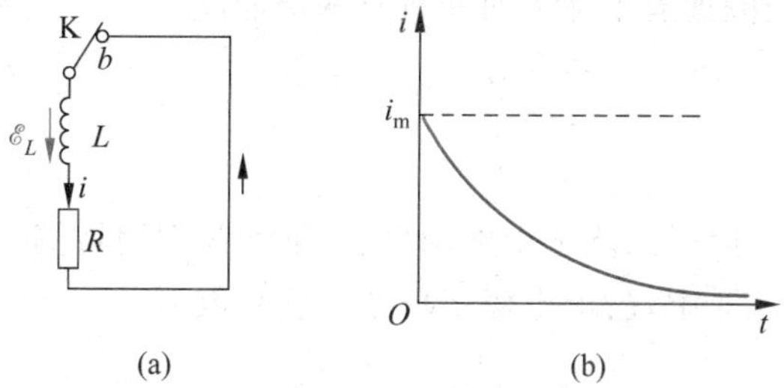


图 15.17 已通电的 $RL$ 电路短接(a)及其后的电流变化曲线(b)

$$i = \frac{\mathscr{E}}{R} e^{-\frac{R}{L}t} \tag{15.23}$$

这一结果说明,电流随时间按指数规律减小。当 $t=\tau$ 时,$i$ 减小为原来的 1/e。式(15.23)所示的电流与时间关系曲线如图 15.17(b)所示。

---

式(15.22)和式(15.23)所表示的电流变化情况还可以用实验演示。在图 15.18(a)的实验中,当合上电键后,$A$ 灯比 $B$ 灯先亮,就是因为在合上电键后,$A$,$B$ 两支路同时接通,但 $B$ 灯的支路中有一多匝线圈,自感系数较大,因而电流增长较慢。而在图 15.18(b)的实验中,在打开电键时,灯泡突然强烈地闪亮一下再熄灭,就是因为多匝线圈支路中的较大的电流在电键打开后通过泡灯而又逐渐消失的缘故。

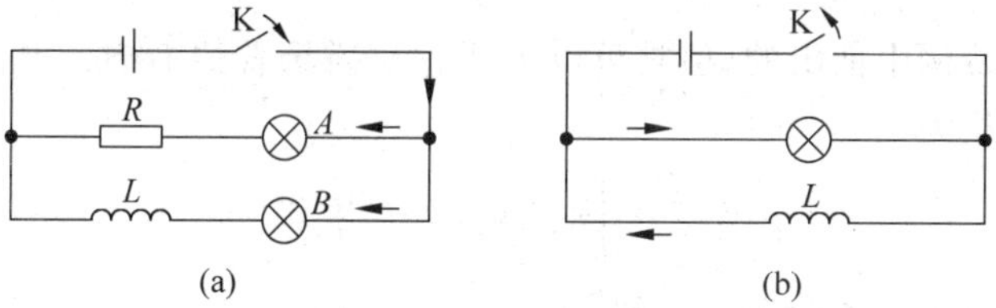


图 15.18 自感现象演示

## 15.6 磁场的能量

在图 15.18(b)所示的实验中,当电键 K 打开后,电源已不再向灯泡供给能量了,它突然强烈地闪亮一下所消耗的能量是哪里来的呢?由于使灯泡闪亮的电流是线圈中的自感电动势产生的电流,而这电流随着线圈中的磁场的消失而逐渐消失,所以可以认为使灯泡闪亮的能量是原来储存在通有电流的线圈中的,或者说是储存在线圈内的磁场中的。因此,这种能量叫做**磁能**。自感为 $L$ 的线圈中通有电流 $I$ 时所储存的磁能应该等于这电流消失时自感电动势所做的功。这个功可如下计算。以 $i\mathrm{d}t$ 表示在短路后某一时间 $\mathrm{d}t$ 内通过灯泡的电量,则在这段时间内自感电动势做的功为

$$\mathrm{d}A = \mathscr{E}_L i\,\mathrm{d}t = -L\frac{\mathrm{d}i}{\mathrm{d}t} i\,\mathrm{d}t = -Li\,\mathrm{d}i$$

电流由起始值减小到零时,自感电动势所做的总功就是

$$A = \int \mathrm{d}A = \int_I^0 -Li\,\mathrm{d}i = \frac{1}{2}LI^2$$

因此，具有自感为 $L$ 的线圈通有电流 $I$ 时所具有的磁能就是

$$W_m = \frac{1}{2}LI^2 \tag{15.24}$$

这就是自感磁能公式。

对于磁场的能量也可以引入能量密度的概念，下面我们用特例导出磁场能量密度公式。考虑一个螺绕环，在例 15.6 中，已求出螺绕环的自感系数为

$$L = \mu n^2 V$$

利用式(15.24)可得通有电流 $I$ 的螺绕环的磁场能量是

$$W_m = \frac{1}{2}LI^2 = \frac{1}{2}\mu n^2 VI^2$$

由于螺绕环管内的磁场 $B=\mu nI$，所以上式可写作

$$W_m = \frac{B^2}{2\mu}V$$

由于螺绕环的磁场集中于环管内，其体积就是 $V$，并且管内磁场基本上是均匀的，所以环管内的磁场能量密度为

$$w_m = \frac{B^2}{2\mu} \tag{15.25}$$

利用磁场强度 $H=B/\mu$，此式还可以写成

$$w_m = \frac{1}{2}BH \tag{15.26}$$

此式虽然是从一个特例中推出的，但是可以证明它对磁场普遍有效。利用它可以求得某一磁场所储存的总能量为

$$W_m = \int w_m \mathrm{d}V = \int \frac{HB}{2}\mathrm{d}V$$

此式的积分应遍及整个磁场分布的空间①。

---

**例 15.9**

求两个相互邻近的电流回路的磁场能量，这两个回路的电流分别是 $I_1$ 和 $I_2$。

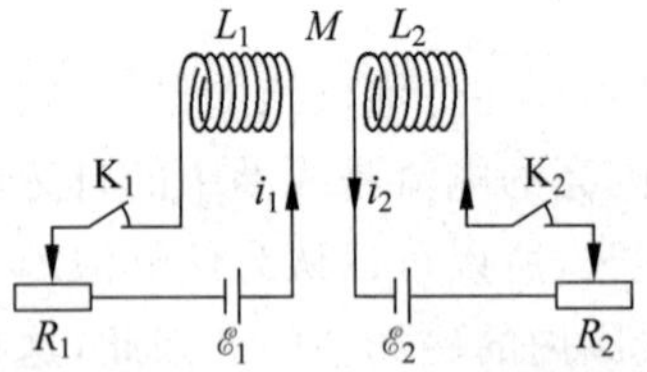


图 15.19 两个载流线圈的磁场能量

**解** 两个电路如图 15.19 所示。为了求出此系统在所示状态时的磁能，我们设想 $I_1$ 和 $I_2$ 是按下述步骤建立的。

(1) 先合上电键 $K_1$，使 $i_1$ 从零增大到 $I_1$。这一过程中由于自感 $L_1$ 的存在，由电源 $\mathscr{E}_1$ 做功而储存到磁场中的能量为

$$W_1 = \frac{1}{2}L_1 I_1^2$$

(2) 再合上电键 $K_2$，调节 $R_1$ 使 $I_1$ 保持不变，这时 $i_2$ 由零增大到 $I_2$。这一过程中由于自感 $L_2$ 的存在由电源 $\mathscr{E}_2$ 做功而储存到磁场中的能量为

$$W_2 = \frac{1}{2}L_2 I_2^2$$

还要注意到，当 $i_2$ 增大时，在回路 1 中会产生互感电动势 $\mathscr{E}_{12}$。由式(15.17)得

---

① 由于铁磁质具有磁滞现象，本节磁能公式对铁磁质不适用。

$$\mathscr{E}_{12}=-M_{12}\frac{\mathrm{d}i_2}{\mathrm{d}t}$$

要保持电流 $I_1$ 不变，电源 $\mathscr{E}_1$ 还必须反抗此电动势做功。这样由于互感的存在，由电源 $\mathscr{E}_1$ 做功而储存到磁场中的能量为

$$W_{12}=-\int\mathscr{E}_{12}I_1\mathrm{d}t=\int M_{12}I_1\frac{\mathrm{d}i_2}{\mathrm{d}t}\mathrm{d}t$$

$$=\int_0^{I_2}M_{12}I_1\mathrm{d}i_2=M_{12}I_1\int_0^{I_2}\mathrm{d}i_2=M_{12}I_1I_2$$

经过上述两个步骤后，系统达到电流分别是 $I_1$ 和 $I_2$ 的状态，这时储存到磁场中的总能量为

$$W_{\mathrm{m}}=W_1+W_2+W_{12}=\frac{1}{2}L_1I_1^2+\frac{1}{2}L_2I_2^2+M_{12}I_1I_2$$

如果我们先合上 $\mathrm{K}_2$，再合上 $\mathrm{K}_1$，仍按上述推理，则可得到储存到磁场中的总能量为

$$W'_{\mathrm{m}}=\frac{1}{2}L_1I_1^2+\frac{1}{2}L_2I_2^2+M_{21}I_1I_2$$

由于这两种通电方式下的最后状态相同，即两个电路中分别通有 $I_1$ 和 $I_2$ 的电流，那么能量应该和达到此状态的过程无关，也就是应有 $W_{\mathrm{m}}=W'_{\mathrm{m}}$。由此我们得

$$M_{12}=M_{21}$$

即回路 1 对回路 2 的互感系数等于回路 2 对回路 1 的互感系数。用 $M$ 来表示此互感系数，则最后储存在磁场中的总能量为

$$W_{\mathrm{m}}=\frac{1}{2}L_1I_1^2+\frac{1}{2}L_2I_2^2+MI_1I_2$$

## 提要

**1. 法拉第电磁感应定律**：$\mathscr{E}=-\dfrac{\mathrm{d}\Psi}{\mathrm{d}t}$

其中 $\Psi$ 为磁链，对螺线管，可以有 $\Psi=N\Phi$。

**2. 动生电动势**：$\mathscr{E}_{ab}=\displaystyle\int_a^b(\boldsymbol{v}\times\boldsymbol{B})\cdot\mathrm{d}\boldsymbol{l}$

洛伦兹力不做功，但起能量转换作用。

**3. 感生电动势和感生电场**

$$\mathscr{E}=\oint_L\boldsymbol{E}_{\mathrm{i}}\cdot\mathrm{d}\boldsymbol{r}=-\frac{\mathrm{d}\Phi}{\mathrm{d}t}=-\frac{\mathrm{d}}{\mathrm{d}t}\int_S\boldsymbol{B}\cdot\mathrm{d}\boldsymbol{S}$$

其中 $\boldsymbol{E}_{\mathrm{i}}$ 为感生电场强度。

**4. 互感**

互感系数：$M=\dfrac{\Psi_{21}}{i_1}=\dfrac{\Psi_{12}}{i_2}$

互感电动势：$\mathscr{E}_{21}=-M\dfrac{\mathrm{d}i_1}{\mathrm{d}t}$（$M$ 一定时）

**5. 自感**

自感系数：$L=\dfrac{\Psi}{i}$

自感电动势：$\mathscr{E}_L=-L\dfrac{\mathrm{d}i}{\mathrm{d}t}$（$L$ 一定时）

自感磁能：$W_{\mathrm{m}}=\dfrac{1}{2}LI^2$

**6. 磁场的能量密度：**$w_{\mathrm{m}}=\dfrac{B^2}{2\mu}=\dfrac{1}{2}BH$（非铁磁质）

## 思考题

15.1 灵敏电流计的线圈处于永磁体的磁场中，通入电流，线圈就发生偏转。切断电流后，线圈在回复原来位置前总要来回摆动好多次。这时如果用导线把线圈的两个接头短路，则摆动会马上停止。这是什么缘故？

15.2 熔化金属的一种方法是用“高频炉”。它的主要部件是一个铜制线圈，线圈中有一坩锅，锅中放待熔的金属块。当线圈中通以高频交流电时，锅中金属就可以被熔化。这是什么缘故？

15.3 变压器的铁芯为什么总做成片状的，而且涂上绝缘漆相互隔开？铁片放置的方向应和线圈中磁场的方向有什么关系？

15.4 将尺寸完全相同的铜环和铝环适当放置，使通过两环内的磁通量的变化率相等。问这两个环中的感应电流及感生电场是否相等？

15.5 电子感应加速器中，电子加速所得到的能量是哪里来的？试定性解释。

15.6 三个线圈中心在一条直线上，相隔的距离很小，如何放置可使它们两两之间的互感系数为零？

15.7 有两个金属环，一个的半径略小于另一个。为了得到最大互感，应把两环面对面放置还是一环套在另一环中？如何套？

15.8 如果电路中通有强电流，当突然打开刀闸断电时，就有一大火花跳过刀闸。试解释这一现象。

15.9 利用楞次定律说明为什么一个小的条形磁铁能悬浮在用超导材料做成的盘上(图15.20)。

15.10 金属探测器的探头内通入脉冲电流，才能测到埋在地下的金属物品发回的电磁信号(图15.21)。能否用恒定电流来探测？埋在地下的金属为什么能发回电磁信号？

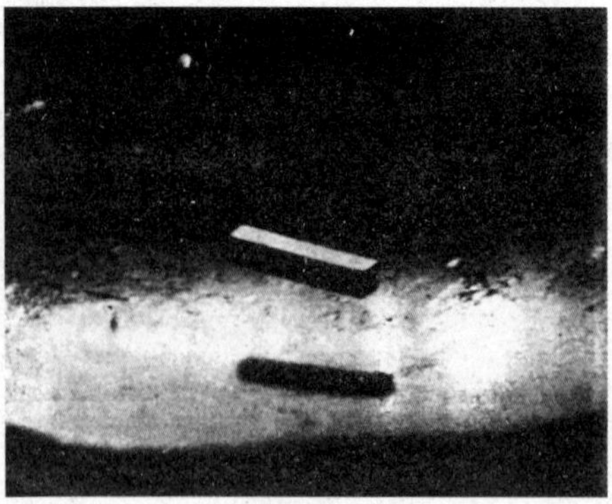

图15.20 超导磁悬浮

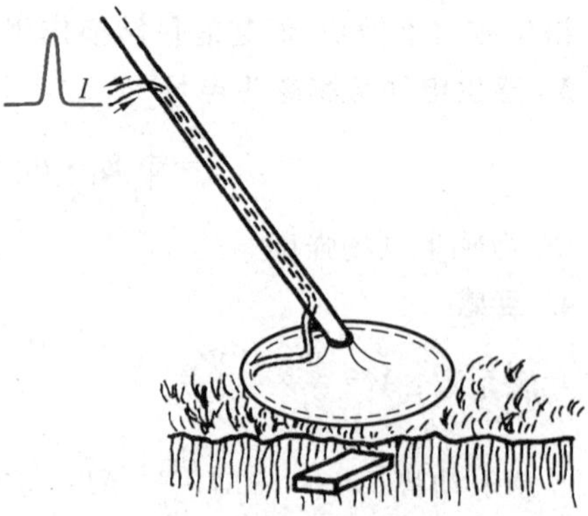


图15.21 思考题15.10用图

## 习题

15.1 在通有电流 $I=5$ A 的长直导线近旁有一导线段 $ab$，长 $l=20$ cm，离长直导线距离 $d=10$ cm（图 15.22）。当它沿平行于长直导线的方向以速度 $v=10$ m/s 平移时，导线段中的感应电动势多大？$a,b$ 哪端的电势高？

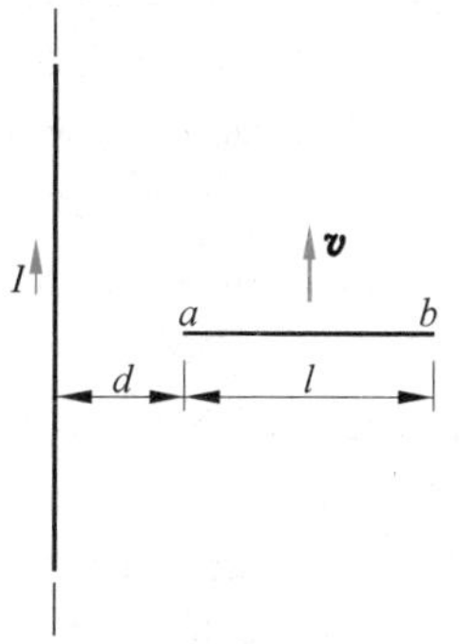

图 15.22 习题 15.1 用图

15.2 平均半径为 12 cm 的 $4\times10^3$ 匝线圈，在强度为 0.5 G 的地磁场中每秒钟旋转 30 周，线圈中可产生最大感应电动势为多大？如何旋转和转到何时，才有这样大的电动势？

15.3 如图 15.23 所示，长直导线中通有电流 $I=5$ A，另一矩形线圈共 $1\times10^3$ 匝，宽 $a=10$ cm，长 $L=20$ cm，以 $v=2$ m/s 的速度向右平动，求当 $d=10$ cm 时线圈中的感应电动势。

15.4 上题中若线圈不动，而长导线中通有交变电流 $i=5\sin 100\pi t$ A，线圈内的感生电动势将为多大？

15.5 在半径为 $R$ 的圆柱形体积内，充满磁感应强度为 $\boldsymbol{B}$ 的均匀磁场。有一长为 $L$ 的金属棒放在磁场中，如图 15.24 所示。设磁场在增强，并且 $\frac{\mathrm{d}B}{\mathrm{d}t}$ 已知，求棒中的感生电动势，并指出哪端电势高。

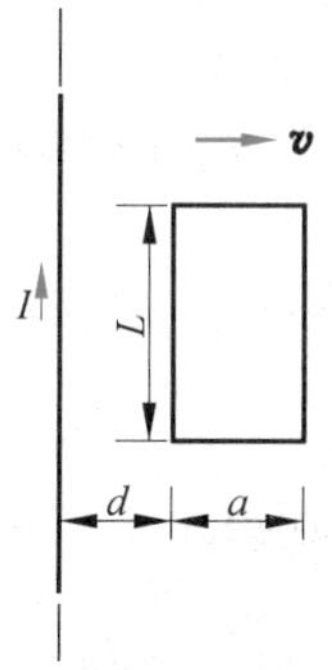

图 15.23 习题 15.3 用图

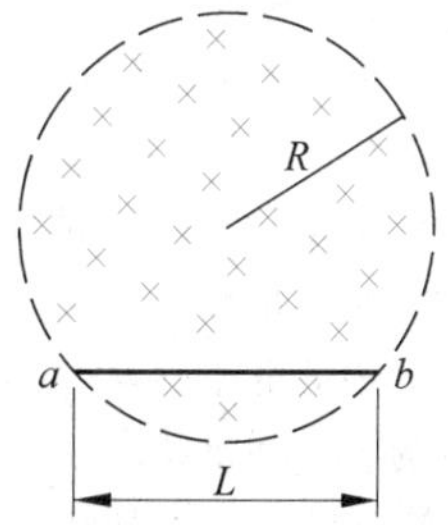

图 15.24 习题 15.5 用图

15.6 在 50 周年国庆盛典上我 FBC-1"飞豹"新型超音速歼击轰炸机（图 15.25）在天安门上空沿水平方向自东向西呼啸而过。该机翼展 12.705 m。设北京地磁场的竖直分量为 $0.42\times10^{-4}$ T，该机又以最大 $M$ 数 1.70（$M$ 数即"马赫数"，表示飞机航速相当于声速的倍数）飞行，求该机两翼尖间的电势差。哪端电势高？

图 15.25 习题 15.6 用图

15.7 为了探测海洋中水的运动，海洋学家有时依靠水流通过地磁场所产生的动生电动势。假设在某处地磁场的竖直分量为 $0.70\times10^{-4}$ T，两个电极垂直插入被测的相距 200 m 的水流中，如果与两极相连的灵敏伏特计指示 $7.0\times10^{-3}$ V 的电势差，求水流速率多大。

15.8 发电机由矩形线环组成，线环平面绕竖直轴旋转。此竖直轴与大小为 $2.0\times10^{-2}$ T 的均匀水平磁场垂直。环的尺寸为 10.0 cm×20.0 cm，它有 120 圈。导线的两端接到外电路上，为了在两端之间产生最大值为 12.0 V 的感应电动势，线环必须以多大的转速旋转？

15.9 一种用小线圈测磁场的方法如下：做一个小线圈，匝数为 $N$，面积为 $S$，将它的两端与一测电量的冲击电流计相连。它和电流计线路的总电阻为 $R$。先把它放到待测磁场处，并使线圈平面与磁场方向垂直，然后急速地把它移到磁场外面，这时电流计给出通过的电量是 $q$。试用 $N,S,q,R$ 表示待测磁场的大小。

15.10 **电磁阻尼**。一金属圆盘，电阻率为 $\rho$，厚度为 $b$。在转动过程中，在离转轴 $r$ 处面积为 $a^2$ 的小方块内加以垂直于圆盘的磁场 $\boldsymbol{B}$（图 15.26）。试导出当圆盘转速为 $\omega$ 时阻碍圆盘的电磁力矩的近似表达式。

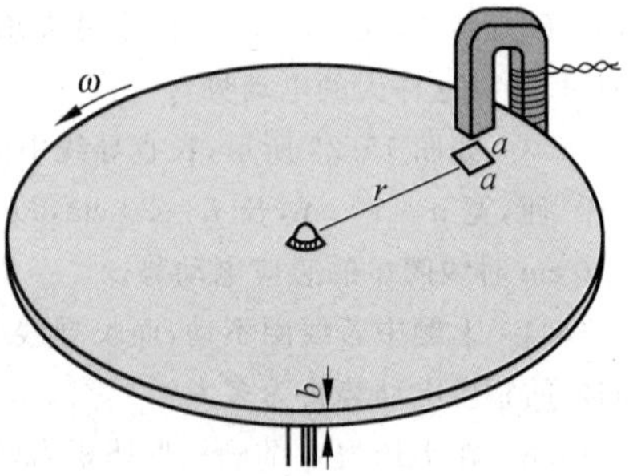

图 15.26 习题 15.10 用图

15.11 在电子感应加速器中，要保持电子在半径一定的轨道环内运行，轨道环内的磁场 $B$ 应该等于环围绕的面积中 $B$ 的平均值 $\overline{B}$ 的一半，试证明之。

15.12 在分析图 15.11(a)中的电子轨道运动附加磁矩的产生时，曾假定轨道半径 $r$ 不变。试用经典理论证明这一假定：先求出轨道半径不变而电子速率增加 $\Delta v$ 时需要增加的向心力 $\Delta F$（取一级近似），再求出加入磁场 $\boldsymbol{B}$ 后，速率为 $v+\Delta v$ 的电子所受的洛伦兹力（也取一级近似）。根据此洛伦兹力等于所需增加的向心力可知轨道半径是可以保持不变的。

15.13 一个长 $l$、截面半径为 $R$ 的圆柱形纸筒上均匀密绕有两组线圈。一组的总匝数为 $N_1$，另一组的总匝数为 $N_2$。求筒内为空气时两组线圈的互感系数。

15.14 一圆环形线圈 $a$ 由 50 匝细线绕成，截面积为 4.0 cm²，放在另一个匝数等于 100 匝，半径为 15.0 cm 的圆环形线圈 $b$ 的中心，两线圈同轴。求：

(1) 两线圈的互感系数；

(2) 当线圈 $a$ 中的电流以 50 A/s 的变化率减少时，线圈 $b$ 内磁通量的变化率；

(3) 线圈 $b$ 的感生电动势。

15.15 半径为 2.0 cm 的螺线管，长 30.0 cm，上面均匀密绕 1200 匝线圈，线圈内为空气。

(1) 求这螺线管中自感多大？

(2) 如果在螺线管中电流以 $3.0\times10^2$ A/s 的速率改变，在线圈中产生的自感电动势多大？

15.16 一长直螺线管的导线中通入 10.0 A 的恒定电流时，通过每匝线圈的磁通量是 20 μWb；当电流以 4.0 A/s 的速率变化时，产生的自感电动势为 3.2 mV。求此螺线管的自感系数与总匝数。

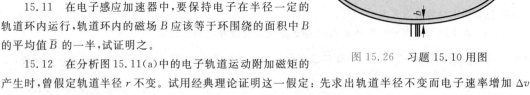

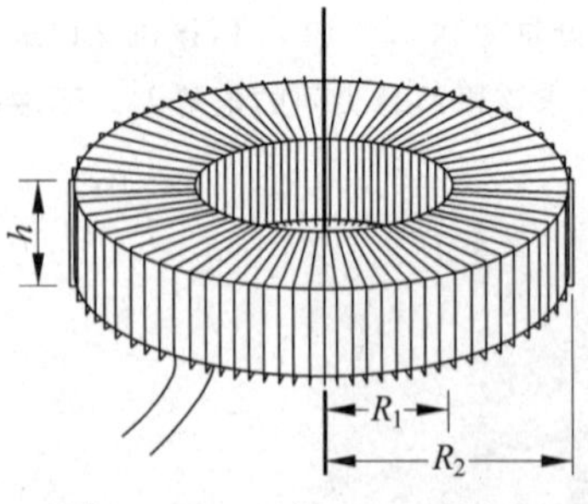

图 15.27 习题 15.17 用图

15.17 如图 15.27 所示的截面为矩形的螺绕环，总匝数为 $N$。

(1) 求此螺绕环的自感系数；

(2) 沿环的轴线拉一根直导线。求直导线与螺绕环的互感系数 $M_{12}$ 和 $M_{21}$，二者是否相等？

15.18 两条平行的输电线半径为 $a$，二者中心相距为 $D$，电流一去一回。若忽略导线内的磁场，证明这两条输电线单位长度的自感为

$$L_1=\frac{\mu_0}{\pi}\ln\frac{D-a}{a}$$

15.19 两个平面线圈，圆心重合地放在一起，但轴线正交。二者的自感系数分别为 $L_1$ 和 $L_2$，以 $L$ 表示二者相连结时的等效自感，试证明：

(1) 两线圈串联时，

$$L = L_1 + L_2$$

(2) 两线圈并联时，

$$\frac{1}{L} = \frac{1}{L_1} + \frac{1}{L_2}$$

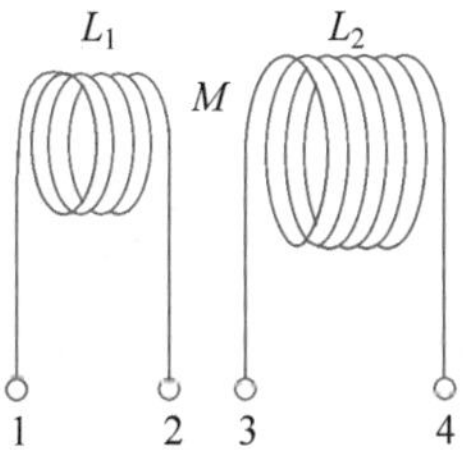

图 15.28 习题 15.20 用图

15.20 两线圈的自感分别为 $L_1$ 和 $L_2$，它们之间的互感为 $M$(图 15.28)。

(1) 当二者顺串联，即 2,3 端相连，1,4，端接入电路时，证明二者的等效自感为 $L=L_1+L_2+2M$；

(2) 当二者反串联，即 2,4 端相连，1,3 端接入电路时，证明二者的等效自感为 $L=L_1+L_2-2M$。

15.21 中子星表面的磁场估计为 $10^8$ T，该处的磁能密度多大？(按质能关系，以 $kg/m^3$ 表示之。)

15.22 实验室中一般可获得的强磁场约为 2.0 T，强电场约为 $1\times10^6$ V/m。求相应的磁场能量密度和电场能量密度多大？哪种场更有利于储存能量？

15.23 可能利用超导线圈中的持续大电流的磁场储存能量。要储存 1 kW · h 的能量，利用 1.0 T 的磁场，需要多大体积的磁场？若利用线圈中的 500 A 的电流储存上述能量，则该线圈的自感系数应多大？

15.24 一长直的铜导线截面半径为 5.5 mm，通有电流 20 A。求导线外贴近表面处的电场能量密度和磁场能量密度各是多少？铜的电阻率为 $1.69\times10^{-8}\ \Omega\cdot m$。

15.25 一同轴电缆由中心导体圆柱和外层导体圆筒组成，二者半径分别为 $R_1$ 和 $R_2$，筒和圆柱之间充以电介质，电介质和金属的 $\mu_r$ 均可取作 1，求此电缆通过电流 $I$(由中心圆柱流出，由圆筒流回)时，单位长度内储存的磁能，并通过和自感磁能的公式比较求出单位长度电缆的自感系数。

*15.26 两条平行的半径为 $a$ 的导电细直管构成一电路，二者中心相距为 $D_1 \gg a$(图 15.29)。通过直管的电流 $I$ 始终保持不变。

(1) 求这对细直管单位长度的自感；

(2) 固定一个管，将另一管平移到较大的间距 $D_2$ 处。求在这一过程中磁场对单位长度的动管所做的功 $A_m$；

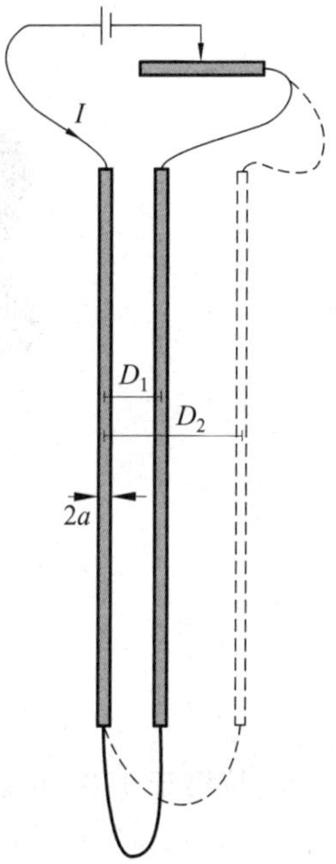

图 15.29 习题 15.26 用图

(3) 求与这对细管单位长度相联系的磁能的改变 $\Delta W_m$；

(4) 判断在上述过程中这对细管单位长度内的感应电动势 $\mathscr{E}$ 的方向以及此电动势所做的功 $A_{\mathscr{E}}$；

(5) 给出 $A_m$，$\Delta W_m$ 和 $A_{\mathscr{E}}$的关系。

*15.27 两个长直螺线管截面积 $S$ 几乎相同，一个插在另一个内部，如图 15.30 所示。二者单位长度的匝数分别为 $n_1$ 和 $n_2$，通有电流 $I_1$ 和 $I_2$。试证明两者之间的磁力为

$$F_m = \mu_0 n_1 n_2 S I_1 I_2$$

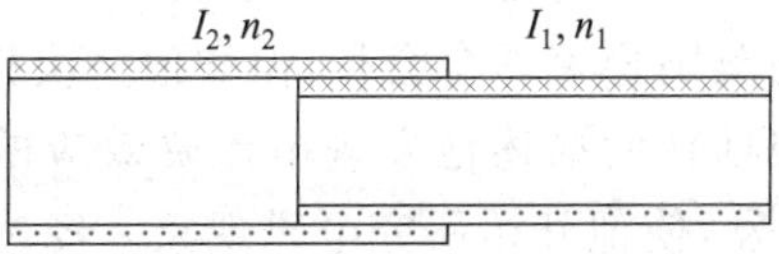

图 15.30 习题 15.27 用图

## 科学家介绍

# 法　拉　第

(Michael Faraday,1791—1867 年)

法拉第像

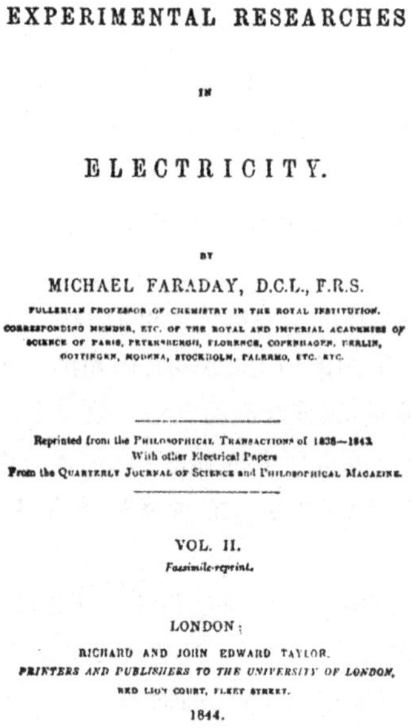

EXPERIMENTAL RESEARCHES

IN

ELECTRICITY.

BY

MICHAEL FARADAY, D.C.L., F.R.S.

FULLERIAN PROFESSOR OF CHEMISTRY IN THE ROYAL INSTITUTION.

CORRESPONDING MEMBER, ETC. OF THE ROYAL AND IMPERIAL ACADEMIES OF SCIENCE OF PARIS, PETERSBURGH, FLORENCE, COPENHAGEN, BERLIN, GOTTINGEN, MODENA, STOCKHOLM, PALERMO, ETC. ETC.

Reprinted from the PHILOSOPHICAL TRANSACTIONS of 1838—1843.
With other Electrical Papers
From the QUARTERLY JOURNAL OF SCIENCE and PHILOSOPHICAL MAGAZINE.

VOL. II.

*Facsimile-reprint.*

LONDON:

RICHARD AND JOHN EDWARD TAYLOR,
PRINTERS AND PUBLISHERS TO THE UNIVERSITY OF LONDON,
RED LION COURT, FLEET STREET.

1844.

《电的实验研究》一书的扉页

法拉第于 1791 年出生在英国伦敦附近的一个小村子里,父亲是铁匠,自幼家境贫寒,无钱上学读书。13 岁时到一家书店里当报童,次年转为装订学徒工。在学徒工期间,法拉第除工作外,利用书店的条件,在业余时间贪婪地阅读了许多科学著作,例如《化学对话》、《大英百科全书》中有关电学的条目等。这些书开拓了他的视野,激发了他对科学的浓厚兴趣。

1812 年,学徒期满,法拉第就想专门从事科学研究。次年,经著名化学家戴维推荐,法拉第到皇家研究院实验室当助理研究员。这年底,作为助手和仆从,他随戴维到欧洲大陆考察漫游,结识了不少知名科学家,如安培、伏打等,这进一步扩大了他的眼界。1815 年春回到英国后,在戴维的支持和指导下做了很多化学方面的研究工作。1821 年开始担任实验室主任,一直到 1865 年。1824 年,被推选为皇家学会会员。次年法拉第正式成为皇家学院教授。1851 年,曾被一致推选为英国皇家学会会长,但被他坚决推辞掉了。

1821 年,法拉第读到了奥斯特的描述他发现电流磁效应的论文《关于磁针上电碰撞的实验》。该文给了他很大的启发,使他开始研究电磁现象。经过 10 年的实验研究(中间曾因研究合金和光学玻璃等而中断过),在 1831 年,他终于发现了电磁感应现象。

法拉第发现电磁感应现象完全是一种自觉的追求。在《电的实验研究》第一集中,他写道:"不管采用安培的漂亮理论或其他什么理论,也不管思想上作些什么保留,都会感到下述论点十分特别,即虽然每一电流总伴有一个与它的方向成直角的磁力,然而电的良导体,当放在该作用范围内时,都应该没有任何感应电流通过它,也不产生在该力方面与此电流相当的某些可觉察的效应。对这些问题及其后果的考虑,再加上想从普通的磁中获得电的希望,时时激励着我从实验上去探求电流的感应效应。"

与法拉第同时,安培也做过电流感应的实验。他曾期望一个线圈中的电流会在另一个线圈中"感应"出电流来,由于他只是观察了恒定电流的情况,所以未发现这种感应效应。

法拉第也经过同样的失败过程,只是在 1831 年他仔细地注意到了**变化**的情况时,才发现了电磁感应现象。第一次的发现是这样:他在一个铁环上绕了两组线圈,一组通过电键与电池组相连,另一组的导线下面平行地摆了个小磁针。当前一线圈和电池组接通或切断的瞬间,发现小磁针都发生摆动,但又都旋即回复原位。之后,他又把线圈绕在木棒上做了同样的实验,又做了磁铁插入连有电流计的线圈或从其中拔出的实验,把两根导线(一根与电池连接,另一根和电流计连接)移近或移开的实验等,一共有几十个实验。他还当众表演了他的发电机:一个一边插入电磁铁两极间的铜盘转动时,在连接轴和盘边缘的导线中产生了电流。最后,他总结提出了电磁感应的暂态性,即只有在变化时,才能产生感应电流。他把自己已做过的实验**概括为五类**,即:变化的电流,变化的磁场,运动的恒定电流,运动的磁铁,在磁场中运动的导体。就这样,法拉第完成了一个划时代的创举,从此人类跨入了广泛使用电能的新时代。

应该指出的是,在法拉第的同时,美国物理学家亨利(J. Henry,1799—1878 年)也独立地发现了电磁感应现象。他先是在 1829 年发现了通电线圈断开时发生强烈的火花,他称之为"电自感",接着在 1830 年发现了在电磁铁线圈的电流通或断时,在它的两极间的另一线圈中能产生瞬时的电流。

法拉第在电学的其他方面还有很多重要的贡献。1833 年,他发现了**电解定律**,1837 年发现了电介质对电容的影响,引入了**电容率**(即相对介电系数)概念。1845 年发现了**磁光效应**,即磁场能使通过重玻璃的光的偏振面发生旋转,以后又发现物质可区分为**顺磁质**和**抗磁质**等。

法拉第不但作为实验家做出了很多成绩,而且在物理思想上也有很重要的贡献。首先是关于**自然界统一**的思想,他深信电和磁的统一,即它们的相互联系和转化。他还用实验证实了当时已发现的五种电(伏打电、摩擦电、磁生电、热电、生物电)的统一。他是在证实物质都具有磁性时发现顺磁和抗磁的。在发现磁光效应后,他这样写道:"这件事更有力地证明一切自然力都是可以互相转化的,有着共同的起源。"这种思想至今还支配着物理学的发展。

法拉第的较少抽象较多实际的头脑使他提出了另一个重要的思想——**场的概念**。在他之前,引力、电力、磁力都被视为是超距作用。但在法拉第看来,不经过任何媒介而发生相互作用是不可能的,他认为电荷、磁体或电流的周围弥漫着一种物质,它传递电或磁的作用。他称这种物质为电场和磁场,他还凭着惊人的想像力把这种场用**力线**来加以形象化地描绘,并且用铁粉演示了磁感线的"实在性"。他认为电磁感应是导体切割磁感线的结果,并得出"形成电流的力正比于切割磁感线的条数"(其后 1845 年,诺埃曼(F. E. Neumann,1798—1895 年)第一次用数学公式表示了电磁感应定律)。他甚至提出了"磁作用的传播需要时间","磁力从磁极出发的传播类似于激起波纹的水面的振动"等这样深刻的观点。大家知道，场的概念今天已成为物理学的基石了。

除进行科学研究外，法拉第还热心科学普及工作。他协助皇家学院举办“星期五讲座”(持续了三十几年)、“少年讲座”、“圣诞节讲座”，他自己参加讲课，内容十分广泛，从探照灯到镜子镀银工艺，从电磁感应到布朗运动等。他很讲究讲课艺术，注意表达方式，讲课效果良好。有的讲稿被译成多种文字出版，甚至被编入基础英语教材。

1867年8月25日，他坐在书房的椅子上安详地离开了人世。遵照他的遗言，在他的墓碑上只刻了名字和生卒年月。法拉第终生勤奋刻苦，坚韧不拔地进行科学探索。除了二十多集《电的实验研究》外，还留下了《法拉第日记》七卷，共三千多页，几千幅插图。这些书都记录着他的成功和失败，精确的实验和深刻的见解。这都是他留给后人的宝贵遗产。

# 超导电性

超导是超导电性的简称，它是指金属、合金或其他材料电阻变为零的性质。超导现象是荷兰物理学家翁纳斯(H. K. Onnes, 1853—1926 年)首先发现的。

## H.1 超导现象

翁纳斯在 1908 年首次把最后一个“永久气体”氦气液化，并得到了低于 4 K 的低温。1911 年他在测量一个固态汞样品的电阻与温度的关系时发现，当温度下降到 4.2 K 附近时，样品的电阻突然减小到仪器无法觉察出的一个小值(当时约为 $1\times10^{-5}\ \Omega$ 左右)。图 H.1 画出了由实验测出的汞的电阻率在 4.2 K 附近的变化情况。该曲线表示在低于 4.15 K 的温度下汞的电阻率为零(作为对比，在图 H.1 中还用虚线画出了正常金属铂的电阻率随温度变化的关系)。

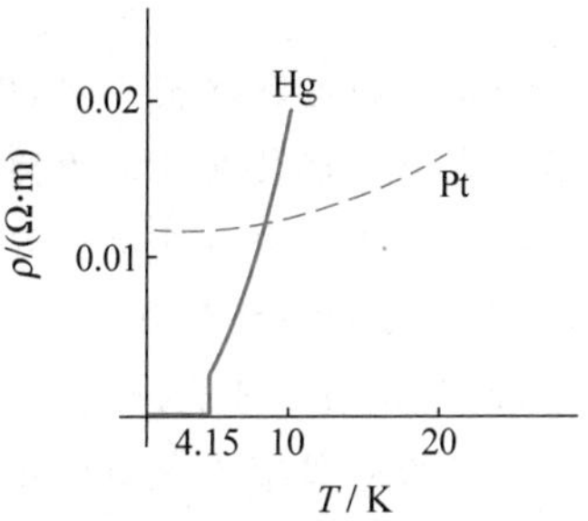

图 H.1 汞和正常金属铂的电导率随温度变化的关系

电阻率为零，即完全没有电阻的状态称为**超导态**。除了汞以外，以后又陆续发现有许多金属及合金在低温下也能转变成超导态，但它们的**转变温度**(或叫**临界温度** $T_c$)不同。表 H.1 列出了几种材料的转变温度。

**表 H.1 几种超导体**

| 材　料 | $T_c$/K | 材　料 | $T_c$/K |
|---|---|---|---|
| Al | 1.20 | Nb | 9.26 |
| In | 3.40 | $V_3Ga$ | 14.4 |
| Sn | 3.72 | $Nb_3Sn$ | 18.0 |
| Hg | 4.15 | $Nb_3Al$ | 18.6 |
| Au | 4.15 | $Nb_3Ge$ | 23.2 |
| V | 5.30 | 钡基氧化物 | 约 90 |
| Pb | 7.19 | | |

利用超导体的持续电流清华大学物理表演室做了一个很有趣的悬浮实验。用永久磁铁块(NdFeB)成一环形轨道(其断面磁极呈 NSN 排列)。将一小方块超导体(钇钡铜氧

材料，用浸有液氮的泡沫塑料包裹）放到轨道上面，它就可以悬浮在那里而不下落（图 H.2）。这是由于电磁感应使超导块在放上时其表面感应出了持续电流。根据楞次定律，轨道的磁场将对这电流，也就是对超导块，产生斥力，超导块越靠近轨道，斥力就越大。最后这斥力可以大到足以抵消超导块所受重力而使它悬浮在空中。这时如果沿轨道方向轻轻地推一下超导块，它就将沿轨道运动成为一辆磁悬浮小车。

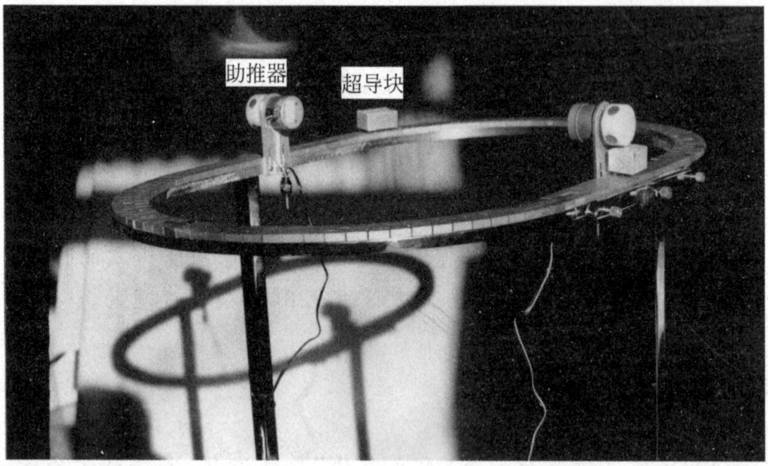

图 H.2　磁悬浮小车实验装置

超导体的电阻准确为零，因此一旦它内部产生电流后，只要保持超导状态不变，其电流就不会减小。这种电流称为**持续电流**。有一次，有人在超导铅环中激发了几百安的电流，在持续两年半的时间内没有发现可观察到的电流变化。如果不是撤掉了维持低温的液氦装置，此电流可能持续到现在。当然，任何测量仪器的灵敏度都是有限的，测量都会有一定的误差，因而我们不可能证明超导态时的电阻严格地为零。但即使不是零，那也肯定是非常小的——它的电阻率不会超过最好的正常导体的电阻率的 $10^{-15}$ 倍。

## H.2　临界磁场

具有持续电流的超导环能产生磁场，而且除了最初产生持久电流时需要输入一些能量外，它和永久磁体一样，维持这电流和它所产生的磁场，并不需要任何电源。这意味着利用超导体可以在只消耗少许能量的条件下获得很强的磁场。

遗憾的是，强磁场对超导体有相反的作用，即强磁场可以破坏超导电性。例如，在绝对零度附近，0.041 T 的磁场就足以破坏汞的超导电性。接近临界温度时，甚至更弱的磁场也能破坏超导电性。破坏材料超导电性的最小磁场称为**临界磁场**，以 $B_c$ 表示，$B_c$ 随温度而改变。在图 H.3 中画出了汞的临界磁场 $B_c$ 与绝对温度 $T$ 的关系曲线。

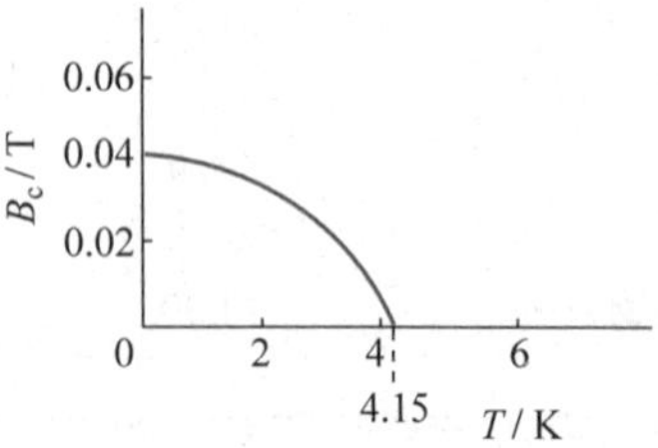

图 H.3　汞的 $B_c$-$T$ 曲线

实验已表明，对于所有的超导体，$B_c$ 与 $T$ 的关系可以近似地用抛物线公式

$$B_c(T)=B_c(0)\times\left(1-\frac{T}{T_c}\right)^2 \tag{H.1}$$

表示，式中 $B_c(0)$ 为绝对零度时的临界磁场。

临界磁场的存在限制了超导体中能够通过的电流。例如，在一根超导线中有电流通过时，电流也在超导线中产生磁场。随着电流的增大，当它的磁场足够强时，导线的超导电性就会被破坏。例如，在绝对零度附近，直径 0.2 cm 的汞超导线，最大只允许通过 200 A 的电流，电流再大，它将失去超导电性。对超导电性的这一限制，在设计超导磁体时是必须加以考虑的。

## H.3　超导体中的电场和磁场

我们知道，由于导体有电阻，所以为了在导体中产生恒定电流，就需要在其中加电场。电阻越大，需要加的电场也就越强。对于超导体来说，由于它的电阻为零，即使在其中有电流产生，维持该电流也不需要加电场。这就是说，**在超导体内部电场总为零**。

利用超导体内电场总是零这一点可以说明如何在超导体内激起持续电流。如图 H.4(a)所示，用线吊起一个焊锡环（铅锡合金），先使其温度在临界温度以上，当把一个条形磁铁移近时，在环中激起了感应电流。但由于环有电阻，所以此电流很快就消失了，但环内留有磁通量 $\Phi$。然后，如图 H.4(b)所示，将液氦容器上移，使焊锡环变成超导体。这时环内的磁通量 $\Phi$ 不变，如果再移走磁铁，合金环内的磁通量是不能改变的。若改变了，根据电磁感应定律，在环体内将产生电场，这和超导体内电场为零是矛盾的。因此，在磁铁移走的过程中，超导环内就会产生电流（图 H.4(c)），它的大小自动地和 $\Phi$ 值相应。这个电流就是超导体中的持续电流。

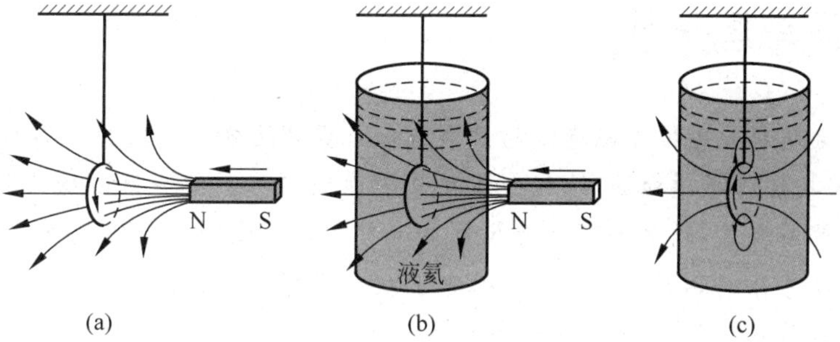


图 H.4　超导环中持续电流的产生

由于超导体内部电场强度为零，根据电磁感应定律，它体内各处的磁通量也不能变化。由此可以进一步导出超导体内部的磁场为零。例如，当把一个超导体样品放入一磁场中时，在放入的过程中，由于穿过超导体样品的磁通量发生了变化，所以将在样品的表面产生感应电流（图 H.5(a)）。这电流将在超导体样品内部产生磁场。这磁场正好抵消外磁场，而使超导体内部磁场仍为零。在超导体的外部，超导体表面感应电流的磁场和原磁场的叠加将使合磁场的磁感线绕过超导体而发生弯曲（图 H.5(b)）。这种结果常常说成是**磁感线不能进入超导体**。

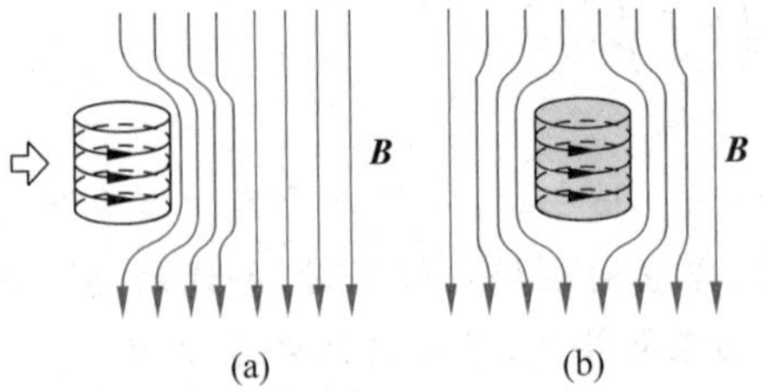


图 H.5 超导体样品放入磁场中

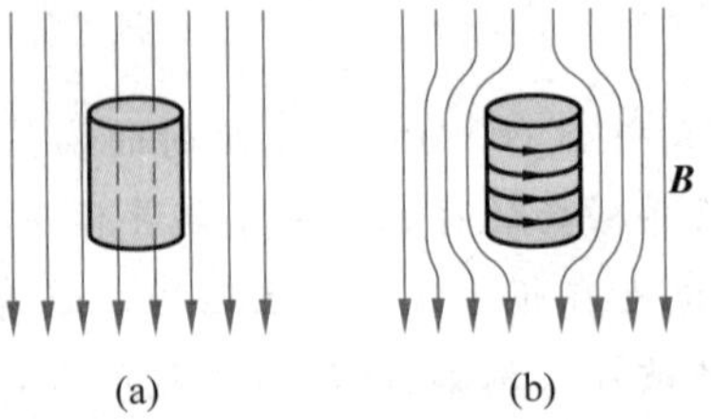


图 H.6 在磁场中样品向超导体转变

不但把超导体移入磁场中时，磁感线不能进入超导体，而且原来就在磁场中的超导体也会把磁场排斥到超导体之外。1933 年迈斯纳(Meissner)和奥克森费尔特(Ochsenfeld)在实验中发现了下述事实。他们先把在临界温度以上的锡和铅样品放入磁场中，由于这时样品不是超导体，所以其中有磁场存在(图 H.6(a))。当他们维持磁场不变而降低样品的温度时，发现当样品转变为超导体后，其内部也没有磁场了(图 H.6(b))。这说明，在转变过程中，在超导体表面上也产生了电流，这电流在其内部的磁场完全抵消了原来的磁场。一种材料能减弱其内部磁场的性质叫**抗磁性**。迈斯纳实验表明，**超导体具有完全的抗磁性**。转变为超导体时能排除体内磁场的现象叫**迈斯纳效应**。迈斯纳效应中，只在超导体表面产生电流是就宏观而言的。在微观上，这电流是在表面薄层内产生的，薄层厚度约为 $10^{-5}$ cm。在这表面层内，磁场并不完全为零，因而还有一些磁感线穿入表面层。

严格说来，理想的迈斯纳效应只能在沿磁场方向的非常长的圆柱体(如导线)中发生。对于其他形状的超导体，磁感线被排除的程度取决于样品的几何形状。在一般情况下，整个金属体内分成许多超导区和正常区。磁场增强时，正常区扩大，超导区缩小。当达到临界磁场时，整个金属都变成正常的了。

## H.4 第二类超导体

大多数纯金属超导体排除磁感线的性质有一个明显的分界。在低于临界温度的某一温度下，当所加磁场比临界磁场弱时，超导体禁止磁感线进入。但一旦磁场比临界磁场强时，这种超导特性就消失了，磁感线可以进入金属体内。具有这种性质的超导体叫**第一类超导体**。还有一类超导体的磁性质较为复杂，它们被称做**第二类超导体**。目前发现的这类超导体有铌、钒和一些合金材料。这类超导体在低于临界温度的一定温度下有两个临界磁场 $B_{c1}$ 和 $B_{c2}$。图 H.7 示出了这类超导体的两个临界磁场对温度 $T$ 的变化曲线。当磁场比第一临界磁场 $B_{c1}$ 弱时，这类超导体处于纯粹的超导态，称迈斯纳态，这时它完全禁止磁感线进入。当磁场在 $B_{c1}$ 和 $B_{c2}$ 之间时，材料具有超导区和正常区相混杂的结构，叫做**混合态**，这时可以有部分磁感线进入。当磁场比第二临界磁场 $B_{c2}$ 还要强时，材料完全转入正常态，磁感线可以自由进入。例如，铌三锡($Nb_3Sn$)在 4.2 K 的温度下，$B_{c1}=$

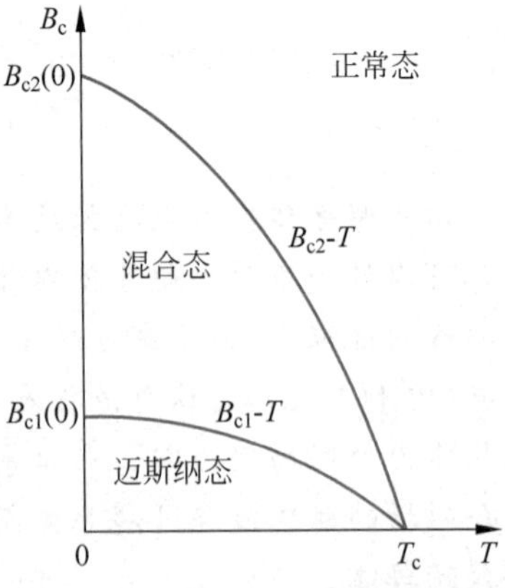


图 H.7 第二类超导体 $B_c$-$T$ 曲线

0.019 T，$B_{c2}$=22 T，这个 $B_{c2}$ 值是相当高的。这样高的 $B_{c2}$ 值有很重要的实用价值，因为在任何金属都已丧失超导特性的强磁场中，这种材料还能保持超导电性。

第二类超导材料处于中等强度的磁场中时，它的混合态具有下述的结构：整个材料是超导的，但其中嵌有许多细的正常态的丝，这些丝都平行于外加磁场的方向，它们是外磁场的磁感线的通道（图 H.8）。每根细丝都被电流围绕着，这些电流屏蔽了细丝中磁场对外面的超导区的作用。这种电流具有涡旋性质，所以这种正常态细丝叫做**涡线**。

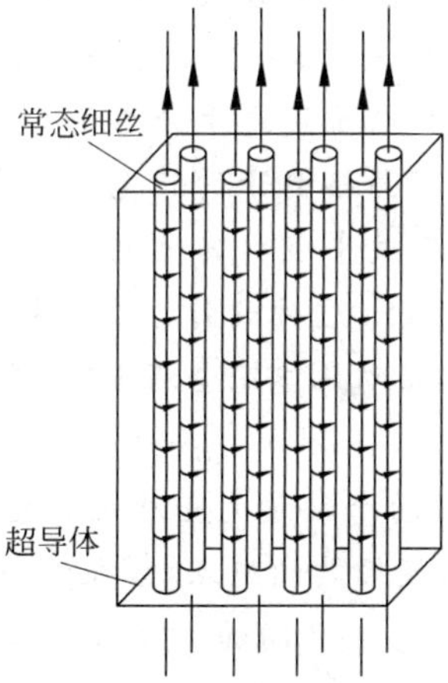


图 H.8　第二类超导体的混合态

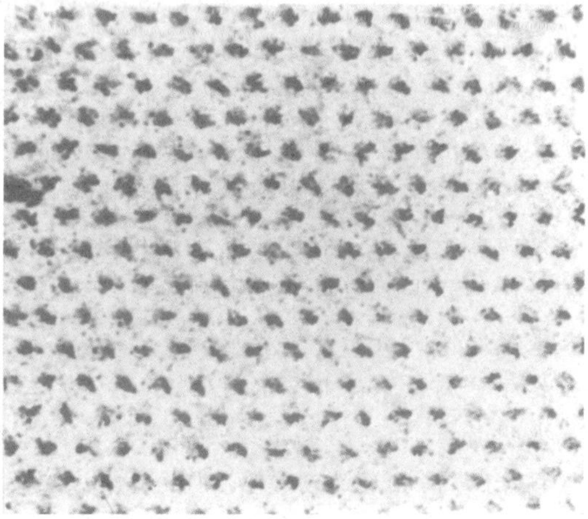

图 H.9　铁粉显示的涡线端头

实验证明，在每一条涡线中的磁通量都有一个确定的值 $\Phi_0$，它和普朗克常数 $h$ 以及电子电量 $e$ 有一确定的关系，即

$$\Phi_0 = \frac{h}{2e} = 2.07 \times 10^{-15}\ \mathrm{T \cdot m^2} \tag{H.2}$$

这说明磁通量是量子化的，$\Phi_0$ 就表示**磁通量子**。在第二类超导体处于混合态时，外磁场的增强只能增加涡线的数目，而不能增加每根涡线中的磁通。磁场越强，涡线越多、越密。磁场达到 $B_{c2}$ 时，涡线将充满整个材料而使材料全部转变为正常态。这种涡线可以用铁粉显示出来。图 H.9 就是用铁粉显示的铅-铟超导材料断面图。图中显示涡线排列成整齐的图样，线与线之间的距离约为 0.005 cm。

## H.5　BCS 理论

超导电性是一种宏观量子现象，只有依据量子力学才能给予正确的微观解释。

按经典电子说，金属的电阻是由于形成金属晶格的离子对定向运动的电子碰撞的结果。金属的电阻率和温度有关，是因为晶格离子的无规则热运动随温度升高而加剧，因而使电子更容易受到碰撞。在点阵离子没有热振动（冷却到绝对零度）的完整晶体中，一个电子能在离子的行间作直线运动而不经受任何碰撞。

根据量子力学理论，电子具有波的性质，上述经典理论关于电子运动的图像不再正确。但结论是相同的，即在没有热振动的完整晶体点阵中，电子波能自由地不受任何散射（或偏折）地向各方向传播。这是因为任何一个晶格离子的影响都会被其他粒子抵消。然而，如果点阵离子排列的完整规律性有缺陷时，在晶体中的电子波就会被散射而使传播受到阻碍，这就使金属具有了电阻。晶格离子的热振动是要破坏晶格的完全规律性的，因此，热振动也就使金属具有了电阻。在低温时，晶格热振动减小，电阻率就下降；在绝对零度时，热振动消失，电阻率也消失（除去杂质和晶格位错引起的残余电阻以外）。

由此不难理解为什么在低温下电阻率要减小，但还不能说明为什么在绝对零度以上几度的温度下有些金属的电阻会完全消失。成功地解释这种超导现象的理论是巴登（J. Bardeen，1908—1991 年）、库珀（L. N. Cooper，1930— ）和史雷夫（J. R. Schrieffer，1931— ）于 1957 年联合提出的（现在就叫 BCS 理论）。根据这一理论，产生超导现象的关键在于，在超导体中电子形成了电子对，叫"**库珀对**"。金属中的电子不是十分自由的，它们都通过点阵离子而发生相互作用。每个电子的负电荷都要吸引晶格离子的正电荷。因此，邻近的离子要向电子微微靠拢。这些稍微聚拢了的正电荷又反过来吸引其他电子，总效果是一个自由电子对另一个自由电子产生了小的吸引力。在室温下，这种吸引力是非常小的，不会引起任何效果。但当温度低到接近绝对温度几度，因而热骚动几乎完全消失时，这吸引力就大得足以使两个电子结合成对。

当超导金属处于静电平衡时（没有电流），每个"库珀对"由两个动量完全相反的电子所组成。很明显，这样的结构用经典的观点是无法解释的。因为按经典的观点，如果两个粒子有数值相等、方向相反的动量，它们将沿相反的方向彼此分离，它们之间的相互作用将不断减小，因而不能永远结合在一起，然而，根据量子力学的观点，这种结构是有可能的。这里，每个粒子都用波来描述。如果两列波沿相反的方向传播，它们能较长时间地连续交叠在一起，因而就能连续地相互作用。

在有电流的超导金属中，每一个电子对都有一总动量，这动量的方向与电流方向相反，因而能传送电荷。电子对通过晶格运动时不受阻力。这是因为当电子对中的一个电子受到晶格散射而改变其动量时，另一个电子也同时要受到晶格的散射而发生相反的动量改变。结果这电子对的总动量不变。所以晶格既不能减慢也不能加快电子对的运动，这在宏观上就表现为超导体对电流的电阻是零。

## H.6 约瑟夫森效应

超导电性的量子特征明显地表现在约瑟夫森（B. D. Josephson，1940— ）效应中。两块超导体中间夹一薄的绝缘层就形成一个**约瑟夫森结**。例如，先在玻璃衬板表面蒸发上一层超导膜（如铌膜），然后把它暴露在氧气中使此铌膜表面氧化，形成一个厚度约为 1～3 nm 的绝缘氧化薄层，之后在这氧化层上再蒸发上一层超导膜（如铅膜），这样便做成了一个约瑟夫森结（图 H.10(a)）。

按经典理论，两种超导材料之间的绝缘层是禁止电子通过的。这是因为绝缘层内的电势比超导体中的电势低得多，对电子的运动形成了一个高的"势垒"。超导体中的电子的能量不足以使它爬过这势垒，所以宏观上不能有电流通过。但是，量子力学原理指出，即使对于相当高的势垒，能量较小的电子也能穿过（图 H.10(b)），好像势垒下面有隧道似的。这种电子对通过超导的约瑟夫森结中势垒隧道而形成超导电流的现象叫**超导隧道效应**，也叫约瑟夫森效应。

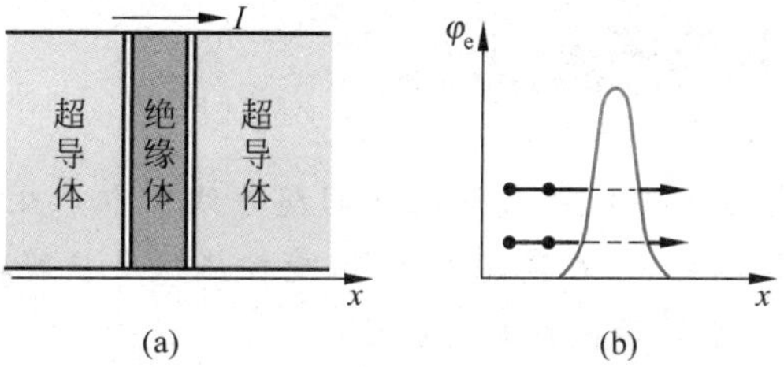


图 H.10 约瑟夫森结(a)及电子对通过势垒中的“隧道”(b)

约瑟夫森结两旁的电子波的相互作用产生了许多独特的**干涉**效应,其中之一是用直流产生交流。当在结的两侧加上一个恒定直流电压 $U$ 时,发现在结中会产生一个交变电流,而且辐射出电磁波。这交变电流和电磁波的频率由下式给出:

$$\nu = \frac{2e}{h}U \tag{H.3}$$

例如,$U=1\ \mu\text{V}$ 时,$\nu=483.6$ MHz;$U=1$ mV 时,$\nu=483.6$ GHz。利用这一现象可以作为特定频率的辐射源。测定一定直流电压下所发射的电磁波的频率,利用式(H.3)就可非常精确地算出基本常数 $e$ 和 $h$ 的比值,其精确度是以前从未达到过的。

如果用频率为 $\nu$ 的电磁波照射约瑟夫森结,当改变通过结的电流时,则结上的电压 $U$ 会出现台阶式变化(图 H.11)。电压突变值 $U_n$ 和频率 $\nu$ 有下述关系:

$$U_n = n\frac{h\nu}{2e},\quad n=0,\pm1,\pm2,\cdots \tag{J.4}$$

例如当 $\nu=9.2$ GHz 时,台阶间隔约为 19 $\mu$V。

根据这种电压决定于频率的关系,可以监视电压基准,使电压基准的稳定度和精确度提高 1~2 个数量级,这也是以前未曾达到的。

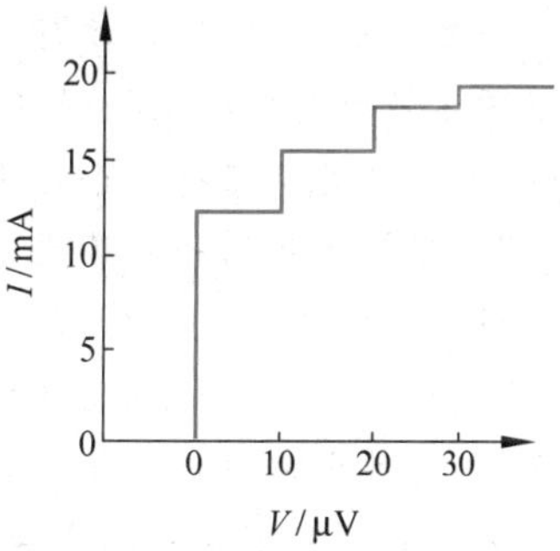


图 H.11 台阶式电压

另一独特的干涉效应是利用并联的约瑟夫森结产生的,这样的一个并联装置叫超导量子干涉仪 SQUID(图 H.12)。通过这一器件的总电流决定于穿过这一环路孔洞的磁通量。当这磁通量等于磁通量子 $\Phi_0$(见式(H.2))的半整数倍时,电流最小,当等于 $\Phi_0$ 的整数倍时,电流最大(图 H.13)。由于 $\Phi_0$ 值很小,而且明显地和电流有关,所以这种器件可用来非常精密地测量磁场。

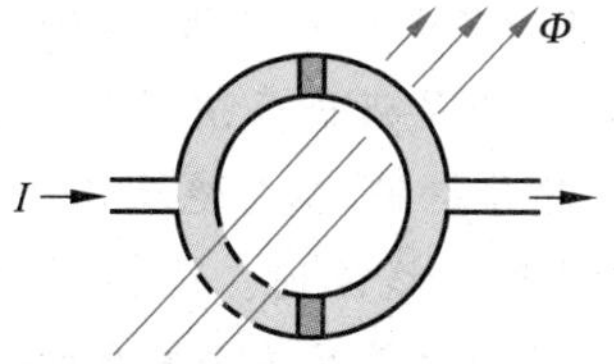


图 H.12 超导量子干涉仪原理示意图

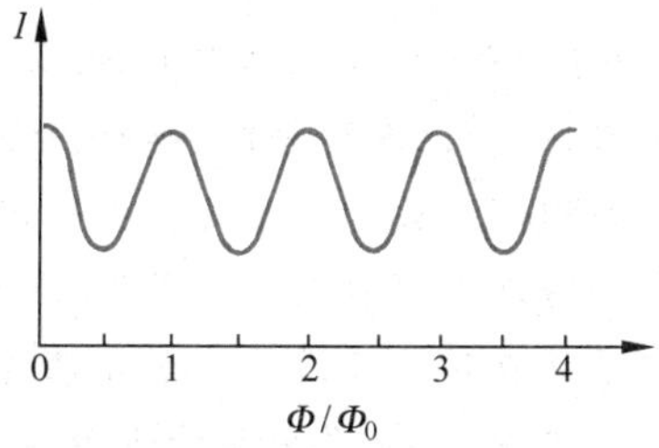


图 H.13 超导量子干涉仪中磁通量与电流的关系

## H.7 超导在技术中的应用

超导在技术中最主要的应用是做成电磁铁的超导线圈以产生强磁场。这项技术是近30年来发展起来的新兴技术之一，在高能加速器、受控热核反应实验中已有很多的应用，在电力工业、现代医学等方面已显示出良好的前景。

传统的电磁铁是由铜线绕阻和铁芯构成的。尽管在理论上可通过增加电流来获得很强的磁场，但实际上由于铜线有电阻，电流增大时，发热量要按平方的倍数增加，因此，要维持一定的电流，就需要很大的功率。而且除了开始时产生磁场所需要的能量之外，供给电磁铁的能量都以热的形式损耗了。为此，还需要用大量的循环油或水进行冷却，这也需要额外的功率来维持。因此，传统的电磁铁是技术中效率最低的设备之一，而且形体笨重。与此相反，如果用超导线做电磁铁，则维持线圈中的产生强磁场的大电流并不需要输入任何功率。同时由于超导线(如 $Nb_3Sn$ 芯线)的容许电流密度($10^9$ A/m$^2$，为临界磁场所限)比铜线的容许电流密度($10^2$ A/m$^2$，为发热熔化所限)大得多，因而导线可以细得多；再加上不需庞大的冷却设备，所以超导电磁铁可以做得很轻便。例如，一个产生 5 T 的中型传统电磁铁重量可达 20 吨，而产生相同磁场的超导电磁铁不过几公斤！

当然，超导电磁铁的运行还是需要能量的。首先是最开始时产生磁场需要能量；其次，在正常运转时需保持材料温度在绝对温度几度，需要有用液氦的致冷系统，这也需要能量。尽管如此，还是比维持一个传统电磁铁需要的能量少。例如在美国阿贡实验室中的气泡室(探测微观粒子用的一种装置，作用如同云室)用的超导电磁铁，线圈直径 4.8 m，产生 1.8 T 的磁场。在电流产生之后，维持此电磁铁运行只需要 190 kW 的功率来维持液氦致冷机运行，而同样规模的传统电磁铁的运行需要的功率则是 10 000 kW。这两种电磁铁的造价差不多，但超导电磁铁的年运行费用仅为传统电磁铁的 10%。

美国的费米实验室的高能加速器中的超导电磁铁长 7 m，磁场可达 4.5 T。整个加速器环的周长为 6.2 km，它由 774 块超导电磁铁组成，另外有 240 块磁体用来聚焦高能粒子束。超导电磁铁环安放在常规磁体环的下面，粒子首先在常规磁体环中加速，然后再送到超导电磁铁环中加速，最后能量可达到 $10^6$ MeV。

超导电磁铁还用作**核磁共振波谱仪**的关键部件，医学上利用核磁共振成像技术可早期诊断癌症。由于它的成像是三维立体像，这是其他成像方法(如 X 光、超声波成像)所无法比拟的。它能准确检查发病部位，而且无辐射伤害，诊断面广，使用方便。

超导材料(如 NbTi 合金或 $Nb_3Sn$)都很脆，因此做电缆时通常都把它们做成很多细丝而嵌在铜线内，并且把这种导线和铜线绕在一起。这样不仅增加了电缆的强度，而且增大了超导体的表面积。这后一点也是重要的，因为在超导体中，电流都是沿表面流通的，表面积的增大可允许通过更大的电流。另外，在超导情况下，相对于超导材料，铜是绝缘体，但一旦由于致冷出事故或磁场过强而使超导性破坏时，电流仍能通过铜导线流通。这样就可避免强电流($10^5$ A 或更大)突然被大电阻阻断时，大量磁能突然转变为大量的热而发生的危险。

在电力工业中，超导电机是目前最令人感兴趣的应用之一。传统电机的效率已经是很高的了，例如可高达 99%，而利用超导线圈，效率可望进一步提高。但更重要的是，超导电机可以具有更大的极限功率，而且重量轻、体积小。超导发电机在大功率核能发电站中可望得到应用。

超导材料还可能作为远距离传送电能的传输线。由于其电阻为零，当然大大减小了线路上能量的损耗(传统高压输电损耗可达10%)。更重要的是，由于重量轻、体积小，输送大功率的超导传输线可铺设在地下管道中，从而省去了许多传统输电线的架设铁塔。另外，传统输电需要高压，因而有升压、降压设备。用超导线就不需要高压，还可不用交流电而用直流电。用直流电的超导输电线比用交流的要便宜些，因为直流输电线可以用第二类超导材料，它的容许电流密度大而且设计简单。

利用超导线中的持续电流可以借磁场的形式储存电能，以调节城市每日用电的高峰与低潮。把各种储能方式的能量密度加以比较(表H.2)，可知磁场储能最集中。例如，储存10 000 kW·h的电能所需要的磁场(10 T)的体积约为$10^4$ $m^3$，一个截面积是5 $m^2$而直径是100 m的螺绕环就大致够了。

**表H.2 各种储能方式的能量密度**

| 储能方式 | 能量密度/(kW·h/$m^3$) |
|---|---|
| 磁场，10 T | 11.0 |
| 电场，$10^5$ kV/m | 0.01 |
| 水库，高100 m | 0.27 |
| 压缩空气，50 atm | 5 |
| 热水，100℃ | 18 |

最后提一下超导磁悬浮的应用。设想在列车下部装上超导线圈，当它通有电流而列车启动后，就可以悬浮在铁轨上。这样就大大减小了列车与铁轨之间的摩擦，从而可以提高列车的速度。有的工程师估计，在车速超过200 km/h时，超导磁悬浮的列车比利用轮子的列车更安全。目前在德日等国都已有超导磁悬浮列车在做实验短途运行，速度已达300 km/h。

## H.8 高温超导

从超导现象发现之后，科学家一直寻求在较高温度下具有超导电性的材料，然而到1985年所能达到的最高超导临界温度也不过23 K，所用材料是$Nb_3Ge$。1986年4月美国IBM公司的缪勒(K. A. Müller，1927—　)和柏诺兹(J. G. Bednorz，1950—　)博士宣布钡镧铜氧化物在35 K时出现超导现象。1987年超导材料的研究出现了划时代的进展。先是年初华裔美籍科学家朱经武、吴茂昆宣布制成了转变温度为98 K的钇钡铜氧超导材料。其后在1987年2月24日中国科学院的新闻发布会上宣布，物理所赵忠贤、陈立泉等十三位科技人员制成了主要成分为钡钇铜氧四种元素的钡基氧化物超导材料，其零电阻的温度为78.5 K。几乎同一时期，日、苏等科学家也获得了类似的成功。这样，科学家们就获得了液氮温区(91 K)的超导体，从而把人们认为到2000年才能实现的目标大大提前了。这一突破性的成果可能带来许多学科领域的革命，它将对电子工业和仪器设备发生重大影响，并为实现电能超导输送、数字电子学革命、大功率电磁铁和新一代粒子加速器的制造等提供实际的可能。目前中、美、日、俄等国家都正在大力开发高温超导体的研究工作。

目前，中国在高温超导材料研制方面仍处于世界领先地位。具体的成果有：钇钡铜氧材料临界电流密度可达 6000 $A/cm^2$，同样材料的薄膜临界电流密度可达 $10^6$ $A/cm^2$。利用自制超导材料已可测到 $2\times10^{-8}$ G 的极弱磁场（这相当于人体内如肌肉电流的磁场），新研制的铋铅锑锶钙铜氧超导体的临界温度已达 132 K 到 164 K，这些材料的超导机制已不能用 BCS 理论解释，中国科学家在超导理论方面也正做着有开创性的工作。

# 第16章

# 麦克斯韦方程组和电磁辐射

至此，已介绍了电场和磁场的各种基本规律。作为电磁学篇的最后一章，将要对这些规律加以总结。麦克斯韦于1865年首先将这些规律归纳为一组基本方程，现在称之为麦克斯韦方程组。根据它可以解决宏观电磁场的各类问题，特别是关于电磁波（包括光）的问题。本章首先讨论麦克斯韦方程组。然后重点介绍电磁波的基本规律，作为麦克斯韦方程组的应用实例。介绍中没有用较复杂的数学，而是用较简单而直观的方法先介绍加速电荷的电场和磁场，进而介绍电磁辐射以及电磁波的各种性质，包括电场和磁场的关系，能量和动量等。

本章最后一节A-B效应，介绍了对电磁场本质的认识的重要发展。了解这一点，对开阔眼界很有好处。

## 16.1 麦克斯韦方程组

电磁学的基本规律是真空中的电磁场规律，它们是

$$\left.\begin{aligned}
&\text{I}\quad \oint_S \boldsymbol{E}\cdot \mathrm{d}\boldsymbol{S} = \frac{q}{\varepsilon_0} = \frac{1}{\varepsilon_0}\int_V \rho \mathrm{d}V \\
&\text{II}\quad \oint_S \boldsymbol{B}\cdot \mathrm{d}\boldsymbol{S} = 0 \\
&\text{III}\quad \oint_L \boldsymbol{E}\cdot \mathrm{d}\boldsymbol{r} = -\frac{\mathrm{d}\Phi}{\mathrm{d}t} = -\int_S \frac{\partial \boldsymbol{B}}{\partial t}\cdot \mathrm{d}\boldsymbol{S} \\
&\text{IV}\quad \oint_L \boldsymbol{B}\cdot \mathrm{d}\boldsymbol{r} = \mu_0 I + \frac{1}{c^2}\frac{\mathrm{d}\Phi_\mathrm{e}}{\mathrm{d}t} = \mu_0\int_S \left(\boldsymbol{J} + \varepsilon_0\frac{\partial \boldsymbol{E}}{\partial t}\right)\cdot \mathrm{d}\boldsymbol{S}
\end{aligned}\right\} \tag{16.1}$$

这就是关于真空的**麦克斯韦方程组**的积分形式①。在已知电荷和电流分布的情况下，这组方程可以给出电场和磁场的唯一分布。特别是当初始条件给定后，这组方程还能唯一地预言电磁场此后变化的情况。正像牛顿运动方程能完全描述质点的动力学过程一样，麦克斯韦方程组能完全描述电磁场的动力学过程。

下面再简要地说明一下方程组(16.1)中各方程的物理意义：

方程Ⅰ是电场的高斯定律，它说明电场强度和电荷的联系。尽管电场和磁场的变化也有联系(如感生电场)，但总的电场和电荷的联系总服从这一高斯定律。

方程Ⅱ是磁通连续定理，它说明，目前的电磁场理论认为在自然界中没有单一的"磁荷"(或磁单极子)存在。

方程Ⅲ是法拉第电磁感应定律，它说明变化的磁场和电场的联系。虽然电场和电荷也有联系，但总的电场和磁场的联系总符合这一规律。

方程Ⅳ是一般形式下的安培环路定理，它说明磁场和电流(即运动的电荷)以及变化的电场的联系。

为了求出电磁场对带电粒子的作用从而预言粒子的运动，还需要洛伦兹力公式

$$\boldsymbol{F} = q\boldsymbol{E} + q\,\boldsymbol{v} \times \boldsymbol{B}$$

这一公式实际上是电场 $\boldsymbol{E}$ 和磁场 $\boldsymbol{B}$ 的定义。

### 磁单极子

在麦克斯韦电磁场理论中，就场源来说，电和磁是不相同的：有单独存在的正的或负的电荷，而无单独存在的"磁荷"——磁单极子，即无单独存在的N极或S极。根据"对称性"的想法，这似乎是"不合理的"。因此人们总有寻找磁荷的念头。1931年，英国物理学家狄拉克(P. A. M Dirac，1902—1984年)首先从理论上探讨了磁单极子存在的可能性，指出磁单极子的存在与电动力学和量子力学没有矛盾。他指出，如果磁单极子存在，则单位磁荷 $g_0$ 与电子电荷 $e$ 应该有下述关系：

$$g_0 = 68.5e$$

---

① 在有介质的情况下，利用辅助量 $\boldsymbol{D}$ 和 $\boldsymbol{H}$，麦克斯韦方程组的积分形式如下：

Ⅰ′ $\oint_S \boldsymbol{D} \cdot \mathrm{d}\boldsymbol{S} = \int_V \rho \mathrm{d}V$

Ⅱ′ $\oint_S \boldsymbol{B} \cdot \mathrm{d}\boldsymbol{S} = 0$

Ⅲ′ $\oint_L \boldsymbol{E} \cdot \mathrm{d}\boldsymbol{r} = -\int_S \frac{\partial \boldsymbol{B}}{\partial t} \cdot \mathrm{d}\boldsymbol{S}$

Ⅳ′ $\oint_L \boldsymbol{H} \cdot \mathrm{d}\boldsymbol{r} = \int_S \left(\boldsymbol{J} + \frac{\partial \boldsymbol{D}}{\partial t}\right) \cdot \mathrm{d}\boldsymbol{S}$

利用数学上关于矢量运算的定理，上述方程组还可以变化为如下微分形式：

Ⅰ″ $\nabla \cdot \boldsymbol{D} = \rho$

Ⅱ″ $\nabla \cdot \boldsymbol{B} = 0$

Ⅲ″ $\nabla \times \boldsymbol{E} = -\frac{\partial \boldsymbol{B}}{\partial t}$

Ⅳ″ $\nabla \times \boldsymbol{H} = \boldsymbol{J} + \frac{\partial \boldsymbol{D}}{\partial t}$

对于各向同性的线性介质，下述关系成立：

$\boldsymbol{D} = \varepsilon_0 \varepsilon_r \boldsymbol{E}$，　$\boldsymbol{B} = \mu_0 \mu_r \boldsymbol{H}$，　$\boldsymbol{J} = \sigma \boldsymbol{E}$

由于 $g_0$ 比 $e$ 大，所以库仑定律将给出两个磁单极子之间的作用力要比电荷之间的作用力大得多。

在狄拉克之后，关于磁单极子的理论有了进一步的发展。1974 年荷兰物理学家特霍夫脱和苏联物理学家鲍尔亚科夫独立地提出的非阿贝尔规范场理论认为磁单极子必然存在，并指出它比已经发现的或是曾经预言的任何粒子的质量都要大得多。现在关于弱电相互作用和强电相互作用的统一的“大统一理论”也认为有磁单极子存在，并预言其质量为 $2\times10^{-11}$ g，即约为质子质量的 $10^{16}$ 倍。

磁单极子在现代宇宙论中占有重要地位。有一种大爆炸理论认为超重的磁单极子只能在诞生宇宙的大爆炸发生后 $10^{-35}$ s 产生，因为只有这时才有合适的温度（$10^{30}$ K）。当时单独的 N 极和 S 极都已产生，其中一小部分后来结合在一起湮没掉了，大部分则留了下来。今天的宇宙中还有磁单极子存在，并且在相当于一个足球场的面积上，一年约可能有一个磁单极子穿过。

以上都是理论的预言，与此同时也有人做实验试图发现磁单极子。例如 1951 年，美国的密尔斯曾用通电螺线管来捕集宇宙射线中的磁单极子（图 16.1）。如果磁单极子进入螺线管中，则会被磁场加速而在管下部的照相乳胶片上显示出它的径迹。实验结果没有发现磁单极子。

有人利用磁单极子穿过线圈时引起的磁通量变化能产生感应电流这一规律来检测磁单极子。例如，在 20 世纪 70 年代初，美国埃尔维瑞斯等人试图利用超导线圈中的电流变化来确认磁单极子通过了线圈。他们想看看登月飞船取回的月岩样品中有无磁单极子，当月岩样品通过超导线圈时（图 16.2）并未发现线圈中电流有什么变化，因而不曾发现磁单极子。

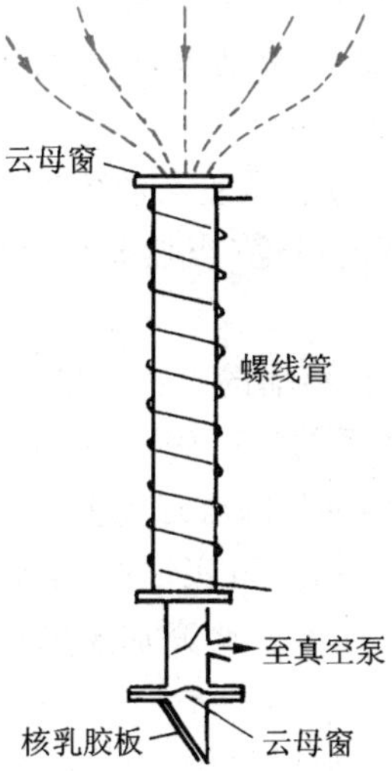


图 16.1 磁单极子捕集器

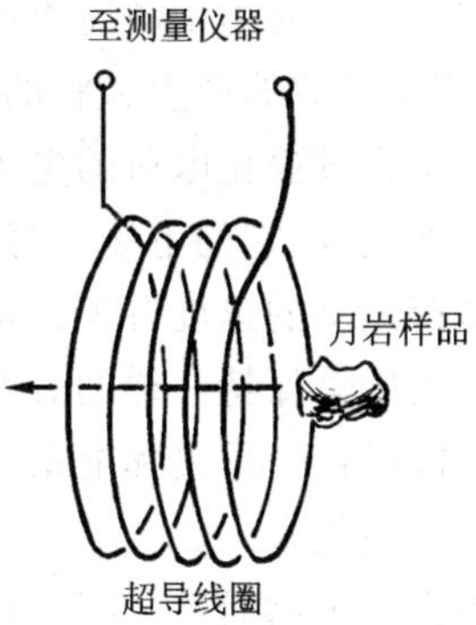


图 16.2 检测月岩样品

1982 年美国卡勃莱拉也设计制造了一套超导线圈探测装置（图 16.3），并用超导量子干涉仪（SQUID）来测量线圈内磁通的微小变化，他的测量是自动记录的。1982 年 2 月 14 日，他发现记录仪上的电流有了突变。经过计算，正好等于狄拉克单位磁荷穿过线圈时所应该产生的突变。这是他连续等待了 151 天所得到的唯一的一个事例，以后虽经扩大线圈面积也没有再测到第二个事例。

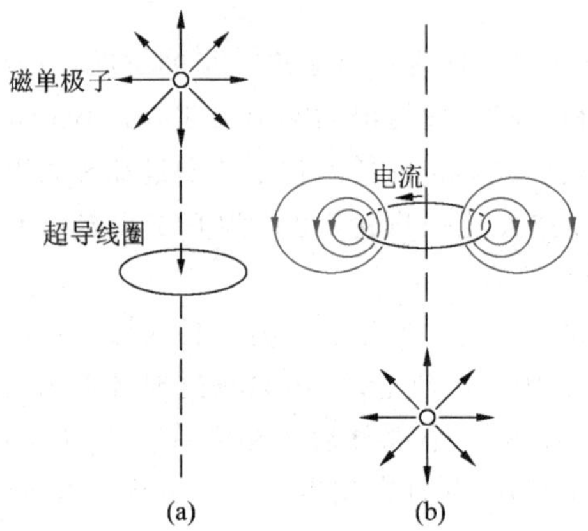


图 16.3 磁单极子通过超导线圈时产生电流突变

(a) 通过前；(b) 通过后

还有其他的实验尝试，但直到目前还不能说在实验上确认了磁单极子的存在。

## *16.2 加速电荷的电场

麦克斯韦方程组的一个直接重要的推论是电磁波的存在。麦克斯韦本人首先发现了这一点，并根据电磁波的速度与光速相等，在历史上第一次指出了光波就是一种电磁波，从而使人们认识到光现象和电磁现象的统一性。这一划时代的预言在他逝世约十年后的1888年被赫兹用实验证实了。从那时起，在麦克斯韦方程组的基础上，电磁学理论和光学理论不断地发展，同时促使了电工技术和无线电技术不断地更新。

从麦克斯韦方程组导出电磁波的存在并说明其性质，需要稍微复杂的数学，本书不再介绍这样的推导。下面用稍微简单的数学通过一种更加直观的讨论（当然要结合麦克斯韦方程组）来介绍电磁波的产生和它的各种性质。

我们已研究过静止电荷的电场（第7章），显然，它是不会传播的。我们也研究过作匀速运动的电荷的电场，它的电场和静电场不同，而且与之相联系的还有磁场，这电场和磁场的分布都和电荷运动的速度有关。虽然如此，由于这种电磁场都只随着运动电荷一同运动，在运动电荷的周围总保持一样的分布，所以也没有场的向外传播。事实证明，电磁场的传播，也就是电磁波的产生总是和电荷的加速运动相联系的。下面就来研究加速电荷的场，首先是加速电荷的电场。

我们不作一般的研究，而只对一种最简单最基本的情况加以讨论。设在真实中一个点电荷 $q$ 原来一直静止在原点 $O$，从时刻 $t=0$ 开始以加速度 $a$ 沿 $x$ 轴正方向作加速运动，在时刻 $t=\tau$ 时，速度达到 $v=a\tau$，此后即以此速度继续作匀速直线运动。为了简单起见我们假设 $v\ll c$（$c$ 为光速），下面研究在任意时刻 $t$（$t\gg\tau$）时此电荷的电场。

如图 16.4 所示，在 $t=0$ 时，电荷从原点出发，在 $t=\tau$ 时，电荷到达 $P$ 点。在这一段时间内由于电荷的加速运动，它周围的电场会发生扰动。这一扰动以光速 $c$ 向外传播。在时刻 $t$，这一扰动的前沿到达以 $O$ 为心，以 $r=ct$ 为半径的球面上。根据相对论关于光速最大的结论，此时刻不可能有任何变化的信息传到此球面以外，因此球面以外的电场仍是电荷原来静止在 $O$ 点时的静电场，它的电场线是沿着从 $O$ 点引出的沿半径方向的直线。

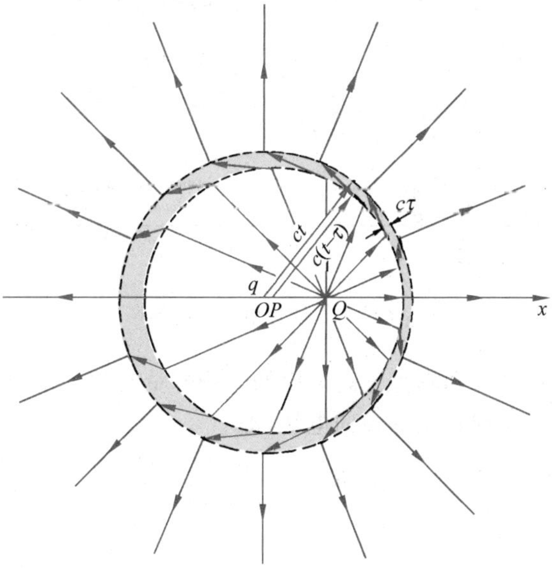


图 16.4　在时刻 $t$ 电荷 $q$ 的电场

在 $t=\tau$ 时，电荷停止加速。由电荷加速引起的电场扰动的后沿在 $t$ 时刻已向四周传播了 $c(t-\tau)$ 的距离。以 $P$ 为心，以 $c(t-\tau)$ 为半径作一球面，由于从 $t=\tau$ 开始，电荷作匀速运动，所以在这球面内的电场应该是作匀速直线运动的电荷的电场。根据我们的设定，$v\ll c$，所以这球面内的电场在任意时刻都近似地为静电场。在时刻 $t$，这一电场的电场线是从此时刻 $q$ 所在点（$Q$ 点）引出的沿半径方向的直线。

由图 16.4 可明显地看出，在上述两静电场之间，有一个由电荷的加速而引起的电场扰动所形成的过渡区。由于 $t\gg\tau$，$c\gg v$，所以 $ct\gg\frac{1}{2}v\tau$（即从 $O$ 到 $P$ 的距离）。因此，过渡区前、后沿的两个球面几乎是同心球面，而过渡区的厚度为 $c\tau$。随着时间的推移，这一过渡区的半径（$ct$）不断扩大，电场的扰动也就不断地由近及远地传播。这一传播就是一种特殊形式的电磁波。

由高斯定律可知，在过渡区两侧的电场线总条数是相等的，而且即使通过过渡区，电场线也应该是连续的。因此用电场线描绘整个电场时，应该把过渡区两侧同一方向的电场线连起来。这样在过渡区电场线就要发生扭折，正像图 16.4 所画的那样。在 $v\ll c$ 的情况下，这段扭折可以当直线段看待。

现在借助电场线图来分析过渡区域内的电场。如图 16.5，选用与 $x$ 轴成 $\theta$ 角的那条电场线，此图中由于从 $O$ 到 $P$ 的距离比 $r=ct$ 小得多，我们把 $O$ 和 $P$ 看作一点 $O$（因此图中未标出 $P$），而 $OQ=\frac{v}{2}\tau+v(t-\tau)\approx vt$。过渡区内的电场 $\boldsymbol{E}$ 可以分成 $\boldsymbol{E}_r$ 和 $\boldsymbol{E}_\theta$ 两个分量。由图可以看出

$$\frac{E_\theta}{E_r}=\frac{vt\sin\theta}{c\tau}=\frac{at\sin\theta}{c}=\frac{ar\sin\theta}{c^2} \tag{16.2}$$

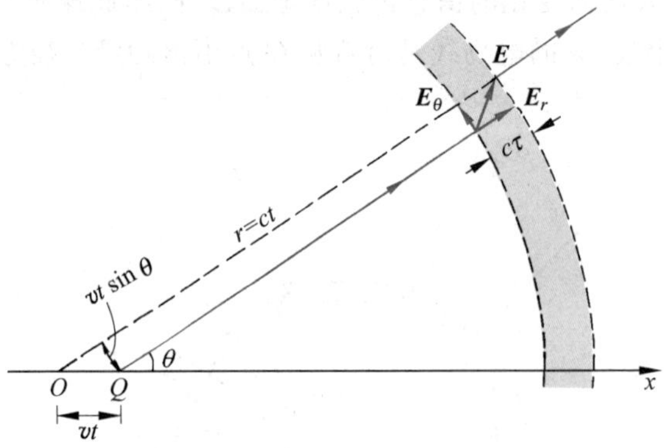


图 16.5 加速电荷的电场

根据高斯定律，由于电通量只和垂直于高斯面的电场分量有关，所以电场线在过渡区连续就意味着 $E_r$ 分量仍是库仑定律给出的径向电场，即

$$E_r = \frac{q}{4\pi\varepsilon_0 r^2} \tag{16.3}$$

将此式代入上一式可得

$$E_\theta = \frac{qa\sin\theta}{4\pi\varepsilon_0 c^2 r} \tag{16.4}$$

这一电场垂直于电磁场传播速度的方向(这里就是 $\boldsymbol{r}$ 的方向)，并只在过渡区内存在，所以它就是电荷加速运动时所产生的**横向电场**。应该注意的是，它随着 $r$ 的**一次方**成反比地减小，而静电场以及匀速运动电荷的电场则随着 $r$ 的**二次方**成反比地减小，它们比加速电荷的横向电场减小得快。因此在离开电荷足够远的地方，当静电场已减小到可以忽略的程度时，加速电荷产生的横向电场还有明显的强度。这横向电场就是能传向远处的电磁波的组成部分。

## *16.3 加速电荷的磁场

16.2 节导出了加速电荷的电场，由于这一电场是在空间传播的，所以它必然引起空间电场的变化。根据麦克斯韦理论，与这一电场的变化相联系必然有磁场存在。下面我们根据麦克斯韦方程导出这一磁场。为此我们利用式(16.1)中的第Ⅳ式，即

$$\oint_L \boldsymbol{B}\cdot \mathrm{d}\boldsymbol{r} = \mu_0 I + \frac{1}{c^2}\frac{\mathrm{d}\Phi_\mathrm{e}}{\mathrm{d}t}$$

如图 16.6 所示，由于电场分布具有轴对称性，显然磁场也应该如此。所以磁感线应该是在垂直于电荷运动方向的平面内而圆心在电荷运动轨迹上的同心圆。选择这样一个圆作安培环路，它是垂直于 $x$ 轴方向的一个平面与时刻 $t$ 的过渡区前沿球面的交线。这个圆和图面相交于 $A$ 和 $A'$ 两点，规定此圆的绕行正方向和 $x$ 轴正向有右手螺旋关系。此圆所限定的面积我们就取垂直于 $x$ 轴的圆面积，它的正法线方向为 $\boldsymbol{e}_\mathrm{n}$，它和图面的交线为 $AA'$ 直线。由于并没有电流通过此面积，所以由公式(16.1)中Ⅳ式可得

$$\oint_L \boldsymbol{B}\cdot \mathrm{d}\boldsymbol{r} = \frac{1}{c^2}\frac{\mathrm{d}\Phi_\mathrm{e}}{\mathrm{d}t} = \frac{1}{c^2}\frac{\mathrm{d}}{\mathrm{d}t}\int_S \boldsymbol{E}\cdot \mathrm{d}\boldsymbol{S}$$

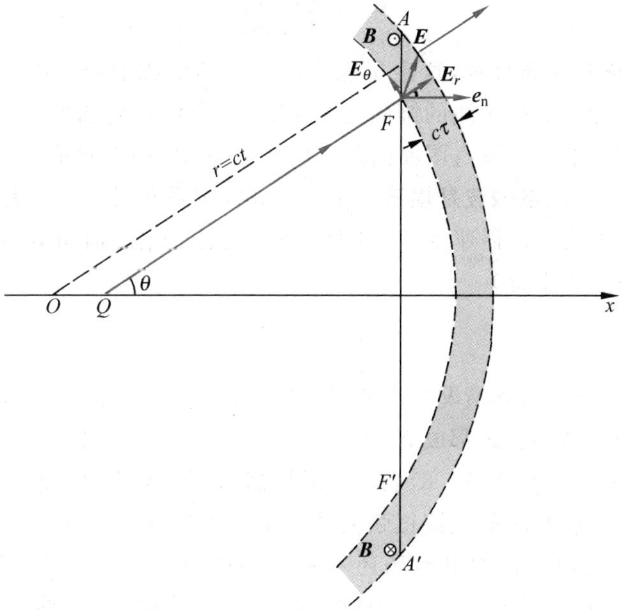


图 16.6 加速电荷的磁场

此式中 $\boldsymbol{E}=\boldsymbol{E}_r+\boldsymbol{E}_\theta$。可以证明与 $\boldsymbol{E}_r$ 的电通量的变化率相对应的磁场就等于 12.4 节讨论的匀速运动电荷的磁场，它取决于**电荷的速度**。此处我们感兴趣的量是与 $\boldsymbol{E}_\theta$ 的电通量的变化率相对应的，亦即和电荷的**加速度**有关的磁场。以 $\boldsymbol{B}_\varphi$ 表示此磁场，则应该有

$$\oint_L \boldsymbol{B}_\varphi \cdot \mathrm{d}\boldsymbol{r} = \frac{1}{c^2}\frac{\mathrm{d}\Phi_{\mathrm{e},\theta}}{\mathrm{d}t} = \frac{1}{c^2}\frac{\mathrm{d}}{\mathrm{d}t}\int_S \boldsymbol{E}_\theta \cdot \mathrm{d}\boldsymbol{S} \tag{16.5}$$

由于 $\boldsymbol{E}_\theta$ 分布的轴对称性，所以 $\boldsymbol{B}_\varphi$ 的分布也具有轴对称性。因此

$$\oint_L \boldsymbol{B}_\varphi \cdot \mathrm{d}\boldsymbol{r} = B_\varphi 2\pi r\sin\theta \tag{16.6}$$

其中 $2\pi r\sin\theta$ 为安培环路的周长。

为了计算 $\boldsymbol{E}_\theta$ 通过直径为 $AA'$ 的圆面积的通量，我们注意到 $\boldsymbol{E}_\theta$ 只存在于过渡区内，因此通过圆面上由过渡区内沿所截取的部分(它与图面的交线为 $FF'$ 直线段) $\boldsymbol{E}_\theta$ 的通量为零。我们只需要计算通过过渡区所截取的圆形条带(它与图面的交线是 $AF$ 和 $A'F'$)的 $\boldsymbol{E}_\theta$ 的通量。这一条带的宽度为 $AF=c\tau/\sin\theta$，周长为 $2\pi r\sin\theta$，因此它的总面积为 $2\pi rc\tau$。通过它的 $\boldsymbol{E}_\theta$ 的通量为

$$\Phi_{\mathrm{e},\theta} = \int_S \boldsymbol{E}_\theta \cdot \mathrm{d}\boldsymbol{S} = \int E_\theta \cos\left(\frac{\pi}{2}+\theta\right)\mathrm{d}S = -E_\theta \sin\theta \cdot 2\pi rc\tau$$

由于过渡区向外传播，这些电通量将在时间 $\tau$ 内完全移出 $AA'$ 圆面积，所以

$$\frac{\mathrm{d}\Phi_{\mathrm{e},\theta}}{\mathrm{d}t} = \frac{0-\Phi_{\mathrm{e},\theta}}{\tau} = 2\pi rcE_\theta\sin\theta$$

将此式和式(16.6)代入式(16.5)即可求得

$$B_\varphi = \frac{E_\theta}{c} \tag{16.7}$$

再由式(16.4)可得

$$B_\varphi = \frac{qa\sin\theta}{4\pi\varepsilon_0 c^3 r} \tag{16.8}$$

这就是加速电荷的**横向磁场**公式，这磁场也是电磁波的组成部分。由于上式给出的 $B_\varphi$ 是正值，所以知道这一磁场的磁感线的绕向与图 16.6 中所设定的圆形安培环路的绕向相同，在图示的 $AF$ 区段 $\boldsymbol{B}_\varphi$ 的方向垂直图面向外。由此可知，$\boldsymbol{B}_\varphi$ 的方向垂直于 $\boldsymbol{E}_\theta$，并且也和电磁场的传播方向垂直。因此**电磁波是横波**。把这一方向关系和式(16.7)表示的大小关系合并起来，并以 $c$ 表示电磁波的传播速度，则加速电荷在远处产生的横向电场 $\boldsymbol{E}_\theta$ 和横向磁场 $\boldsymbol{B}_\varphi$ 的关系可表示如下(去掉下标)

$$\boldsymbol{B} = \frac{\boldsymbol{c}\times\boldsymbol{E}}{c^2} \tag{16.9}$$

这一公式虽然是从上面的特殊情况导出的，但可以用麦克斯韦方程证明，对于真空中各种电磁波内的电场和磁场，这一公式都成立。

式(16.4)表示的电场和式(16.8)表示的磁场都和运动电荷的加速度成正比。如果电荷做简谐振动，它的加速度和时间就按正弦关系变化。离它较远处各点的电场和磁场也就将随时间按正弦变化，这种变化的电磁场还不断向外传播。这就形成了最简单形式的电磁波——简谐电磁波。以 $x$ 轴正向表示这种电磁波的传播方向，则 $x$ 轴上各点的 $\boldsymbol{E}$ 和 $\boldsymbol{B}$ 的方向都和 $x$ 方向垂直。设 $\boldsymbol{E}$ 的方向沿 $y$ 方向，则按式(16.9)，$\boldsymbol{B}$ 要沿 $z$ 方向。在同一时刻 $x$ 轴上各点处的 $\boldsymbol{E}$ 和 $\boldsymbol{B}$ 的分布如图 16.7 所示。对于此图，除了注意它所表示 $\boldsymbol{E}$ 和 $\boldsymbol{B}$ 的方向特征外，还要注意到它们的变化是**同相**的，即 $\boldsymbol{E}$ 和 $\boldsymbol{B}$ 同时达到各自的正极大值，又同时到达各自的负极大值。这一点是式(16.7)已经表明了的。

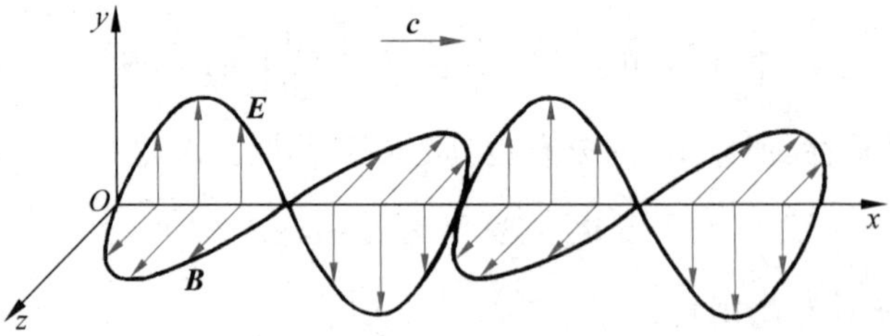


图 16.7 电磁波中的电场和磁场的变化

## *16.4 电磁波的能量

在第 16 章中导出的电场能量密度公式(8.28)和在第 15 章中导出的磁场能量密度公式(15.25)也同样适用于电磁波内的电场 $\boldsymbol{E}$ 和磁场 $\boldsymbol{B}$。由此可得在真空中的电磁波的单位体积内的能量为

$$w = w_e + w_m = \frac{\varepsilon_0}{2}E^2 + \frac{B^2}{2\mu_0} = \frac{\varepsilon_0}{2}E^2 + \frac{\varepsilon_0}{2}(Bc)^2$$

再利用式(16.9)，可得

$$w = \varepsilon_0 E^2 \tag{16.10}$$

在电磁波传播时，其中的能量也随同传播。单位时间内通过与传播方向垂直的单位面积的能量，叫电磁波的**能流密度**，其时间平均值就是电磁波的**强度**。能流密度的大小可推导

如下。如图 16.8 所示，设 $\mathrm{d}A$ 为垂直于传播方向的一个面元，在 $\mathrm{d}t$ 时间内通过此面元的能量应是底面积为 $\mathrm{d}A$，厚度为 $c\mathrm{d}t$ 的柱形体积内的能量。以 $S$ 表示能流密度的大小，则应有

$$S=\frac{w\,\mathrm{d}A\,c\,\mathrm{d}t}{\mathrm{d}A\,\mathrm{d}t}=cw=c\varepsilon_0E^2=\frac{EB}{\mu_0}\tag{16.11}$$

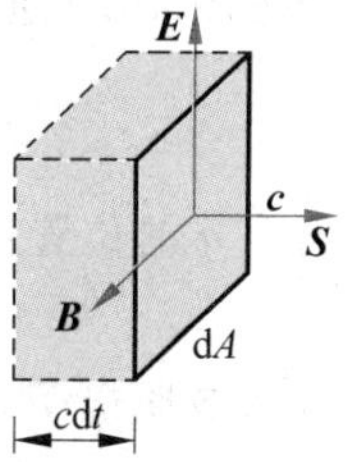

图 16.8 能流密度的推导

能流密度是矢量，它的方向就是电磁波传播的方向。考虑到式(16.9)所表示的 $\boldsymbol{E},\boldsymbol{B}$ 的方向和传播方向之间的相互关系，式(16.11)可以表示为下一矢量公式：

$$\boldsymbol{S}=\frac{1}{\mu_0}\boldsymbol{E}\times\boldsymbol{B}\tag{16.12}$$

电磁波的能流密度矢量又叫**坡印亭矢量**，它是表示电磁波性质的一个重要物理量。

对于简谐电磁波，各处的 $\boldsymbol{E}$ 和 $\boldsymbol{B}$ 都随时间做余弦式的变化。以 $E_{\mathrm{m}}$ 和 $B_{\mathrm{m}}$ 分别表示电场和磁场的最大值（即振幅），则电磁波的强度 $I$ 为

$$I=\overline{S}=c\varepsilon_0\,\overline{E^2}=\frac{1}{2}c\varepsilon_0E_{\mathrm{m}}^2\tag{16.13}$$

由于方均根值 $E_{\mathrm{rms}}$ 与 $E_{\mathrm{m}}$ 的关系为 $E_{\mathrm{rms}}=E_{\mathrm{m}}/\sqrt{2}$，所以又有

$$I=c\varepsilon_0E_{\mathrm{rms}}^2\tag{16.14}$$

对于作加速运动的电荷，将式(16.4)和式(16.8)代入式(16.12)，可得

$$\boldsymbol{S}=\frac{q^2a^2\sin^2\theta}{16\pi^2\varepsilon_0c^3r^3}\boldsymbol{r}\tag{16.15}$$

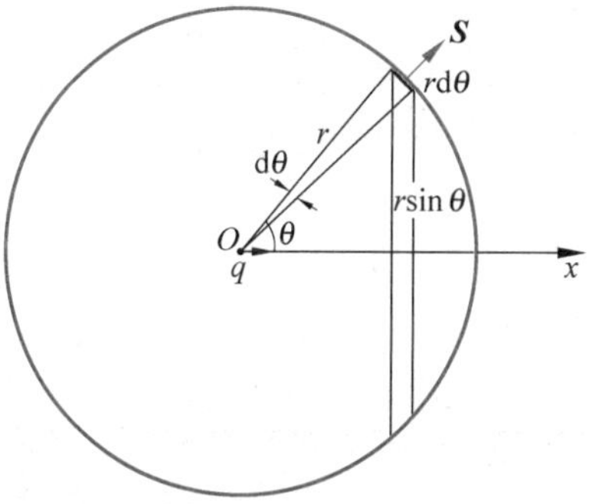

图 16.9 加速电荷辐射功率的计算

由这一表示式还可求出加速电荷 $q$ 输出的总功率 $P$。为此，如图 16.9 所示，作一以电荷 $q$ 为心的球面。先求通过宽度为 $r\mathrm{d}\theta$，周长为 $2\pi r\sin\theta$ 的圆形条带的能流，它等于

$$S\cdot 2\pi r\sin\theta\, r\,\mathrm{d}\theta=\frac{q^2a^2\sin^3\theta}{8\pi\varepsilon_0c^3}\mathrm{d}\theta$$

然后对整个球面积分，即得

$$P=\int_0^{\pi}\frac{q^2a^2\sin^3\theta}{8\pi\varepsilon_0c^3}\mathrm{d}\theta=\frac{q^2a^2}{6\pi\varepsilon_0c^3}\tag{16.16}$$

加速电荷的一个重要实例是电荷 $q$ 在原点作角频率为 $\omega$、振幅为 $l$ 的简谐振动。电荷 $q$ 的位置随时间变化的关系为

$$x=l\cos\omega t\tag{16.17}$$

它的加速度为

$$a=\frac{\mathrm{d}^2x}{\mathrm{d}t^2}=-\omega^2l\cos\omega t\tag{16.18}$$

将此式代入式(16.15)，可得坡印亭矢量的瞬时值为

$$\boldsymbol{S}=\frac{q^2l^2\omega^4\sin^2\theta}{16\pi^2\varepsilon_0c^3r^3}\cos^2(\omega t)\boldsymbol{r}\tag{16.19}$$

时间平均值

$$\bar{\boldsymbol{S}}=\frac{\boldsymbol{S}}{2}=\frac{q^2l^2\omega^4\sin^2\theta}{32\pi^2\varepsilon_0c^3r^3}\boldsymbol{r}\tag{16.20}$$

将此式利用图16.9进行积分,可得此电荷的平均辐射总功率为

$$P = \frac{q^2 l^2 \omega^4}{12\pi\varepsilon_0 c^3} \tag{16.21}$$

当电荷 $q$ 的位置按式(16.17)变化时,这一电荷可以看作按式

$$p = ql\cos\omega t = p_0\cos\omega t$$

变化的**振荡电偶极子**,式中 $p_0=ql$ 是此振荡电偶极子的振幅。这样式(16.21)又可写成

$$P = \frac{p_0^2 \omega^4}{12\pi\varepsilon_0 c^3} \tag{16.22}$$

这就是**振荡电偶极子的辐射功率**表示式。此式显示,这一功率和电偶极子的振荡频率的4次方成正比。

实际的无线电发射是利用天线中的振荡电流。由于振荡电流可以看作是许多振荡电偶极子的组合,所以有可能在研究振荡电偶极子的基础上研究天线的发射。

---

**例16.1**

有一频率为 $3\times10^{13}$ Hz 的脉冲强激光束,它携带总能量 $W=100$ J,持续时间是 $\tau=10$ ns。此激光束的圆形截面半径为 $r=1$ cm,求在这一激光束中的电场振幅和磁场振幅。

**解** 此激光束的平均能流密度为

$$\overline{S} = \frac{W}{\pi r^2 \tau} = \frac{100}{\pi\times0.01^2\times10\times10^{-9}} = 3.3\times10^{13}\ (\mathrm{W/m^2})$$

由式(16.13)可得

$$E_{\mathrm{m}} = \sqrt{2c\mu_0\overline{S}} = \sqrt{2\times3\times10^8\times4\pi\times10^{-7}\times3.3\times10^{13}}$$
$$=1.6\times10^8\ (\mathrm{V/m})$$

$$B_{\mathrm{m}} = \frac{E_{\mathrm{m}}}{c} = \frac{1.6\times10^8}{3\times10^8} = 0.53\ (\mathrm{T})$$

这是相当强的电场和磁场。

---

**例16.2**

图16.10表示一个正在充电的平行板电容器,电容器板为圆形,半径为 $R$,板间距离为 $b$。忽略边缘效应,证明:

(1) 两板间电场的边缘处的坡印亭矢量 $\boldsymbol{S}$ 的方向指向电容器内部;

(2) 单位时间内按坡印亭矢量计算进入电容器内部的总能量等于电容器中的静电能量的增加率。

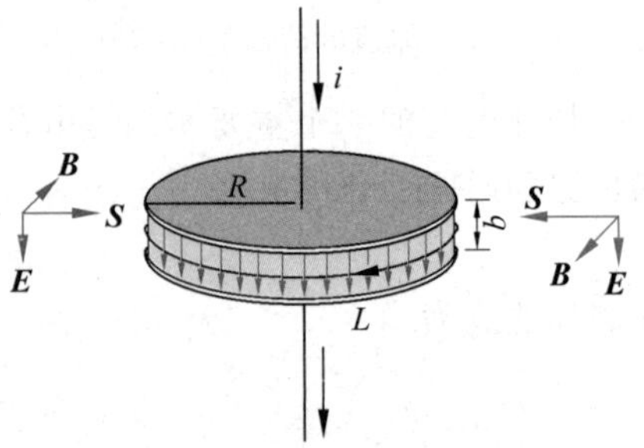

图16.10 电容器充电时能量的传送

**解** (1) 按图示电流充电时,电场的方向如图所示。为了确定坡印亭矢量的方向还要找出 $\boldsymbol{B}$ 的方向。为此利用麦克斯韦方程式(16.1)之Ⅳ式

$$\oint_L \boldsymbol{B}\cdot\mathrm{d}\boldsymbol{r} = \mu_0 I + \frac{1}{c^2}\frac{\mathrm{d}}{\mathrm{d}t}\int_S \boldsymbol{E}\cdot\mathrm{d}\boldsymbol{S}$$

选电容器板间与板的半径相同且圆心在极板中心轴上的圆为安培环路,并以此圆包围的圆面积为求电通量的面积。由于没有电流通过此面积,所以

$$\oint_L \boldsymbol{B} \cdot \mathrm{d}\boldsymbol{l} = \frac{1}{c^2}\frac{\mathrm{d}}{\mathrm{d}t}\int_S \boldsymbol{E} \cdot \mathrm{d}\boldsymbol{S}$$

沿图示的 $L$ 的正方向求 $\boldsymbol{B}$ 的环流，可得

$$B \cdot 2\pi R = \frac{\pi R^2}{c^2}\frac{\mathrm{d}E}{\mathrm{d}t}$$

由此得

$$B = \frac{R}{2c^2}\frac{\mathrm{d}E}{\mathrm{d}t}$$

充电时，$\mathrm{d}E/\mathrm{d}t>0$，因此 $B>0$，所以磁力线的方向和环路 $L$ 的正方向一致，即顺着电流看去是顺时针方向。由此可以确定圆周 $L$ 上各点的磁场方向。这样，根据坡印亭矢量公式 $\boldsymbol{S}=\boldsymbol{E}\times\boldsymbol{B}/\mu_0$，可知在电容器两板间的电场边缘各处的坡印亭矢量都指向电容器内部。因此，电磁场能量在此处是由外面送入电容器的。

(2) 由上面求出的 $B$ 值可以求出坡印亭矢量的大小为

$$S = \frac{EB}{\mu_0} = \frac{RE}{2c^2\mu_0}\frac{\mathrm{d}E}{\mathrm{d}t}$$

由于围绕电容器板间外缘的面积为 $2\pi Rb$，所以单位时间内按坡印亭矢量计算进入电容器内部的总能量为

$$\begin{aligned} W_S &= S \cdot 2\pi Rb = \frac{\pi R^2 b}{c^2\mu_0}E\frac{\mathrm{d}E}{\mathrm{d}t} \\ &= \pi R^2 b\frac{\mathrm{d}}{\mathrm{d}t}\left(\frac{\varepsilon_0 E^2}{2}\right) = \frac{\mathrm{d}}{\mathrm{d}t}\left(\pi R^2 b\frac{\varepsilon_0 E^2}{2}\right) \end{aligned}$$

由于 $\pi R^2 b$ 是电容器板间的体积，$\varepsilon_0 E^2/2$ 是板间电能体密度，所以 $\pi R^2 b\varepsilon_0 E^2/2$ 就是板间的总的静电能量。因此，这一结果就说明，单位时间内按坡印亭矢量计算进入电容器板间的总能量的确正好等于电容器中的静电能量的增加率。

从电磁场的观点来说，电容器在充电时所得到的电场能量并不是由电流带入的，而是由电磁场从周围空间输入的。

---

## *16.5 同步辐射

在电子回旋加速器中，电子作高速($v\approx c$)的圆周运动。由于它有向心加速度，就同时不断向外辐射电磁波。由这种方法产生的电磁波叫**同步辐射**或**同步光**。发射此种辐射的专用回旋加速器就叫**同步辐射光源**。北京正负电子对撞机就是一个同步辐射光源，它的储存环周长 240 m，电子的最大设计能量为 2.8 GeV。合肥有一个专用的同步辐射光源(图 16.11)，它的储存环周长 66 m，电子的能量为 0.8 GeV。

电子作圆周运动时，如果速度较小($v\ll c$)，在圆周平面内远处进行观察，电子可以看作是作简谐振动，其辐射功率可用式(16.16)表示，即

$$P_{v\ll c} = \frac{e^2 a^2}{6\pi\varepsilon_0 c^3}$$

当电子作高速($v\approx c$)的圆周运动时，可以证明，由于相对论效应，其辐射功率的表示式为

$$P_{v\approx c} = \frac{e^2 a^2}{6\pi\varepsilon_0 c^3}\gamma^4 \tag{16.23}$$

其中 $\gamma=(1-v^2/c^2)^{-1/2}$。和上一式相比，高速圆周运动的辐射功率大大增加，这就是同步辐射。又由于 $E=\gamma m_e c^2$(其中 $m_e$ 为电子的静质量)，所以上式又可写成

$$P_{v\approx c} = \frac{e^2 a^2}{6\pi\varepsilon_0 c^3}\left(\frac{E}{m_e c^2}\right)^4 \tag{16.24}$$

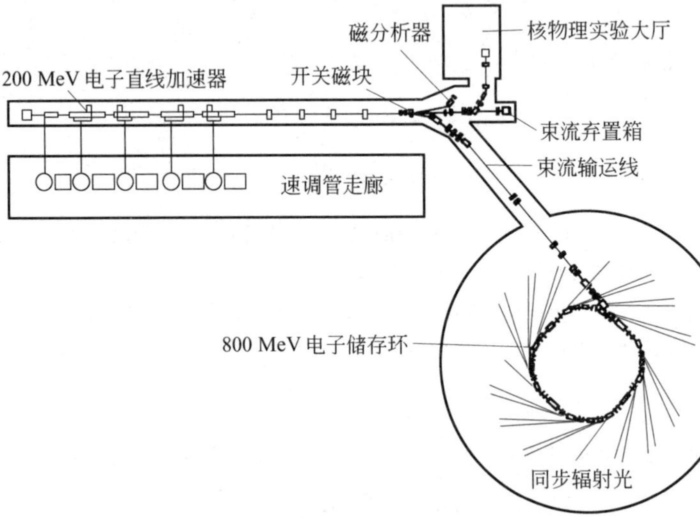


图 16.11 合肥国家同步辐射光源实验室平面图

此式给出，电子的能量越大，其辐射功率越大。例如，合肥同步辐射光源的电子辐射功率比低速时可大到 $6\times10^{12}$ 倍，北京正负电子对撞机的电子同步辐射功率则大到 $10^{15}$ 倍。

同步辐射光源不但具有功率大的特点，而且有很高的准直性。这是因为作高速圆周运动的电子的辐射能量绝大部分集中在运动速度的前方。它的辐射能量在圆周平面内的角分布如图 16.12 所示，其角宽度 $\theta$ 近似地为

$$\theta \approx m_e c^2/E \tag{16.25}$$

根据此式，$E=2.8$ GeV 时，$\theta\approx2\times10^{-4}$ rad；$E=0.8$ GeV 时，$\theta\approx6\times10^{-4}$ rad。$\theta$ 都是非常小的，和激光束的准直性相近。

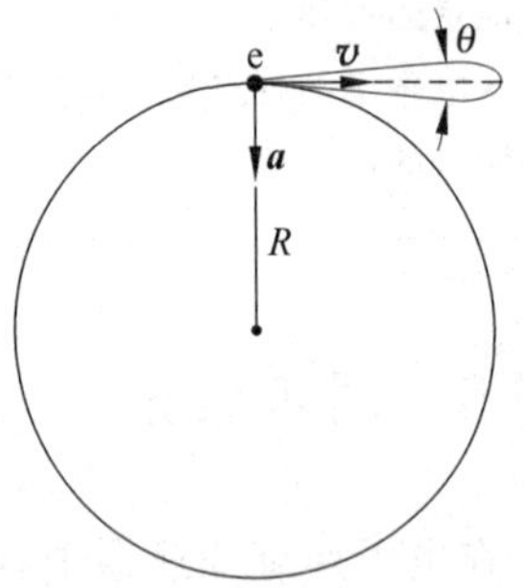


图 16.12 同步辐射能量的角分布

同步辐射的另一特点是有较宽的连续频谱。这是因为对于实验室中的固定的观察仪器，作圆周运动的电子的同步辐射只是在很短的时间内扫过，因而它接收到的总是同步辐射脉冲(实际上在同步辐射光源中电子是以一个个束团在储存环中运动的)。根据傅里叶分析，这样的脉冲中就包含了一系列波长连续(从红外到 X 射线)的电磁波。现在实验室所得同步辐射光多在 X 射线范围，但其强度比通常的 X 光源的强度要大到 $10^4\sim10^6$ 倍。

同步辐射的另一特点是，其中电场和磁场的方向是限定的。在电子轨道平面内进行观察时，同步辐射光中电场的方向就只在此平面内，磁场的方向与此平面垂直。同步辐射的这一特征叫做它的高度偏振性。

同步辐射的上述特征使它在很多方面，如物理学(X 射线学)、化学、生命科学、材料科学、医学等领域都得到了重要的应用，而它在光刻方面的应用已大大提高了集成块的集成度。

## *16.6 电磁波的动量

由于电磁波具有能量，所以它就具有动量。它的动量可以根据动量能量关系求出。由于电磁波以光速 $c$ 传播，所以它不可能具有静质量。可以证明，电磁波的**动量密度**，即**单位体积的电磁波具有的动量**应为

$$p=\frac{w}{c} \tag{16.26}$$

其中 $w$ 为单位体积电磁波所具有的能量。由于电磁波的动量的方向即传播速度 $\boldsymbol{c}$ 的方向，所以还可以写成

$$\boldsymbol{p}=\frac{w}{c^2}\boldsymbol{c} \tag{16.27}$$

以式(16.10)的 $w$ 值代入式(16.26)，可得

$$p=\frac{\varepsilon_0 E^2}{c} \tag{16.28}$$

由于电磁波具有动量，所以当它入射到一个物体表面上时会对表面有压力作用。这个压力叫**辐射压力**或**光压**。

考虑一束电磁波垂直射到一个“绝对”黑的表面(这种表面能全部吸收入射的电磁波)上。这个表面上面积为 $\Delta A$ 的一部分在时间 $\Delta t$ 内所接收的电磁动量为

$$\Delta p=p\Delta A\,c\Delta t$$

由于 $\Delta p/\Delta t=f$ 为面积 $\Delta A$ 上所受的辐射压力，而 $f/\Delta A$ 为该面积所受的压强 $p_r$，所以“绝对”黑的表面上受到垂直入射的电磁波的辐射压强为

$$p_r=cp=\varepsilon_0 E^2=w \tag{16.29}$$

对于一个完全反射的表面，垂直入射的电磁波给予该表面的动量将等于入射电磁波的动量的两倍，因此它对该表面的辐射压强也将增大到式(16.29)所给的两倍。

---

**例 16.3**

射到地球上的太阳光的平均能流密度是 $\overline{S}=1.4\times10^3\ \mathrm{W/m^2}$，这一能流对地球的辐射压力是多大？(设太阳光完全被地球所吸收。)将这一压力和太阳对地球的引力比较一下。

**解** 地球正对太阳的横截面积为 $\pi R_E^2$，而辐射压强为 $p_r=w=\overline{S}/c$。所以太阳光对地球的辐射压力为

$$F_r=p_r\cdot\pi R_E^2=\overline{S}\,\frac{\pi R_E^2}{c}$$

$$=\frac{1.4\times10^3\times\pi\times(6.4\times10^6)^2}{3\times10^8}=6.0\times10^8\ (\mathrm{N})$$

太阳对地球的引力为

$$F_g=\frac{GMm}{r^2}=\frac{6.7\times10^{-11}\times2.0\times10^{30}\times6.0\times10^{24}}{(1.5\times10^{11})^2}$$

$$=3.6\times10^{22}\ (\mathrm{N})$$

---

由上例可知，太阳光对地球的辐射压力与太阳对地球的引力相比是微不足道的。但是对于太空中微小颗粒或尘埃粒子来说，太阳光压可能大于太阳的引力。这是因为在距太阳

一定距离处，辐射压力正比于受辐射物体的横截面积，即正比于其线度的二次方，而引力却正比于辐射物体的质量或体积，即正比于其线度的三次方。太小的颗粒会由于太阳的光压而远离太阳飞开。说明这种作用的最明显的例子是彗星尾的方向。彗星尾由大量的尘埃组成，当彗星运行到太阳附近时，由于这些尘埃微粒所受太阳的光压比太阳的引力大，所以它被太阳光推向远离太阳的方向而形成很长的彗尾。图 16.13(a)是 Mrkos 彗星的照片，较暗的彗尾是尘埃受太阳的光压形成的。另一支亮而细的彗尾叫“铁尾”，是彗星中的较重质点受太阳风(太阳发出的高速电子-质子流)的压力形成的。彗尾被太阳光照得很亮，有时甚至能被人用肉眼看到。我国民间就以其形象把彗星叫做“扫帚星”。对于它的观测，在世界上也是我国的记录最早。

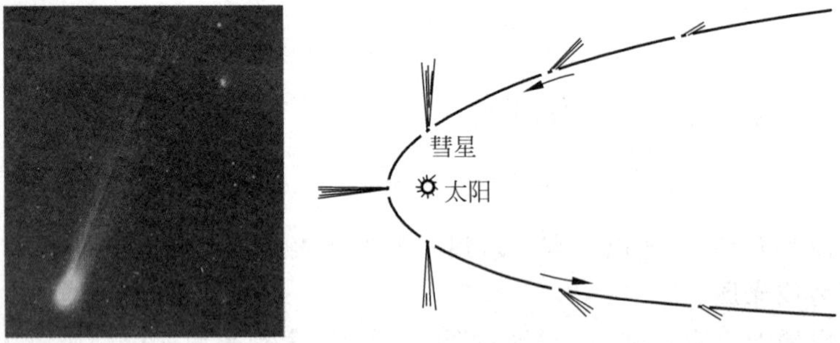


(a) (b)

图 16.13 彗星

(a) 1957 年 8 月 Mrkos 彗星照片；(b) 彗尾方向的变化

在地面上的自然现象和技术中，光压的作用比其他力的作用小得多，常常加以忽略。1899 年，俄国科学家列别捷夫首次在实验室内用扭秤测得了微弱的光压。

## *16.7 A-B 效应

A-B 效应要说明的问题是：$\boldsymbol{E}$ 和 $\boldsymbol{B}$ 是不是描述电磁场的基本物理量？它们是否具有真正的物理实在性？在经典电磁理论中，这是无可怀疑的。因为知道了 $\boldsymbol{E}$ 和 $\boldsymbol{B}$，就可以用洛伦兹公式求出带电粒子受的力，也就可以确定它们的运动，而且电磁能量也可以用 $\boldsymbol{E}$ 和 $\boldsymbol{B}$ 表示出来。但是这种认识在量子力学出现后受到了巨大的冲击。

原来，在经典电磁理论中，电磁场也可以用另一组量来描述，由它们决定 $\boldsymbol{E}$ 和 $\boldsymbol{B}$。这一组物理量就是标势 $\varphi$ 和矢势 $\boldsymbol{A}$，而 $\boldsymbol{E}$ 和 $\boldsymbol{B}$ 可以由它们求得为①

$$\boldsymbol{E} = -\nabla\varphi - \frac{\partial \boldsymbol{A}}{\partial t} \tag{16.30}$$

$$\boldsymbol{B} = \nabla \times \boldsymbol{A} \tag{16.31}$$

不过在经典电磁学中，$\varphi$ 和 $\boldsymbol{A}$ 都被认为是用来求 $\boldsymbol{E}$ 和 $\boldsymbol{B}$ 的辅助量，并不具有真实的物理含

① 对于静电场，$\boldsymbol{A}=0$，$\varphi$ 为静电势，于是式(16.30)给出 $\boldsymbol{E}=-\nabla\varphi$，这就是式(8.17)。式(16.31)右侧在直角坐标系中表示的是矢量算符 $\nabla \equiv \left(\boldsymbol{i}\frac{\partial}{\partial x}+\boldsymbol{j}\frac{\partial}{\partial y}+\boldsymbol{k}\frac{\partial}{\partial z}\right)$ 与矢势 $\boldsymbol{A}$ 的矢量积。

义。在量子力学中情况有了变化。1959 年英国布里斯托尔大学的物理学家阿哈罗诺夫(Y. Aharonov)和玻姆(D. Bohm)提出了 $\varphi$ 和 $\boldsymbol{A}$ 有直接的物理效应,现在就叫 A-B 效应。他们还设想了一些可能验证他们的观点的实验,此后就有人做了实验,下面介绍关于磁场 $\boldsymbol{B}$ 和矢势 $\boldsymbol{A}$ 的实验。

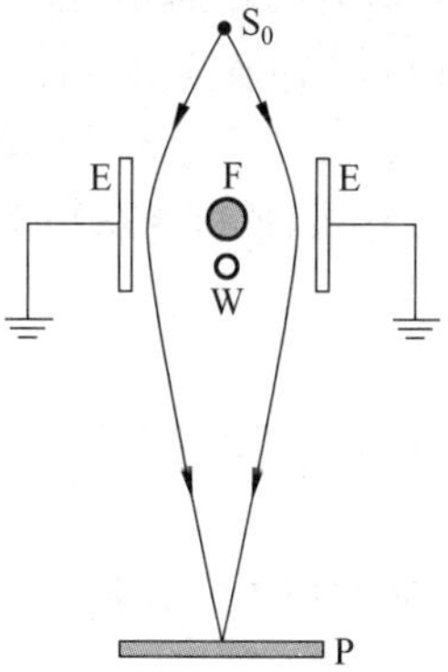

图 16.14 矢势 $\boldsymbol{A}$ 的 A-B 效应实验

图 16.14 所示为一套电子双缝干涉实验装置。$S_0$ 为电子源,F 为一带正电的金属丝(横截面),E 为两个接地的金属板,它们和中间的金属细丝之间就形成了电子可以通过的"双缝"。由 $S_0$ 发出的电子经过此双缝后会重叠而发生干涉,在照相底板 P 上形成干涉条纹。(量子力学认为电子具有波动性!)先是记录下电子形成的干涉条纹。然后在金属丝后面平行地放一只细长螺线管(后来又改用了磁化的铁晶须)W。当在螺线管中通以电流后发现在底板上形成的干涉条纹的位置平移了。这移动当然是电子受到作用的结果。电子在路途中受到了什么作用呢?

按经典电磁理论,电子应该受到了磁场 $\boldsymbol{B}$ 的磁力的作用。但是,大家知道,在通电的长直螺线管外部,$\boldsymbol{B}=0$,因此不可能有洛伦兹力作用于电子。理论上给出,在螺线管外部,$\boldsymbol{A}\neq 0$(注意,这时根据式(16.31),仍可得出管外 $\boldsymbol{B}=0$)。对这一现象,似乎可以用超距作用解释,那就是电流或铁晶须径直对电子发生了作用。但这对于习惯于用场的观点来理解相互作用的当代物理学家来说是不可思议的。对他们来说,只能是 $\boldsymbol{A}$ 的场对电子发生了作用。就这样,矢势 $\boldsymbol{A}$ 具有了真实的物理意义,它应该是产生电磁相互作用的物理实在。

有学者曾对上述实验提出过异议,认为电子干涉条纹的移动是电子在运动过程中受到了通电螺线管外漏磁场的作用或是有电子贯穿了螺线管的结果。1985 年日本人殿村(Akira Tonomura)和他的日立公司的同事利用环形磁体做实验并利用低温超导实验中出现的磁通量子化现象,把可能存在的漏磁场和电子贯穿磁体的影响消除到可以忽略的程度,使电子分别通过环内外进行干涉,确定地发现了干涉条纹的移动。这就使大家公认了 A-B 效应的存在。

阿、玻二人设想的关于标势 $\varphi$ 的作用的实验如图 16.15 所示。电子经过双缝后分别进入两个金属长筒,出来后叠加进行干涉在屏上可形成干涉条纹。他们预言当改变两筒间的**电势差**时,也将有条纹的移动。注意,在筒内,$\boldsymbol{E}=0$,而两筒间可以有确定的电势差。目前还没有关于这种实验的报道。

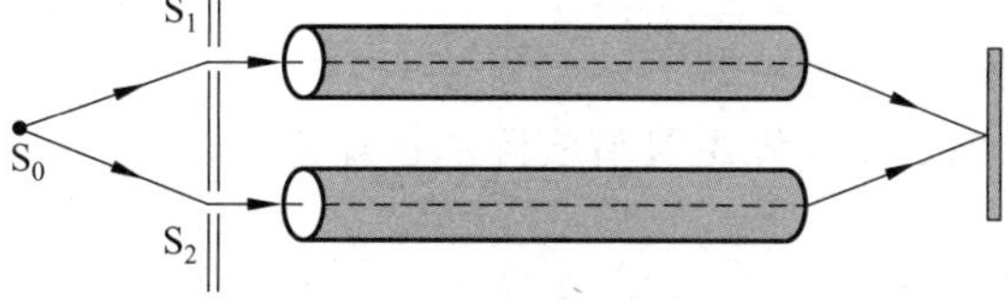

图 16.15 标势 $\varphi$ 的 A-B 效应实验设计

A-B 效应的实验证实具有非常重大的意义,它使量子理论经受住了重大的考验。它说明尽管在宏观领域,电磁场可以用 $\boldsymbol{E}$ 和 $\boldsymbol{B}$ 加以描述,它们能给出作用于带电粒子的力,从而决定其运动，但在量子理论起作用的微观领域，力的概念不再有用，经典物理看来是辅助量的 $\varphi$ 和 $\boldsymbol{A}$ 却起着实在的物理作用。费曼在他的《物理讲义》(1964 年版)中曾这样写道："矢势 $\boldsymbol{A}$（以及标势 $\varphi$）好像给出了直接的物理描述。当我们越是深入到量子理论中时，这一点就变得越加明显。在量子电动力学的普遍理论中，代替麦克斯韦方程组的是由 $\boldsymbol{A}$ 和 $\varphi$ 作为基本量的另一组方程式：$\boldsymbol{E}$ 和 $\boldsymbol{B}$ 从物理定律的近代表述中慢慢地隐退了，它们正由 $\boldsymbol{A}$ 和 $\varphi$ 取而代之。"

## 提要

**1. 麦克斯韦方程组**：在真空中，

$$\oint_S \boldsymbol{E}\cdot \mathrm{d}\boldsymbol{S} = \frac{q}{\varepsilon_0}$$

$$\oint_S \boldsymbol{B}\cdot \mathrm{d}\boldsymbol{S} = 0$$

$$\oint_L \boldsymbol{E}\cdot \mathrm{d}\boldsymbol{r} = \int_S \frac{\partial \boldsymbol{B}}{\partial t}\cdot \mathrm{d}\boldsymbol{S}$$

$$\oint_L \boldsymbol{B}\cdot \mathrm{d}\boldsymbol{r} = \mu_0\int_S\left(\boldsymbol{J}+\varepsilon_0\frac{\partial \boldsymbol{E}}{\partial t}\right)\cdot \mathrm{d}\boldsymbol{S}$$

***2. 加速电荷的横向电场**：在远离电荷的区域，

$$E_\theta = \frac{qa\sin\theta}{4\pi\varepsilon_0 c^2 r}$$

***3. 加速电荷的横向磁场**：在远离电荷的区域，

$$B_\varphi = \frac{qa\sin\theta}{4\pi\varepsilon_0 c^3 r} = \frac{E_\theta}{c}$$

***4. 电磁波**：电场、磁场、传播速度三者相互垂直：

$$\boldsymbol{B} = \frac{\boldsymbol{c}\times\boldsymbol{E}}{c^2}$$

能量密度：$w=\varepsilon_0 E^2=\dfrac{B^2}{\mu_0}$

能流密度，即**坡印亭矢量**：$\boldsymbol{S}=\dfrac{\boldsymbol{E}\times\boldsymbol{B}}{\mu_0}$

简谐电磁波强度：$I=\overline{S}=\dfrac{1}{2}c\varepsilon_0 E_{\mathrm{m}}^2=c\varepsilon_0 E_{\mathrm{rms}}^2$

动量密度：$\boldsymbol{p}=\dfrac{w}{c^2}\boldsymbol{c}$

对绝对黑面的辐射压强：$p_{\mathrm{r}}=w$

***5. A-B 效应**：标势 $\varphi$ 和矢势 $\boldsymbol{A}$ 具有实际的物理意义。

## 思考题

16.1 麦克斯韦方程组中各方程的物理意义是什么？

16.2 如果真有磁荷存在，那么根据电和磁的对称性，麦克斯韦方程组应如何补充修改？（以 $g$ 表示磁荷。）

*16.3 加速电荷在某处产生的横向电场、横向磁场与电荷的加速度以及该处离电荷的距离有何关系？

*16.4 什么是坡印亭矢量？它和电场和磁场有什么关系？

*16.5 振荡电偶极子的辐射功率和频率有何关系？

*16.6 同步辐射是怎样产生的？有哪些特点？

*16.7 电磁波可视为由光子组成的。一个光子的能量 $E_1=h\nu$。由于光子静质量为零，所以它的动量 $p_1=E/c$。设单位体积内有 $n$ 个光子，试证明式(16.26)：$p=\frac{w}{c}$。

## 习题

16.1 试证明麦克斯韦方程组在数学上含有电荷守恒的意思，即证明：如果没有电流出入给定的体积，那么这个体积内的电荷就保持恒定。$\left(\right.$提示：由方程组(16.1)之第Ⅰ式得 $q=\varepsilon_0\Phi_e$，并根据第Ⅳ式求 $\frac{\mathrm{d}\Phi_e}{\mathrm{d}t}$ 值，这时应用口袋形曲面并令它的口(即积分路径 $L$)缩小到零。$\left.\right)$

16.2 用麦克斯韦方程组证明：在如图 16.16 所示的球对称分布的电流场(如一个放射源向四周均匀地发射带电粒子或带电的球形电容器的均匀漏电)内，各处的 $\boldsymbol{B}=0$。

图 16.16 习题 16.2 用图

*16.3 一个电子在与一原子碰撞时经受一个 $2.0\times10^{24}\ \mathrm{m/s^2}$ 的减速度。与减速度方向成 45°角，距离 20 cm 处，这个电子所产生的辐射电场是多大？碰撞瞬时之后，该辐射电场何时到达此处？

*16.4 在 X 射线管中，使一束高速电子与金属靶碰撞。电子束的突然减速引起强烈的电磁辐射（X 射线）。设初始能量为 $2\times10^4$ eV 的电子均匀减速，在 $5\times10^{-9}$ m 的距离内停止。在垂直于加速度的方向上，求距离碰撞点 0.3 m 处的辐射电场的大小。

*16.5 在无线电天线上(一段直导线)，电子作简谐振动。设电子的速度 $v=v_0\cos\omega t$，其中 $v_0=8.0\times10^{-3}$ m/s，$\omega=6.0\times10^6$ rad/s。

(1) 求其中一个电子的最大加速度是多少？

(2) 在垂直天线的方向上，距天线为 1.0 km 处，由一个电子所产生的横向电场强度的最大值是多少？发生此最大加速度的瞬时与电场到达 1.0 km 处的瞬时之间的时间延迟是多少？

*16.6 在范德格拉夫加速器中，一质子获得了 $1.1\times10^{14}\ \mathrm{m/s^2}$ 的加速度。

(1) 求与加速度方向成 45°角的方向上，距质子 0.50 m 处的横向电场和磁场的数值；

(2) 画图表示出加速度的方向与(1)中计算出的电场、磁场的方向的关系。

*16.7 一根直径为 0.26 cm 的铜导线内电场为 $3.9\times10^{-3}$ V/m 时，通过的恒定电流为 12.0 A。

(1) 导线中一个自由电子在此电场中的加速度多大？

(2) 该电子在垂直于导线方向相隔 4.0 m 处的横向电场和横向磁场多大？

(3) 假设在长 5.0 cm 的一小段导线中所有的自由电子同时产生这电场和磁场，在 4.0 m 远处的总横向电场和磁场多大？

(4) 此小段导线中的 12.0 A 的电流产生的恒定磁场多大？和上项结果相比如何？为什么测不出上述

横向电场和磁场?

*16.8　太阳光射到地球大气顶层的强度为 $1.38\times10^3\ \mathrm{W/m^2}$。求该处太阳光内的电场强度和磁感应强度的方均根值。(视太阳光为简谐电磁波。)

*16.9　用于打孔的激光束截面直径为 60 μm,功率为 300 kW。求此激光束的坡印亭矢量的大小。该束激光中电场强度和磁感应强度的振幅各多大?

*16.10　一台氩离子激光器(发射波长 514.5 nm)以 3.8 kW 的功率向月球发射光束。光束的全发散角为 0.880 μrad。地月距离按 $3.82\times10^5$ km 计。求:

(1) 该光束在月球表面覆盖的圆面积的半径;

(2) 该光束到达月球表面时的强度。

*16.11　一圆柱形导体,长为 $l$,半径为 $a$,电阻率为 $\rho$,通有电流 $I$(图16.17)而表面无电荷,证明:

(1) 在这导体表面上,坡印亭矢量处处都与表面垂直并指向导体内部,如图所示。(注意:导体表面外紧邻处电场与导体内电场的方向和大小都相同。)

(2) 坡印亭矢量对整个导体表面的积分等于导体内产生的焦耳热的功率,即

$$\int \boldsymbol{S}\cdot \mathrm{d}\boldsymbol{A} = I^2 R$$

式中 $\mathrm{d}\boldsymbol{A}$ 表示圆柱体表面的面积元,$R$ 为圆柱体的电阻。此式表明,按照电磁场的观点,导体内以焦耳热的形式消耗的能量并不是由电流带入的,而是通过导体周围的电磁场输入的。

*16.12　用单芯电缆由电源 $\mathscr{E}$ 向电阻 $R$ 送电。电缆内外金属筒半径分别是 $r_1$ 和 $r_2$(图16.18)。

(1) 求两筒间 $r_1<r<r_2$ 处的 $E$ 和 $B$ 以及坡印亭矢量 $S$,并判明 $\boldsymbol{S}$ 的方向;

(2) 在电缆的横截面两筒间对 $S$ 进行积分,证明总能流为 $\mathscr{E}^2/R$,它正是 $R$ 所得到的功率。

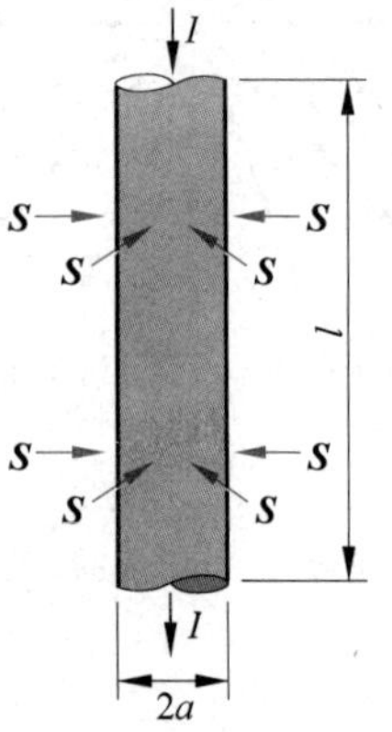


图16.17　习题16.11用图

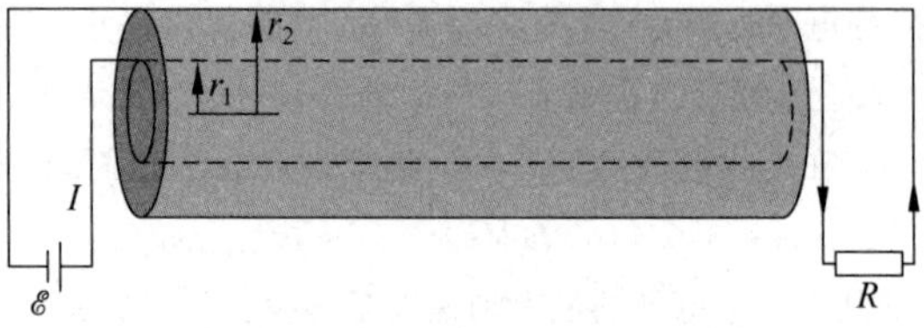


图16.18　习题16.12用图

*16.13　一平面电磁波的波长为 3.0 cm,电场强度 $E$ 的振幅为 30 V/m,求:

(1) 该电磁波的频率为多少?

(2) 磁场的振幅为多大?

(3) 对一垂直于传播方向的,面积为 $0.5\ \mathrm{m^2}$ 的全吸收表面的平均辐射压力是多少?

*16.14　太阳光直射海滩的强度为 $1.1\times10^3\ \mathrm{W/m^2}$。你晒太阳时受的太阳光的辐射压力多大?设你的迎光面积为 $0.5\ \mathrm{m^2}$,而皮肤的反射率为 50%。

*16.15　强激光被用来压缩等离子体。当等离子体内的电子数密度足够大时,它能完全反射入射光。今有一束激光脉冲峰值功率为 $1.5\times10^9$ W,汇聚到 $1.3\ \mathrm{mm^2}$ 的高电子密度等离子体表面。它对等离子体的压强峰值多大?

*16.16　一宇航员在空间脱离他的座舱 10 m 远,他带有一支 10 kW 的激光枪。如果他本身连携带物

品的总质量为 100 kg,那么当他把激光枪指向远离座舱的方向连续发射时,经过多长时间他能回到自己的座舱?

*16.7 假设在绕太阳的圆轨道上有个“尘埃粒子”,设它的质量密度为 1.0 g/cm$^3$。粒子的半径 $r$ 是多大时,太阳把它推向外的辐射压力等于把它拉向内的万有引力?(已知太阳表面的辐射功率为 $6.9\times10^7$ W/m$^2$。)对于这样的尘埃粒子会发生什么现象?

# 数值表

## 物理常量表

| 名　称 | 符号 | 计算用值 | 2006 最佳值① |
|---|---|---|---|
| 真空中的光速 | $c$ | $3.00\times10^{8}$ m/s | 2.997 924 58(精确) |
| 普朗克常量 | $h$ | $6.63\times10^{-34}$ J·s | 6.626 068 96(33) |
| | $\hbar$ | $=h/2\pi$ | |
| | | $=1.05\times10^{-34}$ J·s | 1.054 571 628(53) |
| 玻耳兹曼常量 | $k$ | $1.38\times10^{-23}$ J/K | 1.380 6504(24) |
| 真空磁导率 | $\mu_0$ | $4\pi\times10^{-7}$ N/A$^2$ | (精确) |
| | | $=1.26\times10^{-6}$ N/A$^2$ | 1.256 637 061… |
| 真空介电常量 | $\varepsilon_0$ | $=1/\mu_0c^2$ | (精确) |
| | | $=8.85\times10^{-12}$ F/m | 8.854 187 817 |
| 引力常量 | $G$ | $6.67\times10^{-11}$ N·m$^2$/kg$^2$ | 6.674 28(67) |
| 阿伏伽德罗常量 | $N_A$ | $6.02\times10^{23}$ mol$^{-1}$ | 6.022 141 79(30) |
| 元电荷 | $e$ | $1.60\times10^{-19}$ C | 1.602 176 487(40) |
| 电子静质量 | $m_e$ | $9.11\times10^{-31}$ kg | 9.109 382 15(45) |
| | | $5.49\times10^{-4}$ u | 5.485 799 0943(23) |
| | | 0.5110 MeV/$c^2$ | 0.510 998 910(13) |
| 质子静质量 | $m_p$ | $1.67\times10^{-27}$ kg | 1.672 621 637(83) |
| | | 1.0073 u | 1.007 276 466 77(10) |
| | | 938.3 MeV/$c^2$ | 938.272 013(23) |
| 中子静质量 | $m_n$ | $1.67\times10^{-27}$ kg | 1.674 927 211(84) |
| | | 1.0087 u | 1.008 664 915 97(43) |
| | | 939.6 MeV/$c^2$ | 939.565 346(23) |
| $\alpha$ 粒子静质量 | $m_\alpha$ | 4.0026 u | 4.001 506 179 127(62) |
| 玻尔磁子 | $\mu_B$ | $9.27\times10^{-24}$ J/T | 9.274 009 15(23) |
| 电子磁矩 | $\mu_e$ | $-9.28\times10^{-24}$ J/T | −9.284 763 77(23) |
| 核磁子 | $\mu_N$ | $5.05\times10^{-27}$ J/T | 5.050 783 24(13) |
| 质子磁矩 | $\mu_p$ | $1.41\times10^{-26}$ J/T | 1.410 606 662(37) |
| 中子磁矩 | $\mu_n$ | $-0.966\times10^{-26}$ J/T | −0.966 236 41(23) |
| 里德伯常量 | $R$ | $1.10\times10^{7}$ m$^{-1}$ | 1.097 373 156 8527(73) |
| 玻尔半径 | $a_0$ | $5.29\times10^{-11}$ m | 5.291 772 0859(36) |
| 经典电子半径 | $r_e$ | $2.82\times10^{-15}$ m | 2.817 940 2894(58) |
| 电子康普顿波长 | $\lambda_{C,e}$ | $2.43\times10^{-12}$ m | 2.426 310 2175(33) |
| 斯特藩-玻耳兹曼常量 | $\sigma$ | $5.67\times10^{-8}$ W·m$^{-2}$·K$^{-4}$ | 5.670 400(40) |

① 所列最佳值摘自《2006 CODATA INTERNATIONALLY RECOMMEDED VALUES OF THE FUNDAMENTAL PHYSICAL CONSTANTS》(www.physics.nist.gov)。

## 一些天体数据

| 名　称 | 计算用值 |
|---|---|
| 我们的银河系 | |
| 　质量 | $10^{42}$ kg |
| 　半径 | $10^{5}$ l. y. |
| 　恒星数 | $1.6\times10^{11}$ |
| 太阳 | |
| 　质量 | $1.99\times10^{30}$ kg |
| 　半径 | $6.96\times10^{8}$ m |
| 　平均密度 | $1.41\times10^{3}$ kg/m$^3$ |
| 　表面重力加速度 | 274 m/s$^2$ |
| 　自转周期 | 25 d(赤道),37 d(靠近极地) |
| 　对银河系中心的公转周期 | $2.5\times10^{8}$ a |
| 　总辐射功率 | $4\times10^{26}$ W |
| 地球 | |
| 　质量 | $5.98\times10^{24}$ kg |
| 　赤道半径 | $6.378\times10^{6}$ m |
| 　极半径 | $6.357\times10^{6}$ m |
| 　平均密度 | $5.52\times10^{3}$ kg/m$^3$ |
| 　表面重力加速度 | 9.81 m/s$^2$ |
| 　自转周期 | 1 恒星日$=8.616\times10^{4}$ s |
| 　对自转轴的转动惯量 | $8.05\times10^{37}$ kg·m$^2$ |
| 　到太阳的平均距离 | $1.50\times10^{11}$ m |
| 　公转周期 | 1 a$=3.16\times10^{7}$ s |
| 　公转速率 | 29.8 km/s |
| 月球 | |
| 　质量 | $7.35\times10^{22}$ kg |
| 　半径 | $1.74\times10^{6}$ m |
| 　平均密度 | $3.34\times10^{3}$ kg/m$^3$ |
| 　表面重力加速度 | 1.62 m/s$^2$ |
| 　自转周期 | 27.3 d |
| 　到地球的平均距离 | $3.82\times10^{8}$ m |
| 　绕地球运行周期 | 1 恒星月$=27.3$ d |

## 几个换算关系

| 名　称 | 符号 | 计算用值 | 1998 最佳值 |
|---|---|---|---|
| 1[标准]大气压 | atm | 1 atm$=1.013\times10^{5}$ Pa | $1.013\ 250\times10^{5}$ |
| 1 埃 | Å | 1 Å$=1\times10^{-10}$ m | (精确) |
| 1 光年 | l. y. | 1 l. y. $=9.46\times10^{15}$ m | |
| 1 电子伏 | eV | 1 eV$=1.602\times10^{-19}$ J | 1.602 176 462(63) |
| 1 特[斯拉] | T | 1 T$=1\times10^{4}$ G | (精确) |
| 1 原子质量单位 | u | 1 u$=1.66\times10^{-27}$ kg | 1.660 538 73(13) |
| | | $=931.5$ MeV/$c^2$ | 931.494 013(37) |
| 1 居里 | Ci | 1 Ci$=3.70\times10^{10}$ Bq | (精确) |

# 习题答案

## 第 1 章

1.1 849 m/s

1.2 未超过， 400 m

1.3 会， 46 km/h

1.4 36.3 s

1.5 34.5 m， 24.7 L

1.6 (1) 51.1 m/s,17.2 m/s； (2) 23.0 m/s

1.7 (1) $y=x^2-8$；

(2) 位置：$2\boldsymbol{i}-4\boldsymbol{j}$,$4\boldsymbol{i}+8\boldsymbol{j}$； 速度：$2\boldsymbol{i}+8\boldsymbol{j}$,$2\boldsymbol{i}+16\boldsymbol{j}$； 加速度：$8\boldsymbol{j}$,$8\boldsymbol{j}$

1.8 (1) 74.6 km/h； (2) 24 cm； (3) 22.3 m/s

1.9 (1) 269 m； (2) 空气阻力影响

1.10 不能,12.3 m

1.11 (1) 3.28 $m/s^2$, 12.7 s； (2) 1.37 s；

(3) 10.67 m (4) 西岸桥面低 4.22 m

1.12 两炮弹可能在空中相碰。但二者速率必须大于 45.6 m/s。

1.13 $4\times10^5$

1.14 356 m/s， $2.59\times10^{-2}$ $m/s^2$

1.15 $6.6\times10^{15}$ Hz， $9.1\times10^{22}$ $m/s^2$

1.16 $2.4\times10^{14}$

1.17 0.25 $m/s^2$； 0.32 $m/s^2$， 与 $\boldsymbol{v}$ 夹角为 128°40′

*1.18 (1) 69.4 min； (2) 26 rad/s， $-3.31\times10^{-3}$ $rad/s^2$

1.19 0.30 m,向后

1.20 374 m/s， 314 m/s， 343 m/s

1.21 0.59 s,2.06 m

1.22 36 km/h， 竖直向下偏西 30°

1.23 917 km/h， 西偏南 40°56′

917 km/h， 东偏北 40°56′

1.24 0.93 km/s

1.25 $7.5\times10^4$ m/s,$6.0\times10^8$ m/s

1.26 5400 km/h,西偏南 12.5°

# 第 2 章

2.1 (1) $\dfrac{\mu_s Mg}{\cos\theta-\mu_s\sin\theta}$，$\dfrac{\mu_k Mg}{\cos\theta-\mu_k\sin\theta}$；

(2) $\arctan\dfrac{1}{\mu_s}$

2.2 (1) 3.32 N，3.75 N； (2) 17.0 $m/s^2$

2.3 (1) $6.76\times10^4$ N； (2) $1.56\times10^4$ N

2.4 (1) 368 N； (2) 0.98 $m/s^2$

2.5 (1) $a_1=1.96\ m/s^2$，向下；$a_2=1.96\ m/s^2$，向下；

$a_3=5.88\ m/s^2$，向上；

(2) 1.57 N，0.784 N

2.6 39.3 m

2.7 19.4 N

2.8 (1) $\dfrac{1}{M+m_2}\left[F-\dfrac{m_1m_2}{m_1+m_2}g\right]$； (2) $(m_1+m_2+M)\dfrac{m_2}{m_1}g$

2.9 (1) $mg/(2\sin\theta)$； (2) $mg/(2\tan\theta)$

2.11 (1) $1.88\times10^3$ N，635 N； (2) 66.0 m/s

2.13 $y=\dfrac{1}{6}kx^3$，0.23 $m/s^3$

2.14 $1.89\times10^{27}$ kg

2.15 $5.7\times10^{26}$ kg

2.16 (2) $6.9\times10^3$ s； (3) 0.12

2.17 $1.1\times10^7$ atm

2.18 $\sqrt[4]{48}\pi R^{3/2}/\sqrt{GM}$

2.19 $1.5\times10^6$ km

2.20 $\dfrac{v_0R}{R+v_0\mu_k t}$，$\dfrac{R}{\mu_k}\ln\left(1+\dfrac{v_0\mu_k t}{R}\right)$

2.21 (1) $0.56\times10^5$，$2.80\times10^5$； (2) $1.97\times10^4$ N， 2.01 t；

(3) $4.6\times10^{-16}$ N

2.22 534

2.23 $\dfrac{1}{2\pi}\sqrt{\dfrac{(\sin\theta+\mu_s\cos\theta)g}{(\cos\theta-\mu_s\sin\theta)r}}\geqslant n\geqslant\dfrac{1}{2\pi}\sqrt{\dfrac{(\sin\theta-\mu_s\cos\theta)g}{(\cos\theta+\mu_s\sin\theta)r}}$

2.24 $w^2[m_1L_1+m_2(L_1+L_2)]$，$w^2m_2(L_1+L_2)$

2.25 2.9 m/s

2.26 $7.4\times10^{-2}$ rad/s，沿转动半径向外

*2.27 $\theta=\pi$，不稳定

$\theta=0$，在 $\omega<\sqrt{g/R}$时稳定，在 $\omega\geqslant\sqrt{g/R}$时不稳定

$\theta=\pm\arccos[g/(\omega^2R)]$，在 $\omega>\sqrt{g/R}$时稳定

*2.28　1560 N, 156 kW

## 第 3 章

3.1　$-kA/\omega$

3.2　1.41 N·s

3.3　$6.42\times10^{3}$ N

3.4　11.6 N

3.5　$1.1\times10^{5}$ N

3.6　$4.24\times10^{4}$ N,沿 90°平分线向外

3.9　$1.07\times10^{-20}$ kg·m/s,与 $\boldsymbol{p}_1$ 的夹角为 149°58′

3.10　7290 m/s, 8200 m/s, 都向前

3.11　必有一辆车超速

3.12　108 m/s

3.13　0.632

3.14　(1) $2.07\times10^{4}$ m/s；(2) $2.68\times10^{3}$ m/s；(3) 172 km

3.15　$2.25\times10^{4}$ N

3.16　在两氢原子张角的分角线上,距氧原子中心 0.006 48 nm

3.17　对称半径上距圆心 $4/3\pi$ 半径处

3.18　立方体中心上方 $0.061a$ 处

3.19　$\left(t-\frac{5}{7}\right)g, g$

3.20　$5.26\times10^{12}$ m

3.21　$2.86\times10^{34}$ kg·m²/s, $1.94\times10^{11}$ m²/s

3.22　(1) 1.59 km/s；(2) 10.6 h

3.23　$v_0r_0/r$

3.24　(1) 离静止质点$\frac{a}{3}$处,0；(2) $\frac{1}{2}ma^2\omega, \frac{1}{2}ma^2\omega$；(3) $\frac{3}{4}\Omega$

## 第 4 章

4.1　(1) $1.36\times10^{4}$ N, $0.83\times10^{4}$ N；(2) $3.95\times10^{3}$ J；(3) $1.96\times10^{4}$ J

4.2　$mgR[(1-\sqrt{2}/2)+\sqrt{2}\mu_k/2]$, $mgR(\sqrt{2}/2-1)$, $-\sqrt{2}mgR\mu_k/2$

4.3　$4.52\times10^{9}$ J, 0.982 t

4.4　113 W

4.5　2.8 m/s

4.6　(1) $\frac{1}{2}mv^2\left[\left(\frac{m}{m+M}\right)^2-1\right]$, $\frac{1}{2}M\left(\frac{mv}{m+M}\right)^2$

4.10　(1) 31.8 m, 22.5 m/s；(2) 不会

4.11　$mv_0\left[\frac{M}{k(M+m)(2M+m)}\right]^{1/2}$

4.12　1.40 m/s

4.13 (1) $\sqrt{\dfrac{2MgR}{M+m}}$， $m\sqrt{\dfrac{2gR}{M(M+m)}}$； (2) $\dfrac{m^2gR}{M+m}$； (3) $\left(3+\dfrac{2m}{M}\right)mg$

4.16 (1) $\dfrac{GmM}{6R}$； (2) $-\dfrac{GmM}{3R}$； (3) $-\dfrac{GmM}{6R}$

4.18 (1) $8.80\times10^9$ J，$1.62\times10^9$ J；

(2) 2.14 km/s，1.36 km/s

4.19 (1) 8.2 km/s； (2) $4.1\times10^4$ km/s

4.20 $1.6\times10^{24}$ J，约 $10^6$ 倍

4.21 2.95 km， $1.85\times10^{19}$ kg/m$^3$， 80 倍

4.22 $5\times10^{11}$ kg，$7.4\times10^{-16}$ m

4.23 4.20 MeV

4.25 $\sqrt{\dfrac{mM}{(m+M)k}}v_0$

4.26 $\dfrac{5}{4}\dfrac{ke^2}{m_p v_0^2}$

4.27 $4.46\times10^3$ m$^3$/h

4.28 0.19 m$^3$/min

## 第 5 章

5.1 (1) 25.0 rad/s； (2) 39.8 rad/s$^2$； (3) 0.628 s

5.2 (1) $\omega_0=20.9$ rad/s，$\omega=314$ rad/s，$\alpha=41.9$ rad/s$^2$；

(2) $1.17\times10^3$ rad，186 圈

5.3 $-9.6\times10^{-22}$ rad/s$^2$

5.4 $4.63\times10^2\cos\lambda$ m/s， 与 $O'P$ 垂直

$3.37\times10^{-2}\cos\lambda$ m/s$^2$， 指向 $O'$

5.5 $9.59\times10^{-11}$ m，104°54′

5.6 (1) $1.01\times10^{-39}$ kg·m$^2$； (2) $5.54\times10^8$ Hz

5.7 $1.95\times10^{-46}$ kg·m$^2$， $1.37\times10^{-12}$ s

5.8 $m\left(\dfrac{14}{5}R^2+2Rl+\dfrac{l^2}{2}\right)$，$\dfrac{4}{5}mR^2$

5.9 分针：1.18 kg·m$^2$/s，$1.03\times10^{-3}$ J；时针：$2.12\times10^{-2}$ kg·m$^2$/s，$1.54\times10^{-6}$ J

5.10 $\dfrac{13}{24}mR^2$

5.11 $\dfrac{m_1-\mu_k m_2}{m_1+m_2+m/2}g$， $\dfrac{(1+\mu_k)m_2+m/2}{m_1+m_2+m/2}m_1 g$，

$\dfrac{(1+\mu_k)m_1+\mu_k m/2}{m_1+m_2+m/2}m_2 g$

5.12 10.5 rad/s$^2$， 4.58 rad/s

5.14 $\dfrac{2}{3}\mu_k mgR$，$\dfrac{3}{4}\dfrac{\omega R}{\mu_k g}$，$\dfrac{1}{2}mR^2\omega^2$，$\dfrac{1}{4}mR^2\omega^2$

5.15 37.5 r/min， 不守恒。臂内肌肉做功， 3.70 J

5.16 (1) 8.89 rad/s; (2) 94°18′

5.17 0.496 rad/s

5.18 (1) 4.8 rad/s; (2) $4.5\times10^5$ J

5.19 (1) 4.95 m/s; (2) $8.67\times10^{-3}$ rad/s; (3) 19 圈

5.20 $1.1\times10^{42}$ kg·m²/s, 3.3%

*5.21 (1) $-2.3\times10^{-9}$ rad/s²; (2) $2.6\times10^{31}$ J/s; (3) 1300 a

*5.22 $2.14\times10^{29}$ J, $2.6\times10^9$ kW, 11, $3.5\times10^{16}$ N·m

5.23 3.1 min

*5.25 轮轴沿拉力 **F** 的方向滚动,0.62 rad/s²,0.62 m/s²,1380 N

*5.26 (1) $2g/3, mg/3$; (2) $mg, 2g/R$; (3) $g$, $5g$

*5.27 $1.79\times10^{22}$ kg·m²/s², $1.79\times10^{22}$ N·m

*5.28 (1) 78.4 min; (2) $1.46\times10^5$ N·m

## 第 6 章

6.1 $l\left[1-\cos^2\theta\frac{u^2}{c^2}\right]^{1/2}$, $\arctan\left[\tan\theta\left(1-\frac{u^2}{c^2}\right)^{-\frac{1}{2}}\right]$

6.2 $a^3\left(1-\frac{u^2}{c^2}\right)^{1/2}$

6.3 $\frac{1}{\sqrt{1-u^2/c^2}}$ m

6.4 $6.71\times10^8$ m

6.5 $0.577\times10^{-8}$ s

6.6 (1) $30c$ m; (2) $90c$ m

6.7 $x=6.0\times10^{16}$ m, $y=1.2\times10^{17}$ m, $z=0$, $t=-2.0\times10^8$ s

6.8 (1) $1.2\times10^8$ s; (2) $3.6\times10^8$ s; (3) $2.5\times10^8$ s

6.9 (1) $0.95c$; (2) 4.00 s

6.12 $\frac{\frac{Ft}{m_0c}}{\left[1+\left(\frac{Ft}{m_0c}\right)^2\right]^{1/2}}c$, $\left\{\left[1+\left(\frac{Ft}{m_0c}\right)^2\right]^{1/2}-1\right\}\frac{m_0c^2}{F}$;

$at, \frac{1}{2}at^2\ (a=F/m_0)$; $c, ct$

6.13 $0.866c, 0.786c$

6.14 (1) 5.02 m/s; (2) $1.49\times10^{-18}$ kg·m/s; (3) $1.9\times10^{-12}$ N, 0.04 T

6.15 $1.36\times10^{-15}$ m/s

6.16 2.22 MeV, 0.12%, $1.45\times10^{-6}$ %

6.17 (1) $4.15\times10^{-12}$ J; (2) 0.69%; (3) $6.20\times10^{14}$ J;

(4) $6.29\times10^{11}$ kg/s; (5) $7.56\times10^{10}$ a

6.18 (1) $6.3\times10^7$ J, $7\times10^{-8}$ %; (2) $1.3\times10^{16}$ J, 14%, 20 倍

6.19 (1) $0.58m_0c, 1.15m_0c^2$; (2) $1.33m_0c, 1.67m_0c^2$

6.20 6.7 GeV

6.21 5.6 GeV, $3.1\times10^4$ GeV

6.23 (1) 1 GeV; (2) $10^{18}$ GeV, $10^{15}$倍

## 第 7 章

7.1 $\dfrac{5q}{2\pi\varepsilon_0 a^2}$, 指向$-4q$

7.2 $\dfrac{\sqrt{3}}{3}q$

7.4 51.2 N

7.5 $\pm24\times10^{21}e$, $f_e/f_G=2.8\times10^{-6}$, 相吸

7.8 $\lambda^2/4\pi\varepsilon_0 a$, 垂直于带电直线, 相互吸引

7.9 $\lambda L/4\pi\varepsilon_0\left(r^2-\dfrac{L^2}{4}\right)$, 沿带电直线指向远方

7.10 $-(\lambda_0/4\varepsilon_0 R)\boldsymbol{j}$

7.11 0.72 V/m, 指向缝隙

7.14 (1) $\dfrac{1}{6}\dfrac{q}{\varepsilon_0}$; (2) 0, $\dfrac{1}{24}\dfrac{q}{\varepsilon_0}$

7.15 $6.64\times10^5$个/$\mathrm{cm}^2$

7.16 缺少, $1.38\times10^7$个电子/$\mathrm{m}^3$

7.17 $E=0\ (r<a)$; $E=\dfrac{\sigma a}{\varepsilon_0 r}\ (r>a)$

7.18 $E=0\ (r<R_1)$; $E=\dfrac{\lambda}{2\pi\varepsilon_0 r}\ (R_1<r<R_2)$; $E=0\ (r>R_2)$

7.19 $\sigma_1$ 板外: 1.13 V/m, 指离 $\sigma_1$ 板
两板间: 3.39 V/m, 指向 $\sigma_2$ 板
$\sigma_2$ 板外: 1.13 V/m, 指离 $\sigma_2$ 板

7.20 $|d|<D/2$, $E=\rho d/\varepsilon_0$; $|d|>D/2$, $E=\rho D/2\varepsilon_0$

7.21 $\dfrac{\sigma_0}{2\varepsilon_0}\dfrac{x}{(R^2+x^2)^{1/2}}$, 沿直线指向远方

7.22 $\dfrac{\rho}{3\varepsilon_0}\boldsymbol{a}$, $\boldsymbol{a}$ 为从带电球体中心到空腔中心的矢量线段

7.23 $1.08\times10^{-19}$ C; $3.46\times10^{11}$ V/m

7.24 $\dfrac{e}{8\pi\varepsilon_0 b^2 r^2}[(-r^2-2br-2b^2)\mathrm{e}^{-r/b}+2b^2]$; $1.2\times10^{21}$ N/C

7.25 0, $1.14\times10^{21}$ V/m, $3.84\times10^{21}$ V/m, $1.92\times10^{21}$ V/m

7.26 $1.2\times10^7$ m/s, $2.2\times10^{-13}$ J, $1.1\times10^{-34}$ J·s, $6.5\times10^{20}$ Hz

7.27 $3.1\times10^{-16}$ m, $5.0\times10^{-35}$ C·m

7.28 0.05 nm

7.29 (1) 1.05 N·$\mathrm{m}^2$/C; (2) $9.29\times10^{-12}$ C

7.32 (1) 两电荷连线上, 正电荷外侧 10 cm 处

(2) $q_0$ 为正电荷，稳定； $q_0$ 为负电荷，不稳定

(3) $q_0$ 为正电荷，不稳定； $q_0$ 为负电荷，稳定

7.34 0.48 mm

## 第 8 章

8.1 (1) 900 V； (2) 450 V

8.2 $\frac{U_{12}}{r^2}\frac{R_1R_2}{(R_2-R_1)}$

8.3 (1) $q_{in}=6.7\times10^{-10}$ C； $q_{ext}=-1.3\times10^{-9}$ C

(2) 距球心 0.1 m 处

8.4 $\varphi_1=\frac{1}{4\pi\varepsilon_0}\left(\frac{q_1}{R_1}+\frac{q_2}{R_2}\right)$，$\varphi_2=\frac{q_1+q_2}{4\pi\varepsilon_0 R_2}$，

$\varphi_1-\varphi_2=\frac{q_1}{4\pi\varepsilon_0}\left(\frac{1}{R_1}-\frac{1}{R_2}\right)$

8.5 $\frac{\lambda}{4\pi\varepsilon_0}\ln\left[\frac{\sqrt{a^2+x^2}+a}{\sqrt{a^2+x^2}-a}\right]$

8.6 (1) $2.5\times10^3$ V； (2) $4.3\times10^3$ V

8.7 $\frac{\lambda}{2\pi\varepsilon_0}\ln\frac{R_2}{R_1}$

8.8 (1) $2.14\times10^7$ V/m； (2) $1.36\times10^4$ V/m

8.9 (1) $r\leqslant a$：$E=\frac{\rho}{2\varepsilon_0}r$， $r\geqslant a$：$E=\frac{a^2\rho}{2\varepsilon_0 r}$；

(2) $r\leqslant a$：$\varphi=-\frac{\rho}{4\varepsilon_0}r^2$， $r\geqslant a$：$\varphi=\frac{a^2\rho}{4\varepsilon_0}\left[\left(2\ln\frac{a}{r}-1\right)\right]$

8.10 $\frac{\sigma}{2\varepsilon_0}[(R^2+x^2)^{1/2}-x]$

8.11 $\frac{\sigma}{2\varepsilon_0}\left[(R^2+x^2)^{1/2}-\left(\frac{R^2}{4}+x^2\right)^{1/2}\right]$， $\frac{\sigma R}{4\varepsilon_0}$， 0

8.12 (1) 36 V； (2) 57 V

8.13 $1.6\times10^7$ V， $2.4\times10^7$ V

8.14 (1) $\frac{q}{4\pi\varepsilon_0}\left\{\frac{1}{\left[R^2+\left(x-\frac{l}{2}\right)^2\right]^{1/2}}-\frac{1}{\left[R^2+\left(x+\frac{l}{2}\right)^2\right]^{1/2}}\right\}$

8.15 $\frac{\lambda}{2\pi\varepsilon_0}\frac{a}{x(x^2+a^2)^{1/2}}$

*8.16 $R=\left[\left(\frac{k+1}{k-1}\right)^2-1\right]^{1/2}b$， 球心在$\left(-\frac{k+1}{k-1}b,0\right)$，

其中 $k=\left(\frac{q_2}{q_1}\right)^2$；

$q_1=q_2$ 时，零等势面为 $q_1$ 和 $q_2$ 的中垂面

*8.17 (1) 圆心在$\left(\frac{1+k^2}{1-k^2}a,0\right)$，半径为$\frac{2ka}{1-k^2}$；

(2) 圆心在 $(0,c/2)$，半径为$(a^2+c^2/4)^{1/2}$，$k$ 和 $c$ 为常量

8.18 (1) $3.0\times10^{10}$ J； (2) 416 天

8.19 (1) $2.5\times10^4$ eV； (2) $9.4\times10^7$ m/s

8.20 $-\sqrt{3}q/2\pi\varepsilon_0 a$， $-\sqrt{3}qQ/2\pi\varepsilon_0 a$

8.21 (1) $9.0\times10^4$ V； (2) $9.0\times10^{-4}$ J

*8.22 (2) $\frac{1}{2\nu}\sqrt{\frac{2eU_0}{m_e}}$； (3) $neU_0$

8.23 (1) $2.6\times10^5$ V； (2) 75%

*8.24 $-4.0\times10^{-17}$ J

*8.25 $5.8\times10^6$ eV

*8.27 $\frac{e^2}{4\pi\varepsilon_0 m_e c^2}$； $2.81\times10^{-15}$ m

*8.28 $8.6\times10^5$ eV， 0.092%

*8.29 $1.6\times10^{-10}$ J， $1.0\times10^{-10}$ J， $6.0\times10^{-11}$ J， $1.5\times10^{14}$ J

8.30 $5.7\times10^{-14}$ m， $-1.6\times10^{-35}$ MeV

*8.31 $4.3\times10^7$ m/s， $5.2\times10^7$ m/s

8.33 (1) $4.4\times10^{-8}$ J/m³； (2) $6.3\times10^4$ kW·h

*8.34 (3) $-13.6$ eV

## 第 9 章

9.2 $q_1=\frac{4\pi\varepsilon_0 R_1R_2R_3\varphi_1-R_1R_2Q}{R_2R_3-R_1R_3+R_1R_2}$；

$r<R_1$：$\varphi=\varphi_1$， $E=0$；

$R_1<r<R_2$：$\varphi=\frac{q_1}{4\pi\varepsilon_0 r}+\frac{-q_1}{4\pi\varepsilon_0 R_2}+\frac{Q+q_1}{4\pi\varepsilon_0 R_3}$， $E=\frac{q_1}{4\pi\varepsilon_0 r^2}$；

$R_2<r<R_3$：$\varphi=\frac{Q+q_1}{4\pi\varepsilon_0 R_3}$， $E=0$；

$r>R_3$：$\varphi=\frac{Q+q_1}{4\pi\varepsilon_0 r}$， $E=\frac{Q+q_1}{4\pi\varepsilon_0 r^2}$

9.3 (1) $q_{Bin}=-3\times10^{-8}$ C， $q_{Bext}=5\times10^{-8}$ C，

$\varphi_A=5.6\times10^3$ V，$\varphi_B=4.5\times10^3$ V；

(2) $q_A=2.1\times10^{-8}$ C； $q_{Bin}=-2.1\times10^{-8}$ C，

$q_{Bext}=-9\times10^{-9}$ C；

$\varphi_A=0$， $\varphi_B=-8.1\times10^2$ V

9.4 $-qR/r$

9.5 上板 上表面：$6.5\times10^{-6}$ C/m²， 下表面：$-4.9\times10^{-6}$ C/m²；

中板 上表面：$4.9\times10^{-6}$ C/m²， 下表面：$8.1\times10^{-6}$ C/m²；

下板 上表面：$-8.1\times10^{-6}$ C/m²， 下表面：$6.5\times10^{-6}$ C/m²

9.6 $F_{q_b}=0$， $F_{q_c}=0$， $F_{q_d}=\frac{q_b+q_c}{4\pi\varepsilon_0 r^2}q_d$ （近似）。

9.8 (1) 大于 9.15 cm；

(2) 2.93 kW；

(3) $2.00\times10^{-5}\ \mathrm{C/m^2}$， $1.13\times10^{6}\ \mathrm{V/m}$

*9.9 $\dfrac{-qh}{2\pi(a^2+h^2)^{3/2}}$，即式(4.5)

*9.10 $q^2/16\pi\varepsilon_0 h$，第二个学生对

*9.11 $a=\sqrt{3}\,h$

*9.12 72 V/m， $6.4\times10^{-10}\ \mathrm{C/m^2}$， $1.8\times10^{-7}\ \mathrm{N/m}$

*9.14 $q^2/32\pi\varepsilon_0 R^2$

## 第 10 章

10.1 $2.0\times10^{-29}$ C·m，离氯核 $5.9\times10^{-12}$ m

10.2 (1) $r<R_1$：$D=0$，$E=0$，

$R_1<r<R$：$D=\dfrac{Q}{4\pi r^2}$，$E=\dfrac{Q}{4\pi\varepsilon_0\varepsilon_{r_1}r^2}$，

$R<r<R_2$：$D=\dfrac{Q}{4\pi r^2}$，$E=\dfrac{Q}{4\pi\varepsilon_0\varepsilon_{r_2}r^2}$，

$r>R_2$：$D=\dfrac{Q}{4\pi r^2}$，$E=\dfrac{Q}{4\pi\varepsilon_0 r^2}$；

(2) $-3.8\times10^{3}$ V；

(3) $9.9\times10^{-6}\ \mathrm{C/m^2}$

10.3 外层介质内表面先击穿， $\dfrac{E_{\max}r_0}{2}\ln\dfrac{R_2^2}{R_1r_0}$

10.5 $1.7\times10^{-6}$ C/m， $1.7\times10^{-7}$ C/m， $17\times10^{-8}$ C/m

10.6 (1) $9.8\times10^{6}$ V/m； (2) 51 mV

*10.7 $\left(1-\dfrac{1}{\varepsilon_r}\right)\varepsilon_0E_0\sin\theta$

10.8 0.152 mm

10.9 7.4 $\mathrm{m^2}$

10.10 $5.3\times10^{-10}\ \mathrm{F/m^2}$

10.11 (1) $2.0\times10^{-11}$ F； (2) $4.0\times10^{-6}$ C

10.12 $8.0\times10^{-13}$ F

10.14 $7.08\times10^{-10}$ F； $1.06\times10^{-9}$ F

10.15 $\dfrac{\varepsilon_0ab}{d}\left(1-\dfrac{l}{2d}\right)$

10.16 2.1

10.18 267 V

10.19 $\dfrac{2\varepsilon_0S\varepsilon_{r1}\varepsilon_{r2}}{d(\varepsilon_{r1}+\varepsilon_{r2})}$

10.20 $1+(\varepsilon_r-1)\dfrac{h}{a}$， 甲醇

10.21 增大了$(\varepsilon_r-1)/2$倍

10.22 0 V， 96 V

10.23 233 pF， $3.5\times10^{-7}$ J， 焦耳热

* 10.24 (1) $-\dfrac{Q^2b}{2\varepsilon_0S}$；　(2) $-\dfrac{Q^2b}{2\varepsilon_0S}$，吸入；

(3) $\dfrac{\varepsilon_0U^2S}{2d}\dfrac{b}{d-b}$，　$-\dfrac{\varepsilon_0U^2Sb}{2d(d-b)}$

* 10.25 $2.1\times10^{-3}$ N

* 10.26 (1) $\dfrac{\delta Q^2}{2\varepsilon_0ab}$；

(2) $W_C=\dfrac{\delta Q^2}{2\varepsilon_0b[a+(\varepsilon_r-1)x]}$；

(3) $F=\dfrac{\delta(\varepsilon_r-1)Q^2}{2\varepsilon_0b[a+(\varepsilon_r-1)x]^2}$，指向电容器内部；

(4) $dW_C=-Fdx$；

(5) $W_C=\dfrac{\varepsilon_0b[a+(\varepsilon_r-1)x]}{2\delta}U^2$

$F=\dfrac{\varepsilon_0(\varepsilon_r-1)b}{2\delta}U^2$， 指向电容器内部

$dA_{\mathscr{E}}=dW_C+Fdx$

* 10.27 半径为$2R_1$的球壳内

* 10.28 (1) $\dfrac{3\varepsilon_0S}{y_0\ln4}$；　(2) $-\dfrac{3Q}{4S}$，0；

(3) $\dfrac{3Q}{y_0S}\left(1+\dfrac{3}{y_0}y\right)^{-2}$

* 10.29 $5.0\times10^{-7}$ C，$1.5\times10^{-6}$ C

* 10.30 (1) $-\dfrac{m_ee^4}{2(4\pi\varepsilon_0\hbar)^2\varepsilon_r^2}\dfrac{1}{n^2}$；

(2) 0.054 eV，$1/\varepsilon_r^2$

## 第 11 章

11.1 $4\times10^{10}$个

11.2 $1.3\times10^{-3}$ mA

11.3 $4\times10^{-3}$ m/s； $1.1\times10^5$ m/s

11.4 (1) $2.19\times10^{-5}$ Ω；　(2) $2.28\times10^3$ A；　(3) $1.43\times10^6$ A/m$^2$；

(4) $2.50\times10^{-2}$ V/m；　(5) $1.14\times10^2$ W；　(6) $1.05\times10^{-4}$ m/s

11.5 管壁中$I\approx20$ A，水中$I\approx0$

11.6 距A点1.5 m处

11.7 (1) $3.0\times10^{13}$ Ω·m；　(2) 196 Ω

11.8 (1) $2.2\times10^8$ Ω；　(2) $4.5\times10^{-7}$ A

* 11.10 73 V

11.11 $\frac{4}{3}$ A， $\frac{2}{3}$ A

11.12 $I_1=I_4=0.16$ A， $I_2=0.02$ A， $I_3=0.14$ A

11.13 $I_g=\dfrac{(R_2R_3-R_1R_4)\mathscr{E}}{R_1R_3(R_2+R_4)+R_2R_4(R_1+R_3)+R_g(R_1+R_3)(R_2+R_4)}$

11.14 $R_1=9.0$ kΩ， $R_2=5.6$ kΩ， $R_e=1.0$ kΩ

*11.16 8.0 s， $8\times10^3$ A， $1.0\times10^{-3}$ s

11.17 19 L/min

## 第 12 章

12.1 (a) $\dfrac{\mu_0 I}{4\pi a}$，垂直纸面向外；

(b) $\dfrac{\mu_0 I}{2\pi r}+\dfrac{\mu_0 I}{4r}$，垂直纸面向里；

(c) $\dfrac{9\mu_0 I}{2\pi a}$，垂直纸面向里

12.2 (1) $1.4\times10^{-5}$ T； (2) 0.24

12.3 (1) $5.0\times10^{-6}$ T； (2) 15°31′，16°8′

12.4 0

12.5 (1) $4.0\times10^{-5}$ T； (2) $2.2\times10^{-6}$ Wb

12.6 $\dfrac{-\mu_0 IR^2}{4(R^2+x^2)^{3/2}}\boldsymbol{i}-\dfrac{\mu_0 IRx}{2\pi(R^2+x^2)^{3/2}}\boldsymbol{k}$

12.7 $1.6\,r$ T， $10^{-3}/r$ T， $0.31(8.1\times10^{-3}-4r^2)/r$ T，0

12.12 11.6 T

12.13 环外 $B=0$，环内 $B=\dfrac{\mu_0 NI}{2\pi r}$； $\Phi=\dfrac{\mu_0 NIh}{2\pi}\ln\dfrac{R_2}{R_1}$

12.14 板间：$B=\mu_0 j$， 平行于板且垂直于电流； 板外：$B=0$

12.15 $r\leqslant R$：$B=\dfrac{\mu_0 Ir}{2\pi R^2}$； $r\geqslant R$：$B=\dfrac{\mu_0 I}{2\pi r}$； $\dfrac{\mu_0 I}{4\pi}l$

12.16 $\mu_0\boldsymbol{J}\times\boldsymbol{d}/2$，$\boldsymbol{d}$ 的方向由 $O$ 指向 $O'$。

12.17 (1) $\dfrac{\mu_0 IR^2}{2\left[\left(z+\dfrac{R}{2}\right)^2+R^2\right]^{3/2}}+\dfrac{\mu_0 IR^2}{2\left[\left(z-\dfrac{R}{2}\right)^2+R^2\right]^{3/2}}$

12.19 (1) $7.0\times10^{-2}$ A； (2) $2.8\times10^{-7}$ T

12.20 $205.5\times10^{-5}$ A

## 第 13 章

13.1 3.3 T， 垂直于速度， 水平向左

13.2 (1) $1.1\times10^{-3}$ T， $\boldsymbol{B}$ 方向垂直纸面向里； (2) $1.6\times10^{-8}$ s

13.3 $3.6\times10^{-10}$ s， $1.6\times10^{-4}$ m， $1.5\times10^{-3}$ m

13.4 2 mm

13.5　0.244 T

13.6　$6\times10^{10}$ m，　$6\times10^{-6}$ m

13.7　$1.12\times10^{-17}$ kg·m/s，　21 GeV

13.8　1.1 km，　23 m

13.9　11 MHz，　7.6 MeV

13.10　18.01 u

13.11　(1) $-2.23\times10^{-5}$ V；(2) 无影响

13.12　(1) 负电荷；(2) $2.86\times10^{20}$ 个/$\mathrm{m}^3$

13.13　$1.34\times10^{-2}$ T

13.14　338 $\mathrm{A/cm^2}$

13.15　0.63 m/s

13.16　(1) $\frac{mg}{2nIl}$；(2) 0.860 T

13.17　(1) 上下 $F=0.1$ N，　左右 $F=0.2$ N，　合力 $F=0$，　$M=0$；
(2) 上下 $F=0$，　左右 $F=0.2$ N，　合力 $F=0$，　$M=2\times10^{-3}$ N·m

13.18　(1) 36 $\mathrm{A\cdot m^2}$；(2) 144 N·m

*13.20　(1) $2evr/3$；(2) $7.55\times10^{7}$ m/s

*13.21　$m=\frac{1}{3}e\omega R^2$，　$1.7\times10^{14}$ m/s，　不合理

13.22　$\frac{\mu_0 II_1 lb}{2\pi a(a+b)}$，指向电流 $I$；　0

13.23　$\mu_0 j^2/2$，沿径向向筒内

13.24　$\frac{B_2^2-B_1^2}{2\mu_0}$，方向垂直电流平面指向 $B_1$ 一侧

13.25　$3.6\times10^{-3}$ N/m；　$3.2\times10^{20}$ N/m

13.26　(1) $\frac{\mu_0 I^2}{\pi^2 R}$，斥力；(2) $\pi R/2$

13.27　(1) $1.8\times10^{5}$；(2) $4.1\times10^{6}$ A；(3) 2.9 MkW

*13.29　$F_1=\frac{e^2(1-\beta_2^2)^{-\frac{1}{2}}}{4\pi\varepsilon_0 a^2}\left[1+\left(\frac{v_1 v_2}{c^2}\right)^2\right]^{\frac{1}{2}}$，　$\tan\theta_1=\frac{F_{\mathrm{m1}}}{F_{\mathrm{e1}}}=\frac{v_1 v_2}{c^2}$；

$F_2=\frac{e^2(1-\beta_1^2)}{4\pi\varepsilon_0 a^2}$，　$F_2$ 方向沿两质子此时刻连线，指离质子 1

*13.30　$\pm3.70\times10^{-23}$ J，　$\pm1.24\times10^{-23}$ J

## 第 14 章

*14.3　(1) 12.5 T；(2) $3.3\times10^{9}$ rad/s

*14.4　(1) $1.6\times10^{24}$；(2) 15 $\mathrm{A\cdot m^2}$；
(3) $1.9\times10^{5}$ A；(4) 2.0 T

14.5　(1) 0.27 $\mathrm{A\cdot m^2}$；(2) $1.4\times10^{-5}$ N·m；(3) $1.4\times10^{-5}$ J

14.6　(1) $2.5\times10^{-5}$ T，　20 A/m；

(2) 0.11 T， 20 A/m；

(3) $2.5\times10^{-5}$ T，0.11 T

14.7 (1) $2\times10^{-2}$ T； (2) 32 A/m； (3) $1.6\times10^{4}$ A/m；

(4) $6.3\times10^{-4}$ H/m，$5.0\times10^{2}$； (5) $1.6\times10^{4}$ A/m

14.8 (1) $2.1\times10^{3}$ A/m；

(2) $4.7\times10^{-4}$ H/m， $3.8\times10^{2}$；

(3) $8.0\times10^{5}$ A/m

14.9 $2.6\times10^{4}$ A

14.10 0.21 A

14.11 3.1 mA

14.12 $1.3\times10^{3}$

14.13 $4.9\times10^{4}$ 安匝

14.14 133 安匝，$1.46\times10^{3}$ 匝

## 第 15 章

15.1 $1.1\times10^{-5}$ V， $a$ 端电势高

15.2 1.7 V，使线圈绕垂直于 $\boldsymbol{B}$ 的直径旋转，当线圈平面法线与 $\boldsymbol{B}$ 垂直时，$\mathscr{E}$ 最大

15.3 $2\times10^{-3}$ V

15.4 $-4.4\times10^{-2}\cos(100\pi t)$ (V)

15.5 $\frac{L}{2}\sqrt{R^2-\left(\frac{L}{2}\right)^2}\frac{\mathrm{d}B}{\mathrm{d}t}$， $b$ 端电势高

15.6 0.30 V，南端

15.7 0.50 m/s

15.8 40 $\mathrm{s}^{-1}$

15.9 $B=qR/NS$

15.10 $(Bar)^2\omega b/\rho$

15.13 $\mu_0 N_1 N_2 \pi R^2/l$

15.14 (1) $6.3\times10^{-6}$ H； (2) $-3.1\times10^{-6}$ Wb/s； (3) $3.1\times10^{-4}$ V

15.15 (1) $7.6\times10^{-3}$ H； (2) 2.3 V

15.16 0.8 mH， 400 匝

15.17 (1) $\frac{\mu_0 N^2 h}{2\pi}\ln\frac{R_2}{R_1}$； (2) $\frac{\mu_0 N h}{2\pi}\ln\frac{R_2}{R_1}$，相等

15.21 $4.4\times10^{4}$ $\mathrm{kg/m^3}$

15.22 $1.6\times10^{6}$ $\mathrm{J/m^3}$， 4.4 $\mathrm{J/m^3}$，磁场

15.23 9.0 $\mathrm{m^3}$，29 H

15.24 0.21 $\mathrm{J/m^3}$，$5.6\times10^{-17}$ $\mathrm{J/m^3}$

15.25 $\frac{\mu_0 I^2}{4\pi}\left[\frac{1}{4}+\ln\frac{R_2}{R_1}\right]$， $\frac{\mu_0}{2\pi}\left[\frac{1}{4}+\ln\frac{R_2}{R_1}\right]$

*15.26 (1) $\frac{\mu_0}{\pi}\ln\frac{D_1}{a}$； (2) $\frac{\mu_0 I^2}{2\pi}\ln\frac{D_2}{D_1}$；

(3) $\frac{\mu_0 I^2}{2\pi}\ln\frac{D_2}{D_1}$； (4) $\mathscr{E}$的方向和 $I$ 的相反，$-\frac{\mu_0 I^2}{\pi}\ln\frac{D_2}{D_1}$；

(5) $-A_{\mathscr{E}}=\Delta W_{\mathrm{m}}+A_{\mathrm{m}}$

## 第 16 章

*16.3 0.11 V/m， $6.7\times10^{-10}$ s

*16.4 $3.8\times10^{-2}$ V/m

*16.5 (1) $4.8\times10^{4}$ m/s$^2$；

(2) $7.7\times10^{-25}$ V/m， $3.3\times10^{-6}$ s

*16.6 (1) $E_\theta=2.5\times10^{-12}$ V/m， $B_\varphi=8.3\times10^{-21}$ T

*16.7 (1) $6.8\times10^{8}$ m/s$^2$； (2) $2.7\times10^{-18}$ V/m， $9\times10^{-27}$ T

(3) $6.1\times10^{6}$ V/m， $2.0\times10^{-2}$ T；

(4) $3.8\times10^{-9}$ T，由于碰撞电子还要减速

*16.8 $7.2\times10^{2}$ V/m， $2.4\times10^{-6}$ T

*16.9 $1.1\times10^{14}$ W/m$^2$， $2.8\times10^{8}$ V/m， 0.93 T

*16.10 168 m，0.043 W/m$^2$

*16.12 (1) $E=\mathscr{E}/r\ln\frac{r_2}{r_1}$， $B=\frac{\mu_0 I}{2\pi r}$， $S=\mathscr{E}^2/2\pi r^2 R\ln\frac{r_2}{r_1}$，与 $I$ 同向

*16.13 (1) $1\times10^{10}$ Hz； (2) $1\times10^{-7}$ T； (3) $2\times10^{-9}$ N

*16.14 $2.8\times10^{-6}$ N

*16.15 7.7 MPa

*16.16 2.15 h

*16.17 $6.3\times10^{-4}$ mm， 作匀速直线运动

# 索　引

INDEX

## A



## B



## C

## D

## F



## G



## H

## J



## K

## L



## M



## N



## O

## P



## Q



## R



## S



## T

## W



## X



## Y

## Z